17.16
车贴展示案例
P 559

:: 素材资料

## 17.6 制作水晶图标效果

P 526

:: 步骤跟踪

## 17.5 解析粗糙的地面材质

P 522

:: 步骤跟踪

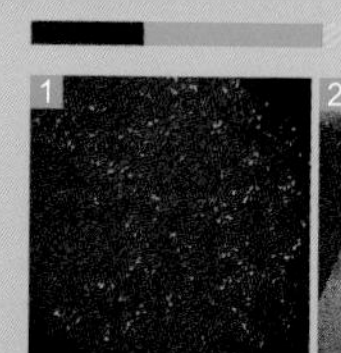

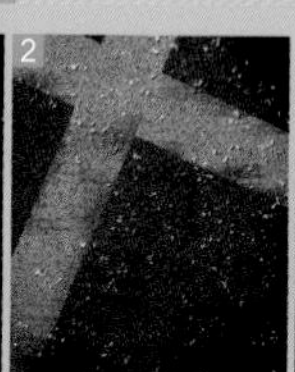

## 17.12 Don't lie to me主题招贴

P 546

:: 步骤跟踪

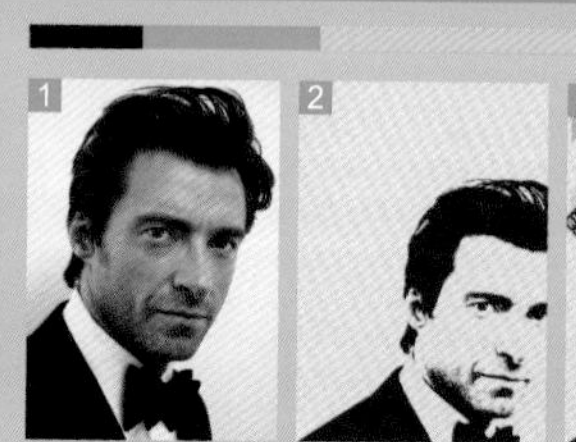

## 17.11

制作个人网站首页界面

P 542

:: 步骤跟踪

:: 素材资料

## 17.17 创意合成案例

P 561

:: 素材资料

## 17.4 打造梦幻发光的背景效果

P 520

:: 步骤跟踪

## 17.9
制作立体流溢的文字
P 537

:: 步骤跟踪

## 17.10
制作三维炫动的文字
P 540

:: 步骤跟踪

17.1 让闭着的眼睛睁开 P 514

17.2 调出淡雅蓝色调 P 516

17.3 人像面部的美化技巧 P 517

17.15 模拟手绘效果 P 555

17.13 影楼样片后期设计 P 550

17.14 暗夜精灵 P 553

## 17.7
手机展示设计
P 528

:: 步骤跟踪

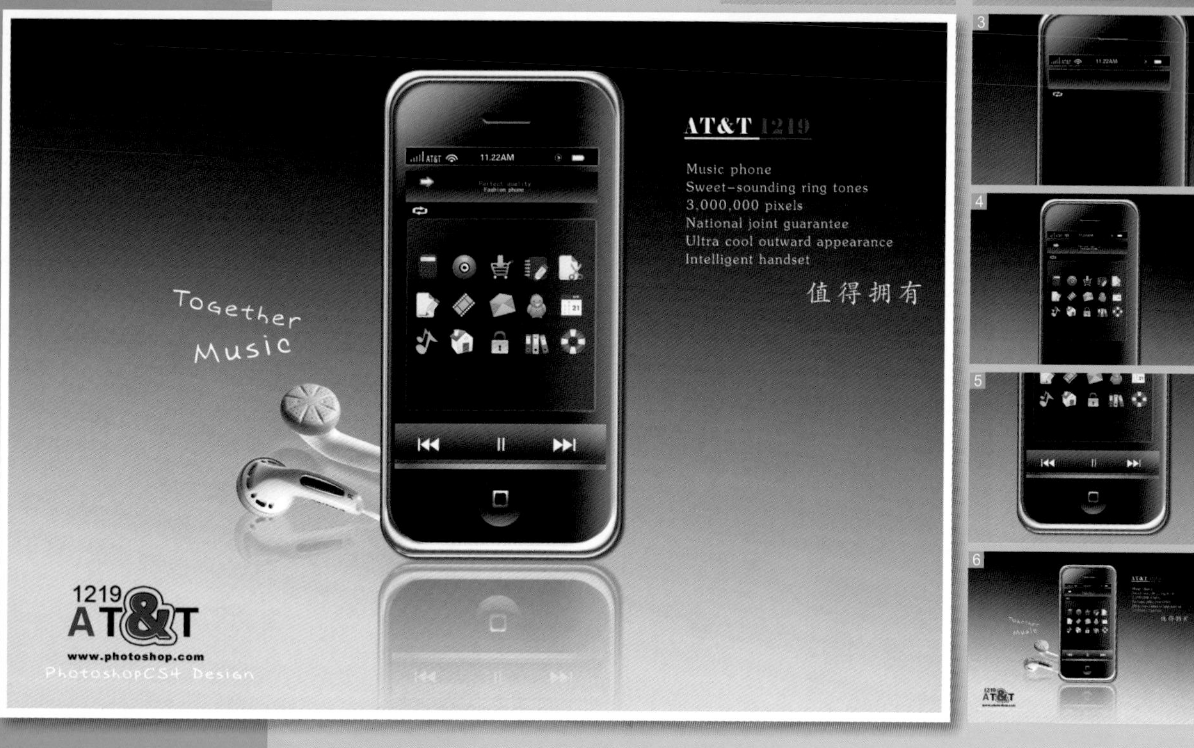


## 17.19
综合创意案例——彩韵
P 571

:: 素材资料

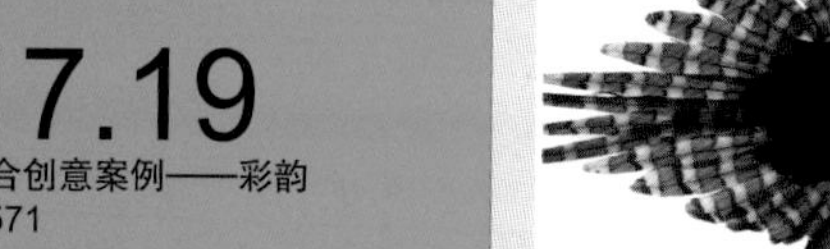

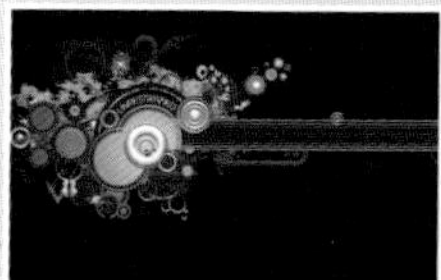

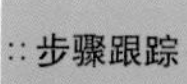
:: 步骤跟踪

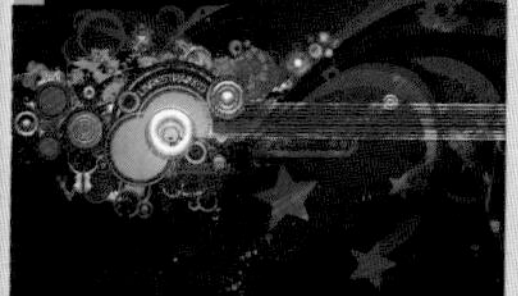

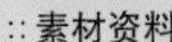

:: 素材资料

17.18

Dance舞动领域

P 566

2

FLAME

1

FLAME

:: 步骤跟踪

17.8

制作烈火燃烧的文字

P 534

3

FLAME

4

5

6

# ★ 本书重点实战展示

P 30 实战名称：使用旋转工具查看图像

P 31 实战名称：使用抓手工具查看图像

P 38 实战名称：为图像添加注释

P 46 实战名称：置入EPS格式文件

P 47 实战名称：“存储为”命令的应用

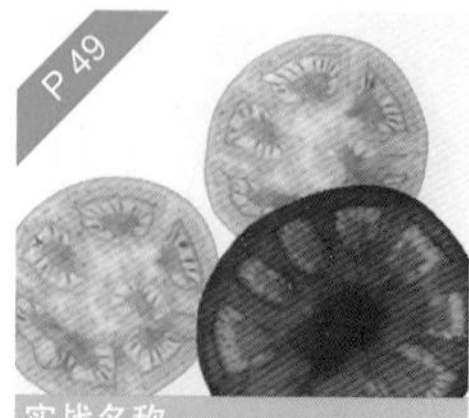
P 49 实战名称：复制粘贴图像

P 50 实战名称：粘贴与原位粘贴

P 50 实战名称：使用贴入命令

P 51 实战名称：使用外部贴入命令

P 53 实战名称：旋转图像矫正倾斜照片

P 54 实战名称：控制点

P 55 实战名称：通过斜切变换文字

P 56 实战名称：透视变形

P 65 实战名称：将图像转换为Lab模式

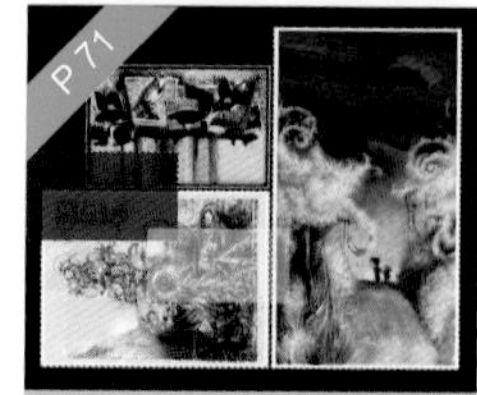
P 71 实战名称：创建矩形选区

P 72 实战名称：创建圆形选区

P 73 实战名称：使用多边形套索工具创建选区

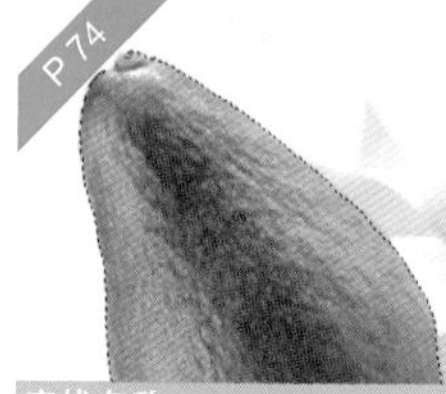
P 74 实战名称：用磁性套索绘制选区

P 74 实战名称：设置磁性套索对比度

P 91 实战名称：调整边缘

P 91 实战名称：平滑选区

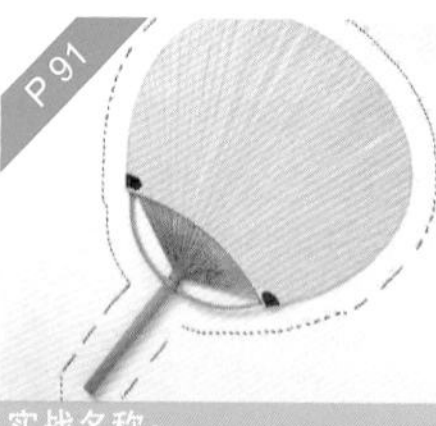
P 91 实战名称：扩展选区

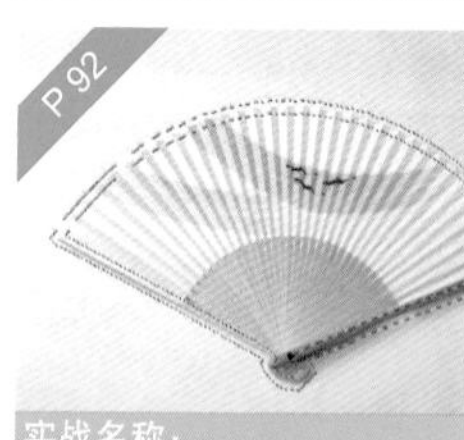
P 92 实战名称：创建选区边界

P 93 实战名称：羽化选区

P 93 实战名称：选取相似

P 98 实战名称：通过直方图查看图像

P 99 实战名称：观察直方图调整偏灰图像

P 103 实战名称：直方图与色阶的关系

P 107 实战名称：曲线调整图像

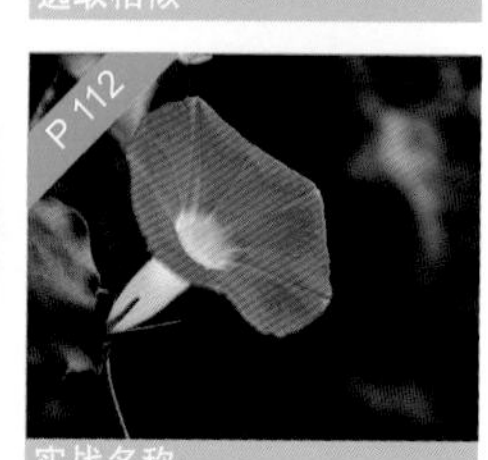
P 112 实战名称：设定颜色范围调整图像

P 114 实战名称：色彩平衡调整图像

P 115 实战名称：调整图像色调

P 117 实战名称：用“黑白”命令调整图像

P 118 实战名称：添加照片滤镜

P 119 实战名称：用“通道混合器”调整图像

实战名称：
匹配两个图像之间的颜色

实战名称：
色调分离命令的使用

实战名称：
阈值命令的使用

实战名称：
渐变映射命令的使用

实战名称：
使用HDR色调预设调整图像

实战名称：
使用HDR色调的边缘光调整图像

实战名称：
色调分离命令的使用

实战名称：
编辑调整图层的蒙版

实战名称：
消除锯齿效果对比

实战名称：
设置文字变形

实战名称：
输入横排文字

实战名称：
创建段落文字

实战名称：
调整文字

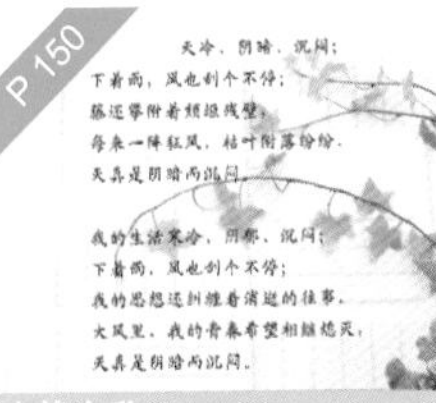

实战名称：
设置文字的对齐方式

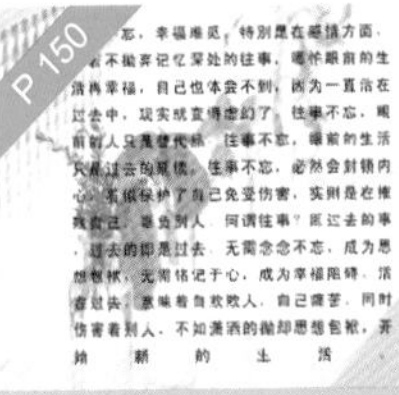

实战名称：
设置段落的对齐方式

实战名称：
添加多种对齐文字

实战名称：
运用段落面板调整文字

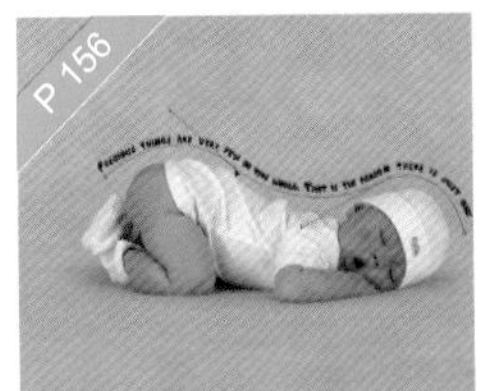

实战名称：
沿路径输入文字

实战名称：
使用颜色替换工具

实战名称：
油漆桶工具的使用

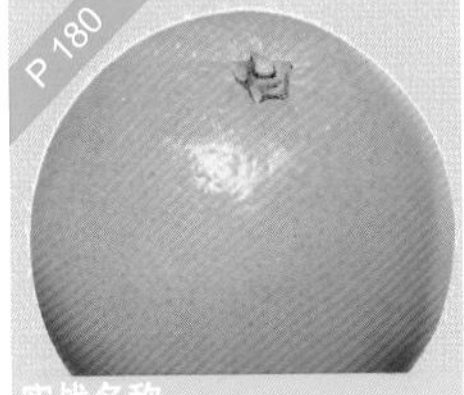

实战名称：
填充命令的使用

实战名称：
使用填充命令修整图像

实战名称：
描边命令的使用

实战名称：
仿制图章工具的使用

实战名称：
污点修复画笔工具的使用

实战名称：
红眼工具的使用

实战名称：
形状的运算

实战名称：
使用钢笔工具绘制轮廓

实战名称：
磁性钢笔工具的使用

实战名称：
用钢笔工具抠图

实战名称：
将路径转换为选区

实战名称：
用不同画笔描边路径

实战名称：
拼合图像

实战名称：
盖印可见图层

实战名称：
转换智能对象

# ★ 本书重点实战展示

P 247
实战名称：
设置投影

P 248
实战名称：
设置内阴影

P 249
实战名称：
设置“外发光”

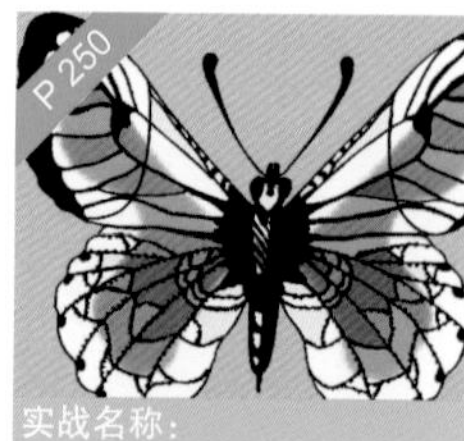
P 250
实战名称：
设置“内发光”

P 251
实战名称：
设置“斜面和浮雕”

P 252
实战名称：
光泽的设置

P 253
实战名称：
设置“颜色叠加”

P 254
实战名称：
设置“渐变叠加”

P 254
实战名称：
设置“图案叠加”

P 255
实战名称：
设置“描边”

P 261
实战名称：
更改形状图层的效果

P 262
实战名称：
运用“混合颜色带”

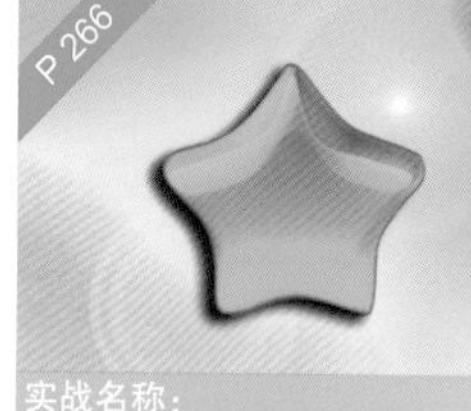
P 266
实战名称：
设置全局光

P 272
实战名称：
缩放图层样式

P 277
实战名称：
在预设样式上修改样式

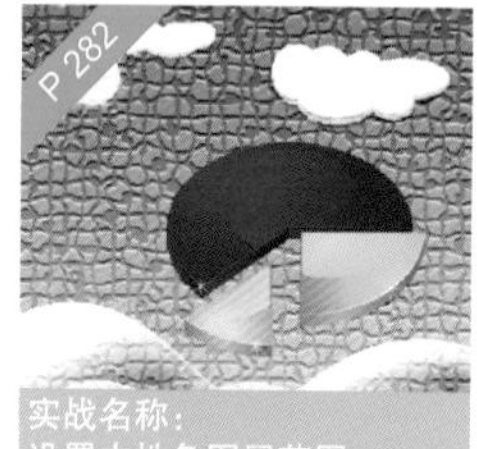
P 282
实战名称：
设置中性色图层范围

P 293
实战名称：
用色阶调整偏色照片

P 295
实战名称：
改善光泽度

P 297
实战名称：
将彩色图像调整为黑白图像

P 298
实战名称：
调整选区内的图像

P 299
实战名称：
添加图层蒙版

P 304
实战名称：
使用工具修改调整图层的蒙版

P 305
实战名称：
给调整图层添加图层样式

P 317
实战名称：
应用“滤色”模式

P 318
实战名称：
添加“线性减淡”模式

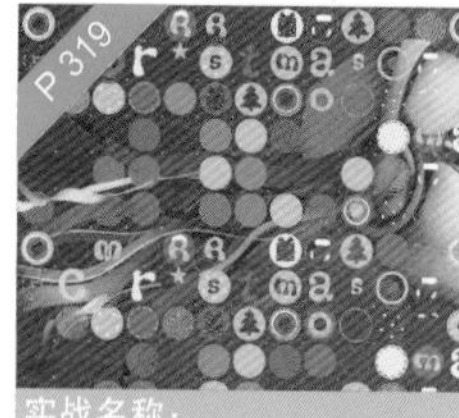
P 319
实战名称：
添加“浅色”模式

P 320
实战名称：
添加“叠加”模式

P 321
实战名称：
设置“柔光”模式

P 324
实战名称：
设置“亮光”模式

P 326
实战名称：
设置“点光”模式

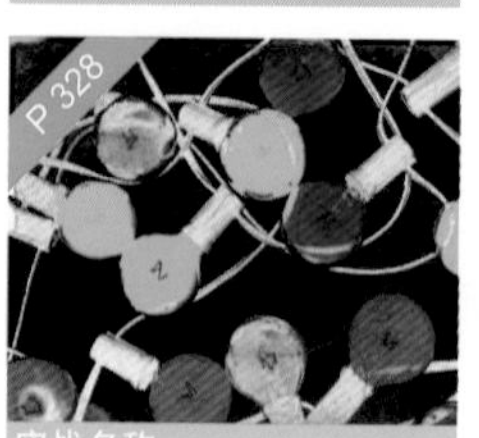
P 328
实战名称：
设置“差值”模式

P 328
实战名称：
设置“排除”模式

P 329
实战名称：
对比“减去”和“差值”

P 330
实战名称：
设置“划分”模式

P 342
实战名称：
建立图层蒙版

P 345
实战名称：
编辑快速蒙版

P 349
实战名称：
使用工具编辑图层蒙版

P 354
实战名称：
删除图层蒙版的操作

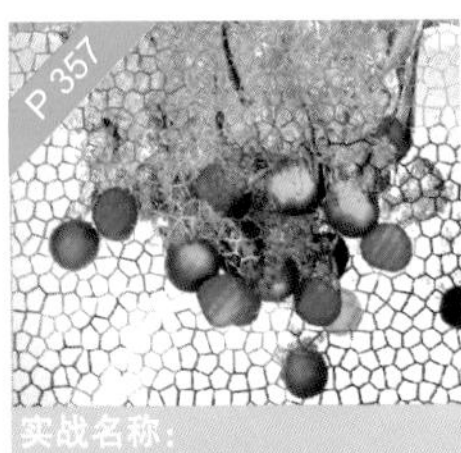
P 357
实战名称：
使用滤镜编辑图层蒙版的操作

P 363
实战名称：
如何获得矢量蒙版

P 364
实战名称：
矢量蒙版转换为图层蒙版

P 369
实战名称：
创建文字型剪贴蒙版

P 370
实战名称：
创建渐变型剪贴蒙版

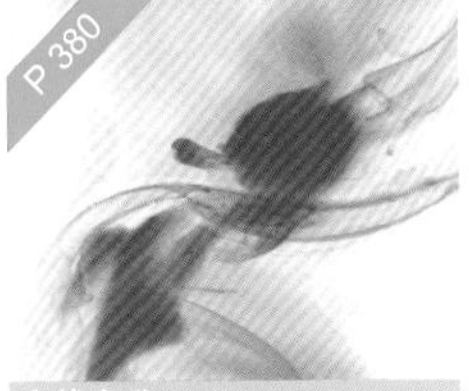
P 380
实战名称：
调整颜色通道

P 392
实战名称：
调整曲线通道

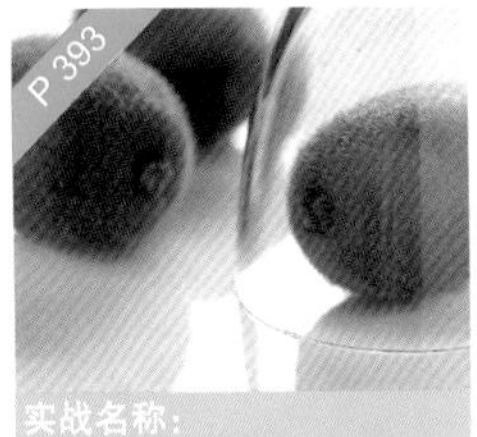
P 393
实战名称：
调整色阶通道

P 397
实战名称：
调整源通道

P 398
实战名称：
调整单色源通道

P 398
实战名称：
调整单色源通道

P 402
实战名称：
创建高质量的灰度图

P 407
实战名称：
在通道中进行锐化

P 410
实战名称：
使用“应用图像”调整图像

P 413
实战名称：
对图像进行混合

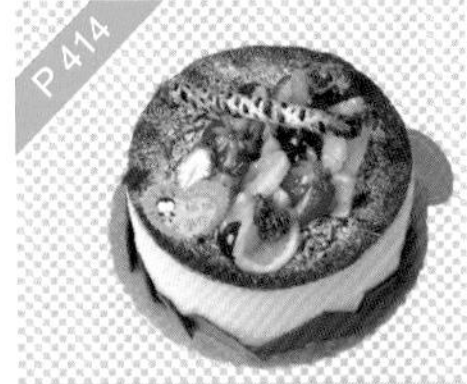
P 414
实战名称：
对图像进行抠图

P 420
实战名称：
用计算命令调整图像

P 430
实战名称：
将图层转换为智能滤镜

P 438
实战名称：
用镜头校正矫正照片

P 441
实战名称：
使用液化修整人物眼睛

P 446
实战名称：
设置动感模糊

P 449
实战名称：
特殊模糊的模式设置

P 451
实战名称：
用玻璃滤镜制作边框效果

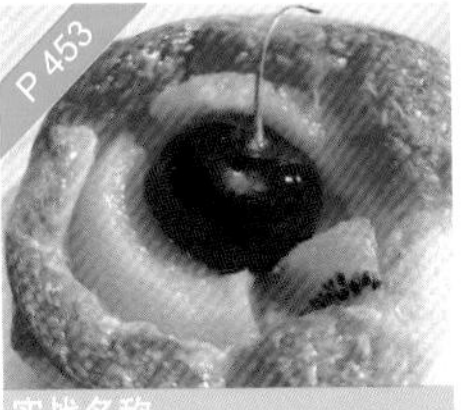
P 453
实战名称：
球面化滤镜的数量设置

P 458
实战名称：
应用水彩画纸制作水彩画效果

P 462
实战名称：
应用颗粒制作怀旧效果

P 469
实战名称：
粗糙蜡笔的纹理设置

P 489
实战名称：
在动作中插入路径

P 496
实战名称：
使用"合并到HDR"命令改善图像

P 500
实战名称：
练习制作简单的动画

P 503
实战名称：
使用切片工具创建切片

P 504
实战名称：
使用参考线创建切片

# ★ 本书训练营效果展示 ★

第2章
重新构图裁剪照片
P 33

第3章
替换电脑桌面
P 58

第2章
在Lab模式下调出阿宝色
P 68

第5章
使用魔棒工具选择花朵
P 75

第5章
使用“色彩范围”命令抠图
P 78

第5章
利用“抽出”滤镜替换图像背景
P 82

第5章
羽化命令制作LOMO照片
P 94

第6章
调整偏灰偏暗的照片
P 108

第6章
用多种方法调整逆光照片
P 110

第6章
调出高饱和度的照片
P 113

第6章
调整偏暖色调
P 115

第6章
制作高品质的黑白照片
P 119

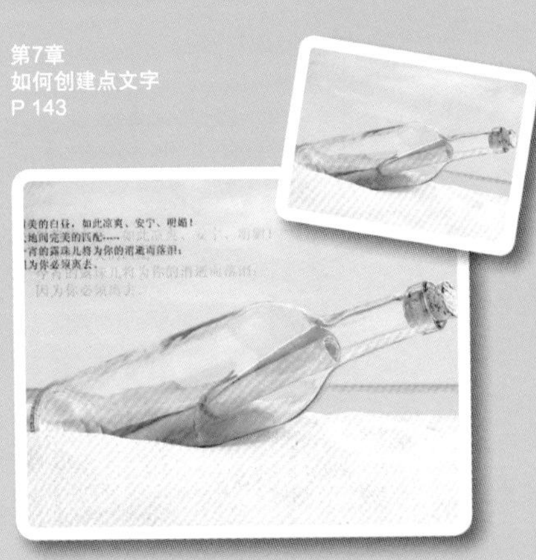

When tomorrow turns in today
While friendship is the shadow
Love makes man grow up

# ★ 本书训练营效果展示 ★

第9章
绘制“郁郁猪”
P 220

第10章
利用图层样式创建维度空间
P 263

第10章
制作网页简洁按钮
P 267

第10章
中性色图层应用
P 284

第10章
通过调整“色相/饱和度”添加局部颜色
P 290

第10章
PS游戏海报
P 299

第10章
用“溶解”模式制作逝去的花朵
P 310

第10章
用“正片叠底”模式调出立体肤色
P 312

第10章
用“滤色”模式创建iPod广告
P 317

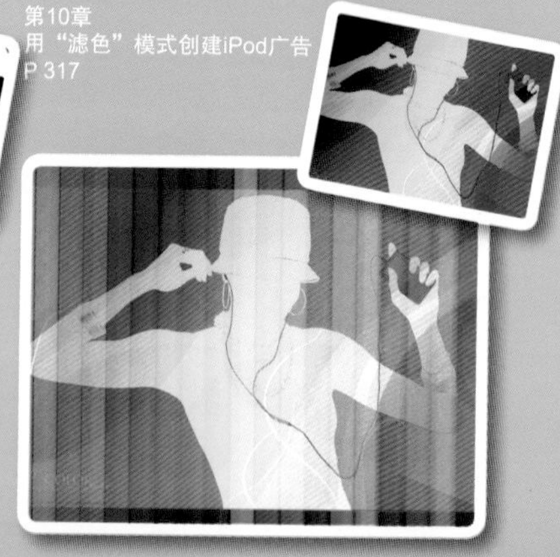

第10章
为黑白照片局部上色
P337

第11章
用剪贴蒙版制作合成效果
P346

第12章
为图像更换背景
P415

# ★ 本书下载资源使用说明 ★

## 真正实现从新手到高手的技能掌握

★ 包含所有19个综合案例、199个实战、95个训练营、18个思维扩展的视频教学

★ 包含本书所有案例、实战、训练营、思维扩展的素材源文件及最终效果文件

★ 附赠106集《Photoshop CS3专家讲堂》的视频教学录像

## 海量精美素材、模板、设计元素

### 设计元素

★ 60套渐变库

★ 80套自定形状库

★ 150套样式库

★ 240套画笔笔刷库

★ 200套动作库

### 设计素材

★ 100张材质素材底图

★ 100张高清风景素材

★ 216套时尚图案素材

★ 375个矢量图标素材

### 设计模板

★ 10个婚纱写真PSD模板

★ 20个视觉设计PSD模板

★ 20个数码照片处理PSD模板

★ 20个网页元素PSD模板

★ 20个文字特效PSD模板

### 《Photoshop CS3专家讲堂》视频教学录像

★ Photoshop CS3基础入门专题讲解，读者可以将基础的讲解与强大的实例相结合，轻松学习。

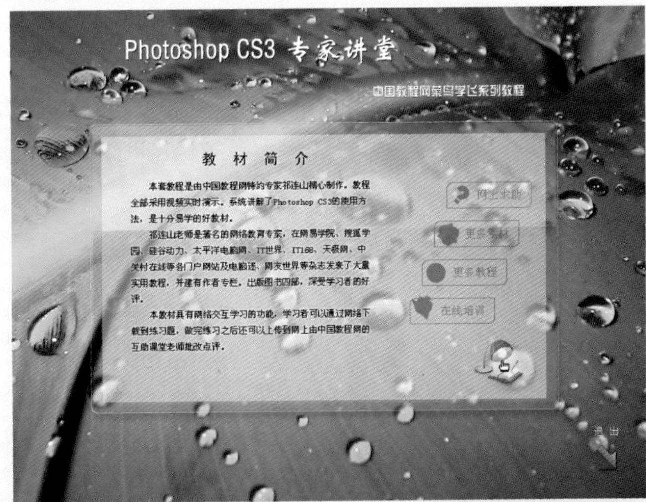

## 实战、训练营、思维扩展和综合案例（CH17）的素材源文件及最终效果文件

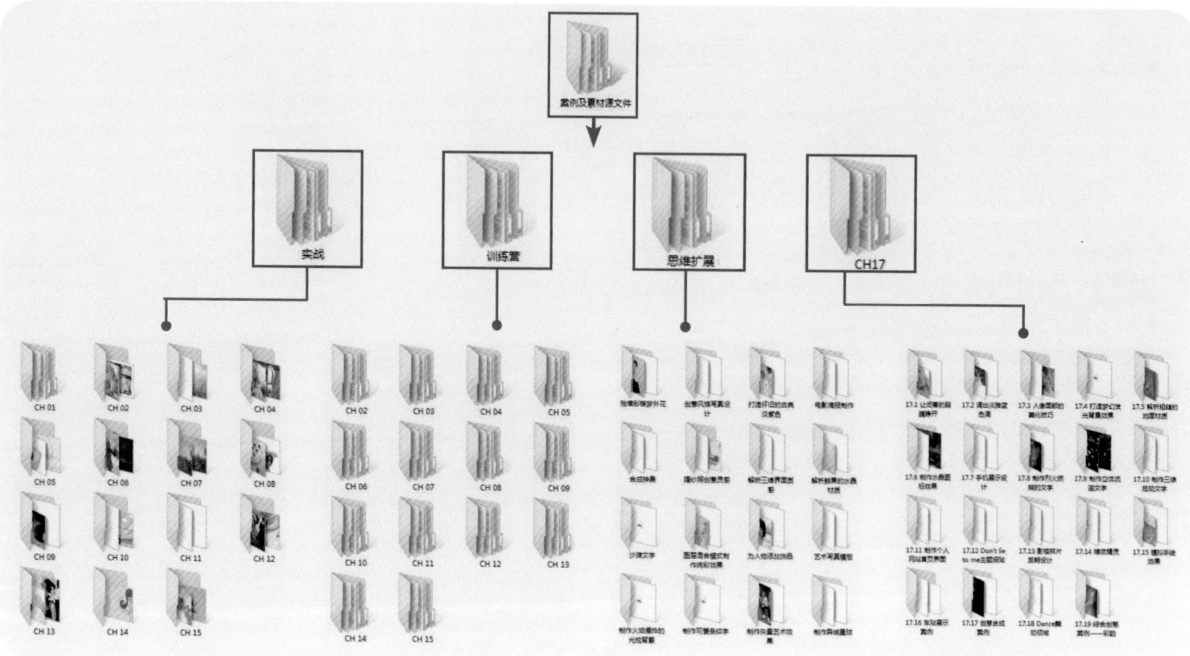


## 长达20小时的语音视频教学录像

## 随书附赠精美素材及设计模板

★ 为了满足广大设计者的需求，本书提供海量设计素材、快捷动作、特殊画笔、形状、渐变、样式及PSD模板，在学习的同时，可随时使用，方便快捷。执行【编辑】/【预设管理器】命令，弹出“预设管理器”对话框，在“预设类型”下拉菜单中选择“自定形状”选项，单击“载入”按钮即可载入。画笔、样式、渐变使用同样的载入方法。

★ 80套实用的自定形状库

★ 150套丰富的自定形状库

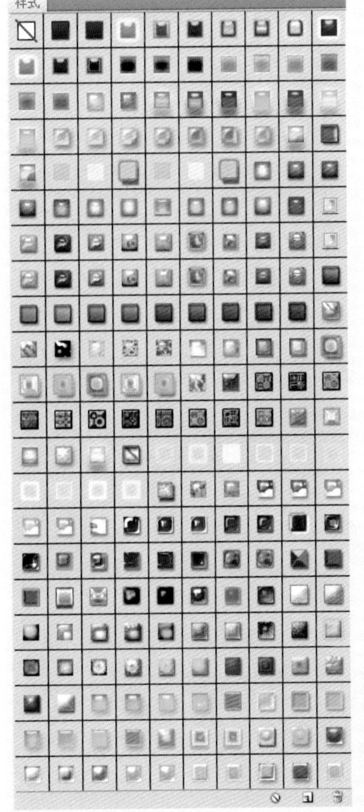

★ 240套精美的画笔笔刷库

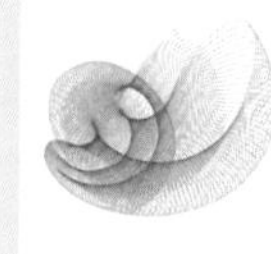

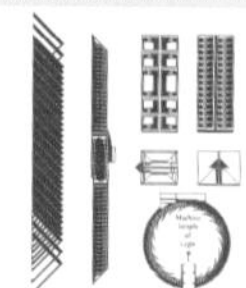

★ 60套绚丽的渐变色板库

★ 200套便捷的动作库

★ 216套时尚图案素材

★ 375个矢量图标素材

★ 100张高清风景素材

★ 100张材质素材底图

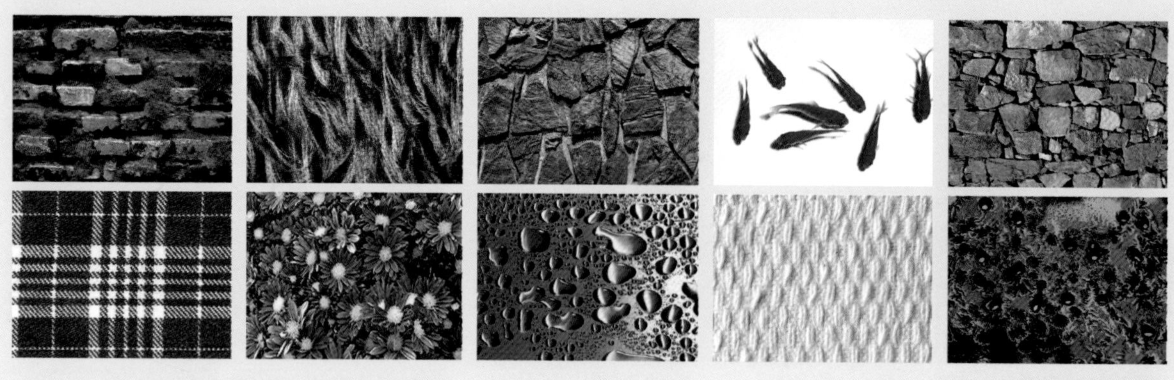

★ 20个数码照片处理PSD模板

★ 20个视觉设计PSD模板

★ 10个婚纱写真PSD模板

中文版

# PHOTOSHOP CS6 从新手到高手（超值版）

盛秋 编著

人民邮电出版社
北京

**图书在版编目（CIP）数据**

中文版Photoshop CS6从新手到高手 : 超值版 / 盛秋编著. -- 北京 : 人民邮电出版社, 2016.1
ISBN 978-7-115-40770-2

Ⅰ. ①中… Ⅱ. ①盛… Ⅲ. ①图象处理软件 Ⅳ. ①TP391.41

中国版本图书馆CIP数据核字(2015)第282046号

## 内容提要

本书全面地介绍了Photoshop CS6的常用功能。全书共分17章，以循序渐进的方式进行讲解，内容从软件认识到基本操作，再到主要功能应用、核心功能解析以及综合应用。本书在指导读者学习软件的同时，还结合了大量的练习和实战，全书包括208个实战、95个案例训练营、18个思维扩展和19个综合案例，读者可以一边学习一边练习。

本书“下载资源”中包含了所有案例的素材源文件，同时还包含所有案例的视频教学，读者可以轻松学习。在“下载资源”中，还赠送了60个渐变样式、150个图层样式、80个矢量形状、240个画笔样式、200个动作、600张材质图片、216张图案图片、196张高清图片、375张图标图片、10个PSD婚纱模板、55个PSD照片模板、95个PSD平面创意模板、20个PSD文字模板和20个PSD网页模板，这些素材可供读者练习使用。扫描封底“资源下载”二维码即可获得下载方法，如需资源下载技术支持，请致函szys@ptpress.com.cn。

本书结构清晰，内容浅显易懂，实战针对性强，案例实用精彩，案例讲解与内容结合紧密，具有很强的学习性和实用性。

本书适合广大的Photoshop初学者，以及从事平面设计、插画设计、网页制作和包装设计等工作的读者参考阅读。同时，也适合相关培训机构和院校作为教材使用。

◆ 编　　著　盛　秋
责任编辑　张丹丹
责任印制　程彦红

◆ 人民邮电出版社出版发行　　北京市丰台区成寿寺路11号
邮编　100164　　电子邮件　315@ptpress.com.cn
网址　http://www.ptpress.com.cn
固安县铭成印刷有限公司印刷

◆ 开本：787×1092　1/16
印张：36　　彩插：10
字数：1038千字　　2016年1月第1版
印数：1－2 500册　　2016年1月河北第1次印刷

定价：69.00元

读者服务热线：(010)81055410　印装质量热线：(010)81055316
反盗版热线：(010)81055315
广告经营许可证：京崇工商广字第0021号

# 前　言

Photoshop是由Adobe公司开发的图像处理软件，该软件功能强大，使用范围广泛，是目前平面设计领域应用最多的平面设计软件。Photoshop因其强大的图像处理功能、亲切的操作界面和灵活的可扩展性，已经成为平面设计人员、摄影师、广告从业人员必备工具，并被广大使用者所钟爱。

Photoshop CS6是Adobe最新推出的版本，在之前版本的基础上，Photoshop CS6增加了精细到毛发的选择工具、调整图片视角工具、智能修复工具、全新笔刷系统、智能修改工具、骨骼工具等实用工具。

全书共分17章，内容包括实战208个、案例训练营95个、思维扩展18个、综合案例19个。本书详细讲解了Photoshop CS6所有功能工具。

本书前16章主要讲解Photoshop CS6所有功能，如Photoshop CS6主界面、图层、通道、蒙版、滤镜、文字工具、绘画工具、选择工具等。其中以文字配图讲解为主，旨在让读者通过文字和配图对Photoshop CS6的功能进行全面系统的学习，其中更穿插了大量的实战练习，以增强读者对该功能的理解。在部分章节中，还安排了一部分的案例练习，与实战相比，案例练习更加复杂，也更加贴近实际工作需要，能够给读者日后的工作带来很大的帮助。本书在关键章节还安排了思维扩展，由于篇幅有限，思维扩展在书中只有简述，但在本书的“下载资源”中有详细的视频教学，这样也能够让读者得到更多的练习机会，达到学中练、练中学的效果。

本书第17章安排了19个实例练习和13个思维扩展，一方面加深对Photoshop CS6功能的理解，另一方面也能够得到实践的机会，为以后的工作打好基础。

“下载资源”中包含了本书中所有实战、训练营、扩展和综合案例的素材源文件、效果PSD文件和视频教学。在“下载资源”中，我们还赠送了60个渐变样式、150个图层样式、80个矢量形状、240个画笔样式、200个动作、100张材质图片、216张图案图片、100张高清图片、375张图标图片、10个PSD婚纱模板、20个PSD照片模板、20个PSD平面创意模板、20个PSD文字模板和20个PSD网页模板。

本书内容主要由通图广告策划，盛秋具体编写。此外，参与本书编写工作的还有马小楠、王丽娟、钱磊、张亚非、盛保利、王利君、马增志、王利华、王群、单墨、孙建兵、王琳、孟扬、许伟、杨刚、冀海燕、赵国庆、王辉、孙宵、赵晨、施强、王巍、罗长根、许虎、于艳玲、马玉兰、宋有海、曲学伟等，在此一并表示感谢。

本书在编写过程中力求全面、深入地讲解Photoshop CS6的功能，但由于编写水平有限，书中难免会有不足之处，希望广大读者给予批评指正，同时也欢迎读者与我们联系，E-mail：bjTTdesign@yahoo.cn。

编　者

2015年10月

## 第1章 学习Photoshop CS6的必备知识



## 第2章 Photoshop CS6的基础操作

# 目 录

## 第3章 文件的基本操作



## 第4章 颜色模式与色彩管理

## 第5章 选择

# 第6章 色彩调整

# 第7章 文字工具



# 第8章 绘画与修饰

## 第9章 矢量工具与路径编辑

# 第10章 图层的操作

## 第11章 蒙版功能详解

## 第12章 通道功能解析

## 第13章 滤镜功能详解

## 第14章 动作与任务自动化



## 第15章 动画与网页

## 第16章 打印



## 第17章 综合案例

# 第1章 学习Photoshop CS6的必备知识

本章关键技术点

▲ 如何把握场景的整体色调

▲ 灯光的合理调配

## 1.1 Photoshop CS6的应用领域

**关键字** 平面设计、界面设计、插画绘制、数码照片后期处理

在学习 Photoshop CS6 之前，要先了解它所应用的领域。Photoshop CS6 是一款功能强大的图像处理软件，不论是在平面设计、3D 动画、网页设计、多媒体制作还是印前处理、影楼后期、影视制作中，Photoshop CS6 都发挥着不可替代的重要作用。

### 1.1.1 平面设计

Photoshop CS6在平面设计领域中应用最为广泛，无论是书籍封面，还是招贴、海报等平面宣传品，这些图像丰富的平面印刷品基本上都需要用Photoshop CS6软件对图像进行处理，如图1-1-1~图1-1-4所示。

图1-1-1

图1-1-2

图1-1-3

图1-1-4

### 1.1.2 界面设计

网络的普及是促使很多人学习Photoshop CS6的一个重要原因。网络与人们的生活、工作联系得越来越紧密，人们对网络的要求也越来越高，不仅仅注重于网络的基本功能，还越来越重视网络界面的美感，因此网页设

计也越来越普及。Photoshop是网页设计工作中必不可少的软件。

界面设计作为一种视觉语言，特别讲究布局。通过使用Photoshop不仅可以设计界面的布局，还可以进行界面特效设计，如图1-1-5~图1-1-8所示。

图1-1-5

图1-1-6

图1-1-7

图1-1-8

## 1.1.3 插画绘制

由于Photoshop具有良好的绘画与调色功能，越来越多的人开始选择使用Photoshop来绘制插画，如图1-1-9~图1-1-12所示。

图1-1-9

图1-1-10

图1-1-11

图1-1-12

插画设计在书籍中应用得最为广泛，一幅好的插画作品能为书籍内容带来更为直接的诠释。

### 1.1.4 数码照片后期处理

Photoshop具有强大的图像修饰功能，利用这些功能，可以快速修补照片的不足、破损，修复人物照片的瑕疵；还可以进行图像合成，制作出炫丽的图像效果，如图1-1-13~图1-1-15所示。

图1-1-13

图1-1-14

图1-1-15

### 1.1.5 3D后期表现

Photoshop CS6中新增添了处理3D效果的功能。有了此功能后，打开3D文件时能完整地保留3D文件的纹理、渲染及光照信息，还可以移动、旋转或编辑3D模型，将多个模型进行合成，如图1-1-16~图1-1-18所示。

图1-1-16

图1-1-17

图1-1-18

### 1.1.6 电视栏目包装设计

Photoshop CS6不仅可以处理图片，而且可以处理视频，具有时间轴功能，可以导入视频并任意地在其中添加文字和动画。

Photoshop CS6这一功能被广泛地应用于电视栏目包装上，在Photoshop CS6 Extended中还可以编辑视频的各个帧和图像序列文件，如图1-1-19所示。

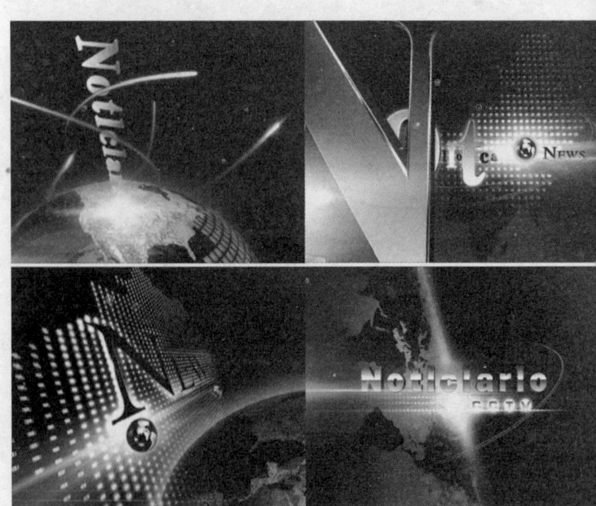

图1-1-19

# 1.2 Photoshop CS6的工作界面

**关键字** 工作界面组件、文档窗口、菜单栏、工具选项栏、工具箱

Photoshop CS6 的界面有了新的变化，用银灰色菜单栏替换了原来的蓝条。在菜单栏的右侧添加了一些常规的操作功能，比如移动、缩放、显示网格标尺、旋转视图工具等。在 Photoshop CS6 中打开多个页面后，文档会以选项卡的形式来显示，因此还多出了一个排列文档下拉面板，它可以控制多个文件在窗口中的显示方式。

## 1.2.1 工作界面的组件

常规的工具界面中包括标题栏、菜单栏、工具箱、工具选项栏、控制面板、文档窗口、选项卡和状态栏，如图1-2-1所示。

图1-2-1

**标题栏**：位于界面的顶端，在标题栏中可以看到“启动Bridge”按钮、“抓手工具”按钮、缩放级别等内容。

**菜单栏**：菜单栏中包含“文件”、“编辑”等11个菜单，单击某一个菜单后会弹出相应的下拉菜单，在下拉菜单中选择各项命令即可执行此命令。

**工具箱**：Photoshop CS6中的主要功能以图标的形式集中在工具箱中，更加方便操作。

**工具选项栏**：选择某项工具后，工具选项栏中会出现相应的工具选项，在工具选项栏中可对工具参数进行设置。

**选项卡**：打开多个文档时，可以将文档最小化到选项卡中，单击需要编辑的文档名称，即可选定该文档。

**文档窗口**：用来显示和编辑图像。

**面板**：根据功能的不同，Photoshop CS6中共有23个面板。

**状态栏**：显示当前图像的状态，例如文档大小、文档配置文件、文档尺寸和当前工具等。

## 1.2.2 文档窗口

在Photoshop CS6中可以同时打开多个文件，并能以不同的方式排列。

图1-2-2所示为打开多个文件后的界面状态，在选项卡一栏中，当前正在编辑的文件的选项卡会显示为白色。

图1-2-2

按快捷键Ctrl+Tab可以在多个窗口之间进行切换，按快捷键Ctrl+Shift+Tab可以进行反方向切换。在Photoshop CS6中，可以对多个文档进行规则的排列。如图1-2-3所示，用鼠标左键拖曳选项卡，将其拖出，得到独立的文档，此时界面中的文档未经排列。

图1-2-3

在【窗口】/【排列】菜单下，包含排列文档选项，在其下拉菜单中可以选择不同的排列方式，如图1-2-4所示选择“三联垂直”排列，文档在界面中的排列效果如图1-2-5所示。

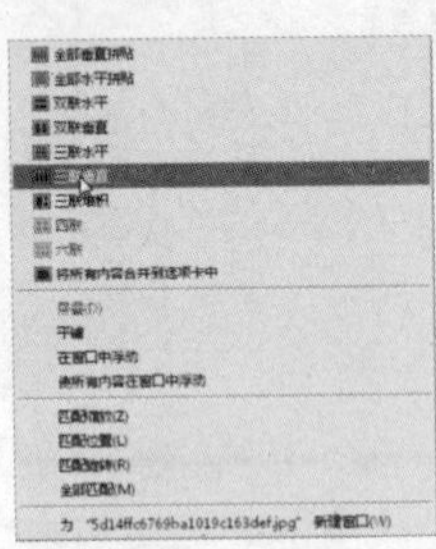
图1-2-4

图1-2-5

## 实战 排列窗口

第1章/实战/排列窗口

在窗口中打开多个图像，如图1-2-6所示。

图1-2-6

执行【窗口】/【排列】命令，在弹出的下拉菜单中可以选择不同的排列方式，先选择“将所有内容合并到选项卡中”选项，如图1-2-7所示；排列后文档在界面中的排列效果如图1-2-8所示。这些都合并到选项卡中，方便查看所有打开文档的标题。

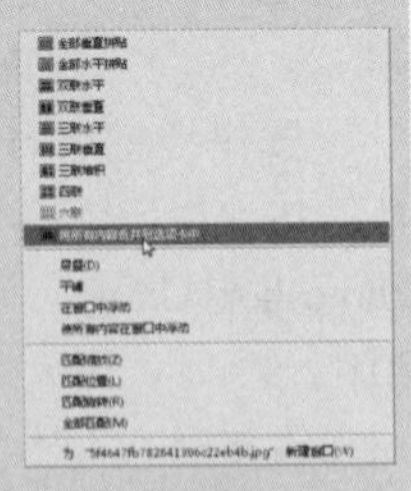
图1-2-7

图1-2-8

执行【窗口】/【排列】命令，在弹出的下拉菜单中可以选择“四联”选项，如图1-2-9所示；文档在界面中的效果如图1-2-10所示。

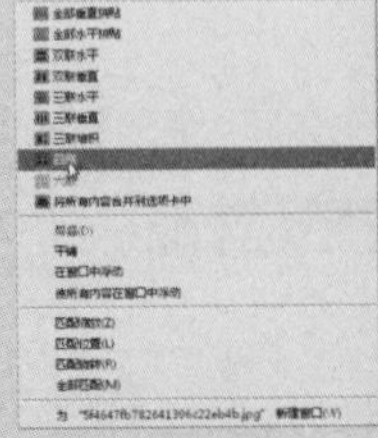
图1-2-9

图1-2-10

## 1.2.3 菜单栏

Photoshop CS6的菜单栏中包含十个菜单选项，如图1-2-11所示。

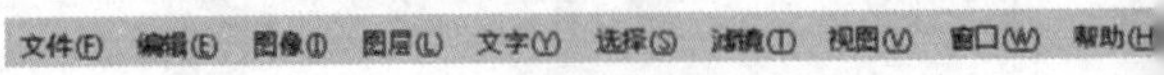

文件(F) 编辑(E) 图像(I) 图层(L) 文字(Y) 选择(S) 滤镜(T) 视图(V) 窗口(W) 帮助(H)

图1-2-11

需要执行某个菜单命令时，只需用鼠标在需要执行的菜单上单击，在弹出的下拉菜单中选择相应命令即可，如图1-2-12所示。

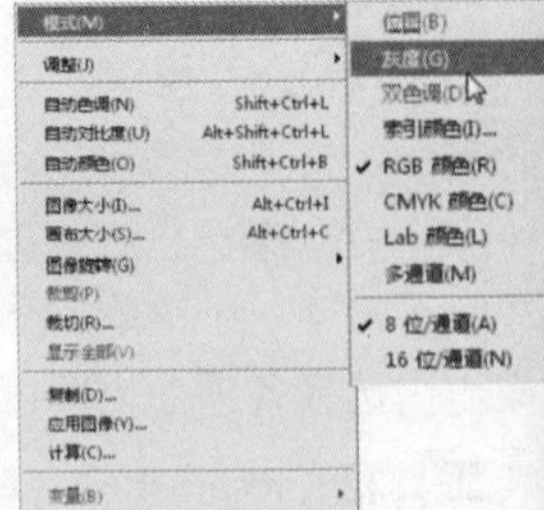

图1-2-12

**Tips 提示**

有些菜单有其相对应的快捷键，一般会在菜单命令后面标注，使用快捷键可以提高用户的工作效率。

## 1.2.4 工具选项栏

### ※ 使用工具选项栏

在工具选项栏中可以对所选工具的属性进行设置，根据选择的工具不同，工具选项栏也会发生相应的化。图1-2-13所示为矩形选框工具的工具选项栏，图1-2-14所示为画笔工具的工具选项栏。

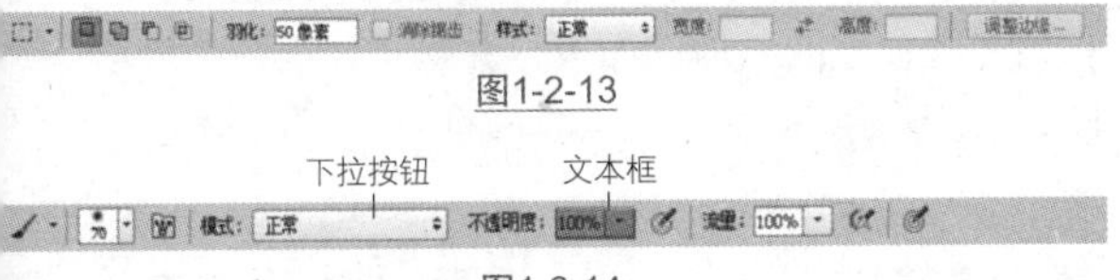

图1-2-13

图1-2-14

**下拉按钮**：单击该按钮，可以弹出下拉菜单。

**文本框**：单击文本框可以输入数值，按Enter键确认。如果文本框旁边有扩展下拉按钮，单击则可以显示一个弹出滑块，拖动滑块可以调整数值。

**隐藏滑块**：在包含文本框的选项中，将光标放置在文本框名称上，光标会变成如图1-2-15所示的样式，拖动鼠标即可调整数值。

图1-2-15

## ※ 显示/隐藏和移动工具选项栏

执行【窗口】/【选项】命令，即可显示或隐藏工具选项栏。

单击并拖动工具选项栏左侧的图标，即可调整工具选项栏的位置，如图1-2-16所示；可以将其从菜单栏下方拖出，成为浮动的工具选项栏，也可以将其拖回菜单栏下方。

图1-2-16

## ※ 工具预设

在工具选项栏中，单击工具右侧的按钮，可以弹出一个下拉面板，如图1-2-17所示；面板中包含了Photoshop自带的工具预设选项。

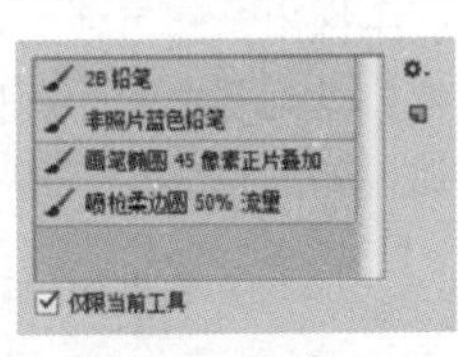

图1-2-17

**新建工具预设**：在工具箱中选择一个工具，在其工具选项栏中设置该工具的选项，单击工具预设下拉面板中的新建工具预设按钮，可以基于当前设置的工具选项创建一个工具预设。

**仅限当前工具**：勾选该项时，只显示当前所选工具的预设；取消勾选时，会显示所有的工具预设。

**重命名和删除工具预设**：选择一个工具预设，单击鼠标右键，可以在弹出的快捷菜单中重命名或删除该工具预设，如图1-2-18所示。

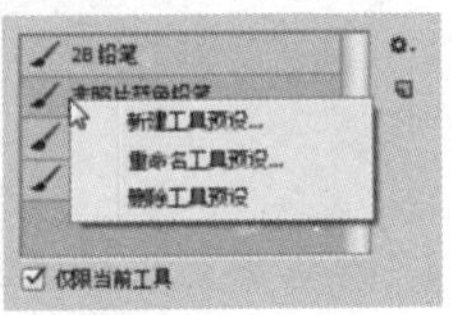

图1-2-18

## 1.2.5 工具箱

Photoshop CS6的工具箱中，所有工具以图标的形式排列在一起，并按各自不同的功能进行划分。将鼠标在工具图标上停留片刻，即可显示此工具的名称及快捷键。

**技术要点：显示新功能**

执行【窗口】/【工作区】/【CS6 新功能】命令，会以彩色方式显示 Photoshop CS6 新功能。

## ※ 展示/折叠工具箱

单击工具箱顶部的双箭头按钮，可以选择双排或单排的工具箱排列方式，如图1-2-19和图1-2-20所示。

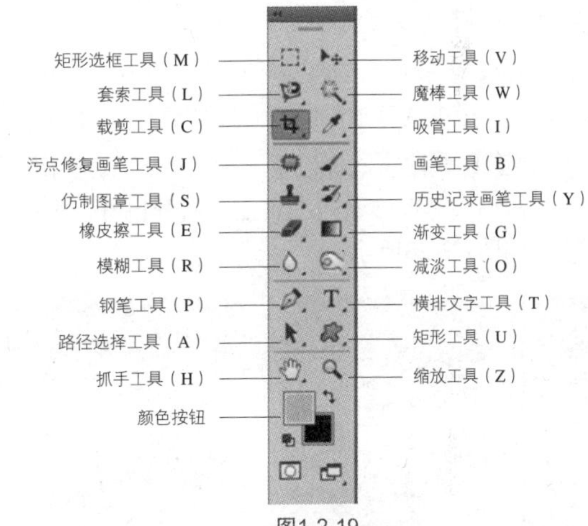

图1-2-19

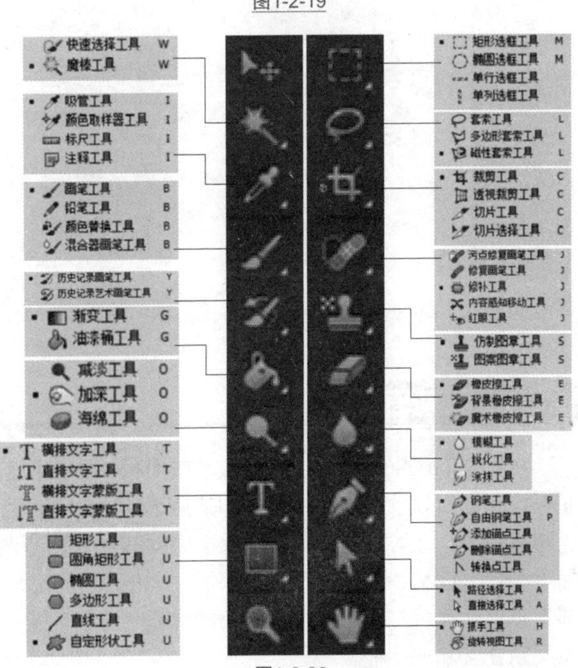

图1-2-20

**Tips 提示**

单排工具箱比较节省空间。

### ※ 移动工具箱的位置

在Photoshop CS6中，用鼠标左键单击工具箱的标题栏，并拖动鼠标，即可移动工具箱到界面中的其他位置。

### ※ 在工具箱中选择工具

① 用鼠标单击工具箱中的某项工具，即可选择该工具，如图1-2-21所示。

② 使用工具的快捷键也可以选择相应的工具（详见书后《快捷键及技术要点索引》）。

③ 用鼠标右键单击工具图标右下角的小三角符号，可显示该工具组中的其他隐藏工具，如图1-2-22所示。

④ 在工具上按住鼠标左键不放，也可以显示隐藏的工具，移动鼠标至隐藏的工具上，松开鼠标，即可将其选择，如图1-2-23所示。

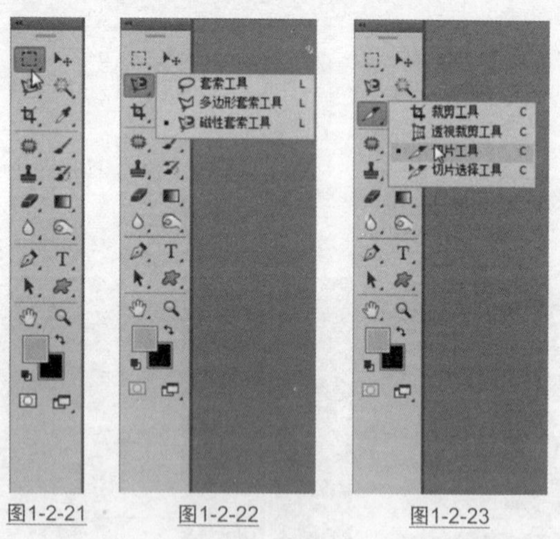


图1-2-21　图1-2-22　图1-2-23

## 1.2.6 浮动面板

Photoshop CS6中有二十多个浮动的面板，称为浮动面板，它们可以独立于图像窗口和其他选项板，不但可以随意组合，还可以随意拖放到界面中的其他位置，例如“图层”面板、“画笔预设”面板、“调整”面板等都属于浮动面板，菜单命令下的功能选项会全面、集中地展示在其相应的面板中。

### ※ 选择面板

在浮动面板组中，单击所要选择的面板的名称即可将该面板设置为当前的面板，并显示面板中的选项，如图1-2-24所示。

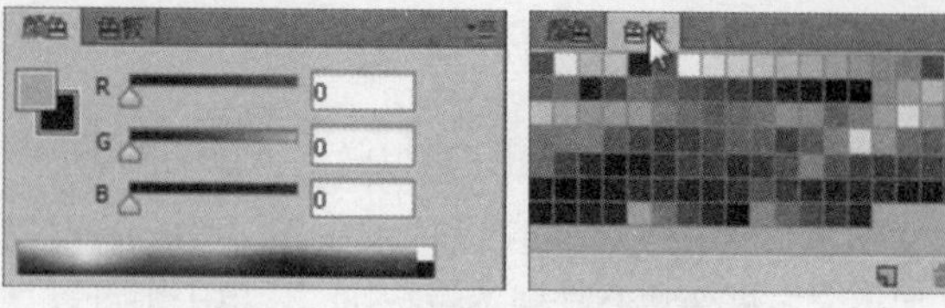


图1-2-24

### ※ 展示/折叠面板

与工具箱中方法相同，折叠面板可以节省空间，单击面板上的双箭头，即可展示或折叠面板，如图1-2-25所示。

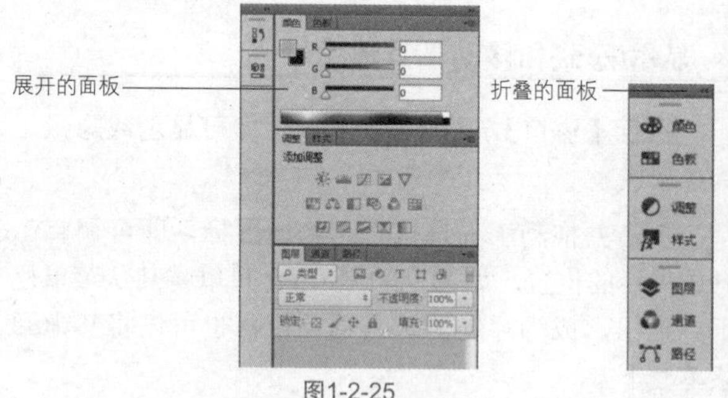


图1-2-25

### ※ 分离/合并面板

将鼠标移至面板名称上，按住鼠标左键并将其从面板中拖出，即可使面板成为浮动面板。相反，将浮动面板拖动到要合并的面板名称栏中，松开鼠标即可合并面板，如图1-2-26和图1-2-27所示。

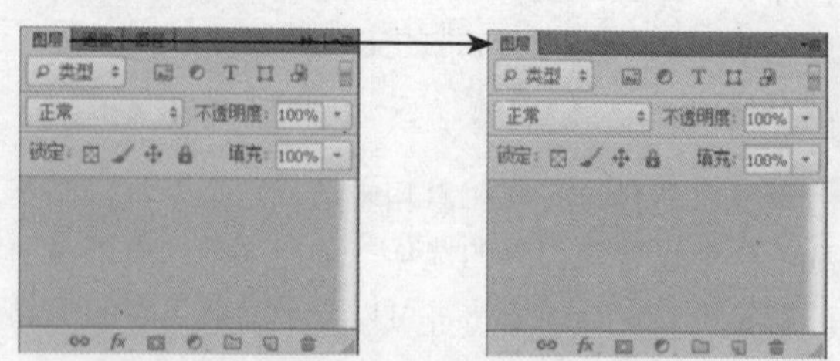


图1-2-26

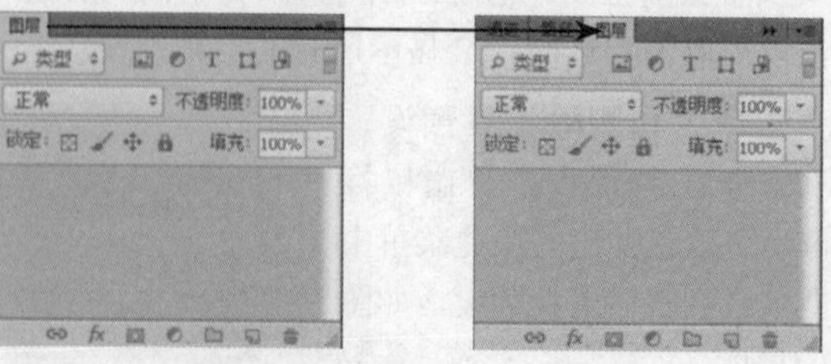


图1-2-27

# 1.3 工作区

**关键字** 自定义工作区、使用预设工作区、自定义菜单命令快捷键

工作区的不同主要体现在面板上，在编辑图像时，有的面板是需要的，有的面板是不需要的。因此，就需要了解如何创建自己的工作区域。

## 1.3.1 快捷选择工作区

在Photoshop CS6中，在选项栏右侧可选择工作区，用户可以根据个人的使用习惯和需要选择工作区域，如图1-3-1所示；也可执行【窗口】/【工作区】命令，选择自己需要的工作区。

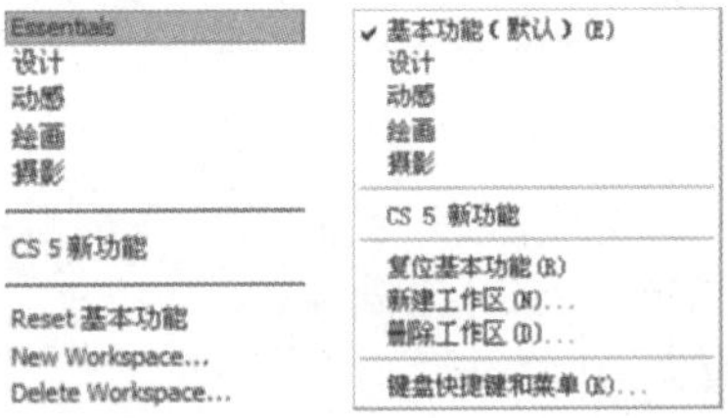

Essentials
设计
动感
绘画
摄影

CS 5 新功能

Reset 基本功能
New Workspace...
Delete Workspace...

✓ 基本功能（默认）(E)
设计
动感
绘画
摄影

CS 5 新功能

复位基本功能(R)
新建工作区(N)...
删除工作区(D)...

键盘快捷键和菜单(K)...

图1-3-1

**基本功能**：基本功能是Photoshop CS6默认的工作区，如图1-3-2所示。

图1-3-2

**设计**：针对设计工作者的创作需要安排工作区，主要包括“色板”、“样式”、“信息”、“字符”和“段落”等面板，方便设计时对色彩和文字进行编辑，如图1-3-3所示。

**绘画**：针对绘画需要安排工作区，主要包括“色板”、“导航器”和“画笔预设”等面板，方便绘画时选取颜色和笔刷，如图1-3-4所示。

图1-3-3

图1-3-4

**摄影**：针对摄影后期处理需要安排工作区，主要包括“直方图”、“导航器”、“信息”、“调整”和“蒙版”等面板，方便观察摄影图片的色彩信息并对其进行调整，如图1-3-5所示。

图1-3-5

显示更多工作区和选项：单击工作区右侧的显示更多工作区和选项»按钮，在弹出的下拉列表中可选择其他选项，例如3D和动感等。

## 1.3.2 自定义工作区

用户也可以根据自身需要自定义工作区。例如，只在工作区显示几个需要的面板，并将面板设置在指定的区域。执行【窗口】/【工作区】命令，选择相应选项，即可对其进行设置，如图1-3-6所示。下面将对几个常用命令进行介绍。

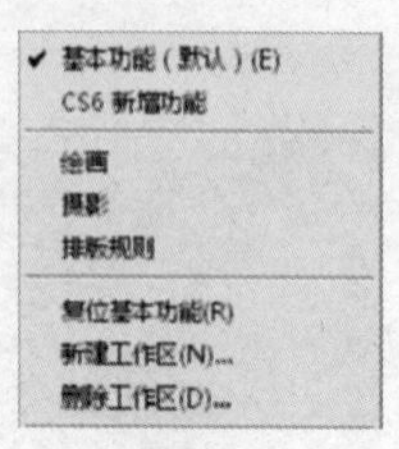


图1-3-6

### ※ 基本功能（默认）

执行【窗口】/【工作区】/【基本功能（默认）】命令，能使工作区恢复到默认的状态，如图1-3-7所示。

图1-3-7

### ※ 使用预设工作区

执行【窗口】/【工作区】命令，在其下拉菜单中包含多个预设工作区，单击其中一个工作区，界面中就会显示与此工作区相关的所用面板。

### ※ 新建工作区

执行【窗口】/【工作区】/【新建工作区】命令，弹出“新建工作区”对话框，如图1-3-8所示；在对话框中对其进行设置，设置完毕后单击“存储”按钮，储存的工作区会在【工作区】的下拉菜单中显示，并可以随时调用。

图1-3-8

### ※ 删除工作区

执行【窗口】/【工作区】/【删除工作区】命令，弹出“删除工作区”对话框，在对话框中选择要删除的工作区，单击“删除”按钮即可删除不必要的工作区。

## 1.3.3 自定义菜单命令快捷键

为了方便使用，用户也可以对菜单的快捷键进行设置。执行【窗口】/【工作区】/【键盘快捷键和菜单】命令，弹出“键盘快捷键和菜单”对话框，如图1-3-9所示。

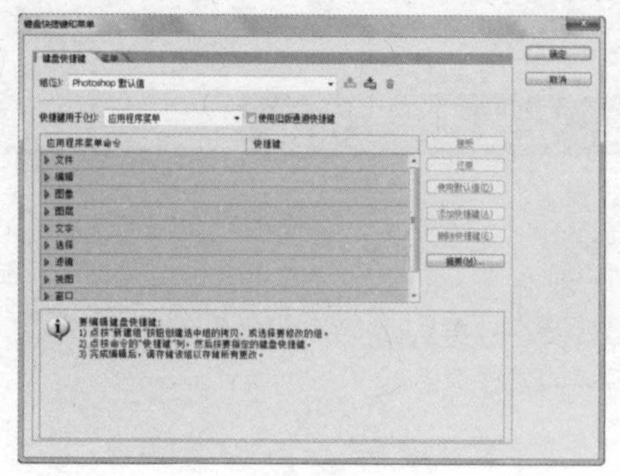

图1-3-9

选择要修改的文件菜单命令，单击名称前的小三角按钮▶展开菜单，在快捷键处单击即可修改，如图1-3-10所示。设置完毕后单击“确定”按钮。

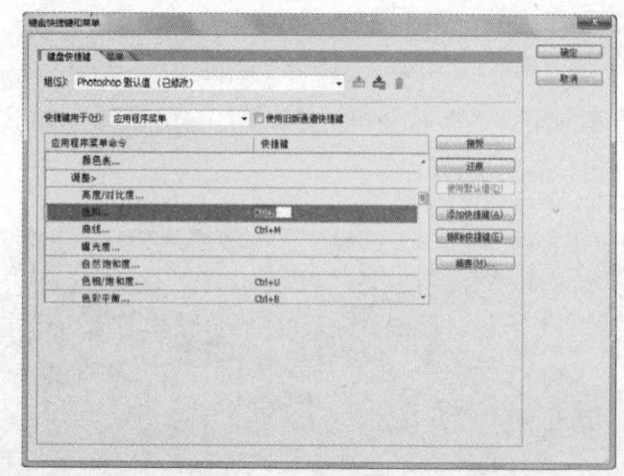

图1-3-10

执行【色阶】命令，如图1-3-11所示，可以看到快捷键已修改。同样如果要恢复其快捷键，可执行【窗口】/【工作区】/【键盘快捷键和菜单】命令，在弹出的对话框中，单击“使用默认值”按钮即可恢复快捷键。

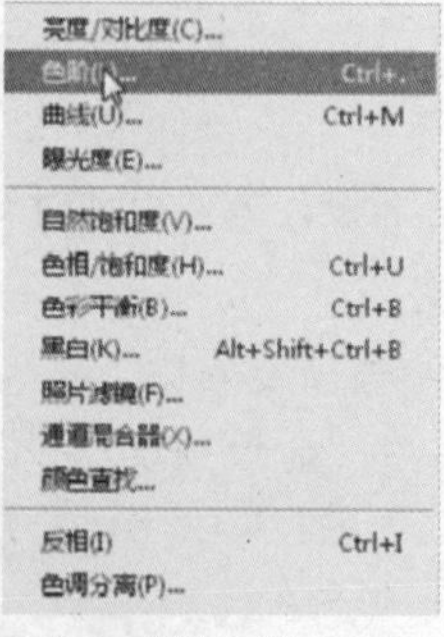


图1-3-11

# 1.4 位图图像与矢量图像

**关键字** 位图图像、位图文件格式、矢量图像、矢量文件格式

计算机图形图像可以分为位图图像和矢量图像两种，两者之间有着本质的区别，由于 Photoshop CS6 不仅能处理位图，同时又能导入矢量图，因此对于学习 Photoshop CS6 而言，理解并掌握这两种形式图像的区别非常重要。

## 1.4.1 位图图像的概念

位图图像由像素组成，也被称作栅格图像，将这一类图像放大到一定程度时，图像会显现出明显的点块化像素，如图1-4-1和图1-4-2所示。因此，当位图图像在Photoshop CS6中被放大甚至超出原尺寸比例100%时，就会显示出明显的锯齿，图像也会变得非常粗糙。

图1-4-1

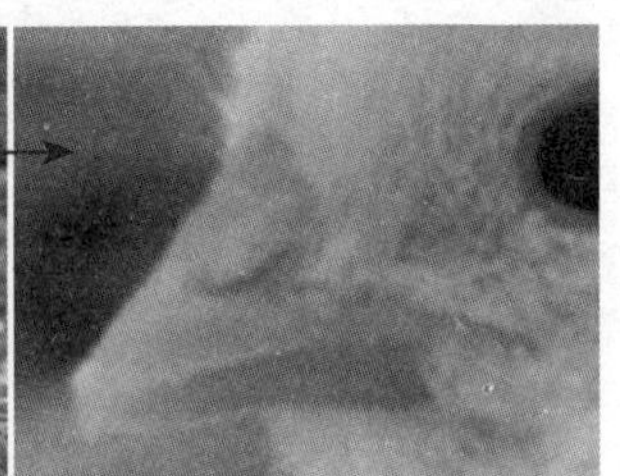

图1-4-2

## 1.4.2 位图文件格式

位图文件格式包括BMP格式、JPG格式、PSD格式等，这里主要介绍一下经常使用的文件格式。

**BMP格式：** 支持RGB、索引颜色、灰度和位图样式模式，但不支持Alpha通道。BMP格式不会将文件压缩，所以BMP文件所占用的空间很大，但图像中的资料会保存得很完整，不会丢失。

**JPEG格式：** 存储照片的标准格式，采用有损压缩的方式存储文件，具有较好的压缩效果，但同时也会使文件丢失部分数据。

**PSD格式：** 能保存Photoshop对图像进行特殊处理的信息，是Photoshop文件的默认格式。在没有最终确定文件存储的格式前，最好先以此种格式储存，方便以后的修改；其最大的缺点就是占用的存储空间较大。

**TIFF格式：** 大量用于传统的图像印刷，可进行有损或无损压缩。

**PDF格式：** 便携式文件格式，可保存多页信息，其中可以包含图像和文本。

**GIF格式：** 支持透明背景和动画，被广泛地应用在网络文档中。GIF文件比较小，它形成一种压缩的8位图像文件。

**PNG格式：** 用于无损压缩和在Web上显示图像。PNG格式不仅兼有JPEG格式和GIF格式所能使用的所有颜色模式，而且还能将图像压缩到最小以便于网络上的传输。

## 1.4.3 矢量图像的概念

矢量图像以数学公式的方式记录图像信息，与位图最大的区别在于可以对其任意放大或缩小而不会出现模糊或锯齿现象。打开如图1-4-3所示的矢量图像，将其放大到一定倍数，得到的图像效果如图1-4-4所示。

图1-4-3　　图1-4-4

## 1.4.4 矢量文件格式

矢量文件格式包括AI格式、SWF格式、SVG格式、WMF格式、EMF格式等。

**AI格式：** AI格式文件是一种矢量图形文件，AI文件也是一种分层文件，用户可以对图形内所存在的层进行操作。

**SWF格式：** 是二维动画软件Flash中的矢量动画格式，这种格式的动画图像能够用比较小的体积来表现丰富的多媒体形式。

**EPS格式：** 为压缩PostScript格式，既可存储矢量图，也可储存位图，最高能表示32位颜色深度。

SVG格式：它可以任意放大图像，却又不会使图像的质量受损。

WMF格式：是一种常见的文件格式，其图形往往会显得较粗糙。

DXF格式：以ASCII码方式存储文件，能十分精确的表现图像的大小。

### 1.4.5 位图图像与矢量图像的关系

位图图像与矢量图像虽然属于两种完全不同的图像，但在使用软件处理和绘制图像的过程中，并没有严格的界限。由于使用软件的发展，目前主流软件基本都可以处理不同格式的图像，即图像处理软件中也包含了图像绘制功能如Photoshop CS6，图形绘制软件也包含了图像处理功能如Illustrator CS4。

## 1.5 分辨率

**关键字** 分辨率种类、分辨率与清晰度的关系

“分辨率”是用于量度位图图像内数据量多少的一个参数，通常用 ppi（像素 / 英寸）来表示。分辨率与图像息息相关，主要用于衡量图像的细节表现力。

分辨率决定了位图图像中的细节精细度。一般来说，图像的分辨率越高，包含的像素就越多，图像也就越清晰。

### 1.5.1 常见的分辨率种类

#### ※ 图像分辨率

图像分辨率是指每英寸图像含有的像素数目，单位为像素/英寸。

文件的大小与输出的质量由图像分辨率和图像尺寸决定。

文件的大小与其图像分辨率的平方成正比。如保持图像的尺寸不变，将图像分辨率提高一倍，其文件的大小则增大为原来的四倍。

#### ※ 屏幕分辨率

屏幕分辨率是指显示器或电视屏幕上每单位面积显示的像素数量，通常以点/英寸（dpi）来表示。屏幕分辨率取决于显示器和电视屏幕的大小及其像素设置。

#### ※ 印刷分辨率

印刷分辨率是指在平面制作时的位图（也称为点阵图）的单位点数，同样大小面积范围内，点数越多分辨率越高，反之则越低。

#### ※ 扫描分辨率

扫描分辨率是指在扫描图像之前所设定的分辨率，不仅图像文件的质量和使用性能会受其影响，图像将以何种方式显示或打印也由其决定。

通常为了在高分辨率的设备中输出图像，才会扫描，所以应将需要的图像进行高分辨率的扫描。如果图像扫描分辨率过低，将会导致输出的图像效果非常模糊。

#### ※ 数码相机分辨率

数码相机分辨率的高低取决于相机中电荷耦合器芯片上像素的多少，像素越多分辨率越高，照片越清晰；像素越少分辨率越低，照片也就越模糊。

## 1.5.2 分辨率与图像清晰度的关系

高分辨率的图像比相同打印尺寸的低分辨率图像包含的像素更多，因而显得更细腻、清晰。

图1-5-1所示是分辨率为75dpi的图像，图1-5-2是分辨率为300dpi的图像。

图1-5-1

图1-5-2

## 实战 与图像分辨率相关的命令

第 1 章 / 实战 / 与图像分辨率相关的命令

Photoshop CS6 中有 2 个命令与图像的分辨率相关。

新建：能在创建新文件时确定新文件的分辨率，如图 1-5-3 所示。

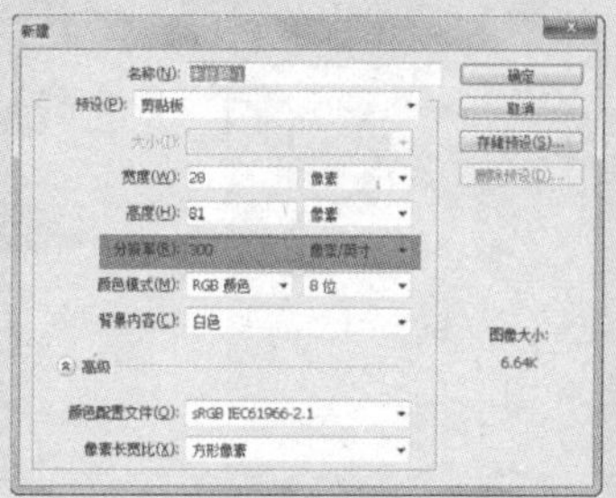

图1-5-3

图像大小：可以调整的图像分辨率，还可以改变图像的尺寸，如图 1-5-4 所示。

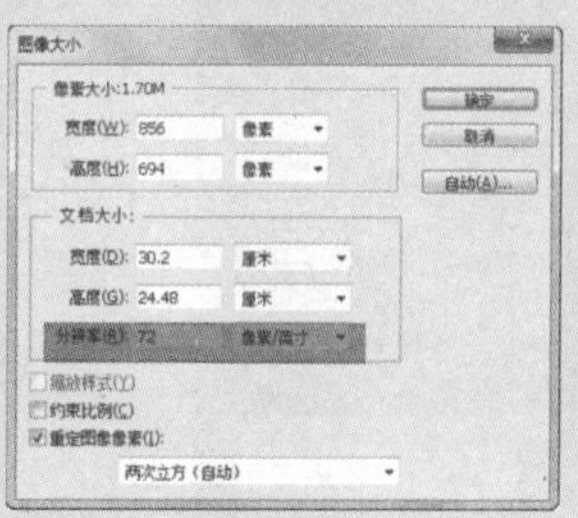

图1-5-4

### 技术要点： 确定合适的分辨率

要确定图像的分辨率，必须考虑图像的最终用途：

① 对于只需要在屏幕上观看的图像，分辨率数值为 72 像素 / 英寸即可。

② 对于用于输出印刷的图像，分辨率数值为 300 像素 / 英寸即可。

③ 对于用于大幅喷绘的图像，分辨率数值应介于 100 像素 / 英寸 ~ 150 像素 / 英寸，如果幅面超大可以设置为 36 像素 / 英寸 ~ 72 像素 / 英寸。

# 第2章 Photoshop CS6的基础操作

## 2.1 查看图像

**关键字** 不同的屏幕模式、查看图像、导航器、旋转工具、缩放工具、抓手工具

编辑图像时，为了更好地观察和处理图像，需要经常放大或缩小窗口的显示比例，或者移动画面在屏幕上的显示区域。为了更方便地查看图像，Photoshop CS6 提供了用于切换屏幕模式和窗口排列方式的功能，以及缩放工具、各种缩放命令和"导航器"面板。

### 2.1.1 在不同的屏幕模式下工作

执行【视图】/【屏幕模式】命令，在选择菜单中会出现标准屏幕模式、带有菜单栏的全屏模式和全屏模式三种屏幕模式。

#### ※ 标准屏幕模式

默认时Photoshop CS6使用标准屏幕模式，在这种模式下，窗口会显示菜单栏、标题栏、滚动条和其他屏幕元素，如图2-1-1所示。

图2-1-1

#### ※ 带有菜单栏的全屏模式

在这种模式下，图像可以向屏幕的各个方向延展，也可扩展到调整面板的下面；窗口会显示带有菜单栏和50%灰色背景，窗口中不显示标题栏和滚动条，如图2-1-2所示。

**本章关键技术点**

- ▲ 如何查看图像
- ▲ 更改图像大小
- ▲ 裁切图像
- ▲ 设置与使用辅助工具

图2-1-2

### ※ 全屏模式

在这种模式下，图像可以占用整个屏幕；窗口显示只有黑色背景，不显示标题栏、菜单栏和滚动条，如图2-1-3所示。

图2-1-3

**Tips 提示**

按 F 键可以从任何一种屏幕模式切换到另一种屏幕模式；按 Tab 键可隐藏或显示工具箱、面板和工具选项栏；按快捷键 Shift+Tab 可隐藏或显示面板。

## 2.1.2 使用多个窗口查看图像

执行【窗口】/【排列】命令，可以使用不同的排列方法来查看图像，如图2-1-4所示。

**层叠**：沿屏幕的左上角至右下角的方向层叠打开的窗口。

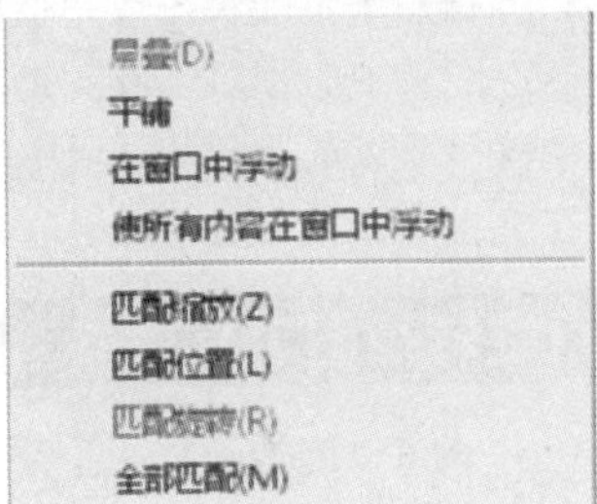


图2-1-4

**平铺**：以打开的图像各边相靠的方式显示窗口。当关闭某张图像时，打开的窗口会调整大小以填充可用空间。

**在窗口中浮动**：可使图像自由浮动（只会将当前编辑的文档窗口浮动）。

**使所有内容在窗口中浮动**：使所有图像浮动显示，会将所有打开的文档窗口以浮动状态显示。

**匹配缩放**：所有打开的窗口都会自动匹配到与当前窗口相同的缩放比例。

**匹配位置**：所有打开窗口中，图像在屏幕上的显示位置都自动匹配到与当前窗口相同。

**匹配旋转**：所有打开窗口中画布的旋转角度都自动匹配到与当前窗口相同。

**全部匹配**：所有打开窗口的缩放比例、图像显示位置、画布旋转角度都自动匹配到与当前窗口相同。

## 2.1.3 使用导航器面板查看图像

在“导航器”面板中既可以缩放图像，也可以移动图像。当需要按照一定的缩放比例工作，画面中又无法显示完整的图像时，可通过“导航器”面板查看图像，如图2-1-5所示。

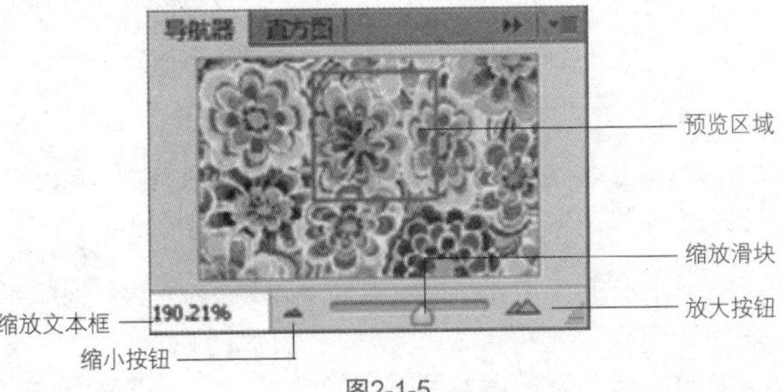


图2-1-5

**放大按钮/缩小按钮**：单击放大按钮可以放大窗口的显示比例，单击缩小按钮可以缩小窗口的显示比例。

**缩放滑块**：向右拖动滑块可以放大窗口的显示比例，向左拖动滑块可以缩小窗口的显示比例。

**缩放文本框**：窗口的比例值会显示在缩放文本框中，在文本框中输入数值也可以改变图像比例。

**预览区域**：当窗口中不能将图像完整显示时，将鼠标移至“导航器”面板中的预览区域，鼠标会变为抓手状，按住并拖动鼠标可以选择预览区域中的画面，选中的画面会显示在文档窗口的中心位置。

## 2.1.4 使用旋转视图工具旋转查看图像

使用旋转工具可以旋转画布，并且不会破坏图像或使图像变形。旋转画布在很多情况下都很有用，能使绘制更加方便。

### 实战 使用旋转工具查看图像

第2章/实战/旋转工具查看图像

执行下列任一操作。

打开如图2-1-6所示的素材，选择旋转工具，在窗口中单击，图像中会出现一个罗盘，无论当前画布是什么角度，图像中的罗盘都将指向北方，如图2-1-7所示。

图2-1-6

图2-1-7

按住鼠标拖动即可旋转画布，如图2-1-8所示；也可在其工具选项栏中的“旋转角度”选项中输入数值（以指示变换的度数），如图2-1-9所示。

图2-1-8

图2-1-9

要将画布恢复到原始角度，单击其工具选项栏中的“复位视图”选项即可。

如果打开了多个窗口，在其工具选项栏中勾选“旋转所有窗口”选项，在旋转当前图像的同时，其他窗口中的图像也会随之旋转。

## 2.1.5 使用缩放工具查看图像

单击工具箱中的缩放工具，其工具选项栏如图2-1-10所示。

图2-1-10

**放大**：在图像中单击该按钮即可放大图像。

**缩小**：在图像中单击该按钮即可缩小图像。

**调整窗口大小以满屏显示**：在缩放图像的同时，窗口的大小也会随之改变，并始终以满屏显示。

**缩放所有窗口**：当打开多个文件时，勾选此选项，可同时缩放所有文件。

**细微缩放**：勾选该选项后，按住鼠标并左右拖曳可以缩放图像。

**实际像素**：单击该按钮，会以实际像素即100%的比例显示图像，在工具箱中双击缩放工具或按快捷键Ctrl+Alt+0可进行同样的调整。

**适合屏幕**：单击该按钮，可以使图像最大化地完整显示，在工具箱中双击抓手工具或按快捷键Ctrl+0也可以进行同样的调整。

**填充屏幕**：单击该按钮，可以缩放图像以适合当前屏幕。

**打印尺寸**：单击该按钮，可以按实际的打印尺寸显示图像。

使用缩放工具可放大或缩小图像。使用缩放工具在画面中单击一次，可以使图像放大或缩小到下一个预设百分比，并且用鼠标单击的点会成为显示画面的中心点。当放大级别超过500%时，可以看到图像的像素网格。当图像达到最大的放大级别3200%或最小尺寸1像素时，放大镜会显示中空的状态。

打开如图2-1-11所示的素材。选择缩放工具，将鼠标移至画面中，单击某一点可放大窗口的显示比例，如图2-1-12所示。如果单击后按住鼠标左键不放，则窗口将一直放大。

图2-1-11

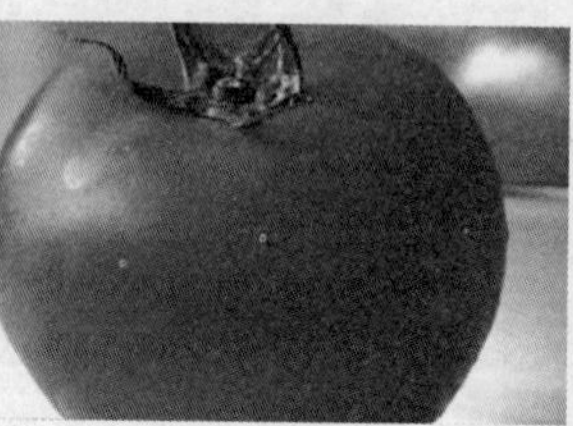
图2-1-12

按住鼠标左键在想要放大的区域内拖出一个矩形框，如图2-1-13所示；放开鼠标后，矩形框内的图像会放大到整个画面，如图2-1-14所示。

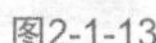
图2-1-13

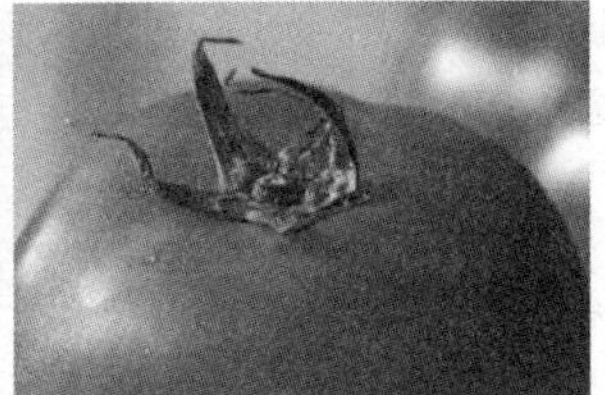
图2-1-14

按住Alt键，缩放工具会由放大变为缩小，单击即可缩小窗口的显示比例，如图2-1-15所示；如果按住鼠标左键不放，则窗口会一直缩小。

图2-1-15

**Tips 提示**

按住 Ctrl+ 空格可切换至缩放工具的放大模式；按住 Alt+ 空格，可切换至缩放工具的缩小模式。

按快捷键 Ctrl+ "+" 可直接放大图像，按快捷键 Ctrl+ "-" 可直接缩小图像。

### 2.1.6 使用抓手工具查看图像

当画面中不能完整显示图像时，可以使用抓手工具在画面中拖动，以观察图像的各个位置。

#### 实 战 使用抓手工具查看图像

第 2 章 / 实战 / 抓手工具查看图像

打开如图2-1-16所示的素材。

图2-1-16

选择工具箱中的抓手工具，按住Ctrl键单击画面可放大图像，如图2-1-17所示；按住Alt键单击画面可缩小图像，如图2-1-18所示。

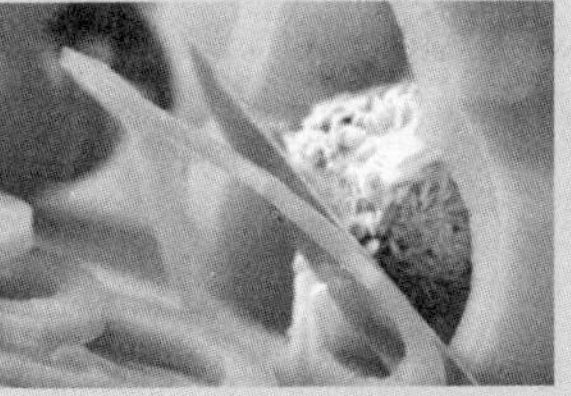
图2-1-17

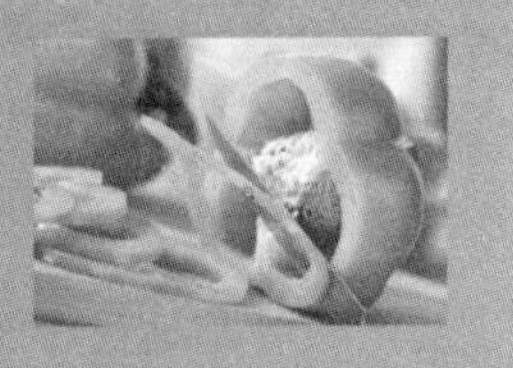
图2-1-18

放大或缩小图像后，单击并拖动鼠标即可移动画面，如图2-1-19和图2-1-20所示。

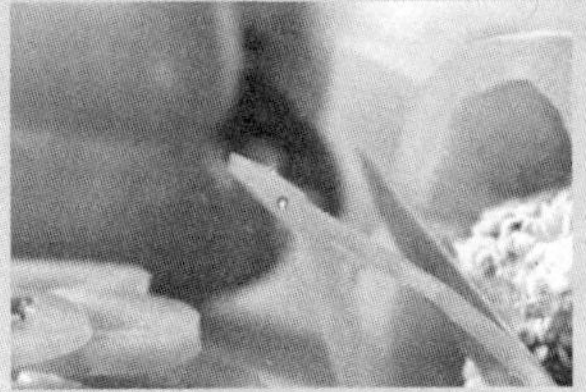
图2-1-19

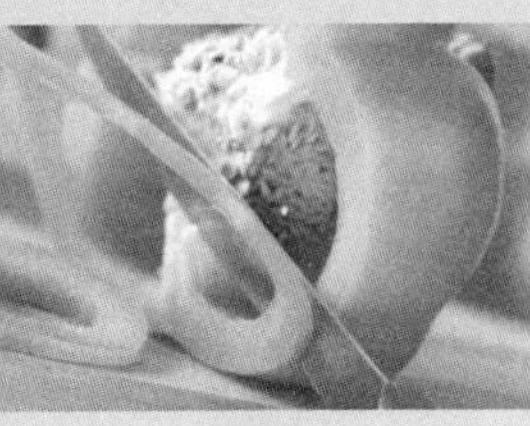
图2-1-20

如果要同时移动多个文件，选择抓手工具在其工具选项栏中勾选"滚动所有窗口"选项，移动画面的操作会作用于所有不能完整显示的画面。

抓手工具选项栏中的实际像素、适合屏幕和打印尺寸等选项与缩放工具相对应选项的作用相同。

**Tips 提示**

在其他工具为当前的操作工具（除在进行文本编辑状态）时，按住空格键，可以暂时将其他工具切换为抓手工具。

## 2.2 改变图像大小

**关键字** 图像大小与软件运行、裁切图像、裁剪图像、画布大小

如果要修改一个现有文件的像素大小、分辨率和打印尺寸，可以执行【图像】/【图像大小】命令（Ctrl+Alt+I），打开"图像大小"对话框进行调整。

### 2.2.1 图像大小与软件运行速度的关系

Photoshop CS6本身就是一款内存使用率高的软件，建议配置内存在512MB以上，硬盘最好也空出多一些的空间。

一般编辑的图像越小，占用内存越少，即运行速度越快。

## 2.2.2 裁切图像

在某些情况下可能只需要素材图像中的部分内容，或者需要重新构图，这时就需要重新裁切一下图像。

### ※ 使用裁剪工具裁切照片

裁剪工具能够将图像中不需要的地方裁剪掉，当照片的构图不合理或者需要突出照片中的主体时，使用该工具能够妥善地解决这些问题。

在Photoshop CS6中，选择裁剪工具后，会直接在图像边框显示裁剪工具的按钮与参考线，改善了以往从空白区域直接拉过来的操作方式。

01 打开素材图片，选择工具箱中的裁剪工具，图像的效果如图2-2-1所示。

图2-2-1

02 在图像中拖动裁切框一角，图像会随着裁切框的缩放而移动，但不论图像怎样移动，裁切框始终处于文档的正中心，如图2-2-2所示。

图2-2-2

调整区域大小，确定裁剪区域后按Enter键确认裁剪。要取消当前裁剪，单击工具选项栏上的还原裁切按钮即可。

之前的Photoshop版本中，裁剪完以后若对裁剪不满意，需要撤销刚才的操作才能恢复，在Photoshop CS6版本中，只需要再次选择裁剪框，然后随意操作即可看到原文档。

裁剪工具还可以将倾斜的图像按照需要的方向进行调整。图2-2-3所示的图像拍摄角度有些倾斜，通过裁剪工具绘制如图2-2-4所示的裁剪区域，并适当旋转裁剪框，调整完毕后按工具选项栏中的提交当前裁剪操作按钮裁剪图像，得到的图像效果如图2-2-5所示。

图2-2-3

图2-2-4

图2-2-5

**技术要点： 裁剪工具**

由于裁剪工具是要将图像中裁剪框外的图像去除，所以裁剪后的图像尺寸一定会比原图尺寸小，并且裁剪是针对所有图层进行的。

其工具选项栏如图2-2-6所示。

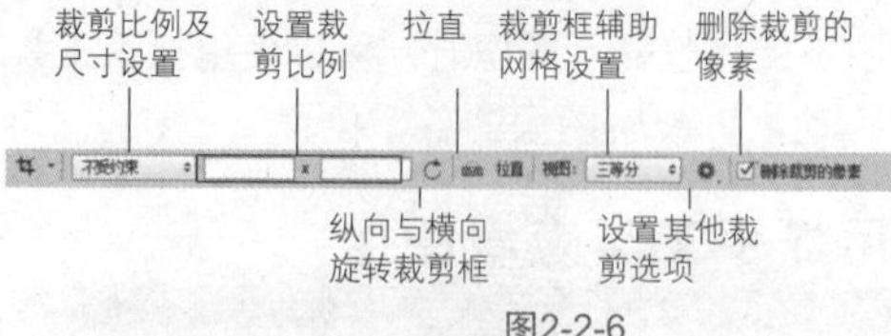


图2-2-6

**裁剪比例及尺寸设置：**在相应的下拉列表中选择需要的裁剪比例、裁剪宽度、高度和分辨率数值。Photoshop CS6提供了多种可直接选择的裁剪参数，在相同设置下，不论绘制的裁剪框为多大，最后的图像尺寸一定与所输入的尺寸相同。

**显示当前裁剪尺寸：**在文本框中可以输入需要裁剪图像的长宽比例。

**拉直：**在图像上画一条线用来拉直图像，可以使倾斜的地平线恢复平直。

**裁剪框的辅助网格设置：**该选项包括三等分、网格、对角、三角形、黄金比例和金色螺旋等选项，可以辅助裁剪图像，使裁剪后的图像更加美观。

**设置裁剪其他选项：**用户可以根据使用习惯对裁剪进行设置，包括裁剪的模式和裁剪屏蔽区域的状态等选项。

**删除裁剪的像素：**勾选该选项，裁剪后裁剪区域外的图像被删除；不勾选该选项，裁剪后可通过调整裁剪框恢复裁剪区域。

训练营 第 2 章 / 训练营 /01 重新构图裁剪照片

# 01 重新构图裁剪照片

▲ 使用裁剪工具裁切照片
▲ 添加文字效果

01 执行【文件】/【打开】命令（Ctrl+O）命令，弹出“打开”对话框，选择需要的素材，单击“打开”按钮打开图像，如图2-2-7所示。

02 选择工具箱中的裁剪工具，拖出一个矩形裁剪框，放开鼠标后可创建裁剪区域，如图2-2-8所示。

图2-2-7

图2-2-8

03 拖动定界框上的控制点可以调节定界框的大小，如图2-2-9所示。

04 调整完毕后单击Enter键，得到的图像效果如图2-2-10所示。

05 选择工具箱中的横排文字工具，在图像中输入文字，添加文字装饰，得到的图像效果如图2-2-11所示。

图2-2-9

图2-2-10

图2-2-11

## ※ 切片工具

运用切片工具，可以将图像分割成多个小的部分，最后会分别存储为独立文件。切片工具在网页设计等领域运用很广泛。

选择工具箱中的切片工具，在图像中创建切片，得到的图像效果如图2-2-12所示。创建完毕后执行【文件】/【存储为Web所用格式】命令（Alt+Ctrl+Shift+S），如图2-2-13所示，会弹出“存储为Web所用格式”对话框，单击存储按钮，即可生成“image”文件夹，应用到网络上。

图2-2-12

图2-2-13

## 技术要点：黄金分割与图片的关系

在长度约为全长的0.618处进行分割，就叫作黄金分割，这个分割点就叫做黄金分割点。黄金分割是一种数学上的比例关系。黄金分割具有严格的比例性、艺术性、和谐性，蕴藏着丰富的美学价值。黄金分割无处不在，不仅在自然界中，也在你生活的周围。如果能发现它，你的照片就会很特别。

图2-2-14所示为原图，图2-2-15所示为根据黄金分割调整后的图像效果，构图基本没有变化，与原图相比，人物的眼睛更加突出，使照片更有神采；图2-2-16所示为黄金分割点的位置。

图2-2-14

图2-2-15

图2-2-16

可以更加简单地寻找黄金分割点，使构图更加完美，图2-2-17所示圆圈位置为黄金分割点位置，图2-2-18所示为黄金分割点构图，图2-2-19所示为偏离黄金分割点构图，如图2-2-20所示为居中构图。通过对比可以发现同样为单一图像元素，依据黄金分割构图的图像显得更为饱满。

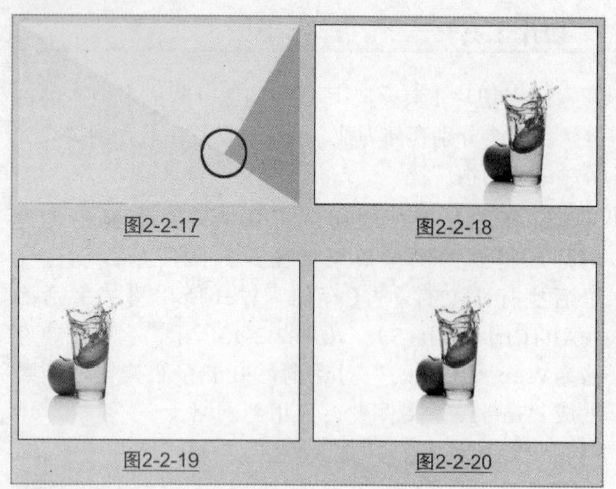

图2-2-17　图2-2-18

图2-2-19　图2-2-20

训练营 第 2 章 / 训练营 /02 裁切命令裁切照片

## 02 裁切命令裁切照片

▲ 使用裁切命令裁切照片
▲ 为图像添加文字效果

Before

After

01 执行【文件】/【打开】命令（Ctrl+O），弹出“打开”对话框，选择需要的素材，单击“打开”按钮打开图像，如图2-2-21所示，“图层”面板状态如图2-2-22所示。

图2-2-21

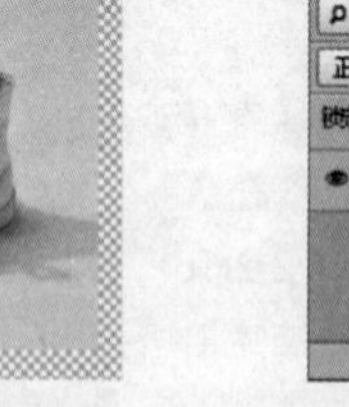

图2-2-22

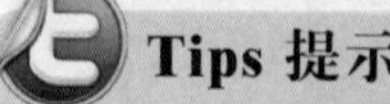

**Tips 提示**

如果选择的图像没有背景图层，可以用裁切命令裁切掉图像的透明区域。

02 执行【图像】/【裁切】命令，在弹出的“裁切”对话框中设置参数，选定“透明像素”，若需要对4边都进行裁切，下面四个裁切选项就都需要勾选，如图2-2-23所示，设置完毕后单击“确定”按钮，得到的图像效果如图2-2-24所示。

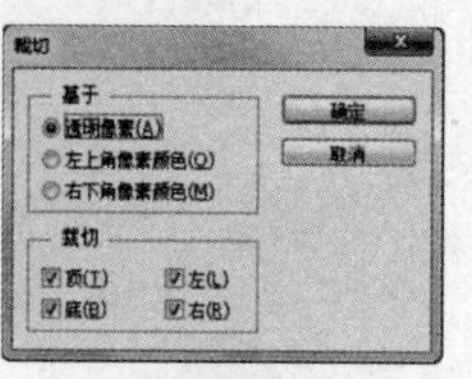

图2-2-23

图2-2-24

03 选择工具箱中的横排文字工具T，在图像中输入文字，得到的图像效果如图2-2-25所示。

图2-2-25

## 2.2.3 改变画布大小

执行【图像】/【画布大小】命令（Ctrl+Alt+C）可修改画布的大小。当扩大画布时，图像周围会自动增加空白区域；当缩小画布时，将会裁剪掉图像四周的部分。

执行【图像】/【画布大小】命令（Ctrl+Alt+C），弹出“画布大小”对话框，如图2-2-26所示。

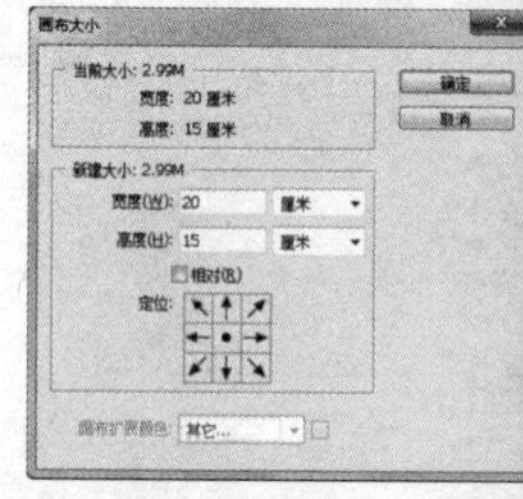

图2-2-26

**当前大小**：图像当前的大小、宽度和高度在此显示。

**新建大小**：可输入所需的高度和宽度，当输入的数值大于原图时，画布尺寸会增大；当输入的数值小于原图时，会裁剪图像。

**相对**：勾选此选项后，选项中的数值是要增加或减少的区域的大小，而不是整个图像的大小，如果输入的数值为正值则会放大图像画布，如果输入的数值为负值则会裁剪掉图像。

**定位**：单击定位框四周的箭头，可设置新画布尺寸相对于原画布尺寸的位置，黑点的部位为缩放的中心点，增大或缩小后画布的中心点取决于此黑点。

打开如图2-2-27所示素材，如图2-2-28、图2-2-29和图2-2-30所示分别为图像设置不同的定位方向，对比增大画布后得到的画布效果，就不难理解了。

图2-2-27

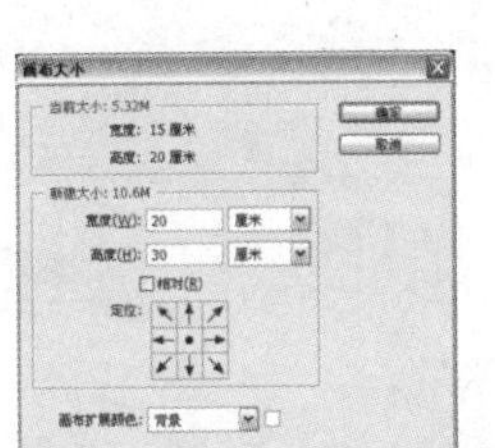

图2-2-28

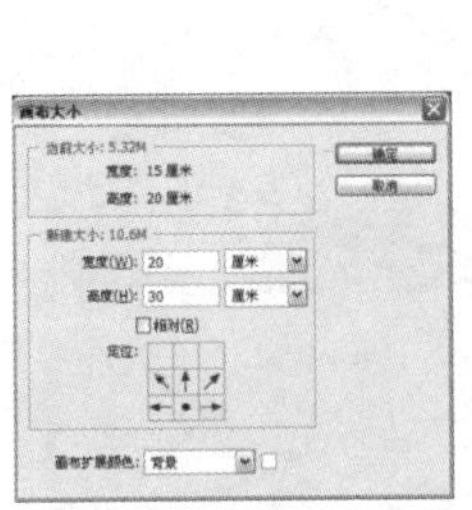

图2-2-29

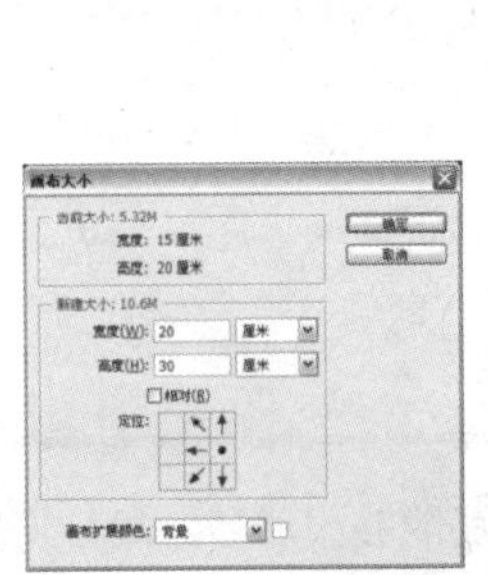

图2-2-30

**画布扩展颜色**：在该下拉列表中可以选择填充新画布的颜色；也可单击右侧的色块，在弹出的“选择画布扩展颜色”对话框中选择颜色，用来作为扩展后的画布的颜色，如图2-2-31所示是更改扩展颜色后的对话框。

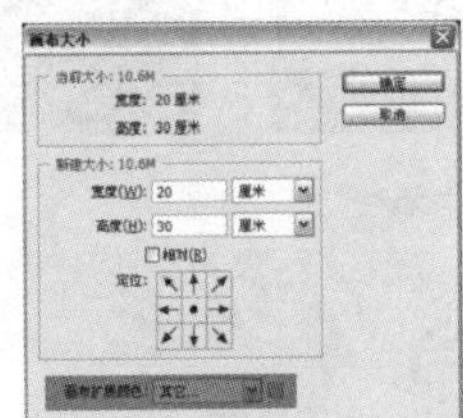

图2-2-31

标尺工具用于在图像上进行定位，以便于精确地调整图像的位置和大小。

训练营 第2章 / 训练营 /03 改变照片的尺寸

## 03 改变照片的尺寸

▲ 通过改变图像大小的数值来改变照片的尺寸

01 执行【文件】/【打开】命令（Ctrl+O），弹出“打开”对话框，选择需要的素材图像，单击“打开”按钮，如图2-2-32所示。

02 执行【图像】/【图像大小】命令（Ctrl+Alt+I），弹出“图像大小”对话框，如图2-2-33所示。

图2-2-32

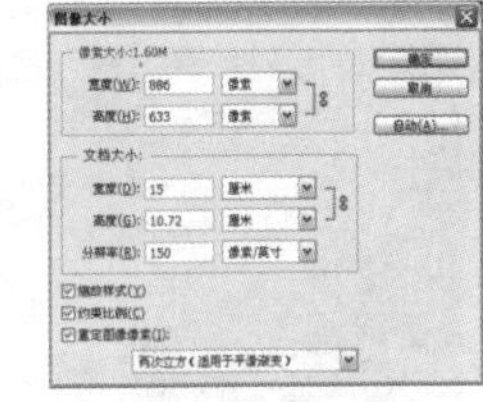

图2-2-33

03 在像素大小的“高度”中输入所需要的数值，如图2-2-34所示，设置完毕后单击“确定”按钮，得到的图像效果如图2-2-35所示。

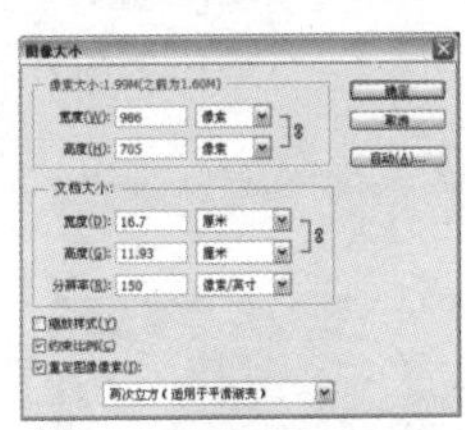

图2-2-34

图2-2-35

04 执行【图像】/【图像大小】命令（Ctrl+Alt+I），在文档大小的“高度”中输入所需要的数值，如图2-2-36所示，设置完毕后单击“确定”按钮，得到的图像效果如图2-2-37所示。

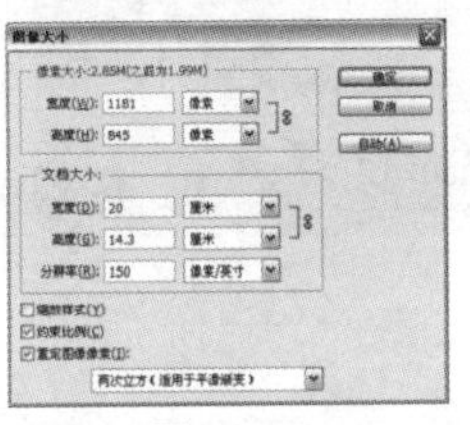

图2-2-36

图2-2-37

**Tips 提示**

使用“图像大小”改变照片尺寸时，要确保“高度”与“宽度”是链接的，这样就不会使图像变形。如果断开链接，改变的只是某一项的尺寸，另一项的尺寸不会改变，图像会发生变形。

# 2.3 使用辅助工具

**关键字** 标尺、参考线、智能参考线、网格、注释、对齐

为了更准确地对图像进行编辑和调整，需要了解并掌握辅助工具。辅助工具包括：标尺、参考线、智能参考线、网格、注释和对齐。

打开如图2-3-1所示素材，执行【视图】/【标尺】命令（Ctrl+R）显示标尺，标尺会出现在图像的左侧和顶端，如图2-3-2所示。

图2-3-1

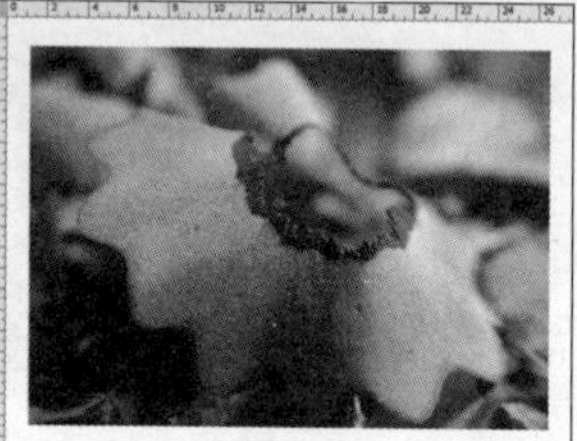
图2-3-2

## 2.3.1 标尺

一般标尺的原点会位于窗口的左上角，原点显示为（0，0）；将鼠标放在原点上，如图2-3-3所示，单击并拖动鼠标，画面中会出现两条相交成十字状的虚线，如图2-3-4所示，以其相交点为标准，将其拖到适合的位置然后松开鼠标，该处会成为新原点，如图2-3-5所示。

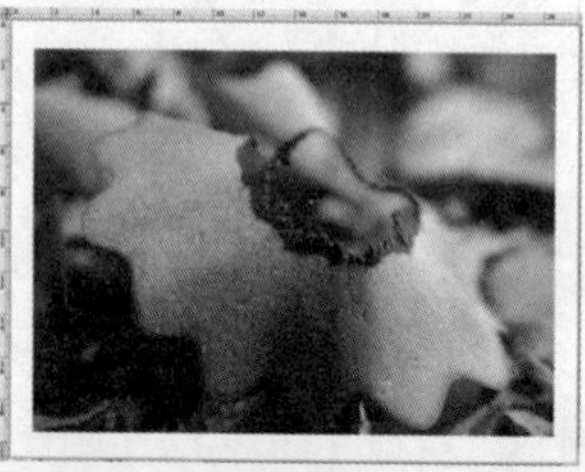
图2-3-3

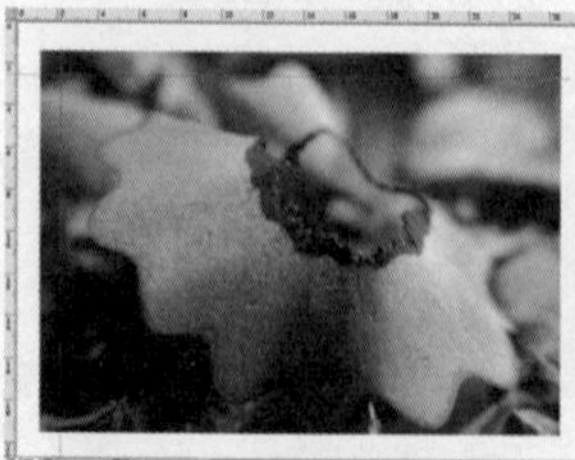
图2-3-4

图2-3-5

**Tips 提示**

在定位原点时，要使标尺的原点与标尺刻度记号始终保持对齐，可按住 Shift 键。在调整标尺的原点的同时，网格的原点也会随之变化。

将光标放在原点的默认位置上，双击即可恢复原点位置。如果要隐藏标尺，可再次执行【视图】/【标尺】命令（Ctrl+R），按快捷键Ctrl+H也可以隐藏标尺。

**技术要点： 单位和标尺**

执行【编辑】/【首选项】/【单位和标尺】命令或双击标尺，弹出“首选项”对话框，如图所示，可以在对话框中修改标尺的测量单位。

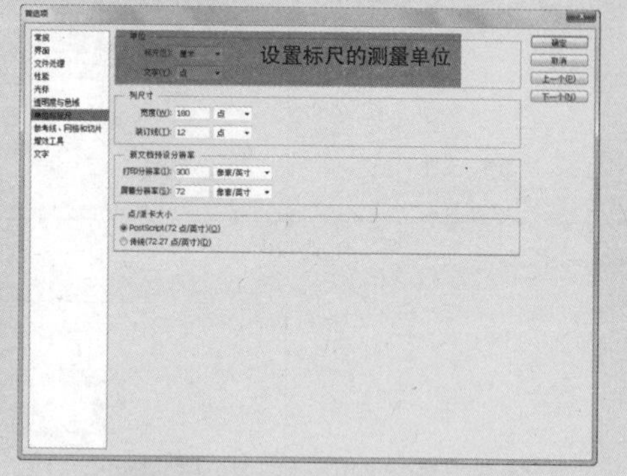


## 2.3.2 参考线

当窗口中显示标尺时，还能够添加参考线。将鼠标放在标尺上，按住鼠标左键并拖动，即可添加参考线，参考线的数量不限，如图2-3-6和图2-3-7所示。

图2-3-6

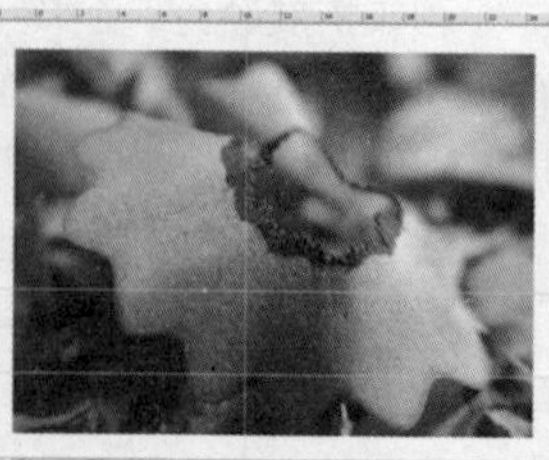
图2-3-7

**Tips 提示**

由顶端向下拖动鼠标会建立水平参考线，由左向右拖动鼠标，会建立垂直参考线。拖动鼠标时按住 Shift 键，可以使参考线与标尺上的刻度保持对齐。

执行【视图】/【锁定参考线】命令可以锁定参考线的位置，此时参考线不能被移动；再次执行该命令即可取消锁定。

用鼠标按住参考线并将其拖回标尺即可删除参考线；也可执行【视图】/【清除参考线】命令，清除参考线。

## 实战 设置参考线、网格和切片

第 2 章 / 实战 / 设置参考线、网格和切片

执行【编辑】/【首选项】/【参考线、网格和切片】命令，弹出“首选项”对话框，设置参考线的颜色和样式。将颜色设置为洋红，样式设置为虚线，如图 2-3-8 所示，得到的参考线如图 2-3-9 所示。

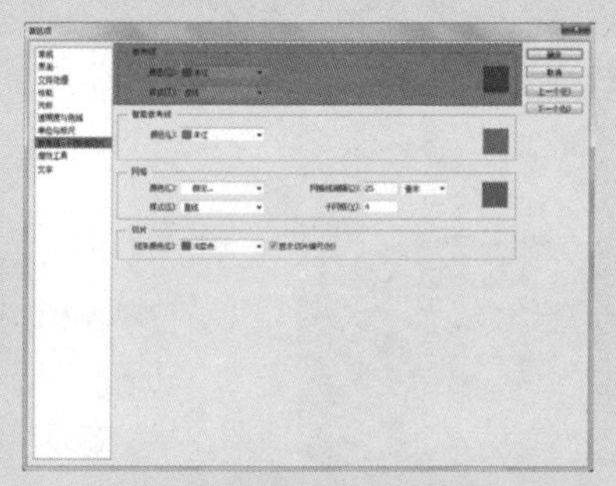

图2-3-8

图2-3-9

### 技术要点：新建参考线

执行【视图】/【新建参考线】，弹出“新建参考线”对话框，如图所示。

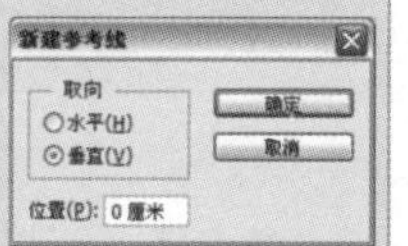


**水平**：选择可创建水平参考线。
**垂直**：选择可创建垂直参考线。
**位置**：可精确设置参考线在画面中的位置。

## 2.3.3 智能参考线

智能参考线是一种智能化的参考线，它仅在需要的时候出现，在进行操作时使用智能参考线可以对齐形状、切片和选区。

## 2.3.4 网格

打开如图2-3-10所示的素材，执行【视图】/【显示】/【网格】命令（Ctrl+"），图像中会显示网格，如图2-3-11所示。

图2-3-10

图2-3-11

执行【编辑】/【首选项】/【参考线、网格和切片】命令，弹出“首选项”对话框，如图2-3-12所示；可以在对话框中设置关于网格的参数。

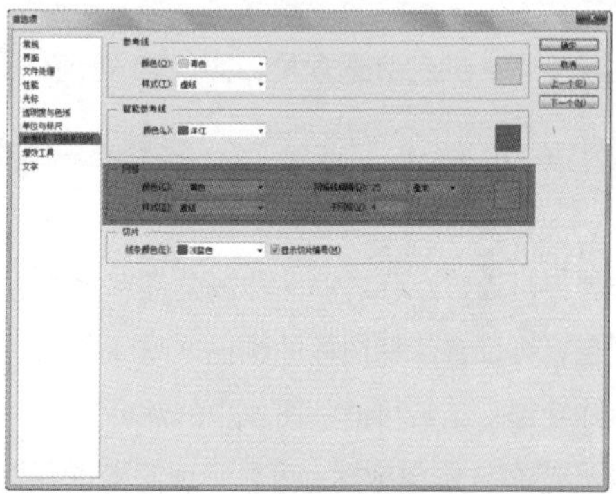

图2-3-12

**颜色**：在此选项中可以设置网格线的颜色。

**样式**：在此选项中可以设置网格线的样式。

**网格线间距**：能设置网格的间距，间距越小，绘制得越精确。

**子网格**：每个单位网格中所分的小网格为子网格，在此选项中可以设置子网格线间的距离，选项中默认值为4。

再次执行【视图】/【显示】/【网格】命令时，可以取消网格。

**技术要点：查看额外内容**

在【视图】菜单下可对标尺、参考线及网格进行设置，分别勾选“显示参考线”、“显示网格”和“显示标尺”选项，可以显示这些额外内容。

## 2.3.5 注释

注释工具可以为图像加入注释。

打开如图2-3-13所示的素材，选择工具箱中的注释工具，在图像中需要注释的位置单击，图像中会出现注释图标，如图2-3-14所示，在弹出的“注释”面板中输入文字信息进行注释，如图2-3-15所示。

图2-3-13

图2-3-14

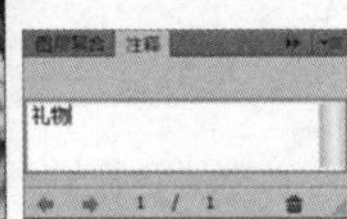


图2-3-15

注释工具的工具选项栏如图2-3-16所示。

作者： 颜色： 清除全部

图2-3-16

**作者**：可设置注释者的名称或是注释标题。

**颜色**：可设置注释图标的颜色，默认色为黄色。

**清除全部**：单击可清除图像中的注释。

**显示/隐藏注释面板**：可显示或隐藏注释面板。

执行【文件】/【导入】/【注释】命令，弹出“载入”对话框。在对话框中选择设置好的包含注释的文件，然后单击“载入”按钮，可将注释导入文件中。

## 实战 为图像添加注释

第2章/实战/为图像添加注释

打开如图2-3-17所示的素材图像，选择工具箱中的注释工具。

图2-3-17

在图中需要添加注释的地方单击，即可添加注释，如图2-3-18所示。在“注释”面板中添加所需的文字信息，即可对图像添加注释，如图2-3-19所示。

图2-3-18

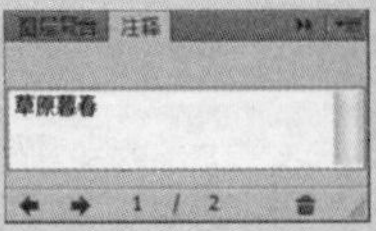

草原暮春
1 / 2

图2-3-19

当图像中有多个注释时，选择工具箱中的移动工具，单击所要查看的注释，此注释即为选中状态，如图2-3-20所示，在“注释”面板中会显示所注释的内容，如图2-3-21所示。

图2-3-20

图2-3-21

## 2.3.6 对齐

执行【视图】/【对齐】命令，然后在【视图】菜单下的【对齐到】选项中选择对齐项目，如图2-3-22所示。勾选某一命令即可启用该对齐功能，取消勾选则取消对齐功能。

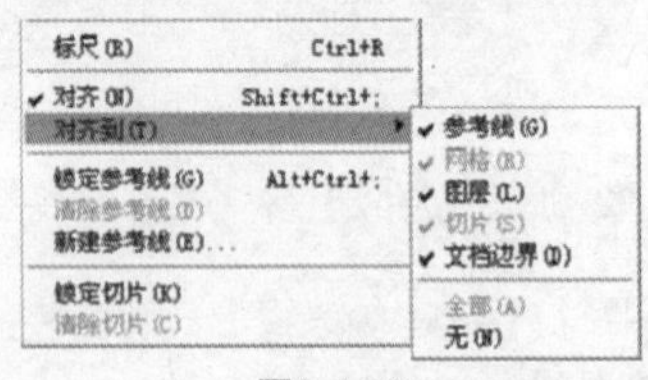


图2-3-22

**参考线**：可以将选择的对象与参考线对齐。

**网格**：可以将选择的对象与网格对齐，只有在网格显示的情况下可用。

**图层**：可以将选择的对象与图层对齐。

**切片**：可以将选择的对象与切片的边界对齐，只有在切片显示的情况下可用。

**文档边界**：可以将选择的对象与文档的边界对齐。

**全部**：选择所有选项。

**无**：取消所有选项的选择。

# 2.4 恢复与还原操作

**关键字** 还原与重做、前进与后退、恢复文件

在编辑图像的过程中，如果某一步出现错误，或者对创建的效果不满意，就需要还原或恢复图像。

## 2.4.1 还原与重做

执行【编辑】/【还原】命令，可以取消对图像进行的最后一步操作，将图像还原到执行此操作之前的状态。如果要取消还原的操作，可执行【编辑】/【重做】命令。

## 2.4.2 前进与后退

“还原”命令只可以将图像还原一步，而连续执行【文件】/【后退一步】命令（Ctrl+Alt+Z），则可以逐步撤销操作。如果要取消还原，可以连续执行【文件】/【前进一步】命令（Shift+Ctrl+Z）。

## 2.4.3 恢复文件

【文件】/【恢复】命令可恢复到最后一次保存的状态。Photoshop CS6中的每步操作都会被记录在“历史记录”面板中。在面板中可随意将图像恢复到操作过程中的某步状态，也可回到当前的操作状态。

执行【窗口】/【历史记录】命令，可打开“历史记录”面板，如图2-4-1所示。

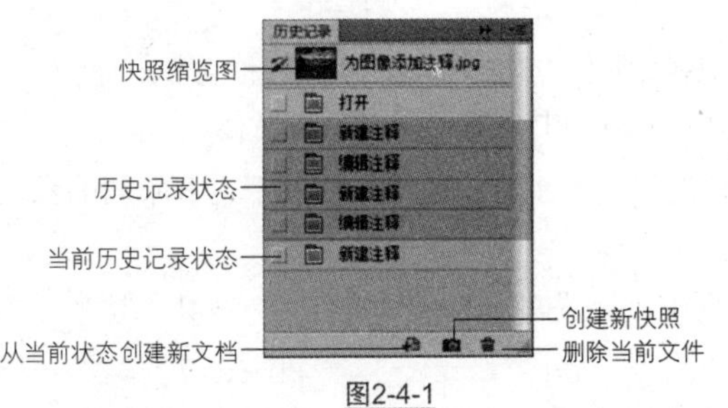


图2-4-1

**快照缩览图**：记录建立快照时的图像状态，建立快照后才会有此栏。

**当前历史记录状态**：在“历史记录”面板中单击某一步操作，即可将此步骤设置为当前历史记录，画面也会显示执行此步骤时的状态。

**从当前状态创建新文档**：单击该按钮，可以当前状态的图像为源图像创建一个新文件。

**创建新快照**：单击该按钮，可以为当前状态的图像创建快照。

**历史记录状态**：记录编辑图像时各步骤的状态。

**删除当前状态**：在“历史记录”面板中选中某步操作后，单击此按钮可将该步骤及后面的步骤删除。

**Tips 提示**

在 Photoshop CS6 中对颜色设置、面板设置、动作操作和首选项所作出的更改不会记录在“历史记录”中。

在进行一系列操作后，如果要回到某一步操作状态，只要在“历史记录”面板中单击该历史记录的名称即可，如图2-4-2所示；此时所选历史记录为当前历史记录状态，在其以后的步骤都将以灰色状态显示，如图2-4-3所示。

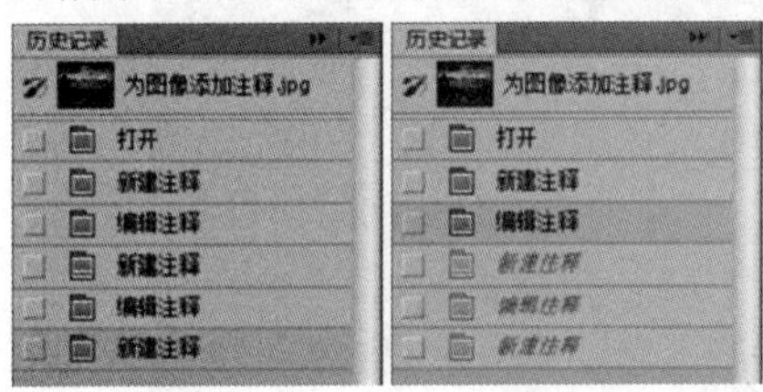


图2-4-2 图2-4-3

在当前历史记录状态名称的左侧，会有一个三角形的滑块，单击该滑块并上下拖动即可在各个历史记录状态间快速切换。

默认状态下，“历史记录”面板只记录最后20步的操作。执行【编辑】/【首选项】/【性能】命令，在弹出的“首选项”对话框中改变默认的参数值即可改变记录步骤的数量，如图2-4-4所示。

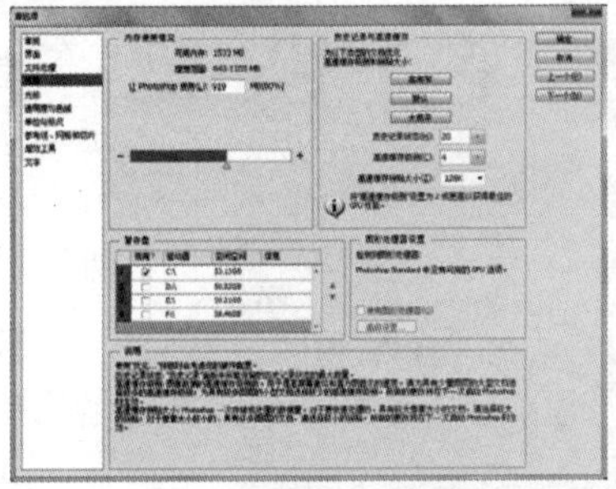

图2-4-4

**Tips 提示**

历史记录保留的步骤数量越多，工作时生成的临时文件越大，所耗内存越大。保留的步骤越多，能返回的步骤也就越多，对编辑图像越有帮助。

# 第3章 文件的基本操作

本章关键技术点

▲ 新建、打开、存储、关闭文件
▲ 剪切、复制、粘贴图像
▲ 移动、旋转图像
▲ 变换、变形图像
▲ 操控变形

## 3.1 文件菜单命令

**关键字** 新建文件、打开文件、置入文件、导入文件、保存文件、导出文件、关闭文件等

### 3.1.1 新建文件

执行【文件】/【新建】命令（Ctrl+N），打开“新建”对话框，如图3-1-1所示。在对话框中对文件进行基本设置，创建一个新的文档。

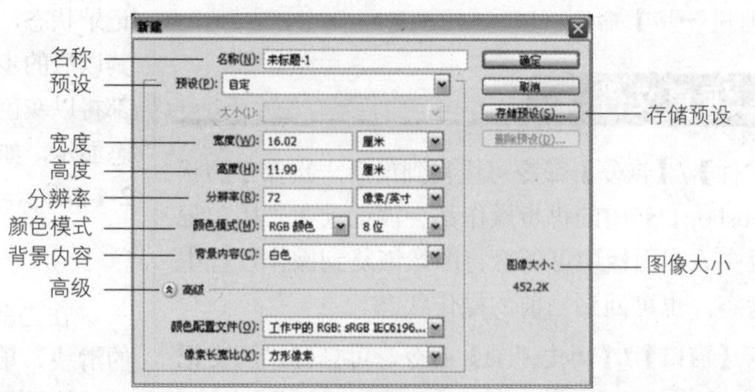


图3-1-1

**名称**：在文本框中可输入所需的文档名称，默认名称为“未标题-1”。创建文件后，在图像窗口的标题栏中会显示所设定的名称。

**预设**：用于设置文件的尺寸大小，在其下拉列表中也有不同的预设尺寸供选择。

**宽度/高度**：在文本框中可设置文件的宽度和高度，在其下拉列表中也能选择设置的单位。

**分辨率**：用于设置图像的分辨率大小，分辨率越高，图像就会越清晰、越大。

**颜色模式**：可以设置图像的色彩模式，包括“位图”、“灰度”、“RGB颜色”、“CMYK颜色”和“Lab颜色”。

**背景内容**：可设置新建文件的背景颜色，在其下拉列表中有“白色”、“背景色”和“透明”。“白色”为默认色，选择后背景为白色；选择“背景色”要先在工具箱中设置好背景颜色，新建文档后，新文档的背景色即为所设定的背景颜色；选择“透明”则背景设置为透明区域。

**高级**：单击“高级”的下拉按钮，“新建”对话框底部会显示“颜色配置文件”和“像素长宽比”两个选项。

**存储预设：**单击此按钮，会弹出“新建文档预设”对话框，如图3-1-2所示。在对话框中可以对新文档进行设置。

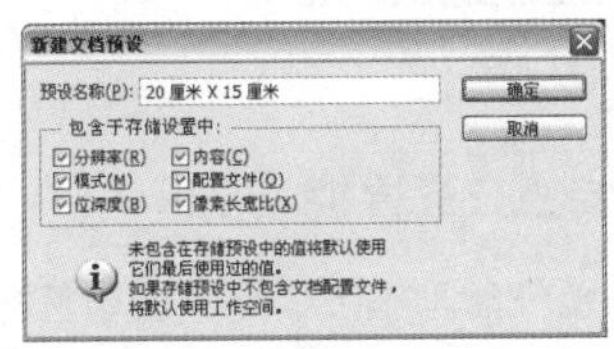


图3-1-2

**删除预设：**单击此按钮，可删除预设。

**图像大小：**可以显示图像的大小。

**技术要点：新建文件的设置**

执行【文件】/【新建】命令，或按快捷键 Ctrl+N 打开“新建”对话框；“新建”对话框内的数值一般会显示为上次所设置文件的数值。

## 3.1.2 打开文件

在Photoshop CS6中打开文件的方法有很多种，可以执行命令打开，也可以用Adobe Bridge打开，还可以使用快捷方式打开。

### ※ 用“打开”命令打开文件

执行【文件】/【打开】命令，弹出“打开”对话框，如图3-1-3所示。在“打开”对话框中可以选择一个文件，单击“打开”按钮即可打开此文件。

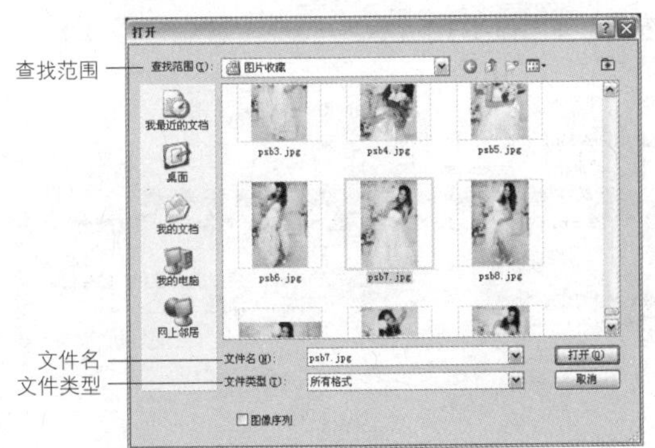


图3-1-3

**查找范围：**可以选择图像文件所在的文件夹，方便查找。

**文件名：**显示已选择的文件的名称。

**文件类型：**可以选择文件的类型，默认为“所有格式”。当选择了某一个文件类型后，“打开”对话框中只显示该类型的文件。

**Tips 提示**

按下 Ctrl+O 快捷键，或在 Photoshop CS6 中双击文件编辑区都可以弹出“打开”对话框。

### ※ 用“打开为”命令打开文件

执行【文件】/【打开为】命令会弹出“打开为”对话框，如图3-1-4所示。使用此命令打开文件时，必须在“打开为”选项框中为所要打开的文件指定正确的格式，然后单击“打开”按钮将其打开。

如果文件不能打开，则选取的格式可能与文件的实际格式不匹配，或文件已经破坏。

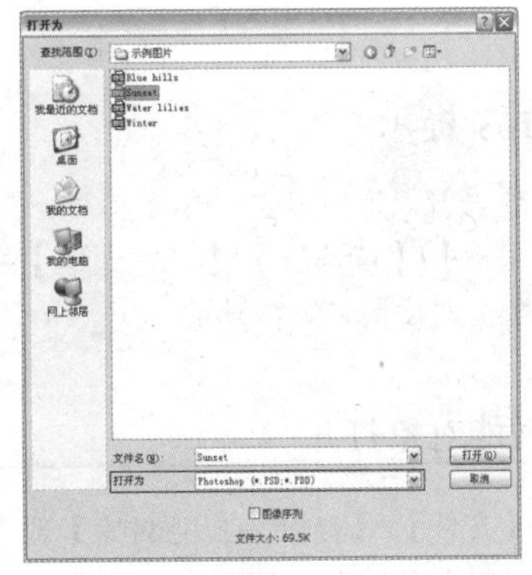

图3-1-4

### ※ 用“快捷方式”命令打开文件

在Photoshop CS6还没有运行时，将要打开的文件拖到Photoshop CS6应用程序图标上，即可运行Photoshop CS6并打开该图像文件，如图3-1-5所示。当运行了Photoshop CS6，可将图像直接拖曳到Photoshop CS6的图像编辑区域中打开图像，如图3-1-6所示。

图3-1-5

图3-1-6

**Tips 提示**

在使用拖曳图像到图像编辑区域的方法打开图像时，如果有已打开的文档，需要将其最小化再将图像拖曳至编辑区域中。

## ※ 打开最近使用的文件

要打开最近使用的文件，可执行【文件】/【最近打开的文件】命令。在其下拉菜单中会显示最近在Photoshop CS6中打开的10个文件，如图3-1-7所示。单击某一文件即可将其打开。执行下拉菜单中的【清除最近】命令，可以清除保存的目录。

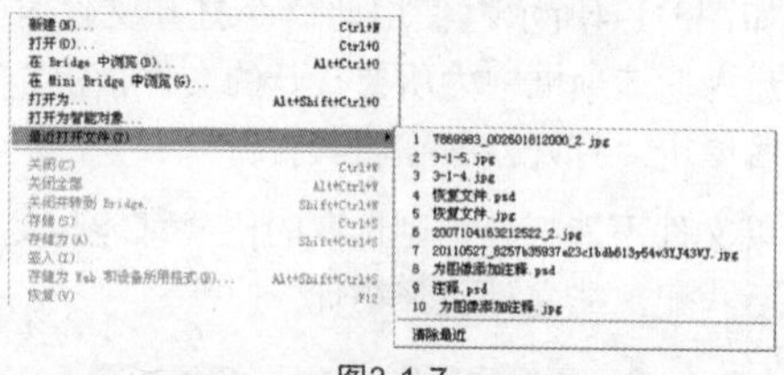

图3-1-7

**Tips 提示**

如果要设置最近打开文件菜单中列出的文件数量，可执行【编辑】/【首选项】/【文件处理】命令，在打开的“首选项”对话框中进行设置。

## ※ 作为智能对象打开

执行【文件】/【打开为智能对象】命令，打开“打开为智能对象”对话框，如图3-1-8所示。选择所需文件将其打开后，打开的文件会自动转换为智能对象，如图3-1-9所示，图像效果如图3-1-10所示。

图3-1-8

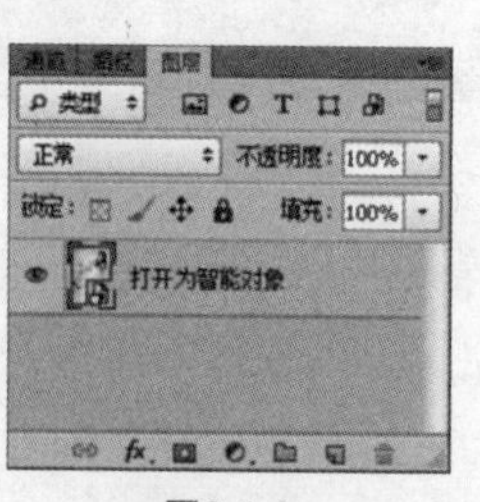

图3-1-9

图3-1-10

**技术要点： 智能对象**

智能对象能任意地缩放，而不会破坏原始图像；为智能图像创建多个副本后，在对原文件进行编辑时，所有和其相链接的副本也会随之发生变化。

在为智能对象执行【滤镜】命令时，所有滤镜会自动转化为智能滤镜。

## 3.1.3 在Bridge中浏览

运行Photoshop后，执行【文件】/【在Bridge中浏览】命令（Alt+Ctrl+O），可以弹出“Bridge”浏览界面，如图3-1-11所示。

图3-1-11

**应用程序栏：**在应用程序栏中提供了各种基本的任务按钮，如图3-1-12所示。

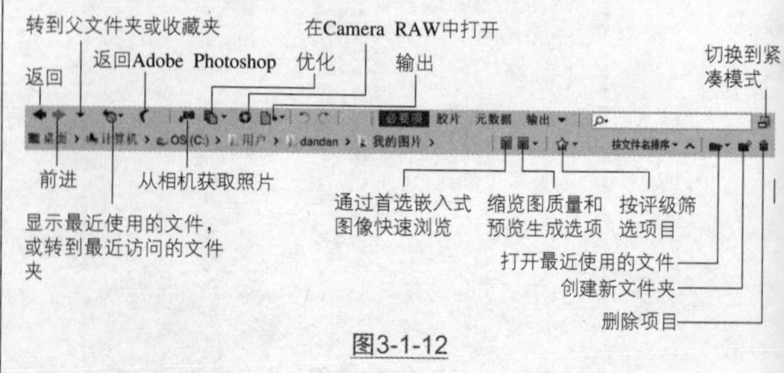


图3-1-12

## 实战 审阅模式下查看照片

第 3 章 / 实战 / 审阅模式下查看照片

执行【文件】/【在Bridge中浏览】命令，弹出“Bridge”界面，如图3-1-13所示。

图3-1-13

单击优化按钮，在弹出的下拉列表中选择审阅模式（Ctrl+B），图像效果如图3-1-14所示。

单击其左下方的向左和向右的按钮可以切换至下一张图片，单击向下的按钮可以从审阅模式中删除当前图片；使用放大镜在图像中单击可以放大图像局部，查看图像细节效果，如图3-1-15所示。

图3-1-14

图3-1-15

直接单击右下角按钮，可以将审阅完毕的图像存储在“收藏集”面板中方便以后使用，单击按钮退出审阅模式。

**收藏夹**：快速访问文件夹。

**文件夹**：显示当前文件所在文件夹位置及其文件夹层级结构。

**过滤器**：可以设置创建日期、长宽比或曝光时间过滤出适合条件的图像，如图3-1-16所示为“过滤器”面板，“过滤器”面板根据所打开的文件夹不同，其显示内容也不同。

图3-1-16

## 实战 在Bridge中查找图像

第 3 章 / 实战 / 在 Bridge 中查找图像

执行【文件】/【在Bridge中浏览】命令，弹出“Bridge”界面，如图3-1-17所示。

图3-1-17

例如需要选择图像为横向、长宽比为2:3的图像，如图3-1-18所示进行设置，即可方便地找到需要的图像。

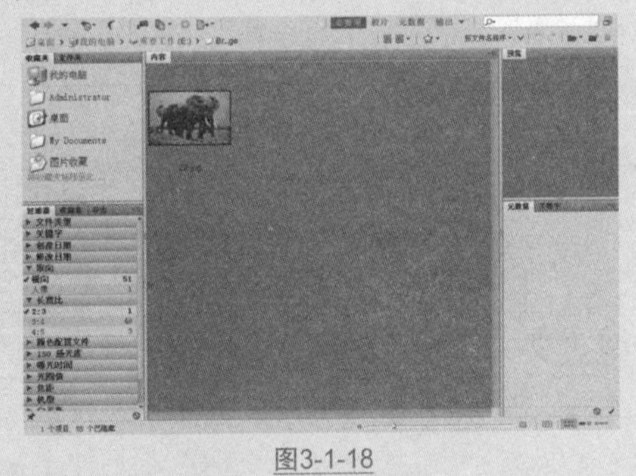

图3-1-18

**收藏集**：可以将审阅模式中的图像自动存放到“收藏集”面板中方便查找，也可新建收藏集或智能收藏集。

**预览**：可以预览选中图像，并使用放大镜放大局部，如图3-1-19所示为选择一张图像的预览效果，如图3-1-20所示为选择多张图像的预览效果。

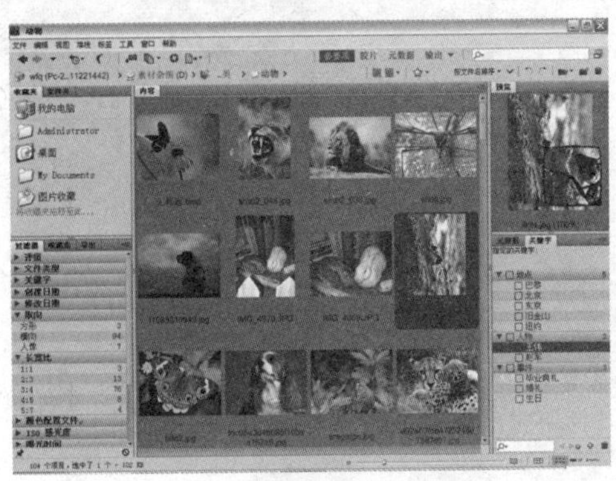

图3-1-19

图3-1-20

**元数据**：包含所选文件的数据信息。

**关键字**：可以帮助用户通过附加关键字来规范和查找图像。

## 实战 在Bridge中浏览照片

第 3 章 / 实战 / 在 Bridge 中浏览照片

执行【文件】/【在Bridge中浏览】命令，弹出“Bridge”界面，如图3-1-21所示。

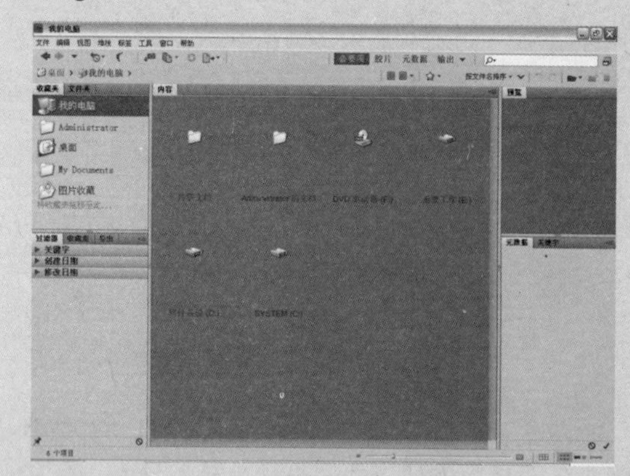

图3-1-21

在“内容”面板收藏夹中双击打开图片文件夹，即可查看此文件夹内包含的图像，如图3-1-22所示。

图3-1-22

选择一张图片，单击应用程序栏上的胶片按钮切换到胶片模式，如图3-1-23所示。

图3-1-23

胶片模式适合在精选照片的时候使用，按左或右方向键可前后切换图像；在“内容”面板中单击指定图像，可预览此图像。

单击应用程序栏上的元数据按钮切换到元数据模式，如图3-1-24所示。在“元数据”面板中包含了所选文件的元数据信息。

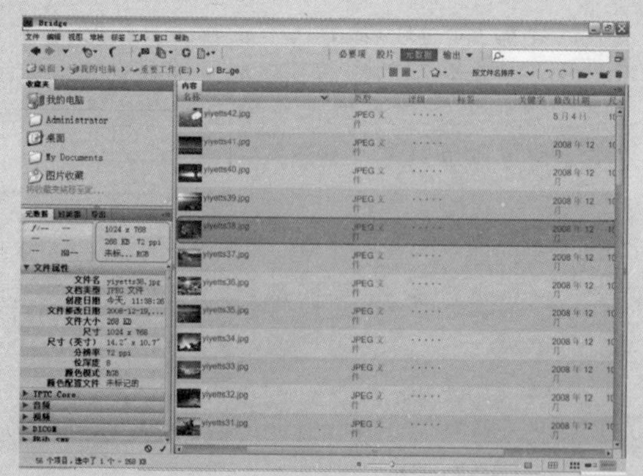

图3-1-24

单击应用程序栏上的输出按钮切换到输出模式，如图3-1-25所示，“文件夹”面板显示文件所在位置，图片以幻灯片的形式出现，窗口右侧显示照片的输出信息。

图3-1-25

单击“Bridge”界面右上角的紧凑式按钮即可切换至紧凑式视图，如图3-1-26所示，再次单击按钮可回到正常状态。拖曳界面下方的滑块可调整预览图像的大小。

图3-1-26

## 3.1.4 在Mini Bridge中浏览

执行【文件】/【在Mini Bridge中浏览】命令或单击界面左下角的“Mini Bridge”选项卡，会弹出如图3-1-27所示的任务栏。单击“启动Bridge”按钮，浏览器以面板的形式在Photoshop CS6界面中显示，既然是面板，当然与其他面板一样，可以自由拖曳，也可以作为浮动面板形式显示，比Bridge浏览更加方便快捷，其用法与Bridge基本相同，“Mini Bridge”面板如图3-1-28所示。

图3-1-27

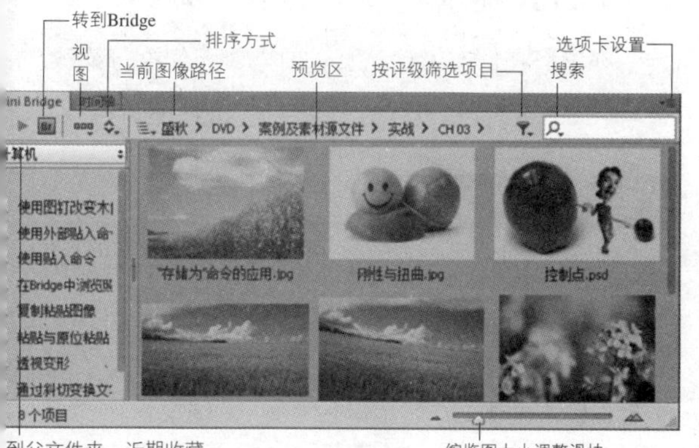


图3-1-28

**转到父文件夹、近期收藏项目或收藏夹：** 单击该按钮可显示最近使用的父文件夹、近期收藏项目或收藏夹。

**转到Bridge**：单击按钮转到“Bridge”界面。

**视图**：单击后可弹出下拉列表，包括路径栏、导航栏和预览区，通过勾选设置面板显示项目。

**搜索**：单击该按钮右侧的文本框，输入需要搜索的图片名称，按Enter键进行搜索。

**选项卡设置**：单击该按钮弹出如图3-1-29所示的下拉列表，可刷新图像列表、选择显示或隐藏文件和选择内容。

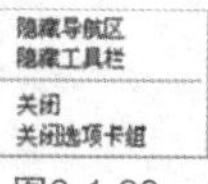


图3-1-29

**按评级筛选项目**：单击该按钮，弹出如图3-1-30所示的下拉列表，可选择相应选项。

**排序方式**：单击可弹出下拉列表，在下拉列表中可选择升序、按文件名或按日期等选项。

图3-1-30

**预览区**：在预览区选中一张图片，双击图片即可在Photoshop CS6中打开图像，如图3-1-31所示。选择图片后按下Space空格键，可对图像进行预览，如图3-1-32所示，按Esc键退出预览模式。

图3-1-31

图3-1-32

## 实战 在Mini Bridge中打开图像

第3章/实战/在Mini Bridge中打开图像

执行【文件】/【在Mini Bridge中浏览】命令，打开Mini Bridge面板，如图3-1-33所示。

图3-1-33

选择需要打开的图像，双击图像，即可在Photoshop CS6编辑界面中打开，打开的图像效果如图3-1-34所示。

图3-1-34

在图片缩览图上单击鼠标右键，在弹出的下拉列表中选择【置入】/【Photoshop中】命令，如图3-1-35所示，图像将作为智能对象打开，下拉列表及“图层”面板如图3-1-36所示。

图3-1-35

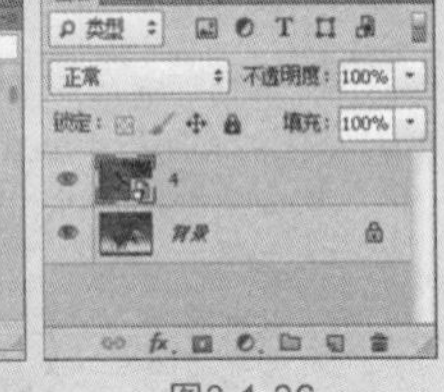

图3-1-36

在Mini Bridge中选择多个文件，如图3-1-37所示；单击鼠标右键，在弹出的快捷菜单中选择【Photoshop】/【将文件载入Photoshop图层】命令，图像效果和“图层”面板如图3-1-38所示。

图3-1-37

图3-1-38

## 3.1.5 置入文件

图片或者EPS、PDF、AI等矢量格式的文件都可以作为智能对象置入到Photoshop CS6中。

当新建或打开文件后，执行【文件】/【置入】命令，可将其他文件置入当前操作的文件中，执行该命令后，在弹出的“置入”对话框中即可选择需要置入的文件，如图3-1-39所示。

图3-1-39

### 实战 置入EPS格式文件



执行【文件】/【新建】命令（Ctrl+N），新建如图3-1-40所示的文档，执行【文件】/【置入】命令，打开“置入”对话框，选择要置入的EPS格式文件。单击“置入”按钮，将其置入到Photoshop中，得到的图像效果如图3-1-41所示。

图3-1-40

图3-1-41

将鼠标移至定界框的控制点上，按住Shift键拖动可等比例缩放图像，按回车键可确认操作，得到的图像效果如图3-1-42所示。

在“图层”调板可以看到，置入的文件被转化为智能对象，如图3-1-43所示。

图3-1-42

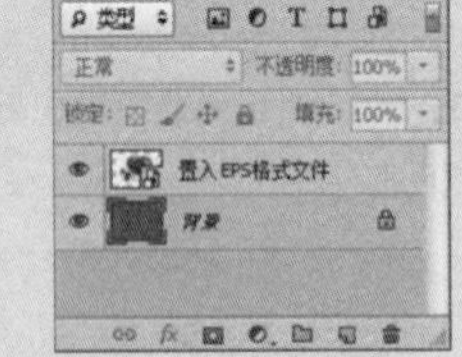

图3-1-43

**Tips 提示**

在没有按回车键确认置入前，对图像执行缩放、变形、旋转或斜切等操作，都不会降低图像的品质。

## 3.1.6 导入文件

在Photoshop CS6中，可以在图像中导入视频图层、注释等内容。

执行【文件】/【导入】命令，在下拉菜单中包含着各种导入文件的命令，如图3-1-44所示。

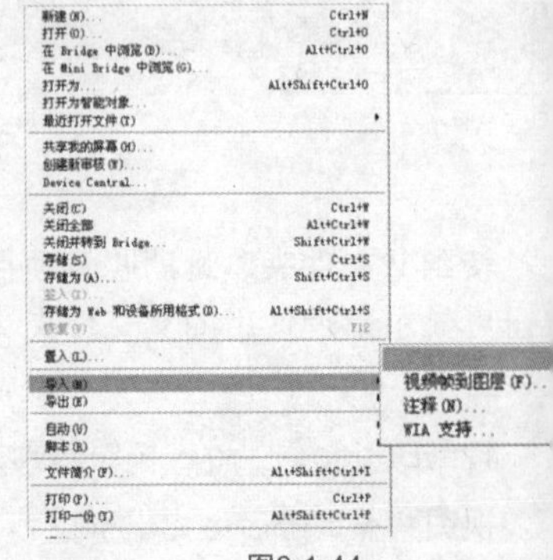

图3-1-44

### 技术要点： 导入数据组的方法

执行【文件】/【导入】/【变量数据组】命令，可将数据组导入到 Photoshop CS6 中。

执行【文件】/【导出】/【数据组作为文件】命令，可以按批处理模式处理打开的一个或多个数据组。

### ※ 用“存储”命令保存文件

对图像文件进行编辑后，执行【文件】/【存储】命令（Ctrl+S），可保存对当前图像做出的修改，图像会按原有的格式存储。如果是新建的文件，存储时则会弹出“存储为”对话框，如图3-1-45所示，在对话框中“格式”的下拉列表中选择支持保存这些信息的文件格式。

图3-1-45

### ※ 用“存储为”命令保存文件

执行【文件】/【存储为】命令，可以将当前图像文件保存为其他的名称和其他格式，或将其存储在其他位置。当不想保存对图像作出的编辑时，还可以通过该命令为源文件创建副本，再将源文件关闭。执行【文件】/【存储为】命令可以打开“存储为”对话框，如图3-1-46所示。

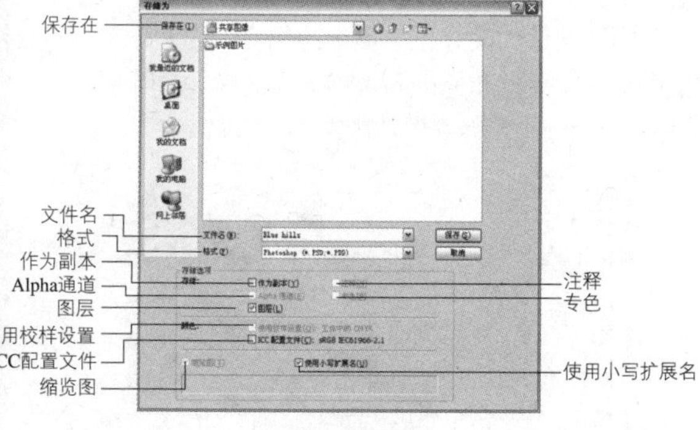


图3-1-46

**保存在：** 用来选择当前图像的保存位置。

**文件名：** 用来输入要保存的文件名。

**格式：** 在此选项的下拉列表中选择图像的保存格式。

**作为副本：** 勾选此项后，可以保存一个副本文件，但当前文件仍为打开的状态。副本文件与源文件会在同一位置上进行保存。

**Alpha通道：** 只有当图像中包含Alpha通道时，此选项为可选状态。勾选此项，可以保存Alpha通道，取消勾选则删除Alpha通道。

**图层：** 只有当图像中包含多个图层时，此选项为可选状态。勾选此项后，可保存图层，取消勾选则会合并所有图层。

**注释：** 只有当图像中包含注释时，此选项为可选状态，勾选此选项可保存注释。

**专色：** 只有当图像中包含专色通道时，此选项为可选状态，勾选该项可保存专色通道。

**使用校样设置：** 当要将图像存储为EPS或PDF格式时，此项为可选状态，要保存打印用的校样可勾选该选项。

**ICC配置文件：** 勾选此选项可保存ICC配置文件。

**缩览图：** 勾选此选项可以为保存的图像创建缩览图。此后打开该图像时，可在“打开”对话框中预览图像。

**使用小写扩展名：** 勾选此选项，可将文件的扩展名设置为小写。

### 实战 “存储为”命令的应用

第 3 章 / 实战 / “存储为”命令的应用

打开一张素材图像，如图3-1-47所示，执行【文件】/【存储为】命令（Ctrl+Shift+S），弹出“存储为”对话框，如图3-1-48所示。

图3-1-47　　图3-1-48

如图3-1-49所示，单击“我的文档”按钮，可更改其保存位置，如图3-1-50所示，将文件存储在“图片收藏”文件夹中更名为“图片”，文件格式更改为PSD，勾选“作为副本”选项。

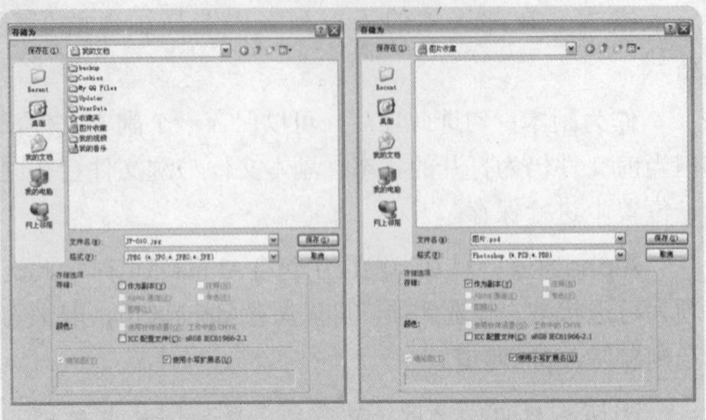
图3-1-49　　图3-1-50

单击“保存”按钮，可以打开【我的文档】/【图片收藏】文件夹，找到保存的文件，如图3-1-51所示。

图3-1-51

※ 使用“签入”命令保存文件

执行【文件】/【签入】命令，可以存储文件的不同版本及其注释。该命令可用于Version Cue工作区管理的图像。

## 3.1.7 导出文件

要将Photoshop CS6中的图像导出到Illustrator或视频设备中，可执行【文件】/【导出】命令。在其下拉菜单中包含用于导出文件的命令，如图3-1-52所示。

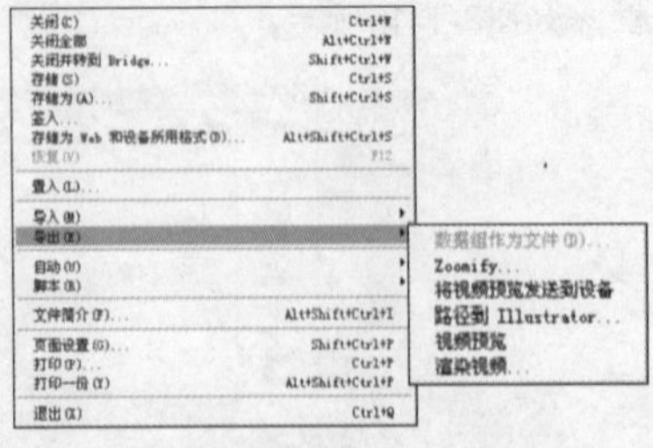
图3-1-52

## 3.1.8 关闭文件

※ 用“关闭”命令关闭文件

执行【文件】/【关闭】命令可将打开的文件关闭。如果在对打开的图像进行了修改编辑后执行【文件】/【关闭】菜单命令（Ctrl+W），会弹出对话框询问是否要保存已修改的图像，如图3-1-53所示。单击“是”会保存修改；单击“否”则不保存。

图3-1-53

※ 用“关闭全部”命令关闭文件

当同时打开多个文件，并需要将这些文件全部关闭时，执行【文件】/【关闭全部】命令（Alt+Ctrl+W），可将打开的文件全部关闭。

※ 关闭文件并转到Bridge

执行【文件】/【关闭并转到Bridge】命令，可以关闭当前的文件，然后打开Bridge。

## 3.1.9 在文件中添加版权信息

执行【文件】/【文件简介】命令，弹出如图3-1-54所示对话框，可在对话框中输入信息，输入完毕后单击“确定”按钮，可以将标题和版权信息添加到Web页。此外，还可以单击对话框中的“相机数据”等标签，查看相机原始数据、视频数据、音频数据等。

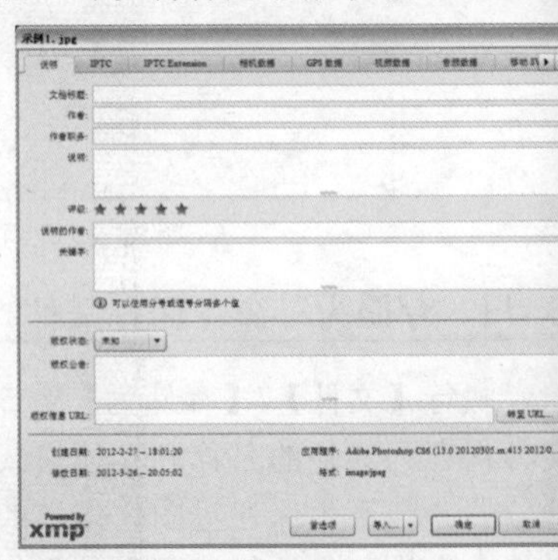
图3-1-54

## 3.1.10 文件简介

图像文件的简介位于显示图像窗口的左下角，包含图像的尺寸、大小和修改日期等，如图3-1-55所示。

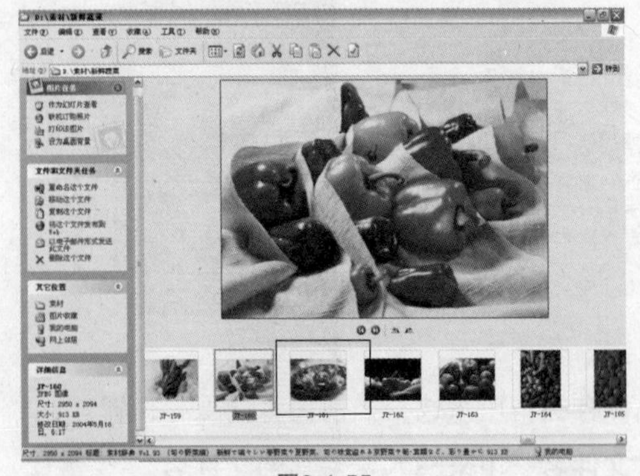
图3-1-55

# 3.2 拷贝与粘贴

关键字 剪切、拷贝、合并拷贝、粘贴、选择性粘贴

图像的复制一般可通过【编辑】主菜单和“图层”面板来实现。“拷贝”与“粘贴”命令是常用基本命令，Photoshop CS6新增功能【选择性粘贴】命令可以对粘贴命令进行指定性粘贴，例如：“原位粘贴”或“外部粘贴”。

## 3.2.1 剪切、拷贝与合并拷贝

打开素材图像，在图像中如图3-2-1所示绘制选区，执行【编辑】/【剪切】命令（Ctrl+X），“图层”面板状态及得到的图像效果如图3-2-2所示。

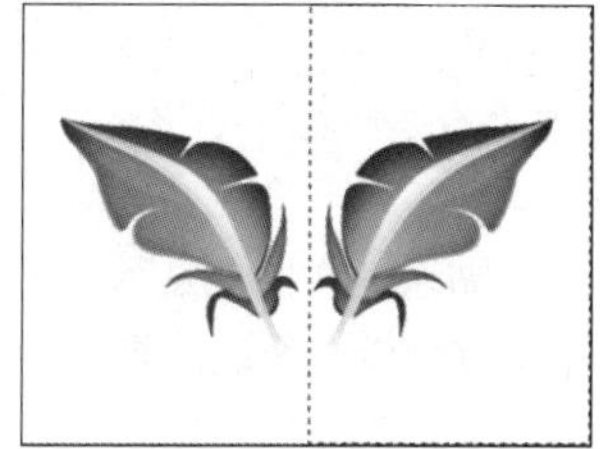

图3-2-1

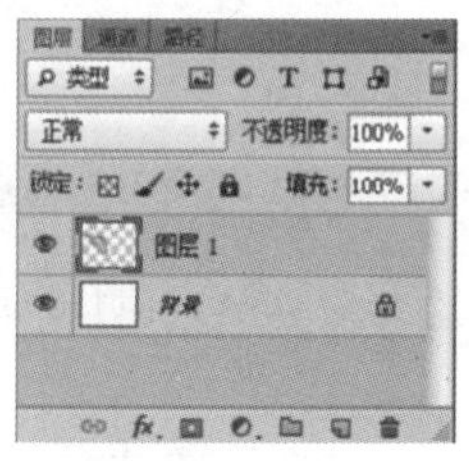

图3-2-2

若绘制完选区后执行了【编辑】/【拷贝】命令，图像就会被复制到剪贴板中，画面效果同上。

绘制同样的选区，如图3-2-3所示，执行【编辑】/【合并拷贝】命令，可以将选区内所有可见图层中的图像复制到剪贴板中，粘贴后的图像效果如图3-2-4所示。

图3-2-3

图3-2-4

## 3.2.2 粘贴与选择性粘贴

### ※ 粘贴

打开素材图像，如图3-2-5所示；执行【选择】/【全部】命令，如图3-2-6所示；执行【编辑】/【拷贝】命令，将图像复制到剪贴板后，执行【编辑】/【粘贴】命令，图像便从剪贴板中复制到当前文档，如图3-2-7所示。

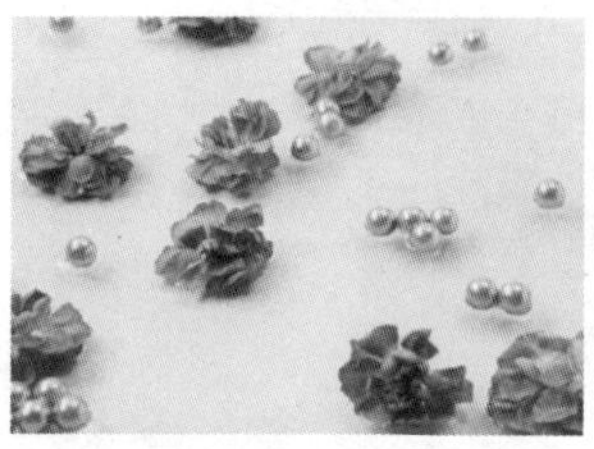

图3-2-5

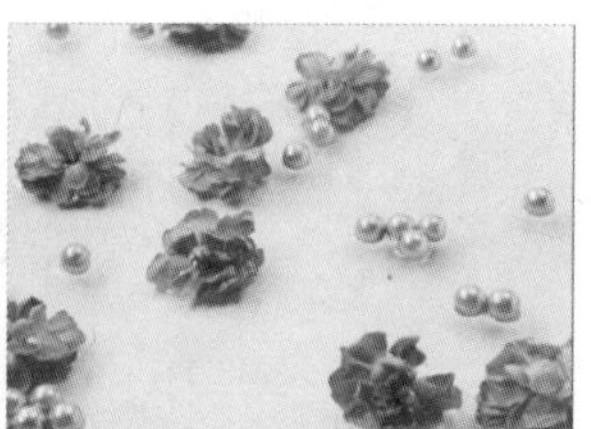

图3-2-6

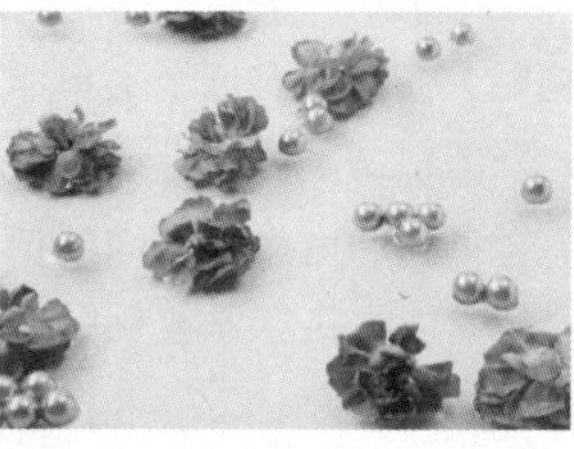

图3-2-7

## 实战 复制粘贴图像

第3章/实战/复制粘贴图像

选择需要复制的图像，或者用工具箱中的选取工具选择所要复制的选区内容，如图3-2-8所示，然后执行【编辑】/【拷贝】命令，再打开需要粘贴到的图像，如图3-2-9所示。

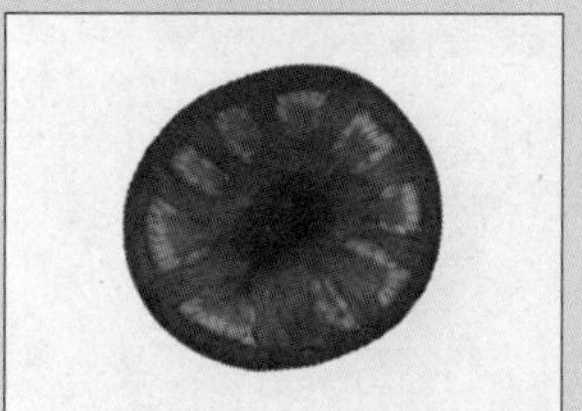

图3-2-8

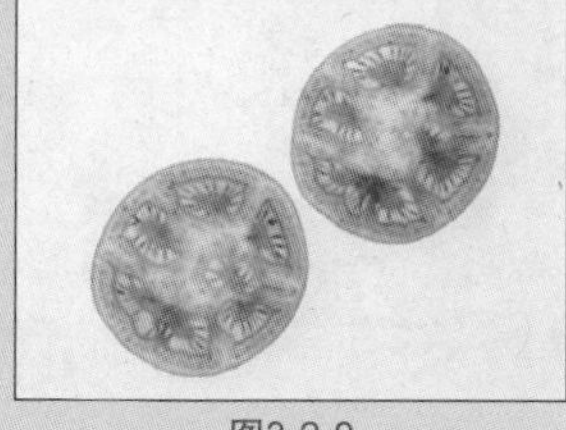

图3-2-9

执行【编辑】/【粘贴】命令，图像就会被复制粘贴到当前图像中，如图3-2-10所示。

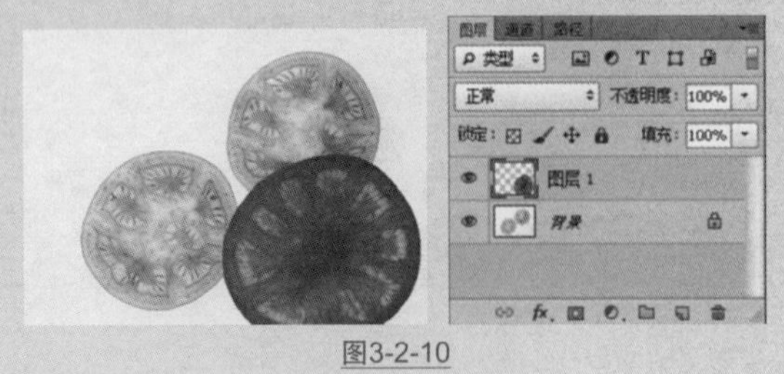

图3-2-10

第一次执行【编辑】命令时，菜单中只显示“拷贝”选项，如图3-2-11所示；执行【拷贝】命令后，会显示粘贴选项，如图3-2-12所示。

图3-2-11　　图3-2-12

## ※ 选择性粘贴

执行【编辑】/【选择性粘贴】命令后有三个菜单命令，分别为原位粘贴、贴入和外部粘贴。

**原位粘贴**：将原文档中需要复制的内容以相同的位置粘贴到另一个文档中，在同一文档中执行原位粘贴命令效果与粘贴命令相同。

## 实战 粘贴与原位粘贴

第 3 章 / 实战 / 粘贴与原位粘贴

图3-2-13和图3-2-14所示为图像大小相同的两个文档，在图3-2-13所示的图像中绘制选区，如图3-2-15所示，再执行【编辑】/【拷贝】命令；选择图3-2-14所示的文档，执行【编辑】/【粘贴】命令（Ctrl+V），得到的图像效果如图3-2-16所示。

图3-2-13　　图3-2-14

图3-2-15

图3-2-16

执行【编辑】/【选择性粘贴】/【原位粘贴】命令（Shift+Ctrl+V），得到的图像效果如图3-2-17所示。

图3-2-17

**贴入**：在需要贴入的文档中建立选区，将拷贝的内容从剪贴板中复制到选区内部，并在“图层”面板中自动生成图层蒙版。

## 实战 使用贴入命令

第 3 章 / 实战 / 使用贴入命令

图3-2-18所示为原图，在其需要贴入图像的区域绘制选区，如图3-2-19所示。

图3-2-18

图3-2-19

打开素材图像，按快捷键Ctrl+A全选图像，如图3-2-20所示。

图3-2-20

执行【编辑】/【拷贝】命令，选择图3-2-21所示的文档，执行【编辑】/【选择性粘贴】/【贴入】命令，得到的图像效果如图3-2-22所示。

图3-2-21

单击图层蒙版缩览图，将前景色设置为黑色，选择工具箱中的画笔工具，在其工具选项栏中设置合适的柔角笔刷，在贴入的图像边缘进行涂抹，“图层”面板状态和得到的图像效果如图3-2-22所示。

图3-2-22

**Tips 提示**

需要注意的是如果贴入的图像比选区大，选区外的图像会被隐藏，可以通过调整图层蒙版将其显示。

**外部贴入**：在需要贴入的文档中建立选区，将拷贝的内容从剪贴板中复制到选区外部，并在“图层”面板中自动生成图层蒙版。

## 实战 使用外部贴入命令

第 3 章 / 实战 / 使用外部贴入命令

在有苹果的素材中绘制选区，如图3-2-23所示，打开要贴入的天空图像，按快捷键Ctrl+A全选，如图3-2-24所示，按快捷键Ctrl+C复制图像，切换到苹果素材中，执行【编辑】/【选择性粘贴】/【外部贴入】命令，得到的图像效果如图3-2-25所示。

图3-2-23

图3-2-24

图3-2-25

# 3.3 图像的变换与变形

**关键字** 移动、旋转、缩放、斜切、透视、精确变换、变形、再次变化

在 Photoshop CS6 中，可以对图像的整体或部分进行变换，例如缩放、倾斜、旋转等。

## 3.3.1 边界框、中心点和控制点

执行【编辑】/【变换】命令，在其下拉菜单中包含各种变换命令，如图3-3-1所示。

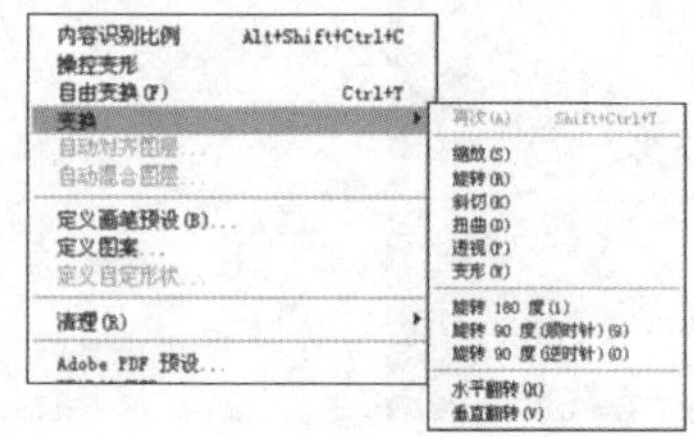



图3-3-1

选择某一选项可以对选区内的图像、图层、路径和矢量形状进行变换操作。执行命令时，当前图像上会显示出定界框、中心点和控制点，如图3-3-2所示。

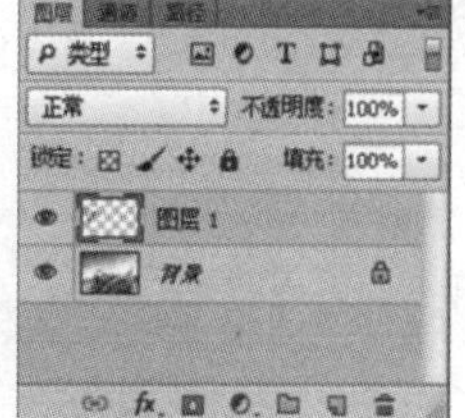

图3-3-2

定界框四周的小方块就是控制点，拖动控制点可以对图像进行变换操作，如图3-3-3所示。中心点位于图像的中心，图像会以该点为中心进行变换，拖动它就可以改变它的位置，如图3-3-4所示。

图3-3-3

图3-3-4

当中心点处于不同位置时，图像的变换效果也会有所不同，如图3-3-5、图3-3-6和图3-3-7所示。

图3-3-5

图3-3-6

图3-3-7

## 3.3.2 移动

打开如图3-3-8所示的素材，在“图层”面板中选择需要移动的图像，选择工具箱中的移动工具，在图像中单击并拖动鼠标即可移动图像，如图3-3-9所示。

图3-3-8

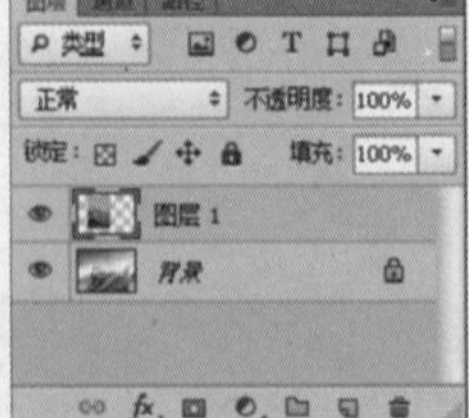

图3-3-9

如果创建了选区，如图3-3-10所示，拖动鼠标则可移动选区内的图像，按快捷键Ctrl+D取消选择，如图3-3-11所示。

图3-3-10

图3-3-11

删除多余图像后得到的效果如图3-3-12所示。

图3-3-12

图3-3-13所示为移动工具的工具选项栏。

图3-3-13

**自动选择：**当“图层”面板中包含多个图层时，勾选此选项后，在图像中单击并拖动某一图层即可移动此图层，不必在“图层”面板上选中此图层。当“图层”面板中包含组时，在图像中单击，即可自动选择此组中所包含的所有图像。

**显示变换控件：**勾选此选项，选择一个图层时，就会自动在图层内容的周围显示定界框，如图3-3-14所示，可拖动控制点直接对图像进行缩放等操作，如图3-3-15所示。该选项一般用于当文档中图层较多，并且需要经常进行变换操作时。

图3-3-14

图3-3-15

**对齐图层**：包含多种对齐方式，当选择了两个或两个以上的图层时此按钮为可用状态，单击相应的对齐按钮可将图像对齐。

**分布图层**：包含多种分布方式。当选择了三个或三个以上的图层时此按钮为可用状态，单击相应的分布按钮可对图层进行对应的分布。

经过对齐和分布后得到的图像效果如图3-3-16所示。

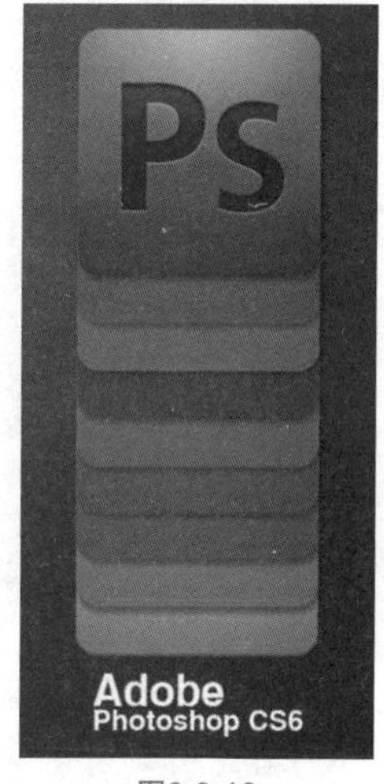

图3-3-16

**Tips 提示**

使用移动工具时，还可按键盘中的→、←、↑、↓方向键移动图像，每按一下方向键，被选中的图像就可按方向键相应移动一个像素的距离；按住 Shift 键，再按方向键，每次则可移动 10 个像素的距离。

## 3.3.3 旋转

### 实战 旋转图像矫正倾斜照片

第 3 章 / 实战 / 旋转图像矫正倾斜照片

打开如图3-3-17所示的素材。

图3-3-17

将“背景”图层拖曳至“图层”面板上的创建新图层按钮上，得到“背景副本”图层，“图层”面板如图3-3-18所示。

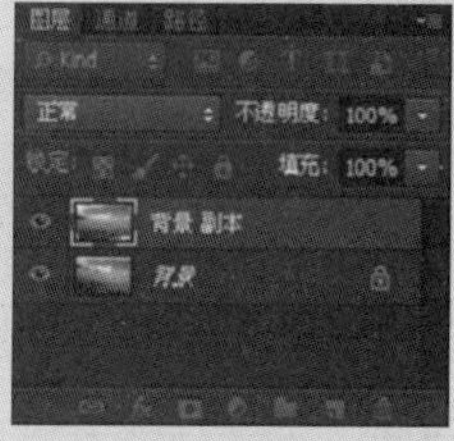

图3-3-18

执行【编辑】/【变换】/【旋转】命令（Ctrl+T）调出自由变换框，将鼠标移至变换框附近，当指针变为弯曲箭头的形状时，如图3-3-19所示，拖动鼠标，即可以中心点为基准旋转图像，如图3-3-20所示。

图3-3-19

图3-3-20

变换完毕后可放开鼠标，在变换框内双击鼠标，或按Enter键确认旋转操作，得到的图像效果如图3-3-21所示。

图3-3-21

选择工具箱中的裁剪工具，如图3-3-22所示在图像中绘制裁剪区域。

图3-3-22

按Enter键确认裁剪，得到的图像效果如图3-3-23所示。

图3-3-23

**技术要点：旋转命令**

按住 Shift 键进行旋转操作，可按 15° 角的倍数旋转图像。执行【编辑】/【变换】/【旋转 180 度】命令，可将图像旋转 180°；执行【编辑】/【变换】/【旋转 90 度（顺时针）】命令，可将图像按顺时针方向旋转 90°；执行【编辑】/【变换】/【旋转 90 度（逆时针）】命令，可将图像按逆时针方向旋转 90°。

## 3.3.4 缩放

打开如图3-3-24所示的素材图像，选择要缩放的图层，执行【编辑】/【变换】/【缩放】命令（Ctrl+T）可调出自由变换框，如图3-3-25所示。

图3-3-24

图3-3-25

将鼠标放置在变换控制点上，当指针变为双箭头的形状时，如图3-3-26所示，按住并拖动鼠标，即可改变图像大小，如图3-3-27所示；调整图像位置后，按Enter键确认变换，得到的图像效果如图3-3-28所示。

图3-3-26

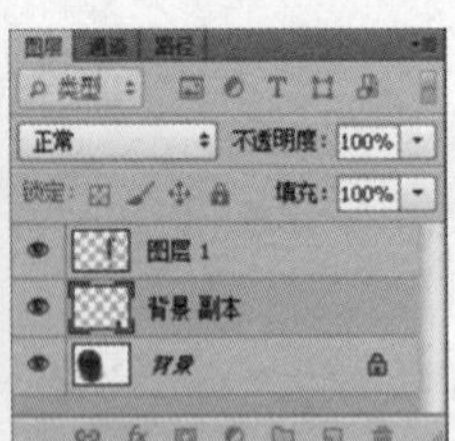


图3-3-27

图3-3-28

## 实战 控制点



向外侧拖动鼠标可放大图像，向图像中心拖动鼠标可缩小图像，如图3-3-29和图3-3-30所示。

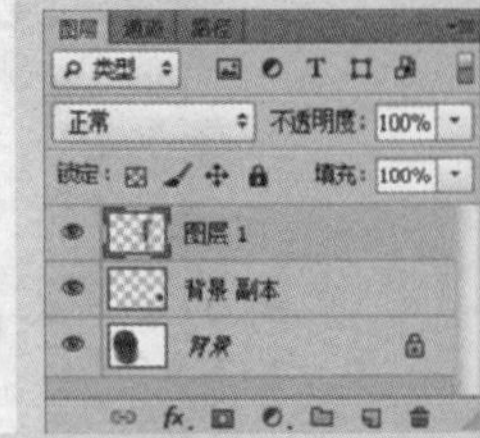


图3-3-29

图3-3-30

拖动左侧或右侧的控制点，可以在水平方向上改变图像大小，如图3-3-31所示；拖动上方或下方的控制点，可以在垂直方向上改变图像大小，如图3-3-32所示；拖动四角的控制点，可以同时在水平和垂直方向上改变图像大小，如图3-3-33所示。变换完毕后可放开鼠标，在变换框内双击鼠标，或按Enter键确认缩放操作。

图3-3-31

图3-3-32

图3-3-33

**Tips 提示**

在拖动控制点时，按住Shift键可以等比例缩放图像；按住快捷键Alt+Shift，可以以中心点为中心缩放图像。

## 3.3.5 斜切

斜切图像是指按平行四边形的方式变换图像。

### 实战 通过斜切变换文字

第 3 章 / 实战 / 通过斜切变换文字

打开如图3-3-34所示素材图像，在“图层”面板上选择要进行斜切变换的图层，执行【编辑】/【变换】/【缩放】命令，调出自由变换框，如图3-3-35所示调整文字大小；单击鼠标右键在弹出的下拉菜单中选择“旋转”选项，旋转文字如图3-3-36所示。

图3-3-34

图3-3-35

图3-3-36

执行【编辑】/【变换】/【缩放】命令，将鼠标移至定界框各边居中的控制点上，指针会发生变化，如图3-3-37所示，按住并向右拖动鼠标，即可使图像在鼠标移动的方向上发生斜切变换，如图3-3-38所示。

图3-3-37

图3-3-38

调整右侧变换框，向上拖动鼠标，如图3-3-39所示；使用键盘中的→、←、↑、↓方向键移动文字，变换完毕后可放开鼠标，在变换框内双击鼠标，或按Enter键确认斜切操作，得到的图像效果如图3-3-40所示。

图3-3-39

图3-3-40

## 3.3.6 扭曲

通过扭曲变换操作，可以使图像发生扭曲变形。扭曲图像是应用非常频繁的一类操作。

打开如图3-3-41所示素材，在“图层”面板上选择要斜切的图层，执行【编辑】/【变换】/【扭曲】命令，调出自由变换框，将鼠标移至定界框的控制点上，指针会发生变化，如图3-3-42所示，按住并拖动鼠标，即可使图像在鼠标移动的方向上发生扭曲变换，如图3-3-43所示。变换完毕后可放开鼠标，在变换框内双击鼠标，或按Enter键确认扭曲变换。

图3-3-41

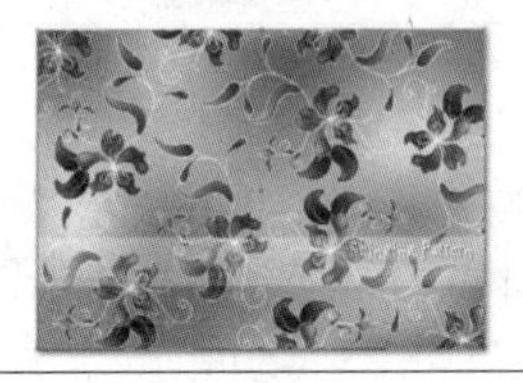

图3-3-42

图3-3-43

**Tips 提示**

按快捷键 Ctrl+T 调出自由变换框，将光标放在定界框四周的控制点上，按住 Ctrl 键，当光标发生变化时，单击并拖动鼠标，也可达到扭曲的效果。

## 3.3.7 透视

通过对图像进行透视变换，可以使图像获得透视效果。

打开如图3-3-44和图3-3-45所示素材，将图3-3-45所示的图像拖曳至图3-3-44所示的图像文档中，生成“图层1”，如图3-3-46所示。

图3-3-44

图3-3-45

图3-3-46

执行【编辑】/【变换】/【缩放】命令，调出自由变换框，缩小图像如图3-3-47所示;执行【编辑】/【变换】/【透视】命令，将鼠标移至定界框四角的控制点上，指针会发生变化，按住并拖动鼠标，即可使图像在鼠标移动的方向上发生透视变换，如图3-3-48所示。

图3-3-47

图3-3-48

继续调整左边的自由变换框，如图3-3-49所示；变换完毕后放开鼠标，在变换框内双击鼠标，或按Enter键确认透视变换，得到的图像效果如图3-3-50所示。

图3-3-49

图3-3-50

**Tips 提示**

按快捷键 Ctrl+T 调出自由变换框，将鼠标放在定界框四周的控制点上，按住快捷键 Shift+Ctrl+Alt，当光标发生变化时，单击并拖动鼠标，同样可达到透视的效果。

## 实战 透视变形

第 3 章 / 实战 / 透视变形

打开如图3-3-51和图3-3-52所示的素材图像。

图3-3-51

图3-3-52

将图3-3-52拖曳至图3-3-51中，按快捷键Ctrl+T调出自由变换框，调整图像的大小，如图3-3-53所示；调整完毕后在自由变换框中单击右键，在弹出的下拉菜单中选择“透视”选项，拖动控制点调整图像，调整完毕后单击Enter键确认调整，得到的图像效果如图3-3-54所示。

图3-3-53

图3-3-54

### 3.3.8 精确变换

打开如图3-3-55所示的素材图像，在“图层”面板中选中要精确变换的图层，执行【编辑】/【自由变换】命令（Ctrl+T），调出自由变换框，如图3-3-56所示；其工具选项栏可按各选项功能的不同分为五大类，如图3-3-57所示。

图3-3-55

图3-3-56

参考点位置
旋转设置
设置参考点水平/垂直位置
设置水平/垂直缩放比例
水平/垂直斜切

图3-3-57

**参考点位置**：在▦中可以设定参考点的位置；例如，要使图像的右上角作为参考点，单击▦右上角的小白框，使其显示为▦状态，参考点即为右上角。默认参考点为中心点，如图3-3-58所示；以右上角作为参考点的图像效果如图3-3-59所示。

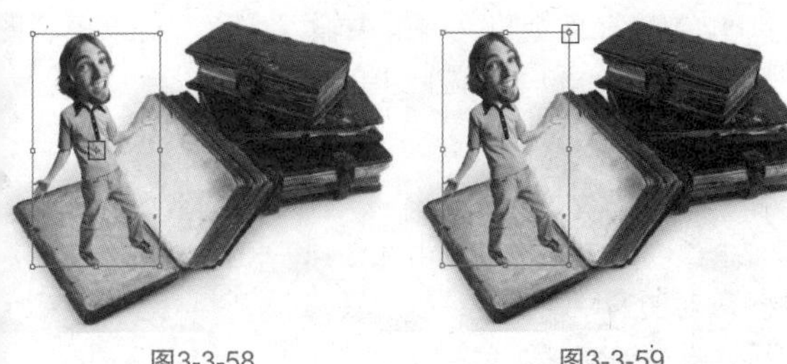

图3-3-58　　图3-3-59

**设置参考点水平/垂直位置：**分别在X和Y数值文本框中输入数值即可精确改变图像位置。在“X”数值文本框中输入数值，可使图像水平移动，如图3-3-60所示；在“Y”数值框中输入数值，可使图像垂直移动，如图3-3-61所示。

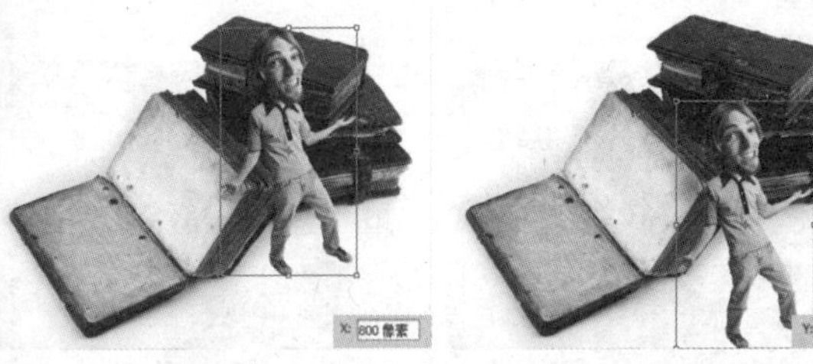

图3-3-60　　图3-3-61

**设置水平/垂直缩放比例：**分别在“W”、“H”数值文本框中输入数值即可精确改变图像的宽度和高度。在“W”数值框中输入数值可使图像发生水平拉伸或压缩图像，如图3-3-62所示；在“H”数值文本框中输入数值可使图像发生垂直拉伸或压缩变化，如图3-3-63所示。如果按下这两个选项中间的保持长宽比例按钮，则可对图像进行等比例缩放，如图3-3-64所示。

**旋转：**在数值文本框中输入数值，可使图像的角度发生精确改变，如图3-3-65所示。

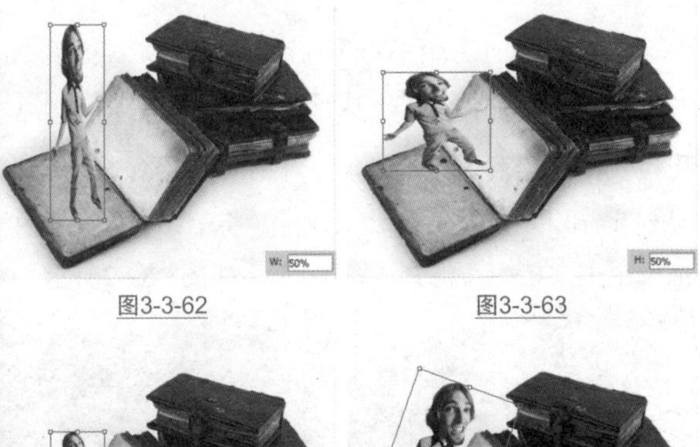

图3-3-62　　图3-3-63

图3-3-64　　图3-3-65

**设置水平/垂直斜切：**要使图像在水平或垂直方向上发生斜切变形，可分别在“H”、“V”数值文本框中输入数值，如图3-3-66和图3-3-67所示。

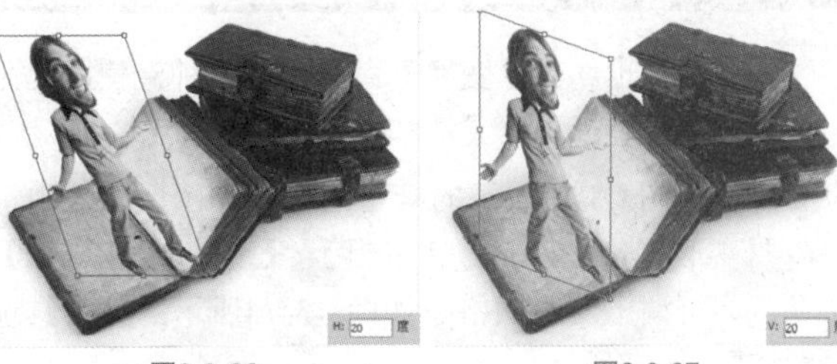

图3-3-66　　图3-3-67

## 3.3.9 再次变换

如果已经对图像进行了一种变换操作，可以执行【编辑】/【变换】/【再次变换】命令，可使图像再次重复之前的变换操作。例如，打开如图3-3-68所示的素材，按快捷键Ctrl+T调出自由变换框，将中心点移动至左上角如图3-3-69所示；将图像旋转10°，按Enter键确认变换，如图3-3-70所示；执行【编辑】/【变换】/【再次变换】命令，图像再次完成旋转10°的操作，如图3-3-71所示。

如果在执行此命令的同时按住Alt键，则可以在对被操作图像变换的同时进行复制，如图3-3-72所示。利用此操作，可制作多个副本连续变换的效果。

图3-3-68

图3-3-69　　图3-3-70

图3-3-71

图3-3-72

**Tips 提示**

若要在再次变换图像的同时复制图像，也可以按快捷键 Ctrl+Alt+Shift+T。

## 3.3.10 变形

“变形”也属于“变换”命令中的一种，使用此命令可以对图像进行更为灵活和细致的变换操作。

打开如图3-3-73所示的素材图像，在图层面板中选中需要变形的图层，执行【编辑】/【变换】/【变形】命令，即可调出变形网格，如图3-3-74所示；其工具选项栏如图3-3-75所示。

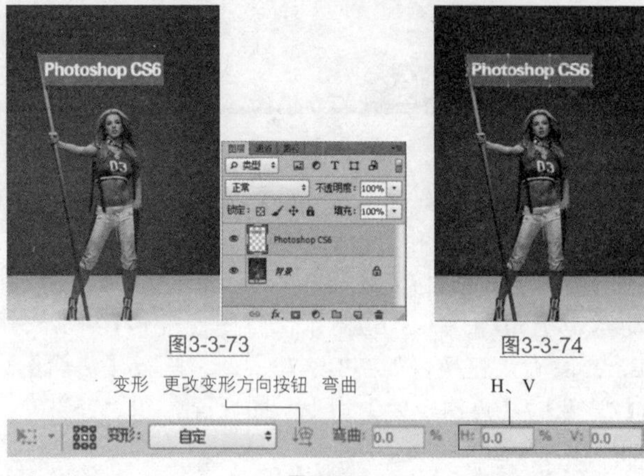


图3-3-73　图3-3-74

图3-3-75

**变形**：在其下拉列表中可以选择15种预设的变形选项，如图3-3-76所示；选择“旗帜”选项，得到的图像效果如图3-3-77所示；选择“鱼形”选项，得到的图像效果如图3-3-78所示；选择“自定”选项，随意对图像进行变形操作如图3-3-79所示。

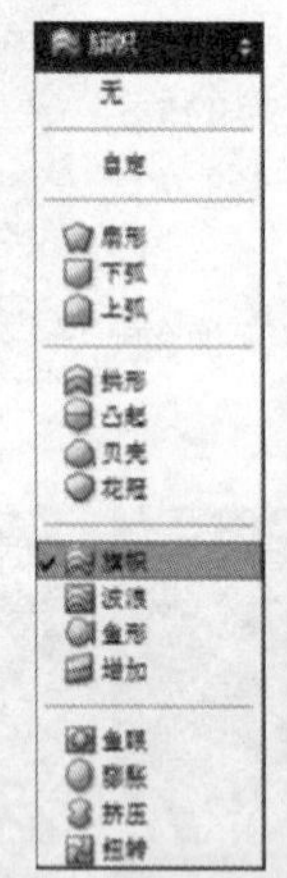


图3-3-76

图3-3-77

图3-3-78

图3-3-79

**更改变形方向按钮**：单击此按钮，可以改变图像变形的方向。

**弯曲**：在文本框中输入数值，可调整图像扭曲程度。

**H、V**：在此数值文本框中输入数值，可以控制图像扭曲时在水平和垂直方向上的比例。

**Tips 提示**

在“变形”下拉列表中选择某一预设选项后，无法再随意对变形网格进行编辑，只有选择“自定”选项时才可以进行编辑。

训练营 01　第3章/训练营/01 替换电脑桌面

### 替换电脑桌面

▲ 通过使用自由变换替换电脑桌面

▲ 为图片添加阴影

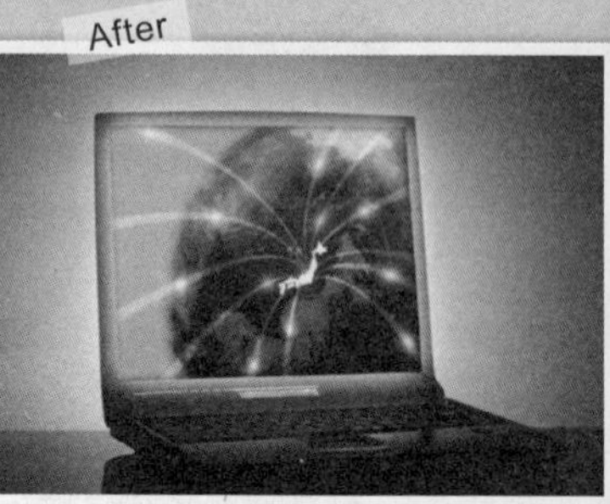


**01** 执行【文件】/【打开】命令，弹出“打开”对话框，选择需要的素材图像，单击“打开”按钮，如图3-3-80所示。

图3-3-80

**02** 执行【文件】/【打开】命令（Ctrl+O），弹出“打开”对话框，选择需要的素材图像，单击“打开”按钮，如图3-3-81所示。

**03** 选择工具箱中的移动工具，将第二个打开的图像拖曳至主文档中，得到“图层1”，如图3-3-82所示。

图3-3-81

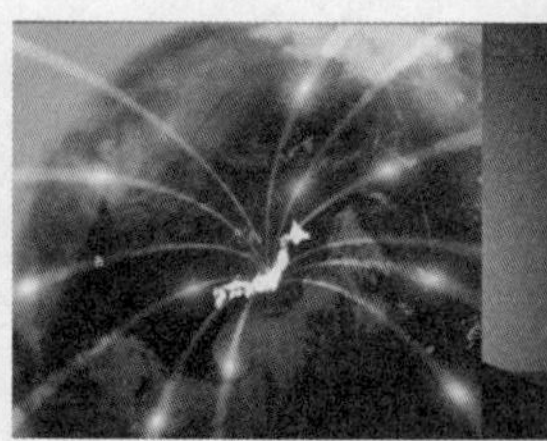

图3-3-82

**04** 在“图层”面板上选择“图层1”，按快捷键Ctrl+T调出自由变换框，调整图像的大小，使图像的左上角与电脑屏幕的左上角对齐，如图3-3-83所示。

图3-3-83

05 执行【编辑】/【变换】/【扭曲】命令，将图片的四角拖动到与电脑屏幕的四角对齐，如图3-3-84所示，调整完毕后单击Enter键确认调整，得到的图像效果如图3-3-85所示。

图3-3-84

图3-3-85

训练营 02 第 3 章 / 训练营 /02 在水杯上贴图

## 在水杯上贴图

▲ 通过使用变形为水杯贴图
▲ 通过改变图层混合模式使图像看起来更自然

Before

After

01 执行【文件】/【打开】命令（Ctrl+O），弹出“打开”对话框，选择需要的素材图像，单击“打开”按钮，如图3-3-86所示。

图3-3-86

02 执行【文件】/【打开】命令（Ctrl+O），弹出“打开”对话框，选择需要的素材图像，单击“打开”按钮，如图3-3-87所示。

图3-3-87

03 选择工具箱中的移动工具，将第二个打开的图像拖曳至主文档中，得到“图层1”，如图3-3-88所示。

图3-3-88

04 在“图层”面板上选择“图层1”，按快捷键Ctrl+T调出自由变换框，调整图像的大小，使图像顶端的两个角与杯子上缘的两个角对齐。如图3-3-89所示。

图3-3-89

05 不用确定变换，继续执行【编辑】/【变换】/【变形】命令，调出变形网格，如图3-3-90所示。

06 在图像两边的控制句柄上拖动，使图像的左右两侧与杯子的左右边缘相贴合，如图3-3-91所示。

图3-3-90

图3-3-91

07 在图像上面的控制句柄上拖动，使图像上面的边与杯子的上边缘相贴合，如图3-3-92所示。

图3-3-92

08 在图像的中间部位进行拖动，使图像中间出现弧度，如图3-3-93所示；按Enter键确认变换，得到的图像效果如图3-3-94所示。

图3-3-93

图3-3-94

09 在“图层”面板上将“图层1”的图层混合模式设置为“线性加深”，得到的图像效果如图3-3-95所示。

图3-3-95

# 3.4 操控变形

关键字 操控变形

操控变形是Photoshop CS6的新功能，其工作原理类似于用图钉固定物体，将不需要变形的区域固定住，同时通过移动需要变形的区域改变图形原有形状。

操控变形可以任意改变物体的形态，其变换效果更具操作性和随意性，可以更好地满足用户需求。

打开素材图像，如图3-4-1所示，执行【编辑】/【操控变形】命令，即可调出操控变形网格，如图3-4-2所示。

光标呈图钉样式，在图像中单击即可新建图钉，如图3-4-3所示。其工具选项栏如图3-4-4所示。

图3-4-1

图3-4-2

图3-4-3

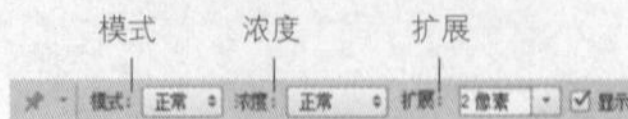

图3-4-4

**模式：**默认模式为“正常”即“刚性”，可以用来刚性变形或旋转，“扭曲”适合调整扭曲图像。

## 实战 刚性与扭曲

第3章/实战/刚性与扭曲

如图3-4-5所示为添加图钉的图像，选择“刚性”添加图钉并拖曳，得到的图像效果如图3-4-6所示；选择“扭曲”添加图钉并拖曳，得到的图像效果如图3-4-7所示。

图3-4-5

图3-4-6

图3-4-7

**浓度：**通过设置网格的浓度，以控制变换的品质。如图3-4-8和图3-4-9所示分别为较少点和较多点的网格效果。

图3-4-8

图3-4-9

**图钉深度：**设置图钉深度，可能要按多次解决图钉重叠问题，图钉前移按钮和图钉后移按钮分别向前和向后移动图钉。

**扩展：**用来扩展或收缩变换的区域。

**旋转：**设置图钉旋转角度。

## 技术要点： 复制图层

由于"操控变形"命令不允许在"背景"图层上操作，所以需要将"背景"图层选中后按住鼠标左键拖曳至"图层"面板上的创建新图层按钮上，得到"背景副本"图层，在"背景副本"图层上进行操作，操作方法如图所示。关于图层的内容详见第 10 章。

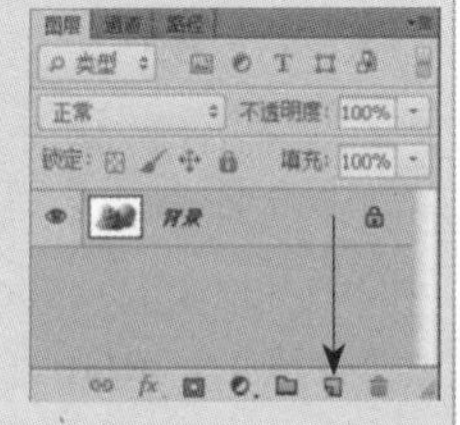

## ※ 应用图钉

**添加图钉：**打开操控变形网格后在网格中单击即可添加图钉，如图3-4-10所示。

**删除图钉：**选择需要删除的图钉，按Delete键删除或按住Alt键光标自动生成剪刀形状单击鼠标即可删除。

**旋转图钉：**旋转需要旋转的图钉，在图钉周围按住Alt键即可旋转该点。

图3-4-10

训练营 第 3 章 / 训练营 /03 使用操控变形修改鱼身形体

## 03 使用操控变形修改鱼身形体

▲ 通过使用操控变形变换图像形体
▲ 掌握操控变形中图钉的添加及删除

01 打开一张分层素材图片，如图3-4-11所示。

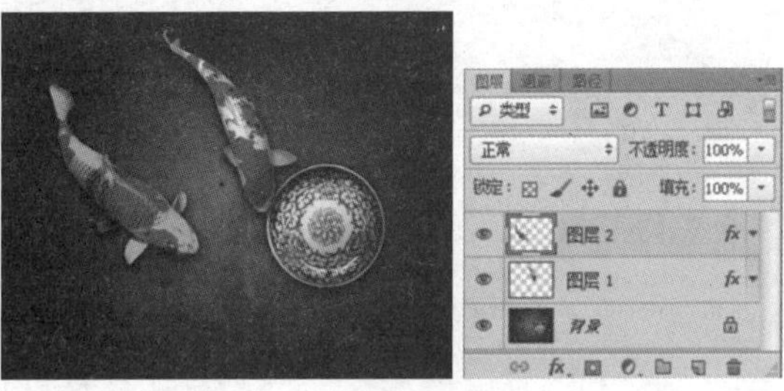

图3-4-11

02 单击"图层1"执行【编辑】/【操控变形】命令，调出操控变形网格，如图3-4-12所示，在图像中需要固定的区域单击添加图钉，如图3-4-13所示。

图3-4-12

图3-4-13

03 单击图钉同时拖曳鼠标即可改变鱼身形体。如果移动范围较大，使鱼的身体变形，可以继续在变形处添加图钉，继续拖曳鼠标进行操作，得到的效果如图3-4-14所示。同样的方法变形另外一条鱼，如图3-4-15所示。

图3-4-14

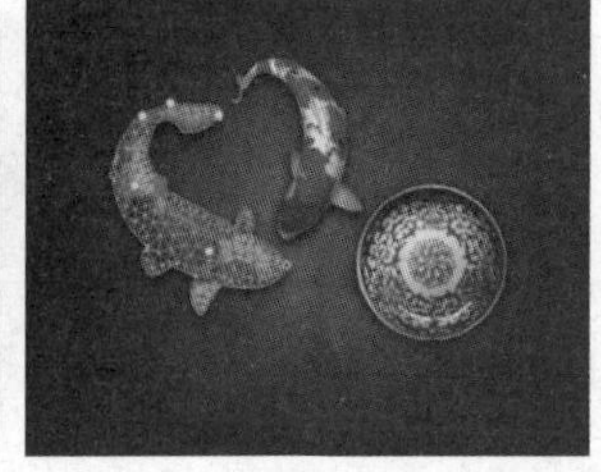
图3-4-15

# 第4章 颜色模式与色彩管理

本章关键技术点

- ▲ 图像的颜色模式
- ▲ 图像向颜色模式的转换操作
- ▲ 颜色模式的编辑
- ▲ 颜色的设置与管理

## 4.1 颜色模式

**关键字**　位图模式、灰度模式、RGB模式、CMYK模式、Lab模式

若想在 Photoshop CS6 中正确选择颜色，必须了解颜色模式。正确的颜色模式可以提供一种将颜色转换为数字数据的方法，从而使颜色在多种操作平台或媒介中得到一致的描述。

颜色的种类有很多，其中红、绿、蓝为3种最基本的颜色，称之为三原色，而在计算机中用R、G、B来表示；我们可以用三原色来组合成各种不同的颜色。

颜色模式指的是同一属性中的不同颜色的合成。不同的颜色模式，通过计算会产生不同的效果。Photoshop CS6支持各种颜色模式，包括HSB（色相、饱和度、亮度）、RGB（红、绿、蓝）、CMYK（青、洋红、黄、黑）等，执行【图像】/【模式】命令，在其下拉菜单中可以选择所需要的不同的颜色模式。

### 4.1.1 位图模式

位图模式只用纯黑和纯白两种颜色来表示，将一幅彩色图像转换为位图模式的图像时，图像会自动丢掉本身所包含的色彩，从而转换为黑白图像。除了灰度和双色调模式的图像能够转换为位图模式，其他模式的图像都不能直接转换。所以，如果要将除这两种模式之外的图像转换为位图模式时，需要先将其转换为灰度或双色调模式，然后才能转换为位图模式。

打开颜色模式为RGB的素材图像，如图4-1-1所示，执行【图像】/【模式】/【灰度】命令，图像将转换为灰度模式，如图4-1-2所示，再执行【图像】/【模式】/【位图】命令，弹出“位图”对话框，如图4-1-3所示。在“输出”选项中能设置图像的输出分辨率；在“方法”选项栏的下拉菜单中包含有“50%阈值”、“图案仿色”、“扩散仿色”、“半调网屏”和“自定图案”；每种方法都会使图像产生不同的效果。

图4-1-1

图4-1-2

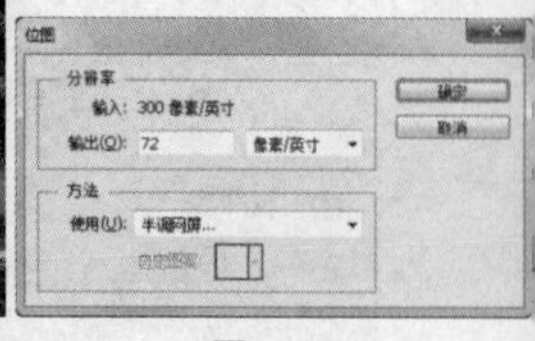


图4-1-3

## ※ 50%阈值

50%阈值为Photoshop CS6的默认方法，将50%色调作为分界点，以128像素为中间色阶。当图像颜色中所含的灰色值高于中间色阶时会转换为白色，灰色值低于中间色阶时会转换为黑色，以此来创建只包含纯黑和纯白的黑白图像，如图4-1-4所示。

图4-1-4

## ※ 图案仿色

会将不同的色调转换为黑色和白色的网点，如图4-1-5所示。

图4-1-5

## ※ 扩散仿色

将以误差扩散的方式转换图像，转换后图像会产生颗粒状的纹理，如图4-1-6所示。

图4-1-6

## ※ 半调网屏

可模拟平面印刷中制作黑白图像的效果，如图4-1-7所示。

图4-1-7

## ※ 自定图案

可产生以所选的图案为纹理的黑白图像，如图4-1-8和图4-1-9所示。

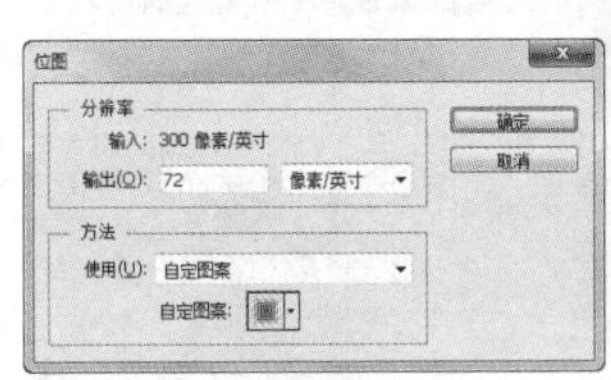


图4-1-8

图4-1-9

## 4.1.2 灰度模式

灰度模式的图像不包含颜色，选择了此模式，图像会产生类似于黑白照片的效果。图4-1-10所示为彩色图像，图4-1-11所示为转换为灰度模式后的效果。

图4-1-10

图4-1-11

**Tips 提示**

在执行【图像】/【模式】/【灰度】命令时，会弹出一个对话框，单击“扔掉”按钮，即可将图像转换为灰度模式。

## 4.1.3 双色调模式

灰度图像中的每个像素都有一个0~255之间的亮度值，0代表黑色，255代表白色，其他值代表灰色。灰度模式是在彩色图像和位图模式的图像之间相互转换的中间模式。

双色调模式包含了单色调、双色调、三色调和四色调的灰度图像，其实也属于灰度模式。单色调的图像是由除黑色外的一种颜色的油墨所印制的图像，双色调、三色调和四色调分别是用两种、三种和四种色调的油墨印制的灰度图像。图4-1-12所示为原图像，图4-1-13、图4-1-14和图4-1-15所示分别为双色调、三色调和四色调效果。

图4-1-12

图4-1-13

图4-1-14

图4-1-15

要将其他模式的图像转换为双色调模式，应先执行【图像】/【模式】/【灰度】命令，将图像转换为灰度模式，然后再执行【图像】/【模式】/【双色调】命令，弹出“双色调选项”对话框，如图4-1-16所示。在“类型”下拉列表中选择所需的类型，然后单击各个油墨颜色块，在弹出的“选择油墨颜色”对话框中设置油墨颜色，如图4-1-17所示为设置好不同油墨颜色后的“双色调选项”对话框。

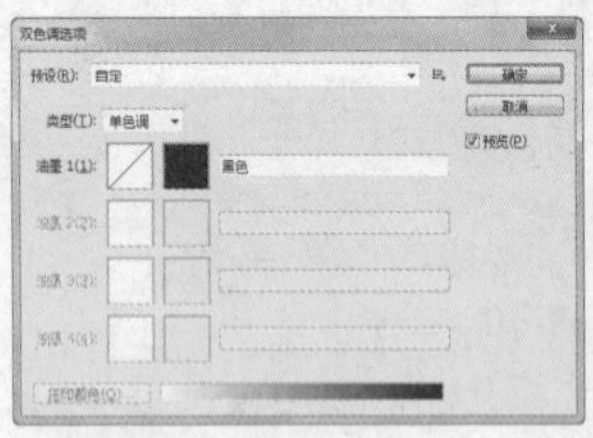
图4-1-16

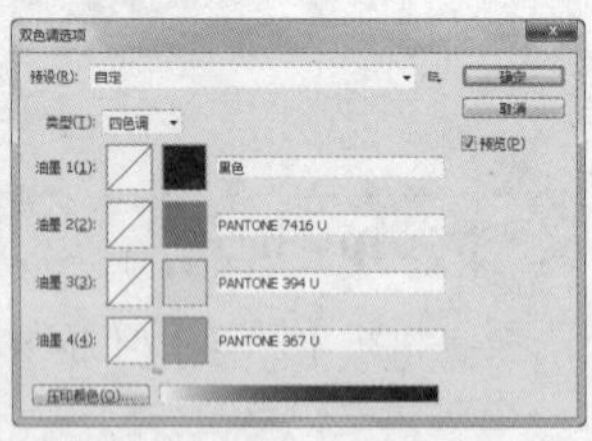
图4-1-17

## ※ 编辑油墨颜色

单击对话框中的颜色块，会弹出“选择油墨颜色”对话框，在对话框中可以选择油墨颜色。当选择类型为“单色调”时，只能编辑一种油墨颜色；相应的，选择几种颜色的类型时，就能编辑几种油墨颜色。单击曲线框图标时，弹出“双色调曲线”对话框，如图4-1-18所示，在对话框中设置参数可以改变油墨的百分比。单击“油墨”选项右侧的颜色块，在打开的“选择油墨颜色”中单击“颜色库”按钮，可以打开“颜色库”，如图4-1-19所示。

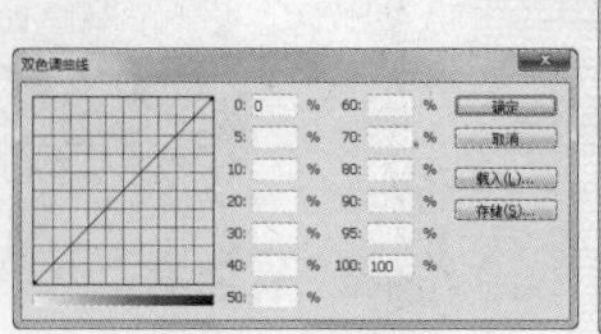
图4-1-18

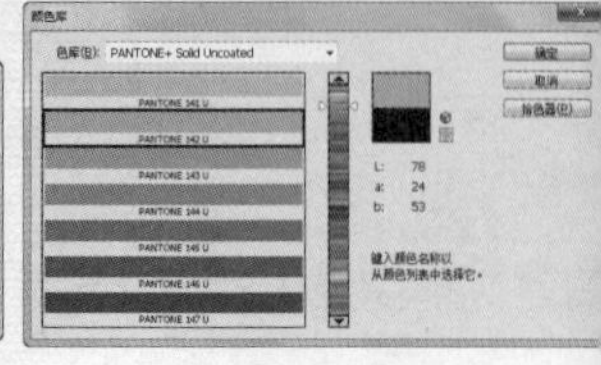
图4-1-19

## ※ 压印颜色

单击“压印颜色”按钮，弹出“压印颜色”对话框，在对话框中单击颜色块，弹出“选择压印颜色”对话框，在对话框中可以设置压印颜色在屏幕上的外观。

**Tips 提示**

当类型选择为“单色调”时，“压印颜色”按钮为不可编辑状态；在未指定所有油墨颜色之前，此选项也不可编辑。

## 4.1.4 索引颜色模式

索引模式是单通道图像，RGB模式和灰度模式的图像可以转化为索引模式。将RGB模式的图像转换为索引模式会丢掉原图像中的很多颜色；而灰度模式的图像转换为索引模式时则不会发生太大的变化。将图像转换为索引模式后可以节省很大一部分的存储空间。

打开如图4-1-20所示的RGB模式的素材图像，执行【图像】/【模式】/【索引颜色】命令，弹出“索引颜色”对话框，如图4-1-21所示。

图4-1-20

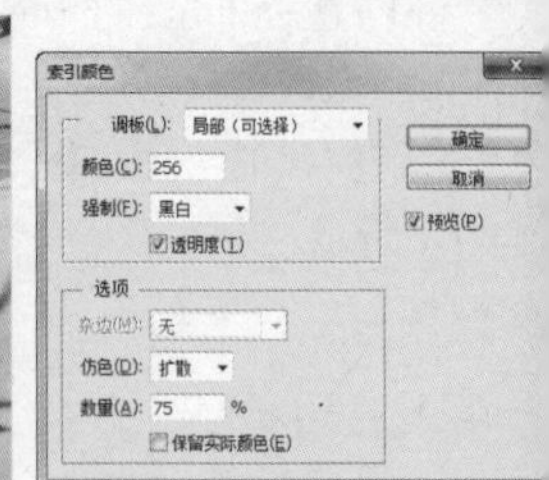
图4-1-21

**调板/颜色**：可设置调板类型和颜色。如果选择“平均分布”、“可感知”或“随样性”的调板类型，可通过输入“颜色”值指定要显示的实际颜色数量，从而设定颜色。

**强制**：可以强制性地选择某些颜色。在其下拉列表中包含了“无”、“黑白”、“三原色”、“Web”和“自定义”5种选项。选择“黑和白”，可将黑色和白色强制添加到颜色表中；选择“三原色”，可添加红、绿、蓝、青、洋红、黄、黑和白8种原色；选择“Web”，可添加Web安全色；选择“自定”，能自定义要添加的颜色。

**仿色**：在下拉菜单中可以选择是否使用仿色及使用仿色的类型。如果要模拟颜色表中没有的颜色，可以采用仿色。

**数量**：可以设置数量百分比。

**Tips 提示**

由于将图像转化为索引模式时，可以生成体积很小的文件，能节省不少的空间，所以多用于制作 Web 页和多媒体动画制作。

## 4.1.5 RGB模式

RGB模式是在Photoshop CS6中运用最为广泛的模式类型，也是最基本的模式类型。R代表红色，G代表绿色，B代表蓝色。都是以各自的英文单词的第一个字母来代替。将三种颜色以不同的比例来混合，就形成了各种不同的颜色。

如果将三种颜色的亮度都调为最大也就是255时，会形成白色，将三种颜色的亮度都调为最小也就是0时，会形成黑色。

RGB颜色模式是Photoshop CS6默认使用的颜色模式。R、G、B三种颜色的亮度取值范围都在0~255之间，按照比例和强度的不同，可以混合出1600多万种不同的颜色。

## 4.1.6 CMYK模式

CMYK模式主要用于打印输出图像，是一种印刷模式。C代表了青、M代表了品红、Y代表了黄、K代表了黑色，各自的取值范围在0~100。

在CMYK模式下，可以为每个像素的每种印刷油墨指定一个百分比值。较亮的颜色所含的印刷油墨的百分比值较低，较暗的颜色所含的印刷油墨的百分比值较高。

CMYK模式的图像颜色没有RGB模式的图像颜色那么鲜艳，图像看起来会偏暗。但是在处理用于打印的图像时，一定要在CMYK的模式下进行，这样最后打印出来的图像才不会偏色。

## 4.1.7 Lab颜色模式

Lab模式是Photoshop CS6进行颜色模式转换时使用的中间模式，很少情况下会用到Lab模式。

在Lab颜色模式中，L表示亮度，它的范围在0~100之间；a表示绿色到红色的光谱变化，范围在127~-128之间；b表示蓝色到黄色的光谱变化，范围也在127~-128之间。

Lab模式是所有颜色模式中色域最广的模式类型，在Lab模式下呈现出来的图像会达到意想不到的效果。

### 实战 将图像转换为Lab模式

第 4 章 / 实战 / 将图像转换为 Lab 模式

打开如图4-1-22所示的素材，执行【图像】/【模式】/【Lab颜色】命令，将图像转化为Lab模式；在“通道”面板中复制“a”通道，并粘贴至“b”通道，得到的图像效果如图4-1-23所示。

图4-1-22

图4-1-23

## 4.1.8 多通道模式

将彩色图像转换为多通道模式后，Photoshop CS6将根据原图像产生相同数目的新通道，并且各通道会变为灰度256色。

**Tips 提示**

当图像模式为 RGB、CMYK、Lab 颜色模式时，如果删除某一个颜色通道，图像会自动转换为多通道模式。

## 4.1.9 8位、16位、32位/通道模式

要了解8位、16位、32位通道模式，必须先了解位深度；位深度也称为像素深度或颜色深度，它可以度量图像中的每个像素可以使用多少颜色信息。

8位/通道的位深度为8位，每个通道可支持256种颜色。16位/通道的位深度为16位，每个通道可支持65000种颜色。在16位模式下处理图像，可以对图像进行更为精确的编辑。

# 4.2 颜色模式

**关键字** 位图模式、灰度模式、RGB模式、CMYK模式、Lab模式

若想在 Photoshop CS6 中正确选择颜色，必须了解颜色模式。正确的颜色模式可以提供一种将颜色转换为数字数据的方法，从而使颜色在多种操作平台或媒介中得到一致的描述。

## 4.2.1 如何选择颜色模式

因为RGB模式中一些较为明亮的色彩无法被打印，如艳蓝色、亮绿色等。所以如果用RGB模式制作印刷图像，有些颜色可能会丢失，从而导致图像偏色。图4-2-1所示是一幅在RGB模式下制作的图像，图4-2-2所示为转换为CMYK模式后的图像。可以看出，原先较亮的颜色都变得暗淡了，这就是因为CMYK模式的色域要小于RGB模式，在转换后有些颜色丢失。

图4-2-1

图4-2-2

当图像转换为CMYK模式后，再把CMYK模式转换为RGB模式，丢失掉的颜色也就找不回来了。

所以在处理图像时首先要选对颜色模式，否则最后印刷出来的效果会和理想中的差很多。

**技术要点：RGB 与 CMYK 的区别**

如果图像只用于在电脑上显示，可用 RGB 模式，因为RGB 模式的色域很广，颜色丰富；如果图像用于印刷，则一定要使用 CMYK 模式。

开始制作新图像时，首先要确定好色彩模式，否则会给后面的工作带来很大的麻烦。

## 4.2.2 如何转换颜色模式

Photoshop CS6提供了多种色彩模式，每种色彩模式都有不同的色域，并且每个模式之间可以相互转换。

**Tips 提示**

在转换图像前，应执行以下操作，尽可能地减少转换颜色模式时所引起的不必要丢失。

❶ 在图像的原本模式下尽可能多地编辑图像，然后再进行转换。

❷ 在转换颜色模式之前应保存一个备份。

❸ 更改颜色模式时，由于图层间的混合模式互相影响，效果可能会发生改变，因此在转换之前要拼合图层。

❹ 当前图像不可用的模式在菜单中会显示为灰色。

**技术要点：图像模式的转换**

将图像从一种颜色模式转换为另一种颜色模式时，可能会导致色域较低的模式永久性地损失某些图像中的颜色。例如，将 RGB 模式的图像转换为 CMYK 模式的图像时，CMYK 色域之外的 RGB 颜色值就可能会丢失。

### 实战 颜色模式转换的操作

第 4 章 / 实战 / 颜色模式转换的操作

这里打开的素材是RGB颜色模式的，执行【图像】/【模式】命令，弹出下拉菜单，如图4-2-3所示，选择CMYK选项，将RGB颜色模式转换为CMYK颜色模式，如图4-2-4所示。

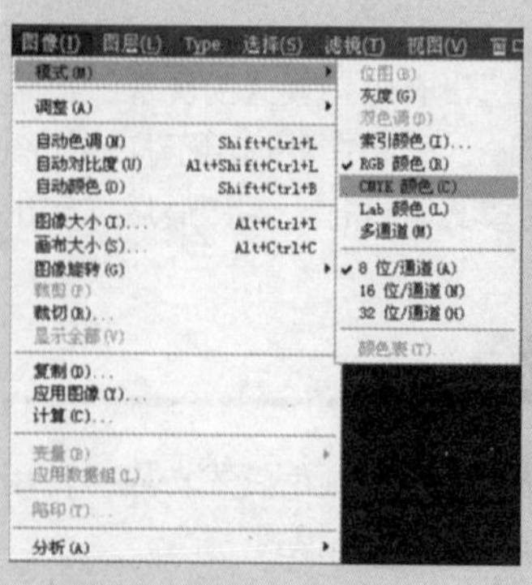


图4-2-3

图4-2-4

# 4.3 色彩管理

**关键字** 颜色设置、配置文件

## 4.3.1 颜色设置

在应用程序时，每个软件都带有各自不同的色彩空间，这会使文件在不同的设备间转换时，颜色发生变化。通过“颜色设置”命令可以对色彩进行管理。执行【编辑】/【颜色设置】命令，可以打开“颜色设置”对话框，如图4-3-1所示。

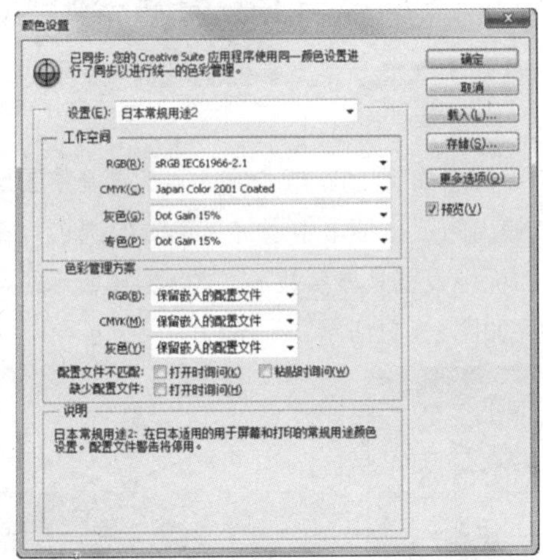


图4-3-1

**设置**：在其下拉列表中可以选择颜色设置，所选的设置决定了应用程序使用的颜色工作空间，以及色彩管理系统转换颜色的方式。

**工作空间**：可用于设置在不同颜色模式下工作时的颜色配置文件。

**色彩管理方案**：决定了以何种方式管理特定的颜色模式下的颜色。

**说明**：将鼠标放置在选项上，会显示该选项的相关说明。

**Tips 提示**

没有在系统中进行同步颜色设置时，对话框顶部会出现“未同步”提示信息。

## 4.3.2 配置文件

“配置文件”用于描述输入设备的色彩空间和文档。指定符合色彩管理要求的配置文件，对确保显示图像和输出图像的一致性非常重要。

需要指定配置文件时，可执行【编辑】/【指定配置文件】命令，弹出“指定配置文件”对话框，如图4-3-2所示。

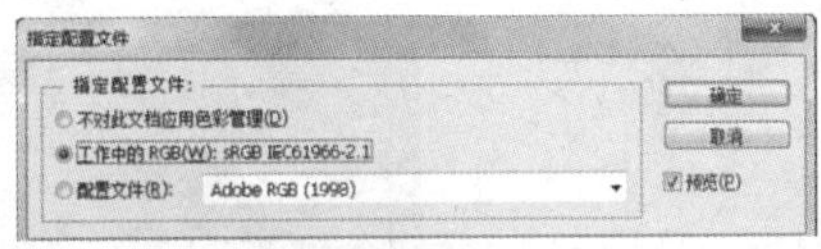


图4-3-2

**不对此文档应用色彩管理**：能够将当前的配置文件从文档中删除，应用程序工作空间的配置文件确定了颜色的外观。

**工作中的RGB**：能够给文档指定的工作空间配置文件。

**配置文件**：可在其下拉列表中选择配置文件。应用程序为文档指定了新的配置文件，但没有将颜色转换到配置文件空间，这样可能会使颜色在显示器上的显示外观发生很大的改变。

**技术要点：转换为其他配置文件**

执行【编辑】/【转换为配置文件】命令，能够将文档中的颜色转换为其他配置文件。

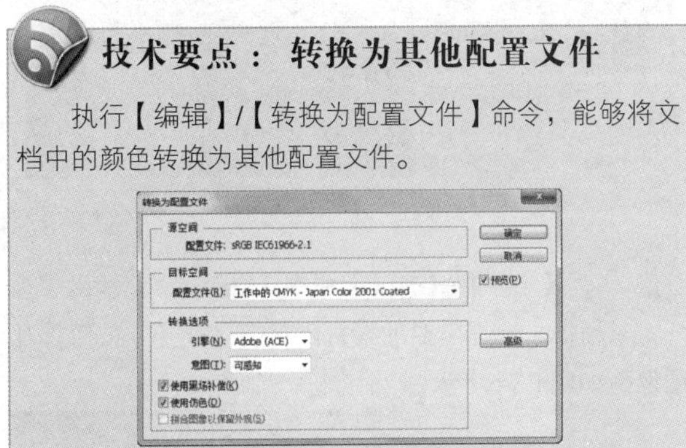


## 4.3.3 校准颜色

在以前的出版工作流程中，最后打印输出成品之前，都需要打印出文件的印刷小样，用于颜色校对。

在Photoshop CS6中，可以直接在显示器上使用颜色配置文件来对文件进行校对，这样可以为工作带来很多的便捷，并且能及时发现并纠正错误，确保图像输出的准确性。

打开如图4-3-3所示的素材图像，执行【视图】/【校样设置】命令，在其下拉菜单中选择一个与模拟的输出条件相对应的预设，如图4-3-4所示，然后执行【视图】/【校样颜色】命令打开电子校样显示，图像就会显示输出的结果，如图4-3-5所示。再次执行【视图】/【校样颜色】命令即可关闭电子校样显示。

图4-3-3

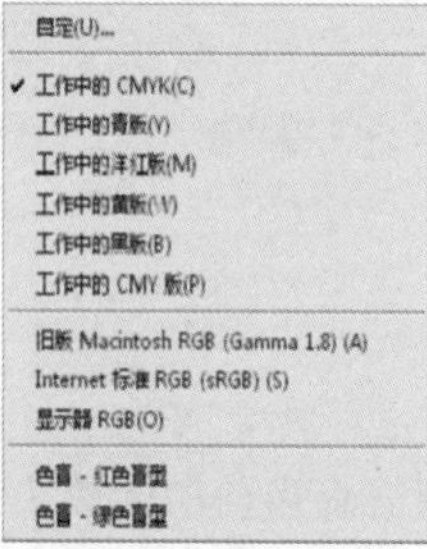


图4-3-4

图4-3-5

训练营 第4章/训练营/01 在模式命令下制作双色调效果

## 01 在模式命令下制作双色调效果

▲ 利用双色调颜色模式可将黑白或彩色图像制作成双色调效果

01 执行【文件】/【打开】命令（Ctrl+O），弹出“打开”对话框，选择需要的素材，单击“打开”按钮打开图像，如图4-3-6所示。

图4-3-6

02 执行【图像】/【模式】/【灰度】命令，得到的图像效果如图4-3-7所示。

图4-3-7

03 执行【图像】/【模式】/【双色调】命令，弹出“双色调”对话框，如图4-3-8所示，得到的图像效果如图4-3-9所示。

图4-3-8

图4-3-9

04 单击图层面板上的创建新的填充或调整图层按钮，在弹出的下拉菜单中选择“色阶”选项，在弹出的调整面板中设置具体参数，如图4-3-10所示，得到的图像效果如图4-3-11所示。

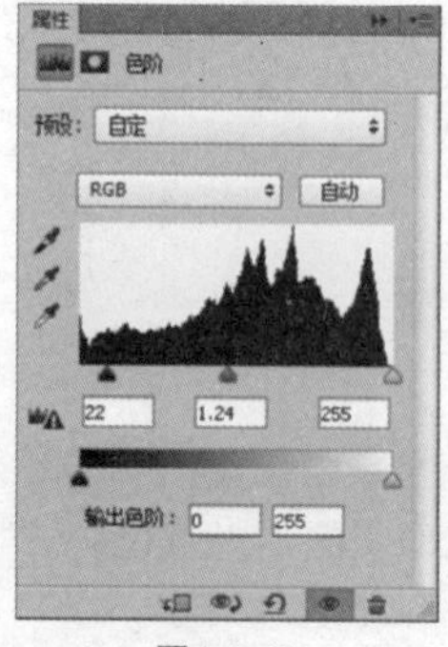


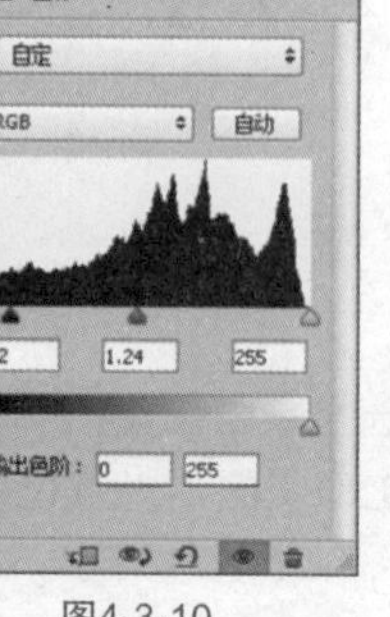

图4-3-10

图4-3-11

训练营 第4章/训练营/02 在Lab模式下调出阿宝色

## 02 在Lab模式下调出阿宝色

▲ 将图像转换为Lab颜色模式调整图像颜色
▲ 选择调整图层，调整图像的色调

01 执行【文件】/【打开】命令（Ctrl+O），弹出“打开”对话框，选择需要的素材图像，单击“打开”按钮，如图4-3-12所示。

图4-3-12

02 单击“图层”面板上的创建新的填充或调整图层按钮，在弹出的下拉菜单中选择“曲线”选项，在弹出的调整面板中设置具体参数，如图4-3-13所示，得到的图像效果如图4-3-14所示。

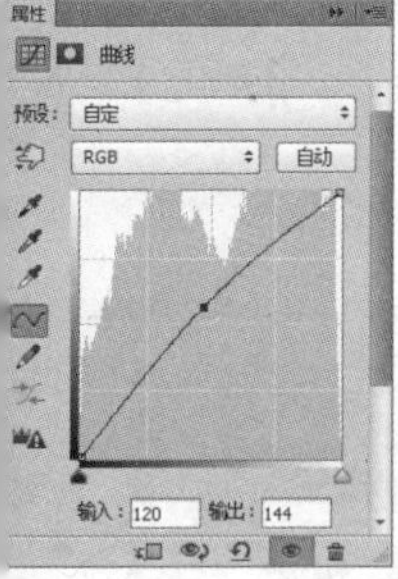

图4-3-13

图4-3-14

03 单击“图层”面板上的创建新的填充或调整图层按钮，在弹出的下拉菜单中选择“色阶”选项，在弹出的调整面板中设置具体参数，如图4-3-15所示，得到的图像效果如图4-3-16所示。

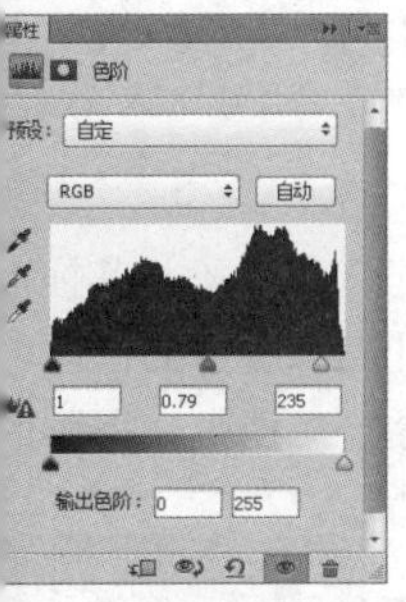

图4-3-15

图4-3-16

04 盖印可见图层得到“图层1”，执行【图像】/【模式】/【Lab颜色】命令，将图像的RGB颜色模式转换为Lab颜色模式。将图像切换至“通道”面板，选择“a”通道，按快捷键Ctrl+A全选，按快捷键Ctrl+C复制，选择“b”通道，按快捷键Ctrl+V粘贴，显示其他通道，按快捷键Ctrl+D取消选择，得到的图像效果如图4-3-17所示。

图4-3-17

05 单击“图层”面板上的创建新的填充或调整图层按钮，在弹出的下拉菜单中选择“曲线”选项，在弹出的调整面板中设置具体参数，如图4-3-18所示，得到的图像效果如图4-3-19所示。

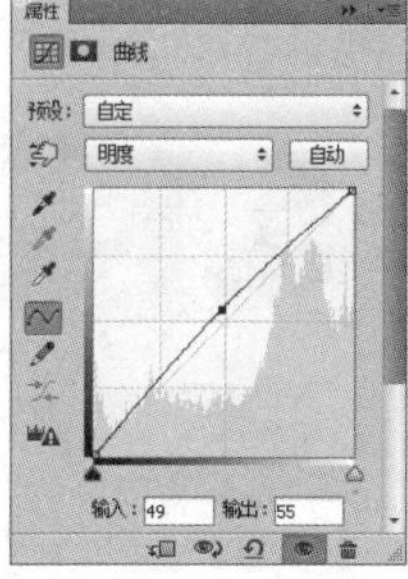

图4-3-18

图4-3-19

06 按快捷键Shift+Ctrl+Alt+E盖印可见图层，得到“图层2”，执行【图像】/【模式】/【RGB颜色】命令，将图像转换回RGB颜色模式。单击“图层”面板上的创建新的填充或调整图层按钮，在弹出的下拉菜单中选择“色相/饱和度”选项，在弹出的调整面板中设置具体参数，如图4-3-20所示，得到的图像效果如图4-3-21所示。

图4-3-20

图4-3-21

07 单击“图层”面板上的创建新的填充或调整图层按钮，在弹出的下拉菜单中选择“色彩平衡”选项，在弹出的调整面板中设置具体参数，如图4-3-22所示，得到的图像效果如图4-3-23所示。

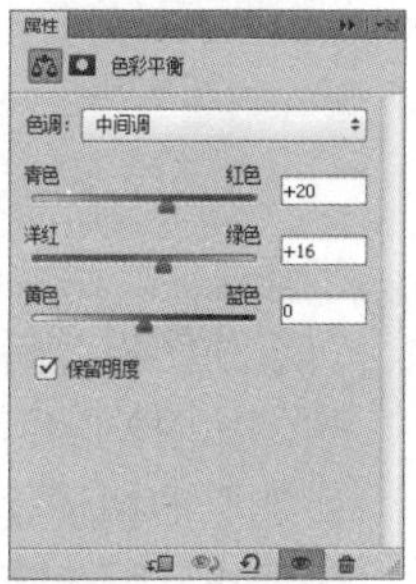

图4-3-22

图4-3-23

# 第5章 选择

## 5.1 了解选区

**关键字** 初步了解选区的基本概念

在 Photoshop CS6 中处理图像之前，一般要先制定编辑的区域。在实际操作中无论是简单的复制、粘贴、删除，还是应用色彩调整、色彩变化和滤镜等功能都基本离不开选区。

打开如图5-1-1所示的素材图像，如果只需改变图像中橘子的颜色，而不改变背景的颜色，此时就要建立选区，如图5-1-2所示，然后使用调整图层调整颜色，得到的图像效果如图5-1-3所示；如果不建立选区，则整个图像的颜色都将被调整，如图5-1-4所示。

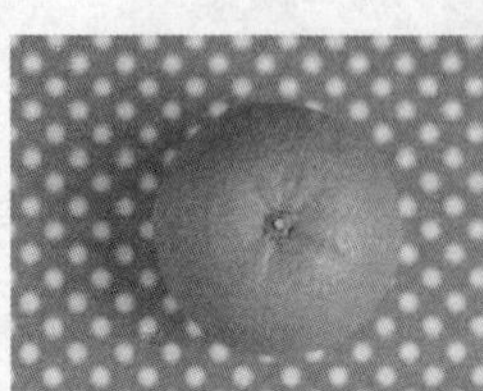

图5-1-1

图5-1-2

图5-1-3

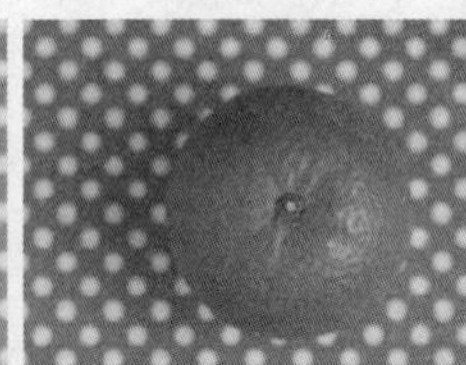

图5-1-4

选区还可以用于分离图像，在图像中选取所需的部分，然后可将其拖曳至新的背景中，即可为其改变背景。在图像中绘制如图5-1-5所示的选区，打开素材图像，如图5-1-6所示；将选区里的图像拖曳至主文档中，得到的图像效果如图5-1-7所示，"图层"面板状态如图5-1-8所示。

图5-1-5

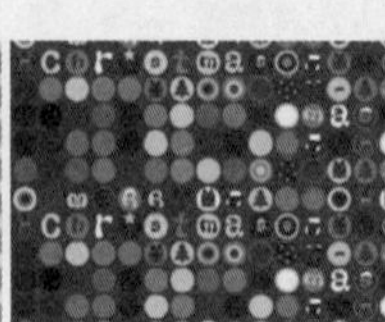

图5-1-6

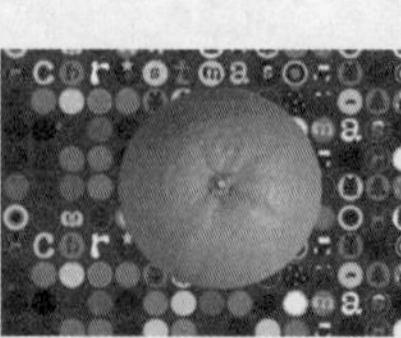

图5-1-7

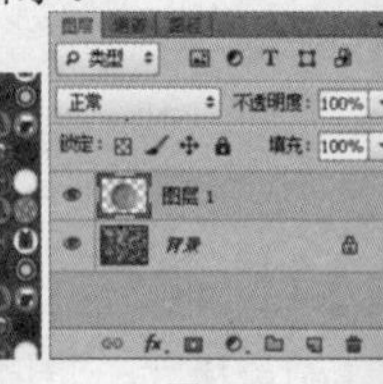


图5-1-8

建立选区后直接改变背景，图像往往会显得太过生硬，这时可以选择羽化选区，然后再将选区内的图像与其他图像进行合成。适当地羽化选区，可以使图像之间结合得更加自然。如图5-1-9所示为未羽化时所选取的橘子，图5-1-10所示为羽化后所选取的橘子。

图5-1-9

图5-1-10

**本章关键技术点**

- ▲ 可用作选择的工具
- ▲ 根据不同图像挑选针对性强的选择方法
- ▲ 对选区的常用操作

# 5.2 基本选择工具

**关键字** 矩形选框工具、椭圆选框工具、单行和单列选框工具

选择工具是 Photoshop CS6 中最常被使用到的工具，创建形状规则的选区可用矩形选框、椭圆选框、单行选框和单列选框工具。创建不规则的选区可用套索、多边形套索和磁性套索工具。

## 5.2.1 矩形选框工具

选择工具箱中的矩形选框工具，在图像中按住鼠标左键并拖动鼠标，可以绘制一个矩形的选区；若按住Shift键拖动鼠标，可以绘制正方形选区。如图5-2-1所示为在图像中随意拖动鼠标绘制出的矩形选区，如图5-2-2所示为按住Shift键拖动鼠标绘制的正方形选区。

图5-2-1

图5-2-2

**技术要点：选框工具组合键的使用方法**

如果要从中心点向外绘制选区，在拖动鼠标的同时按住 Alt 键即可；若再同时按住 Shift 键，则能够从选区的中央开始绘制出长宽比为 1 的选区。这些快捷键也可适用于绘制其他图形，如椭圆选区、矩形形状、椭圆形状等。

矩形选框工具工具选项栏如图5-2-3所示。

选区的运算

图5-2-3

选区的运算在后面章节会有详细介绍。

**样式**：单击样式的下拉按钮，在其下拉菜单中会出现3种样式选项，“正常”为默认选项。选择“正常”选项，可随意地绘制矩形选区；选择“固定比例”选项，然后在右侧的宽度和高度文本框中输入数值，即可确定选区宽度和高度的比例。如图5-2-4所示，确定宽度和高度比例为1:1，则绘制出来的矩形选区无论大小，宽度和高度的比例都为1:1；选择“固定大小”选项，然后在右侧的宽度和高度文本框中输入数值，即可确定选区宽度和高度。如图5-2-5所示，确定高度和宽度都为5cm，则只能绘制高度和宽度都为5cm的矩形选区。

图5-2-4

图5-2-5

执行【选择】/【取消选择】命令（Ctrl+D）或者在选区内单击鼠标右键，然后在弹出的对话框中选择“取消选区”选项，都可以取消选区。

### 实战 创建矩形选区

第 5 章 / 实战 / 创建矩形选区

打开如图5-2-6所示的素材图像，选择工具箱中的矩形选框工具，在图像中绘制矩形选区，如图5-2-7所示。

图5-2-6

图5-2-7

在矩形选框的工具选项栏中单击“样式”下拉按钮，在弹出的下拉菜单中选择“固定比例”选项，并设置宽度为2、高度为1.5，按住Shift键在图像中绘制选区，如图5-2-8所示。

图5-2-8

再在下拉菜单中选择“固定大小”选项，并设置宽度为400mm、高度为200mm，按住Shift键在图像中绘制选区，如图5-2-9所示。

图5-2-9

**Tips 提示**

按住 Shift 键绘制选区，可使新建的选区与原有的选区相加，在选区的运算中有详细介绍。

## 5.2.2 椭圆选框工具

选择椭圆选框工具后，在图像中按住鼠标左键拖动鼠标，可以建立一个椭圆的选区。其中快捷键的使用方法和矩形选框工具相同。在工具箱中椭圆选框工具一般处于被隐藏的状态，需要使用时只需用鼠标右键单击矩形选框工具，在弹出的下拉菜单中选择椭圆选框工具即可。

椭圆选框工具的工具选项栏与矩形工具的工具选项栏基本一样，不同之处在于多了“消除锯齿”选项。在工具选项栏中勾选“消除锯齿”复选框即可应用该功能。勾选后，曲线的边缘会显得更加柔和。在编辑图片等资料时，一般都需要勾选“消除锯齿”选框，如果创建的图像需要有清晰边缘，则无需勾选此选项。如图5-2-10所示为未勾选“消除锯齿”选项时绘制选区得到的图像效果，而如图5-2-11所示为勾选“消除锯齿”选项后绘制选区得到的图像效果。

图5-2-10　　图5-2-11

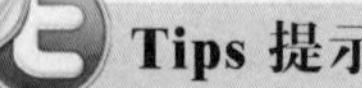
**Tips 提示**

消除锯齿并不是真正地将边缘的锯齿消除，只是从视觉上看起来使图像边缘更加光滑一些。只要图像是位图，锯齿就会存在。

### 实战 创建圆形选区

第 5 章 / 实战 / 创建圆形选区

打开如图5-2-12所示的素材图像，选择工具箱中的椭圆选框工具，按住快捷键Shift+Alt，可以以鼠标为中心，如图5-2-13所示。向四周绘制正圆形选区，如图5-2-14所示。

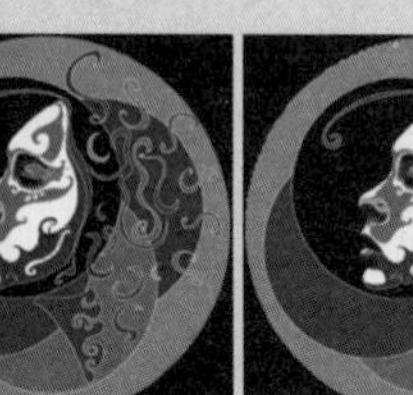
图5-2-12　　图5-2-13　　图5-2-14

按住Alt键，则可以以鼠标为中心，向外绘制椭圆选区，如图5-2-15和图5-2-16所示；按住Shift键，可按鼠标拖动方向绘制正圆，如图5-2-17所示。

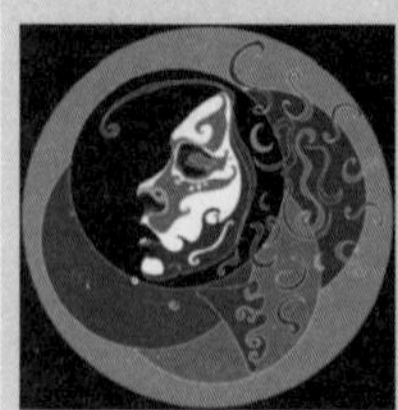
图5-2-15

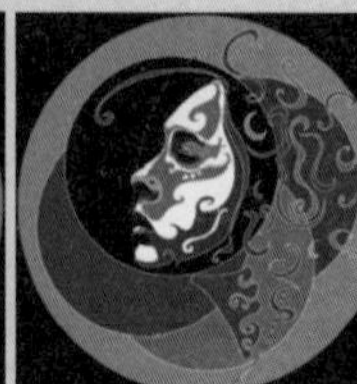
图5-2-16

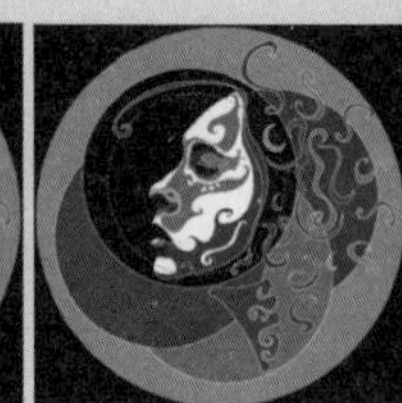
图5-2-17

## 5.2.3 单行和单列选框工具

选择单行选框工具或单列选框工具后，在图像中单击鼠标，即可创建高度或宽度为1像素的水平或垂直的选区。单行选框工具和单列选框工具是两个比较特殊的选框工具，在制作网格方面运用广泛，很少用到选择对象中。如图5-2-18所示为选择单行选框工具后绘制的选区。如图5-2-19所示为单击添加到选区按钮后，选择单列选框工具绘制的选区。

图5-2-18

图5-2-19

### 技术要点：单行、单列选框工具

单行选框工具和单列选框工具的工具选项栏中，除了“羽化”选项，其他选项均为灰色状态，即其他选项处于不可用的状态。

使用单行选框工具和单列选框工具建立的只是1像素的水平或垂直选区，所以其工具选项栏中的羽化值应设置为0，设置其他数值均为无效数值。其作用主要是用于图像的对齐和描边，制作水平或垂直的线条。

## 5.2.4 套索工具

使用套索工具和使用画笔基本相似，鼠标即为笔尖，可以随意在图像中绘制出各种形状的选区。套索工具基本上不用于绘制较为精细的选区，因为很难控制鼠标的走向，套索工具经常用于选择图像的大致范围。

如图5-2-20所示，使用套索工具沿着图像周围拖动鼠标，释放鼠标后得到的选区如图5-2-21所示。

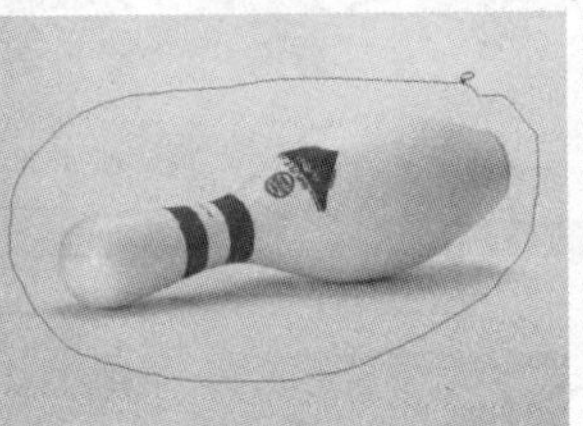
图5-2-20

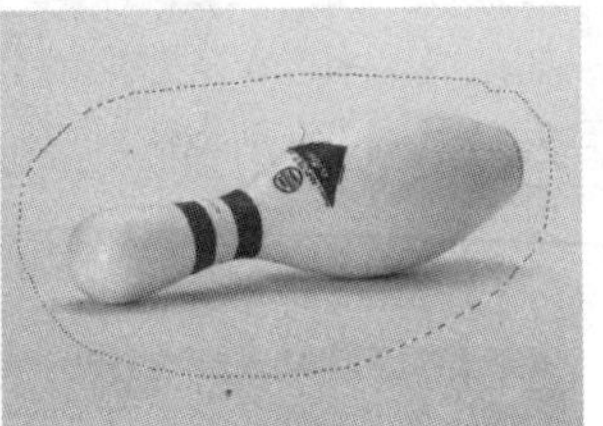
图5-2-21

### Tips 提示

按住Alt键可使用套索工具绘制直线线段，单击确定线段的起点和终点即可，此时套索工具会切换至多边形套索工具。在选取状态下按住Delete键，可以删除最近创建的一条线段。

## 5.2.5 多边形套索工具

多边形套索工具以鼠标单击的位置为节点来绘制选区。它不同于套索工具，不需要一直按住鼠标绘制选区，多边形套索工具在单击确认起点再松开鼠标后出现的线段为不确定线段，只有在进行下一次单击后，确定路径方为最终线段。多边形套索工具比套索工具更加容易控制选区的形状。

多边形套索工具除了绘制不规则的选区外，还能够绘制出具有明显转折点的选区。图5-2-22所示为沿图像中的笔记本边缘绘制得到的选区，绘制完毕后，执行【图像】/【调整】/【色相/饱和度】命令后调整选区内图像的颜色，得到的图像效果如图5-2-23所示。

图5-2-22

图5-2-23

### 技术要点：多边形套索组合键的使用方法

在使用多边形套索工具绘制时，要注意尽量不要将套索的边缘相互重合，否则为无效选区。绘制完毕后，如果找不到起始点的确切位置，在画面上双击鼠标也可以闭合选区。使用多边形套索工具绘制选区时，按住Shift键可以绘制水平、垂直或45°角及其倍数的线段。按Alt键可切换为套索工具，按Delete键或Esc键可取消最近绘制的线段。

### 实战 使用多边形套索工具创建选区

第5章/实战/使用多边形套索工具创建选区

打开如图5-2-24所示的素材图像，选择工具箱中的多边形套索工具，在图像中单击以确定起点，如图5-2-25所示，再次单击可绘制直线，如图5-2-26所示。

图5-2-24

图5-2-25

图5-2-26

当终点与起点重叠时，鼠标右下角会出现小圆点，如图5-2-27所示，单击即可创建选区，如图5-2-28所示。

图5-2-27

图5-2-28

## 5.2.6 磁性套索工具

磁性套索工具能够像磁铁一样自动查找颜色边界，并沿着画面中颜色差异明显的边界绘制选区。

**Tips 提示**

当所选对象的颜色与周围的颜色相似时，磁性套索工具会很难绘制出精确的选区，所以此时不建议使用此工具。

### 实战 用磁性套索绘制选区

第5章/实战/用磁性套索绘制选区

打开如图5-2-29所示的素材图像，选择磁性套索工具，在图像中单击以确定起点，如图5-2-30所示。

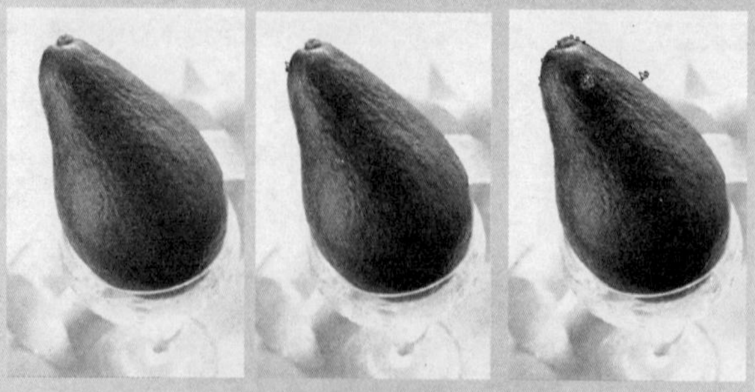
图5-2-29　图5-2-30　图5-2-31

沿着需要选取的对象的边缘移动鼠标即可，如图5-2-31所示，可以发现选择线会自动地贴紧图像中对比最强烈的边缘，当终点与起点重合时，鼠标的右下角会出现一个小圆点，如图5-2-32所示，在此处单击即可闭合路径并产生选区，如图5-2-33所示（双击鼠标也可以闭合路径）。

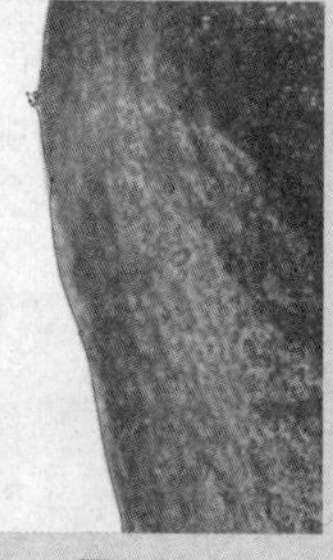

图5-2-32

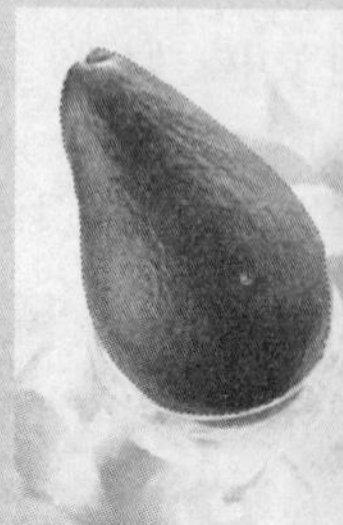
图5-2-33

磁性套索工具的工具选项栏如图5-2-34所示。

图5-2-34

**宽度**：可设置要选取的对象与背景图像的边缘宽度，有效数值在1~256像素之间，数值越小选取得越精确，所以当图像边界不是特别清晰时要设置较小的数值。

**对比度**：可设置对边缘对比度的敏感程度，有效值在1%~100%之间，数值越大，要求被选择图像边缘与背景对比度越强烈。

**频率**：可设置选取时的锚点数目，有效值在0~100之间，数值越大产生的锚点越多。

### 实战 设置磁性套索对比度

第5章/实战/设置磁性套索对比度

打开如图5-2-35所示的素材图像，选择工具箱中的磁性套索工具，在其工具选项栏中设置对比度为10%，在图像中沿花朵边缘拖动鼠标，如图5-2-36所示。再将对比度设置为100%，沿花朵拖动鼠标，如图5-2-37所示。

图5-2-35

图5-2-36　图5-2-37

当图像与背景颜色对比强烈时，对比度数值设置要较大；图像与背景颜色对比不太明显时，对比度数值设置要较小。

# 5.3 魔棒工具

**关键字** 魔棒工具

魔棒工具能够根据图像的颜色来自动建立选区，选择魔棒工具后只需在图像上单击鼠标，魔棒就会选择与单击点色调相似的像素并建立选区。

打开如图5-3-1所示的素材图像，使用魔棒工具，在图像中深紫色部位的某一处单击，Photoshop CS6会自动选择与单击处颜色相同或相近的区域，如图5-3-2所示。

图5-3-1

图5-3-2

魔棒工具的工具选项栏如图5-3-3所示。

取样大小: 取样点　容差: 30　消除锯齿　连续　对所有图层取样

图5-3-3

**取样大小**：用来设置魔棒工具的取样范围。选择“取样点”，可对光标所在位置的像素进行取样；选择“3×3平均”，可对光标所在位置3个像素区域内的平均颜色进行取样，其他选项以此类推。

**容差**：“容差”是影响魔棒工具性能的重要选项，它的数值大小决定了所选区域的色调与鼠标单击点色调的相似程度。当“容差”数值较小时，只选择与鼠标单击点色调差异很小的部分图像；数值越大时，对色调相似程度的要求就越低。即使在图像中同一位置单击，设置不同的容差值所选择的区域也会不同，如图5-3-4所示为容差值为50时使用魔棒工具建立的选区，如图5-3-5所示为容差值为100时使用魔棒工具建立的选区。

图5-3-4

图5-3-5

**消除锯齿**：选中此选项可使选区的边缘较平滑。

**连续**：勾选此选项，在图像上单击一次只能选中与单击处相邻且颜色相近的区域，如图5-3-6所示。取消此选项后，在图像上单击一次即可选取所有与单击处颜色相同或相近的区域，如图5-3-7所示。

图5-3-6

图5-3-7

**对所有图层取样**：只有当文档中包含多个图层时，此选项才可用。勾选此选项，可选择所有可见图层上颜色相近的区域；取消此选项，则只能选择当前图层上颜色相近的区域。如图5-3-8所示。“图层1”为当前图层，勾选此选项后出创建的选区效果如图5-3-9所示，未勾选此选项时创建的选区效果如图5-3-10所示。

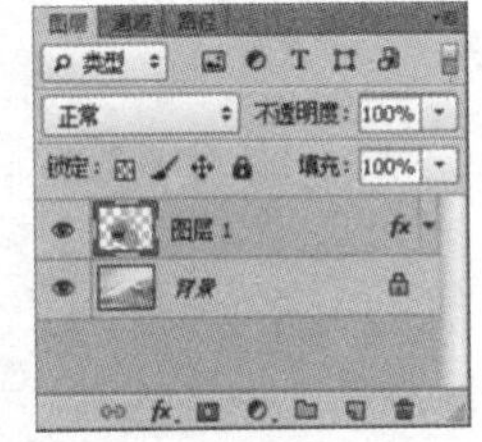

图5-3-8

图5-3-9

图5-3-10

## 训练营 01 使用魔棒工具选择花朵

第 5 章 / 训练营 /01 使用魔棒工具选择花朵

▲ 使用“魔棒”工具建立选区
▲ 使用“移动工具”和自由变换命令调整图像

01 执行【文件】/【打开】命令（Ctrl+O）命令，弹出“打开”对话框，选择需要的素材，单击“打开”按钮，如图5-3-11和图5-3-12所示。

图5-3-11

图5-3-12

02 选择工具箱中的魔棒工具，在图中白色的背景处单击；按快捷键Ctrl+Shift+I将选区反选，得到的图像效果如图5-3-13所示。

03 选择工具箱中的，将选区中的图像拖曳至主文档中，生成“图层1”，得到的图像效果如图5-3-14所示。

图5-3-13

图5-3-14

04 按快捷键Ctrl+T调出自由变换框，调整图像的大小和位置，调整完毕后单击Enter键确认调整，得到的图像效果如图5-3-15所示。

图5-3-15

05 重复上一步操作，得到“图层1副本”，得到的图像效果如图5-3-16所示。继续复制图像调整图像的大小和位置，得到的图像效果如图5-3-17所示。

图5-3-16

图5-3-17

## 5.4 钢笔工具

关键字 钢笔工具

使用钢笔工具能对图像的边缘进行细致的绘制，当所要抠选的对象边缘清晰、分明且不规则时，可使用钢笔工具抠图。

钢笔工具是Photoshop CS6中最为强大的绘图工具。钢笔工具一般有两种，一是绘制矢量图形，二是选取图像。在这里，钢笔工具作为选取图像的工具，一般用于选取边缘光滑清晰且不规则的图像。

对于钢笔工具的详细描述，可参考第9章矢量工具与路径编辑的内容。

训练营 第5章/训练营/02 使用钢笔工具抠出汽车

## 02 使用钢笔工具抠出汽车

▲ 使用"钢笔工具"建立选区
▲ 使用"移动工具"移动图像

01 执行【文件】/【打开】命令（Ctrl+O）命令，弹出"打开"对话框，选择需要的素材，单击"打开"按钮，如图5-4-1所示。

图5-4-1

02 选择工具箱中的钢笔工具，沿汽车绘制闭合路径，如图5-4-2所示，绘制完毕后按快捷键Ctrl+Enter将路径转换为选区，如图5-4-3所示。

图5-4-2

图5-4-3

03 执行【文件】/【打开】命令（Ctrl+O）命令，弹出"打开"对话框，选择需要的素材，单击"打开"按钮，如图5-4-4所示。

图5-4-4

04 选择工具箱中的移动工具，将选区里的内容拖曳至主文档中，并调整图像的大小及位置，将其不透明度设置为82%，得到的图像效果如图5-4-5所示。

图5-4-5

05 将"图层1"复制一次，调出自由变化框，将其垂直翻转，调整大小及位置，并将其不透明度设置为30%，得到的图像效果如图5-4-6所示。

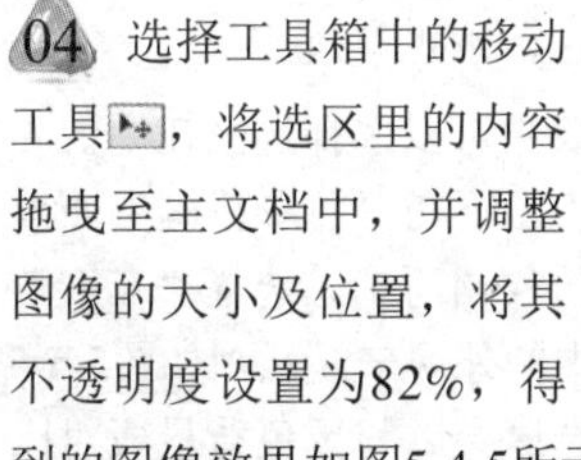

图5-4-6

# 5.5 色彩范围命令

**关键字** 色彩范围命令

使用【色彩范围】命令可以选择特定颜色的区域，其选择原理与魔棒工具相似，但该命令提供了更多的设置选项。

打开如图5-5-1所示的素材图像，执行【选择】/【色彩范围】命令，弹出"色彩范围"对话框，如图5-5-2所示。在预览图像下方的选项中勾选"选择范围"选项时，被选择区域以白色部分代表，未被选择区域以黑色部分代表，半选择区域以灰色部分代表。如果勾选"图像"选项则预览区域会显示为彩色图像，如图5-5-3所示。

图5-5-1

图5-5-2

图5-5-3

**选择**：用于设置选区的创建方式，在该下拉列表中有11种选取颜色的方式。选择“取样颜色”时，用鼠标放在图像上单击，即可对颜色进行取样。单击添加到取样按钮，然后在预览区或图像上单击，即可添加颜色；单击从取样中减去按钮，然后在预览区或图像上单击，即可减去颜色。选择下拉列表中的“红色”、“黄色”和“绿色”等选项，可选择图像中相对应的颜色；选择“高光”、“中间调”和“阴影”等选项时，可以选择图像中相对应特定色调；选择“溢色”时，可以选择图像中包含的溢色。

**本地化颜色簇/范围**：勾选此选项后，再使用范围滑块可以控制要包含在蒙版中的颜色与取样点的最大和最小距离。

**颜色容差**：能够控制颜色的选择范围，该值越高，所选择的颜色容差越大，颜色范围也就越广。

**选区预览**：在其下拉列表中可以选择选区在图像中显示的方式。选择“无”，表示不在“色彩范围”面板中显示所选区域的预览，如图5-5-4所示。选择“灰度”选项，选区会以在灰度通道中的外观来显示，如图5-5-5所示。选择“黑色杂边”，选区会以与黑色背景成对比的颜色来显示，如图5-5-6所示。选择“白色杂边”，选区会以与白色背景成对比的颜色来显示，如图5-5-7所示。选择“快速蒙版”选区会以使用快速蒙版后的状态来显示，如图5-5-8所示。

图5-5-4

图5-5-5

图5-5-6

图5-5-7

图5-5-8

**存储/载入**：单击“存储”按钮，可以保存当前设置；单击“载入”按钮，可以载入以前存储的选区预设文件。

**反相**：可以将选区反相，即将原来的选区内容变为未选择内容，而原来的未选择内容变为选区内容。

**Tips 提示**

如果在图像中创建了选区，执行“色彩范围”命令只会作用于选区内的图像，重复使用该命令可以细调选区。

训练营 第5章/训练营/03 使用“色彩范围”命令抠图

## 03 使用“色彩范围”命令抠图

▲ 使用“色彩范围”命令抠图
▲ 使用“自由变换”命令调整图像

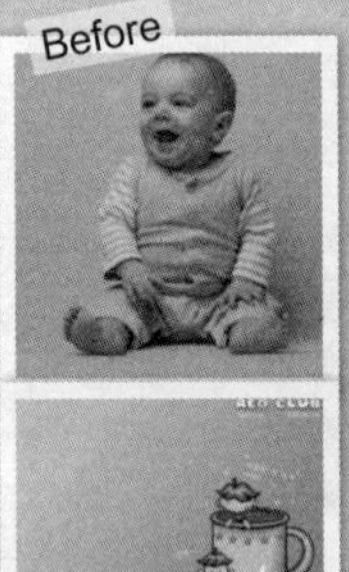

01 打开素材，如图5-5-9所示。

02 执行【选择】/【色彩范围】命令，打开“色彩范围”对话框，具体设置如图5-5-10所示。

图5-5-9

图5-5-10

03 按下添加到取样按钮，在图像中背景的黑色部分单击，将背景全部变成白色，如图5-5-11所示，勾选“反相”选项，单击“确定”按钮，得到的图像效果如图5-5-12所示。

图5-5-11

图5-5-12

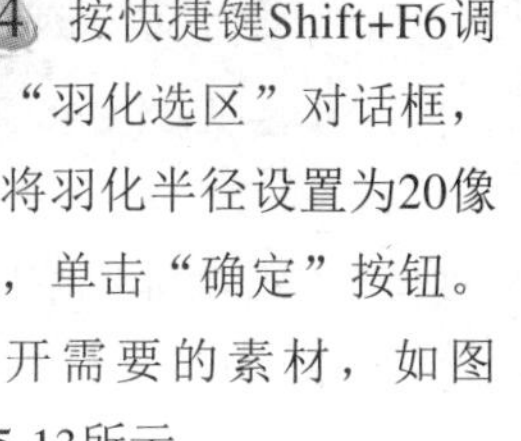

图5-5-13

04 按快捷键Shift+F6调出“羽化选区”对话框，并将羽化半径设置为20像素，单击“确定”按钮。打开需要的素材，如图5-5-13所示。

05 选择工具箱中的移动工具，将前一个文档中的选区拖曳至主文档中，得到“图层1”，如图5-5-14所示；按快捷键Ctrl+T调出自由选框，在自由选框内单击右键，选择对话框中的水平翻转选项，调整图像大小，按Enter键确认变换，得到的图像效果如图5-5-15所示。

图5-5-14

图5-5-15

06 选择工具箱中的移动工具，选中“图层”面板上的“图层1”，按住Alt键拖动，复制“图层1”，按快捷键Ctrl+T调出自由选框，调整图像大小，按Enter键确认调整，得到的图像效果如图5-5-16所示。

07 在“图层”面板上将“图层1副本”的不透明度设置为30%，得到的图像效果如图5-5-17所示。

图5-5-16

图5-5-17

## 5.6 快速蒙版

关键字 快速蒙版

快速蒙版是一种用于创建和编辑选区的功能，也是最为灵活的选区编辑功能之一。

打开如图5-6-1所示的素材图像，建立如图5-6-2所示的选区，单击工具箱下方的快速蒙版按钮，得到的图像效果如图5-6-3所示。

图5-6-1

图5-6-2

图5-6-3

双击工具箱下方的快速蒙版按钮，即可进入快速蒙版模式，调出“快速蒙版选项”对话框，如图5-6-4所示。

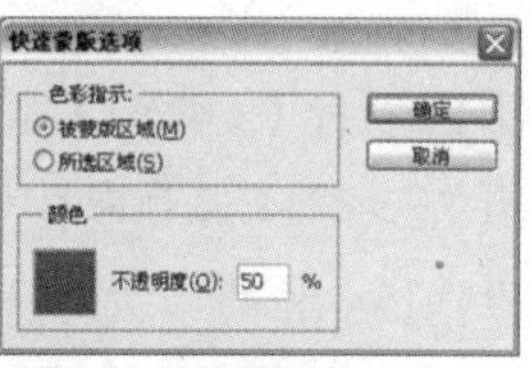

图5-6-4

**色彩指示**：选择“被蒙版区域”时，未选择的区域会覆盖蒙版颜色，选择区域保持不变，如图5-6-5所示；选择“所选区域”时，所选区域会覆盖蒙版颜色，其他部位保持不变，如图5-6-6所示。

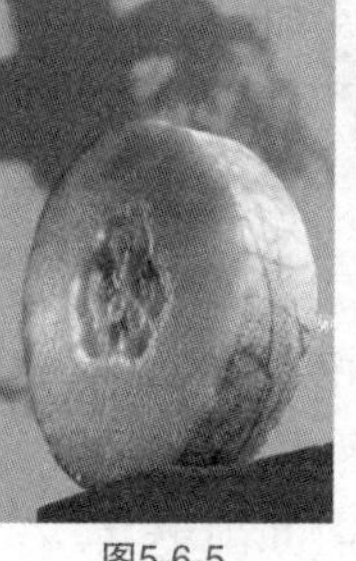
图5-6-5

图5-6-6

**颜色**：单击颜色块，会弹出“拾色器”对话框，在对话框中设置蒙版颜色，如图5-6-7和5-6-8所示。

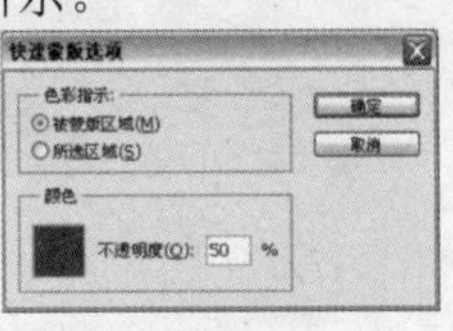

图5-6-7

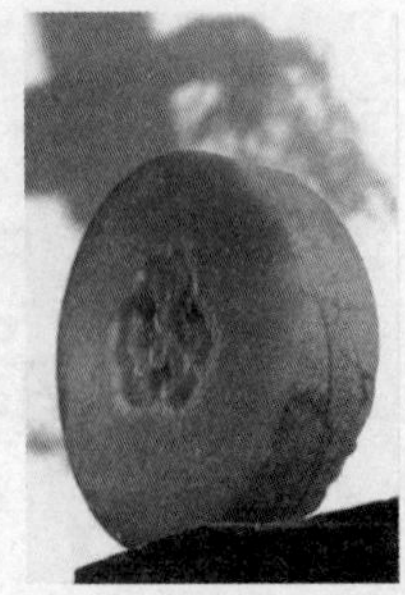

图5-6-8

**不透明度**：可设置蒙版颜色的不透明度。

**Tips 提示**

“颜色”和“不透明度”都只是针对蒙版的外观设置，不会对选区产生任何影响。

训练营 04 第 5 章 / 训练营 /04 用“快速蒙版”换背景

## 用“快速蒙版”换背景

▲ 使用“快速选择工具”建立选区
▲ 使用“快速蒙版”抠图
▲ 使用“移动工具”替换图像背景

Before

After

01 执行【文件】/【打开】命令（Ctrl+O），弹出“打开”对话框，选择需要的素材，单击“打开”按钮，打开图像，如图5-6-9所示。

图5-6-9

图5-6-10

02 选择工具箱的快速选择工具，在其工具选项栏中设置合适的画笔大小，在图中背景部分单击并拖动鼠标，建立如图5-6-10所示选区。

03 按快捷键Shift+Ctrl+I将选区进行反选，单击工具箱下方的快速蒙版按钮，得到的图像效果如图5-6-11所示。

04 将前景色设置为黑色，对图像中未被覆盖的背景部分进行涂抹，得到的图像效果如图5-6-12所示。

图5-6-11

图5-6-12

05 将前景色设置为白色，对图像中被覆盖的人物部分进行涂抹，得到的图像效果如图5-6-13所示。

06 单击工具箱下方的快速蒙版按钮，切换为正常模式，如图5-6-14所示。

图5-6-13

图5-6-14

**Tips 提示**

用白色涂抹快速蒙版时，被涂抹的区域会显示出图像，可扩展选区；用黑色涂抹的选区会被快速蒙版覆盖，可收缩选区；用灰色涂抹的区域可以得到羽化的选区。

07 执行【文件】/【打开】命令（Ctrl+O），弹出“打开”对话框，选择需要的素材，单击“打开”按钮，打开图像，如图5-6-15所示。

08 选择工具箱中的移动工具，将前一个文档中的选区拖曳至当前文档，如图5-6-16所示。

图5-6-15

图5-6-16

09 按快捷建Ctrl+T调出自由变换框，拖动自由变换框调整图像大小和位置，按Enter键确认变换，得到最终的图像效果。

# 5.7 抽出滤镜

**关键字** 抽出滤镜中的各项参数的设置和使用、利用抽出滤镜更换图像背景

"抽出"滤镜适合选择边缘复杂的对象，经常用于选取如人物毛发等边缘杂乱的对象。在对图像应用"抽出"滤镜时，系统会自动将抽出区域的背景转换为透明色，并且抽出区域的边缘不会产生色晕现象。

执行【滤镜】/【抽出】命令，会弹出"抽出"对话框，如图5-7-1所示。

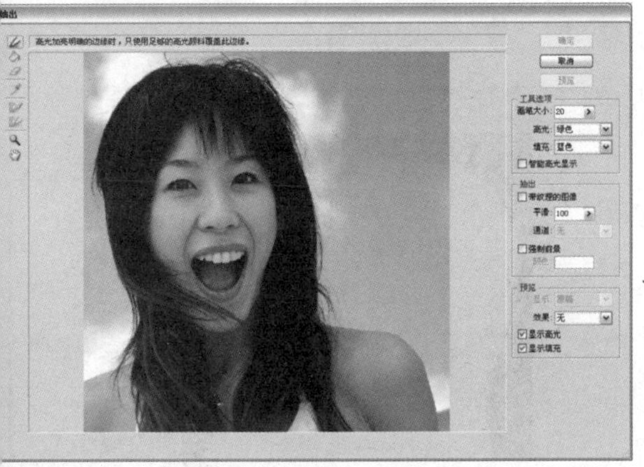

图5-7-1

**Tips 提示**

"抽出"滤镜是Photoshop中比较实用的增效工具，可以登录到 http://www.adobe.com/support/downloads/detail.jsp?ftpID=4279 下载。下载完成后，可以看到一个压缩包文件，双击它将其解压，然后将"简体中文 > 实用组件 > 可选增效工具 > 增效工具（32 位）"文件夹中的各个插件复制到Photoshop CS6安装程序文件夹下面的"Plug-ins"文件夹中，然后重新启动Photoshop即可。

**边缘高光器工具**：可绘制所需对象与背景区域的边缘，让二者分离，如图5-7-2所示。

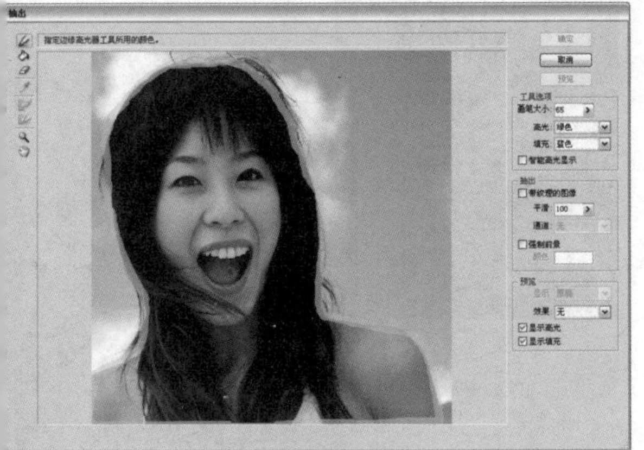

图5-7-2

**填充工具**：单击可填充抽出区域，如图5-7-3所示为在人物面部单击后得到的效果。

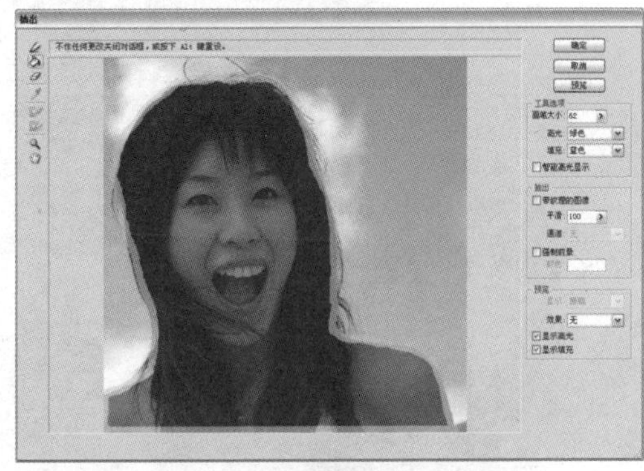

图5-7-3

**橡皮擦工具**：用于擦除多余的高光部分。

**吸管工具**：勾选"强制前景"选项，吸管工具方为可用，单击可吸取颜色，将所要抽出部分与背景分离。

只有当用边缘高光器工具绘制一个闭合区域，再用填充工具填充区域，然后单击预览按钮，清除工具和边缘修饰工具才为可用状态。

**清除工具**：擦除多余的背景。

**边缘修饰工具**：可以修饰抽出对象的边缘像素。

**缩放工具**：放大或缩小预览图像。

**抓手工具**：移动预览图像。

**画笔大小**：设置边缘修饰工具、清除工具、橡皮擦工具和边缘高光器工具的画笔大小。可直接输入数值，或拖动滑块调整。

**高光**：下拉菜单中包含红、绿、蓝和其他四个选项，用来设置边缘高光器工具的颜色。

**填充**：在其下拉列表中包含红、绿、蓝和其他4个选项，用来设置填充工具的颜色。

**智能高光显示**：用于设置高光的位置和样式。勾选此选项可以使高光覆盖住绘制的边缘。

**带纹理的图像**：如果当前图像的前景色或背景色为杂色或者带有纹理时，可勾选此选项。

**平滑**：设置抽出的对象边缘的平滑度，有效数值在0~100之间，数值越大越平滑。

**通道**：用于选取滤镜应用的新通道。

**强制前景**：设置抽出部分的颜色。可用吸管工具对前景色进行取样，来完成前景色的设置。

**颜色**：用于设置前景色的颜色。

**显示**：可以选择显示原图像或者抽出后的图像。

**效果**：可以选择抽出后的背景颜色。如图5-7-4~图5-7-8所示分别为选择无、黑色杂边、灰色杂边和蒙版的图像效果；选择其他则可以随意选择背景颜色。

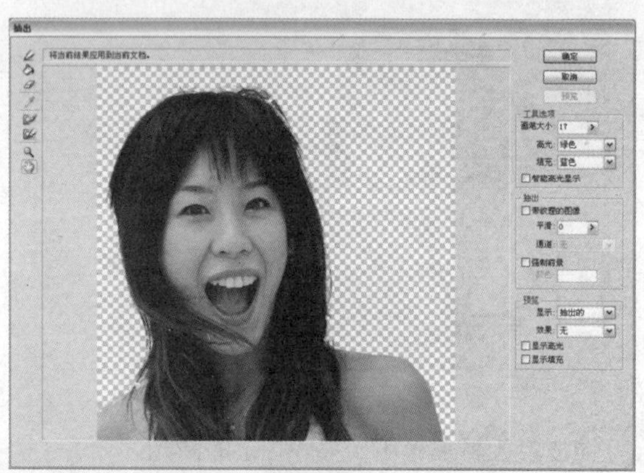

图5-7-4

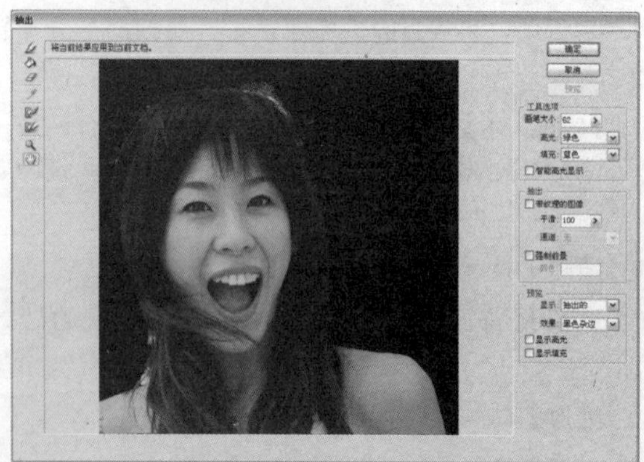

图5-7-5

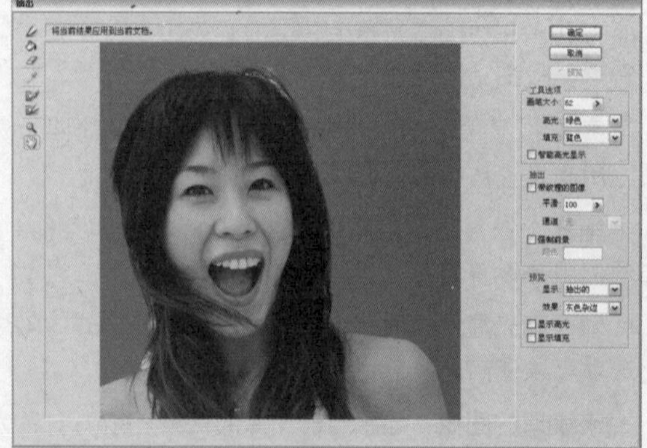

图5-7-6

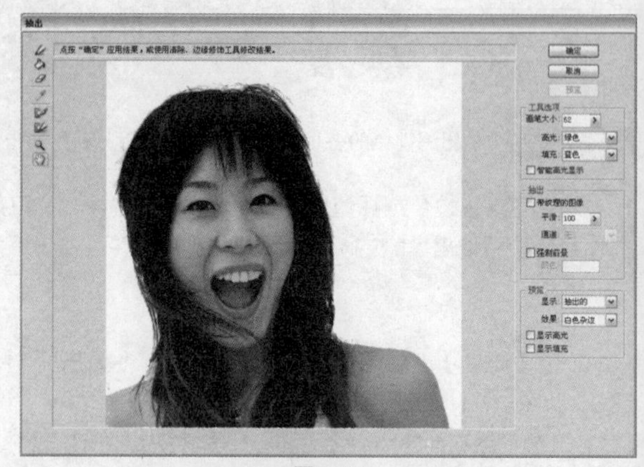

图5-7-7

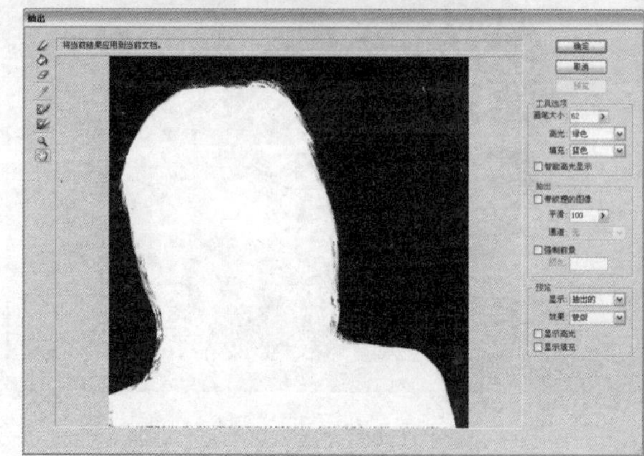

图5-7-8

**显示高光**：显示预览图像中绘制边缘的高光。

**显示填充**：显示预览图像中抽出对象的填充色。

训练营 第5章/训练营/05 利用“抽出”滤镜替换图像背景

## 05 利用“抽出”滤镜替换图像背景

▲ 使用“抽出滤镜”建立选区
▲ 使用“移动工具”替换图像背景

01 打开需要的素材，如图5-7-9所示。将“背景”图层拖曳至“图层”面板中的创建新图层按钮上，得到“背景副本”图层。

图5-7-9

02 执行【滤镜】/【抽出】命令，弹出“抽出”对话框，选择边缘高光器工具，在画笔大小文本框中设置适当的半径，沿着图中人物的轮廓绘制闭合路径，如图5-7-10所示。

图5-7-10

03 绘制完毕后选择填充工具将闭合区域填充上颜色，如图5-7-11所示，设置完毕后单击“确定”按钮。

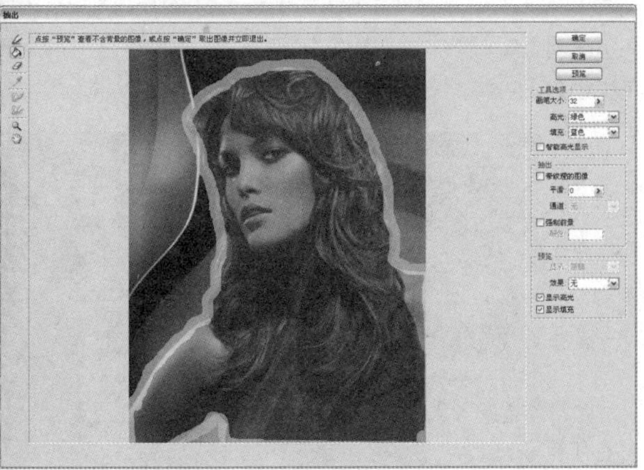

图5-7-11

04 打开素材，如图5-7-12所示。选择工具箱中的移动工具，将打开的文档拖曳至主文档中，并将其置于“背景副本”图层的下方，调整大小和位置，得到的图像效果如图5-7-13所示。

图5-7-12 图5-7-13

05 单击“图层”面板中的添加图层蒙版按钮，为“背景副本”图层添加图层蒙版；将前景色设置为黑色，选择工具箱中的画笔工具，在其工具选项栏中设置不透明度为20%，沿人物边缘进行涂抹，得到的图像效果如图5-7-14所示。

图5-7-14

# 5.8 通道抠图

**关键字** 通道

"通道"在处理像素的选择程度上有非常强大的控制性，那能够抠选选区、魔术棒等工具及色彩范围、抽出滤镜无法抠选的图像。

由于"通道"的特殊性，所以像婚纱、玻璃杯、烟雾等透明物体以及飞扬的头发等边缘杂乱的图像，都可以借助"通道"制作选区。

对于"通道"的详细描述，可参考第12章通道功能解析中的内容。

## 训练营 06 运用"通道"抠选婚纱

第5章/训练营/06运用"通道"抠选婚纱

▲ 调整图像色阶
▲ 运用"通道"抠选婚纱

01 执行【文件】/【打开】命令（Ctrl+O），弹出"打开"对话框，选择需要的素材，单击"打开"按钮，如图5-8-1所示。

图5-8-1

02 切换至"通道"面板，选择"绿"通道并将其拖曳至"通道"面板中的创建新通道按钮上，得到"绿副本"通道，如图5-8-2所示。

**Tips 提示**

选择黑白对比最强烈的通道进行复制。

图5-8-2

03 按快捷键Ctrl+L，在弹出的"色阶"对话框中设置参数，如图5-8-3所示，设置完毕后单击"确定"按钮，得到的图像效果如图5-8-4所示。

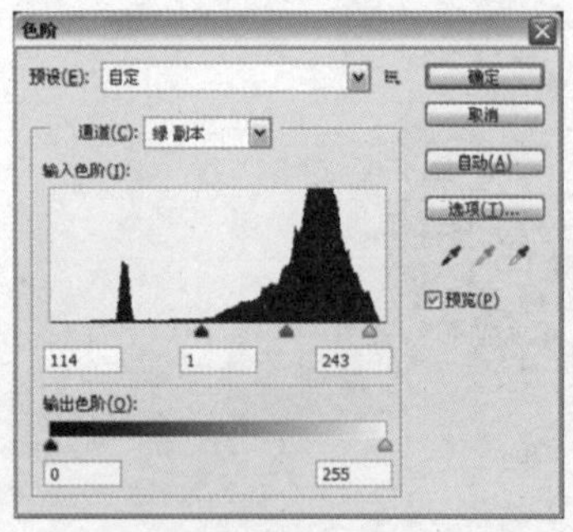

图5-8-3

图5-8-4

04 选择工具箱中的钢笔工具，在图像中沿人物的轮廓绘制闭合路径，如图5-8-5所示，绘制完毕后按快捷键Ctrl+Enter将路径转换为选区，如图5-8-6所示。

图5-8-5

图5-8-6

05 将前景色设置为白色，按快捷键Alt+Delete填充前景色，按快捷键Ctrl+D取消选区，得到的图像效果如图5-8-7所示，按住Ctrl键单击“绿副本”通道的图层缩览图，调出其选区，得到的图像效果如图5-8-8所示。

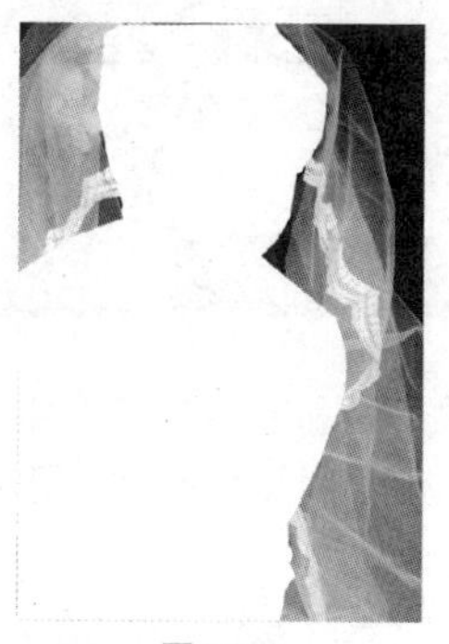
图5-8-7

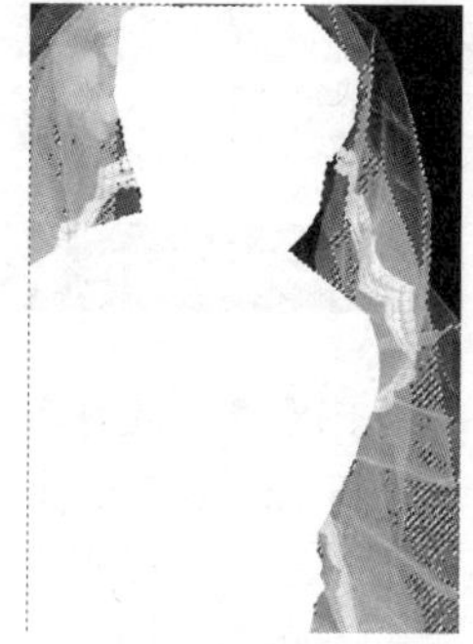
图5-8-8

06 切换回“图层”面板，得到的图像效果如图5-8-9所示，按快捷键Ctrl+J复制选区中的内容，得到“图层1”，将“背景”图层转换为普通图层并隐藏，得到的图像效果如图5-8-10所示。

图5-8-9

图5-8-10

07 执行【文件】/【打开】命令（Ctrl+O）命令，弹出“打开”对话框，选择需要的素材，单击“打开”按钮，如图5-8-11所示。

图5-8-11

08 选择工具箱中的移动工具，将前一文档中的“图层1”拖曳至主文档中，生成“图层1”；按快捷键Ctrl+T调出自由变换框，调整图像的大小和位置，得到的图像效果如图5-8-12所示。

图5-8-12

09 单击“图层”面板中的添加图层蒙版按钮，为“图层1”添加图层蒙版，将前景色设置为黑色，选择工具箱中的画笔工具，在其工具选项栏中设置合适大小的柔角笔刷，在图像中婚纱的边缘进行绘制，得到的图像效果如图5-8-13所示。

图5-8-13

### 技术要点：图层蒙版的原理

使用图层蒙版可以令当前图层所在的图像与下层的图像自然地融合在一起，一般用于对图像边缘或局部进行细微调整，也可用于在较复杂的图像中抠取图像的细节。

添加图层蒙版后，蒙版只对当前图层起作用，利用绘图工具和前景色的变化，使被擦除的图像不可见，但并不是真的擦除，而是暂时将此区域的图像隐藏起来，并没有破坏图像本身。隐藏或删除蒙版后，仍可以恢复原有的图像效果。

图 5-8-14 所示为添加图层蒙版的效果，图 5-8-15 所示为实用黑色画笔隐藏背景图像的效果。

图5-8-14

图5-8-15

# 5.9 挑选正确的选择方法

关键字 依据形状、色调、选择对象的边缘来挑选正确的选择方法

Photoshop CS6 包含了大量的选择工具和选择命令，它们都有各自的特点，并相对地适用于选择某一类型的对象。挑选正确的选择方法，对提高作图效率十分有帮助。

## 5.9.1 依据形状挑选选择方法

边缘为圆形、椭圆形和矩形的规则图像，可以选择使用选框工具来选取，如图5-9-1所示；边缘为直线的棱角分明的对象，可以选择使用多边形套索工具来选取，如图5-9-2所示；如果对选区的形状和准确度要求不高，可以选择使用套索工具绘制大概的选区，如图5-9-3所示。

图5-9-1

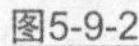

图5-9-2

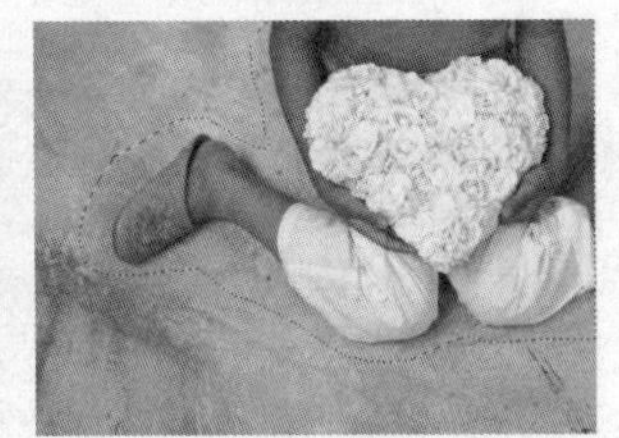

图5-9-3

## 5.9.2 依据色调挑选选择方法

图像的色调由暗调、中间调和高光三部分组成。当要选取的对象与背景之间的差异明显，可以使用快速选择工具、魔棒工具、"色彩范围"命令、混合颜色带和磁性套索工具建立选区，如图5-9-4所示为使用磁性套索工具选择的图像。

图5-9-4

## 5.9.3 依据选择对象边缘挑选选择方法

在选择像毛发等边缘细节丰富的对象，或者烟雾、婚纱等透明的对象以及随风飘动的衣服、行驶的汽车等边缘模糊的对象时，往往要借助通道才能完成。

# 5.10 选区的基本操作

关键字 反选与全选、取消与重新选择、选区的运算、移动与变换选区

建立一个选区后，如果对选区的位置、大小等不满意，还可以对其进行编辑和修改。

## 5.10.1 全选与反选

打开如图5-10-1所示的素材图像，执行【选择】/【全选】命令（Ctrl+A），可以将图像全选，如图5-10-2所示。

图5-10-1

图5-10-2

如图5-10-3所示创建选区后，执行【选择】/【反向】命令（Ctrl+Shift+I）可以将选区反选，即将图像中的选择区域与非选择区域的位置交换，如图5-10-4所示。

图5-10-3

图5-10-4

## 5.10.2 取消选择与重新选择

### ※ 取消选择

执行【选择】/【取消选择】命令（Ctrl+D）可以取消当前选区，如图5-10-5和图5-10-6所示。

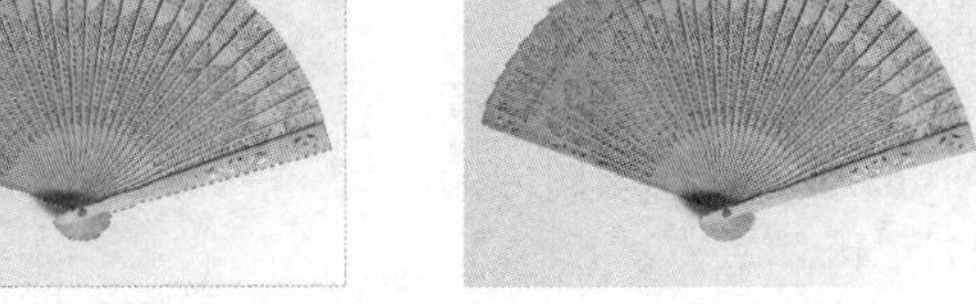

图5-10-5　图5-10-6

### ※ 重新选择

执行【选择】/【重新选择】命令，可以将最后编辑的选区重新选择，如图5-10-7所示。

图5-10-7

## 5.10.3 选区的运算

如果图像中已包含选区，如图5-10-8所示，但又要创建新选区时，可以在工具选项栏中设置选区的运算方式，如图5-10-9所示，使新选区与原有的选区之间产生运算，从而得到需要的选区。但选区运算只适用于用选框工具、套索工具和魔棒工具。

图5-10-8

图5-10-9

**新选区**：单击此按钮可以创建新的选区。

**添加到选区**：单击此按钮，再绘制的新选区将添加到原来的选区中，并合并成一个新的选区。单击添加到选区按钮，再绘制另一个选区，如图5-10-10所示，得到的图像效果如图5-10-11所示。

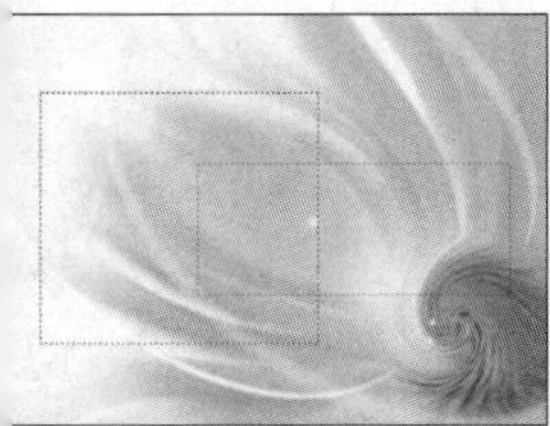

图5-10-10

图5-10-11

**从选区减去**：单击此按钮再绘制新选区时，新选区如果和原来的选区有相交的部分，此部分将从原选区中减去，如图5-10-12和图5-10-13所示。

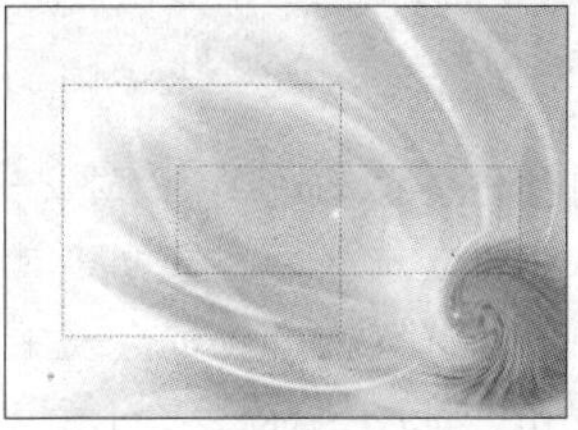
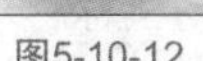

图5-10-12

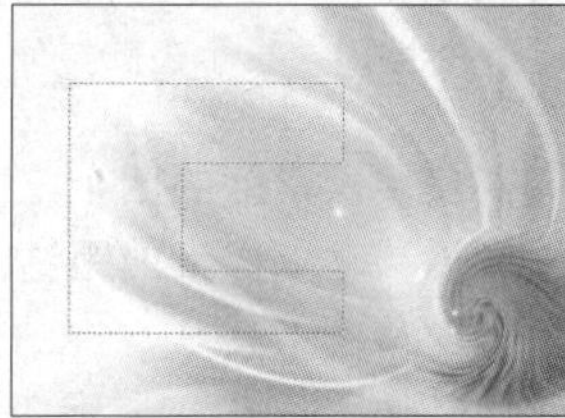

图5-10-13

**与选区交叉**：单击此按钮，新选区如果和原来的选区有相交的部分，那么相交的部分将会变为一个新的新区，并且图像中只剩下此选区，如图5-10-14和图5-10-15所示。

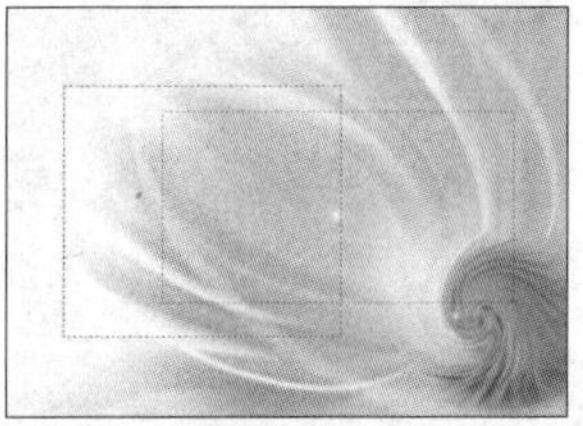

图5-10-14

图5-10-15

**技术要点：添加选区**

如果当前图像中包含选区，则使用选框、套索和魔棒工具继续创建选区时，按住 Shift 键绘制新选区则相当于单击添加到选区按钮；按住 Alt 键绘制新选区，相当于单击从选区减去按钮；按住快捷键 Shift+Alt 绘制新选区，相当于单击选区交叉按钮。

## 5.10.4 移动与变换选区

### ※ 移动选区

使用任何选区工具创建如图5-10-16所示的选区后，单击其工具选项栏中的新选区按钮，将鼠标放在选区内，鼠标会发生变化，如图5-10-17所示，此时单击并拖动鼠标即可移动选区，如图5-10-18所示。

图5-10-16

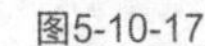

图5-10-17

图5-10-18

**Tips 提示**

移动选区注意鼠标在选区中停留时的指针变化，当指针显示图标，表示当前操作可移动选区；当指针显示图标时，表示当前操作将移动选区中的图像。

使用键盘上的四个方向键也可移动选区，每按一次可以移动 1 像素的距离。在建立选区后，选择工具箱中的移动工具，将鼠标放在选区内，鼠标会发生变化，如图5-10-19所示。单击并拖动鼠标移动的是选区内的图像，原来图像的部分会以背景色填充，如图5-10-20所示。

图5-10-19

图5-10-20

## ※ 变换选区

如图5-10-21所示建立选区，执行【选择】/【变换选区】命令，可以使用定界框自由变换选区的大小和形状，如图5-10-22所示，拖动控制点即可对选区进行缩放、扭曲等变换操作，但选区内的图像不会受到影响，如图5-10-23所示。

图5-10-21

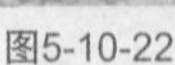
图5-10-22

图5-10-23

**Tips 提示**

如果执行【编辑】/【变换】命令（Ctrl+T），拖动控制点则选区及选区内的图像都会发生变换，如图 5-10-24 所示。

图5-10-24

## 5.10.5 存储与载入选区

## ※ 存储选区

如图5-10-25所示建立选区，执行【选择】/【存储选区】命令，弹出“存储选区”对话框，如图5-10-26所示，可在对话框中设置所要存储选区的名称等选项，设置完毕后单击“确定”按钮，即可将其保存到Alpha通道中，如图5-10-27所示。

图5-10-25

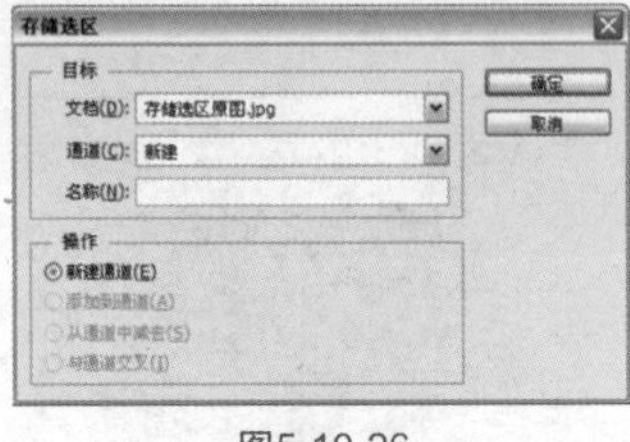

图5-10-26

图5-10-27

**文档**：在下拉列表中可以选择保存选区的文件位置。默认状态时选区会保存在当前文档中，也可以选择设置保存的位置。

**通道**：为保存的选区设定的目的通道，默认状态为新建。

**名称**：用来设置新通道的名称。只有在通道下拉列表中选择新建选项时此选项为可用状态。

**操作**：如果保存选区的文件包含有选区，则可以选择如何在通道中合并选区。选择“新建通道”，可以将当前选区存储在新通道中；选择“添加到通道”，可以将选区添加到原通道的现有选区中；选择“从通道中减去”。可以从原通道内的现有选区中减去当前的选区；选择“与通道交叉”，可以从当前选区和原通道中的现有选区交叉的区域中存储一个选区。

## 实战 存储选区

第 5 章 / 实战 / 存储选区

使用工具箱中的魔棒工具在图像中白色背景处单击，创建选区。按快捷键Ctrl+Shift+I将选区反选，如图5-10-28所示。

执行【选择】/【存储选区】命令，弹出“存储选区”对话框，在对话框中设置选区名称，如图5-10-29所示，单击“确定”按钮。在“通道”面板中看到选区被存储成名为蝴蝶与花的Alpha通道，如图5-10-30所示。

图5-10-28

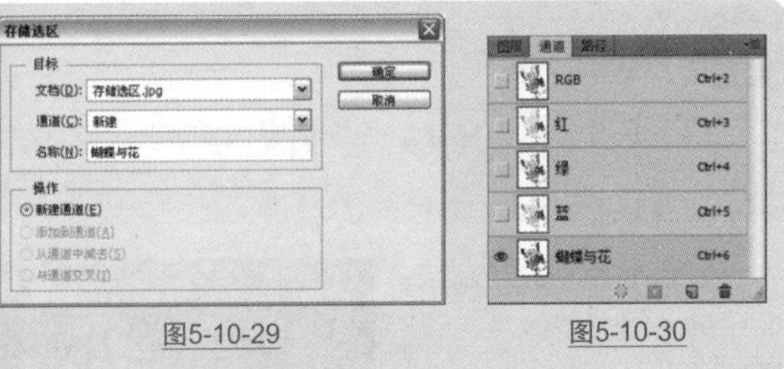
图5-10-29　图5-10-30

**Tips 提示**

按住 Ctrl 键单击 Alpha 通道缩览图，即可调出选区。

## ※ 载入选区

存储选区后，执行【选择】/【载入选区】命令，弹出“载入选区”对话框，如图5-10-31所示，选择要载入的选区，在文档中会重新出现选区。

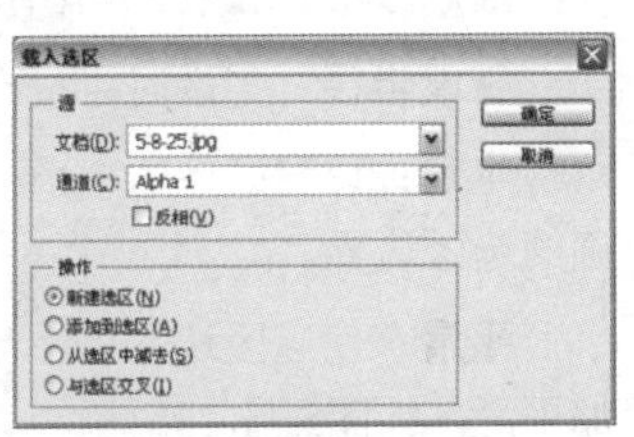
图5-10-31

**文档**：用于选择载入选区的文件位置。

**通道**：用于选择载入选区的通道。

**反相**：可以反转选区，使非选择区域变为被选择状态。

**操作**：如果当前文档中包含选区，可以通过此选项设置如何合并载入的选区。选择“新建选区”，载入的选区会替换当前选区；选择“添加到选区”，载入的选区会添加到当前选区中；选择“从选区中减去”，载入的选区会从当前选区中减去；选择“与选区交叉”，可以得到载入的选区与当前选区交叉的区域。

## 实战 载入选区

第 5 章 / 实战 / 载入选区

执行【选择】/【载入选区】命令，弹出“载入选区”对话框，在“通道”中选择所需载入的选区，单击“确定”按钮，如图5-10-32所示。即可将选区重新载入图像中，如图5-10-33所示。

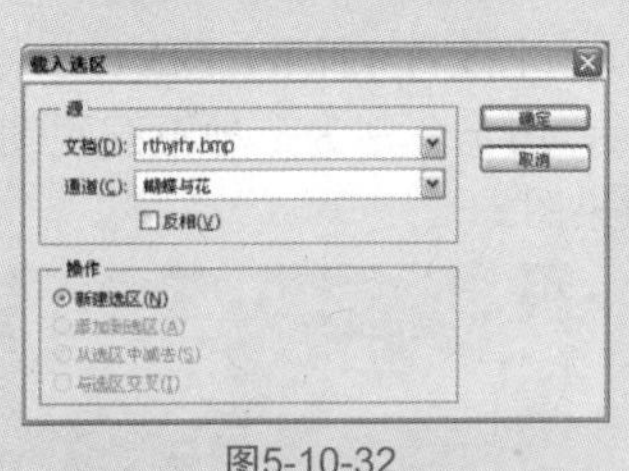
图5-10-32

图5-10-33

# 5.11 选区的进阶操作

**关键字** 调整边缘、平滑，扩展、收缩选区、创建边界选区、羽化选区

创建选区后有时要对选区进行深入的编辑，才能使选区符合要求。

在【选择】菜单中包含用于编辑选区的各种命令，如图5-11-1所示。

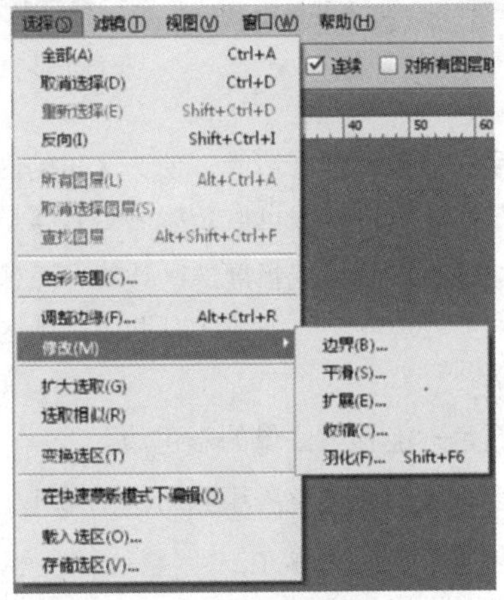
图5-11-1

## 5.11.1 调整边缘

执行【选择】/【调整边缘】命令（Alt+Ctrl+R），对选区的边缘进行调整。

如图5-11-2所示，在图中创建选区，执行【选择】/【调整边缘】命令（Ctrl+Alt+R），弹出“调整边缘”对话框，如图5-11-3所示。

图5-11-2

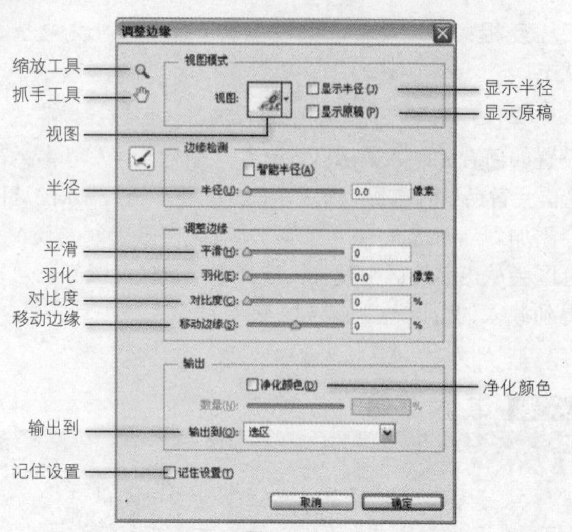


图5-11-3

**视图**：能在此选项中选择所需的视图模式，在其下拉菜单中包含闪烁虚线、叠加、黑白、白底、黑底、背景图层和显示图层7种选项，如图5-11-4所示。图5-11-5～图5-11-11所示分别为七种不同视图模式效果图。

闪烁虚线 (M)
叠加 (V)
黑底 (B)
白底 (W)
黑白 (K)
背景图层 (L)
显示图层 (R)
按 F 键循环切换视图。
按 X 键暂时停用所有视图。

图5-11-4

图5-11-5

图5-11-6

图5-11-7

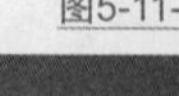


图5-11-8

图5-11-9

图5-11-10

图5-11-11

**Tips 提示**

按下F键可以循环显示各种预览模式，按下X键可以临时查看图像。

**显示半径**：能显示按半径定义的调整区域。设置半径为50像素，勾选此选项，得到的图像效果如图5-11-12所示。

图5-11-12

**显示原稿**：查看原始图像。

**智能半径**：勾选时半径自动适应图像边缘。

**半径**：调整区域的大小，增加半径可以创建更加精确的选区边界。

**平滑**：使选区边界更加平滑，如图5-11-13所示为将平滑度设置为100时的图像效果。

图5-11-13

**羽化**：可为选区边界中的不规则区域创建平滑的轮廓。图5-11-14所示为未设置羽化的图像效果，图5-11-15为设置羽化为50像素的图像效果。

图5-11-14

图5-11-15

**对比度**：能锐化选区边缘，使选区里的内容更加自然。增加对比度可以去除选区边缘附近过多的杂色。

**移动边缘**：能收缩或扩展选区边缘，正值为收缩边界，负值为扩展边界。收缩选区有助于从选区边缘移去多余的背景。

**净化颜色**：能移去图像的彩色边。

**输出到**：能够将调整应用到所选的输出。

**记住位置**：勾选后能在“调整边缘”和“调整蒙版”中始终选择这些位置。

**缩放工具/抓手工具**：缩放工具可以在调整选区时将其放大或缩小。抓手工具可以调整图像的位置。

**说明**：当鼠标停留在对话框的选项上时，可查看与每一种模式相关的说明。

## 实战 调整边缘

第 5 章 / 实战 / 调整边缘

打开素材图像，在图像中建立选区，利用【存储选区】命令存储选区，如图5-11-16所示。

图5-11-16

选择工具箱中的魔棒工具，在图像中绘制选区，如图5-11-17所示，执行【选择】/【调整边缘】命令，弹出“调整边缘”对话框，具体参数设置如图5-11-18所示，设置完毕后单击“确定”按钮，得到的图像效果如图5-11-19所示。

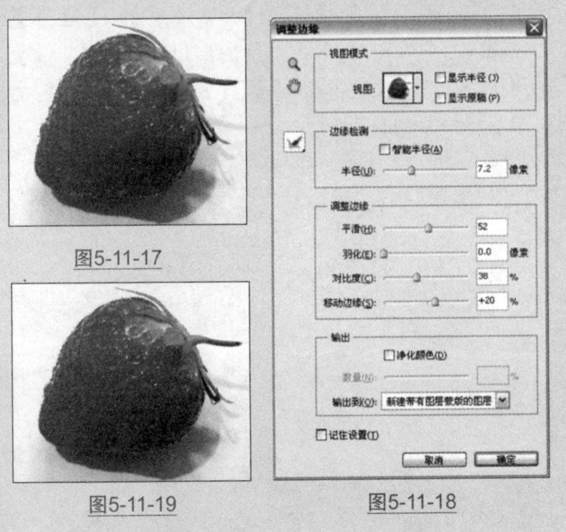


图5-11-17

图5-11-19　　图5-11-18

## 5.11.2 平滑选区

【平滑】命令用于平滑选区的边缘，常用于处理魔棒工具或“色彩范围”命令创建的较为粗糙的选区，使生硬的选区边缘变得平滑。

执行【选择】/【修改】/【平滑】命令，即可弹出“平滑”对话框，如图5-11-20所示，在对话框中设置参数。

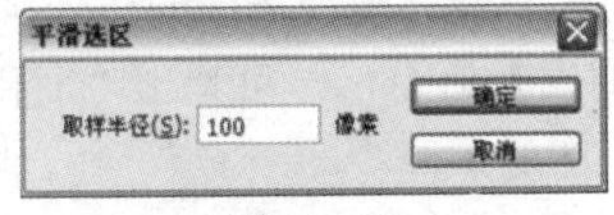


图5-11-20

**取样半径**：设置选区的平滑程度，数值越大，平滑程度越强。

## 实战 平滑选区

第 5 章 / 实战 / 平滑选区

打开如图5-11-21所示素材图像，在图像中绘制选区，执行【选择】/【修改】/【平滑】命令，弹出“平滑”对话框，如图5-11-22所示，设置取样半径为100像素，设置完毕后单击“确定”按钮，得到的图像效果如图5-11-23所示。

图5-11-21

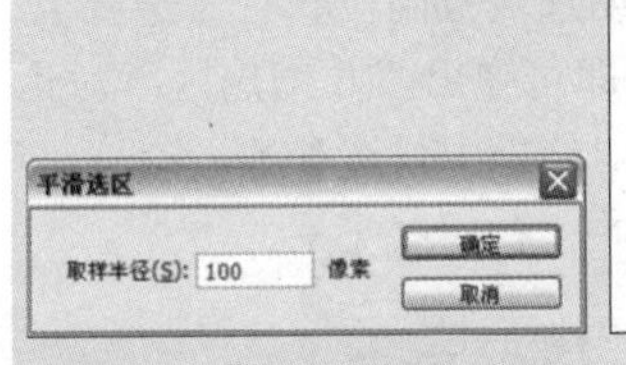


图5-11-22

图5-11-23

## 5.11.3 扩展选区

【扩展】命令用于扩展选区范围，能使图像选区向四周等距离扩展。

执行【选择】/【修改】/【扩展】命令，即可弹出“扩展”对话框，如图5-11-24所示，在对话框中设置参数。

图5-11-24

**扩展量**：设置扩展程度，数值越高，扩展程度越大。

## 实战 扩展选区

第 5 章 / 实战 / 扩展选区

打开如图5-11-25所示的素材图像，建立如图5-11-26所示的选区。

图5-11-25

图5-11-26

执行【选择】/【修改】/【扩展】命令，弹出“扩展”对话框，如图5-11-27所示，设置扩展量为50像素，设置完毕后单击“确定”按钮，得到的图像效果如图5-11-28所示。

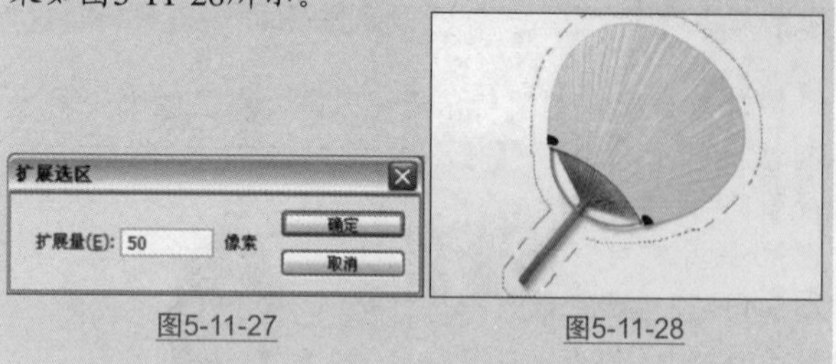

图5-11-27　图5-11-28

## 5.11.4 收缩选区

【收缩】命令用于收缩选区范围。执行【选择】/【修改】/【收缩】命令，即可弹出“收缩选区”对话框，如图5-11-29所示，在对话框中设置参数。

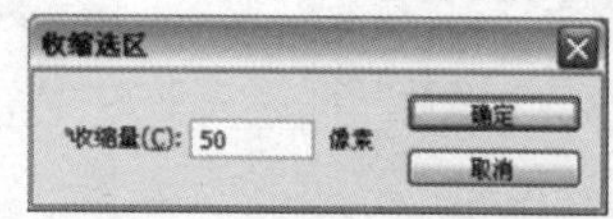

图5-11-29

**收缩量**：设置收缩程度，数值越大，收缩量越大。

## 实战 收缩选区

第5章/实战/收缩选区

打开如图5-11-30所示的素材图像，按如图5-11-31所示建立选区，执行【选择】/【修改】/【收缩】命令，弹出“收缩”对话框，如图5-11-32所示，设置收缩量为50，设置完毕后单击“确定”按钮，得到的图像效果如图5-11-33所示。

图5-11-30　图5-11-31　图5-11-32　图5-11-33

## 5.11.5 创建边界选区

【边界】命令可以将选区的边界扩展，扩展后的边界与原来的边界会结合成新的选区。

执行【选择】/【修改】/【边界】命令，即可弹出“边界选区”对话框，如图5-11-34所示。

图5-11-34

**宽度**：用来设置选区扩展的像素值，如将宽度设置为30像素，原选区会向外扩展15像素，向内扩展15像素。

## 实战 创建选区边界

第5章/实战/创建选区边界

打开如图5-11-35所示的素材图像，按如图5-11-36所示建立选区，执行【选择】/【修改】/【边界】命令，弹出“边界”对话框，如图5-11-37所示，设置宽度为30像素，设置完毕后单击“确定”按钮，得到的图像效果如图5-11-38所示。

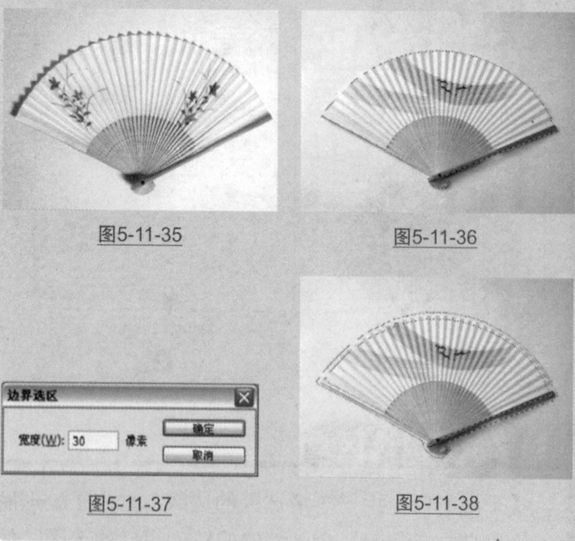

图5-11-35　图5-11-36　图5-11-37　图5-11-38

## 5.11.6 羽化选区

“羽化选区”能够模糊选区的边缘执行【选择】/【修改】/【羽化】命令，即可弹出“羽化选区”对话框，如图5-11-39所示。

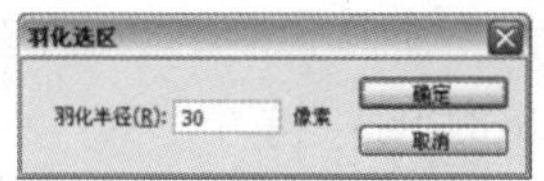
图5-11-39

**羽化半径**：羽化半径越大，羽化效果越明显。不过羽化半径越大，选区边缘丢失的细节就越多。

## 实战 羽化选区

第 5 章 / 实战 / 羽化选区

打开如图5-11-40所示的素材图像，按如图5-11-41所示建立选区。

图5-11-40

图5-11-41

执行【选择】/【修改】/【羽化】命令（Shift+F6），弹出“羽化选区”对话框，如图5-11-42所示，设置羽化半径为30，得到的图像效果如图5-11-43所示。

图5-11-42

图5-11-43

### 技术要点：羽化半径设置

当羽化的半径大于选区的像素值时，会弹出警告对话框。单击“确定”按钮，可以确认当前设置的羽化半径，而选区可能会变得非常小，以至于在画面中看不到，但此时选区依然存在。适当减少羽化半径或增大选区的范围，使羽化的半径小于选区的像素值就不会出现此对话框。

## 5.11.7 扩大选取

【扩大选取】命令可以用来扩展现有的选区，执行此命令时，Photoshop CS6会自动查找并选择那些与当前选区中的图像色调相近的像素，从而扩大选择区域。但该命令只扩大到与原选区相连接的区域。

## 实战 扩大选取

第 5 章 / 实战 / 扩大选取

按如图5-11-44所示建立选区，执行【选择】/【扩大选取】命令，得到的图像效果如图5-11-45所示。

图5-11-44

图5-11-45

执行此命令时Photoshop CS6会基于魔棒工具选项栏中的“容差”值来决定选区的范围，“容差”值越高，选区扩展的范围就越大，如图5-11-46所示为“容差”值为30时扩展选取的效果图，图5-11-47所示为“容差”值为100时扩展选取的效果图。

图5-11-46

图5-11-47

## 5.11.8 选取相似

执行【选择】/【选取相似】命令，Photoshop CS6同样会查找并选择那些与当前选区中的图像色调相近的像素，从而扩大选择区域。与扩大选区不同的是，该命令可以查找整个文档中，包括与原选区没有相邻的像素。

## 实战 选取相似

第 5 章 / 实战 / 选取相似

打开如图5-11-48所示的素材图像，按如图5-11-49所示建立选区，执行【选择】/【选取相似】命令，得到的图像效果如图5-11-50所示。

图5-11-48

图5-11-49

图5-11-50

训练营 07 第 5 章 / 训练营 /07 羽化命令制作 LOMO 照片

## 羽化命令制作LOMO照片

▲ 使用【羽化】命令羽化选区
▲ 使用【修改】命令修改选区

Before

After

01 执行【文件】/【打开】命令（Ctrl+O），弹出“打开”对话框，选择需要的素材图像，单击“打开”按钮，如图5-11-51所示。将背景图层拖曳至“图层”面板上的创建新图层按钮上，得到“背景副本”图层。

02 单击“图层”面板上的创建新的填充或调整图层按钮，在弹出的下拉菜单中选择“亮度/对比度”选项，在调整面板上设置具体参数，如图5-11-52所示，设置完毕后，得到的图像效果如图5-11-53所示。

图5-11-51

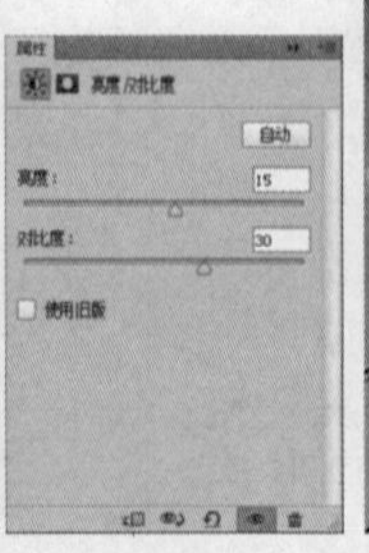

图5-11-52

图5-11-53

03 单击“图层”面板上的创建新的填充或调整图层按钮，在弹出的下拉菜单中选择“色相/饱和度”选项，在调整面板上设置具体参数，如图5-11-54所示，设置完毕后，得到的图像效果如图5-11-55所示。

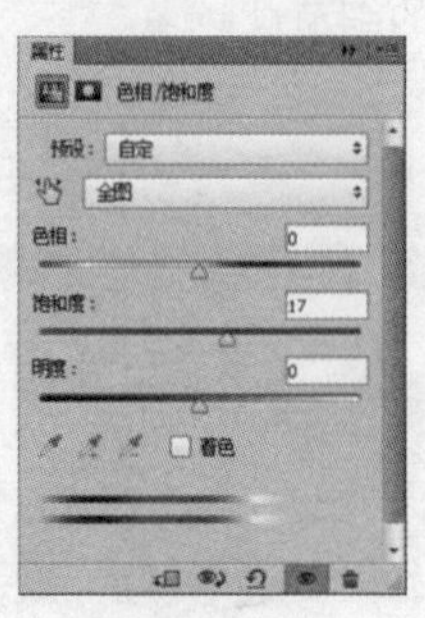

图5-11-54

图5-11-55

04 选择调整图层，单击“图层”面板上的创建新图层按钮，新建“图层1”。按快捷键Ctrl+A全选图像，如图5-11-56所示。

图5-11-56

05 执行【选择】/【修改】/【边界】命令，弹出“边界选区”对话框，在对话框中设置具体参数，如图5-11-57所示，设置完毕后单击“确定”按钮，得到的图像效果如图5-11-58所示。

图5-11-57

图5-11-58

06 执行【选择】/【修改】/【羽化】命令，弹出“羽化选区”对话框，在对话框中设置具体参数，如图5-11-59所示，设置完毕后单击“确定”按钮，得到的图像效果如图5-11-60所示。

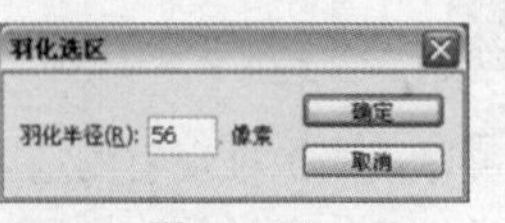

图5-11-59

图5-11-60

07 将前景色设置为黑色，选择工具箱中的油漆桶工具，在图像选区中单击两次，填充前景色，得到的图像效果如图5-11-61所示。按快捷键Ctrl+Shift+I将选区反选，得到的图像效果如图5-11-62所示。

图5-11-61

图5-11-62

08 执行【选择】/【修改】/【收缩】命令，弹出“收缩选区”对话框，在对话框中设置具体参数，如图5-11-63所示，设置完毕后单击“确定”按钮，得到的图像效果如图5-11-64所示。

收缩选区
收缩量(C): 50 像素
确定
取消

图5-11-63

图5-11-64

09 执行【选择】/【修改】/【羽化】命令，弹出“羽化选区”对话框，在对话框中设置具体参数，如图5-11-65所示，设置完毕后单击“确定”按钮，得到的图像效果如图5-11-66所示。

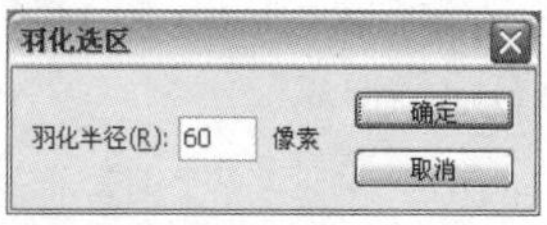

羽化选区
羽化半径(R): 60 像素
确定
取消

图5-11-65

图5-11-66

10 选择“图层1”，单击“图层”面板上的创建新图层按钮，新建“图层2”。将前景色设置为白色，选择工具箱中的油漆桶工具，在图像选区中单击，填充前景色，得到的图像效果如图5-11-67所示。

图5-11-67

11 选择“图层2”，并将其图层混合模式设置为“叠加”，不透明度设置为50%，得到的图像效果如图5-11-68所示。

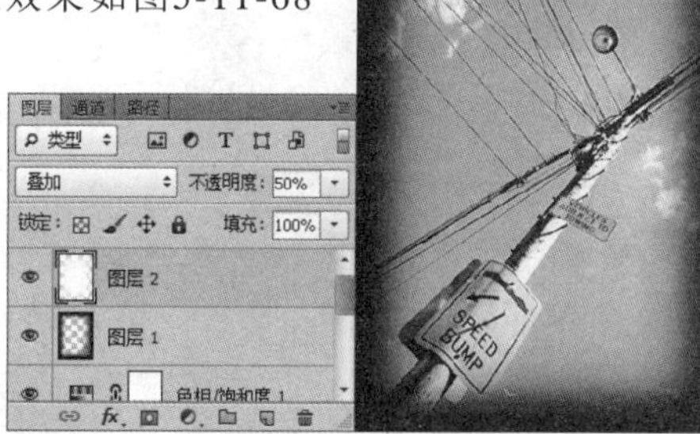

图5-11-68

12 选择“图层1”，将其图层混合模式设置为“叠加”，图层不透明度设置为88%，得到的图像效果如图5-11-69所示。

图5-11-69

13 选择“图层1”，单击“图层”面板上的添加图层蒙版按钮，将前景色设置为黑色，背景色为白色。选择工具箱中的画笔工具，在图像中涂抹，涂抹完毕后，得到的图像效果如图5-11-70所示。

图5-11-70

# 第6章 色彩调整

## 6.1 颜色取样工具

关键字 颜色取样器、取样点

颜色取样器一般用于监测"高光"、"暗调"和"灰色"部分的颜色，可以通过它所显示的数据避免颜色调整过度。

### ※ 颜色取样器基本使用

执行【窗口】/【信息】命令，打开"信息"面板。选择吸管工具在图像当中按住Shift键并单击鼠标左键设置颜色取样点，或使用颜色取样器工具在图像中单击，最多时可以放置4个颜色取样点，如图6-1-1所示。在图像中单击要放置取样器的位置，颜色信息便会显示在信息面板中，如图6-1-2所示。

图6-1-1

图6-1-2

本章关键技术点

▲ 直方图与色阶的关系

▲ 色彩调整命令

▲ 设置色域警告颜色

### 实战 显示颜色取样

第6章/实战/显示颜色取样

执行【视图】/【显示额外内容】命令，如图6-1-3所示。颜色取样器便处于可见状态，如图6-1-4所示。

图6-1-3

图6-1-4

### ※ 移动或删除颜色取样器

移动颜色取样器，要用颜色取样器工具单击颜色取样点并拖移到新位置。要删除颜色取样器，可以将颜色取样器直接拖出文档窗口；或者按住Alt键，直到指针变成剪刀形状，然后单击图像中颜色取样器。要删除所有颜色取样器，直接单击工具选项栏中的"清除"。

### ※ 隐藏或显示颜色取样器

当选择其他工具时，图像中的取样点将被隐藏，但在"信息"面板中仍有色彩信息显示。

**Tips 提示**

想在调整命令对话框处于打开状态时删除颜色取样器，需要按快捷键Alt+Shift，光标转换为剪刀形状时，单击取样器即可删除。

# 6.2 信息面板

**关键字** 信息面板、第一颜色信息、第二颜色信息、坐标轴值

"信息"面板显示了鼠标的坐标轴值和鼠标指针下的颜色值。左栏中显示的是原来像素的颜色值，右栏中显示的是调整后的颜色值以及其他信息值。例如：在对选区和图像进行旋转变换操作时，还可以显示旋转的角度等其他信息。

## ※ 信息面板的基础信息

执行【窗口】/【信息】命令，打开"信息"面板。面板上显示着"第一颜色信息"、"第二颜色信息"和鼠标指针的当前坐标轴值，还显示了文档的大小和工具提示、文档的宽高变化等，如图6-2-1所示。

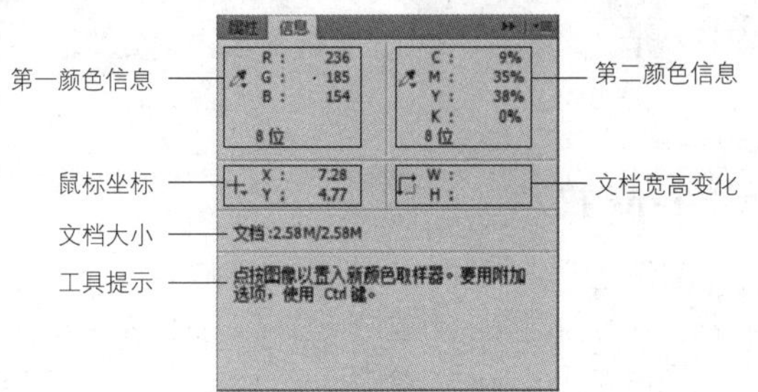


图6-2-1

## ※ 更改读数和单位

在"信息"面板上的"第一颜色信息"区前端的小图标上单击鼠标左键，弹出下拉菜单，勾选需要的选项，如图6-2-2所示；再在"第二颜色信息"区的小图标上单击鼠标左键，弹出下拉菜单，勾选需要的选项，如图6-2-3所示；最后在"坐标值"区单击鼠标左键，弹出下拉菜单，勾选需要的单位，如图6-2-4所示。

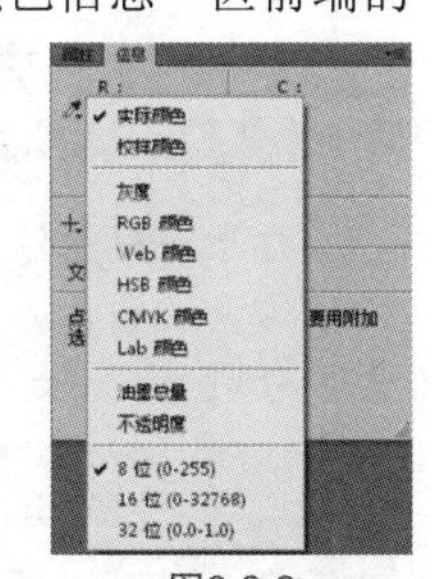

图6-2-2

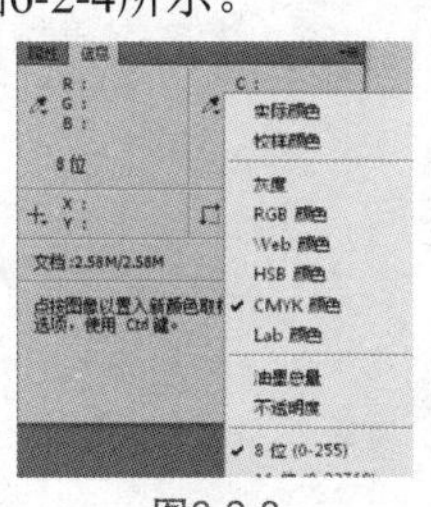

图6-2-3

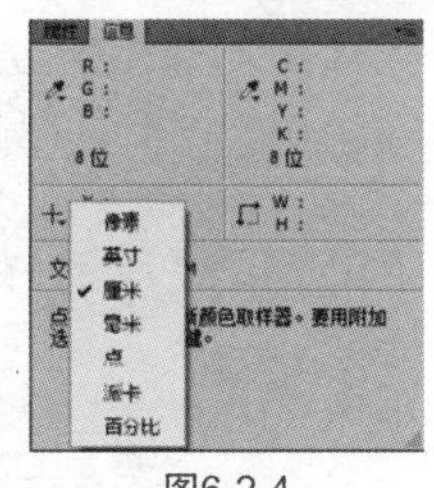

图6-2-4

## 实战 在"信息"面板中观察图像信息



选择吸管工具或颜色取样器工具，并在选项栏中选择取样大小，按住Shift键在图像中单击鼠标。"取样点"用于读取单一像素的值，单击要放置取样器的位置，如图6-2-5所示。最多可在图像上放置四个颜色取样器。这时"信息"面板上会显示出对应四个"取样点"的数值，如图6-2-6所示。

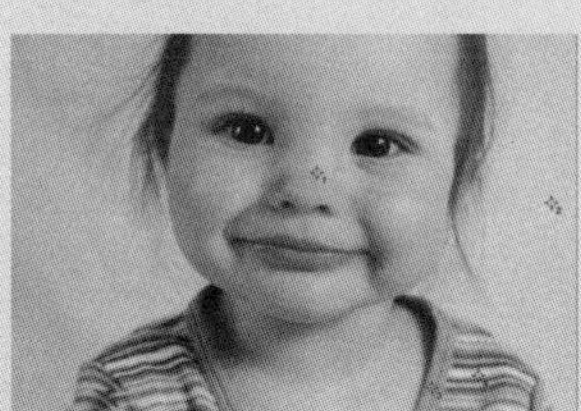

图6-2-5　图6-2-6

如果在画面中移动取样器，"坐标"的数值会随之变化。选择裁切工具，在图像中拉出裁切框，如图6-2-7所示；"信息"面板上也会显示出数值，如图6-2-8所示。

图6-2-7　图6-2-8

# 6.3 直方图面板

**关键字** 使用直方图面板、紧凑视图、扩展视图、全部通道视图、快速选择工具

直方图将图像中每个亮度级别的像素数量用图形来表示，展示像素在图像中的分布情况。在直方图的左侧部分显示的是阴影中的细节，在中部显示了中间调的细节，以及在右侧部分显示着高光的细节。所以，直方图可以帮助确定某个图像是否有足够的细节可以进行校正。

直方图还提供了图像色调范围或图像基本色调类型的快速浏览图模式：低色调图像的细节集中在阴影部分，高色调图像的细节集中在高光部分，而平均色调图像的细节集中在中间调部分，全色调范围的图像则在所有区域中都有大量的像素。识别色调范围有助于确定相应的色调校正。

## ※ 初步认识直方图的调板

打开素材图像，执行【窗口】/【直方图】命令，打开“直方图”面板。默认状态下，“直方图”面板将以“紧凑视图”形式打开（没有控件或统计数据），如图6-3-1所示。如有需要可以调整视图形式，单击“直方图”面板右上角的扩展按钮，在下拉菜单中选择“扩展视图”选项，显示部分包含有统计数据、用于选取由直方图表示的通道的控件、刷新直方图以显示未高速缓存的数据等，如图6-3-2所示。选择“全部通道视图”选项，除了显示“扩展视图”所包含的选项外，还显示各个通道的单个直方图（单个直方图不包括 Alpha 通道、专色通道或蒙版），如图6-3-3所示。

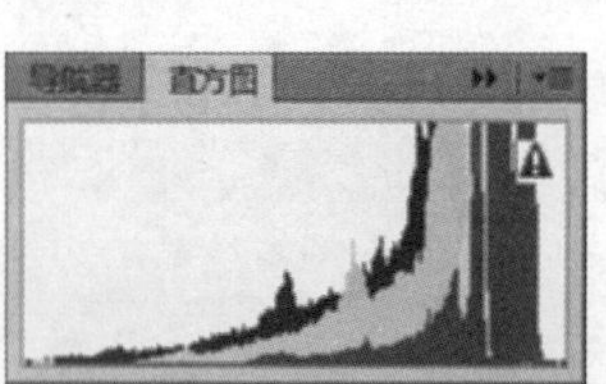

图6-3-1

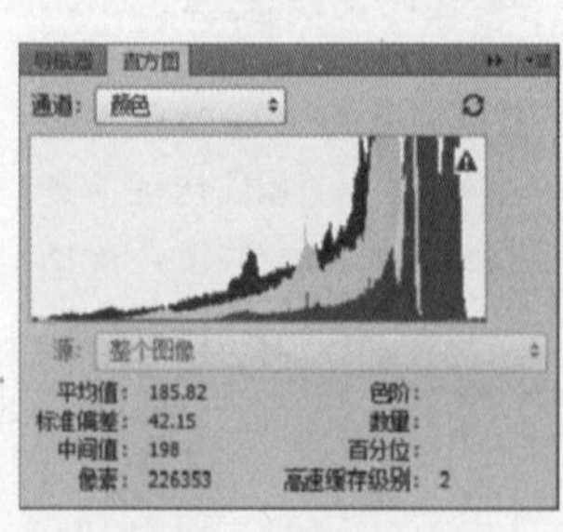

图6-3-2

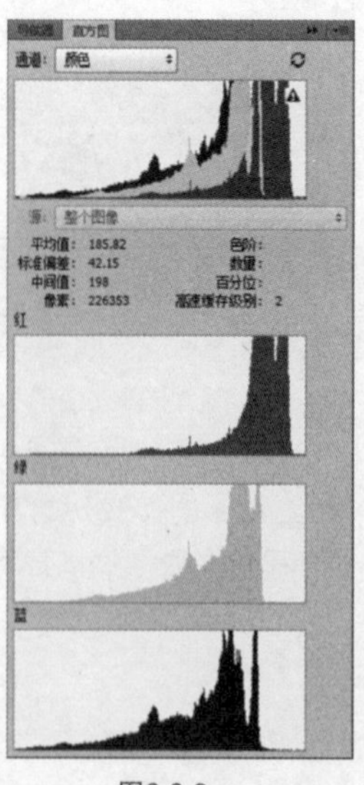

图6-3-3

## ※ 透过直方图的调板了解图像

在直方图中，横轴为亮度关系，分为256阶。最左侧的色阶表示图像最暗的地方，也就是黑色；最右侧的色阶255表示图像中最亮的地方，也就是白色。纵轴表示数量关系，在直方图中某个色阶部分的黑色线条越高，说明图像中该色阶部分的像素越多。打开素材图像如图6-3-4所示，其直方图效果如图6-3-5所示。

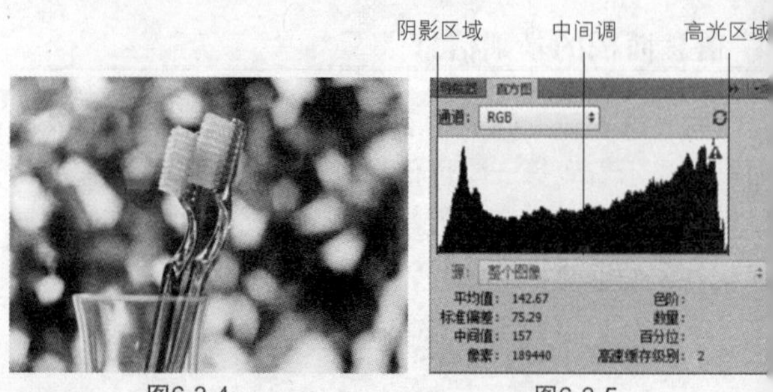

图6-3-4　图6-3-5

**Tips 提示**

对图像进行调整修改，无论选用哪种工具，“直方图”面板都会对当前图像的数值进行显示，直方图中显示数值的范围越大，就表明图像细节越丰富。反之则表明图像细节缺失。

## 实战 通过直方图查看图像

第 6 章 / 实战 / 通过直方图查看图像

打开素材图像，如图6-3-6所示。直方图上显示出右边像素溢出，左边则较少，观察整个图像，黑色像素部分匮乏，过于灰暗，曝光过度，亮部细节损失较大，如图6-3-7所示。

图6-3-6

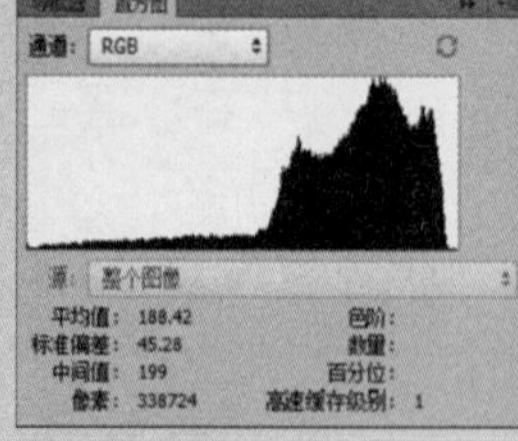

图6-3-7

打开素材图像，如图6-3-8所示，直方图上显示出左右像素皆溢出，中间部分较少，图像的效果对比度较大，反差高，暗部和亮部都有损失，如图6-3-9所示。

图6-3-8

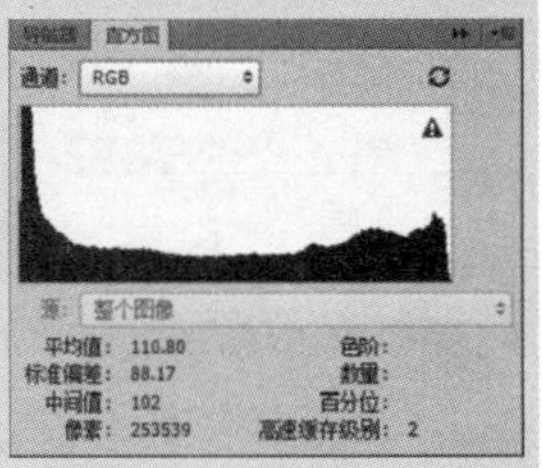
图6-3-9

打开素材图像，如图6-3-10所示，直方图上显示出左右两边都缺少像素，而中间部分的像素值过高，总体来说就是图像同时缺少暗部和亮部，对比度弱，过度灰色部分太多，如图6-3-11所示。

图6-3-10

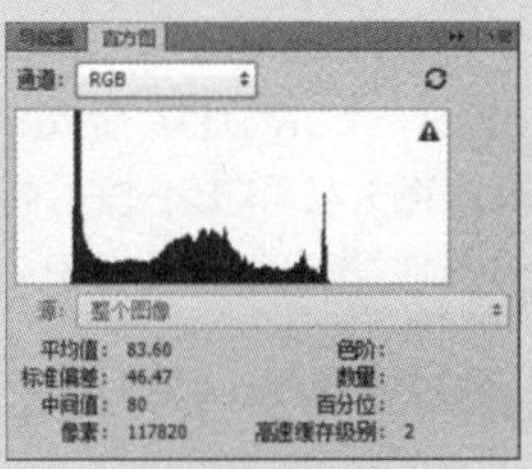
图6-3-11

## ※ 进一步了解直方图

打开素材图像，如图6-3-12所示，“直方图”面板中显示出有关该图像的各方面信息。观察面板可以发现图像色调基本集中在阴影区域，同时面板中给出了各种统计参数项，如图6-3-13所示。

图6-3-12

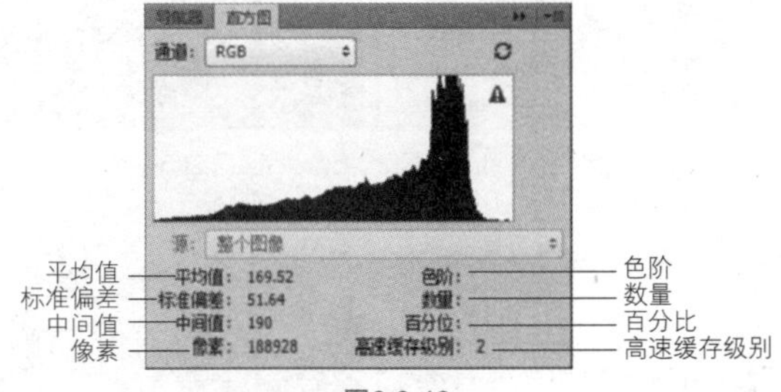

图6-3-13

**平均值**：表示平均亮度值。通过观察平均值，可以判断图像的色调类型，该值较低色调偏暗，该值较高色调偏亮，如图6-3-14和图6-3-15所示。

图6-3-14

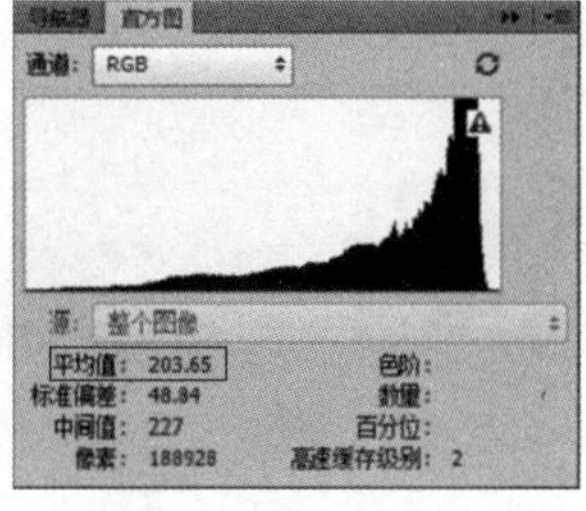
图6-3-15

**标准偏差**：表示亮度值的变化范围。该值高说明明暗变化较强；该值低说明图像较灰，明暗对比较弱，如图6-3-16和图6-3-17所示。

图6-3-16

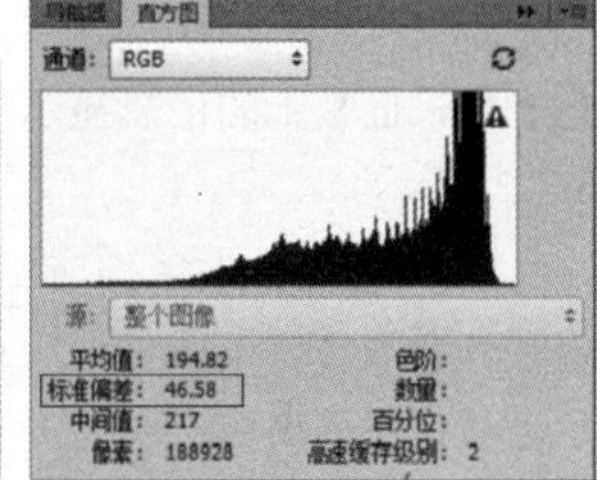
图6-3-17

**中间值**：显示亮度值范围内的中间值。

**像素**：表示用于计算直方图的像素总数。

## 实战 观察直方图调整偏灰图像

第 6 章 / 实战 / 观察直方图调整偏灰图像

打开素材图像，如图6-3-18所示。直方图上标准偏差值偏小，如图6-3-19所示，图像表现为对比较弱。

图6-3-18

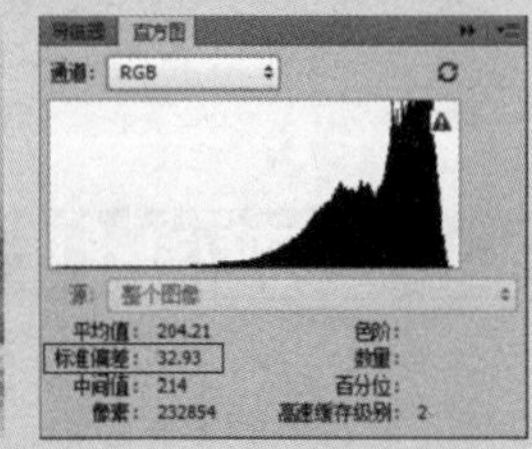
图6-3-19

单击“图层”面板上的创建新的填充或调整图层按钮，添加“色阶”调整图层，在调整面板中设置参数，如图6-3-20所示。

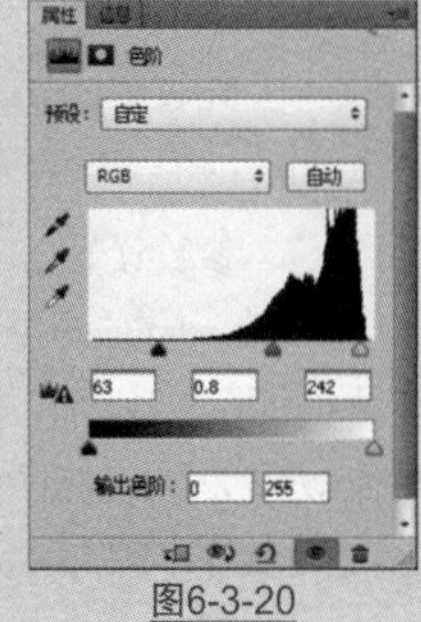
图6-3-20

调整完毕后的图像效果如图6-3-21所示，直方图如图6-3-22所示。

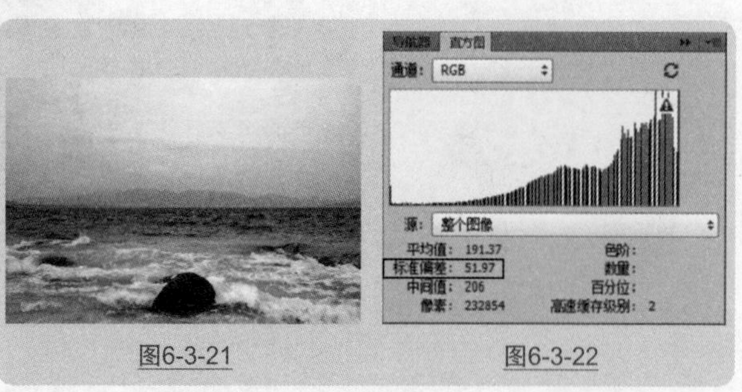

图6-3-21　　图6-3-22

**色阶/数量**：色阶用于显示指针下面的区域的亮度级别；数量表示相当于指针下面亮度级别的像素总数，如果将鼠标指针移动到"直方图"面板上直方图中的任意一处，面板上的信息显示的则是这一处的信息，如图6-3-23所示。

**百分位**：显示指针所指的级别或该级别以下的像素累计数（数值以图像中所有像素的百分数的形式来表示，从最左侧的0%到最右侧的100%），在直方图中拖动鼠标选择直方图的一部分，面板上的信息显示的则是被选中区域内百分位的信息，如图6-3-24所示。

图6-3-23

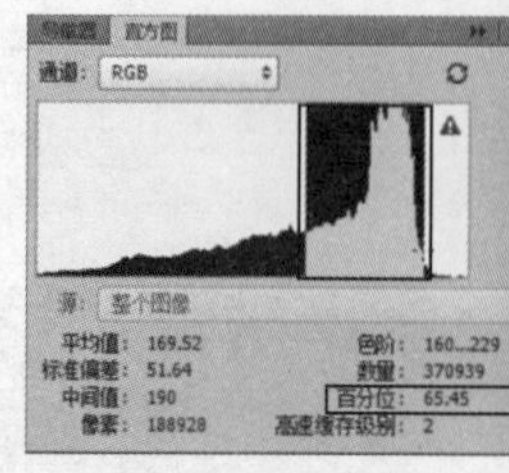

图6-3-24

**技术要点：结合直方图使用调整命令**

如果在调整图像时不使用调整图层，使用调整命令，例如：【色阶】、【曲线】或【亮度/对比度】等。在执行调整命令过程中，"直方图"呈现出黑色和灰色两个直方图叠加的效果，黑色为调整完毕后的直方图效果，灰色为原始的直方图效果，单击"确定"按钮后，原来的直方图被调整过程中的黑色直方图取代。

**高速缓存级别**：显示当前用于创建直方图的图像高速缓存（当高速缓存级别大于1时，会更加快速地显示直方图），单击不使用高速缓存的刷新按钮，使用实际的图像图层重绘直方图。

# 6.4 明暗调整命令

**关键字**　亮度/对比度、色阶、曲线、曝光度、阴影/高光

明暗调整命令主要用于调整过亮或过暗的图像。在应用调整时主要影响图像的亮度和对比度，对色彩影响效果不明显。在拍摄照片过程中，由于外界因素的影响常常会有拍摄效果不理想的情况，例如曝光过度、曝光不足、图像缺乏中间调和图像发灰等。这就需要应用图像的明暗调整命令对图像进行处理，使其达到满意效果。

## 6.4.1 亮度/对比度

"亮度/对比度"命令可以对图像进行色调调整。如图6-4-1所示，"亮度/对比度"主要有两个参数设置选项，可以通过输入参数和调整滑块的方法调整图像。初学者如果掌握不了"色阶"和"曲线"的使用方法，可以从"亮度/对比度"命令入手。

图6-4-2所示为原图，向左调整滑块可以降低亮度和对比度，参数设置如图6-4-3所示，得到的图像效果如图6-4-4所示。向右调整滑块可以增加亮度和对比度，参数设置如图6-4-5所示，得到的图像效果如图6-4-6所示。

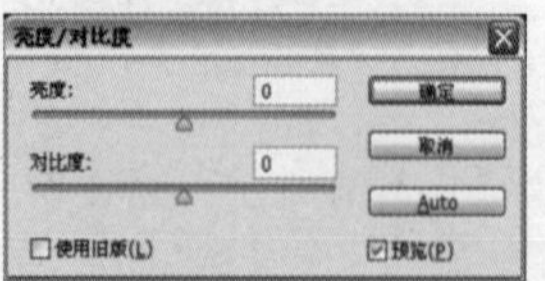


图6-4-1

图6-4-2

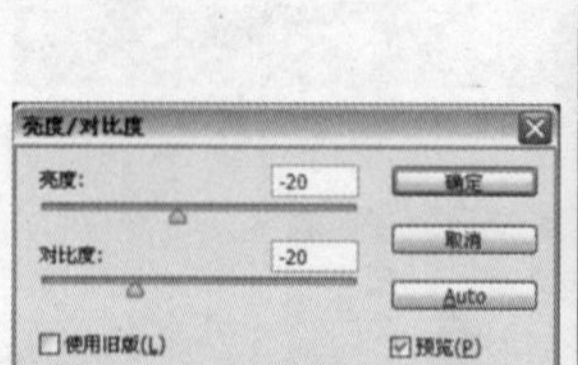


图6-4-3

图6-4-4

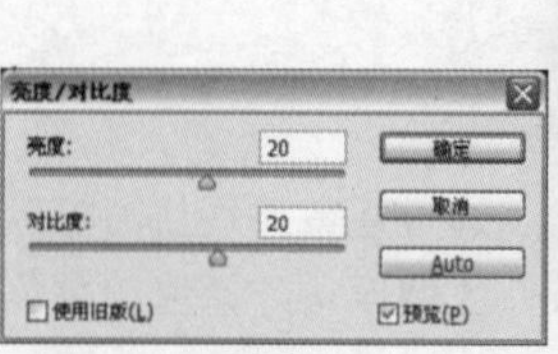


图6-4-5

图6-4-6

## Tips 提示

通过调整观察可以发现，在使用“亮度 / 对比度”调整图像时会丢失大量细节，所以在对图像进行精细调节时，不适合用“亮度 / 对比度”命令。“色阶”和“曲线”是所有颜色校正工具中应用最为广泛的工具。

## 6.4.2 色阶

在“色阶”对话框中可以清楚地观察到图像的数据直方图，从而对图像的高光和阴影值、整体亮度和对比度以及色彩平衡进行精确地调整。

### ※ 认识色阶对话框

执行【图像】/【调整】/【色阶】命令（Ctrl+L），弹出“色阶”对话框，如图6-4-7所示，“色阶”对话框中的直方图显示的是当前图像的像素分布情况，可以为调整图像提供参考，但它不能实时更新，可打开“直方图”面板，观察调整过程中像素在直方图内的分布情况。

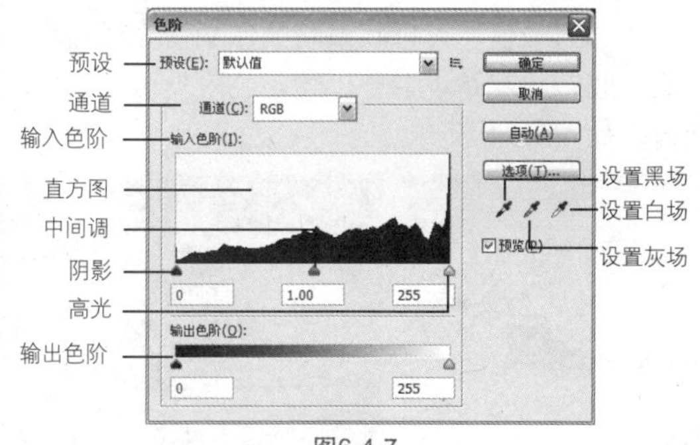


图6-4-7

打开素材图像，如图6-4-8所示。

**预设**：在“预设”下拉列表中有Photoshop CS6自带的几个调整选项，如图6-4-9所示，单击“预设”右侧的按钮，弹出包含存储、载入和删除当前预设选项的下拉列表，可以自定预设选项并进行编辑。

图6-4-8

✓ 默认值
较暗
增加对比度 1
增加对比度 2
增加对比度 3
加亮阴影
较亮
中间调较亮
中间调较暗
自定

图6-4-9

**通道**：在其下拉列表下显示图像包含的通道，由于图像的格式不同，所包含的通道也不相同，如图6-4-10分别为RGB图像和CMYK图像模式；如果需要同时编辑两个单色颜色通道，可以在“通道”面板中按住Shift键的同时选中两个通道，“通道”面板和对话框如图6-4-11所示。

| RGB | Alt+2 |
| --- | --- |
| 红 | Alt+3 |
| 绿 | Alt+4 |
| 蓝 | Alt+5 |

| CMYK | Alt+2 |
| --- | --- |
| 青色 | Alt+3 |
| 洋红 | Alt+4 |
| 黄色 | Alt+5 |
| 黑色 | Alt+6 |

图6-4-10

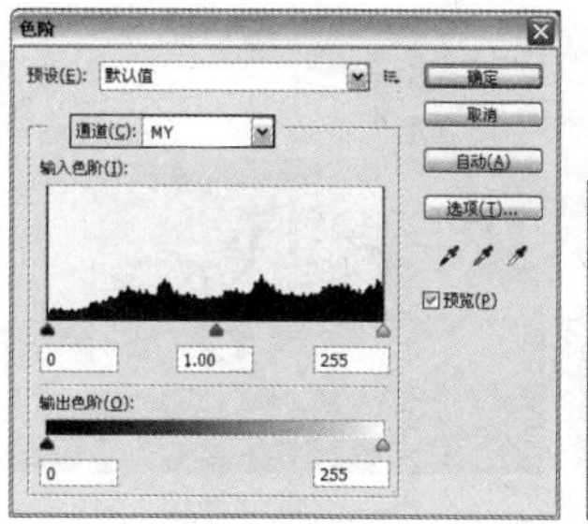

图6-4-11

## Tips 提示

该菜单还包括所选组合的个别通道。需要注意的是，此方法对于“色阶”调整图层不适用。

**输入色阶/输出色阶**：通过调整输入色阶和输出色阶下方相对应的滑块可以调整图像的亮度和对比度。

**吸管工具**：包括设置黑场、设置灰场和设置白场工具，其三个吸管工具分别有不同的功能，下面会详细讲解。

**自动**：单击该按钮，系统会按照当前图像的明暗变化自动调节图像对比度及明暗度，其图像效果与执行【图像】/【自动对比度】命令产生的效果相同。

**选项**：单击“选项”按钮可以打开“自动颜色校正选项”对话框，如图6-4-12所示，在对话框中可以设置阴影和高光所占的百分比。

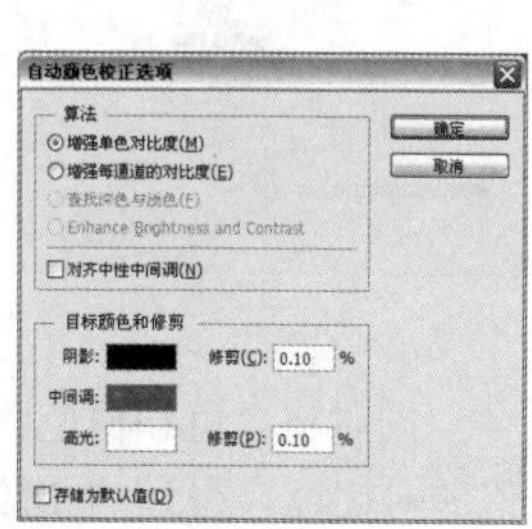

图6-4-12

下面具体讲解“色阶”对话框中输入色阶、输出色阶和吸管工具的应用。

### ※ 了解输入色阶

“输入色阶”左侧滑块是控制黑场部分的，“输入色阶”右侧的滑块是控制白场部分的。默认情况下，这两个“输入色阶”滑块分别位于色阶 0（像素为黑色）和色阶 255（像素为白色）处。移动两个滑块的位置，这种重新分布情况将会增大图像的整体对比度，实际上增强了图像的色调范围。

中间“输入色阶”滑块用于调整图像中的灰度系数。它会移动中间调（色阶 128），并更改中间灰色调范围的强度值，使像素重新分布，但不会明显改变高光和阴影。

打开素材图像，如图6-4-13所示。执行【图像】/【调整】/【色阶】命令（Ctrl+L），在弹出的“色阶”对话框中拖动“输入色阶”左侧的黑色滑块，图像整体色调变暗，如图6-4-14所示。

图6-4-13

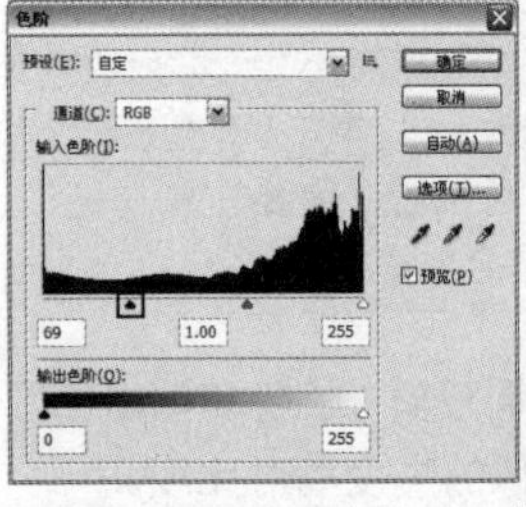

图6-4-14

单独拖动右侧的白色滑块，则图像整体变亮，如图6-4-15所示。

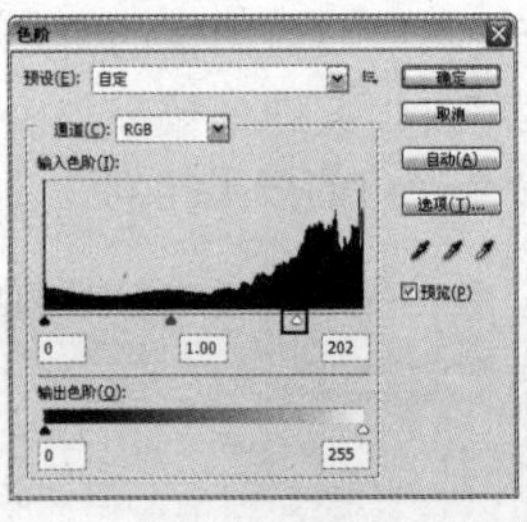

图6-4-15

同时将黑色和白色两个滑块向中间拖动，增加像素值的对比度，得到的图像效果如图6-4-16所示。

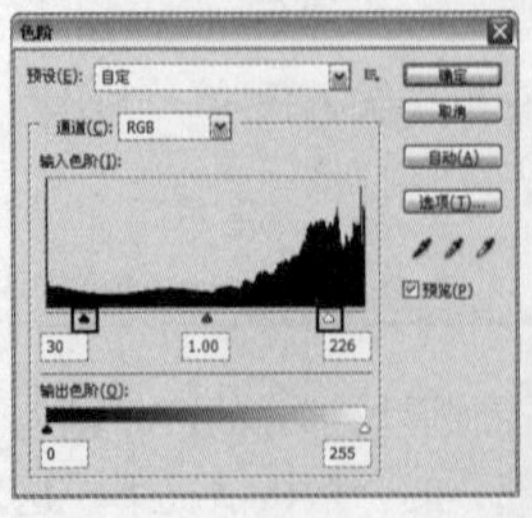

图6-4-16

拖动“输入色阶”下方的灰色滑块，可以使图像中的像素重新分布，向左拖动滑块可增加分布在亮调的像素，使图像变亮，如图6-4-17所示。

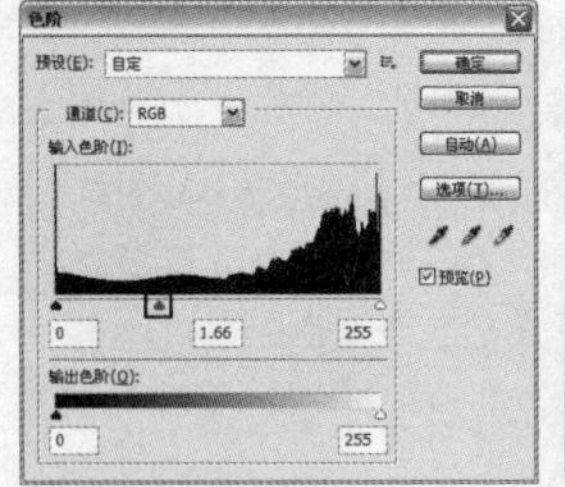

图6-4-17

向右拖动滑块可增加分布在暗调的像素，使图像变暗，如图6-4-18所示。

图6-4-18

## ※ 了解输出色阶

拖动“输出色阶”下方的滑块或是在滑块所对应的文本框中输入数值，可以将最暗的像素变亮或是将最亮的像素变暗，也就是说调整“输出色阶”可以降低图像对比度，如图6-4-19所示。

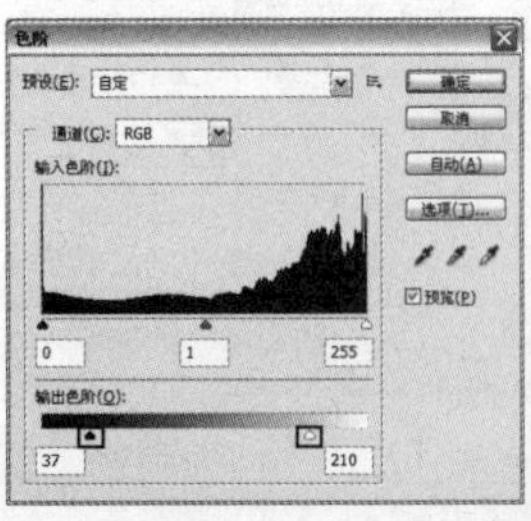

图6-4-19

将“输出色阶”下的黑色滑块拖到最右侧，将白色滑块拖到最左侧，可以将图像颜色反转，如图6-4-20所示。

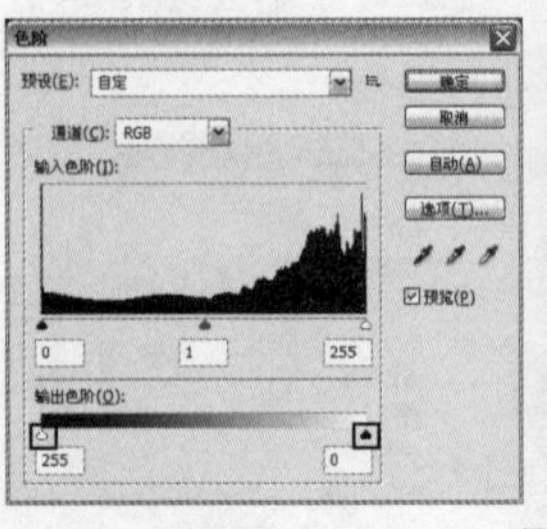

图6-4-20

## ※ 了解吸管工具

在“色阶”对话框的右侧有三个吸管工具，它们分别是“设置黑场”、“设置灰场”、“设置白场”吸管。这三个吸管工具可以方便地从过量的颜色中移去不需要的色调，以校正图像。当吸管工具将某个像素定义为黑场（0）或白场（255）时，图像中所有的像素将随着该像素转换而进行相同量的转换。

**在图像中取样设置黑场**：选择设置黑场工具在图像中单击，可将该点定义为图像中最暗的区域，即黑色，从而使图像中的阴影重新分布，大多数情况下，可以使图像更暗。

**在图像中取样设置灰场**：选择设置灰场工具在图像中单击，可将图像中的单击选取位置的颜色定义为图像中的偏色，从而使图像的色调重新分布，可以用作处理图像偏色。

**在图像中取样设置白场**：选择设置白场工具在图像中单击，可将图像中的单击选取位置定义为图像中最亮的区域，即白色，从而使图像的高光重新分布，大多数情况下，可以使图像更亮。

## 实战 直方图与色阶的关系

第6章/实战/直方图与色阶的关系

打开素材图像，如图6-4-21所示。

执行【窗口】/【直方图】命令，调出“直方图”面板，如图6-4-22所示。

图6-4-21

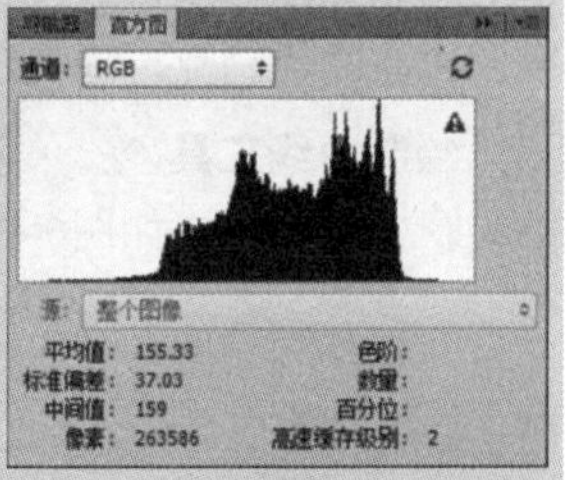


图6-4-22

**Tips 提示**

由直方图可以看出，图像的像素主要分布在直方图的中心，缺少亮部区域和暗部区域，可以使用“色阶”命令对图像进行校正。

复制“背景”图层，得到“背景副本”图层，执行【图像】/【调整】/【色阶】命令（Ctrl+L），打开“色阶”对话框，如图6-4-23所示调整“输入色阶”下方的滑块。

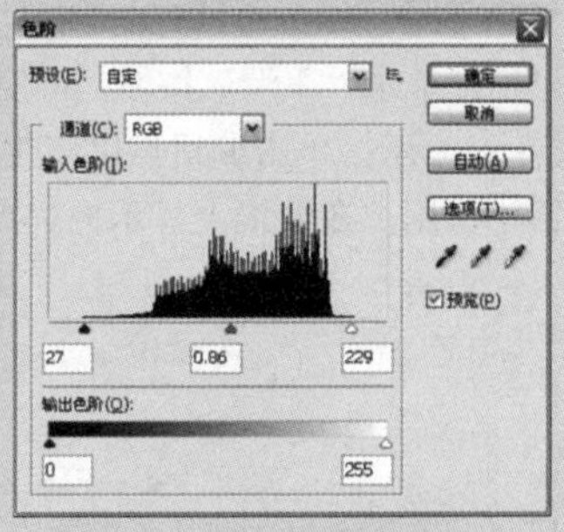


图6-4-23

调整时注意观察直方图和图像效果，调整完毕后单击“确定”按钮，图像效果如图6-4-24所示，“直方图”面板如图6-4-25所示。

图6-4-24　图6-4-25

继续使用“色阶”命令调整图像，如图6-4-26所示，调整完毕后的图像效果如图6-4-27所示，“直方图”面板如图6-4-28所示。

图6-4-26

图6-4-27

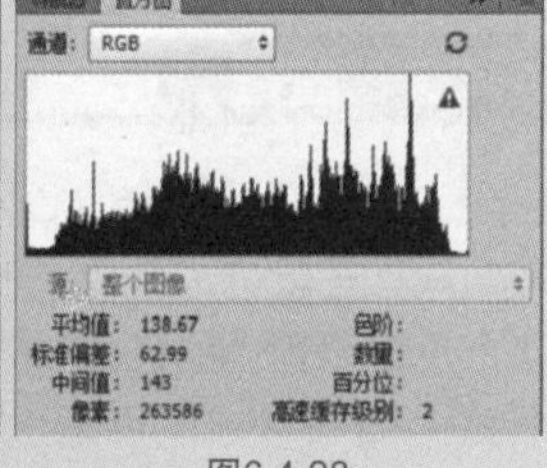


图6-4-28

## 实战 吸管工具设置黑白场

第6章/实战/吸管工具设置黑白场

打开素材图像，选择设置黑场吸管工具，在图像中单击，如图6-4-29所示。将该处的像素点的像素转换为黑色，得到的图像效果如图6-4-30所示。

图6-4-29

图6-4-30

选择设置白场吸管工具，在图像中单击，如图6-4-31所示，画面亮度被提高，得到的图像效果如图6-4-32所示。另外选择设置灰场吸管工具，在图像中应该为灰色的地方单击，可以纠正图像偏色。

图6-4-31　图6-4-32

## ※ 自动色阶

“自动色阶”命令，就是强制性剪切每个通道中的暗部和高光部分，将每个颜色通道中最亮和最暗的像素调整到纯白（255）和纯黑（0）。中间像素值按比例重新分布。单击面板右侧的“自动”选项，将自动调整图像中的黑场和白场，修改图像对比度，得到的图像效果如图6-4-33所示。另外需要注意的是，在用“自动色阶”单独调整每个颜色通道时，可能会移去一些颜色。

图6-4-33

单击“自动”选项下方的“选项”按钮，打开“自动颜色校正选项”对话框，在对话框中可以指定暗调和高光剪切的百分比，并可以重新制定暗调、中间值和高光的颜色值。

## 6.4.3 曲线

“曲线”命令与“色阶”命令的调整类型相似，但是曲线比色阶更加强大，使用“曲线”可以调整图像的整个色调范围内的任意一点（从阴影到高光）。可以对图像中的个别颜色通道进行精确调整。还可以将“曲线”调整设置存储为预设以便日后再次使用。在“曲线”对话框中，输入色阶（像素的原始强度值）和输出色阶（新颜色值）是完全相同的，所以色调范围显示为一条直的对角线。

## ※ 认识曲线对话框

打开素材图像，执行【图像】/【调整】/【曲线】命令（Ctrl+M），打开“曲线”对话框，如图6-4-34所示。

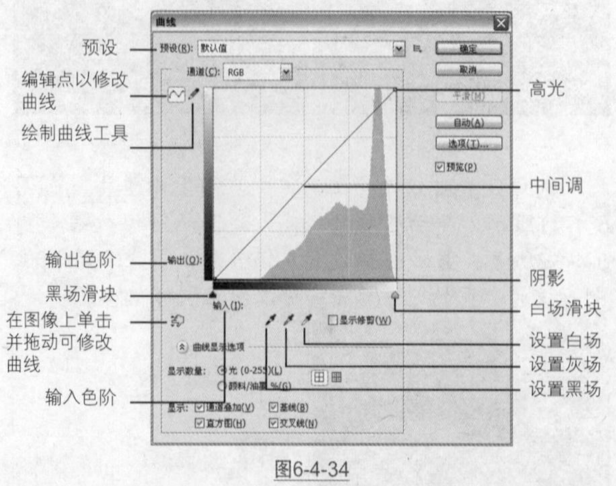


图6-4-34

**预设**：“曲线”面板的最上方是“预设”选项，打开预设下拉菜单，可以选择不同的预设（系统自带）。每个预设对应的曲线形状不同，得到的图像效果也就不同。当选择预设为“默认值”时，表示曲线未被改变，回到最初状态。当选择预设为“自定”时，表示可自行对当前曲线进行编辑。单击“预设”旁边的扩展按钮可以弹出下拉列表菜单，其中包括“储存预设”、“载入预设”和“删除预设”选项。

**通道**：在“通道”选项列表中可以调整设置当前通道。

**在图像上单击并拖动可修改曲线按钮**：选择该按钮在图像中单击后，在曲线上会对应显示该点的所在位置，如图6-4-35所示，拖曳鼠标即可调整。

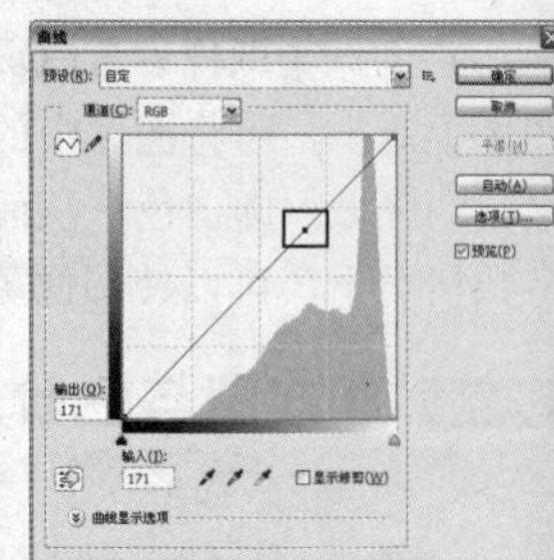

图6-4-35

**编辑点以修改曲线**：单击该按钮，在曲线上单击可创建新的控制点，拖曳该点即可调整图像。

**绘制曲线工具**：单击该按钮，在“曲线”对话框中绘制自由曲线，如图6-4-36所示。

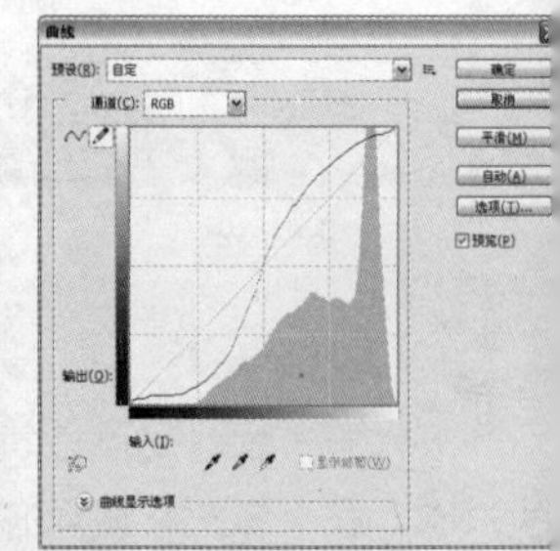

图6-4-36

**平滑**：该按钮只有在选择绘制曲线工具的情况下才可用，单击“平滑”按钮，可使绘制的曲线变平滑，如图6-4-37所示；单击编辑点以修改曲线按钮，“平滑”按钮不可用，在曲线上显示控制点，如图6-4-38所示。

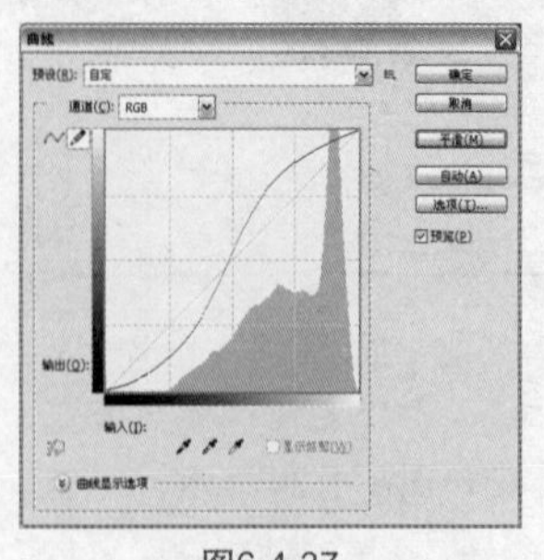

图6-4-37

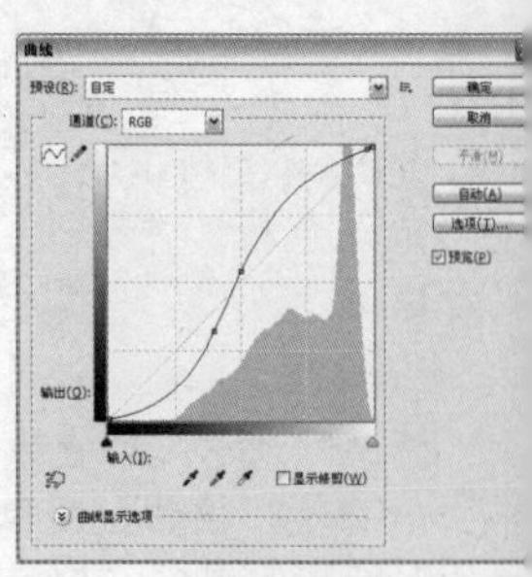

图6-4-38

**高光/中间调/阴影**：拖曳曲线中高光、中间调或阴影区域的控制点，则调整图像中的高光、中间调或阴影区域的色调，如图6-4-39、图6-4-40和图6-4-41所示。

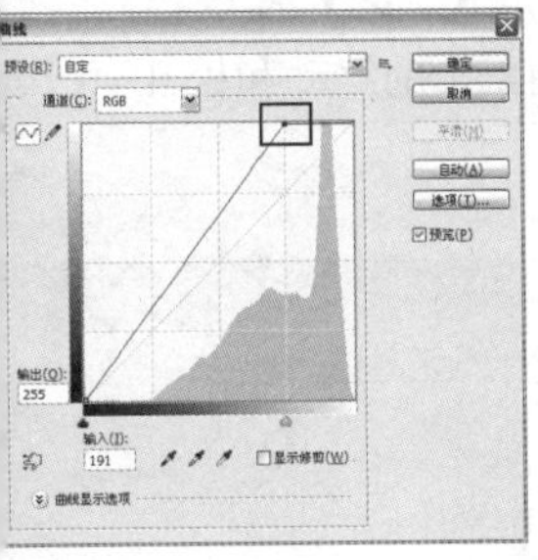

图6-4-39

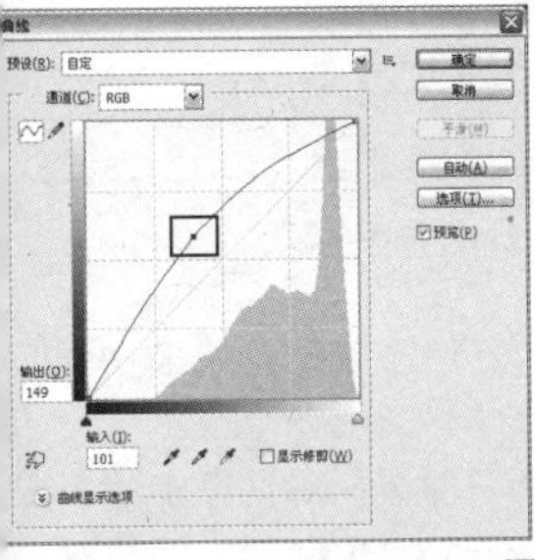

图6-4-40

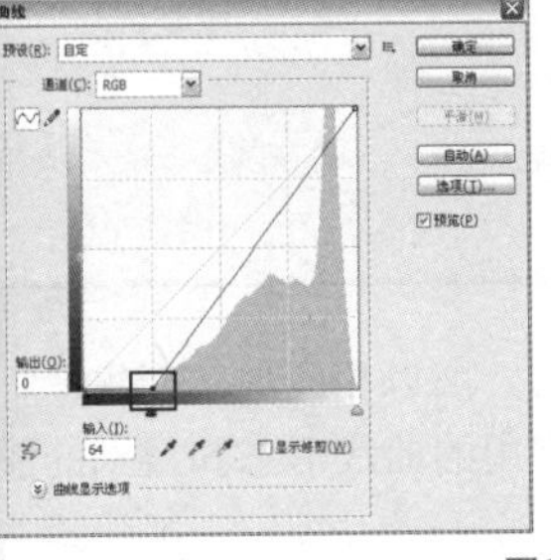

图6-4-41

“曲线”对话框中的输入色阶和输出色阶，设置黑场、设置灰场和设置白场等其他选项与“色阶”对话框的作用基本相同，这里就不再一一列举讲解。

## ※ 了解曲线预设

打开素材图像，如图6-4-42所示，执行【图像】/【调整】/【曲线】命令（Ctrl+M），打开“曲线”对话框，预设下拉菜单如图6-4-43所示。

图6-4-42

默认值
彩色负片 (RGB)
反冲 (RGB)
较暗 (RGB)
增加对比度 (RGB)
较亮 (RGB)
线性对比度 (RGB)
中对比度 (RGB)
负片 (RGB)
强对比度 (RGB)
自定

图6-4-43

在“预设”下拉菜单中选择“反冲”选项，如图6-4-44所示，设置完毕后单击“确定”按钮，如图6-4-45所示，得到的图像效果如图6-4-46所示。

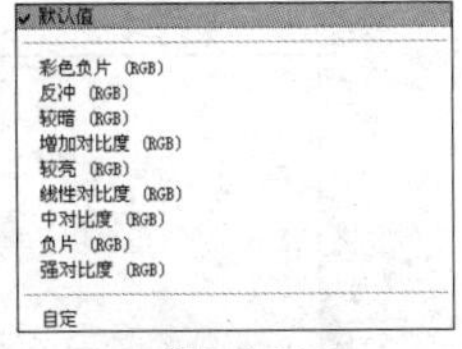


图6-4-44

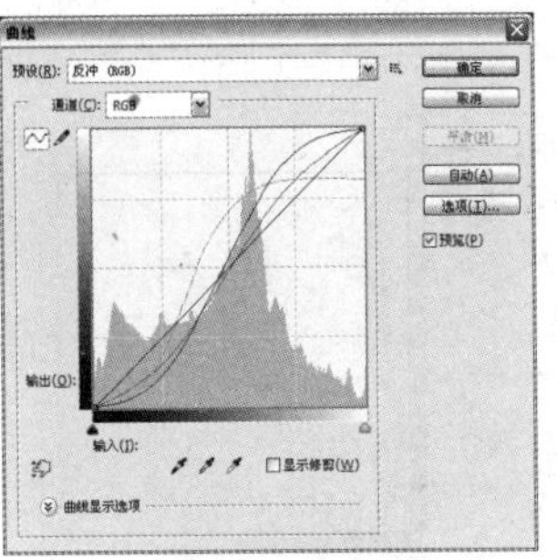

图6-4-45

图6-4-46

在“预设”下拉菜单中选择“增加对比度”选项，“曲线”对话框如图6-4-47所示，得到的图像效果如图6-4-48所示。

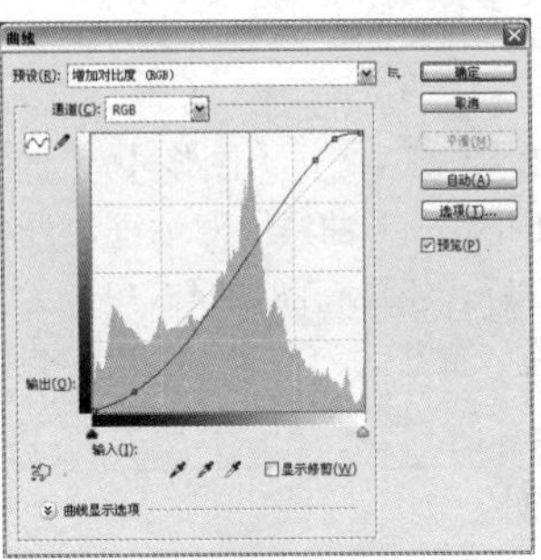

图6-4-47

图6-4-48

通过“预设”可以比较迅速地得到一些图像效果。单击“预设”右边的按钮，弹出编辑预设下拉列表，如图6-4-49所示。

存储预设...
载入预设...
删除当前预设

图6-4-49

可以通过“存储预设”命令将当前的调整状态存储为一个预设文件；用同样的方法调整其他图像时，可以用“载入预设”载入预设文件自动调整图像；选择“删除当前预设”命令，可删除所存储的预设文件。

## ※ 认识曲线通道

“通道”选项用于设置调整图像色调所用的颜色通道。当选择“RGB”通道，也就是图像的复合通道时，这时的曲线调整将影响到图像的整体效果；当选择任一单色通道进行调节时，这时的曲线调整只对当前所选通道起作用，因此常常会获得特殊的效果。

如图6-4-50所示的“曲线”对话框，显示的是“RGB”通道。取消通道叠加后分别观察单色通道的曲线情况如图6-4-51、图6-4-52和图6-4-53所示。

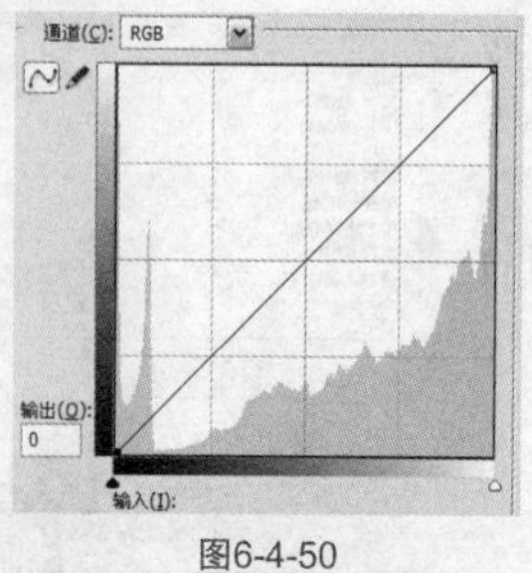

图6-4-50

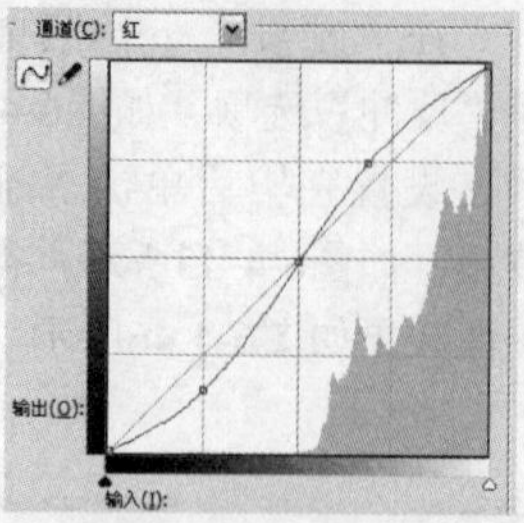

图6-4-51

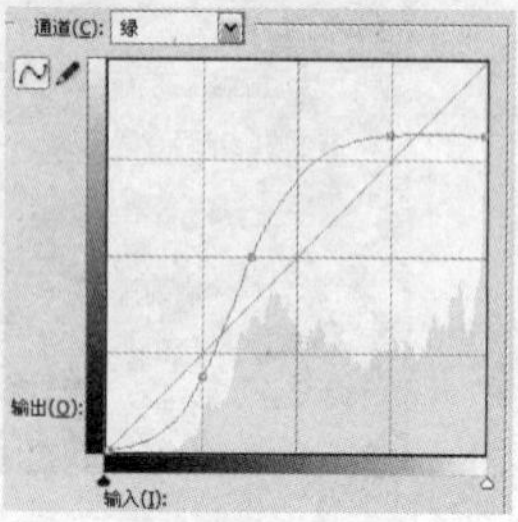

图6-4-52

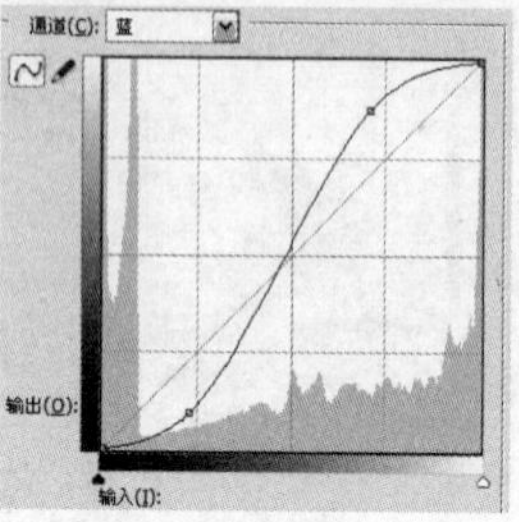

图6-4-53

通过观察可以发现，在调整单色通道曲线时，只影响该通道的曲线状况，对复合通道没有影响。

**Tips 提示**

如果图像文件是在 RGB 模式下执行【图像】/【调整】/【曲线】命令（Ctrl+M），打开“曲线”对话框，“通道”选项中显示的会是“RGB”，如果将图像模式更改为 CMYK 模式，再打开“曲线”面板，“通道”选项会显示在“CMYK”模式下编辑。

## ※ 了解吸管工具

在“曲线”面板中曲线图下方是“吸管工具”，它是一项非常重要的辅助工具，它可以使图像的调整工作更加有针对性。

打开“曲线”对话框，当前所有吸管工具都处于非选中状态，当鼠标移动到图像窗口中，指针就自动转换成吸管工具状态，这时单击图像中任意一点并按住鼠标左键，如图6-4-54所示；在“曲线”对话框中显示当前所单击的点的输入值和输出值，并且以空心矩形的形式显示在曲线上，如图6-4-55所示。

图6-4-54

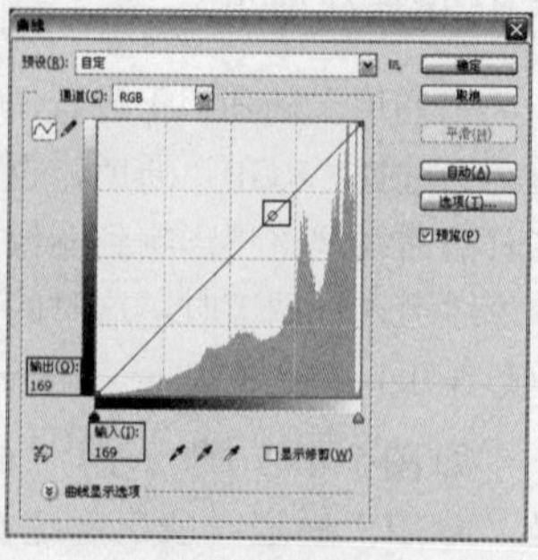

图6-4-55

当按住鼠标不放并进行拖动时，“对话框”中的数值随之变化，当移走鼠标或松开鼠标时，显示取消；但按住Ctrl键再在图像中单击时，如图6-4-56所示，“曲线”对话框中将以黑色矩形形式显示相应的控制点，如图6-4-57所示，该点不会随鼠标的移动和松开而改变其数值。

图6-4-56

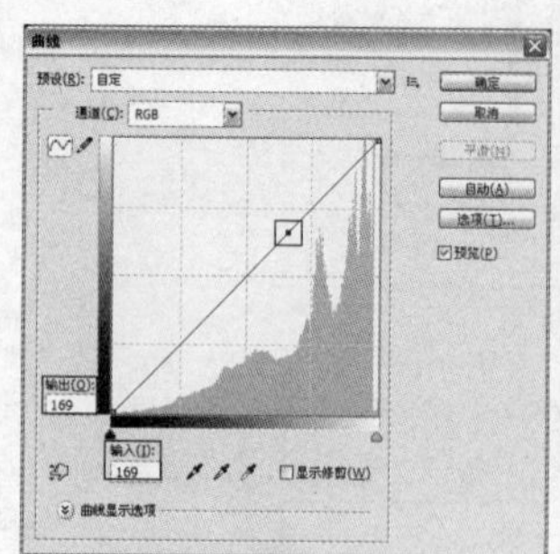

图6-4-57

**Tips 提示**

设置曲线图后，按 Alt 键，将“曲线”对话框上的“取消”按钮转换为“复位”按钮，保持 Alt 键按下的状态，单击“复位”按钮，可以将之前所做的更改还原。这点和“色阶”命令相同。

## ※ 了解曲线图

“曲线”可以有多种形态，所以相应地会产生多种图像效果，在这里展示比较常用的曲线形态和得到的图像效果，可供读者参考。

打开素材图像如图6-4-58所示，将曲线底端的控制点向上移动，对话框和图像效果如图6-4-59所示；将曲线顶端的控制点向下移动，对话框和图像效果如图6-4-60所示。

图6-4-58

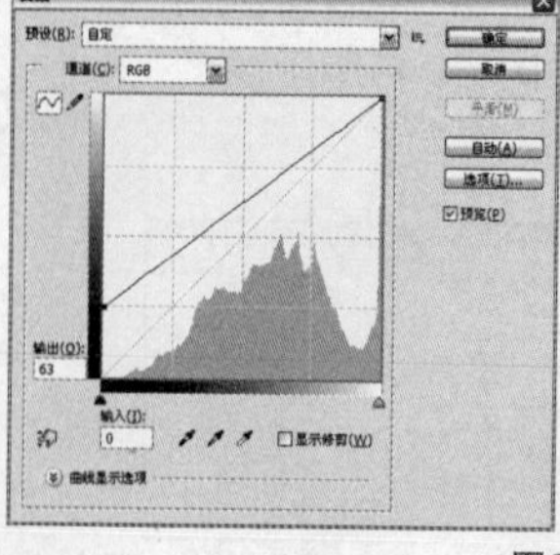

图6-4-59

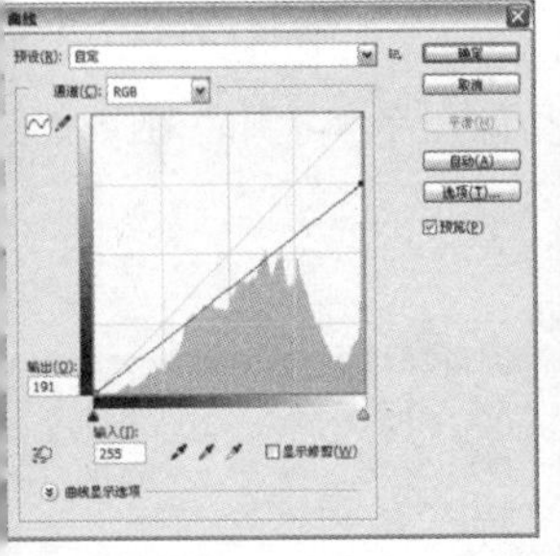

图6-4-60

观察图6-4-59可以发现，图像暗部变亮；观察图6-4-60可以发现，图像亮部变暗。用这种方法可以提亮图像中过暗的暗部区域的亮度或降低图像中过亮的高光区域的亮度，使图像变得柔和。

将曲线底端的控制点向左移动，顶端的控制点向右移动，也可以直接调整输入色阶下方的黑场和白场滑块，对话框和图像效果如图6-4-61所示。

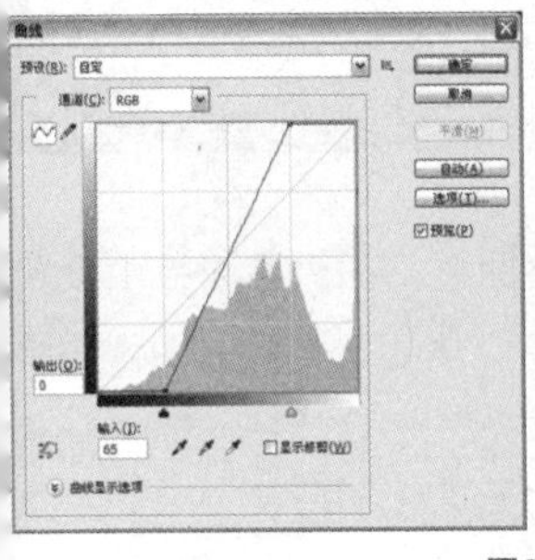

图6-4-61

“S”形曲线可以柔和地提高图像对比度，得到较好的图像效果，如图6-4-62所示。

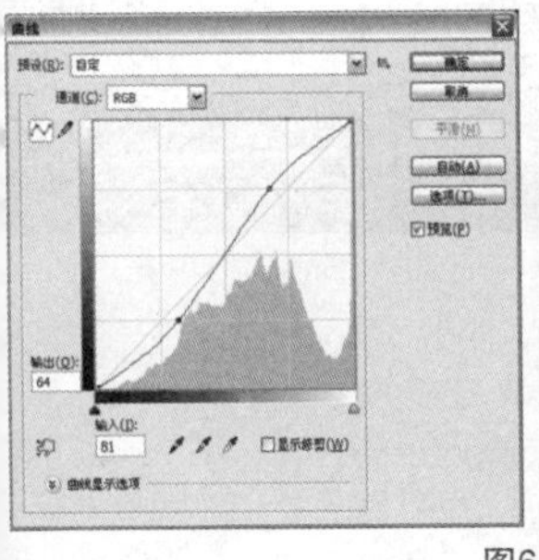

图6-4-62

同样的道理，反“S”形曲线会使图像整体对比度降低，如图6-4-63所示。

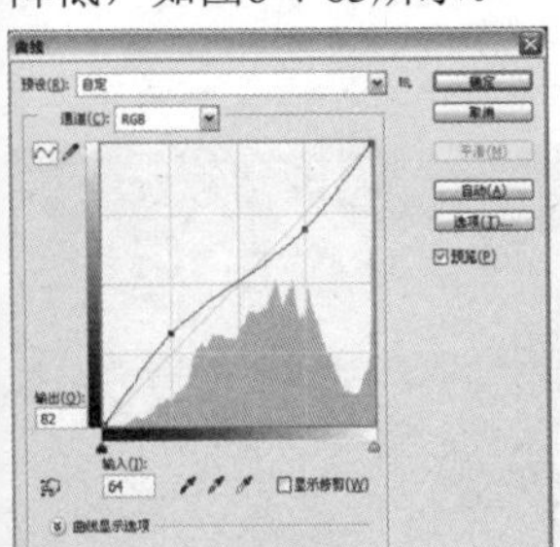

图6-4-63

继续调整反“S”型曲线使其形状接近“N”形，可以得到一种特殊的图像效果，如图6-4-64所示。

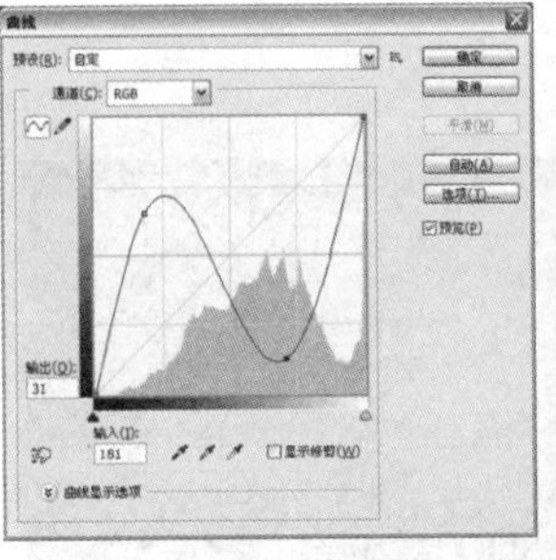

图6-4-64

向上移动曲线中间的点，可以整体提亮图像，对话框和图像效果如图6-4-65所示。

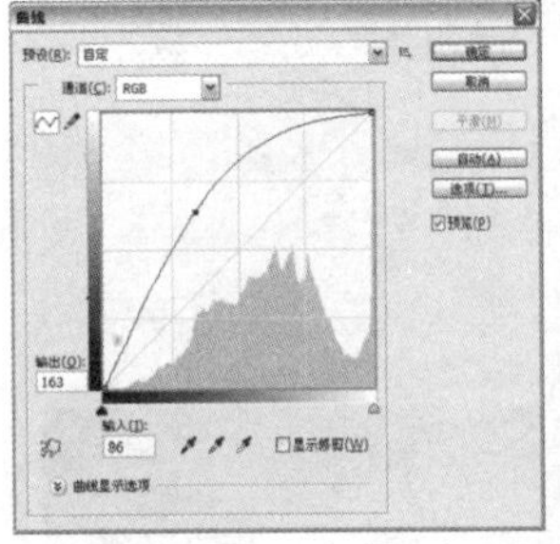

图6-4-65

向下移动曲线中间的点可以整体降低图像亮度，对话框和图像效果如图6-4-66所示。

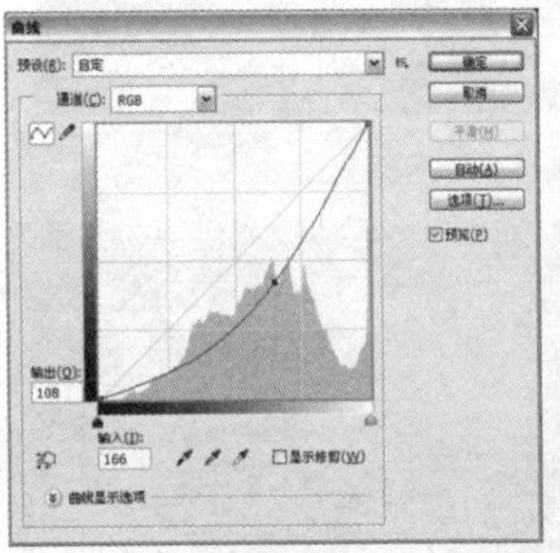

图6-4-66

## 实战 曲线调整图像

第 6 章 / 实战 / 曲线调整图像

打开一张图像，如图6-4-67所示。

图6-4-67

打开“曲线”对话框，在曲线上单击鼠标，创建控制点具体设置如图6-4-68所示，由于“S”形曲线可以扩大图像中亮部和暗部的分布空间，压缩中间调的范围，因此对比度加强，得到的图像效果如图6-4-69所示。

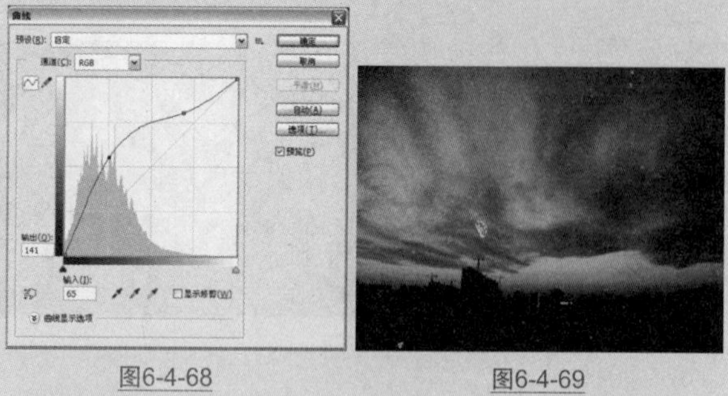

图6-4-68　　图6-4-69

第 6 章 / 训练营 /01 调整偏灰偏暗的照片

## 训练营 01 调整偏灰偏暗的照片

▲ 运用“曲线”调整图层调整图像的明亮对比
▲ 运用“亮度 / 对比度”调整图像的对比度
▲ 运用“色相 / 饱和度”调整图像的饱和度

01 执行【文件】/【打开】命令，弹出“打开”对话框，选择需要的素材，单击“打开”按钮打开图像，如图6-4-70所示。

图6-4-70

02 选择工具箱中的套索工具，在其工具选项栏中将羽化值设置为20，在图像中草地区域绘制选区，如图6-4-71所示。

图6-4-71

**Tips 提示**

使用工具箱中的套索工具，在图像中绘制选区，然后再添加“调整”图层，这样可以局部地调整图像。

03 继续添加“曲线”调整图层，在调整面板中设置参数，如图6-4-72所示；设置完毕后，得到的图像效果如图6-4-73所示。

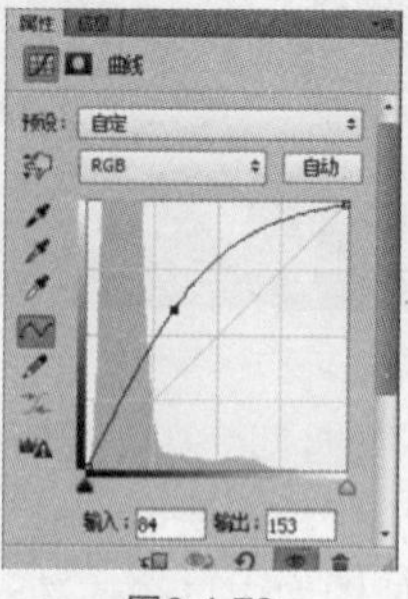

图6-4-72　　图6-4-73

04 选择工具箱中的套索工具，在其工具选项栏中将羽化值设置为20，在图像中天空区域绘制选区，如图6-4-74所示。

图6-4-74

05 继续添加“曲线”调整图层，在调整面板中设置参数，如图6-4-75所示；设置完毕后，得到的图像效果如图6-4-76所示。

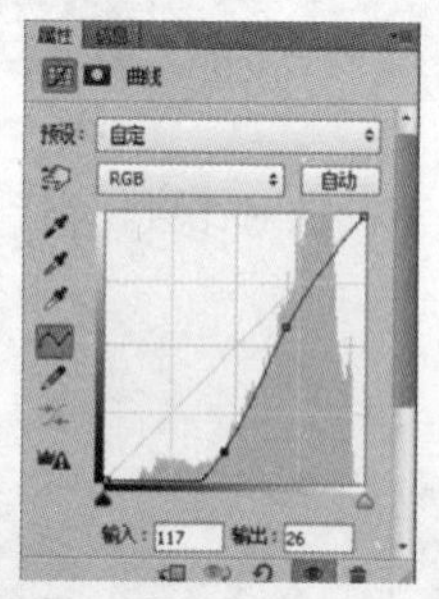

图6-4-75　　图6-4-76

**Tips 提示**

通过调整曲线，增加图像的明暗对比度。

06 继续添加“亮度/对比度”调整图层，在调整面板中设置参数，如图6-4-77所示；设置完毕后，得到的图像效果如图6-4-78所示。

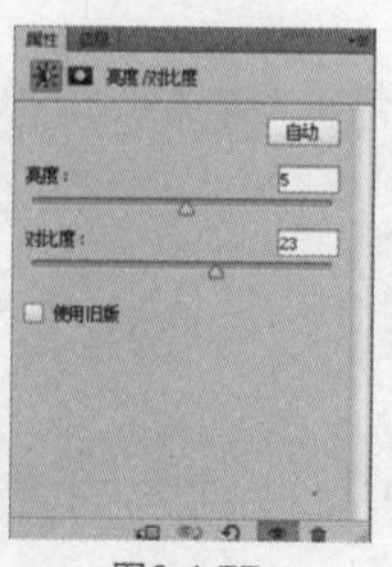

图6-4-77　　图6-4-78

### 技术要点：删除曲线上的控制点

曲线上有多个点时，单击选中该点并按住鼠标左键拖曳至对话框外即可删除该点。

07 继续添加“色相/饱和度”调整图层，在调整面板中设置参数，如图6-4-79所示，得到的图像效果如图6-4-80所示。

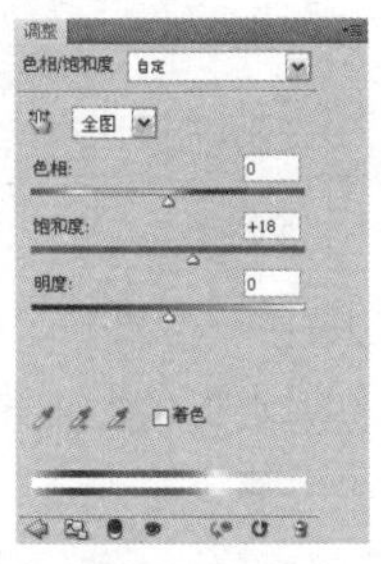


图6-4-79　　图6-4-80

## 6.4.4 曝光度

“曝光度”命令的原理是模拟数码相机内部的曝光程序对图片进行二次曝光处理，一般用于调整曝光不足或曝光过度的照片。

执行【图像】/【调整】/【曝光度】命令，弹出“曝光度”对话框，如图6-4-81所示。

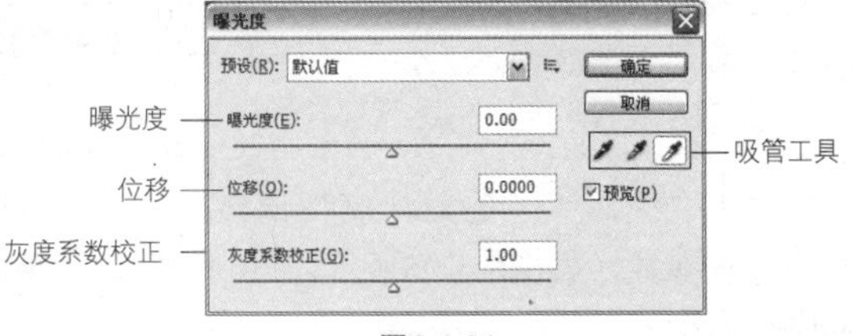


图6-4-81

**曝光度**：拖动其下方的滑块或输入相应数值可以调整图像的曝光度。正值增加图像曝光度，负值降低图像曝光度。

**位移**：拖动其下方的滑块或输入相应数值可以调整曝光范围。

**灰度系数校正**：拖动其下方的滑块或直接输入相应数值可以调整图像的灰度。

**吸管工具**：用法参照“色阶”命令的吸管工具。

## 6.4.5 阴影/高光

“阴影/高光”命令用于因用光处理不当而出现过亮或过暗的图像，打开素材图像，执行【图像】/【调整】/【阴影/高光】命令，弹出“阴影/高光”对话框，其阴影数量默认参数为50%，如图6-4-82所示。

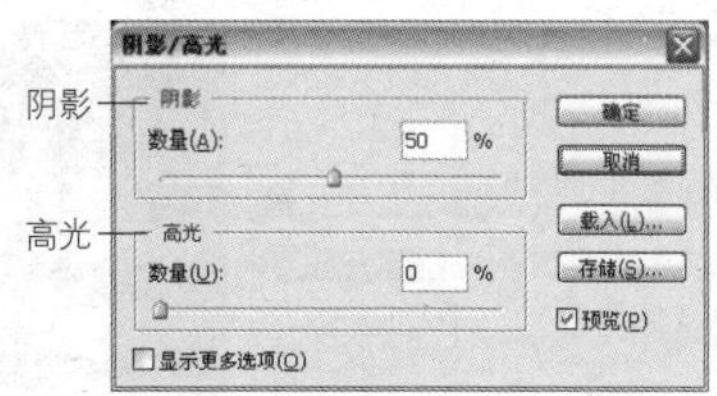


图6-4-82

**阴影**：拖动其数量下方的滑块或输入相应数值可以调整图像的阴影区域。图6-4-83所示为原图。

图6-4-83

向左拖动滑块图像变暗，如图6-4-84所示；向右拖动滑块图像变亮，如图6-4-85所示。

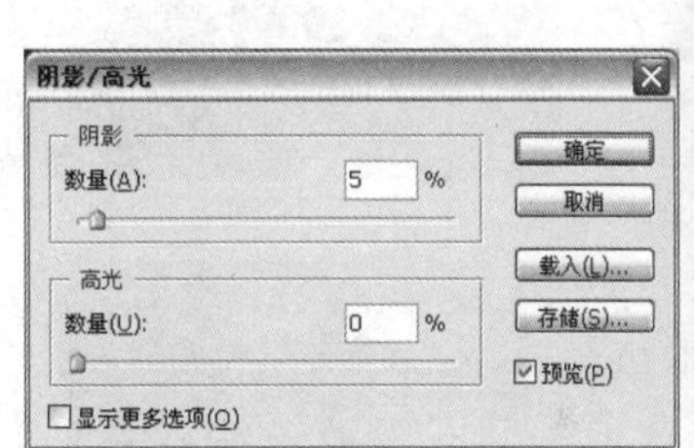


图6-4-84

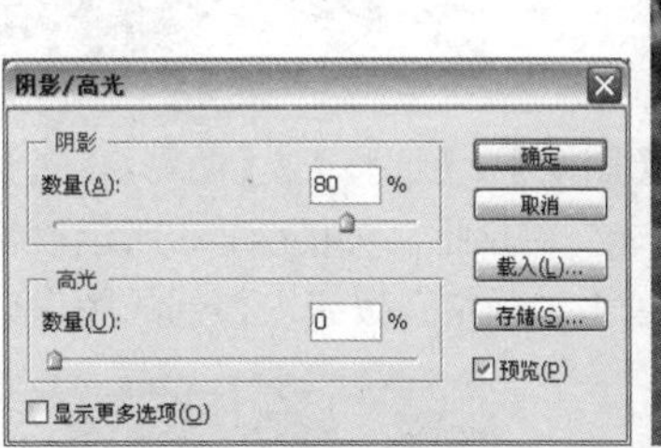


图6-4-85

**高光**：拖动其数量下方的滑块或输入相应数值可以调整图像的高光区域。高光数量默认参数为0，如图6-4-86所示；向右拖动滑块图像变暗，如图6-4-87所示。

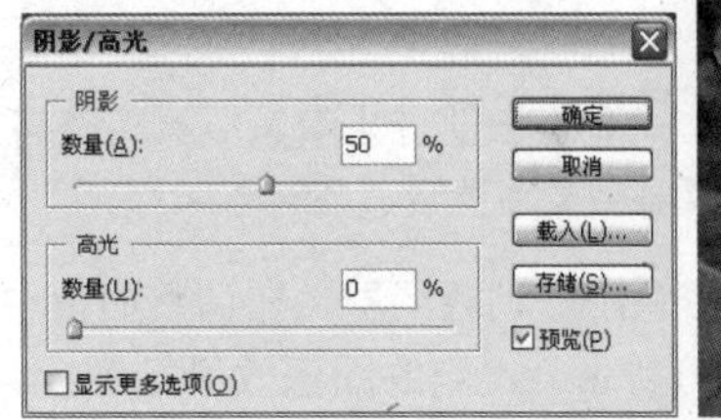


图6-4-86

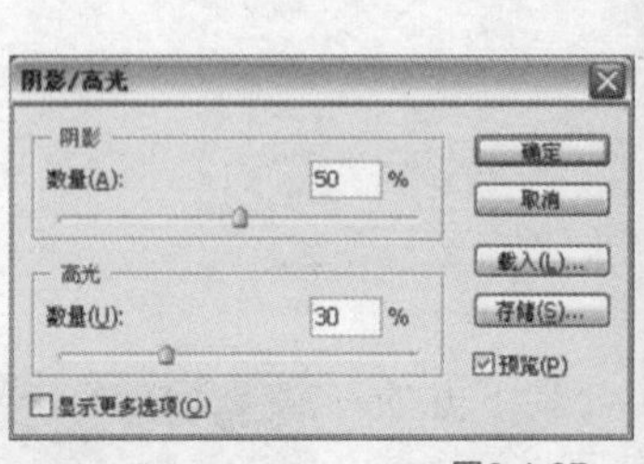

图6-4-87

训练营 第6章/训练营/02 用多种方法调整逆光照片

## 02 用多种方法调整逆光照片

▲ 运用"阴影/高光"命令调整图像
▲ 运用"色阶"调整图层调整图像
▲ 运用"曲线"调整图层调整图像
▲ 运用"亮度/对比度"调整图层调整图像

Before

After

打开素材图像，如图6-4-88所示；复制"背景"图层，得到"背景副本"图层。

图6-4-88

**方法1**：执行【图像】/【调整】/【阴影/高光】命令，打开"阴影/高光"对话框，如图6-4-89所示设置参数，设置完毕后，单击"确定"按钮，得到的图像效果如图6-4-90所示。

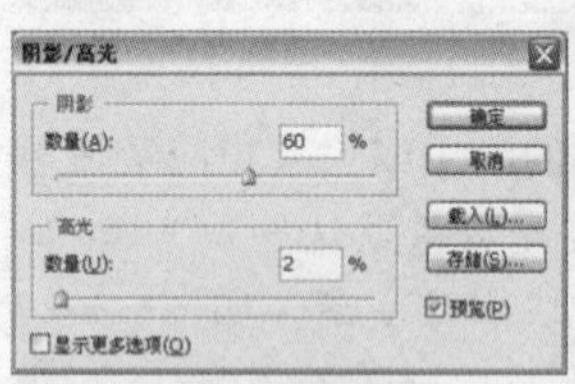

图6-4-89　　图6-4-90

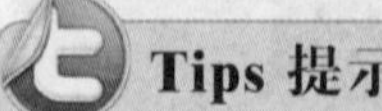

**Tips 提示**

"阴影/高光"命令可自动辨认图像中的阴影高光区域，只需要根据图像效果设置合适的参数即可。

**方法2**：添加"色阶"调整图层，在调整面板中设置参数，如图6-4-91所示，得到的图像效果如图6-4-92所示。

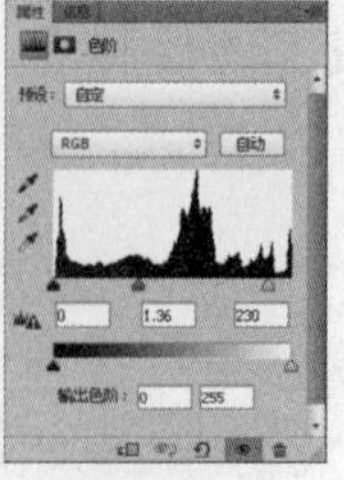

图6-4-91　　图6-4-92

**Tips 提示**

向左拖动灰色滑块可增加分布在亮调的像素，向左拖动白色滑块可以增加图像中的亮部区域。

**方法3**：添加"曲线"调整图层，在调整面板中设置参数，如图6-4-93所示，得到的图像效果如图6-4-94所示。

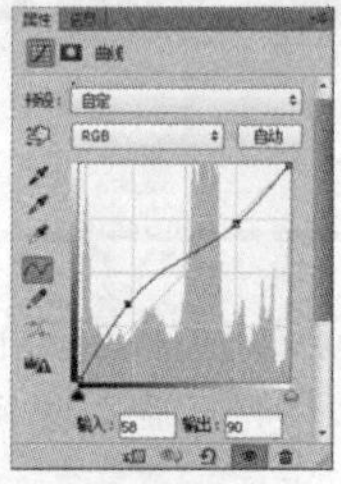

图6-4-93　　图6-4-94

**Tips 提示**

在曲线下方单击添加控制点，向上调整提亮图像中的暗部区域，在曲线上方单击添加控制点微微下调，保持高光区域的原来亮度，防止亮部区域曝光过度。

**方法4**：添加"亮度/对比度"调整图层，在调整面板中设置参数，如图6-4-95所示，得到的图像效果如图6-4-96所示。

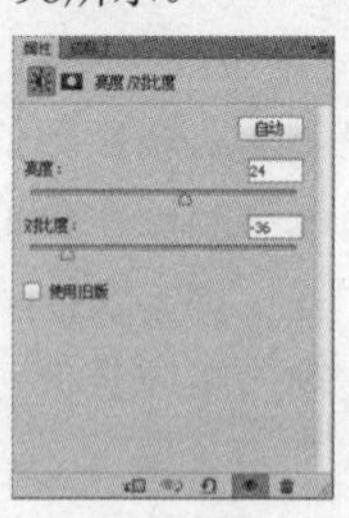

图6-4-95　　图6-4-96

**Tips 提示**

此方法适合做比较简单的明暗调整，并且在调整过程中会丢失图像细节。

在调整逆光照片时结合蒙版和其他方法一起操作会得到满意效果。这里主要目的是通过几种方法的对比，可以复习之前讲到的其他明暗调整命令，同时也可以发现各种方法的优缺点。在调整图像时需要根据图像情况选择合适的方法进行调整。

# 6.5 色彩调整命令

**关键字** 自然饱和度、色相/饱和度、色彩平衡、通道混合器、替换颜色

常用的色彩调整命令包括“色彩平衡”、“色相/饱和度”、“通道混合器”、“照片滤镜”和“替换颜色”等，这些命令被广泛地应用在对图片的色彩调整上。

## 6.5.1 自然饱和度

“自然饱和度”是Photoshop CS6中新增的色彩调整命令。在使用“自然饱和度”调整图像时，Photoshop CS6会自动保护图像中已饱和的部位，只对其做微小的调整，而着重调整不饱和的部位，这样会使图像整体的饱和度趋于正常。

执行【图像】/【调整】/【自然饱和度】命令，弹出“自然饱和度”对话框，如图6-5-1所示，可以看到在“自然饱和度”对话框中包含了“自然饱和度”和“饱和度”两部分。

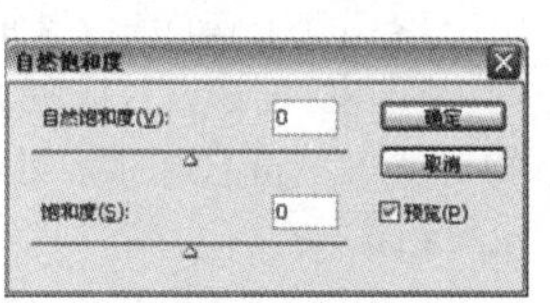


图6-5-1

“自然饱和度”对话框中的“饱和度”选项能调整图像整体的饱和度。其中“自然饱和度”选项的值越大，图像整体的饱和度越趋于正常，而“饱和度”选项的值过大则会使图像失真。

打开如图6-5-2所示的素材图像，“饱和度”不变，将图像的“自然饱和度”调整到最大和最小时的图像效果如图6-5-3和图6-5-4所示。

图6-5-2

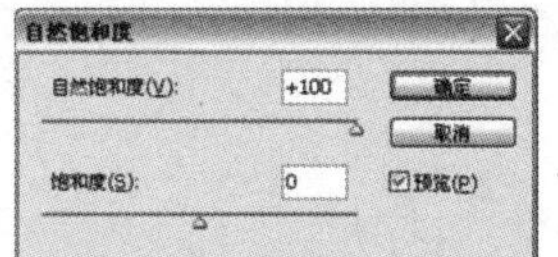


图6-5-3

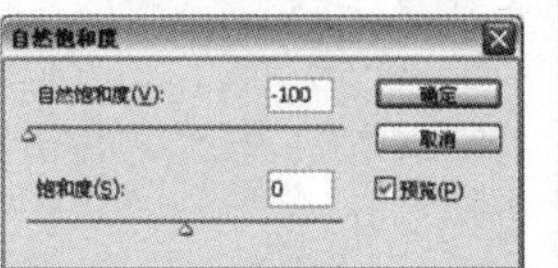


图6-5-4

图6-5-5所示为图像“自然饱和度”为100%，“饱和度”为50%时的图像效果。图6-5-6所示为图像“自然饱和度”为100%，“饱和度”为-50%时的图像效果。

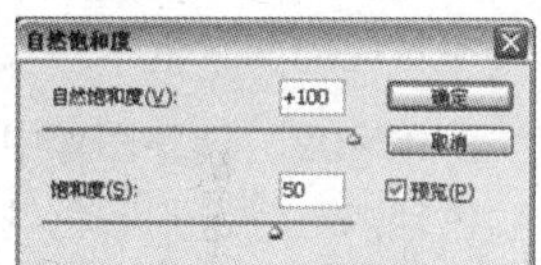


图6-5-5

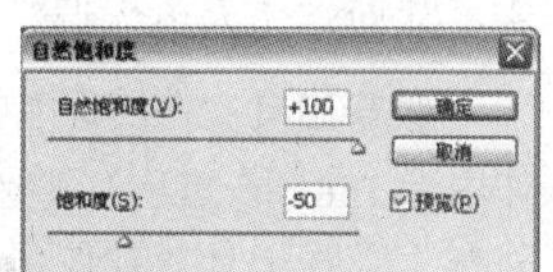


图6-5-6

## 6.5.2 色相/饱和度

“色相/饱和度”命令，可以同时调整图像中的所有颜色，也可以调整图像中特定颜色范围的色相、饱和度和亮度。还可以在调整面板中存储色相/饱和度调整后的设置，以备在其他同类图像中重复使用。该调整命令尤其适用于对CMYK图像进行微调，以使得图像处在输出设备的色域内。

### ※ 了解色相/饱和度

打开素材图像，如图6-5-7所示。执行【图像】/【调整】/【色相/饱和度】命令（Ctrl+U），弹出“色相/饱和度”对话框，观察对话框所给出的各种选项，如图6-5-8所示。

图6-5-7

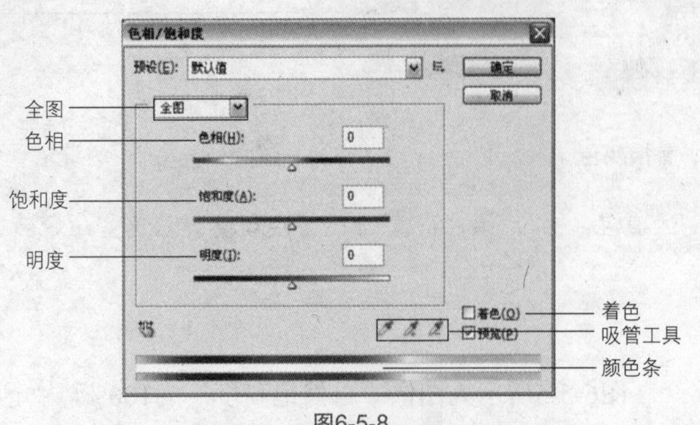

图6-5-8

**全图**：可以一次调整图像中的所有颜色，也可以为要调整的颜色选取一个预设颜色范围。

**色相**：调整图像中像素的色彩倾向。拖动滑块或直接在对应的文本框中输入对应数值进行调整。

**饱和度**：调整图像中像素的颜色饱和度，数值越高颜色越浓，反之则颜色越淡。

**明度**：调整图像中像素的明暗程度，数值越高图像越亮，反之则图像越暗。

**着色**：被勾选时，可以消除图像中的黑白或彩色元素，从而转变为单色调。

**吸管工具**：在图像中单击或拖动以选择颜色范围（不作用于“全图”选项）。要扩大颜色范围，选择“添加到取样”吸管工具在图像中单击或拖移。要缩小颜色范围，选择“从取样中减去”吸管工具在图像中单击或拖移。在吸管工具处于选定状态时，可以按Shift键来添加选区范围，或按Alt键从范围中减去。

**颜色条**：位于对话框底部。上面的颜色条显示调整前的颜色，下面的颜色条显示调整结果如何以全饱和状态作用于所有色相。

## ※ 用色相/饱和度调整图像

在“色相/饱和度”对话框中，移动“色相”下的滑块或直接修改文本框内的数值可以对图像整体色相进行调整（其他参数保持不变），使图像获得不同的、特殊的色彩效果。当色相值为+180，效果如图6-5-9所示；色相值为+90，效果如图6-5-10所示；色相值为-111，效果如图6-5-11所示。

图6-5-9

图6-5-10

图6-5-11

在“色相/饱和度”对话框中，“饱和度”选项用于控制图像中色彩的浓度，移动滑块或直接修改文本内的数值就可以对图像色彩浓度进行调整（其他参数保持不变），当饱和度值为-100时，效果如图6-5-12所示；当饱和度值为-54时，效果如图6-5-13所示；当饱和度值为+100时，效果如图6-5-14所示。

图6-5-12

图6-5-13

图6-5-14

**Tips 提示**

设置明度参数为 +100 时，图像将成为纯白色；相反如果是 -100 时，图像将是纯黑色。在这两种状态下，调整“色相”或“饱和度”的参数值对图像没有任何影响。

## 实战 设定颜色范围调整图像

第 6 章 / 实战 / 设定颜色范围调整图像

“色相 / 饱和度”命令不仅可以调整整个图像的色相和饱和度，还可以选择性地对图像中的某个颜色进行修改。打开素材图像，如图 6-5-15 所示。

图6-5-15

打开“色相/饱和度”对话框，单击“全图”后面的扩展按钮，弹出下拉菜单，如图6-5-16所示，选择“蓝色”选项（Alt+7），色相值为+143，饱和度值为-16，明度值为-4，如图6-5-17所示，调整完毕后单击“确定”按钮，得到的图像效果如图6-5-18所示。

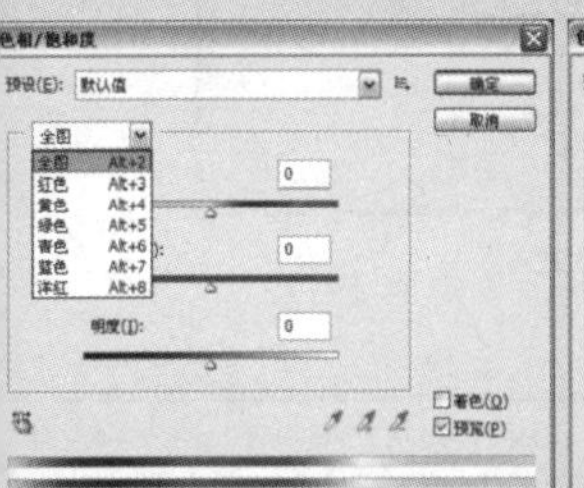
图6-5-16

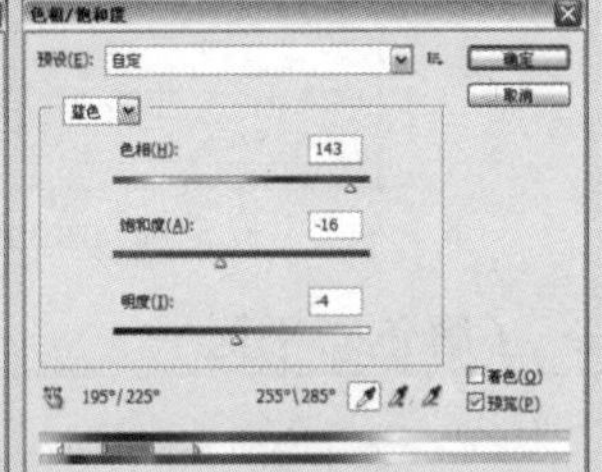
图6-5-17

图6-5-18

这就是单色范围调整，由于预先设定了色彩范围，调整后其他颜色色值没有任何变化。

单击“色相/饱和度”对话框上的“预设”下拉菜单，有很多特殊效果的设置值，比如“旧样式”和“红色提升”等。如果自己修图时的效果不错，对“色相/饱和度”的数值设置非常满意可以单击“预设”栏右边的“储存预设”命令，将其保存起来，以备将来遇到同类图像时方便使用。

**Tips 提示**

在“色相/饱和度”对话框内勾选“着色”后，如果前景色是黑色或白色，则图像会转换成红色色相；若果前景色是黑白以外的颜色，则会将图像转换成当前前景色的色相。注意像素的明度值保持不变。

训练营 03

第6章/训练营/03 调出高饱和度的照片

## 调出高饱和度的照片

▲ 运用“色相/饱和度”命令增加图像饱和度
▲ 通过“曲线”和“色阶”调整图像的亮度

01 执行【文件】/【打开】命令（Ctrl+O），弹出“打开”对话框，选择需要的素材，单击“打开”按钮打开图像，如图6-5-19所示。

图6-5-19

02 选择“背景”图层，单击“图层”面板上的创建新的填充或调整图层按钮，在弹出的下拉菜单中选择“色相/饱和度”选项，打开调整面板，在面板中设置具体参数，如图6-5-20所示，设置完毕后得到的图像效果如图6-5-21所示。

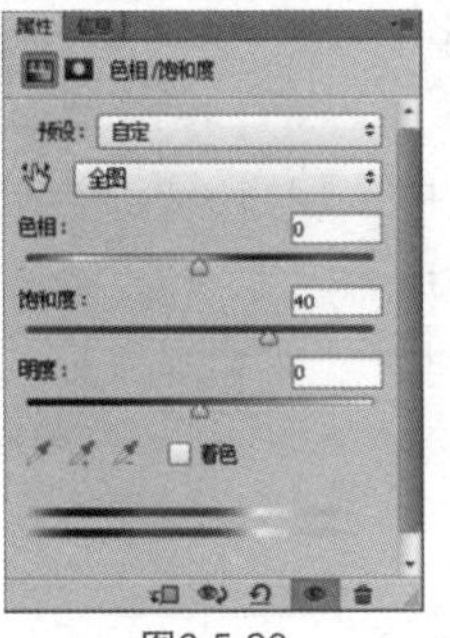

图6-5-20

图6-5-21

**Tips 提示**

原始图像颜色太过暗淡，色彩倾向不明确，所以要先使用“色相/饱和度”进行调整，使其具备初步的色彩倾向，然后再用多种调整命令进行修正。

03 单击“图层”面板上的创建新的填充或调整图层按钮，在弹出的下拉菜单中选择“曲线”选项，打开调整面板，在面板中设置参数如图6-5-22所示，得到的图像效果如图6-5-23所示。

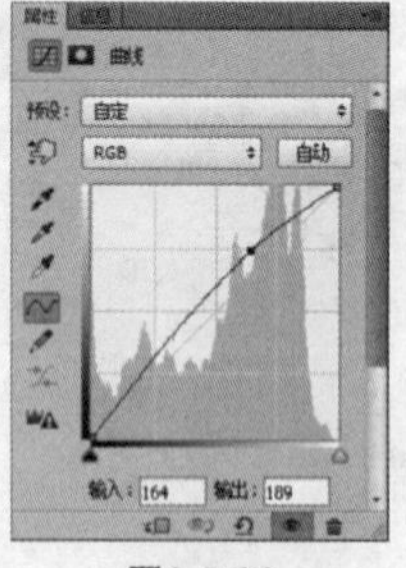
图6-5-22

图6-5-23

04 单击“图层”面板上的创建新的填充或调整图层按钮，在弹出的下拉菜单中选择“色阶”选项，在打开的调整面板中设置参数，如图6-5-24所示，得到的图像效果如图6-5-25所示。

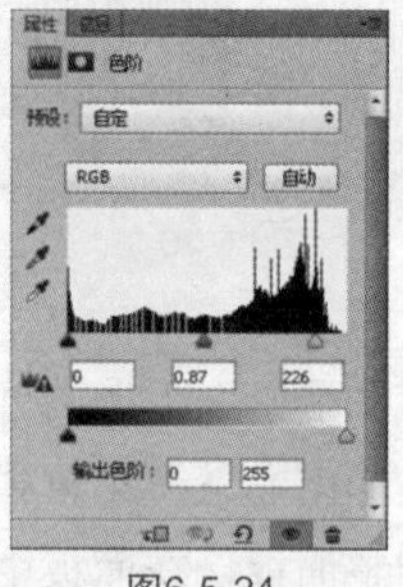
图6-5-24

图6-5-25

05 单击“图层”面板上的创建新的填充或调整图层按钮，在弹出的下拉菜单中选择“亮度/对比度”选项，打开调整面板，在面板中设置参数如图6-5-26和图6-5-27所示，设置完毕后得到的图像效果如图6-5-28所示。

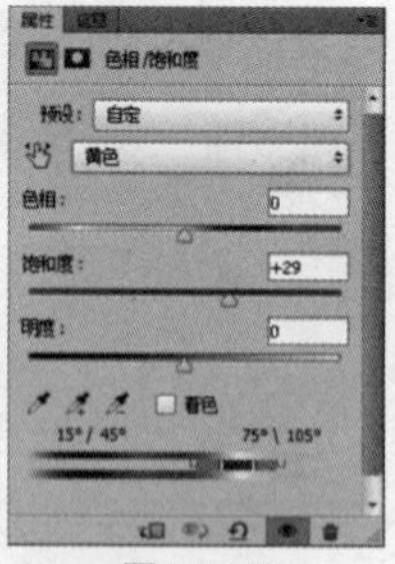
图6-5-26

图6-5-27

图6-5-28

## 6.5.3 色彩平衡

“色彩平衡”命令用于调整图像的总体颜色混合，可以对图像进行一般的色彩校正，使图像的各种色彩达到平衡。但必须确保在“通道”面板中选择了复合通道，此命令才可用。

执行【图像】/【调整】/【色彩平衡】命令（Ctrl+B），打开“色彩平衡”对话框，主要包含“色彩平衡”和“色调平衡”两个部分，如图6-5-29所示。

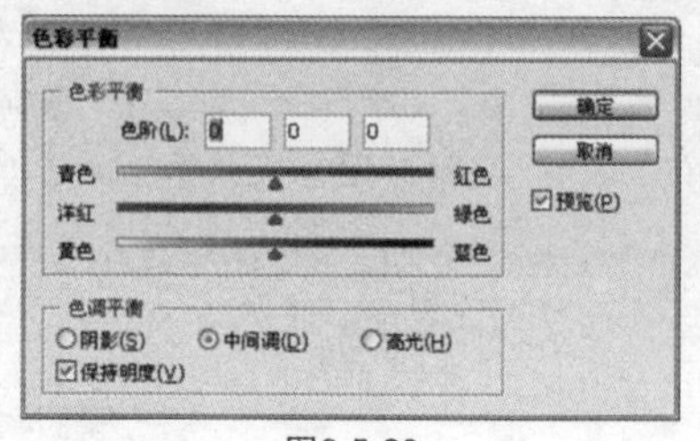

图6-5-29

### ※ 了解色彩平衡

“色彩平衡”中主要包括了“色阶”和“颜色条”两个部分。当选择“颜色条”下的滑块进行拖动时，“色阶”的文本框中相对应的数值也会随之改变。其中三个“颜色条”所对应的数据分框别代表了R、G、B通道颜色的变化。想要对图像的色彩进行调整，只要将滑块拖向需要在图像中增加的颜色，抑或是拖向需要在图像中减少的颜色即可。三条“颜色条”的范围均是-100到+100。

## 实战 色彩平衡调整图像

第6章/实战/色彩平衡调整图像

打开素材图像，如图6-5-30所示，执行【图像】/【调整】/【色彩平衡】命令（Ctrl+B），打开“色彩平衡”对话框，观察图像发现黄绿色部分居多，在“色彩平衡”对话框中设置具体参数，如图6-5-31所示，校正后得到的图像效果如图6-5-32所示。

图6-5-30

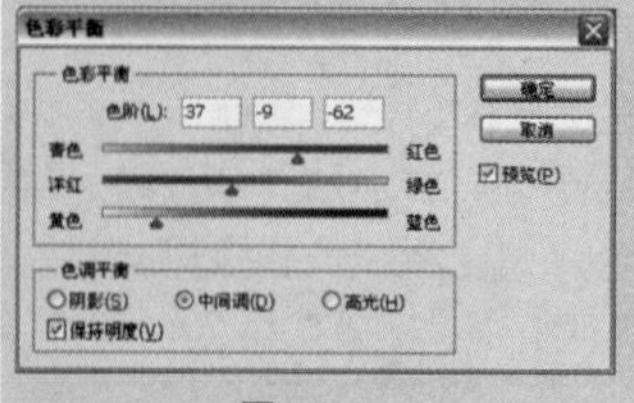

图6-5-31

图6-5-32

## ※ “色调平衡”面板

“色调平衡”中包含了“阴影”、“中间调”、“高光”和“保持明度”选项。其中选择“阴影”、“中间调”或“高光”，可以选择要着重更改的色调范围。勾选“保持明度”后可以保持图像整体的色调平衡，防止图像的亮度值随颜色的改变而改变。

## 实战 调整图像色调

第 6 章 / 实战 / 调整图像色调

打开素材图像，如图6-5-33所示。

图6-5-33

执行【图像】/【调整】/【色彩平衡】命令（Ctrl+B），打开“色彩平衡”对话框，勾选“保持明度”选项，具体参数设置如图6-5-34、图6-5-35和图6-5-36所示，得到的图像效果如图6-5-37所示。

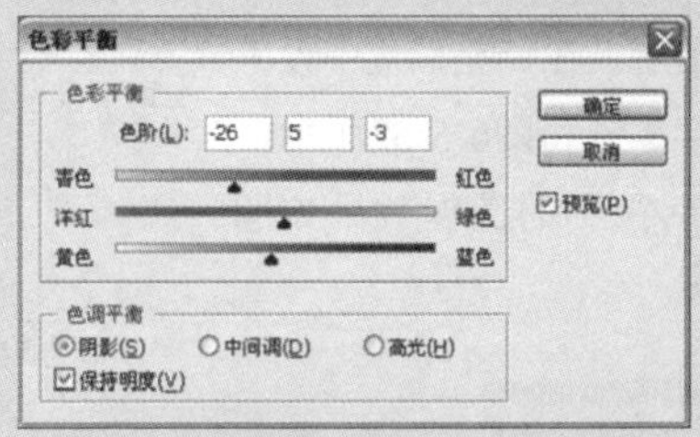


图6-5-34

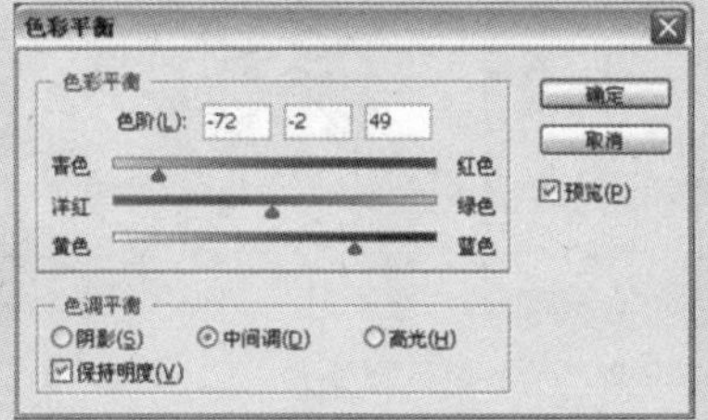


图6-5-35

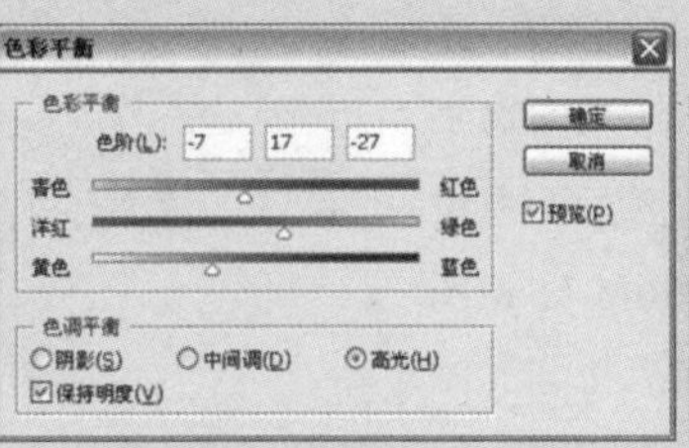


图6-5-36

图6-5-37

训练营 第 6 章 / 训练营 /04 调整偏暖色调

## 04 调整偏暖色调

▲ 运用“色彩平衡”调整图层调整图像偏差
▲ 通过“可选颜色”调整图像整体颜色
▲ 通过“亮度 / 对比度”调整图像对比效果

01 执行【文件】/【打开】命令，弹出“打开”对话框，选择需要的素材，单击“打开”按钮打开图像，如图6-5-38所示。

图6-5-38

02 将“背景”图层拖曳至“图层”面板中的创建新图层按钮上，得到“背景副本”图层；将“背景副本”图层的图层混合模式设置为“滤色”，不透明度设置为15%，得到的图像效果如图6-5-39所示。

图6-5-39

### 技术要点：滤色混合模式

滤色模式与正片叠底模式相反，合成图层的效果是显现两图层中较高的灰阶，而较低的灰阶则不显现（即浅色出现，深色不出现），产生出一种漂白的效果。图像看起来更加明亮。按照色彩混合原理中的加色模式混合。也就是说，对于滤色模式，颜色具有相加效应。比如，当红色、绿色与蓝色都是最大值 255 的时候，以加色模式混合就会得到 RGB 值为（255，255，255）的白色。而相反的，黑色意味着为 0。所以，与黑色以该种模式混合没有任何效果，而与白色混合则得到 RGB 颜色最大值白色（RGB 值为 255，255，255）。

03 单击“图层”面板中的创建新的填充或调整图层按钮，在弹出的下拉菜单中选择“色彩平衡”调整图层，在调整面板中设置参数如图6-5-40、图6-5-41和图6-5-42所示，设置完毕后得到的图像效果如图6-5-43所示。

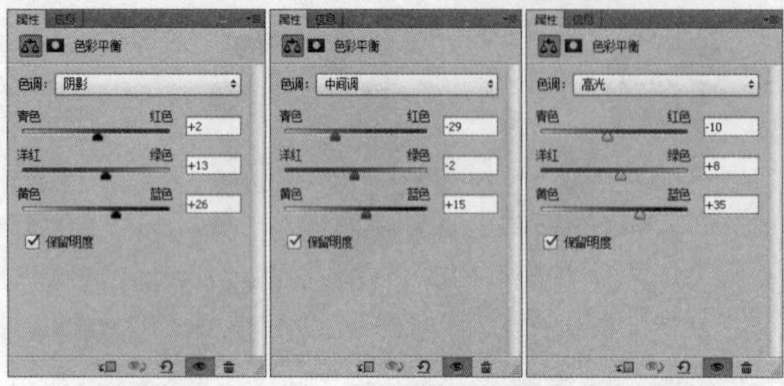


图6-5-40　　图6-5-41　　图6-5-42

图6-5-43

04 选择“色彩平衡1”调整图层的蒙版缩览图，将前景色设置为黑色；选择工具箱中的画笔工具，在其工具选项栏中设置合适大小的柔角笔刷，并将其不透明度设置为10%，在图像中背景的部位进行涂抹，得到的图像效果如图6-5-44所示。

图6-5-44

05 单击“图层”面板中的创建新的填充或调整图层按钮，在弹出的下拉菜单中选择“色阶”调整图层，在调整面板中设置参数如图6-5-45、图6-5-46、图6-5-47和图6-5-48所示，设置完毕后得到的图像效果如图6-5-49所示。

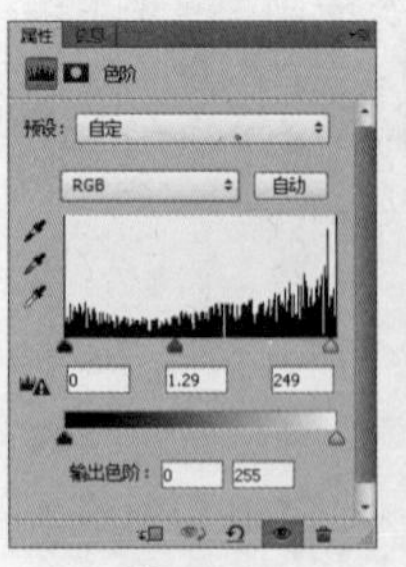


图6-5-45

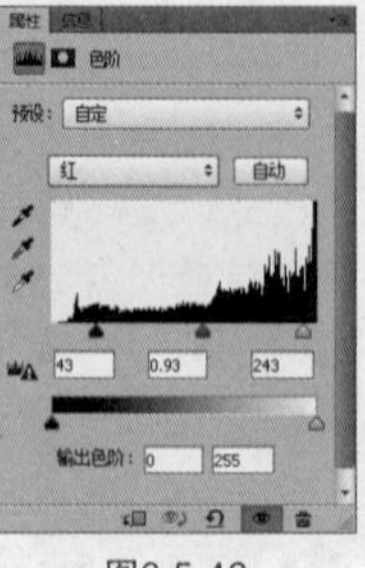


图6-5-46

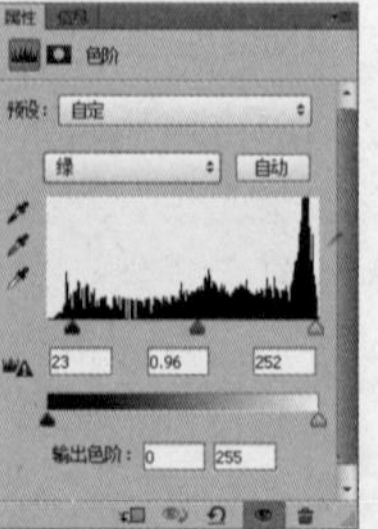


图6-5-47

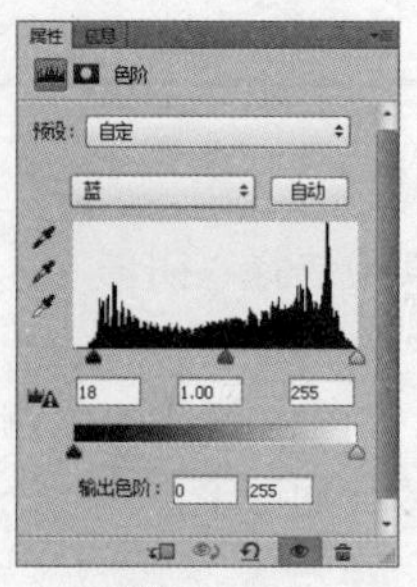


图6-5-48

图6-5-49

06 选择“色阶1”调整图层的蒙版缩览图，将前景色设置为黑色；选择工具箱中的画笔工具，在其工具选项栏中设置合适大小的柔角笔刷，并将其不透明度设置为10%，在图像中背景的部位进行涂抹，得到的图像效果如图6-5-50所示。

图6-5-50

07 单击“图层”面板中的创建新的填充或调整图层按钮，在弹出的下拉菜单中选择“可选颜色”调整图层，在调整面板中设置参数如图6-5-51和图6-5-52所示，设置完毕后得到的图像效果如图6-5-53所示。

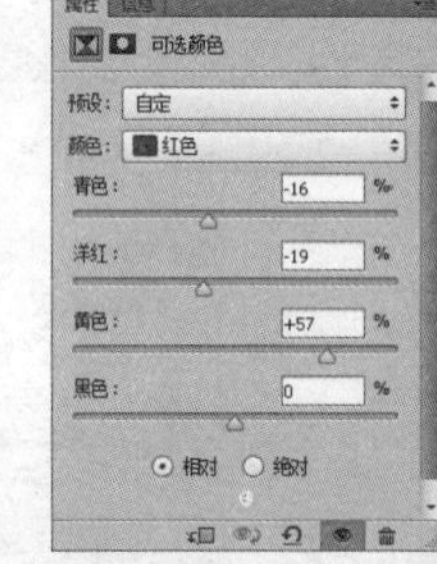


图6-5-51

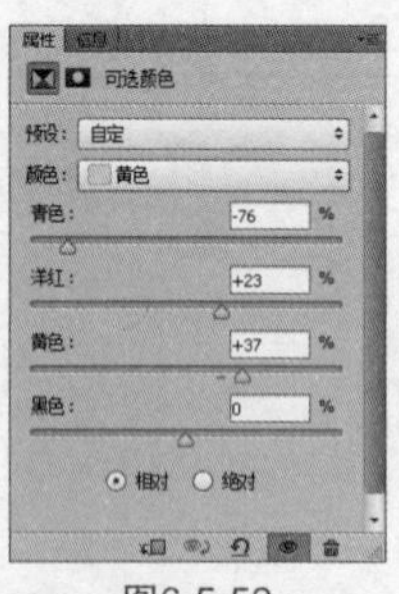


图6-5-52

图6-5-53

08 单击“图层”面板中的创建新的填充或调整图层按钮，在弹出的下拉菜单中选择“色彩平衡”调整图层，在调整面板中设置参数如图6-5-54、图6-5-55和图6-5-56所示，设置完毕后得到的图像效果如图6-5-57所示。

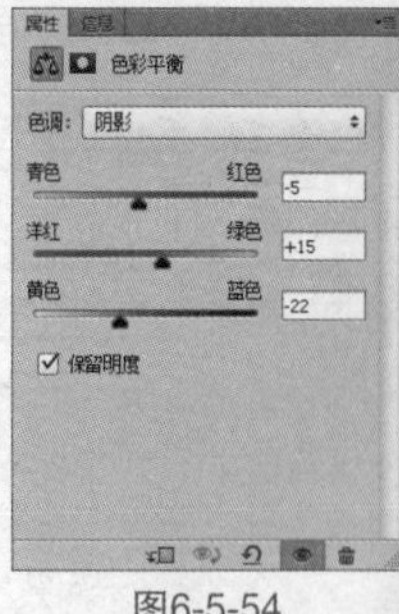


图6-5-54

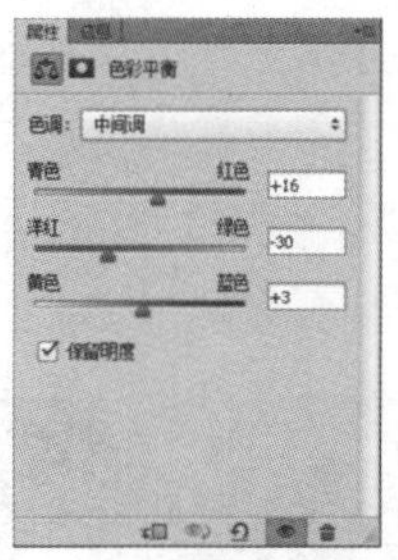
图6-5-55

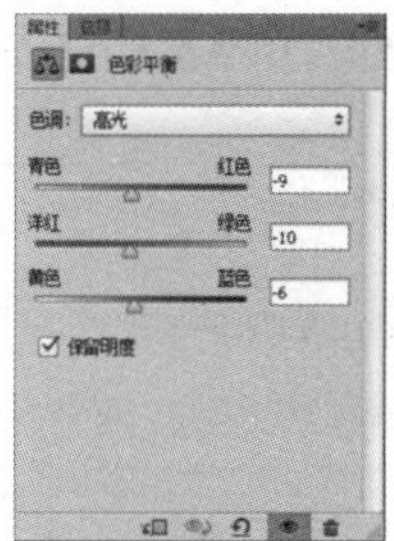
图6-5-56

图6-5-57

## 6.5.4 黑白

【黑白】命令能够将彩色图像转换为单色或黑白图像，同时还能保持对各种颜色的转换方式的控制。

执行【图像】/【调整】/【黑白】命令，弹出“黑白”对话框，如图6-5-58所示。

**预设：** 可在其下拉菜单中选择各种预设的调整设置，每种预设的调整设置都会时图像产生不同的黑白或单色效果；当选择不同的预设调整时，“黑白”对话框中的颜色滑块会自动调整到相应的位置。选择“自定”预设调整选项时，可拖动滑块调整想要的效果。

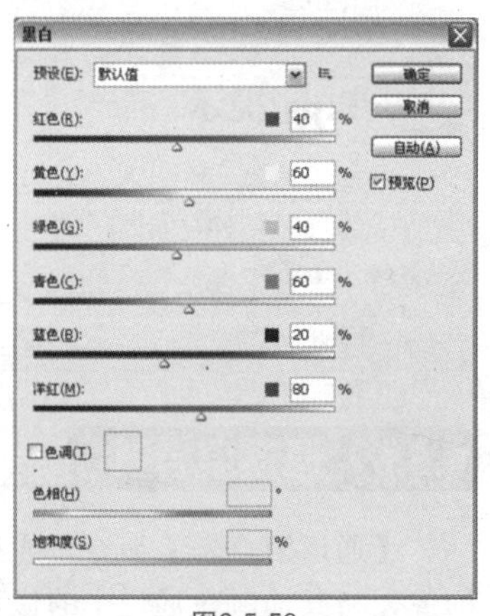
图6-5-58

**颜色滑块：** 拖动“预设”选项栏下方的歌颜色滑块，可以调整指定颜色的灰色调效果。向右拖动滑块可使图像中的原色的灰色调变亮，向左拖动则会变音。图6-5-59、图6-5-60和图6-5-61所示分别为拖动“红色”滑块至0%、100%和-100%时的图像效果。

图6-5-59

图6-5-60

图6-5-61

将鼠标移至图像上时，鼠标会变成吸管状；单击图像中的某一点，在“黑白”对话框中会显示该位置的主色的色卡。

**色调：** 勾选此选项，可以将图像设置为单色调效果，如图6-5-62和图6-5-63所示。

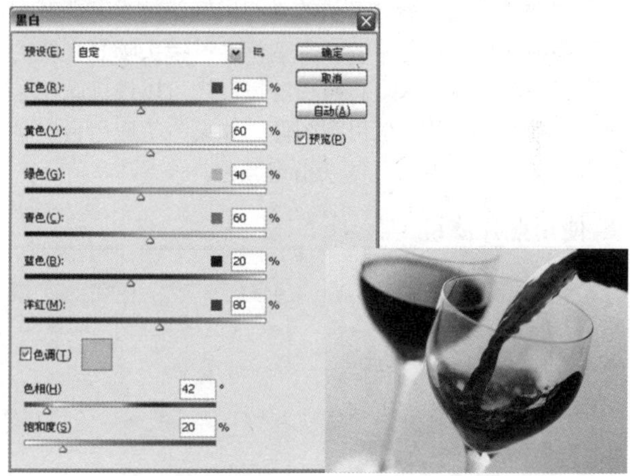
图6-5-62　图6-5-63

勾选“色调”复选框后，可单击右边的颜色块，在弹出的“选择目标颜色”对话框中可选择所需的颜色。

**色相/饱和度：** 当勾选“色调”复选框后，色相和饱和度才为可用状态。拖动滑块可以调整单色调图像的色相和饱和度。

### 实战 用“黑白”命令调整图像

第6章/实战/用“黑白”命令调整图像

打开素材图像，如图6-5-64所示。

图6-5-64

执行【图像】/【调整】/【黑白】命令，打开“黑白”对话框，勾选“单色”复选框，具体参数设置如图6-5-65所示，设置完毕后得到的图像效果如图6-5-66所示。

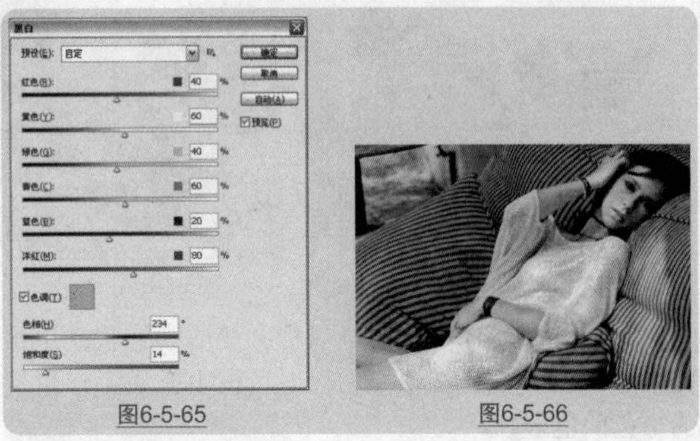
图6-5-65　图6-5-66

## 6.5.5 照片滤镜

“照片滤镜”命令模仿的是相机镜头技术，即在相机镜头前面加上有色滤镜，来调整穿过镜头曝光光线的色彩平衡和色温技术。“照片滤镜”还可以进行颜色预设，以便将色相调整应用到图像。如果希望应用自定颜色调整，可以使用拾色器来指定颜色。

### ※ 使用照片滤镜

执行【图像】/【调整】/【照片滤镜】命令，弹出“照片滤镜”对话框，观察对话框中的各种选项，如图6-5-67所示。

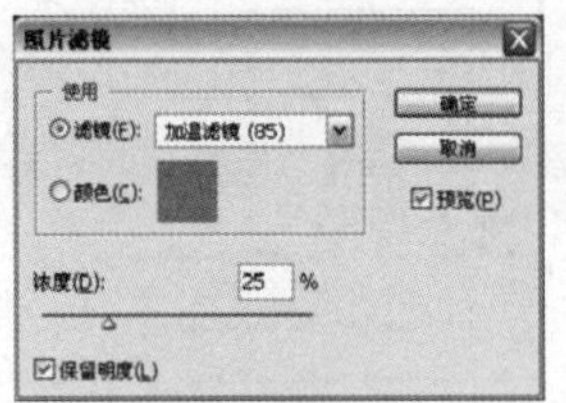
图6-5-67

**滤镜**：当选择选项时，单击下拉按钮，在下拉菜单可选择需要的滤镜类型；当“滤镜”选项中的默认选项不能满足需要时，还可以选择“颜色”选项，单击右侧的颜色块，弹出“选择滤镜颜色”对话框，可重新设置需要的滤镜颜色。

**浓度**：可以调整应用于图像的颜色量，通过拖动“浓度”滑块进行调整，或者在“浓度”框中输入百分比数值。浓度值越高，颜色调整幅度就越大。

**保留明度**：该选项处于被勾选状态时，可以使图像在添加色彩滤镜后保持明度不变。

**预览**：可以预先查看使用某种颜色滤镜的效果，方便修改操作。

### 实战 添加照片滤镜

第6章/实战/添加照片滤镜

打开一张图像，如图6-5-68所示。

图6-5-68

执行【图像】/【调整】/【照片滤镜】命令，弹出“照片滤镜”对话框，选择“滤镜”选项，复选项为“加温滤镜（LBA）”，具体参数设置如图6-5-69所示，设置完毕后单击“确定”按钮，得到的图像效果如图6-5-70所示。

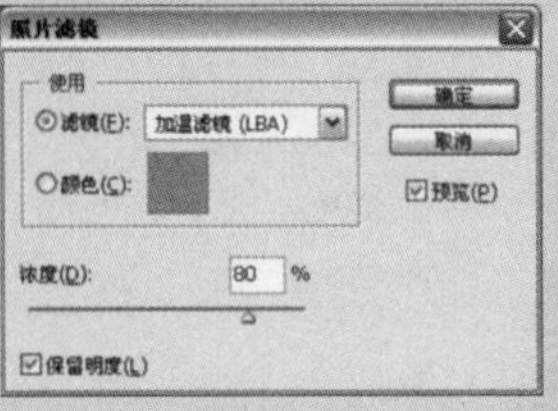
图6-5-69

图6-5-70

“复位”后，再选择“颜色”选项，单击右侧的颜色块，在弹出“拾色器”对话框中设置（R0、G117、B155），具体参数设置如图6-5-71所示，设置完毕后单击“确定”按钮，得到的图像效果如图6-5-72所示。

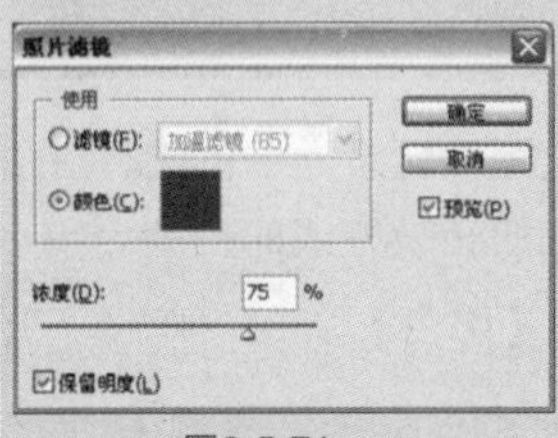
图6-5-71

图6-5-72

**Tips 提示**

设置滤镜颜色后，按Alt键，将“照片滤镜”对话框上的“取消”按钮转换为“复位”按钮，保持Alt键按下的状态，单击“复位”按钮，将上面所做的更改还原。这点和“色阶”相同。

## 6.5.6 通道混合器

【通道混合器】命令是通过混合当前颜色通道中的像素与其他颜色通道中的像素，从而调整调整通道颜色。

执行【图像】/【调整】/【通道混合器】命令。弹出“通道混合器”对话框，如图6-5-73所示。

**预设**：在其下拉菜单中可以选择不同的预设调整设置。

**输出通道**：可选择需要调整的颜色通道。

**源通道**：可用来调整输出通道中源通道所占的百分比。

**常数**：可用来调整输出通道的灰度值。设置的常数为正值，会增加更多的白色；常数数值为负数，则会增加更多的黑色。

**单色**：勾选该复选框，可将彩色图像转换为黑白图像。

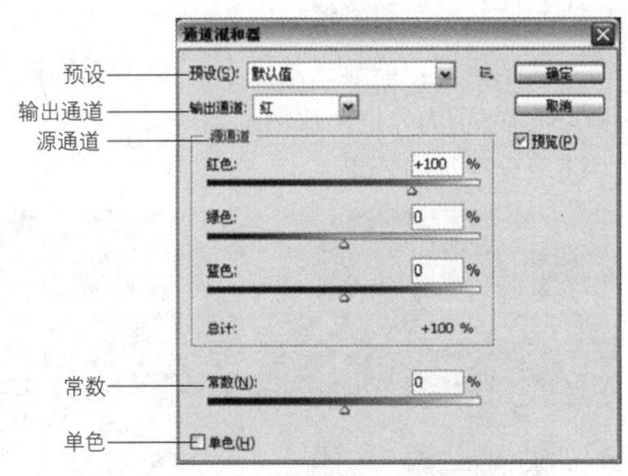


图6-5-73

“通道混合器”命令只能用于“RGB”模式的图像。

## 实战 用“通道混合器”调整图像

第 6 章 / 实战 / 用“通道混合器”调整图像

打开如图6-5-74所示的素材图像，执行【图像】/【调整】/【通道混合器】命令，弹出“通道混合器”对话框，具体参数设置如图6-5-75所示，得到的图像效果如图6-5-76所示。

图6-5-74

图6-5-75

图6-5-76

在勾选“单色”复选框后，可以观察到对话框中的“输出通道”仅有“灰色”可供选择，当取消该复选框的选中状态后，仍会保持之前对图像进行的灰度调整，但是可以再次选择各个输出通道为图像着色，如图6-5-77所示，得到的图像效果如图6-5-78所示。

图6-5-77

图6-5-78

训练营 05

第 6 章 / 训练营 /05 制作高品质的黑白照片

## 制作高品质的黑白照片

**01** 执行【文件】/【打开】命令（Ctrl+O），弹出“打开”对话框，选择需要的素材，单击“打开”按钮打开图像，如图6-5-79所示。

图6-5-79

**02** 将“背景”图层复制一层，得到“背景”副本图层，执行【图像】/【调整】/【通道混合器】命令，弹出“通道混合器”对话框，参数设置如图6-5-80所示，设置完毕后单击“确定”按钮，得到的图像效果如图6-5-81所示。

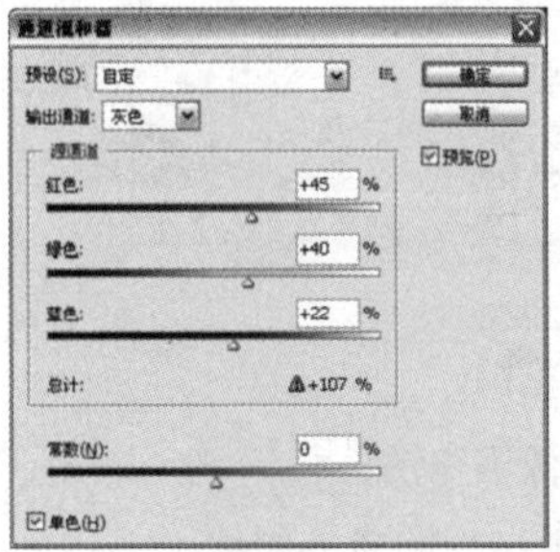


图6-5-80

图6-5-81

**03** 单击“图层”面板中的创建新的填充或调整图层按钮，在弹出的下拉菜单中选择“曲线”调整图层，在调整面板中设置参数，如图6-5-82和图6-5-83所示，得到的图像效果如图6-5-84所示。

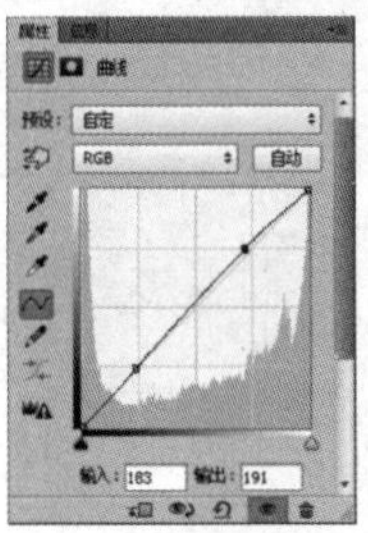


图6-5-82

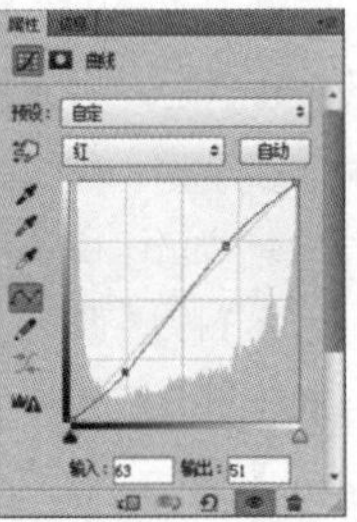


图6-5-83

图6-5-84

**Tips 提示**

使用“通道混合器”为图像去色的图像效果，要比使用“去色”命令为图像去色的效果更加饱满，层次分明。

## 6.5.7 变化

【变化】命令可以在调整图像的同时预览图像调整前和调整后的对比图，使我们能更加方便地调整图像的色彩平衡、对比度和饱和度。

执行【图像】/【调整】/【变化】命令，弹出“变化”对话框，如图6-5-85所示。

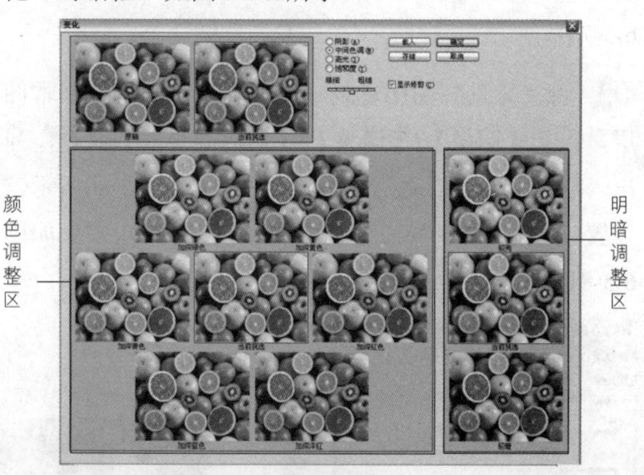


图6-5-85

**原稿**：预览原始图像缩览图。

**当前挑选**：调整后的图像缩览图。

**阴影/中间调/高光**：可以调整图像的阴影、中间调和高光。

**饱和度**：调整图像的饱和度。选择此选项后，对话框中的颜色调整区中会显示“减少饱和度”、“当前挑选”和“增加饱和度”3种图像缩略图，如图6-5-86所示。

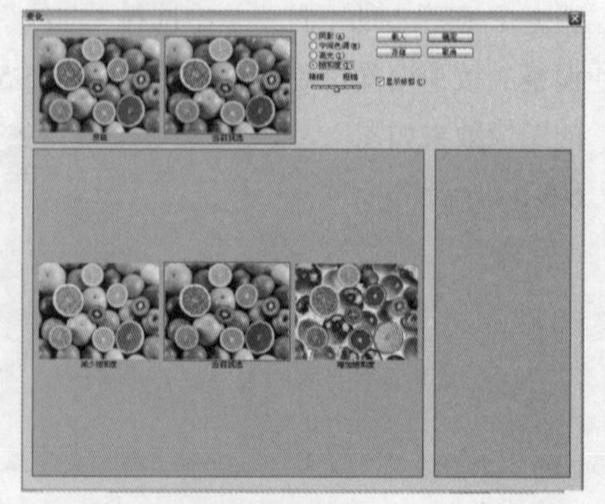

图6-5-86

**精细/粗糙**：可用来控制每次调整的量，每移动一个滑块，调整量会双倍增加。

**显示修建**：能显示图像中调整时所修建的区域。如图6-5-87所示为勾选该选项时的效果，图6-5-88所示为未勾选该选项时的效果。

图6-5-87

图6-5-88

**颜色调整区**：中间的“当前挑选”缩览图显示图像的调整结果；其余的缩览图则用来调整颜色。

单击其中任何一个缩览图都可将相应的颜色应用到图像中；连续单击，则可多次应用调整。要减少某种颜色，则可单击与之相反的颜色缩览图。例如，增加洋红会减少绿色，增加青色会减少红色，增加黄色会减少蓝色；反之亦然。

**明暗调整区**：可调整图像的明暗；单击“较亮”可增加图像亮度，单击“较暗”可减少图像亮度；当前选择显示调整结果。

**Tips 提示**

【变化】命令不能用于索引图像和16位/通道图像。

## 6.5.8 去色

【去色】命令可以去除图像中的颜色，使图像变为灰度图，但图像的颜色模式不变。

打开如图6-5-89所示的素材图像，执行【图像】/【调整】/【去色】命令（Ctrl+Shift+U），得到的图像效果如图6-5-90所示。

图6-5-89

图6-5-90

### 实战 用“去色”命令调整图像

第 6 章 / 实战 / 用“去色”命令调整图像

打开一张素材图像，如图6-5-91所示，选择工具箱中的磁性套索工具，在图像中绘制选区，如图6-5-92 所示。

图6-5-91

图6-5-92

执行【图像】/【调整】/【去色】命令，按快捷键Ctrl+D取消选区，得到的图像效果如图6-5-93所示。

图6-5-93

## 6.5.9 匹配颜色

【匹配颜色】命令可以在相同或不同的图像之间进行颜色匹配，也就是使目标图像具有与源图像相同的色调。当需要将两张拍摄于不同环境的人物照片合成一张拼贴图像时，由于光线、环境等差异会导致人物肤色不一致，使用【匹配颜色】命令可以更好地协助图像完成多种有创意的拼贴效果。

执行【图像】/【调整】/【匹配颜色】命令，弹出"匹配颜色"对话框，如图6-5-94所示。

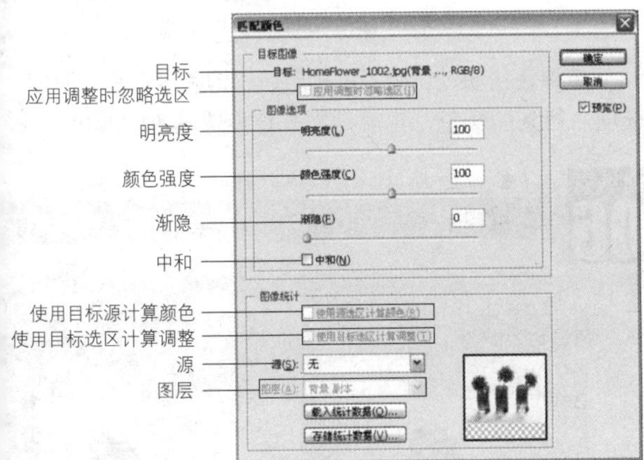

图6-5-94

**目标**：显示目标图像的名称、颜色模式等信息。

**应用调整时忽略选区**：当图像中含有选区时，勾选此选项，可忽略图像中的选区，调整整个图像，如图6-5-95所示；不勾选此选项时，调整只作用于选区里的内容，如图6-5-96所示。

图6-5-95

图6-5-96

**明亮度**：可以增加或降低目标图像的亮度，数值越大，得到的图像亮度也越高，反之则越低。

**颜色强度**：可增加或降低目标图像的饱和度，数值越大，得到的图像所匹配的颜色饱和度就越大，反之则越低。

**渐隐**：可以增加或降低从不变的目标图像中取出的颜色元素，数值越高，调整的强度越弱。如图6-5-97、图6-5-98和图6-5-99所示分别为渐隐为0、50和100时的图像效果。

图6-5-97

图6-5-98

图6-5-99

**中和**：勾选此复选框可自动去除目标图像中的色痕。

**使用源选区计算颜色**：表明在匹配颜色时仅计算源文件选区中的图像，选区外图像的颜色不计算在内。

**使用目标选区计算调整**：表明在匹配颜色时仅计算目标文件选区中的图像，选区外图像的颜色不计算在内。

**源**：在其下拉菜单中提供可以选择需要进行匹配颜色的源图像，当选择"无"时，目标图像与源图像相同。

**图层**：在其下拉菜单中包括源图像文件中所有的图层，当选择"合并的"选项时，系统会将源图像文件中的所有图层合并起来，再进行匹配颜色。

### 实战 匹配两个图像之间的颜色

第 6 章 / 实战 / 匹配两个图像之间的颜色

打开两张素材图像，如图6-5-100和图6-5-101所示。

图6-5-100

图6-5-101

将图6-5-100作为目标图像，执行【图像】/【调整】/【匹配颜色】命令，弹出“匹配颜色”对话框，具体参数设置如图6-5-102所示，设置完毕后单击“确定”按钮，得到的图像效果如图6-5-103所示。

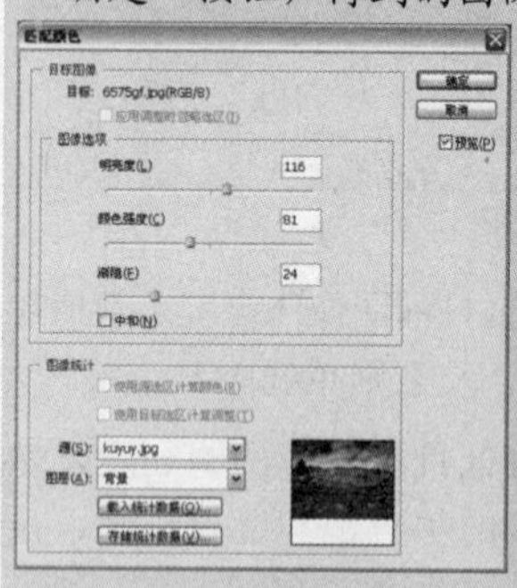
图6-5-102

图6-5-103

## 技术要点：匹配颜色

【匹配颜色】命令不仅可以将两个互不相干的图像进行颜色匹配，也可以将同一图像中不同的两个图层或多个图层之间进行匹配。

## 6.5.10 替换颜色

使用【替换颜色】命令可以对图像中某个特定范围的颜色进行替换，也就是将所选颜色替换为其他颜色。【替换颜色】命令同时具备了【色彩范围】命令和【色相/饱和度】命令相同的功能。因此，在替换颜色过程中，可以根据不同的图像需要设置选定区域的色相、饱和度和亮度。

执行【图像】/【调整】/【替换颜色】命令，弹出“替换颜色”对话框，如图6-5-104所示。

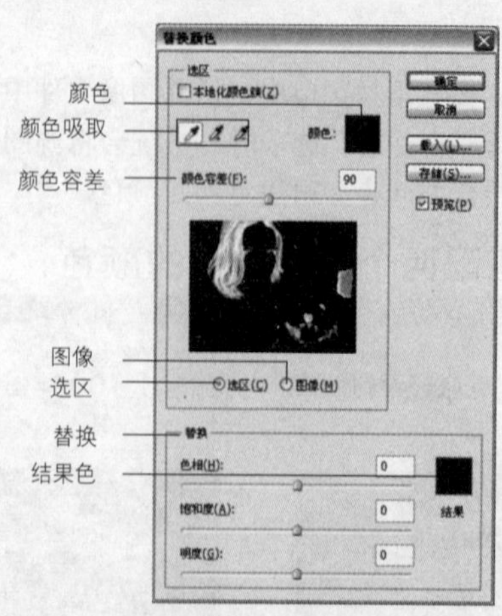

图6-5-104

**颜色吸取**：使用吸管工具在图像中单击可选择需要替换的颜色；使用“添加到取样”吸管工具连续取色可以增加选区范围；使用“从取样中减去”吸管工具连续取色可以减少选区范围。

**颜色**：颜色框显示当前所选中的颜色。单击颜色框可以打开“拾色器”对话框对其进行修改。

**颜色容差**：用于设置颜色的差值，数值越大，所选取的颜色范围就越大。

**选区/图像**：在“替换颜色”面板中选择“选区”选项，面板中的预览图像会以黑、白、灰的形式显示，如图6-5-105所示；其中，黑色代表未选择区域，白色代表选择区域，灰色代表半透明选区。

选择“图像”选项时，预览图就会以图像的形式显示，如图6-5-106所示。

图6-5-105

图6-5-106

**Tips 提示**

在图像或预览框中使用吸管工具单击可以选择由蒙版显示的区域。按住 Shift 键并单击或使用“添加到取样”吸管工具则添加区域；按住 Alt 键并单击或使用“从取样中减去”吸管工具则移去区域。

**替换**：当设置好需要替换的颜色区域后，调整该区域内的滑块或修改相对应的参数值可以对选择区域的“色相”、“饱和度”和“明度”进行调节。

**结果色**：通过调整“色相”、“饱和度”和“明度”选项后得到的颜色，也就是用来替换选区色的颜色。

训练营 06

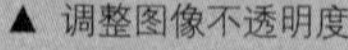


## 替换照片局部颜色

- ▲ 运用“替换颜色”命令调整图像
- ▲ 调整图像不透明度

01 执行【文件】/【打开】命令（Ctrl+O），弹出“打开”对话框，选择需要的素材，单击“打开”按钮打开图像，如图6-5-107所示，复制“背景”图层，得到“背景副本”图层。

图6-5-107

02 执行【图像】/【调整】/【替换颜色】命令，弹出“替换颜色”对话框，单击“结果”将颜色设置为R255、G217、B217，具体参数设置如图6-5-108所示，得到的图像效果如图6-5-109所示。

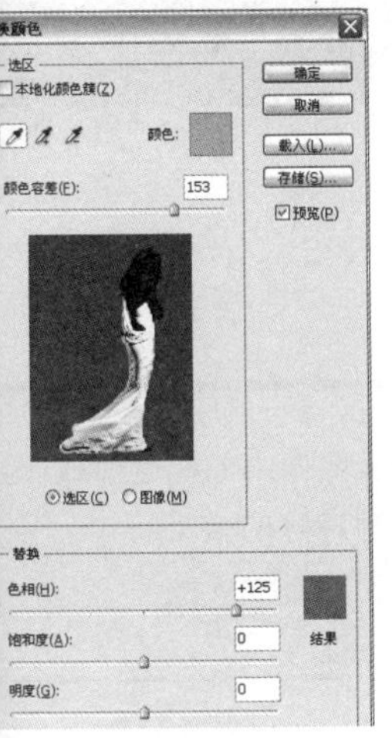
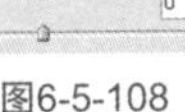

图6-5-108

图6-5-109

03 不关闭对话框，继续设置其他参数，单击“对话框”中的添加到取样按钮，在图像中裙子的暗部进行单击取样，可以适当降低颜色容差参数，具体参数设置如图6-5-110所示，得到的图像效果如图6-5-111所示。

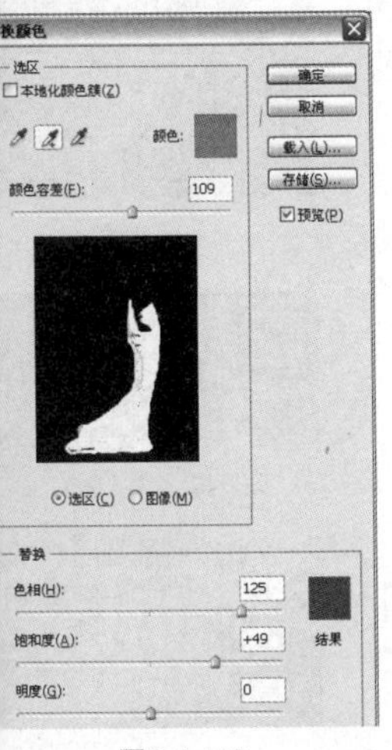

图6-5-110

图6-5-111

04 将“背景副本”图层的图层不透明度设置为80%，得到的图像效果如图6-5-112所示。

图6-5-112

## 6.5.11 色调均化

“色调均化”可以通过平均值调整图像的整体亮度，将图像中的像素重新分配。最亮的值呈白色，最暗的值呈黑色，中间值则平均地分布在整个灰度中。

打开素材图像，如图6-5-113所示，执行【图像】/【调整】/【色调均化】命令，得到的图像效果如图6-5-114所示。

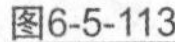

图6-5-113

图6-5-114

**Tips 提示**

在扫描图像时，如果扫描的图像显得比原稿暗，用户可以使用“色调均化”命令调整图像。

# 6.6 特殊调整命令

**关键字** 色相、色相分离、阈值、渐变映射、可选颜色、HDR色调

在【图像】/【调整】命令中除了前面所讲解的“亮度/对比度”、“色阶”和“曲线”基本命令之外，Photoshop CS6 中还提供了一些功能更强大、可以创造特殊图像色彩的命令，通过这些命令可以处理图像的亮部和暗部的颜色，以及对指定的图像色彩进行调整。

## 6.6.1 反相

“反相”命令是将图像中的颜色进行反转，可以得到类似于照片底板效果的图像。对图像执反相命令时，通道中每个像素的亮度都将转换为256级颜色值标度上相反的值。例如，正片图像中值为0的像素会被转换为255，值为40的像素将会转换为215。

### ※ 了解反相

执行【图像】/【调整】/【反相】命令，如图6-6-1所示分别为原图和反相后的效果图。

图6-6-1

**Tips 提示**

“反相”命令的快捷键是Ctrl+I。在幻灯片扫描仪上扫描胶片时，必须使用正确的彩色负片设置，由于彩色打印胶片的基底中包含一层橙色掩膜，因此“反相”命令不能从扫描的彩色负片中得到精确的正片图像。

### 实战 反相命令的使用

第 6 章 / 实战 / 反相命令的使用

打开素材图像，如图6-6-2所示。将“背景”图层复制，得到“背景副本”图层，执行【图像】/【调整】/【反相】（Ctrl+I）命令，得到的图像效果如图6-6-3所示。

图6-6-2

图6-6-3

选择“背景副本”图层，将其图层混合模式设置为“差值”，得到的图像效果如图6-6-4所示。

图6-6-4

## 6.6.2 色调分离

“色调分离”命令可以指定图像中的亮度值或颜色级别，在指定的图像中得到一种特殊的效果。

### ※ 了解色调分离

打开素材图像，如图6-6-5所示。

执行【图像】/【调整】/【色调分离】命令，在弹出的“色调分离”对话框中设置具体参数值或移动滑块调整色阶值，然后单击“确定”按钮。将色阶参数值设置为2时图像的效果如图6-6-6所示，将色阶参数值设置为4时图像的效果如图6-6-7所示。

图6-6-5

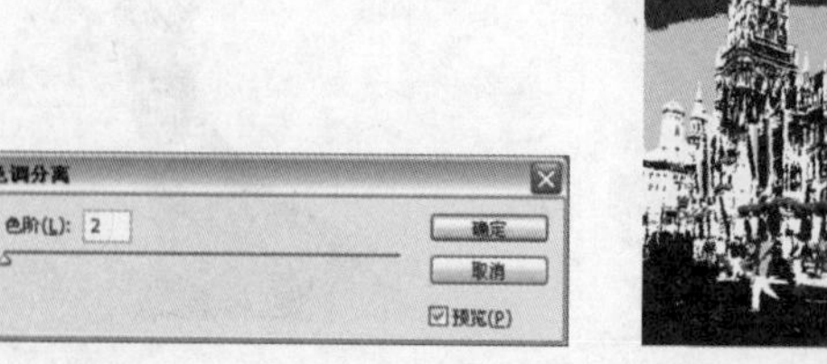


图6-6-6

图6-6-7

## 实战 色调分离命令的使用

第 6 章 / 实战 / 色调分离命令的使用

打开素材图像，如图6-6-8所示。将“背景”图层复制，得到“背景副本”图层，按快捷键Shift+Ctrl+U去色，得到的图像效果如图6-6-9所示。

图6-6-8

图6-6-9

选择“背景副本”图层，执行【图像】/【调整】/【色调分离】命令，弹出“色调分离”对话框，具体参数设置如图6-6-10所示，设置完毕后单击“确定”按钮，得到的图像效果如图6-6-11所示。

图6-6-10

图6-6-11

单击“图层”面板上的创建新的填充或调整图层按钮，在弹出的下拉菜单中选择“色彩平衡”选项，在弹出的调整面板中设置具体参数，如图6-6-12所示，得到的图像效果如图6-6-13所示。

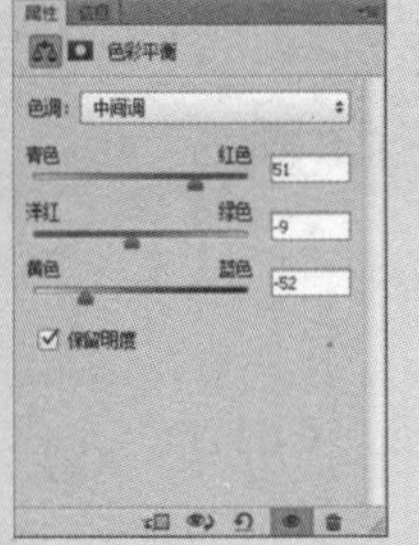


图6-6-12

图6-6-13

训练营 07

第 6 章 / 训练营 /07 制作人像矢量效果

## 制作人像矢量效果

▲ 使用【色调分离】命令制作人像矢量效果
▲ 通过“色彩平衡”调整图层调整图像效果
▲ 新建图层，调出高光选区填充白色

01 执行【文件】/【打开】命令（Ctrl+O），弹出“打开”对话框，选择需要的素材，单击“打开”按钮打开图像，将“背景”图层拖曳至“图层”面板中的创建新图层按钮上，得到“背景副本”图层，如图6-6-14所示。

图6-6-14

02 选择“背景副本”图层，执行【色调分离】命令，弹出“色调分离”对话框，具体参数设置如图6-6-15所示，设置完毕后单击“确定”按钮，得到的图像效果如图6-6-16所示。

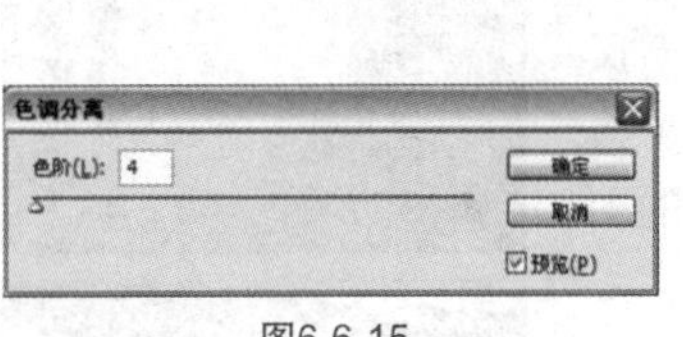


图6-6-15

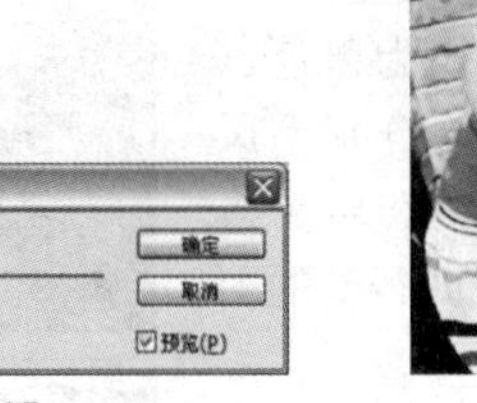

图6-6-16

03 单击“图层”面板上的创建新的填充或调整图层按钮，在弹出的下拉菜单中选择“色彩平衡”选项，在弹出的调整面板中设置具体参数，如图6-6-17所示，得到的图像效果如图6-6-18所示。

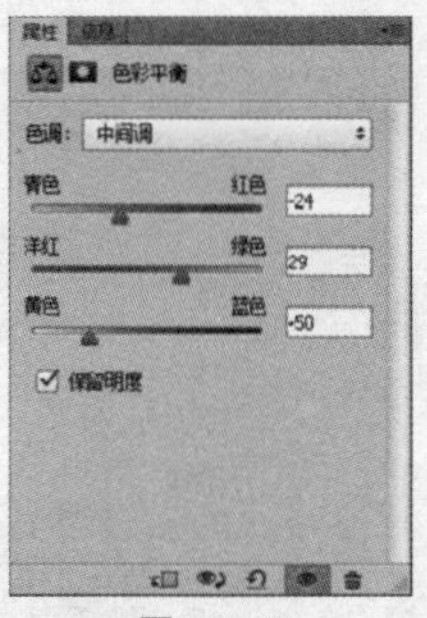
图6-6-17

图6-6-18

04 按快捷键Shift+Ctrl+Alt盖印可见图层，得到“图层1”，单击“图层”面板上的创建新图层按钮，新建“图层2”，按快捷键Ctrl+Alt+2调出高光选区，将前景色设置为白色，按快捷键Alt+Delete填充前景色，将其不透明度设置为35%，按快捷键Ctrl+D取消选择，得到的图像效果如图6-6-19所示。

图6-6-19

## 6.6.3 阈值

“阈值”命令可以将彩色图像或灰度图像转换为高对比度的黑白图像。当指定某个色阶作为阈值时，所有比阈值暗的像素都将转换为黑色，而所有比阈值亮的像素都将转换为白色。

### ※ 了解阈值

执行【图像】/【调整】/【阈值】命令，在弹出的“阈值”对话框中设置具体参数值或拖动滑块调整阈值色阶，然后单击“确定”按钮。当阈值色阶设置为1时，图像将转换为白色；当阈值色阶设置为255时，图像将转换为黑色。如图6-6-20所示分别为原图、阈值对话框和将阈值色阶设置为128时得到的图像效果。

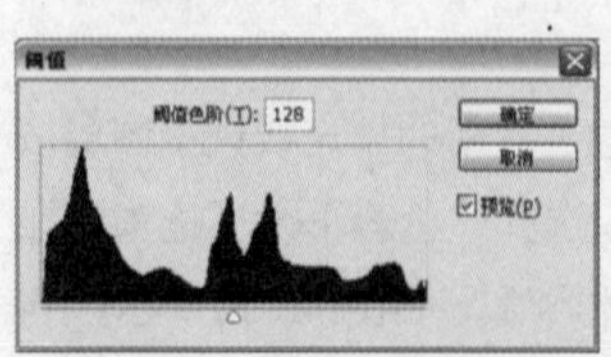

图6-6-20

## 实战 阈值命令的使用

第6章/实战/阈值命令的使用

打开素材图像，如图6-6-21所示。将“背景”图层复制，得到“背景副本”图层，执行【图像】/【调整】/【阈值】命令，弹出“阈值”对话框，具体参数设置如图6-6-22所示，得到的图像效果如图6-6-23所示。

图6-6-21

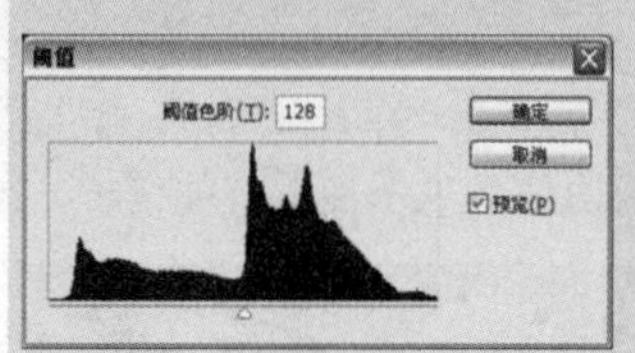

图6-6-22

图6-6-23

选择“背景副本”图层，将其不透明度设置为70%，得到的图像效果如6-6-24所示。

图6-6-24

## 训练营 08 阈值创建照片特效

第6章/训练营/08 阈值创建照片特效

▲ 使用【阈值】命令，调整图像效果
▲ 使用多边形套索工具绘制图形
▲ 使用渐变工具填充图形

Before

After

01 执行【文件】/【打开】命令（Ctrl+O），弹出“打开”对话框，选择需要的素材，单击“打开”按钮打开图像，将“背景”图层拖曳至“图层”面板中的

建新图层按钮上，得到“背景副本”图层，如图6-6-25所示。

图6-6-25

02 执行【图像】/【调整】/【阈值】命令，弹出“阈值”对话框，具体参数设置如图6-6-26所示。设置完毕后单击“确定”按钮，得到的图像效果如图6-6-27所示。

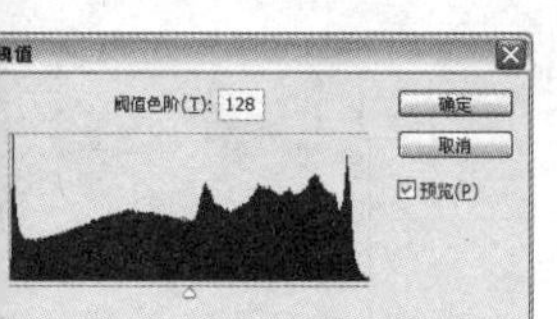

图6-6-26

图6-6-27

03 将“背景副本”图层的混合模式设置为“正片叠底”，单击“图层”面板上的创建新图层按钮，新建“图层1”，将其拖曳至“背景副本”图层的下方，将前景色色值设置为R255、G243、B211，按快捷键Alt+Delete填充前景色，得到的图像效果如图6-6-28所示。

图6-6-28

04 单击“图层”面板上的创建新图层按钮，新建“图层2”，将其拖曳至“背景副本”图层的上方，选择工具箱中的多边形套索工具，在图像中绘制选区，选择工具箱中的渐变工具，在其工具选项栏中单击可编辑渐变条，在弹出的“渐变编辑器”对画框中将渐变颜色色值由左至右分别设置为R0、G96、B27，R255、G0、B25，设置完毕后单击“确定”按钮，在选区由左至右拖动鼠标填充渐变，将其图层混合模式设置为“正片叠底”，得到的图像效果如图6-6-29所示。

图6-6-29

05 单击“图层”面板上的创建新图层按钮，新建“图层3”，选择工具箱中的多边形套索工具，在图像中绘制选区，选择工具箱中的渐变工具，在其工具选项栏中单击可编辑渐变条，在弹出的“渐变编辑器”对话框中将渐变颜色色值由左至右分别设置为R41、G10、B89，R255、G124、B0，设置完毕后单击“确定”按钮，在选区由左至右拖动鼠标填充渐变，将其图层混合模式设置为“正片叠底”，得到的图像效果如图6-6-30所示。

图6-6-30

06 单击“图层”面板上的创建新图层按钮，新建“图层3”，选择工具箱中的多边形套索工具，在图像中绘制选区，选择工具箱中的渐变工具，在其工具选项栏中单击可编辑渐变条，在弹出的“渐变编辑器”对画框中将渐变颜色色值由左至右分别设置为R10、G0、B178，R255、G0、B0，R255、G252、B0，设置完毕后单击“确定”按钮，在选区由左至右拖动鼠标填充渐变，将其图层混合模式设置为“正片叠底”，得到的图像效果如图6-6-31所示。

07 选择工具箱中的横排文字工具，在图像中输入文字，得到的图像效果如图6-6-32所示。

图6-6-31

图6-6-32

## 6.6.4 渐变映射

“渐变映射”命令是将相等的图像灰度范围映射到指定的渐变填充色，能使选择的渐变颜色代替图像中的色调。例如，将前景色设置为红色，背景色设置为黄色，指定由蓝色到黄色的双色渐变填充，在图像中将会显示由蓝色到黄色之间的双色渐变。

### ※ 了解渐变映射

执行【图像】/【调整】/【渐变映射】命令，弹出“渐变映射”对话框，单击渐变下拉菜单使用预设渐变，也可单击渐变颜色条，在弹出的“渐变编辑器”对话框中自行设置渐变色。如图6-6-33所示分别为“渐变映射”对话框和“渐变编辑器”对话框，可在此对话框中设置渐变颜色。在“渐变映射”对话框中，勾选“仿色”复选框可添加随机杂色以平滑渐变填充的外观并减少带宽效应，勾选“反向”复选框，可改变渐变填充的方向，将会得到反向渐变映射效果。

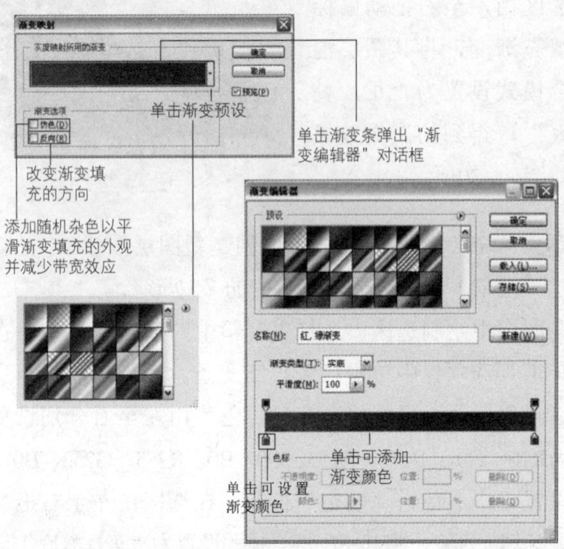


图6-6-33

打开素材图像，执行【图像】/【调整】/【渐变映射】命令，弹出“渐变映射”对话框，设置渐变颜色，勾选“仿色”复选框，得到的渐变颜色效果如图6-6-34所示。

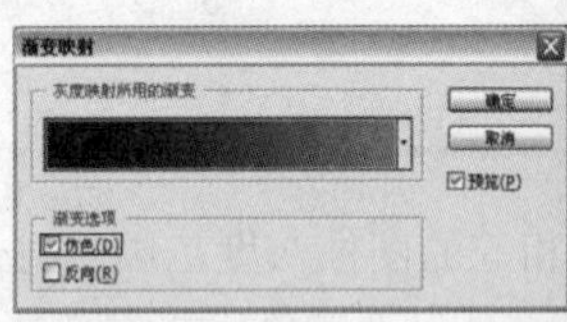

图6-6-34

勾选“反向”复选框，得到的渐变颜色效果如图6-6-35所示。

图6-6-35

## 实战 渐变映射命令的使用

第 6 章 / 实战 / 渐变映射命令的使用

打开素材图像，如图6-6-36所示。将“背景”图层复制，得到“背景副本”图层，执行【图像】/【调整】/【渐变映射】命令，弹出“渐变映射”对话框，具体参数设置如图6-6-37，将其图层混合模式设置为“饱和度”，得到的图像效果如图6-6-38所示。

图6-6-36

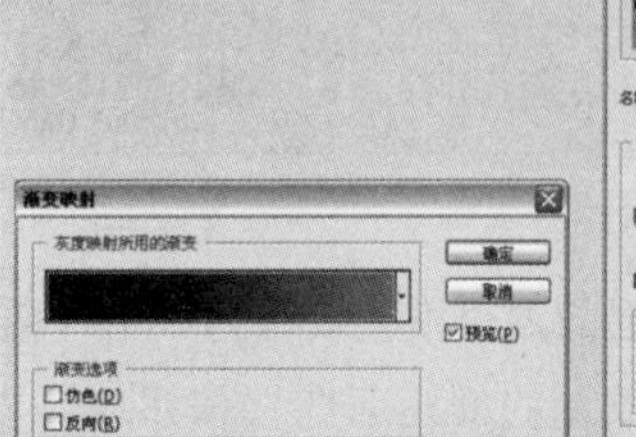

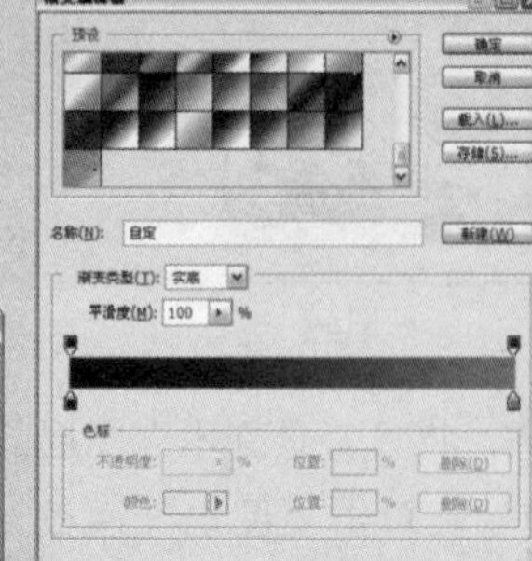

图6-6-37

添加“色阶”调整图层，具体参数设置如图6-6-39所示，得到的图像效果如图6-6-40所示。

图6-6-38

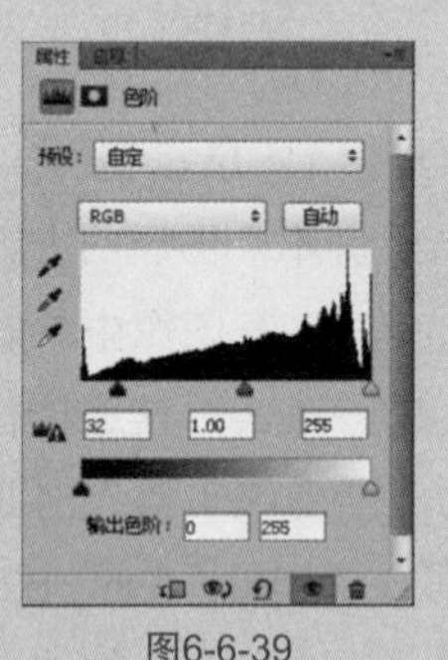

图6-6-39

图6-6-40

## 训练营 09 制作照片的唯美色调

第 6 章 / 训练营 /09 制作照片的唯美色调

▲ 使用“渐变”调整图层填充颜色
▲ 使用【渐变映射】命令，填充颜色
▲ 使用“亮度 / 对比度”调整图层，改变图像的色调

01 执行【文件】/【打开】命令（Ctrl+O），弹出“打开”对话框，选择需要的素材，单击“打开”按钮打开图像，如图6-6-41所示。

图6-6-41

02 单击“图层”面板上的创建新的填充或调整图层按钮，在弹出的下拉菜单中选择“渐变”选项，弹出“填充渐变”对话框，单击可编辑渐变条，弹出“渐变编辑器”对话框，将渐变颜色色值由左至右分别设置为R196、G150、B101，R156、G103、B49，R240、G203、B71，具体参数设置如图6-6-42所示，将“渐变填充”图层的图层混合模式设置为“强光”，填充设置为45%，得到的图像效果如图6-6-43所示。

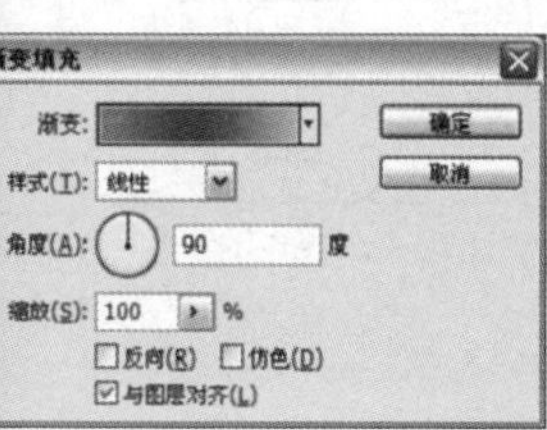


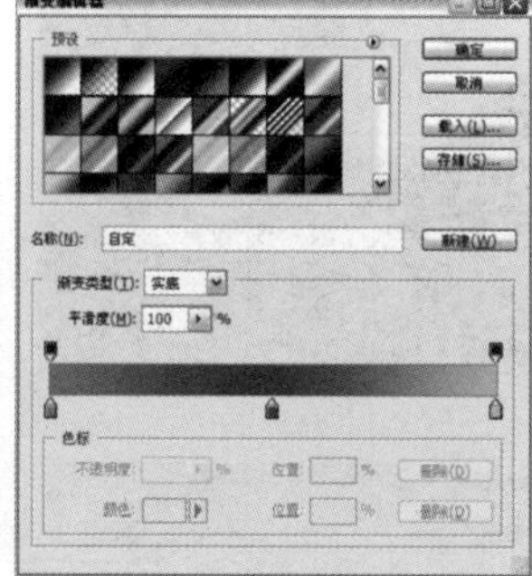


图6-6-42

图6-6-43

**Tips 提示**

本例中也可使用工具箱中的渐变工具，设置渐变颜色。

03 按快捷键Shift+Ctrl+Alt+E盖印可见图层，得到“图层1”，执行【图像】/【调整】/【渐变映射】命令，弹出“渐变映射”对话框，单击可编辑渐变条，弹出“渐变编辑器”对话框，将渐变颜色色值由左至右分别设置为R0、G16、B49，R90、G169、B103，具体参数设置如图6-6-44所示，设置完毕后单击“确定”按钮，将“渐变填充”图层的图层混合模式设置为“叠加”，得到的图像效果如图6-6-45所示。

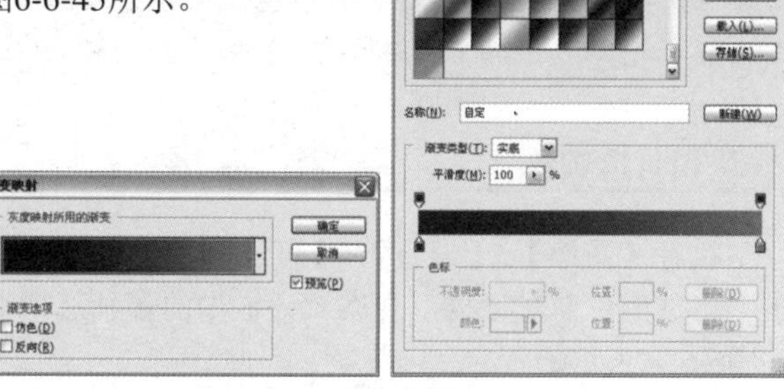


图6-6-44

图6-6-45

04 单击“图层”面板上的创建新的填充或调整图层按钮，在弹出的下拉菜单中选择“亮度/对比度”选项，在弹出的调整面板中设置具体参数，如图6-6-46所示，得到的图像效果如图6-6-47所示。

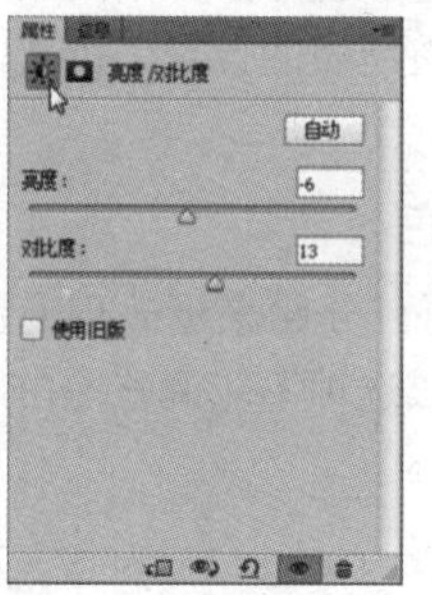


图6-6-46

图6-6-47

05 选择工具箱中的文字工具，在图像中输入文字，得到的图像效果如图6-6-48所示。

图6-6-48

## 6.6.5 可选颜色

使用“可选颜色”命令可以通过调整图像中的每个主要原色分量的印刷色数量来改变图像效果。它基于组成图像的某一主色调的四种基本色（CMYK），有选择地改变某一种印刷色的含量，而不影响其他印刷色在主色调中的含量，以此对图像颜色进行校正。

**Tips 提示**

虽然“可选颜色”使用 CMYK 颜色模式来校正图像，但也可以在 RGB 图像中使用它。

### ※ 认识可选颜色

执行【图像】/【调整】/【可选颜色】命令，弹出“可选颜色”对话框，观察对话框中的各种选项，如图6-6-49所示。

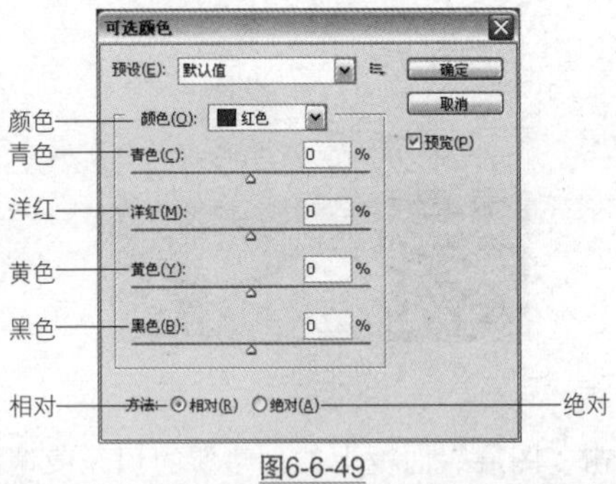


图6-6-49

**颜色：**下拉菜单中提供了可以选择的调整颜色。

**青色、洋红、黄色、黑色：**在其对应的数值栏中输入数值或拖移滑块以增加或减少所选颜色在图像中的数量。还可以存储对“可选颜色”调整所做的设置，供其他图像重新使用。

**绝对：**是指采用绝对值调整颜色。

**相对：**是指按照调整后总量的百分比来更改现有的青色、洋红、黄色或黑色的量。该选项不能调整纯白色，因为它不包含颜色成分。

### ※ 用于调整颜色

“可选颜色”一般用于调整颜色偏差。打开素材图像，如图6-6-50所示，仔细观察图像中人物的肤色偏红，执行【图像】/【调整】/【可选颜色】命令，弹出“可选颜色”对话框，选择“颜色”选项，复选项为“红色”，具体参数设置如图6-6-51所示，设置完毕后单击“确定”按钮，得到的图像效果如图6-6-52所示。

图6-6-50

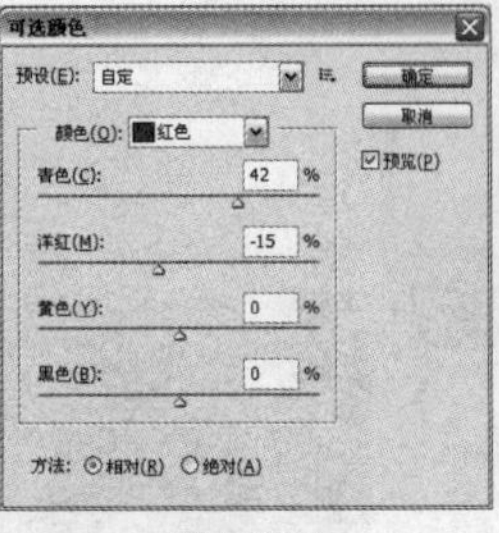


图6-6-51

图6-6-52

**Tips 提示**

在应用“可选颜色”命令时，可能会发现该命令不能使用的情况，那么需要检查“通道”面板，看是否选择了复合通道，因为只有选择复合通道，该命令才能够使用。

### ※ 用于校正颜色

“可选颜色”可以用于降低图像中偏重的颜色。打开素材图像，如图6-6-53所示，仔细观察图像发现树叶的颜色浓度超过其他景色显得不太协调，因此需要在不影响其他景色的情况下，将树叶的颜色校正一下。执行【图像】/【调整】/【可选颜色】命令，弹出“可选颜色”对话框，选择“颜色”选项，复选项为“红色”和“黄色”，具体参数设置如图6-6-54和图6-6-55所示，设置完毕后单击“确定”按钮，得到的图像效果如图6-6-56所示。

图6-6-53

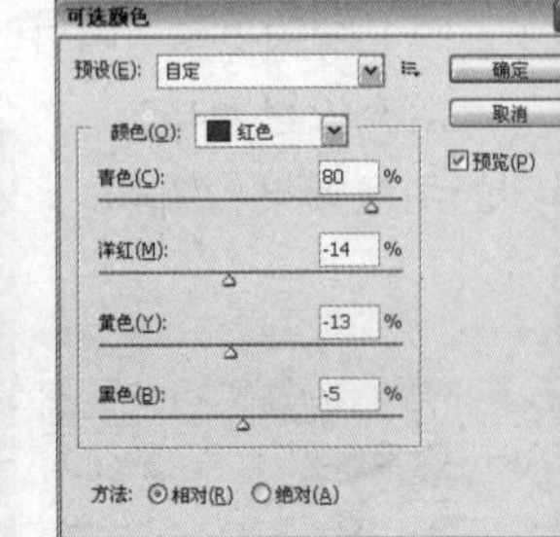


图6-6-54

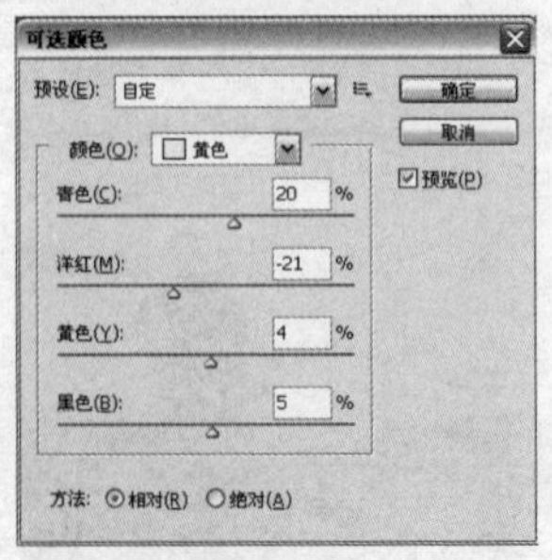


图6-6-55

图6-6-56

### ※ 用于转换颜色

“可选颜色”有时也用于转换图像中的颜色。打开素材图像，如图6-6-57所示，要将图像中的白色换掉，执行【图像】/【调整】/【可选颜色】命令，弹出“可选颜色”对话框，选择“颜色”选项，复选项为“白色”和“中性色”，具体参数设置如图6-6-58所示，设置完毕后单击“确定”按钮，得到的图像效果如图6-6-59所示。

图6-6-57

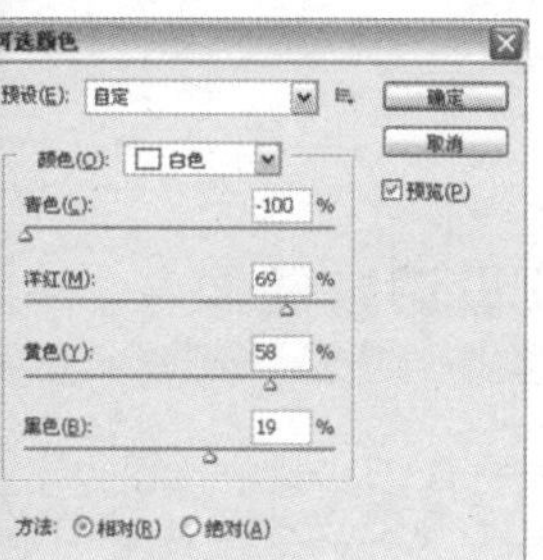
图6-6-58

图6-6-59

训练营 第6章/训练营/10 打造艳丽的秋天

## 10 打造艳丽的秋天

▲ 运用“曲线”、“色阶”调整图层调整图像颜色对比
▲ 通过“可选颜色”调整图层调整图像各个颜色

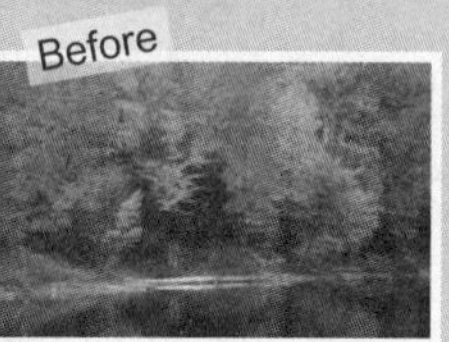

01 执行【文件】/【打开】命令，弹出“打开”对话框，选择需要的素材，单击“打开”按钮打开图像，如图6-6-60所示。

图6-6-60

02 单击“图层”面板上的创建新的填充或调整图层按钮，在弹出的下拉菜单中选择“亮度/对比度”选项，打开调整面板，在面板上设置具体参数，如图6-6-61所示，设置完毕后得到的图像效果如图6-6-62所示。

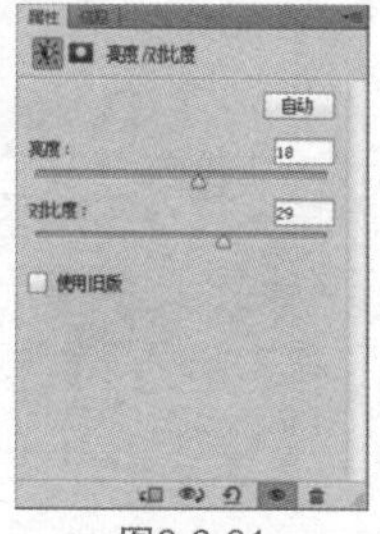
图6-6-61

图6-6-62

03 单击“图层”面板上的创建新的填充或调整图层按钮，在弹出的下拉菜单中选择“曲线”选项，在调整面板上设置具体参数，如图6-6-63所示，得到的图像效果如图6-6-64所示。

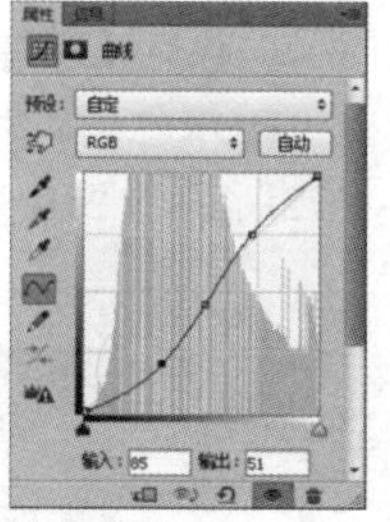
图6-6-63

图6-6-64

04 单击“图层”面板上的创建新的填充或调整图层按钮，在弹出的下拉菜单中选择“可选颜色”选项，打开调整面板，在面板上设置具体参数，如图6-6-65、图6-6-66和图6-6-67所示，设置完毕后得到的图像效果如图6-6-68所示。

图6-6-65

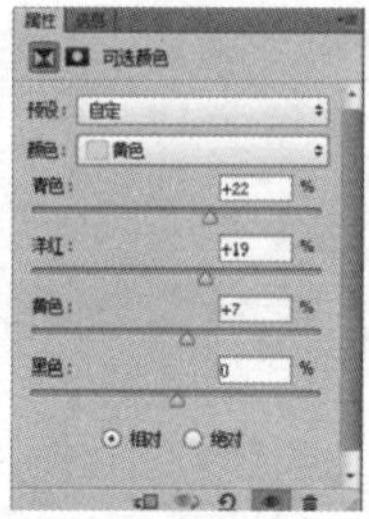
图6-6-66

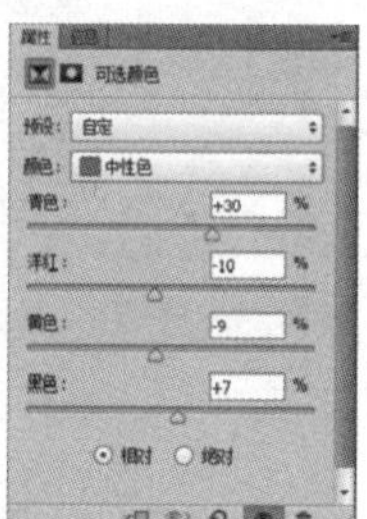
图6-6-67

图6-6-68

05 单击“图层”面板上的创建新的填充或调整图层按钮，在弹出的下拉菜单中选择“色阶”选项，打开调整面板，在面板上设置具体参数如图6-6-69所示，设置完毕后得到的图像效果如图6-6-70所示。

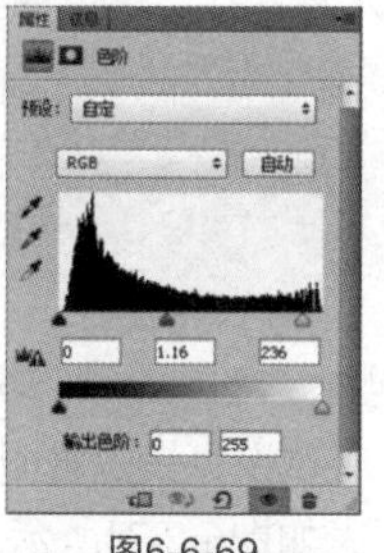
图6-6-69

图6-6-70

## 6.6.6 HDR色调

Photoshop CS6新增功能不仅可以使用多张不同曝光的图像来制作HDR，也可以单独对一张图像进行HDR处理。

打开素材图像图像如图6-6-71所示，执行【图像】/【调整】/【HDR色调】命令，弹出“HDR色调”对话框，图像对比原图已有变化如图6-6-72所示，“HDR色调”对话框如图6-6-73所示。

图6-6-71

图6-6-72

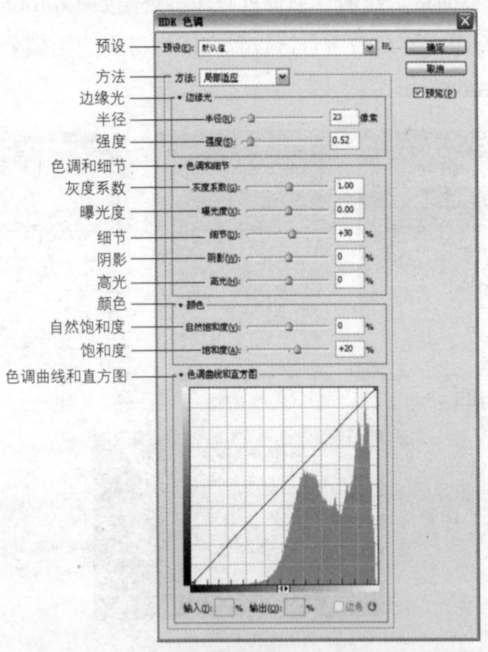


图6-6-73

### 技术要点：HDR 高动态范围

HDR 是英文 High Dynamic Range 的缩写，意为“高动态范围”。在正常的摄影当中，只能选择选择阴影部分或高光部分细节，而 HDR 照片的优势是最终可以得到一张无论在阴影部分还是高光部分都有细节的图片。简单来说，HDR 照片可以让照片亮的地方非常亮；暗的地方非常暗；亮暗部的细节都很明显。

**预设：**该选项的下拉列表中包含了PhotoshopCS6提供的预设调整设置文件，可以选择一个预设直接调整图像。单击右侧的按钮弹出预设下拉列表如图6-6-74所示。

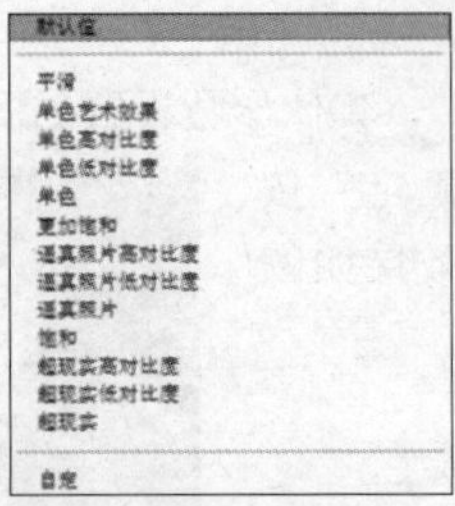


图6-6-74

## 实战 使用HDR色调预设调整图像

第6章/实战/使用HDR色调预设调整图像

打开素材图像，如图6-6-75所示。执行【图像】/【色调】/【HDR色调】命令，得到的图像效果如图6-6-76所示；选择预设下拉列表中的“单色艺术效果”选项，得到的图像效果如图6-6-77所示。

图6-6-75

图6-6-76

图6-6-77

选择“逼真照片高对比度”选项，得到的图像效果如图6-6-78所示。

图6-6-78

选择“饱和”选项，得到的图像效果如图6-6-79所示。

图6-6-79

选择“超现实高对比度”选项，得到的图像效果如图6-6-80所示。

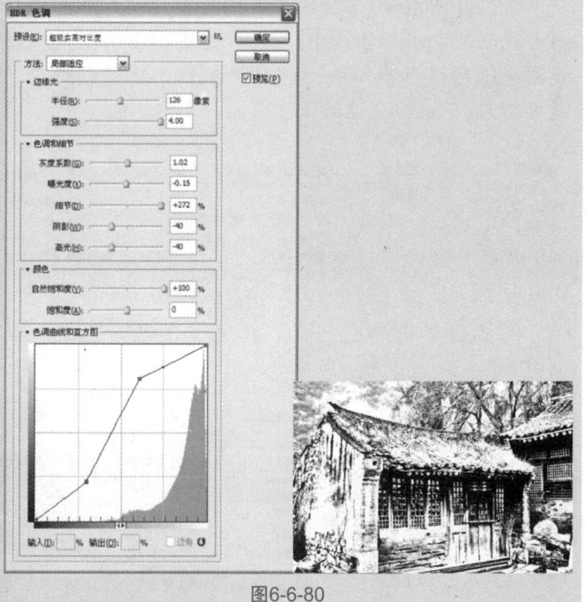


图6-6-80

**方法**：对话框默认状态为“局部调整”，还包含了“曝光度和灰度系数”选项、高光压缩和色调均化直方图。

**边缘光**：主要包括半径和强度。半径可以通过调整滑块或设置参数来控制发光效果的大小；强度选项可以通过调整滑块或设置参数来控制发光效果的对比度。

**Tips 提示**

单击边缘光、色调和调节、颜色或色调曲线和直方图可以将该选项折叠或打开。

## 实战 使用HDR色调的边缘光调整图像

第 6 章 / 实战 / 使用 HDR 色调的边缘光调整图像

打开素材图像如图 6-6-81 所示，执行【图像】/【色调】/【HDR 色调】命令，弹出“HDR 色调”对话框，设置参数如图 6-6-82 所示，单击“确定”按钮，得到的图像效果如图 6-6-83 所示。

图6-6-81

图6-6-82　　图6-6-83

**色调和细节**：主要用来调整图像的色调和细节。灰度系数主要用来调整高光和阴影之间的差异；曝光度用来调整图像的整体色调；细节用来查找图像细节；阴影和高光主要用来调整阴影和高光区域的明亮度。

**饱和度**：主要包括自然饱和度和饱和度。自然饱和度主要用在最小化修剪时调整饱和度；饱和度主要用来调整颜色强度，对图像起主要作用的是色相饱和度。

**色调曲线和直方图**：用法与曲线类似，可以通过观察直方图调整色调曲线。

### 技术要点：【HDR 色调】命令的要点

“HDR 色调”命令只针对“背景”图层调整，如果文档有两个图层，如图 6-6-84 所示，执行命令后弹出“脚本警告”对话框，如图 6-6-85 所示，需要单击“确定”按钮拼合文档后方可执行操作。

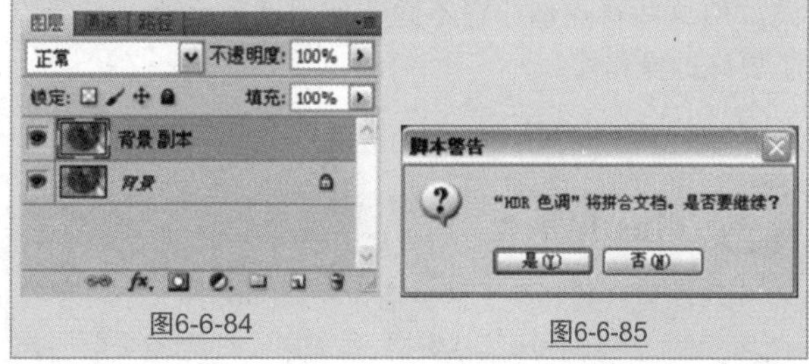


图6-6-84　　图6-6-85

# 6.7 调整图层

**关键字** 区别于调整命令、创建调整图层、编辑调整图层

调整图层可将颜色和色调调整应用于图像，而不是直接在图像上调整更改像素值。颜色和色调调整存储在调整图层中，并应用于它下面的所有图层，用户可以随时扔掉调整图层以恢复原始图像。这个命令可以大大提高工作效率。

## ※ 调整图层与调整命令

使用调整图层修改图像的色彩和色调属于非破坏性编辑。非破坏性编辑是指对图像进行编辑时，不会破坏图像的原始数据，可以随时进行修改或是删除调整参数，原始图像数据可以随时恢复。

调整图层具有以下优点：

❶ 不会破坏原图。可以尝试不同的设置并随时重新编辑调整图层，减少调整命令可能带来的图像数据的损失。

❷ 调整图层具有普通图层的一些特性。可以通过设置混合模式或降低调整图层的不透明度来减轻调整的效果；并可以将它们编组以便将调整应用于特定图层；可以启用和禁用它们的可见性，以便应用效果或删除效果。

❸ 编辑具有选择性。在调整图层的图像蒙版上绘画可将调整应用于图像的一部分；通过重新编辑图层蒙版，可以控制调整图层用于调整图像的哪些部分；通过使用不同的灰度色调在蒙版上绘画，可以改变调整效果。

❹ 能够将调整应用于多个图像。在图像之间拷贝和粘贴调整图层，以便应用相同的颜色和色调调整。

❺ 调整图层将影响其下方的所有图层或是单一一个图层。通过做出一次调整即可校正多个图层，而无需单独调整每个图层。创建剪切蒙版后又可以让其只作用于目标图层，不影响下方其他图层。

原本使用调整图层和调整命令造成的图像效果相同，但这些特点都让它不同于使用调整命令，并具有了更好的操作性。

**Tips 提示**

对图像应用调整图层会增大图像的文件大小，尽管所增加的大小不会比其他图层多。如果要处理多个图层，可以通过将调整图层合并为像素内容图层来缩小文件大小。

## 实战 创建调整图层的方法

第 6 章 / 实战 / 创建调整图层的方法

打开素材图像，执行以下任一操作。

执行【窗口】/【调整】命令，打开“调整”面板，单击“调整”面板上的调整图标或者选择调整预设，如图6-7-1所示，生成调整图层。

执行【图层】/【新建调整图层】命令，然后选择一个选项。打开“新建图层”对话框，命名图层，设置图层选项，然后单击“确定”按钮，生成相对应的调整图层，如图6-7-2所示。

图6-7-1

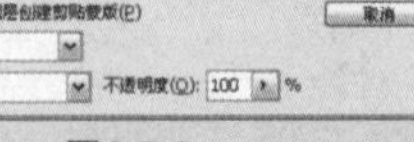


图6-7-2

选择需要调整的图层，单击“图层”面板上的创建新的填充或调整图层按钮，在弹出的下拉菜单中选择“色相/饱和度”，如图6-7-3所示，Photoshop会自动创建“色相/饱和度”调整图层，图层面板如图6-7-4所示。

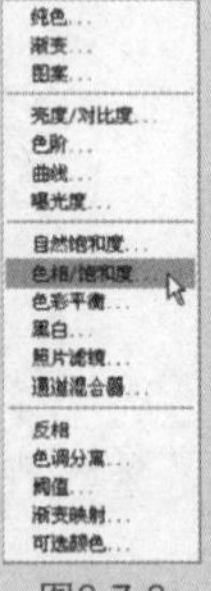


图6-7-3

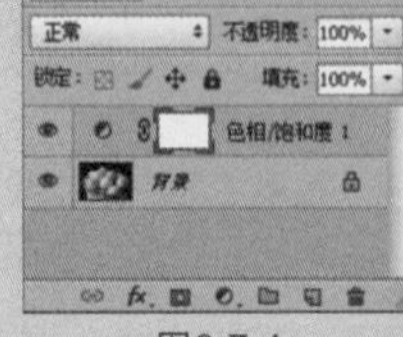


图6-7-4

## ※ 创建调整图层

打开素材图像，如图6-7-5所示，选择工具箱中的钢笔工具，在图像中进行绘制，绘制完毕后按快捷键Enter+Ctrl将路径转换为选区，如图6-7-6所示。

图6-7-5

图6-7-6

单击“图层”面板上的创建新的填充或调整图层按钮，在弹出的下拉菜单中选择“色相/饱和度”选项，打开调整面板，在面板中设置具体参数如图6-7-7所示；图层面板上创建了一个带蒙版的调整图层，如图6-7-8所示，得到的图像效果如图6-7-9所示。

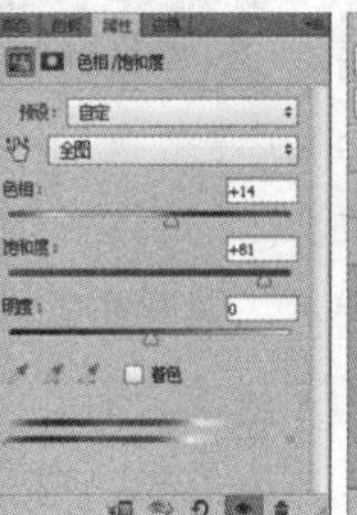
图6-7-7

图6-7-8

图6-7-9

### 技术要点：选区与调整图层

创建调整图层时，如果图像中有选区，调整图层会自动创建蒙版，使调整的范围只针对选区部分。

### ※ 编辑调整图层

调整图层有与图像图层相同的不透明度和混合模式等选项。它可以被重新排列、删除、隐藏和复制，就像处理普通图层一样。

新的调整图层会自动包含有图层蒙版，在默认情况下为空（即白色），这意味着调整命令将作用于整个图像。使用画笔工具，可以在蒙版上添加黑色区域，覆盖不想被调整图层影响的部分。如果添加调整图层时图像上有可用的选区，则图层蒙版会自动以黑色覆盖未选中的区域。

## 实战 编辑调整图层的蒙版

第6章/实战/编辑调整图层的蒙版

打开素材图像，单击“选取颜色1”调整图层的图层蒙版缩略图，如图6-7-10所示。

图6-7-10

将前景色设置为黑色，在工具箱中选取画笔工具，在画笔工具栏上选择合适大小的柔角笔刷，硬度为59%，在图中的几个鸡蛋上进行涂抹，如图6-7-11所示，蒙版效果如图6-7-12所示，面板如图6-7-13所示，最终得到的效果如图6-7-14所示。

图6-7-11

图6-7-12

图6-7-13

图6-7-14

### Tips 提示

调整图层可以在不必永久修改图像中的像素的情况下进行颜色和色调调整。颜色和色调更改位于调整图层内，该图层像一层透明膜一样，下层图像图层可以透过它显示出来。

在“图层”面板中，由于调整图层的作用范围是其下方的所有图层，因此对调整图层进行类型替换或是蒙版编辑可以更好地限定调整图层的调整范围，使数码照片获得更好的调整效果。

## 训练营 11 打造亮白裸妆人像

第6章/训练营/11 打造亮白裸妆人像

▲ 通过修补工具基础加工照片，美化肤质
▲ 使用“色相/饱和度”给图像营造彩妆效果

01 打开素材图像，如图6-7-15所示。

图6-7-15

02 选择“背景”图层，将它拖到“图层”面板上的创建新图层按钮上，得到“背景副本”图层；选择工具箱中的修复画笔工具，按住Alt键，在最接近需要修改区域肤色的地方单击，再在将图像中人物的瑕疵区域进行涂抹，如图6-7-16所示；最后得到的图像效果如图6-7-17所示。

图6-7-16

图6-7-17

03 选择“背景副本”图层，将它拖到“图层”面板上的创建新图层按钮上，得到“背景副本2”图层；将“背景副本2”图层的混合模式设置为“滤色”，得到的图像效果如图6-7-18所示。

图6-7-18

**Tips 提示**

对图层进行复制后，将处于上层的图层混合模式设置为“滤色”，可以得到使人物的皮肤简单美白的效果。

04 切换至“通道”面板，按Ctrl键单击“蓝”通道的通道缩览图，调出选区，得到的图像效果如图6-7-19所示。

图6-7-19

05 切换回“图层”面板，执行【图层】/【新建】/【通过拷贝的图层】命令，得到“图层1”，将其图层混合模式默认设置为“滤色”，得到的图像效果如图6-7-20所示。

图6-7-20

06 选择“图层1”，执行【滤镜】/【模糊】/【高斯模糊】命令，弹出“高斯模糊”对话框，在对话框中设置具体参数，如图6-7-21所示，设置完毕单击“确定”按钮，得到的图像效果如图6-7-22所示。

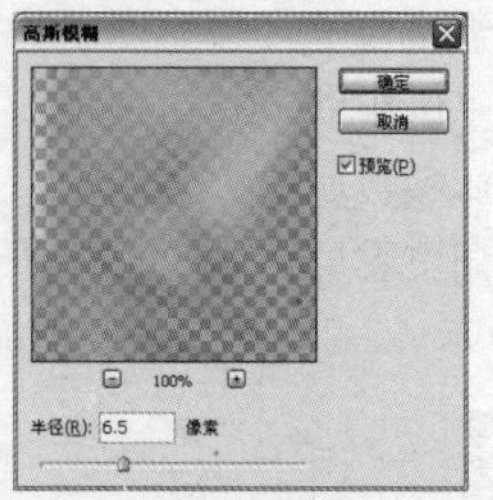

图6-7-21

图6-7-22

07 选择“图层1”，单击“图层”面板上的创建图层蒙版按钮，将前景色设置为灰色，选择工具箱中的画笔工具，在工具栏上设置主直径为53，硬度为32，在人物的皮肤上进行涂抹，再将前景色设置为黑色，硬度降为18，在人物的五官处进行涂抹，涂抹出的蒙版效果如图6-7-23所示，得到的图像效果如图6-7-24所示。

图6-7-23

图6-7-24

08 选择工具箱中的钢笔工具，在人物的嘴唇上进行勾勒，绘制出外形，如图6-7-25所示；按快捷键Ctrl+Enter，将路径转化为选区，执行【选择】/【修改】/【羽化】命令（Shift+F6），弹出“羽化选区”对话框，在对话框中设置羽化值为3，设置完毕后单击“确定”按钮，得到的图像效果如图6-7-26所示。

图6-7-25

图6-7-26

09 单击“图层”面板上的创建新的填充或调整图层按钮，在弹出的下拉菜单中选择“色相/饱和度”选项，打开调整面板，在面板中设置具体参数如图6-7-27所示，设置完毕后得到的图像效果如图6-7-28所示。

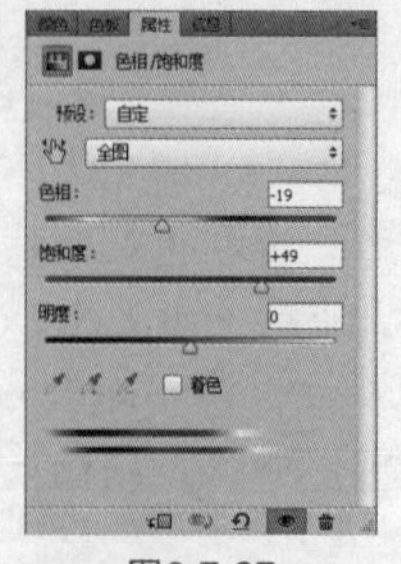

图6-7-27

图6-7-28

## Tips 提示

在设置“渐变映射”的对话框中的渐变时，需要随时注意人物的唇部高光部分的效果，要达到自然和较为柔和的效果。不同的相片所设置的渐变效果不相同。

10 按住Ctrl键，单击“色相/饱和度1”的图层蒙版缩览图，调出选区；单击“图层”面板上的创建新的填充或调整图层按钮，在弹出的下拉菜单中选择“渐变映射”选项，打开“调整”面板，在面板中设置具体参数，如图6-7-29所示，将图层混合模式设置为“变亮”，不透明度为50%，设置完毕后，得到的图像效果如图6-7-30所示。

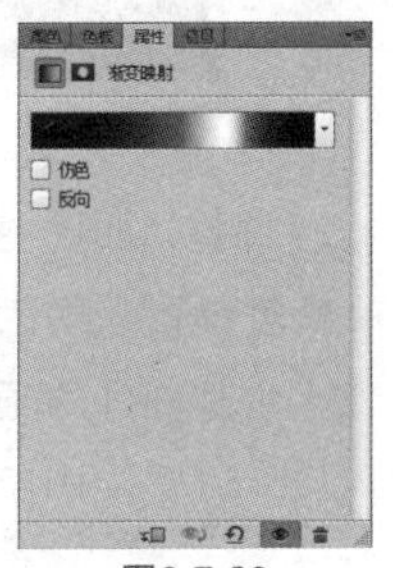

图6-7-29

图6-7-30

11 选择工具箱中的钢笔工具，在左眼部绘制选区，如图6-7-31所示，按快捷键Ctrl+Enter，将路径转化为选区，执行【选择】/【修改】/【羽化】命令，弹出“羽化选区”对话框，在对话框中设置羽化值为7，设置完毕后单击“确定”按钮，得到的图像效果如图6-7-32所示。

图6-7-31　图6-7-32

## 技术要点：选区工具的选择

在绘制这种不规则的选区时，如果是有固定的轮廓或外形，当选用钢笔工具或是磁性套索工具，可以强化细节；如果是不限制形状或是细节，自由度较高时，可选用自由钢笔工具或套索工具。

但使用过程中应选用哪个工具依情况和个人使用吸管而定。

12 单击“图层”面板上的创建新的填充或调整图层按钮，在弹出的下拉菜单中选择“色相/饱和度”选项，打开调整面板，在面板中设置具体参数如图6-7-33所示，设置完毕后得到的图像效果如图6-7-34所示。

图6-7-33

图6-7-34

13 将“色相/饱和度2”的图层混合模式设置为“变暗”，不透明度为80%，得到的图像效果如图6-7-35所示。

图6-7-35

14 选择工具箱中的钢笔工具，在右眼部绘制选区，如图6-7-36所示，重复前三步的步骤操作，得到的图像效果如图6-7-37所示。

图6-7-36

图6-7-37

15 选择工具箱中的钢笔工具，在左眼下部绘制选区，如图6-7-38所示，按快捷键Ctrl+Enter将路径转化为选区，执行【选择】/【修改】/【羽化】命令，设置羽化值为4，得到的图像效果如图6-7-39所示。

图6-7-38

图6-7-39

16 单击“图层”面板上的创建新的填充或调整图层按钮，在弹出的下拉菜单中选择“色相/饱和度”选项，打开调整面板，具体参数设置如图6-7-40所示，将其图层混合模式设置为“变暗”，图像效果如图6-7-41所示。

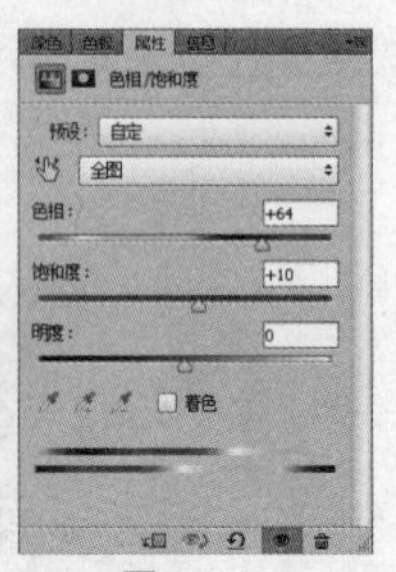

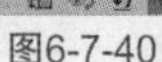
图6-7-40

图6-7-41

17 选择工具箱中的钢笔工具，在右眼下部绘制选区，如图6-7-42所示，重复前两步的步骤操作，得到的图像效果如图6-7-43所示。

图6-7-42

图6-7-43

18 选择工具箱中的钢笔工具，在左眼上部绘制选区，如图6-7-44所示，按快捷键Ctrl+Enter将路径转化为选区，执行【选择】/【修改】/【羽化】命令，设置羽化值为4，得到的图像效果如图6-7-45所示。

图6-7-44

图6-7-45

19 添加“色相/饱和度”调整图层，在调整面板中设置具体参数如图6-7-46所示，将其图层混合模式设置为“线性加深”，得到的图像效果如图6-7-47所示。

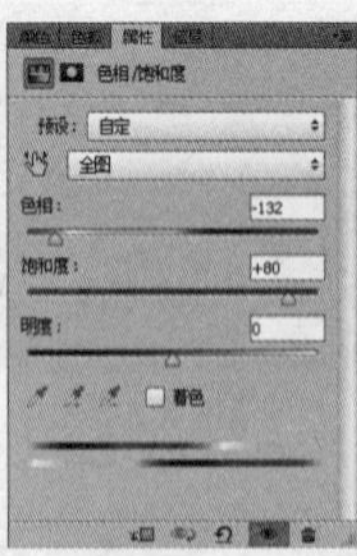

图6-7-46

图6-7-47

20 选择工具箱中的钢笔工具，在右眼上部绘制选区，如图6-7-48所示，重复前两步的步骤操作，得到的图像效果如图6-7-49所示。

图6-7-48

图6-7-49

21 按住Ctrl键单击“图层1”的图层蒙版缩览图，调出选区，按快捷键Shift+Ctrl+I进行反选，再按住快捷键Ctrl+Alt的同时在其他调整图层的图层蒙版缩览图上单击，将得到的选区进行羽化，羽化值为5，图像效果如图6-7-50所示。

图6-7-50

22 添加“色彩平衡”调整图层，在“调整”面板中设置具体参数，如图6-7-51所示；将前景色设置为黑色，选择工具箱中的画笔工具，将图像人物腮部外的颜色擦除；将图层混合模式设置为“颜色”，设置完毕后，得到的图像效果如图6-7-52所示。

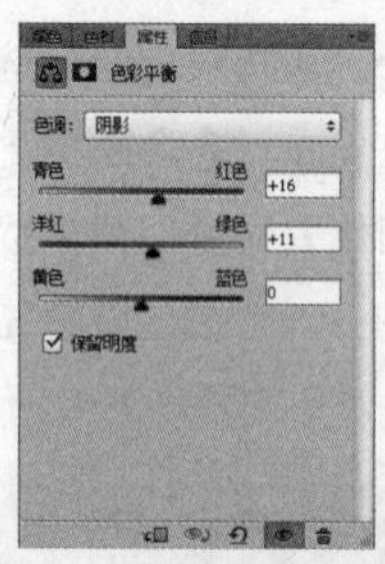

图6-7-51

图6-7-52

### 技术要点：调用图层选区

按住Ctrl键单击图层缩略图，可以快速调出选区，按快捷键Ctrl+Alt可以运行布尔运算的减法，按快捷键Ctrl+Shift可以运行布尔运算的加法，按快捷键Ctrl+Shift+Alt可以运行布尔运算的相交。

# 6.8 色域警告

**关键字** 辨别色域、查找溢色、替换溢色、更改色域警告颜色

色域是指颜色系统可以显示或打印的颜色范围。将RGB图像转换为CMYK模式时，Photoshop CS6会自动将所有颜色置于色域中。但是对于CMYK模式而言，可在RGB模式中显示的颜色很可能会因为超出色域范围而无法打印。

## ※ 辨别色域

打开素材图像，如图6-8-1所示。在RGB模式下，可以采用以下几种方式来辨别图像中的颜色是否超出色域。

图6-8-1

## 实战 如何辨别色域

第6章/实战/如何辨别色域

打开"信息"面板，每当鼠标移动到溢色区域时，面板中CMYK的参数值后边就会出现一个惊叹号，如图6-8-2所示。

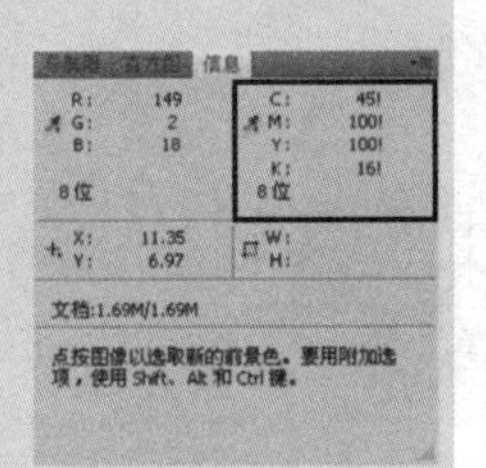

图6-8-2

打开"拾色器"和"颜色"面板，同样也会出现一个警告三角形，如图6-8-3和图6-8-4所示。

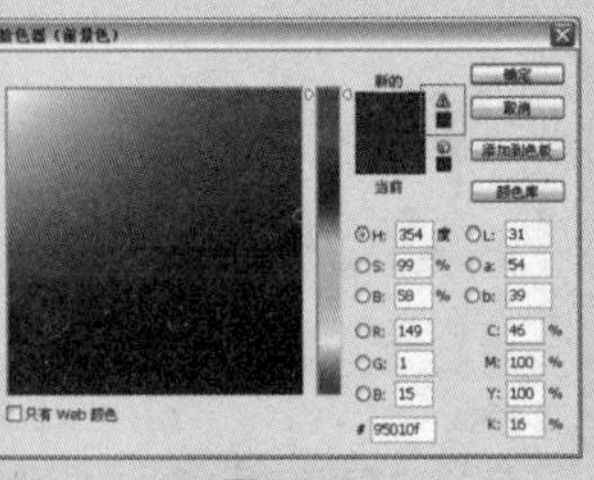

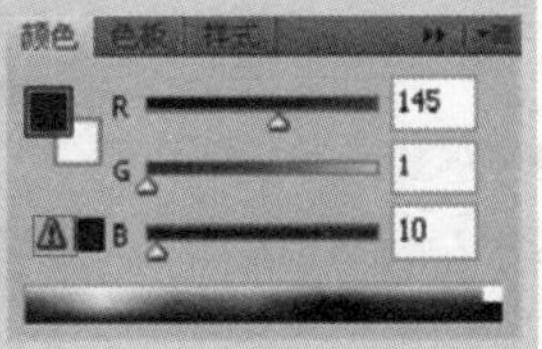

图6-8-3

图6-8-4

选择一种溢色时，同时将显示最接近的CMYK等价色。需要选择CMYK等价色，单击该三角形或色块即可，如图6-8-5所示。

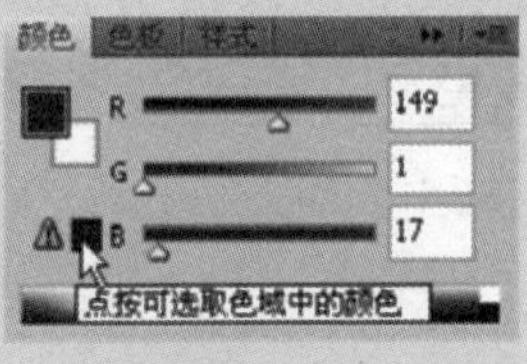


图6-8-5

执行【色域警告】命令来高亮显示溢色。

## ※ 查找溢色

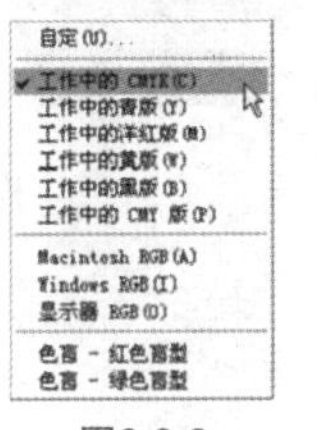

图6-8-6

执行【视图】/【校样设置】命令，然后选取希望色域警告以之为基础的校样配置文件，如图6-8-6所示。

执行【视图】/【色域警告】命令（Shift+Ctrl+Y），如图6-8-7所示。此命令将高亮显示位于当前校样配置文件空间超出色域的所有像素区域，如图6-8-8所示，图中人物红色衣服有部分颜色以默认的高亮灰色显示。

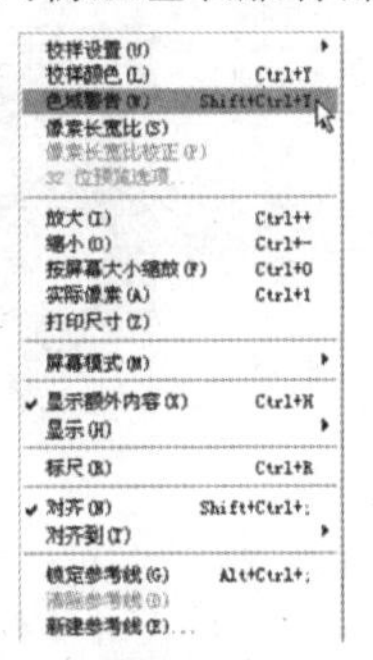

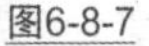

图6-8-7

图6-8-8

## ※ 更改色域警告颜色

在Photoshop CS6中，执行【编辑】/【首选项】/【透明度与色域】命令，打开"首选项"对话框，如图6-8-9所示。

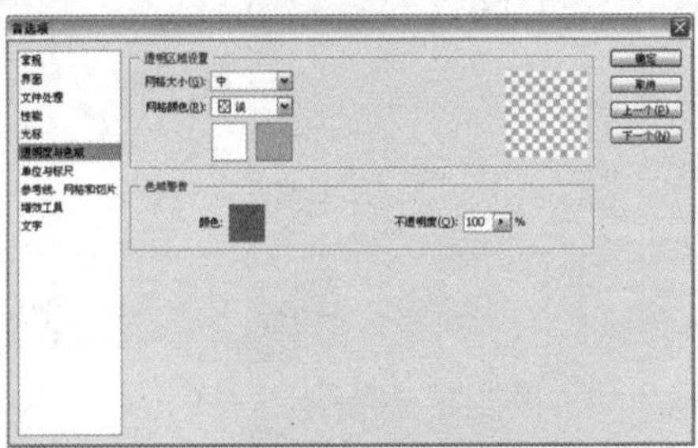

图6-8-9

在"首选项"对话框中的"色域警告"选项下，单击颜色块，打开"拾色器"对话框，选取新的警告颜色，设置完毕后单击"确定"按钮。为达到最佳的视图效果，最好使用还没有在图像中出现的颜色。

# 第7章 文字工具

## 7.1 文字工具

**关键字** 新建文件、打开文件、置入文件、导入文件、保存文件、导出文件、关闭文件等

文字工具是 Photoshop CS6 中常用的工具之一，利用文字工具可在图像中输入文字。文字能对图像起到画龙点睛的作用，更好地烘托画面效果。

**本章关键技术点**

- ▲ 如何创建点文字和段落文字
- ▲ 字符面板和段落面板
- ▲ 文字变形
- ▲ 文字与路径的巧妙结合

在Photoshop CS6中，文字工具包括横排文字工具、直排文字工具，横排文字蒙版工具和直排文字蒙版工具。

顾名思义，横排文字工具可用来在图像中输入横排文字，直排文字工具则用来在图形中输入直排文字，如图7-1-1和图7-1-2所示。

图7-1-1

图7-1-2

横排文字蒙版工具能在图像中创建横排文字蒙版，并能转化为选区；直排文字蒙版工具则能在图像中创建直排文字蒙版，并转化为选区；如图7-1-3和图7-1-4所示。

图7-1-3

图7-1-4

### ※ 文字工具的选项栏

在Photoshop CS6中选择文字工具，可看到其工具选项栏如图7-1-5所示。

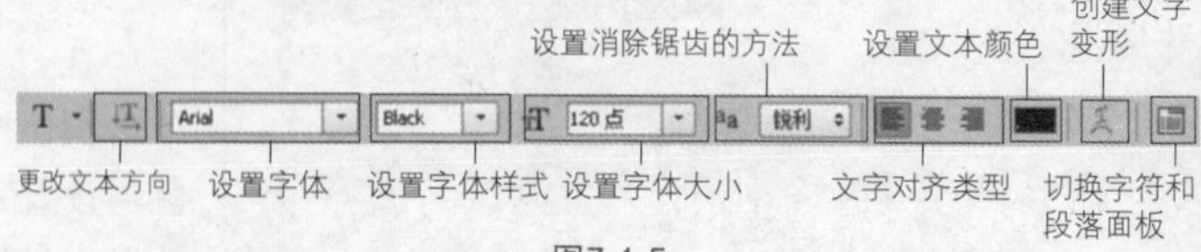


图7-1-5

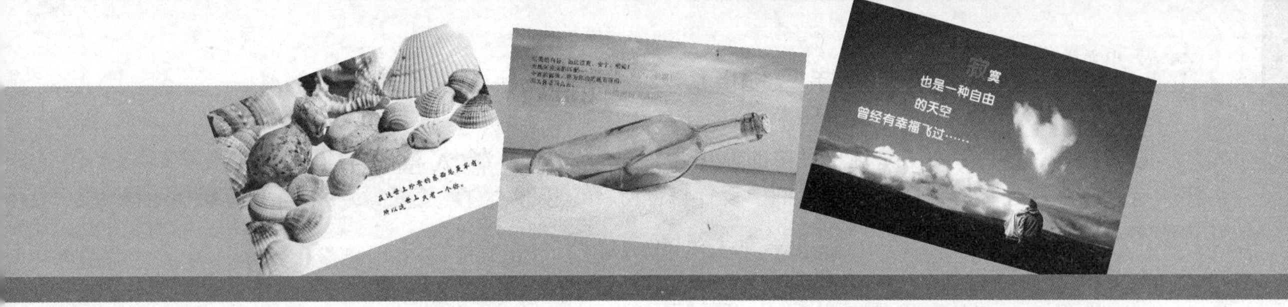


**更改文本方向**：单击此按钮，文字会在横向和纵向之间转换。

**设置字体**：单击此文本的下拉按钮，在弹出的下拉列表中可选择所需的字体。

**设置字体样式**：在此文本框中可设置字体的样式，但不是每种字体都含有其他样式。

**设置字体大小**：在此文本框中可设置字体的大小；单击下拉按钮，在下拉列表中含有多种字体大小类型，也可在对话框中直接输入所需的字体大小。

**设置消除锯齿的方法**：在其下拉列表中含有“无、锐利、犀利、浑厚和平滑”5种消除锯齿的方法。

## 实战 消除锯齿效果对比

第7章/实战/消除锯齿效果对比

选择“无”选项时，输入的文字边缘不应用消除锯齿的功能，如图7-1-6所示。

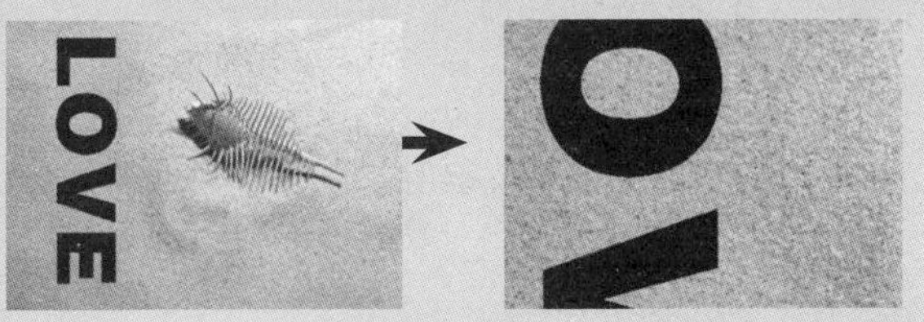


图7-1-6

选择“锐利”选项时，文字边缘会稍微柔和，如图7-1-7所示。

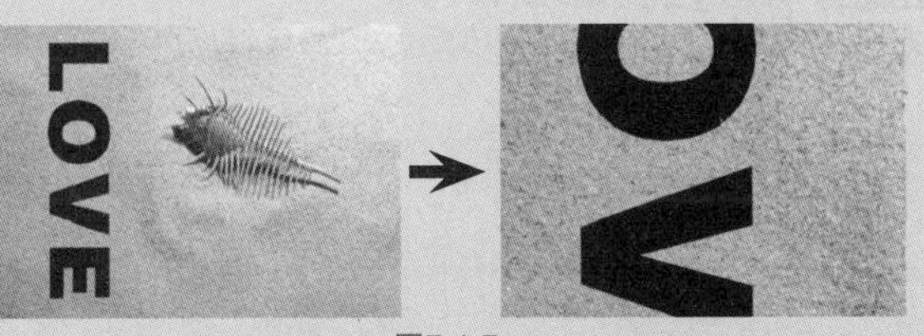


图7-1-7

选择“犀利”选项时，文字边缘轮廓柔和，文字更加细腻，如图7-1-8所示。

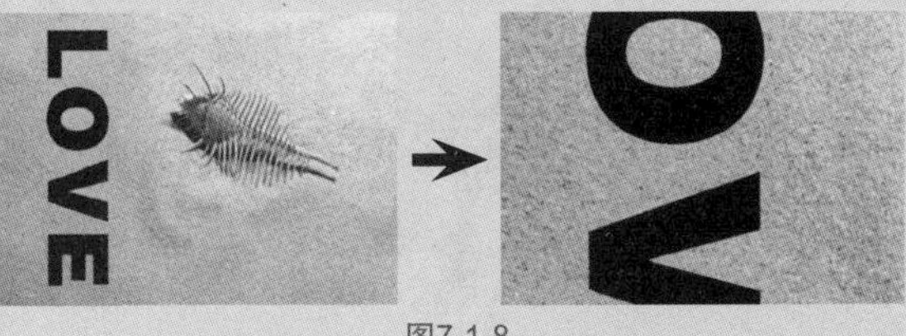


图7-1-8

选择“浑厚”选项时，能加深消除锯齿功能的应用，文字会稍稍变大，如图7-1-9所示。

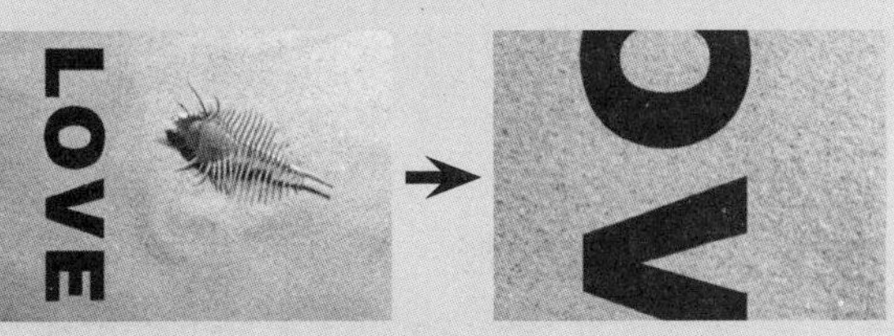


图7-1-9

选择“平滑”选项时，会在文字的轮廓中加入自然柔和的效果，如图7-1-10所示，通常消除锯齿的方法默认为“平滑”。

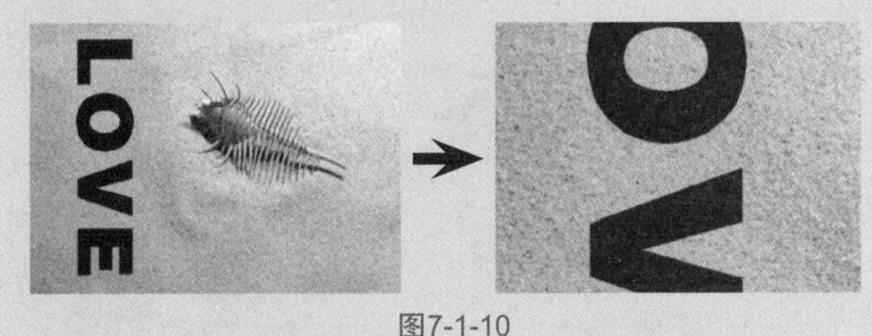


图7-1-10

**文字对齐类型**：包含有左对齐、居中对齐和右对齐3种对齐类型。

对应的对齐效果分别如图7-1-11、图7-1-12和图7-1-13所示。

图7-1-11

图7-1-12

图7-1-13

**Tips 提示**

当使用直排文字工具时，对齐类型分别为顶对齐、居中对齐和底对齐。

**设置文本颜色**：单击工具选项栏中的色块，会弹出“选择文本颜色”对话框，在对话框中设置自己所需的文本颜色。

**创建文字变形**：单击此按钮，会弹出“变形文字”对话框，如图7-1-14所示，文字变形包括15种，在对话框中进行选择，设置所需的变形类型。

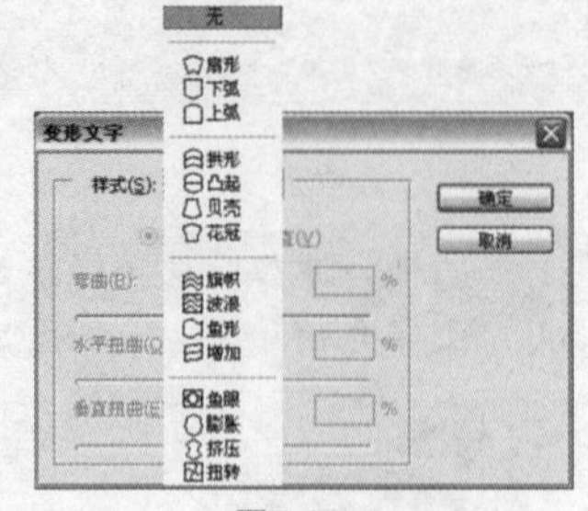

图7-1-14

## 实战 设置文字变形

第7章/实战/设置文字变形

在图像中输入文字后，选择整个文本，单击创建文字变形按钮，弹出“变形文字”对话框，在这里分别对两组文字进行变形操作，对比效果如图7-1-15和图7-1-16所示。

图7-1-15

图7-1-16

**切换字符和段落面板**：单击此按钮会弹出“字符/段落”对话框，如图7-1-17所示。

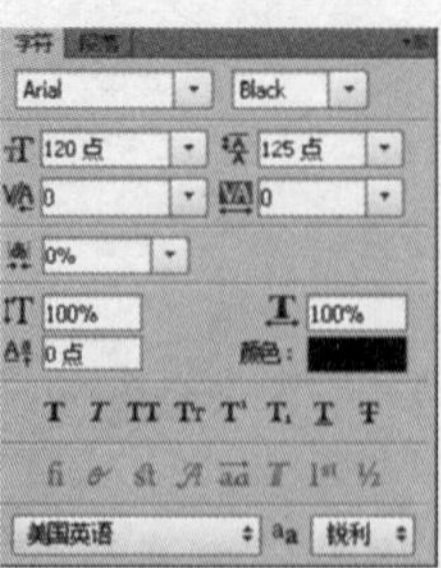

图7-1-17

### 7.1.1 创建点文字

点文字一般用于创建较短的文本，因为点文字是一种不会自动转行的文本形式，无论字数多少，在图像中从头到尾只会产生一行文字。

## 实战 输入横排文字

第7章/实战/输入横排文字

选择工具箱中的横排文字工具，在图像中单击，在“图层”面板中会出现文字图层，图像中会出现如图7-1-18所示光标，在图像中输入文字即可，如图7-1-19所示。

图7-1-18

我不要短暂的温存,只要你一世的陪伴

图7-1-19

想要为文字分行，在需要断开的文字前单击鼠标，会看到鼠标置于单击处，如图7-1-20所示；按Enter键即可将文字分行，如图7-1-21所示。

图7-1-20

图7-1-21

输入完毕后按快捷键Ctrl+Enter或者单击工具选项栏中的提交所有当前编辑按钮，都可以确认输入文字。

## 实战 输入直排文字

第7章/实战/输入直排文字

直排文字的输入方法与横排文字的输入方法基本相同，只是输入的文字为纵向文字，如图7-1-22所示。

图7-1-22

第 7 章 / 训练营 /01 如何创建点文字

## 训练营 01 如何创建点文字

▲ 使用"横排文字"工具输入文字

01 执行【文件】/【打开】命令（Ctrl+O）命令，弹出"打开"对话框，选择需要的素材，单击"打开"按钮，如图7-1-23所示。

图7-1-23

02 将"背景"图层拖曳至"图层"面板中的创建新图层按钮上，得到"背景副本"图层；选择工具箱中的横排文字工具，在图像中需要放置文字的区域单击，在该处会出现一个闪烁的文本光标，如图7-1-24所示。

图7-1-24

03 在文本光标后输入所需添加的文字，当需要让文字出现在下一行时，在需断开的文字前按Enter键，光标会移到下一行，如图7-1-25所示。

图7-1-25

**Tips 提示**

如果想要将一行已输入的文字转换为多行文字时，只要将文字光标定位到需转行的文字间，然后按下 Enter 键即可。

如果想要将两行文字连接为一行文字，可将文字光标插入到上一行文字后面，然后按 Delete 键即可。

04 在光标后输入文字，重复直至需要输入的文字输入完毕为止，如图7-1-26所示；输入完毕后按快捷键Ctrl+Enter或者单击工具选项栏中的提交所有当前编辑按钮，确认输入文字，如图7-1-27所示。

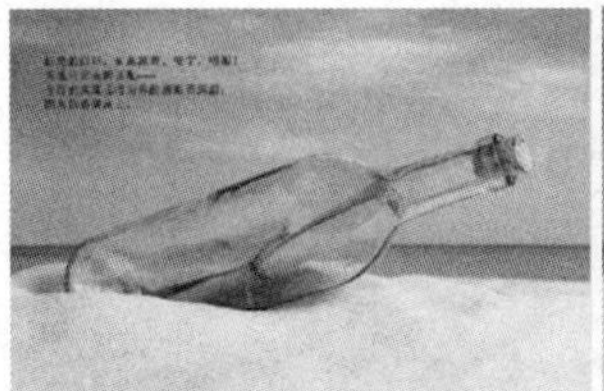

图7-1-26

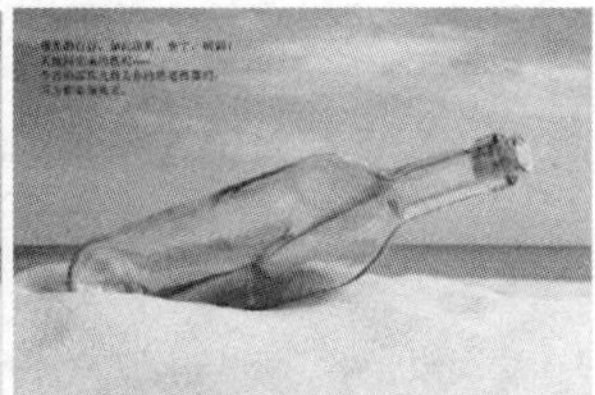

图7-1-27

05 选择工具箱中的移动工具，在"图层"面板中选中文字图层，将移动光标放置在图像上，如图7-1-28所示，单击并拖动鼠标即可移动文字，如图7-1-29所示。

图7-1-28

图7-1-29

**Tips 提示**

当选择移动工具后，在"图层"面板中选中文字图层，单击键盘上的方向键，也可调整文字内容。

06 将文字图层复制一层，按快捷键Ctrl+T调出自由变换框，拖动可调整文字大小；调整完毕后单击Enter键确认调整，在"图层"面板中图层不透明度设置为30%，得到的图像效果如图7-1-30所示。

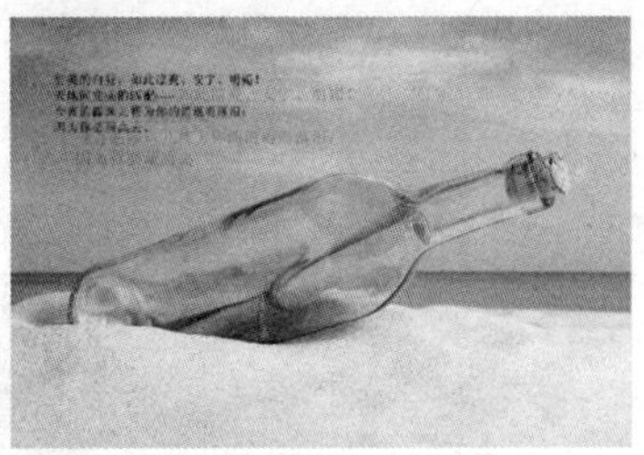

图7-1-30

### 7.1.2 创建段落文字

段落文字是在一定区域内输入文字，与点文字相比，段落文字具有自动换行，可调整文字区域大小等优势，一般适用于创建大段的文字。

## 实战 创建段落文字

第 7 章 / 实战 / 创建段落文字

选择文字工具，在图像中单击并拖动鼠标，会出现一个文字定界框，如图7-1-31所示；在定界框中输入文字即可，如图7-1-32所示。

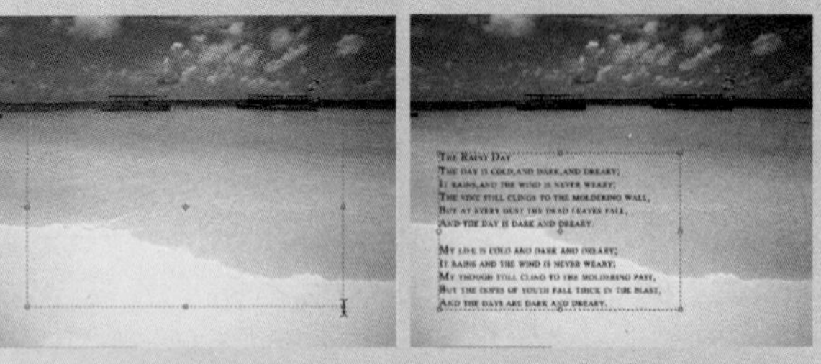

图7-1-31　　图7-1-32

将鼠标放置在定界框的控制柄上，光标会发生变化，如图7-1-33所示。单击并拖动鼠标即可调整定界框的大小，文字也会自动调整排列，但文字大小不会发生变化，如图7-1-34所示。

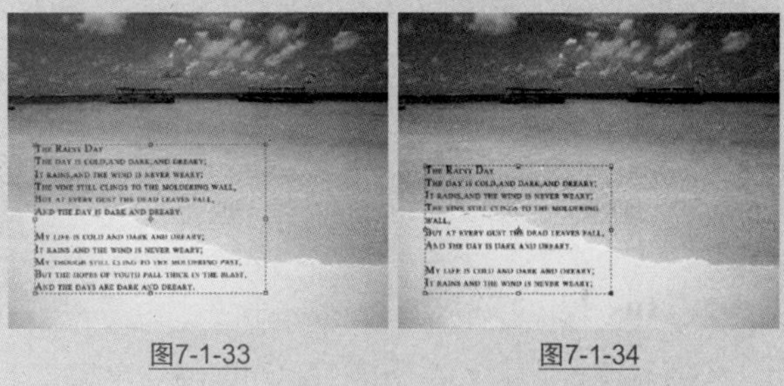

图7-1-33　　图7-1-34

训练营 第 7 章 / 训练营 /02 如何创建段落文字

## 02 如何创建段落文字

▲ 使用"直排文字"工具输入文字

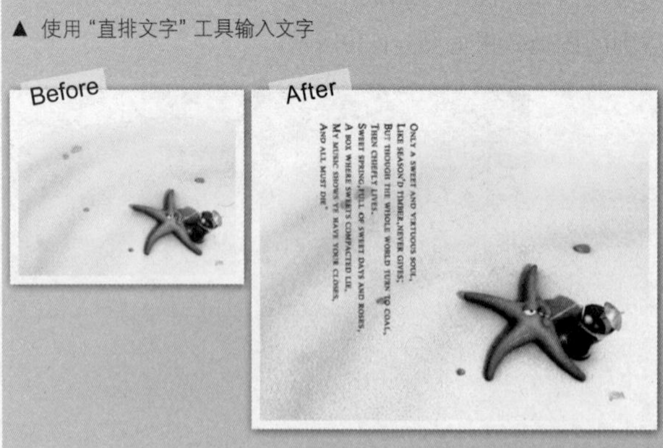


01 执行【文件】/【打开】命令（Ctrl+O）命令，弹出"打开"对话框，选择需要的素材，单击"打开"按钮，如图7-1-35所示。

02 将"背景"图层拖曳至"图层"面板中的创建新图层按钮上，得到"背景副本"图层；选择工具箱中的直排文字工具，在图像中需要放置文字的区域单击并拖动鼠标，在图像中会出现一个文字定界框，如图7-1-36所示。

图7-1-35　　图7-1-36

03 在文本光标后输入所需添加的文字，如图7-1-37所示；当需要让文字出现在下一行时，在需断开的文字前按Enter键，光标会移到下一行，如图7-1-38所示。

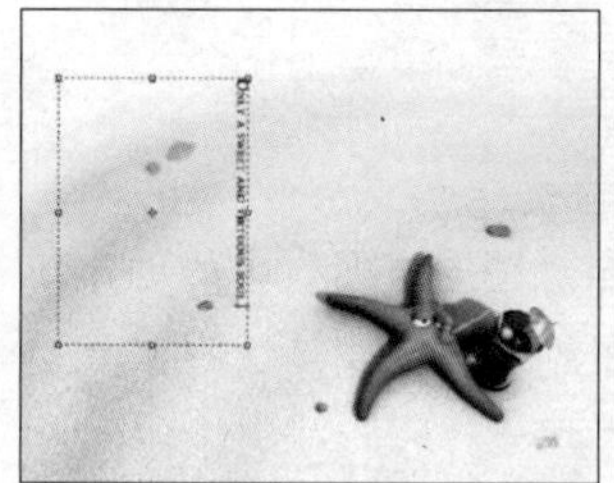

图7-1-37　　图7-1-38

04 在光标后输入文字，重复直至需要输入的文字输入完毕为止，如图7-1-39所示。

图7-1-39

05 将光标放在文本框的控制柄上，当光标发生变化时，如图7-1-40所示；通过拖动可以改变定界框的大小，如图7-1-41所示。

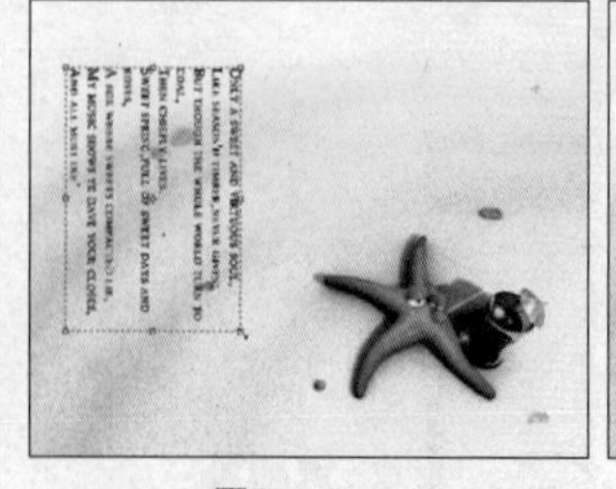

图7-1-40

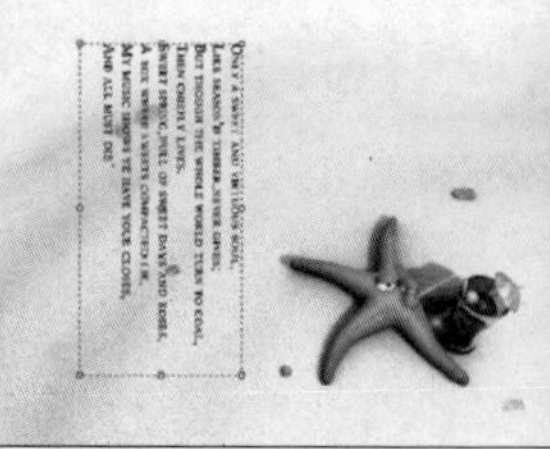

图7-1-41

### 技术要点：缩放图像

按住 Shift 键拖动鼠标能使定界框按照一定比例进行缩放。

将指针定位在定界框外，指针变成弯曲的双向箭头时，拖动鼠标可以旋转定界框。按住 Shift 键拖动可以按 15 度的倍数角度进行旋转。按住 Ctrl 键可以将旋转中心拖动到新位置，中心可以在定界框之外。

06 输入完毕后按快捷键Ctrl+Enter或者单击工具选项栏中的提交所有当前编辑按钮☑，确认输入文字，如图7-1-42所示。

图7-1-42

## 7.1.3 转换点文本与段落文本

点文本和段落文本之间可以相互转换，先输入段落文本，如图7-1-43所示；确认后执行【文字】/【转换为点文本】命令，即可转换为点文本，如图7-1-44所示。如果先输入的是点文本，则会变为【文字】/【转换为段落文本】命令。

图7-1-43

图7-1-44

### Tips 提示

当由点文本转换为段落文本时，原来输入的点文本有多长，生成的段落文本的文字定界框就会有多长，不会自动分行。相反的，由段落文本转换为点文本时，原有段落分为几行，转换后的点文本就会有几行，不会合并为一行。

## 7.1.4 转换水平文字与垂直文字

在输入文字时也可以转换文字的方向，即在水平文字和垂直文字之间转换。

### ※ 使用按钮转换文字方向

输入文字之后，单击其工具选项栏中的改变文本方向按钮，即可快速地转换文本方向。

### ※ 使用菜单命令转换文字方向

更改文本方向，也可通过执行【文字】命令进行。

当输入的是横排文字时，执行【文字】/【取向】/【垂直】命令，如图7-1-45所示，即可将横排文字转换为直排文字。

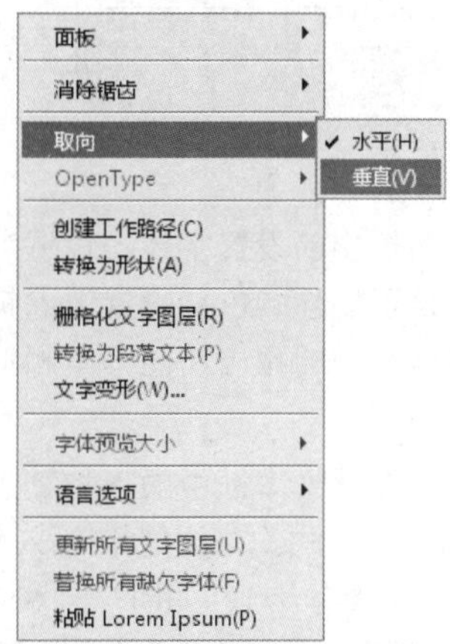


图7-1-45

当输入的是直排文字时，执行【文字】/【取向】/【水平】命令，如图7-1-46所示，即可将直排文字转换为横排文字。

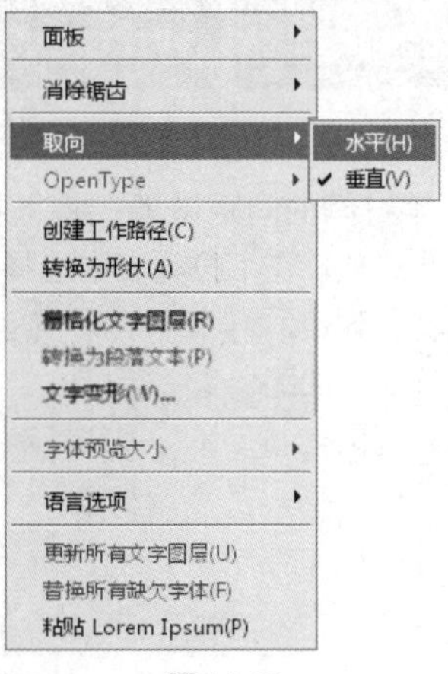


图7-1-46

# 7.2 字符面板

**关键字** 了解字符面板、应用字符面板

使用"字符"面板可以更加精确地对文字进行编辑，在"字符"面板中可以设置字体、文字大小、颜色、行距和对齐方式等。可以在输入文字之前设置文字属性；也可先输入文字，然后选中文字再重新设置。

执行【窗口】/【字符】命令，或单击工具选项栏中的切换字符或段落面板按钮，都可调出"字符"面板，如图7-2-1所示。

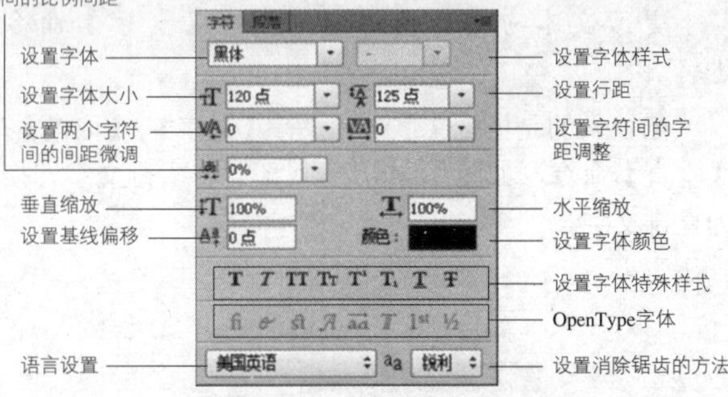

图7-2-1

"字符"面板中的设置字体、设置字体样式、设置字体大小、设置字体颜色和设置消除锯齿的方法，与文字工具选项栏中的相应功能基本相似，在此就不重复介绍了。

**设置行距**：在此文本框中的下拉列表中可选择文字之间的行距，也可在文本框中直接输入数值。数值越大，行距越大，默认为自动；如图7-2-2和图7-2-3所示，分别为行距是20%和30%时的文字效果。

图7-2-2

图7-2-3

**设置两个字符间的间距微调**：将鼠标插入两个字符之间能激活此选项，在下拉列表中选择间距，或者在文本框中直接输入数值，可调整两个字符之间的距离，如图7-2-4、图7-2-5和图7-2-6所示。

图7-2-4

图7-2-5

图7-2-6

**设置字符间的字距调整**：能设置字符之间的间距，可在下拉列表中选择间距，或者在文本框中直接输入数值。其下拉列表分为三部分，上部分为负值，中间为0，下部分为正值；如图7-2-7和图7-2-8所示，分别为间距是-100%和100%时的文字效果。

图7-2-7

图7-2-8

**垂直缩放**：用于设置文字的高度缩放比例，范围为0%～1000%。如图7-2-9和图7-2-10所示，分别为垂直比例是100%和200%时的文字效果。

**水平缩放**：用于设置文字的宽度缩放比例，范围为0%～1000%。如图7-2-11和图7-2-12所示，分别为水平比例是100%和200%时的文字效果。

图7-2-9

图7-2-10

图7-2-11

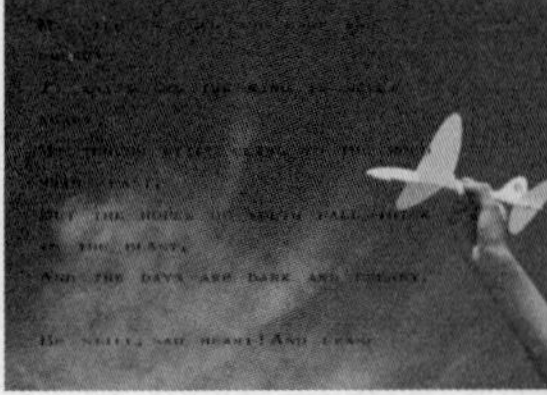
图7-2-12

**设置两个字符间的比例间距**：用来设置所选字符的比例间距，百分比越大字符间的距离越小。

**设置基线偏移**：可调整字符与基线之间的距离，将字符偏移基线。如图7-2-13所示的文字效果，选择其中两个字符，如图7-2-14所示，设置基线偏移为4，图像效果如图7-2-15所示。

图7-2-13

图7-2-14

图7-2-15

**设置字体特殊样式**：包括仿粗体、仿斜体、全部大写字母、小型大写字母、上标、下标、下划线和删除线等，每种样式都有其不同的效果。

**OpenType 字体**：包含当前 PostScript 和 TrueType 字体不具备的功能，如花饰字和自由连字。

**语言设置**：对所选字符进行有关连字符合拼写规则的语言设置。

## 实战 调整文字

第 7 章 / 实战 / 调整文字

打开如图7-2-16所示的素材图像，选择工具箱中的横排文字工具，在图像中输入文字，如图7-2-17所示。

图7-2-16

图7-2-17

按快捷键Ctrl+A将文字全选，如图7-2-18所示。执行【窗口】/【字符】命令，调出"字符"面板，如图7-2-19所示，在"字符"面板中设置参数，如图7-2-20所示。

图7-2-18

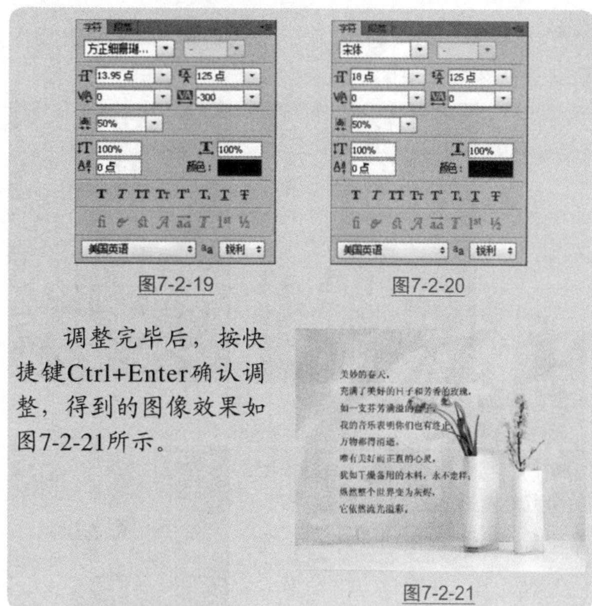
图7-2-19

图7-2-20

调整完毕后，按快捷键Ctrl+Enter确认调整，得到的图像效果如图7-2-21所示。

图7-2-21

在字符面板中可以更加系统、精确地对文字进行设置，使文字更符合画面的要求，下面对"字符"面板进行实际操作。

## 训练营 03 为照片添加特殊文字

第 7 章 / 训练营 /03 为照片添加特殊文字

- 使用"字符"面板调整文字
- 使用颜色填充工具丰富画面效果

**01** 执行【文件】/【打开】命令（Ctrl+O）命令，弹出"打开"对话框，选择需要的素材，单击"打开"按钮，如图7-2-22所示。

02 选择工具箱中的横排文字工具T，在图像中输入文字，如图7-2-23所示。

图7-2-22

图7-2-23

03 调出“字符”面板，将文字全选；在“字符”面板中单击颜色色块，弹出“选择文本颜色”对话框，在对话框中设置文本颜色为白色，得到的图像效果如图7-2-24所示。

图7-2-24

04 继续将文字全选，在“字符”面板中单击“设置字体”文本框的下拉按钮，在弹出的下拉菜单中选择“Collegiate-Normal”字体，得到的图形效果如图7-2-25所示；在“设置字体大小”文本框中输入字体大小为45，得到的图像效果如图7-2-26所示。

图7-2-25

图7-2-26

05 选择字母“W”，在“字符”面板中单击颜色色块，弹出“选择文本颜色”对话框，在对话框中设置文本颜色为R79、G1、B1，得到的图像效果如图7-2-27所示。

图7-2-27

06 选择字母“TI”，如图7-2-28 所示，在“字符”面板中单击颜色色块，弹出“选择文本颜色”对话框，在对话框中设置文本颜色为R79、G1、B1，得到的图像效果如图7-2-29所示，继续设置其字体为“English111 Viva...”，得到的图像效果如图7-2-30所示。

图7-2-28

图7-2-29

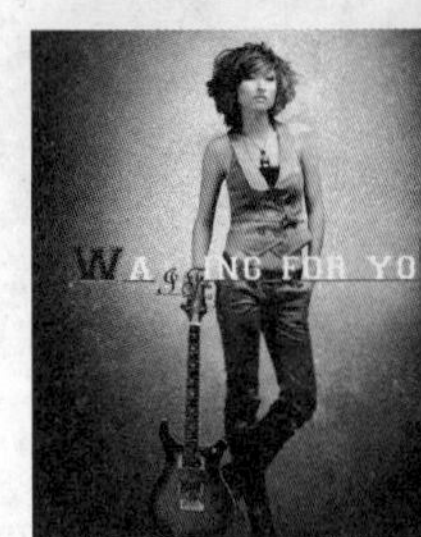
图7-2-30

07 将光标放置在“T”与“I”之间，如图7-2-31所示，在“设置两个字符间的间距微调”文本框中输入数值300，得到的图像效果如图7-2-32所示。

图7-2-31

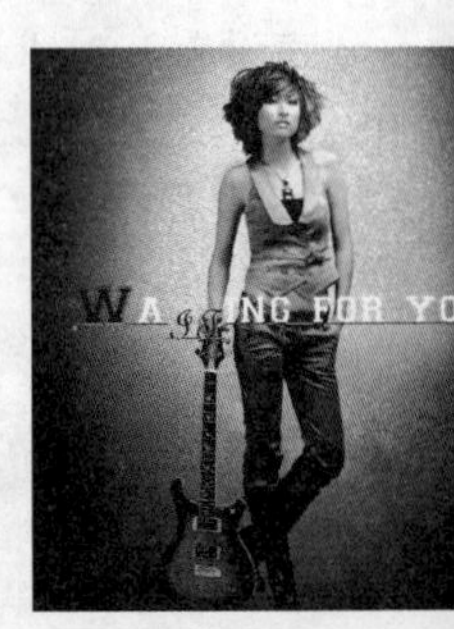
图7-2-32

08 选择字母“FOR”，如图7-2-33所示；在“设置基线偏移”文本框中输入数值30，输入完毕后，按快捷键Ctrl+Enter确认输入，得到的图像效果如图7-2-34所示。

图7-2-33

图7-2-34

09 按快捷键Ctrl+T调出自由变换框，调整文字角度，调整完毕后单击Enter键确认调整，得到的图像效果如图7-2-35所示。

图7-2-35

**Tips 提示**

在对文字进行旋转时，若文字处于编辑状态不能对文字进行角度变换，需要退出文字编辑状态。

10 最后再在图中输入文字，并对其进行调整，得到的图像效果如图7-2-36所示。

图7-2-36

# 7.3 段落面板

**关键字** 了解段落面板、应用段落面板

在“段落”面板中设置文本的对齐方式和缩进方式。

## 7.3.1 了解段落面板

执行【窗口】/【段落】命令，或单击工具选项栏中的切换字符或段落面板，都可调出“段落”面板，如图7-3-1所示。

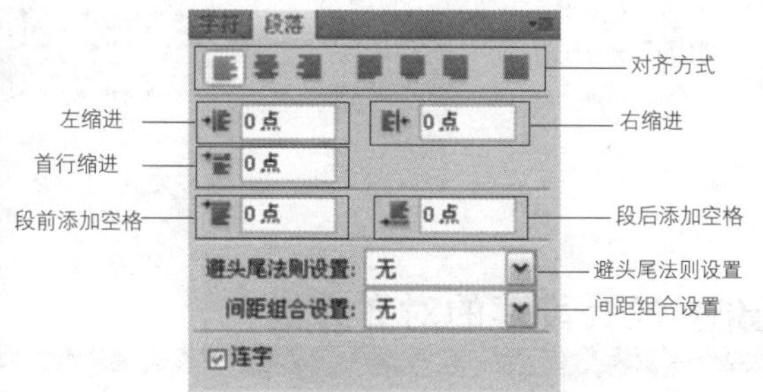


图7-3-1

**对齐方式**：包含了左对齐、居中对齐、右对齐、最后一行左对齐、最后一行居中对齐、最后一行右对齐和全部对齐七种对齐方式。

**左缩进**：可以使文字向右移动，增加文本左侧空白，如图7-3-2所示。

**右缩进**：可以使文字向左移动，增加文本右侧空白，如图7-3-3所示。

图7-3-2

图7-3-3

**首行缩进**：可以调整文本第一行的缩进，设置首尾缩进为30时，前后效果图如图7-3-4和图7-3-5所示。

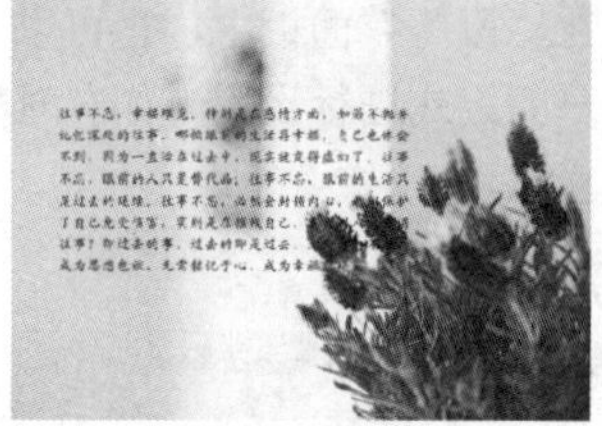

图7-3-4

图7-3-5

**Tips 提示**

对于横排文字，首尾缩进与左缩进有关；对于直排文字，首尾缩进则与顶端缩进有关。

**段前添加空格**：可设置选中的段落文字与前段文字的间距，如图7-3-6和图7-3-7所示。

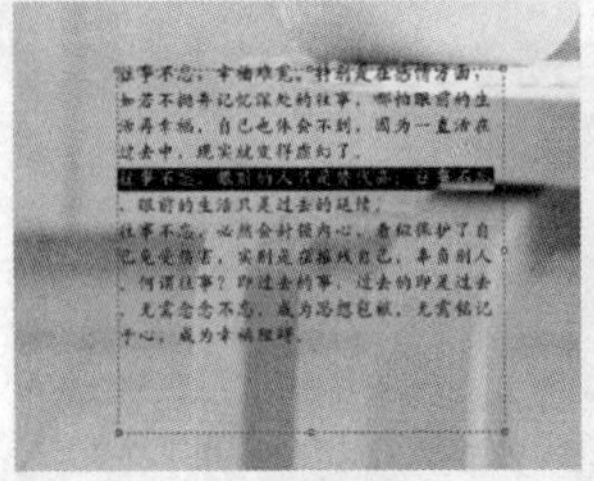
图7-3-6

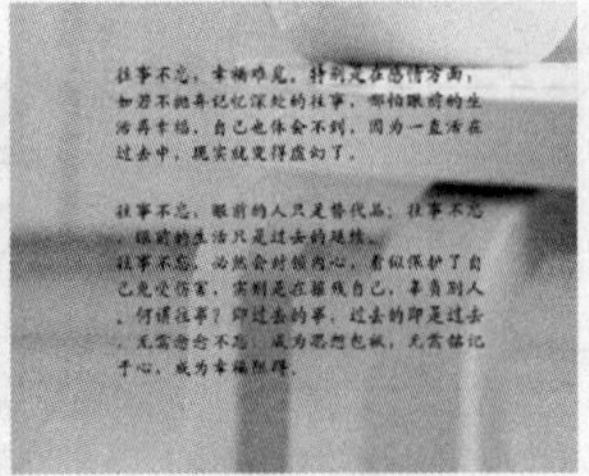
图7-3-7

段后添加空格：可设置选中的段落文字与后段文字的间距，如图7-3-8和图7-3-9所示。

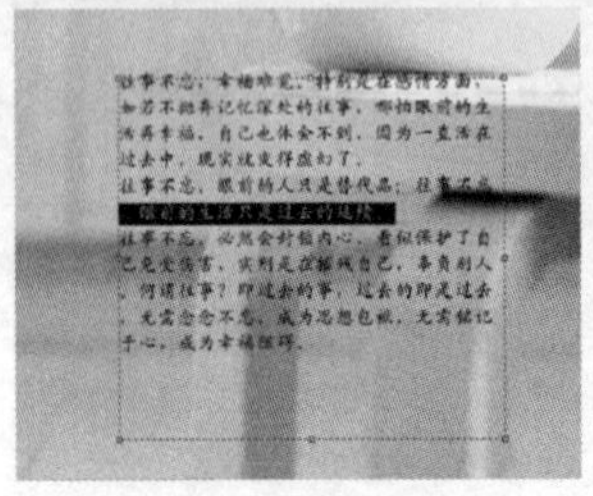
图7-3-8

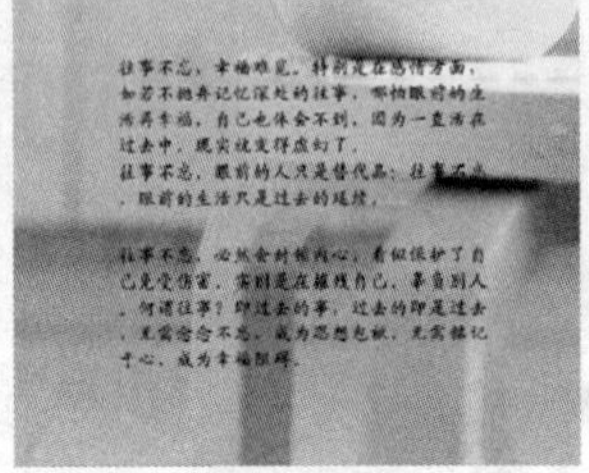
图7-3-9

## 技术要点 ： 格式应用到段落

想要将格式应用到单个段落，可在该段落中单击，也可选中该段落；想要将格式应用于多个段落，首先选中需要应用格式的段落，然后进行设置即可；想要将格式应用到整个段落，可以在“图层”面板中选择文字图层，选中所有段落。

## 7.3.2 应用段落面板

### ※ 文字的对齐方式

对文本进行对齐时，可以通过文字工具选项栏中的对齐方式选择“左对齐文本”、“居中对齐文本”和“右对齐文本”进行设置。在“段落”面板中，也可以根据对应的几个按钮对文本对齐方式进行设置，如左对齐、居中对齐和右对齐。

### 实战 设置文字的对齐方式

第7章/实战/设置文字的对齐方式

在Photoshop CS6中默认的文本对齐为左对齐，即各行文字左边开头对齐，如图7-3-10所示；选中整段文字，单击“段落”面板中的左对齐文本按钮即可。

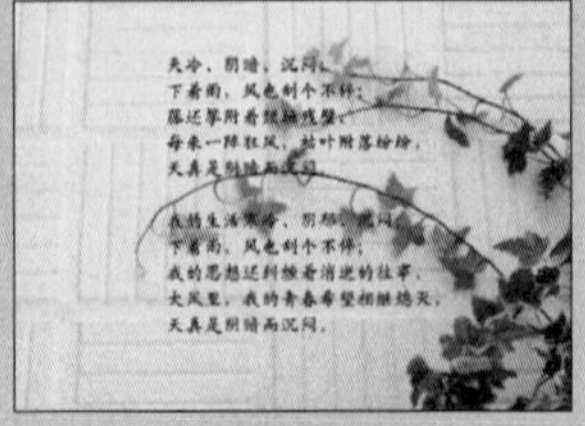
图7-3-10

选择所需对齐文本，单击“居中对齐文本”按钮，可将文本居中对齐，即以中心线向两边对齐，如图7-3-11所示；单击“右对齐文本”按钮，可将文本右对齐，即以各行文字右边尾字对齐，如图7-3-12所示。

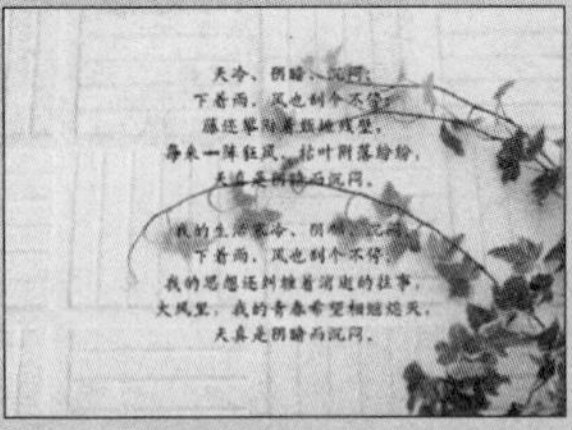
图7-3-11

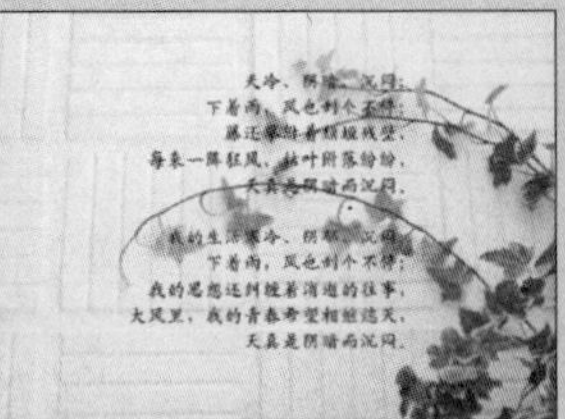
图7-3-12

如果要单独对某一行文字进行对齐，在文本中选择该行文字，如图7-3-13所示，即可对此行文字进行对齐，如图7-3-14所示为将首行设置为居中对齐后的效果。

图7-3-13

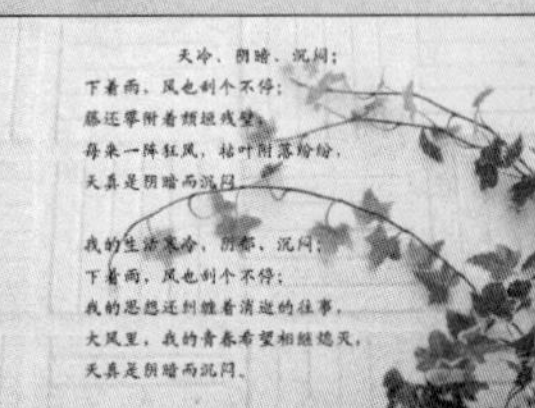
图7-3-14

### ※ 段落的对齐方式

最后一行左对齐、最后一行居中对齐和最后一行右对齐可以对文本的最后一行进行设置，默认的方式为最后一行左对齐，如图7-3-15所示。

图7-3-15

### 实战 设置段落的对齐方式

第7章/实战/设置段落的对齐方式

最后一行居中对齐，即最后一行文字处于段落居中位置，如图7-3-16所示。

最后一行右对齐，即最后一行文字靠向文本右侧，如图7-3-17所示。当文字处于编辑状态时，单击所需的对齐按钮即可，不必选择整段文字，光标也可处于任何位置。

如果单击全部对齐按钮，可将文字全部对齐，能根据文本框的文本的宽度对文字进行对齐，如图7-3-18所示。

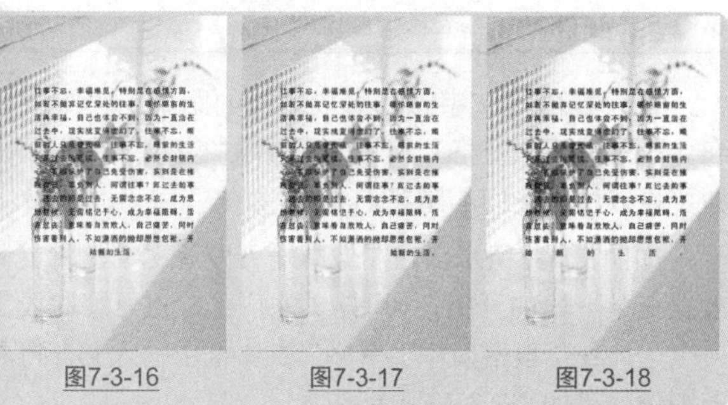
图7-3-16　图7-3-17　图7-3-18

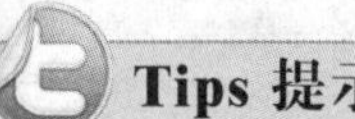

**Tips 提示**

段落进行对齐时，注意文字是否处于编辑状态。根据鼠标所处的位置不同，执行某些对齐时结果会有所不同，若要对文本图层上的所有段落进行编辑，可以退出编辑状态，再选择对齐方式。

## ※ 段落缩进

在左缩进或右缩进的文本框中输入数值，可以对段落文字进行单行或是全部的调整。

输入一段文字，如图7-3-19所示，将鼠标放置在任意位置上，如图7-3-20所示，然后在“段落”面板的左缩进或右缩进的文本框中输入数值，段落文字会进行相应的调整；如图7-3-21所示为在右缩进文本框中输入30点后的效果，如图7-3-22所示为在左缩进文本框中输入30点后的效果。

图7-3-19　图7-3-20

图7-3-21　图7-3-22

在“段落”面板中还可以对文字的首行进行单独调整，在“首行缩进”文本框中设置数值即可。

如图7-3-23所示在图像中输入段落文字，然后在“首行缩进”文本框中输入30点，得到的图像效果如图7-3-24所示。

图7-3-23

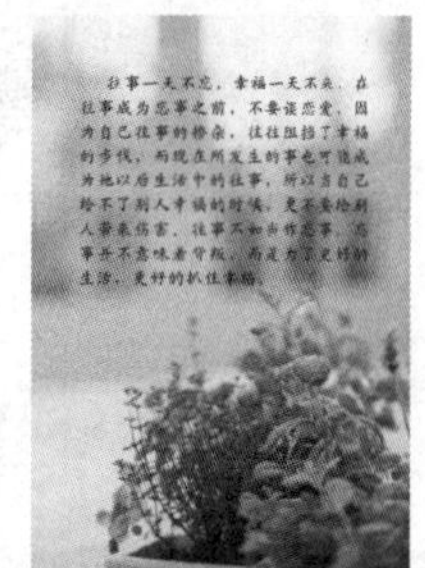
图7-3-24

**技术要点：段落面板**

将光标放置在文本框前面的图标上，发现光标会发生变化，如图所示，左右移动鼠标也可调整数值，向左为减少，向右为增多。

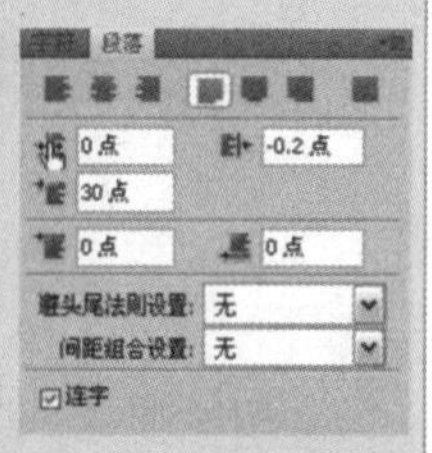


## 实战 添加多种对齐文字

第7章/实战/添加多种对齐文字

打开一张素材图片，如图7-3-25所示。选择工具箱中的横排文字工具，在图像中绘制一个大小合适的文本框，并输入文字，如图7-3-26所示。

图7-3-25

图7-3-26

使用文字工具将前两行文字选中，在“段落”面板上单击右对齐按钮，如图7-3-27所示。

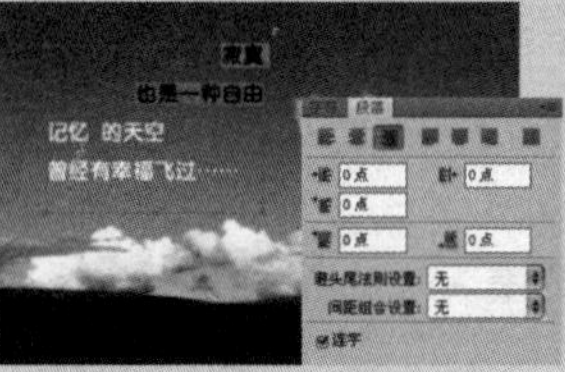
图7-3-27

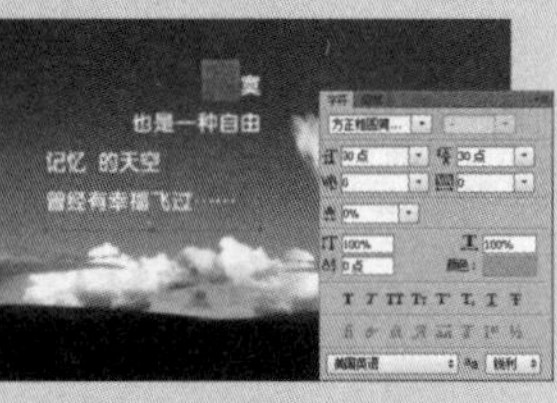
图7-3-28

选择文字“寂”，在“字符”面板中将文本大小调整为30点，如图7-3-28所示。单击颜色块，在弹出的“选择文本颜色”对话框中将颜色色值设置为如图7-3-29所示的参数。

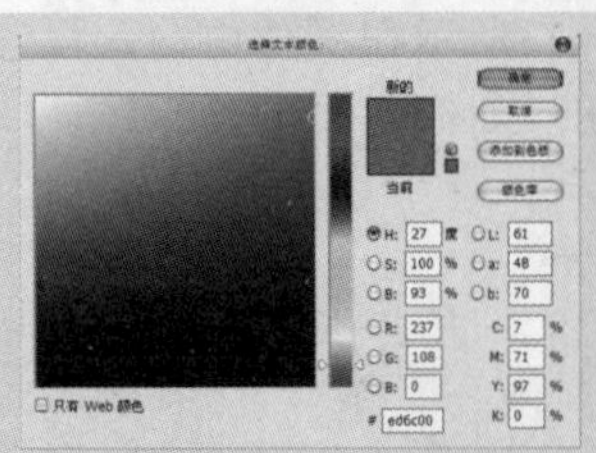
图7-3-29

同样的，将“记忆”二字选中，文本大小设置为30点，文本颜色设置为R237、G108、B0，如图7-3-30所示。

图7-3-30

选择整段文字，也就是只选择该段文本所在的图层即可，在“字符”面板中将所选字符的字距调整为10，如图7-3-31所示，调整完毕后得到的图像效果如图7-3-32所示。

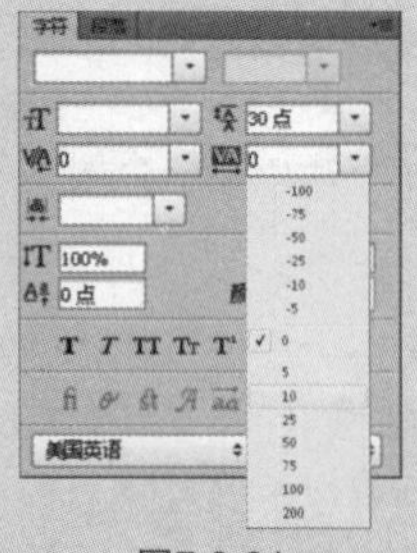
图7-3-31

图7-3-32

添加一个图层，选择椭圆选框工具在图像中绘制选区，按快捷键Shift+F6跳出“羽化选区”对话框，将羽化半径设置为50像素，按快捷键Ctrl+Shift+I将选区反选，填充为黑色，如图7-3-33所示在“图层”面板上将“图层1”的图层不透明度设置为50%，图层混合模式设置为“柔光”，得到最终的图像效果如图7-3-34所示。

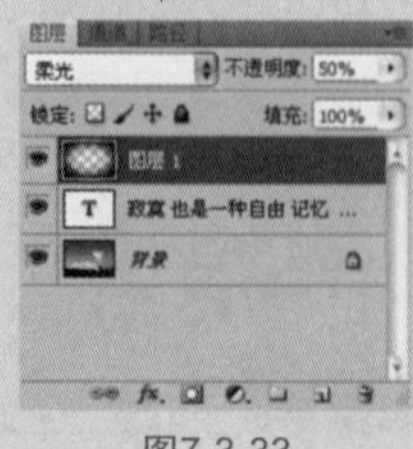
图7-3-33

图7-3-34

**Tips 提示**

在案例制作的最后阶段添加柔光图层，使得整个画面更加完整，操作简单，效果明显。

## ※ 段落间距

在设置段落文字时，每段之间的距离也很重要，在“段落前添加空格”和“段落后添加空格”文本框中即可设置段落之间的距离。

如图7-3-35所示，在图像中输入段落文字，将鼠标放置在某一段的开头，如图7-3-36所示，也可将此段文字全选；在“段落前添加空格”文本框中输入30，得到的图像效果如图7-3-37所示。

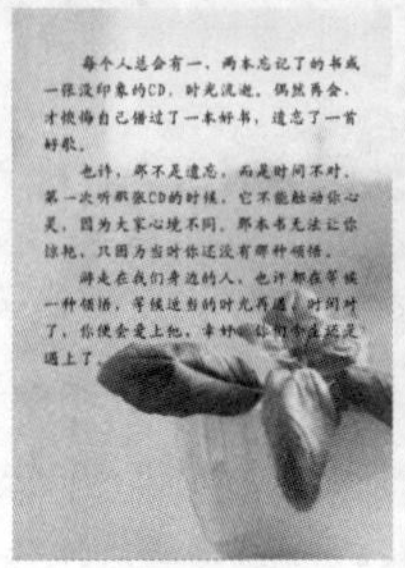
图7-3-35

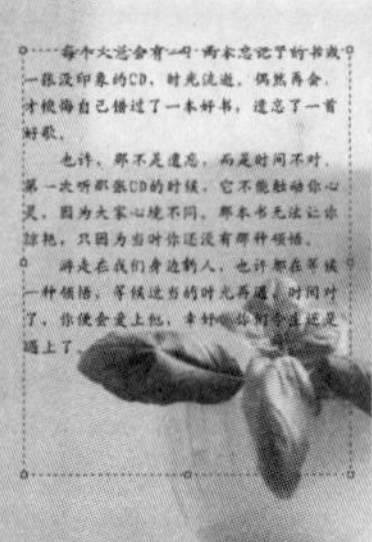
图7-3-36

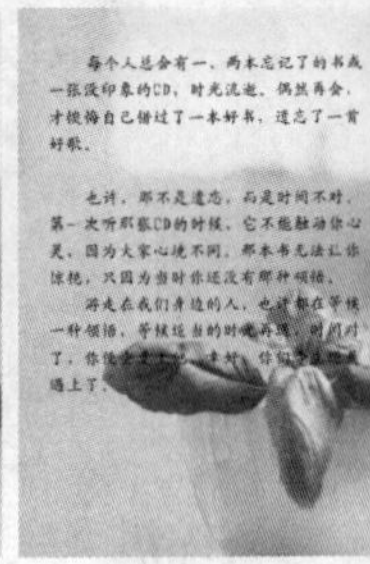
图7-3-37

在“段落后添加空格”文本框中输入数值为30，得到的图像效果如图7-3-38所示；也可同时在两个文本框中输入数值，如图7-3-39所示为在“段落前添加空格”文本框中输入数值10，在“段落后添加空格”文本框中输入数值30后的图像效果。

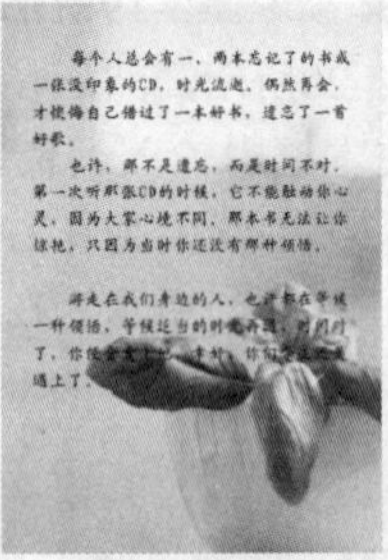
图7-3-38

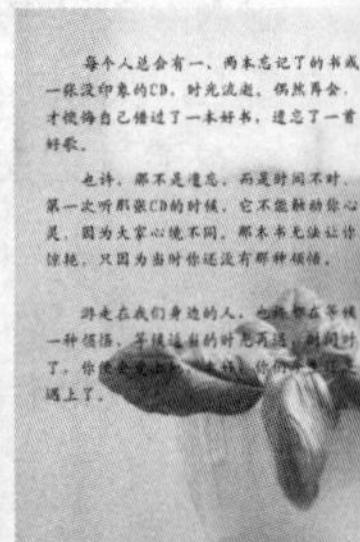
图7-3-39

## 实战 运用段落面板调整文字

第7章/实战/运用段落面板调整文字

打开如图7-3-40所示的素材图像，选择工具箱中的横排文字工具T，在图像中绘制文字定界框，如图7-3-41所示。

图7-3-40

图7-3-41

在文字定界框中输入文字，得到的图像效果如图7-3-42所示。

图7-3-42

按快捷键Ctrl+T调出“段落”面板，如图7-3-43所示在“段落”面板中设置参数，设置完毕后得到的图像效果如图7-3-44所示。

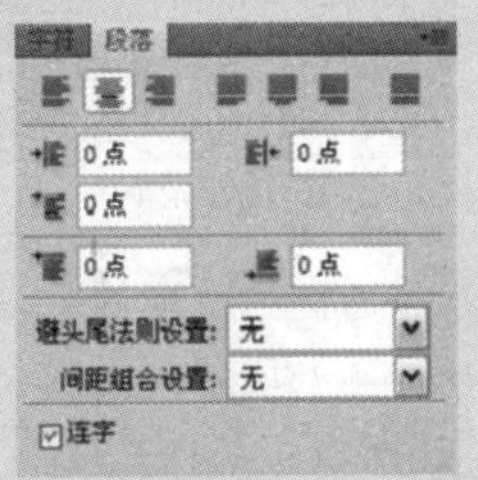
图7-3-43

图7-3-44

在“段落”面板中改变参数设置，如图7-3-45所示，图像中的文本会随着设置的改变而改变，设置完毕后得到的图像效果如图7-3-46所示。

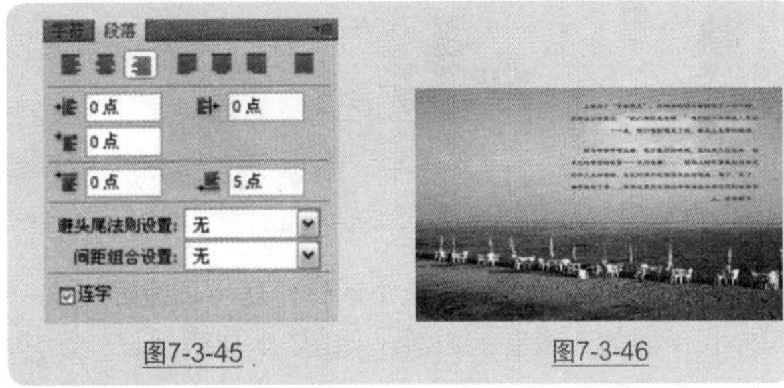
图7-3-45　　图7-3-46

### ※ 设置连字

在“段落”面板中勾选连字选项，当一个英文单词还未输入完毕，但又不得不转行时，在断开的英文单词中间就会出现一个连字符。如果未勾选，则不会出现连字符。

# 7.4 变形文字和路径文字

**关键字**　变形文字、路径文字

在 Photoshop CS6 中不但可以输入文字，还可以对文字进行变形扭曲和沿移动的路径输入文字，以得到各种文字效果。

## 7.4.1 变形文字

执行【文字】/【文字变形】命令，或者单击文字工具选项栏中的创建文字变形按钮，都可调出“变形文字”对话框，如图7-4-1所示；在其下拉菜单中有多种变形方式的选择，如图7-4-2所示。

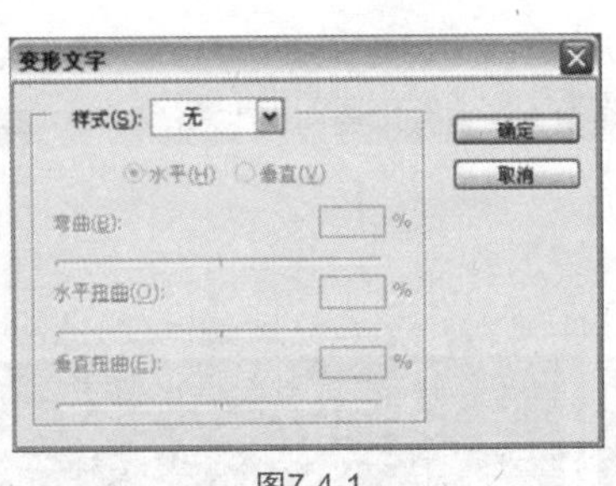
图7-4-1

图7-4-2

文字通过这些变形方式，可以扭曲为不同的样式，如图7-4-3～图7-4-17所示，依次为扇形、下弧、上弧、拱形、凸起、贝壳、花冠、旗帜、波浪、鱼形、增加、鱼眼、膨胀、挤压和扭转的图像效果。选择变形样式后按“确认”键，即可应用变形。

图7-4-3　图7-4-4　图7-4-5
图7-4-6　图7-4-7　图7-4-8
图7-4-9　图7-4-10　图7-4-11
图7-4-12　图7-4-13　图7-4-14

图7-4-15

图7-4-16

图7-4-17

在“变形文字”对话框中选择任意一项变形样式，则样式下面的选项会被激活，如图7-4-18所示。

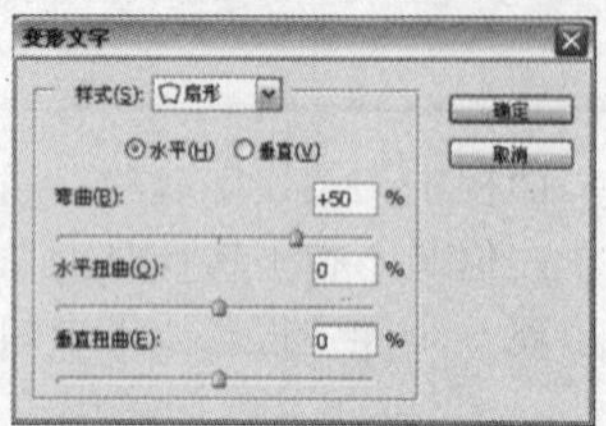

图7-4-18

## 实战 水平/垂直

第7章/实战/水平/垂直

水平/垂直选项决定了文字变形的方向，如图7-4-19所示，在图像中输入文字，设置变形方式为扇形。设置变形方向为水平，得到的图像效果如图7-4-20所示；设置变形方向为垂直，得到的图像效果如图7-4-21所示。

图7-4-19

图7-4-20

图7-4-21

**弯曲**：该选项可以调整文字的弯曲程度，在其文本框中输入文字或者拖动滑块都可以进行调整。当数值为0时，文字不弯曲，如图7-4-22所示；当数值为正数时，文字向上弯曲，如图7-4-23所示；当数值为负数时，文字向下弯曲，如图7-4-24所示。

图7-4-22

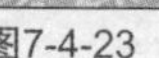
图7-4-23

图7-4-24

**水平扭曲**：主要控制文字水平方向的变形效果。设置水平扭曲为100的图像效果如图7-4-25所示；设置水平扭曲为-100的图像效果如图7-4-26所示。

图7-4-25

图7-4-26

**垂直扭曲**：主要控制文字垂直方向的变形效果。设置垂直扭曲为100的图像效果如图7-4-27所示；设置垂直扭曲为-100的图像效果如图7-4-28所示。

图7-4-27

图7-4-28

**Tips 提示**

在15个文字变形样式中，除了后四个变形样式不能对文字进行水平和垂直变换外，其他的都可以通过更改文字变形位置来设置对文字的水平或是垂直的变换。

第7章/训练营/04 添加多样的变形文字

## 训练营 04 添加多样的变形文字

▲ 使用“变形文字”面板调整文字

01 执行【文件】/【打开】命令（Ctrl+O）命令，弹出“打开”对话框，选择需要的素材，单击“打开”按钮，如图7-4-29所示。

02 选择工具箱中的横排文字工具T，在图像中输入文字，如图7-4-30所示。

图7-4-29

图7-4-30

03 对每段文本设置不同的字体和不同的颜色，如图7-4-31所示。

04 使用移动工具按照需要的位置摆放文字，如图7-4-32所示为摆放好的文字效果。根据素材图像的不同，可以选择不同文字搭配方案。

图7-4-31

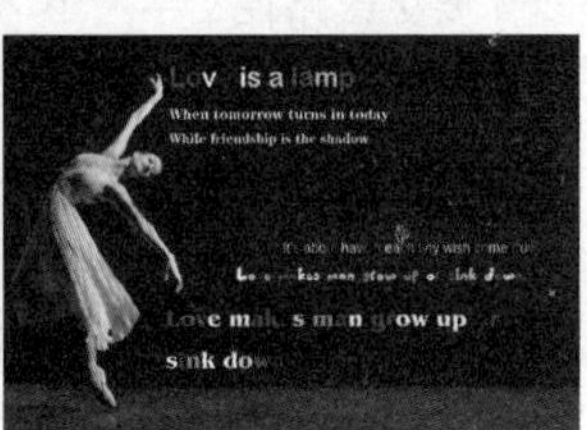

图7-4-32

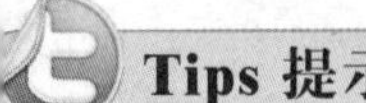

**Tips 提示**

步骤 04 中的三段文字不需要进行变形操作，摆放好位置后即可，下面对其他文字进行变形，要进行变形操作的文字确认为当前所选，方可进行变形设置。

05 选择一个文本图层，单击文字工具选项栏中的创建文字变形按钮，弹出“变形文字”对话框，在对话框中设置参数如图7-4-33所示，得到的图像效果如图7-4-34所示。

图7-4-33

图7-4-34

06 选择另一个文本图层，单击文字工具选项栏中的创建文字变形按钮，弹出“变形文字”对话框，在对话框中设置参数如图7-4-35所示，得到的图像效果如图7-4-36所示。

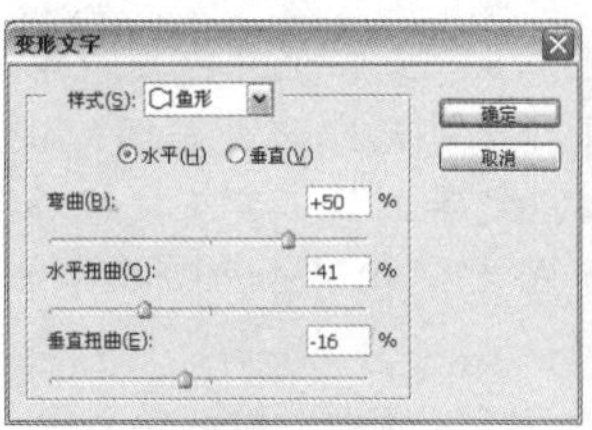



图7-4-35

图7-4-36

07 选择最后一个文本图层，单击文字工具选项栏中的创建文字变形按钮，弹出“变形文字”对话框，在对话框中设置参数如图7-4-37所示，得到的图像效果如图7-4-38所示。

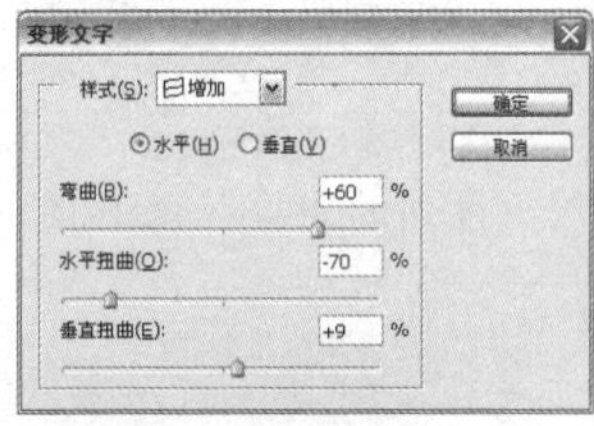



图7-4-37

图7-4-38

08 全部设置完毕后，得到最终的效果如图7-4-39所示。

图7-4-39

## 7.4.2 路径文字

打开如图7-4-40所示的素材图像，沿人物的边缘绘制开放路径；绘制完毕后，选择工具箱中的横排文字工具T，在路径起点单击，即可输入文字，如图7-4-41所示；输入完毕后确认输入，得到的图像效果如图7-4-42所示。

图7-4-40

图7-4-41

图7-4-42

## 实战 沿路径输入文字

第 7 章 / 实战 / 沿路径输入文字

选择工具箱中的钢笔工具，在其工具选项栏中选择“路径”选项，在图中绘制开放路径，如图7-4-43所示；选择工具箱中的横排文字工具，将鼠标移到绘制的路径附近，鼠标发生变化，如图7-4-44所示。

图7-4-43

图7-4-44

当光标发生变化后，在路径上单击鼠标左键，在光标后输入文字即可得到沿路径绕排文字的效果，如图7-4-45所示；输入完毕后，按快捷键Ctrl+Enter，然后再按Enter键即可确认输入，得到的图像效果如图7-4-46所示。

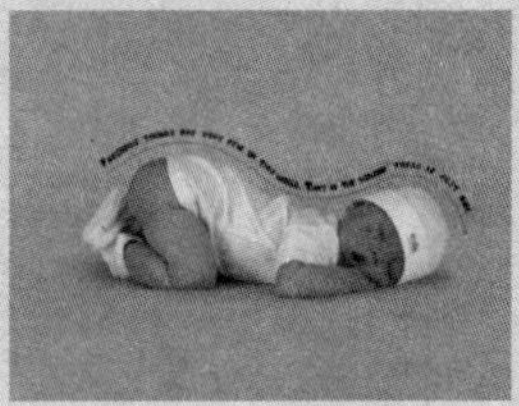
图7-4-45

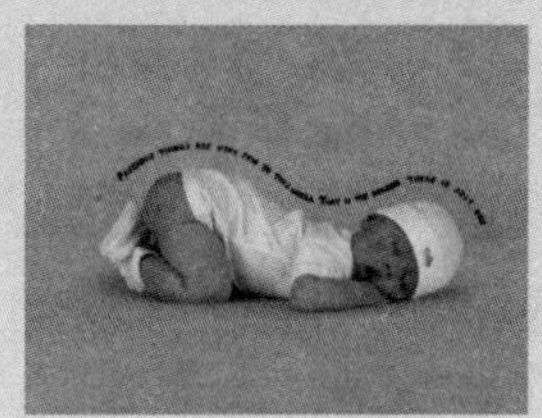
图7-4-46

输入路径文字后，选择工具箱中的路径选择工具或直接选择工具，即可更改文字路径。

将路径选择工具放在文字路径上，光标形状会发生改变，如图7-4-47所示，用鼠标拖动文字即可改变文字相对于路径的位置，如图7-4-48所示；单击并横跨路径拖动文字，可将文字翻转，如图7-4-49所示。

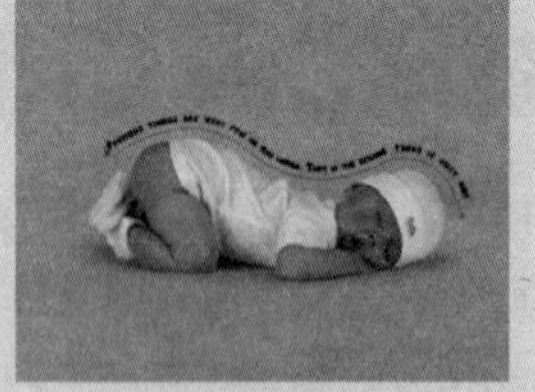
图7-4-47

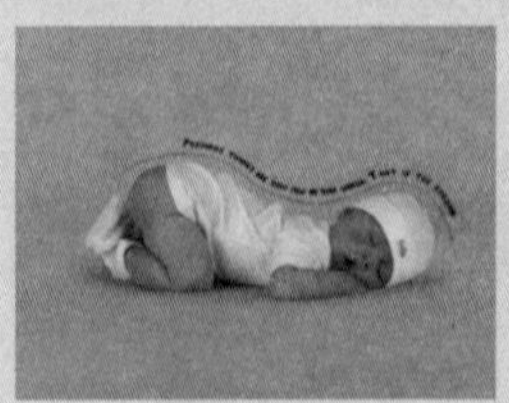
图7-4-48

图7-4-49

选择直接选择工具，在路径上单击，可显示路径上的锚点，如图7-4-50所示，选择锚点，光标发生变化，如图7-4-51所示，拖动鼠标即可改变路径位置。

图7-4-50

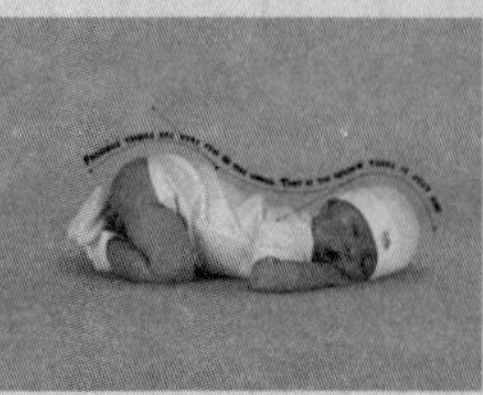
图7-4-51

### 技术要点：临时文字路径

切换至“路径”面板，会发现面板中有 2 个路径图层，其中工作路径为用钢笔绘制的开放路径，而以输入的文字命名的路径则是将目标路径复制一条出来，该路径属于临时路径，在“路径”面板中将其选择，图像中即显示该路径。在“路径”面板中不能删除该路径，也不可更改路径名称。

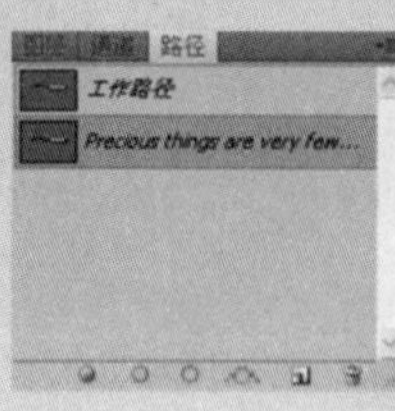


要更改路径文字大小、字体、颜色等，方法和上面介绍的改变文本设置一样。

在Photoshop CS6中还可以制作出文本绕排的效果。

使用钢笔工具在图像中绘制闭合路径，如图7-4-52所示；将鼠标放置在路径中间，会发现光标形状发生变化，如图7-4-53所示，当光标发生变化后在路径中单击鼠标左键，得到的图像效果如图7-4-54所示；在光标后输入文字，按快捷键Ctrl+Enter，确认文字输入，然后按Enter键隐藏路径，得到的图像效果如图7-4-55所示。

图7-4-52

图7-4-53

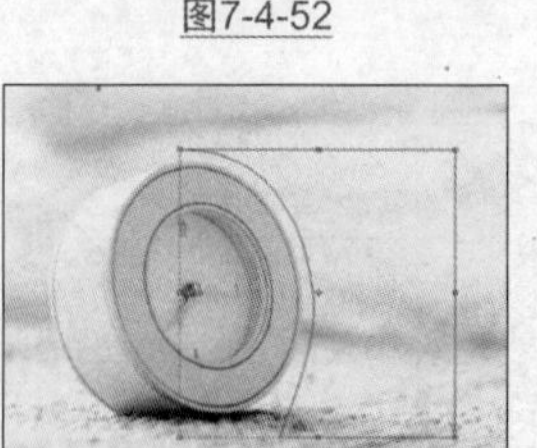
图7-4-54

图7-4-55

将文字转化为路径之后，可以对文字的轮廓进行改变，创建特殊文字。

# 7.5 编辑文本

**关键字** 将文字创建为工作路径、经文字转换为形状

在 Photoshop CS6 中还可以将文字创建为工作路径，或将文字转换为形状。

## 7.5.1 将文字创建为工作路径

如图7-5-1所示，在图像中输入文字，执行【文字】/【创建工作路径】命令，即可将文字转换为路径，在“图层”面板中隐藏文字图层，可看到创建的文字路径如图7-5-2所示。

图7-5-1

图7-5-2

按快捷键Ctrl+Enter可将调整好的路径转换为选区。

**Tips 提示**

此处所创建的文字只是一个普通的图层，并不是文字图层；而之前所创建的文字图层也不会消失，只是在“路径”面板中出现一个相关的工作路径。

## 7.5.2 将文字转换为形状

在图像中输入文字，执行【文字】/【转换为形状】命令，可将文字转换为形状。将文字转换为形状后，文字图层也被转换为形状图层，如图7-5-3所示。

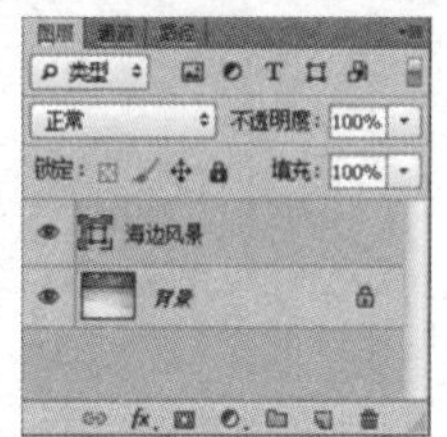


图7-5-3

将文字转换为形状，可以创建基于文字的矢量蒙版，选择工具箱中的直接选择工具可以改变文字的形状。

## 7.5.3 栅格化文字

在图像中输入文字后，在“图层”面板中会产生相应的文本图层，由于文本图层不能直接编辑，因此想要对文字进行某些编辑，就要将文字栅格化。

执行【文字】/【栅格化文字图层】命令，或在“图层”面板中的文本图层的空白处单击鼠标右键，在弹出的快捷菜单中选择“栅格化文字”选项，即可将文字栅格化，此时文本图层将转换为普通图层。

## 思维扩展 制作折纸文字

要点描述：
图层样式、渐变工具、选框工具

视频路径：
配套教学→思维扩展→制作折纸文字.avi

# 第8章 绘画与修饰

## 8.1 文件菜单命令

**关键字** 新建文件、打开文件、置入文件、导入文件、保存文件、导出文件、关闭文件等

编辑图像时，为了更好地观察和处理图像，需要经常放大或缩小窗口的显示比例，或者移动画面在屏幕上的显示区域。为了更方便地查看图像，Photoshop CS6 提供了用于切换屏幕模式和窗口排列方式的功能，以及缩放工具、各种缩放命令和"导航器"面板。

### 本章关键技术点

▲ 如何用设置的颜色绘制图像

▲ 使用工具填充颜色

▲ 使用工具修饰图像

### 8.1.1 前景色和背景色

前景色与背景色的组成部分：设置前景色和背景色，切换至前景色和背景色以及默认前景色和背景色等。

#### ※ 设置前景色和背景色

直接单击色板里的前景色，然后自主选色就可以了，背景色也一样（单击背景色块，自由挑选颜色）。当然也可以用"拾色器"设置颜色，在"拾色器"对话框中可以通过设置HSB、RGB、Lab和CMYK的数值或颜色代码来设置颜色，或者使用工具箱中的吸管工具，拾取图像中的颜色作为前景色或者背景色，如图8-1-1所示。

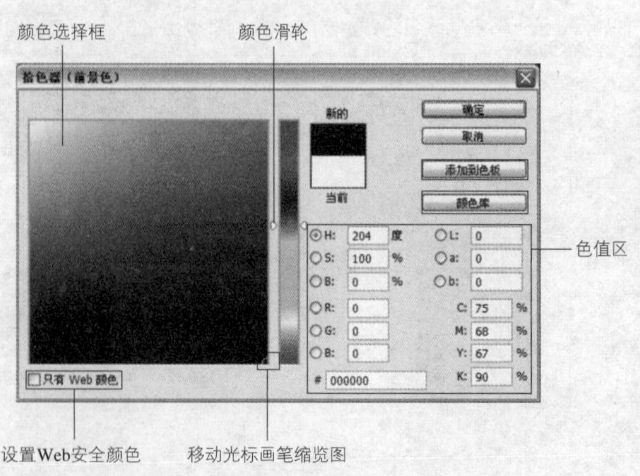


图8-1-1

### ※ 切换前景色和背景色

单击切换前景色和背景色的图标，或按X键，可以实现在前景色和背景色之间的切换。

### ※ 默认前景色和背景色

单击默认前景色和背景色图标，或按D键，可以将前景色和背景色恢复为默认的黑色和白色。

**技术要点： 填充快捷键**

在 Photoshop CS6 软件中，填充前景色的快捷键是 Alt+Delete，填充背景色的快捷键是 Ctrl+Delete。

## 8.1.2 解析拾色器对话框

单击工具箱中的前景色或者背景色，在“拾色器”对话框中设置所需要的颜色，如图8-1-2所示。移动光标即可选择所需要的颜色，如图8-1-3所示。或者直接在“拾色器”对话框中输入具体的参数值，如图8-1-4所示。设置所需的颜色后，单击“确定”按钮，工具箱中的前景色或背景色的图标将显示设置后的颜色。

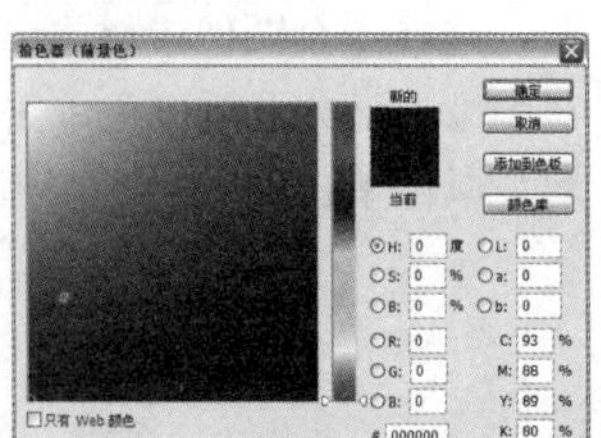

图8-1-2

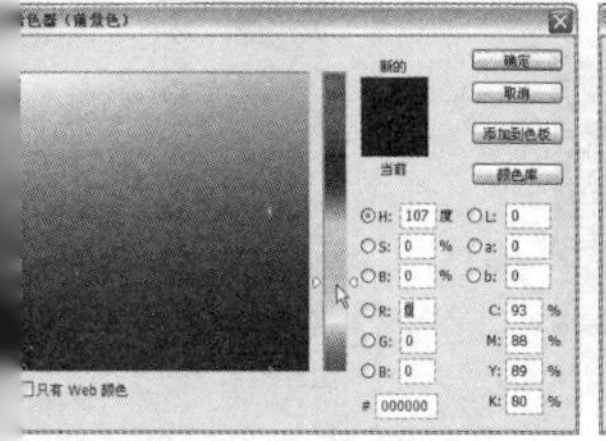

图8-1-3

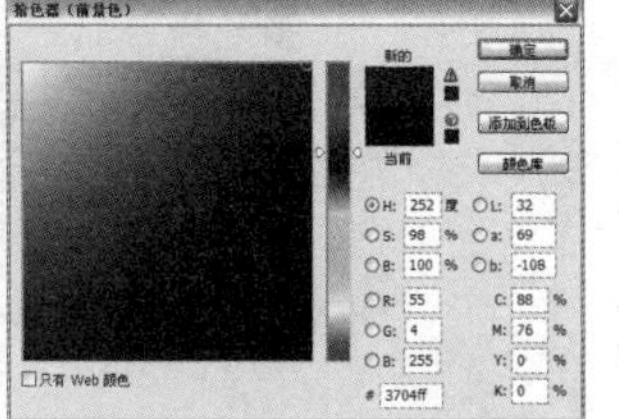

图8-1-4

### ※ 设置Web安全颜色

在“拾色器”对话框中的左下角勾选“Web颜色”选项，即可选择任何一种颜色作为安全模式。

**Tips 提示**

Web 安全颜色是浏览器使用的 216 种颜色，以保证网页的颜色能够正确显示，这是网页显示颜色。勾选 Web 颜色的时候发现颜色数变少了，是因为用于网页的标准色彩少于 RGB 模式的色彩，但是每个 RGB 色彩都有对应的 Web 色，Web 色的计算方法是 16 进制的。

### ※ 颜色库

在“拾色器”对话框中单击“颜色库”按钮，切换至“颜色库”对话框，如图8-1-5所示。单击“色库”下拉按钮，选择所需要的颜色系统，如图8-1-6所示。还可以拖动颜色滑块选取所需要的颜色，如图8-1-7所示。

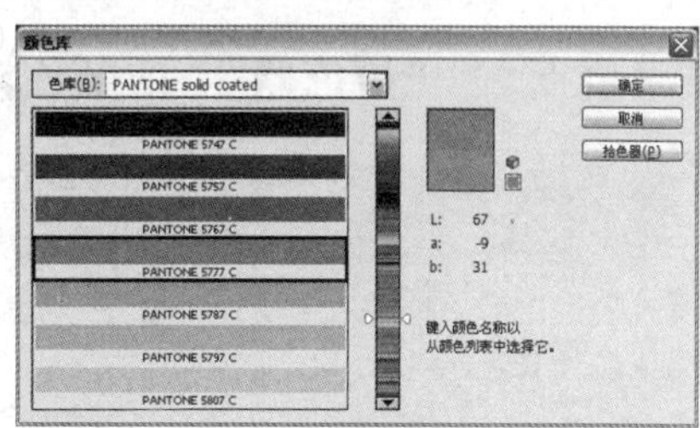

图8-1-5

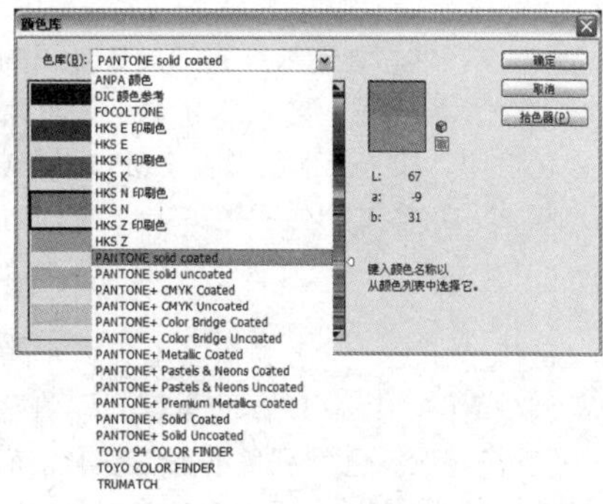

图8-1-6

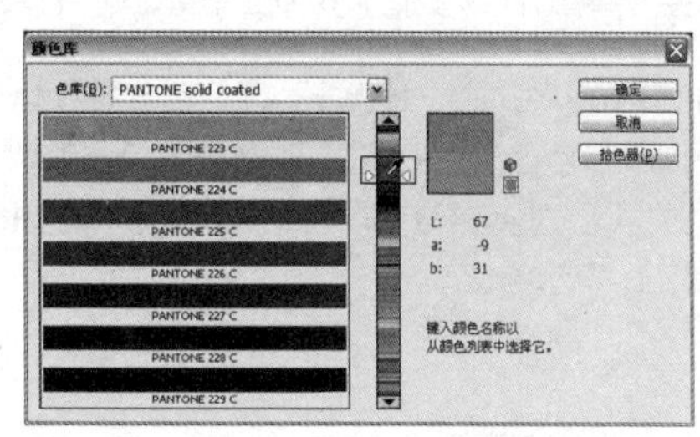

图8-1-7

### ※ 添加到色板

单击“添加到色板”按钮，将弹出“色彩名称”对话框。在对话框中显示“拾色器”所选择的颜色，设置添加的名称，单击“确定”按钮，添加的颜色就会显示在“色板”面板中，如图8-1-8和图8-1-9所示。

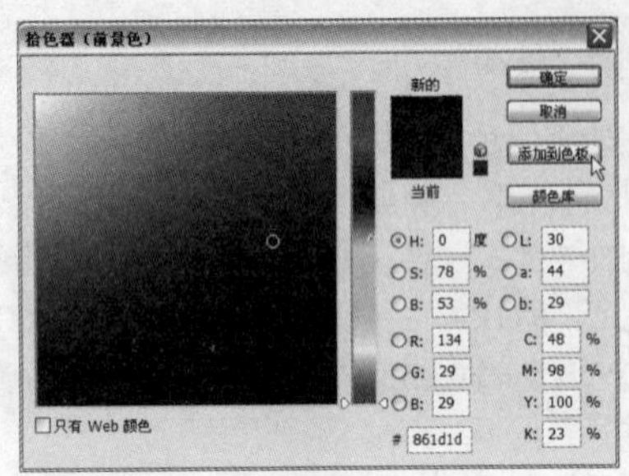

图8-1-8

图8-1-9

### 技术要点：“拾色器”的颜色模式

❶ RGB是色光的色彩模式。R代表红色，G代表绿色，B代表蓝色，3种色彩叠加形成了其他的色彩。在RGB模式中，由红、绿、蓝相叠加可以产生其他颜色，因此该模式也叫加色模式。

❷ CMYK代表印刷上用的4种颜色，C代表青色，M代表洋红色，Y代表黄色，K代表黑色。因为在实际应用中，青色、洋红色和黄色很难叠加形成真正的黑色，最多不过是褐色而已。因此才引入了K——黑色。黑色的作用是强化暗调，加深暗部色彩。CMYK模式是一种印刷或打印模式，该模式产生颜色的方法被称为色料减色法。

❸ Lab颜色是以一个亮度分量L及两个颜色分量a和b来表示颜色的。其中L表示亮度，取值范围是0～100。a分量代表由绿色到红色的光谱变化。a为正，表示的颜色为红色，a为负，表示颜色为绿色。b分量代表由蓝色到黄色的光谱变化，b为正表示颜色为黄色。

❹ HSB模式是一种基于人眼视觉的颜色模式。是用色相(H)、饱和度(S)、亮度(B)这3个颜色属性来描述颜色的表示法。在HSB模式中，H表示色相，S表示饱和度，B表示亮度。

## 8.1.3 如何设置和选取颜色

### ※ 在“颜色”面板中设置颜色

打开“颜色”面板，在“颜色”面板中单击所需要的颜色，或输入RGB的参数值，前景色图标显示的颜色就是此颜色，如图8-1-10和图8-1-11所示。

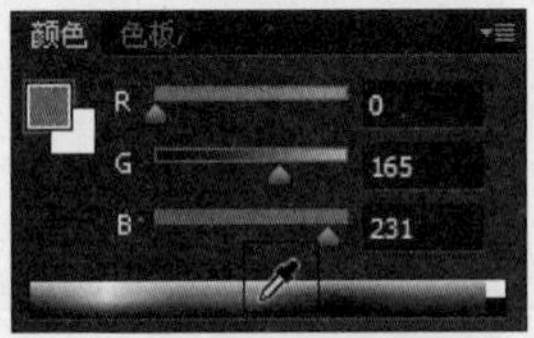

图8-1-10

图8-1-11

### ※ 在“色板”面板中设置颜色

打开“色板”面板，在“色板”面板中单击所需要的颜色，前景色图标就会显示此颜色，如图8-1-12和图8-1-13所示。

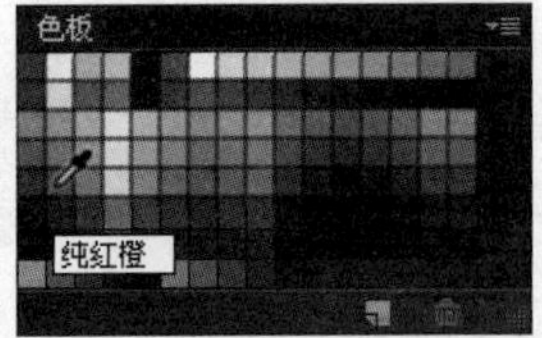

图8-1-12

图8-1-13

### ※ 选取颜色

选择一个图像素材，选择工具箱中的吸管工具，在图像中部分区域颜色单击鼠标左键，前景色图标显示的是鼠标单击的颜色，如图8-1-14和图8-1-15所示。

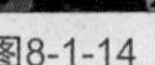

图8-1-14

图8-1-15

### Tips 提示

在“颜色”面板和“色板”面板中选择需要的颜色时，不用选择工具箱中的吸管工具，将鼠标拖动到“颜色”或“色板”面板中，鼠标指针将自动变为吸管工具，此时的前景色图标将变为刚刚吸取的颜色。

# 8.2 绘制图像

**关键字** 画笔工具、解析画笔面板、铅笔工具

在绘制和修饰图像时，主要是使用画笔工具以及铅笔工具。画笔工具是绘画和编辑的基础，在Photoshop CS6中，可以通过设置不同的笔刷为图像添加不同的艺术效果。

## 8.2.1 画笔工具

画笔工具的用途很广泛，可以绘制出不同的艺术效果，以达到修饰图像的作用，在Photoshop CS6中也可以使用画笔面板来创建自定义画笔。

### ※ 画笔工具选项栏

选择工具箱中的画笔工具，其工具选项栏如图8-2-1所示。

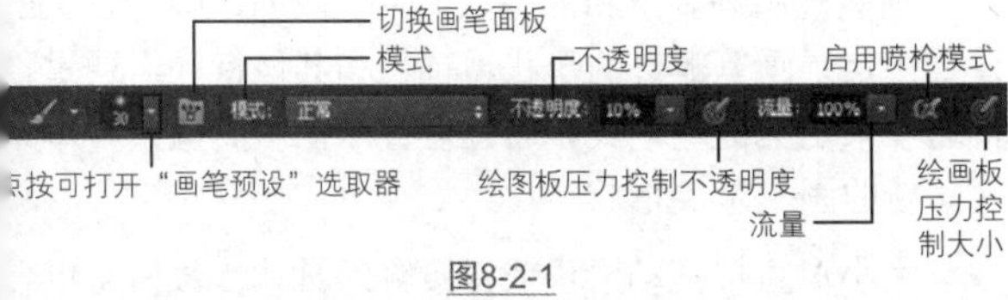


图8-2-1

**点按可打开"画笔预设"选取器：** 单击此按钮，会弹出"画笔预设"选取器，如图8-2-2所示，在该下拉列表中可以设置笔刷大小和硬度。

单击画笔预设下拉列表右侧的扩展按钮，弹出下拉菜单，如图8-2-3所示。在下拉菜单中可以新建、删除或载入画笔预设等。

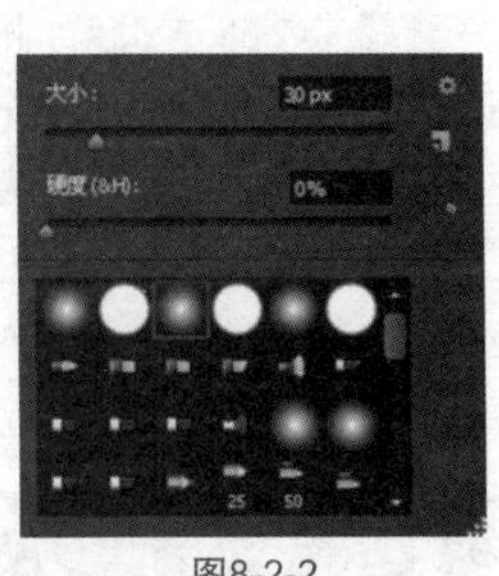

图8-2-2

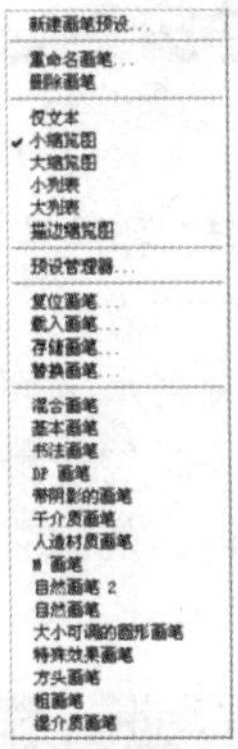

新建画笔预设...
重命名画笔...
删除画笔
仅文本
✓ 小缩览图
大缩览图
小列表
大列表
描边缩览图
预设管理器...
复位画笔...
载入画笔...
存储画笔...
替换画笔...
混合画笔
基本画笔
书法画笔
DP 画笔
带阴影的画笔
干介质画笔
人造材质画笔
M 画笔
自然画笔 2
自然画笔
大小可调的圆形画笔
特殊效果画笔
方头画笔
粗画笔
湿介质画笔

图8-2-3

**切换画笔面板：** 单击可打开"画笔"面板。

**模式：** 单击其下拉菜单，可选择所需要的绘画模式。

**不透明度：** 设置画笔的不透明度，可左右移动鼠标或直接输入参数值设置所需要的不透明度。

**绘制板压力控制不透明度：** 能使用绘图板压力来控制不透明度。

**流量：** 设置画笔流量，可左右移动鼠标或直接输入参数值设置所需要的流量。

**启用喷枪模式：** 单击可启用喷枪模式。

**绘画压力控制大小：** 单击可启用绘画压力控制大小。

### ※ 了解预设管理器

预设管理器是用于管理（画笔、色板、渐变等）、储存和载入的设置。单击画笔面板中的设置按钮，在弹出的下拉菜单中选择"预设管理器"选项，弹出"预设管理器"对话框，如图8-2-4所示。

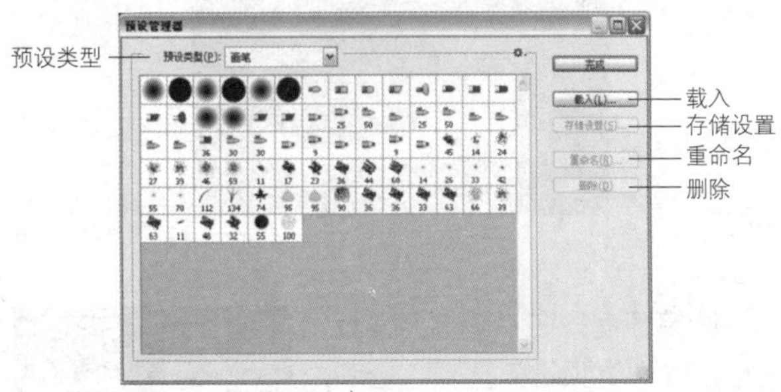


图8-2-4

**预设类型：** 单击"预设管理器"右边的扩展按钮，在弹出的下拉菜单中，选择所需要的选项，对话框就会显示所选择的相关选项，如图8-2-5所示。

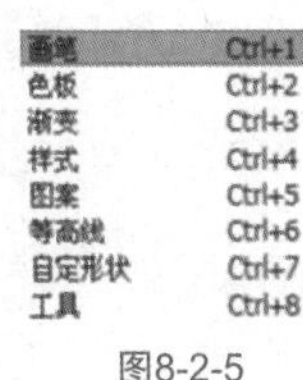


图8-2-5

**载入：** 单击"载入"按钮，就会弹出"载入"对话框，在对话框中选择所需要的预设库类型，将其载入。

**储存设置：** 单击"储存"按钮，弹出"存储"对话框，可以把当前选择的一组预设样式储存为预设库。

**重命名：** 用来修改预设样式的名称。

**删除：** 选择一个预设样式后，单击"删除"按钮，就可删除该样式。

**Tips 提示**

每种类型的库都有各自的文件扩展名和默认文件夹。预设文件安装在 Adobe Photoshop CS6 应用程序文件夹的“Presets”文件夹内。

## ※ 解析画笔面板

执行【窗口】/【画笔】命令（快捷键F5），或单击工具选项栏中的切换预设选项按钮，可以打开“画笔”面板。在“画笔”面板中可对画笔笔尖进行设置，来绘制出想要的效果。在绘制图像时，画笔起到很重要的作用，“画笔”面板菜单如图8-2-6所示。下面就来解析画笔面板的各种功能。

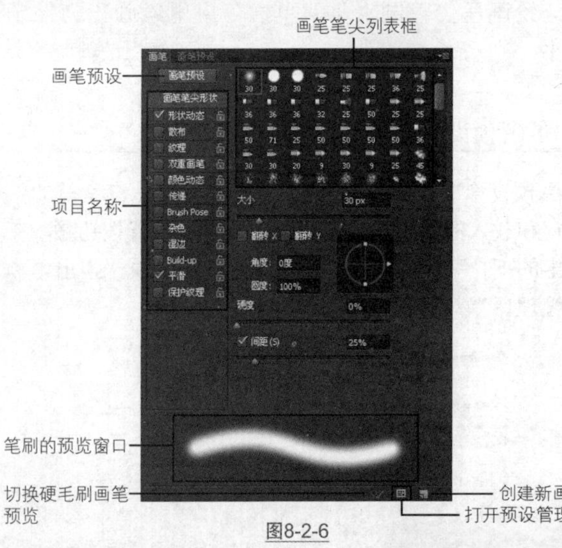


图8-2-6

**画笔预设**：在“画笔”面板上单击“画笔预设”选项，会弹出“画笔预设”面板，对应着不同的画笔参数。

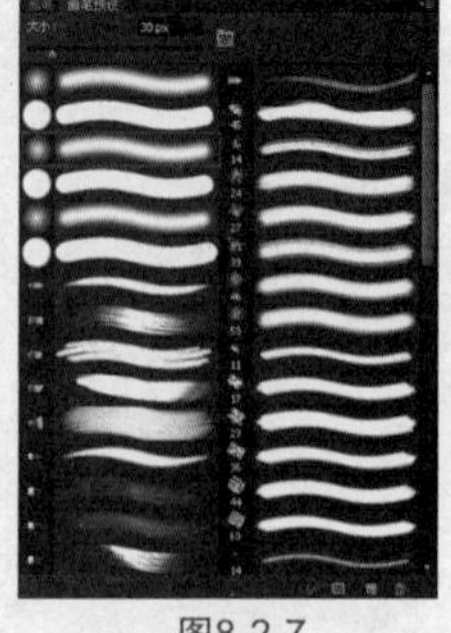

图8-2-7

**项目名称**：显示了画笔面板中每个调整面板的名称。

**笔刷预览窗口**：可以预览笔刷状态。

**切换硬毛刷画笔预览**：能切换至硬毛刷画笔预览。

**画笔笔尖列表框**：显示了多种不同的画笔笔尖。

**创建新画笔**：单击可以创建新的画笔。

**打开预设管理器**：单击可打开画笔预设管理器。

在“画笔”面板上单击“画笔笔尖形状”选项，就会在“画笔”面板上看到不同的画笔预设，面板上会显示相关的参数内容，可通过对画笔笔尖的直径、角度、圆度和硬度等属性的设置，对预设的画笔进行修改，如图8-2-8所示。

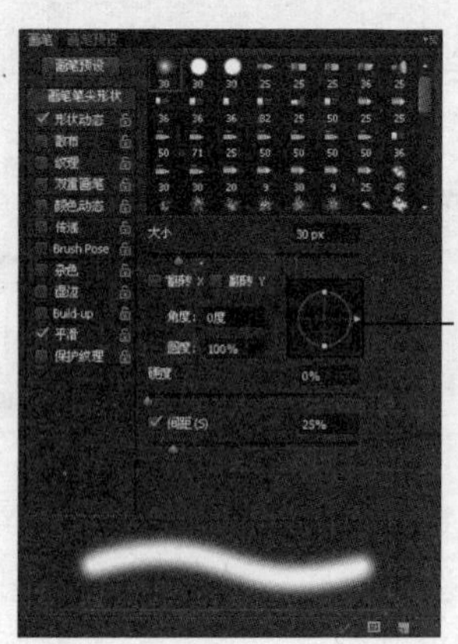


图8-2-8

画笔是由许多单独的画笔笔尖组成的，画笔笔尖的设置决定了画笔笔迹的形状、直径和其他特征，通过设置选项来定义画笔笔尖。通过设置图像中的像素样本来创建新的画笔笔尖形状。

**大小**：直接拖动滑块或直接输入具体参数值可以设置画笔直径的大小（是以像素为单位设置画笔大小，范围为1~2500px之间）。在“画笔”面板中，直径设置为7像素和直径设置为350像素时的笔刷效果如图8-2-9和图8-2-10所示。

图8-2-9

图8-2-10

**翻转X和翻转Y**：勾选翻转X或翻转Y后，将会改变画笔笔尖的方向。在“画笔”面板中，勾选翻转X后，画笔笔尖将水平翻转；勾选翻转Y后，画笔笔尖将垂直翻转；同时勾选翻转X或翻转Y后，画笔笔尖也会改变方向，得到的效果如图8-2-11、图8-2-12、图8-2-13和图8-2-14所示。

图8-2-11

图8-2-12

图8-2-13

图8-2-14

**角度**：可以设置椭圆形和不规则形状画笔笔刷的旋转角度，也可在数值栏中直接设置具体参数值。在“画笔”面板中，角度设置为0°和角度设置为50°时的笔刷效果分别如图8-2-15和图8-2-16所示。

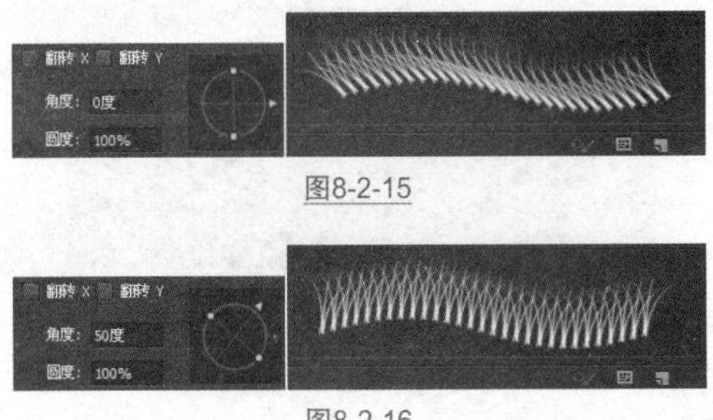


图8-2-15

图8-2-16

**圆度**：用来设置笔刷长短轴的比例，也可在数值栏中直接设置具体参数值，或者在自由设置圆度窗口中拖动控制点进行调整。在“画笔”面板中，圆度设置为100%和圆角设置为70%时的笔刷效果分别如图8-2-17和图8-2-18所示。

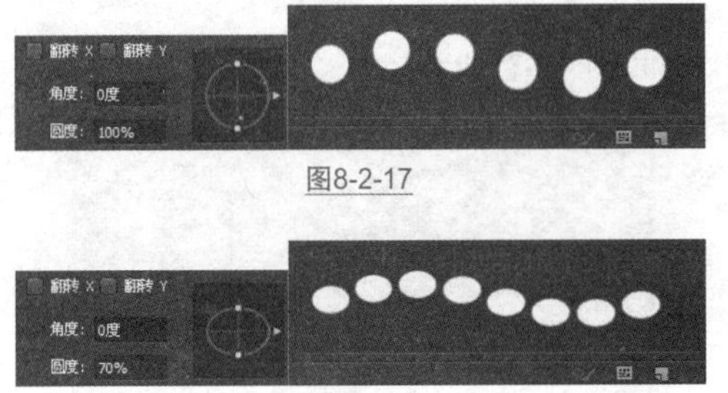


图8-2-17

图8-2-18

**硬度**：用来设置画笔中心硬度的大小，可直接拖动滑块或者在数值栏中直接设置具体参数值。设置的参数值越小，笔刷越柔和。在“画笔”面板中，硬度设置为0%和硬度设置为100%时的笔刷效果分别如图8-2-19和图8-2-20所示。

图8-2-19

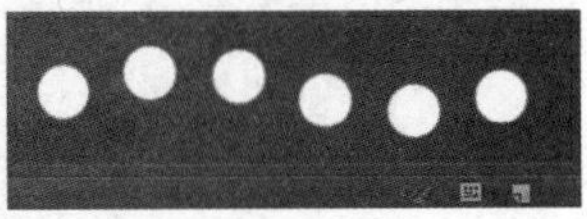

图8-2-20

**间距**：用来设置描边中两个画笔笔尖之间的距离，可直接拖动滑块或者在数值栏中直接输入具体参数值。设置的参数值越大，笔尖之间的间隔距离越大。在“画笔”面板中，间距设置为20%和间距设置为100%时的笔刷效果分别如图8-2-21和图8-2-22所示。

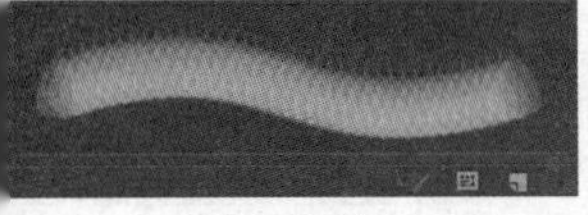

图8-2-21

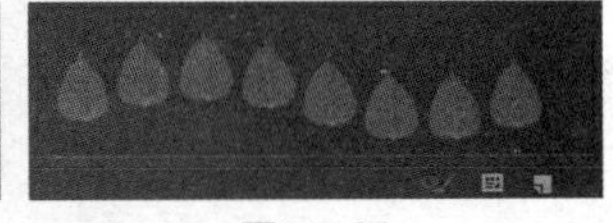

图8-2-22

**Tips 提示**

在使用工具箱中的画笔工具时，当画笔设置为实边圆、柔边圆和书法画笔时，按快捷键“Shift+[”可以减小画笔的硬度，按快捷键“Shift+]”可以增加画笔的硬度。

**形状动态**：决定了描边中心画笔尖迹的变化。在“画笔”面板上单击“形状动态”选项，就会在“画笔”面板上显示相关的参数内容，如图8-2-23所示。

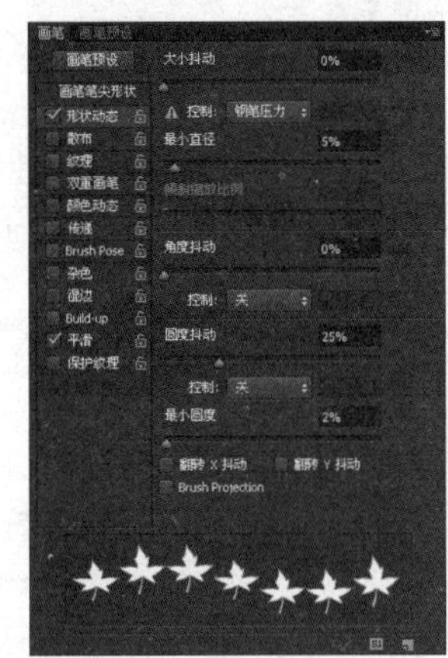


图8-2-23

**大小抖动和控制**：设置画笔笔尖大小的改变方式和波动的幅度。数值越大，轮廓就越不规则，波动的幅度也就越大。可直接拖动滑块或者在数值栏中直接输入具体参数值来设置抖动的大小。设置画笔笔迹的大小时，可单击“控制”右边的扩展按钮，在弹出的下拉菜单中选择所需要的选项。

**关**：选择该选项，可不控制画笔笔尖的大小变化。大小抖动设置为0%和大小抖动设置为100%时的笔刷效果分别如图8-2-24和图8-2-25所示。

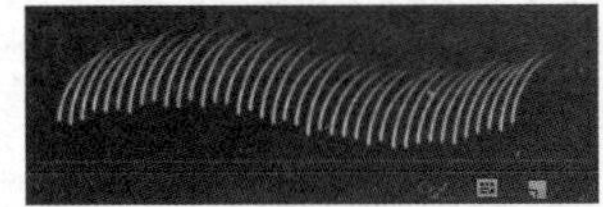

图8-2-24

图8-2-25

**渐隐**：选择该选项后指定渐隐画笔的步长值。该值的范围为1~9999之间，如输入数值100会产生100为增量的渐隐。渐隐设置为15和渐隐设置为30时的笔刷效果分别如图8-2-26和图8-2-27所示。

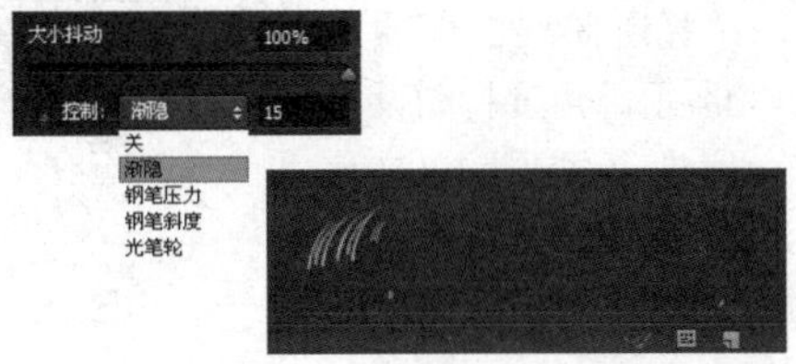


图8-2-26

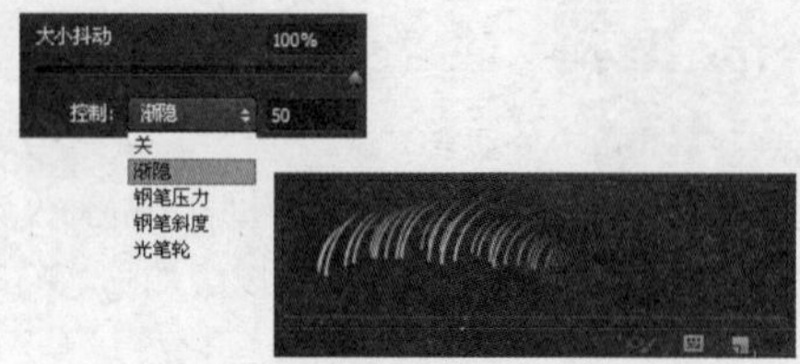

图8-2-27

**钢笔压力、钢笔斜度、光比轮**：在钢笔压力、钢笔斜度或钢笔拇指指轮位置的基础上，设置初始直径和最小直径之间的画笔笔尖大小。

**Tips 提示**

钢笔压力、钢笔斜度和光比轮 3 种控制需要感压笔的支持，如果没有此硬件，在“形状动态”的“控制”下拉菜单处会显示一个警告图标。

**最小直径**：控制在尺寸发生波动时，画笔的最小尺寸。输入的参数值越小，波动的幅度越大；相反输入的参数值越大，波动的幅度越小。最小直径设置为0%和最小直径设置为100%时的笔刷效果分别如图8-2-28和图8-2-29所示。

图8-2-28

图8-2-29

**倾斜缩放比例**：在“控制”下拉菜单中选择“钢笔斜角”选项时此项将会显示，是指在旋转前应用于画笔高度的比例因子。

**角度抖动和控制**：控制画笔在角度上的抖动大小，改变画笔笔尖的角度，设置的参数值越大，抖动的幅度就越大。设置画笔的角度的变化，单击“控制”右边的扩展按钮，在弹出的下拉菜单中，选择所需要的选项，如图8-2-30所示。角度抖动设置为0%和角度抖动设置为100%时的笔刷效果分别如图8-2-31和图8-2-32所示。

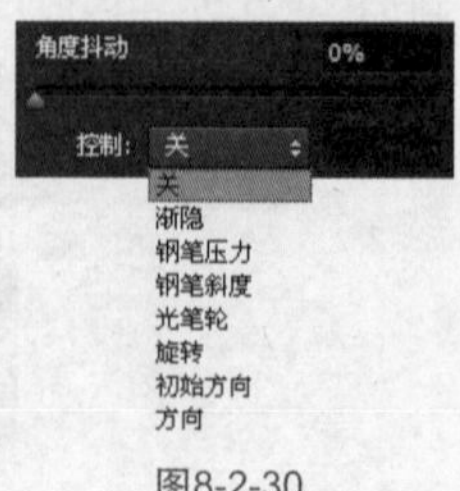

图8-2-30

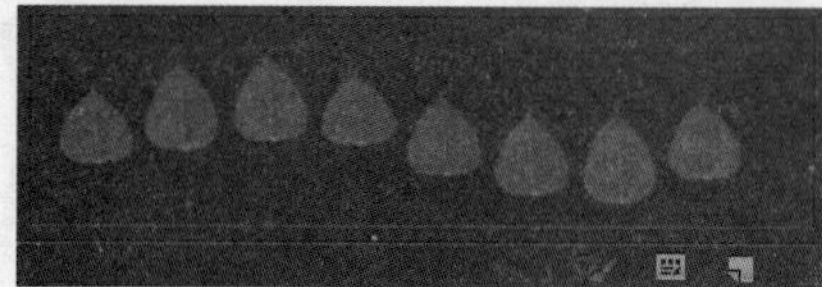
图8-2-31

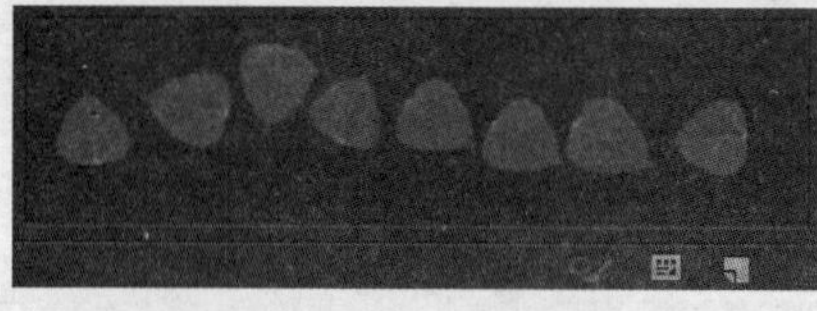
图8-2-32

**圆角抖动和控制**：控制画笔在圆角上的抖动大小，改变画笔笔尖的圆度在描边中的变化方式，设置的参数值越大，抖动的幅度就越大。控制画笔的圆度变化，单击“控制”右边的扩展按钮，在弹出的下拉菜单中，选择所需要的选项，如图8-2-33所示。圆角抖动设置为0%和圆角抖动设置为100%时的笔刷效果分别如图8-2-34和图8-2-35所示。

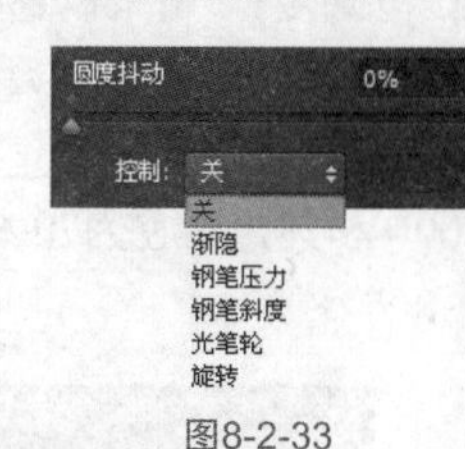

图8-2-33

图8-2-34

图8-2-35

**最小圆度**：当启动某个圆角抖动控制时，可以设置画笔笔尖的最小圆度。

**翻转X抖动和翻转Y抖动**：设置画笔笔尖在$x$或$y$轴上抖动的方向。

**散布**：设置描边中画笔笔尖的数目和位置，在“画笔”面板上单击“散布”选项，就会在“画笔”面板上显示相关的参数内容，如图8-2-36所示。

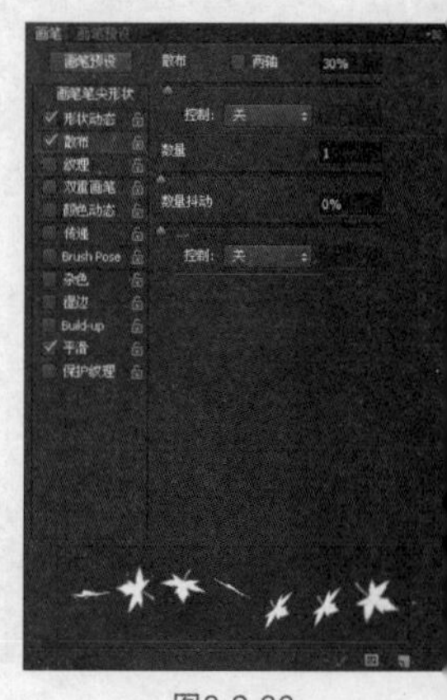
图8-2-36

**散布和控制**：控制画笔笔尖的分散程度，设置的参数值越大，画笔笔尖分散的程度也就越大越广泛。散布设置为50%和散布设置为500%时的笔刷效果，如图8-2-37和图8-2-38所示。

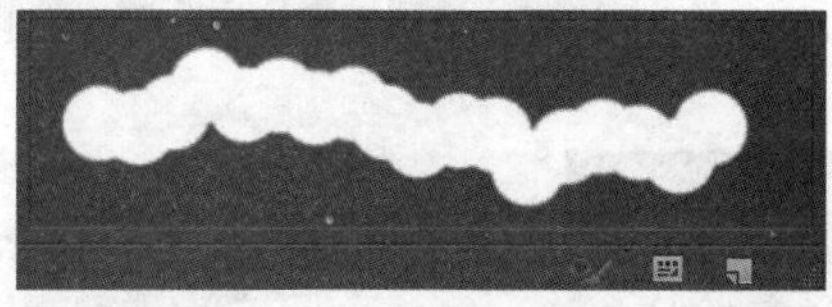

图8-2-37

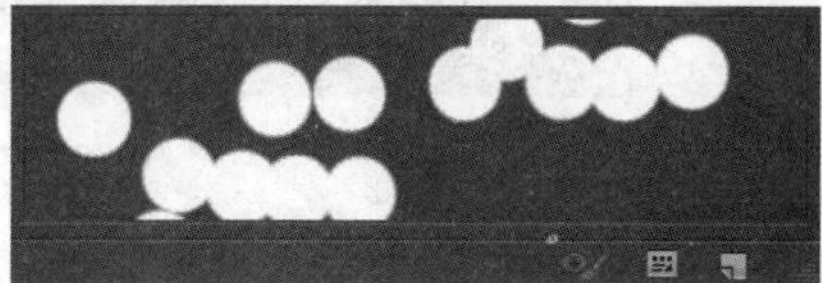

图8-2-38

当勾选“两轴”时，画笔笔迹将以横向为一条基础线，上下将向横向聚集，如图8-2-39所示。

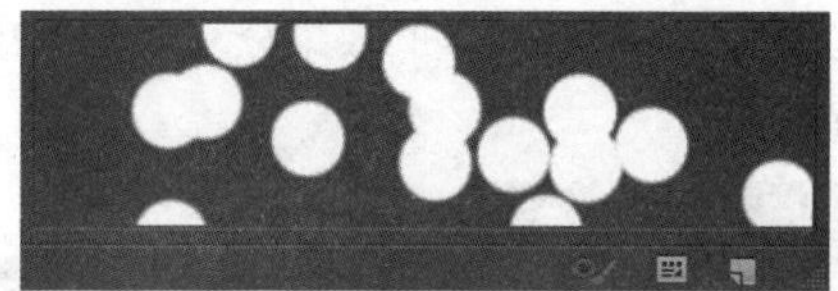

图8-2-39

控制画笔笔尖的散布变化，单击“控制”右边的扩展按钮，在弹出的下拉菜单中，选择所需要的选项，如图8-2-40所示。

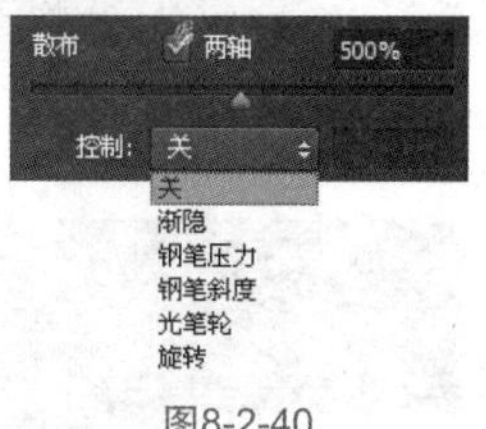


图8-2-40

**数量**：控制画笔笔刷的数量以及分散程度，设置的参数值越大，画笔笔刷的数量就越多越密集，反之则越稀疏。可直接拖动滑块或者在数值栏中直接设置具体参数值（参数值范围为1~16）。数量设置为1时和散布设置为16时的笔刷效果分别如图8-2-41和图8-2-42所示。

图8-2-41

图8-2-42

**数量抖动和控制**：用来控制画笔笔尖的数量如何针对各种间隔而变化，可直接拖动滑块或者在数值栏中直接输入具体参数值。数量抖动设置为0%时和数量抖动设置为100%时的笔刷效果分别如图8-2-43和图8-2-44所示。

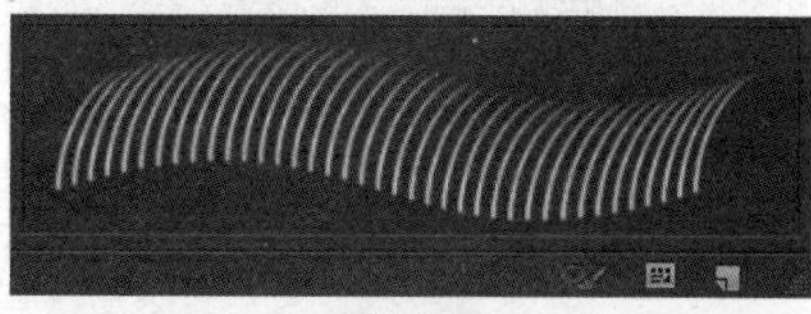

图8-2-43

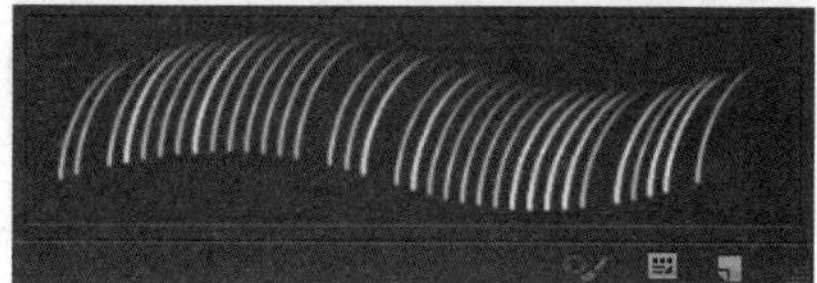

图8-2-44

控制画笔笔尖的数量抖动变化，单击“控制”右边的扩展按钮，在弹出的下拉菜单中，选择所需要的选项，如图8-2-45所示。

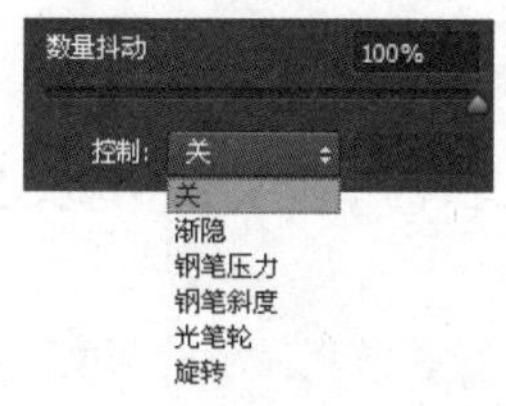


图8-2-45

**纹理**：在“画笔”面板上单击“纹理”选项，就会在“画笔”面板上显示相关的参数内容，设置不同的参数可以在画笔刷中添加纹理效果，如图8-2-46所示。

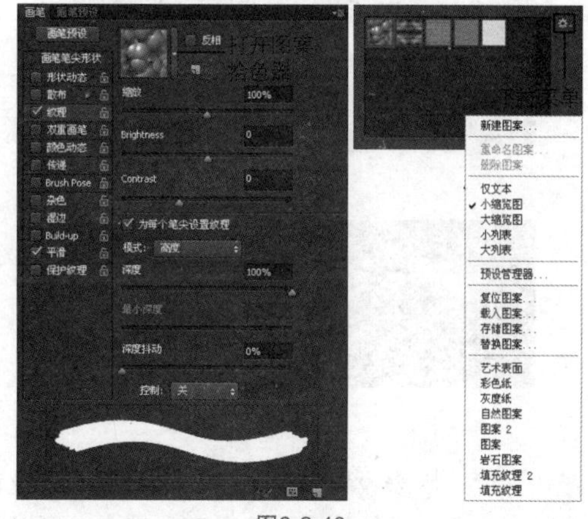


图8-2-46

在“纹理”选项中单击纹理图案的缩览图或缩览图旁边的扩展按钮，弹出“图案”拾色器对话框，选择所需要的纹理，单击扩展按钮，在弹出的下拉菜单中选择所需要的选项。如勾选“相反”选项，则可以得到相反的纹理效果。

**缩放**：图案纹理的比例缩放，可直接拖动滑块或者在数值栏中直接输入具体参数值。缩放设置为5%时和缩放设置为200%时的笔刷效果分别如图8-2-47和图8-2-48所示。

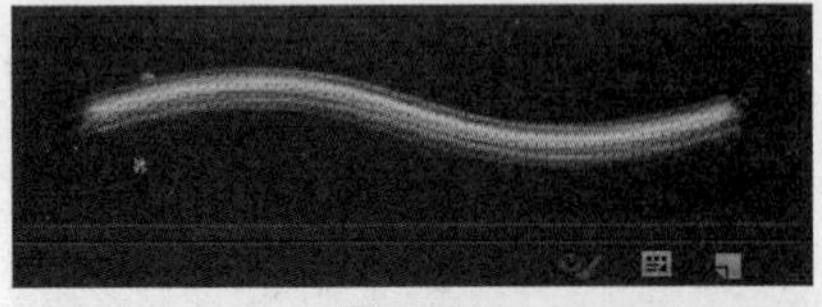
图8-2-47

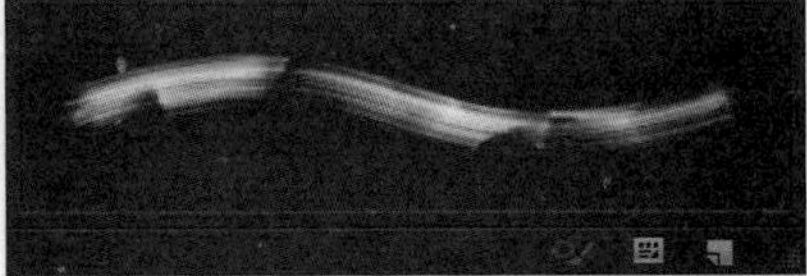
图8-2-48

**Tips 提示**

设置画笔纹理时，如果不勾选“为每个笔尖设置纹理”选项,则无法使用“最小深度”和“深度抖动和控制”变化选项。

**模式**：在模式的下拉菜单中选择图案与前景色之间的混合模式。

**深度**：用于设置纹理显示的深度，设置的值越小，纹理显示的效果越不明显、越模糊；设置的值越大，纹理显示的效果越明显、越清晰。可直接拖动滑块或者在数值栏中直接输入具体参数值，浓度设置为5%时和缩放设置为100%时的笔刷效果分别如图8-2-49和图8-2-50所示。

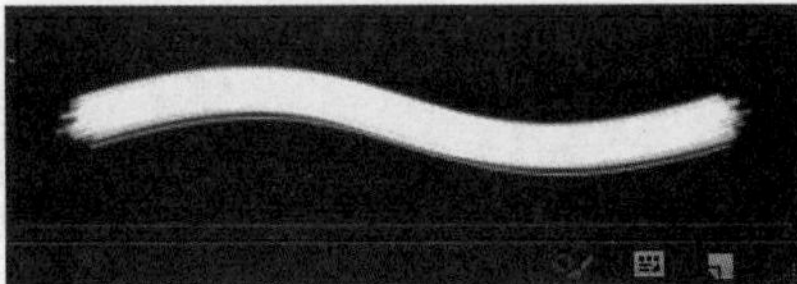
图8-2-49

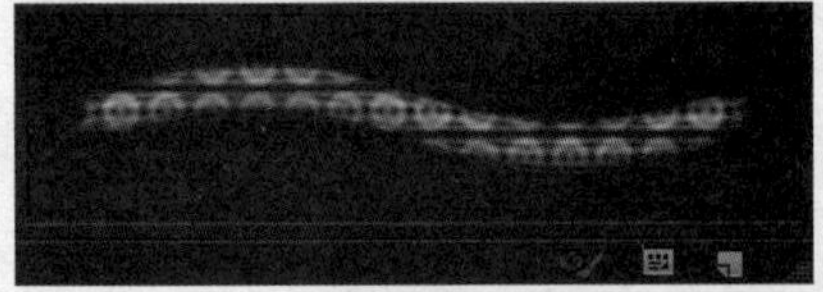
图8-2-50

**最小深度**：用来设置纹理显示的深浅程度，设置的参数值越大纹理显示的效果波动幅度就越小。可以指定当“深度控制”设置为“渐隐”、“钢笔压力”、“钢笔斜度”、“光比轮”和“旋转”时油彩可深入的最小值。在勾选“为每个笔尖设置纹理”选项时，该选项才被激活。当“渐隐”设置为100，最小深度设置为10%时和最小深度设置为100%时的笔刷效果分别如图8-2-51和图8-2-52所示。

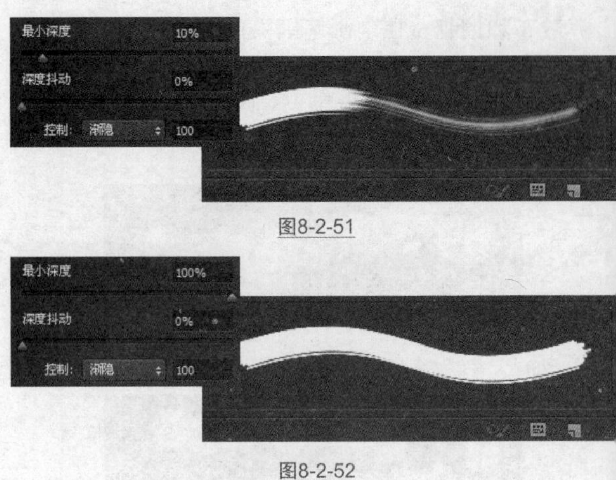

图8-2-51


图8-2-52

**深度抖动和控制**：用来设置纹理显示深浅度的抖动程度，设置的参数值越大抖动的幅度就越大。在控制选项中可以选择如何控制画笔笔迹的深浅变化，当勾选“为每个笔尖设置纹理”选项后，该选项才被激活。当“渐隐”设置为25，深度抖动设置为0%时和深度抖动设置为100%时的笔刷效果分别如图8-2-53和图8-2-54所示。

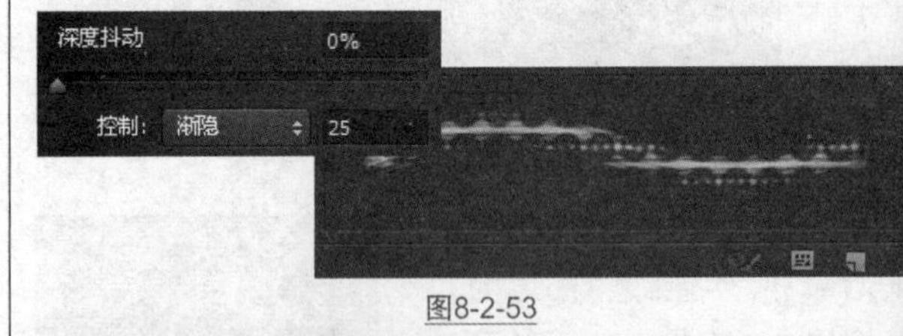

图8-2-53

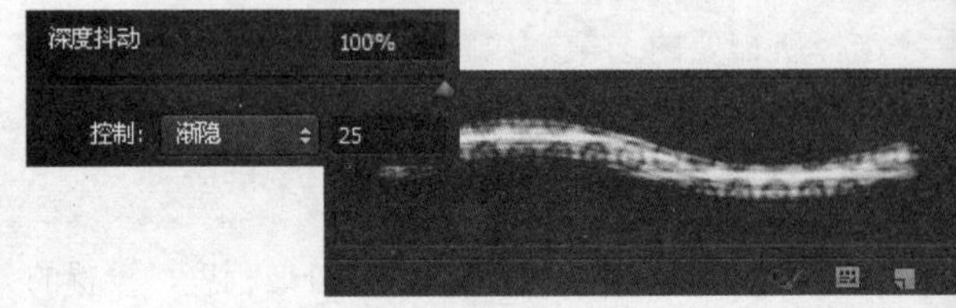

图8-2-54

控制画笔笔迹的深浅度的变化，单击“控制”右边的扩展按钮，在弹出的下拉菜单中，选择所需要的选项，如图8-2-55所示。

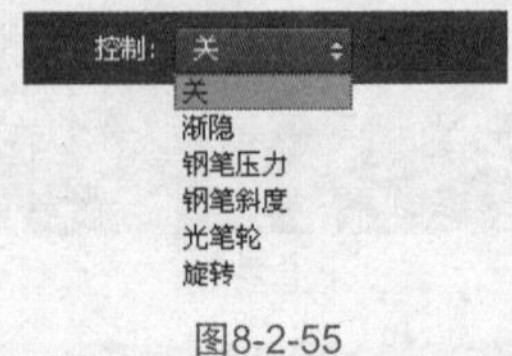

图8-2-55

**双重画笔**：在“画笔”面板上单击“双重画笔”选项，就会在“画笔”面板上显示相关的参数内容，设置不同的参数得到的双重画笔效果，如图8-2-56所示。

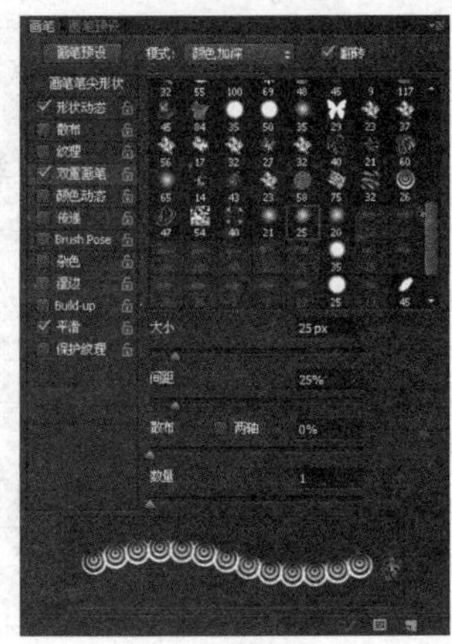
图8-2-56

双重画笔可以使用两个笔尖创建画笔笔迹，创建出不同的画笔效果。首先单击“画笔笔尖形状”选项，选择所需要的画笔笔尖，然后再单击“双重画笔”选项。选择另一个画笔笔尖，会显示相关的选项。

**模式**：在下拉菜单中选择两种画笔笔尖的混合模式。

**直径**：设置双重画笔笔尖的大小。当单击“使用取样大小”按钮，可将画笔恢复初始直径的样式。

**间距**：设置描边中双重画笔笔尖之间的距离。

**散布**：设置双重画笔笔迹的分布方式。当勾选“两轴”时双重画笔笔尖按径向分布，取消此选项的勾选时，双重画笔笔尖则垂直于描边路径分布。

**数量**：设置每个间距之间应用双重画笔笔迹的数量。

**颜色动态**：颜色动态是设置画笔笔刷路线中油彩颜色的变化方式。设置其选项时笔刷的颜色不仅只局限于前景色的设置。在“画笔”面板上单击“颜色动态”选项，“画笔”面板上会显示相关的参数内容，由于设置参数以得到颜色动态效果，如图8-2-57所示。

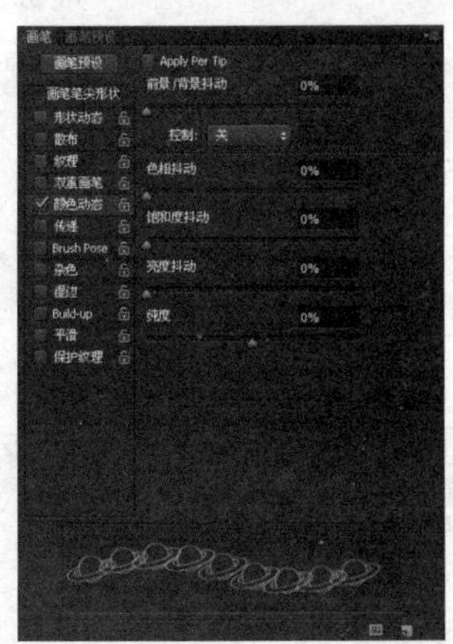
图8-2-57

前景/背景抖动：设置的参数值越小，笔刷的颜色越接近于前景色；设置的参数值越大，笔刷的颜色越接近于背景色。在“控制”选项下拉菜单中可选择如何设置画笔笔迹的颜色变化，可直接拖动滑块或者在数值栏中直接设置具体参数值。当前景色设置为黄色，背景色设置为红色，前景/背景抖动设置为50%时和前景/背景抖动设置为100%时的笔刷效果分别如图8-2-58和图8-2-59所示。

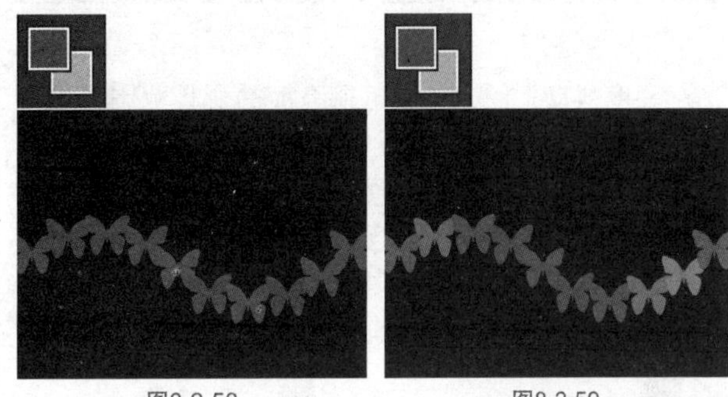
图8-2-58　　图8-2-59

控制画笔笔迹的颜色动态变化，单击“控制”右边的扩展按钮，在弹出的下拉菜单中，选择所需要的选项，如图8-2-60所示。

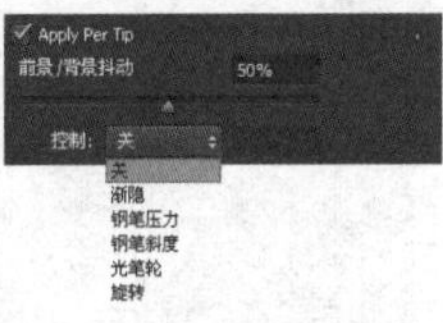

图8-2-60

**色相抖动**：用来设置笔刷的色相变化范围。设置的参数值越小，变化的颜色越接近于前景色；设置的参数值越大，变化的颜色越多。可直接拖动滑块或者在数值栏中直接设置具体参数值。当前景色设置为蓝色，背景色设置为白色，色相抖动设置为10%时和色相抖动设置为100%时的笔刷效果分别如图8-2-61和图8-2-62所示。

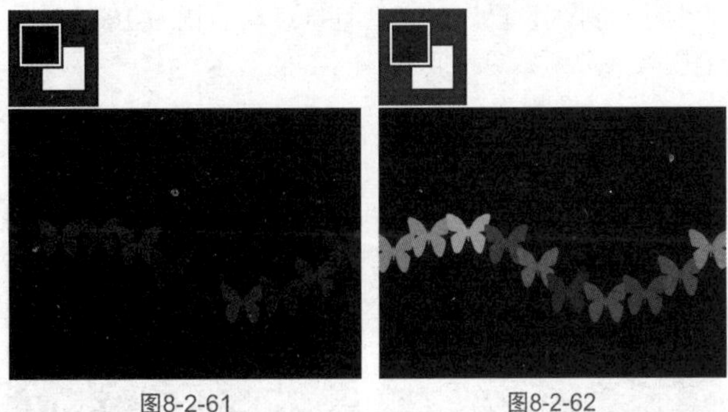
图8-2-61　　图8-2-62

**饱和度抖动**：用来设置笔刷的颜色饱和度变化范围。设置的参数值越小，饱和度越接近于前景色；设置的参数值越大，色彩的饱和度越高。可直接拖动滑块或者在数值栏中直接设置具体参数值。当前景色设置为绿色，背景色设置为黄色，饱和度抖动设置为10%时和饱和度抖动设置为100%时的笔刷效果分别如图8-2-63和图8-2-64所示。

图8-2-63

图8-2-64

**亮度抖动**：用来设置笔刷亮度的变化范围。设置的参数值越小，亮度越接近于前景色；设置的参数值越大，亮度越接近于背景色。可直接拖动滑块或者在数值栏中直接设置具体参数值。当前景色设置为黄色，背景色设置为蓝色，亮度抖动设置为10%时和亮抖动设置为100%时的笔刷效果分别如图8-2-65和图8-2-66所示。

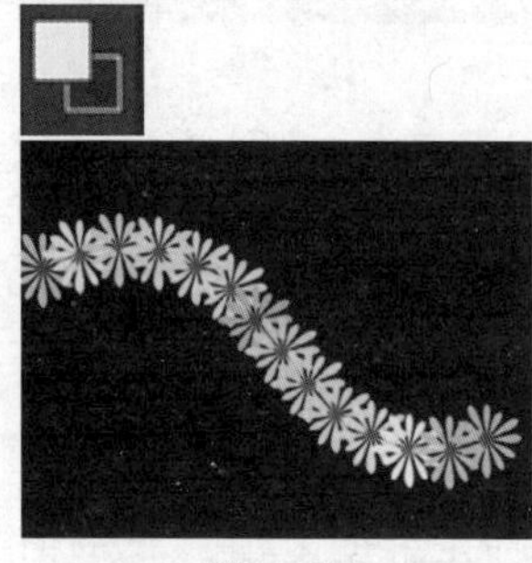

图8-2-65

图8-2-66

**纯度**：用来设置画笔的纯度，增大或减小颜色的饱和度。如果参数值设置为-100%时，画笔笔迹的颜色将被完全去掉了；随着参数值设置增大，画笔笔迹的饱和度也将越来越高。当前景色设置为绿色，背景色设置为蓝色，纯度设置为100%时和纯度动设置为-100%时的笔刷效果分别如图8-2-67和图8-2-68所示。

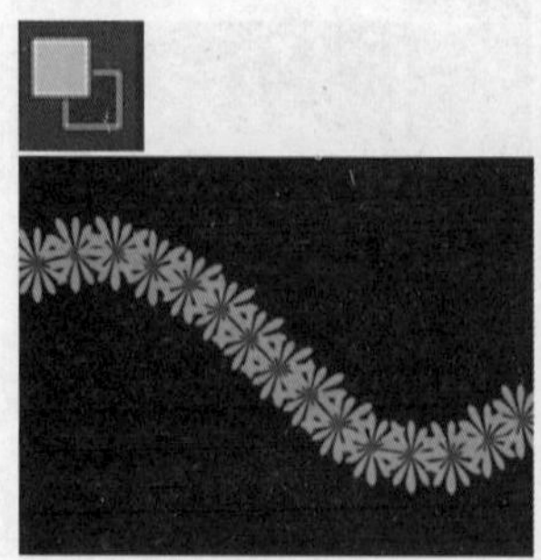

图8-2-67

图8-2-68

**其他动态**：在"画笔"面板上单击"传递"选项，就会在"画笔"面板上显示相关的参数内容，设置不同的参数得到的其他动态效果，如图8-2-69所示。

**不透明度的抖动**：设置笔刷不透明度的变化效果。在"控制"的下拉菜单中选择所需要的选项。

**流量抖动**：设置笔迹中油彩的流量变化程度。

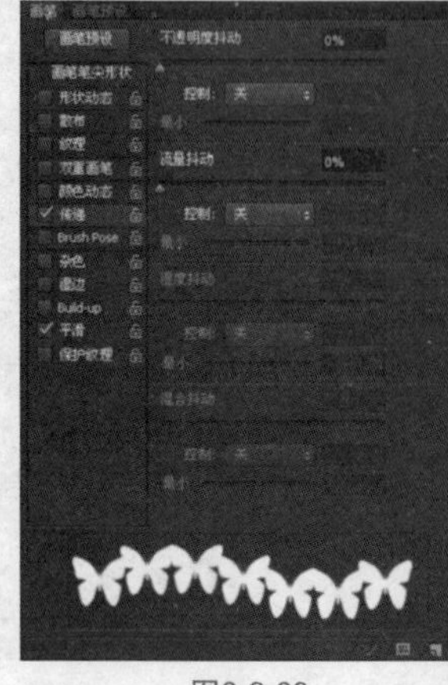

图8-2-69

## 技术要点：画笔辅助预设

**杂色**：可以为个别画笔添加额外的随机性。笔刷的设置边缘越柔和，杂色的效果越明显。

**湿边**：可以将绘制的边缘增大油彩效果，从而绘制出水彩画的效果。

**喷枪**：与画笔工具选项中单击的喷枪按钮的作用相同，勾选此选项，或单击工具选项中栏的喷枪按钮，都可以激活喷枪工具。

**平滑**：选择"平滑"选项，在绘制过程中将产生较平滑的曲线。

**保护纹理**：使用多个纹理画笔笔尖绘制时，将所有具有纹理的笔刷预设应用相同的图案和比例，将会模拟出一致的画布纹理。

训练营 第8章/训练营/01 为人物添加假睫毛

## 01 为人物添加假睫毛

▲ 新建"图层1"在图层1上进行操作
▲ 选择名为"沙丘草"的笔刷
▲ 在"画笔"面板中调整笔刷大小和角度绘制睫毛

01 执行【文件】/【打开】命令，弹出“打开”对话框，选择需要的素材，单击“打开”按钮打开图像，如图8-2-70所示。

图8-2-70

02 单击“图层”面板上的创建新的图层按钮，新建“图层1”。放大图像视图，选择工具箱中的画笔工具，打开“画笔”面板，在“画笔”面板中选择名为“沙丘草”的笔刷，设置合适的笔刷大小及角度，设置参数如图8-2-71所示，在图像中绘制左眼睛左部的睫毛，得到的图像效果如图8-2-72所示。

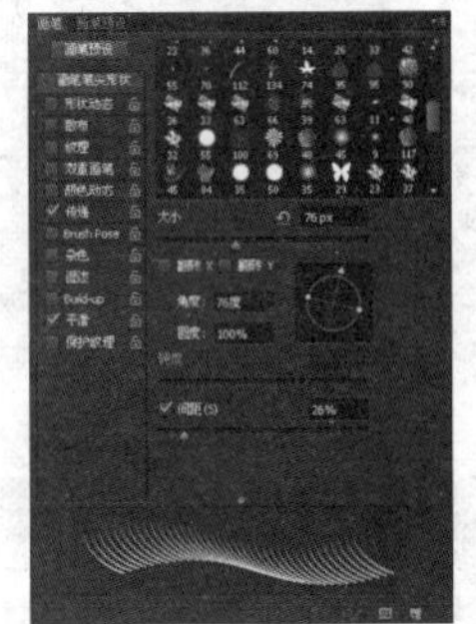
图8-2-71

图8-2-72

## 技术要点：画笔工具

在Photoshop中可将绘制的图形，整个图像或选区内的部分图像创建为自定义画笔。首先，新建一个透明文档，绘制想要的画笔样式，绘制完毕后执行【编辑】/【定义画笔预设】命令，弹出“画笔名称”对话框，为自定义画笔命名，设置完毕后单击“确定”按钮。

03 在“画笔”面板中设置合适的笔刷大小与角度，设置参数如图8-2-73所示，在图像中绘制左眼睛中部的睫毛，得到的图像效果如图8-2-74所示。

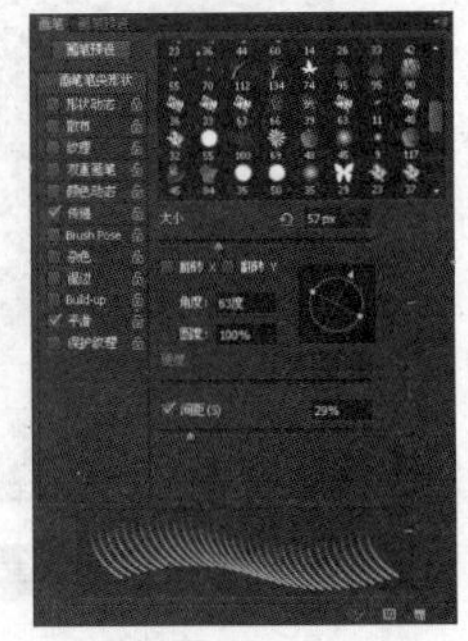
图8-2-73

图8-2-74

04 在“画笔”面板中设置合适的笔刷大小和与角度，设置参数如图8-2-75，在图像中绘制左眼睛右部的睫毛，得到的图像效果如图8-2-76所示。

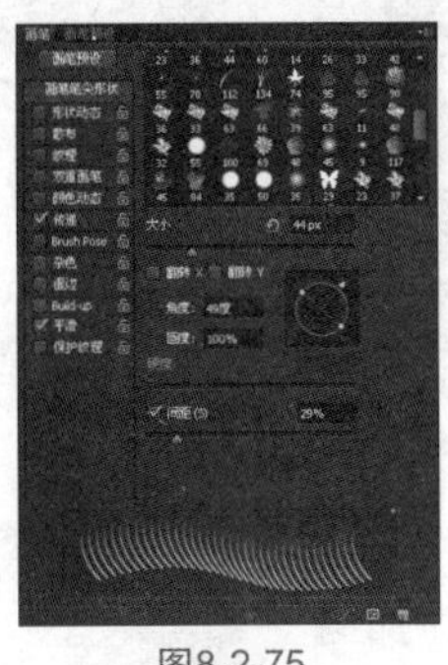
图8-2-75

图8-2-76

05 在“画笔”面板中勾选翻转X选项，设置合适的笔刷大小和与角度，设置参数如图8-2-77所示，在图像中绘制右眼睛右部的睫毛，得到的图像效果如图8-2-78所示。

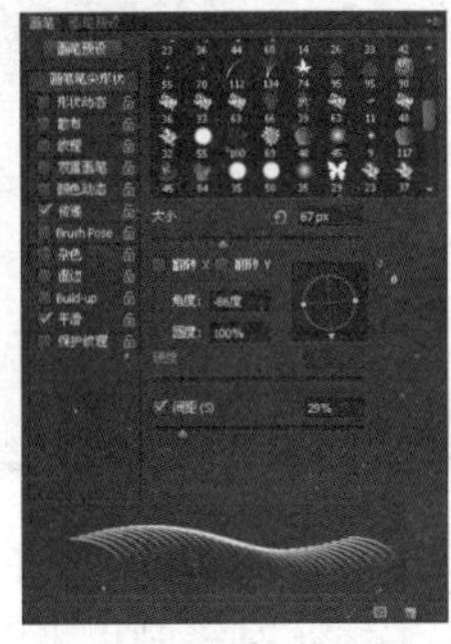
图8-2-77

图8-2-78

06 在“画笔”中继续勾选翻转X选项，设置合适的笔刷大小与角度，设置参数如图8-2-79所示，在图像中绘制右眼睛中部的睫毛，得到的图像效果如图8-2-80所示。

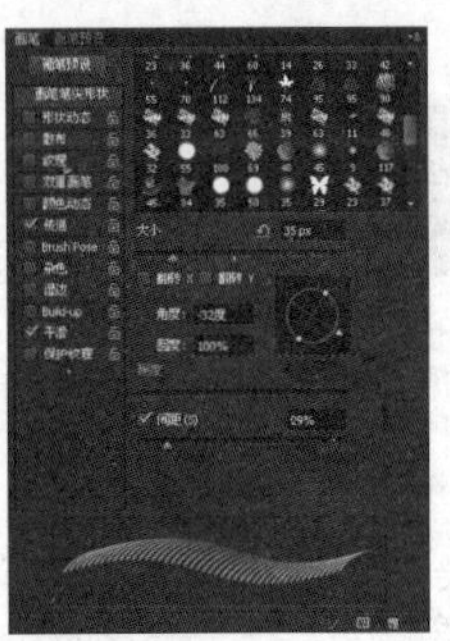
图8-2-79

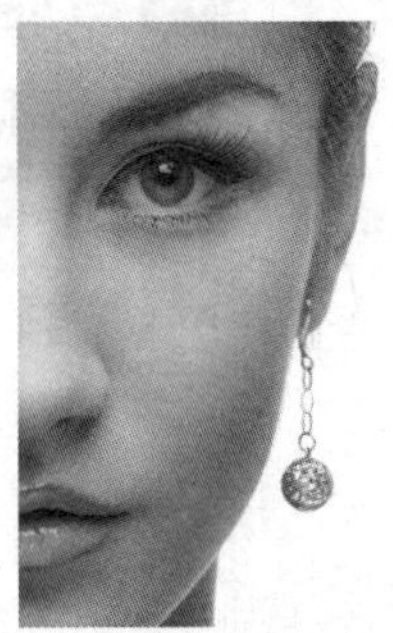
图8-2-80

07 在“画笔”面板中设置合适的笔刷大小和与角度，设置参数如图8-2-81所示，在图像中绘制右眼睛左部的睫毛，得到的图像效果如图8-2-82所示。

图8-2-81

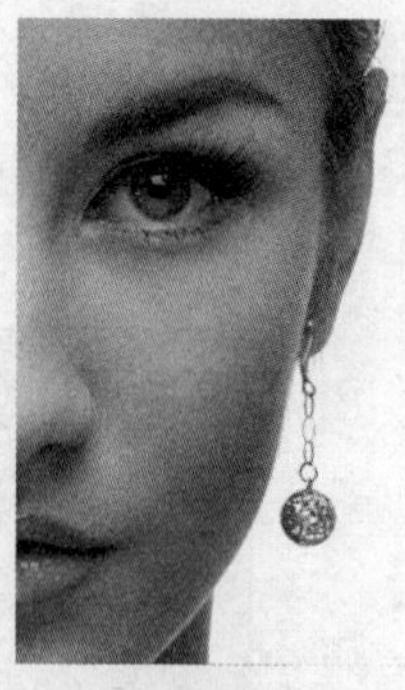
图8-2-82

08 单击面板上的添加图层蒙版按钮，为“图层1”添加图层蒙版，将前景色设置为黑色，选择工具箱中的画笔工具，在某工具箱选项中设置合适的柔角笔刷沿着睫毛生长的方向涂抹，恢复视图大小，得到的图像效果如图8-2-83所示。

图8-2-83

## 8.2.2 铅笔工具

铅笔工具和画笔工具操作的方法是相同的，都是用前景色来绘制线条。但铅笔工具绘制出来的线条边缘是有棱角，清晰可见，而画笔工具绘制出来的线条边缘是有柔边的效果。右键单击工具箱中的画笔工具，在弹出的下拉菜单中选择铅笔工具，铅笔工具的位置如图8-2-84所示。

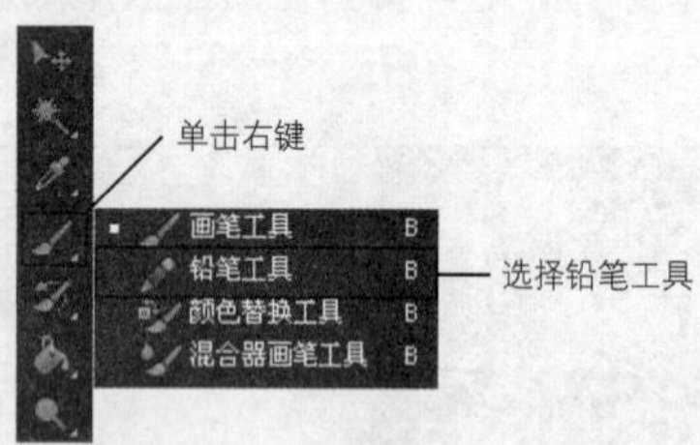

图8-2-84

在铅笔工具的工具选项栏中，除了“自动涂抹”功能与画笔工具不一样之外，其他的都一样，如图8-2-85所示。

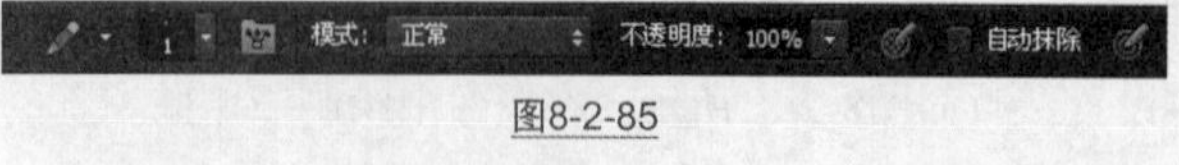

图8-2-85

### ※ 自动涂抹

在铅笔工具的工具栏中勾选“自动涂抹”选项后，使用铅笔工具在图像中含有前景色的区域绘制时，画出来的线条是背景色的颜色；不勾选“自动涂抹”选项后，在图像中含有背景色的区域绘制时，画出来的线条是前景色的颜色。

新建文档，将前景色设置为黑色，背景色设置为红色。单击“图层”面板上的创建新图层按钮，得到“图层1”（此时“图层1”填充前景色的颜色）。选择工具箱中的铅笔工具，在图像中随意的绘制，如图8-2-86所示；勾选“自动涂抹”，在图像中的黑色区域绘制，如图8-2-87所示；再接着在所绘制的红色区域上绘制，如图8-2-88所示；不勾选“自动涂抹”，在图像中绘制过的红色区域绘制，如图8-2-89所示。

图8-2-86

图8-2-87

图8-2-88

图8-2-89

**Tips 提示**

在使用画笔工具绘制完毕时，按住Shift键拖动鼠标可沿水平、垂直或45°角方向绘制该图像。

单击铅笔工具选项栏中的切换至画笔工具面板，弹出“画笔”面板，如图8-2-90所示。可以发现铅笔工具中的画笔面板除了没有柔角笔刷外，其他设置都与画笔工具中的画笔面板相同。

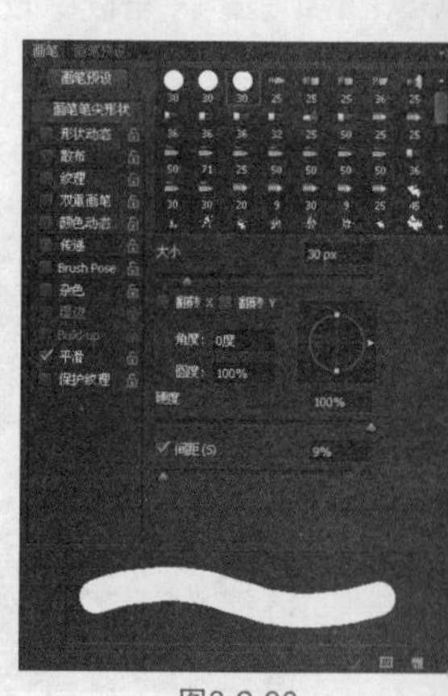
图8-2-90

在笔尖类型一样的情况下，铅笔工具绘制的图像比较生硬，如图8-2-91所示；画笔工具绘制的图像显得柔和，如图8-2-92所示。

图8-2-91

图8-2-92

## 8.2.3 颜色替换工具

颜色替换工具能够简化图像中特定颜色的替换。可以用校正颜色在目标颜色上绘画。

### 实战 使用颜色替换工具

第 8 章 / 实战 / 与图像分辨率相关的命令

颜色替换工具的原理是用前景色替换图像中指定的像素，因此使用时需选择好前景色，如图8-2-93所示。

图8-2-93

选择好前景色后，在图像中需要更改颜色的地方涂抹，即可将其替换为前景色，不同的绘图模式会产生不同的替换效果，常用的模式为“颜色”，替换颜色前后的图像效果如图8-2-94所示。

图8-2-94

在图像中涂抹时，起笔（第一个点击的）像素颜色将作为基准色，选项中的“取样”、“限制”和“容差”都是以其为准的。

颜色替换工具的工具选项栏如图8-2-95所示。

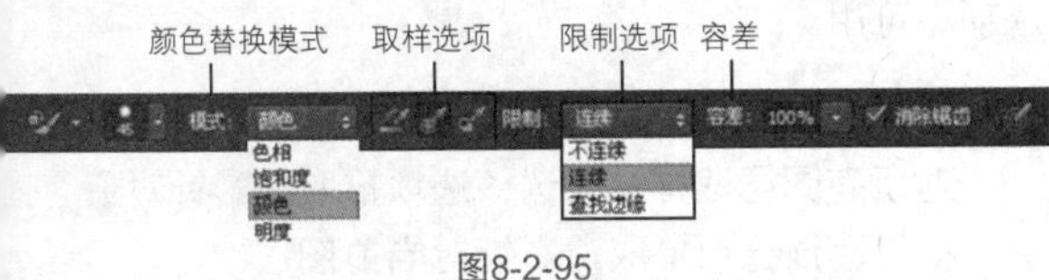

图8-2-95

**取样选项**：“连续”方式将在涂抹过程中不断以鼠标所在位置的像素颜色作为基准色，决定被替换的范围，在拖移时对颜色连续取样。“一次”方式将始终以涂抹开始时的基准像素为准，只替换第一次点按的颜色所在区域中的目标颜色。“背景色板”方式将只替换与背景色相同的像素，只抹除包含当前背景色的区域。以上3种方式都要参考容差的数值。

**限制选项**：“不连续”方式将替换鼠标所到之处的颜色。“邻近”方式替换鼠标邻近区域的颜色。“查找边缘”方式将重点替换位于色彩区域之间的边缘部分，同时更好地保留形状边缘的锐化程度。

**容差**：输入一个百分比值（范围为 1 ~ 100）或者拖移滑块。选取较低的百分比可以替换与所点按像素非常相似的颜色，而增加该百分比可替换范围更广的颜色。

要为所校正的区域定义平滑的边缘，请选择“消除锯齿”。

### 训练营 02 快速替换局部颜色

第 8 章 / 训练营 /02 快速替换局部颜色

▲ 学会使用颜色替换工具
▲ 掌握不同图像中替换颜色的简便方法

01 打开需要替换局部颜色的素材图像，如图8-2-96所示。

图8-2-96

02 使用魔棒工具将帽子载入选区，选择工具箱中的颜色替换工具，在其工具选项栏中如图8-2-97所示设置参数，在图像中的选区内涂抹，如图8-2-98所示。

图8-2-97

图8-2-98

## 8.2.4 混合器画笔工具

混合器画笔工具是Photoshop CS5版本开始新增的功能，方便电脑绘画爱好者使用，结合“绘画”工作区，可以绘制出逼真的手绘效果。

### ※ 了解混合器画笔工具

选择工具箱中的混合器画笔工具，其工具选项栏如图8-2-99所示。

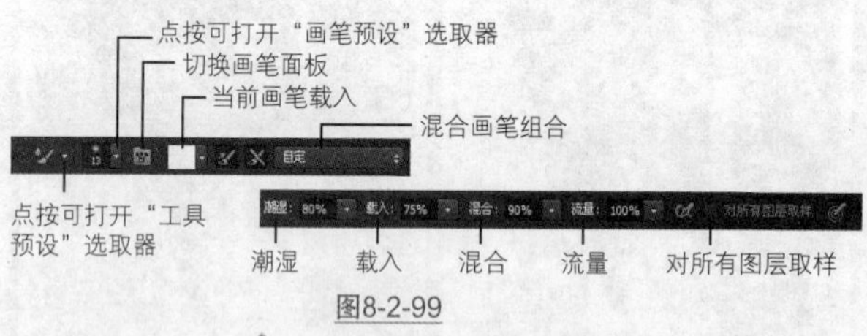


图8-2-99

**点按可打开“工具预设”选取器：** 单击此按钮，弹出“工具预设”选取器如图8-2-100所示，其中Photoshop CS6包含自带的画笔预设选项，单击右侧的扩展按钮，弹出下拉列表，如图8-2-101所示，用户也可以自己新建、载入或删除工具预设。

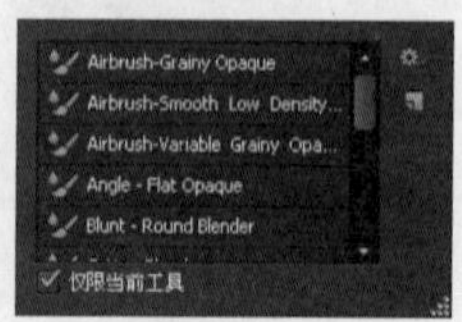


图8-2-100

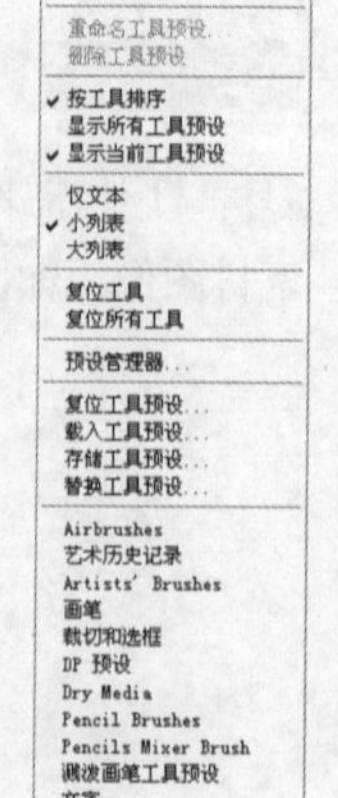


图8-2-101

**点按可打开“画笔预设”选取器：** 单击此按钮，弹出“画笔预设”选取器，在该下拉列表中可以设置笔刷样式、大小和硬度。

**切换画笔面板：** 单击可打开“画笔”面板。

**当前画笔载入：** 单击下拉按钮可弹出载入画笔、清理画笔和只载入纯色三个选项，可以载入或清理当前画笔。单击色块弹出“选择绘画颜色”对话框如图8-2-102所示，可以设置当前画笔颜色。

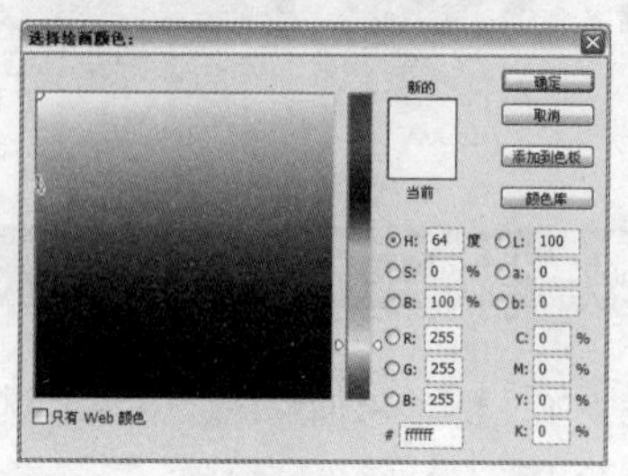


图8-2-102

**混合画笔组合：** 单击后可弹出如图8-2-103所示的下拉列表，可以选择混合画笔组合类型。如图8-2-104所示为原图，选择干燥画笔在图像中绘制如图8-2-105所示；选择湿润画笔在图像中绘制如图8-2-106所示。

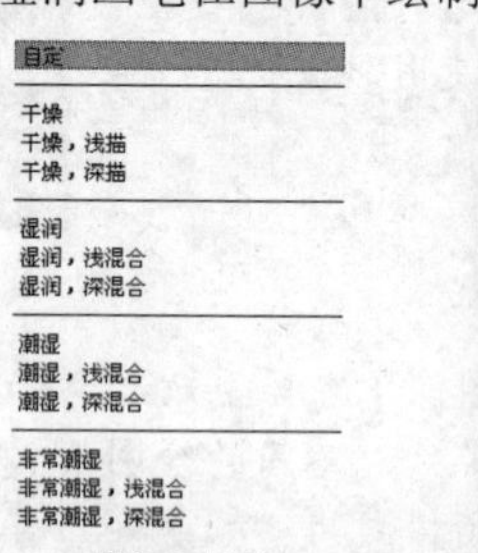


图8-2-103

图8-2-104

图8-2-105

图8-2-106

**潮湿：** 设置从画布拾取的油彩量。参数越大拾取的油彩数量越多。

**载入：** 设置画笔上的油彩量。

**混合：** 设置描边的颜色混合比。当潮湿为0时，该选项不可用。

**流量：** 设置描边的流动数率。

**对所有图层取样：** 勾选该选项拾取油彩针对所有图层，不勾选该选项拾取油彩针对当前图层。

训练营 第 8 章 / 训练营 /03 用混合性画笔制作油画效果 

## 03 用混合性画笔制作油画效果

▲ 使用仿制图章工具去除多余人物

Before

After

01 打开需要的素材，如图8-2-107所示。

02 将“背景”图层拖曳至“图层”面板上的创建新层按钮上，得到“背景副本”图层，如图8-2-108示。

图8-2-107

图8-2-108

03 选择工具箱中的混合性画笔工具，在其工具项栏中选择如图8-2-109所示的笔刷样式，选择“潮”混合画笔组合，如图8-2-110所示在图像中进行抹。

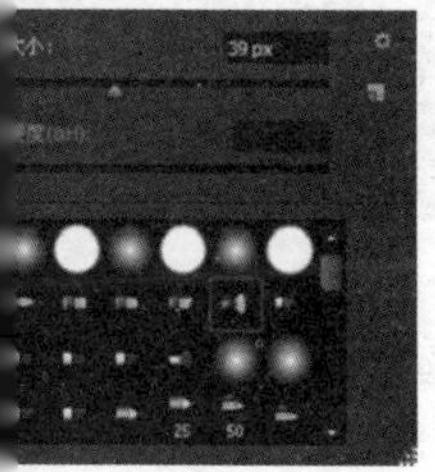

图8-2-109

图8-2-110

**Tips 提示**

在使用混合性画笔时，按住 Alt 键可切换至吸管工具，在图像中单击可以更改画笔颜色。

04 涂抹完毕后的图像效果如图8-2-111所示。

图8-2-111

**Tips 提示**

涂抹图像细节区域可缩小画笔，按快捷键“[”缩小笔刷大小，按快捷键“]”放大笔刷大小。

05 将“背景副本”图层拖曳至“图层”面板上的创建新图层按钮上，得到“背景副本2”图层，将其图层混合模式设置为“柔光”得到的图像效果如图8-2-112所示。

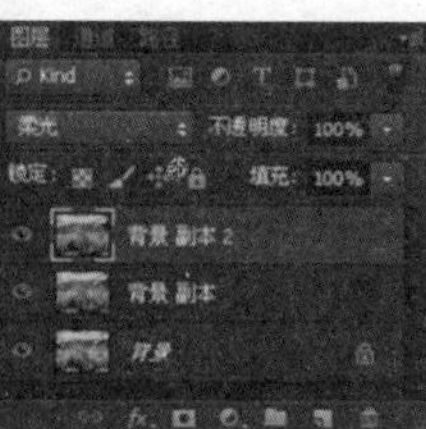

图8-2-112

06 将“背景”图层拖曳至“图层”面板上的创建新图层按钮上，得到“背景副本3”图层，将其置于“图层”面板最上方，如图8-2-113所示。

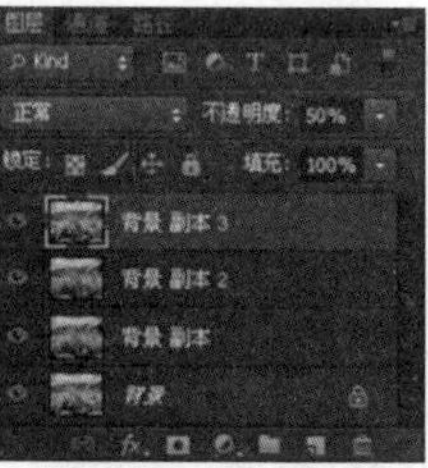

图8-2-113

07 将“背景副本3”的图层混合模式设置为“柔光”，图层不透明度设置为50%，得到的图像效果如图8-2-114所示。

图8-2-114

# 8.3 给图像填充颜色

**关键字** 渐变工具、油漆桶工具、填充与描边命令

给图像填充颜色涉及的工具有渐变工具、油漆桶工具及填充与描边命令。渐变工具的样式很多，可以绘制出不同的渐变效果；油漆桶工具主要用于大面积的覆盖图像。下面我们就来学习如何使用。

## 8.3.1 渐变工具

渐变工具用于在文档或图像中填充渐变的颜色和透明过渡变化的效果。使用渐变工具可绘制出不同的效果。在图像中拖动一条直线以表示渐变的起点和终点，松开鼠标就会显示创建的渐变样式。渐变工具在工具箱中的位置如图8-3-1所示。

图8-3-1

### ※ 实底渐变

选择渐变工具，在工具选项中可选择渐变的类型、设置渐变的混合模式及不透明度等，渐变工具的选项栏如图8-3-2上方的图所示。

可编辑渐变条：单击会弹出“渐变编辑器”对话框，如图8-3-2下方的图所示。

图8-3-2

**渐变的样式**：可选择不同的渐变样式，包括线性渐变、径向渐变、角度渐变、对称渐变及菱形渐变。

单击工具选项栏中的线性渐变按钮，可绘制直线从起点到终点的渐变效果。其中直线的起点为渐变的第一种颜色的填充，终点为渐变的最后一种颜色的填充。在渐变编辑器中设置如图8-3-3所示的渐变颜色，使用线性渐变填充，得到的图像效果如图8-3-4所示。

图8-3-3

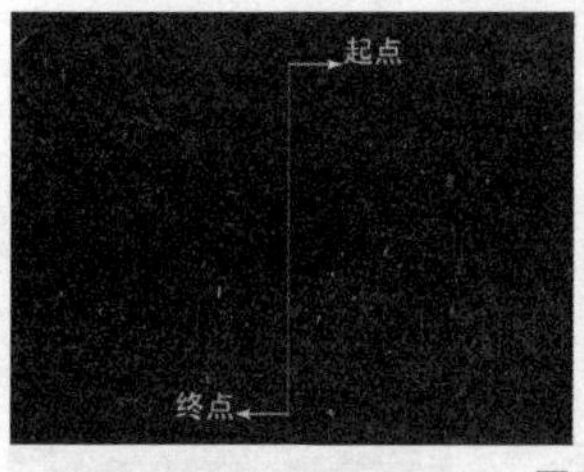

图8-3-4

渐变颜色不变，单击工具选项栏中的径向渐变按钮，以起点为圆心，起点到终点为半径，可绘制圆形的渐变效果。半径以外的颜色为最后一种颜色。如图8-3-5所示。

图8-3-5

渐变颜色不变，单击工具选项栏中的角度渐变按钮，以起点为中心，自拖动鼠标的角起旋转360°，可绘制圆锥形渐变效果，如图8-3-6所示。

图8-3-6

渐变颜色不变，单击工具选项栏中的对称渐变按丑▣，可绘制直线从起点到终点的渐变效果。终点以卜的颜色为最后的一种颜色，同时将渐变效果以起点刂终点方向拖动鼠标，以垂直轴进行对称复制，如图-3-7所示。

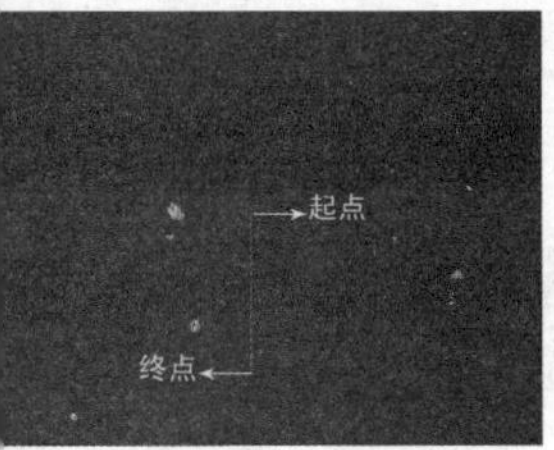

图8-3-7

渐变颜色不变，单击工具选项栏中的菱形渐变按丑▣，具体的操作方法与径向渐变按钮▣相似，最终产E的效果是菱形渐变，如图8-3-8所示。

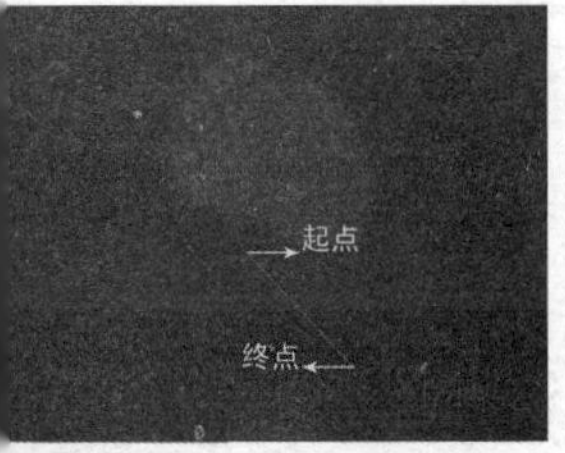


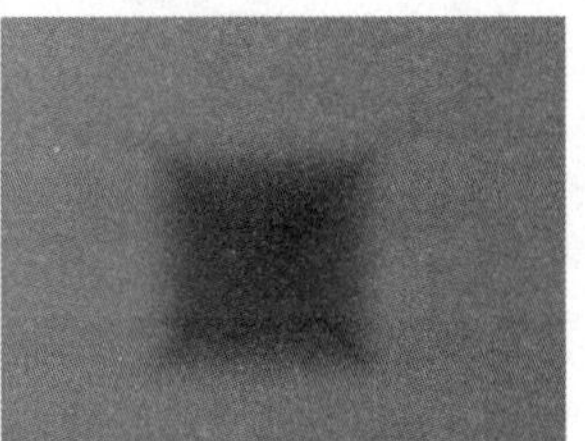

图8-3-8

**Tips 提示**

在使用渐变工具时，按住 Shift 键，可沿水平、垂直或 45° 角的方向拖动鼠标，绘制渐变效果。

**模式**：在下拉菜单中设置渐变的混合模式。

**不透明度**：设置渐变效果的不透明度。设置紫到绿刂橙的渐变，如图8-3-9和图8-3-10所示分别为设置不透月度为50%和不透明度为100%时的图像效果。

图8-3-9

图8-3-10

**反向**：勾选此选项，可调换该渐变颜色的填充顺序。选择紫到绿到橙的渐变，如图8-3-11和图8-3-12所示分别为勾选反向和未勾选反向时的图像效果。

图8-3-11

图8-3-12

**仿色**：勾选此选项，可使渐变的颜色过渡效果更加柔和。选择紫到绿到橙的渐变，如图8-3-13和图8-3-14所示分别为勾选仿色和未勾选仿色时的图像效果。

图8-3-13

图8-3-14

**透明区域**：勾选此选项，可创建渐变颜色的透明效果，不勾选此选项，渐变不会产生此效果。设置前景色为蓝色，在渐变工具选项栏中选择由前景色到背景色的渐变类型，如图8-3-15和图8-3-16所示分别为勾选透明区域和未勾选透明区域时填充渐变的图像效果。

图8-3-15

图8-3-16

## ※ 杂色渐变

在“渐变编辑器”的“渐变类型”的下拉菜单中选择“杂色”选项，渐变编辑条上可显示杂色渐变，如图8-3-17所示。

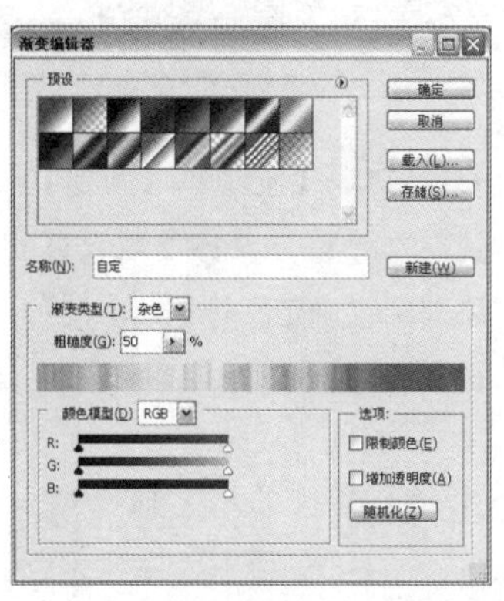


图8-3-17

在“颜色的模式”下拉菜单中可设置颜色的模式，分别拖动RGB颜色下方的滑块可设置渐变颜色，在“选项”中可勾选所需要设置的选项。单击“随机化”按钮，Photoshop将随机设置色带使用的颜色。设置杂色的效果如图8-3-18所示。

图8-3-18

## 技术要点：杂色的设置选项

粗糙度用于设置渐变的粗糙程度，设置的参数值越高，颜色的过渡就会粗糙，颜色的范围就越丰富。

当粗糙度设置为 20% 和粗糙度设置为 100% 时，得到的效果如下图所示。

训练营 第 8 章 / 训练营 /04 制作三维立体化按钮

## 04 制作三维立体化按钮

▲ 使用椭圆选区工具绘制圆形
▲ 使用渐变工具填充颜色
▲ 为图层添加图层样式

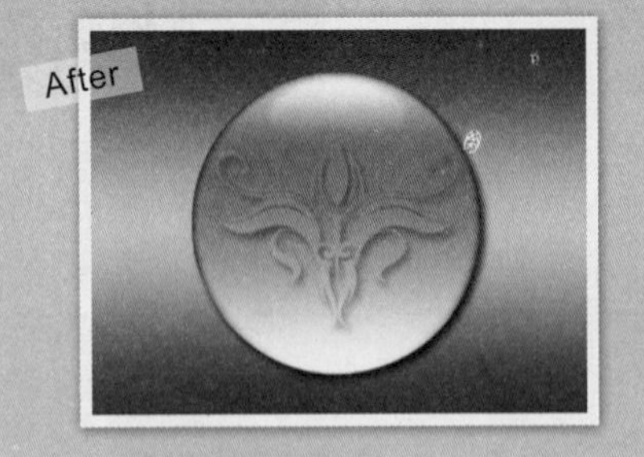


01 执行【文件】/【新建】命令（Ctrl+N），弹出“新建”对话框，具体参数设置如图8-3-19所示，设置完毕后单击“确定”按钮，得到新建图像文档。

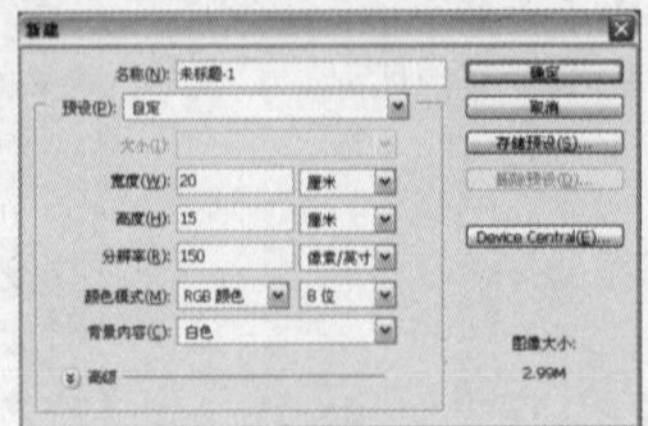
图8-3-19

02 选择工具箱中的渐变工具，双击上方的“点按可编辑渐变条”，弹出“渐变编辑器”，具体设置如图8-3-20所示。

03 设置完毕后单击“确定”按钮，由左到右拖动鼠标填充渐变，得到的图像效果如图8-3-21所示。

图8-3-20

图8-3-21

04 新建“图层1”，选择工具箱中的椭圆选框工具，在图像中绘制椭圆选区，如图8-3-22所示。

图8-3-22

05 选择工具箱中的渐变工具，双击“可编辑渐变条”，弹出“渐变编辑器”，具体设置如图8-3-2[illegible]所示。

06 在图像中由上到下拖动鼠标填充渐变，按快捷键Ctrl+D取消选区，得到的图像效果如图8-3-24所示。

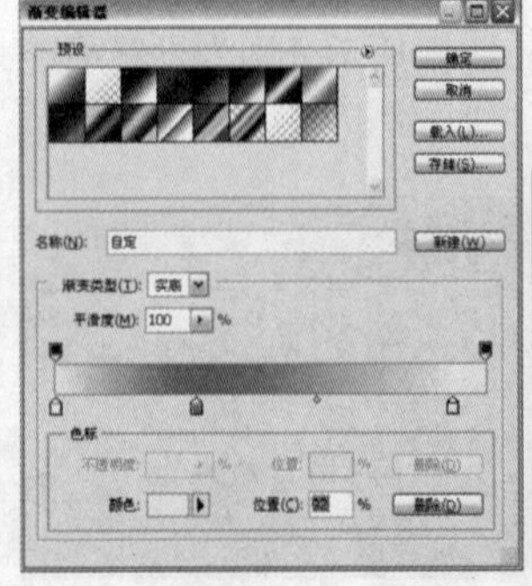
图8-3-23

图8-3-24

### Tips 提示

由左到右的颜色分别为 R255、G255、0，R255、G110、B2，R255、G255、B0。

07 单击“图层”面板中的添加图层样式按钮fx，在弹出的下拉菜单中选择投影选项，在“图层样式”对话框中设置参数，如图8-3-25所示。

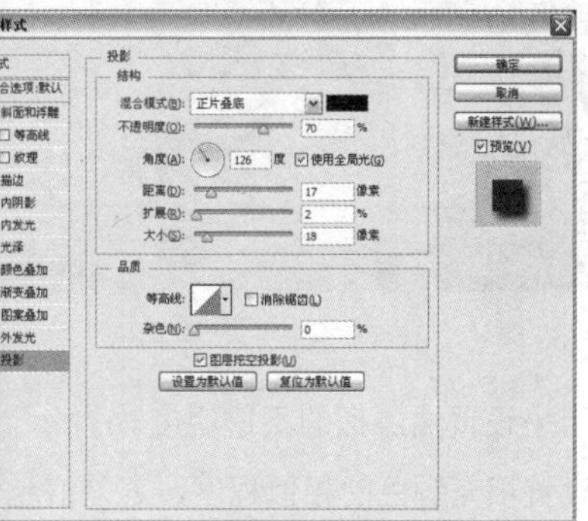

图8-3-25

08 继续选择“内发光”选项，在“图层样式”对话框中设置参数，如图8-3-26所示；设置完毕后单击“确定”按钮，得到的图像效果如图8-3-27所示。

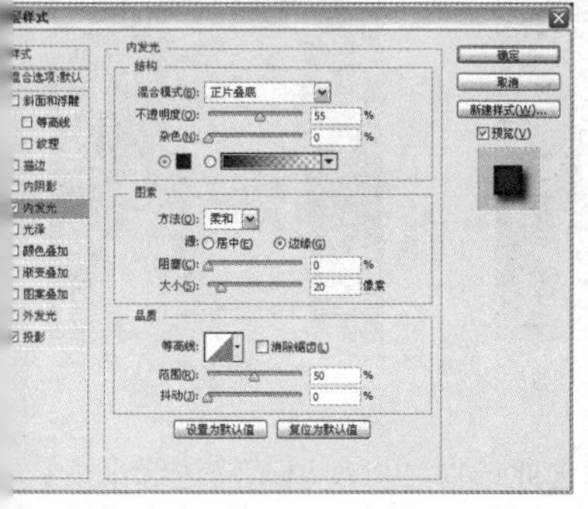

图8-3-26　图8-3-27

09 新建“图层2”，选择工具箱中的椭圆选框工具，在图像中绘制椭圆选区，如图8-3-28所示；按快捷键Shift+F6，设置羽化半径为6；将前景色设置为白色，选择工具箱中的渐变工具，在其工具选项栏中选择由前景色到透明色渐变，由上到下拖动鼠标填充渐变，按快捷键Ctrl+D取消选区，得到的图像效果如图8-3-29所示。

图8-3-28　图8-3-29

10 按住Ctrl键单击“图层1”的图层缩览图，调出其选区，如图8-3-30所示；选择工具箱中的矩形选框工具，按住Alt键，在图像中圆形的上半部绘制矩形选区，得到的图像效果如图8-3-31所示。

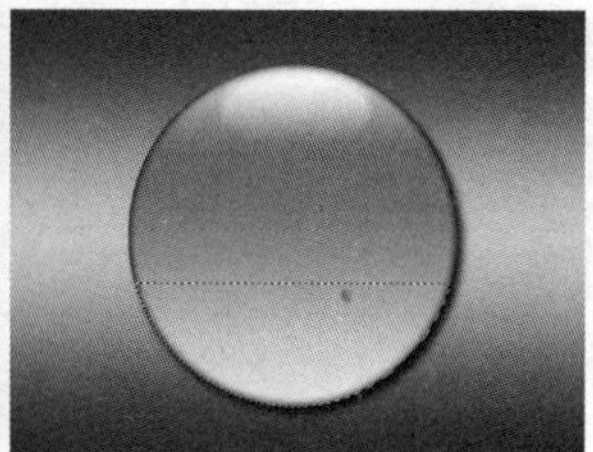

图8-3-30　图8-3-31

11 按快捷键Shift+F6，设置羽化半径为6；选择工具箱中的渐变工具，在其工具选项栏中选择由前景色到透明色渐变，由下到上拖动鼠标填充渐变，按快捷键Ctrl+D取消选区，得到的图像效果如图8-3-32所示。

图8-3-32

12 执行【文件】/【打开】命令，打开所需要的图像素材，如图8-3-33所示。选择工具箱中的移动工具，将新打开的图像拖曳至主文档中，按快捷键Ctrl+T调出自由变换框，调整图像的大小及位置，调整完毕后按Enter键确认调整，得到的图像效果如图8-3-34所示。

图8-3-33　图8-3-34

13 单击“图层”面板中的添加图层样式按钮fx，在弹出的下拉菜单中选择投影选项，在“图层样式”对话框中设置参数如图8-3-35所示，设置完毕后单击“确定”按钮，得到的图像效果如图8-3-36所示。

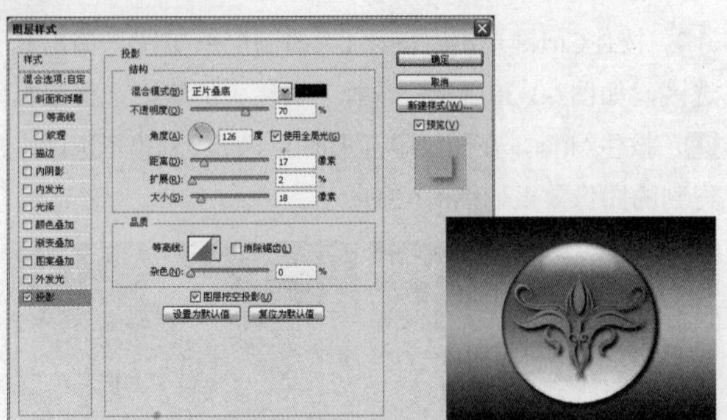

图8-3-35　　图8-3-36

14 将“图层1”、“图层2”和“图层3”全选，并复制，调整其大小、位置和颜色，得到的图像效果如图8-3-37所示。

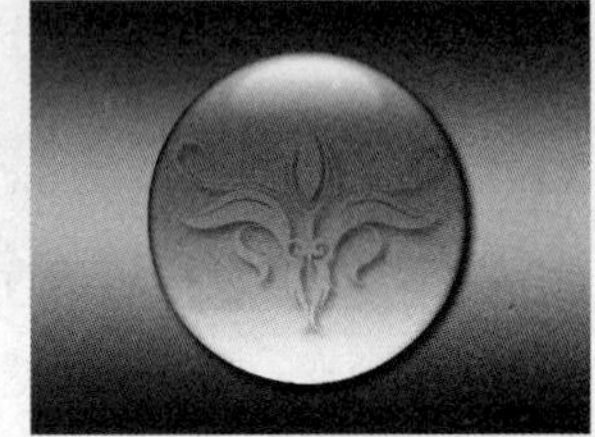

图8-3-37

## 8.3.2 油漆桶工具

油漆桶工具是用于填充颜色或填充图案的工具。如果文档中含有可用选区，使用油漆桶工具在选区中单击，则只有选区中填充颜色或图案相反，如不创建选区，则在与鼠标单击颜色点的相似的区域进行填充。右键单击工具箱中的渐变工具，在弹出的下拉菜单中选择油漆桶工具，油漆桶工具在工具箱的位置如图8-3-38所示。

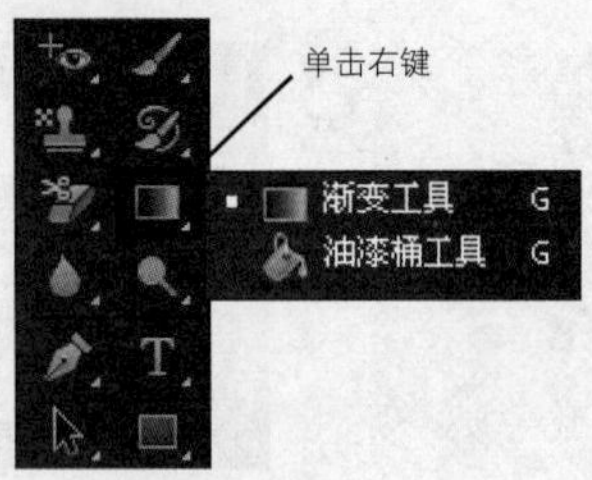


图8-3-38

选择油漆桶工具后，在工具选项中可选择填充前景色或图案，设置油漆桶的混合模式及不透明度等，油漆桶工具的选项栏如图8-3-39所示。

图8-3-39

**填充**：设置填充方式为“前景色”或“图案”的填充。

**模式**：在下拉菜单中设置油漆桶的混合模式。如图8-3-40和图8-3-41所示分别为使用“正常”模式和“叠加”模式填充的图像效果。

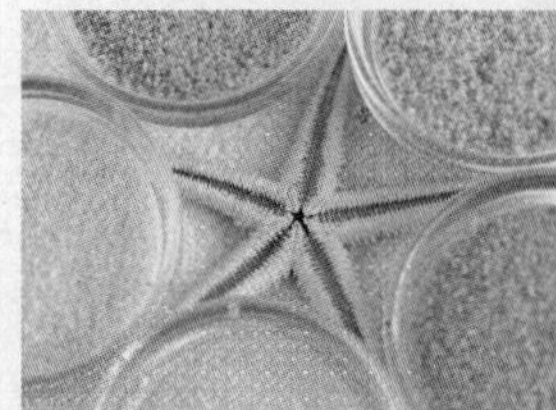

图8-3-40　　图8-3-41

**不透明度**：用来设置油漆桶的不透明度。

**容差**：用来设置填充颜色的相似程度，容差值越低填充颜色的范围也就越小，容差值越高填充的范围也就越大。将前景色设置为绿色，如图8-3-42和图8-3-43所示分别为容差值为10%和容差值为50%的填充工具填充的图像效果。

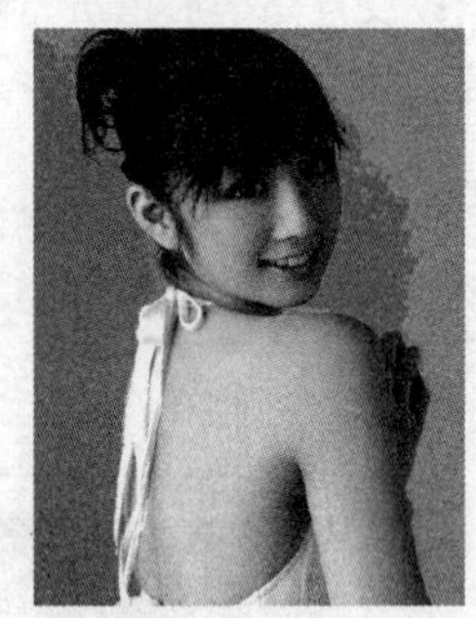

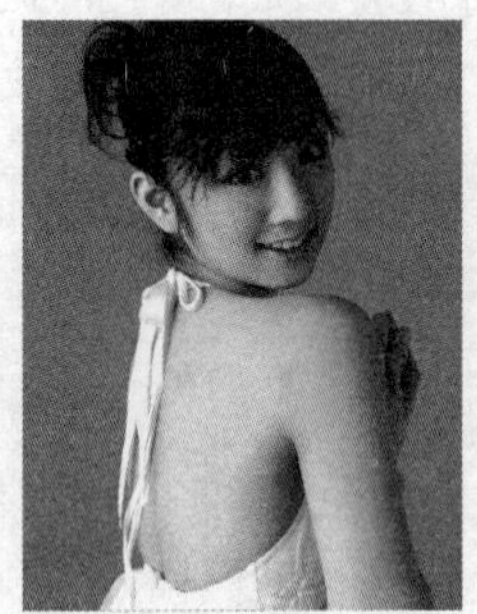

图8-3-42　　图8-3-43

**消除锯齿**：勾选此选项，可使填充的边缘平滑。

**连续的**：勾选此选项，只填充与鼠标单击点相邻的区域；取消此选项，则填充图像中的所有相似像素。

**所有图层**：当图像由多个图层构成，勾选此选项，可将填充应用于所有图层；取消勾选，只填充当前图层。将前景色设置为黄色，打开如图8-3-44所示素材图像，图层面板如图8-3-45所示；勾选所有图层填充颜色的图像效果和未勾选所有图层填充颜色的图像效果分别如图8-3-46和图8-3-47所示。

图8-3-44　　图8-3-45

图8-3-46

图8-3-47

## ※ 油漆桶工具的使用

执行【文件】/【打开】命令，打开所需要的图像素材，如图8-3-48所示。单击“图层”面板上的创建新图层按钮，得到“图层1”。选择工具箱中的油漆桶工具，填充所需要的颜色。在工具栏中将填充设置为“前景色”，模式设置为“正常”，容差值设置为60，在蓝色背景处单击，得到的图像如图8-3-49所示。

图8-3-48

图8-3-49

### Tips 提示

在使用油漆桶工具填充颜色时，大面积的颜色填充后，若还有小部分的区域颜色没有完全填充，需要适当地设置容差值继续为图像填充颜色。

## 实战 油漆桶工具的使用

第 8 章 / 实战 / 油漆桶工具的使用

执行【文件】/【打开】命令，选择所需要的图像素材，如图8-3-50所示；单击“图层”面板上的创建新图层按钮，得到“图层1”。选择工具箱中的魔棒工具，在黄色背景上单击，调出其选区，得到的图像效果如图8-3-51所示。

图8-3-50

图8-3-51

选择“图层1”，将前景色色值设置为R255、G191、B226，选择工具箱中的油漆桶工具，在其工具选项栏中将“填充”设置为“前景色”，“模式”设置为“正常”，“容差”值设置为60，勾选“取消锯齿”、“连续性”、“所有图层”选项时，得到的图像效果如图8-3-52所示，继续选择工具箱中的油漆桶工具，在杯子把手处继续填充，得到的图像效果如图8-3-53所示。

图8-3-52

图8-3-53

当取消勾选“连续性”、“所有图层”选项时，得到的图像效果如图8-3-54所示。

图8-3-54

在其工具选项栏中将“填充”设置为“图案”，“模式”设置为“颜色加深”，“容差”值设置为60，勾选“取消锯齿”、“连续性”、“所有图层”选项时，得到的图像效果如图8-3-55所示，在左杯耳内单击，得到的图像效果如图8-3-56所示。

图8-3-55

图8-3-56

### Tips 提示

当选择工具箱中的油漆桶工具填充时，系统默认工具选项栏中的“取消锯齿”、“连续性”和“所有图层”选项都是被勾选的，可根据需要进行调整。

## 8.3.3 填充与描边命令

填充是为图像填充所需要的颜色，有的设置和油漆桶工具相似。

描边可为图像或文字添加描边，增加效果。

### ※ 填充命令

执行【编辑】/【填充】命令，弹出“填充”对话框，如图8-3-57所示。

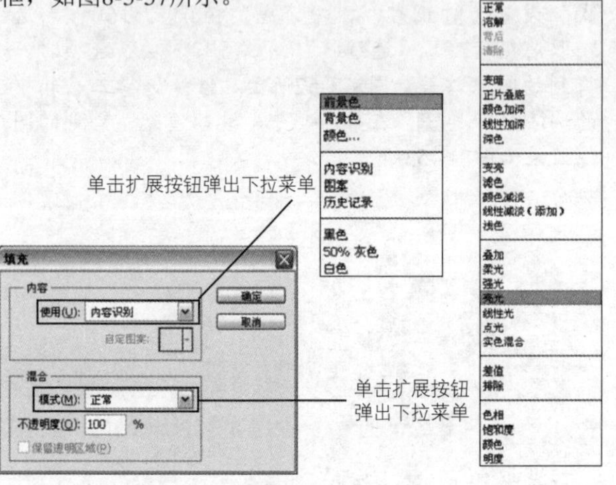

图8-3-57

**使用**：设置填充内容，单击“使用”右边的扩展按钮，在弹出的下拉菜单中选择所需要的选项。

**模式**：在下拉菜单中设置填充的混合模式。

**不透明度**：用来设置填充的不透明度。

**保留透明区域**：勾选此选项，将填充除透明区域以外的所有图像；不勾选此选项，将填充全部区域。

### 实战 填充命令的使用

第 8 章 / 实战 / 填充命令的使用

执行【文件】/【打开】命令，打开所需要的图像素材，如图8-3-58所示。选择魔棒工具，在白色背景上单击，选择背景颜色，得到的图像效果如图8-3-59所示。

图8-3-58

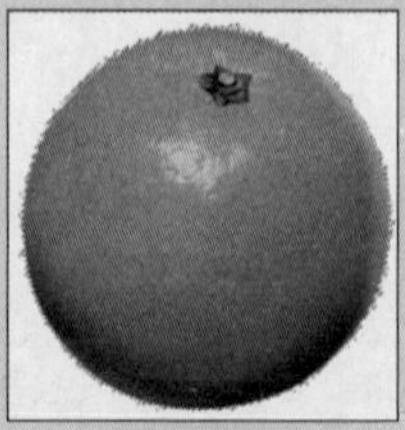

图8-3-59

执行【编辑】/【填充】命令，弹出“填充”对话框。在“内容”选项下拉菜单中选择“图案”，在“自定图案”中选择所需要的图案如图8-3-60所示；设置完毕后单击“确定”按钮。得到的图像效果如图8-3-61所示。

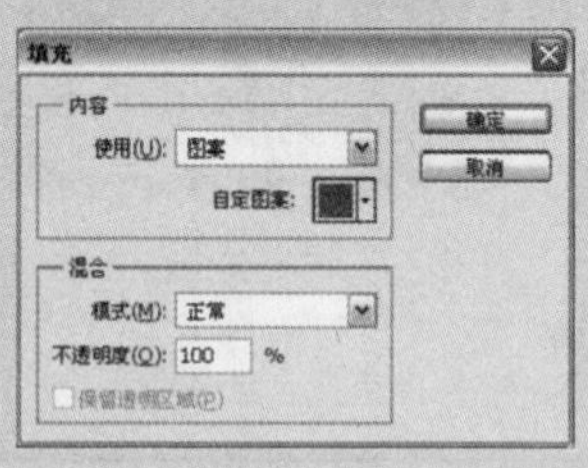

图8-3-60

图8-3-61

将前景色色值设置为R0、G225、B30。继续执行【编辑】/【填充】命令，弹出“填充”对话框。在“内容”选项下拉菜单中选择“前景色”，将“模式”设置为“滤色”如图8-3-62所示，设置完毕后单击“确定”按钮。得到的图像效果如图8-3-63所示。

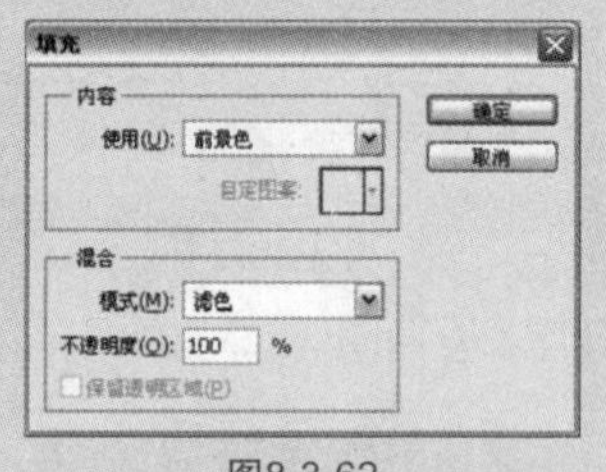

图8-3-62

图8-3-63

### 实战 使用填充命令修整图像

第 8 章 / 实战 / 使用填充命令修整图像

执行【文件】/【打开】命令，打开所需要的图像素材，如图8-3-64所示。选择工具箱中的套索工具，在图像中绘制选区，如图8-3-65所示。

图8-3-64

图8-3-65

执行【编辑】/【填充】命令，弹出“填充”对话框，具体设置如图8-3-66所示，设置完毕后单击“确定”按钮，按快捷键Ctrl+D取消选区，得到的图像效果如图8-3-67所示。

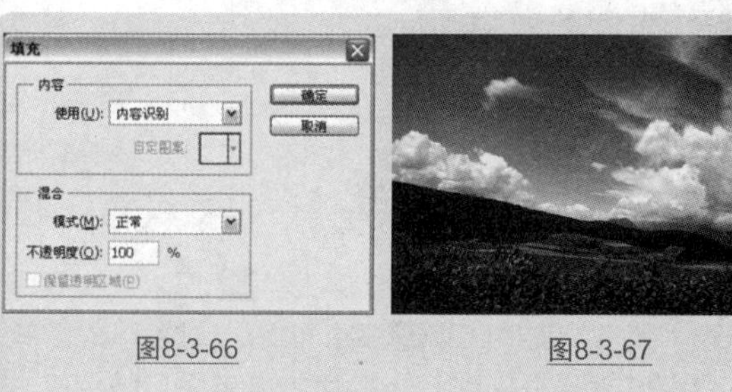
图8-3-66　　图8-3-67

## ※ 描边命令

执行【编辑】/【描边】命令，弹出“描边”对话框，如图8-3-68所示。

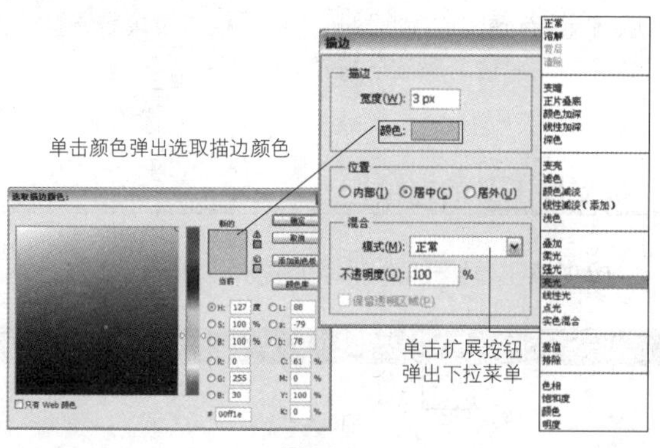

图8-3-68

**宽度**：设置描边的大小。

**颜色**：单击“颜色”，就会同时弹出“选区描边颜色”对话框。在对话框中输入参数值，设置颜色。

**位置**：“内部”、“居中”、“居外”。选择其中任何一个选项，描边的位置就会发生变化。

**模式**：在下拉菜单中设置填充的混合模式。

**不透明度**：用来设置描边的不透明度。

## 实战 描边命令的使用

第8章/实战/描边命令的使用

执行【文件】/【新建】命令，弹出“新建”对话框，如图8-3-69所示；设置完毕后单击“确定”按钮新建文档。打开素材图像，将其拖曳至主文档中得到“图层1”，得到的图像效果如图8-3-70所示。

图8-3-69　　图8-3-70

执行【编辑】/【描边】命令，弹出“描边”对话框，描边“宽度”设置为30，单击“颜色”选项右侧的颜色块，弹出“选区描边颜色”对话框，将颜色设置为红色，描边“位置”设置为“居外”，如图8-3-71所示，设置完毕后单击“确定”按钮，得到的图像效果如图8-3-72所示。

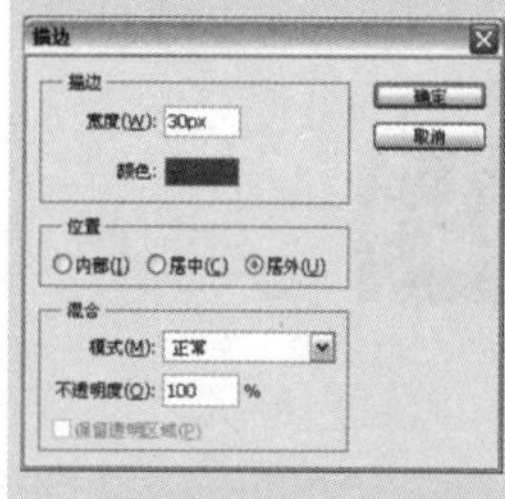
图8-3-71

图8-3-72

选择“投影”，单击“图层”面板上的添加图层样式按钮fx，在弹出的下拉菜单中选择“投影”选项，弹出“图层样式”对话框，具体设置如图8-3-73所示，设置完毕后单击“确定”按钮，得到的图像效果如图8-3-74所示。

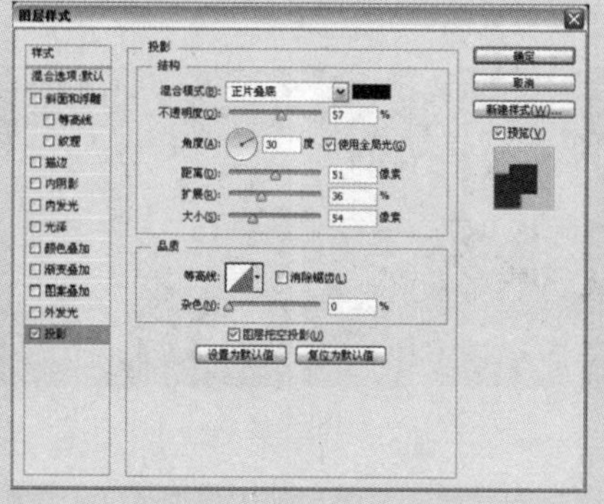
图8-3-73

图8-3-74

# 8.4 修改绘制的图像

**关键字** 橡皮擦工具、背景橡皮擦工具、魔术橡皮擦工具

在 Photoshop CS6 中修改绘制图像的工具主要有 3 种，分别是橡皮擦工具、背景橡皮擦工具、魔术橡皮擦工具。主要的功能是在图像中擦除不需要的图像区域对其调整修改。使用橡皮擦工具擦除图像时，被擦除的区域会显示为工具箱中的背景色或成为透明区域；而使用背景橡皮擦工具或魔术橡皮擦工具时，被擦除的区域会成为透明区域。

橡皮擦工具、背景橡皮擦工具、魔术橡皮擦工具在工具箱中的位置如图8-4-1所示。右键单击工具箱中的橡皮擦工具，在弹出的下拉菜单中选择所需要的工具。

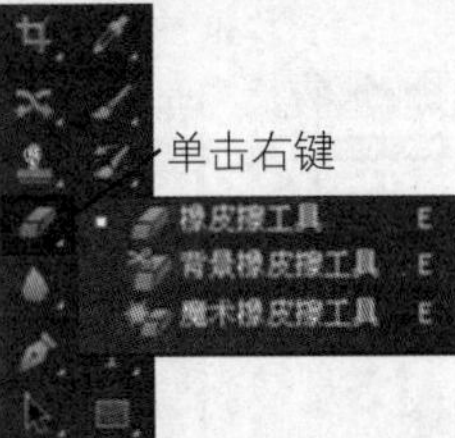


图8-4-1

## 8.4.1 橡皮擦工具

橡皮擦工具可以通过鼠标在图像上指定的区域进行涂抹，在使用橡皮擦工具时，如果当前绘制的图层是“背景”图层时，所进行涂抹的区域为背景色。也可以把橡皮擦工具当成画笔来绘制背景色。如图8-4-2所示为原图和效果图。

图8-4-2

当图层为普通图层时，使用橡皮擦工具所涂抹的区域为透明效果。如图8-4-3所示为原图和效果图。

图8-4-3

**Tips 提示**

在 Photoshop CS6 中，将背景图层转换为普通图层的方法：在“图层”面板上双击“背景”图层的缩览图，就会弹出“新建图层”对话框，在对话框中设置具体参数，设置完毕后单击“确定”按钮。

### ※ 橡皮擦工具的选项栏

橡皮擦工具的选项栏如图8-4-4所示。

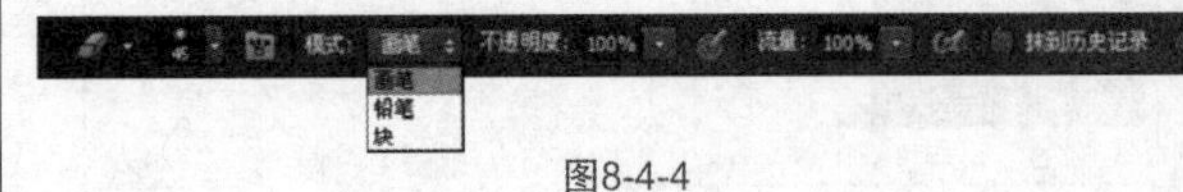


图8-4-4

**模式**：单击扩展按钮，选择所需要的模式类型。选择“画笔”和“铅笔”模式时，橡皮擦的使用方法与画笔工具和铅笔工具一样。选择“画笔”橡皮擦擦除的边缘柔和，选择“铅笔”橡皮擦擦除的边缘会出现硬边。选择“块”模式时，橡皮擦擦除的边缘效果会呈现块状，选项栏的其他选项是不可以设置参数的，成为固定模式。

**不透明度**：设置橡皮擦工具擦除的强度，设置的参数值越大，擦除的强度越强，反之则越小。

**流量**：用来设置橡皮擦工具擦除的速度。

**抹到历史记录**：勾选此选项，在图像上继续涂抹时，可将图像擦除至“历史记录”面板中某个起始状态的图像效果，与历史记录画笔工具的作用相同。

## 8.4.2 背景橡皮擦工具

背景橡皮擦工具的选项栏如图8-4-5所示。

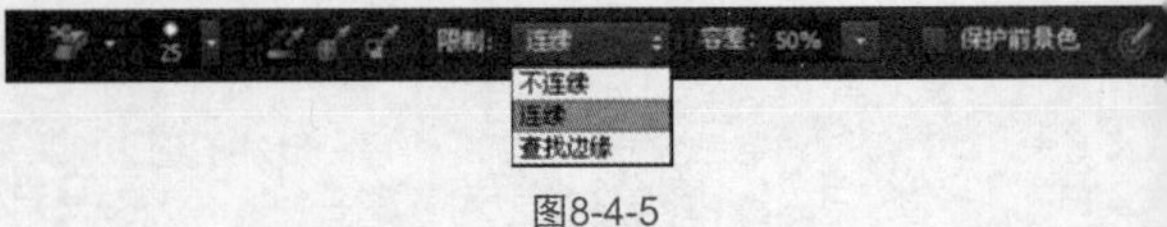


图8-4-5

**取样**：设置取样样式。按连续性按钮，在图像中绘制拖动鼠标时可连续对颜色取样，取样中心的光标若接触到需保留的区域像素，也会将其区域擦除；按一次性按钮，只擦除第一次单击点包含颜色的区域像素；按背景色按钮，只擦除背景色包含的区域像素。

**限制**：单击扩展按钮，选择所需要的限制类型。选择“不连续”限制时，只擦除出现在画笔下任何位置的取样颜色；选择“连续”限制时，只擦除笔尖经过范围内所有与取样颜色相近且相连的区域颜色；选择“查找边缘”选项时，只擦除取样颜色的连接区域包含的颜色，最后可以保留图形边缘的锐化效果。

**容差**：设置颜色的容差范围。

**保护前景色**：勾选此选项后，可防止擦除与前景色匹配的区域。

**Tips 提示**

在使用背景橡皮擦工具时，如果当前图层是“背景”图层，Photoshop CS6 则自动将其转换为普通图层。

### 8.4.3 魔术橡皮擦工具

选择魔术橡皮擦工具在所要擦除的颜色区域内单击鼠标，将自动擦除所有类似的像素。如果在背景中或在锁定的透明图层中擦除，像素会更改为前景色。

**技术要点：魔术橡皮擦工具的选项栏**

魔术橡皮擦工具的选项栏如图所示。

容差: 32 消除锯齿 连续 对所有图层取样 不透明度: 100%

**容差**：设置可擦除颜色的范围。

**消除锯齿**：勾选此选项，擦除的边缘变得平滑。

**连续**：勾选此选项，此工具会擦除鼠标单击区域像素相邻的颜色；不勾选此选项，会擦除图像中所有类似的颜色。

**对所有图层取样**：勾选此选项，可对选中的图层中，所有相似的区域像素擦除颜色。

**不透明度**：设置魔术橡皮擦工具擦除的强度，设置的参数值越大，擦除的强度越强，反之则越小。

## 8.5 修饰图像

**关键字** 图章工具、修复工具、修补工具、红眼工具、历史记录画笔工具、消失点

在 Photoshop CS6 中修饰图像的工具很多，包括仿制图章工具、图案图章工具、修复画笔工具、污点修复画笔工具等。它们都可以修复图像中的污点或瑕疵以及不足的地方，让图像看起来更加完美。下面我们来学习一下怎样使用这些工具。

仿制图章工具、图案图章工具在工具箱的位置如图8-5-1所示。右键单击工具箱中的仿制图章工具，在弹出的下拉菜单中就可以选择图案图章工具。

图8-5-1

污点修复画笔工具、修复画笔工具、修补工具、红眼工具在工具箱的位置如图8-5-2所示。在弹出的下拉菜单中选择所需要的工具。

图8-5-2

历史记录画笔工具、历史记录艺术画笔工具在工具箱中的位置如图8-5-3所示，在弹出的下拉菜单中选择所需要的工具。

图8-5-3

## 8.5.1 仿制图章工具

仿制图章工具可以对源图像的某一区域进行取样，再将样本应用于本图像文件或其他图像文件中。仿制图章工具在操作时也可以使用画笔工具的样式，因此可以用画笔丰富的样式和多样化的设置加以辅助，这样可以使仿制图章工具使用时更加灵活。

### ※ 仿制图章工具的选项栏

仿制图章工具的选项栏如图8-5-4所示。

图8-5-4

仿制图章工具的选项栏中除了“对齐”和“样本”以外，其他的选项都与画笔工具的选项栏相同（参见8.2.1小节）。

**对齐**：勾选此选项，可以对像素连续取样而不会失去当前图像的取样点，松开鼠标时也是一样；不勾选此选项，就会在每次停止后，需要重新绘制时使用原始取样点中的像素样式，所以每次绘制都会被认为是复制上一次的取样点。

**样本**：用来在选中的图层中进行像素取样。单击扩展按钮，选择所需要的样本类型。选择“当前图层”时，只是在当前图层中取样；选择“当前和下方图层”时，是对当前图层及其下方的可见图层中取样；选择“所有图层”时，是对调整图层以外的所有可见图层中取样，最后需要单击选项栏中的忽略调整图层图标。

### 实战 仿制图章工具的使用

第 8 章 / 实战 / 仿制图章工具的使用

执行【文件】/【打开】命令，弹出“打开”对话框，选择需要的素材，单击“打开”按钮。选择工具箱中的仿制图章工具，在图像中左侧花图像处，按住Alt键的同时单击鼠标左键进行选择样本，然后将鼠标移动到新建图层中的合适位置按住鼠标左键拖动绘制，在拖动鼠标的同时将图像左侧花中选择的区域作为样本在新建图层中绘制同样的图像。如图8-5-5所示为原图和效果图。

图8-5-5

**Tips 提示**

使用仿制图章工具时，首先勾选选项栏中的“对齐”选项，可在取样点多选取几次，将原图像完全复制到新建图层中。

### 训练营 05 去除照片中多余的人物

第 8 章 / 训练营 /05 去除照片中多余的人物

▲ 使用仿制图章工具去除多余人物

01 打开素材图像，如图8-5-6所示。

图8-5-6

02 将“背景”图层复制一层，得到“背景副本”图层。选择工具箱中的仿制图章工具，在图像中的沙滩上按住Alt键的同时单击鼠标左键确定样本，然后将鼠标移至需要修复的位置涂抹，如图8-5-7所示。

图8-5-7

03 修复后得到的图像效果如图8-5-8所示。

图8-5-8

04 继续对图像进行修复，直至修复完毕为止，得到的图像效果如图8-5-9所示。

图8-5-9

## 8.5.2 图案图章工具

图案图章工具使用图案进行绘制，可以在图案库中选择图案，也可使用自定义的图案。

### ※ 图案图章工具的选项栏

图案图章工具的选项栏如图8-5-10所示。

图8-5-10

图案图章工具的选项栏中除了“印象派效果”以外，其他的选项都与画笔工具的选项栏相同（参见8.2.1小节）。

**印象派效果**：勾选此选项后，在图像上绘制将会出现模糊变形的效果。

### ※ 图案图章工具的使用

执行【文件】/【打开】命令，弹出“打开”对话框，选择需要的素材，单击“打开”按钮。选择工具箱中的图案图章工具，在工具选项栏中选择一个柔角画笔笔刷，将其混合模式设置为“叠加”，在图案下拉菜单中选择合适的图案，如图8-5-11所示为原图和效果图。

图8-5-11

## 8.5.3 污点修复画笔工具

污点修复画笔工具主要用于在图像中迅速地修复污点、划痕和其他的瑕疵。

### ※ 污点修复画笔工具的选项栏

污点修复画笔工具的选项栏如图8-5-12所示。

图8-5-12

**类型**：设置源取样类型。选择“近似匹配”，在图像中选择画笔周围的像素选取样式进行修复污点；选择“创建纹理”，在图像中选择画笔范围内的所有像素创建一个用于修复该选区的纹理。

**对所有图像取样**：从复合数据中取样仿制数据。勾选此选项，可从所有可见图层中进行取样；不勾选此选项，只从能当前图层中进行取样。

**Tips 提示**

污点修复画笔工具适合于修复小区域的图像瑕疵，而修复画笔工具具有取样功能，因此使用范围更广。

## 实战 污点修复画笔工具的使用

第8章/实战/污点修复画笔工具的使用

执行【文件】/【打开】命令，弹出“打开”对话框，选择需要的素材，单击“打开”按钮。选择工具箱中的污点修复画笔工具，设置合适的画笔大小，将“类型”设置为“近似匹配”，将鼠标移至图像中单击所要修复的区域如图8-5-13所示，得到的图像效果如图8-5-14所示。

图8-5-13

图8-5-14

## 8.5.4 修复画笔工具

修复画笔工具主要用于修复图像中的污点和瑕疵。和仿制图章工具一样，通过对图像中某一点的取样，将该点的图像复制到当前需要修复图像的位置。在图像中将样本的纹理、颜色等和所需要修复的像素样式相匹配，从而去除图像中的污点或瑕疵，使图像看起来更加完美。

### ※ 修复画笔工具的选项栏

修复画笔工具的选项栏如图8-5-15所示。

图8-5-15

修复画笔工具选项栏中的“画笔”和“模式”选项与画笔工具的选项相同（参见8.2.1小节）。

**源**：用来修复像素的源有两种，分别为“取样”、“图案”。选择“取样”，在图像中可以在选择的像素上选取样式；选择“图案”可以在图案下拉列表中选择所需要的图案作为取样。

**对齐**：勾选此选项，绘画时可以松开鼠标，当前的取样点不会消失。无论停止多少次再继续绘画，都可以连续应用样本像素；不勾选此选项，在每次停止和继续绘画时，都要重新从起初的取样点开始应用样本像素。

### ※ 修复画笔工具的使用

执行【文件】/【打开】命令，弹出“打开”对话框，选择需要的素材，如图8-5-16所示，单击“打开”按钮。

图8-5-16

选择工具箱中的修复画笔工具，在工具选项栏中调整“画笔”的硬度及直径，在“模式”下拉菜单中选择“正常”，将“源”设置为“取样”。在图像中，按住Alt键的同时单击鼠标左键在右侧蛋糕没有文字的上半部分且有相同亮度和质感的红色区域取样，松开Alt键将鼠标移至到左边的文字处，单击并移动鼠标进行涂抹，如图8-5-17所示。按着此方法继续涂抹其他文字区域，完成修复。得到的图像效果如图8-5-18所示。

图8-5-17

图8-5-18

**Tips 提示**

使用修复画笔工具时，要一次性把需要修复的地方涂抹完，否则图像中会留下黑色的痕迹，在修复过程中也可适当地调整画笔的大小。

## 8.5.5 修补工具

修补工具可以对选区中的像素用其他选区的像素或图案进行修补。其实与修复画笔工具的功能类似，修补工具会将样本像素的纹理、光照和阴影与源图像的像素进行匹配，最主要的是，修补工具是需要选区来定位修补范围的。

## ※ 修补工具的选项栏

修补工具的选项栏如图8-5-19所示。

图8-5-19

**创建选区方式**：单击新建选区按钮，新建一个新选区，如选区中已选中了需要修补的图像，则原选区内的图像将被新选区取代；单击添加到选区按钮，在已选择的选区上创建一个新选区，原选区内的图像将被新选区取代；单击从选区中减去按钮，在已选择的选区中删除当前绘制的选区；单击与选区交叉按钮，得到的部分是原选区和当前创建选区交叉的部分。

**源**：在图像中定位需要修补的范围，然后将其拖曳至近似的图像区域进行修补。

**目标**：在图像中定位修补的区域到其他区域时，可将原选区内的图像拖曳至到当前选区。

**透明**：勾选此选项，可使当前修补的图像和原图像产生透明叠加的状态。

**使用图案**：在图像中定位修补的范围选择选区后，在图案下拉菜单中选择所需要的图案，然后单击该按钮，所选的图案就会填充到所选的选区内。

## ※ 修补工具的使用

执行【文件】/【打开】命令，弹出“打开”对话框，打开如图8-5-20所示的图像素材。选择工具箱中的修补工具，在图像中选择需要修补的区域绘制选区，如图8-5-21所示；绘制完毕后将鼠标移动到图像中的蓝色天空区域，如图8-5-22所示松开鼠标，按快捷键Ctrl+D取消选区，得到的图像效果如图8-5-23所示。

图8-5-20

图8-5-21

图8-5-22

图8-5-23

训练营 06 第 8 章 / 训练营 /06 修复面部皱纹

## 修复面部皱纹

▲ 使用修补工具来修补眼部和面部的皱纹
▲ 使用仿制图章工具来修复嘴角周围的皱纹
▲ 用缩放工具放大至人物所要修复的局部区域

01 打开如图8-5-24所示的图像素材。

图8-5-24

02 将“背景”图层拖曳至“图层”面板中的创建新图层按钮上，得到“背景副本”图层。选择工具箱中的缩放工具，放大视图。选择工具箱中的修补工具，在图像中人物的眼袋部位绘制选区，按住鼠标左键将鼠标移动至光滑的皮肤处，如图8-5-25所示。继续修补另外一只眼睛，得到的图像效果如图8-5-26所示。

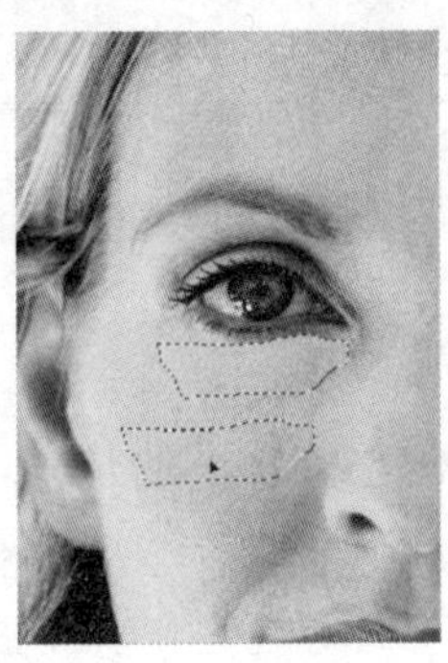
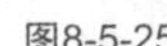
图8-5-25

图8-5-26

03 选择工具箱中的仿制图章工具，在人物的眼角周围的光滑皮肤处按住Alt键单击鼠标左键，选择仿制源，在人物眼角细纹处单击鼠标，得到的图像效果如图8-5-27和图8-5-28所示。

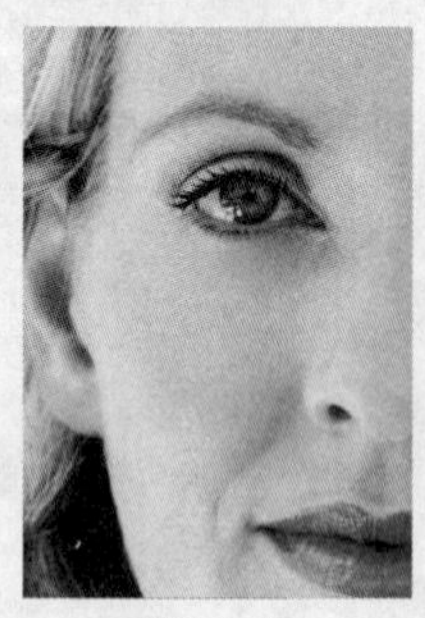
图8-5-27

图8-5-28

04 选择工具箱中的抓手工具，按住鼠标左键向上拖曳至人物的嘴巴区域，选择工具箱中的仿制图章工具，在其工具选项中设置合适的柔角笔刷，在人物嘴角周围按住Alt键单击鼠标左键选择仿制源，在人物的嘴角细纹处涂抹，得到的图像效果如图8-5-29所示。

图8-5-29

05 继续选择工具箱中的修补工具，在图像中人物的嘴角和鼻子的周围绘制选区，按住鼠标左键将鼠标移动至光滑的皮肤处，如图8-5-31所示。绘制完毕后得到的图像效果如图8-5-32所示。

图8-5-30

图8-5-31

**技术要点：调整笔刷大小的快捷方式**

在使用仿制图章工具时，调整笔刷大小的快捷方式与画笔工具一样，按“[”键缩小笔刷直径，按“]”键放大笔刷直径。

训练营 07

第8章/训练营/07 为照片添加物体

## 为照片添加物体

▲ 使用仿制图章工具添加图像中的物体

▲ 使用修补工具添加图像中的物体

01 执行【文件】/【打开】命令（Ctrl+O），弹出“
开”对话框，选择需要的素材，单击“打开”按钮打
图像，如图8-5-32所示。

02 将“背景”图层拖曳至“图层”面板中的创建新
层按钮上，得到“背景副本”图层。选择工具箱中
仿制图章工具，在其工具选项栏中设置尖角笔刷，
度为80%，按Alt键在图像中黄色的花朵处单击取样，
图像添加物体，得到的图像效果如图8-5-33所示。

图8-5-32

图8-5-33

03 选择工具箱中的修补工具，在其选项栏中
置“源”复选项，在图像中的物体比较稀疏的区域绘
选区，按住鼠标左键将鼠标移动至选区附近有花朵密
的图像处，如图8-5-34所示。绘制完毕后得到的图像
果如图8-5-35所示。

图8-5-34

图8-5-35

### 技术要点： 仿制图章工具

使用仿制图章工具时，需按住 Alt 键对图像中有物体的区域单击取样，并且在修补过程中需要多次取样，这样最后得到的效果更加自然。

## 8.5.6 红眼工具

红眼工具可以修复在拍照过程中，由于闪光灯的因素而引起的照片中人物或动物的红眼现象。

### ※ 红眼工具的选项栏

红眼工具的选项栏如图8-5-36所示。

瞳孔大小: 50% 变暗量: 50%

图8-5-36

**瞳孔大小**：设置瞳孔（眼睛暗色中心）的大小。

**变暗量**：设置瞳孔的暗度。

### 实战 红眼工具的使用

第 8 章 / 实战 / 红眼工具的使用

执行【文件】/【打开】命令，弹出“打开”对话框，打开所需的图像素材，如图8-5-37所示。

图8-5-37

选择工具箱中的红眼工具，单击红眼区域，如图8-5-38所示，对图像中的猫去除红眼。也可在红眼工具的选项栏中设置“瞳孔大小”和“变暗量”的具体参数，得到的图像效果如图8-5-39所示。

图8-5-38

图8-5-39

### Tips 提示

红眼工具除了可以在 RGB 模式和 Lab 模式的图像中使用外，其他的模式下都不能使用。

## 8.5.7 历史记录画笔工具

在图像中可以使用历史记录画笔工具将图像的当前状态恢复到编辑过程中的某一状态，或者将图像部分恢复到原始状态。该工具可以创建图像的拷贝样本，用来绘制。“历史记录”面板需配合该工具同时使用。

### ※ 历史记录画笔工具的选项栏

历史记录画笔工具的选项栏中的设置和画笔工具的选项栏相同（参见8.2.1小节）。

### ※ 历史记录画笔工具的使用

执行【文件】/【打开】命令，弹出“打开”对话框，打开需要的图像素材，单击“打开”按钮。执行【滤镜】/【模糊】/【动感模糊】命令，在弹出的“动感模糊”的对话框中设置具体参数，单击“确定”按钮。如图8-5-40所示为原图和效果图。

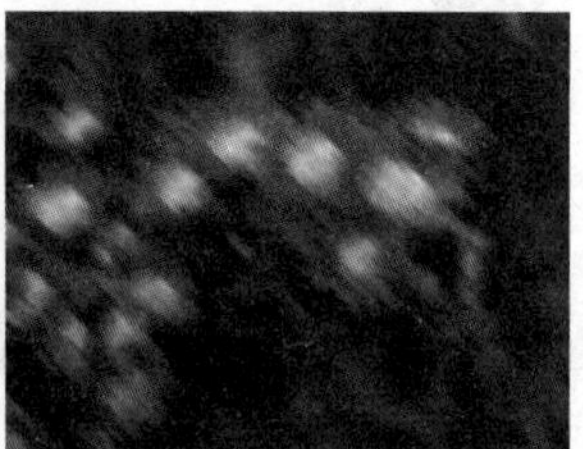

图8-5-40

执行【窗口】/【历史记录】命令，调出“历史记录”面板，在左边的小方框中单击鼠标，弹出有历史记录画笔工具的图标。在“历史记录”面板中选择上一步操作，如图8-5-41所示。

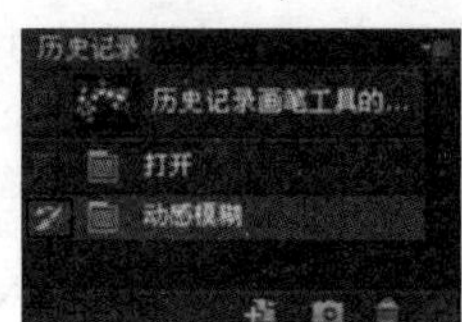

图8-5-41

选择工具箱中的历史记录画笔工具，在选项栏中设置参数，在图像中的花朵区域进行涂抹，图层面板和图像效果如图8-5-42所示。

图8-5-42

**Tips 提示**

在绘制图像的过程中，如想返回上一步的操作。需执行【编辑】/【还原历史记录画笔】，快捷键是 Ctrl+Z。

## 8.5.8 历史记录艺术画笔工具

使用历史记录艺术画笔工具与历史记录画笔工具的操作方法基本一样。使用历史记录艺术画笔工具恢复图像时，不但可以使图像恢复到某一点的状态，还可以对其进行移动、扭曲或涂抹，使图像产生不同的颜色和艺术效果。

使用历史记录艺术画笔工具可以在图像中绘制特殊的效果。历史记录艺术画笔工具可以使用指定历史记录状态或快照中的源数据，通过不同的绘画样式、大小和容差值选项，用不同的颜色和艺术效果模拟绘画的纹理。

### ※ 历史记录艺术画笔工具的选项栏

历史记录艺术画笔工具的选项栏如图8-5-43所示。

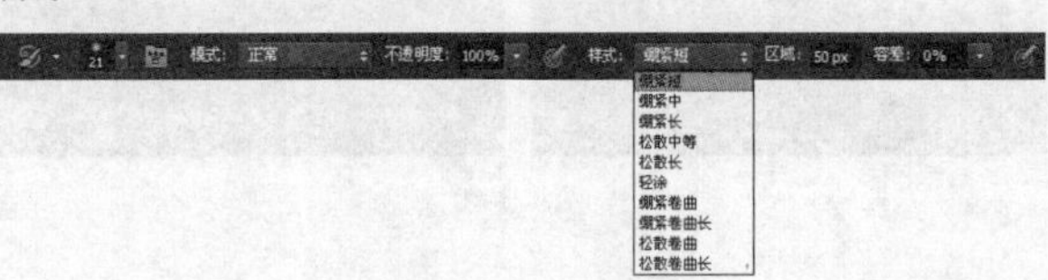


图8-5-43

历史记录艺术画笔工具的选项栏中的选项用法基本和画笔工具的选项相同（参见8.2.1小节）。

**样式：**单击扩展按钮，在弹出的下拉菜单中选择所需要的选项，如图8-5-44所示为同样的笔刷大小在相同的位置涂抹的效果。

**区域：**设置具体参数值，来设置绘制描边覆盖的区域大小。设置的参数值越大，覆盖的区域也就越大，描边的数量也就越多；反之则越小。

**容差：**可直接拖动滑块或设置具体参数值设置来绘制描边的区域。容差值越小在图像区域中绘制的描边量越多；当容差值设置为100%时，描边将限定在与源状态或快照中的颜色明显不同的区域。

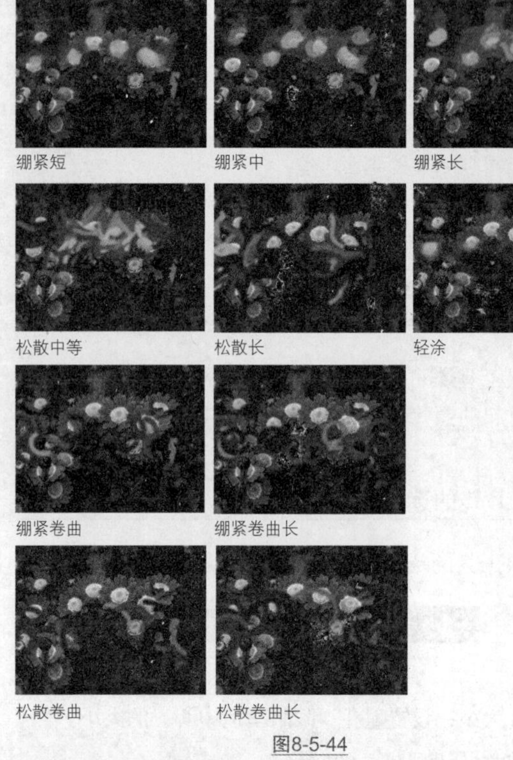

绷紧短　绷紧中　绷紧长

松散中等　松散长　轻涂

绷紧卷曲　绷紧卷曲长

松散卷曲　松散卷曲长

图8-5-44

**Tips 提示**

历史记录画笔工具和历史记录艺术画笔工具的快捷键是 Y，切换这两种工具的快捷键是 Shift+Y，多次按可以反复地进行切换。

**技术要点：历史记录艺术画笔工具的特点**

历史记录画笔工具和历史记录艺术画笔工具一样，都是使用指定的历史记录状态或快照作为源数据。历史记录画笔工具可通过指定的源数据来重新创建绘制，使用这些工具及用户为创建不同的色彩和艺术风格设置的选项的同时，要使用历史记录艺术画笔工具。

## 8.5.9 用“消失点”滤镜修饰图像

“消失点”滤镜在透视学原理上添加了仿制图章功能，所有设置都采用透视平面原理，使图像经过拷贝和修复等操作后，不改变原图透视。使用“消失点”滤镜修饰图像的效果会更加自然。

执行【滤镜】/【消失点】命令（Alt+Ctrl+V），弹出“消失点”对话框，如图8-5-45所示。

“消失点”对话框中有工具选项栏、编辑图像的工具、缩放选项和图像编辑区。工具箱中包括编辑平面工具、创建平面工具、选框工具、仿制工具、画笔工具、变换工具、吸管工具、测量工具、抓手工具和缩放工具。

图8-5-45

**编辑平面工具**：选择编辑平面工具，可对透视网格的节点进行选择、移动、编辑和调整大小。

**创建平面工具**：用来绘制透视网格，确定图像的透视角度。可在工具选项栏中的“网格大小”直接设置参数值或单击右侧的按钮拖动滑块，具体设置每个网格的大小。

**选框工具**：选择选框工具，在透视的网格区域内绘制选区。还可在透视网格上单击并拖动鼠标可以选择网格上的区域，选中图像后，按住Alt键拖动选区，可将区域复制到新目标。按住Ctrl键拖动可用源图像填充该区域。

**图章工具**：按住Alt键在图像中单击，可以设置取样点，可单击拖动来绘制和仿制，在其他的区域进行涂抹。

**画笔工具**：在平面中单击并拖动绘制，按住Shift键单击可将描边扩展到上一次单击处。在其工具选项栏中可设置画笔的直径、硬度、不透明度以及画笔的颜色。

**变换工具**：使用该工具可对复制的图像进行缩放、旋转等设置。在工具选项栏中勾选“水平翻转”和“垂直翻转”选项可对图像进行该项设置。

**吸管工具**：在图像中单击可设置绘画的颜色，单击色板可打开拾色器。

**测量工具**：可在图像中测量两点距离，设置测量的比例。

**抓手工具**：将图像放大后，单击此工具可在预览窗口中自由移动图像。

**缩放工具**：选择此工具，在图像上单击，可在预览窗口中放大图像视图；按住Alt键的同时在图像上单击，则缩小图像视图。单击并移动可放大一个区域，方便用户对图像进行编辑和预览。

**工具选项栏**：能在此对工具的角度等进行调整。

**图像编辑区**：在此区域内对图像进行编辑。

**缩放选项**：显示图像的缩放比例。

**Tips 提示**

在 Photoshop CS6 中，“消失点”对话框中的大部分工具与主工具箱中的工具原理和操作方法类似。

## ※ “消失点”滤镜的使用

执行【文件】/【打开】命令，弹出“打开”对话框，选择需要的素材，单击“打开”按钮。执行【滤镜】/【消失点】命令，弹出“消失点”对话框，如图8-5-46所示。

图8-5-46

选择工具箱中的缩放工具，在预览图上单击鼠标左键，将图像上的道路放大，方便绘制。选择工具箱中的创建平面工具，沿着图像上的白色矩形绘制一个矩形框，如图8-5-47所示；选择矩形选框工具在绘制的透视矩形内双击，得到矩形选框，如图8-5-48所示。

单击选框工具，在选区内按住Alt键拖动矩形选区到图像右侧，如图8-5-49所示。复制的矩形比例将会随机自动调整。

图8-5-47

图8-5-48

图8-5-49

选择画笔工具，将画笔颜色设置为白色，在选区中涂抹，以填充颜色，如图8-5-50所示。

图8-5-50

选择矩形选框工具，在绘制透视矩形选区内按住鼠标左键，拖动选区，继续绘制其他路线，得到的图像效果如图8-5-51所示。

图8-5-51

**技术要点：图章工具的"修复"模式**

选择"关"：如果绘制的同时不想与其他区域的颜色、阴影等混合，应选择此选项。

选择"亮度"：如果想要绘制并将描边与其他区域的光照混合，同时还要保留其颜色，应选择此选项。

选择"开"：如果想要绘制并保留其图像的纹理，同时与其他区域的颜色、阴影等混合，应选择此选项。

## 8.6 对图像像素进行编辑

**关键字** 模糊工具、锐化工具、涂抹工具、减淡工具、加深工具、海绵工具

对图像像素进行编辑的工具有模糊工具、锐化工具、涂抹工具、减淡工具、加深工具和海绵工具。前三个工具的主要功能是用于修饰图像，减淡工具和加深工具的主要功能是调节颜色，而海绵工具主要用于更改图像的饱和度。下面我们来讲解一下这些工具的具体应用。

模糊工具、锐化工具和涂抹工具在工具箱中的位置如图8-6-1所示。右键单击工具箱中的模糊工具，在弹出的下拉菜单中就可以选择所需要的工具。

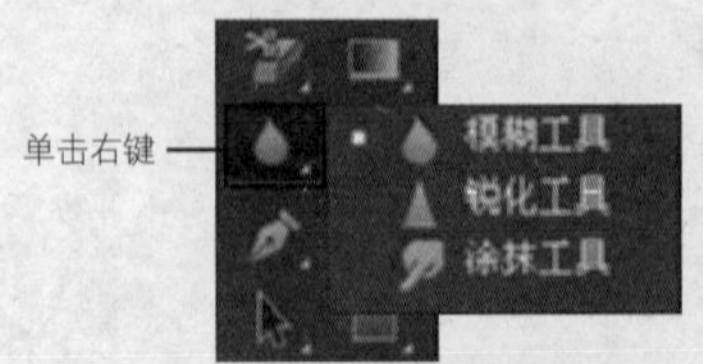


图8-6-1

减淡工具、加深工具和海绵工具在工具箱中的位置如图8-6-2所示。右键单击工具箱中的减淡工具，在弹出的下拉菜单中就可以选择所需要的工具。

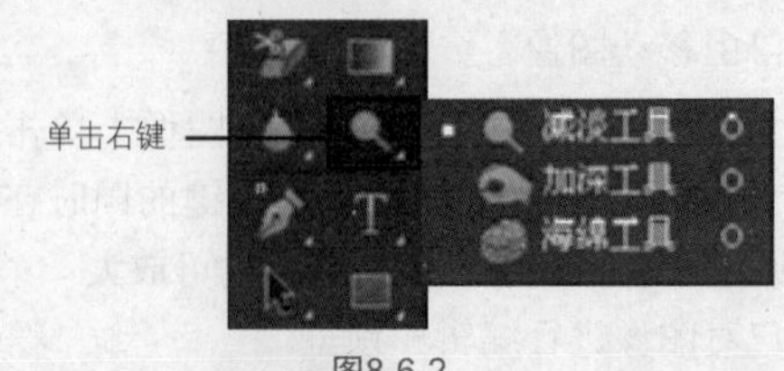


图8-6-2

## 8.6.1 模糊工具

模糊工具可以柔化图像中较硬的边缘，减少细节，使图像达到模糊的效果。

### ※ 模糊工具的选项栏

模糊工具的选项栏如图8-6-3所示。

图8-6-3

模糊工具的选项栏中的选项设置基本和画笔工具的选项相同（参见8.2.1）。

**强度：**用来设置工具描边的强度。

**对所有图层取样：**勾选此选项，当前图层为多个图层，可对所有可见图层中的数据取样进行模糊设置；取消此选项，只对当前图层中的数据设置。

### ※ 模糊工具的使用

执行【文件】/【打开】命令，弹出“打开”对话框，选择需要的素材，单击“打开”按钮。选择工具箱中的模糊工具，在选项栏中设置合适的笔刷大小在图像中进行涂抹，如图8-6-4所示为原图和效果图。

图8-6-4

## 8.6.2 锐化工具

锐化工具可以提高图像像素的清晰度或聚焦程度。

### ※ 锐化工具的选项栏

锐化工具的选项栏如图8-6-5所示。

图8-6-5

锐化工具的选项栏和模糊工具的选项栏基本相同。

### ※ 锐化工具的使用

执行【文件】/【打开】命令，弹出“打开”对话框，打开需要的素材，如图8-6-6所示。选择工具箱中的锐化工具，在选项栏中设置合适的笔刷大小在图像中进行涂抹，如图8-6-7所示为效果图。

图8-6-6

图8-6-7

**Tips 提示**

在 Photoshop CS6 中，如果反复使用锐化工具在图像的同一区域进行涂抹，此时会造成图像失真。

## 8.6.3 涂抹工具

涂抹工具可拾取图像中的颜色，并拖移鼠标绘制效果拾取颜色。单击鼠标在图像中拖动并涂抹图像，最后达到类似于水彩画的效果。

### ※ 涂抹工具的选项栏

涂抹工具的选项栏如图8-6-8所示。

图8-6-8

涂抹工具的选项栏和前面所讲解的模糊工具的选项栏基本相同。

**手指绘画：**勾选此选项，在图像中涂抹时将在起点描边处应用于前景色。不勾选此选项，在图像中涂抹时将使用鼠标所指的颜色进行涂抹。打开所需要的素材图像，如图8-6-9所示；勾选“手指绘画”和不勾选“手指绘画”时在图像中进行涂抹，得到的图像效果如图8-6-10和图8-6-11所示。

图8-6-9

图8-6-10

图8-6-11

## 8.6.4 减淡工具

减淡工具同调节照片特定区域的曝光度的摄影技术相似，减淡工具可以使图片指定的区域变亮。

### ※ 减淡工具的选项栏

减淡工具的选项栏如图8-6-12所示。

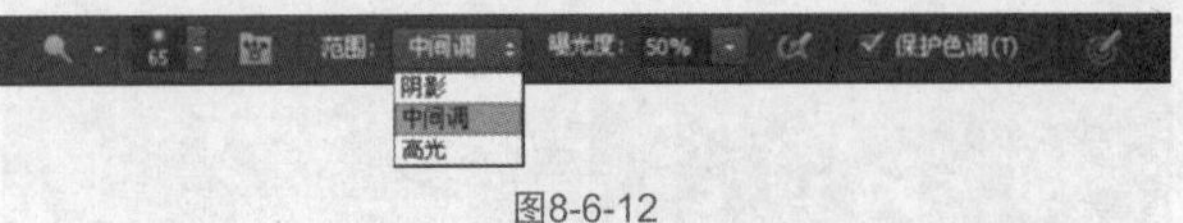


图8-6-12

范围：选择需要修改的色调。单击扩展按钮，选择所需要修改的色调范围。选择“阴影”，可修改图像中的暗调区域；选择“中间调”可修改图像中的中间调区域；选择“高光”可修改图像中的亮部色调区域。

曝光度：可为减淡工具或加深工具设置曝光量。可直接设置具体参数值或拖动滑块，当曝光度设置为100%时，此时的效果非常明显。

### ※ 减淡工具的使用

执行【文件】/【打开】命令，弹出“打开”对话框，选择需要的素材，单击“打开”按钮。选择工具箱中的减淡工具，在选项栏中设置合适的笔刷大小在图像中进行涂抹，如图8-6-13所示为原图和效果图。

图8-6-13

训练营 08 第 8 章 / 训练营 /08 让眼睛看起来更加明亮

## 让眼睛看起来更加明亮

▲ 使用减淡工具提亮人物眼部的高光
▲ 使用缩放工具让图像在绘制时更加清晰
▲ 使用画笔工具在人物眼部高光处进行涂抹

01 执行【文件】/【打开】命令（Ctrl+O），弹出“打开”对话框，选择需要的素材，单击“打开”按钮打开图像，如图8-6-14所示。将“背景”图层拖曳至“图层”面板中的创建新图层按钮上，得到“背景副本”图层。将视图放大，如图8-6-15所示。

图8-6-14　图8-6-15

02 选择工具箱中的减淡工具，在其工具选项栏中设置曝光度为60%，设置合适的笔刷大小，在图像中人物的瞳孔高光处单击鼠标提亮高光，调整笔刷大小在人物的眼白区域进行涂抹，得到的图像效果如图8-6-16所示。

03 单击图层面板上创建新图层按钮，新建“图层1”，将前景色设置为白色，选择工具箱中的画笔工具，在其工具选项栏中设置合适的柔角笔刷，设置笔刷不透明度为10%，在图像中人物的眼睛高光和反光处进行涂抹，得到的图像效果如图8-6-17和图8-6-18所示。

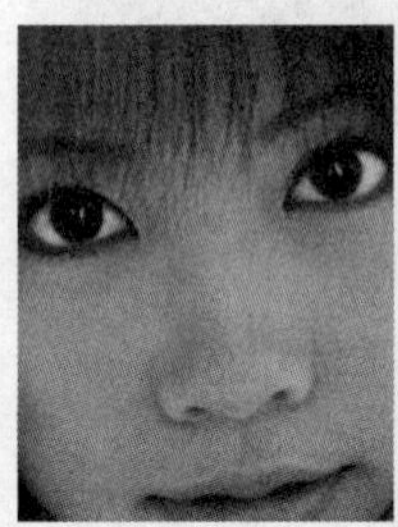

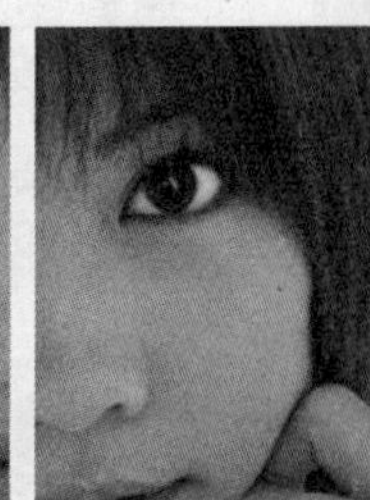

图8-6-16　图8-6-17　图8-6-18

04 将“图层1”拖曳至图层面板中的创建新图层按钮上，得到“图层1副本”图层，恢复视图大小，得到的图像效果如图8-6-19所示。

图8-6-19

**Tips 提示**

在图像中复制“图层 1”后的效果更为突出，用户在操作时可根据需要进行操作。设置合适的笔刷大小及不透明度，最后得到自己想要的图像效果。

## 8.6.5 加深工具

加深工具同调节照片特定区域的曝光度的摄影技术相似，加深工具可以使图片指定的区域变暗。

### ※ 加深工具的选项栏

加深工具的选项栏如图8-6-20所示。

图8-6-20

### ※ 加深工具的使用

执行【文件】/【打开】命令，弹出“打开”对话框，选择需要的素材，单击“打开”按钮。选择工具箱中的加深工具，在选项栏中设置合适的笔刷大小在图像中进行涂抹，如图8-6-21所示为原图和效果图。

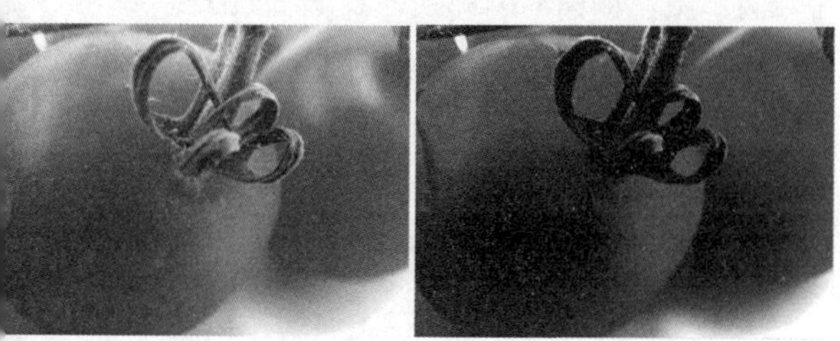

图8-6-21

**Tips 提示**

在处理人物头发的时候，可以用加深工具涂抹人物头发，这样可以使人物头发看起来更黑更有立体感。

## 8.6.6 海绵工具

海绵工具可以在指定的区域内准确的改变色彩饱和度，也在灰度模式下增加或降低对比度。

### ※ 海绵工具的选项栏

海绵工具的选项栏如图8-6-22所示。

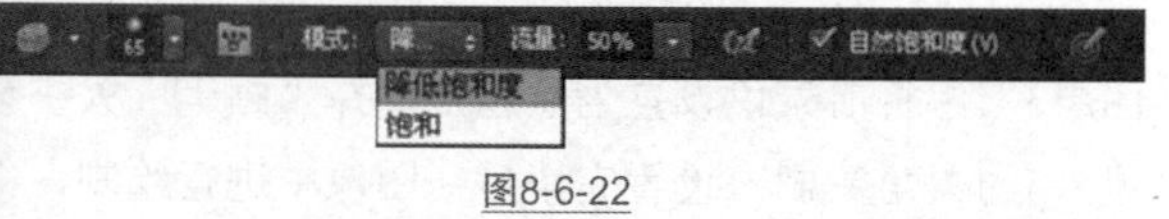


图8-6-22

**模式**：更改色彩饱和度的方式。单击扩展按钮选择所需要的模式。

**降低饱和度**：稀释颜色的饱和度。

**饱和**：增强颜色的饱和度。

选择所需要的图像素材，将海绵工具选项栏的模式设置为降低饱和度，如图8-6-23所示为原图和效果图。

选择所需要的图像素材，将海绵工具选项栏的模式设置为饱和，如图8-6-24所示为原图和效果图。

图8-6-23

图8-6-24

训练营 第 8 章 / 训练营 /09 模拟手绘效果

## 09 模拟手绘效果

▲ 使用高斯模糊滤镜让人物的皮肤更加细腻
▲ 使用涂抹工具绘制人物的嘴唇
▲ 使用减淡工具提亮眼睛、头发和鼻梁部位的高光

01 执行【文件】/【打开】命令，选择需要的素材，打开图像，如图8-6-25所示。复制“背景”图层，得到“背景副本”图层。

02 选择“背景副本”图层。执行【滤镜】/【模糊】/【高斯模糊】命令，弹出“高斯模糊”对话框，如图8-6-26所示。设置完毕后单击确定按钮，得到的图像效果如图8-6-27所示。

图8-6-25

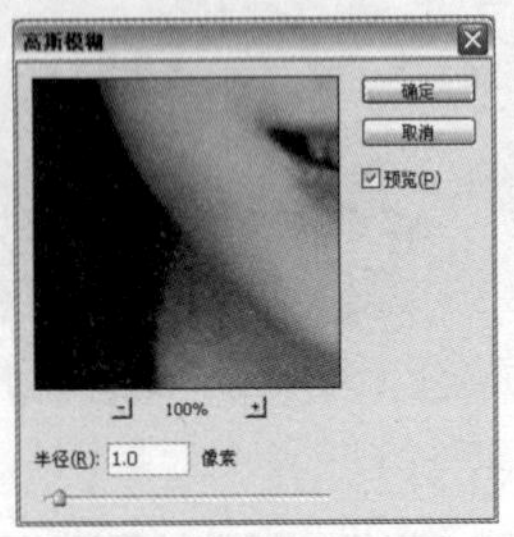

图8-6-26

图8-6-27

03 单击“图层”面板上的添加图层蒙版按钮，为“背景副本”图层添加蒙版，选择“背景副本”图层的图层蒙版缩览图，将前景色设置为黑色，选择工具箱中的画笔工具，在其工具选项栏中设置合适的笔刷大小及不透明度，在图像中除人物皮肤以外的区域进行涂抹，得到的图像效果如图8-6-28所示。

图8-6-28

04 单击“图层”面板上的创建新的填充或调整图层按钮，在弹出的下拉菜单中选择“曲线”选项，在弹出的调整面板中设置具体参数如图8-6-29所示，得到的图像效果如图8-6-30所示。

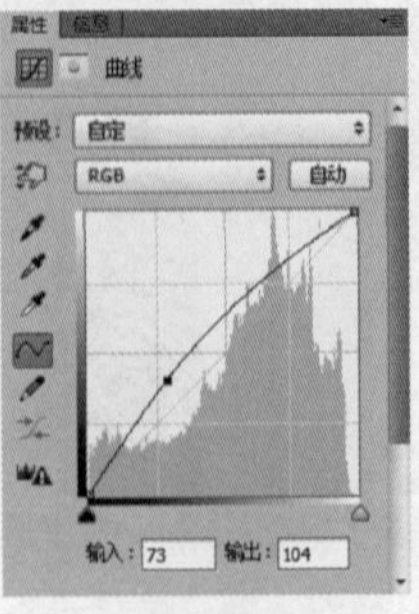

图8-6-29

图8-6-30

05 选择“曲线”图层的蒙版缩览图，将前景色设置为黑色，选择工具箱中的画笔工具，在其工具选项栏中设置合适的笔刷大小及不透明度，在图像中除人物脸部和颈部以外的区域进行涂抹，得到的图像效果如图8-6-31所示。

图8-6-31

06 按快捷键Shift+Ctrl+Alt+E盖印可见图层，得到“图层1”。单击图层面板上的创建新图层按钮，新建“图层2”，将视图放大，选择工具箱中的画笔工具，在其工具选项栏中设置“画笔”直径为5的柔角笔刷，将前景色设置为黑色，再选择工具箱中的钢笔工具，在图像中绘制人物的上眼线，得到的图像效果如图8-6-32所示。绘制完毕后单击鼠标右键，在弹出的下拉菜单中选择“描边路径”选项，弹出“描边路径”对话框，在对话框中设置参数，如图8-6-33所示。设置完毕后单击“确定”按钮，得到的图像效果如图8-6-34所示。用同样的方法绘制图像中人物的左眼，得到的图像效果如图8-6-35所示。

图8-6-32

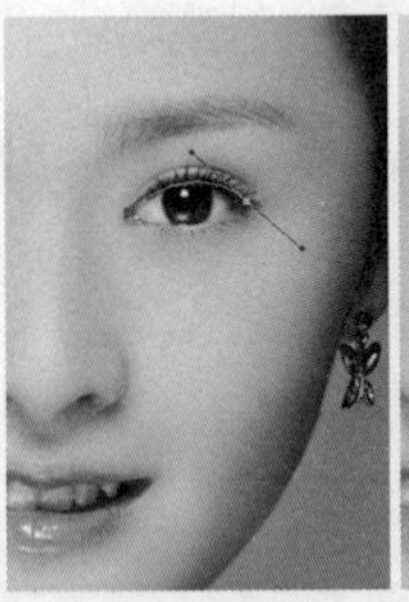
图8-6-33

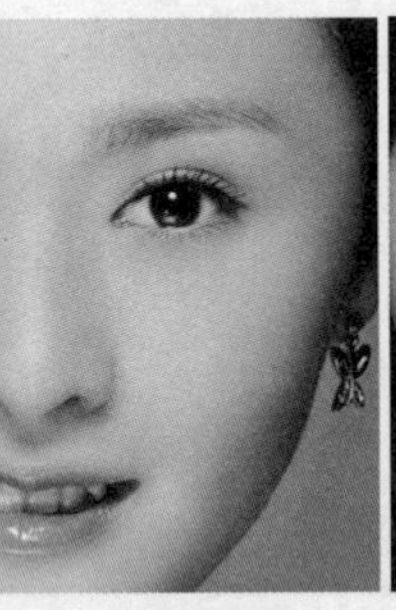
图8-6-34

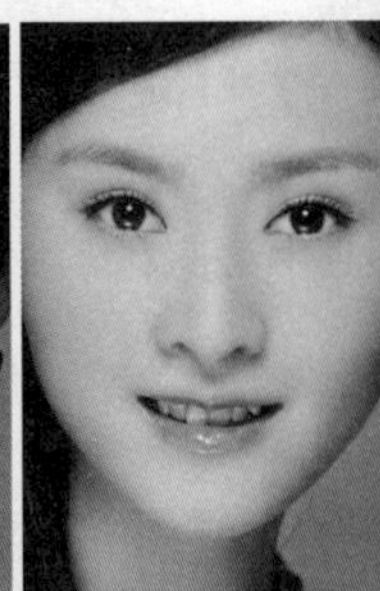
图8-6-35

**Tips 提示**

绘制完“描边路径”之后，弹出“描边路径”对话框，注意勾选对话框中的“模拟压力”选项。勾选此选项后，绘制出来的线条会更加流畅自然。

07 用同样的方法绘制图像中人物的下眼线，新建“图层3”，将前景色设置为黑色，选择“画笔”大小设置为3的柔角笔刷。设置完毕后在图像中进行绘制，得到的图像效果如图8-6-36所示。

08 按快捷键Shift+Ctrl+Alt+E盖印可见图层，得到“图层4”。选择工具箱中的加深工具，在其工具选项栏中设置合适的柔角笔刷大小，将“曝光度”设置为30%，在图像中人物的眼眉处进行涂抹，得到的图像效果如图8-6-37所示。

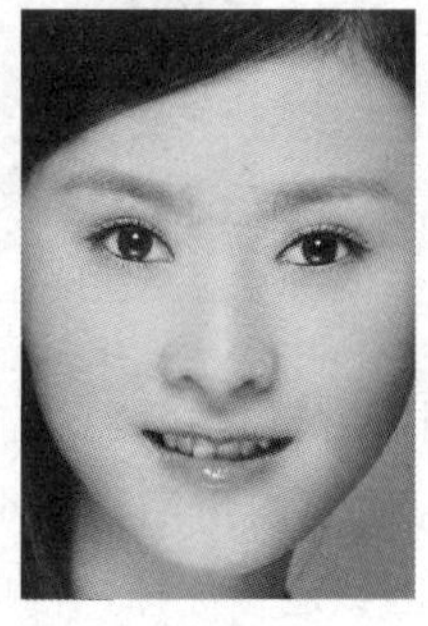

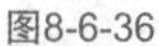
图8-6-36

图8-6-37

**Tips 提示**

根据需要适当调整“曝光度”以及“画笔”的大小。

09 选择“图层4”，选择工具箱中的画笔工具，将前景色设置为白色，在其工具选项栏中设置合适的柔角笔刷大小，将“其不透明度”设置为30%，在图像中人物的眼白处进行涂抹，得到的图像效果如图8-6-38所示。

图8-6-38

10 选择“图层4”，选择工具箱中的加深工具，在其工具选项栏中设置合适的柔角笔刷大小，将“曝光度”设置为80%，在图像中人物的上眼线部分及眼球部分进行涂抹，得到的图像效果如图8-6-39所示。选择工具箱中的减淡工具，设置合适的笔刷大小，在图像中人物的眼球部分和鼻梁部分进行提亮，绘制完毕后得到的图像效果如图8-6-40所示。

图8-6-39

图8-6-40

**Tips 提示**

绘制鼻梁区域时，将其“曝光度”设置为10%。

11 选择“图层4”，选择工具箱中的涂抹工具，在其工具选项栏中设置合适的柔角笔刷大小，在图像中人物的嘴部区域进行涂抹，再选择工具箱中的减淡工具，设置合适的笔刷大小，在图像中人物的嘴部区域进行提亮，绘制完毕后得到的图像效果如图8-6-41所示。

12 单击图层面板上创建新图层按钮，新建“图层5”，选择工具箱中的画笔工具，在其工具选项栏中设置“画笔”直径为1的柔角笔刷，将前景色设置为黑色，再选择工具箱中的钢笔工具，在图像中绘制人物的双眼皮，得到的图像效果如图8-6-42所示。

图8-6-41

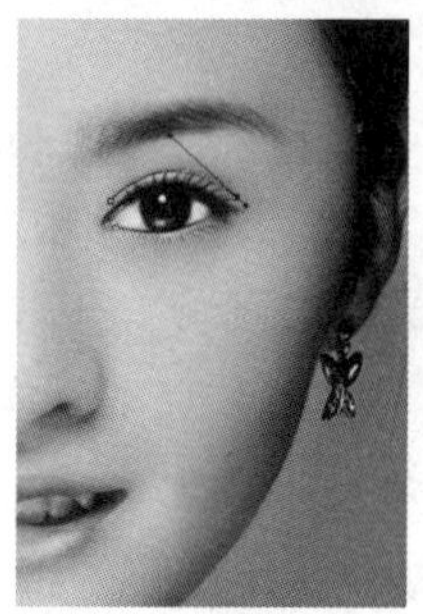

图8-6-42

**Tips 提示**

在涂抹人物嘴唇时，需根据嘴唇纹路的走向，方向是沿着嘴唇的结构横向涂抹。

13 绘制完毕后单击鼠标右键，在弹出的下拉菜单中选择“描边路径”选项，弹出“描边路径”对话框，在对话框中设置参数，如图8-6-43所示。设置完毕后单击“确定”按钮，按Enter键确认，得到的图像效果如图8-6-44所示。用同样的方法绘制图像中人物的另一个双眼皮，得到的图像效果如图8-6-45所示。

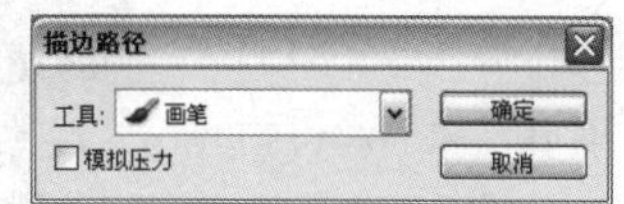


图8-6-43

图8-6-44

图8-6-45

14 用同样的方法绘制图像中人物的眼睫毛，新建“图层6”，将前景色设置为黑色，选择“画笔”大小设置为1的柔角笔刷。设置完毕后在图像中进行绘制，得到的图像效果如图8-6-46所示。

图8-6-46

15 按快捷键Shift+Ctrl+Alt+E盖印可见图层，得到“图层7”。选择“图层7”，执行【滤镜】/【模糊】/【高斯模糊】命令，弹出“高斯模糊”对话框，如图8-6-47所示。设置完毕后单击确定按钮，得到的图像效果如图8-6-48所示。

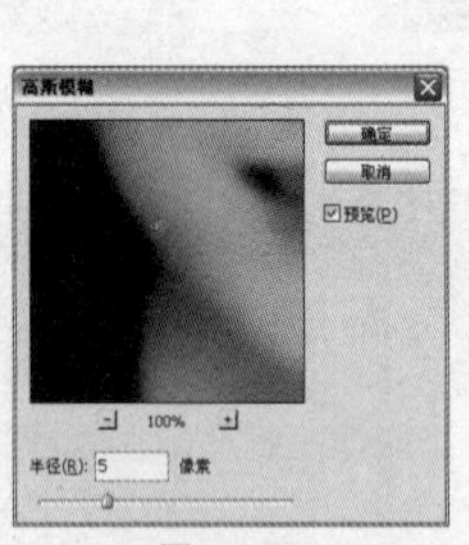

图8-6-47

图8-6-48

16 单击“图层”面板上的添加图层蒙版按钮，为“图层7”添加蒙版，单击图层蒙版缩览图，将前景色设置为黑色，选择工具箱中的画笔工具，在其工具选项栏中设置合适的笔刷大小及不透明度，在图像中除人物头发、眉毛及衣服以外的区域进行涂抹，得到的图像效果如图8-6-49所示。

图8-6-49

17 选择“图层7”，选择工具箱中的加深工具，在其工具选项栏中设置合适的柔角笔刷大小，将“曝光度”设置为30%，在图像中人物的眼眉处进行涂抹，得到的图像效果如图8-6-50所示。

图8-6-50

18 选择“图层7”，选择工具箱中的加深工具，在其工具选项栏中设置合适的柔角笔刷大小及曝光度，在图像中人物的头发区域进行涂抹，再选择工具箱中的减淡工具，设置合适的笔刷大小，在图像中人物的头发处高光区域进行提亮，绘制完毕后得到的图像效果如图8-6-51所示。

图8-6-51

19 在图像中绘制人物的发丝和绘制上眼线是同样的操作方法，新建“图层8”，将前景色设置为白色，“画笔”大小设置为1的柔角笔刷，在图像中进行绘制，得到的图像效果如图8-6-52所示。

图8-6-52

20 在图像中绘制人物的衣褶和绘制上眼线的操作方法也是同样的，新建“图层9”，将前景色色值设置为R133、G132、B132，使用“画笔”大小设置为1的柔角笔刷，在图像中进行绘制，得到的图像效果如图8-6-53所示。

图8-6-53

21 单击“图层”面板上的创建新的填充或调整图层按钮，在弹出的下拉菜单中选择“可选颜色”选项，在弹出的调整面板中设置具体参数，如图8-6-54所示，得到的图像效果如图8-6-55所示。

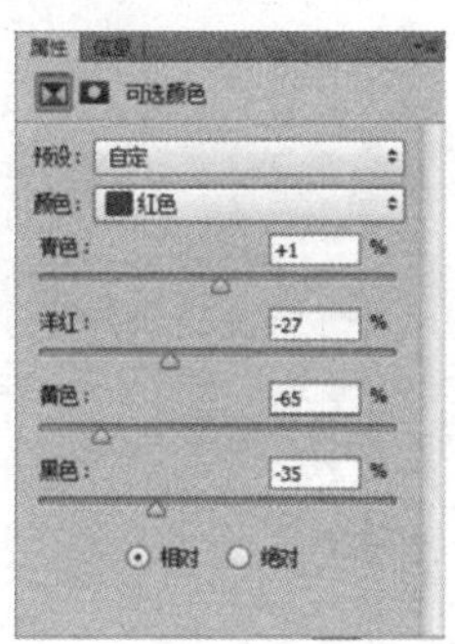


图8-6-54

图8-6-55

## 残墙彩蝶梦外花

要点描述：

◆ 钢笔工具、图层蒙版、调整图层

视频路径：

配套教学→思维扩展→残墙彩蝶梦外花.avi

# 第9章 矢量工具与路径编辑

本章关键技术点

- ▲ 常用路径工具
- ▲ 在路径面板上编辑路径
- ▲ 新建、选择、复制、删除路径

## 9.1 路径工具

关键字 钢笔、自由钢笔、矩形工具、圆角矩形工具

路径工具包含钢笔工具、自由钢笔工具、矩形工具、圆角矩形工具等。

### 9.1.1 钢笔工具

#### ※ 认识路径

要了解路径工具，就要先了解路径和锚点。

所有使用矢量软件或矢量绘图类工具制作的工具，在原则上都可以被称为路径。

路径通常会表现为一个点、一条直线或是一条曲线，除了点以外的其他路径均由锚点、锚点间的线段构成。如果锚点间的线段为曲线，则锚点的两侧会产生控制句柄。锚点与锚点间的相对位置关系，决定了这两个锚点间路径的位置。路径可以转换为选区，也可以对其进行填充或描边。路径分为两种：一种是起始点和终点分开的开放式路径，如图9-1-1所示；另一种是起始点和终点重合的闭合式路径，如图9-1-2所示。

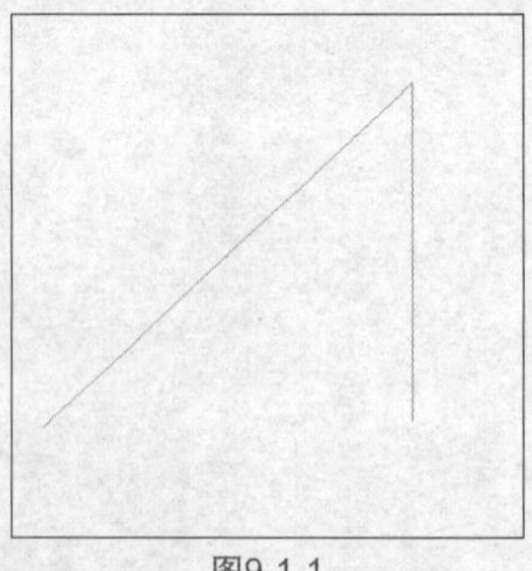

图9-1-1

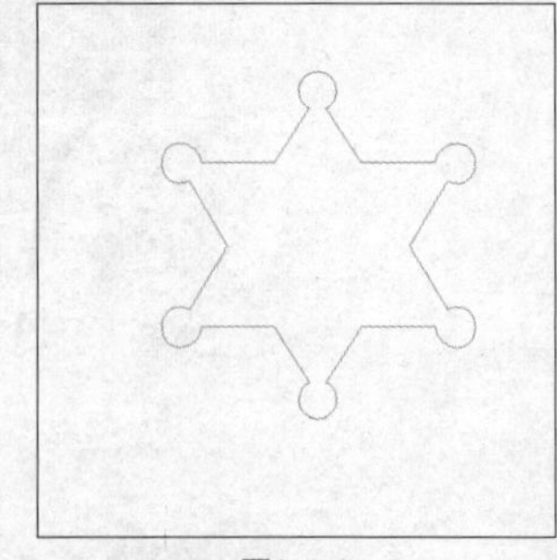

图9-1-2

#### ※ 认识锚点

路径由一个或多个直线路径或曲线路径段组成，用来连接这些线段的就是锚点。锚点分为平滑点和角点两种。平滑点之间可以形成平滑的曲线，而角点之间则可形成直线或转角曲线，如图9-1-3所示。

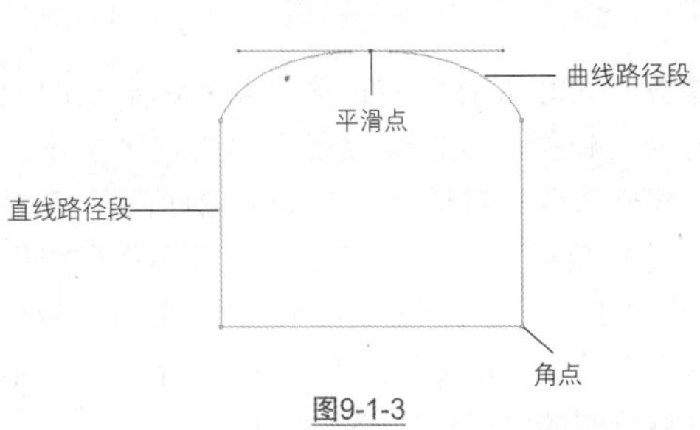

图9-1-3

曲线路径段上的锚点都包含有方向线，方向线的端点为方向点，如图9-1-4所示。方向线和方向点的位置决定了曲线的弯曲度和形状，移动方向点可以改变方向线的长度和方向，曲线的形状也会随之改变，当移动平滑点上的方向线时，平滑点两侧的曲线路径段会有相应的调整；而移动角点上的方向线时，与方向线同侧的曲线路径段会有相应的调整。

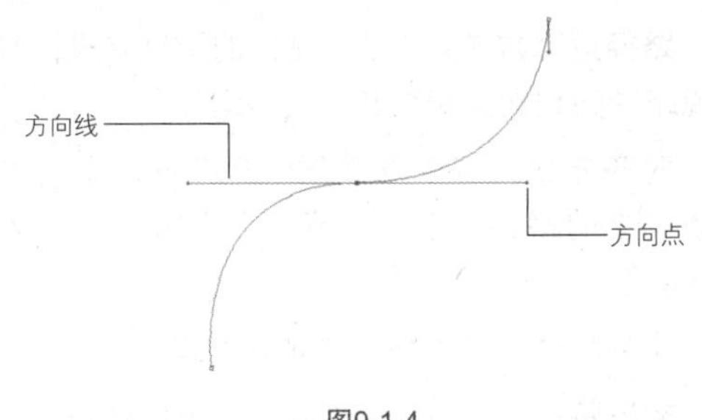

图9-1-4

## 实战 绘制心形路径

第 9 章 / 实战 / 绘制心形路径

执行【文件】/【新建】命令（Ctrl+N），弹出“新建”对话框，具体设置如图9-1-5所示，设置完毕后单击“确定”按钮，新建一个文件。执行【编辑】/【首选项】/【参考线、网格和切片】命令，弹出“首选项”对话框，具体设置如图9-1-6所示，设置完毕后单击“确定”按钮，设置网格参数。

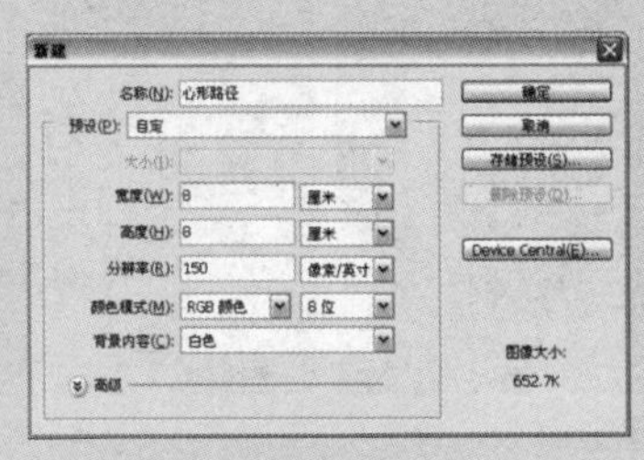
图9-1-5

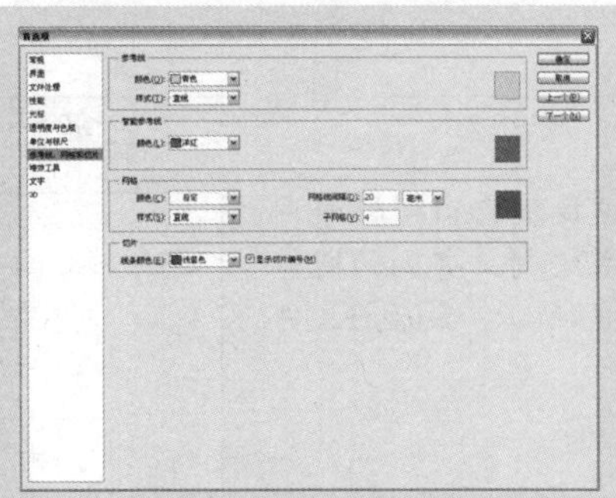
图9-1-6

选择工具箱中的钢笔工具，在网格点上单击并向右上方拖动鼠标，如图9-1-7所示创建一个平滑点；在另一个网点处，单击并向下拖动鼠标，如图9-1-8所示；将光标移至下一个网点处单击鼠标，如图9-1-9所示创建角点。

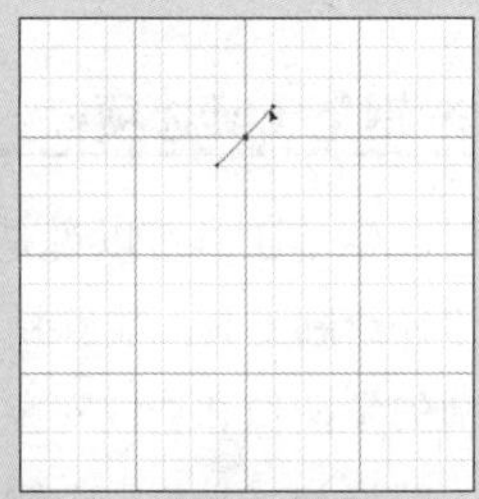
图9-1-7

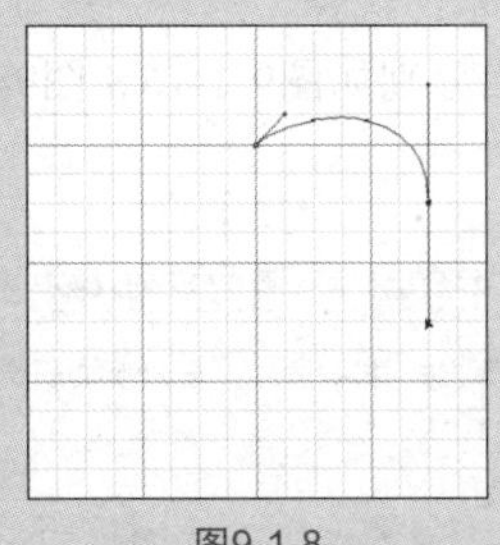
图9-1-8

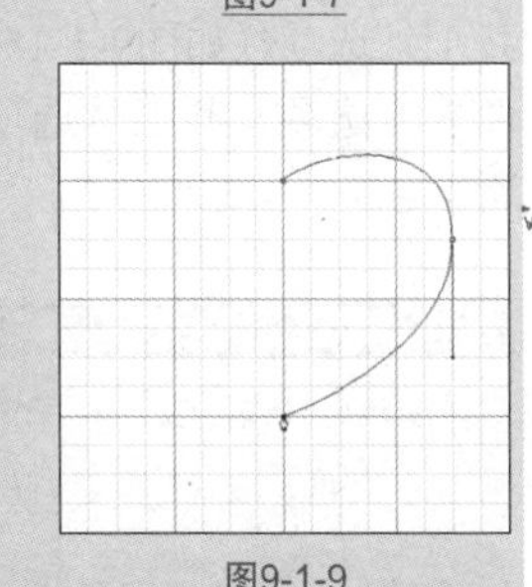
图9-1-9

继续创建平滑点，如图9-1-10所示，将光标移至路径的起点上，闭合路径，如图9-1-11所示。

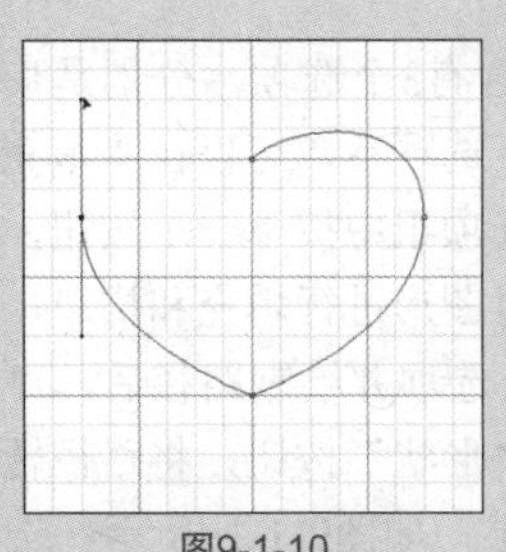
图9-1-10

图9-1-11

选择工具栏中的直接选择工具，在路径的起始处单击，显示锚点，如图9-1-12所示。按住Alt键拖动鼠标，如图9-1-13所示。

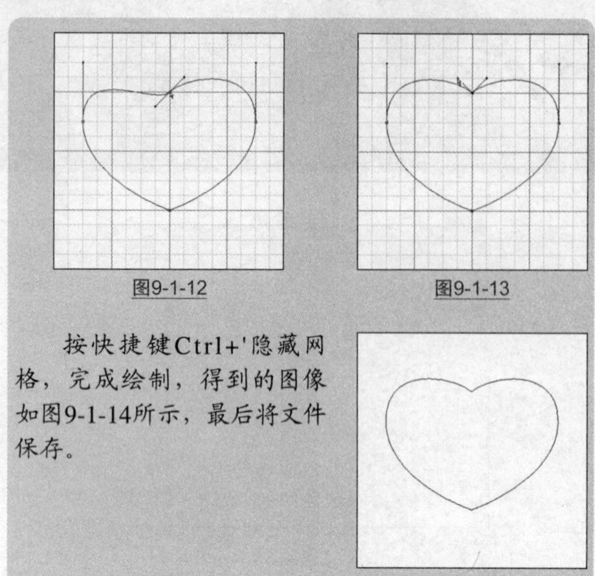

图9-1-12　图9-1-13

按快捷键Ctrl+'隐藏网格，完成绘制，得到的图像如图9-1-14所示，最后将文件保存。

图9-1-14

## ※ 钢笔工具选项栏

钢笔工具可以说是Photoshop CS6中功能最强大的路径绘制工具，能够精确地创建直线和曲线路径，是绘制矢量图像和选取对象必不可少的一个工具。

选择工具箱中的钢笔工具，选择“路径”选项，其工具选项栏如图9-1-15所示；选择“形状”选项和“像素”选项，其工具选项栏分别如图9-1-16和图9-1-17所示。

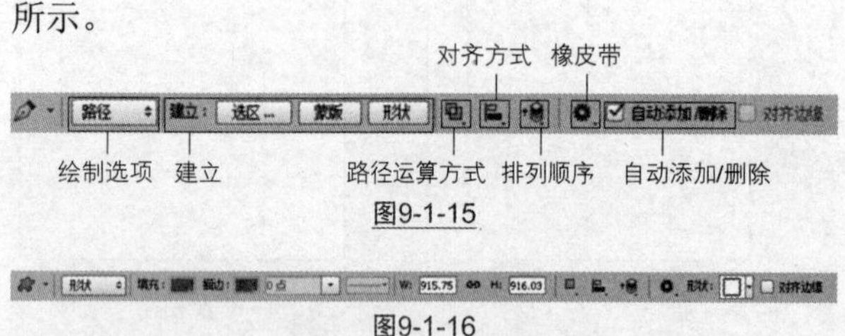


图9-1-15

图9-1-16

图9-1-17

**绘制方式**：该选项包含有3个选项，分别是形状、路径和像素。选择“形状”选项后，可以在“填充”选项下拉列表以及“描边”选项组中按下一个按钮，然后选择用纯色、渐变和图案对图形进行填充和描边，如图9-1-18所示；选择“路径”选项并绘制路径后，可以按下“选区”、“蒙版”、“形状”按钮，将路径转换为选区、矢量蒙版或形状图层，如图9-1-19所示；选择“像素”选项后，可以为绘制的图像设置混合模式和不透明度，如图9-1-20所示。

图9-1-18

图9-1-19

图9-1-20

**建立**：可以使路径与选区、蒙版和形状间的转换更加方便、快捷。绘制完路径后单击选区按钮，可以弹出“建立选区”对话框，如图9-1-21所示，在对话框中设置完参数后，单击“确定”即可将路径转换为选区，如图9-1-22所示；绘制完路径后，单击蒙版按钮可以在图层中生成矢量蒙版；绘制完路径后，单击形状按钮可以将绘制的路径转换为形状图层。

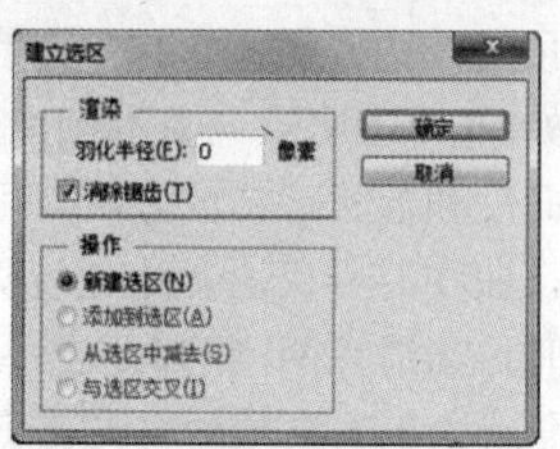


图9-1-21

**路径运算方式**：用法与选区的运算方式相同，可以实现路径的相加、相减和相交等运算。

**对齐方式**：可以设置路径的对齐方式（文档中有两条以上的路径被选择的情况下可用）与文字的对齐方式类似。

**排列顺序**：设置路径的排列方式。

**橡皮带**：可以设置路径在绘制的时候是否连续。

**自动添加/删除**：勾选此选项可直接利用钢笔工具在路径上单击添加锚点，或者单击路径上已有的锚点来删除锚点。

## 实战 形状的运算

第9章/实战/形状的运算

**合并形状**：在绘制形状前单击添加到路径区域按钮，能将新绘制的形状添加到已绘制好的形状中，如图9-1-22和图9-1-23所示。

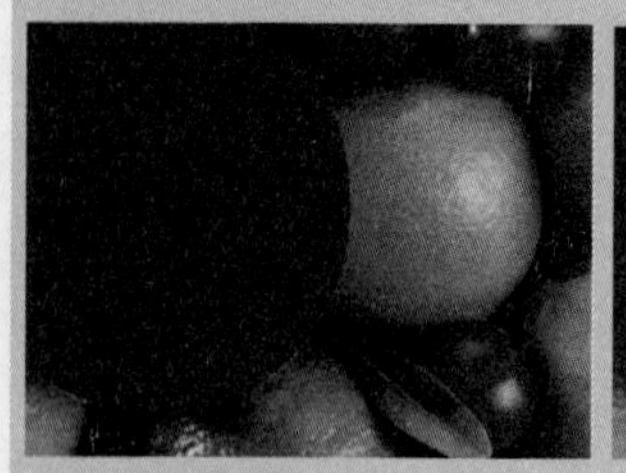

图9-1-22

图9-1-23

**减去顶层形状**：在绘制形状前单击此按钮，能将新绘制的形状从已有的形状中删除，如图9-1-24和图9-1-25所示。

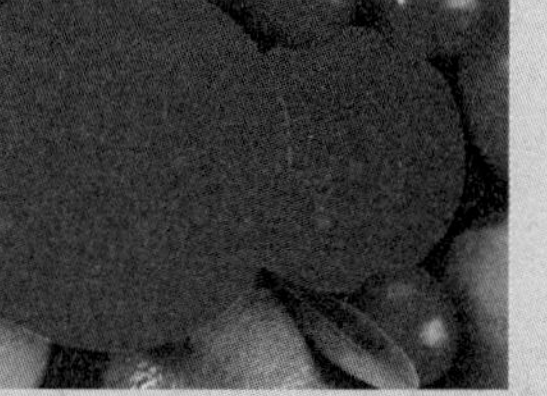
图9-1-24

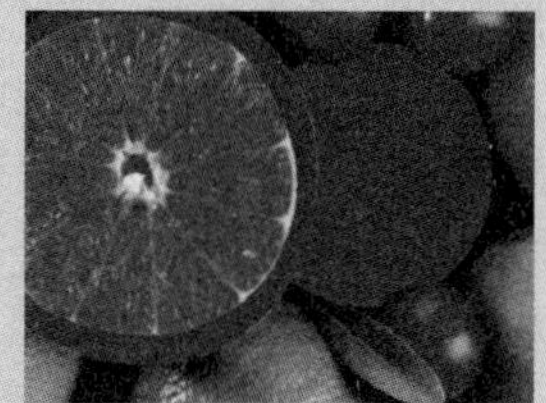
图9-1-25

**与形状区域相交**：只保留两个形状相交叉的部位，如图9-1-26所示。

**排除重叠形状**：删除两个图形重叠的部分，如图9-1-27所示。

图9-1-26

图9-1-27

使用钢笔工具时，如果要绘制的是直线路径，那么只需要使用它在各个位置上单击即可，如图9-1-28和图9-1-29所示。

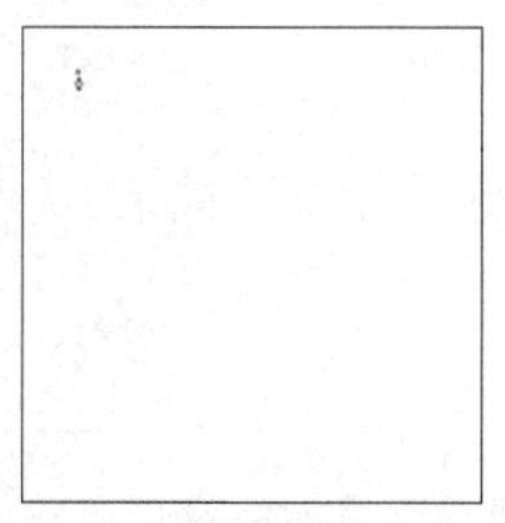
图9-1-28

图9-1-29

如果要绘制的是曲线，则需要将钢笔工具的笔尖放置在要绘制路径的起点位置，单击以定义起始锚点，如图9-1-30所示；当单击以确定第二个锚点时，应按住鼠标左键不放并向某个方向拖动，直到曲线出现合适的弯曲度，如图9-1-31和图9-1-32所示。在绘制第二个锚点时控制句柄的拖动方向及长度，决定曲线段的方向及弯曲度。

图9-1-30

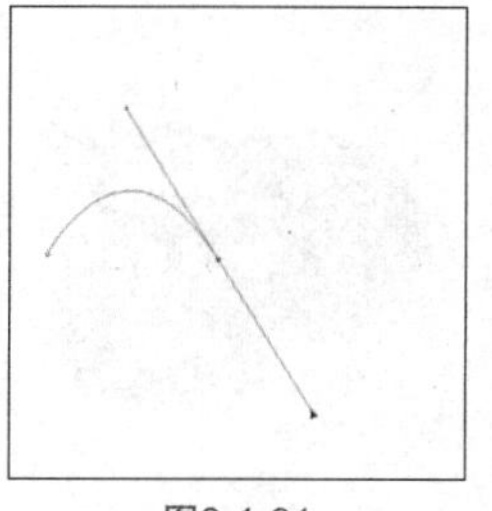
图9-1-31

图9-1-32

**Tips 提示**

在单击确定第二个锚点时按住Shift键，可以绘制出水平、垂直或45°角倍数的直线路径。

如果要绘制一条开放路径，可在绘制到路径需要结束的地方按Esc键或按住Ctrl键在图像中任意单击鼠标左键，即可退出路径绘制状态，此时路径首尾不相连，成为开放路径，如图9-1-33所示。

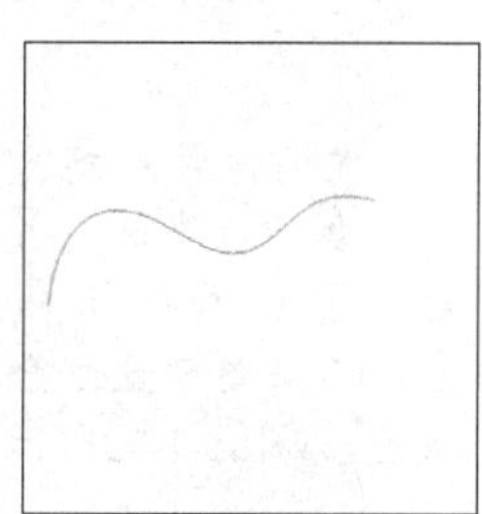
图9-1-33

如果要绘制闭合路径，必须是路径的最后一个锚点与第一个锚点相重合，即在结束路径绘制时将光标放置在路径起始锚点处时，在钢笔光标的右下角会出现一个小圆圈，如图9-1-34所示，单击该处闭合路径，如图9-1-35所示。

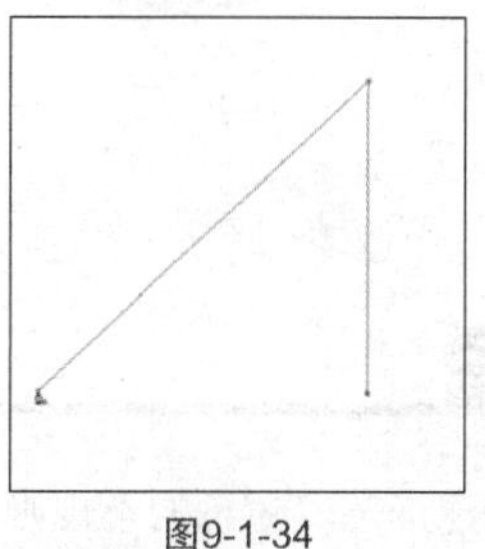
图9-1-34

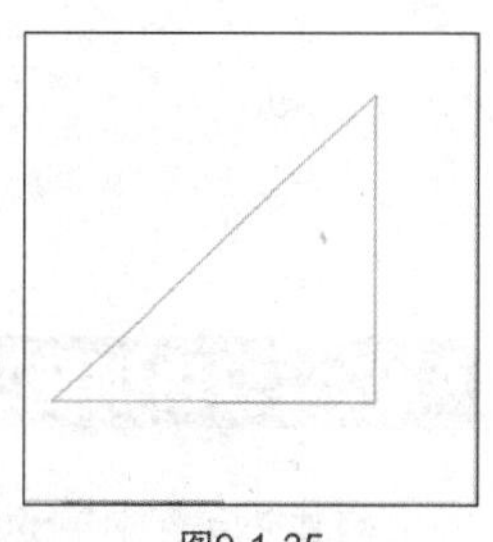
图9-1-35

## 实战 使用钢笔工具绘制轮廓

第 9 章 / 实战 / 使用钢笔工具绘制轮廓

执行【文件】/【打开】命令（Ctrl+O），弹出“打开”对话框，选择需要的素材图像，单击“打开”按钮，如图9-1-36所示。

图9-1-36

选择工具箱中的钢笔工具，单击鼠标左键创建第一个锚点，如图9-1-37所示。

图9-1-37

在图像中移动光标至需要的位置，单击鼠标左键，创建下一个锚点，同时可以创建由线段构成的路径，如图9-1-38所示。

图9-1-38

在图像中移动光标至需要的位置单击并拖动鼠标，创建曲线路径，调整路径至适合的位置，如图9-1-39所示。

图9-1-39

继续绘制图像轮廓，将光标移动回起点，在起点位置单击鼠标，得到闭合路径，如图9-1-40所示。

图9-1-40

## 9.1.2 自由钢笔工具

自由钢笔工具可以创建形态较随意的不规则曲线路径，但是不够精确。

选择该工具后，在画面中单击并拖动鼠标即可绘制路径，如图9-1-41所示；路径的形状为鼠标运行的轨迹，Photoshop 会自动添加锚点，因而无需设定锚点位置。

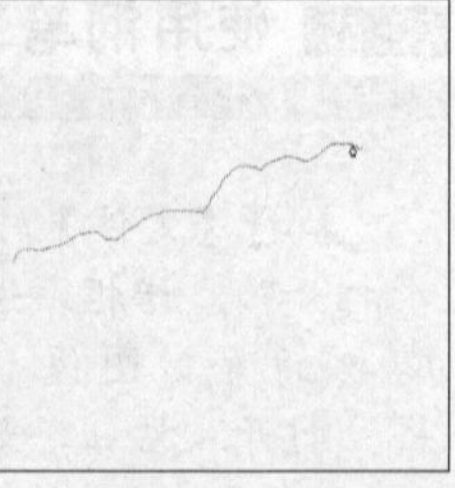
图9-1-41

自由钢笔工具的选项栏和钢笔工具的选项栏基本相同，只有“自动添加/删除”选项变为“磁性的”选项。

## 9.1.3 磁性钢笔工具

选择自由钢笔工具后，在其工具选项栏中选择“磁性的”选项，可将自由钢笔工具变为磁性钢笔工具。磁性钢笔工具的用法与磁性套索工具十分相似，它能自动找到颜色反差较大的边缘，并沿着边缘绘制路径。在使用时，只需在对象边缘单击鼠标，然后放开鼠标，沿着对象拖动鼠标即可。打开如图9-1-42所示的素材图像，用磁性钢笔工具在图中进行绘制，如图9-1-43、图9-1-44和图9-1-45所示。

图9-1-42

图9-1-43

图9-1-44

图9-1-45

在绘制路径的过程中，可按下Delete键删除锚点，双击鼠标则可闭合路径。

单击自由钢笔工具选项栏中的下拉三角按钮，可打开“自由钢笔选项”下拉面板，如图9-1-46所示。

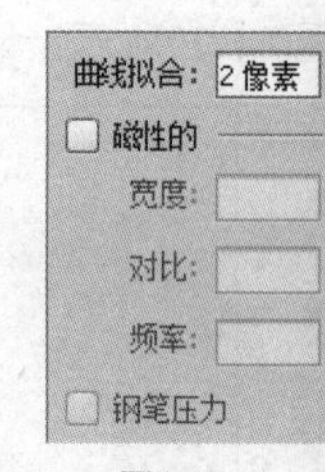

图9-1-46

**曲线拟合**：能控制生成的锚点的数量。该数值越高，路径的锚点越少，路径也就越简单（可输入0.5～10.0像素之间的值）。

**磁性的**：此选项包含宽度、对比和频率3个选项，其中“宽度”用来设置磁性钢笔工具的检测范围，可输入1～256的像素值，该值越高，工具的检测范围就越广；“对比”决定工具对于颜色差异的灵敏度，如果图像的边缘与背景的色调差异不是很大，可将数值设置大些；“频率”用来指定钢笔布置锚点的密度，该值越高，路径锚点的密度就越大。

**钢笔压力**：如果计算机配置有数位板，则“钢笔压力”选项为可用选项。当选择该选项时，钢笔压力的增加会导致工具的检测宽度减小。

## 实战 磁性钢笔工具的使用

第 9 章 / 实战 / 磁性钢笔工具的使用

打开如图9-1-47所示的图像素材，选择工具箱中的自由钢笔工具，在其工具选项栏中勾选“磁性的”选项，自由钢笔工具会转换为磁性钢笔工具。

图9-1-47

将鼠标放置在图像中，单击鼠标左键以确定起点，如图9-1-48所示。拖动鼠标沿着图像中颜色反差较大的边缘拖动鼠标，在图像中会自动生成锚点并绘制路径，如图9-1-49所示。

图9-1-48

图9-1-49

当所选图像与背景的颜色反差不是太大时，磁性钢笔工具有可能不会准确地绘制路径，此时按Delete键即可删除最近绘制的锚点；在所要选取的图像的边缘单击鼠标左键，即可强行在此处生成锚点，从而保证路径的准确性。

当绘制到最后，起点与终点重合时，光标右下方会出现空心的小圆圈，如图9-1-50所示，此时单击鼠标即可闭合路径，如图9-1-51所示。

图9-1-50

图9-1-51

当绘制到中途某一点，即还未与起点重合时，双击鼠标，Photoshop CS6会自动将最后绘制的锚点作为终点闭合路径。

## 9.1.4 矩形工具

矩形工具用于绘制矩形和正方形路径。矩形工具的工具选项栏与钢笔工具的工具选项栏相似，如图9-1-52所示。

图9-1-52

在矩形工具的工具选项栏中单击扩展按钮，弹出矩形选框，如图9-1-53所示。

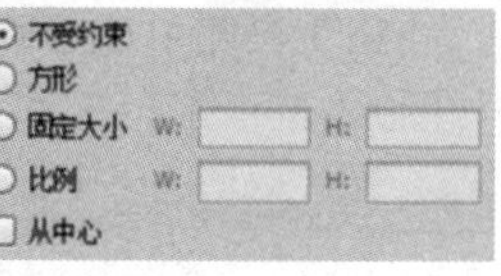

图9-1-53

**不受约束**：默认选项，勾选后可创建任意大小的矩形；如图9-1-54所示。

**方形**：勾选该选项后，拖动鼠标可创建任意大小的正方形，如图9-1-55所示。

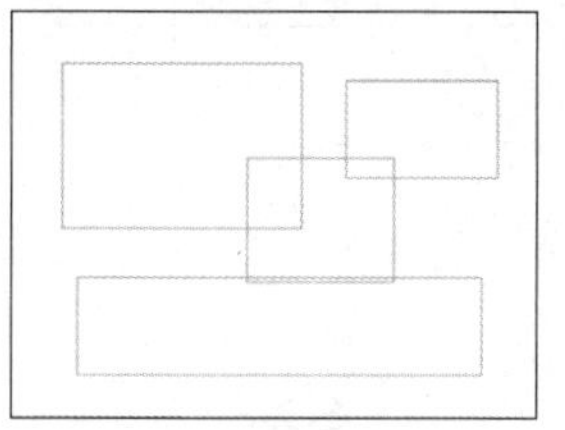
图9-1-54

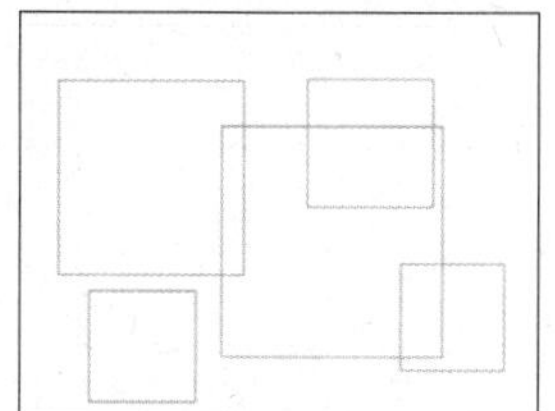
图9-1-55

**固定大小**：勾选后，可在其数值栏中输入数值，W代表矩形的宽度，H代表矩形的高度。设置完毕后单击鼠标，只创建当前设置的尺寸大小的矩形。图9-1-56所示为创建W为6厘米、H为12厘米的矩形。

**比例**：勾选后，可在其数值栏中输入数值，W代表矩形宽度的比例，H代表举行高度的比例。设置完毕绘制矩形时，无论创建多大的矩形，矩形的宽度和高度都维持设置的比例。如图9-1-57所示，设置W为1厘米、H为2厘米的矩形。

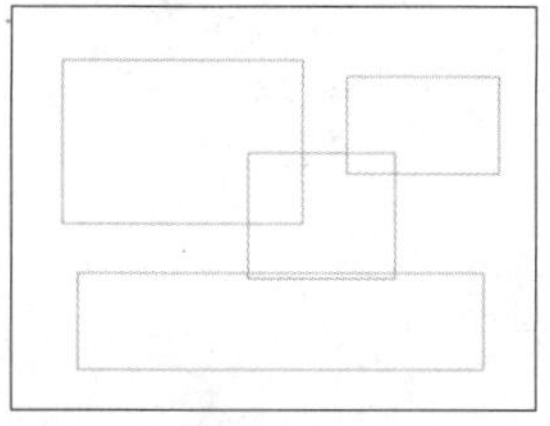
图9-1-56

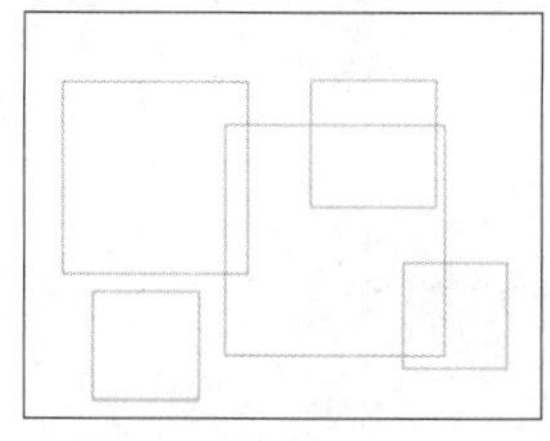
图9-1-57

**从中心**：勾选此选项后，在以任何方式创建矩形时，鼠标在画面中的单击点即为矩形的中心，拖动鼠标时矩形将由中心向外扩展。

**对齐像素**：勾选此选项后，矩形的边缘与像素的边缘重合，图像的边缘不会出现锯齿，取消勾选后则矩形边缘会出现模糊的像素。

> **Tips 提示**
>
> 在用矩形工具进行绘制时，按住 Shift 键，单击并拖移鼠标及可在鼠标拖曳的位置创建一个正方形。

## 9.1.5 圆角矩形工具

利用圆角矩形可以很方便地绘制出圆角矩形路径。

在工具箱中选择圆角矩形工具，其工具选项栏如图9-1-58所示。

路径 建立： 选区... 蒙版 形状 半径：10像素 对齐边缘

图9-1-58

比较其他的工具，圆角矩形的工具选项栏中多了半径这一选项。对圆角的半径进行设置时，半径越大，圆角的弧度就越大。图9-1-59所示是半径为10cm的圆角矩形，图9-1-60是半径为60cm的圆角矩形。

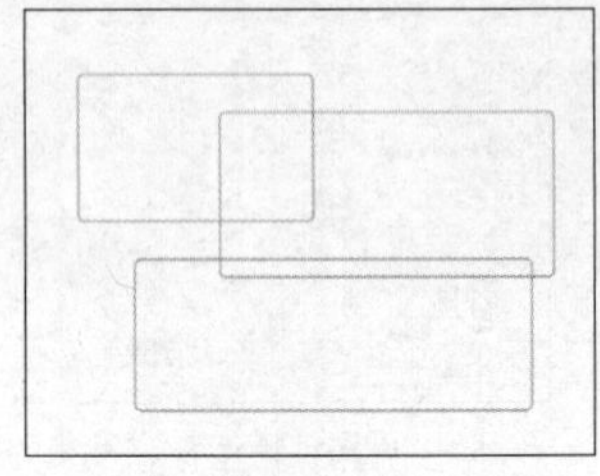
图9-1-59

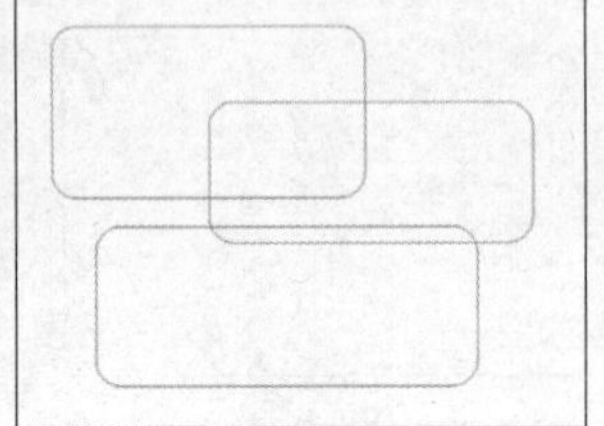
图9-1-60

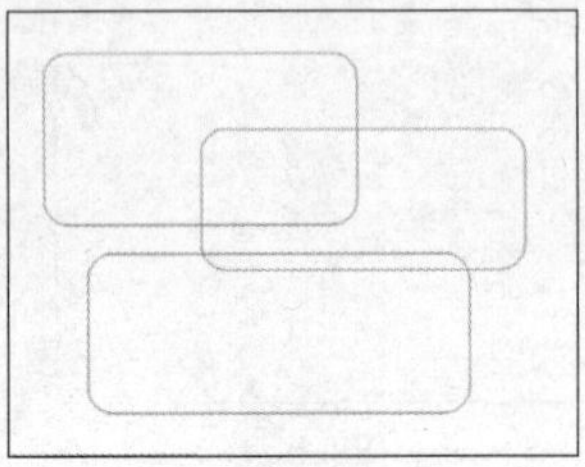

## 9.1.6 椭圆工具

椭圆工具是用来创建椭圆形和圆形的工具，在画面中单击并拖动鼠标即可创建椭圆形，按住Shift键拖动鼠标即可创建圆形。其工具选项栏与矩形工具的选项栏基本相似。可用其创建不受约束的椭圆形和圆形，也可选择创建固定大小和固定比例的圆形。如图9-1-61和图9-1-62所示，即为创建的椭圆形和圆形。

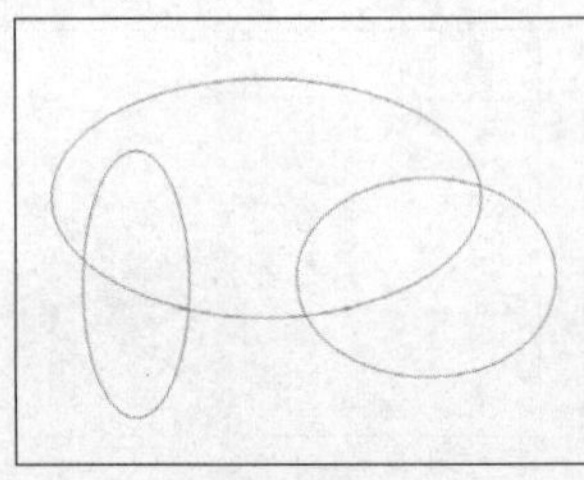
图9-1-61

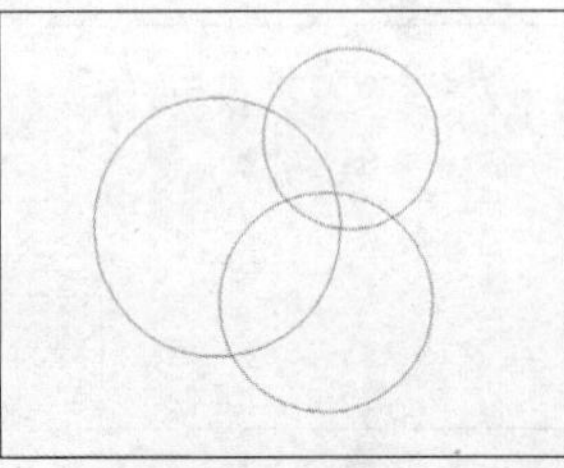
图9-1-62

## 实战 用路径做表情

第9章/实战/用路径做表情

执行【文件】/【新建】命令（Ctrl+N），弹出“新建”对话框，具体设置如图9-1-63所示，设置完毕单击“确定”按钮新建文件。

选择工具箱中的椭圆工具，按住Shift键在图像上绘制正圆路径，如图9-1-64所示。

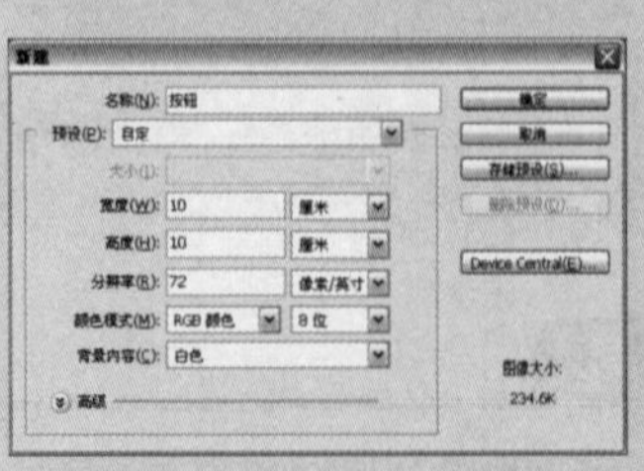

图9-1-63

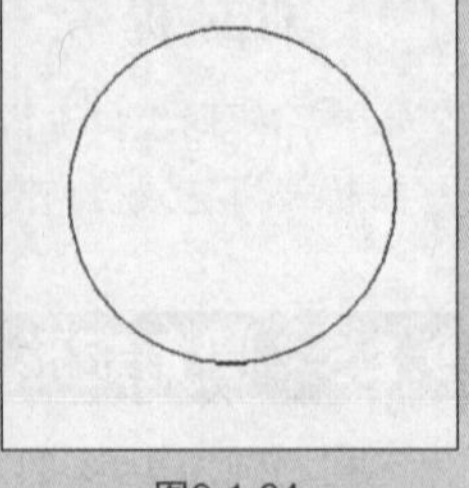
图9-1-64

在图像上继续绘制两个等大的椭圆，如图9-1-65所示。在如图9-1-65所示的图像上继续绘制两个等大的椭圆，如图9-1-66所示。

在如图9-1-66所示在图像上再绘制椭圆，如图9-1-67所示。

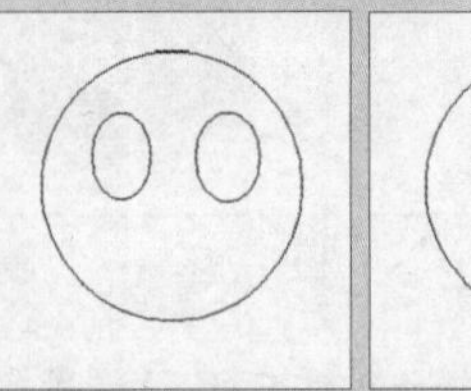
图9-1-65

图9-1-66

图9-1-67

选择工具栏中的直接选择工具，在路径上单击，显示锚点，如图9-1-68所示。单击锚点，如图9-1-69所示。

按Delete键删除锚点，得到的图像如图9-1-70所示。

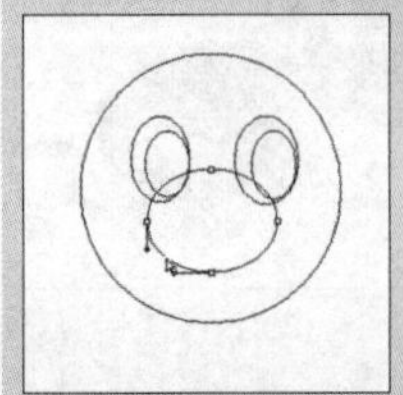
图9-1-68

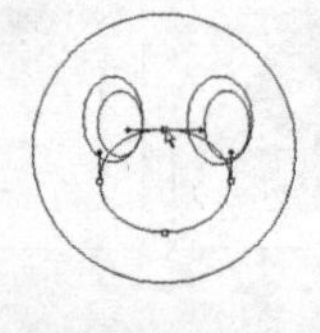
图9-1-69

图9-1-70

## 9.1.7 多边形工具

椭圆工具是用来创建多边形的工具，其工具选项栏与矩形工具的选项栏基本相似，如图9-1-71所示。

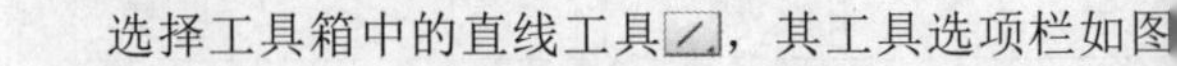

路径 建立： 选区... 蒙版 形状 边：5 对齐边缘

图9-1-71

**边**：多边形工具选项栏上的“边”选项可用于设置边的数量，要求数量范围为3～100。

## 9.1.8 直线工具

选择工具箱中的直线工具，其工具选项栏如图9-1-72所示。

路径 建立： 选区... 蒙版 形状 粗细：1像素

图9-1-72

在粗细选项栏中输入数值，可设置直线的粗细；单击工具选项栏中的扩展按钮，会弹出“箭头”对话框，如图9-1-73所示。

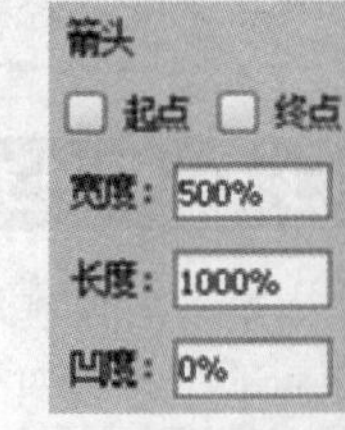

图9-1-73

**起点/终点**：勾选“起点”，会在直线的起点处添加箭头，如图9-1-74所示；勾选“终点”，则会在直线的终点处添加箭头，如图9-1-75所示；如果两项都勾选，则在两端都会添加箭头，如图9-1-76所示。

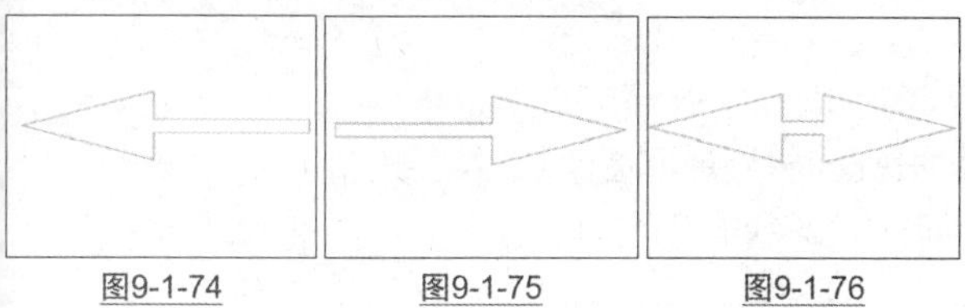

图9-1-74　　图9-1-75　　图9-1-76

**宽度**：用来设置箭头的宽度与直线宽度的百分比。

**长度**：用来设置箭头的长度与直线长度的百分比。

**凹度**：用来设置箭头的凹陷程度。当该值为0%时，箭头没有凹陷；该值大于0%时，箭头尾部向内凹陷；该值小于0%时，向外凸出。

不勾选“箭头”对话框内的起点、终点选项时，在画面中单击并拖动鼠标即可创建直线，按住Shift键可以创建水平、垂直或45°角为增量的直线。

## 实战 绘制直线

第 9 章 / 实战 / 绘制直线

选择工具栏中的直线工具，单击并拖动鼠标，绘制随意的直线，如图9-1-77所示。

单击并按住Shift键拖动鼠标，绘制水平、垂直或以45°角为增量的直线，如图9-1-78所示。

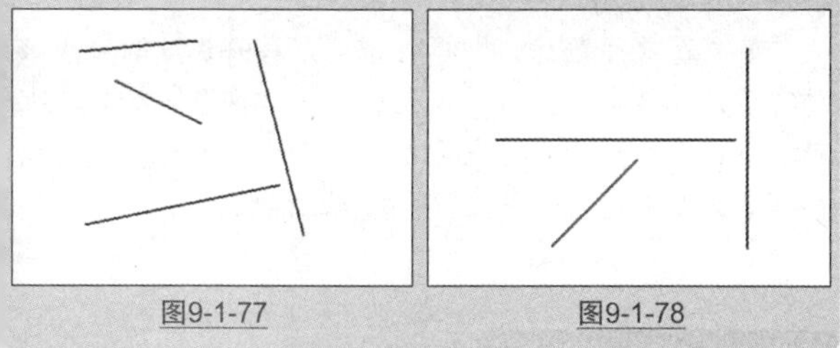

图9-1-77　　图9-1-78

## 9.1.9 自定形状工具

使用自定义形状工具，可以创建Photoshop CS6中预设的形状以及自定义形状。

选择工具箱中的自定义形状，其工具选项栏如图9-1-79所示。

图9-1-79

单击工具选项栏中的下拉三角按钮，会弹出对话框，在对话框中可查看预设形状，如图9-1-79所示，再单击对话框上的预设扩展按钮，在弹出的面板菜单中执行“全部”菜单命令，如图9-1-80所示，可将Photoshop CS6提供的预设形状工具全部打开。

选择所需要的自定义形状，在图像中单击然后拖动鼠标，即可在图像中绘制所选的自定义形状，如图9-1-81所示。按住Shift键，可绘制对称的自定义形状。

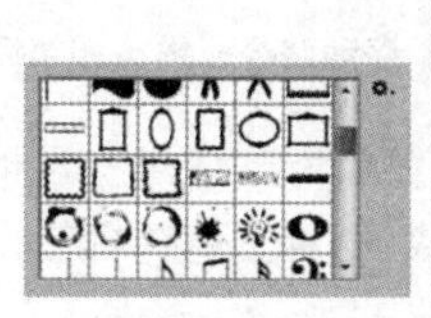

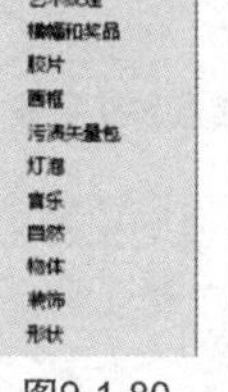

图9-1-79　　图9-1-80　　图9-1-81

除了Photoshop CS6自带的形状外，还可以创建自定义形状。

## 实战 创建自定义形状

第 9 章 / 实战 / 创建自定义形状

要创建自定义形状，首先应创建要定义为形状的路径，可通过以下两种方式创建路径。

使用钢笔工具等路径工具直接绘制路径。

绘制选区，然后将其转换为路径。

先绘制要定义的路径，如图9-1-82所示；然后执行【编辑】/【定义自定形状】命令，在弹出的“形状名称”对话框中输入新建形状的名称，如图9-1-83所示，然后单击“确定”按钮；如图9-1-84所示是将其定义为形状后，在“自定形状拾色器”面板中看到的该形状的状态。

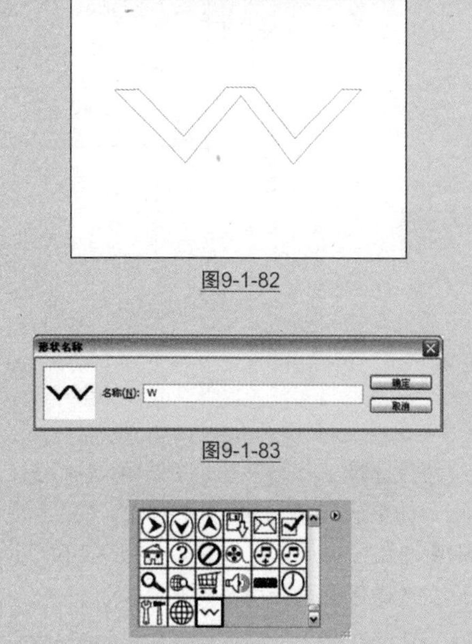


图9-1-82

图9-1-83

图9-1-84

**Tips 提示**

在使用形状工具绘制矩形、圆形、多边形、直线和自定义形状时，在创建形状的过程中按下空格键可以移动形状的位置。

# 9.2 编辑路径

关键字　选择路径、锚点和路径段；移动路径、锚点和路径段

想要使用钢笔工具准确地描摹对象的轮廓，必需熟练地掌握锚点和路径的编辑方法。在工具箱的钢笔工具的隐藏工具选项中，提供了多种用于对锚点、路径进行编辑工具，同时对于路径的选择方面，提供了对路径的选择和对锚点进行选择的工具。

## 9.2.1 选择路径、锚点和路径段

选择工具箱中的直接选择工具，单击一个锚点即可选择此锚点，未选中的锚点为空心方块，而选中的锚点为实心方块，如图9-2-1所示。单击一个段路径时，可以选择此路径，如图9-2-2所示。如果要添加选择新锚点、路径段或者路径，可以按住Shift键逐一单击需要选择的对象，也可以单击鼠标左键并拖动出一个选框，将需要选择的对象全部框选，如图9-2-3和图9-2-4所示。如果要取消选择，可在画面的空白处单击。

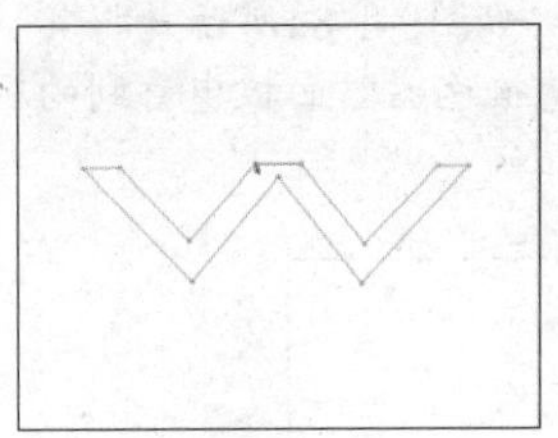
图9-2-1

图9-2-2

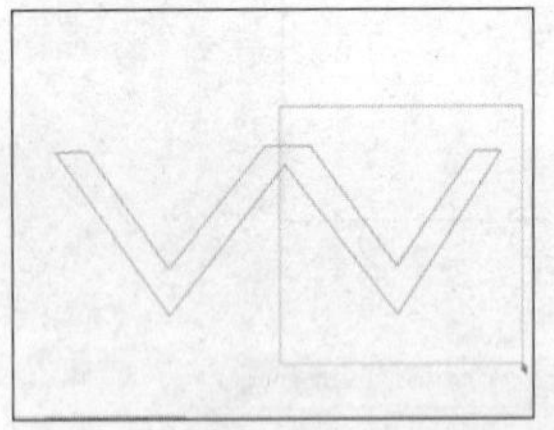
图9-2-3

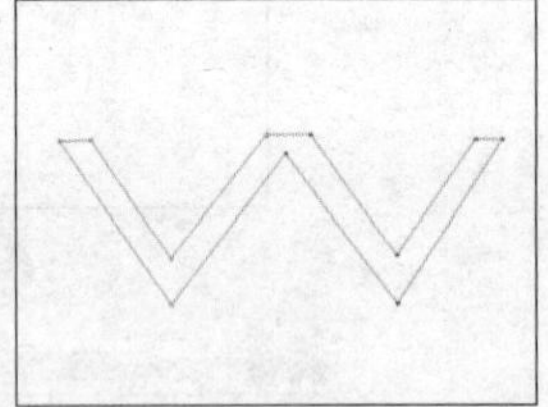
图9-2-4

使用路径选择工具单击路径即可选择路径，如图9-2-5所示。如果选择其工具选项栏中的“显示定界框”选项，则所选路径会显示定界框，如图9-2-6所示，要对路径进行变换操作拖动控制点即可。

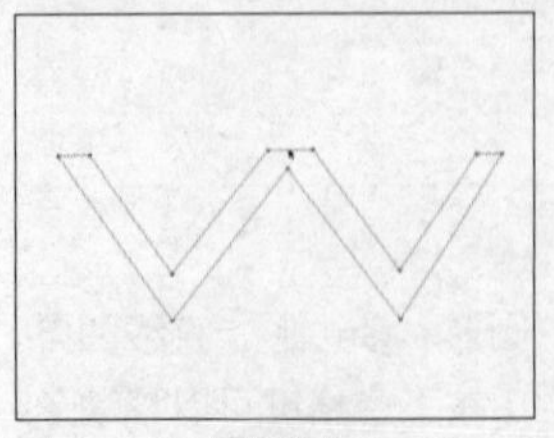
图9-2-5

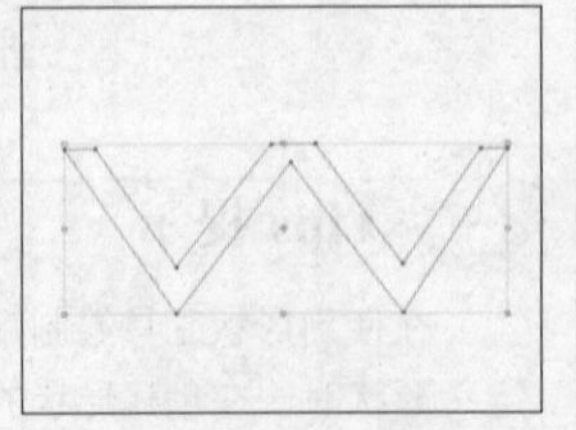
图9-2-6

**Tips 提示**

按住Alt键单击某段路径，可以选择该路径及路径段上的所有锚点。

## 9.2.2 移动路径、锚点和路径段

想要移动选择锚点、路径段和路径后，只要将其选中后按住鼠标左键不放并拖动即可。路径也是如此，从选择的路径上移开光标后，需要重新选择此路径才能将其移动。

**技术要点： 移动锚点**

如果选择了锚点，鼠标从锚点上移开，这时又想移动锚点，则要重新选择此锚点，单击并拖动鼠标才能将其移动，否则只能在画面中拖动出一个矩形框，这样只能框选锚点或者路径段，但不能移动锚点。

## 9.2.3 添加锚点

如果要添加锚点，选择添加锚点工具，将光标放在要添加锚点的路径上单击即可，如图9-2-7和图9-2-8所示。如果单击并拖动鼠标，可添加一个平滑点，如图9-2-9所示。

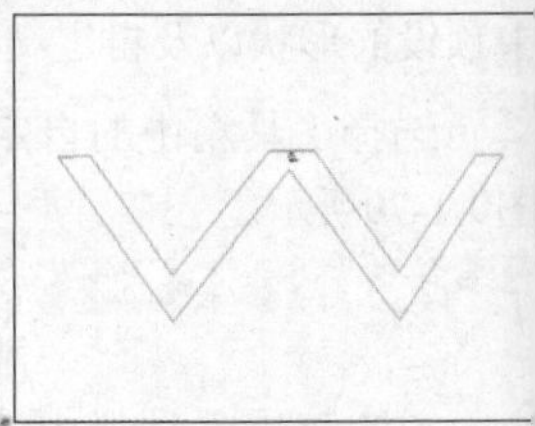
图9-2-7

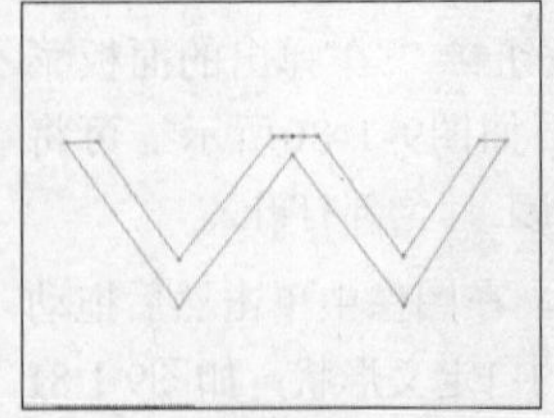
图9-2-8

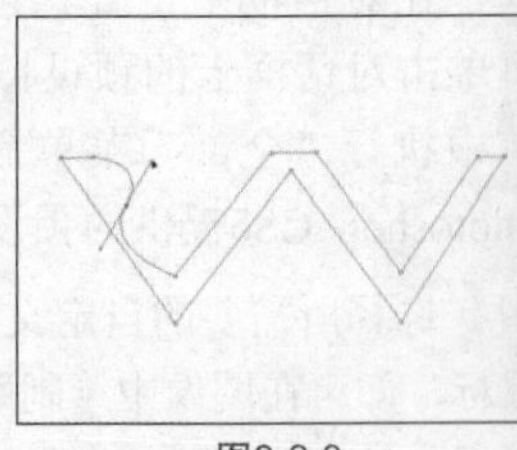
图9-2-9

## 9.2.4 删除锚点

若删除锚点，选择工具箱中的删除锚点工具，将鼠标放在要删除的锚点上单击即可，如图9-2-10和图9-2-11所示。

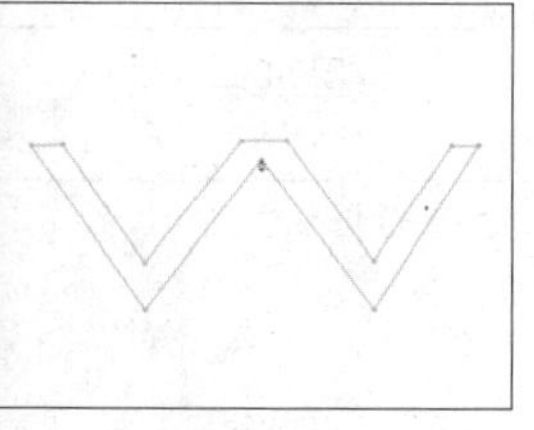
图9-2-10

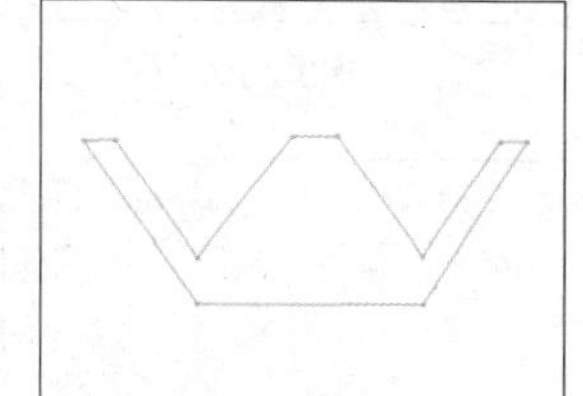
图9-2-11

如果用直接选择工具选择锚点后，按Delete键也可将锚点删除，但锚点两边的路径也会被删除。如果当前路径为闭合路径，它将变为开放路径，如图9-2-12和图9-2-13所示。

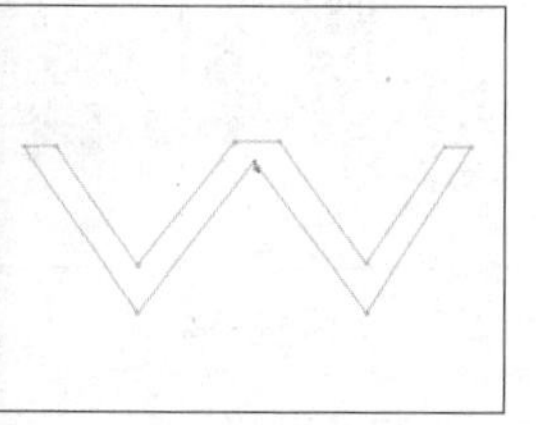
图9-2-12

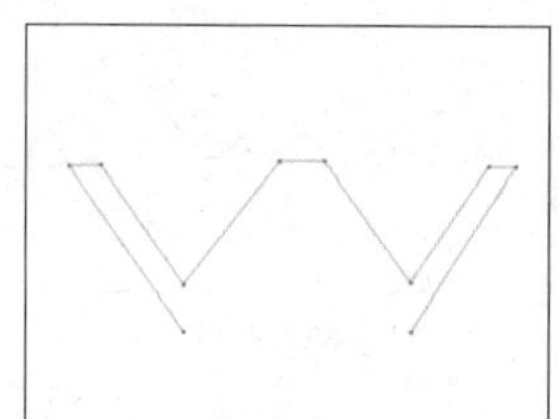
图9-2-13

## 9.2.5 转换锚点的类型

使用转换点工具能将角点转换为平滑点或将平滑点转换为角点。选择转换点工具，将光标移至路径上的角点上，如图9-2-14所示，再单击并拖移鼠标即可将锚点设置为平滑点，如图9-2-15所示。

图9-2-14

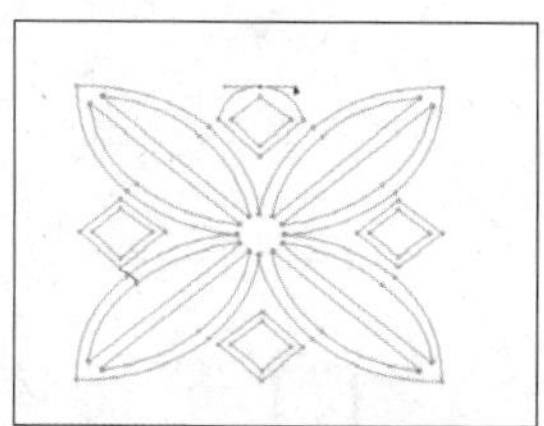
图9-2-15

**Tips 提示**

如果当前使用的工具为钢笔工具，则将光标移至锚点上，按住 Alt 键可以转换为转换点工具。

选择转换点工具，将光标移至路径上的平滑点上，如图9-2-16所示，再单击锚点即可将锚点设置为角点，如图9-2-17所示。

图9-2-16

图9-2-17

## 实战 用钢笔工具抠图

第 9 章 / 实战 / 用钢笔工具抠图

打开如图9-2-18所示的素材图像，选择工具箱中的钢笔工具，单击鼠标左键，创建第一个锚点，如图9-2-19所示。

图9-2-18

图9-2-19

沿鱼缸边缘绘制平滑路径，按住Alt键单击锚点，平滑点可以转变为角点，如图9-2-20所示。按住Ctrl键单击任意锚点并拖动鼠标，可移动锚点，如图9-2-21所示。

图9-2-20

图9-2-21

闭合路径，选择工具箱中的添加锚点工具，为路径添加锚点，如图9-2-22所示移动锚点调整路径。选择删除锚点工具，为路径删除多余的锚点，如图9-2-23所示。

图9-2-22

图9-2-23

## 9.2.6 变换路径

路径和形状也可以进行缩放、旋转、斜切、扭曲等变换操作。绘制路径，执行【编辑】/【变换路径】命令，在下拉菜单中会有变换选项，如图9-2-24所示。选择任一变换选项，可以显示定界框，如图9-2-25所示。路径的变换方法与变换图像的方法相同，拖动定界框上的控制点即可对路径进行变换操作。

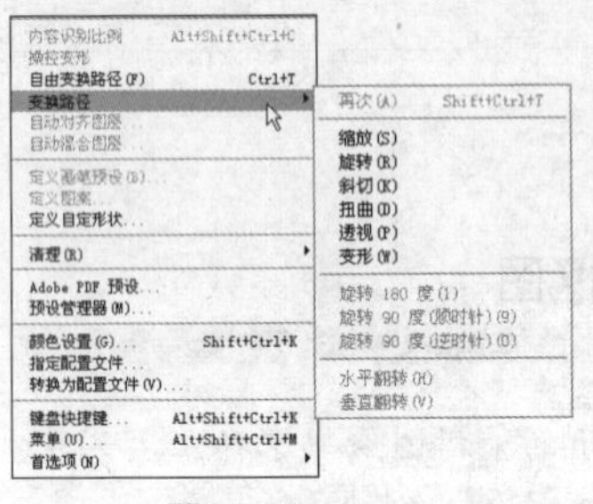

图9-2-24

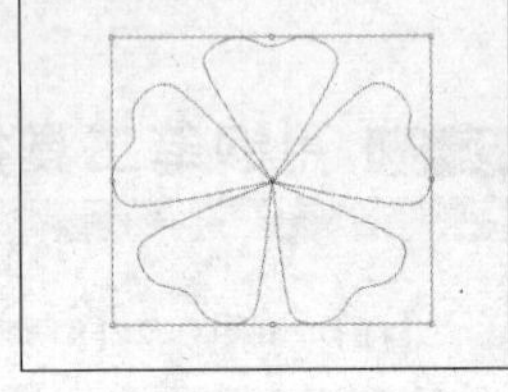

图9-2-25

**Tips 提示**

如果选择了多个路径,会发现“变换”命令变为“变换点”命令，通过执行该命令可以对路径段进行变换。

## 9.2.7 对齐与分布路径

路径选择工具的工具选项栏中包括路径对齐与分布的选项，如图9-2-26所示。

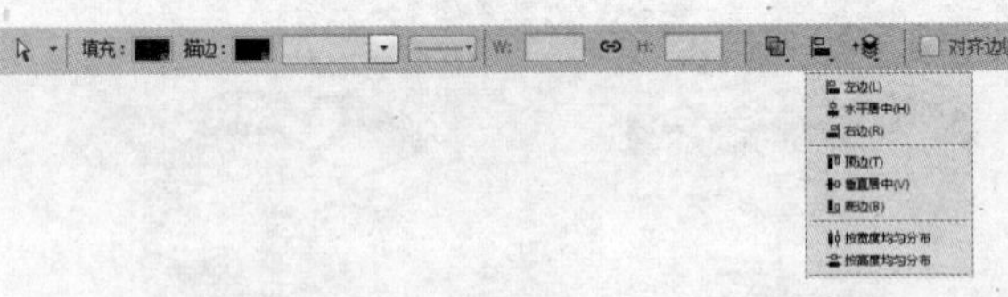

图9-2-26

### ※ 对齐路径

工具选项栏中的对齐选项包括左边，如图9-2-27所示；水平居中，如图9-2-28所示；右边，如图9-2-29所示；顶边，如图9-2-30所示；垂直居中，如图9-2-31所示；底边，如图9-2-32所示。使用路径选择工具后选择需要的对齐路径后，单击工具选项栏中的任意一个对齐按钮即可进行路径的对齐操作。

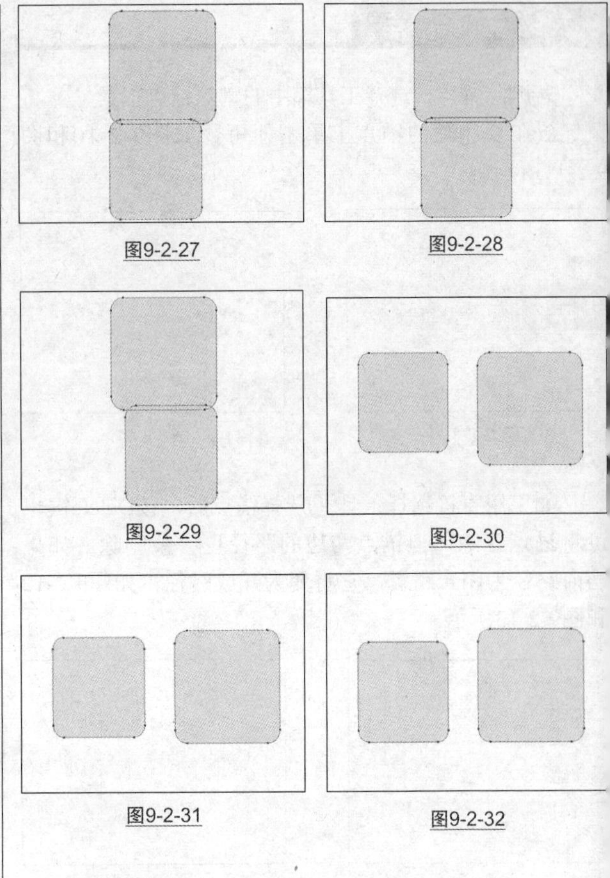

图9-2-27 图9-2-28

图9-2-29 图9-2-30

图9-2-31 图9-2-32

### ※ 分布路径

工具选项栏中的分布选择包括按宽度均匀分布和按高度均匀分布。图9-2-33所示为原图，选择按宽度均匀分布后的图像效果，如图9-2-34所示；选择按高度均匀分布后的图像效果，如图9-2-35所示。

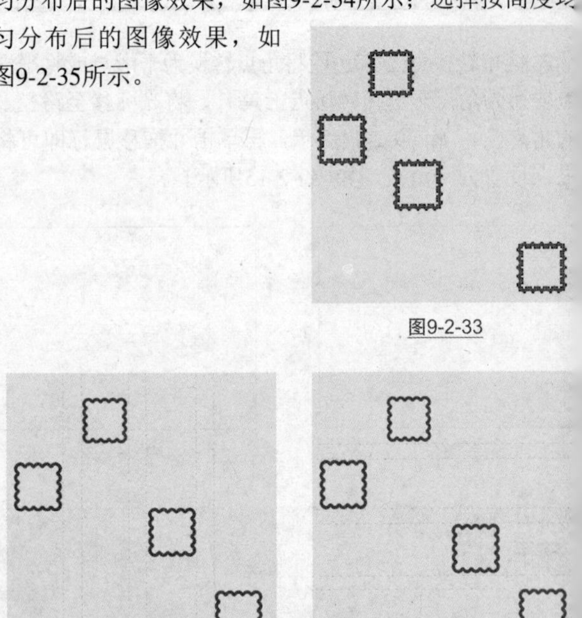

图9-2-33

图9-2-34 图9-2-35

# 9.3 路径面板

**关键字** 解析路径面板、了解工作路径、新建路径、将路径转化为选区

若要对路径进行编辑，必须掌握路径面板的使用方法。使用路径面板，可以完成复制、删除、新建路径等操作。

## 9.3.1 解析路径面板

执行【窗口】/【路径】命令，打开路径面板，如图9-3-1所示。

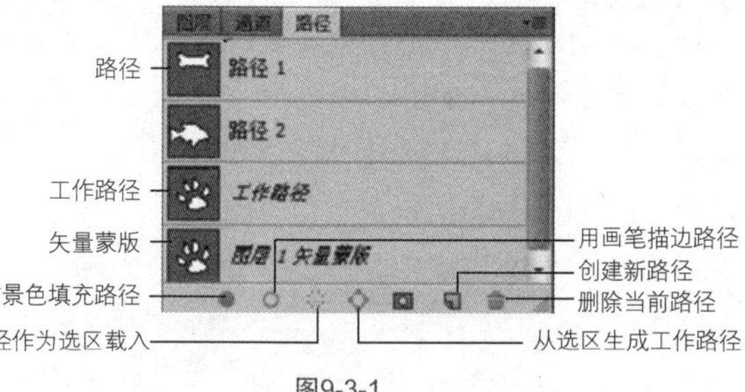

图9-3-1

**路径/工作路径/矢量蒙版：**显示当前文件中包含的各种路径和矢量蒙版。

**用前景色填充路径：**单击此按钮可以对当前选中的路径进行填充，填充颜色为前景色颜色。

**用画笔描边路径：**单击此按钮可以用画笔工具对当前选中的路径进行描边。

**将路径作为选区载入：**单击此按钮可以将当前选中的路径转换为选区。

**从选区生成工作路径：**单击此按钮可以从当前的选区中生成工作路径。

**创建新路径：**单击此按钮可以创建新的路径。

**删除当前路径：**单击此按钮可删除当前选择的路径。

## 9.3.2 了解工作路径

在使用钢笔工具或形状工具直接绘图时，如图9-3-2所示，该路径在“路径”面板中便被保存为工作路径，路径面板如图9-3-3所示；如果在绘制路径前单击“路径”面板上的创建新路径按钮，新建一个图层后再绘制路径，如图9-3-4所示，创建的路径可以保存在当前路径面板中，路径面板如图9-3-5所示。

图9-3-2

图9-3-3

图9-3-4

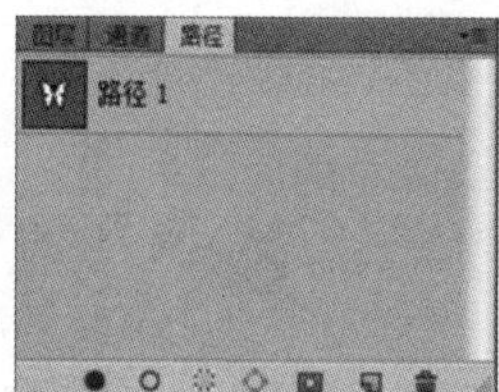

图9-3-5

工作路径只是暂时保存路径，如果不选中此路径，再次在图像中绘制路径，则新的工作路径将替换原来的工作路径，因此若要避免工作路径被替代，应将其中的路径保存起来。

要对保存工作路径中的路径，可以单击“路径”面板右上角的三角按钮，在弹出的对话框中选择“存储路径”选项，在“存储路径”对话框中设置路径的名称，如图9-3-6所示，设置完毕后单击“确定”按钮，面板将显示被存储的新路径，如图9-3-7所示。

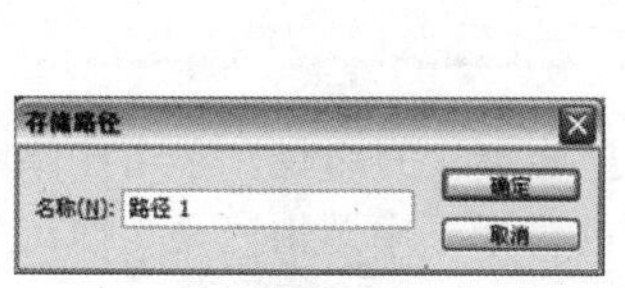

图9-3-6

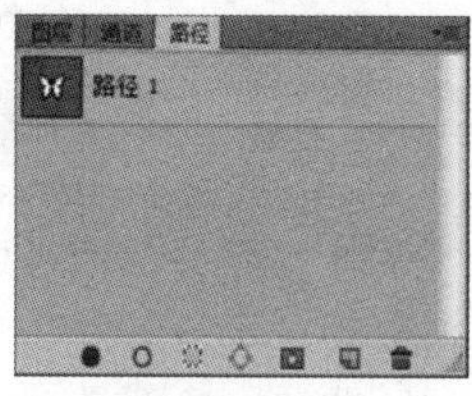

图9-3-7

**Tips 提示**

在“路径”面板中双击工作路径，也可在弹出的“存储路径”对话框中输入名称，然后单击“确定”按钮即可保存路径。

## 9.3.3 新建路径

单击“路径”面板中的创建新路径按钮，即可创建新路径，如图9-3-8所示。按住Alt键单击新建路径按钮，可以在打开的“新建路径”对话框中输入路径的名称并单击“确定”按钮，即可在新建路径时设置路径的名称，如图9-3-9和图9-3-10所示。

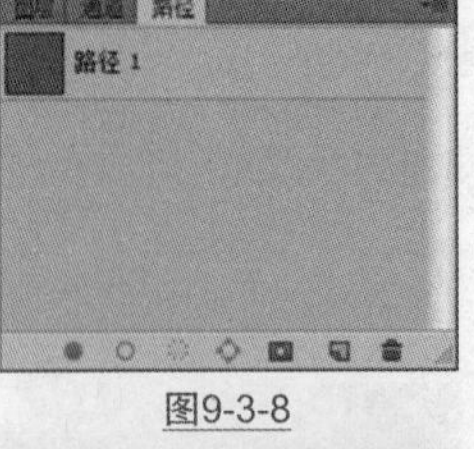

图9-3-8

图9-3-9

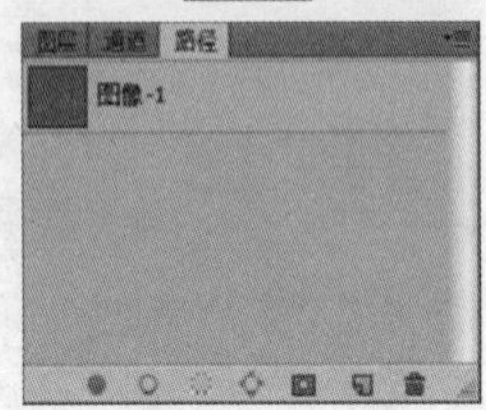

图9-3-10

**Tips 提示**

双击面板中的路径名称，可以在显示的文本框中重命名路径。

## 9.3.4 选择路径

在“路径”面板中的路径处单击即可选择该路径，如图9-3-11所示。要取消选择，在面板的空白处单击即可，如图9-3-12所示。

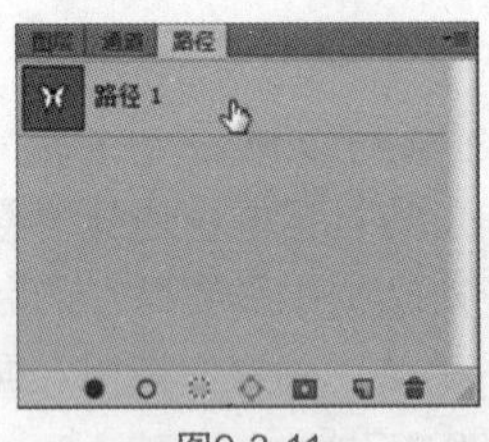

图9-3-11

图9-3-12

## 9.3.5 删除路径

在“路径”面板中选择要删除的路径，单击删除当前路径按钮，在弹出的对话框中单击“是”即可删除路径；除此之外还可以将路径直接拖曳至该按钮上删除。用路径选择工具选择路径时，按下Delete键也可将其删除。

## 9.3.6 隐藏路径

在默认状态下，路径在图像中以灰色线的状态显示。按快捷键Ctrl+H，可隐藏路径，再次按快捷键Ctrl+H即可显示路径。

在路径选择工具、直接选择工具及钢笔工具等任一种绘制工具被选中的情况下，按Esc键也可隐藏路径。

## 9.3.7 复制路径

### 实战 在“路径”面板上复制路径

第 9 章 / 实战 / 在“路径”面板上复制路径

在“路径”面板中将需复制的路径拖曳至创建新路径按钮上，可以直接复制此路径。选择路径，然后执行路径面板菜单中的“复制路径”命令，在打开的“复制路径”对话框中输入新路径的名称即可复制并重命名路径，如图9-3-13所示。

图9-3-13

### ※ 通过剪贴板复制路径

选择工具箱中的路径选择工具，选中图像中的路径，执行【编辑】/【拷贝】命令，可以将路径复制到剪贴蒙版，执行【编辑】/【粘贴】命令，可以粘贴路径。如果在其他图像中执行【编辑】/【粘贴】命令，则可将路径粘贴到该图像中。

**Tips 提示**

用路径选择工具将路径全选后，可直接将其拖曳至其他图像中。

## 9.3.8 将路径转换为选区

在“路径”面板中选中需要转换为选区的路径，然后单击将路径作为选区载入按钮或按快捷键Ctrl+Enter即可将路径转换为选区。打开如图9-3-14所示的素材图像，在图像中绘制如图9-3-15所示路径，将其转换为选区，得到的图像效果如图9-3-16所示。

图9-3-14

图9-3-15

图9-3-16

单击“路径”面板右上角的三角按钮，选择“建立选区”选项令，在弹出的“建立选区”对话框中选择“新建选区”，如图9-3-17所示。单击“确定”按钮，可以将路径转换为选区，得到的图像如图9-3-18所示。

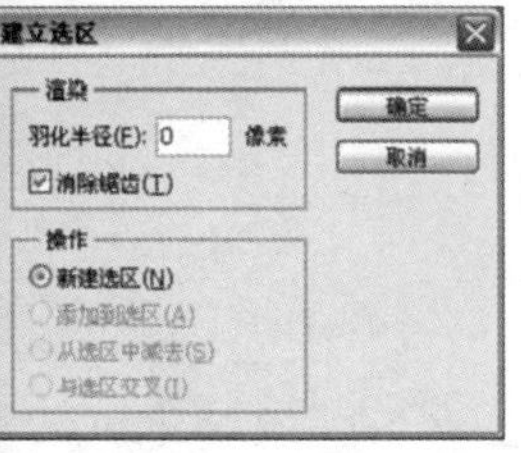

图9-3-17

图9-3-18

当图像中存在选区，如图9-3-19所示，此时单击“路径”面板右上角的三角按钮，选择“建立选区”选项，在弹出的“建立选区”对话框中选择“添加到选区”，如图9-3-20所示。单击“确定”按钮，可以将路径转换为选区，并添加到当前选区，如图9-3-21所示。

图9-3-19

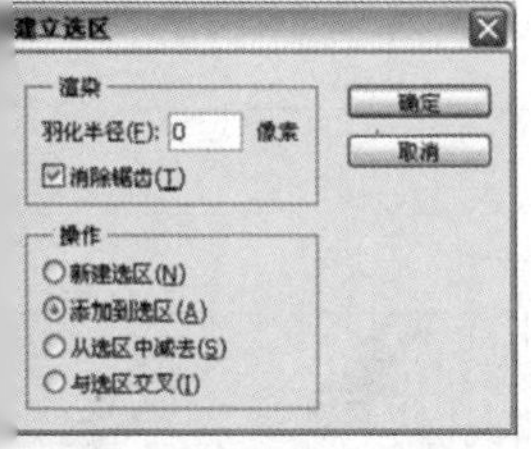

图9-3-20

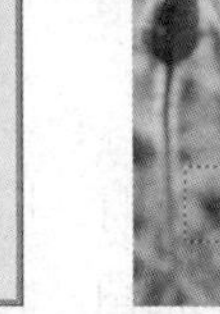
图9-3-21

在弹出的“建立选区”对话框中选择“从选区中减去”，如图9-3-22所示。单击“确定”按钮，可以将路径转换为选区，当前选区减去相交选区后的选区为新选区，如图9-3-23所示。

在弹出的“建立选区”对话框中选择“与选区交叉”，如图9-3-24所示。单击“确定”按钮，可以将路径转换为选区，得到的新选区为两个选区的交集，如图9-3-25所示。

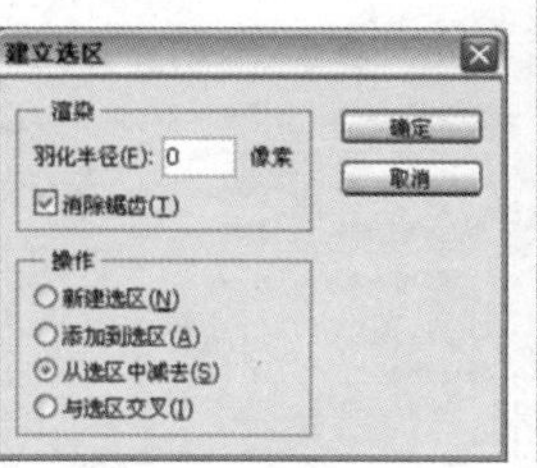

图9-3-22

图9-3-23

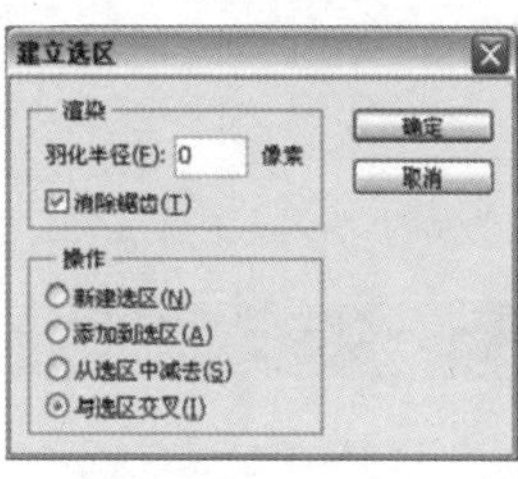

图9-3-24

图9-3-25

**羽化半径**：可以设置转换为选区的羽化半径，将该数值设置为0则不羽化。

**消除锯齿**：选择此选项，可以消除选区边缘的锯齿，使边缘更平滑。

**操作**：如果在先前已经绘制了路径，可以在该区域单击某个按钮，按加、减、交叉的运算方式得到不同的选区。

## 实战 将路径转换为选区

第9章/实战/将路径转换为选区

打开如图9-3-26所示素材图像，选择工具箱中的钢笔工具，在图像中绘制闭合路径，如图9-3-27所示。

图9-3-26

图9-3-27

绘制完毕后按快捷键Ctrl+Enter即可将路径转换为选区，如图9-3-28所示。

图9-3-28

或者在图像中单击鼠标右键，在弹出的下拉菜单中选择“建立选区”选项，会弹出“建立选区”对话框，如图9-3-29所示，在对话框中设置所需参数，单击“确定”即可建立选区。

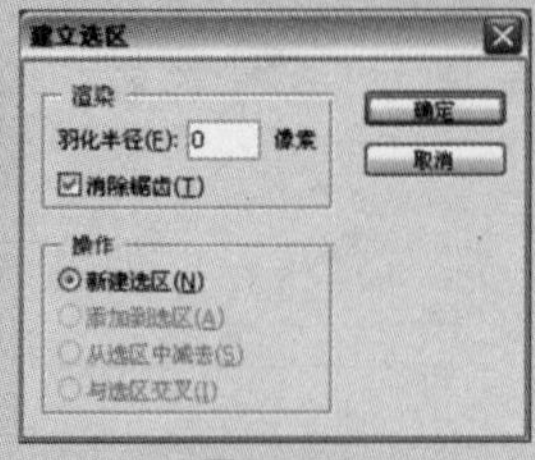

图9-3-29

## 训练营01 鱼在水中游

第9章/训练营/01 鱼在水中游

▲ 通过用钢笔工具将鱼从背景中分离出来
▲ 将鱼放置到新的背景环境中

01 执行【文件】/【打开】命令（Ctrl+O），弹出“打开”对话框，选择需要的素材图像，单击“打开”按钮，如图9-3-30所示。

图9-3-30

02 选择工具箱中的钢笔工具，如图9-3-31所示绘制闭合路径。

图9-3-31

### 技术要点：编辑锚点和路径

在使用钢笔工具绘图或者选取图像时，可能无法一次就绘制准确，而需要在绘制完成后在进行修改，这就需要使用直接选择工具和路径选择工具，通过对锚点和路径的编辑来完成。

使用直接选择工具单击一个锚点即可选择该锚点，选中后的锚点为实心点，未选中的锚点为空心点，如图1所示。单击一个路径段，可以选择该路径段，如图2所示。

图1

图2

使用路径选择工具，单击路径即可选择此路径，如图3所示。如果勾选工具选项栏中的“显示定界框”选项，则所选路径会显示定界框，如图4所示。可以按住Shift键逐一单击，则可添加选择锚点、路径段或者路径。也可以单击并拖动出一个选框，将需要选择的对象框选，如图5所示。如图所示要取消选择，可在画面的空白处单击。

使用钢笔工具时，按住Ctrl键切换直接选择工具。

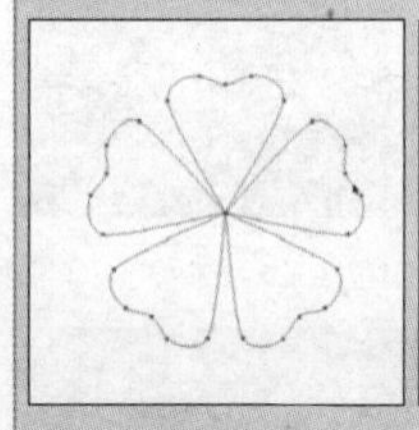
图3

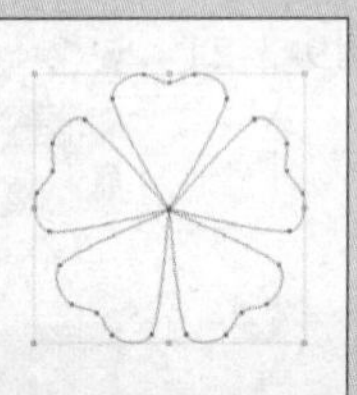
图4

图5

03 按快捷键Ctrl+Enter将路径转换为选区，得到的图像效果如图9-3-32所示。

图9-3-32

04 执行【文件】/【打开】命令（Ctrl+O），弹出“打开”对话框，选择需要的素材图像，单击“打开”按钮，如图9-3-33所示。

图9-3-33

05 选择工具箱中的移动工具，将第一个文档中选区内的内容拖曳至主文档中，得到“图层1”，如图9-3-34所示。

图9-3-34

06 按快捷键Ctrl+T调出自由变换框，调整图像的大小与位置，调整完毕后按Enter键确认变换，得到的图像效果如图9-3-35所示。在图层面板上将“图层1”的图层混合模式设置为正片叠底，得到的图像效果如图9-3-36所示。

图9-3-35

图9-3-36

07 执行【滤镜】/【扭曲】/【水波】命令，在弹出的“水波”对话框中设置参数，如图9-3-37所示，设置完毕后单击“确定”按钮，得到的图像效果如图9-3-38所示。

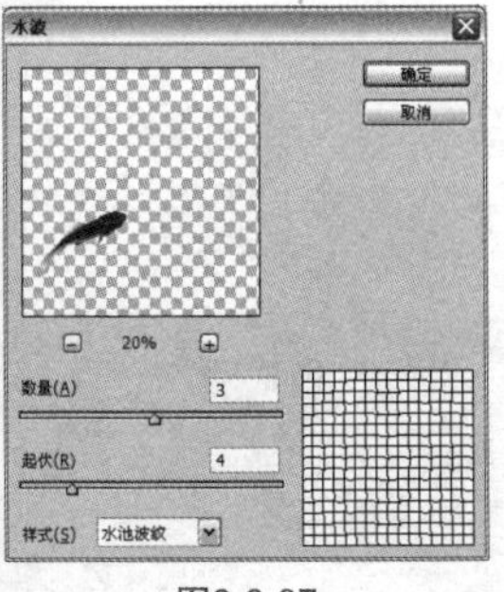

图9-3-37

图9-3-38

08 回到第一个文档，选择工具箱中的钢笔工具，如图9-3-39所示绘制闭合路径，按快捷键Ctrl+Enter将路径转换为选区，得到的图像效果如图9-3-40所示。

图9-3-39

图9-3-40

09 选择工具箱中的移动工具，将选区内的内容拖曳至主文档中，得到“图层2”，按快捷键Ctrl+T调出自由变换框，调整图像大小与位置，调整完毕后按Enter键确认变换，得到的图像效果如图9-3-41所示。

10 在图层面板上将“图层2”的图层混合模式设置为正片叠底，得到的图像效果如图9-3-42所示。

图9-3-41

图9-3-42

11 执行【滤镜】/【扭曲】/【水波】命令，在弹出的“水波”对话框中设置参数，如图9-3-43所示，设置完毕后单击“确定”按钮，得到的图像效果如图9-3-44所示。

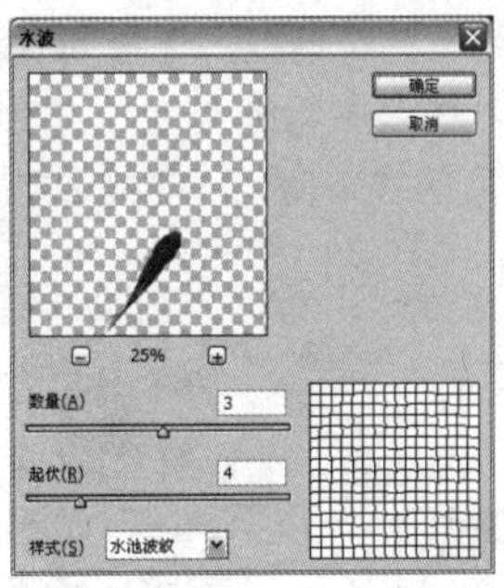

图9-3-43

图9-3-44

## 9.3.9 描边路径

在“路径”面板中选择需要描边的路径，如图9-3-45和图9-3-46所示。如果在“路径”面板中有多条路径，可以使用路径选择工具在图像中直接选择要描边的路径。选择路径后，单击“路径”面板上的用画笔描边路径按钮，得到的图像效果如图9-3-47所示。描边的大小、形态等可通过设置画笔的大小、笔尖状态和前景色的颜色来决定。

图9-3-45

图9-3-46

图9-3-47

单击“路径”面板上的扩展按钮，在弹出的菜单中选择“描边路径”选项，可以打开“描边路径”对话框，如图9-3-48所示，在下拉列表中可以选择不同的描边方式，如图9-3-49所示。

图9-3-48

图9-3-49

按住Alt键，单击“路径”面板上的用画笔描边路径按钮，也可弹出“描边路径”对话框。如果勾选模拟压力选项，则可使描边的线条产生粗细变化。如图9-3-50和图9-3-51所示为勾选前后的线条变化。在描边之前，要先设置好工具的参数。

图9-3-50

图9-3-51

### 技术要点：“描边路径”对话框

在“描边路径”对话框的选项下拉列表中可以选择使用画笔、铅笔、橡皮擦、背景橡皮擦、仿制图章、历史记录画笔、加深工具和减淡工具等不同的方式来对路径进行描边。

## 实战 用不同画笔描边路径

第 9 章 / 实战 / 用不同画笔描边路径

打开如图9-3-52所示的素材图像，选择工具箱中的钢笔工具，在图像中绘制闭合路径，如图9-3-53所示。

图9-3-52

图9-3-53

将前景色设置为白色，单击“路径”面板上的扩展按钮，在弹出的下拉菜单中选择“描边路径”命令，弹出“描边路径”对话框如图9-3-54所示，设置使用“画笔”进行填充，单击“确定”按钮对路径描边，得到的图像效果如图9-3-55所示。

图9-3-54

图9-3-55

在“描边路径”对话框中设置使用“图案图章”进行填充，如图9-3-56所示，单击“确定”按钮对路径描边，得到的图像效果如图9-3-57所示。

图9-3-56

图9-3-57

在“描边路径”对话框设置使用“污点修复画笔”进行填充，如图9-3-58所示，单击“确定”按钮对路径描边，得到的图像效果如图9-3-59所示。

图9-3-58

图9-3-59

在“描边路径”对话框中设置使用“背景色橡皮擦”进行填充，如图9-3-60所示，单击“确定”按钮对路径描边，得到的图像效果如图9-3-61所示。

图9-3-60

图9-3-61

训练营 第 9 章 / 训练营 /02 使用描边路径制作特效

# 02 使用描边路径制作特效

▲ 通过使用钢笔工具绘制路径
▲ 使用“画笔描边”描边路径
▲ 添加图层样式

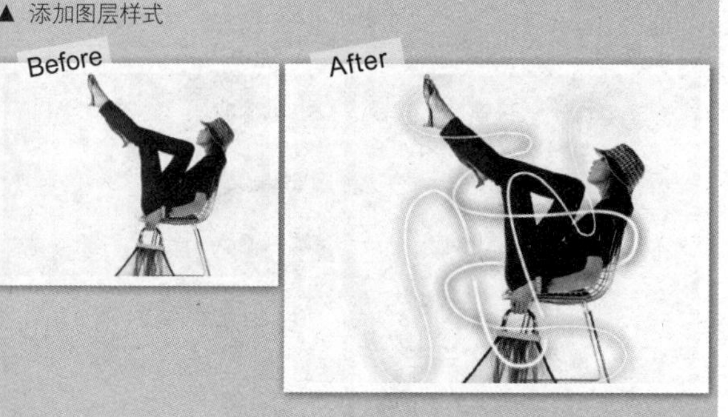


01 执行【文件】/【打开】命令（Ctrl+O），弹出“打开”对话框，选择需要的素材图像，单击“打开”按钮，如图9-3-62所示。

02 选择工具箱中的钢笔工具，围绕着人物绘制开放式路径，如图9-3-63所示。

图9-3-62

图9-3-63

03 新建“图层1”，切换至“路径”面板，将前景色设置为白色，选择工具箱中的画笔工具，在其工具选项栏中设置画笔大小为15像素的柔角笔刷；在“路径”面板中的灰色条上单击右键，在弹出的下拉菜单中选择“描边路径”选项，在“描边路径”对话框中设置参数，如图9-3-64所示；设置完毕后单击“确定”按钮，在面板中的空白处单击，取消路径，得到的图像效果如图9-3-65所示。

图9-3-64

图9-3-65

04 切换回“图层”面板，单击“图层”面板中的添加图层样式按钮，在弹出的下拉菜单中选择“外发光”选项，在“图层样式”对话框中设置参数，如图9-3-66所示，将描边颜色设置为R45、G96、B147。设置完毕后单击“确定”按钮，得到的图像效果如图9-3-67所示。

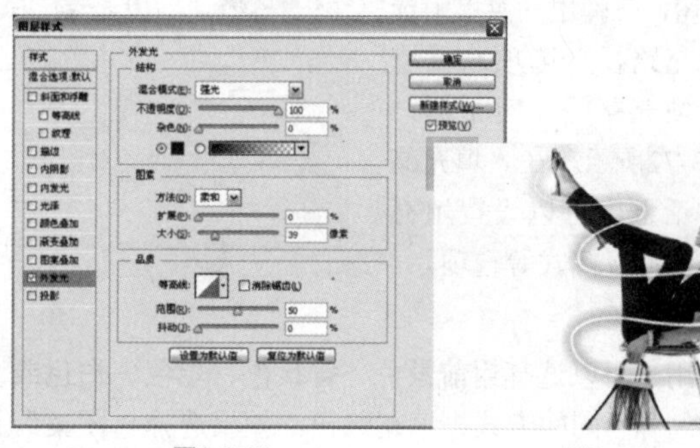

图9-3-66

图9-3-67

05 将“图层1”拖曳至“图层”面板中的创建新图层按钮上，得到“图层1副本”图层，将“图层1副本”图层隐藏。选择“图层1”，选择工具箱中的橡皮擦工具，在图像中进行涂抹，得到的图像效果如图9-3-68所示。

06 显示并选择“图层1副本”图层，双击“外发光”，在弹出的“图层样式”面板将外发光颜色设置为R216、G0、B255，其他参数不变，设置完毕后单击“确定”按钮，得到的图像效果如图9-3-69所示。

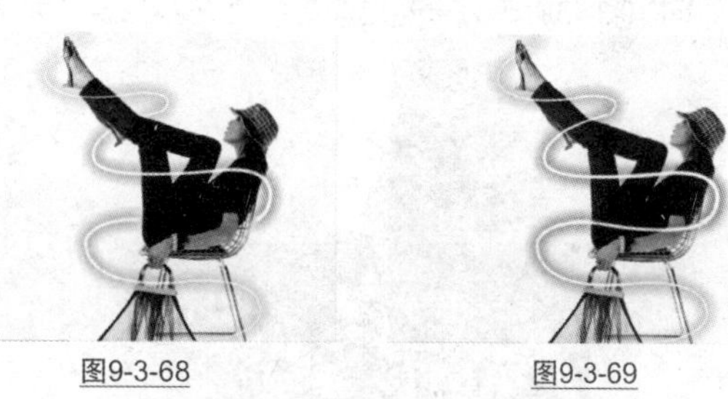
图9-3-68

图9-3-69

07 按快捷键Ctrl+T调出自由变换框，调整图像的大小、角度和位置，调整完毕后按Enter键确认调整，得到的图像效果如图9-3-70所示。

08 选择工具箱中的橡皮擦工具，在图像中进行涂抹，得到的图像效果如图9-3-71所示。

图9-3-70

图9-3-71

## 9.3.10 填充路径

单击“路径”面板上的三角按钮，在弹出的菜单中选择“填充路径”选项，可以打开“填充路径”对话框，如图9-3-72所示。在“填充路径”对话框中可以设置填充的内容和混合模式等选项。

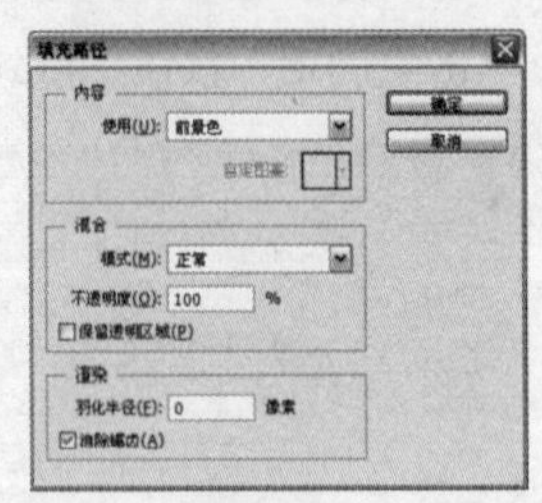

图9-3-72

**使用**：可以选择用前景色、背景色、黑色、白色或其他颜色等不同的方式来填充路径。如果选择“图案”选项，则可在“自定图案”的下拉菜单中选择一种图案来填充路径。

**模式/不透明度**：可以选择填充的混合模式和不透明度。

### 实战 消除锯齿

第 9 章 / 实战 / 消除锯齿

**保留透明区域**：可以保留未包含像素的图层区域。

**羽化半径**：可以填充设置羽化半径。

“消除锯齿”选项可适当地填充选区边缘，使边缘看起来更平滑。

如图9-3-73所示为未勾选此选项填充路径后的效果。

图9-3-73

如图9-3-74所示为勾选此选项后填充路径后的效果。

图9-3-74

除了在“填充路径”面板中填充路径，也可以将路径转换为选区，然后填充选区。

## 训练营 03 用自定义形状绘制图形

第 9 章 / 训练营 /03 用自定义形状绘制图形

▲ 使用自定义形状工具绘制图像

▲ 为图像添加滤镜效果

01 执行【文件】/【打开】命令（Ctrl+O），弹出“打开”对话框，选择需要的素材图像，单击“打开”按钮，如图9-3-75所示。

图9-3-75

02 选择工具箱中的自定义形状工具，在其工具选项栏中选择“箭头17”选项，如图9-3-76所示。按住Shift键在图像中绘制，得到的图像效果如图9-3-77所示。

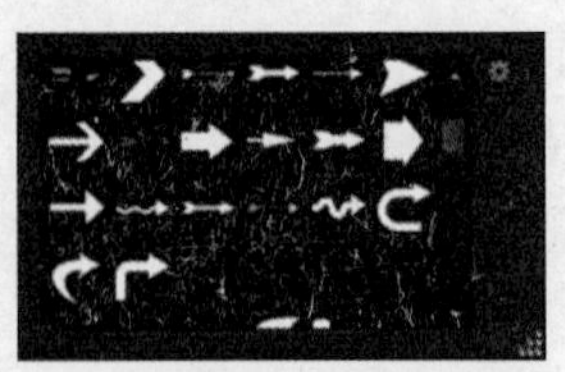

图9-3-76

图9-3-77

03 单击“图层”面板中的创建新图层按钮，新建“图层1”；按快捷键Ctrl+Enter键将路径转化为选区，得到的图像效果如图9-3-78所示；将前景色设置为R165、G34、B88，按快捷键Alt+Delete填充前景色，按Ctrl+D取消选区，得到的图像效果如图9-3-79所示。

图9-3-78

图9-3-79

04 将前景色设置为白色，切换至“图层”面板，单击面板上的扩展按钮，在弹出的下拉菜单中选择“描边路径”命令，弹出“描边路径”对话框如图9-3-80所示，设置使用“画笔”进行填充，单击“确定”按钮对路径描边，得到的图像效果如图9-3-81所示。

图9-3-80

图9-3-81

05 选择工具箱中的自定义形状工具，在其工具选项栏中选择“模糊点2边框”选项，按住Shift键在图像中绘制，得到的图像效果如图9-3-82所示。按快捷键Ctrl+Enter将路径转化为选区，得到的图像效果如图9-3-83所示。

图9-3-82

图9-3-83

06 将前景色色值设置为R213、G191、B0，按快捷键Alt+Delete填充前景色，按快捷键Ctrl+D取消选区，得到的图像效果如图9-3-84所示。

图9-3-84

07 单击“图层”面板中的添加图层样式按钮，在弹出的下拉菜单中选择“外发光”选项，在弹出的“图层样式”对话框中设置参数，如图9-3-85所示；设置完毕后不关闭对话框，继续勾选“描边”选项，设置参数，如图9-3-86所示；设置完毕后单击“确定”按钮，得到的图像效果如图9-3-87所示。

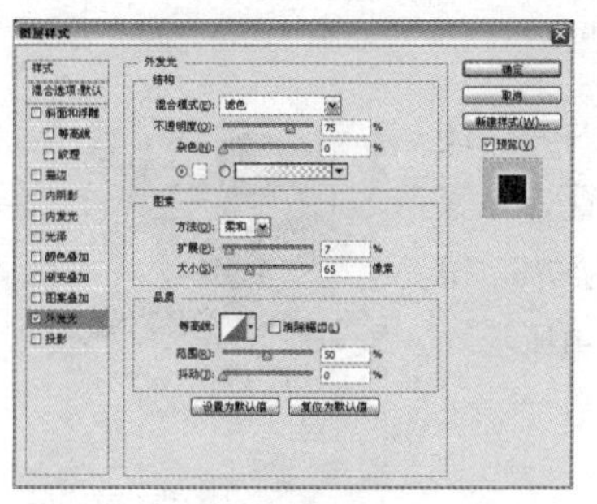
图9-3-85

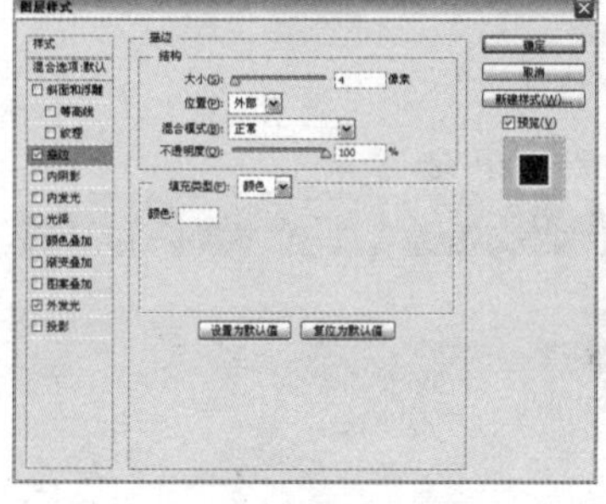
图9-3-86

图9-3-87

08 新建“图层3”重复上述操作，绘制花朵，得到的图像效果如图9-3-88所示。

图9-3-88

09 单击“图层”面板中的创建新图层按钮，新建“图层4”，将前景色设置为R223、G216、B291；按快捷键Alt+Delete填充前景色，执行【滤镜】/【纹理】/【龟裂缝】命令，在弹出的“龟裂缝”对话框中设置参数，如图9-3-89所示；设置完毕后单击“确定”按钮，得到的图像效果如图9-3-90所示。

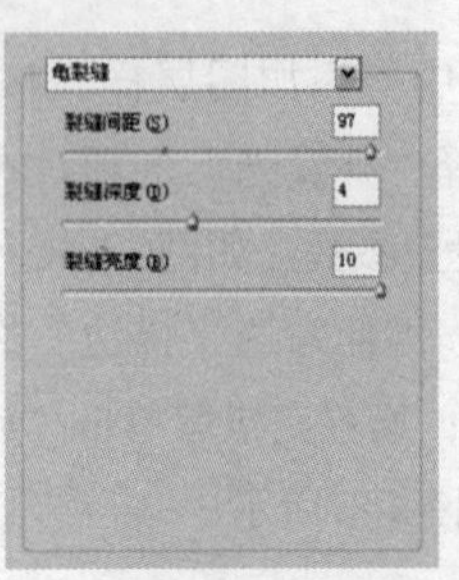


图9-3-89

图9-3-90

10 在“图层”面板中将“图层4”的混合模式设置为“深色”，不透明度设置为57%，得到的图像效果如图9-3-91所示。

图9-3-91

训练营 04 第 9 章 / 训练营 /04 绘制“郁郁猪”

## 绘制“郁郁猪”

▲ 使用各种形状工具绘制路径
▲ 对路径进行编辑管理
▲ 使用文字工具，丰富画面

01 执行【文件】/【新建】命令（Ctrl+N），弹出“新建”对话框，具体设置如图9-3-92所示，设置完毕后单击“确定”按钮，新建一个文件。

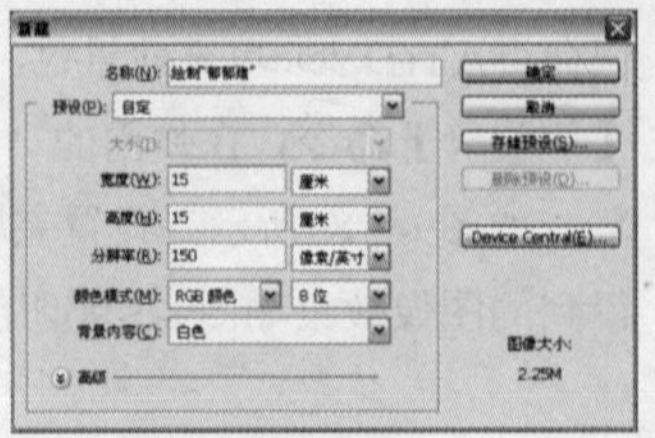

图9-3-92

02 选择工具箱中的椭圆工具，按Shift键在图像中绘制如图9-3-93所示的正圆路径。选择工具箱中的添加锚点工具，在路径下部单击鼠标六次，分别添加六个锚点，如图9-3-94所示路径。

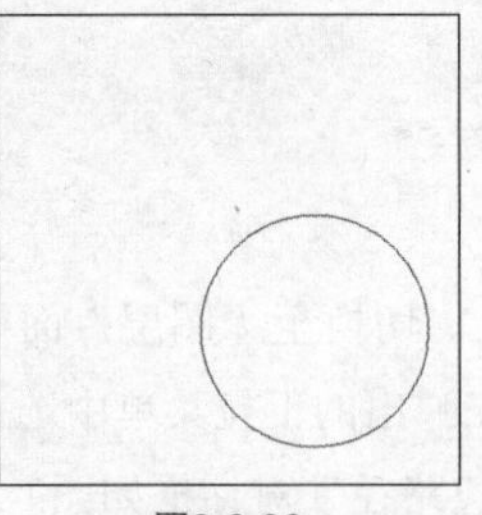

图9-3-93

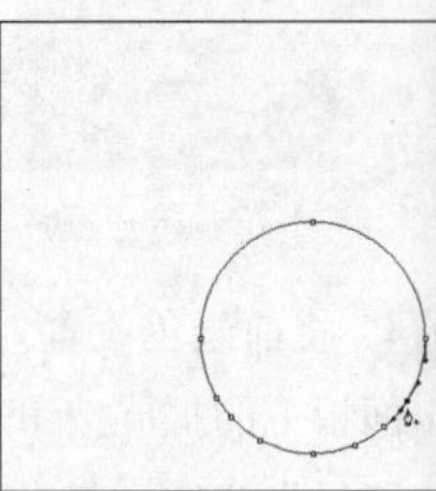

图9-3-94

03 选择工具箱中的直接选择工具，调整六个新锚点的位置和扭曲程度，如图9-3-95所示。切换至“路径”面板，单击扩展按钮，在弹出的下拉菜单中选择“存储路径”选项，如图9-3-96所示弹出“存储路径”对话框，输入路径名称为“身体”，单击“确定”按钮保存路径，“路径”面板上的路径名称更改为“身体”，如图9-3-97所示。

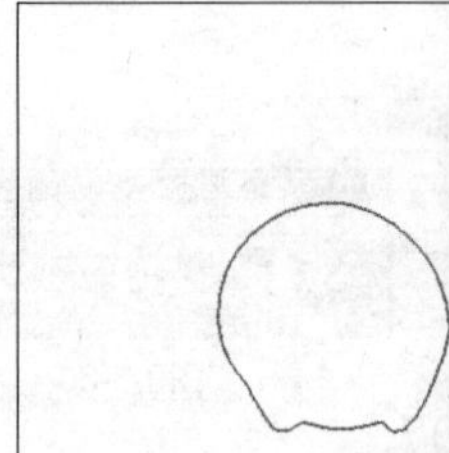

图9-3-95

图9-3-96

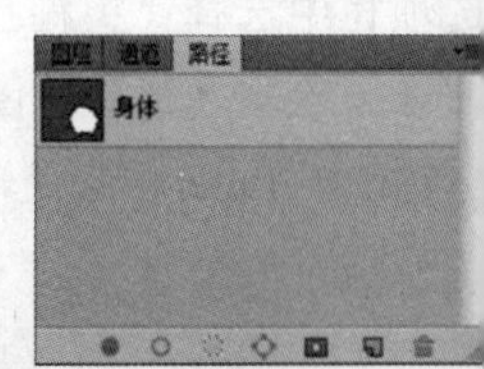


图9-3-97

04 将前景色色值设置为R252、G241、B228，切换至“图层”面板，单击创建新图层按钮，新建“图层1”如图9-3-98所示。

图9-3-98

05 切换至“路径”面板，单击面板上的扩展按钮，在弹出的下拉菜单中选择“填充路径”命令，弹出“填充路径”对话框，如图9-3-99所示设置使用“前景色”进行填充，单击“确定”按钮填充路径，得到的图像效果如图9-3-100所示。

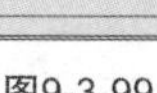
图9-3-99

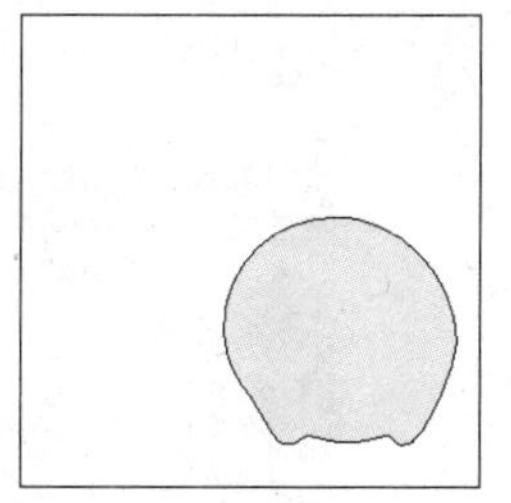
图9-3-100

06 将前景色色值设置为R178、G176、B168，单击“路径”面板上的扩展按钮，在弹出的下拉菜单中选择“描边路径”命令，弹出“描边路径”对话框，如图9-3-101所示设置使用“铅笔”进行填充，单击“确定”按钮对路径描边，得到的图像效果如图9-3-102所示。

图9-3-101

图9-3-102

07 在“图层”面板上选择“背景”图层，单击创建新图层按钮，新建“图层2”，选择工具箱中的钢笔工具，在图像中绘制路径，如图9-3-103所示。切换至“路径”面板，通过“存储路径”命令将路径保存为“侧腿”，将路径进行填充、描边操作，得到的图像效果如图9-3-104所示。

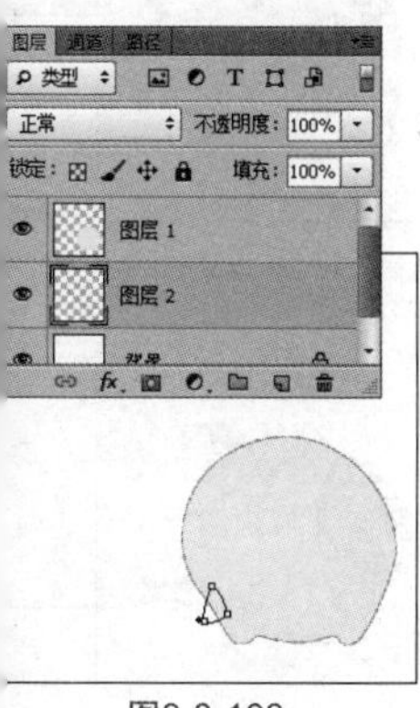
图9-3-103

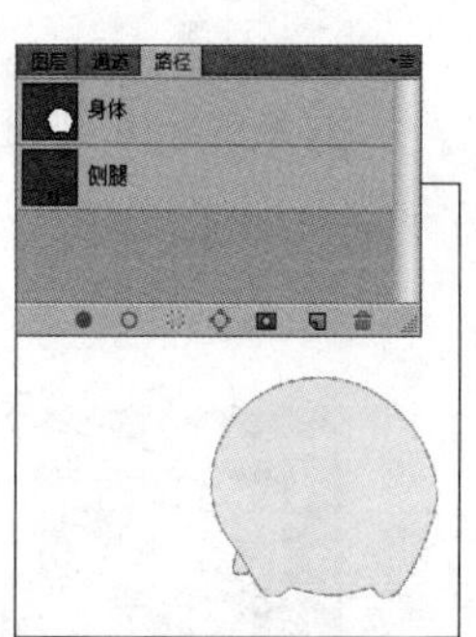
图9-3-104

08 在“图层”面板上选择“图层1”，单击创建新图层按钮，新建“图层3”，选择工具箱中的椭圆工具，在图像中绘制路径，选择工具箱中的直接选择工具，如图9-3-105所示调整路径中的锚点。将前景色设置为白色，切换至“路径”面板，通过“存储路径”命令将路径保存为“眼睛”，将路径进行填充、描边操作，得到的图像效果如图9-3-106所示。

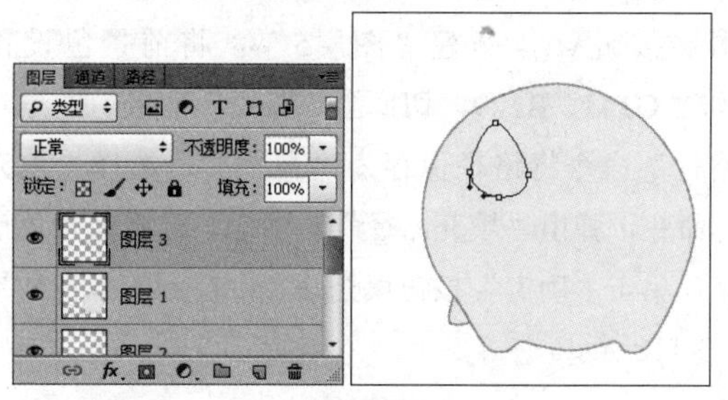
图9-3-105

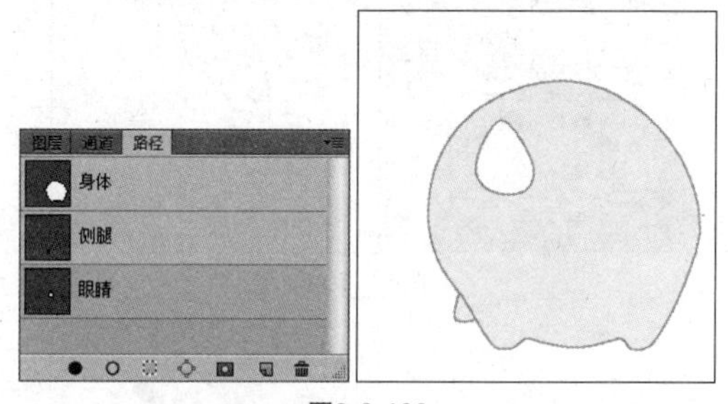
图9-3-106

09 在“图层”面板上单击创建新图层按钮，新建“图层4”，选择工具箱中的椭圆工具，在图像中绘制路径，选择工具箱中的直接选择工具，如图9-3-107所示调整路径中的锚点。将前景色设置为R109、G109、B95，切换至“路径”面板，通过“存储路径”命令将路径保存为“眼珠”，选择“填充路径”命令，弹出“填充路径”对话框，选择前景色进行填充，单击“确定”按钮填充路径，得到的图像效果如图9-3-108所示。

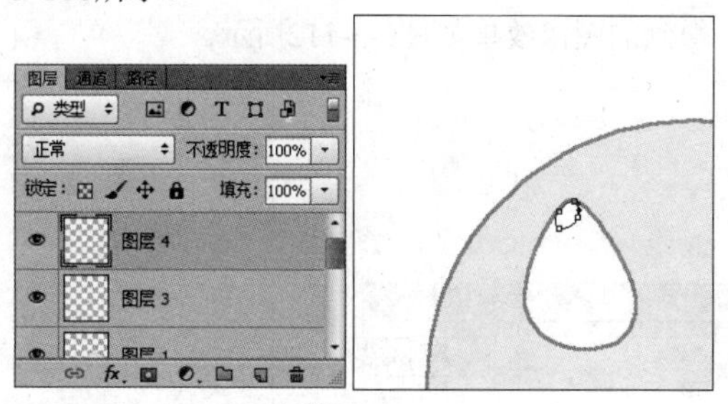
图9-3-107

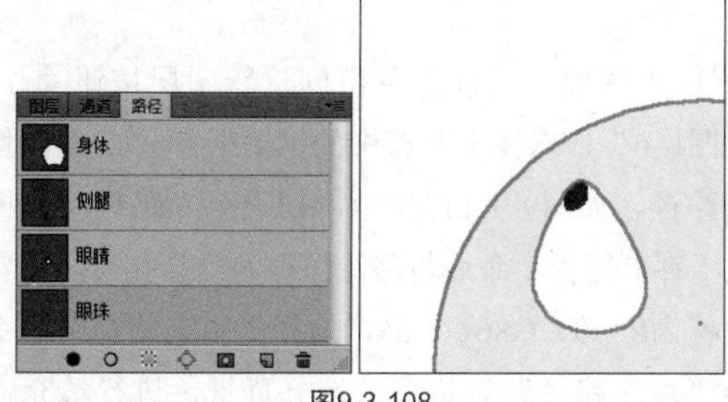
图9-3-108

10 选择工具箱中的钢笔工具，在图像中绘制路径，如图9-3-109所示。在“图层”面板上单击创建新图层按钮，新建“图层5”，将前景色设置为R217、G143、B129，切换至“路径”面板，通过“存储路径”命令将路径保存为“鼻子”，选择“填充路径”命令，弹出“填充路径”对话框，选择前景色进行填充，单击“确定”按钮填充路径，得到的图像效果如图9-3-110所示。

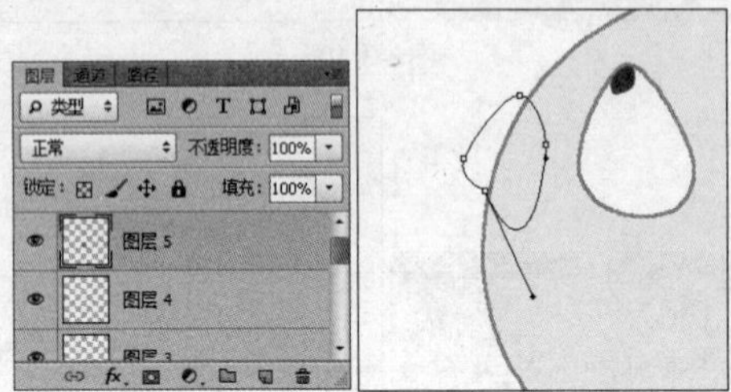
图9-3-109

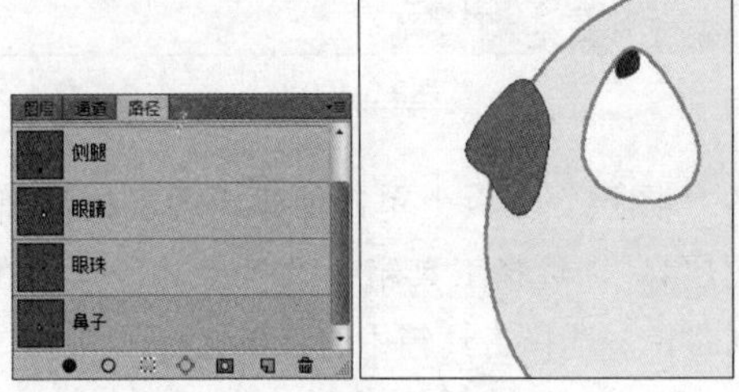
图9-3-110

11 将前景色设置为R164、G97、B82，单击“路径”面板上的扩展按钮，在下拉菜单中选择“描边路径”命令，弹出“描边路径”对话框，如图9-3-111所示设置使用“铅笔”进行填充，单击“确定”按钮对路径描边，得到的图像效果如图9-3-112所示。

图9-3-111

图9-3-112

12 在“图层”面板上单击创建新图层按钮，新建“图层6”，选择工具箱中的钢笔工具，在图像中绘制路径，如图9-3-113所示。切换至“路径”面板，通过“存储路径”命令将路径保存为“鼻孔”，将背景色设置为R179、G86、B65，选择“填充路径”命令，弹出“填充路径”对话框，选择背景色进行填充，单击“确定”按钮填充路径，描边后得到的图像效果如图9-3-114所示。

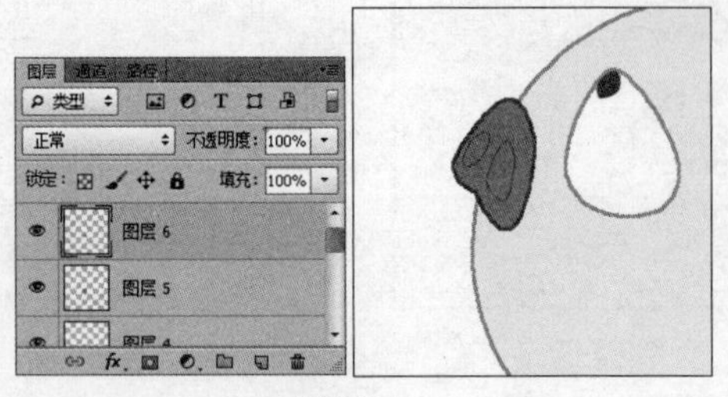
图9-3-113

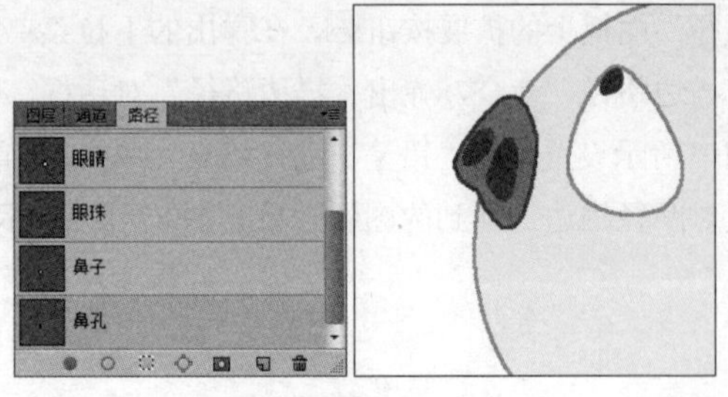
图9-3-114

13 选择工具箱中的钢笔工具，在图像中绘制路径，如图9-3-115所示。在“图层”面板上单击创建新图层按钮，新建“图层7”；切换至“路径”面板，通过“存储路径”命令将路径保存为“嘴巴”，将前景色设置为R178、G176、B168，对路径进行描边，得到的图像效果如图9-3-116所示。

图9-3-115

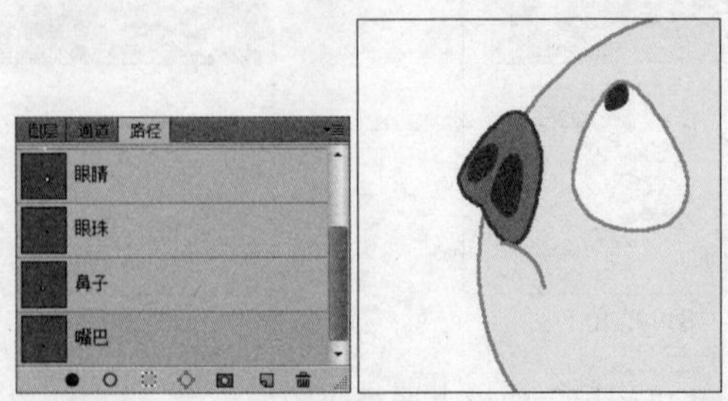
图9-3-116

14 在“图层”面板上单击创建新图层按钮，新建“图层8”，选择工具箱中的钢笔工具，在图像中绘制路径，如图9-3-117所示。切换至“路径”面板，通过“存储路径”命令将路径保存为“右耳”，将前景色设置为R131、G106、B82，背景色设置为R84、G58、B36，对路径进行填充、描边，得到的图像效果如图9-3-118所示。

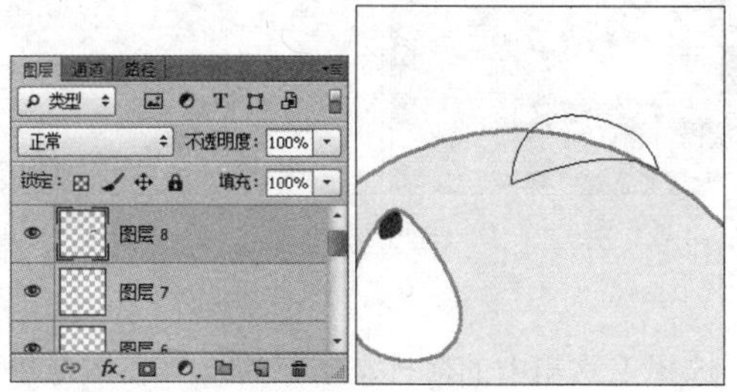


图9-3-117

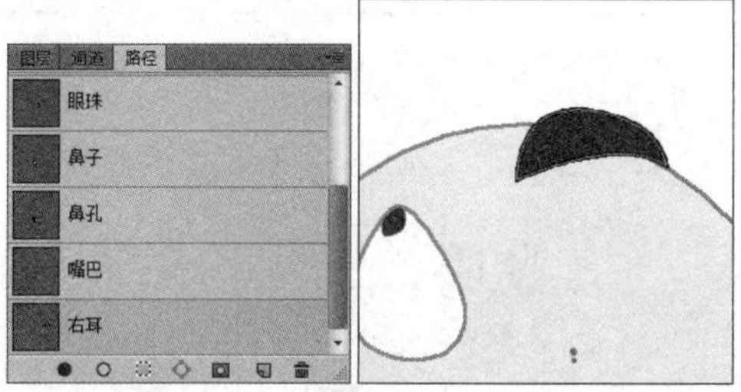


图9-3-118

15 选择工具箱中的钢笔工具，在图像中绘制路径，如图9-3-119所示。在“图层”面板上选择“背景”图层，单击创建新图层按钮，新建“图层9”，切换至“路径”面板，通过“存储路径”命令将路径保存为“左耳”，对路径进行填充、描边，得到的图像效果如图9-3-120所示。

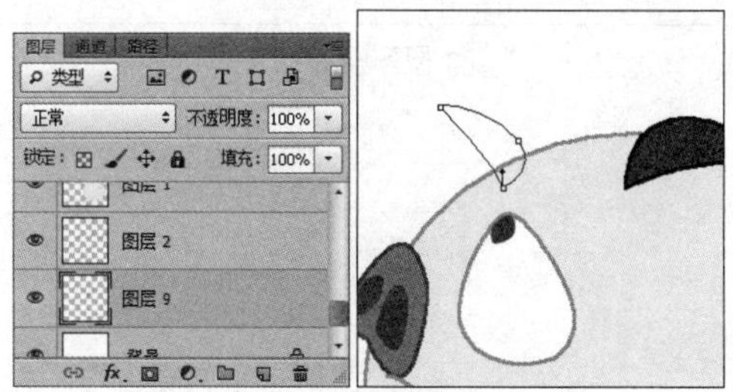


图9-3-119

图9-3-120

16 在“图层”面板上选择图层8，单击创建新图层按钮，新建“图层10”，选择工具箱中的钢笔工具，在图像中绘制路径，如图9-3-121所示。切换至“路径”面板，通过“存储路径”命令将路径保存为“腮红”，将前景色设置为R250、G188、B176，对路径进行填充，得到的图像效果如图9-3-122所示。

图9-3-121

图9-3-122

17 选择工具箱中的钢笔工具，在图像中绘制路径，如图9-3-123所示。在“图层”面板上单击创建新图层按钮，新建“图层11”，切换至“路径”面板，通过“存储路径”命令将路径保存为“尾巴”，将前景色设置为R69、G67、B52，对路径进行描边，得到的图像效果如图9-3-124所示。

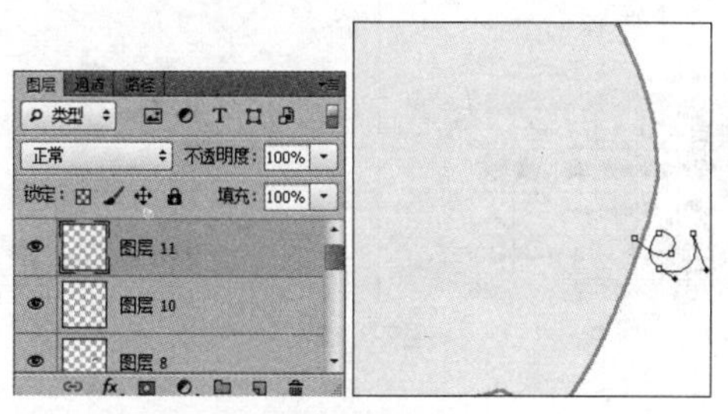


图9-3-123

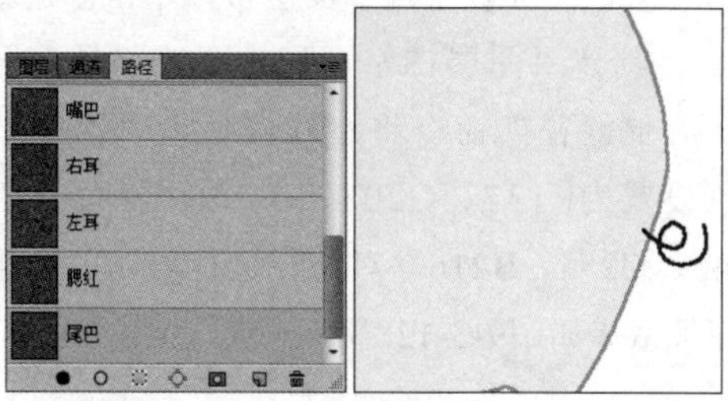

图9-3-124

18 在“图层”面板上选择“背景”图层，单击创建新图层按钮，新建“图层12”，选择工具箱中的自定形状工具，选择如图9-3-125所示的形状，在图像中绘制路径。切换至“路径”面板，通过“存储路径”命令将路径保存为“阴影”，将前景色设置为R89、G86、B73，对路径进行填充，得到的图像效果如图9-3-126所示。

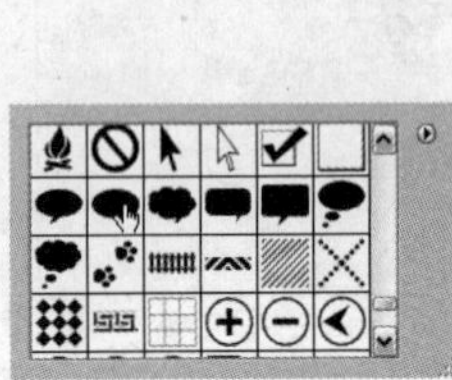
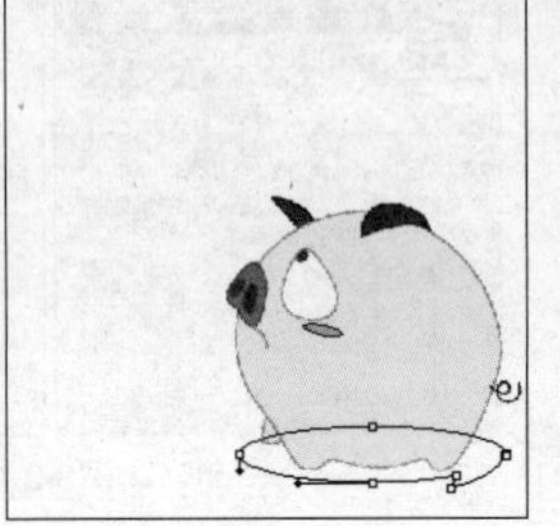

图9-3-125

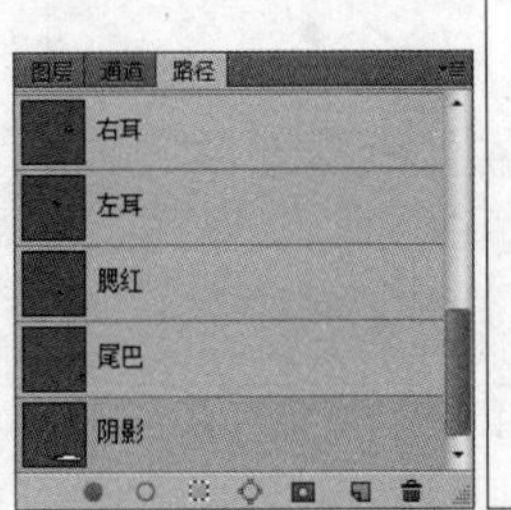

图9-3-126

19 选择工具箱中的自定形状工具，选择如图9-3-127所示的形状，在图像中绘制路径。

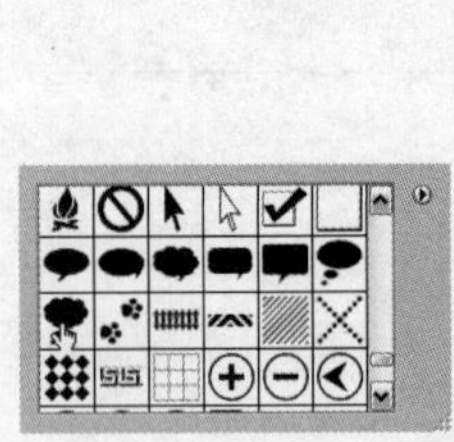

图9-3-127

20 在“图层”面板上选择图层11，单击创建新图层按钮，新建“图层13”，切换至“路径”面板，通过“存储路径”命令将路径保存为“图案”，将前景色设置为R137、G203、B199，将背景色设置为R165、G255、B216，对路径进行填充、描边，得到的图像效果如图9-3-128所示。

图9-3-128

21 选择工具箱中的横排文字工具，在图像中单击左键，输入文字，完成效果如图9-3-129所示。

图9-3-129

思维扩展

## 电影海报制作

要点描述：
钢笔工具、渐变工具、自由变换工具、水平翻转命令

视频路径：
配套教学→思维扩展→电影海报制作.avi

Before

After

# 第10章 图层的操作

## 本章关键技术点

- ▲ 认识图层
- ▲ 创建、移动、复制、锁定、栅格化图层
- ▲ 图层样式的添加及设置
- ▲ 学习调整图层的必要性
- ▲ 如何更改图层混合模式

## 10.1 文件菜单命令

**关键字** 图层的特性、图层面板、图层的类型

图层是 Photoshop 最为核心的功能之一，Photoshop CS6 中的任何操作都是在图层上进行的。图层的类型有很多种，每种类型都有各自的功能和用途。在这一章里，将学习如何创建图层、编辑图层和管理图层，还要了解基于图层的其他相关内容。

### 10.1.1 图层的特性

图层的作用如同在一张张透明的玻璃纸上作画，最后将玻璃纸叠加起来，通过移动各层玻璃纸的相对位置或者添加更多的玻璃纸即可改变最后的合成效果。透过上面的玻璃纸可以看见下面纸上的内容，但是无论在上一层上如何涂画都不会影响到下面的玻璃纸，上面一层会遮挡住下面的图像，这就是对Photoshop CS6中的“图层”概念的简单比喻，图层原理示意如图10-1-1所示。

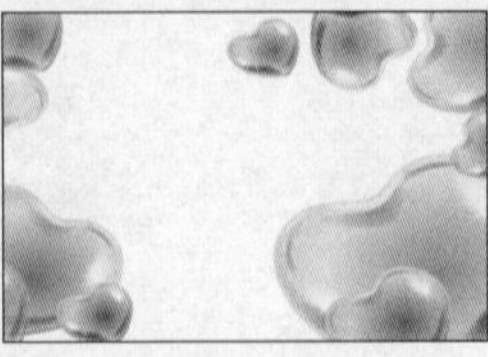

图10-1-1

一般情况下，图层与图层之间互不影响，对一个图层进行操作，不会改变其他图层上的内容， 如图10-1-2所示。但如果改变图层顺序或是图层属性，那么就会直接影响图像的最终效果， 如图10-1-3所示。

在编辑图像前，首先应该在“图层”面板中选中该图层，所选图层一般被称为“当前图层”。所做的绘画、上色以及一些其他调整就只能在当前图层中进行，而像移动、对齐、变换等一类操作可以一次处理多个图层。

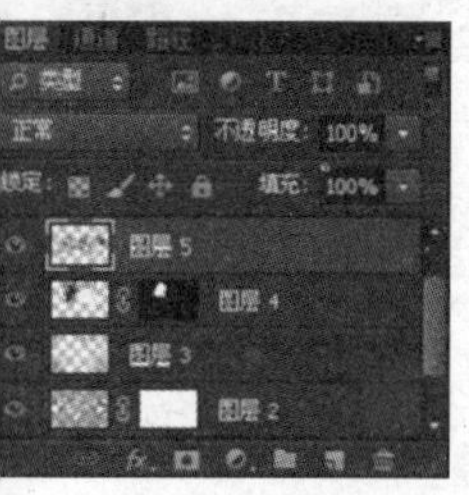

图10-1-2

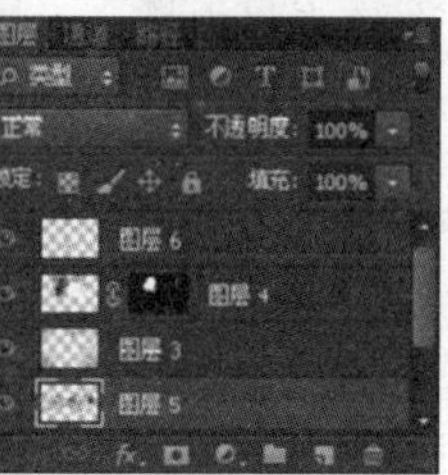

图10-1-3

**Tips 提示**

在“图层”面板中，图层名称的左侧是该图层的缩览图，它显示了图层中包含的图像内容，缩览图中的棋盘格部分代表了图像的透明区域。取消缩览图前方的“小眼睛”图标的选择可以隐藏图层。

## 10.1.2 图层面板

“图层”面板的作用是创建、编辑和管理图层，以及为图层添加样式。面板中包含了所有的图层、图层组和图层效果等，如图10-1-4所示。

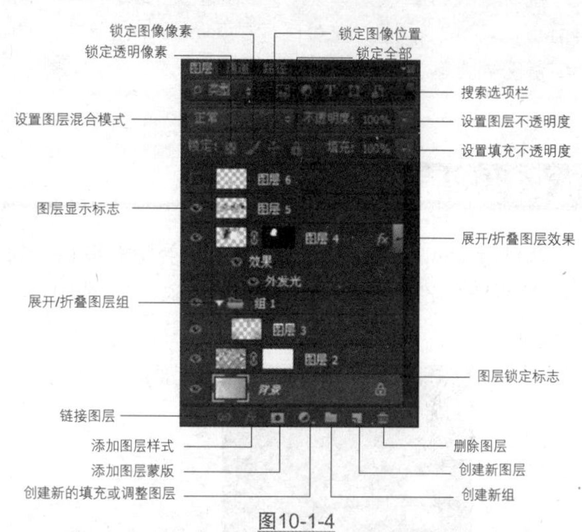


图10-1-4

**锁定图像像素**：用来锁定当前图层的图像像素。

**锁定图像位置**：用来锁定当前图层的位置。

**锁定透明像素**：用来锁定当前图层的透明像素。

**锁定全部**：用来锁定图像像素、位置等全部内容。

**设置图层混合模式**：用来设置当前图层与下面的图像产生的混合模式。

**设置图层不透明度**：用来设置当前图层的不透明度。

**设置填充不透明度**：用来设置当前图层的填充程度。

**图层显示标志**：该标志显示时表示该图层为可见图层，单击隐藏它则可以隐藏图层。

**链接图层**：有该标志显示的多个图层为彼此链接的图层，表示它们可以一同移动或进行变换操作，点击它时可以连接当前选择的多个图层。

**图层锁定标志**：该标志显示时表示该图层处于锁定状态。

**添加图层样式**：可以为当前图层添加图层样式。

**添加图层蒙版**：可以为当前图层添加图层蒙版。

**创建新的填充或调整图层**：可以选择创建新的填充图层或调整图层。

**创建新组**：可以创建一个图层组。

**创建新图层**：可以创建一个图层。

**删除图层**：可以删除当前选择的图层或图层组。

**展开/折叠图层组**：可以展开或折叠图层组。

**展开/折叠图层效果**▮：可以展开或折叠图层效果，显示或隐藏当前图层添加的所有效果的名称。

**Tips 提示**

执行“图层”面板菜单中的“面板选项”命令，打开“图层面板选项”对话框，在对话框中可以调整面板中的图像缩览图的大小。

## 10.1.3 图层的类型

在Photoshop CS6中可以创建多种类型的图层，每种类型的图层都有不同的功能和用途，如图10-1-5所示。

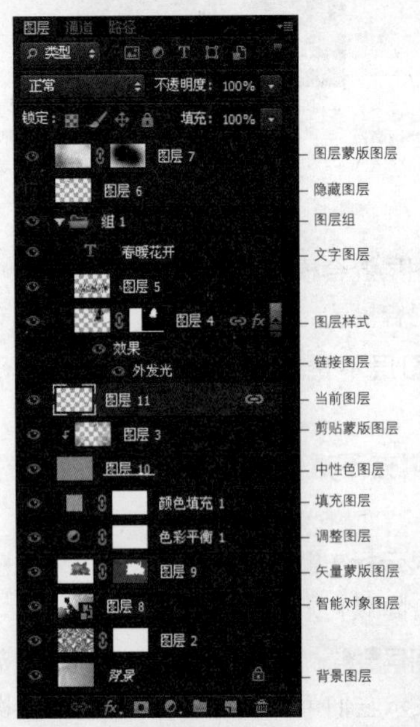


图10-1-5

**当前图层**：当前选择的图层。对图像的处理和编辑操作都将在当前图层中进行。

**填充图层**：通过填充纯色、渐变或图案而创建的特殊效果的图层。

**隐藏图层**：单击图层前的“眼睛”按钮，可以隐藏图层，再次单击可以显示图层。

**链接图层**：处于链接状态的多个图层。

**智能对象图层**：包含有智能对象的图层。

**图层蒙版图层**：添加了图层蒙版的图层（蒙版可以控制图层中图像的显示范围）。

**矢量蒙版图层**：带有矢量形状的蒙版图层。

**调整图层**：用以调整图像的色彩，但不会更改原图像的像素值。

在需要重新设置调整参数时，可以在图层面板中双击“调整图层”上的图层缩览图，如图10-1-6所示，弹出“调整”面板，调整参数如图10-1-7所示。

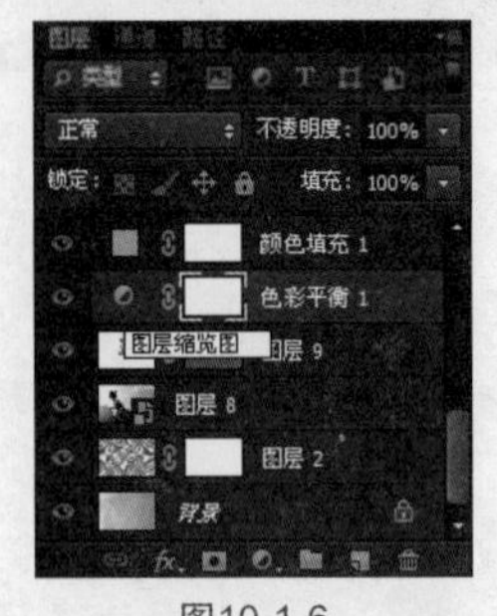

图10-1-6

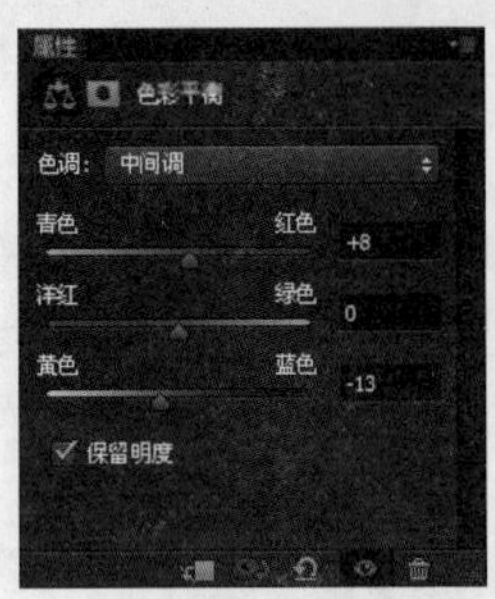

图10-1-7

**背景图层**：位于面板的最下面的图层，是创建文档时原有的图层（名称为“背景”二字，且为斜体）。

“背景”图层是一种只能改变颜色和进行复制等有限编辑操作的不透明图层。

新建空白文件后，“图层”面板中将出现一个以背景色作为底色，名为“背景”的图层，如图10-1-8所示。打开一个图像文件后，如果该图像没有其他的图层，那么也将作为一个“背景”图层出现在“图层”面板中，如图10-1-9所示。

如果需要对“背景”图层进行更多的编辑操作，应该将其转换为普通图层，再进行编辑。

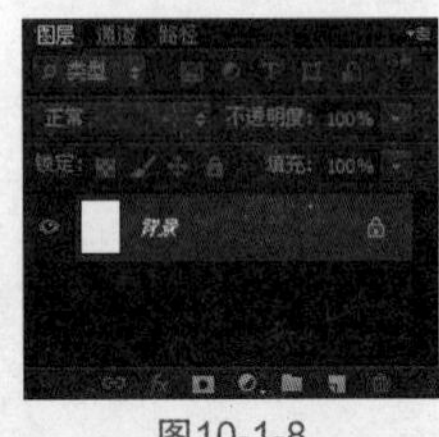

图10-1-8

图10-1-9

**图层样式**：添加了图层样式的图层。图层样式可以快速创建图像特效。

**剪贴蒙版图层**：蒙版的一种，可使用一个图层中的图像控制它上面多个图层内容的显示范围。

**图层组**：用来组织和管理多个图层。

**文字图层**：使用文字工具输入文字时所创建的图层。

**中性色图层**：填充了中性色的特殊图层。结合特定混合模式可用于承载滤镜或在上面绘画。

# 10.2 编辑图层

**关键字** 创建图层、选择图层、移动图层、删除图层、显示与隐藏图层

## 10.2.1 创建图层

创建图层的方法有很多种，可以单击“图层”面板中的创建新图层按钮，或是拖进一个图层至创建新图层按钮上自动生成新图层，或是执行【图层】/【新建】命令等。下面我们就来学习图层的具体创建方法。

### ※ 通过图层面板创建图层

单击“图层”面板中的创建新图层按钮，就可在当前图层上面新建一个图层，新建的图层会自动成为当前图层，如图10-2-1和图10-2-2所示。如果按住Ctrl键单击按钮，新建的图层会出现在先前图层的下方（“背景”图层除外）。

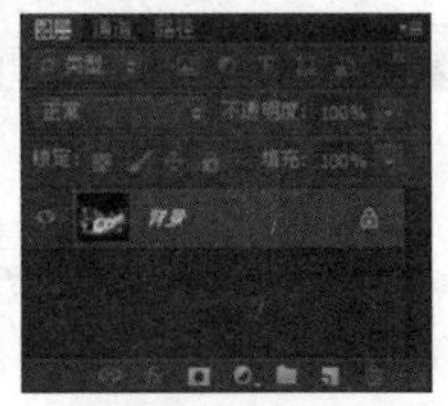

图10-2-1

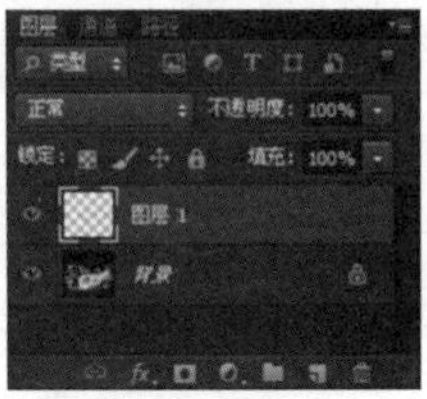

图10-2-2

### ※ 通过“新建”命令创建图层

执行【图层】/【新建】/【图层】命令，或按住Alt键单击创建新图层按钮，打开“新建图层”对话框，在对话框中可以在创建图层的同时设置图层的属性，如图层名称、颜色和混合模式等，如图10-2-3和图10-2-4所示。

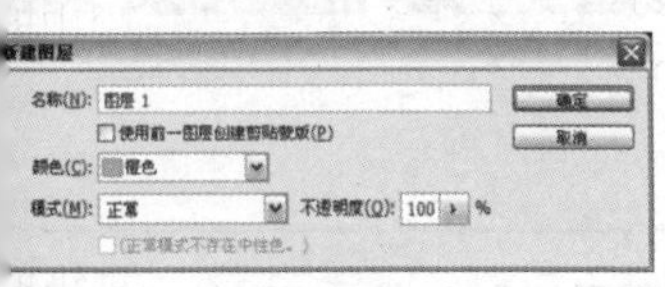

图10-2-3

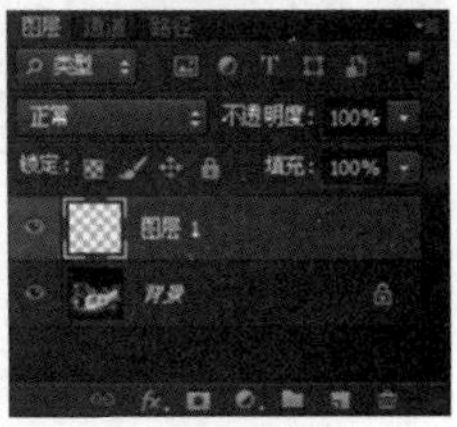

图10-2-4

**Tips 提示**

在“颜色”下拉列表中选择一个颜色后，可以使用该颜色标记图层。用颜色标记图层在Photoshop中被称为颜色编码，为某些图层或图层组设置一个可以区别于其他图层或图层组的颜色，可以有效区分不同用途的图层。

### ※ “通过拷贝的图层”命令创建图层

打开如图10-2-5所示的素材图像，“图层”面板如图10-2-6所示。执行【图层】/【新建】/【通过拷贝的图层】命令（Ctrl+J）复制图像，“图层”面板如图10-2-7所示。

图10-2-5

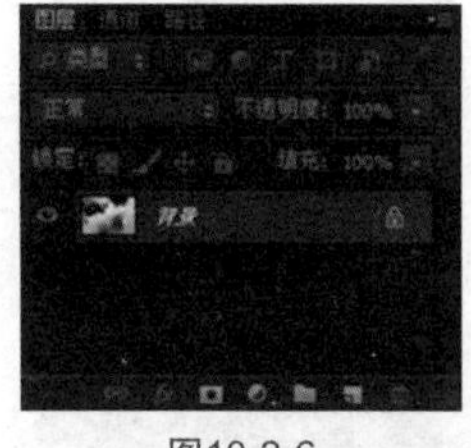

图10-2-6

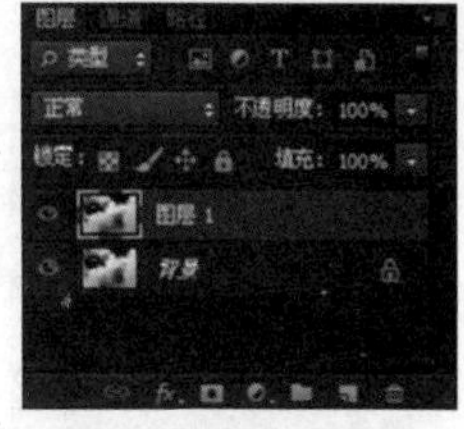

图10-2-7

### ※ “通过剪切的图层”命令创建图层

在图像中创建选区，如图10-2-8所示，然后执行【图层】/【新建】/【通过拷贝的图层】命令（Shift+Ctrl+J），将选区内的图像剪切到一个新的图层中，图层面板如图10-2-9所示。隐藏“图层1”，得到的图像效果如图10-2-10所示。

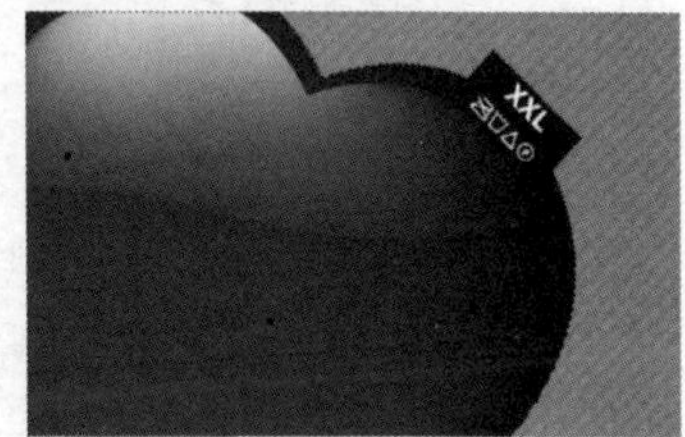


图10-2-8

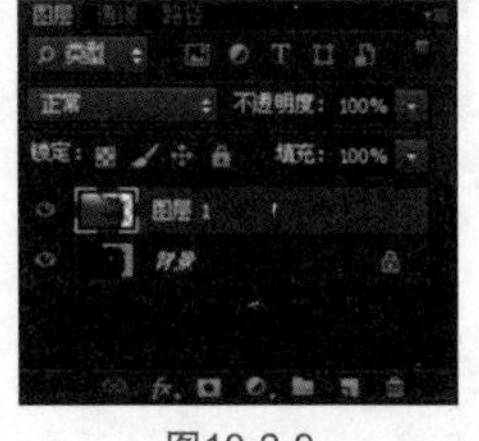

图10-2-9

图10-2-10

通过观察可发现，选区里的图像被剪切到新图层中，而原图背景中的选区则被背景色所填充。

## 实战 背景图层与普通图层间的转换

第 10 章 / 实战 / 背景图层与普通图层间的转换

打开“新建”对话框时，“背景内容”如果选择“白色”或“背景色”，如图10-2-11所示，那么“图层”面板最下面的便是“背景”图层。

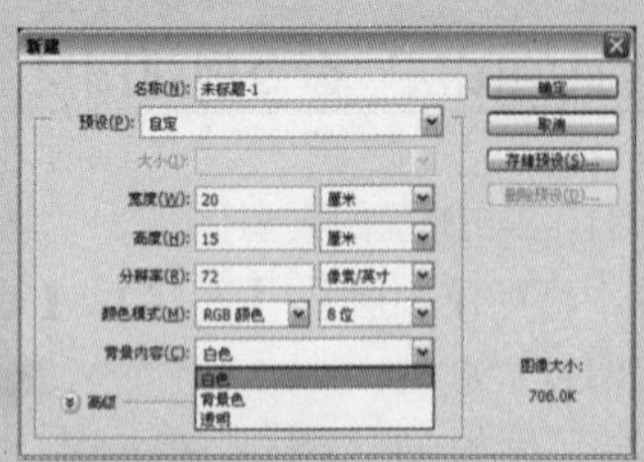

图10-2-11

“背景内容”如果选择“透明”，“图层”面板中是没有“背景”图层的。如果是这种情况或是删除了“背景”图层，可以选择一个图层，如图10-2-12所示，执行【图层】/【新建】/【背景图层】命令，将当前图层创建为“背景”图层，如图10-2-13所示。

图10-2-12

图10-2-13

“背景”图层是比较特殊的图层，它的位置固定，无法调整堆叠顺序、混合模式和不透明度。如果要对其进行操作，需要双击“背景”图层，先将其转换为普通图层。如图10-2-14、图10-2-15和图10-2-16所示。

图10-2-14

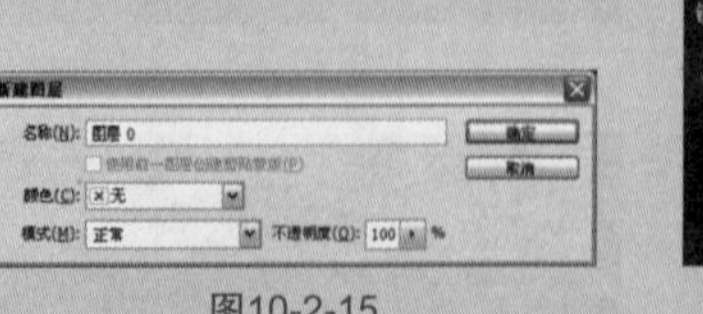

图10-2-15

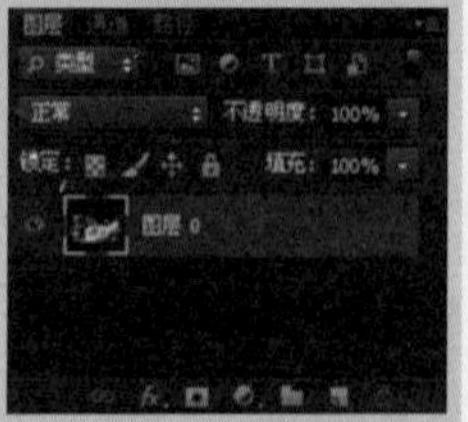

图10-2-16

### Tips 提示

按住 Alt 键，双击“背景”图层，可以不必打开对话框而直接将其转换为普通图层。一个图像中可以没有“背景”图层，但最多只能有一个“背景”图层。

### 技术要点：复制图像

在文档中复制（按 Ctrl+C）选区内的图像，粘贴（按 Ctrl+V）的同时会创建一个新的图层。如果打开了多个文件，使用移动工具将一个图层拖至另外的文档中，可以将其复制到目标文档，并得到一个新的图层。

在文档间复制图层时，如果两个文件的打印尺寸和图像分辨率不同，则图像在两个文档间会呈现不同的大小。例如，在相同打印尺寸情况下，源图像的分辨率大于目标图像的分辨率，则图像复制到目标图像后，看起来像被放大了。

## 10.2.2 选择图层

### ※ 选择一个图层

用鼠标单击“图层”面板中的任意一个图层，或者选择工具箱中的选择工具，然后在其工具栏上勾选“自动选择图层”选项，如图10-2-17所示。勾选此选项后可在画布上单击图层，就可选定所选图层，成为“当前图层”。

图10-2-17

### ※ 选择多个图层

单击一个图层，然后按住Shift键，单击另一个图层，就可以将这两个图层之间的图层全部选中，如图10-2-18和图10-2-19所示，如果要选择多个非连续的图层，可以按住Ctrl键，单击这些图层，如图10-2-20所示。

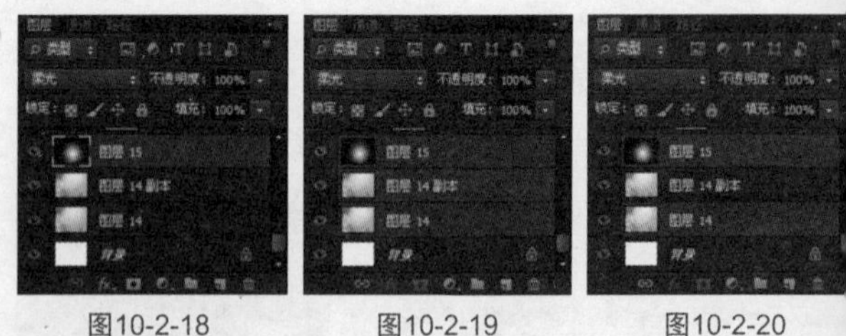

图10-2-18　图10-2-19　图10-2-20

### ※ 选择所有图层

执行【选择】/【所有图层】命令，可以将“图层”面板中的所有图层全选。

### ※ 选择链接的图层

先选择一个有链接图层，执行【图层】/【选择链接图层】命令，可以将与之链接的图层全部选中，如图10-2-21和图10-2-22所示。

图10-2-21

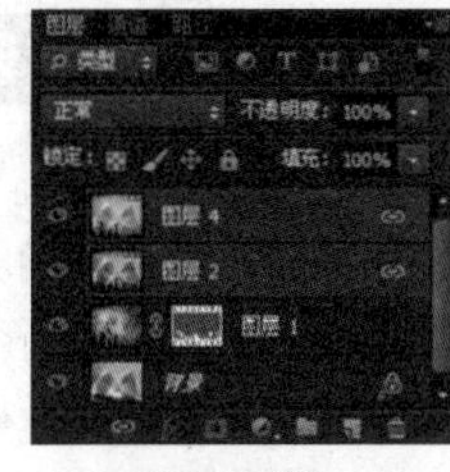
图10-2-22

### ※ 取消选择图层

在面板最后一个图层下方的空白处单击，就可以取消图层的选中状态，如图10-2-23所示，或执行【选择】/【取消选择图层】命令。

图10-2-23

**技术要点：选择图层快捷方式**

选择一个图层后，按下Alt+]（右中括号键），可以将该图层上方的相邻图层变为当前图层，按下Alt+[（左中括号键），可以将该图层下方的相邻图层变为当前图层。

## 10.2.3 移动图层

移动图层，选择工具箱中的移动工具，在图像上单击并拖动鼠标，可以任意移动当前图层的位置（背景图层除外）。如果当前图层中包含选区，则移动的是选区内的图像。选择移动工具时，可先在工具栏上设置选项。

**Tips 提示**

不能对“背景”图层和已锁定的图层进行移动操作。

**自动选择图层：**勾选该选项后，在图像中单击就可将指针下图层中最上方的包含有像素的图层选中，这项功能适用于边界较为清晰的图像。缺点是很容易选错图层，特别是对于设置了羽化值或是设有透明度的图像。

**自动选择组：**勾选该选项后，单击图像可选择选中的图层所在的图层组。

**显示变换控件：**勾选该选项后，处于当前图层的图像周围会显示出变换控件后可以直接拖动的手柄，然后可在工具选项栏中设置图像的移动、旋转和缩放的精确参数。

## 10.2.4 复制图层

复制图层的方法有很多种，在“图层”面板中选择需要复制的图层，例如“图层1”，如图10-2-24所示。执行【图层】/【复制图层】命令，或者单击“图层”面板右上方的扩展按钮，在下拉菜单中选择“复制图层”选项，打开“复制图层”对话框，如图10-2-25所示。设置完毕后单击“确定”按钮，得到“图层1副本”图层，如图10-2-26所示。或是在图层名称上单击右键，复制该图层。

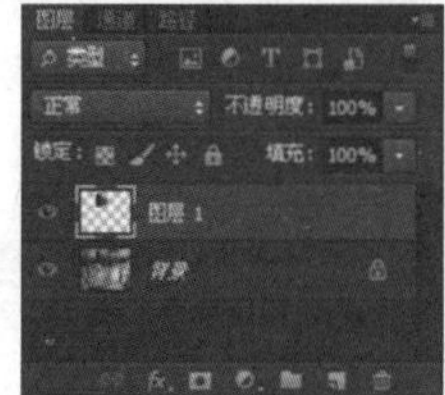
图10-2-24

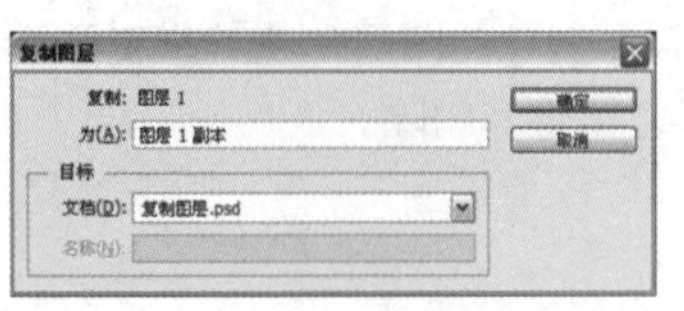

图10-2-25

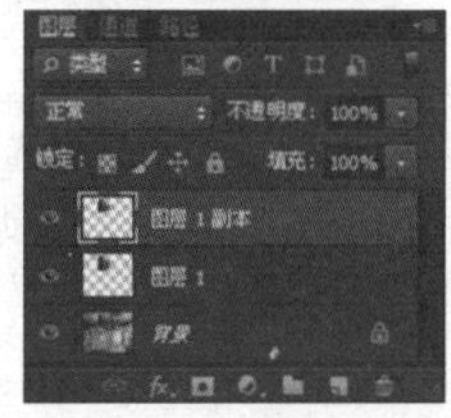
图10-2-26

常用的方法是选中“图层1”后，将其拖曳到“图层”面板中的创建新图层按钮上，也可直接得到“图层1副本”图层。

### 实战 用创建新图层按钮复制图层

第 10 章 / 实战 / 用创建新图层按钮复制图层

打开如图10-2-27所示的素材图像，图层面板如图10-2-28所示；在“图层”面板中将鼠标置于“图层1”上，按住鼠标将“图层1”拖曳至“图层”面板中的创建新图层按钮上，如图10-2-29所示；这时可以得到“图层副本”图层，如图10-2-30所示。

图10-2-27

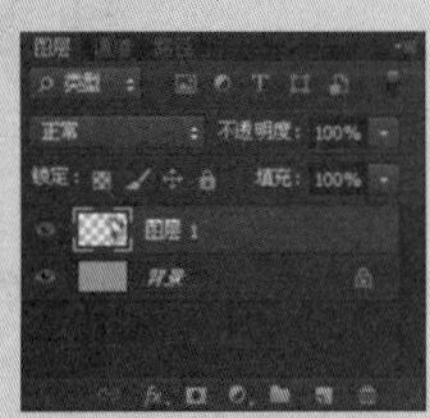
图10-2-28

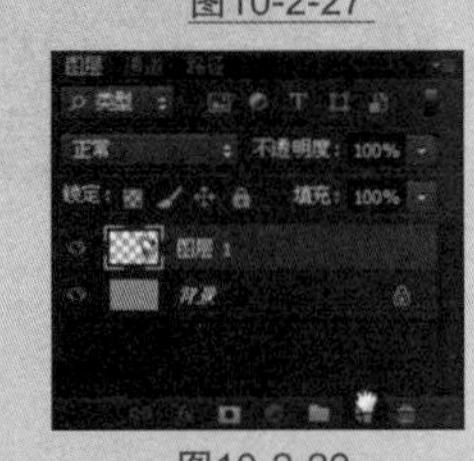
图10-2-29

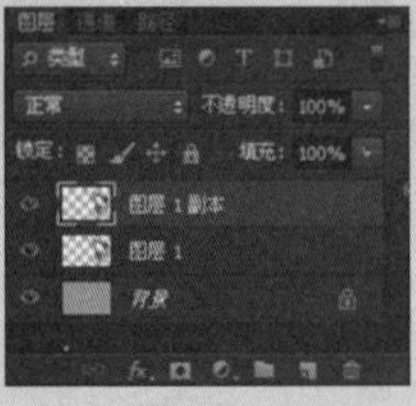
图10-2-30

## 10.2.5 删除图层

要删除图层首先要选择需要删除的图层，如图10-2-31所示，然后执行【图层】/【删除】/【图层】命令，或者在该图层的图层名称上单击鼠标右键，在弹出的下拉菜单中选择“删除图层”命令，这时会弹出一个对话框，如图10-2-32所示。单击“是”按钮即可，当前图层就被从“图层”面板中删除，如图10-2-33所示。

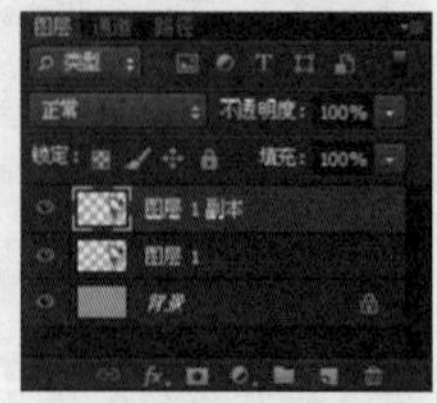
图10-2-31

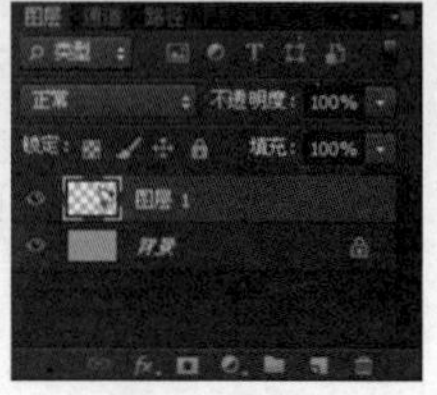
图10-2-33

图10-2-32

常用的方法是选择需要删除的图层，将其拖曳至删除图层按钮 上，就可直接将其删除。

## 实战 用删除图层按钮删除图层

第 10 章 / 实战 / 用删除图层按钮删除图层

打开素材图像，“图层”面板状态如图10-2-34所示；在“图层”面板中将鼠标置于“图层1副本”图层上，按住鼠标将“图层1副本”图层拖曳至“图层”面板中的删除图层按钮 上，如图10-2-35所示，得到的“图层”面板状态如图10-2-36所示。

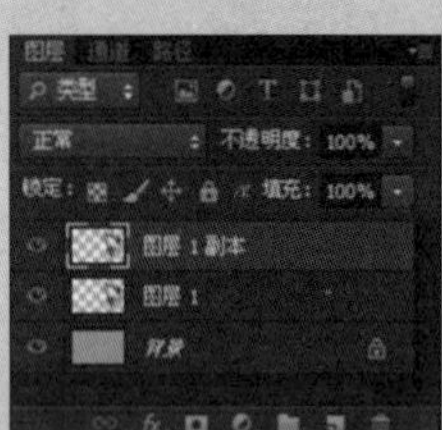
图10-2-34

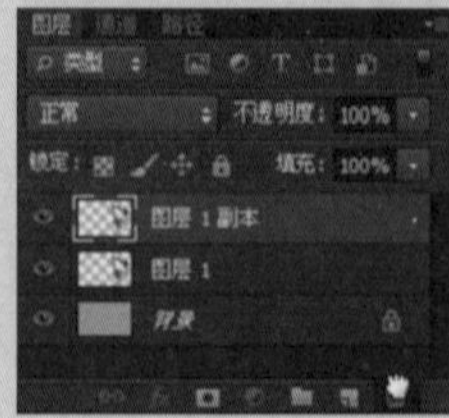
图10-2-35

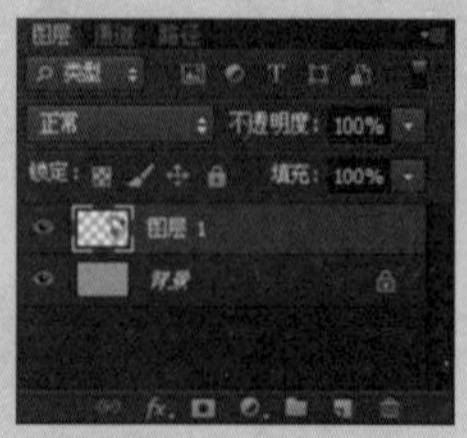
图10-2-36

## 10.2.6 显示与隐藏图层

在每个图层的前方都有一个图标，它是用来控制图层的可见性的。前方有显示标志表示该图层为可见的图层，如图10-2-37所示，反之则为隐藏的图层，如图10-2-38所示。单击显示标志可以显示与隐藏该图层。

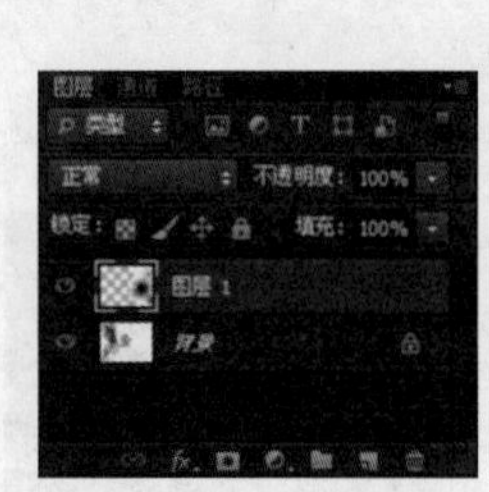

图10-2-37

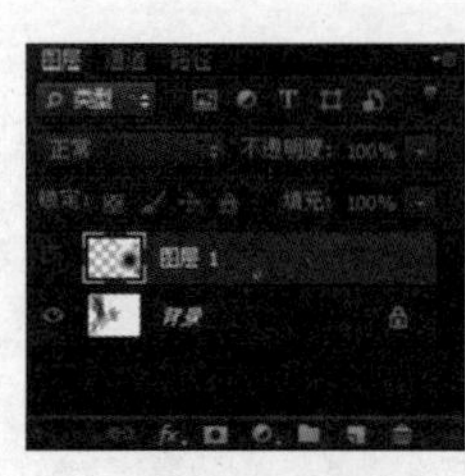

图10-2-38

**Tips 提示**

执行【图层】/【隐藏图层】命令，也可以将当前图层隐藏，它更适用于同时选择了多个图层的情况，可以将所有被选择的图层全部隐藏。将鼠标放在一个图层的显示标志上，单击并在显示标志列拖动鼠标，可以快速隐藏或显示多个相邻的图层。

## 10.2.7 修改图层名称

在编辑图层数量较多的文档时，可以为其中一些图层设置特殊名称，有利于减少操作时查找图层的麻烦。修改图层名称可以单击面板上右上角的小三角，在下拉菜单中，“图层属性”、“组属性”选项可更改图层名称和可视颜色。

修改一个图层的名称，可以在“图层”面板中双击该图层的名称，当该名称变为可编辑文本框状态时，输入新名称即可，如图10-2-39所示。

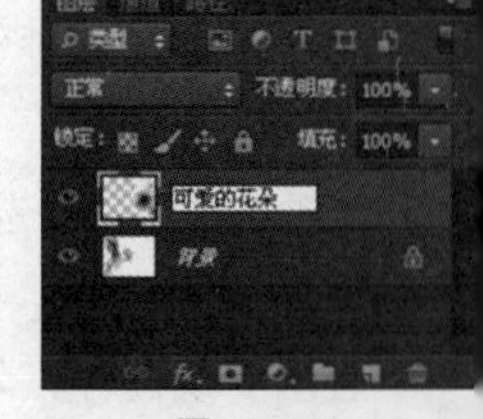
图10-2-39

## 10.2.8 链接图层

如果对几个图层同时操作，可按Ctrl键选择图层，但每次都使用这个操作方法会很麻烦，这时就可以用链接工具。它可以方便快速地同时对多个图层进行移动、缩放和旋转等编辑操作，并能将多个图层同时复制到另一个文件中。

在“图层”面板中，选择需要链接的多个图层，如图10-2-40所示，执行【图层】/【链接图层】命令，或单击“图层”面板中的链接图层按钮，选中的图层右侧显示链接图标，这表示已将所选中的图层链接在一起，如图10-2-41所示。再次单击链接图层按钮，可取消图层的链接。

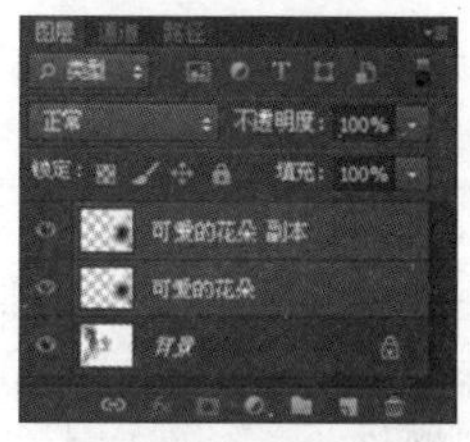

图10-2-40

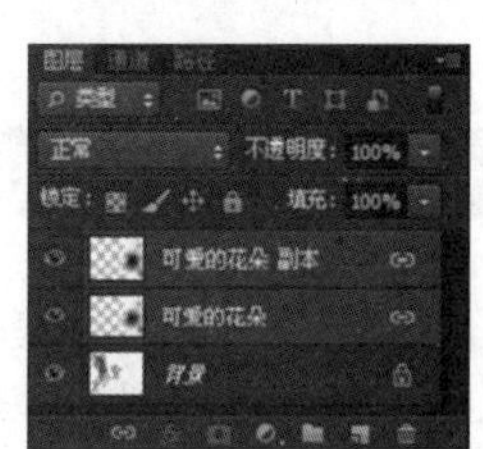

图10-2-41

## 实战 创建链接图层

第 10 章 / 实战 / 创建链接图层

打开素材图像，“图层”面板状态如图10-2-42所示；按住Ctrl键在“图层”面板中分别单击“图层1”、“图层2”和“图层3”，将其全选，如图10-2-43所示。

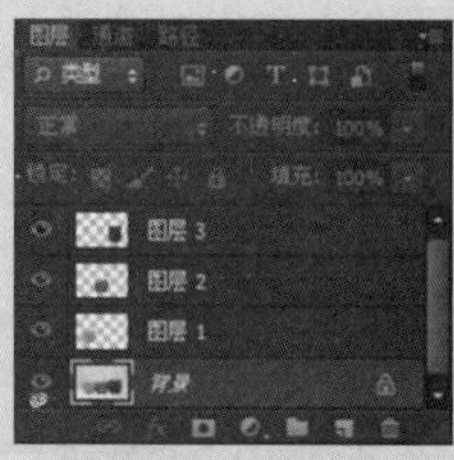

图10-2-42

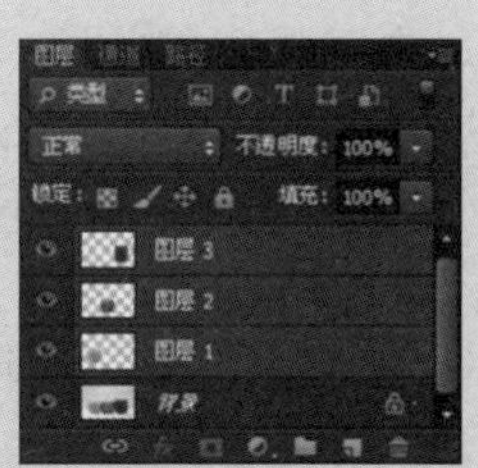

图10-2-43

单击“图层”面板中的链接图层按钮，可将选中图层链接，如图10-2-44所示；再次单击链接图层按钮，即可取消链接，如图10-2-45所示。

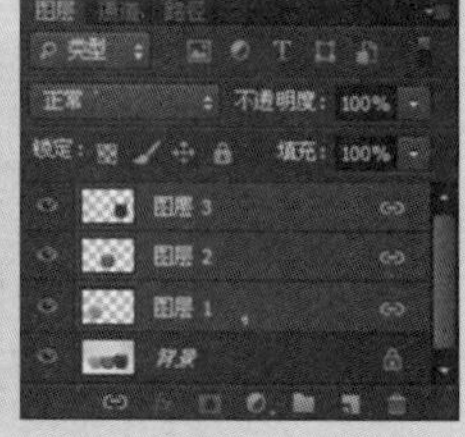

图10-2-44

图10-2-45

## 10.2.9 锁定图层

“图层”面板中提供了用于保护图层透明区域、图像像素和位置的锁定功能，如图10-2-46所示。用户可以根据需要完全锁定或部分锁定图层，避免因操作失误而对图层的内容造成修改。

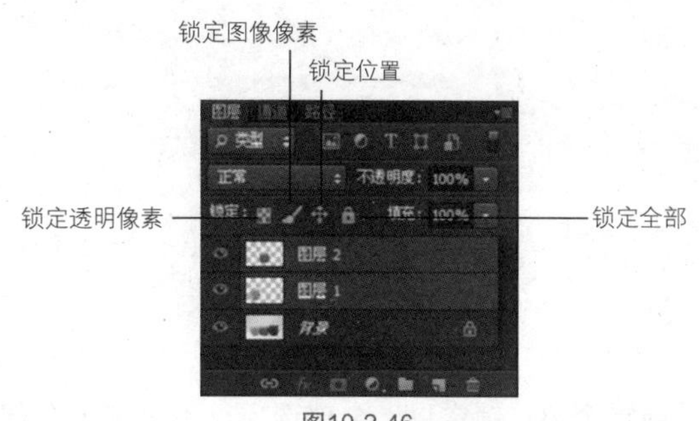


图10-2-46

**锁定透明像素**：将把图层的透明区域锁定保护，只可以在有像素的部分进行编辑。例如：锁定“图层1”的透明区域后，使用画笔工具涂抹图像时的效果如图10-2-47所示。

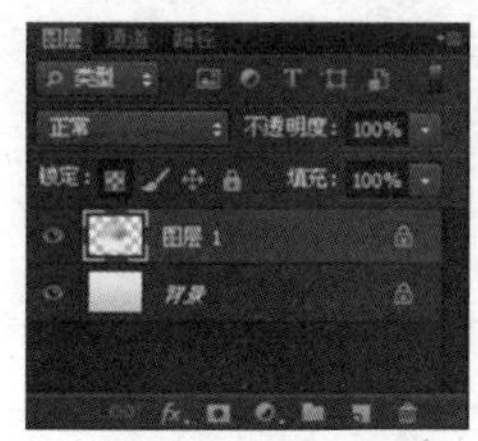

图10-2-47

**锁定图像像素**：将不能对图层中的的像素颜色进行修改，只能进行移动和变换类的操作。例如：锁定“图层1”的图像像素后，使用画笔工具涂抹时弹出的提示如图10-2-48所示。

图10-2-48

**锁定位置**：不能移动图层位置，不必担心意外操作。当移动锁定图层时，图层面板会呈现无当前图层的状态，如图10-2-49所示；移动工具在图像中只会绘制出选框，不能移动图像，如图10-2-50所示。

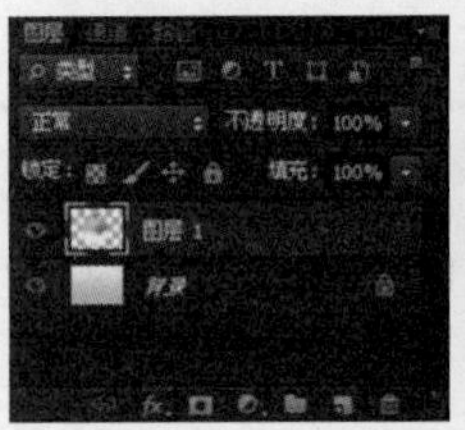
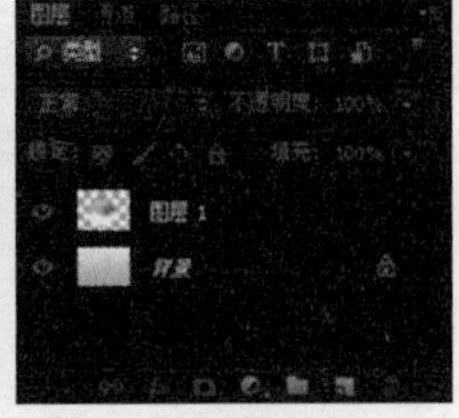

图10-2-49

图10-2-50

**锁定全部**：锁定以上全部选项。单击锁定全部按钮后，无论是移动图像或是用画笔工具涂抹图像都不能实现。

**Tips 提示**

图层被锁定后，图层名称右侧会出现一个锁状图标，当图层完全锁定时，锁定图标是实心的；当图层被部分锁定时，锁定图标是空心的。

**技术要点：图层组锁定选项**

选择图层组，执行"图层 > 锁定组内的所有图层"命令，打开"锁定组内的所有图层"对话框。对话框中显示了各个锁定选项，通过它们可以锁定组内所有图层的一种或者多种属性。

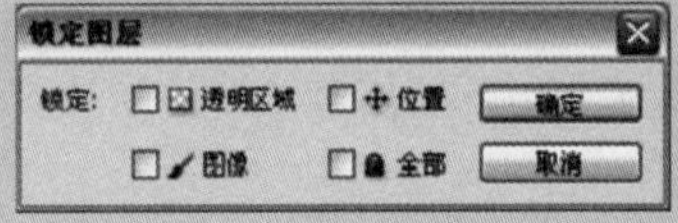


## 实战 锁定组内所有图像

第 10 章 / 实战 / 锁定组内所有图像

打开如图10-2-51所示的素材图像，"图层"面板如图10-2-52所示。

图10-2-51

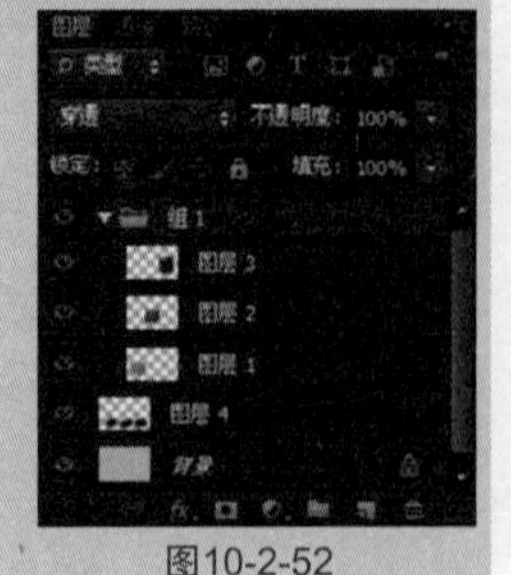

图10-2-52

执行【图像】/【锁定组内所有图像】命令，在弹出的"锁定组内所有图像"对话框中选择所要锁定的内容，如图10-2-53所示；设置完毕后单击"确定"按钮，图层面板如图10-2-54所示。

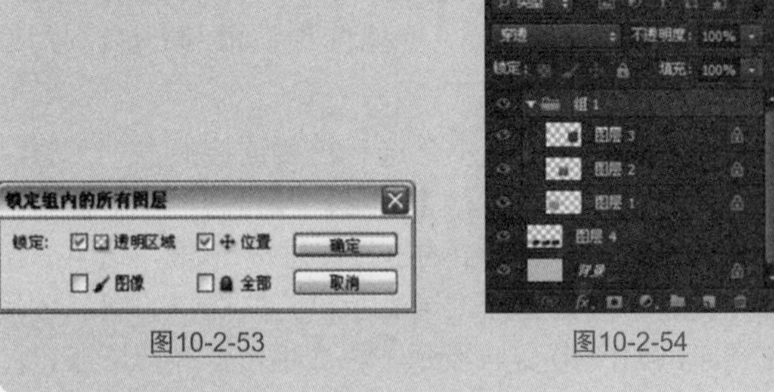


图10-2-53　图10-2-54

## 10.2.10 栅格化图层

像文字图层、形状图层、矢量蒙版或智能对象等包含矢量数据的图层，是不能使用绘画工具或滤镜工具的，需要先将要编辑的图层栅格化，使图层中的内容转换为光栅图像，才能够进行后续编辑。执行【图层】/【栅格化】下拉菜单中的命令可以栅格化图层中的内容。

## 实战 文字、形状栅格化

第 10 章 / 实战 / 文字、形状栅格化

**文字**：在"图层"面板中，含有文字图层，如图10-2-55所示。

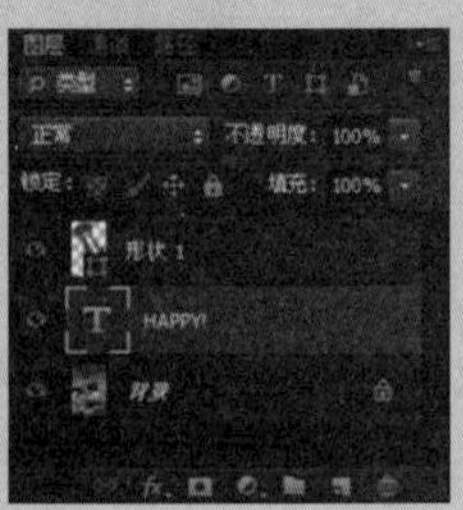

图10-2-55

选择其中的文字图层，执行【图层】/【栅格化】/【文字】命令，如图10-2-56所示。或者在"图层"面板中单击鼠标右键，在弹出的菜单中选择"栅格化图层"命令，该文字图层将被转换为普通图层，如图10-2-57所示。

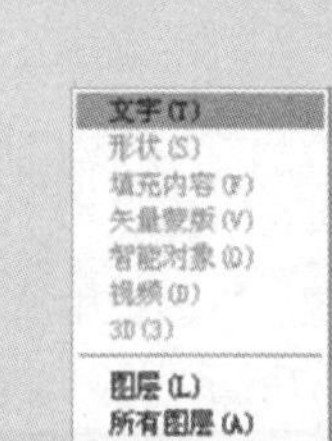


图10-2-56

图10-2-57

形状：选择“形状1”图层，执行【图层】/【栅格化】/【形状】命令，如图10-2-58所示，或在“图层”面板中单击鼠标右键，在弹出的菜单中选择“栅格化图层”命令，将“形状1”图层转换为普通图层，如图10-2-59所示。

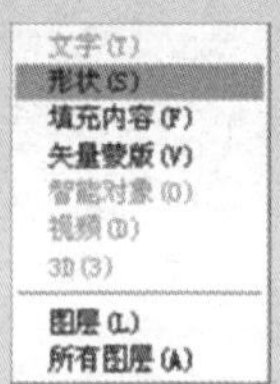


图10-2-58

图10-2-59

智能对象：栅格化智能对象图层，使其转换为像素。

视频：栅格化视频图层，选定的图层将拼合到“动画”面板中选定的当前帧的复合中。

3D：栅格化3D图层。

训练营 01

第 10 章 / 训练营 /01 处理栅格化后的文字图层

## 处理栅格化后的文字图层

▲ 将文本图层栅格化处理

▲ 使用橡皮擦工具在栅格化后的文字上进行编辑

01 打开素材，在图像上输入文字，如图10-2-60所示。

图10-2-60

02 选择两个文本图层，如图10-2-61所示，执行【图层】/【栅格化】/【文字】命令，将文本图层栅格化，栅格后的面板如图10-2-62所示。

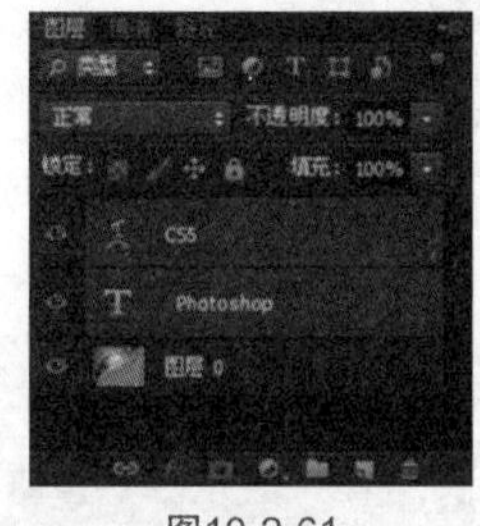


图10-2-61

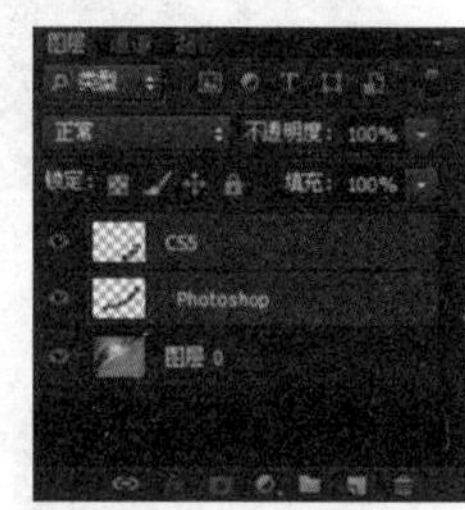


图10-2-62

03 选择橡皮擦工具，在“画笔预设”面板中进行笔刷设置，如图10-2-63和图10-2-64所示。设置好笔刷，在图像中涂抹，图像效果如图10-2-65所示。

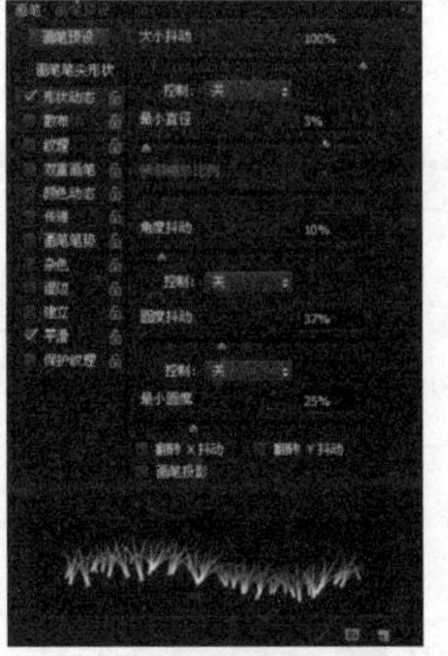

图10-2-63

图10-2-64

图10-2-65

### 10.2.11 图层搜索

Photoshop CS6新增了图层搜索功能，可以通过名称、效果、模式、属性和颜色来进行图层的搜索与排序。对那些有着众多图层的Photoshop项目来说，这无疑是一个非常实用的新功能。

图层搜索功能显示在“图层”面板上，与“图层混合模式”和“图层不透明度”一样，可以进行快速设置，其位置如图10-2-66所示。

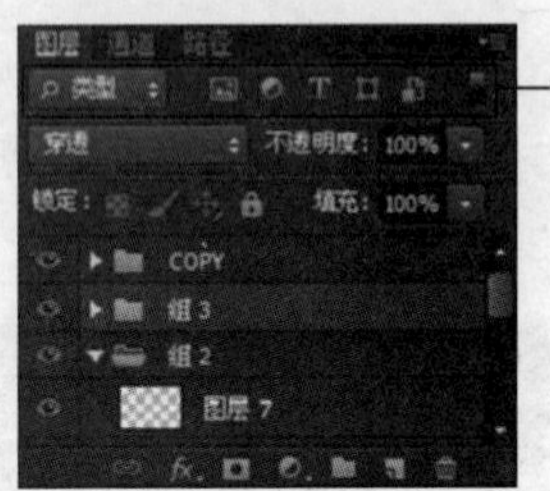

图10-2-66

例如要将文档中包含应用了“叠加”图层混合模式的图层搜索出来，就在搜索类型中设置“模式”，并在右侧的子选项中设置“叠加”，“图层”面板中就只显示应用了此模式的图层，如图10-2-67所示。

同样，若要得到所有应用“斜面和浮雕”样式的图层，在“效果”类型中选择“斜面和浮雕”即可，如图10-2-68所示。

图10-2-67

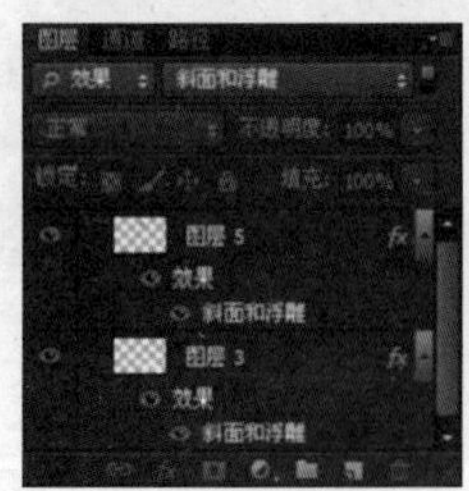
图10-2-68

## 10.3 合并、盖印图层

**关键字** 合并图层、盖印图层

通常制作一个文档，都会包含很多图层等内容。单项内容过多就会占用更多的电脑内存和系统资源，从而导致电脑的运行速度变慢。所以将相同属性的图层合并，或者删除没有用处的图层都可以减小文件的大小，加快电脑运行速度。

### 10.3.1 合并图层

通常在“图层”面板中，选择要进行合并的图层，然后执行【图层】/【合并图层】命令，得到合并后的图层，如图10-3-1和图10-3-2所示。

图10-3-1

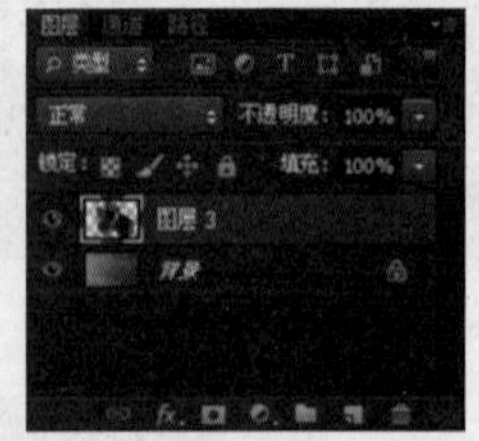
图10-3-2

#### ※ 向下合并图层

如果要将一个图层与它下面的图层合并，首先要选中该图层，然后执行【图层】/【向下合并】命令（Ctrl+E）即可，如图10-3-3和图10-3-4所示。

图10-3-3

图10-3-4

#### ※ 合并可见图层

执行【图层】/【合并可见图层】命令，可以将“图层”面板中所有可见的图层合并，如图10-3-5和图10-3-6所示。隐藏的图层不会被合并。

图10-3-5

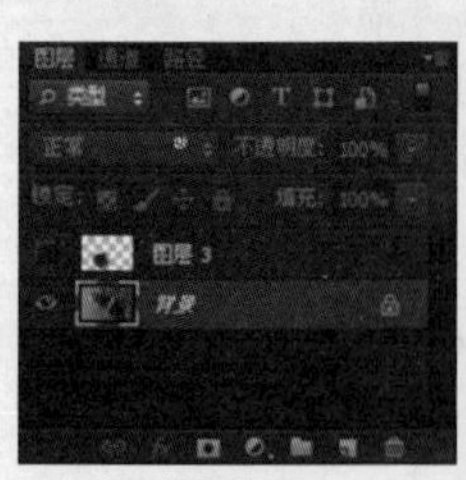
图10-3-6

## ※ 拼合图像

执行【图层】/【拼合图像】命令，可以将所有图层都拼合到“背景”图层中。如果有隐藏的图层，则会弹出一个提示对话框，询问是否删除隐藏的图层。

**Tips 提示**

当在“图层”面板中同时选中多个图层时，菜单中的“向下合并”命令会改变为“合并图层”命令。“背景”图层由于位于最底部，不能执行“向下合并”命令。

### 实战 拼合图像

第10章/实战/拼合图像

打开如图10-3-7所示素材图像，“图层”面板如图10-3-8所示。

图10-3-7

图10-3-8

执行【图层】/【拼合图像】命令，弹出提示对话框，如图10-3-9所示，单击“确定”按钮，得到的图层面板如图10-3-10所示。

图10-3-9

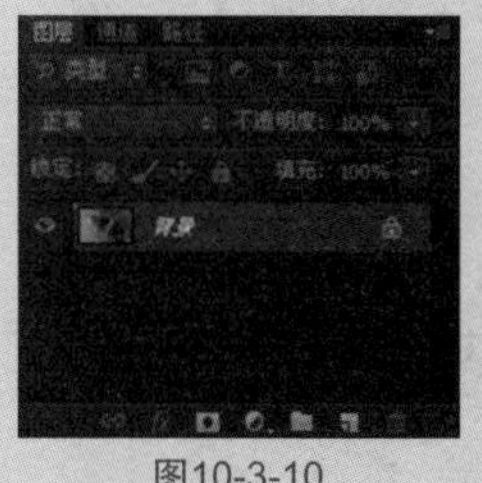

图10-3-10

## 10.3.2 盖印图层

盖印图层的操作有些类似于合并图层，但通过盖印图层能够得到具有合并后的效果的一个新图层，同时保持原有的图层不变。

打开“图层”面板，如图10-3-11所示。在“图层”面板中选择“图层1”，按快捷键Ctrl+Alt+E，“图层1”中的内容被盖印至“背景”图层上，如图10-3-12所示。

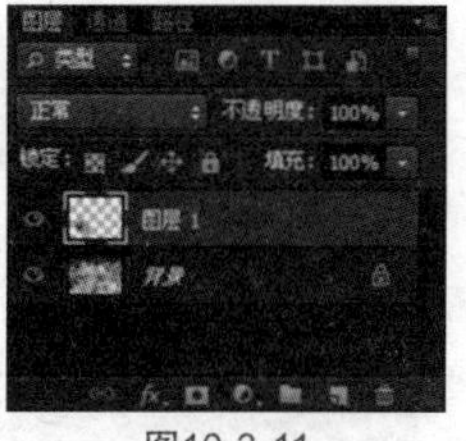

图10-3-11

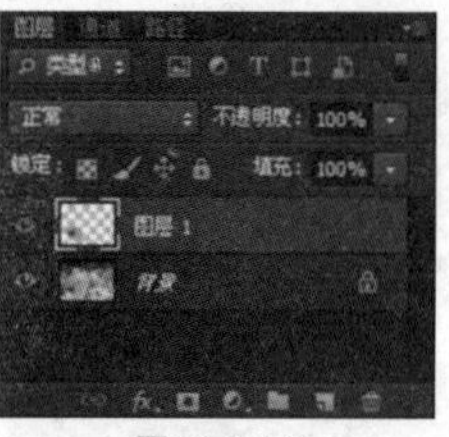

图10-3-12

如果在“图层”面板中同时选中“图层1”与“图层2”，如图10-3-13所示，在按Ctrl+Alt+E快捷键后，在“图层”面板中将生成“图层2（合并）”图层。该图层含有“图层1”与“图层2”合并后的图像内容，如图10-3-14所示。

图10-3-13

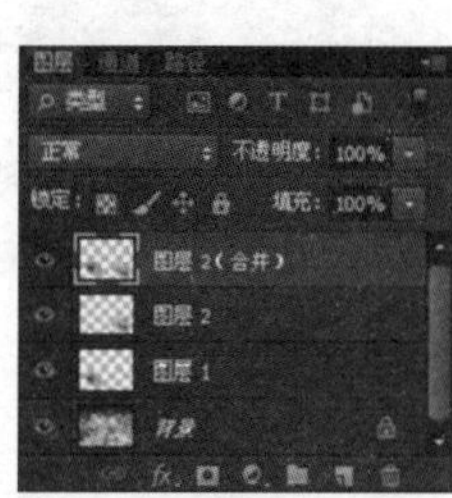

图10-3-14

在“图层”面板上选择图层组，如图10-3-15所示，按快捷键Ctrl+Alt+E，可以将组中的所有图层内容盖印到一个新的图层中，原组及组中的图层内容保持不变，如图10-3-16所示。

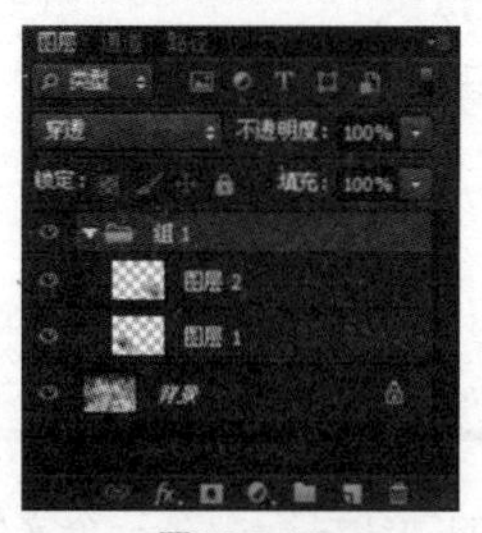

图10-3-15

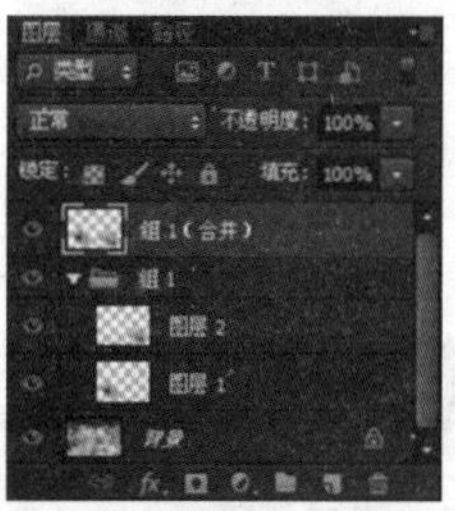

图10-3-16

**Tips 提示**

按快捷键 Shift+Ctrl+Alt+E 可以盖印所有当前窗口中可见的图层，并合并到新的图层当中，置于所有图层的最上方。

### 实战 盖印可见图层

第10章/实战/盖印可见图层

打开素材图像如图10-3-17所示，“图层”面板如图10-3-18所示。选中任一可见图层，按快捷键Ctrl+Shift+Alt+E盖印可见图层，盖印后的“图层”面板如图10-3-19所示，得到的图像效果如图10-3-20所示。

图10-3-17

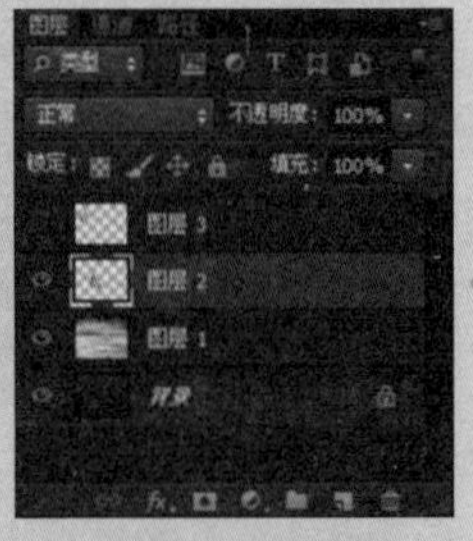
图10-3-18

图10-3-19

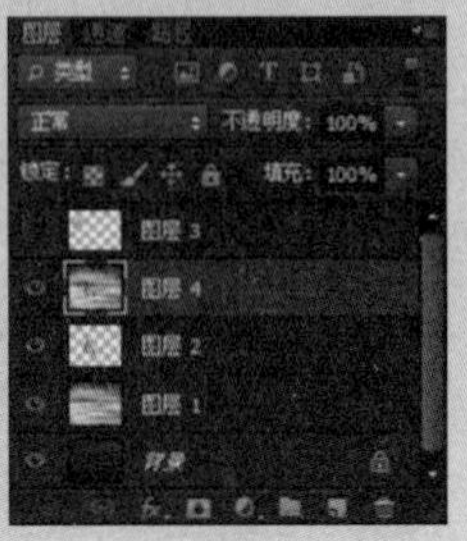
图10-3-20

由上图可见，盖印图层只盖印可见图层，“图层”面板中隐藏的图层并不在盖印范围内，若要盖印全部图层显示的图像，要确认所有图层处于显示状态，再进行盖印操作，得到的图像效果如图10-3-21所示，“图层”面板状态如图10-3-22所示。

图10-3-21

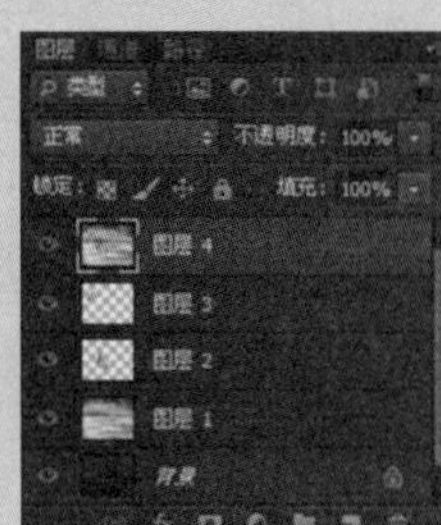
图10-3-22

# 10.4 快速管理图层

**关键字** 智能对象图层、区分管理图层、图层组、“图层”复合面板

对图层的管理直接影响编辑时的速度和工作效率，快速管理图层无疑能使工作事半功倍，这一节中将全面讲解快速管理图层的若干方法。

## 10.4.1 智能对象图层

图层是Photoshop中最重要的功能之一。在一个文件中可能包含多种类型的图层，如图10-4-1和图10-4-2所示。为了在编辑过程中方便操作图层，避免出现错误，下面将介绍几种快速管理图层的方法。

智能对象就像是一个容器，可以在操作中嵌入栅格或矢量图像数据，同时嵌入的数据将保存其原始特性，并能够继续编辑修改。下面将分别深入剖析智能对象中各项功能的操作方法。

### ※ 创建智能对象

创建智能对象，在任一个普通图层的名称上单击鼠标右键，在弹出的菜单中选择“转化为智能对象”即可。

除上面所介绍的方法外，还可以通过以下几种方法创建智能对象。

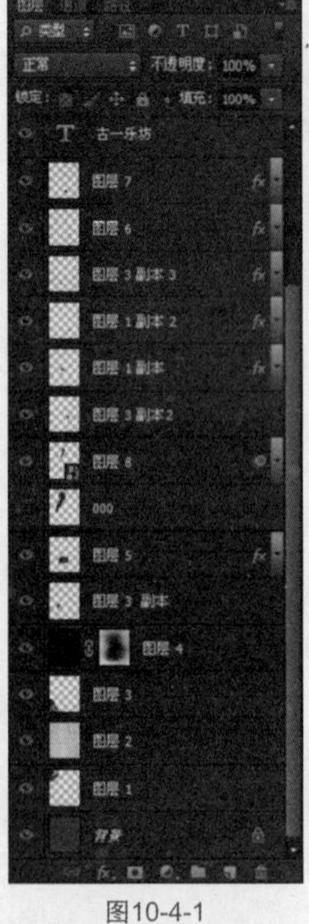
图10-4-1

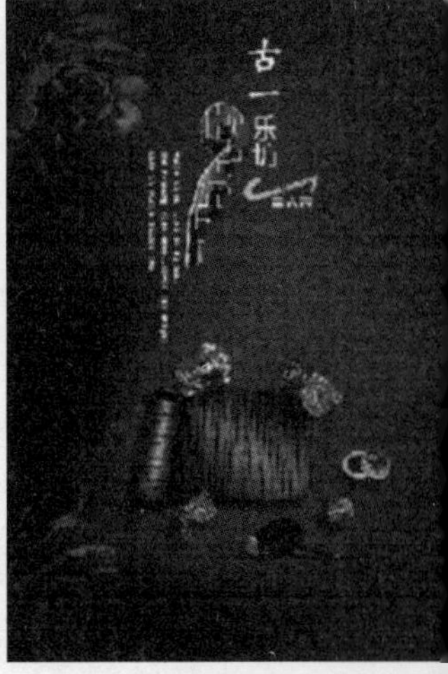
图10-4-2

执行【文件】/【置入】命令，将图像导入Photoshop文档中即可将导入的文件创建为智能对象。

将选定的PDF或AI的图层或对象拖入Photoshop文档中。

将图片从AI中拷贝并粘贴到Photoshop文档中。

将文件直接拖曳至打开的文档中，图像会自动转换为智能对象。

**Tips 提示**

如果要将 AI 中的图片作为智能对象、路径或形状图层进行粘贴，应勾选 Illustrator“文件处理和剪贴板”首选项中的“PSD”和“AICB”选项，否则在将图片粘贴到 Photoshop 文档中时，系统会自动将其栅格化。

### ※ 替换智能对象内容

智能对象具有相当大的灵活性和可操作性，除了可以在其中进行图层样式、不透明度、混合模式等一些基本编辑外，还能够对智能对象图层的内容进行替换。

## 实战 替换智能对象

第 10 章 / 实战 / 替换智能对象

打开PSD格式的素材图像，如图10-4-3所示，面板如图10-4-4所示。

图10-4-3

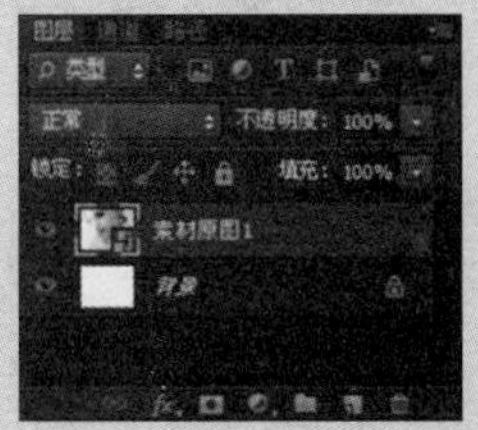

图10-4-4

其中包含有智能对象图层“图层1”。执行【图层】/【智能对象】/【替换内容】命令，打开“置入”对话框，在对话框中选择任一图像文件，如图10-4-5所示。

图10-4-5

单击“置入”按钮，“图层1”中的内容被替换为如图10-4-6所示的图像，“图层”面板如图10-4-7所示。

图10-4-6

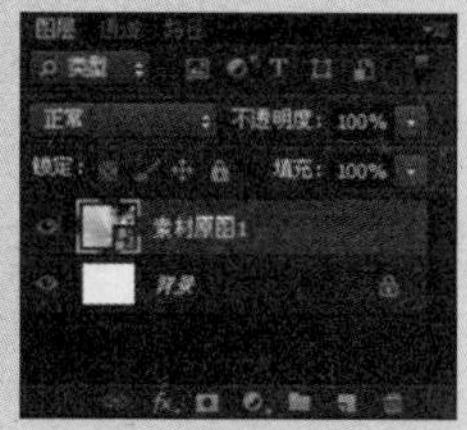

图10-4-7

**Tips 提示**

替换后新图像会以它原有的文件大小显示，如果新图像比原图像小，图像的边缘会处于透明状态，如果新图像比原图像大，其多余的部分会隐藏在图像浏览区域以外。

### ※ 导出智能对象内容

执行【图层】/【智能对象】/【导出内容】命令，在弹出的“存储”对话框中可以将智能对象的内容完全按照原样导出。智能对象可以储存为PSD格式或PDF格式，其中PSD格式适用于保存栅格数据，而PDF格式适用于保存矢量数据。

### ※ 自动更新

在Photoshop CS6中，智能对象图层可以像普通图层一样编辑变换图层样式、不透明度、混合模式等。不同的是当编辑它的源数据后，Photoshop将基于源数据重新渲染复合数据，即使用编辑过的内容更新图层。如果当前智能对象有多个副本，则编辑一个智能对象可同时更新该智能对象的多个副本。

## 实战 转换智能对象

第 10 章 / 实战 / 转换智能对象

打开PSD格式的素材图像，如图10-4-8所示。

图10-4-8

按住Ctrl键的同时单击“图层”面板中的“图层1”和“图层2”，如图10-4-9所示。然后执行【图层】/【智能对象】/【转换为智能对象】命令，将其创建为一个智能对象图层，如图10-4-10所示。

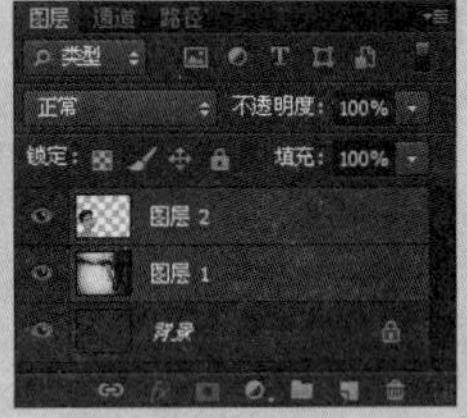
图10-4-9

图10-4-10

双击“图层2”缩览图，将弹出如图10-4-11所示的对话框，单击“确定”按钮，会生成一个新文件（包含了创建智能对象前的“图层1”和“图层2”的内容），如图10-4-12所示。

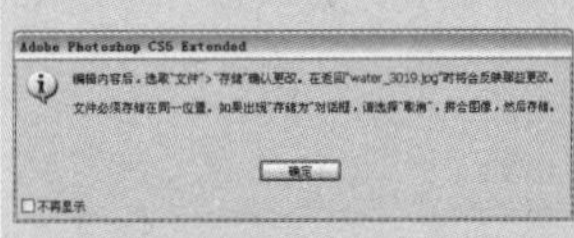
图10-4-11

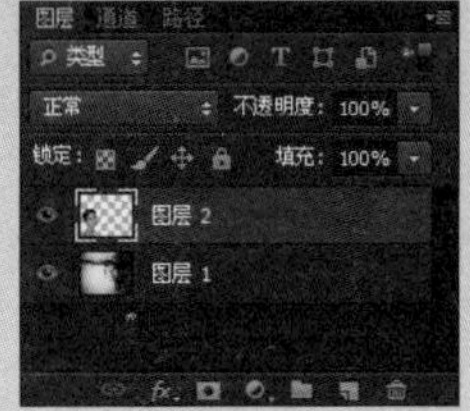
图10-4-12

选择“图层2”，将其图层混合模式设置为“颜色加深”，图像效果改变为如图10-4-13所示。

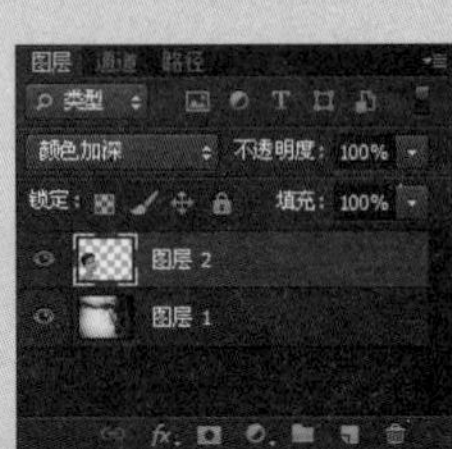

图10-4-13

此时如果关闭新生成的文件，会弹出提示对话框，如图10-4-14所示。单击“是”按钮确认修改操作。回到之前所编辑的文档，可以看到“图层2”的混合模式仍为“正常”，但智能对象已经自动更新了内容，因此图像的效果也发生了改变，如图10-4-15所示。

图10-4-14

图10-4-15

**Tips 提示**

自动更新智能对象的图层样式、不透明度等效果的操作方法与上面介绍的相同。

智能对象图层与它的副本是存在着链接关系的。在这里将文件中的“图层2”拖曳至创建新图层按钮上，将复制得到的多个副本缩小，放置在图像的左侧，如图10-4-16所示。

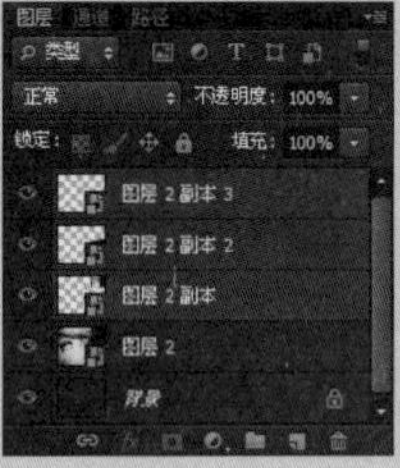

图10-4-16

双击“图层2”的图层缩览图，在打开的新文件中将“图层2”的混合模式更改为“线性光”，效果如图10-4-17所示。

图10-4-17

关闭新打开的文件，返回到原先编辑的主文档中，可以看到不但当前“图层2”中的图像发生了改变，其所有的副本图层也相应地发生了改变，如图10-4-18所示。

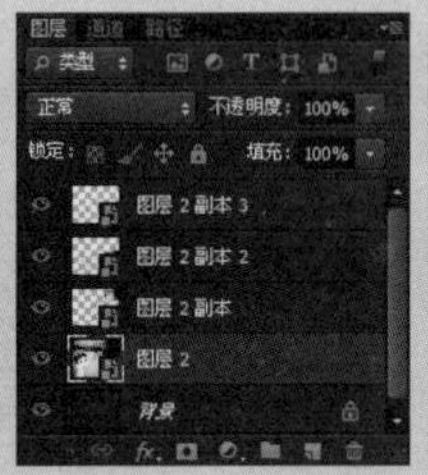

图10-4-18

**Tips 提示**

由于复制的智能对象与源智能对象保持着链接状态，因此在修改源智能对象后，副本也会更新效果，同样，修改副本时源智能对象也会更新效果。要创建未链接到源智能对象的重复智能对象，可执行图层/智能对象/通过拷贝新建智能对象命令，这样再对副本进行任何的编辑都不会影响源智能对象。

在处理像Illustrator中的矢量图片时，Photoshop会自动将文件转换为它可识别的格式。这种转换不会对源数据造成影响，并且仍然可以使用Illustrator编辑原始文件，Photoshop也将会自动更新编辑结果。

## 10.4.2 使用颜色区分管理图层

在“图层属性”对话框中的“颜色”选项的下拉菜单中，共有7个颜色选项，通过这些显示颜色，可以更好地区分和管理众多图层，方便操作。

打开一个分层素材图像，“图层”面板中包含了多种类型的图层，选择“图层1”，如图10-4-19所示。在“图层”面板中选择一个图层，单击鼠标右键，弹出快捷菜单，可以对当前所选图层的“颜色”进行设置，如图10-4-20所示。之前的版本需要执行【图层】/【图层属性】命令，打开“图层属性”对话框，在对话框中进行设置。先选择“橙色”，如图10-4-21所示。根据以上的方法，分别为各种类型的图层设置不同颜色，以便加以区分，如图10-4-22所示。

图10-4-19

图10-4-20

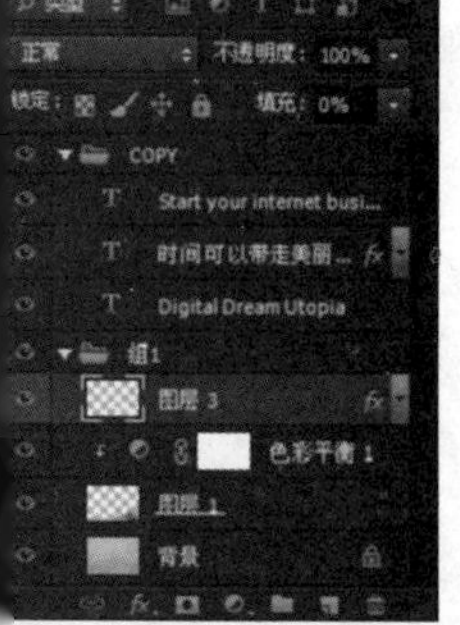

图10-4-21

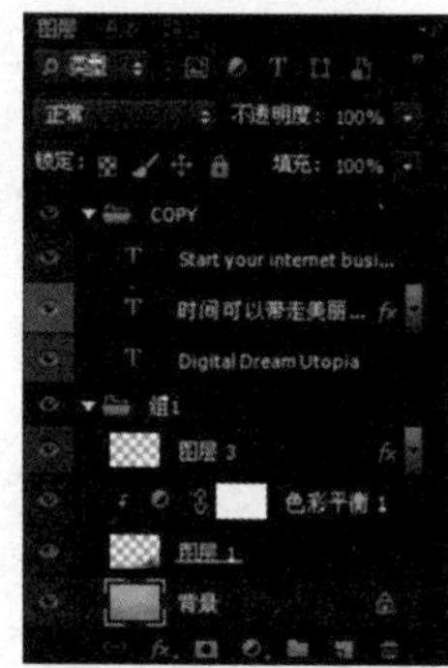

图10-4-22

### Tips 提示

在图层缩览图左侧的区域单击鼠标右键，所弹出的菜单中也可直接为图层设置显示颜色（这里所设置的图层显示颜色不会影响图层的图像内容）。

## 10.4.3 利用图层组管理图层

一个PSD文件可能会包含数量众多的图层，有时仅靠使用颜色来区分管理图层也不能完全区分这些图层，这时就需要“图层组”来管理图层，它会更加系统、合理、清晰地管理面板中众多的图层结构，有助于提高工作效率。

图层与图层组的关系有些类似于文件与文件夹，因此，图层组的功能与使用方法非常容易理解和掌握。图层组还可以将某一属性同时应用到它包含的多个图层上。

### ※ 如何建立图层组

需要“图层组”来帮助管理图层，就需要先在面板中创建图层组。可以单击“图层”面板中的创建新组按钮，即可得到一个新建的图层组；或者选择“图层”面板菜单中的“从图层新建组”命令；也可以同时选择多个图层，执行【图层】/【图层编组】命令（Ctrl+G），以上方法都可以将所选择的图层创建在同一图层组内。

### 实战 建立图层组

第10章/实战/建立图层组

打开一个“图层”面板，如图10-4-23所示。按住Ctrl键，单击“图层”面板中的“图层1”、“图层2”和“图层3”，将其同时选中，然后执行【图层】/【图层编组】命令（Ctrl+G），生成“组1”（包含着“图层1”、“图层2”和“图层3”），如图10-4-24所示。

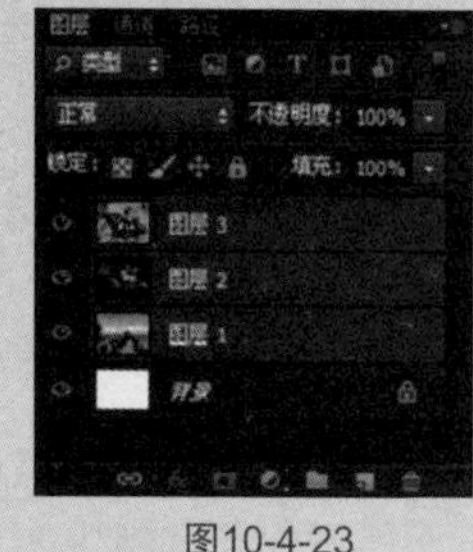

图10-4-23

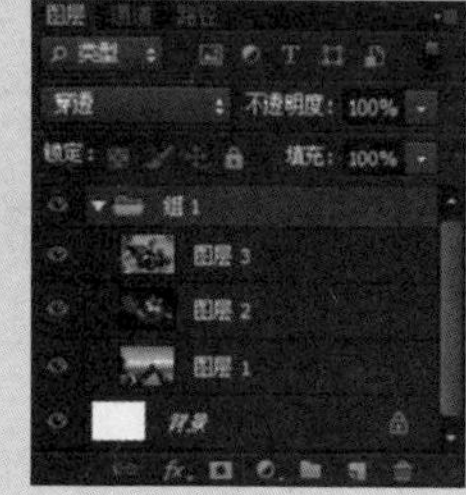

图10-4-24

### Tips 提示

用移动工具将一个普通图层拖到图层组上，该图层将被纳入图层组。用移动工具选择组内的图层拖曳至图层组以外的地方，释放鼠标即可将其还原成为普通图层。

### ※ 图层组的应用

关于“图层组”一些需要注意的操作概念。

**嵌套图层组：** 图层组可以被包含在其他图层组内，这是一种嵌套结构，可以使图层的管理更加高效。但这种嵌套结构是有上限的，由原来的最多5级升级到10级，如图10-4-25所示。

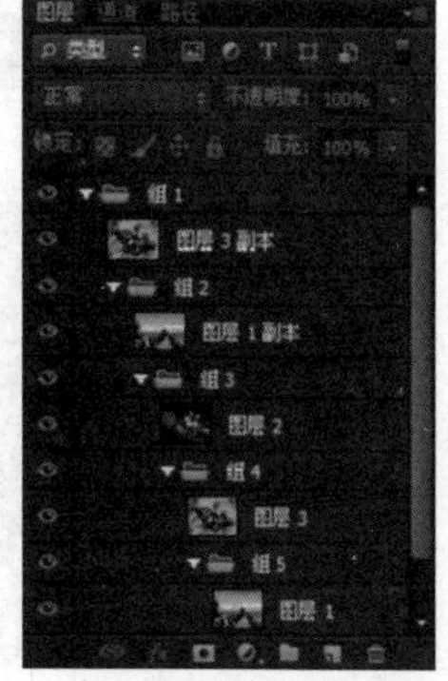

图10-4-25

**变换图层组中的图层**：当在“图层”面板中选择了图层组后，再执行移动、旋转、缩放等操作就会作用于该组中的所有图层。而打开图层组选择图层组中的某一图层单独进行操作，就不会影响到组内的其他图层。

### 实战 删除图层组

第 10 章 / 实战 / 删除图层组

打开一个“图层”面板，将需要删除的图层组拖到删除图层按钮上，即可直接删除该图层组及组中的所有图层，如图10-4-26所示。选择“图层”面板中的“组1”，单击删除图层按钮，将弹出对话框，如图10-4-27所示。对话框中的“组和内容”按钮表示将删除该图层组和包含的所有图层；“仅组”按钮表示只会删除图层组，而保留其中图层，如图10-4-28所示。

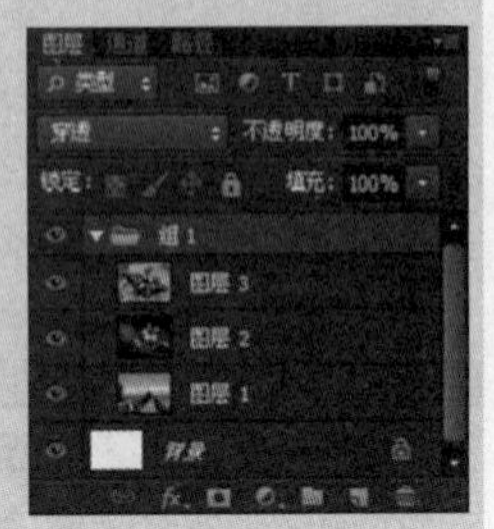
图10-4-26

图10-4-27

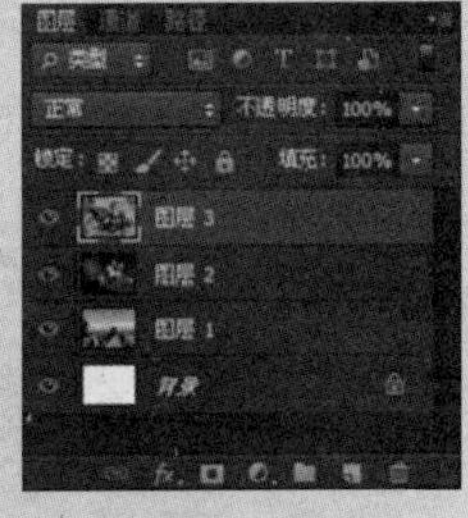
图10-4-28

**快速展开/折叠图层组**：按住Alt键并单击图层组前的三角状图标，就可以展开或折叠图层组及该组中所有图层样式列表，如图10-4-29和图10-4-30所示。为了操作起来更加方便，可以在需要操作组内图层时将其展开，其他时间将其折叠。

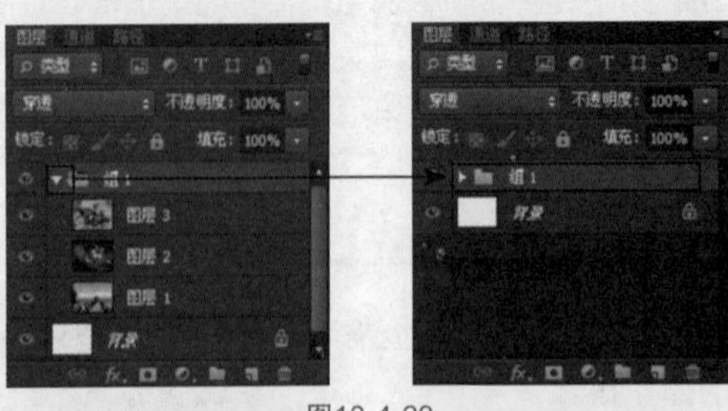
图10-4-29

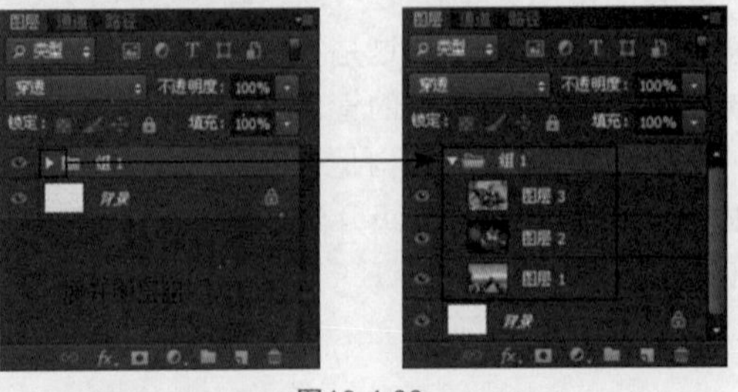
图10-4-30

## 10.4.4 在“图层复合”面板中管理图层

“图层复合”是“图层”面板状态的快照，它能够记录当前文件中图层的可视性、位置和外观（例如图层的不透明度、混合模式和图层样式等）。通过图层复合可以快速地在文档中切换不同版面的显示状态。因此，在向客户展示不同效果的设计方案时，就可以通过“图层复合”面板在单个文件中创建、管理和查看版面的多个版本效果。

执行【窗口】/【图层复合】命令，打开“图层复合”面板，如图10-4-31所示，默认记录的是“最后的文档状态”。单击“图层复合”面板中的创建新的图层复合按钮，打开“新建图层复合”对话框，单击“确定”按钮即可将“图层”面板的当前位置、显示状态等记录为一个图层复合。

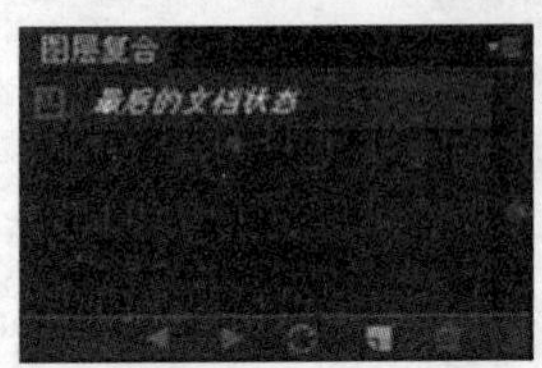

图10-4-31

### 实战 创建图层复合

第 10 章 / 实战 / 创建图层复合

打开PSD素材文件，“图层”面板中的所有图层都处于显示状态，如图10-4-32所示。单击“图层复合”面板中的创建新的图层复合按钮，在弹出的“新建图层复合”对话框中可以对图层复合的属性进行设置，如图10-4-33所示。单击“确定”按钮，“图层复合”面板将会生成“图层复合1”，如图10-4-34所示。

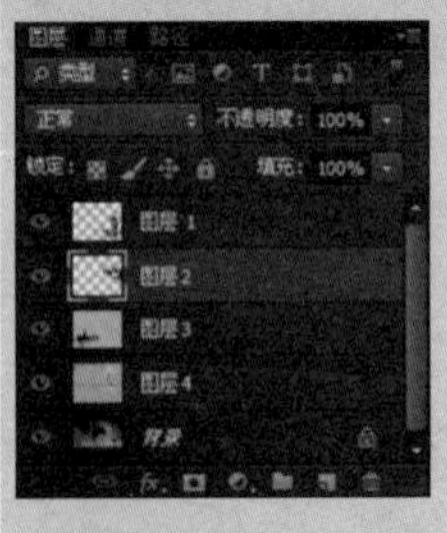

图10-4-32

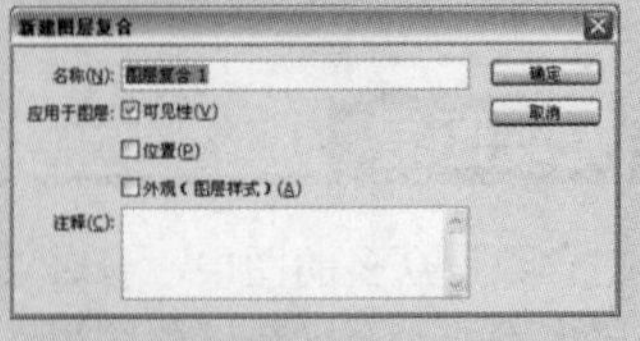

图10-4-33

图10-4-34

在“图层”面板中将“图层2”、“图层3”和“图层4”隐藏，如图10-4-35所示。然后单击“图层复合”

面板中的创建新的图层复合按钮，打开“新建图层复合”对话框，在对话框中将名称设置为“图层复合2”，如图10-4-36所示。单击“确定”按钮，“图层复合”面板将会生成“图层复合2”，如图10-4-37所示。

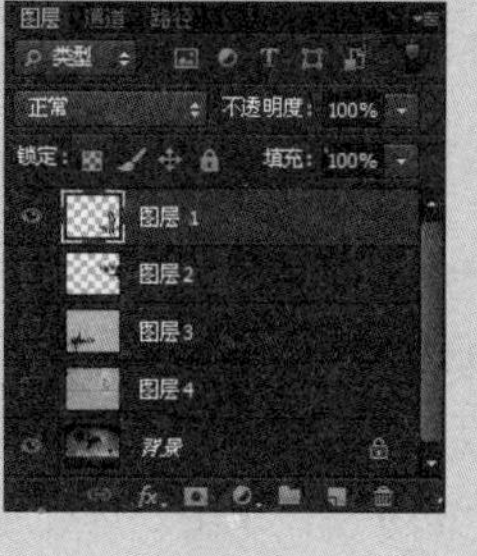

图10-4-35

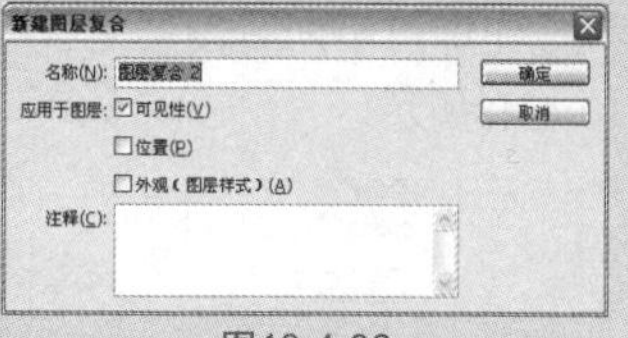
图10-4-36

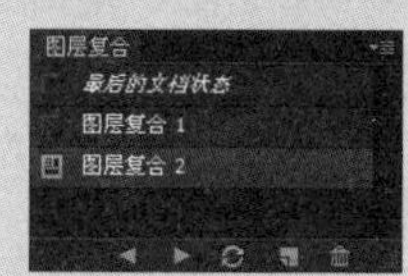
图10-4-37

**可视性**：选中或取消选择该复选项，将显示或隐藏“图层”面板中的图层。

**位置**：该复选项用于设置图层在文档中的位置。

**外观**：该复选项用于设置图层中是否应用图层样式。

**注释**：该文本框中可以为复合图层输入注释文字。

**Tips 提示**

在创建图层复合后，再对“图层”面板中的位置、显示状态等进行的调整，将都会保存在“图层复合”面板的“最后的文档状态”中。

## ※ 查看图层复合

在“图层复合”面板中“图层复合1”名称前单击，就会显示出应用图层复合图标，文档窗口中便会显示该图层复合所记录的文件状态。

单击“图层复合”面板中的“图层复合1”（前面所编辑过的），如图10-4-38所示，“图层”面板和文档窗口都显示出新建“图层复合1”的记录状态，如图10-4-39所示。

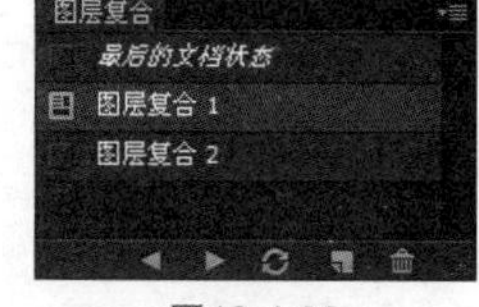
图10-4-38

图10-4-39

## ※ 更新图层复合

创建图层复合后，又对图层进行了移动、显示或隐藏等操作，只要单击更新图层复合按钮，图层复合所记录的信息会进行自动更新，将修改后的状态保存到图层复合中。

在“图层复合”面板中选择“图层复合1”（前面所编辑过的），然后隐藏“图层”面板中的“图层3”，如图10-4-40所示，单击更新图层复合按钮，如图10-4-41所示，“图层复合1”所记录的信息被更新为当前“图层”面板所显示的状态。

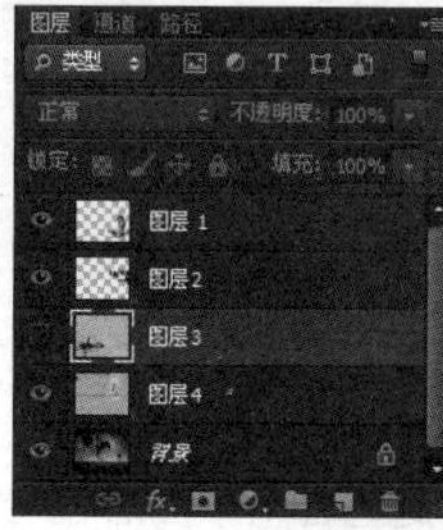

图10-4-40

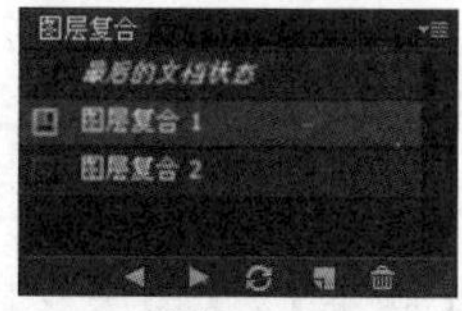
图10-4-41

## ※ 图层复合警告

创建图层复合后，又执行了删除图层、合并图层等可能会影响到其他图层复合的操作时，在“图层复合”面板中会显示出无法完全恢复图层复合图标，如图10-4-42所示。

如果忽略此警告，可能会导致丢失一个或多个图层，而将该图层复合更新会导致以前保存的参数丢失。所以，单击警告图标会弹出提示对话框，如图10-4-43所示。选择“清除”可移去警告图标，并保持现状不变。使用鼠标右键单击警告图标，可在弹出菜单中选择【清除图层复合警告】和【清除所有图层复合警告】命令，效果相同。

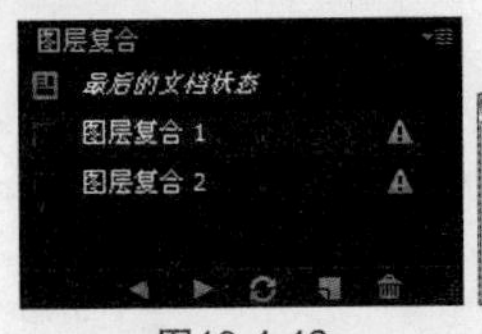


图10-4-42

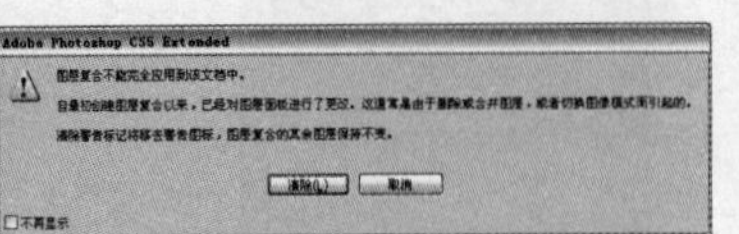

图10-4-43

## ※ 删除图层复合

就像普通图层那样，选择需要删除的图层复合，单击删除图层复合按钮即可将其删除。

将选中的图层复合直接拖曳至该按钮上进行删除。

选择需要删除的复合图层后，单击“图层复合”面板中的扩展按钮，在弹出的下拉菜单中选择“删除图层复合”选项。

**Tips 提示**

在创建图层复合后，如果对图层复合保存的图层状态进行了修改，例如旋转、缩放图层或在图层上进行绘画，则图层复合都会更新存储的图层状态，因此，如果不想更新图层复合保存的内容，可在变换图层前复制图层，然后隐藏原图层，再对副本进行操作。

## ※ 导出图层复合

执行【文件】/【脚本】菜单中的命令，将当前文档中的图层复合导出的单独文件或是包含多个图层复合的PSD文件等进行保存。

## ※ 导出图层复合到文件

打开“图层复合”面板（前面进行编辑过的），执行【文件】/【脚本】/【图层复合导出到文件】命令，打开“将图层复合导出到文件”对话框，在对话框中设置导出后的文件类型，如图10-4-44所示，单击“运行”按钮，“图层复合”面板中的两个图层复合将被分别存储为单独的PSD文件，如图10-4-45所示。

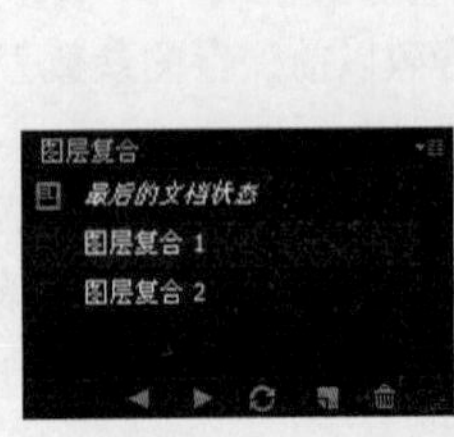


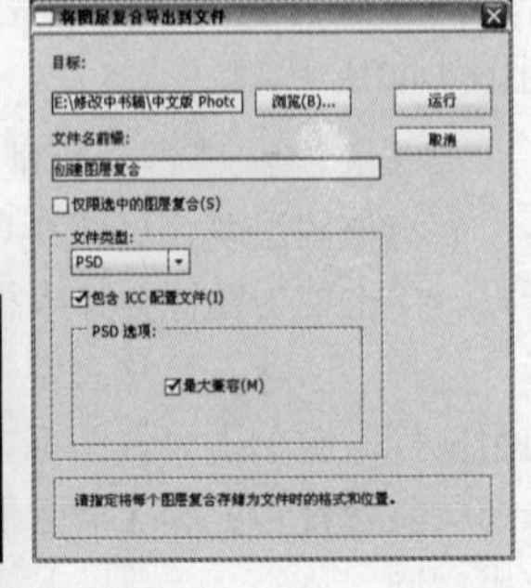

图10-4-44

图10-4-45

## ※ 导出图层复合到PDF

执行【文件】/【脚本】/【将图层导出到文件】命令，打开“将图层导出到文件”对话框，如图10-4-46所示，在对话框中设置文件类型为“PDF”，单击“运行”按钮导出，运行完成后会弹出“脚本警告”对话框，如图10-4-47所示，单击“确定”按钮即可将所有图层复合导出为多页PDF文件，如图10-4-48所示。

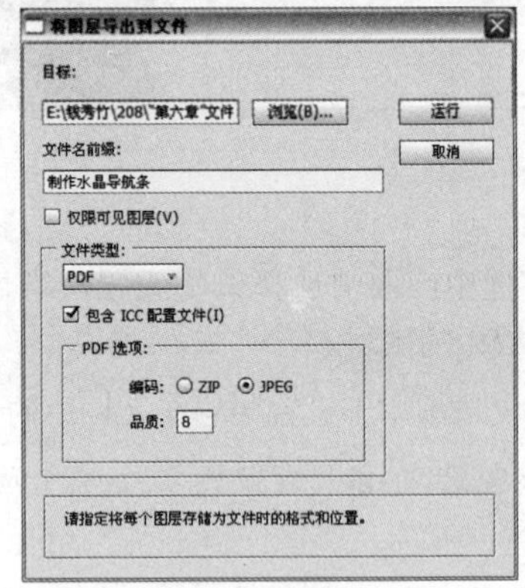


图10-4-46

图10-4-47

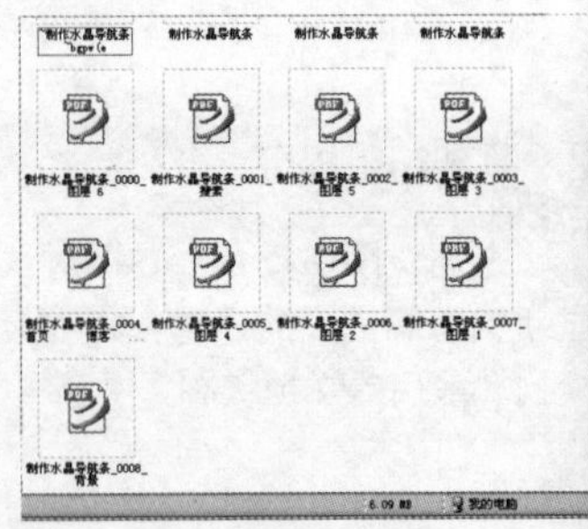

图10-4-48

# 10.5 图层样式

**关键字** 图层样式面板、高级混合、内阴影、内发光

图层样式一般用于创造图层图像的特殊效果，也是Photoshop CS6最具吸引力的功能之一。例如使用图层样式可以创建具有真实质感的水晶、金属等效果，也可以随时进行修改、隐藏或删除，具有非常强的灵活性。还有系统预设的样式或是载入的样式，可以轻松地将效果应用于图像 。

## 10.5.1 图层样式面板详解

打开“图层样式”对话框，可以看到在左侧列出了10种样式效果，如图10-5-1所示。点击效果名称前面的复选框，出现“√”标记，表示在图层中添加了该效果。通常情况下效果都是默认的设置状态。

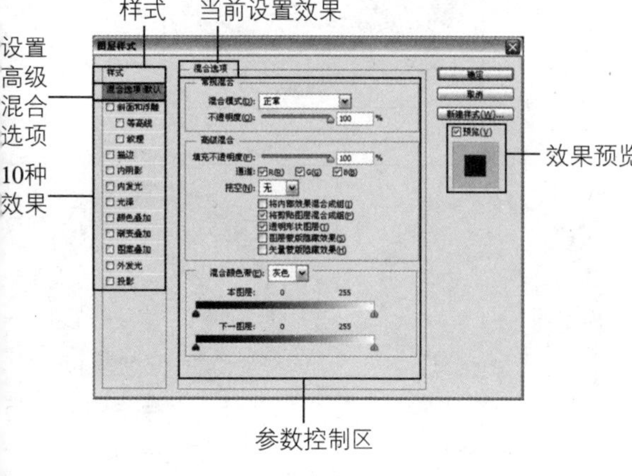


图10-5-1

**样式**：单击此选项，会在“图层样式”对话框中显示多种不同的样式，如图10-5-2所示。

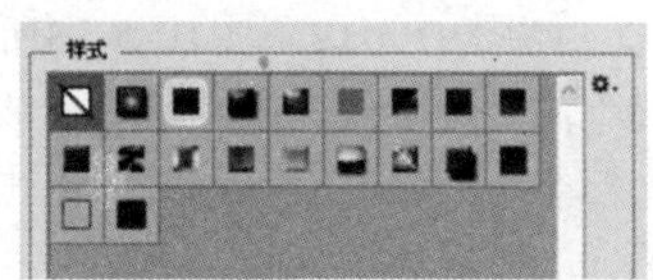

图10-5-2

**设置高级混合选项**：“图层样式”的默认选项，单击此选项，“图层样式”面板会显示相关的参数设置，如图10-5-3所示，可设置图像的混合模式、不透明度、混合颜色等。

**10种效果**：勾选各选项前的复选框，可选择相应的效果。

**当前设置效果**：显示当前选择的效果的名称。

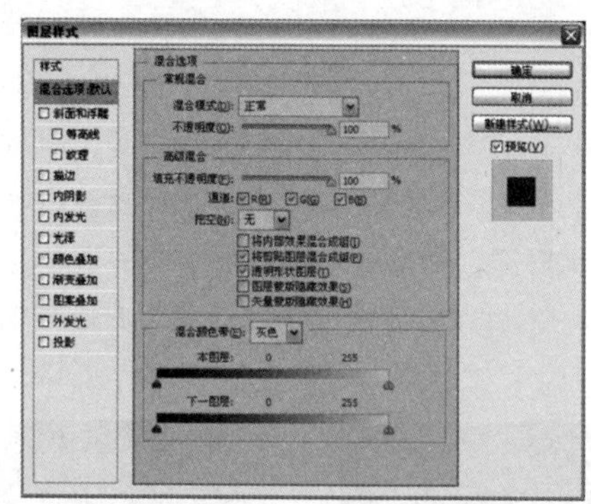

图10-5-3

**参数控制区**：能对效果进行详细的参数设置，每种效果的参数控制区都会不同。

**确定**：单击此按钮，即可将当前设置的样式效果运用到图像中。

**取消**：单击此按钮，即可取消图层样式的设置。

**新建样式**：单击此按钮，会可弹出“新建样式”对话框，可将当前设置的参数存储为样式，在“样式”选项中显示。

**效果预览**：勾选“预览”复选框，即可对图像效果进行预览。

如果单击一个效果的名称（表示选中该效果），对话框的右侧会打开对应的选项，进行自定义设置，如图10-5-4所示。仅勾选前方的复选框，则可以应用该效果（默认状态的），但右侧不会显示与之对应的可操作选项，如图10-5-5所示。

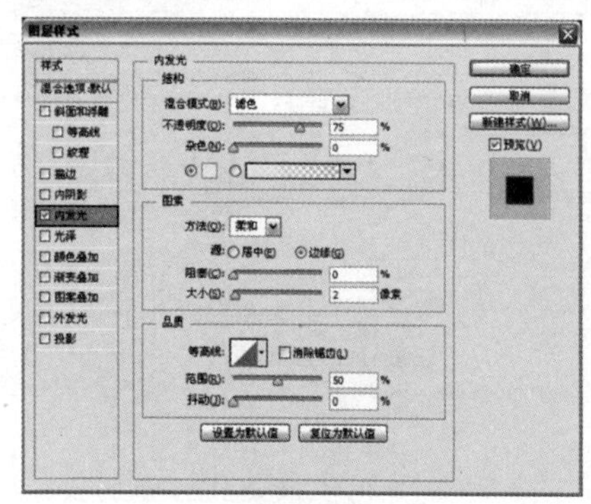

图10-5-4

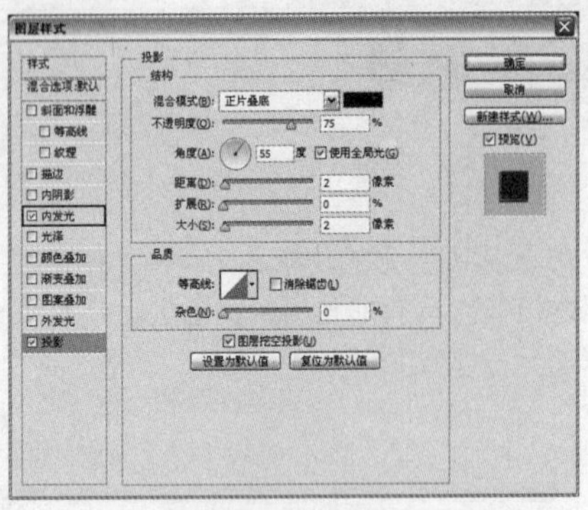
图10-5-5

在对话框中设置具体的参数后，单击“确定”按钮，就可以为图层添加样式，图层右侧会出现一个图层样式标志fx，如图10-5-6所示。单击该标志右侧的折叠/展开按钮，可折叠或展开样式列表进行编辑或修改，如图10-5-7所示。

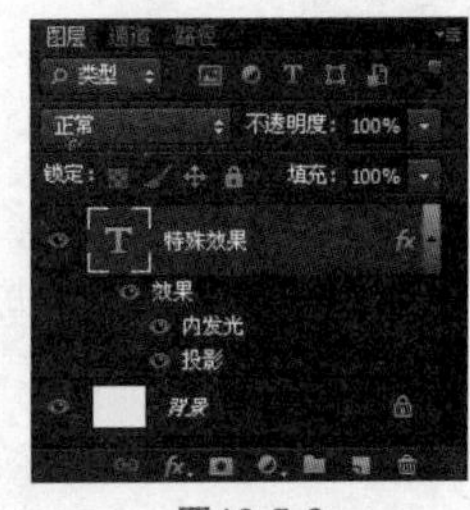
图10-5-6

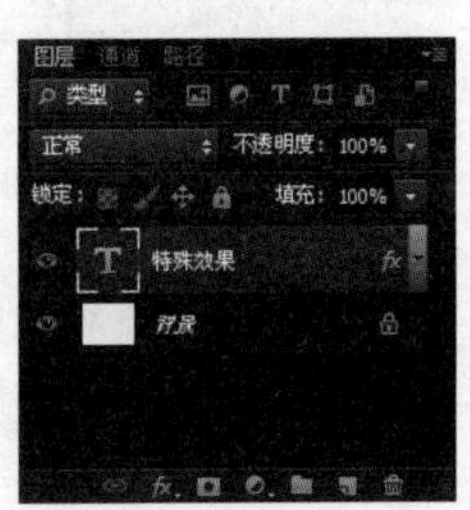
图10-5-7

**Tips 提示**

“背景”图层不能添加图层样式。如果要为其添加样式，需要先将它转换为普通图层。

## ※ 投影

“投影”效果，就是可以为图层内容添加影子效果，使其具有立体感。单击“图层”面板中的创建图层样式按钮fx，选择“投影”选项，“图层样式”对话框如图10-5-8所示。

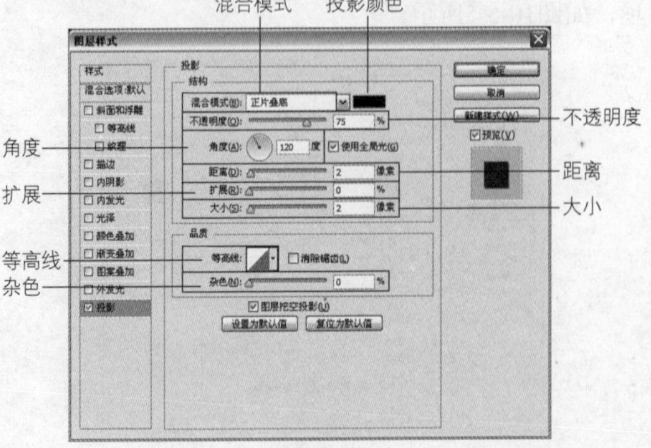

图10-5-8

**混合模式**：用来设置投影与下面图层的混合方式，通常默认为“正片叠底”模式。

**投影颜色**：位于“混合模式”选项右侧的颜色块，可以在打开的“拾色器”中设置投影的颜色。

**不透明度**：可以调整投影的不透明度（拖动滑块或输入数值皆可），值越低，投影越淡。

**角度**：用来设置投影应用于图像时的光照角度。在文本框中输入数值或是拖动圆形内的指针都可以进行调整（指针指向的方向为光源的方向，相反方向为投影的方向）。为设置不同角度创建的投影效果，如图10-5-9、图10-5-10和图10-5-11所示。

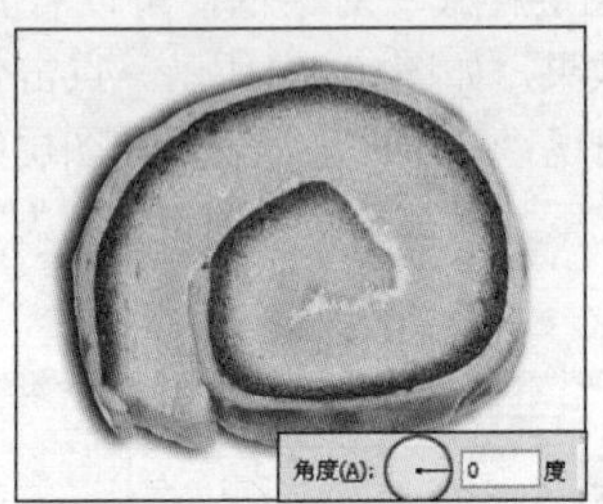

图10-5-9

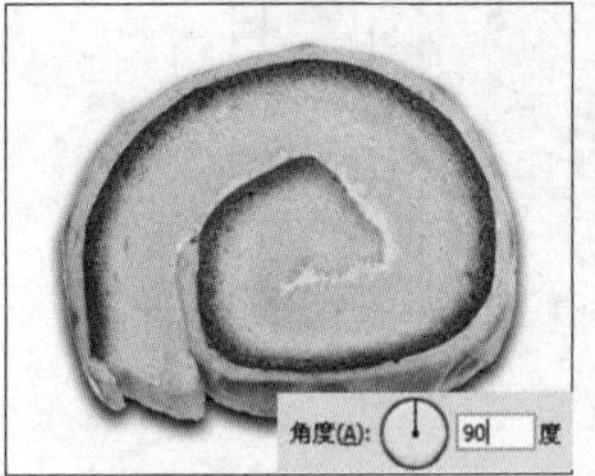

图10-5-10

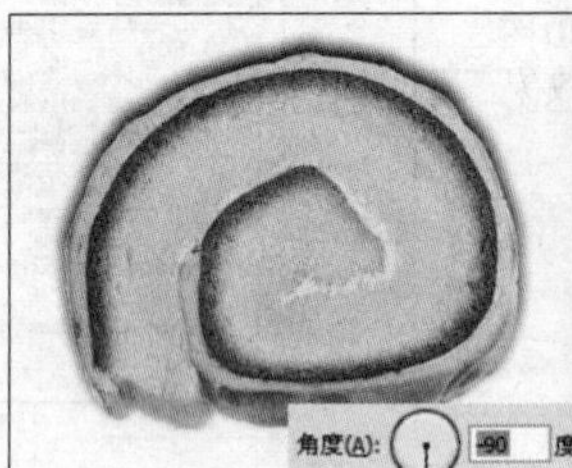

图10-5-11

**使用全局光**：可保持所有光照的角度一致，不选择时可以为不同的图层分别设置光照角度。

**距离**：用来设置投影和图层内容偏移的距离，值越高投影越远，如图10-5-12和图10-5-13所示为其他参数相同，距离不同时的图像效果。将光标放在文档窗口的投影上（光标会变为移动工具），单击并拖动鼠标直接调整投影。

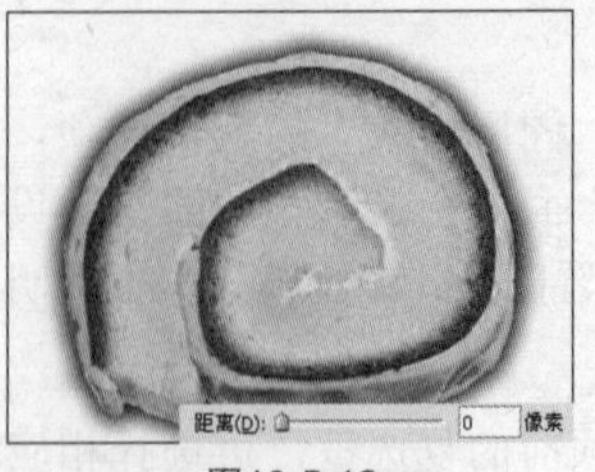

图10-5-12

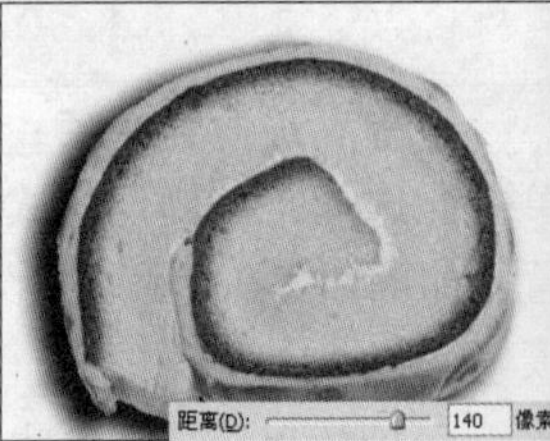

图10-5-13

**大小/扩展**：“大小”，设置阴影的模糊范围，值越高投影越模糊。“扩展”，设置投影的扩展范围，该值会受到“大小”选项的影响。例如，将“大小”

设置为0像素以后，“扩展”将不起作用，投影始终与原图像大小相同。如图10-5-14、图10-5-15和图10-5-16所示为设置不同参数的投影效果。

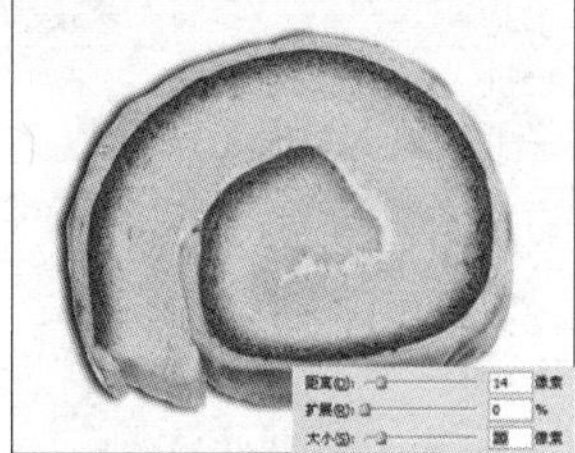

图10-5-14

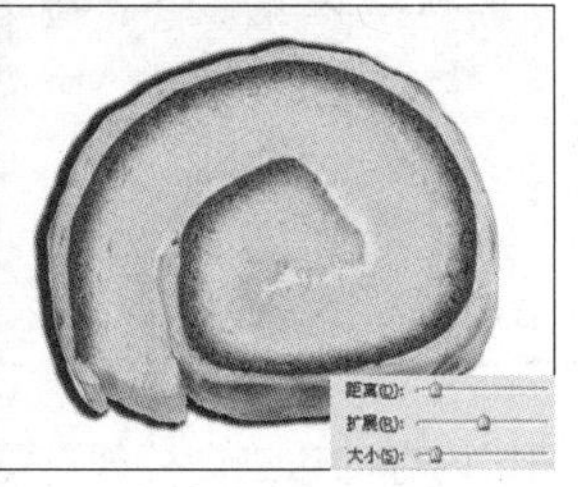

图10-5-15

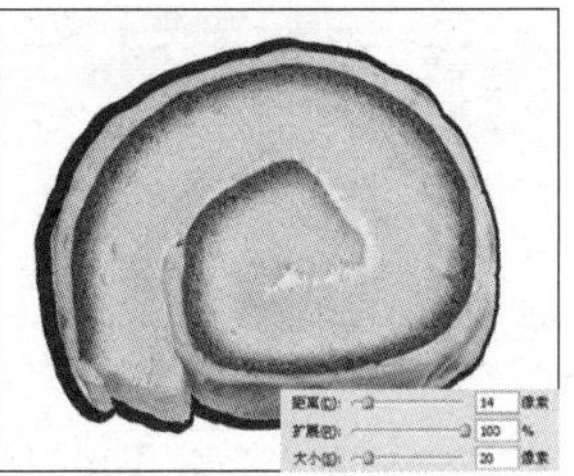

图10-5-16

**等高线**：使用等高线可以控制拖影的形状。

**消除锯齿**：混合等高线边缘的像素，使投影更加平滑。该选项对于尺寸小且具有复杂等高线的投影最有用。

**杂色**：用来在投影中添加杂色，该值较高时，投影会变为点状，如图10-5-17所示。

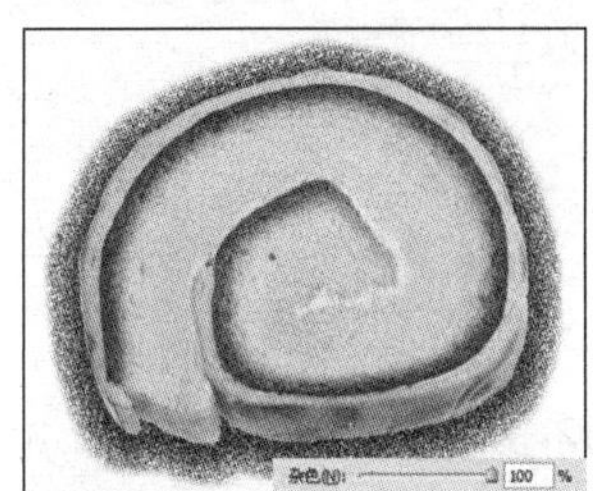

图10-5-17

**用图层挖空投影**：用来控制半透明图层中投影的可见性。选择该选项后，如果当前图层的填充不透明度小于100%，则半透明图层中的投影不可见，如图10-5-18所示，取消选择时的效果，如图10-5-19所示。

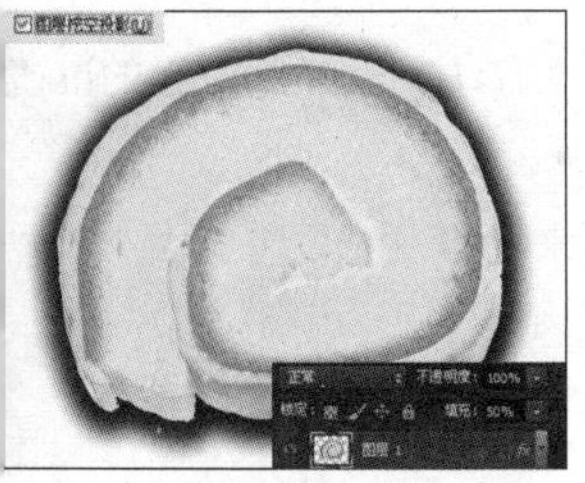

图10-5-18

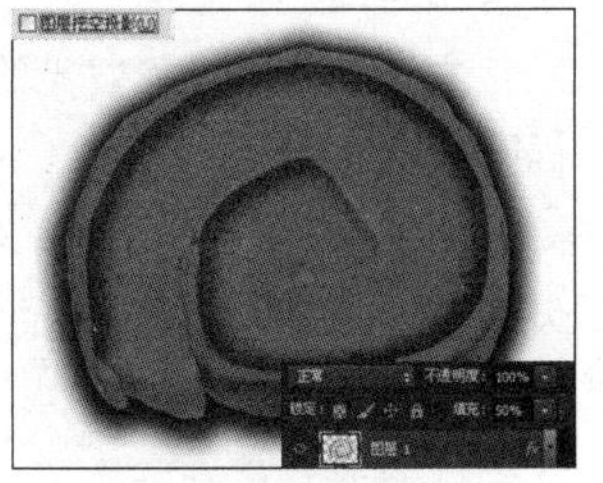

图10-5-19

## 实战 设置投影

第 10 章 / 实战 / 设置投影

打开素材图像，如图10-5-20所示，图层面板如图10-5-21所示；选择“图层1”，在打开的“图层样式”对话框中设置参数，图10-5-22所示。设置完毕后单击“确定”按钮得到的图像效果如图10-5-23所示。

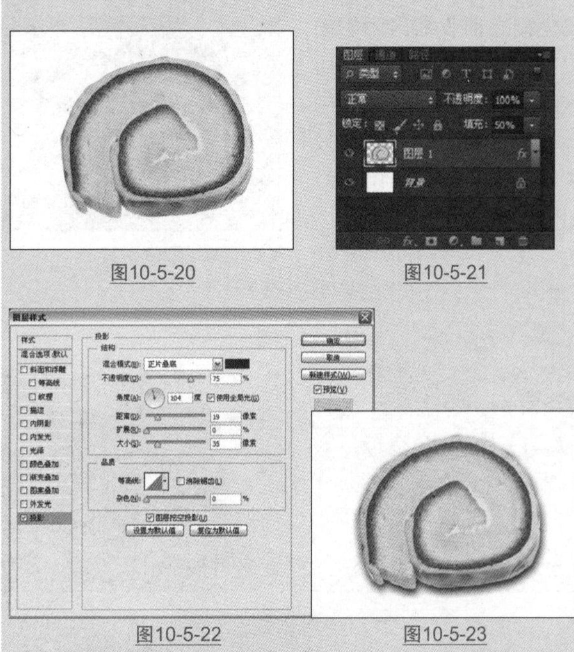

图10-5-20

图10-5-21

图10-5-22

图10-5-23

## ※ 内阴影

“内阴影”效果在图层内容的边缘内添加阴影，使图层内容产生凹陷效果。单击图层面板中的添加图层样式按钮 fx.，选择“内阴影”选项，“图层样式”对话框如图10-5-24所示。

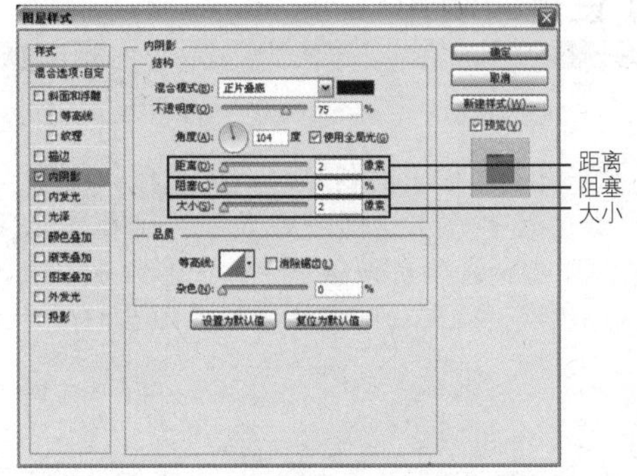


图10-5-24

“内阴影”与“投影”的参数设置方式基本相同。

**距离**：可以设置内阴影和图层内容的距离。

**阻塞**：可调整内阴影的杂边边界。

**大小**：可设置内阴影的大小。

“阻塞”与“大小”选项相关联，“大小”值越高，可设置的“阻塞”范围也就越大。不同之处在于，“投影”是通过“扩展”选项来控制投影边缘的模糊程度的，“内阴影”则由“阻塞”控制。它可以在模糊之前收缩内阴影的边界，打开如图10-5-25所示的素材图像，在图像中添加“内阴影”，图像效果如图10-5-26、图10-5-27和图10-5-28所示。

图10-5-25

图10-5-26

图10-5-27

图10-5-28

## 实战 设置内阴影

第 10 章 / 实战 / 设置内阴影

打开素材图像，如图10-5-29所示。选择“图层1”，单击图层面板中的创建图层样式按钮，选择“内阴影”选项，在“图层样式”对话框中设置参数，在“图层样式”对话框中为内阴影设置参数，如图10-5-30所示。得到的图像效果如图10-5-31所示。

图10-5-29

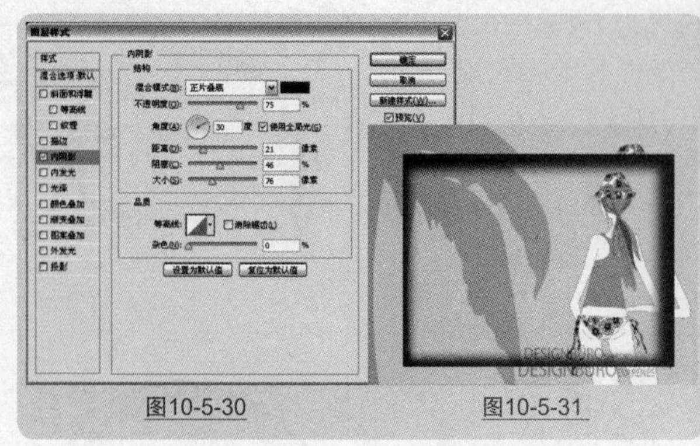
图10-5-30　　图10-5-31

## ※ 外发光

“外发光”效果可以沿图层内容的边缘向外创建发光效果。单击图层面板中的添加图层样式按钮，选择“外发光”选项，“图层样式”对话框如图10-5-32所示。

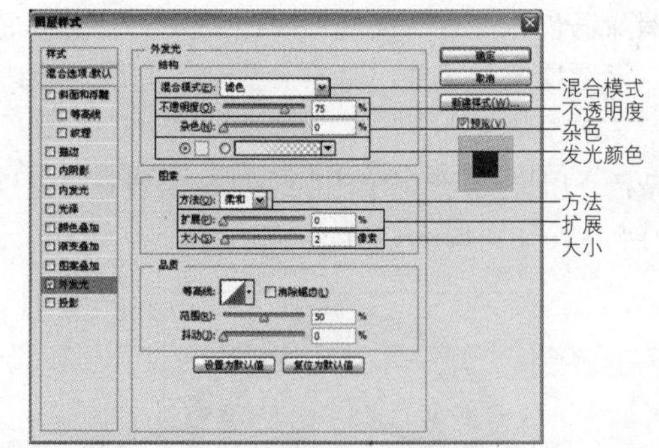

图10-5-32

**混合模式/不透明度**：“混合模式”用来设置发光效果与下面图层的混合方式。“不透明度”用来设置发光效果的不透明度，值越低发光效果越弱。

**杂色**：可以在发光效果中添加随机的杂色，呈现颗粒感的光晕。

**发光颜色**：位于“杂色”选项下面的颜色块和颜色条，通过单击左侧的颜色块，在打开的“拾色器”中设置发光颜色。

**方法**：用来设置发光的“方法”，控制发光的准确程度。

**扩展/大小**：“扩展”用来设置发光范围的大小。“大小”用来设置光晕范围的大小。

## 实战 设置外发光

第 10 章 / 实战 / 设置外发光

打开素材图像，如图10-5-33所示。选择“图层1”，单击“图层”面板中的添加图层样式按钮fx.，选择“外发光”选项。在“图层样式”对话框中为外发光设置参数，图10-5-34所示。得到的图像效果如图10-5-35所示。

图10-5-33

图10-5-34　图10-5-35

在“拾色器”选项中设置发光颜色，设置后图像效果如图10-5-36所示。要创建渐变发光，单击右侧的渐变条，在打开的“渐变编辑器”中设置渐变颜色。设置后图像效果如图10-5-37所示。

图10-5-36　图10-5-37

在“方法”选项中选择“柔和”，可以对发光应用模糊，得到柔和的边缘，如图10-5-38所示。选择“精确”则得到非常明确的边缘，如图10-5-39所示。

图10-5-38　图10-5-39

在“扩展”和“大小”中设置不同数值得到的发光效果如图10-5-40、图10-5-41和图10-5-42所示。

图10-5-40

图10-5-41　图10-5-42

## ※ 内发光

“内发光”效果可以沿图像内容的边缘向内创建发光效果。单击图层面板中的添加图层样式按钮fx.，选择“内发光”选项，“图层样式”对话框如图10-5-43所示。

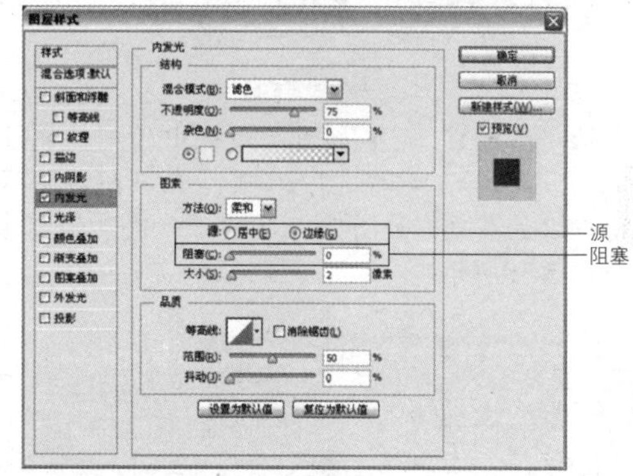

图10-5-43

其中除了“源”和“阻塞”选项外，其他大部分都与“外发光”效果相同。

**源：**包含了居中和边缘两个选项。选择“居中”创建由图像中心向边缘产生内发光的效果，如图10-5-44所示；选择“边缘”会使图像从边缘向中心产生内发光的效果，如图10-4-45所示。

图10-5-44　图10-5-45

**阻塞**：在模糊之前收缩内发光的杂边边界，对比一下“阻塞”前后效果，如图10-5-46和图10-5-47所示。

图10-5-46

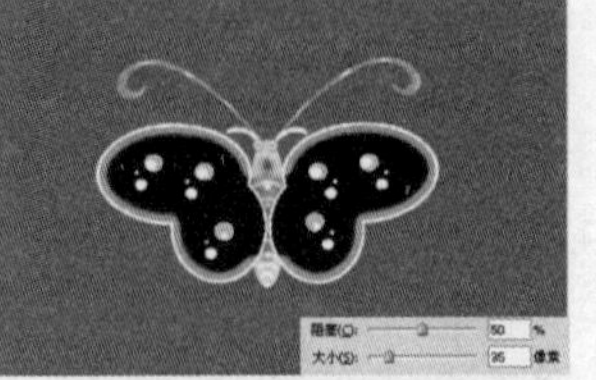
图10-5-47

## 实战 设置内发光

第 10 章 / 实战 / 设置内发光

打开素材图像，如图10-5-48所示。

图10-5-48

选择“图层1”，单击图层面板中的创建图层样式按钮 fx，选择“内发光”选项，在“图层样式”对话框中设置参数，如图10-5-49所示。得到的图像效果如图10-5-50所示。

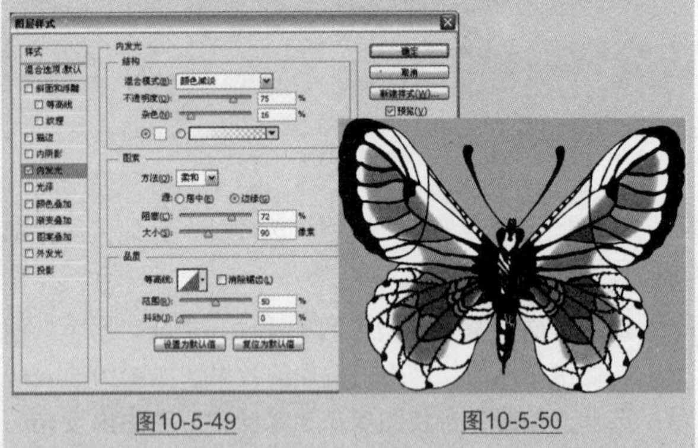
图10-5-49　　图10-5-50

### ※ 斜面和浮雕

“斜面和浮雕”效果就是通过添加高光与阴影效果的各种组合，使图像呈现立体的效果。单击图层面板中的添加图层样式按钮 fx，选择“斜面和浮雕”选项，“图层样式”对话框如图10-5-51所示。

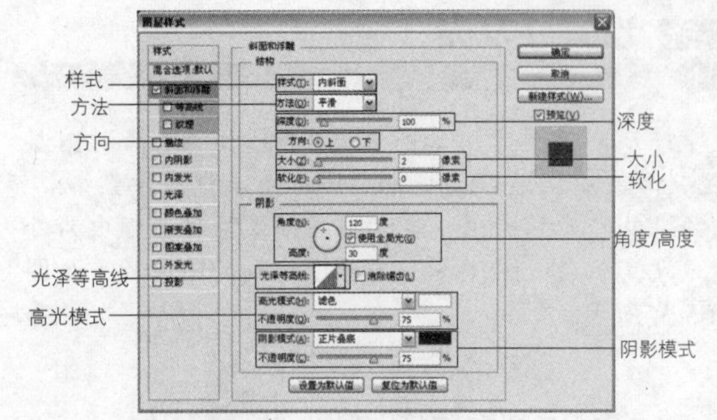

图10-5-51

**样式**：该选项下拉列表中有“斜面和浮雕”的样式。有“外斜面”，可在图层内容的外侧边缘创建斜面。有“内斜面”，可在图层内容的内侧边缘创建斜面。有“浮雕效果”，可模拟使图层内容相对于下层图层呈浮雕状的效果。有“枕状浮雕”，可模拟图层内容的边缘压入下层图层中产生的效果。有“描边浮雕”可将浮雕应用于图层的描边效果的边界。执行各种浮雕样式后的效果，如图10-5-52～图10-5-56所示。

图10-5-52

图10-5-53

图10-5-54

图10-5-55

图10-5-56

**方法**：选择一种创建浮雕的方法。“平滑”可以稍微模糊杂边的边缘，可用于所有类型的杂边，该技术不保留大尺寸的细节特征。“雕刻清晰”用于消除锯齿形状（如文字）的硬边杂边，其保留细节特征的能力优于“平滑”技术。“雕刻柔和”虽然不如“雕刻清晰”精确，但对付较大范围的杂边更有用，保留特征的能力优于"平滑"技术。使用不同选项创建的浮雕效果，如图10-5-57～图10-5-59所示。

图10-5-57

图10-5-58

图10-5-59

**深度**：设置浮雕斜面的深度，值越高浮雕的立体感越强。

**方向**：通过该选项设置高光和阴影的位置。例如，将光源角度设置为90°后，选择"上"，高光位于上面，如图10-5-60所示。选择"下"，高光位于下面，如图10-5-61所示。

图10-5-60

图10-5-61

**大小**：设置斜面和浮雕中的阴影面积大小。

**软化**：设置斜面和浮雕的柔和程度，值越高效果越柔和。

**角度/高度**："角度"选项用来设置光源的照射角度，"高度"选项用来设置光源的高度，修改这两个参数时，可以在相应的文本框中输入数值或者拖动圆形图标内的指针来进行操作。在角度为30°的情况下设置不同高度的浮雕效果分别如图10-5-62、图10-5-63和图10-5-64所示。

图10-5-62

图10-5-63

图10-5-64

**光泽等高线**：选择一个等高线样式，为斜面和浮雕表面添加光泽，创建具有光泽的金属外观浮雕效果。

**消除锯齿**：消除由于设置了光泽等高线而产生的锯齿。

**高光模式**：用来设置高光的混合模式和不透明度等。

**阴影模式**：用来设置阴影的混合模式和不透明度等。

### 技术要点：设置等高线

选择对话框左侧的"等高线",右侧切换到"等高线"设置面板，如图 10-5-65 所示。设置"等高线"，勾画在浮雕处理中被遮住的起伏、凹陷，选择不同等高线时的浮雕效果，如图 10-5-66 和图 10-5-67 所示。

图10-5-65

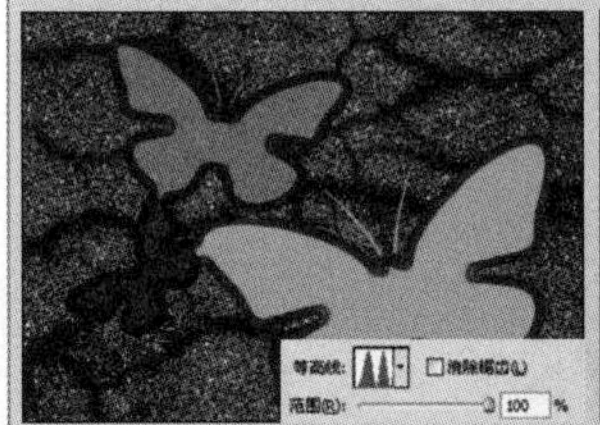

图10-5-66

图10-5-67

## 实战 设置斜面和浮雕

第 10 章 / 实战 / 设置斜面和浮雕

打开素材图像，如图10-5-68所示。

图10-5-68

选择“图层1”，单击图层面板中的创建图层样式按钮fx，选择“斜面和浮雕”选项，在“图层样式”对话框中设置参数，如图10-5-69所示。得到的图像效果如图10-5-70所示。

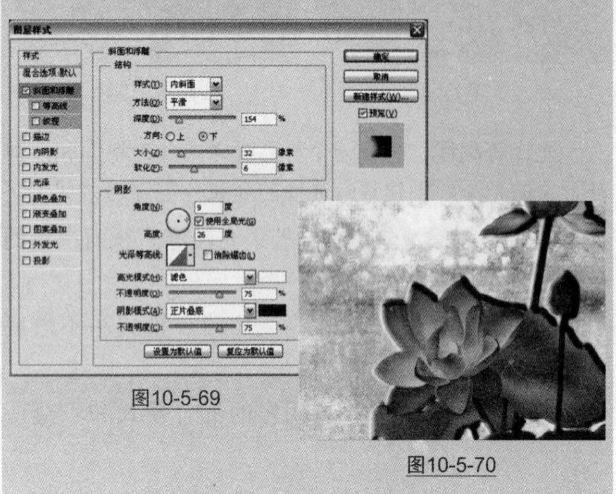

图10-5-69

图10-5-70

单击对话框左侧的“等高线”选项，可以切换到“等高线”设置面板，如图10-5-71所示。

图10-5-71

在此面板中可以对当前图像中所应用的等高线进行设置，可设置等高线类型、范围等。

单击对话框左侧的“纹理”选项，可以切换到“纹理”设置面板，如图10-5-72所示。

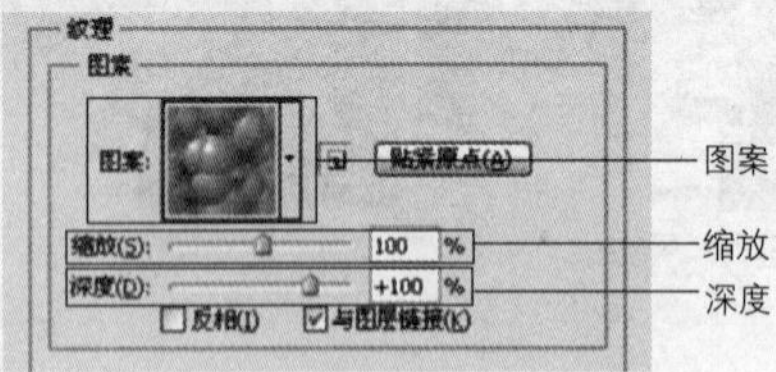


图10-5-72

**图案**：单击对话框中“图案”右侧的▼按钮，在打开的下拉面板中选择一个图案，图案将被其应用到斜面和浮雕上，如图10-5-73和图10-5-74所示。

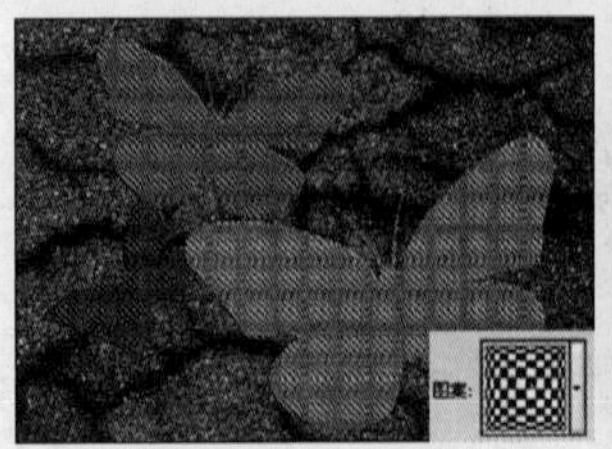

图10-5-73

图10-5-74

**缩放**：输入数值或拖动滑块可以调整图案的大小。

**深度**：设置图案的纹理应用程度。

**相反**：用以反转图案纹理的凹凸方向。

**Tips 提示**

在“图层样式”对话框中，“等高线”与“纹理”两个子选项只有在选中“斜面和浮雕”样式选项的情况下才能够进行编辑。

## ※ 光泽

“光泽”样式，可以根据图层中图像的形状应用投影，用于创建光滑的磨光及金属将会有不错的效果。单击图层面板中的添加图层样式按钮fx，选择“光泽”选项，“图层样式”对话框如图10-5-75所示。

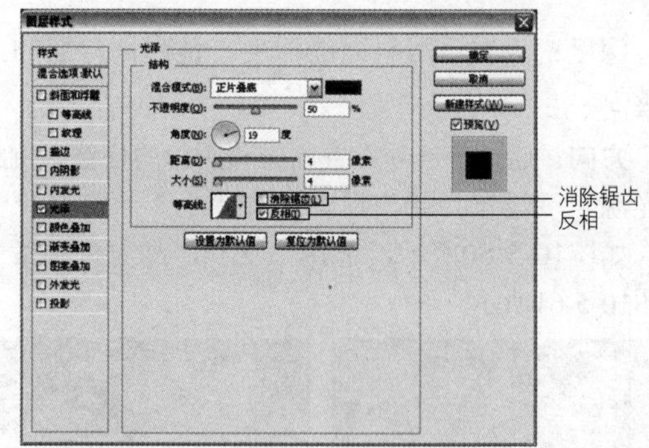


图10-5-75

“光泽”选项的参数设置与“投影”基本相同。

**消除锯齿**：可以设置光泽效果的偏移距离。

**反相**：能使设置的光泽产生反相的效果。

## 实战 光泽的设置

第10章 / 实战 / 光泽的设置

打开素材图像，如图10-5-76所示。选择“图层1”，单击图层面板中的创建图层样式按钮fx，选择“光泽”选项，在“图层样式”对话框中设置参数，参数设置和图像效果如图10-5-77所示。

图10-5-76

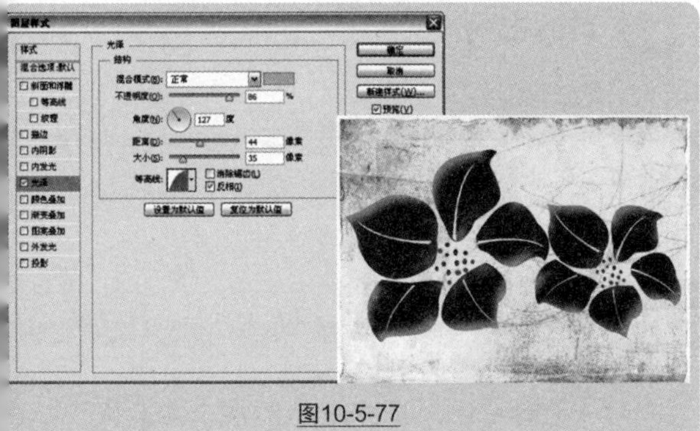

图10-5-77

## ※ 颜色叠加

“颜色叠加”、“图案叠加”和“渐变叠加”拥有不同的叠加形式，为图像带来的叠加效果也大不相同。“颜色叠加”是一种相对简单的图层样式，可为图层叠加某种颜色。

单击图层面板中的添加图层样式按钮fx，选择“颜色叠加”选项，“图层样式”对话框如图10-5-78所示。

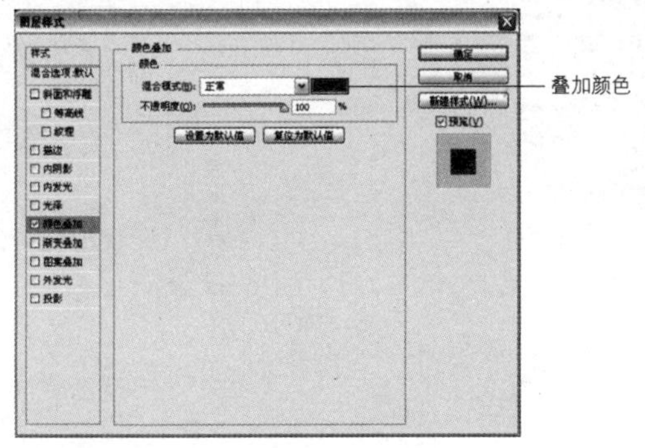


图10-5-78

**叠加颜色**：设置叠加颜色，单击会弹出“选取叠加颜色”对话框。

## 实战 设置颜色叠加

第 10 章 / 实战 / 设置颜色叠加

打开素材图像，如图10-5-79所示。选择“图层1”，单击图层面板中的创建图层样式按钮fx，选择“颜色叠加”选项，在“图层样式”对话框中设置参数，如图10-5-80所示。得到的图像效果如图10-5-81所示。

图10-5-79

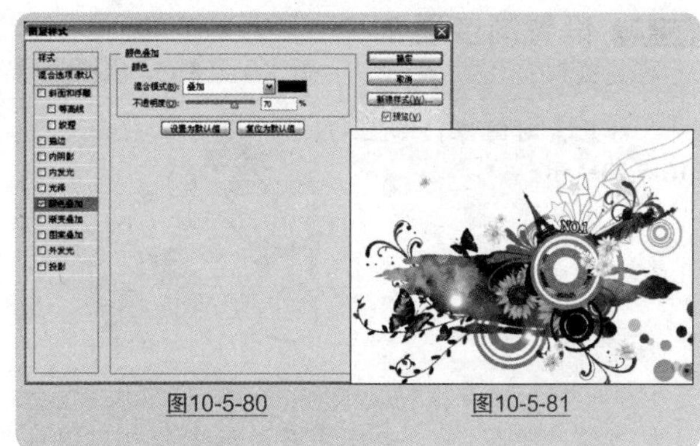

图10-5-80　　图10-5-81

## ※ 渐变叠加

“渐变叠加”图层样式就是为图层添加上渐变颜色的叠加效果。这里添加的“渐变”和工具箱中的渐变工具一样，使用的也是同一个颜色渐变库。

单击图层面板中的添加图层样式按钮fx，选择“渐变叠加”选项，“图层样式”对话框如图10-5-82所示。

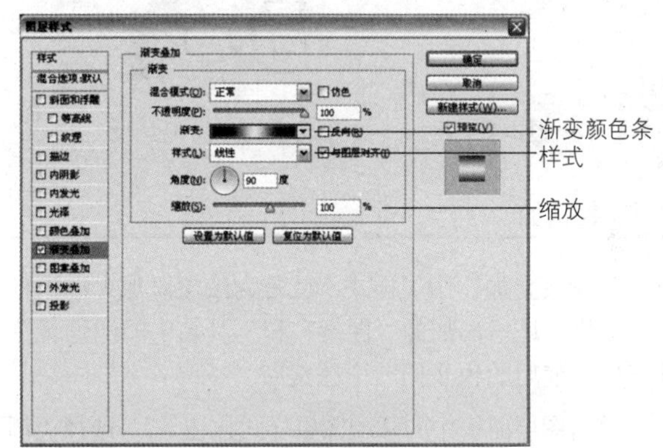


图10-5-82

**“渐变”编辑条**：单击可弹出“渐变编辑器”对话框，在对话框中选择需要填充的渐变效果。

**样式**：在它的下拉菜单中有线性、径向、角度、对称或菱形五种渐变方式可供选择。

**与图层对齐**：勾选此项后，渐变由图层中最左侧的像素应用至最右侧的像素。

**缩放**：可设置渐变颜色之间的过渡融合度。

**Tips 提示**

这些图层样式与创建渐变填充图案图层的功能相似，应用“渐变叠加”样式时，关键要选择适当的渐变类型和渐变颜色。

## 实战 设置渐变叠加

第10章/实战/设置渐变叠加

打开素材图像，如图10-5-83所示。

图10-5-83

选择“图层1”，单击图层面板中的创建图层样式按钮fx，选择“渐变叠加”选项，在“图层样式”对话框中设置参数，如图10-5-84所示。得到的图像效果如图10-5-85所示。

图10-5-84　　图10-5-85

## ※ 图案叠加

“图案叠加”图层样式，就是为图层添加上图案的叠加效果。这里添加的“图案”和工具箱中的油漆桶工具一样，使用的也是同一个图案库。

单击图层面板中的添加图层样式按钮fx，选择“渐变叠加”选项，“图层样式”对话框如图10-5-86所示。

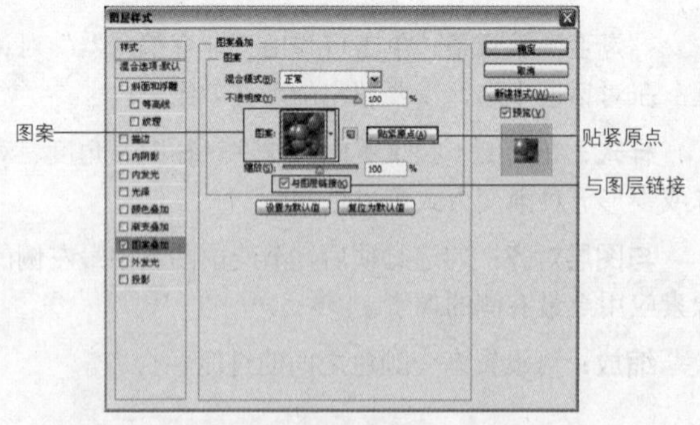


图10-5-86

**图案**：在其下拉菜单中可选择填充的图案类型。

**贴紧原点**：能使图案的原点与文档原点相同。

**与图层链接**：勾选此复选框，可使填充图案与图层相链接。

**Tips 提示**

“颜色叠加”、“渐变叠加”和“图案叠加”样式只会对图层中的像素部分起作用产生填充效果，而对图层中其余不含像素的部分不起作用。

## 实战 设置图案叠加

第10章/实战/设置图案叠加

打开素材图像，如图10-5-87所示。选择“图层1”，单击图层面板中的创建图层样式按钮fx，选择“图案叠加”选项，在“图层样式”对话框中设置参数，如图10-5-88所示。得到的图像效果如图10-5-89所示。

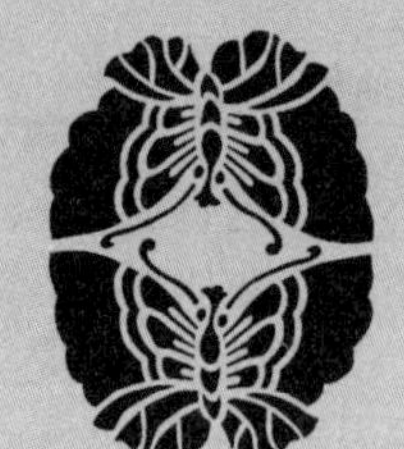

图10-5-87

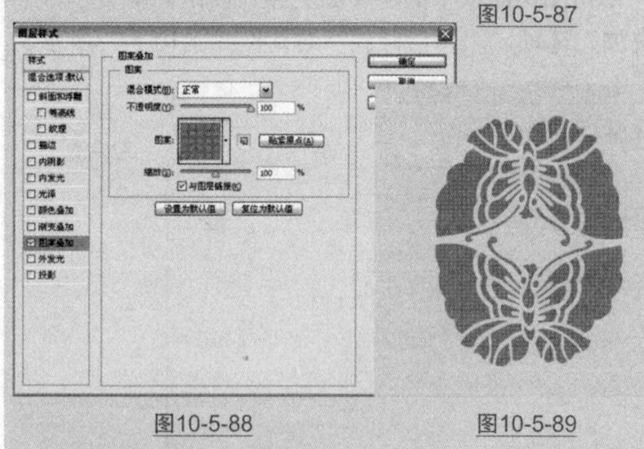

图10-5-88　　图10-5-89

## ※ 描边

“描边”样式就是沿图层中图像的边缘，用颜色、渐变或图案方式勾画出图像的轮廓。

单击“图层”面板中的添加图层样式按钮fx，选择“渐变叠加”选项，“图层样式”对话框如图10-5-90所示。

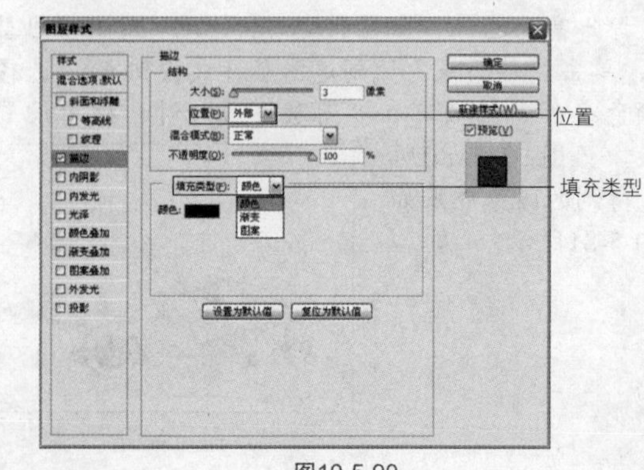


图10-5-90

**位置**：在其下拉列表中可选择描边位置，包括外部、内部和居中三种类型，如图10-5-91～图10-5-93所示分别为这三种类型的效果图。

图10-5-91

图10-5-92

图10-5-93

**填充类型**：在其下拉列表中可选择填充类型，包括颜色、渐变和图案3种类型。

## 实战 设置描边

第 10 章 / 实战 / 设置描边

打开素材图像，如图10-5-94所示。选择“图层1”，单击图层面板中的创建图层样式按钮fx，选择“图案叠加”选项，在“图层样式”对话框中设置参数，如图10-5-95所示。得到的图像效果如图10-5-96所示。

图10-5-94

图10-5-95　图10-5-96

例如：选择“描边”样式的“填充类型”为“渐变”，那么对话框中的参数调整项也将随之改变，设置完毕后单击“确定”按钮，当前图层中图像显示出“渐变”的填充类型描边效果，如图10-5-97和图10-5-98所示。如果填充类型选择“图案”，在“填充类型”选项对话框中的参数调整项也将随之改变，设置完毕后单击“确定”按钮，图像会显示出“图案”的描边效果，如图10-5-99和图10-5-100所示。

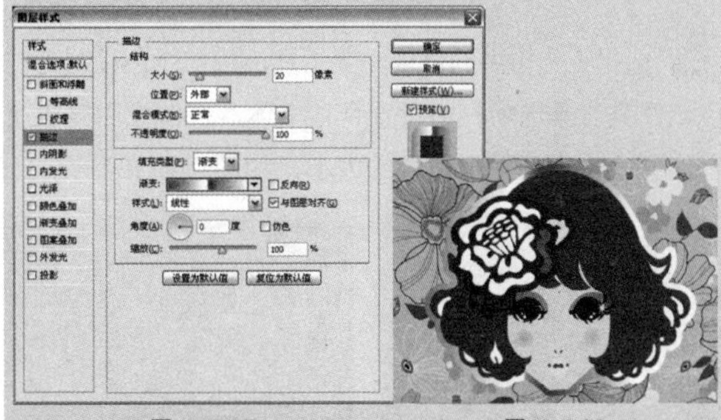
图10-5-97　图10-5-98

图10-5-99　图10-5-100

**Tips 提示**

“颜色”、“渐变”和“图案”描边的调节方法和“颜色叠加”、“渐变叠加”和“图案叠加”图层样式的调节方法基本一致。

训练营 第 10 章 / 训练营 /02 利用图层样式制作铁锈文字

## 02 利用图层样式制作铁锈文字

▲ 使用文字工具绘制文字
▲ 利用“图层样式”制作铁锈文字

**01** 执行【文件】/【打开】（Ctrl+O）命令，弹出“打开”对话框，选择需要的素材，单击“打开”按钮打开素材，如图10-5-101所示。

**02** 选择工具箱中的横排文字工具，将前景色设置为白色，在其工具选项栏中设置合适字体，在图像中输入文字，并将文字调整至适合的大小，如图10-5-102所示。

图10-5-101

图10-5-102

**Tips 提示**

文字可分别输入，方便调整文字的大小及位置，让做出的效果不至于太呆板。

**03** 将文字图层栅格化，并合并两个文字图层。单击“图层”面板中的添加图层样式按钮，在弹出的下拉菜单中选择“内发光”选项，在“图层样式”对话框中设置参数，如图10-5-103所示；设置完毕后继续选择“斜面和浮雕”选项，设置参数，如图10-5-104所示；设置完毕后单击“确定”按钮，得到的图像效果如图10-5-105所示。

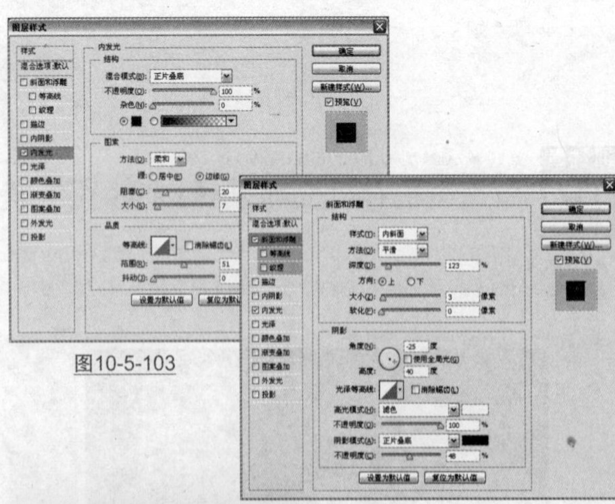

图10-5-103

图10-5-104

图10-5-105

**04** 执行【文件】/【打开】命令，弹出“打开”对话框，选择需要的素材，单击“打开”按钮打开素材，如图10-5-106所示。

图10-5-106

**05** 选择工具箱中的移动工具，将打开的图像拖曳至主文档中，如图10-5-107所示，得到“图层1”；将“图层1”置于文字图层的上方，按快捷键Ctrl+Alt+G，为图像添加剪贴蒙版，得到的图像效果如图10-5-108所示。

图10-5-107

图10-5-108

**06** 单击“图层”面板中的添加图层蒙版按钮，为“图层1”添加图层蒙版；将前景色设置为黑色，选择工具箱中的画笔工具，在其工具选项栏中设置合适大小的柔角笔刷，并将其不透明度设置为60%，在图像中进行涂抹，得到的图像效果如图10-5-109所示。

图10-5-109

**07** 单击“图层”面板中的添加图层样式按钮，在弹出的下拉菜单中选择“投影”选项，在“图层样式”对话框中设置参数，如图10-5-110所示；设置完毕后继续选择“内发光”选项，设置参数，如图10-5-111所示；设置完毕后单击“确定”按钮，得到的图像效果如图10-5-11所示。

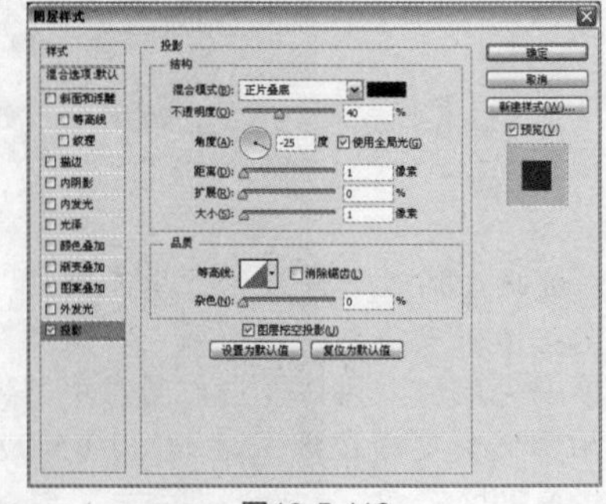

图10-5-110

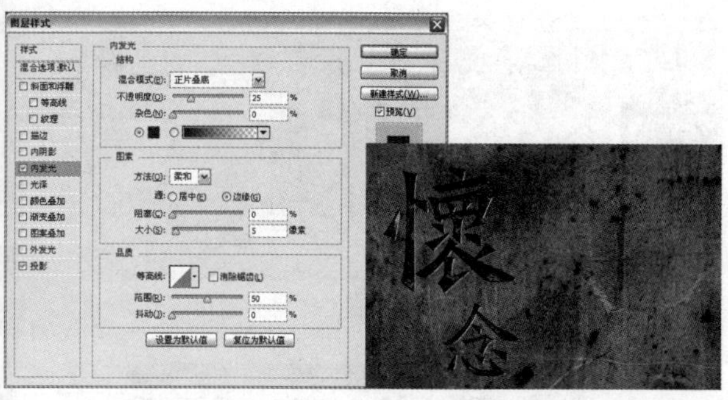

图10-5-111　图10-5-112

08 单击“图层”面板中的创建新的填充或调整图层按钮，在弹出的下拉菜单中选择“曲线”选项，按快捷键Ctrl+Alt+G为“图层1”创建剪贴蒙版，在“调整”面板中设置参数，如图10-5-113所示，得到的图像效果如图10-5-114所示。

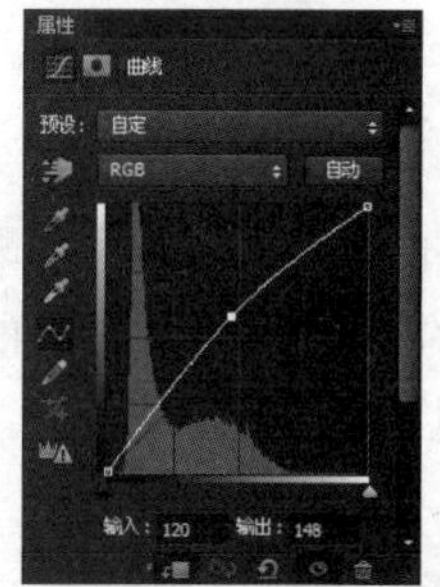

图10-5-113　图10-5-114

09 执行【文件】/【打开】（Ctrl+O）命令，弹出“打开”对话框，选择需要的素材，单击“打开”按钮打开素材，如图10-5-115所示。

10 选择工具箱中的移动工具，将打开的图像拖曳至主文档中，得到“图层2”；调整图像的大小和位置，并将其图层混合模式设置“正片叠底”，得到的图像效果如图10-5-116所示。

图10-5-115　图10-5-116

11 新建“图层3”，将其置于“背景”图层的上方，将“图层3”的混合模式设置为“柔光”，将前景色设置为黑色，选择工具箱中的画笔工具，在图像的四周进行涂抹；在将前景色设置为白色，选择工具箱中的画笔工具，在图像的中部进行涂抹，得到的图像效果如图10-5-117所示。

图10-5-117

## 10.5.2　深入理解高级混合

对于任意一个普通图层，都可以对其进行“混合选项”的设置，可以得到高级混合后的图像效果。单击“图层”面板底部的添加图层样式按钮fx，在弹出的下拉菜单中选择“混合选项”命令，打开“图层样式”对话框，如图10-5-118所示。这里将对图层的高级“混合选项”进行详细介绍。

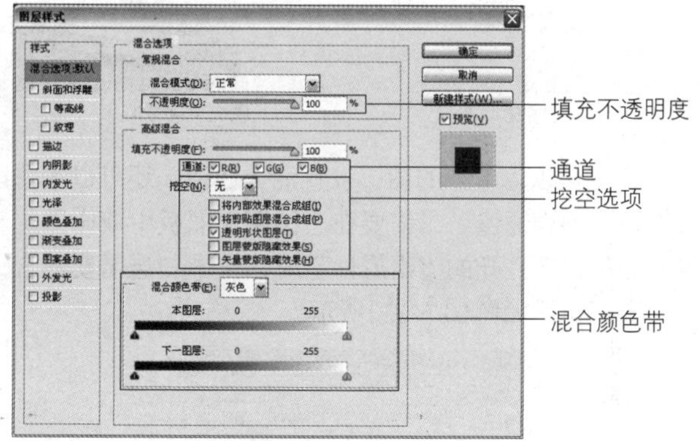


图10-5-118

**填充不透明度**：可以设置当前图像的填充不透明度，与“图层”面板中的“填充”功能基本相同。

**通道**：通过选择不同的通道选项，可为当前图像显示相应的通道效果。

**挖空选项**：使用挖空可使当前图像显示出下面图层的内容。

**混合颜色带**：在其下拉菜单中可选择不同的颜色选项，拖动下方的颜色滑块，可调整对应的颜色。

### ※ 限制图层或图层组混合通道

使用“图层样式”中“高级混合”选项区域的“通道”选项，可以改变图层中图像的色相，并使该图层与其下方的图层相混合，即限制该图层与其下方图层相混合的通道。

打开素材图像，如图10-5-119所示。在“图层”面板中选择“图层1”，为其添加图层样式，打开“图层样式”对话框，在“高级混合”选项内勾选“绿”通道，如图10-5-120所示。设置完毕后单击“确定”按钮，得到的图像效果如图10-5-121所示。

图10-5-119

图10-5-120　图10-5-121

不但可以为单独的图层设置混合通道，还可以给图层组设置混合通道。只需要在“图层”面板中双击图层组的名称，在打开的“组属性”对话框中勾选需要混合的通道即可，如图10-5-122所示。

图10-5-122

**Tips 提示**

“通道”选项会因所编辑的图像类型不同而产生变化，如果当前编辑的是RGB模式的图像，则通道选项为R、G和B，如果编辑的是CMYK模式的图像，则通道选项为C、M、Y和K。

## ※ 深入理解“挖空”

Photoshop CS6中的许多图层类型都具有挖空特效，利用它可以透过该图层的特殊区域显示其下方图层中的图像。

导入素材图像，得到“图层1”，如图10-5-123所示。“背景”图层中的图像，如图10-5-124所示，在“图层”面板中选择“形状1”图层，双击图层空白处弹出“图层样式”对话框，在“挖空”选项的下拉菜单中选择“深”选项，并将“填充不透明度”设置为0%，如图10-5-125所示。

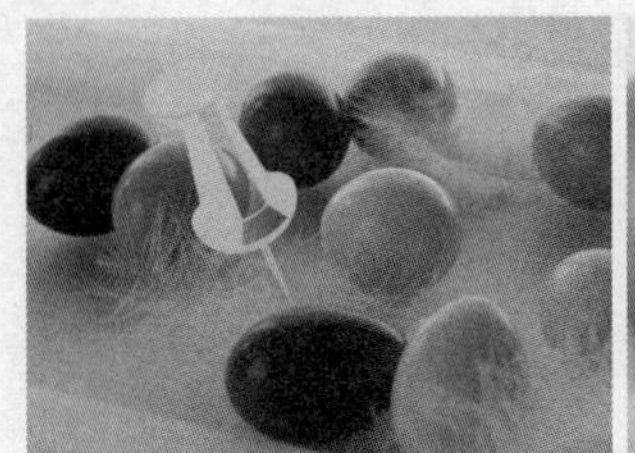

图10-5-123　图10-5-124

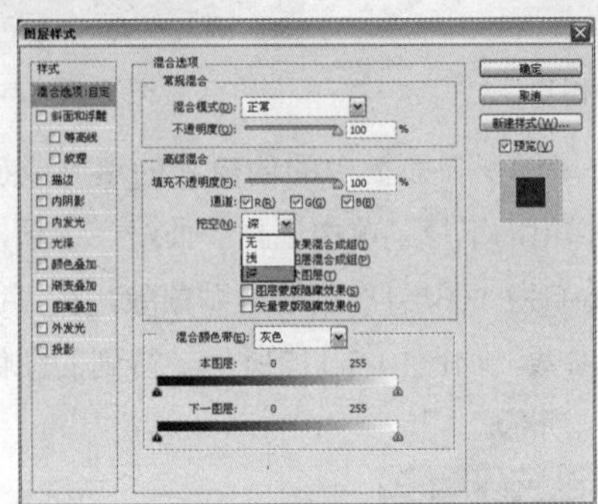
图10-5-125

单击“确定”按钮，图像中的“形状1”图层中含有像素的区域被挖空，显示出的是“背景”图层中的图像，得到的图像效果如图10-5-126所示。

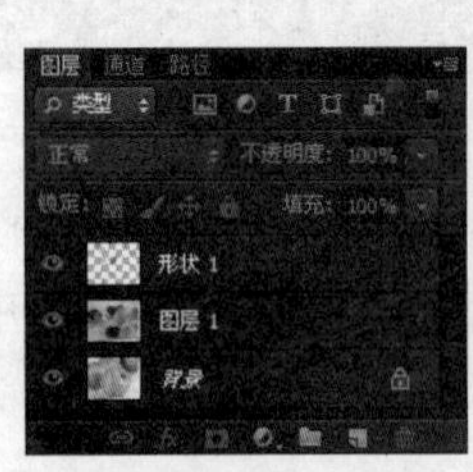

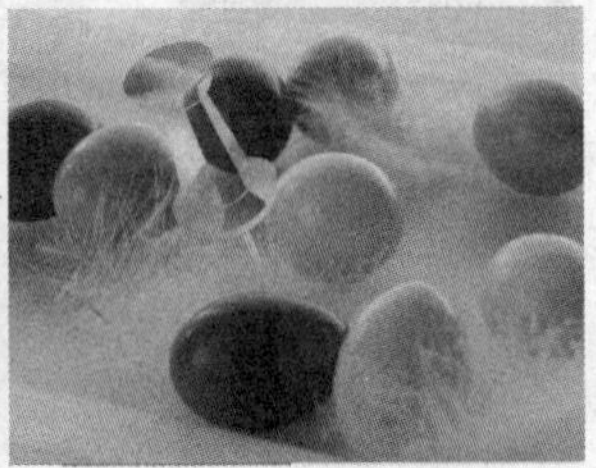
图10-5-126

## ※ 使用“挖空”创建混合

在制作挖空效果时，当前图层的“填充不透明度”要低于100%，数值越低得到的挖空效果就越好。

在图像中增加“图层组”或“剪贴蒙版图层”不会影响挖空效果，但需要指出的是，如果“挖空图层”位于图层组或剪贴蒙版中，挖空效果可能会受到影响，下面就分别介绍在这两种情况下的挖空操作。

如果挖空图层位于图层组中，则可以利用图层组控制挖空区域所显示的图层。打开素材图像，如图10-5-127所示。“图层1”中的图像，如图10-5-128所示。“背景”图层中的图像，如图10-5-129所示。

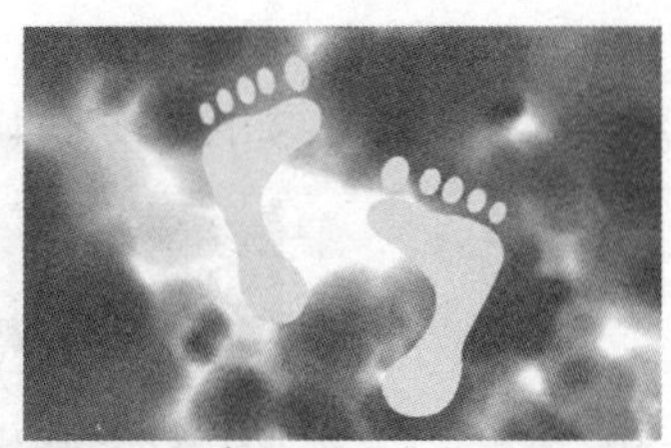

图10-5-127

图10-5-128

图10-5-129

选择“组1”中的“形状1”图层，双击图层空白区域弹出“图层样式”对话框，在“挖空”选项中选择“浅”选项，将“填充不透明度”设置为0%，如图10-5-130所示。设置完毕后单击“确定”按钮，“形状1”图层中像素区域被挖空，显示出的是“图层1”的图像，得到的图像效果如图10-5-131所示。

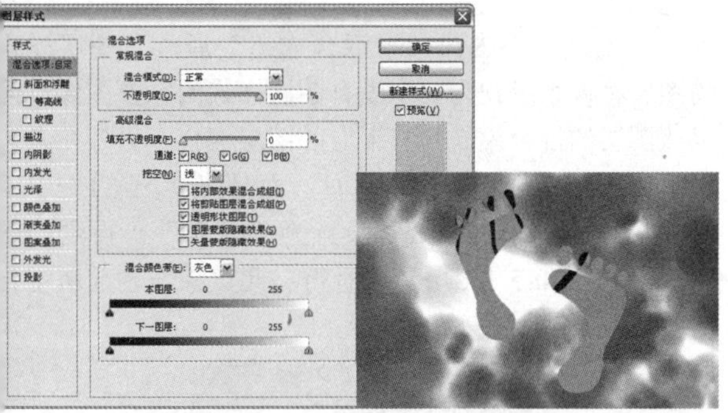


图10-5-130　　图10-5-131

如果在“挖空”选项中选择的是“深”选项，如图10-5-132所示。那么透过“形状1”图层，我们看到的将会是“背景”图层中的图像，得到的图像效果如图10-5-133所示。

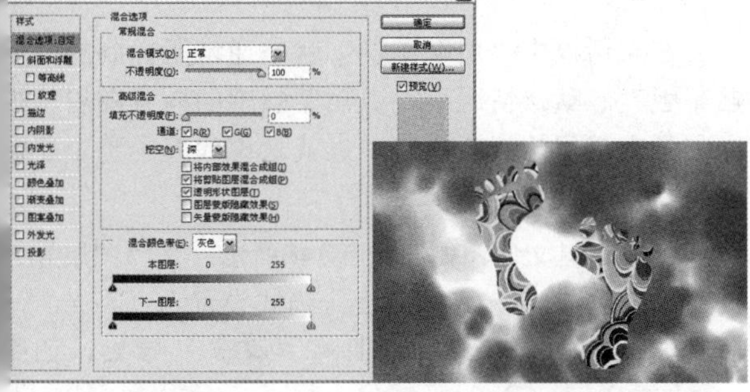


图10-5-132　　图10-5-133

**Tips 提示**

在普通图层中选择“浅”或“深”得到的效果是相同的。而挖空图层在图层组中时，选择“浅”选项，挖空后显示的是图层组下方第一个图层中的图像。如果选择“深”选项，则会直接显示到“背景”图层。

## ※ 挖空剪贴蒙版

“剪贴蒙版”也同样可以制作相同的挖空效果。打开素材文件，如图10-5-134所示。“形状2”图层已经设置图层样式为挖空，无论选择“浅”或“深”选项，都仅能显示到剪贴蒙版中的基层即“图层2”。通过观察，“背景”图层中的图像，如图10-5-135所示，“图层1”中的图像，如图10-5-136所示。

图10-5-134

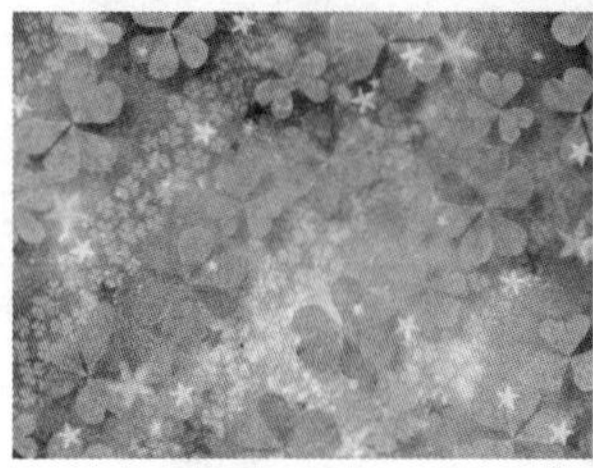

图10-5-135

图10-5-136

选择“图层2”，双击图层空白处弹出“图层样式”对话框，勾选取消“将剪贴图层混合成组”选项，如图10-5-137所示。

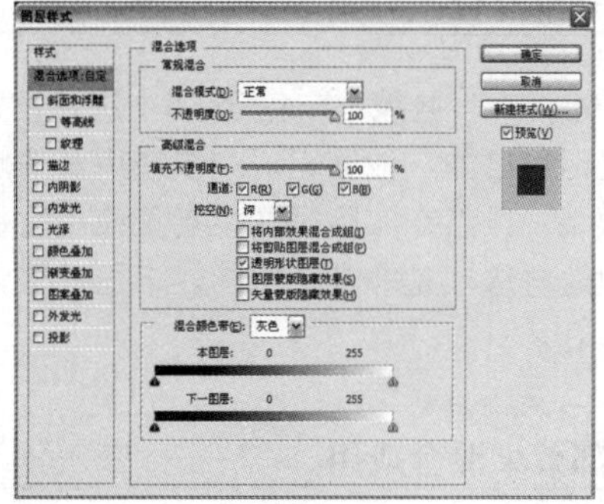


图10-5-137

设置完毕后单击“确定”按钮。再选择“形状2”图层，双击图层空白处弹出“图层样式”对话框，在“挖空”选项中选择“浅”选项，将“填充不透明度”设置为0%，如图10-5-138所示；设置完毕后单击“确定”按钮，此时的“形状2”图层被挖空后，显示的是“图层1”中的图像，效果如图10-5-139所示。

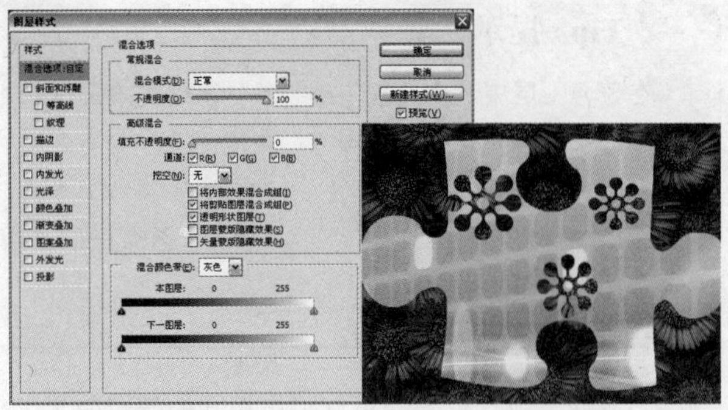

图10-5-138　　图10-5-139

如果在“挖空”选项中选择的是“深”选项，如图10-5-140所示。则最后显示的将是“背景”图层中的图像，图像效果如图10-5-141所示。

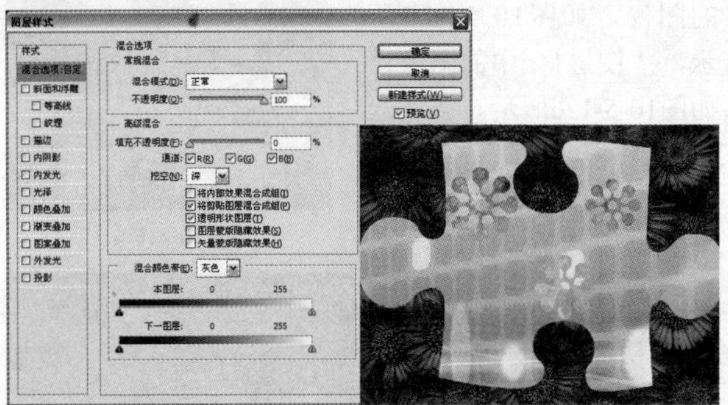

图10-5-140　　图10-5-141

**Tips 提示**

此时为挖空图层选择“浅”选项，挖空图层显示的是剪贴蒙版图层的基层下方第一个图层中的图像。如果选择“深”选项，则直接挖空到“背景”图层。

## ※ 理解分组混合

“分组混合”区域中，包含了5个选项设置，这些选项如果运用自如，能够完成许多使用其他功能无法实现的效果。虽然在实际操作中真正应用它们的时候较少，但这些选项是非常有用的，下面就来详细介绍这五个选项。

## ※ 将内部效果混合成组

勾选“将内部效果混合成组”复选框可以将图层的混合模式应用于修改不透明度像素的图层效果，例如内发光、光泽、颜色叠加等。

打开素材文件，在“图层”面板中显示“图层1”的混合模式为“柔光”，如图10-5-142所示。双击图层的空白区域，在弹出的“图层样式”对话框中勾选“将内部效果混合成组”，如图10-5-143所示。设置完毕后单击“确定”按钮，那么“图层1”中的图层样式也被设置为“柔光”效果，如图10-5-144所示。

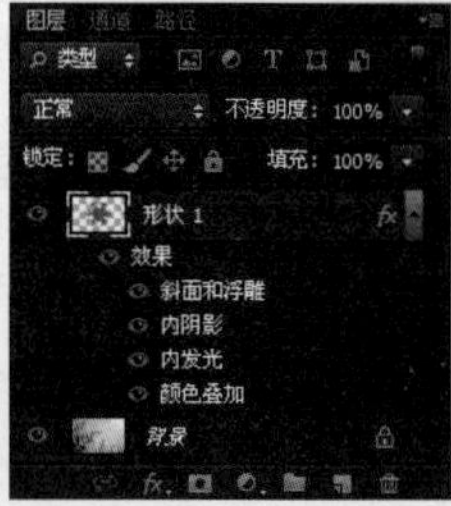

图10-5-142

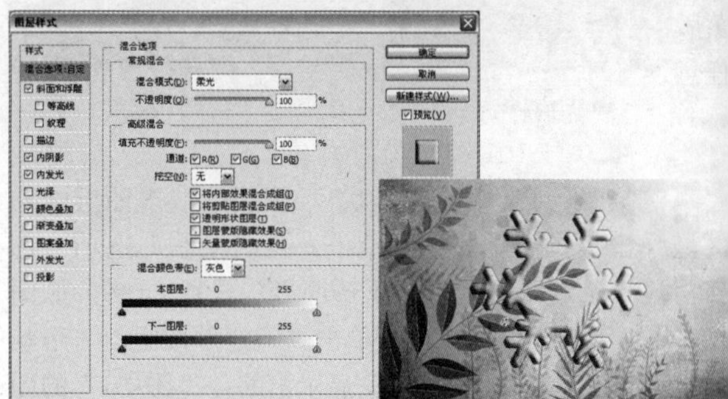

图10-5-143　　图10-5-144

在勾选“将内部效果混合成组”后，有图层样式的图层将被系统视为一个没有图层样式的完整图像，再以该图层的混合模式与其下方的图层混合。另外在未勾选“将内部效果混合成组”时，而是将“图层1”中所有图层样式的混合模式都设置为“柔光”，得到的图像效果如图10-5-145所示。看得出此效果与之前所得到的效果并不相同。

图10-5-145

## ※ 将剪贴图层混合成组

在对话框中“剪贴图层”就是通常所提到的“剪贴蒙版”。默认情况下，剪贴蒙版中的内容图层将被强制具有基层的混合模式，也就是说代表了整个剪贴蒙版。

打开素材文件，如图10-5-146所示。在“图层”面板中选择“图层1”，将其混合模式设置为“亮光”，剪贴蒙版的内容图层也都具有“亮光”效果，如图10-5-147所示。

图10-5-146

图10-5-147

双击“图层1”图层的空白处，在弹出的“图层样式”对话框中取消“将剪贴图层混合成组”选项，如图10-5-148所示，设置完毕后单击“确定”按钮，剪贴蒙版的内容层不再被限制，如图10-5-149所示，就可以任意设置每个内容层的混合模式。

图10-5-148　　图10-5-149

**Tips 提示**

在默认的情况下，“将剪贴图层混合成组”选项处于被选中状态。

## ※ 透明形状图层

“透明形状图层”选项可将图层效果限制在图层的不透明区域，有像素的区域则没有任何效果。默认情况下它总是处于被选中的状态，如果取消选择效果将应用于整个图层。

## 实战 更改形状图层的效果

第 10 章 / 实战 / 更改形状图层的效果

打开素材图像，如图10-5-150所示。

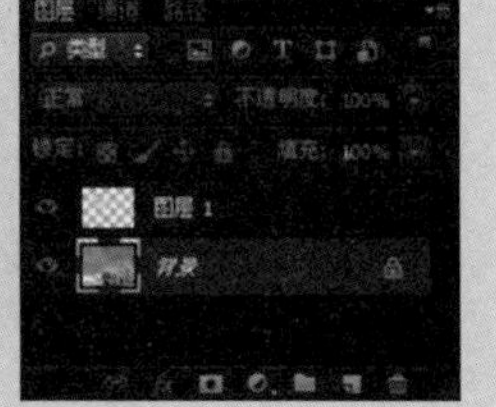

图10-5-150

“图层1”的混合模式为“正片叠底”，并添加有“颜色叠加”图层样式，双击打开“图层样式”对话框，在对话框中取消勾选“透明形状图层”选项，如图10-5-151所示。设置完毕后单击“确定”按钮。这时“图层1”中的“颜色叠加”样式应用到了整幅图像中，图像效果如图10-5-152所示。

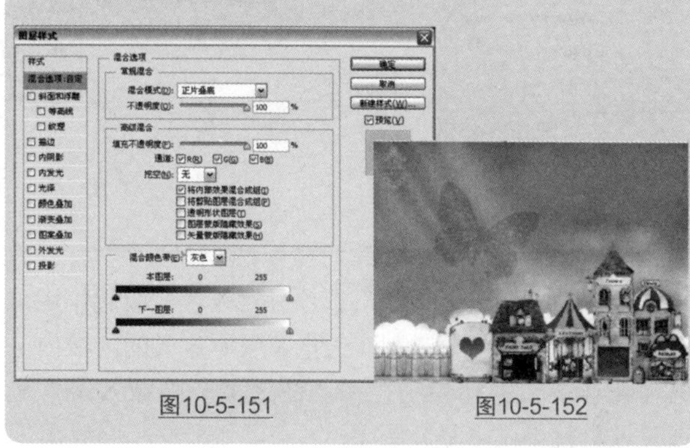
图10-5-151　　图10-5-152

## ※ 图层蒙版隐藏效果

“图层蒙版隐藏效果”选项可以使图层蒙版仅对图像发挥作用，而不影响图层所具有的效果。

打开素材文件，如图10-5-153所示。“图层”面板中“NEW”图层含有多个样式，在未选择“图层蒙版隐藏效果”的情况下，为“NEW”图层添加图层蒙版后，得到的图像效果如图10-5-154所示。

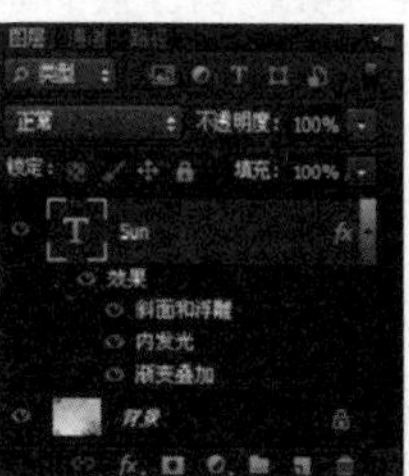

图10-5-153

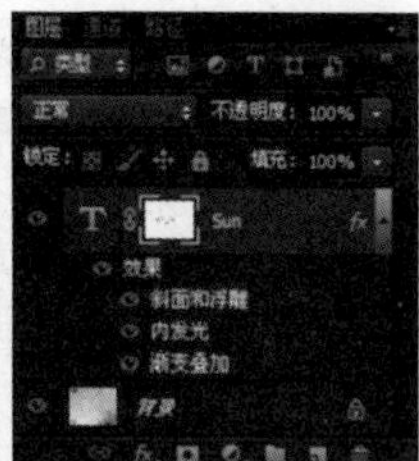

图10-5-154

双击“NEW”图层的空白区域，打开“图层样式”对话框，在对话框中勾选“图层蒙版隐藏效果”选项，如图10-5-155所示。设置完毕后单击“确定”按钮，图层样式的作用范围发生改变，如图10-5-156所示。

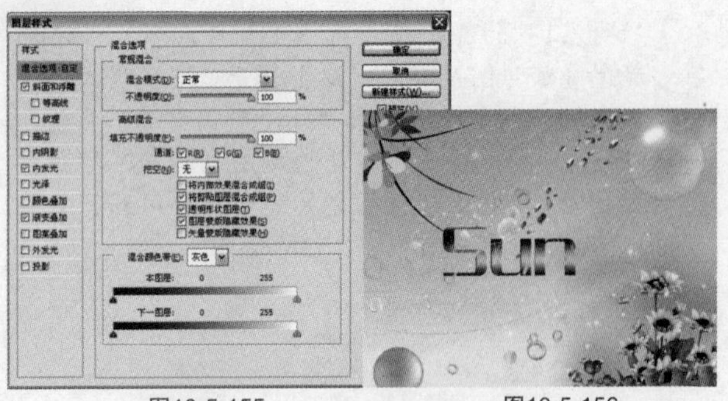

图10-5-155　　图10-5-156

## ※ 矢量蒙版隐藏效果

"矢量蒙版隐藏效果"选项只对矢量蒙版起作用，选择后可将图层效果限制在矢量蒙版所定义的区域内。具体操作等方面请参考应用"图层蒙版隐藏效果"选项，这里就不做重复介绍了。

## ※ 运用"混合颜色带"

"混合颜色带"是一种高级图像混合技巧，使用此功能来混合图像能够深入到图像的像素。"混合颜色带"的部分重要参数：

**混合颜色带**：可以选择需要控制混合效果的通道。

**本图层**：此渐变条用于控制当前图层从最暗色调像素至最亮色调像素的显示情况。向右侧拖动黑色滑块可隐藏本图层的阴影像素，向左侧拖动白色滑块可隐藏本图层的亮调像素。

**下一图层**：此渐变条用于控制下方图层的像素显示情况，与"本图层"渐变条不同，向右侧拖动黑色滑块可以显示下方图层的阴影像素，向左侧拖动白色滑块可以显示下方图层的亮调像素。

## 实战 运用"混合颜色带"

第10章/实战/运用"混合颜色带"

打开素材文件，"背景"图层图像如图10-5-157所示，"图层1"中的图像如图10-5-158所示。

图10-5-157　　图10-5-158

双击"图层1"图层的空白区域打开"图层样式"对话框，在对话框中设置具体参数，如图10-5-159所示。设置完毕后单击"确定"按钮，得到的图像效果如图10-5-160所示。

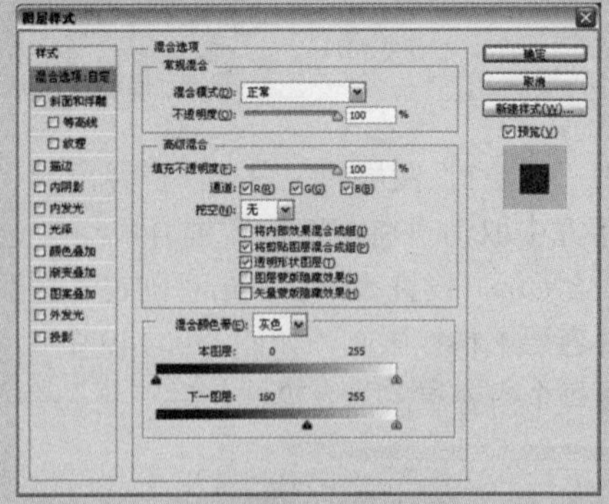

图10-5-159

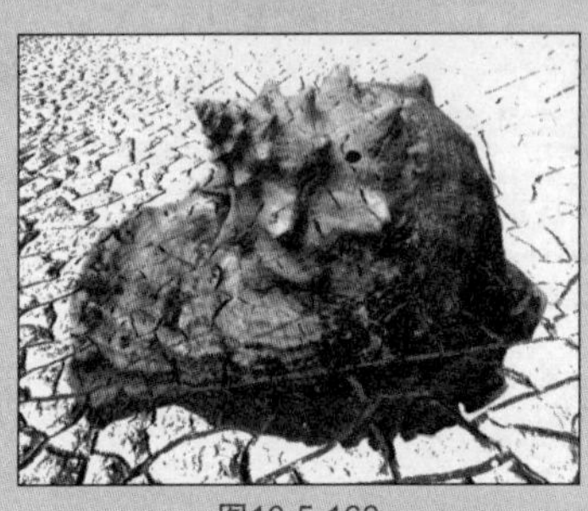

图10-5-160

### Tips 提示

如何选择需要移动的滑块，要对各滑块进行多次尝试。使用"混合颜色带"可以很好地制作火焰或云彩等图像的合成效果。

如果更改"混合颜色带"选项中的通道，则"本图层"与"下一图层"渐变条中将显示当前选择通道的信息，如图10-5-161所示。

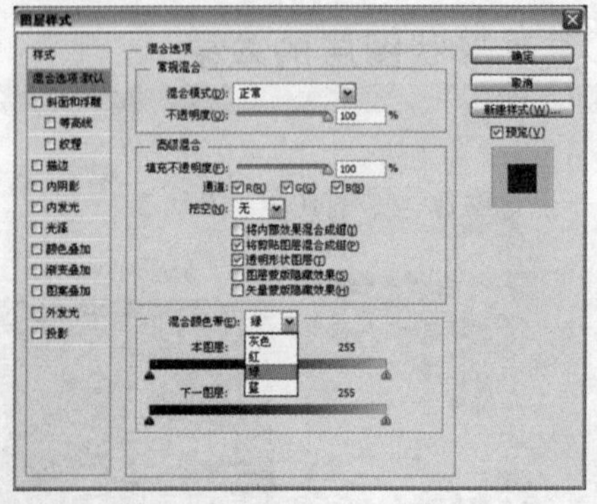

图10-5-161

训练营 第 10 章 / 训练营 /03 利用图层样式创建维度空间

# 训练营 03 利用图层样式创建维度空间

- ▲ 为图层设置"挖空"效果
- ▲ 通过限制图层的混合通道,将图层以某一种颜色显示在图像中
- ▲ 通过设置"图层样式"对话框中的"混合颜色带"对两个图层中的图像进行混合
- ▲ 利用"图层样式"制作出画框效果

01 执行【文件】/【打开】命令(Ctrl+O),弹出"打开"对话框,选择需要的素材,单击"打开"按钮打开图像,如图10-5-162所示,将"背景"图层拖曳至"图层"面板中的创建新图层按钮上,得到"背景副本"图层。

图10-5-162

02 单击"图层"面板上的创建新的填充或调整图层按钮,在弹出的下拉菜单中选择"色相/饱和度"选项,在调整面板中设置参数,如图10-5-163所示,设置完毕后单击"确定"按钮,得到的图像效果如图10-5-164所示。

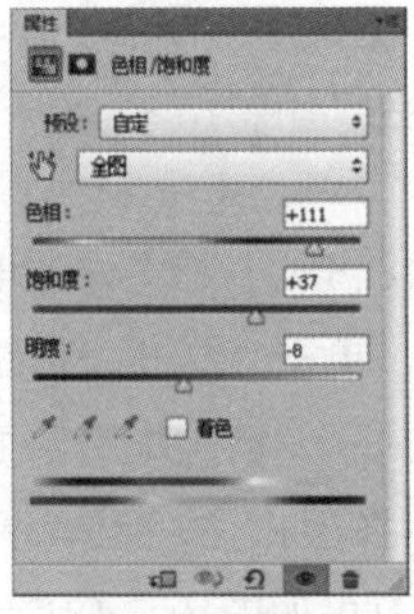


图10-5-163

图10-5-164

03 选择工具箱中的矩形选框工具,在图像中绘制矩形选区。如图10-5-165所示。

图10-5-165

04 单击"图层"面板上的创建新图层按钮,新建"图层1"。执行【编辑】/【描边】命令,弹出"描边"对话框,如图10-5-166所示,在对话框中设置参数,设置完毕后单击"确定"按钮,得到的图像效果如图10-5-167所示。

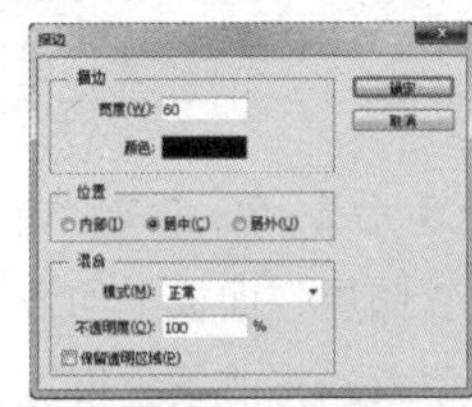


图10-5-166

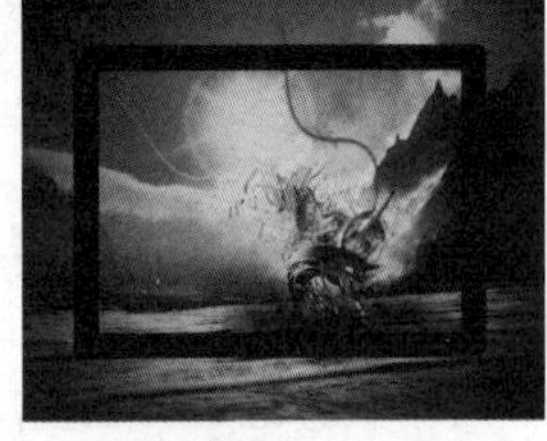

图10-5-167

05 选择"图层1",单击"图层"面板上的添加图层样式按钮,在弹出的下拉菜单中选择"斜面和浮雕"选项,弹出"图层样式"对话框,具体参数设置如图10-5-168所示。设置完毕后不关闭对话框,继续勾选"等高线"复选框,具体参数设置如图10-5-169所示,继续勾选"渐变叠加"复选框,具体参数设置如图10-5-170所示,设置完毕后单击"确定"按钮,得到的图像效果如图10-5-171所示。

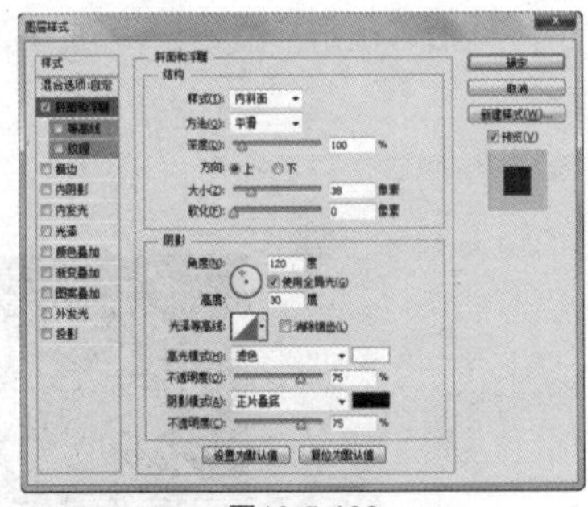

图10-5-168

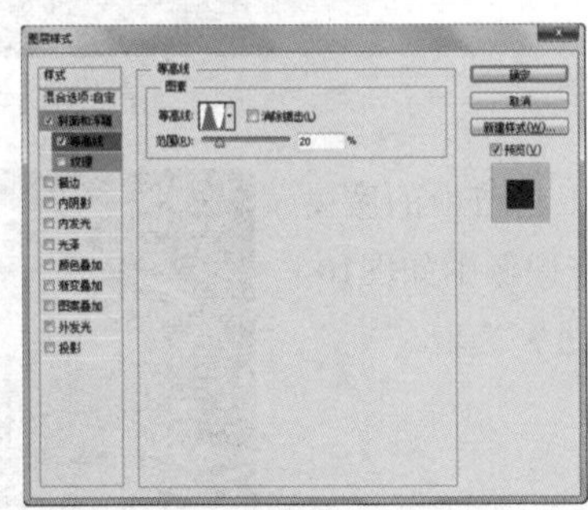

图10-5-169

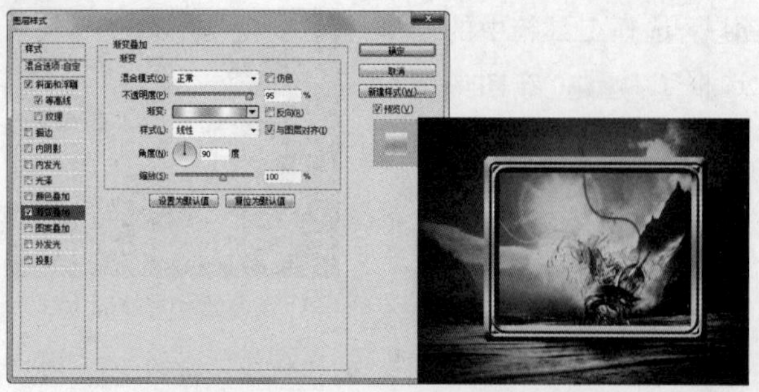

图10-5-170　图10-5-171

**Tips 提示**

添加样式时可先在“样式”面板中选择较合适的样式添加到图层中，再根据需要修改样式的参数，得到理想的样式效果。

06 执行【编辑】/【自由变化】命令（Ctrl+T）调节“图层1”的大小和位置，单击“图层”面板上的添加图层蒙版按钮，为图层添加蒙版。将前景色设置为黑色，选择工具箱中的画笔工具，在其工具选项栏中设置合适的笔刷及不透明度，在图像中水平面以下进行涂抹，得到的图像效果如图10-5-172所示。

图10-5-172

07 选择“图层1”，双击其缩览图，在弹出的“图层样式”对话框中勾选“图层蒙版隐藏效果”选项，如图10-5-173所示，单击“确定”按钮，得到的图像效果如图10-5-174所示。

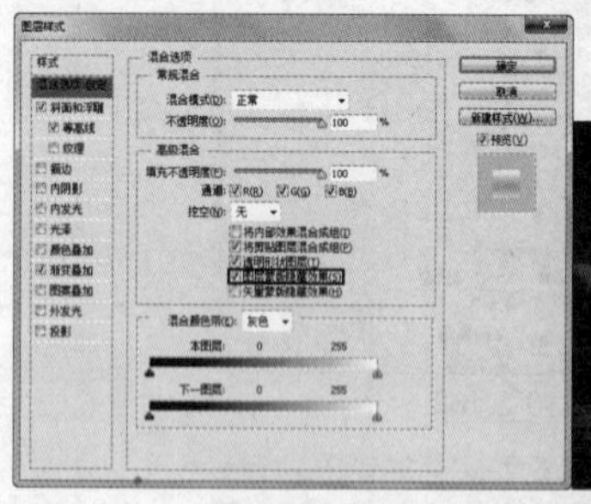

图10-5-173

图10-5-174

08 选择工具箱中的魔棒工具，在图像中如图10-5-175所示进行选取。

图10-5-175

09 单击“图层”面板上的创建新图层按钮，新建“图层2”。将前景色设置为黑色，按快捷键Alt+Delete填充前景色。按快捷键Ctrl+D取消选择，得到的图像效果如图10-5-176所示。

图10-5-176

10 选择“图层2”，双击其缩览图，在弹出的“图层样式”对话框中将“挖空”选项设置为“深”，填充不透明度设置为0%，如图10-5-177所示，单击“确定”按钮，得到的图像效果如图10-5-178所示。

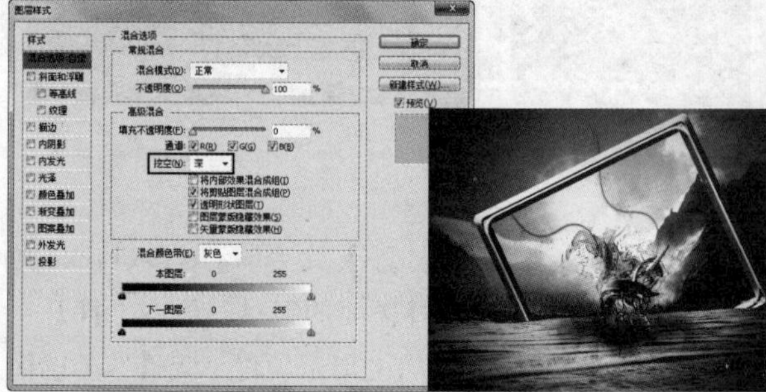

图10-5-177　图10-5-178

11 执行【文件】/【打开】（Ctrl+O）命令，弹出“打开”对话框，选择需要的素材，单击“打开”按钮打开图像。选择工具箱中的移动工具，将其拖曳至主文档中，生成“图层3”，并调整图像大小及位置，得到的图像效果如图10-5-179所示。

图10-5-179

12 单击“图层”面板上的添加图层蒙版按钮，为图层添加蒙版。将前景色设置为黑色，选择工具箱中的画笔工具，在其工具选项栏中设置合适的笔刷及不透明度，在图像中进行涂抹，将“图层3”的混合模式设置为“线性加深”，得到的图像效果如图10-5-180所示。

13 执行【文件】/【打开】（Ctrl+O）命令，弹出“打开”对话框，选择需要的素材，单击“打开”按钮打开图像。选择工具箱中的移动工具，将其拖曳至主文档中，生成“图层4”，移动至“图层1”的下方，并调整图像大小及位置，得到的图像效果如图10-5-181所示。

图10-5-180

图10-5-181

14 选择“图层4”，双击其缩览图，弹出“图层样式”对话框，具体参数设置如图10-5-182所示，单击“确定”按钮，得到的图像效果如图10-5-183所示。

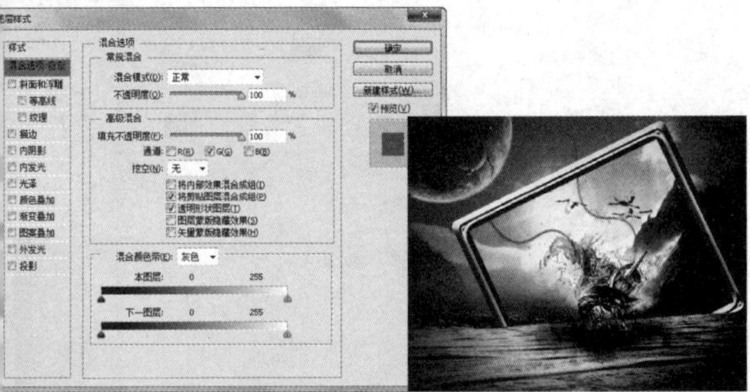
图10-5-182　图10-5-183

15 执行【文件】/【打开】（Ctrl+O）命令，弹出“打开”对话框，选择需要的素材，单击“打开”按钮打开图像。选择工具箱中的移动工具，将其拖曳至主文档中，生成“图层5”，移动至“图层4”上方，并调整图像大小及位置，得到的图像效果如图10-5-184所示。

图10-5-184

16 选择“图层”，双击其缩览图，弹出“图层样式”对话框，具体参数设置如图10-5-185所示，单击“确定”按钮，得到的图像效果如图10-5-186所示。

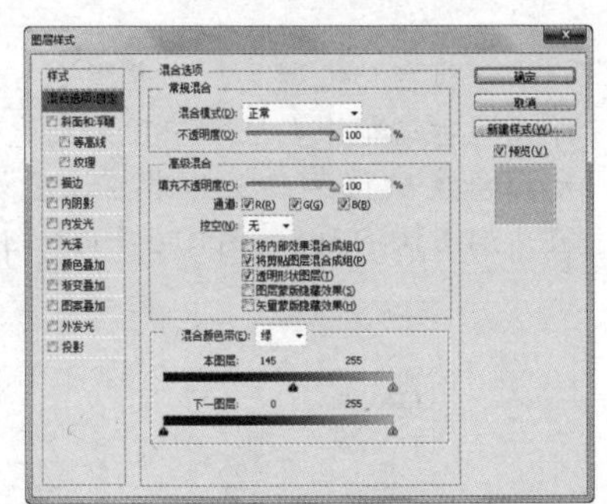
图10-5-185

**Tips 提示**

要在“混合颜色带”下拉菜单中选择一个合适的通道进行混合，需要经过认真的尝试，这里选择“绿”通道所得到的混合效果最佳。

图10-5-186

17 单击“图层”面板上的添加图层蒙版按钮，为图层添加蒙版。将前景色设置为黑色，选择工具箱中的画笔工具，在其工具选项栏中设置合适的笔刷及不透明度，在图像中进行涂抹，得到的图像效果如图10-5-187所示。

图10-5-187

## 10.5.3 全局光对图层样式的影响

在“图层样式”对话框中的“全局光”选项的设置会对图层产生怎样的影响，又有什么方法解决。

现实情况是光源的位置和照射角度决定了物体的高光与阴影的位置，在图层样式中制作图像的光照效果时，也应该对实际情况有充分的认识和把握，才能制作出真实可信的效果。

打开素材图像，由于在“图层样式”对话框中所设置的投影方向错误，使图像看起来投影与光源相矛盾。如图10-5-188所示。

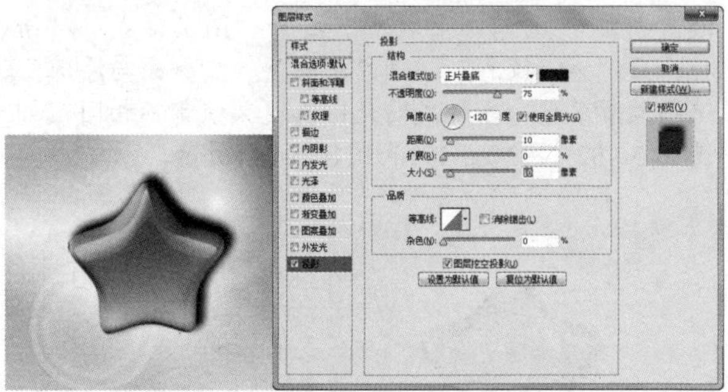
图10-5-188

在对话框中调整修正投影的方向，得到的图像效果如图10-5-189所示。

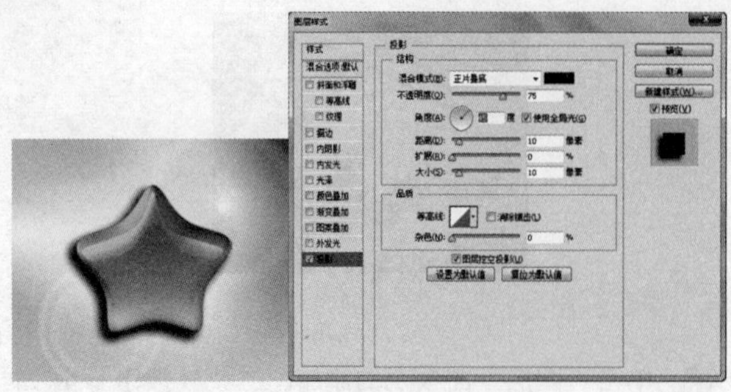

图10-5-189

“全局光”可将设定的这一角度应用于文档中勾选了“全局光”选项的所有效果，这样图像上会呈现出光照一致的外观。执行【图层】/【图层样式】/【全局光】命令，在弹出的“全局光”对话框中为当前图层设置全局光的参数，如图10-5-190所示。设置完毕后，通过选择图层样式“投影”、“内阴影”、“斜面与浮雕”样式中的“使用全局光”选项，就可以将这些样式全部设置为统一的全局光数值。

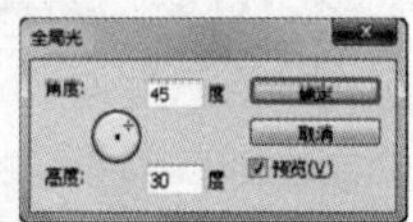

图10-5-190

**Tips 提示**

可以通过移动“全局光”对话框中的十字光标，可以同时调整角度与高度的数值。也可以在文本框中输入数值来设置全局光的角度与高度，这样更精确。

## 实战 设置全局光

第10章/实战/设置全局光

打开素材图像文件，如图10-5-191所示。其中的“图层1”含有多种样式，打开“图层样式”对话框，分别为“投影”、“内阴影”、“斜面与浮雕”选项设置参数，各样式的光源角度数值都不相同，如图10-5-192、图10-5-193和图10-5-194所示。

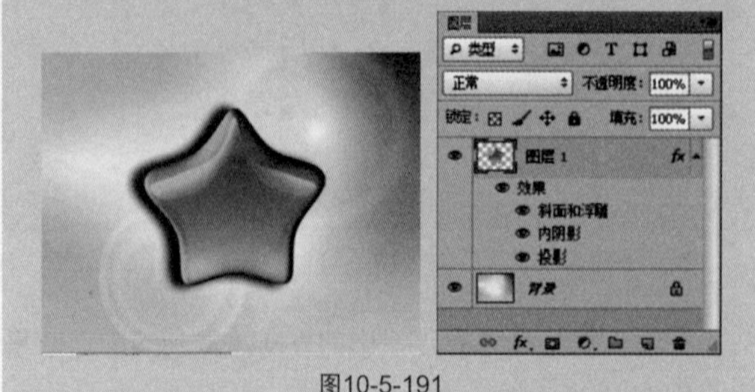

图10-5-191

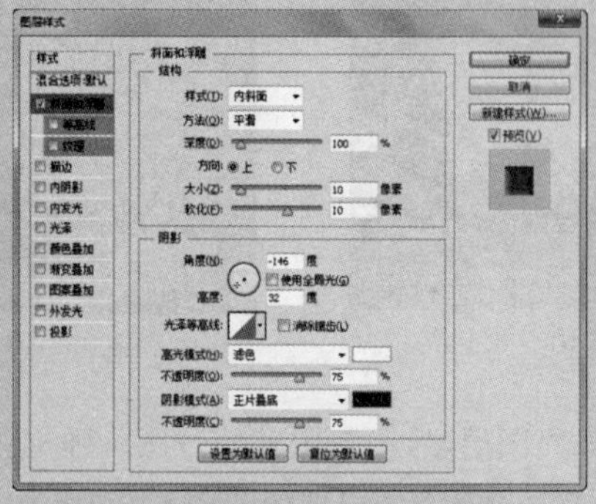

图10-5-192

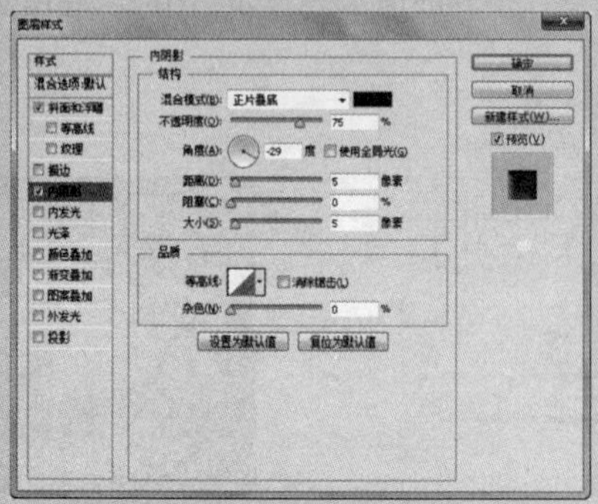

图10-5-193

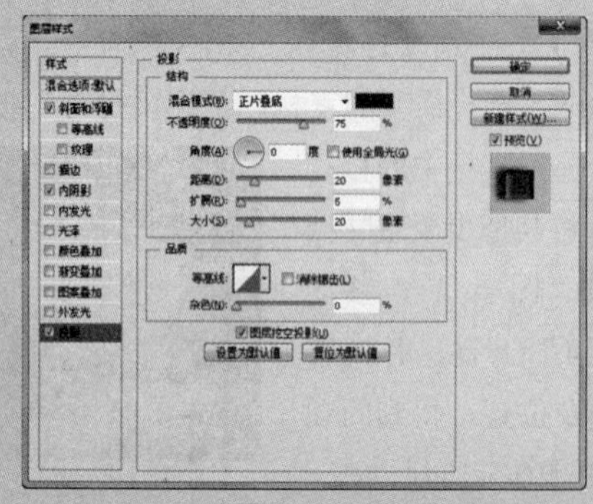

图10-5-194

分别在“投影”、“内阴影”、“斜面与浮雕”样式的对话框中勾选“使用全局光”选项，各样式的光源角度数值都改变为当前设置好的“全局光”数值，如图10-5-195、图10-5-196和图10-5-197所示。

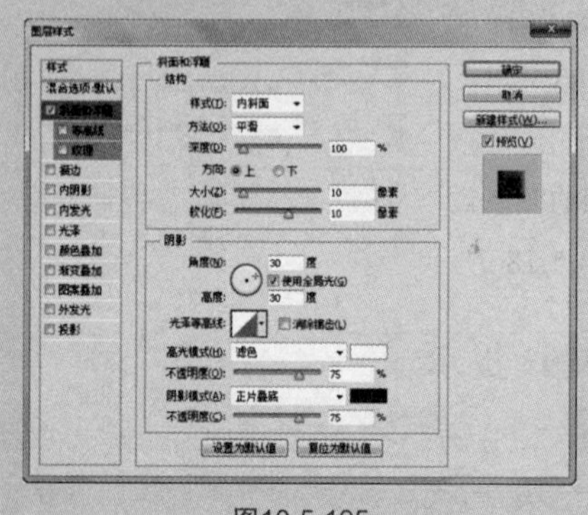

图10-5-195

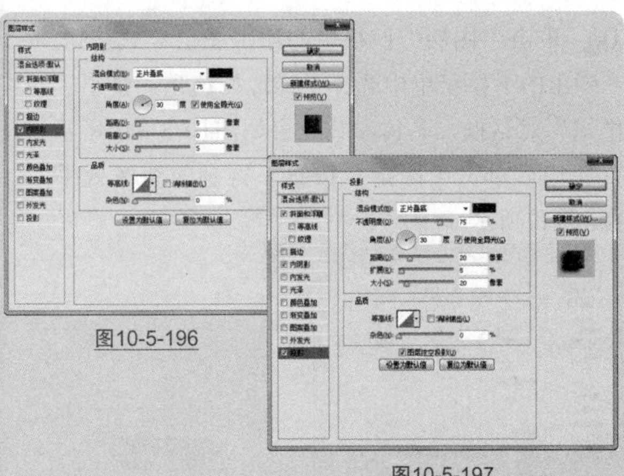

图10-5-196

图10-5-197

设置完毕后单击“确定”按钮，“图层1”中的所有图层样式将以同一光源显示，得到的图像效果如图10-5-198所示。

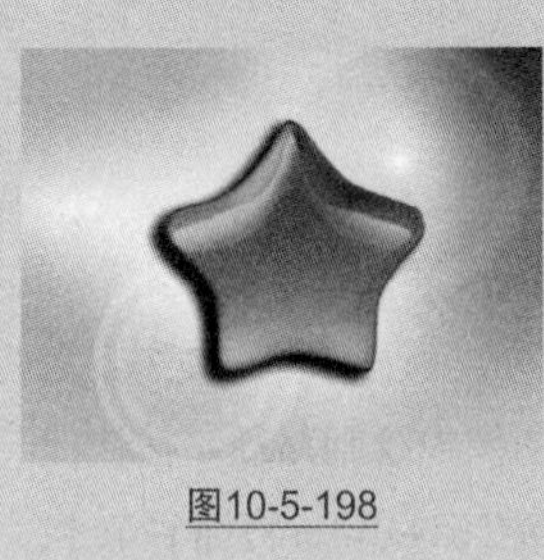

图10-5-198

训练营 第 10 章 / 训练营 /04 制作网页简洁按钮

## 04 制作网页简洁按钮

▲ 添加图层样式实现立体按钮效果

▲ 渐变叠加制作不同颜色的按钮

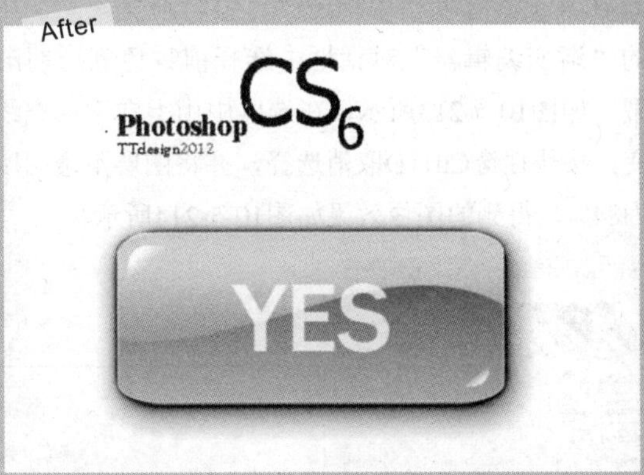

01 执行【文件】/【新建】命令（Ctrl+N），弹出“新建”对话框，具体参数设置如图10-5-199所示，设置完毕后单击“确定”按钮。

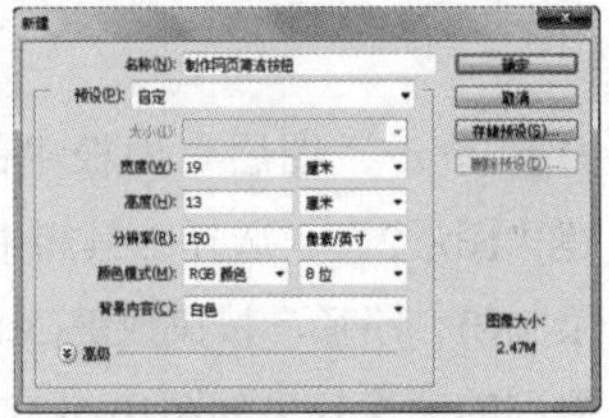

图10-5-199

02 选择工具箱中的自定形状工具，在其工具选项栏中选择形状选项，继续单击形状扩展按钮，在弹出的形状列表中选择“圆角方形”，如图10-5-200所示。将填充颜色设置为白色，在图像中绘制图形，“图层”面板中会出现“形状1”图层，得到的图像效果如图10-5-201所示。

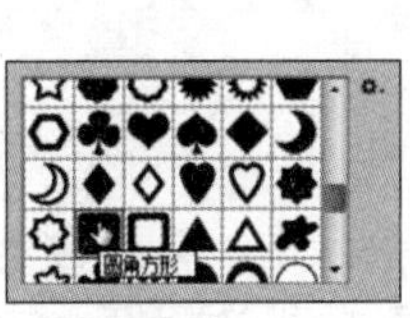

图10-5-200

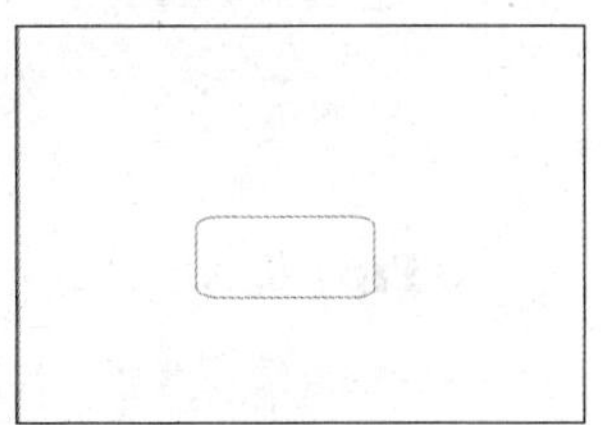

图10-5-201

03 单击“图层”面板中的添加图层样式按钮fx，在弹出的下拉菜单中选择“投影”选项，弹出“图层样式”对话框，具体参数设置如图10-5-202所示，设置完毕后不关闭对话框，继续勾选“外发光”复选框，具体参数设置如图10-5-203所示，设置完毕后单击“确定”按钮，得到的图像效果如图10-5-204所示。

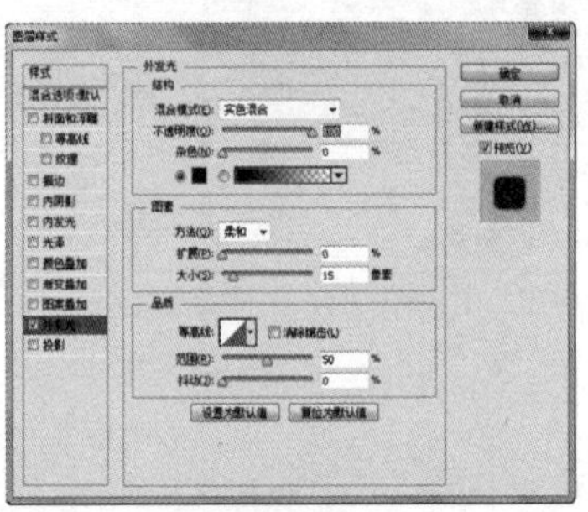

图10-5-202

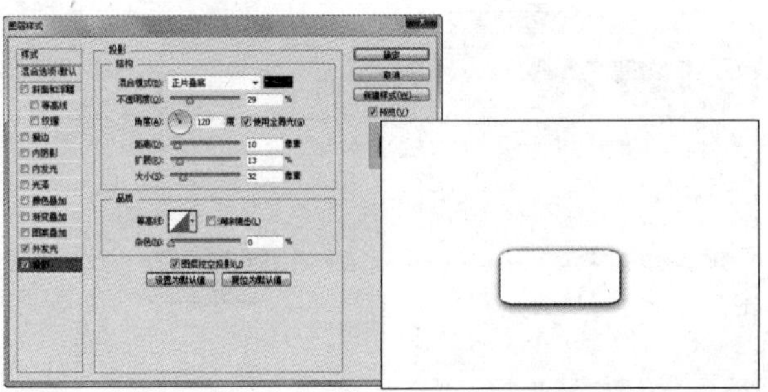

图10-5-203　　图10-5-204

04 单击“图层”面板中的添加图层样式按钮fx，在弹出的下拉菜单中选择“内发光”选项，弹出“图层样式”对话框，具体参数设置如图10-5-205所示，设置完毕后单击“确定”按钮，得到的图像效果如图10-5-206所示。

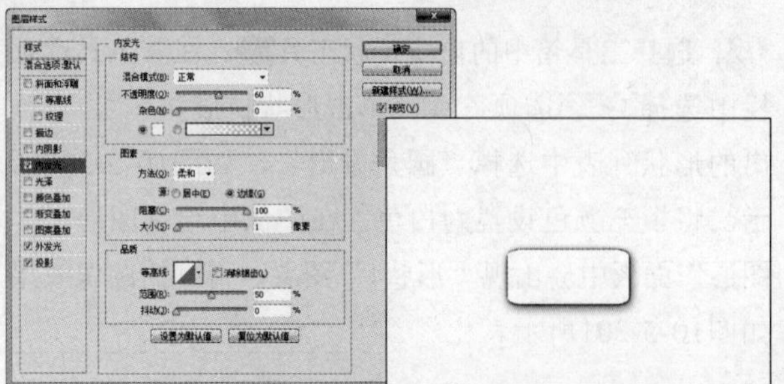

图10-5-205　　图10-5-206

**Tips 提示**

因为要连续设置多个样式的参数，所以在设置完一种样式的参数后，不必关闭“图层样式”对话框，待所有的样式参数都设置完毕，再关闭对话框。

05 单击“图层”面板中的添加图层样式按钮fx，在弹出的下拉菜单中选择“渐变叠加”选项，弹出“图层样式”对话框，具体参数设置如图10-5-207所示，渐变设置如图10-5-208所示，设置完毕后单击“确定”按钮，得到的图像效果如图10-5-209所示。

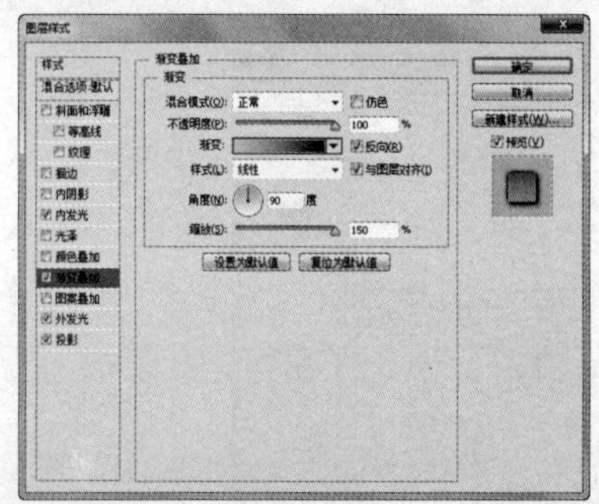

图10-5-207

图10-5-208　　图10-5-209

**Tips 提示**

渐变颜色色值由左至右分别设置为R27、G97、B3，R71、G211、B22，R195、G249、B8。注意勾选“反向”。

06 单击“图层”面板中的添加图层样式按钮fx，在弹出的下拉菜单中选择“描边”选项，弹出“图层样式”对话框，具体参数设置如图10-5-210所示，设置完毕后单击“确定”按钮，得到的图像效果如图10-5-211所示。

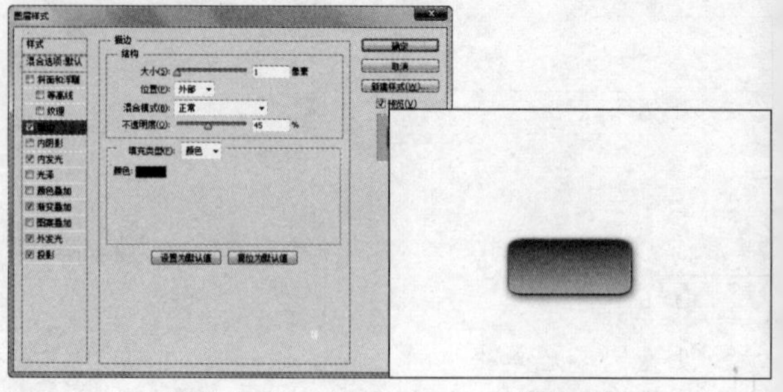

图10-5-210　　图10-5-211

07 单击“图层”面板上的创建新图层按钮，新建“图层1”。选择工具箱中的钢笔工具，在图像中绘制路径，按快捷键Ctrl+Enter将路径转换成选区，得到的选区效果如图10-5-212所示。

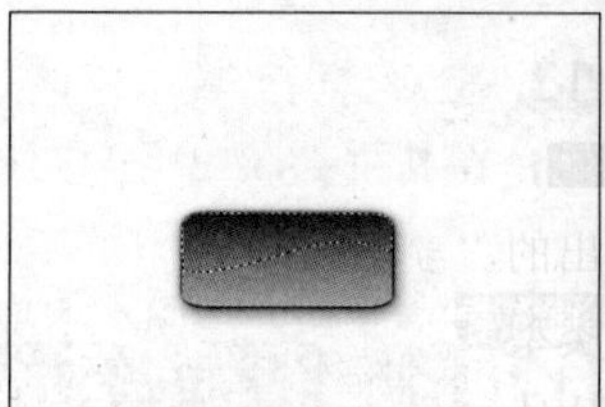

图10-5-212

08 将前景色设置为白色，选择工具箱中的渐变工具，在其工具选项栏中单击“可编辑渐变条”，在弹出的“渐变编辑器”对话框中选择前景色到透明渐变类型，如图10-5-213所示，在选区中由上向下填充线性渐变，按快捷键Ctrl+D取消选择，并将图层不透明度设置为84%，得到的图像效果如图10-5-214所示。

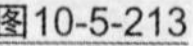

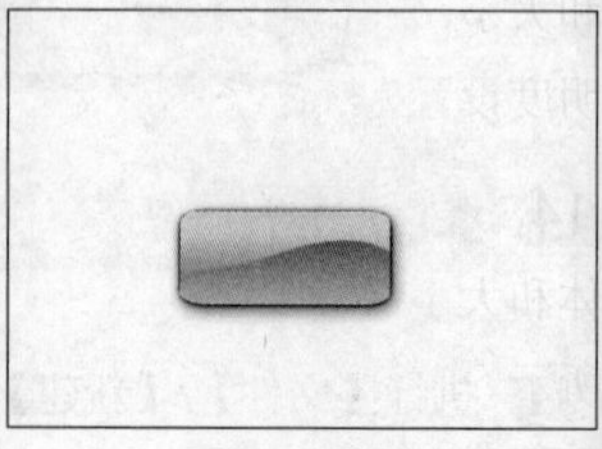

图10-5-213　　图10-5-214

09 单击“图层”面板中的创建新图层按钮，新建“图层2”。选择工具箱中的钢笔工具，在图像中绘制闭合路径，按快捷键Ctrl+Enter将路径转换成选区，得到的图像效果如图10-5-215所示。

10 将前景色设置为白色，选择工具箱中的渐变工具■，在其工具选项栏中单击“可编辑渐变条”，在弹出的“渐变编辑器”对话框中选择前景色到透明渐变类型，在选区中由左上角向右下角填充线性渐变，按快捷键Ctrl+D取消选择，得到的图像效果如图10-5-216所示。

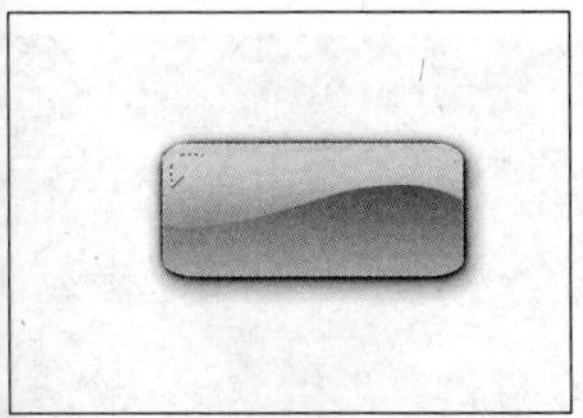
图10-5-215

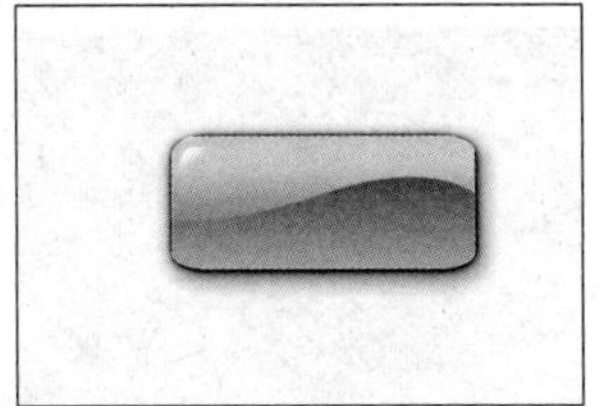
图10-5-216

11 单击“图层”面板中的创建新图层按钮■，新建“图层3”。选择工具箱中的钢笔工具■，在图像中绘制闭合路径，按快捷键Ctrl+Enter将路径转换成选区，得到的图像效果如图10-5-217所示。

12 将前景色设置为白色，选择工具箱中的渐变工具■，在其工具选项栏中单击“可编辑渐变条”，在弹出的“渐变编辑器”对话框中选择前景色到透明渐变类型，在选区中由右下角向左上角填充线性渐变，按快捷键Ctrl+D取消选择，得到的图像效果如图10-5-218所示。

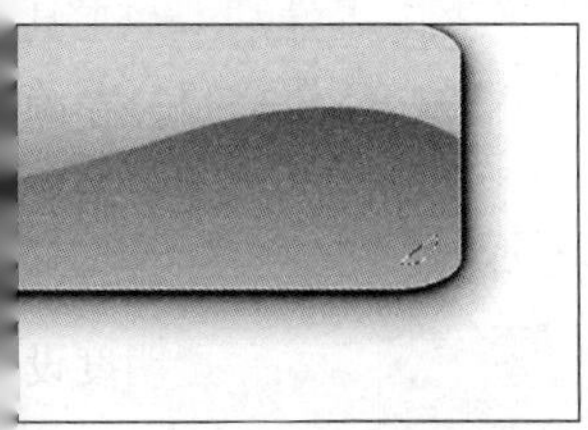
图10-5-217

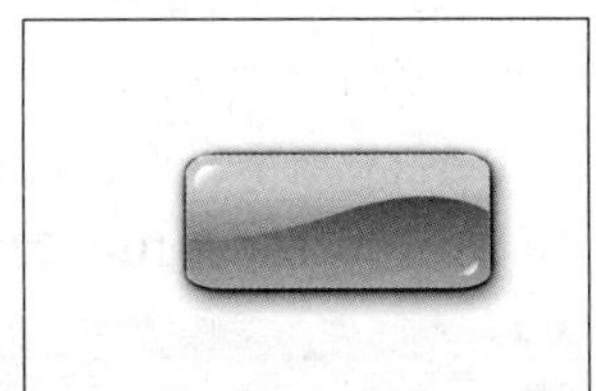
图10-5-218

13 选择工具箱中的横排文字工具T，设置合适的字体和大小，在图像中输入“YES”文字。将文字图层不透明度设置为86%，得到的图像效果如图10-5-219所示。

14 选择工具箱中的横排文字工具T，设置合适的字体和大小，在图像中输入文字，图像效果如图10-5-220所示。

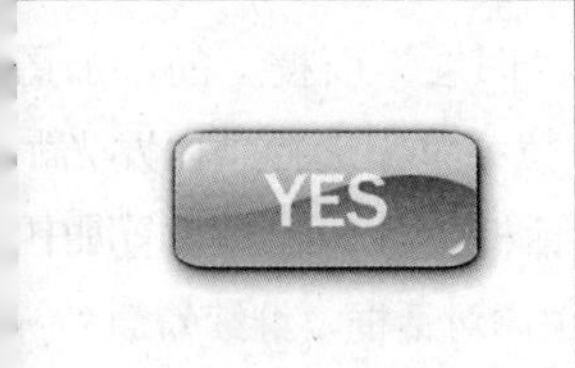

图10-5-219

图10-5-220

## 10.5.4 等高线对图层样式的影响

“图层样式”面板中“等高线”是控制“投影”、“内阴影”和“内发光”等效果在指定范围上的效果形状。

设置不同的“等高线”还可以模拟出不同的材质效果。打开素材文件，如图10-5-221所示。“图层1”包含有多种图层样式，打开“图层样式”的对话框，将对话框中“外发光”选项的等高线设置为“锥形”效果，得到“图层1”的图像效果如图10-5-222所示。如果将“外发光”的等高线设置另选为“环形-双”效果，得到的图像效果如图10-5-223所示。

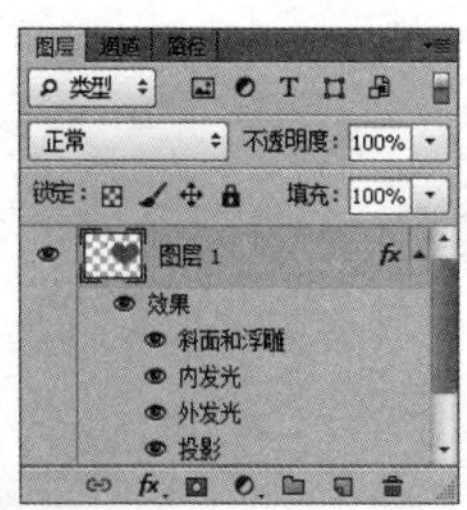

图10-5-221

图10-5-222

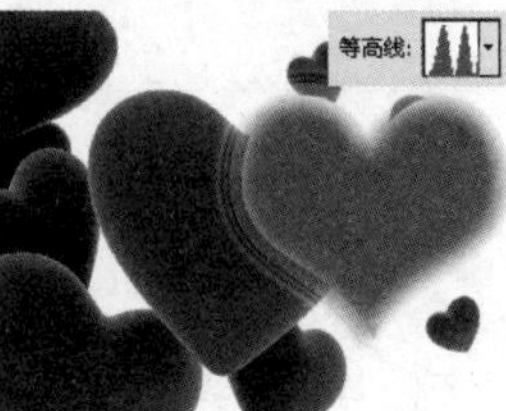

图10-5-223

在对话框继续选择“内发光”样式，选择“等高线”为“锥形”效果，得到“图层1”的图像效果如图10-5-224所示。如果将“等高线”设置另选为“内凹-深”效果，得到的图像效果如图10-5-225所示。

图10-5-224

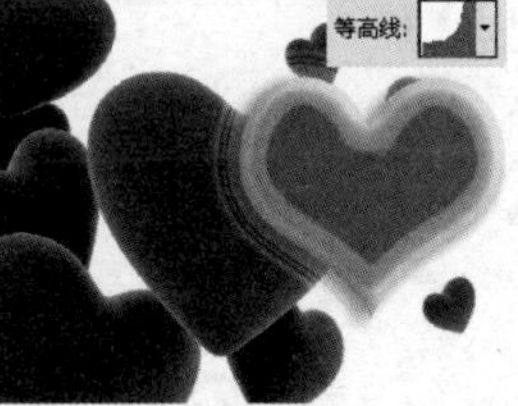

图10-5-225

在对话框中继续选择“斜面与浮雕”样式，如果预设中没有所需的等高线效果，单击对话框中的等高线缩览图，如图10-5-226所示，将弹出“等高线编辑器”对话框，用鼠标移动该编辑器中的各个锚点，重新编辑当前等高线的参数，如图10-5-227所示。具体操作与编辑“曲线”的方法相同。

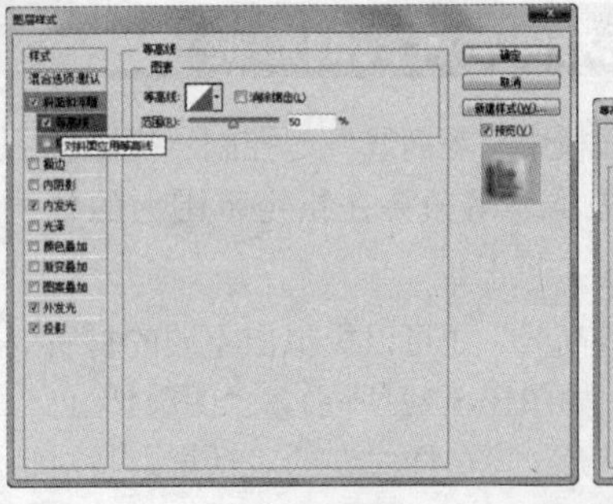
图10-5-226

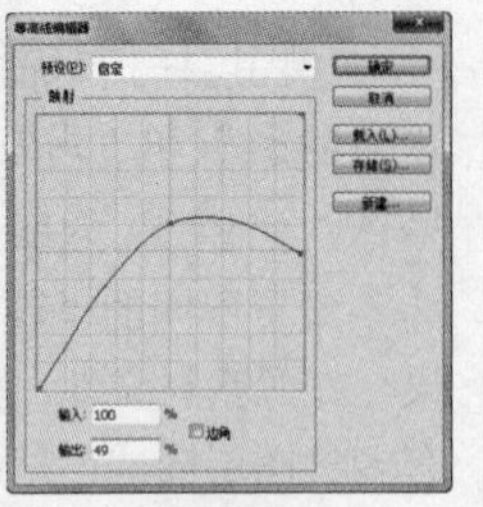
图10-5-227

设置完毕后单击“确定”按钮，这时图像将以自定义等高线效果显示图层样式，图像效果如图10-5-228所示。

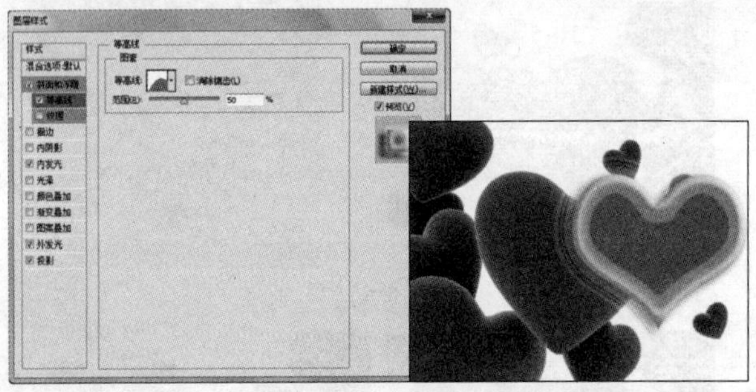
图10-5-228

**Tips 提示**

在“等高线编辑器”对话框中设置的自定义等高线效果后，单击对话框中的“存储”按钮可以将其保存为预设，以便在以后的工作中取用。

训练营 05 第 10 章 / 训练营 /05 利用图层样式创建立体金属花藤

## 利用图层样式创建立体金属花藤

- ▲ 通过对图层样式的等高线进行设置，使图像具有立体的金属质感
- ▲ 运用画笔工具中的特效笔刷，绘制金属的高光部位的反光
- ▲ 通过设置“图层样式”对话框中的“混合颜色带”对两个图层中的图像进行混合

01 执行【文件】/【打开】命令（Ctrl+O），弹出“打开”对话框，选择需要的素材，单击“打开”按钮打开图像，如图10-5-229所示。

02 选择工具箱中的钢笔工具在图像中绘制路径，得到的图像效果如图10-5-230所示。

图10-5-229

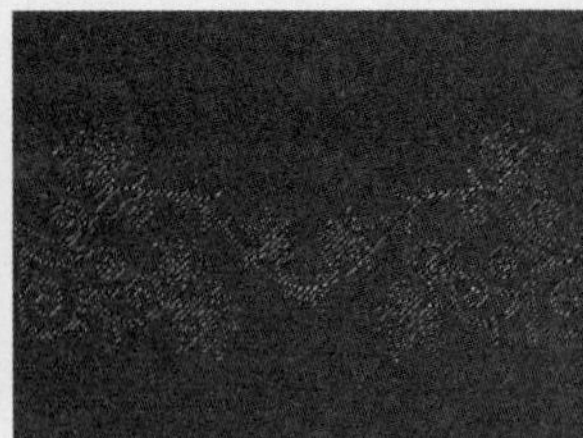
图10-5-230

03 单击“图层”面板中的创建新图层按钮，生成“图层1”，将前景色设置为白色，按快捷键Alt+Delete填充前景色，按快捷键Ctrl+D取消选择，得到的图像效果如图10-5-231所示。

图10-5-231

04 选择“图层1”，单击“图层”面板上的添加图层样式按钮，在弹出的下拉菜单中选择“投影”选项，弹出“图层样式”对话框，具体参数设置如图10-5-232所示。设置完毕后单击“确定”按钮，得到的图像效果如图10-5-233所示。

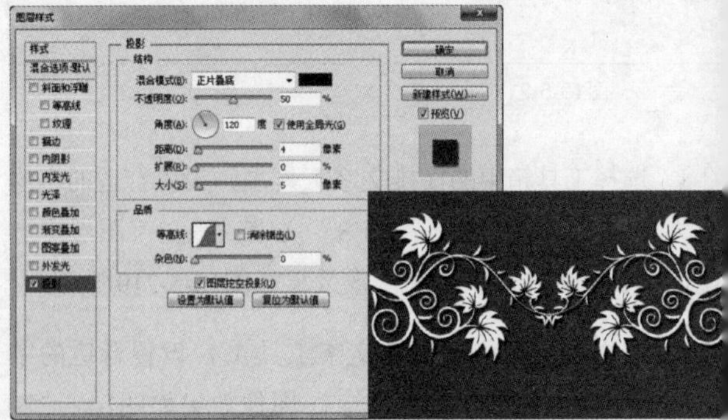
图10-5-232　　图10-5-233

05 选择“图层1”，单击“图层”面板上的添加图层样式按钮，在弹出的下拉菜单中选择“内发光”选项，弹出“图层样式”对话框，具体参数设置如图10-5-234所示。设置完毕后不关闭对话框，继续勾选“斜面与浮雕”复选框，具体设置如图10-5-235所示，设置

完毕后不关闭对话框，继续勾选“等高线”复选框，具体参数设置如图10-5-236所示。

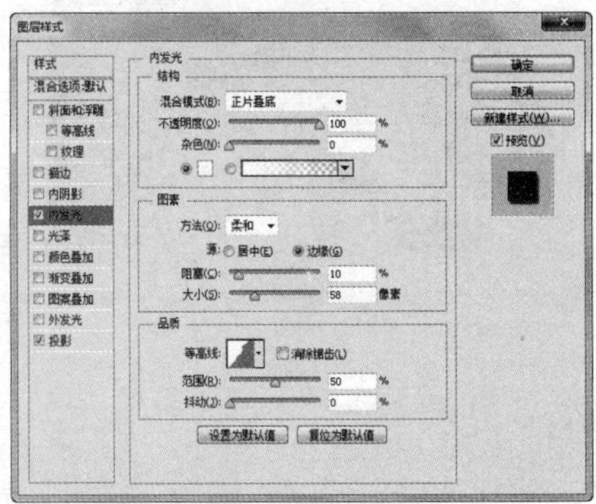

图10-5-234

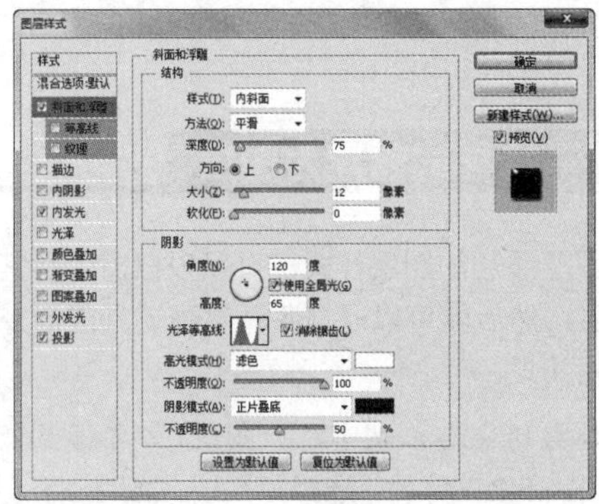

图10-5-235

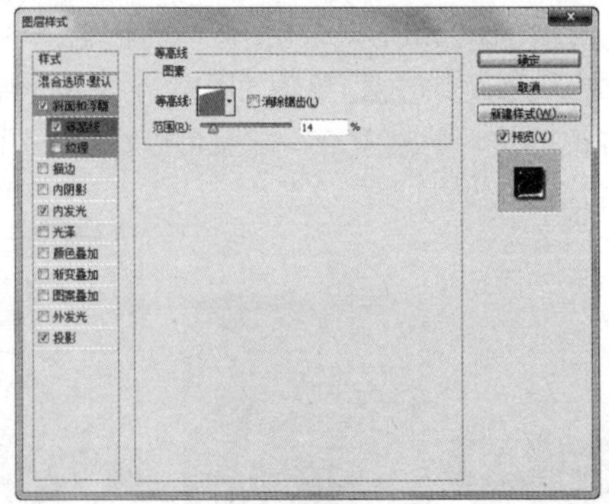

图10-5-236

设置图层样式时可以根据个人习惯或需要的效果自由选择设置样式的顺序，不影响最终样式的效果。

06 设置完毕后不关闭对话框，继续勾选“光泽”复选框，具体参数设置如图10-5-237所示，设置完毕后不关闭对话框，继续勾选“颜色叠加”复选框，具体参数设置如图10-5-238所示，设置完毕后单击“确定”按钮，得到的图像效果如图10-5-239所示。

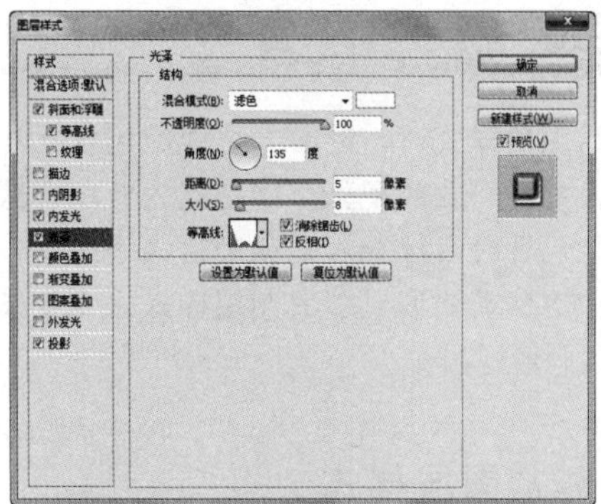

图10-5-237

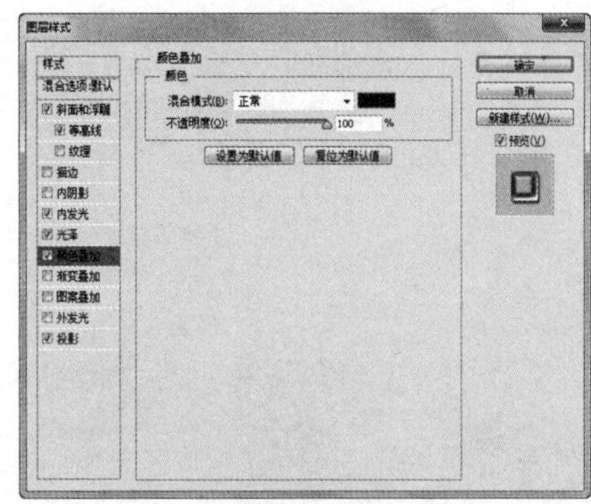

图10-5-238

图10-5-239

07 单击“图层”面板中的创建新图层按钮，生成“图层2”，将前景色设置为白色，选择工具箱中的画笔工具，在弹出的画笔复选框中设置参数如图10-5-240所示，在图像中进行绘制，得到的图像效果如图10-5-241所示。

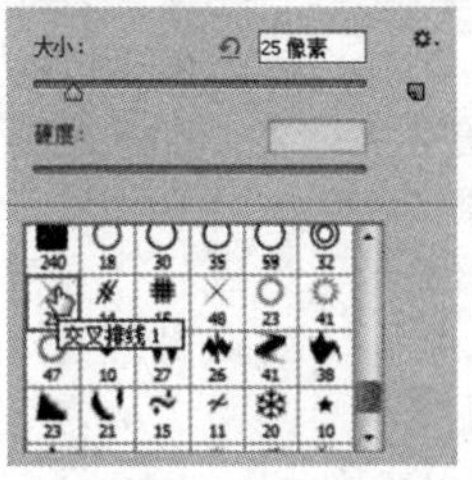

图10-5-240

图10-5-241

如果当前的复选框中没有这种笔刷，可单击该复选框右上角的扩展按钮，在弹出的下拉菜单中选择“混合画笔”，即可将以上所选的笔刷效果追加到画笔复选框中。

## 10.5.5 缩放图层样式

使用图层样式时，经常会出现应用样式的结果与样本的效果不一致的现象，这是因为有些样式在设置时，可能已针对目标分辨率和制定大小等特性而进行过微调。这就需要通过缩放图层样式来调整图像的效果以求达到最好。

### 实战 缩放图层样式

第10章/实战/缩放图层样式

打开素材文件，如图10-5-242所示。“图层1”已经添加了图层样式，复制“图层1”两次，得到“图层1副本”和“图层1副本2”图层。

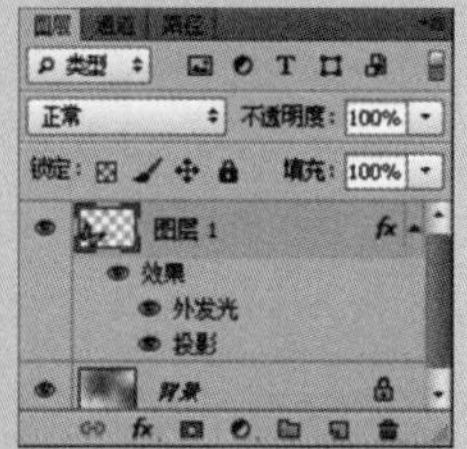

图10-5-242

选择“图层1副本”和“图层1副本2”，分别对其执行【编辑】/【自由变换】命令（Ctrl+T），调整图像大小并放置到合适位置，如图10-5-243所示。

图10-5-243

选择“图层1副本”图层，在图层样式上单击鼠标右键，在子菜单中选择“缩放效果”选项，在弹出的“缩放图层效果”对话框中将缩放比例设置为50%，如图10-5-244所示。设置完毕后单击“确定”按钮。选择“图层1副本2”图层，在图层样式上单击鼠标右键，在子菜单中选择“缩放效果”选项，在弹出的“缩放图层效果”对话框中将缩放比例设置为70%，如图10-5-245所示，设置完毕后单击“确定”按钮，得到的图像效果如图10-5-246所示。

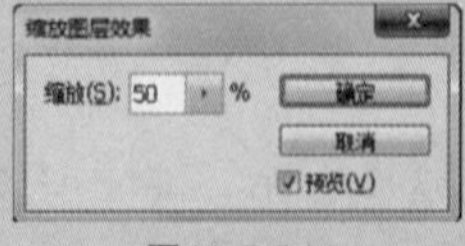

图10-5-244

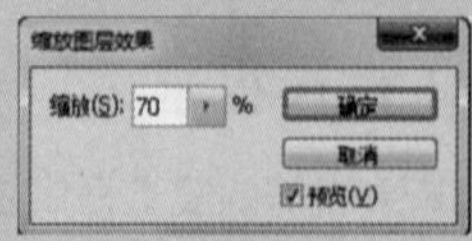

图10-5-245

图10-5-246

**Tips 提示**

在将含有样式的图层放大之后，在“缩放图层效果”对话框中将缩放比例设置为大于100%的数值，即可放大图层样式的比例，使其与图像保持一致。

## 10.5.6 将样式创建为图层

为图层添加的图层样式，可以根据需要将其转换为图像图层，然后就可以通过各种绘画工具或命令以及滤镜来增强效果。

打开素材文件，其中，“图层1”含有多个图层样式，如图10-5-247所示。选择“图层1”，执行【图层】/【图层样式】/【创建图层】命令，得到“图层”面板的效果如图10-5-248所示。“图层”面板上，各个样式已经脱离了原图层，形成了单独的图层，并且位于原“图层1”上方被创建为剪贴蒙版，从而可以显示原图层以及下面的新建图层。

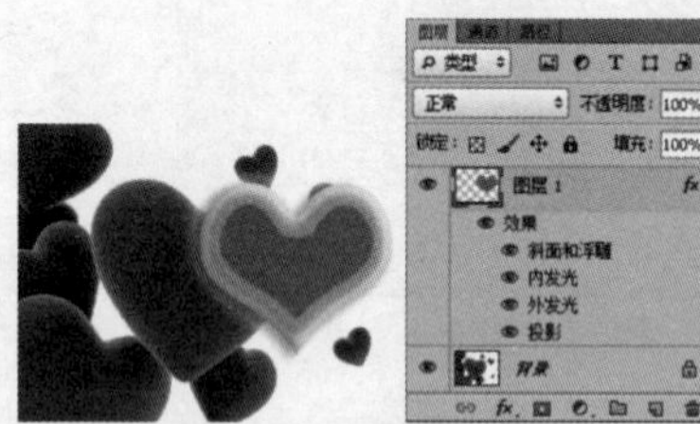

图10-5-247

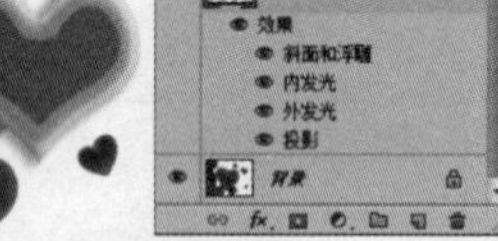

图10-5-248

在这些新建的图层中，图层的混合模式以及排列顺序根据最终效果的需要和一定的规则被重新设置过了。如果轻易改变这些图层的排列顺序或混合模式有可能会影响最终的图像效果。例如在“图层”面板中选择了新建图层中的任一个，如图10-5-249所示，将其向下移动，图像效果随之改变，如图10-5-250所示。

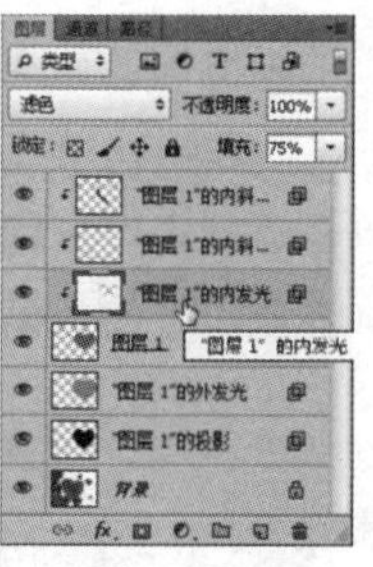
图10-5-249

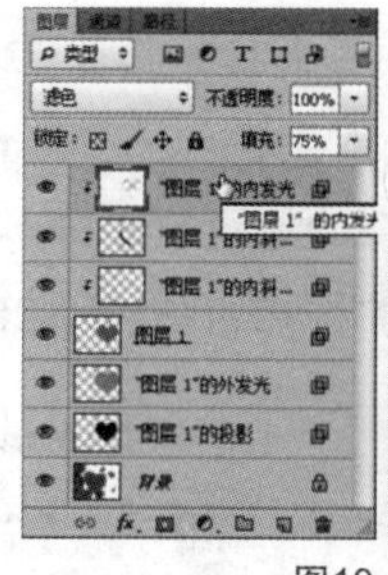

图10-5-250

这项命令使“滤镜”能够单独修改新建图层的效果（滤镜不能被应用在图层样式上）。但是，样式在被创建为图层以后是不能够恢复到原有数据的，如果想要保留可以编辑的样式，可以在创建为图层前复制一个图层样式副本作为保留。

训练营 第10章/训练营/06游戏界面

## 06 游戏界面

▲ 在将样式创建为图层后，对其中新建的图层执行【滤镜】下的命令，使图像得到新的效果

▲ 通过直接在“图层样式”对话框“样式”选项中选取预设样式，为图层添加样式效果

▲ 运用Shift+Alt键在图像中得到正圆形的选区，以及对图像进行等比例缩放

Before

After

01 执行【文件】/【打开】命令（Ctrl+O），弹出“打开”对话框，选择需要的素材，单击“打开”按钮打开图像，如图10-5-251所示。

02 执行【文件】/【打开】（Ctrl+O）命令，弹出“打开”对话框，选择需要的素材，单击“打开”按钮打开图像。选择工具箱中的移动工具，将其拖曳至主文档中生成“图层1”，并调整图像大小及位置，得到的图像效果如图10-5-252所示。

图10-5-251

图10-5-252

03 选择“图层1”，单击“图层”面板上的添加图层样式按钮，在弹出的下拉菜单中选择“斜面和浮雕”选项，弹出“图层样式”对话框，具体参数设置如图10-5-253所示。设置完毕后不关闭对话框，继续勾选“渐变叠加”复选框，具体参数设置如图10-5-254所示，设置完毕后单击“确定”按钮，并将其填充值设置为0%，得到的图像效果如图10-5-255所示。

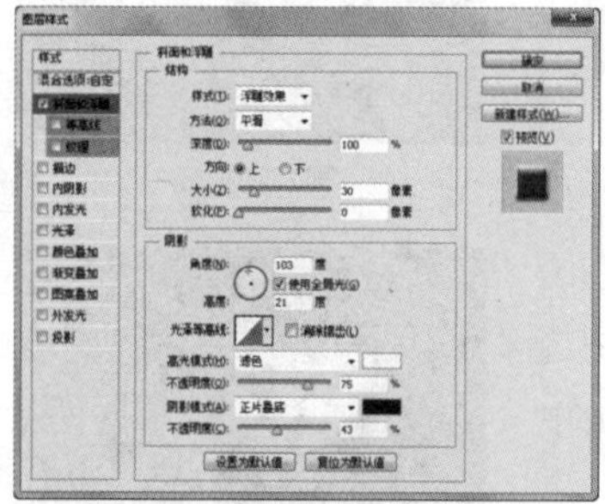
图10-5-253

图10-5-254　图10-5-255

**Tips 提示**

单击“图层样式”对话框中渐变选项右侧的三角按钮，即可在弹出的复选框中为“渐变叠加”样式选择一种渐变效果。

04 执行【图层】/【图层样式】/【创建图层】命令，“图层”面板中的效果如图10-5-256所示。将“图层1的浮雕高光”图层拖曳至创建新图层按钮上，生成“图层1的浮雕高光副本”图层，得到的图层效果如图10-5-257所示。

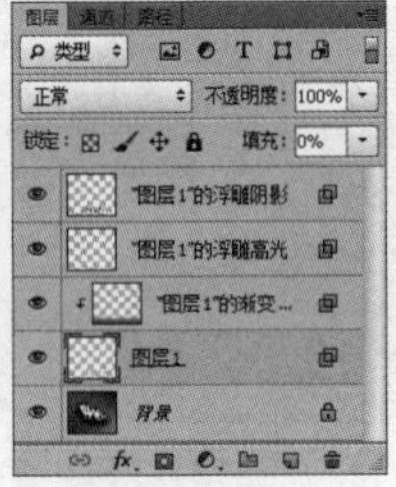

图10-5-256

图10-5-257

05 选择“图层1的浮雕高光副本”图层，执行【滤镜】/【像素化】/【晶格化】命令，在弹出的“晶格化”对话框中将单元格大小设置为如图10-5-258所示，设置完毕后单击“确定”按钮，图像效果如图10-5-259所示。

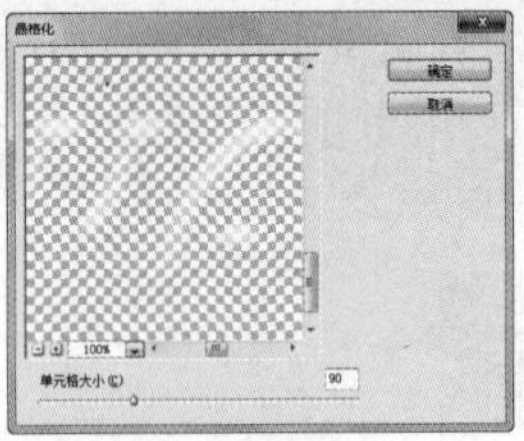

图10-5-258

图10-5-259

06 选择工具箱中的椭圆工具，在图像中绘制选区，单击“图层”面板中的创建新图层按钮，生成“图层2”，得到的图像效果如图10-5-260所示。

图10-5-260

07 选择“图层2”，将前景色设置为黑色，执行【编辑】/【描边】命令，弹出“描边”对话框，参数设置为如图10-5-261所示，设置完毕后单击“确定”按钮。将“图层2”拖曳至“图层1”的下方，得到的图像效果如图10-5-262所示。

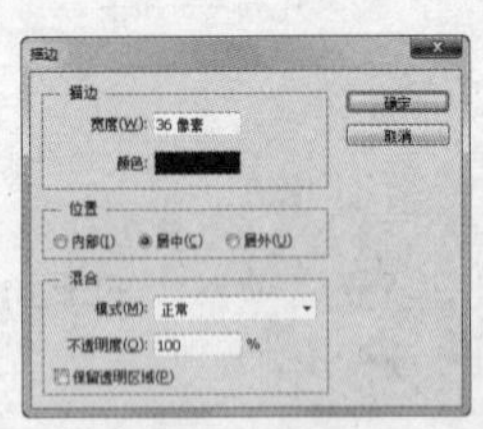

图10-5-261

图10-5-262

## Tips 提示

在使用椭圆选框工具时，按住 Shift+Alt 键，从图像的正中心开始选取，即可选取出正圆的选区。

08 在“图层”面板中双击“图层2”的缩览图，在弹出的“图层样式”对话框中选择“样式”选项，单击对话框中如图10-5-263所示的样式，单击“确定”按钮后“图层2”得到的样式如图10-5-264所示，图像效果如图10-5-265所示。

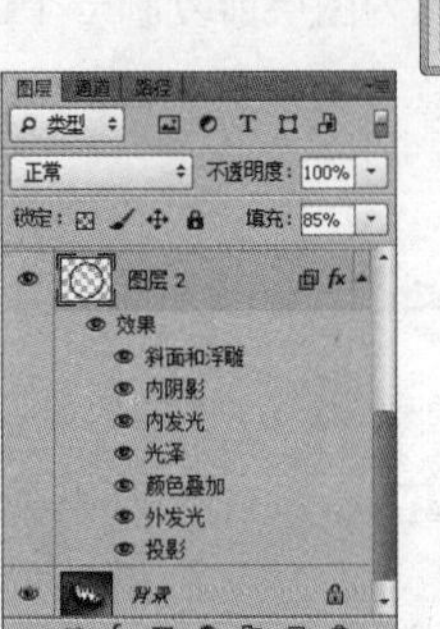

图10-5-263

图10-5-264

图10-5-265

09 将“图层2”拖曳至创建新图层按钮上，得到“图层2副本”图层，执行【编辑】/【自由变换】命令（Ctrl+T），得到的图像效果如图10-5-266所示。

图10-5-266

## Tips 提示

与创建正圆选区时相同，在调出自由变换框后，按住快捷键 Shift+Alt，再进行放大，“图层 2”图层中的图像依然是以图像中心为圆心的正圆。

10 选择“图层2副本”图层，执行【图层】/【图层样式】/【缩放效果】命令，在弹出的“缩放图层效果”对话框中将缩放比例设置为如图10-5-267所示，设置完毕后单击“确定”按钮，图像效果如图10-5-268所示。

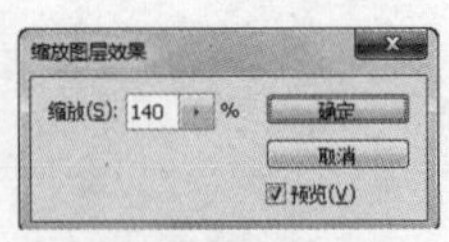

图10-5-267

图10-5-268

**11** 执行【文件】/【打开】命令（Ctrl+O），弹出“打开”对话框，选择需要的素材，单击“打开”按钮打开图像。选择工具箱中的移动工具，将其拖曳至主文档中，生成“图层3”，并调整图像大小及位置，得到的图像效果如图10-5-269所示。

图10-5-269

**12** 选择“图层3”，单击“图层”面板上的添加图层样式按钮，在弹出的下拉菜单中选择“光泽”选项，弹出“图层样式”对话框，具体参数设置如图10-5-270所示。设置完毕后不关闭对话框，继续勾选“渐变叠加”复选框，具体参数设置如图10-5-271所示，设置完毕后单击“确定”按钮，得到的图像效果如图10-5-272所示。

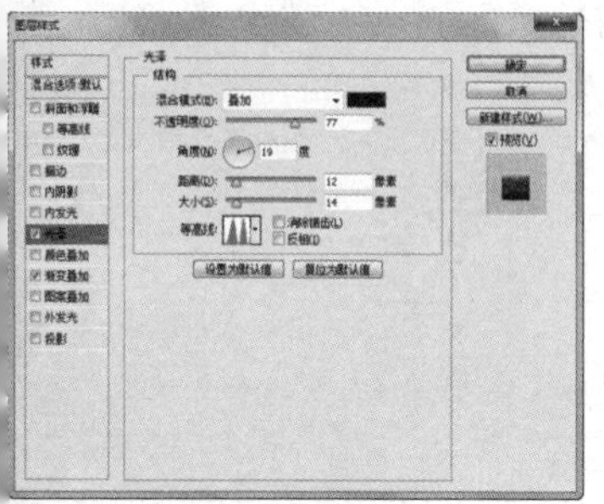
图10-5-270

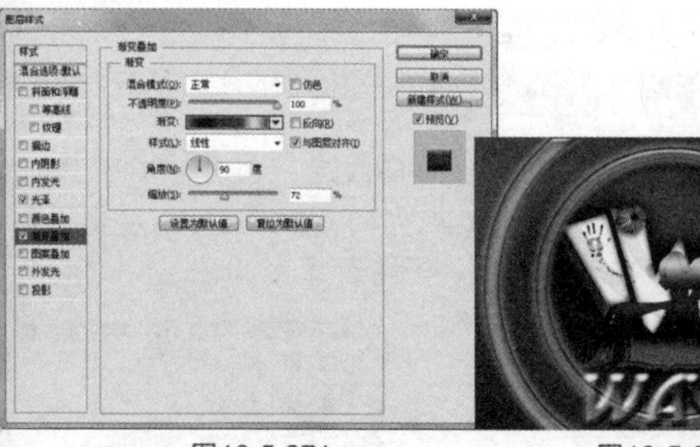
图10-5-271　　图10-5-272

## 10.5.7 使用样式面板

“样式”面板是用来储存、管理和应用图层样式的。也可以将预设样式连同外部样式都载入到该面板中，方便以后的调用。

### ※ 了解样式面板

“样式”面板为用户提供了Photoshop CS6的预设样式。选择任意一个图层，再单击“样式”面板中的一个样式，即可以为该图层添加该样式。打开“样式”面板，如图10-5-273所示。面板的扩展菜单如图10-5-274所示。

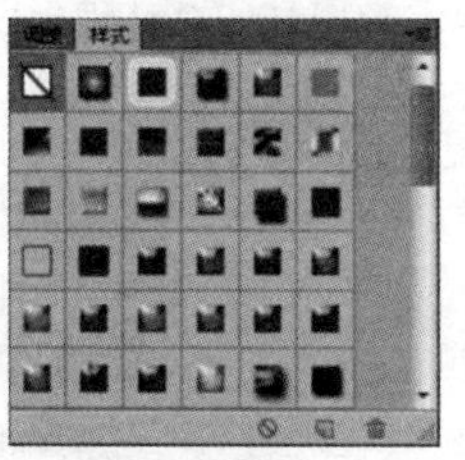
图10-5-273

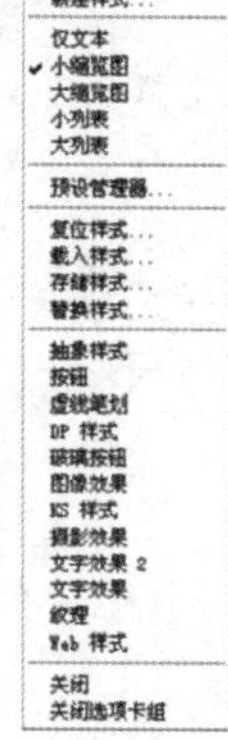

图10-5-274

### ※ 新建样式

储存当前图层的图层样式。先要选择该图层（包含样式），如图10-5-275所示。然后单击“样式”面板中的创建新样式按钮，打开对话框，如图10-5-276所示。在对话框中设置选项并单击“确定”按钮即可，如图10-5-277所示。

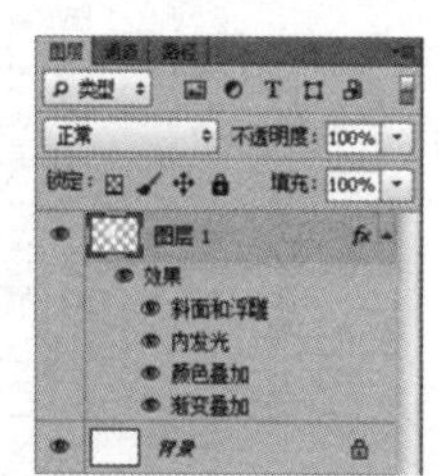
图10-5-275

图10-5-276　　图10-5-277

来看一下对话框中设置的选项有哪些。

**名称**：为样式设置识别名称。

**包含图层效果**：可以将当前的图层效果设置为样式。

**包含图层混合选项**：选择该选项，新建的样式中将包含有当前图层设置的混合模式。

## 实战 新建样式

第 10 章 / 实战 / 新建样式

打开素材文件，如图10-5-278所示，“图层”面板如图10-5-279所示。

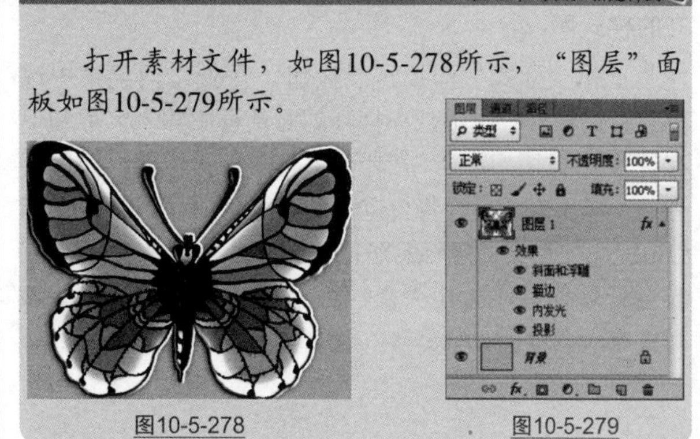
图10-5-278　　图10-5-279

在“图层”面板中双击“图层1”，调出其“图层样式”对话框，单击“新建样式”按钮，弹出“新建样式”对话框，在图像中设置新建样式名称，如图10-5-280所示，设置完毕后单击“确定”按钮。新建样式会在“样式”中显示，如图10-5-281所示。

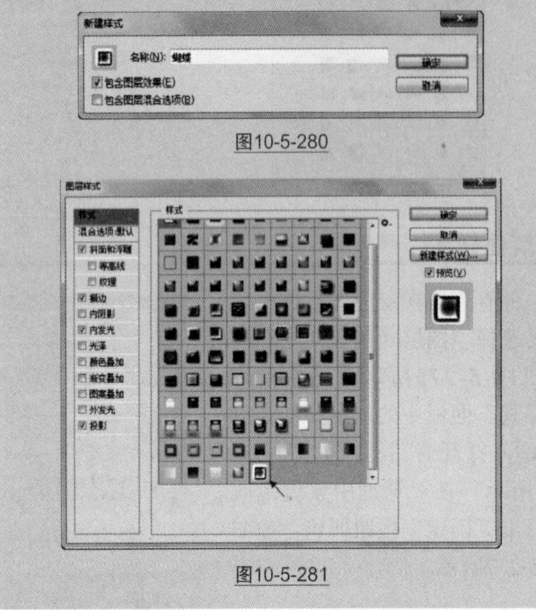
图10-5-280

图10-5-281

## ※ 复制样式

在“样式”面板中，选择需要复制的样式，并将其拖曳至创建新样式按钮上，复制该样式。

## ※ 删除样式

在“样式”面板中，选择那个需要删除的样式，将其拖曳至删除样式按钮上将其删除，还可以按住Alt键并单击需要删除的样式即可。

## ※ 存储样式库

在“样式”面板中，存在大量的自定义样式，为了方便管理和操作，可以将这一类样式保存为一个独立的样式库。

单击“样式”面板扩展按钮，在弹出的菜单中选择“存储样式”选项，在打开的对话框中输入名称和保存位置，单击“确定”按钮，即可将面板中的样式保存为一个样式库。最好将自定义的样式库保存在Photoshop CS6程序文件夹的Presets路径下的Style文件夹中，当重新运行软件后，会在“样式”面板菜单的底部显示该样式库的名称。

## 实战 存储样式库

第10章/实战/存储样式库

在“图层样式”面板中选择“样式”选项，单击“样式”面板扩展按钮，在弹出的菜单中选择“存储样式”选项，如图10-5-282所示。

弹出“存储”对户框，在对话框中设置存储样式的名称及位置，如图10-5-283所示。设置完毕后单击“确定”按钮，“样式”会在存储的文件夹中显示，如图10-5-284所示。

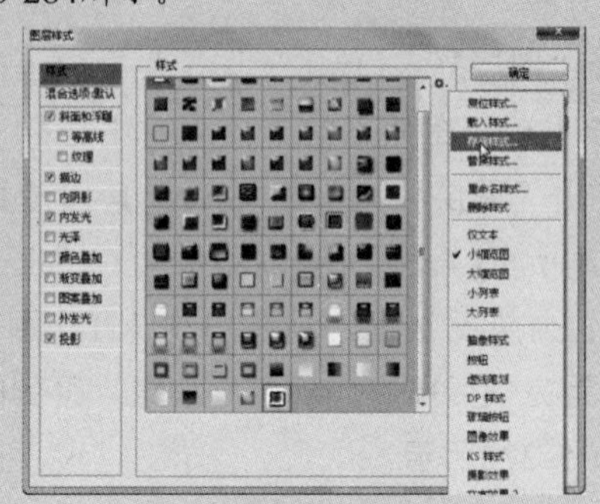
图10-5-282

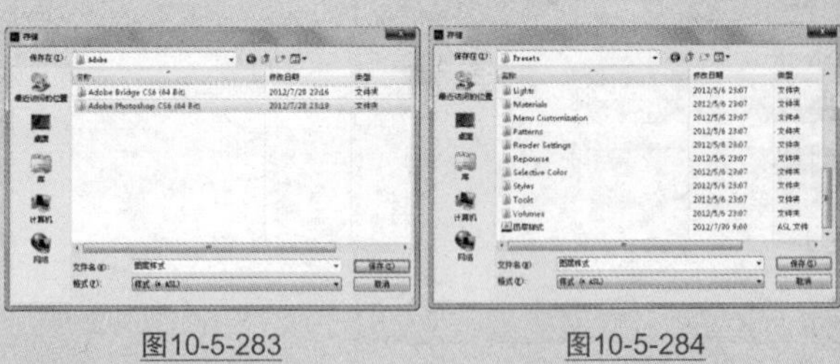
图10-5-283　　图10-5-284

## 实战 载入样式库

第10章/实战/载入样式库

操作时如何载入需要的样式库。打开“样式”面板的下拉菜单，位于菜单底部的是Photoshop CS6提供的预设样式，可以任选一个样式库，如图10-5-285所示。在弹出的对话框中单击“确定”按钮，如图10-5-286所示。可将载入样式替换面板中的原有样式，如图10-5-287所示。如果在对话框中单击“追加”按钮，可以将其添加到面板中原有样式的后面，如图10-5-288所示。单击“取消”按钮，则取消载入样式的操作。

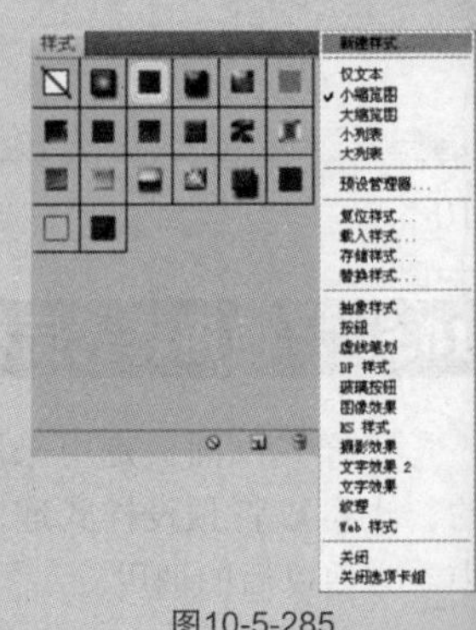
图10-5-285

图10-5-286

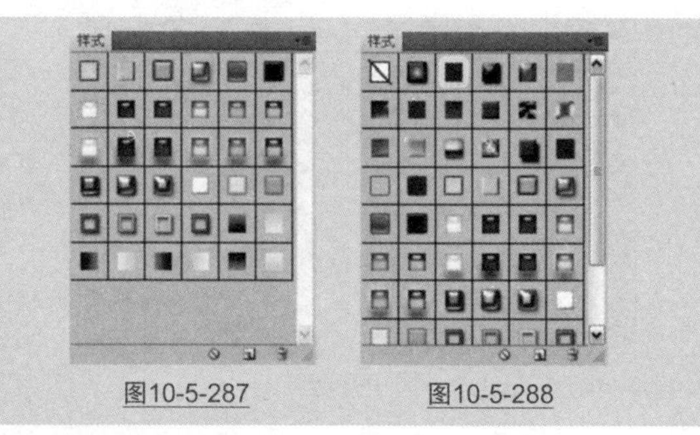
图10-5-287　图10-5-288

## 10.5.8 图层样式的使用技巧

图层样式是创建图层图像特效的重要手段之一，前面讲到的都是图层样式最常用的基本操作，要想使样式达到更完美的效果，还可通过一些操作技巧对图层样式进行灵活的编辑，还能够提高工作效率。

### 实战 在预设样式上修改样式

第10章/实战/在预设样式上修改样式

在使用预设的图层样式时，如果该预设样式仅有部分效果能够满足当前的编辑需要，其实可以在该预设样式的基础上加以修改，然后将修改后的样式应用到图层中即可。

打开素材文件，在“图层”面板中选择“图层2”，如图10-5-289所示。

图10-5-289

双击图层的空白区域，打开“图层样式”对话框，在对话框中对“样式”选项设置具体参数，如图10-5-290所示。单击“确定”按钮，得到的图像效果如图10-5-291所示。

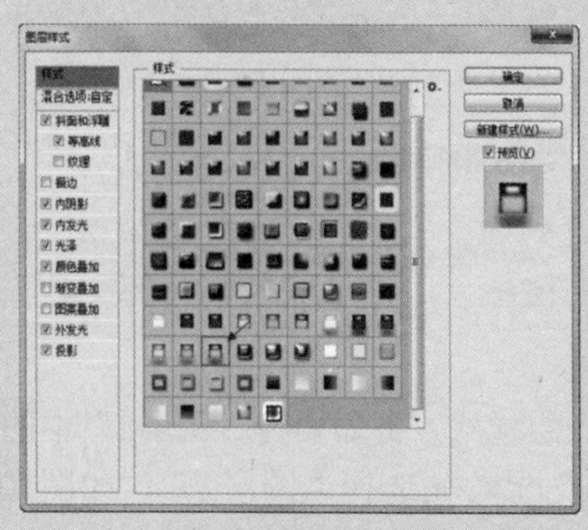
图10-5-290

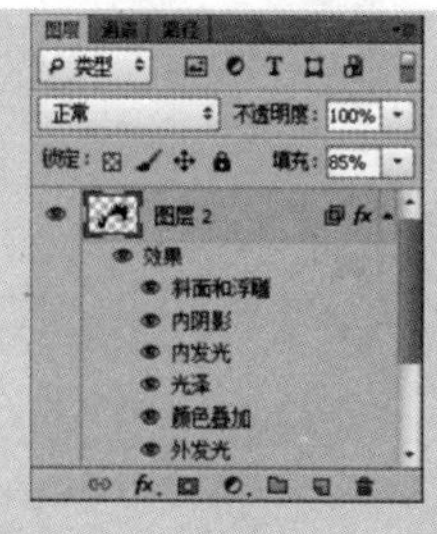

图10-5-291

选择“图层2”，单击“图层”面板中的添加图层样式按钮fx，在弹出的下拉菜单中选择“投影”选项，打开“图层样式”对话框，在对话框中重新设置“斜面和浮雕”、“内发光”和“颜色叠加”选项中的各项参数，分别如图10-5-292、图10-5-293和图10-5-294所示。设置完毕后单击“确定”按钮，图像效果发生改变，如图10-5-295所示。

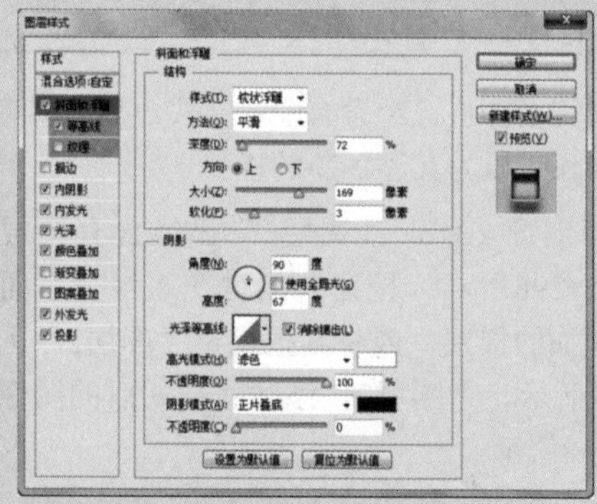
图10-5-292

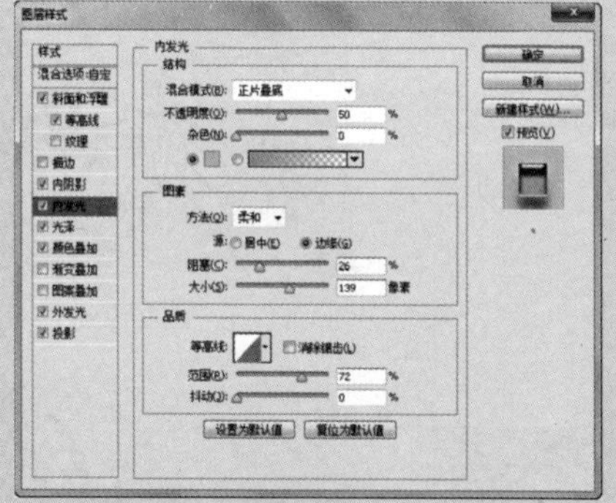
图10-5-293

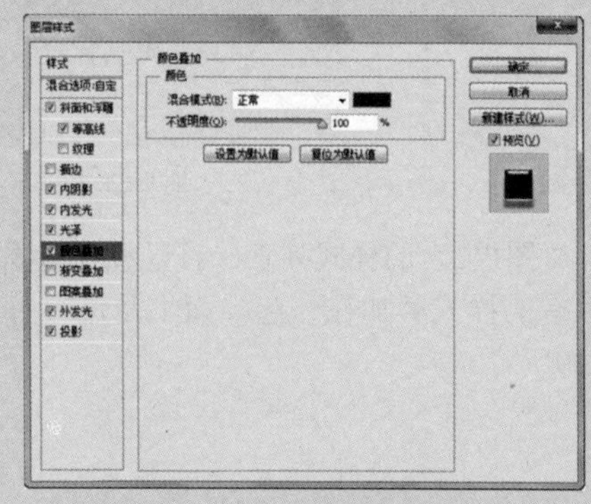
图10-5-294

图10-5-295

**Tips 提示**

在选择预设样式的时候，尽量挑选与所需样式效果最接近的，这样才能更快捷地对其进行调整，达到所需效果。

## ※ 在原有样式上添加样式

有时当前图层已经含有图层样式，为了得到更丰富的效果，还可以为其添加新的样式。

打开图像文件，“图层2”已经含有图层样式，如图10-5-296所示。按住Shift键在“样式”面板中单击需要添加的样式，或将其拖曳至“图层2”上，如图10-5-297所示。“图层2”添加新样式后的图像效果如图10-5-298所示。

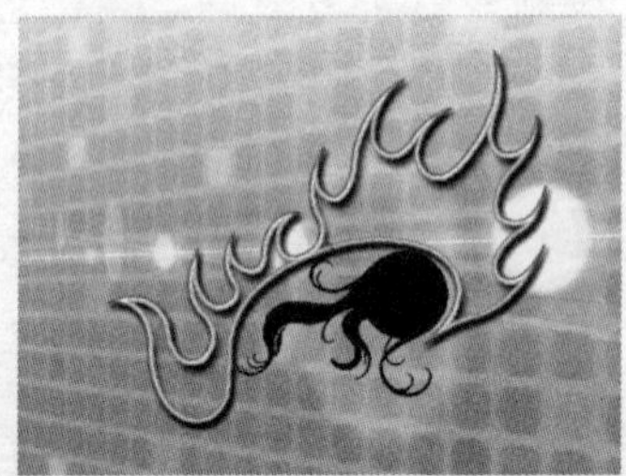
图10-5-296

图10-5-297

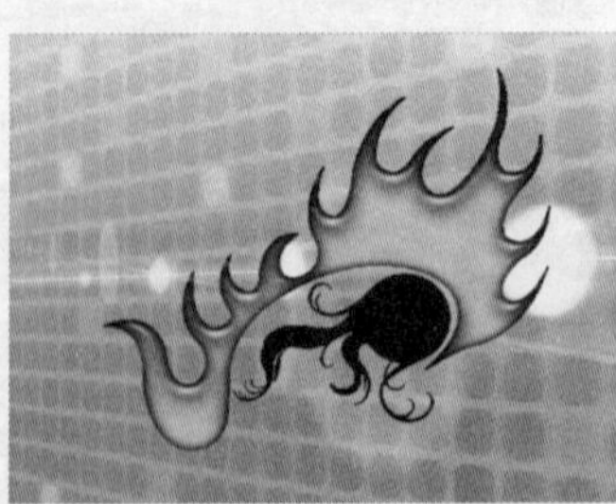
图10-5-298

展开“图层2”的样式列表，可以看到新添加的样式是与原有的样式叠加在一起，而不是进行替换。如图10-5-299所示。

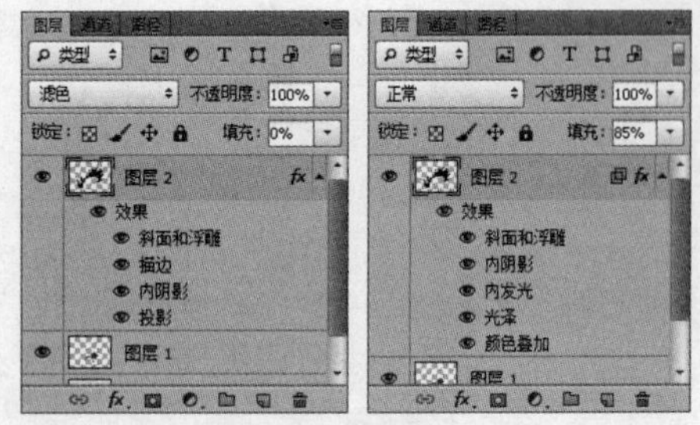

图10-5-299

## ※ 复制与转移样式

复制图层样式，在“图层”面板中选择“图层2”（含有图层样式），在图层上单击鼠标右键，在下拉菜单中选择“拷贝图层样式”，如图10-5-300所示。再选择“图层1”（不含样式），单击鼠标右键，在下拉菜单中选择“粘贴图层样式”，“图层1”得到了与“图层2”相同的样式，如图10-5-301所示。另一种方法，按住Alt键将“图层2”中的样式拖曳至“图层1”上，松开鼠标即可，也能够复制图层样式。

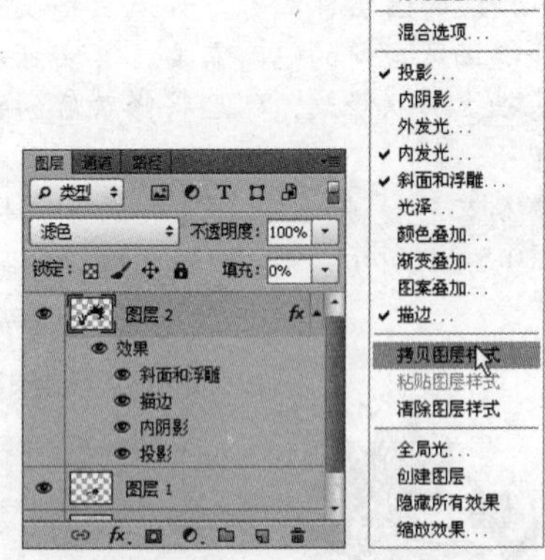

图10-5-300

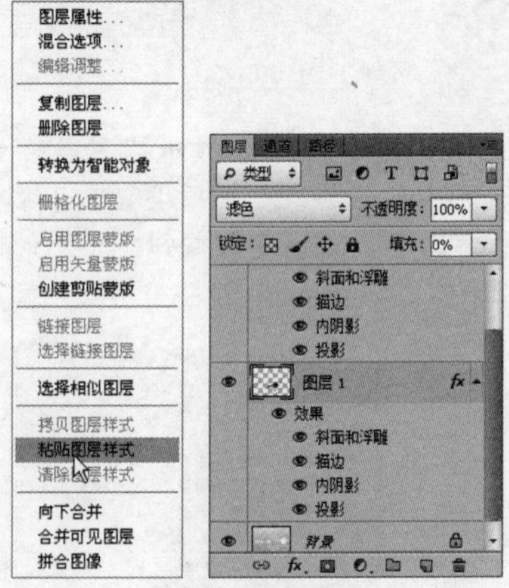

图10-5-301

转移图层样式，例如要将“图层2”中的样式转移到“图层1”上。先选择“图层2”，如图10-5-302所示。再用鼠标将“图层2”中的样式拖曳至“图层1”

上，样式将会直接转移至“图层1”中，如图10-5-303所示。

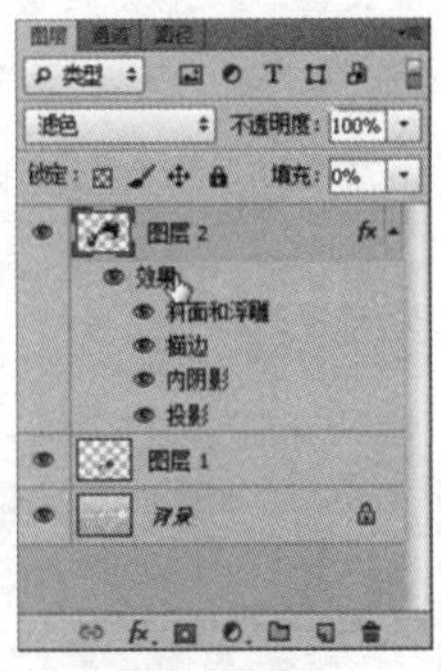
图10-5-302

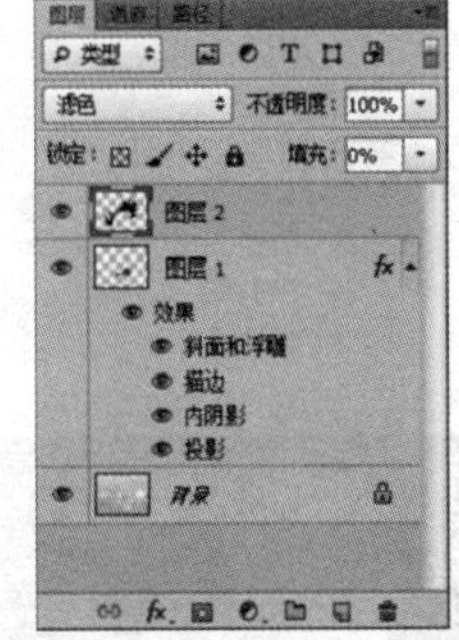
图10-5-303

**Tips 提示**

经过复制的图层样式除了能够粘贴在当前文件的其他图层上，还可以粘贴到其他编辑文件的图层上。

## ※ 删除样式中的效果

如果不需要在图层中添加的样式，可将其暂时隐藏或是删除，该样式在图像中产生的效果将消失。

打开素材文件，在“图层”面板中显示“图层2”含有多个样式，如图10-5-304所示。选择其中的任意一个样式，并将其拖曳至删除图层按钮上，即可删除该样式，同时在图像中的效果也会随之消失，如图10-5-305所示。

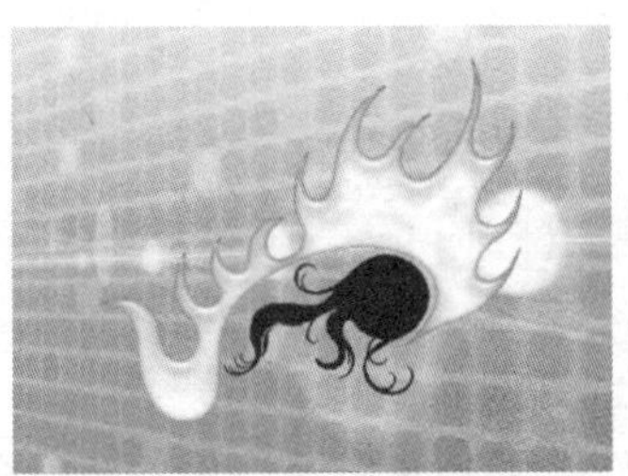
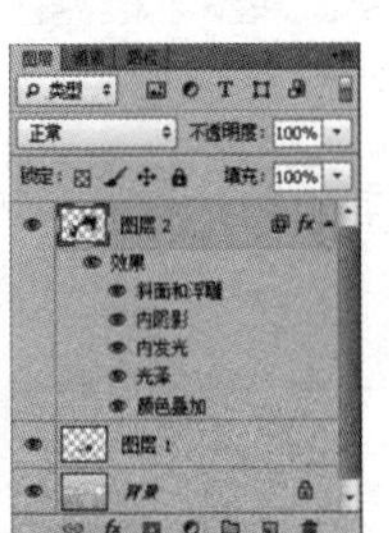
图10-5-304

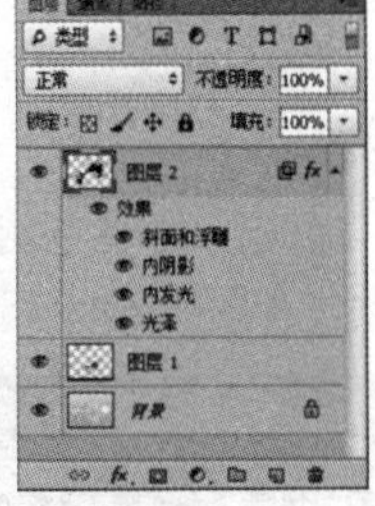
图10-5-305

## 实战 删除图层样式

第 10 章 / 实战 / 删除图层样式

还有另一种方法是，选择“图层2”，在图层上单击鼠标右键，在弹出的下拉菜单中选择“清除图层样式”，可以将图层中所有的样式都删除，如图10-5-306所示。

图10-5-306

## ※ 灵活地调整效果位置

在设置“投影”、“内阴影”等一些效果时，如果将鼠标移动到图像中，鼠标的光标会显示为移动工具，这时单击并拖动鼠标，可以任意调整效果的位置。

打开素材文件，选择“图层1”，如图10-5-307所示，单击“图层”面板中的添加图层样式按钮，在弹出的下拉菜单中选择“投影”选项，打开“图层样式”对话框，如图10-5-308所示。

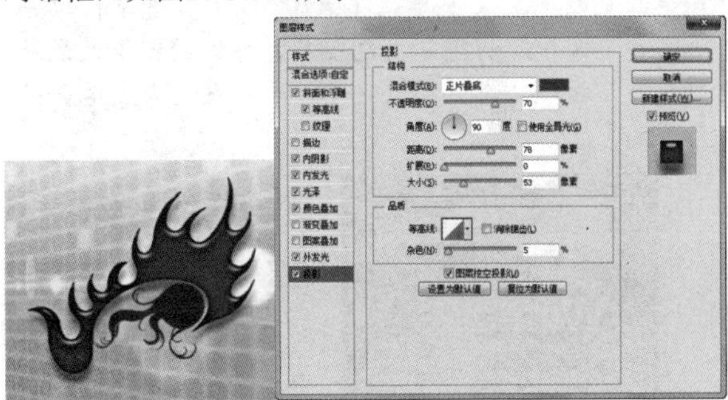
图10-5-307　　图10-5-308

将鼠标移至图像中，指针显示为移动工具，单击并拖动鼠标调整投影效果的位置，如图10-5-309所示。调整完成后，“图层样式”对话框中的各项参数也将随之发生改变，如图10-5-310所示。

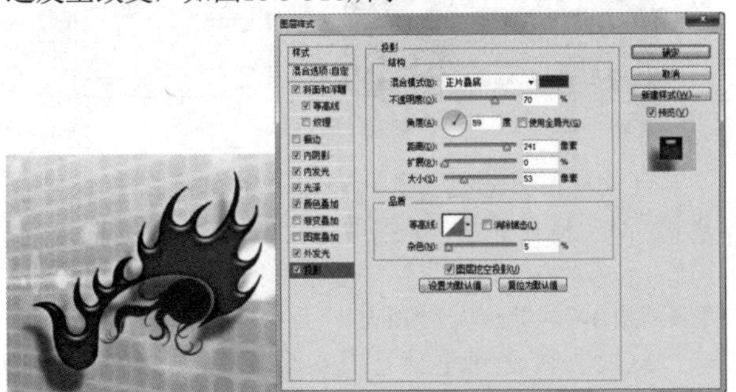
图10-5-309　　图10-5-310

# 10.6 中性色图层

**关键字** 中性色图层的优势、创建中性色图层、编辑中性色图层

中性色图层是一种特殊的图层，可以被用来修饰图像，也可以像普通图层那样在它上面创建滤镜。在中性色图层上处理图像是一种非破坏性的图像编辑方式，所有的操作都不会破坏其他图层上的像素。

## 10.6.1 中性色图层的优势

实际上中性色图层就是一个辅助操作的图层，它的优势是在不影响原图像的基础上对原图像进行操作以达到理想效果。例如，想为图层添加一个光照效果，如果没有中性色图层只能在原图像上操作，不仅不容易控制位置，而且会破坏原图；但是如果有中性色图层就方便了，可以自由移动，还可以调整大小，结合蒙版或橡皮擦还能增加删减区域。

### 实战 中性色可以使用绘画工具编辑

第 10 章 / 实战 / 中性色可以使用绘画工具编辑

打开一张素材图像，及“图层”面板状态，如图10-6-1所示。按快捷键Shift+Ctrl+N，在打开的“新建图层”对话框中设置模式为“颜色减淡”，并勾选“填充颜色减淡中性色（黑）（F）”选项，单击“确定”按钮。创建中性色图层，得到的图像效果及“图层”面板状态如图10-6-2所示。看起来图像并没有发生变化。

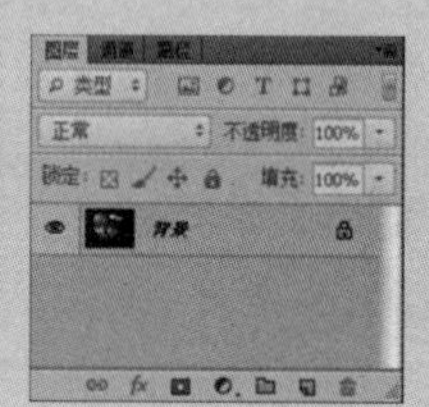

图10-6-1

图10-6-2

可以使用绘画工具来编辑中性色图层。选择“图层1”，选择工具箱中的画笔工具，将前景色设置为合适的灰色，在图像上进行涂抹，得到的图像效果如图10-6-3所示。“图层”面板状态如图10-6-4所示。这时可以看到中性色图层增强了图像中的发光效果。

图10-6-3

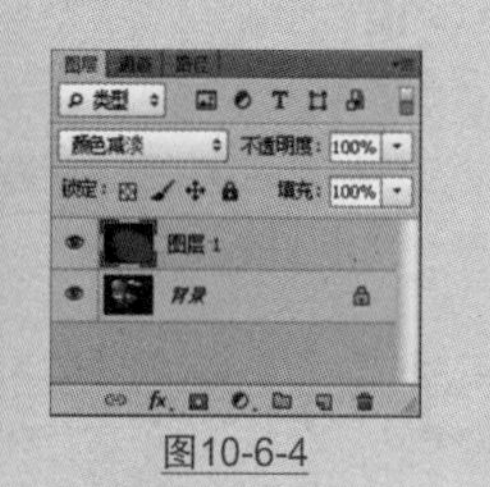

图10-6-4

### ※ 中性色可以用来承载滤镜

除了可以使用绘画工具来编辑中性色图层外，它还能够承载滤镜功能。通常情况下，“光照效果”、“镜头光晕”等滤镜是不能被应用在没有像素的图层上的。例如，新建一个普通图层，该图层上没有任何像素，如图10-6-5所示。执行【滤镜】/【渲染】/【镜头光晕】命令，这时会弹出一个对话框，如图10-6-6所示，指示该滤镜不能应用。

图10-6-5

图10-6-6

中性色图层上填充有中性色像素，可以执行滤镜命令，虽然看不到这些中性色会有任何的效果，却可以将效果应用到下方图层上。在中性色图层上可以创建灯光、锐化及胶片颗粒等普通的空图层上不能创建的滤镜。

创建了中性色图层的图像及“图层”面板状态如图10-6-7和图10-6-8所示。

图10-6-7

图10-6-8

执行【滤镜】/【渲染】/【镜头光晕】命令，在打开的"镜头光晕"对话框中设置参数，如图10-6-9所示。得到的图像效果及"图层"面板状态如图10-6-10和图10-6-11所示。

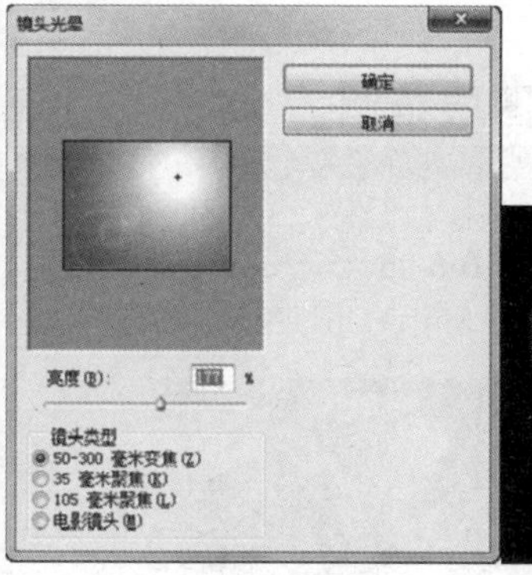

图10-6-9

图10-6-10

在中性色图层中创建滤镜后，并没有破坏"背景"图层中的像素，可见这是是一种非破坏性的图像编辑方式。

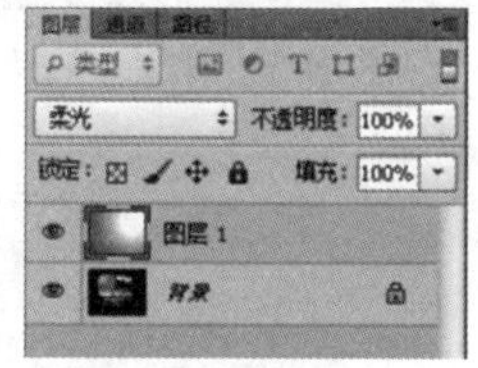

图10-6-11

## 10.6.2 创建中性色图层

想要创建中性色图层，可以执行【图层】/【新建】/【图层】命令，在弹出的"新建图层"对话框中，选择一种混合模式，然后再勾选"填充中性色"选项即可，如图10-6-12所示。

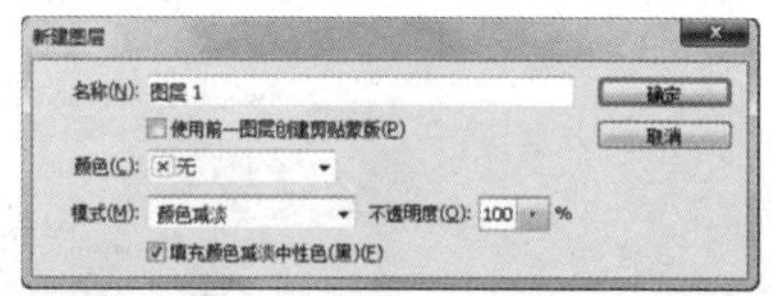

图10-6-12

**Tips 提示**

按住 Alt 键单击"图层"面板中的创建新图层按钮，或者按快捷键 Ctrl+Shift+N 都可以打开"新建图层"对话框，在对话框中选择混合模式并勾选"填充中性色"选项即可创建中性色图层。

在创建中性色图层时，会发现并不是对话框中所有的混合模式都可以勾选"填充中性色"选项的。当混合模式为"正常"、"溶解"、"实色混合"、"色相"、"饱和度"、"颜色"和"亮度"时该选项显示为"该模式不存在中性色"，因此无法创建这几种混合模式的中性色图层。

再来看看其他混合模式会不会有什么不同。将混合模式设置为"变暗"、"正片叠底"、"颜色加深"和"线性加深"时，图层中填充的中性色为"白色"，如图10-6-13所示。

将模式设置为"叠加"、"柔光"、"强光"、"亮光"、"线性光"和"点光"时，填充的中性色为50%"灰色"，如图10-6-14所示。

将模式设置为"变亮"、"滤色"、"颜色减淡"、"差值"和"排除"时，填充的中性色为"黑色"，如图10-6-15所示。

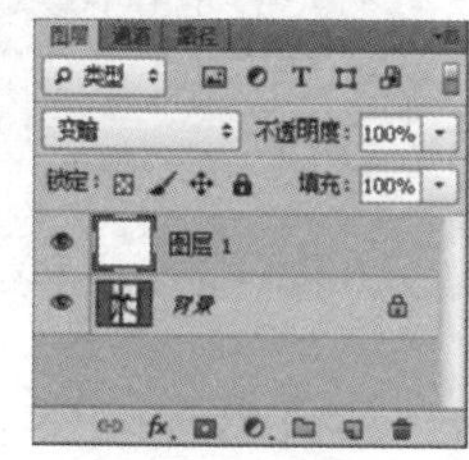

图10-6-13

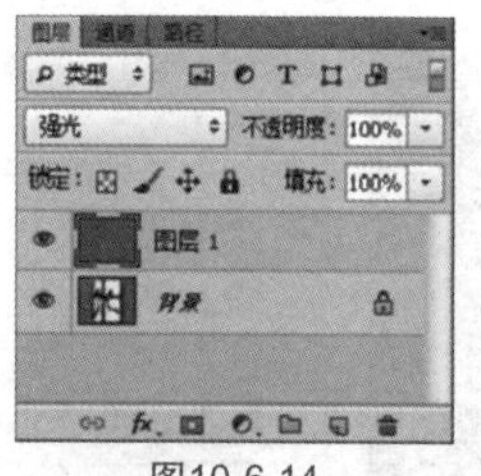

图10-6-14

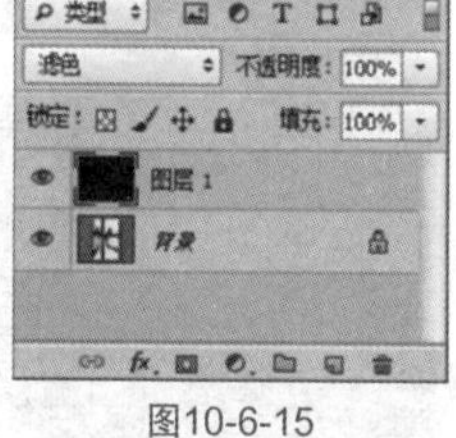

图10-6-15

## 10.6.3 编辑中性色图层

创建中性色图层时，系统会使用默认的中性色来填充图层，然后再根据图层的混合模式来分配这种不可见的中性色。当不应用效果时中性色图层是不会对其他图层产生任何影响的。

### 实战 混合模式对中性色的影响

第 10 章 / 实战 / 混合模式对中性色的影响

中性色图层是通过混合模式与图像相互作用而产生效果的，因此对图像产生的影响也是不同的。例如，分别创建"变暗"、"叠加"和"变亮"模式的中性色图层，观察执行相同"滤镜"后这些图层会产生什么样的效果。

打开素材图像，如图10-6-16所示。在"图层"面板中分别创建了混合模式为变暗（白色）、叠加（50%灰色）和线性减淡（黑色）3种中性色图层，如图10-6-17所示。分别对3个图层执行【光照效果】滤镜，在打开的"光照效果"对话框中设置一样的参数，如图10-6-18所示。

图10-6-16

图10-6-17

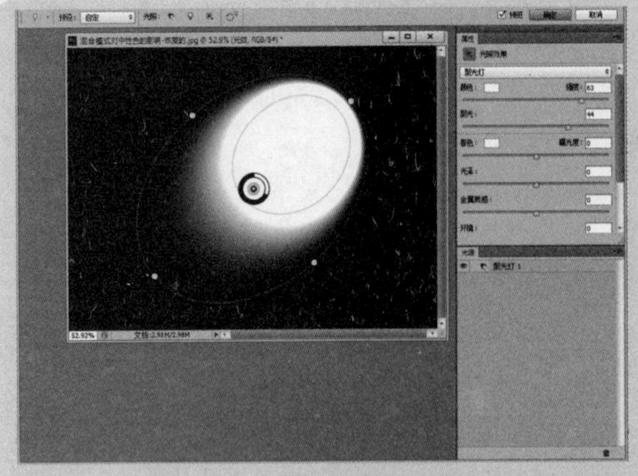

图10-6-18

图像效果及“图层”面板状态（“变暗”模式的中性色图层）如图10-6-19和图10-6-20所示。

图10-6-19

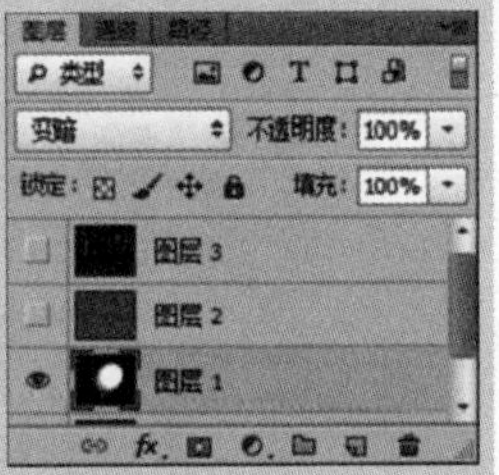

图10-6-20

图像效果及“图层”面板状态（“叠加”模式的中性色图层）如图10-6-21和图10-6-22所示。

图10-6-21

图10-6-22

图像效果及“图层”面板状态（“线性减淡”模式的中性色图层）如图10-6-23和图10-6-24所示。

图10-6-23

图10-6-24

从结果中可以看到，不同的中性色图层执行同样的滤镜，产生的效果会差别很大。要想能够熟练应用该项功能，就需要我们对混合模式的特点有充分的了解。

## ※ 中性色图层的有效范围

对中性色图层的编辑，除了可以使用画笔和滤镜外，还可以进行显示、隐藏、锁定和复制、删除中性填充色等操作。

## 实战 设置中性色图层范围

第10章 / 实战 / 设置中性色图层范围

打开素材图像，如图10-6-25所示。执行【图层】/【新建】/【图层】命令（Shift+Ctrl+N），在“新建图层”对话框中的“模式”选项下选择“柔光”，勾选“填充柔光中性色”选项，如图10-6-26所示。单击“确定”按钮，创建50%灰色中性色图层，如图10-6-27所示。

图10-6-25

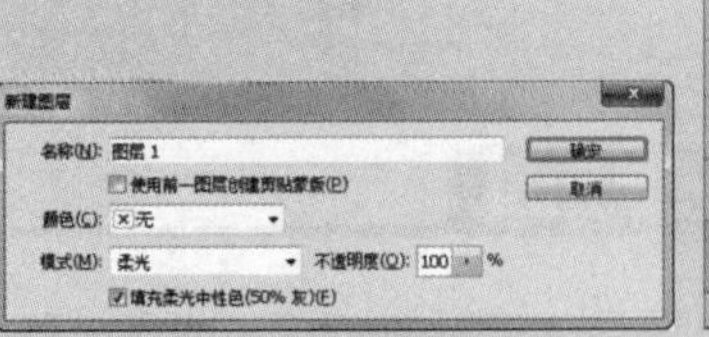

图10-6-26

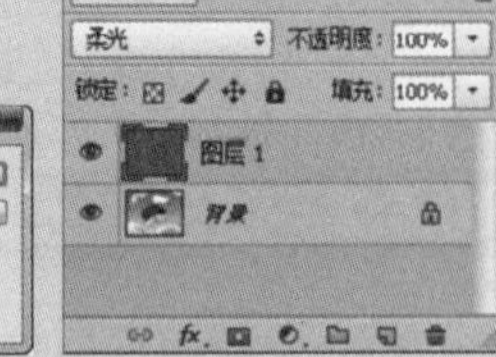

图10-6-27

选择“图层1”，执行【滤镜】/【纹理】/【马赛克拼贴】命令，在打开的对话框中设置参数，如图10-6-28所示，得到的图像效果如图10-6-29所示。

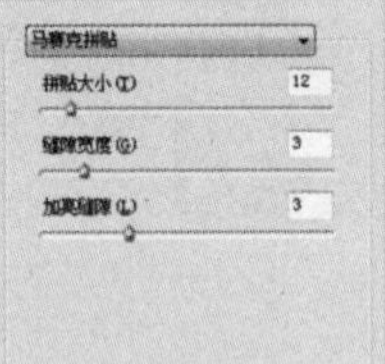

图10-6-28

图10-6-29

选择“图层1”，选择工具箱中的磁性套索工具，在图像中绘制选区，如图10-6-30所示。按Delete键删除选区内的图像，取消选区后得到的图像效果如图10-6-31所示。“图层”面板状态如图10-6-32所示。

图10-6-30

图10-6-31

图10-6-32

复制“图层1”，得到“图层1副本”图层，增强了画面纹理质感，得到的图像效果如图10-6-33所示，“图层”面板状态如图10-6-34所示。

图10-6-33

图10-6-34

## ※ 为中性色图层添加蒙版

中性色图层也可以添加图层蒙版或填充图案，用来控制中性色图层的作用范围，且不会对中性色图层上的效果造成破坏。下面介绍具体操作方法。

打开素材图像，如图10-6-35所示。执行【图层】/【新建】/【图层】命令，在打开的“新建图层”对话框中的“模式”选项下选择“柔光”，并勾选“填充柔光中性色”选项，如图10-6-36所示。单击“确定”按钮，创建一个中性色图层，如图10-6-37所示。

图10-6-35

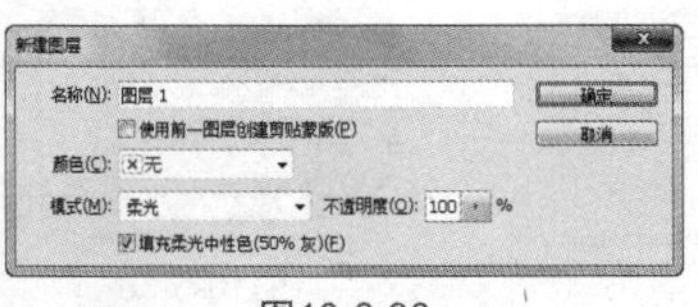
图10-6-36

图10-6-37

选择“图层1”，执行【编辑】/【填充】命令，在打开的“填充”对话框中设置具体参数，如图10-6-38所示。设置完毕后单击“确定”按钮，得到的图像效果如图10-6-39所示。

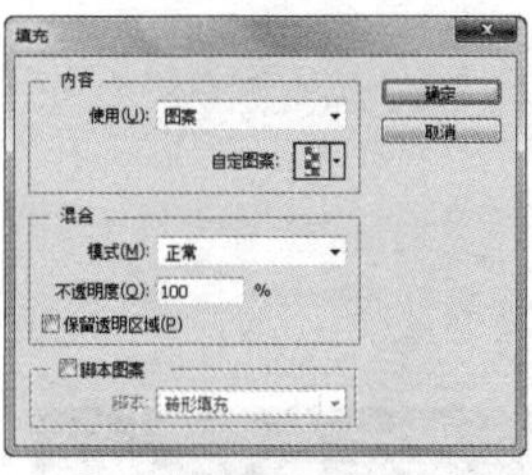
图10-6-38

图10-6-39

选择工具箱中的套索工具，在其工具选项栏中设置合适的羽化值，在图像中创建选区，如图10-6-40所示。按快捷键Ctrl+Shift+I反选选区，得到的图像效果如图10-6-41所示。

图10-6-40

图10-6-41

单击“图层”面板中的添加图层蒙版按钮，为中性色图层添加图层蒙版，得到的图像效果如图10-6-42所示，“图层”面板状态如图10-6-43所示。

图10-6-42

图10-6-43

## ※ 为中性色图层添加图层样式

中性色图层也可以添加图层样式来创建图像特效，可以通过中性色图层编辑修改样式在图层上的作用效果。如图10-6-44、图10-6-45和图10-6-46所示。

图10-6-44

图10-6-45

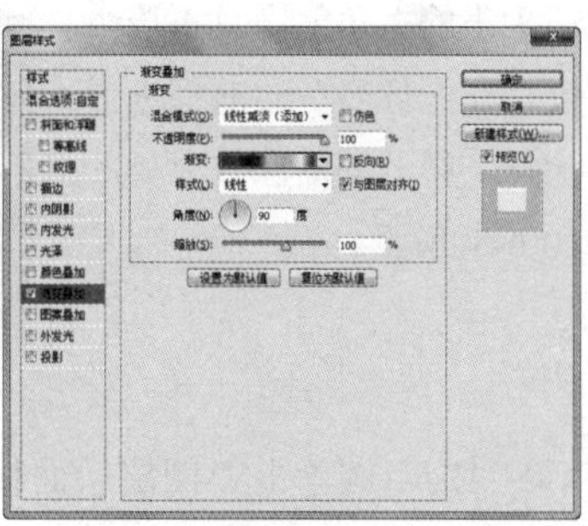
图10-6-46

训练营 第 10 章 / 训练营 /07 中性色图层应用

# 07 中性色图层应用

▲ 确定精确定位光晕
▲ 制作模拟车灯效果的方法

01 执行【文件】/【打开】命令（Ctrl+O），弹出“打开”对话框，选择需要的素材，单击“打开”按钮打开图像，如图10-6-47所示。将“背景”图层拖曳至“图层”面板上的创建新图层按钮上，得到“背景副本”图层。

图10-6-47

02 执行【滤镜】/【模糊】/【径向模糊】命令，弹出“径向模糊”对话框，具体参数设置如图10-6-48所示，得到的图像效果如图10-6-49所示。

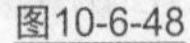
图10-6-48

图10-6-49

03 单击“图层”面板上的添加图层蒙版按钮，为图层添加蒙版。将前景色设置为黑色，选择工具箱中的画笔工具，在其工具选项栏上设置合适大小的柔角笔刷及不透明度，在图像赛车的前部进行涂抹，得到的图像效果如图10-6-50所示。

图10-6-50

04 按Alt键单击“图层”面板上的创建新图层按钮，弹出“新建”图层对话框，具体设置如图10-6-51所示，设置完毕后单击“确定”按钮，新建中性色图层“图层1”，“图层”面板状态如图10-6-52所示。

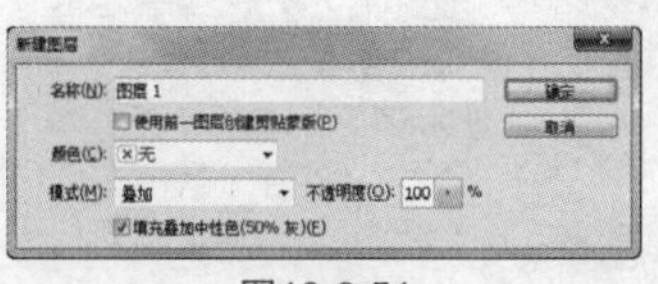
图10-6-51

图10-6-52

05 执行【滤镜】/【渲染】/【光照效果】命令，弹出“光照效果”对话框，具体参数设置如图10-6-53所示，得到的图像效果如图10-6-54所示。

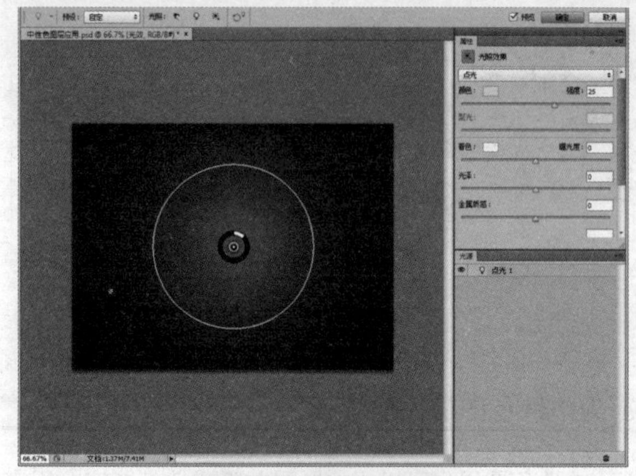
图10-6-53

图10-6-54

06 按Alt键单击“图层”面板上的创建新图层按钮，弹出“新建”图层对话框，具体设置如图10-6-55所示，设置完毕后单击“确定”按钮，新建中性色图层“图层2”，“图层”面板状态如图10-6-56所示。

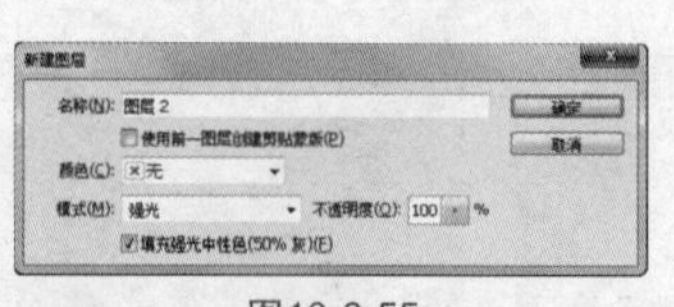
图10-6-55

图10-6-56

07 按F8调出“信息”面板，如图10-6-57所示，单击右上角的扩展按钮，在弹出的下拉菜单中选择“面板选项”，打开“信息面板选项”对话框，参数设置如图10-6-58所示。

08 将鼠标移动至图像中车灯所示的位置，“信息”面板中显示光标所在的位置，如图10-6-59所示。

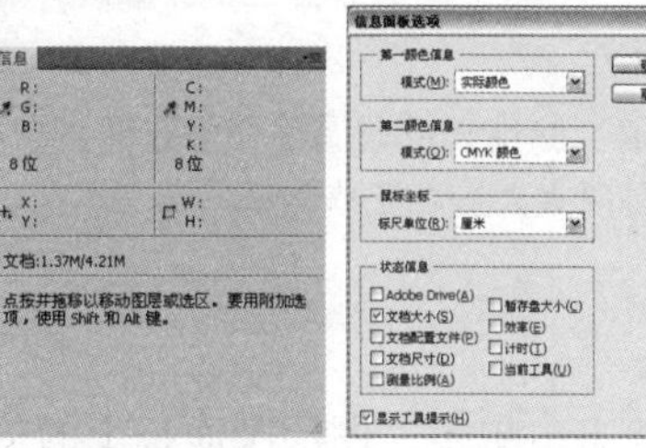

图10-6-57　图10-6-58　图10-6-59

09 执行【滤镜】/【渲染】/【镜头光晕】命令，弹出“镜头光晕”对话框，具体参数设置如图10-6-60所示，将光标移至对话框的预览区内，按快捷键Alt+Ctrl单击鼠标右键，弹出“精确光晕中心”对话框，输入坐标值如图10-6-61所示，得到的图像效果如图10-6-62所示。

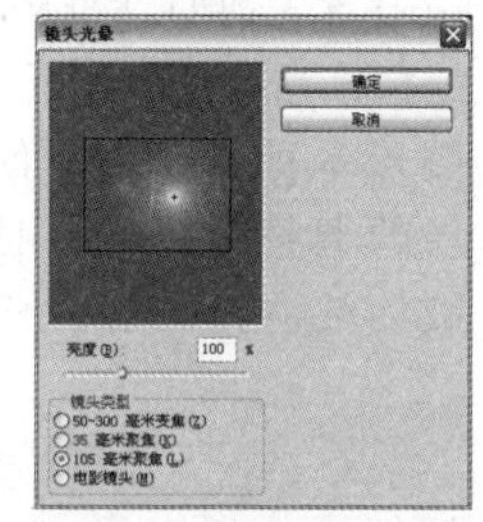

图10-6-60

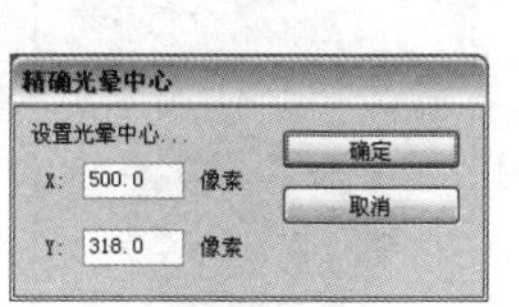


图10-6-61

图10-6-62

10 使用同样的方法为另外一个车灯添加光晕效果，得到的图像效果如图10-6-63所示。

图10-6-63

11 单击“图层”面板上的创建新的填充或调整图层按钮，在弹出的下拉菜单中选择“色阶”选项，在“调整”面板中设置参数，如图10-6-64所示，设置完毕后单击“确定”按钮，得到的图像效果如图10-6-65所示。

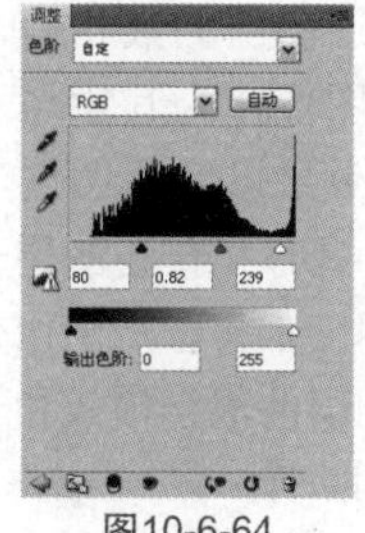

图10-6-64　图10-6-65

12 选择工具箱中的橡皮擦工具，将前景色设置为白色，选择“色阶”调整图层的图层蒙版缩览图，在工具选项栏中将其不透明度设置为20%，在图像中行涂抹，得到的图像效果如图10-6-66所示。

图10-6-66

13 按Alt键单击“图层”面板上的创建新图层按钮，弹出“新建图层”对话框，具体设置如图10-6-67所示，设置完毕后单击“确定”按钮，新建中性色图层“图层3”，“图层”面板状态如图10-6-68所示。

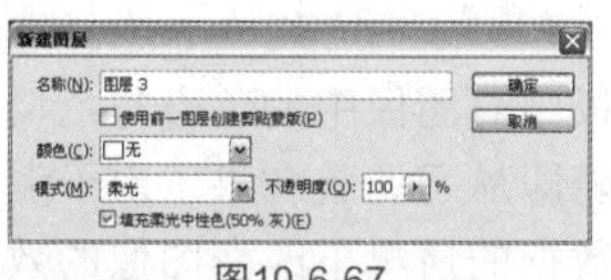

图10-6-67

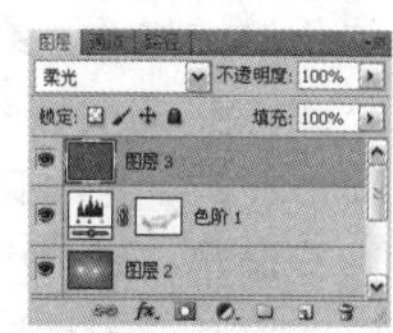

图10-6-68

14 执行【滤镜】/【渲染】/【光照效果】命令，弹出“光照效果”对话框，具体参数设置如图10-6-69所示，得到的图像效果如图10-6-70所示。

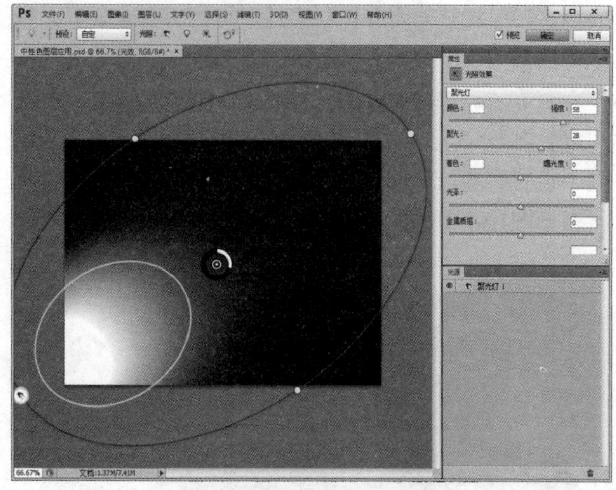

图10-6-69

图10-6-70

# 10.7 调整图层

**关键字** 调整图层的优势、调整图层解析，填充调整图层使用技巧

调整图层可将颜色和色调调整应用于图像,而不是直接在图像上调整更改像素值。颜色和色调调整存储在调整图层中,并应用于它下面的所有图层。可以随时扔掉更改并恢复原始图像。这个命令可以大大提高工作效率。

## 10.7.1 调整图层的优势

在Photoshop CS6中调整图像有两种方法：执行【图像】/【调整】命令，选择子菜单中的选项，在打开的对话框中调整各项参数，单击确定后图像色彩与色调被修改。或单击“图层”面板上的创建新的填充或调整图层按钮，在弹出的下拉菜单中选择选项，在打开的“调整”面板中对图像中的色彩与色调进行调整，窗口中的图像随即显示调整效果。由于调整图层是在不破坏原图像数据的情况下改变图像的效果，且可以随时恢复调整前的效果，因此调整图层的应用十分广泛。

执行【图像】/【调整】命令，所做的调整设置将直接应用于当前所选择图层，并且直接修改图像中的颜色信息。如果这时关闭并保存文件，再次打开文件时，图像的调整效果由于失去了历史记录将不能被还原。

打开素材图像，执行【图像】/【调整】/【色相/饱和度】命令（Ctrl+U），在打开的“色相/饱和度”对话框中设置参数，如图10-7-1所示。当前的“图层”面板状态如图10-7-2所示。

图10-7-1

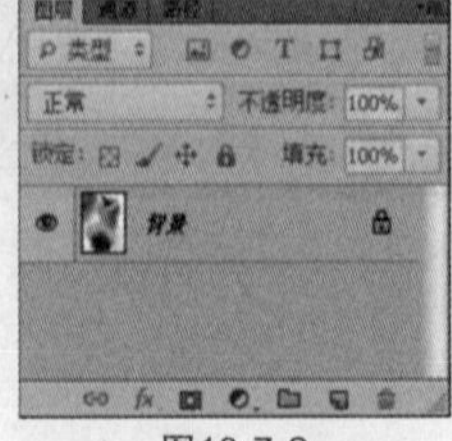

图10-7-2

返回原始图像状态，单击“图层”面板上的创建新的填充或调整图层按钮，在弹出的下拉菜单中选择“色相饱和度”选项，在打开的“调整”面板中设置先前对话框中的参数，得到的图像效果和先前一样，当前的“图层”面板状态如图10-7-3所示。调整图层本身不包含任何像素，它只用来存载被调整图层的调整数据，并且与之是分离状态，所以它不会破坏被调整图层的任何数据。

图10-7-3

### ※ 对图像非破坏性编辑

一般情况下对图像进行调整，大部分的操作都需要反复的修改，以达到最佳调整效果，因此在不破坏原图的情况下对图像进行调整尤为重要。调整图层就成了最好的方法，它可以将颜色和色调调整应用于图像，而不会对图像的原始像素造成影响，因此这种调整也被称为非破坏性调整。

### ※ 可调整不透明度和混合模式

调整图层具有的属性和普通图层大致相同，都是在面板中进行操作。打开素材图像，为其添加“渐变映射”调整图层，得到的图像效果以及“图层”面板如图10-7-4所示。因为调整图层具有和普通图层一样的属性，更改它的模式或是不透明度都将影响图像效果。选择“渐变映射”图层，修改图层的混合模式和不透明度，得到的图像效果如图10-7-5所示。

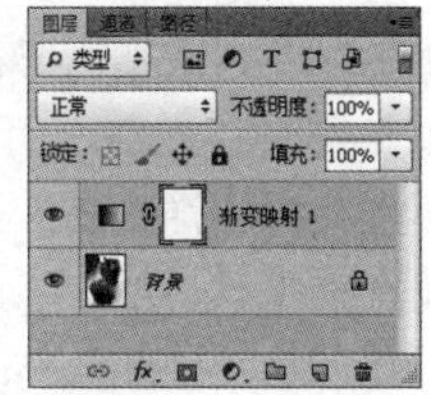

图10-7-4

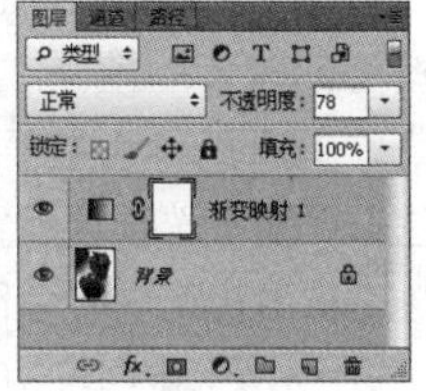

图10-7-5

## ※ 可对图像进行选择性调整

创建调整图层后，“图层”面板将为该调整图层添加一个图层蒙版。因此，当创建新的调整图层时，如果图像中存在选区，那么Photoshop CS6将会自动围绕选区边框建立一个图层蒙版。如果该图层不存在可用选区，调整图层将直接对整个图像进行调整，如图10-7-6所示。在对调整图层内的蒙版进行编辑时，蒙版中的黑色区域为不接受颜色调整范围，而白色区域则代表当前的调整应用于该区域图像中，如图10-7-7所示。

图10-7-6

图10-7-7

## ※ 可将调整效果应用选定图层

在没有进行特殊设置的情况下，调整图层将影响到它下方的所有图层，在其上方的图层将不受影响。因此，在需要将调整的效果限制在选定或是单独图层时，只需创建图层组或按快捷键Alt+Ctrl+G创建剪切蒙版即可。在下一章节中将会详细讲解这一部分。

**Tips 提示**

调整图层的图层蒙版与普通图层的图层蒙版作用相同，当使用不同等级的灰度对图层蒙版进行编辑时，可以控制调整图层应用到图像中的调整强度。

## 10.7.2 解析调整图层

调整图层是处理图像时最常用也是最方便的，除了能够反复修改调整参数、步骤以及设置以外，还可以通过使用蒙版，有效地控制调整效果的范围，因此，能够熟练掌握调整图层将会大大提高工作效率。

调整图层可分为填充图层和调整图层两种。它们在图像的调整过程中都有着十分重要的作用。下面将进行细致的讲解。

## ※ 渐变

在填充或调整图层的下拉菜单中，“纯色”、“渐变”和“图案填充”属于填充图层类型。填充图层是一类较为简单的图层，其本质上与普通图层相同。这里我们将详细介绍其中的“渐变”填充图层。

在“图层”面板上单击创建新的填充或调整图层按钮，在弹出的下拉菜单中选择“渐变”选项，打开“渐变填充”对话框，如图10-7-8所示。

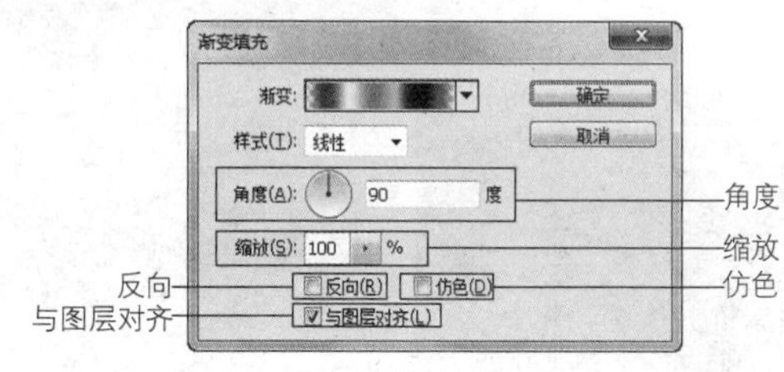


图10-7-8

单击“渐变”选项中的渐变条，打开“渐变编辑器”对话框，在对话框中设置渐变类型并应用到图像中。在“样式”选项中，包含有“线性”、“径向”、“角度”、“对称”或“菱形”的渐变类型以供选择，每个选项所得到的图像效果都不相同。面板上还有其他参数选项：

**角度：**指定应用渐变时使用的角度。

**缩放：**可以更改渐变的大小。

**反向：**可以翻转渐变的方向。

**仿色：**可以对渐变应用仿色来减少带宽。

**与图层对齐：**使用图层的定界框来计算渐变填充。

应用渐变填充图层为的是在不改变图像数据的前提下改变该图像的颜色信息和显示渐变效果的图像。打开素材图像，如图10-7-9所示。为图像添加“渐变填充”图层，得到“渐变映射1”图层，并将该图层混合模式设置为“浅色”，得到的图像效果以及“图层”面板如图10-7-10所示。

图10-7-9

图10-7-10

渐变调整图层的优势在于可以随时调整当前的渐变颜色，并且不影响原图像中的像素，双击打开“渐变颜色”对话框，设置不同的参数，得到的图像也不同，如图10-7-11所示。

图10-7-11

需要注意的是，填充图层不支持滤镜等命令，因此在需要对图像进行深入的编辑时，先要将图层栅格化。填充图层在被栅格化后，只能在未保存关闭文件前通过历史记录返回删除前的状态。

## ※ 色彩平衡

下面介绍调整图层中运用比较多的几个命令。

“色彩平衡”，侧重于通过在对“阴影”、“高光”和“中间调”3个部分中增加或减少红、绿、蓝3种颜色及其补色在图像中的色彩比例来调整图像，使调整后的图像得到色彩平衡的视觉效果。

创建“色彩平衡”调整图层，单击“图层”面板上创建新的填充或调整图层按钮，在弹出的下拉菜单中选择“色彩平衡”选项，打开“调整”面板的“色彩平衡”选项区，如图10-7-12所示。

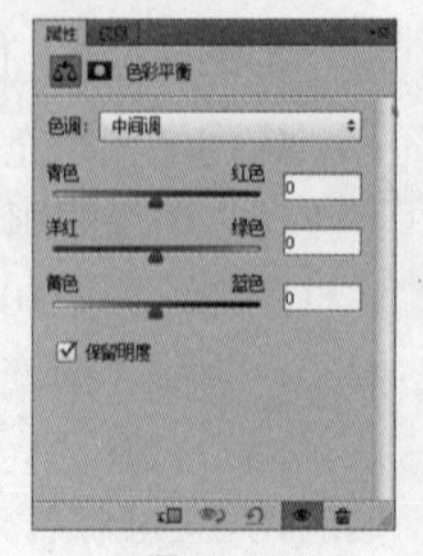


图10-7-12

在“色彩平衡”选项区中，将滑块拖向要在图像中增加的颜色，或拖离要在图像中减少的颜色就可以对图像的色彩进行调整。面板中有3对互补色，红色对应青色、绿色对应洋红色，蓝色对应黄色。就是说在进行色彩平衡调整时，增加红色也代表相对应的减少青色，下面颜色同理，因此在熟悉了滑块的含义后，对图像的调整也更加容易。

打开素材图像，如图10-7-13所示。单击“图层”面板上创建新的填充或调整图层按钮，在弹出的下拉菜单中选择“色彩平衡”选项，打开“调整”面板的“色彩平衡”选项区设置参数，将滑块拖向暖色区域，暖色在色调中所占的比例会相应地增加，得到的图像效果为偏暖的黄色调，如图10-7-14所示。

图10-7-13

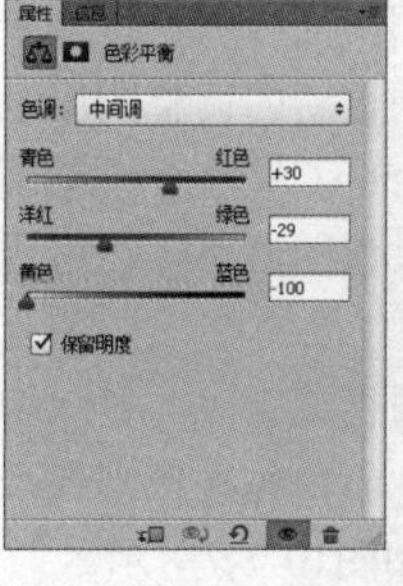

图10-7-14

### Tips 提示

在“色彩平衡”栏中，颜色条上方的值显示为红色、绿色和蓝色通道的颜色变化，通过修改参数值或直接调整滑块均可改变图像的色彩效果。

例如想要使图像的色调变为洋红色，有两种方法可以实现，一种方法是将对话框中的滑块直接挪动至左侧洋红色位置，如图10-7-15所示；另一种方法是保持洋红色与绿色之间的滑块不动，将另两个滑块向右移动至红色和蓝色的位置，如图10-7-16所示。虽然方法不同，但是得到的最后图像效果是相同的。

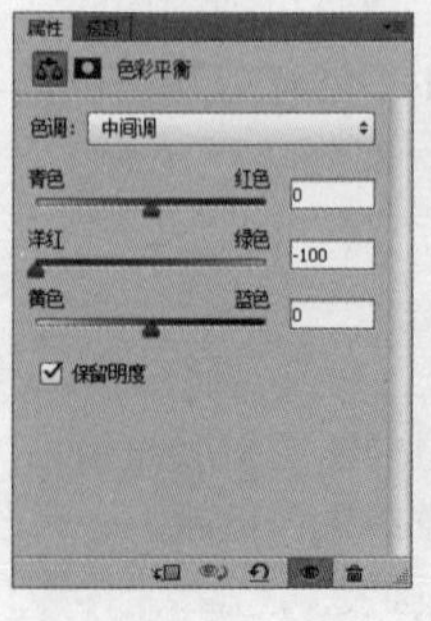

图10-7-15

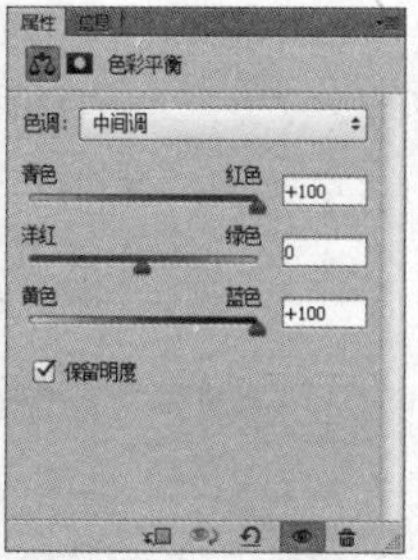

图10-7-16

在“色调”栏中包含有这样几个选项：“阴影”、“中间调”、“高光”和“保持明度”。

打开素材图像，如图10-7-17所示。通过“阴影”、“中间调”或“高光”选项，选择要着重更改的色调范围，打开“色彩平衡”对话框，如图10-7-18所示。通常情况下，选择不同的范围进行调整，可以使图像的颜色变得更加鲜艳明快，而不改变图像的主体色，调整后的图像如图10-7-19所示。

图10-7-17

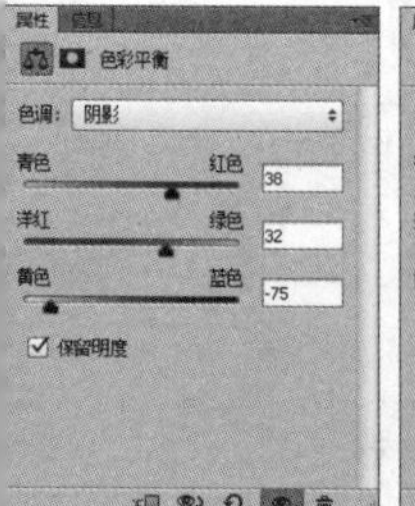
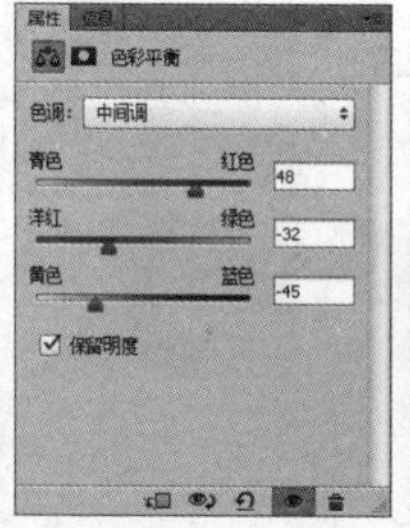
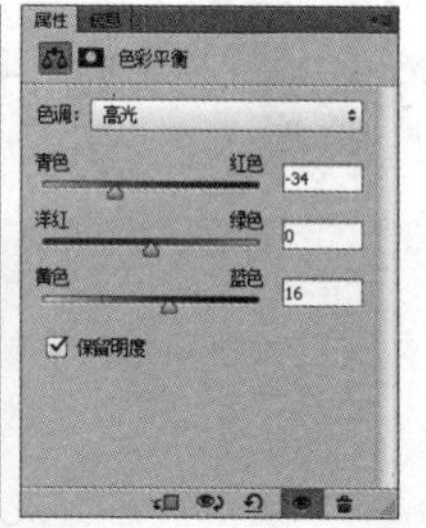

图10-7-18

图10-7-19

勾选“保持明度”复选框可以保持图像中的色调平衡，勾选该选项后可以防止图像的亮度值随颜色的更改而改变。

## ※ 色相/饱和度

【色相/饱和度】调整图层，也是经常应用的。它可以调整整个图像或某个范围内的色相、饱和度和亮度，并且在勾选“着色”复选框后可以改变图像的整体颜色。

打开素材图像，单击“图层”面板上创建新的填充或调整图层按钮，在弹出的下拉菜单中选择“色相/饱和度”选项，打开“调整”面板，可以看到“色相/饱和度”选项，如图10-7-20所示。其中，“色相”调整的是反射或投射自物体的颜色，“饱和度”调整的是颜色的纯度或强度。“明度”调整的是颜色的相对明暗程度。

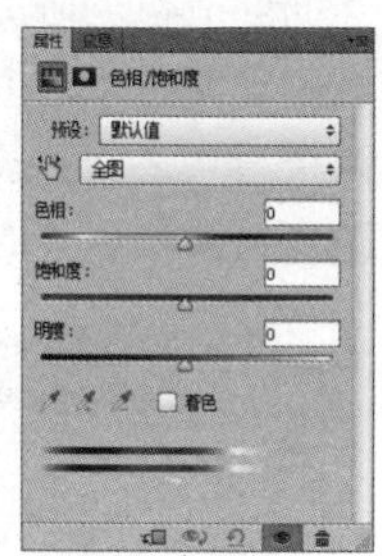

图10-7-20

移动“色相”滑块可以改变图像中所有的色相，如图10-7-21所示。

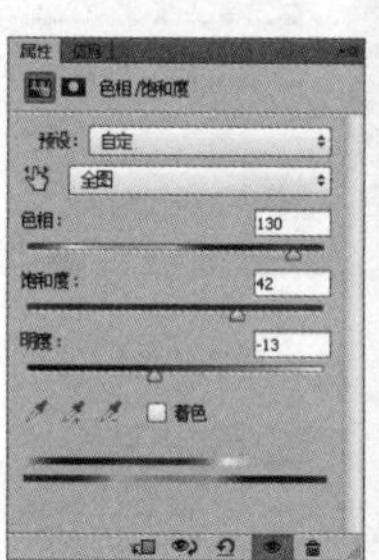

图10-7-21

移动“饱和度”滑块到最左右两侧，此时图像会变成完全的黑白色和超艳丽的颜色。

移动“明度”滑块可以调整像素的亮度，移动到最左侧时，整个图像呈现黑色，移动到最右侧时，图像显示为白色。

在“色相/饱和度”对话框可以看到一个默认显示为“全图”的选项框，那是“编辑”选项，用来控制调整应用的色彩范围。显示“全图”时，调整应用于图像中所有的颜色。如果单击该栏的扩展按钮，在弹出的下拉菜单中选择需要编辑的色彩范围，如图10-7-22所示，那么调整将只对图像中的红色部分起作用。

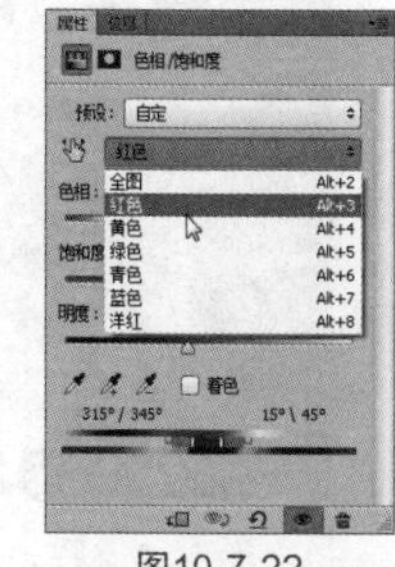

图10-7-22

**Tips 提示**

选择“编辑”选项下的通道后，“色相/饱和度”对话框中的吸管工具和调整滑块工具均处于被激活状态。

在选择需要进行编辑的颜色后，“色相/饱和度”对话框下方的渐变条发生变化，如图10-7-23所示。在竖条之间的颜色为所选颜色，代表在进行的色相、饱和度和明度调整时，这个范围内的颜色将被完全改变，而介于两个滑块之间竖条之外的区域颜色，将可以得到部分的改变，滑块以外的颜色不受影响。

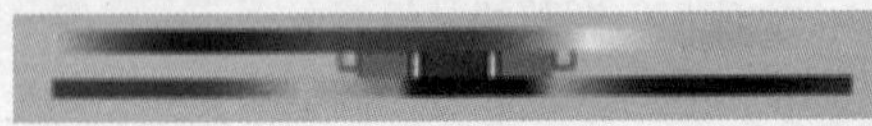

图10-7-23

还有这种情况，打开素材图像和“调整”面板，“编辑”选项的下拉菜单中不包括需要调整的颜色时，可以单击按钮，移动鼠标到窗口图像中，指针变为吸管工具后拖曳鼠标调整相应颜色的饱和度颜色，如图10-7-24所示。

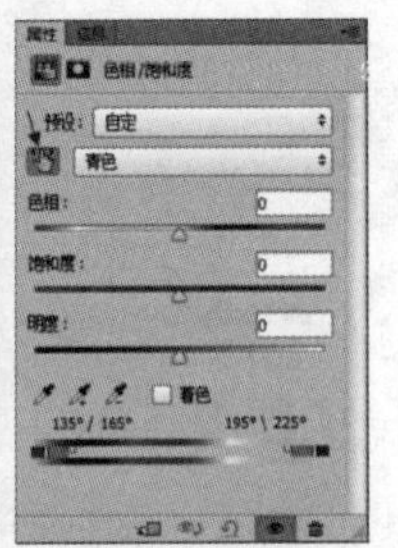


图10-7-24

“调整”面板中，使用吸管工具在图像中进行单击或拖移可以选择需要的颜色范围。使用“添加到取样”吸管工具，在图像中单击或拖移可以扩大选择的颜色范围。使用“从取样中减去”吸管工具可以减小选择的颜色范围。

在选择新的颜色范围后，在面板中移动“色相”、“饱和度”或“明度”的滑块或直接修改其参数即可对图像中被选择的颜色区域进行调整，如图10-7-25所示。

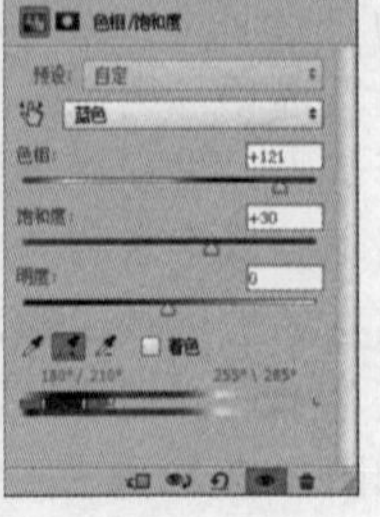


图10-7-25

“色相/饱和度”的应用范围很广。将图像适当的提高颜色饱和度可以改善大多数的图像效果，如图10-7-26所示。为了避免颜色过于鲜艳，可继续在“编辑”选项的下拉菜单中选择这种过饱和的颜色，并降低其饱和度即可。

图10-7-26

**Tips 提示**

在吸管工具处于选定状态时，可以按 Shift 键来选取新的颜色添加到已存在的颜色范围内，或按 Alt 键从范围中减去。

训练营 08 第 10 章 / 训练营 /08 通过调整“色相 / 饱和度”添加局部颜色

## 通过调整“色相/饱和度”添加局部颜色

▲ 为图像创建不同的选区
▲ 分别调整所创建选区内的“色相 / 饱和度”

**01** 执行【文件】/【打开】命令（Ctrl+O），弹出“打开”对话框，选择需要的素材，单击“打开”按钮打开图像，如图10-7-27所示。将“背景”图层拖曳至“图层”面板上的创建新图层按钮上，得到“背景副本”图层。

图10-7-27

**02** 选择工具箱中的钢笔工具，绘制路径。切换至“路径”面板，将“工作路径”拖曳至“路径”面板上创建新路径按钮，得到“路径1”，如图10-7-28所示。

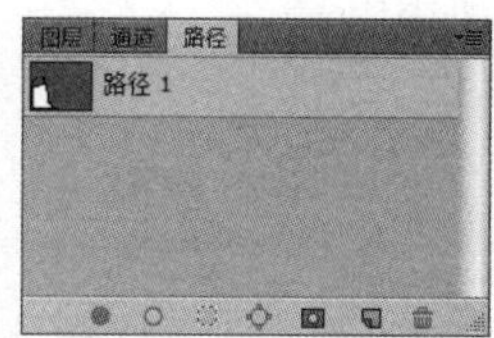

图10-7-28

03 选择“路径1”，单击“路径”面板上的将路径作为选区载入按钮，将“路径1”转换为选区。按快捷键Ctrl+Alt并单击“路径1”，得到如图10-7-29所示的选区。

图10-7-29

04 切换回“图层”面板，单击“图层”面板上的创建新的填充或调整图层按钮，在弹出的下拉菜单中选择“色相/饱和度”选项，弹出“色相/饱和度”对话框，具体参数设置如图10-7-30所示，设置完毕后单击“确定”按钮，得到的图像效果如图10-7-31所示。

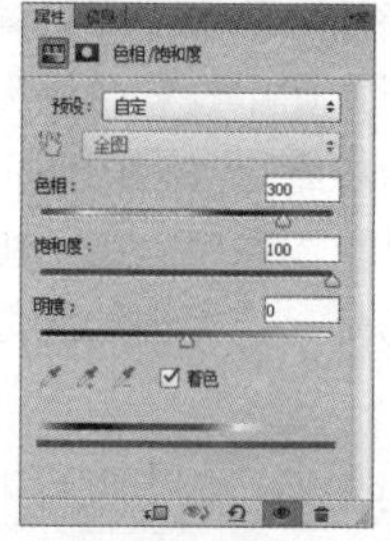

图10-7-30

图10-7-31

**Tips 提示**

当图像中存在选区的情况下，单击“图层”面板上创建新的填充或调整图层按钮，为图像创建“色相/饱和度”调整图层时，该调整图层内的图层蒙版将自动创建关于该选区的蒙版内容。

05 选择工具箱中的钢笔工具，绘制如图10-7-32所示的形状。切换至“路径”面板，将“工作路径”拖曳至“路径”面板上的创建新路径按钮，得到“路径2”。

图10-7-32

06 切换回“图层”面板，单击“图层”面板上的创建新的填充或调整图层按钮，在弹出的下拉菜单中选择“色相/饱和度”选项，弹出“色相/饱和度”对话框，具体参数设置如图10-7-33所示，设置完毕后单击“确定”按钮，得到的图像效果如图10-7-34所示。

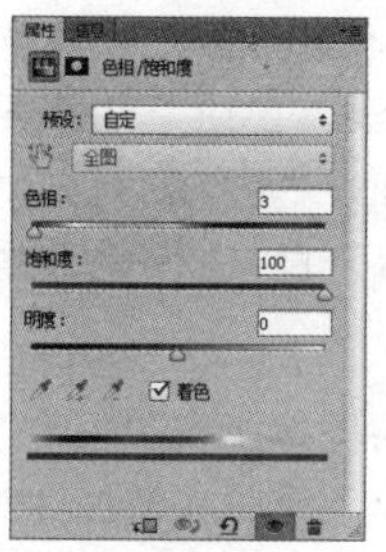

图10-7-33

图10-7-34

**Tips 提示**

在“色相/饱和度”对话框中，按Alt键可将“取消”键更改为“复位”键，不松开Alt键的同时单击“复位”键可重置“色相/饱和度”中的参数设置，使其变为初始状态。

07 双击“图层”面板上“色相/饱和度”调整图层缩览图，可随时对该调整图层所控制的区域进行颜色调整，如图10-7-35所示。

图10-7-35

## ※ 色阶

“色阶”与“曲线”命令是应用最为广泛的图像调整命令。“色阶”通过调整图像的阴影、中间调合高光的强度级别，来校正图像的色调达到颜色平衡，因此掌握“色阶”命令后调整图像将变得更加容易。

单击“图层”面板上的创建新的填充或调整图层按钮，在弹出的下拉菜单中选择“色阶”选项，弹出“色阶”调整面板，如图10-7-36所示。

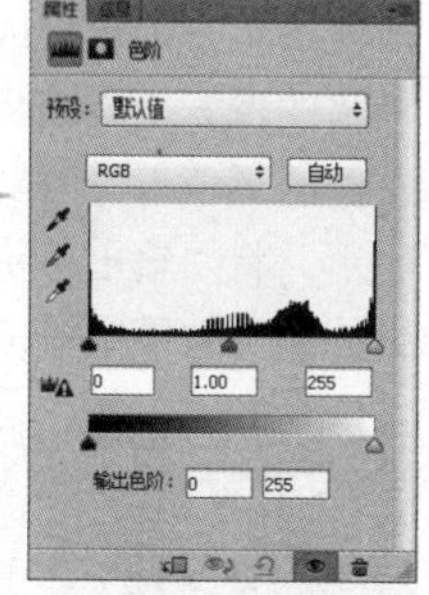

图10-7-36

“色阶”面板中的“通道”是用来限定调整范围的，其中包括“RGB”、“红”、“绿”、“蓝”四个选项。选择“RGB”时，将调整图像的全部色调；当选择“红”、“绿”、“蓝”任何一个通道时，所作调整仅影响当前选择范围内的图像。

**Tips 提示**

按 Ctrl 键和一个数字键可以在各个通道之间进行切换，按快捷键 Ctrl+~ 将返回 RGB 图像模式中，当图像为 CMYK 图像时将返回 CMYK 模式，并且在该模式下“通道”选项将拥有一个复合通道和四个单色通道。

在“色阶”对话框中，“输入色阶”可以增加图像的对比度，它包含有三个部分：“直方图”、“数值栏”和“滑块”。其中，“色阶”直方图用作调整图像基本色调的调整参考。

打开如图10-7-37所示的素材图像，在“色阶”对话框中拖动“输入色阶”左侧的黑色滑块或增加其对应文本框中的数值将使图像变暗，如图10-7-38所示。拖动“输入色阶”右侧的白色滑块或降低对应文本框中的数值将加亮图像，如图10-7-39所示。

图10-7-37

图10-7-38

图10-7-39

“输入色阶”用来控制图像中的灰度，也就是说调整“输出色阶”可以降低图像对比度。调整“输出色阶”渐变条下方的滑块或在文本框中输入数值可以将图像中最暗的像素变亮或将最亮的像素变暗。将“输出色阶”左侧的黑色滑块向右移动，得到的图像效果如图10-7-40所示。将“输出色阶”右侧的白色滑块向左侧移动，得到的图像效果如图10-7-41所示。

图10-7-40

图10-7-41

将“输出色阶”的黑色滑块拖动到右侧，将白色滑块拖动到左侧，图像的色调将被反转，如图10-7-42所示。

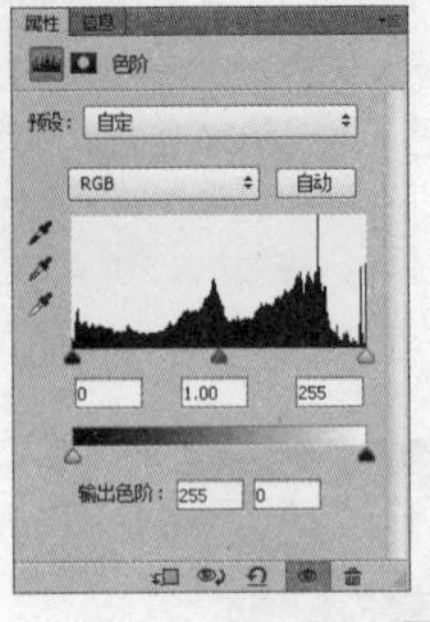


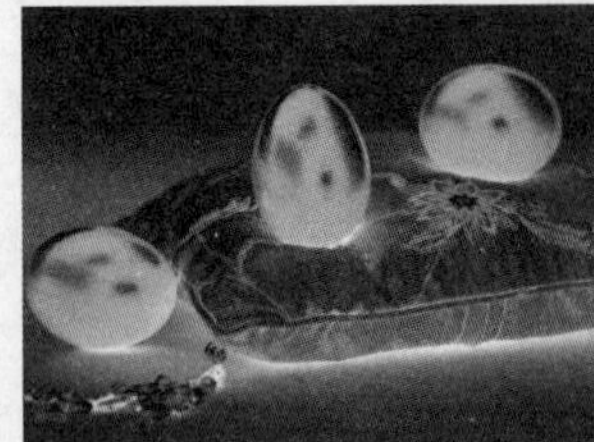
图10-7-42

“色阶”面板中直方图在最中间，可以直观地了解图像中灰度所占的空间，并确定对图像所做的调整是破坏图像还是改善图像。直方图是另一种显示图像信息的方式，每个图像在“色阶”对话框中都拥有自己独特的直方图。在一个完整的直方图中，高条形说明一种灰度占据图像中的大量空间，短条形则说明图像中这种灰度较少，通常情况下，条形占据所有可用的空间，并且在两侧没有尖端的直方图表明其对应的图像效果较好。

在“色阶”对话框中，使用吸管工具可以更方便地校正图像的色调，即从过量的颜色中移去不需要的色调。使用设置黑场吸管工具在图像中单击，可将其单击的位置定义为图像中最暗的区域。使用设置白场吸管工具在图像中单击，可将其单击的位置定义为图像中最亮的区域。使用设置灰场吸管工具在图像中单击，可用于校正图像中的偏色。需要注意的是，当处理的图像为灰度图像时，该工具不可用。

打开如图10-7-43所示的素材图像，使用吸管工具进行校正后得到的图像效果如图10-7-44所示。

图10-7-43

图10-7-44

**Tips 提示**

使用吸管工具时，“色阶”对话框在应用该工具以前设置的任何参数将被取消，因此当需要使用吸管工具并调整图像中的色阶参数时，应先使用吸管工具，最后再设置对话框中的参数对图像进行微调。

## 实战 用色阶调整偏色照片

第 10 章 / 实战 / 用色阶调整偏色照片

打开素材图像，如图10-7-45所示。观察这张图片，可以看得出该图像偏色严重。

图10-7-45

单击“图层”面板上的添加调整或填充图层按钮，在弹出的菜单中选择“色阶”选项，在打开的“色阶”调整面板中设置具体参数，分别在不同的通道中进行调整，如图10-7-46、图10-7-47、图10-7-48和图10-7-49所示。

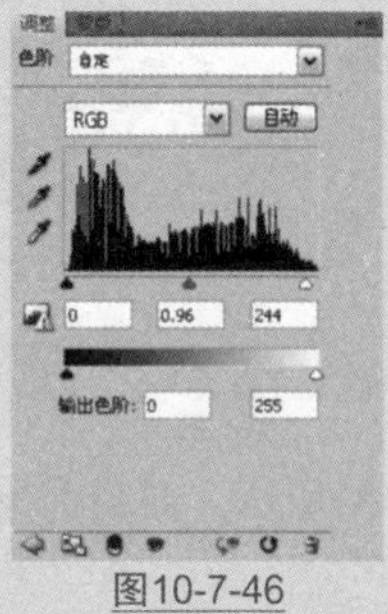
图10-7-46

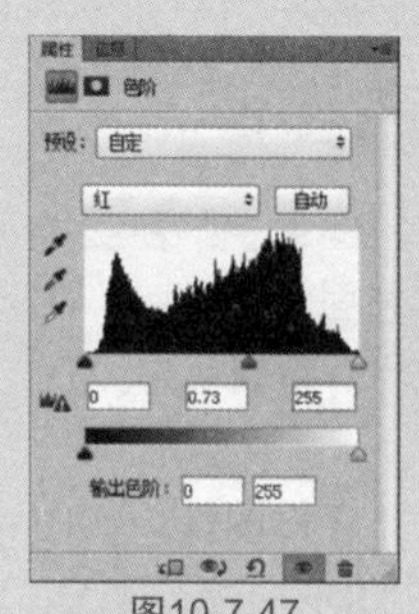
图10-7-47

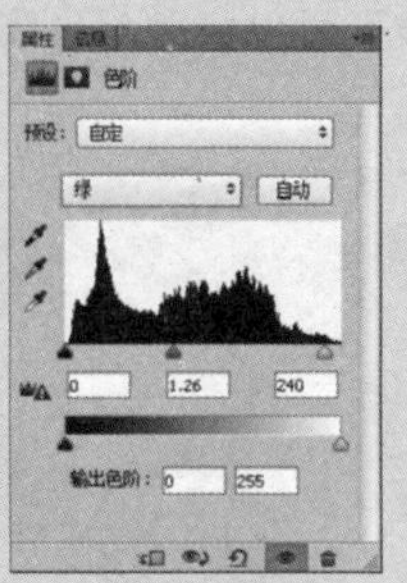
图10-7-48

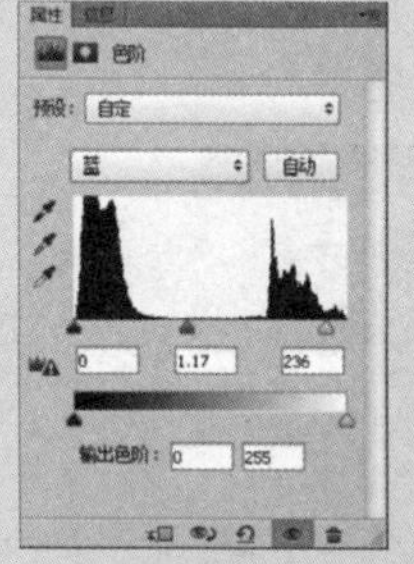
图10-7-49

设置完毕后得到的图像效果如图10-7-50所示。

图10-7-50

“自动”命令是“色阶”中的一个特殊命令，该命令可以自动调整图像中的黑场和白场。它应用的原理是通过剪切每个通道中的阴影和高光部分，并将每个颜色通道中最亮和最暗的像素映射到纯白和纯黑，而中间像素值将按比例重新分布，以此来增强图像中的对比度。

“自动”按钮位于面板中“直方图”的右上角，单击该按钮后应用默认的设置对图像进行调整。例如要处理很多同类型问题的图像，就可以先进行预设，而后单击“自动”选项处理图像。单击“色阶”面板上的扩展按钮，在下拉菜单中选择“自动”选项，打开“自动颜色校正选项”对话框进行设置，如图10-7-51所示。通过对该对话框进行“自动”校正属性的调整，可以将调整应用到下一步的调整中。

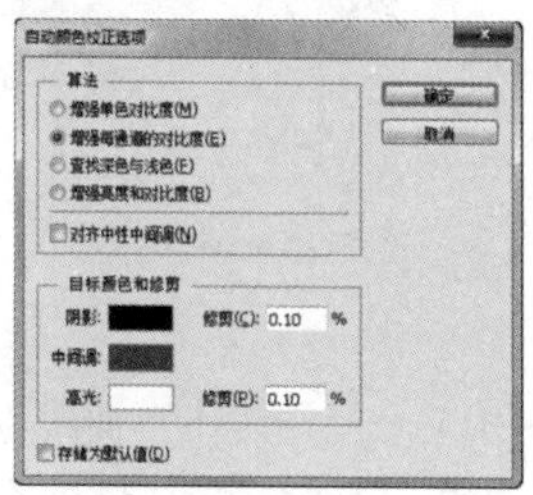
图10-7-51

### 技术要点：色阶中的“自动”功能

“色阶”对话框中的“自动”按钮与“自动色阶”命令较为相似，不同的是“自动”按钮的属性取决于再“自动颜色校正选项”对话框中的设置。比较而言，前者可以得到更多的控制，由于存在于调整图层内，因此同样便于修改或删除。

### ※ 曲线

单击“图层”面板上创建新的填充或调整图层按钮，在弹出的下拉菜单中选择“曲线”选项，打开“曲线”调整面板，如图10-7-52所示。

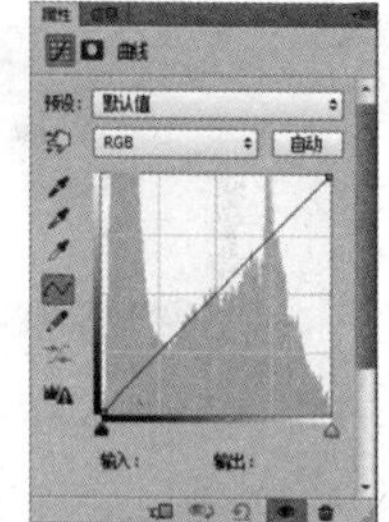
图10-7-52

在“曲线”调整面板中，单击“曲线”预设选项右边的扩展按钮，在其下拉菜单内选择需要的“曲线”类型，可以将预设好的类型直接应用到图像中。当“预设”栏中显示为“默认值”时，代表曲线未被改变。显示为“自定”时，代表可以对曲线采用自定义的方法进行调整。

打开素材图像，如图10-7-53所示。在“曲线”预设的下拉菜单中选择“彩色负片”，得到的图像效果如图10-7-54所示。

图10-7-53

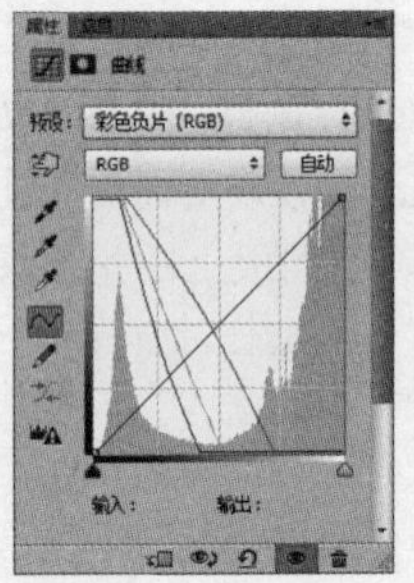

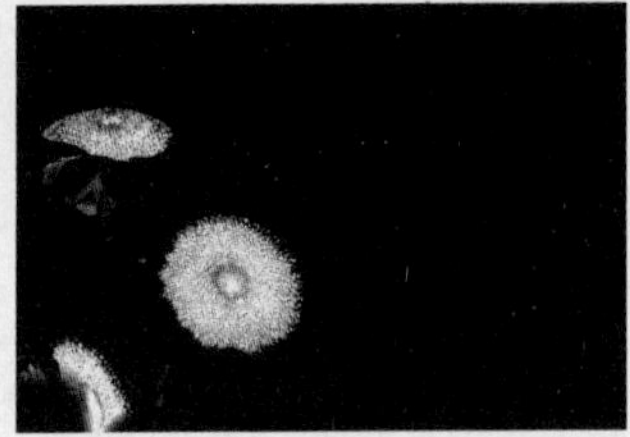

图10-7-54

一般情况下“曲线”面板都是采用“自定”模式对曲线进行编辑的。下面介绍自定义曲线的方法。

在曲线中，添加锚点是用来编辑曲线弧度的重要方式。单击曲线上任意一处，可添加新的锚点，将锚点拖到曲线图外即可将其删除。

曲线的弧度随着锚点的变化而变化，曲线弧度不同，导致调整后得到的图像效果也不同，如图10-7-55和图10-7-56所示。

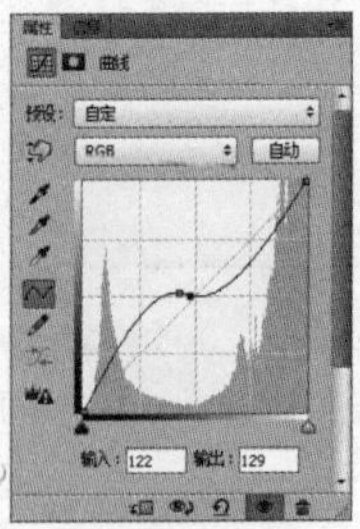

图10-7-55

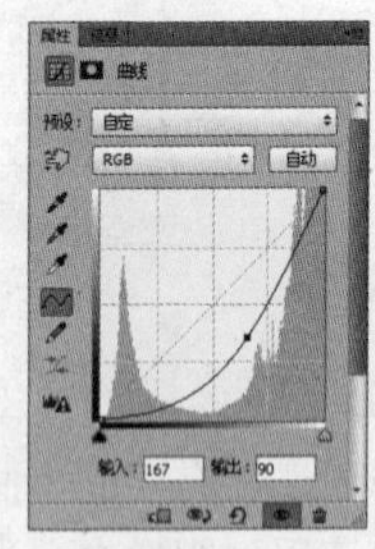

图10-7-56

因此在编辑图像时，图像模式不同面板的显现也不同，因为RGB模式图像与CMYK模式图像纯在差异。CMYK模式是用于打印的，因此默认该模式下“曲线”面板中使用代表油墨的渐变条。而RGB模式是用于显示器用红、绿和蓝显示所有内容的，它的“曲线”面板中使用代表光线的渐变条，如图10-7-57所示。

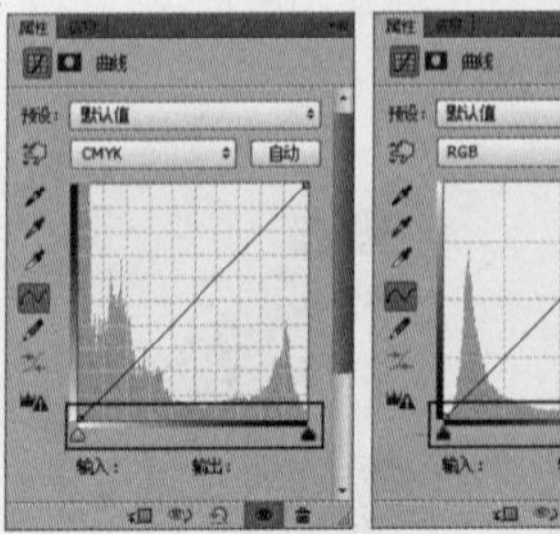

图10-7-57

**Tips 提示**

当图像为RGB模式时，面板中渐变条所使用的是光线，表示曲线越向上图像越亮。当图像为CMYK模式时，面板中的渐变条所使用的是油墨，表示曲线越向上使用的油墨越多。

通常情况下，“S形曲线”应用得最为广泛，如图10-7-58所示。因为对于“S形曲线”，通过向上拖动位于上方的锚点增加暗调区域，通过向下拖动斜线位于下方的锚点加亮高光区域，增大图像的反差，使图像得到较好的调整效果。

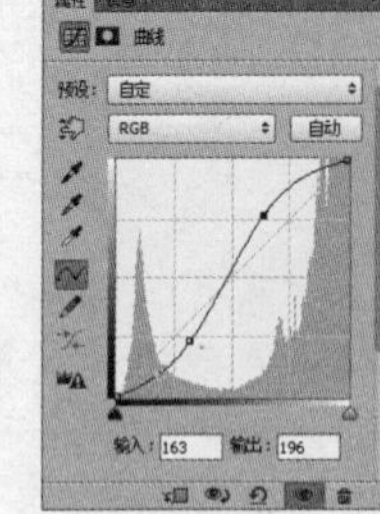

图10-7-58

**Tips 提示**

单击图像中的曲线即可为其添加新的锚点并进行拖曳。单击面板内转换点图标使其处于激活状态，代表当前曲线为可编辑状态。

打开素材图像，如图10-7-59所示。对当前图像进行简单的“S形曲线”调整，得到的图像效果如图10-7-60所示。可以发现，“S形曲线”可以将整幅图像的色彩鲜艳度提高。

图10-7-59

图10-7-60

“曲线”面板右侧的“自动”按钮的作用和操作原理与“色阶”对话框中的“自动”命令较为相似。

## ※ 可选颜色

“可选颜色”调整图层也是经常用到的一个命令。

单击“图层”面板上创建新的填充或调整图层按钮，在弹出的下拉菜单中选择“可选颜色”选项，打开“可选颜色”中的“调整”面板，如图10-7-61所示，了解面板上给出的选项。

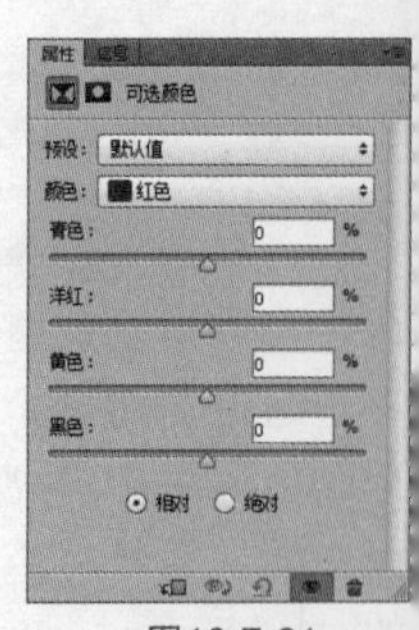

图10-7-61

**颜色**：其下拉菜单中提供可以选择的调整颜色。

**"青色"、"洋红"、"黄色"、"黑色"**：在其对应的数值栏中输入数值或拖动每个颜色对应的滑块，可以增加或减少该种颜色在图像中的占有量。

**相对**：在对话框中所做的调整将按照总量的百分比来更改图像颜色。该选项不能调整纯白光，因为它不包含颜色成分。

**绝对**：选择后将采用绝对值调整颜色。

**Tips 提示**

在"可选颜色"对话框中，"青色"、"洋红"、"黄色"和"黑色"分别是CMYK模式中的四种颜色，代表该调整将使用CMYK颜色对图像进行调整。即使"可选颜色"使用CMYK颜色来校正图像，在RGB图像中也可以使用它对图像进行调整。

"可选颜色"调整图层属于图像的高级调整范围。该调整图层在校正图像颜色上有着非常强大的作用。"可选颜色"的优点是在对图像进行校正时，可以在不改变其他颜色的情况下针对所选择颜色进行调整，从而达到校正图像颜色的目的。打开素材图像，如图10-7-62所示。通过观察可以发现，图像中红色的饱和度较低，导致图像效果过于灰暗，需要提高"红"色的鲜艳度，在"可选颜色"面板中移动"颜色"选项下的"红色"选项下的滑块调整图像的鲜艳度，如图10-7-63所示。

图10-7-62

图10-7-63

## 实战 改善光泽度

第 10 章 / 实战 / 改善光泽度

在"可选颜色"面板上，"颜色"选项中有"白色"选项，修改它的参数，使图像中最亮区域无限制地接近纯白色，提亮图像的高光区域和光泽度。

打开素材图像，如图10-7-64所示。为其添加"可选颜色"调整图层，在面板中只调整白色参数，其他参数保持不变，在"调整"面板中设置参数如图10-7-65所示，得到的图像效果如图10-7-66所示。可以看到图像中高光区域被白色所取代，图像的整体亮度被提高。

图10-7-64

图10-7-65

图10-7-66

**Tips 提示**

这种调整特别适合处理金属对象。由于在调整后，金属对象的最亮区域会接近纯白色，因此可以使金属物体获得更加光亮的质感效果。

## ※ 通道混合器

"通道混合器"在图像的颜色调整中应用得较为广泛。"通道混合器"使用图像中现有（源）颜色通道的混合来修改目标（输出）颜色通道，这里的通道和在"通道"面板中使用的是一样的通道。使用"通道混合器"调整图层，可以选择单个的颜色通道对图像进行调整，也可以用来创建高品质的灰度图像、棕褐色调图像或其他色调图像。

单击"图层"面板上创建新的填充或调整图层按钮，在弹出的下拉菜单中选择"通道混合器"选项，打开"通道混合器"调整面板，如图10-7-67所示。

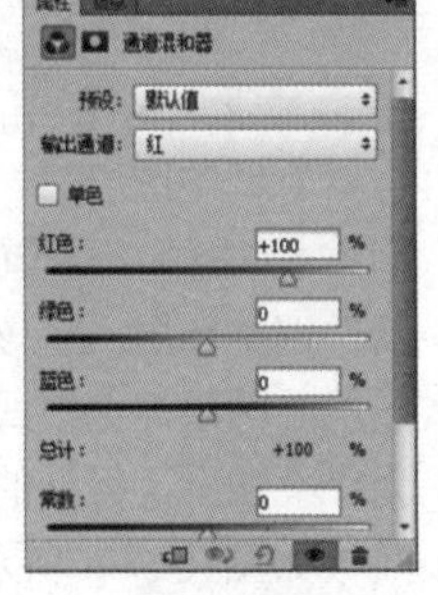


图10-7-67

**预设**：在下拉菜单中有六种系统自带通道混合器预设可供选择。"预设"选项显示为"自定"时，就可在面板中进行参数调整。

**输出通道**：指的是需要调整的目标通道。选择一个输出通道后，系统会自动将该通道的源滑块设置为100%，其他通道则设置为0%，可以通过移动各个滑块对图像中的细节及对比度等参数进行控制。RGB模式下的图像可选择红、绿和蓝通道。CMYK模式下的图像可选择青、洋红、黄和黑色通道。

**常数：**通过拖动滑块或修改滑块所对应的文本框中的参数可以调整输出通道的灰度值。其中，负值代表将在图像中增加更多的黑色，正值代表将在图像中增加更多的白色。

**单色：**当该复选框处于勾选状态时，将创建仅包含灰度值的彩色图像，并且在“输出通道”下拉菜单中只有“灰度”选项可以选择。通过使用该选项可以创建质量较高的灰度图像。

**Tips 提示**

“单色”选项有个特殊功能，在勾选“单色”时，如果先选择“单色”，然后再取消选择，则可单独修改每个通道的混合参数，获得特殊的图像效果。

“通道混合器”在调整图像中较为常用，比如改变图像颜色等等。在“通道混合器”面板中设置不同的输出通道并拖动该通道所对应的滑块即可调整图像的颜色，参数不同得到的图像效果也不同。打开素材图像，如图10-7-68所示。用通道混合器调整图像后得到的效果，如图10-7-69所示。

图10-7-68

图10-7-69

基于调整图层的图层特性，在对图像添加“通道混合器”调整图层后，选择刚才添加的“通道混合器”调整图层，将该调整图层的图层混合模式设置为“叠加”，得到的图像效果如图10-7-70所示。

图10-7-70

观察图像效果，如果对效果还不是很满意，可以双击该调整图层的缩览图，重新打开调整面板对其进行编辑。当不需要该调整图层时，可直接将其拖曳至“图层”面板上删除图层按钮，将当前调整图层删除，删除后原图像不受影响。

在“通道混合器”面板中，还有一个选项“总计”。“总计”显示源通道的总计值。一般而言，在“总计”数值显示为100%时，表示调整的结果与原图的亮度值最为接近，此时图像效果可达到最佳。调整图像时应该注意该项数值。

“单色”选项位于“通道混合器”面板下方。勾选该选项，可以将图像变为单颜色图像，而且此时“输出通道”显示为灰色。当勾选该选项后，再次取消勾选，图像将不会返回至未进行勾选前的效果。而“输出通道”此时又恢复为可选择的“红”、“绿”、“蓝”三种通道，如图10-7-71所示。

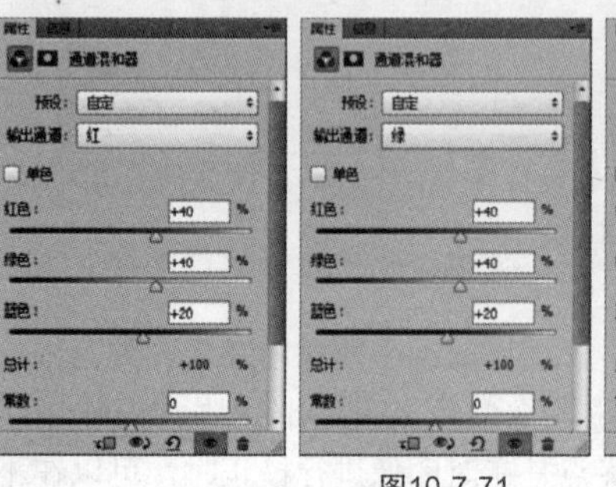


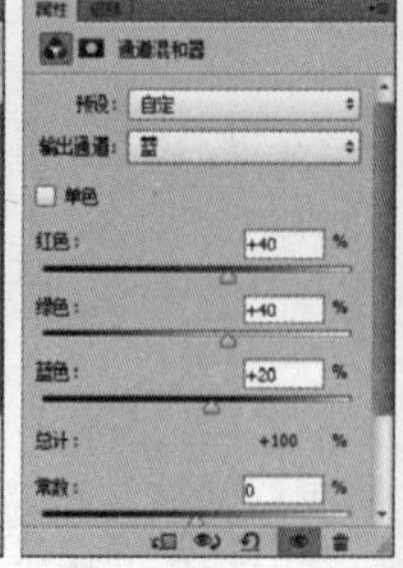


图10-7-71

## 实战 转换灰度图像

第 10 章 / 实战 / 转换灰度图像

通过观察可以发现，在“通道混合器”面板中，“输出通道”内每个单色通道的源通道参数变为相同值时，调整每个单色通道的滑块参数将得到不同的包含灰度的彩色图像效果。

想要将图像转换为黑白效果，有很多种方法，最多使用【图像】/【调整】/【去色】命令来进行编辑，该命令虽然效果快，但是由于【去色】命令为直接执行命令，而缺少对图像进行转换时的控制，因此使用该命令后得到的灰色图像质量比较低。如果想要创建高清晰度的灰度图像，建议使用“通道混合器”调整图层。

打开素材图像，如图10-7-72所示。

图10-7-72

打开“通道混合器”调整面板，在面板内先勾选“单色”选项，再通过移动“常数”选项的滑块调整输出通道的灰度值，在“调整”面板中设置参数如图10-7-73所示，得到的图像效果如图10-7-74所示。

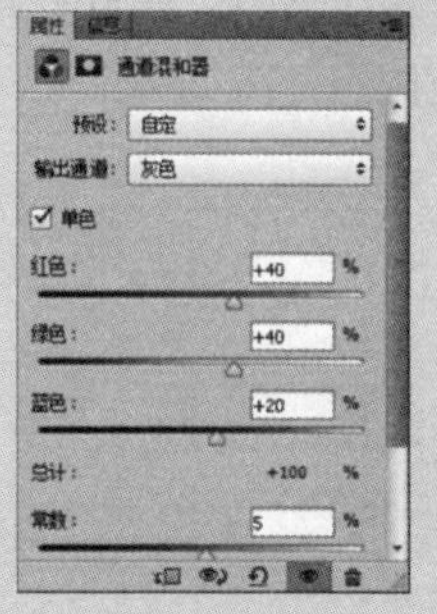
图10-7-73

图10-7-74

应用【图像】/【调整】/【去色】命令创建的图像效果如图10-7-75所示，可以加以比较。

图10-7-75

## ※ 阈值

使用“阈值”命令可以将灰度或彩色图像转换为高对比度的黑白图像。使用调整图层的优点是，在图像变为黑白图像后，可以很方便地对效果进行修改。

单击“图层”面板上的创建新的填充或调整图层按钮，在弹出的下拉菜单中选择“阈值”选项，打开“阈值”调整面板，如图10-7-76所示。

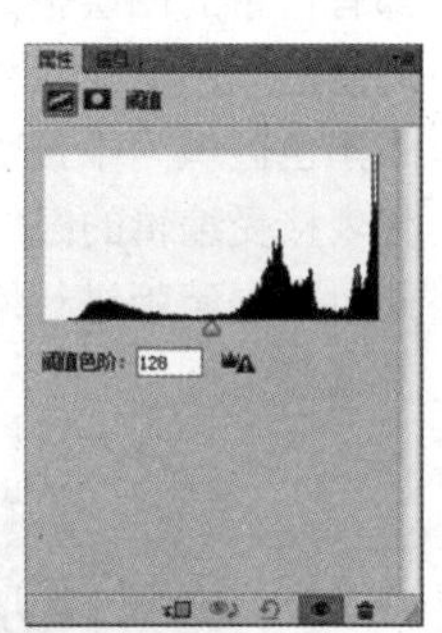
图10-7-76

在应用该调整图层时，可以指定某个色阶作为阈值。所有比阈值亮的像素转换为白色，而所有比阈值暗的像素转换为黑色。“阈值”命令对确定图像的最亮和最暗区域很有用。

## 实战 将彩色图像调整为黑白图像

第10章/实战/将彩色图像调整为黑白图像

打开素材图像，如图10-7-77所示。单击“图层”面板上的创建新的填充或调整图层按钮，在弹出的下拉菜单中选择“阈值”选项，打开“阈值”调整面板，在面板中拖动直方图下方的滑块或修改“阈值色阶”参数，可调整在直方图中显示的线条宽度和细节，调整完毕后单击“确定”按钮，得到的图像效果如图10-7-78所示。选择“阈值1”调整图层，将该调整图层的图层混合模式设置为“叠加”，得到的图像效果如图10-7-79所示。

图10-7-77

图10-7-78

图10-7-79

“阈值”调整图层除了可以将彩色图像调整为黑白图像外，还可以将灰度图像转换为高对比度的黑白图像。打开刚才的素材图像，先将图像模式转化为：灰度，如图10-7-80所示。为其添加“阈值”调整图层，得到的图像效果如图10-7-81所示。

图10-7-80

图10-7-81

## 10.7.3 填充调整图层使用技巧

经过前面的讲解我们了解到，填充/调整图层的功能强大、应用广泛，如果能够熟练掌握填充/调整图层的使用技巧，会为以后的工作带来意想不到的帮助。在这里就填充/调整图层的一些实用技巧进行讲解。

## ※ 使用选区限定调整范围

使用选区限定调整范围，其实与通过图层蒙版对图像进行编辑的方法相似。在对当前进行编辑时，图像中是包含有选区部分的，那么在创建调整图层时，调整图层的图层蒙版中会自然将选区以内的部分蒙版，以外的部分丢掉。调整结果只对有图层蒙版的部分起作用。通过创建选区对调整图层的图层蒙版进行编辑时，同样也可以对调整范围进行控制。

## 实战 调整选区内的图像

第 10 章 / 实战 / 调整选区内的图像

打开素材图像，如图10-7-82所示。选择工具箱中的钢笔工具，在图像中绘制路径，如图10-7-83所示。绘制完毕后按快捷键Ctrl+Enter将路径转换为选区。

图10-7-82

图10-7-83

执行【选择】/【修改】/【羽化】命令，打开“羽化选区”对话框，在对话框中设置具体参数，如图10-7-84所示。设置完毕后单击“确定”按钮，得到的图像效果如图10-7-85所示。

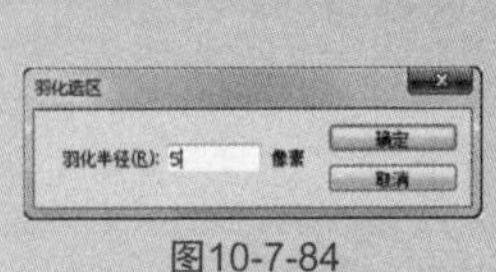
图10-7-84

图10-7-85

单击“图层”面板上的创建新的填充或调整图层按钮，在弹出的下拉菜单中选择“色相/饱和度”选项，在“调整”面板中设置参数，如图10-7-86所示；得到的图像效果如图10-7-87所示。

再次在图像中绘制选区，并为其添加“色相/饱和度”调整图层，调整图像内选区的颜色，得到的图像效果如图10-7-88所示。

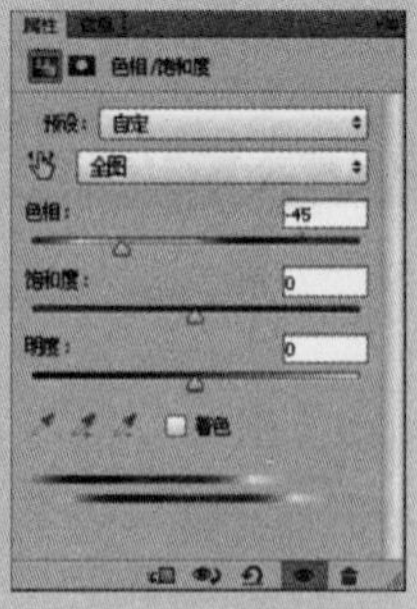
图10-7-86

图10-7-87

图10-7-88

通过观察可以发现，在图10-7-88所示的图像中，只有选区内的图像像素受到调整图层的影响，达到了局部调整图像的目的。可见，将选区转化为图层蒙版的确可以在调整图层时帮助控制调整范围。

**Tips 提示**

如果在设定选区后，为其添加合适的羽化值，对所设置的选区应用调整图层，会使调整后的图像效果更加自然。

### ※ 使用蒙版限定调整范围

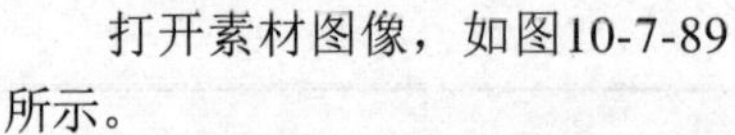

前面讲到的是在调整前先行设定调整范围，下面要讲的是添加调整图层后再设定范围。

一般情况下调整图层的调整范围覆盖了其下方所有的图层，在这里将通过蒙版来限定调整图层的调整范围，使图像的调整过程拥有更强的可控性。

打开素材图像，如图10-7-89所示。

图10-7-89

在为图像创建调整图层后，可以看到每个调整图层都有自带的图层蒙版。这里调整图层中的图层蒙版与普通图层的图层蒙版作用相同，操作方法也相同，在蒙版中黑色区域为不接受调整图层编辑的区域，白色区域则代表接受编辑的区域，如图10-7-90和图10-7-91所示。因此对图层蒙版进行编辑即可控制该调整图层的调整强度及调整范围。

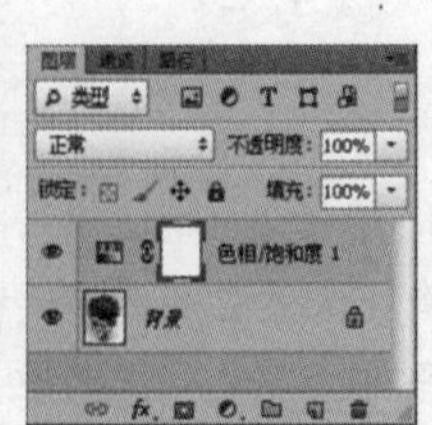
图10-7-90

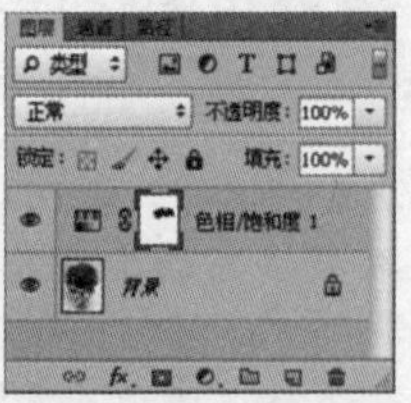
图10-7-91

## 实战 添加图层蒙版

第 10 章 / 实战 / 添加图层蒙版

打开素材图像，如图10-7-92所示。单击“图层”面板上的创建新的填充或调整图层按钮，在弹出的下拉菜单中选择“渐变映射”选项，在“调整”面板中设置参数，如图10-7-93所示。

图10-7-92

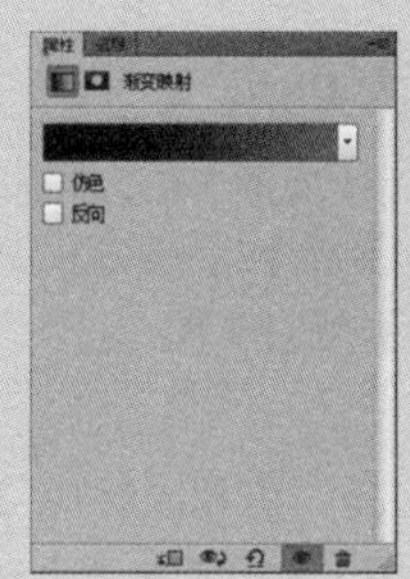
图10-7-93

“图层”面板如图10-7-94所示，得到的图像效果如图10-7-95所示。选择工具箱中的画笔工具，设置合适大小的柔角笔刷，在图像中进行涂抹，“图层”面板如图10-7-96所示，得到的图像效果如图10-7-97所示。可见在编辑图层蒙版时，创建不同面积大小的黑色区域可以控制编辑后的图像效果。

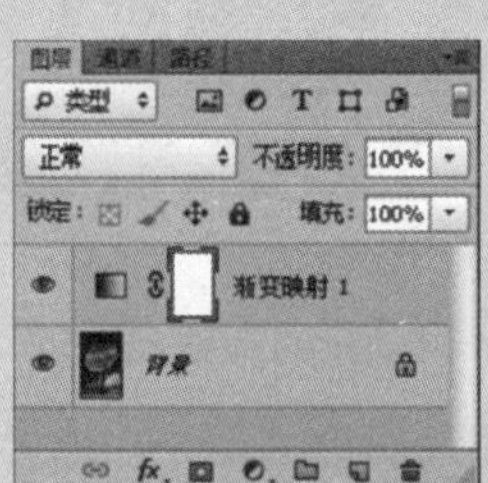
图10-7-94

图10-7-95

图10-7-96

图10-7-97

当需要调整某一图层上不透明区域的像素时，可使用剪贴蒙版对调整图层的调整范围进行限制。为调整图层创建剪贴蒙版与为图层创建剪贴蒙版的方法相同，当调整图层与被调整图层相邻时，将鼠标移至被调整图层与调整图层的交界处，按Alt键创建剪贴蒙版，创建蒙版后调整的效果只作用于被调整图层，而不被影响其他图层。

## 训练营 09 PS游戏海报

第 10 章 / 训练营 /09 PS 游戏海报

▲ 通过应用剪贴蒙版，使“色相/饱和度”调整图层只针对其下方图层起调整作用，从而控制了整个图像的色调

▲ 应用【变形】命令及渐变效果创建图像中主体物的投影效果

01 执行【文件】/【打开】命令（Ctrl+O），弹出“打开”对话框，选择需要的素材，单击“打开”按钮打开图像，如图10-7-98所示。

02 将“背景”图层拖曳至“图层”面板中的创建新图层按钮上，得到“背景副本”图层。将图层混合模式设置为“强光”，得到的图像效果如图10-7-99所示。

图10-7-98

图10-7-99

03 单击“图层”面板上的创建新的填充或调整图层按钮，在弹出的下拉菜单中选择“色相/饱和度”选项，在“调整”面板中设置参数，如图10-7-100所示，得到的图像效果如图10-7-101所示。

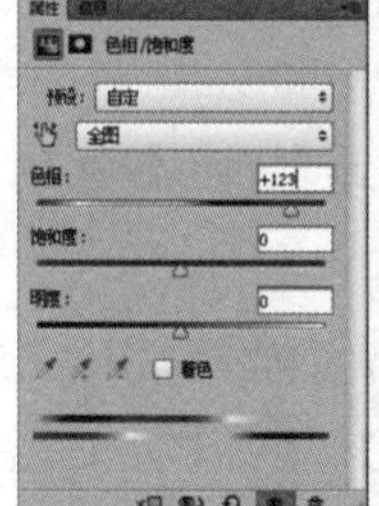

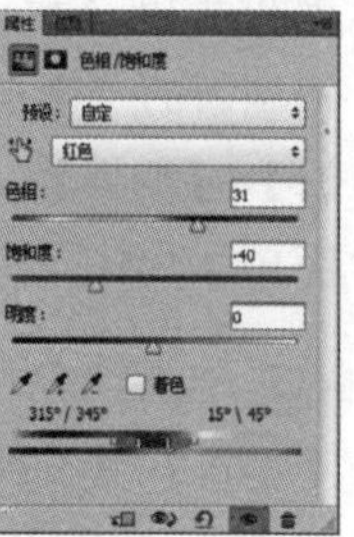
图10-7-100

图10-7-101

04 执行【文件】/【打开】（Ctrl+O）命令，弹出“打开”对话框，选择需要的素材，单击“打开”按钮打开图像。选择工具箱中的移动工具，将其拖曳至主文档中，生成“图层1”，并调整图像大小及位置，得到的图像效果如图10-7-102所示。

图10-7-102

05 按住Ctrl键并单击“图层1”缩览图，单击“图层”面板上的创建新的填充或调整图层按钮，在弹出的下拉菜单中选择“色相/饱和度”选项，在调整面板中设置参数，如图10-7-103所示，得到的图像效果如图10-7-104所示。

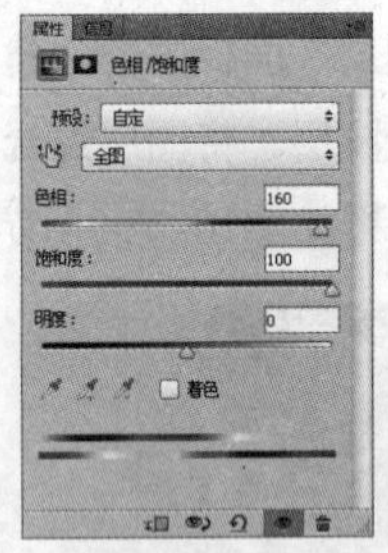
图10-7-103

图10-7-104

06 将“图层1”和“色相/饱和度2”调整图层拖曳至“图层”面板中的创建新图层按钮上，分别得到“图层1副本”图层和“色相/饱和度2副本”调整图层，按住Ctrl键并单击“图层1副本”图层和“色相/饱和度2副本”调整图层，按快捷键Ctrl+E合并图层，得到新的“色相/饱和度2副本”调整图层。执行【编辑】/【变换】/【垂直翻转】命令，得到的图像效果如图10-7-105所示。

07 选择“色相/饱和度2副本”调整图层，继续执行【编辑】/【变换】/【变形】命令，得到的图像效果如图10-7-106所示。

图10-7-105

图10-7-106

**Tips 提示**

使用【变形】命令调整完图像之后，可以再次执行【编辑】/【变换】/【斜切】命令，对图像再进行微调，使图像达到满意的效果。

08 选择“色相/饱和度2副本”调整图层，单击“图层”面板上的添加图层蒙版按钮，为图层添加蒙版。将前景色设置为黑色，选择工具箱中的画笔工具，在其工具选项栏中设置合适的笔刷及不透明度，在图像中进行涂抹，不透明度设置为50%，得到的“图层”面板状态和图像效果如图10-7-107所示。

图10--7-107

09 单击“图层”面板中的创建新图层按钮上，得到“图层2”。选择工具箱中的画笔工具，将画笔设置为柔角笔刷，不透明度设置为38%，在图像中绘制阴影，得到的图像效果如图10-7-108所示。

图10-7-108

**Tips 提示**

创建新图层时，Photoshop CS6 默认新建的图层位于当前所选图层的上方，因此在创建“图层 2”时，为了使图像获得较自然的投影效果，将该图层创建在“图层 1 副本”图层的下方。

10 选择工具箱中的横排文字工具，在图像中输入如图10-7-109所示的文字。

图10-7-109

11 单击“图层”面板上的添加图层样式按钮fx，在弹出的下拉菜单中选择“渐变叠加”选项，弹出“渐变叠加”对话框，具体参数设置如图10-7-110所示。得到的图像效果如图10-7-111所示。

图10-7-110　图10-7-111

12 选择工具箱中的横排文字工具T，在图像中输入，单击“图层”面板上的添加图层样式按钮fx，在弹出的下拉菜单中选择“渐变叠加”选项，弹出“渐变叠加”对话框，具体参数设置如图10-7-112所示。得到的图像效果如图10-7-113所示。

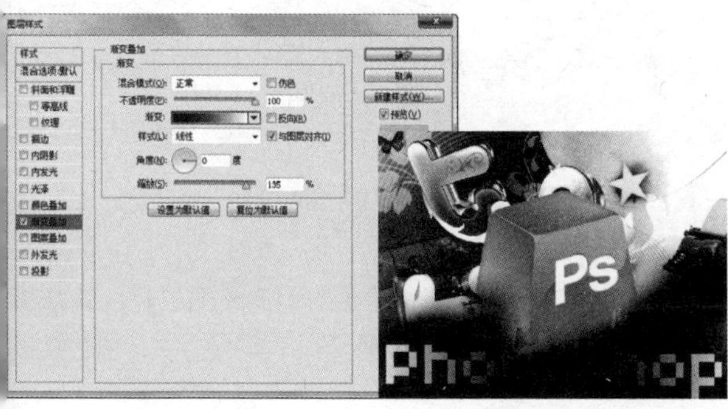

图10-7-112　图10-7-113

## ※ 使用图层组限定调整范围

除了使用蒙版将调整效果限制在一定范围内，还可以将调整图层的效果限制在某一图层组中，通过图层组控制调整图层的作用范围，达到针对对象应用调整的目的。具体操作如下。

## 实战 灵活运用图层组限定调整范围

第 10 章 / 实战 / 灵活运用图层组限定调整范围

打开素材文件，如图10-7-114所示。将需要调整的多个图层创建在一个图层组内，如图10-7-115所示。

图10-7-114

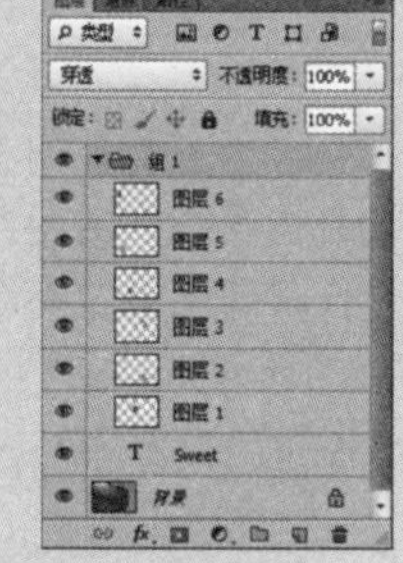

图10-7-115

单击“图层”面板上的创建新的填充或调整图层按钮，在弹出的下拉菜单中选择“渐变映射”选项，在“渐变映射”调整面板中设置参数，如图10-7-116所示，得到的图像效果如图10-7-117所示。现在调整效果是作用于整个图像的。

图10-7-116

图10-7-117

观察“图层”面板可以发现，该图层组的默认混合模式为“穿透”，表示该图层组没有混合属性。此时的调整图层仍然作用于它下面的所有图层（包括不在图层组内的），如图10-7-118所示。如果修改图层组的混合模式，在图像中仅图层组中的图像受到了调整图层的影响，而其他图层没有发生改变，如图10-7-119所示。

图10-7-118

图10-7-119

## Tips 提示

应用图层组对调整范围进行控制的优点在于，可对多个图层组分别进行图像调整，并且每个图层所应用的调整为独立调整，不受其他图层组的影响。

调整图层的调整范围受控于图层组的情况下，改变调整图层在图层组中所处的位置也可以控制图层组中的调整范围。如图10-7-120所示，将“图层3”调整至“渐变映射”调整图层上方，此时“图层1”不受调整图层的控制，如图10-7-121所示。

图10-7-120

图10-7-121

通过这些例子可以得出一个结论：将图层组设置“穿透”以外的任何一样混合模式，那么这个调整图层就只在该图层组以内对其子图层起作用。

### ※ 使用不透明度限制调整强度

因为调整图层具有普通图层的属性，还可以通过调整该图层的不透明度和填充值对图像效果进行控制。

## 实战 灵活运用不透明度限定调整范围

第 10 章 / 实战 / 灵活运用不透明度限定调整范围

打开素材图像，如图10-7-122所示。单击“图层”面板上的创建新的填充或调整图层按钮，在弹出的下拉菜单中选择“渐变映射”选项，在“调整”面板中设置参数，如图10-7-123所示。返回“图层”面板，“渐变映射1”的不透明度设置为100%时，得到的图像效果如图10-7-124所示。

图10-7-122

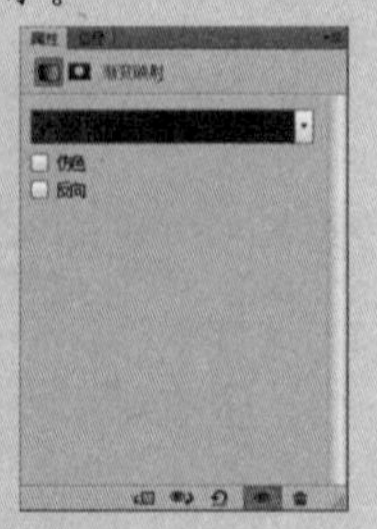
图10-7-123

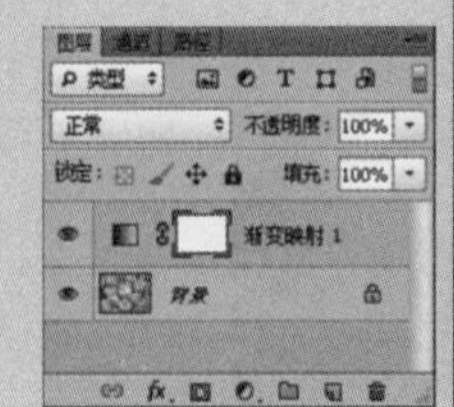

图10-7-124

将“渐变映射1”图层的不透明度设置为50%时，得到的图像效果如图10-7-125所示。调整图层对图像的影响变小了。如果“渐变映射1”图层的不透明度设置为0%时，调整图层将无法对图像起作用，如图10-7-126所示。

图10-7-125

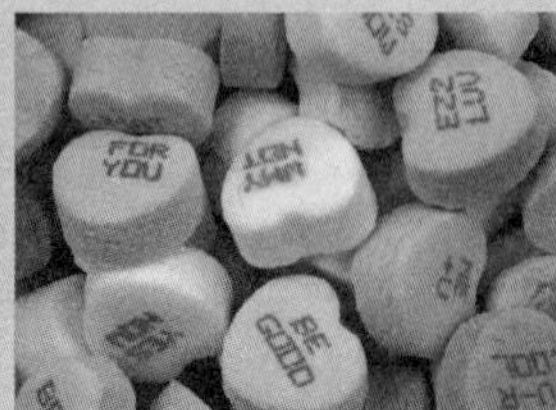
图10-7-126

应用调整图层时，可以对一个图像创建多个调整图层。分别调整所创建调整图层的不透明度，可以逐一控制每个调整图层的调整强度，使图像产生特殊的效果，如图10-7-127所示。

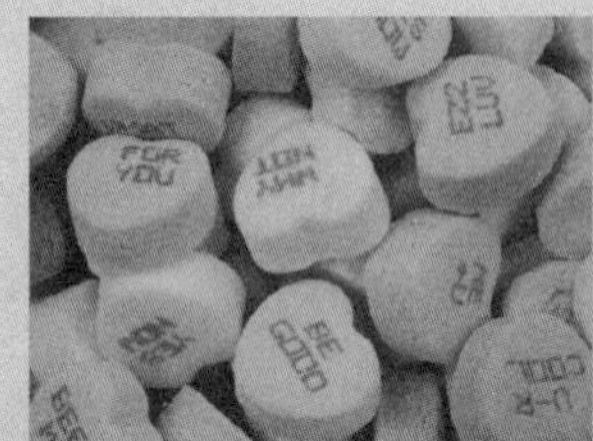

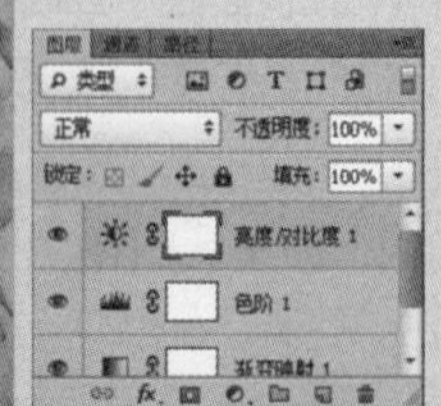
图10-7-127

## Tips 提示

对图像应用多个调整图层时，调整图层将以叠加的方法对图像进行调整，每个调整图层之间不会互相影响。

## 实战 控制图像暗部区域的调整强度

第 10 章 / 实战 / 控制图像暗部区域的调整强度

打开素材图像，如图10-7-128所示。单击“图层”面板上的创建新的填充或调整图层按钮，在弹出的下拉菜单中选择“通道混合器”选项，在“调整”面板中设置参数后得到的“图层”面板效果和图像效果如图10-7-129所示。

图10-7-128

图10-7-129

单击“图层”面板上的添加图层样式按钮fx.，在弹出的下拉菜单中选择“混合选项”，打开“图层样式”对话框，在对话框中设置具体参数，如图10-7-130所示。

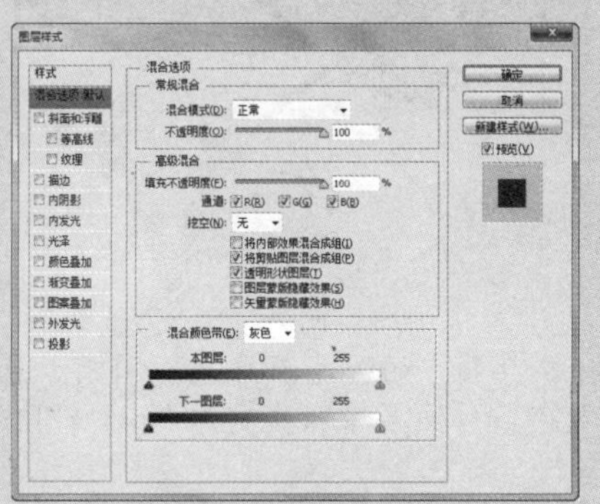

图10-7-130

**Tips 提示**

“混合选项”滑块属于图层样式中的混合选项的调整内容，可去除现有图层中的暗像素，或强制下层图层中的亮像素显示出来，还可以定义部分混合像素的范围，在混合区域和非混合区域之间产生一种平滑的过渡效果，而不对其他区域造成影响。

拖动对话框中“本图层”选项左侧的黑色滑块（可控制作用在暗部的强度）向右移动时，调整图层在图像暗部区域的调整强度将被减弱，如图10-7-131所示。当滑块向右移动到一定位置时，调整效果将全部消失，如图10-7-132所示。

图10-7-131

图10-7-132

通过观察可以发现，虽然图像暗部区域的调整强度黑色滑块移动到一定位置后会减弱，但颜色的过渡太生硬。为了定义混合像素的范围调整强度，按Alt键拖动黑色滑块的半边滑块将其分开，在分开的滑块上方显示的两个值指示部分混合范围。由于混合范围被扩大，因此图像的暗部区域会产生一种平滑过渡的效果，此时“图层样式”对话框效果和得到的图像效果如图10-7-133所示。

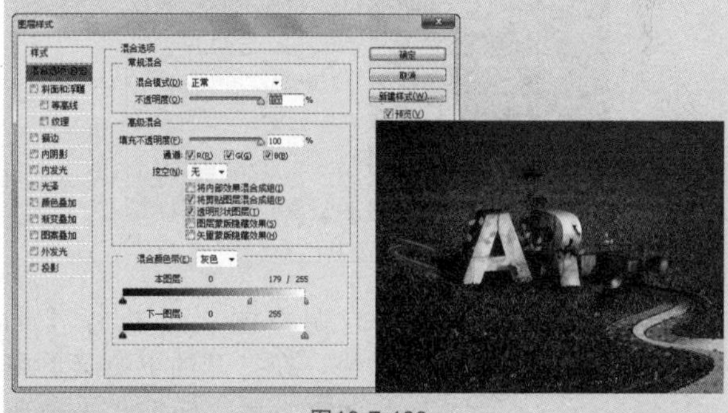

图10-7-133

**Tips 提示**

在“图层样式”对话框中，“混合颜色带”选项包括灰色和其他单色通道可选择。其中，选择“灰色”表示指定所有通道的混合范围。选择其他单色通道（如RGB图像中的红色、绿色和蓝色）以指定该通道内的混合范围。

## ※ 修改调整图层的参数和类型

调整图层不同于调整命令的地方就在于其出色的可控制性和调整性，因此在图像调整中应用十分广泛。所以在修改调整图层的参数和类型时，仅仅针对于当前所选择的调整图层，而不会对图像造成影响。这是调整命令无法办到的。

想要调整某个已存在的调整图层，首先选择需要进行修改的调整图层，执行【图层】/【图层内容选项】命令，或双击该调整图层前面的图层缩览图，可以打开当前调整图层的对话框或是调整面板，修改其中的数值即可。此时，调整图层的参数已被修改，在对图像进行调整时，不断修改所创建调整图层的参数，可使图像获得最好的调整效果，可以对比图像调整前后的效果，如图10-7-134和图10-7-135所示。

图10-7-134

图10-7-135

选择需要进行修改的调整图层，执行【图层】/【更改图层内容】命令，在打开的下拉菜单中选择需要进行修改的调整图层类型，即可将当前所选图层转换为其他调整图层。

### ※ 修改调整图层的蒙版

前面讲到过，创建新的调整图层时，系统会自动为其添加蒙版（默认时是白色），通过修改调整图层的蒙版，可以达到控制其影响范围的作用。

**技术要点： 在图层蒙版中绘制**

黑色区域代表不显示调整效果区域，白色代表显示调整区域，灰色则为控制调整效果强弱区域。当蒙版中灰色区域较深时，图像中相对应的区域所受调整效果较弱，反之则较强。

## 实战 使用工具修改调整图层的蒙版

第 10 章 / 实战 / 使用工具修改调整图层的蒙版

打开素材图像，如图10-7-136所示。为该图像添加“渐变映射”调整图层。“图层”面板中调整图层内的图层蒙版为白色，窗口中的图像效果如图10-7-137所示。通过观察可以发现，蒙版新建后的默认颜色为“白色”，此时的图像将会全部接受调整图层的影响，那么“白色”控制的是它的作用范围。

图10-7-136

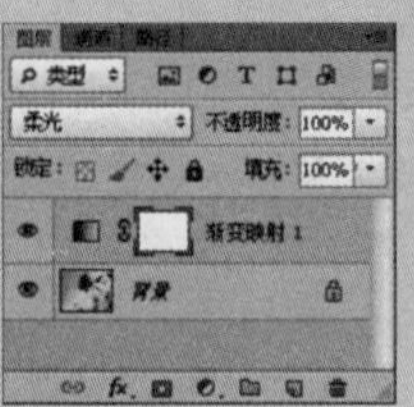

图10-7-137

选择工具箱中的画笔工具，将前景色设置为黑色，对图层蒙版进行编辑，调整图层的调整强度为不可见，如图10-7-138所示。

图10-7-138

选择工具箱中的画笔工具，将前景色设置为50%的灰色，对图层蒙版进行编辑，如图10-7-139所示。

图10-7-139

在使用灰色画笔编辑后，图像的调整强度被减弱，相应的，所使用的灰度颜色越深调整图层的强度越弱。

在编辑图层蒙版时，除了画笔工具以外，还可以用渐变工具创建具有渐变关系的图像。使用该工具编辑蒙版可以使图像中的可控制区域与非控制区域得到良好的过渡，得到非常自然的图像效果，如图10-7-140所示。为添加“渐变映射”调整图层的图像，此时该调整图层的图层蒙版未被编辑。使用渐变工具对其编辑后得到的图像效果如图10-7-141所示。

图10-7-140　图10-7-141

再通过修改调整图层的蒙版来控制调整图层的效果时，并使用不同深度的色彩像素对蒙版进行编辑可以得到区域性控制的效果，使图像的调整更加灵活。

**Tips 提示**

对图层蒙版进行渐变编辑时，选择不同的渐变类型，如径向渐变、角度渐变、对称渐变、菱形渐变或是较常用的线性渐变都可以使图像获得不同的编辑效果。

## ※ 在调整图层上使用图层样式

在调整图层上使用图层样式的方法与在图层上的使用方法相同。这样做不仅可以丰富调整图层的图像效果，也可以在一定程度上降低图像文件的大小。

执行【图层】/【图层样式】，在展开的下一层菜单中选择需要应用的样式，打开“图层样式”对话框，单击“图层”面板上的添加图层样式按钮fx，在弹出的下拉菜单中选择需要应用的选项，即可打开“图层样式”对话框，或者双击调整图层的缩览图或图层的灰色区域也可应用图层样式。

**Tips 提示**

在双击调整图层缩览图或图层的灰色区域时可以打开“图层样式”对话框。当双击区域为调整图层名称时，则会弹出可输入文本框，此时可修改调整图层的名称。

## 实战 给调整图层添加图层样式

第 10 章 / 实战 / 给调整图层添加图层样式

打开素材图像，如图10-7-142所示。选择工具箱中的矩形工具，在其工具选项栏中选择“路径”选项，在图像中绘制矩形，按快捷键Ctrl+T调出自由变换框，调整其位置及大小，调整完毕后按快捷键Enter+Ctrl将路径转换为选区，得到的图像效果如图10-7-143所示。

图10-7-142

图10-7-143

单击“图层”面板上的创建新的填充或调整图层按钮，在弹出的下拉菜单中选择“曲线”选项，在调整面板中设置参数，如图10-7-144所示，得到的图像效果如图10-7-145所示。

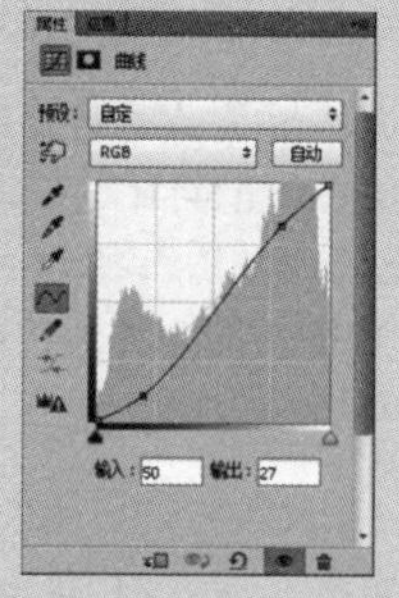
图10-7-144

图10-7-145

选择“曲线”调整图层，单击“图层”面板上的添加图层样式按钮fx，在弹出的下拉菜单中选择“投影”选项，弹出“图层样式”对话框，在对话框中设置参数，如图10-7-146所示。

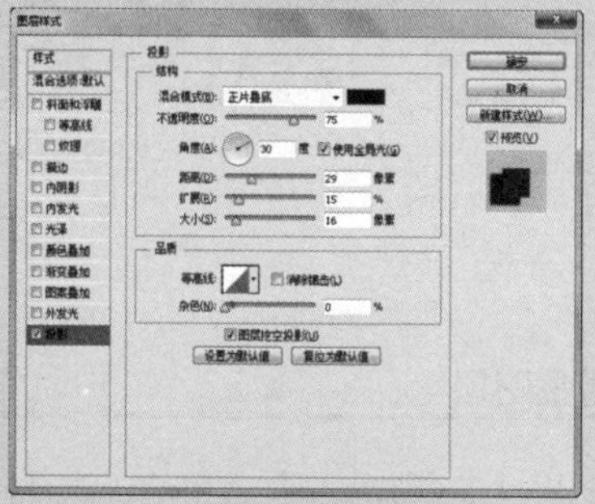
图10-7-146

继续选择“外发光”复选框，如图10-7-147所示，继续选择“描边”复选框，如图10-7-148所示，设置完毕后单击“确定”按钮，得到的图像效果如图10-7-149所示。

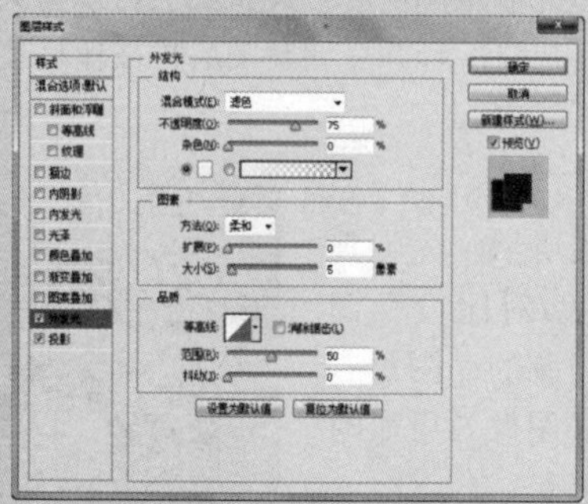
图10-7-147

图10-7-148

图10-7-149

按住Ctrl键并单击“曲线”调整图层的图层蒙版缩览图，调出其选区，按快捷键Shift+Ctrl+I反选，单击“图层”面板上的创建新的填充或调整图层按钮，在弹出的下拉菜单中选择“色相/饱和度”选项，在弹出的调整面板中设置参数，如图10-7-150所示，得到的图像效果如图10-7-151所示。

图10-7-150

图10-7-151

## ※ 合并调整图层

调整图层过多会加大文件占用的资源量，因此在对图像应用调整图层后，不需要修改的前提下将普通图层与调整图层进行合并，以减少文件占用的资源量。合并调整图层有多种方式，其中不同的合并方式所得到的图像效果是不同的。

需要合并调整图层时，调整图层可以与其下方所有的可视图层合并，合并后调整图层将被栅格化并且应用到合并的图层内。

打开素材图像，如图10-7-152所示。先为其添加“亮度/对比度”调整图层，得到的“图层”面板状态和图像效果如图10-7-153所示。

图10-7-152

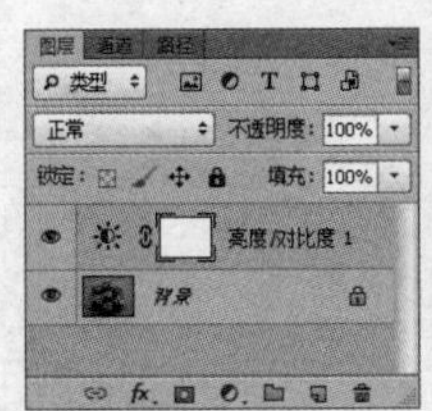

图10-7-153

选择“色相/对比度”调整图层，执行【图层】/【向下合并】命令，“亮度/对比度”调整图层被合并到“背景”图层中，这时的“面板”效果以及得到的图像效果如图10-7-154所示。透过观察可以发现，图像效果没有发生改变，只是调整图层被合并至“背景”图层中。

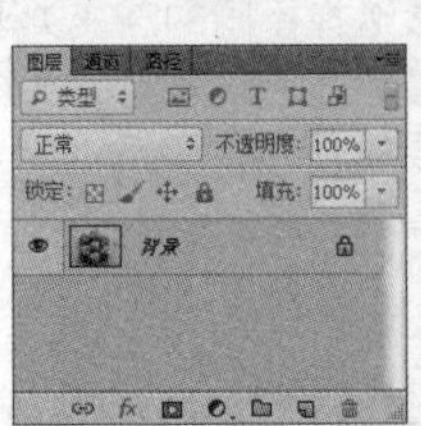

图10-7-154

在“图层”面板拥有多个图层时，将调整图层与其下方图层合并，此时调整图层将只影响与其合并的图层效果，而“背景”图层和其他图层则不受影响。

## ※ 与调整图层上方图层合并

将调整图层与其上方图层进行合并后，图像变为未调整前的效果。打开素材文档，“图层”面板中包含有多个图层，如图10-7-155所示，选择两个相邻的图层，其中一个必须是调整图层，并且该调整图层位于另一个普通图层下方，执行【图层】/【合并图层】命令后，调整图层合并入上方图层，如图10-7-156所示。由于调整图层上方的图层本就不受其调整效果的影响，所以合并后位于下方的图层也脱离调整图层的影响，恢复为原图像效果，因此将调整图层与其上方图层进行合并后，调整效果将会消失。

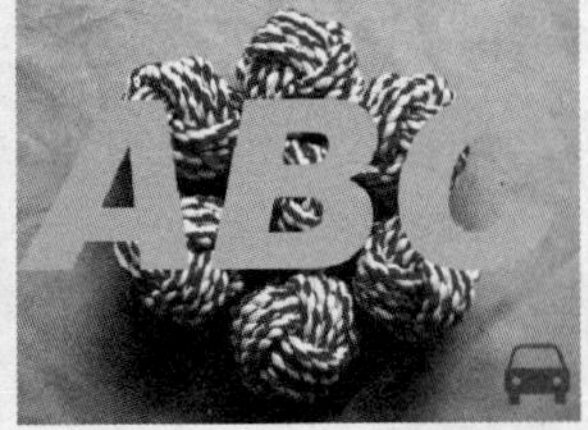

图10-7-155

图10-7-156

**Tips 提示**

由于调整图层不能作为合并的目标图层，因此如果需要将调整图层与其上方图层进行合并，可选择需要合并的图层，执行【合并图层】命令，而不能执行【向下合并】命令。在选择两个包括两个以上图层时，按快捷键Ctrl+E即可将图层进行合并，合并后的图层名称沿用合并时上方图层的名称。

### ※ 与调整图层之间的合并

将调整图层与调整图层合并时，按Ctrl键选择需要合并的图层，执行【图层】/【合并图层】命令即可。

打开素材文件，如图10-7-157所示。选择进行合并的调整图层，执行【合并图层】命令，“图层”面板以及得到的图像效果如图10-7-158所示。图像恢复到原来状态。合并后两个调整图层的调整效果都将消失。

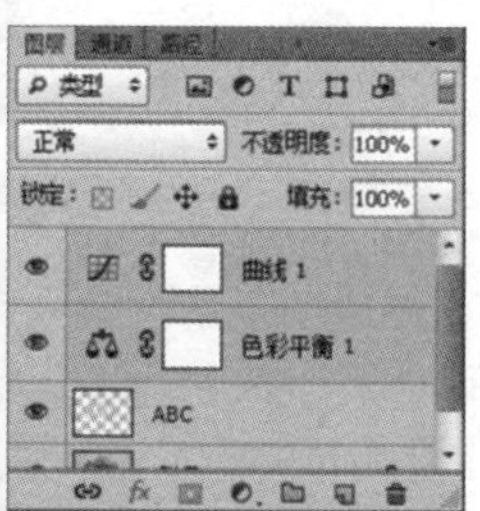

图10-7-157

图10-7-158

执行【图层】/【合并图层】命令后，将合并“图层”面板中的所有可见图层，此时调整图层的效果将会应用在合并后的图像中。

### ※ 活用调整图层创建选区

调整图层还可以针对有透明材质区域和阴影区域等难以制作选区的特殊图像创建选区。

## 实战 用调整图层创建选区

第10章/实战/用调整图层创建选区

打开素材图像，如图10-7-159所示。为相位图像更换新的背景，需要将哈密瓜和透明的玻璃盘子以及物体阴影进行抠选。用普通的方法可以比较容易的选取哈密瓜部分，但是以同样方法选取玻璃盘子和阴影区域后，容易失去其玻璃质感和自然感，也不会很好地融合更换的背景色，在这里我们尝试用调整图层创建该类图像的选区。

图10-7-159

选择工具箱中的钢笔工具，在图像中沿着哈密瓜绘制闭合路径，如图10-7-160所示。绘制完毕后按快捷键Ctrl+Enter将路径转换为选区，按快捷键Ctrl+J将选区内的图像拷贝到新图层中，生成“图层1”，“图层”面板如图10-7-161所示。

图10-7-160

图10-7-161

单击“图层”面板上的创建新的填充或调整图层按钮，在弹出的下拉菜单中选择“阈值”选项，在调整面板中设置参数，如图10-7-162所示。设置完毕后单击“确定”按钮，得到的图像效果如图10-7-163所示。

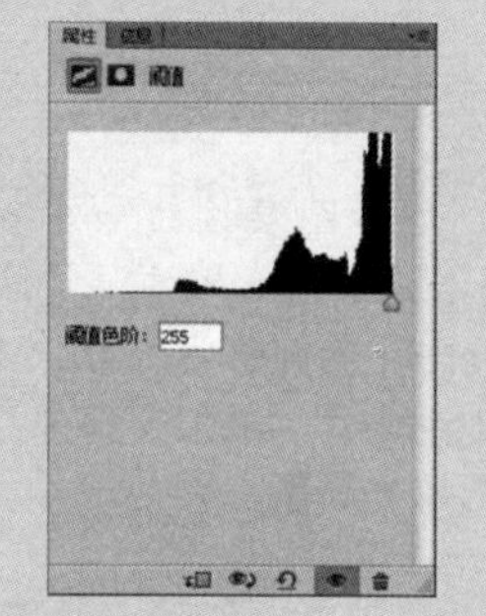

图10-7-162

图10-7-163

由于“阈值”调整图层的作用，使得图像的色调变为对比最强烈的黑白，在该状态下调整色阶可以较清晰地选取投影区域的轮廓。

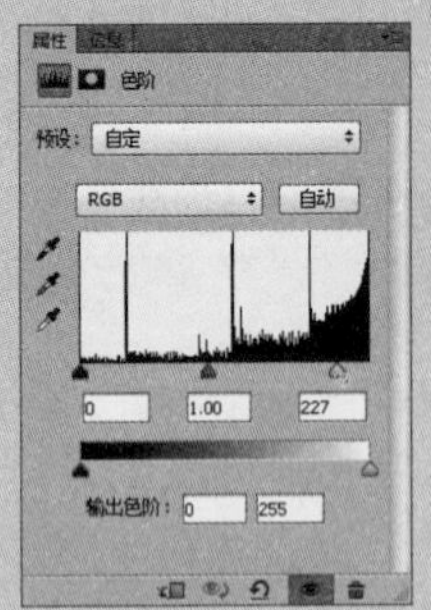

图10-7-164

选择“背景”图层，单击“图层”面板上的创建新的填充或调整图层按钮，在弹出的下拉菜单中选择“色阶”选项，在调整面板中设置参数，如图10-7-164所示。设置完毕后单击“确定”按钮，“图层”面板如图10-7-165所示，得到的图像效果如图10-7-166所示。

图10-7-165

图10-7-166

将“阈值1”调整图层删除，“图层”面板如图10-7-167所示。选择“背景”图层，按快捷键Ctrl+~选择图像的高光区域，按快捷键Ctrl+Shift+I将选区反选，如图10-7-168所示。

图10-7-167

图10-7-168

单击“图层”面板上的创建新图层按钮，新建“图层2”，并将其移至图层最上方。将前景色设置为灰色，按快捷键Alt+Delete填充前景色并取消选择，“图层”面板如图10-7-169所示。单击“背景”图层缩览图前的指示图层可见性按钮，将其隐藏，得到的图像效果如图10-7-170所示。

图10-7-169

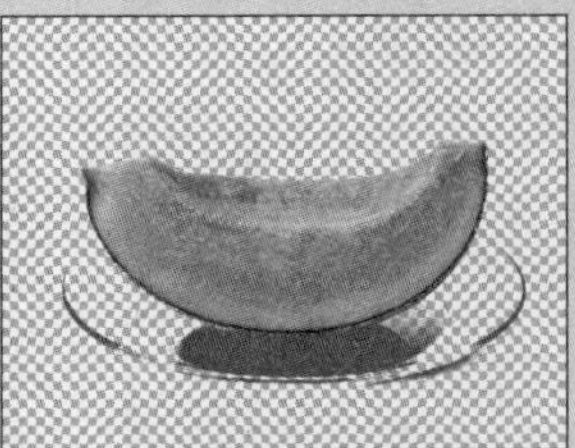

图10-7-170

选择“背景”图层，单击“图层”面板上的创建新图层按钮，新建“图层3”。选择工具箱中的渐变工具，在其工具选项栏中单击可编辑渐变条，打开“渐变编辑器”对话框，设置你喜欢的背景颜色，单击“确定”按钮。并在“图层3”中进行拖动，按快捷键Ctrl+E向下合并图层，“图层”面板如图10-7-171所示，得到的图像效果如图10-7-172所示。

图10-7-171

图10-7-172

通过观察可以发现，在更换了“背景”图层后，图像中玻璃盘子的物体质感没有被破坏掉，完整地保留了下来，阴影处的抠取也较为自然。

# 10.8 图层混合模式

**关键字** 混合模式定义、解析混合模式、混合模式的选项、如何使用混合模式

图层混合模式是一种可以使两个图层或多个图层之间相互融合的手段，它决定了当前图像中的像素以何种方式与底层图像的像素混合。混合模式包含有许多类型，使用不同的混合模式能够得到不同的混合效果。要想找到你所需要的那种类型，就必须要了解各种模式的原理。

## 10.8.1 什么是混合模式

作为Photoshop CS6的核心功能之一，混合模式是一个处处皆可见，却极容易被忽略的功能。它并非只存在于“图层”面板之中，在使用画笔工具、仿制图章工具等许多工具时，或使用【填充】、【描边】、【计算】和【应用图像】等命令时，都可以在工具选项栏以及对话框中看到混合模式选项及其下拉菜单。

由此可以看出混合模式在具体操作中应用广泛。混合模式已经成为广大图像处理工作人员不可或缺的一项技术，在作品中经常体现出来，如图10-8-1、图10-8-2和图10-8-3所示。很多优秀的合成图像案例都或多或少地使用混合模式来达到合成图像的目的。

图10-8-1

图10-8-2

图10-8-3

图层使用混合模式的方法很简单，只需选中要添加混合模式的图层，然后在“图层”面板的混合模式菜单中选择所需要的效果即可。

## 10.8.2 解析图层混合模式

系统提供了25种混合模式，可以针对不同的图像应用不同的混合模式，以得到不同的效果。为了便于理解和使用，系统将混合模式分为六大类，如图10-8-4所示。可以看到在图层混合模式菜单中被分成六块区域，分别就是这六种类型。从上至下分别是组合模式、加深混合模式、减淡混合模式、对比混合模式、比较混合模式和色彩混合模式。下面将按照这六个类型分别深入分析各种混合模式的特点和用途。

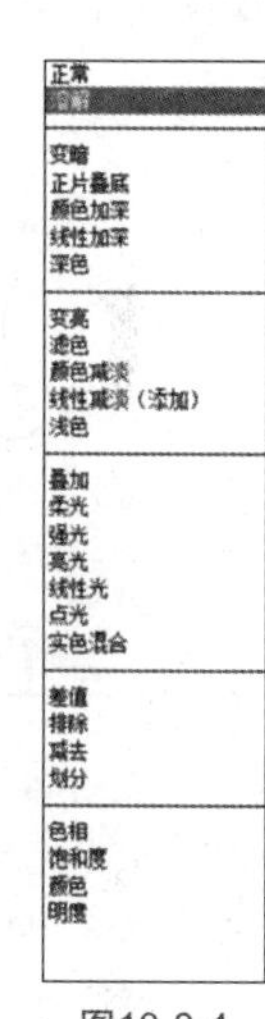


图10-8-4

在每个小章节的后面，本书将通过实例讲解来帮助读者加深了解。

### 技术要点：禁用图层混合模式的图层

“背景”图层和被锁定的图层是不能设置混合模式的。如下图所示为在设置混合模式的窗口中混合模式不可用状态。

## 10.8.3 组合模式

组合模式包含有“正常”模式和“溶解”模式，这两种模式需要配合使用不透明度或是其他功能，才能产生一定的混合效果，否则效果不明显。

### ※ “正常”模式

一般情况下，打开“图层”面板，随意一个图层的默认模式都是“正常”模式。在此模式下，调整上面图层的不透明度可以使当前图像与底层图像产生混合效果。打开素材文档，“图层1”的图像如图10-8-5所示。将“图层1”的混合模式保持默认状态，不透明度设置为50%，“图层”面板以及得到的图像效果如图10-8-6所示。

图10-8-5

图10-8-6

### ※ “溶解”模式

“溶解”模式主要是在编辑或绘制每个像素时，使其成为“结果色”。但是，根据任何像素位置的不透明度，“结果色”由“基色”或“混合色”的像素随机替换。“溶解”模式的特点是配合调整不透明度可以创建点状喷雾式的图像效果，不透明度设置得越低，像素点分布越散。

打开素材文档，如图10-8-7所示。将“图层1”的图层混合模式设置为“溶解”，不透明度设置为45%，得到的图像效果如图10-8-8所示。

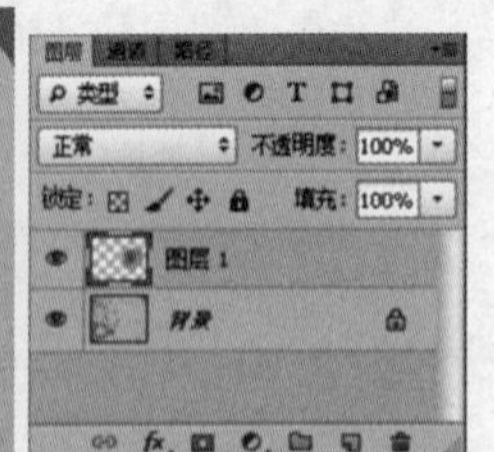

图10-8-7

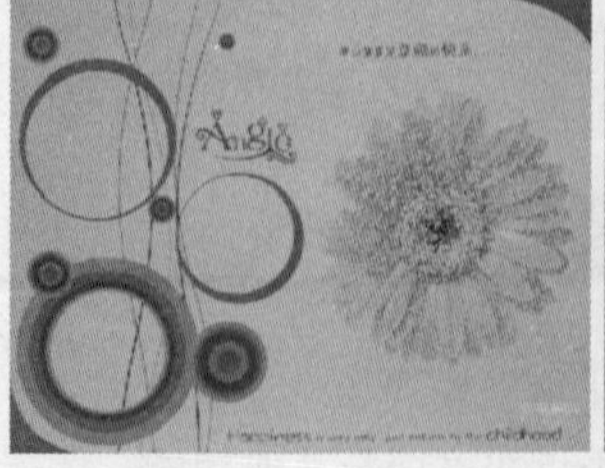

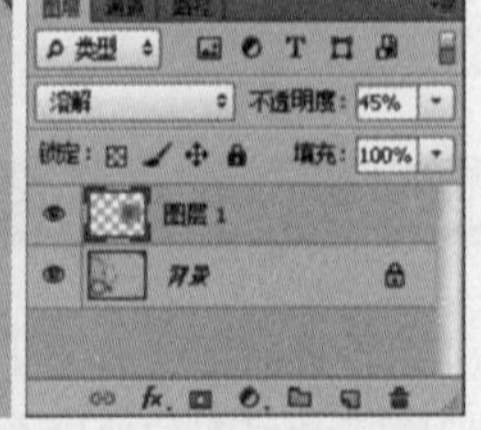

图10-8-8

**Tips 提示**

当“混合色”没有羽化边缘，而且具有一定的透明度时，“混合色”将溶入到“基色”内。如果“混合色”没有羽化边缘，并且“不透明度”为100%，那么“溶解”模式不起任何作用。

训练营 10　第10章/训练营/10 用“溶解”模式制作逝去的花朵

## 用“溶解”模式制作逝去的花朵

▲ 添加图层蒙版制作花瓣逐渐破碎的效果
▲ 使用画笔工具绘制
▲ 结合“溶解”模式制作花瓣飞舞的效果

01 执行【文件】/【打开】命令（Ctrl+O），弹出“打开”对话框，选择需要的素材，单击“打开”按钮打开图像，如图10-8-9所示。

02 执行【文件】/【打开】（Ctrl+O）命令，弹出“打开”对话框，选择需要的素材，单击“打开”按钮打开图像。选择工具箱中的移动工具，将其拖曳至主文档中，生成“图层1”，并调整图像大小及位置，得到的图像效果如图10-8-10所示。

图10-8-9

图10-8-10

03 单击“图层”面板上的添加图层蒙版按钮，为图层添加蒙版。将前景色设置为黑色，选择工具箱中的画笔工具，在其工具选项栏中设置合适的笔刷及不透明度，在图像中进行涂抹，得到的图像效果如图10-8-11所示。

04 选择“图层1”，将其拖曳至“图层”面板上新建图层按钮，得到“图层1副本”图层，单击“图层”面板上的添加图层蒙版按钮，为图层添加蒙版。将前景色设置为黑色，选择工具箱中的画笔工具，在其工具选项栏中设置合适的笔刷及不透明度，在图像中进行涂抹，将“图层1副本”图层混合模式设置为“溶解”，得到的图像效果如图10-8-12所示。

图10-8-11

图10-8-12

05 选择“图层1副本”图层，将其拖曳至“图层”面板上新建图层按钮，得到“图层1副本2”图层，单击“图层”面板上的添加图层蒙版按钮，为图层添加蒙版。将前景色设置为黑色，选择工具箱中的画笔工具，在其工具选项栏中设置合适的笔刷及不透明度，在图像中进行涂抹，将“图层1副本”图层混合模式设置为“溶解”，得到的图像效果如图10-8-13所示。

06 单击“图层”面板上的新建图层按钮，新建“图层2”，将“图层2”的图层混合模式设置为“溶解”。将前景色色值设置为R150、G25、B160，选择工具箱中的画笔工具在图像中进行涂抹，得到的图像效果如图10-8-14所示。

图10-8-13

图10-8-14

07 单击“图层”面板上的添加图层蒙版按钮，为图层添加蒙版。将前景色设置为黑色，选择工具箱中的画笔工具，在其工具选项栏中设置合适的笔刷及不透明度，在图像中进行涂抹，得到的图像效果如图10-8-15所示。

图10-8-15

## 10.8.4 加深混合模式

加深混合模式包括：“变暗”、“正片叠底”、“颜色加深”、“线性加深”和“深色”五种混合模式。这几种混合模式都是以加深的模式将当前图像与底层图像进行叠加使底层图像变暗，就是让每个通道的颜色都变暗，以达到混合的目的。

### ※ “变暗”模式

在“变暗”模式中，查看每个通道中的颜色信息，并选择“基色”或“混合色”中较暗的颜色作为“结果色”。比“混合色”亮的像素被替换，比“混合色”暗的像素保持不变。也就是说，“变暗”模式将当前图层颜色比背景色更亮的颜色去掉。

打开素材文档，如图10-8-16所示。将“图层1”的图层混合模式设置为“变暗”，得到的图像效果如图10-8-17所示。观察结果可以发现，“图层1”中亮度高的像素均被替换。

图10-8-16

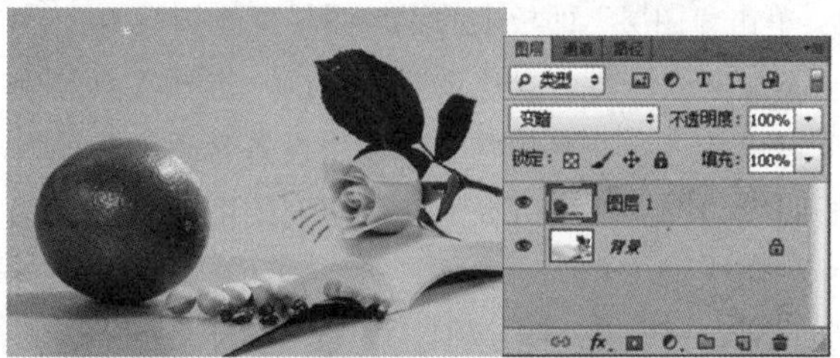

图10-8-17

训练营 第 10 章 / 训练营 /11 用“变暗”模式组合蓝天

## 11 用“变暗”模式组合蓝天

▲ 使用“变暗”模式的特点替换泛白的天空
▲ 添加图层蒙版遮盖多余部分，使底层图像显示出来

01 执行【文件】/【打开】命令（Ctrl+O），弹出“打开”对话框，选择需要的素材，单击“打开”按钮打开图像，如图10-8-18所示。

02 执行【文件】/【打开】（Ctrl+O）命令，弹出“打开”对话框，选择需要的素材，单击“打开”按钮打开图像。选择工具箱中的移动工具，将其拖曳至主文档中，生成“图层1”，并调整图像大小及位置，得到的图像效果如图10-8-19所示。

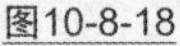
图10-8-18

图10-8-19

03 将“图层1”的混合模式设置为“变暗”，得到的图像效果如图10-8-20所示。

04 单击“图层”面板上的添加图层蒙版按钮，为图层添加蒙版。将前景色设置为黑色，选择工具箱中的画笔工具，在其工具选项栏中设置合适的笔刷及不透明度，在图像中进行涂抹，得到的图像效果如图10-8-21所示。

图10-8-20

图10-8-21

**Tips 提示**

由于“变暗”模式是底层图像颜色与上层图像颜色互相比较的模式，所以在上例中可以将“图层 1”和“背景”图层的位置互换，再将“背景”图层模式改为“变暗”模式即可，得到的图像效果是相同的。

## ※ “正片叠底”模式

“正片叠底”模式不同于“变暗”模式中的亮色部分替换，而是可以使当前图像中的白色完全消失，另外，除白色以外的其他区域都会使底层图像变暗。利用“正片叠底”模式可以形成一种光线穿透图层的幻灯片效果。无论是图层间还是在图层样式中的混合，“正片叠底”模式都是最常用的一种混合模式。

打开素材文档，如图10-8-22所示。将“图层1”的图层混合模式设置为“正片叠底”，得到的图像效果如图10-8-23所示。

图10-8-22

图10-8-23

任何颜色与黑色复合产生黑色，任何颜色与白色复合保持不变。当用黑色或白色以外的颜色绘画时，绘画工具绘制的连续描边产生逐渐变暗的过渡色，其实“正片叠底”模式就是从“基色”中减去“混合色”的亮度值，得到最终的“结果色”。如果在“正片叠底”模式中使用较淡的颜色对图像的“结果色”是没有影响的。

训练营 12 第 10 章 / 训练营 /12 用“正片叠底”模式调出立体肤色

## 用“正片叠底”模式调出立体肤色

▲ 使用“正片叠底”模式增加图像中较暗像素
▲ 调整混合选项使混合结果更加自然

01 执行【文件】/【打开】命令（Ctrl+O），弹出“打开”对话框，选择需要的素材，单击“打开”按钮打开图像，如图10-8-24所示。

图10-8-24

02 选择“背景”图层，将其拖曳至“图层”面板上新建图层按钮，得到“背景副本”图层，将其图层混合模式设置为“正片叠底”，得到的图像效果如图10-8-25所示。

图10-8-25

**Tips 提示**

从图中可以发现，混合之后图像中暗部像素加深，图像变暗。

03 执行【滤镜】/【锐化】/【USM锐化】命令，弹出“USM锐化”对话框，具体设置如图10-8-26所示，得到的图像效果如图10-8-27所示。

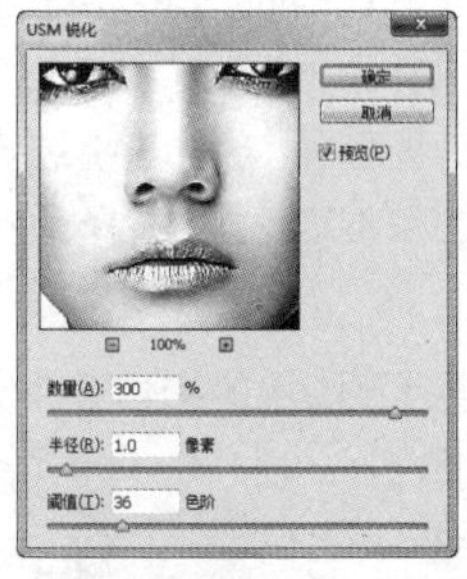
图10-8-26

图10-8-27

04 选择“背景副本”图层，将其拖曳至“图层”面板上的新建图层按钮，得到“背景副本2”图层，执行【图层】/【图层样式】/【混合选项】命令，弹出“图层样式”对话框，在“混合颜色带”中，按Alt键单击“下一图层”白色滑块，设置如图10-8-28所示，得到的图像效果如图10-8-29所示。

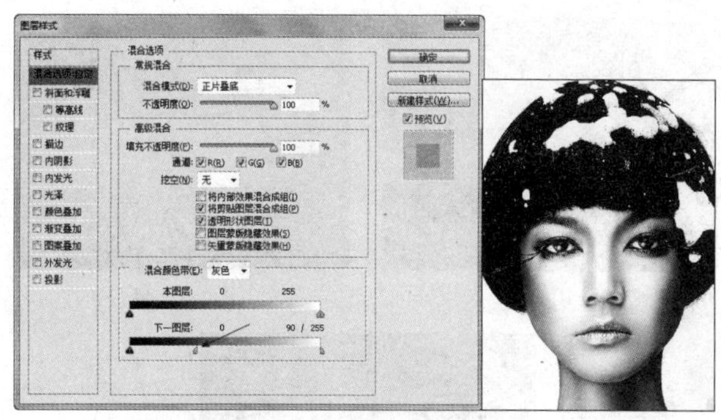
图10-8-28　　图10-8-29

## ※ “颜色加深”模式

“颜色加深”模式用于查看每个通道的颜色信息，并通过增加对比度使背景颜色变暗以反映混合色，在黑色与白色混合的情况下，图像不会发生变化。除了图像区域呈现尖锐的边缘特性，“颜色加深”模式创建的效果与“正片叠底”模式创建的效果类似。

打开素材文档，“背景”图层的图像效果如图10-8-30所示。“图层1”图层的图像效果如图10-8-31所示。选择“图层1”，将“图层1”的图层混合模式设置为“颜色加深”，得到的图像效果如图10-8-32所示。

图10-8-30

图10-8-31

图10-8-32

## ※ “线性加深”模式

“线性加深”模式是通过查看每个通道中的颜色信息，降低亮度使底色变暗来反映当前图层的颜色。“线性颜色”模式与“正片叠底”模式产生的效果相似，但对比效果更强烈，相当于“正片叠底”与“颜色加深”模式组合。“混合色”与背景颜色上的白色混合后将不会产生变化。

打开素材文档，“背景”图层的图像效果如图10-8-33所示。“图层1”图层的图像效果如图10-8-34所示。选择“图层1”，将“图层1”的图层混合模式设置为“线性加深”，得到的图像效果如图10-8-35所示。

图10-8-33

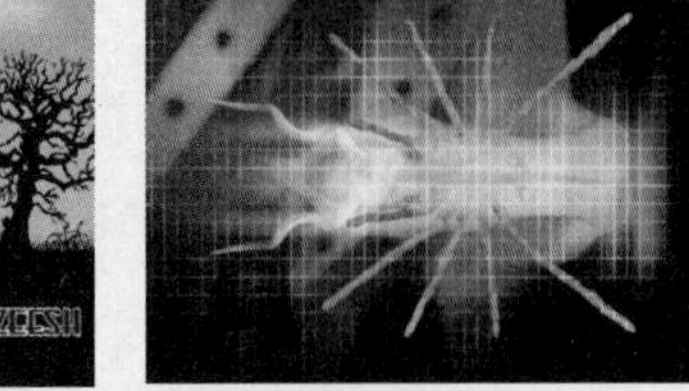
图10-8-34

图10-8-35

训练营 第 10 章 / 训练营 /13 用"线性加深"模式替换背景

## 13 用"线性加深"模式替换背景

▲ 利用"线性加深"模式混合图像

▲ 为图层添加图层蒙版使混合结果只作用于部分图像

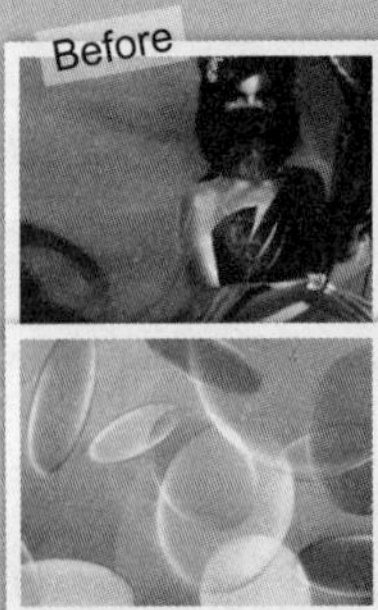

01 执行【文件】/【打开】命令（Ctrl+O），弹出"打开"对话框，选择需要的素材，单击"打开"按钮打开图像，如图10-8-36所示。

02 执行【文件】/【打开】（Ctrl+O）命令，弹出"打开"对话框，选择需要的素材，单击"打开"按钮打开图像。选择工具箱中的移动工具，将其拖曳至主文档中生成"图层1"，调整图像大小及位置，得到的图像效果如图10-8-37所示。

图10-8-36

图10-8-37

03 将"图层1"图层的混合模式设置为"线性加深"，得到的图像效果如图10-8-38所示。

04 单击"图层"面板上的添加图层蒙版按钮，为图层添加蒙版。将前景色设置为黑色，选择工具箱中的画笔工具，在其工具选项栏中设置合适的笔刷及不透明度，在图像中进行涂抹，得到的图像效果如图10-8-39所示。

图10-8-38

图10-8-39

05 选择"图层1"图层，将其拖曳至"图层"面板上的新建图层按钮，得到"图层1副本"图层，执行【图层】/【创建剪贴蒙版】命令，得到的图像效果如图10-8-40所示。

图10-8-40

### ※ "深色"模式

"深色"模式比较混合色和基色的所有通道值的总和，并显示值较小的颜色，直接覆盖底层图像中暗调区域的颜色。底层图像中包含的亮度信息不变，以当前图像中的暗调信息所取代，从而得到最终效果。"深色"模式不会生成第三种颜色（可以通过变暗混合获得），因此它将从基色和混合色中选择最小的通道值来创建结果色。

打开素材文档，"图层1"图层的图像效果如图10-8-41所示。"背景"图层的图像效果如图10-8-42所示。选择"图层1"，将"图层1"的图层混合模式设置为"深色"，得到的图像效果如图10-8-43所示。

图10-8-41

图10-8-42

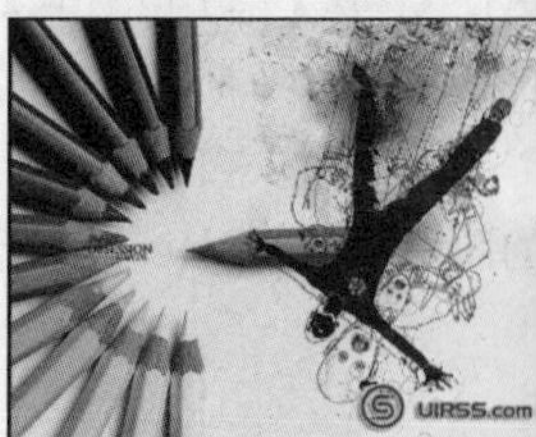

图10-8-43

## Tips 提示

这一章节加深混合模式组中，所有的混合模式都与白色混合不发生变化，在减淡混合模式组中，则与黑色混合不发生变化，在下面的章节将继续探讨这一问题。

训练营 第10章/训练营/14 用“深色”模式合成足球

## 14 用“深色”模式合成足球

▲ 利用“深色”模式的特点使足球纹理更加清晰
▲ 添加图层蒙版修改混合后的效果

01 执行【文件】/【打开】命令（Ctrl+O），弹出“打开”对话框，选择需要的素材，单击“打开”按钮打开图像，如图10-8-44所示。

02 执行【文件】/【打开】（Ctrl+O）命令，弹出“打开”对话框，选择需要的素材，单击“打开”按钮打开图像。选择工具箱中的移动工具，将其拖曳至主文档中生成“图层1”，调整图像大小及位置，得到的图像效果如图10-8-45所示。

图10-8-44

图10-8-45

03 选择“背景”图层，将其拖曳至“图层”面板上新建图层按钮，得到“背景副本”图层，并置于“图层”面板最顶端，将其图层混合模式设置为“线性加深”，得到的图像效果如图10-8-46所示。

04 选择“背景副本”图层，将其拖曳至“图层”面板上的新建图层按钮上，得到“背景副本2”图层并置于“图层副本”下方，将其图层混合模式设置为“深色”，得到的图像效果如图10-8-47所示。

图10-8-46

图10-8-47

## Tips 提示

由于“深色”模式可反映背景较亮图像中的暗部信息的表现,使用“加深”模式可以使足球的纹理更加清晰，而且“图层 1”中的白色背景经过“加深”后,也消失了。

05 选择“背景副本”图层，单击“图层”面板上的创建新的填充或调整图层按钮，在弹出的下拉菜单中选择“色阶”选项，在调整面板中设置参数，如图10-8-48所示，设置完毕后单击“确定”按钮，得到的图像效果如图10-8-49所示。

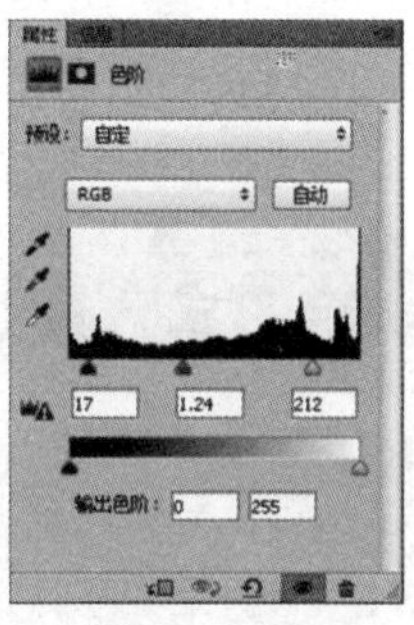


图10-8-48

图10-8-49

## 10.8.5 减淡混合模式

在Photoshop CS6中，每一种加深模式都有一种完全相反的减淡模式相对应，它包含有“变亮”、“滤色”、“颜色简单”、“线性减淡（添加）”、“浅色”五个模式。减淡模式的特点是当前图像中的黑色会消失，任何比黑色亮的区域都可能加亮底层的图像。

## ※ “变亮”模式

“变亮”模式与“变暗”模式产生的效果正好相反。这种模式的特点是通过查看每个通道中的颜色信息，并选择两个需要混合的图层中较亮的颜色作为“结果色”。比“混合色”暗的像素被替换，比“混合色”亮的像素保持不变。在这种模式下，当前图像中较淡的颜色区域在最终的合成效果中占主要地位，而较暗区域将不出现在最终合成效果中。

打开素材文档，“图层1”图层的图像效果如图10-8-50所示。“背景”图层的图像效果如图10-8-51所示。选择“图层1”，将“图层1”的图层混合模式设置为“变亮”，得到的图像效果如图10-8-52所示。

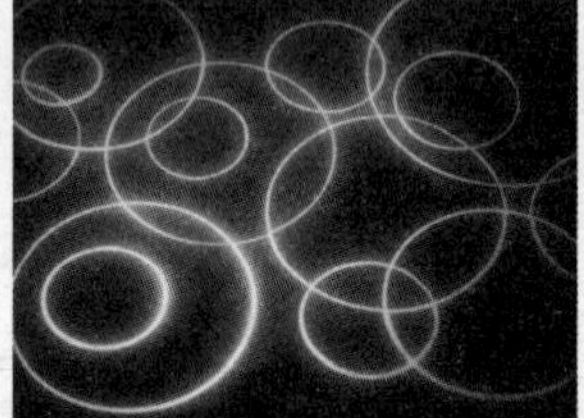
图10-8-50

图10-8-51

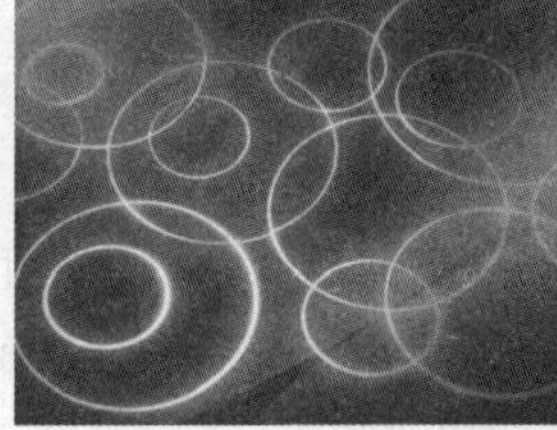
图10-8-52

训练营 15 第10章/训练营/15 用“变亮”模式融合花式背景

## 用“变亮”模式融合花式背景

▲ 通过“变亮”模式合成图像
▲ 修改“混合模式”使图像更加融合
▲ 添加【色相/饱和度】调整图层调整图像颜色

Before

After

01 执行【文件】/【打开】命令（Ctrl+O），弹出“打开”对话框，选择需要的素材，单击“打开”按钮打开图像，如图10-8-53所示。

02 执行【文件】/【打开】（Ctrl+O）命令，弹出“打开”对话框，选择需要的素材，单击“打开”按钮打开图像。选择工具箱中的移动工具，将其拖曳至主文档中生成“图层1”，调整图像大小及位置，得到的图像效果如图10-8-54所示。

03 选择“图层1”，将其图层混合模式设置为“变亮”，得到的图像效果如图10-8-55所示。

图10-8-53

图10-8-54　图10-8-55

04 单击“图层”面板上的添加图层蒙版按钮，为图层添加蒙版。将前景色设置为黑色，选择工具箱中的画笔工具，在其工具选项栏中设置合适的笔刷及不透明度，在图像中进行涂抹，得到的图像效果如图10-8-56所示。

图10-8-56

05 选择“图层1”，单击“图层”面板上的添加图层样式按钮，在弹出的下拉菜单中选择“混合选项”，弹出“图层样式”对话框，具体参数设置如图10-8-57所示。设置完毕后单击“确定”按钮，得到的图像效果如图10-8-58所示。

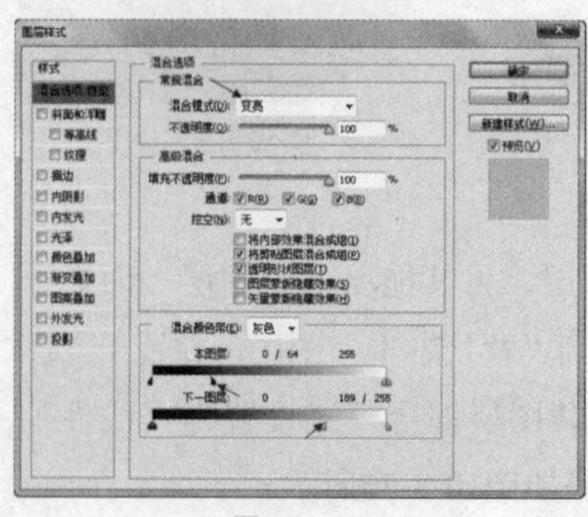
图10-8-57

图10-8-58

06 选择“背景副本”图层，单击“图层”面板上的创建新的填充或调整图层按钮，在弹出的下拉菜单中选择“色相/饱和度”选项，在调整面板中设置参数，如图10-8-59所示，设置完毕后单击“确定”按钮，得到的图像效果如图10-8-60所示。

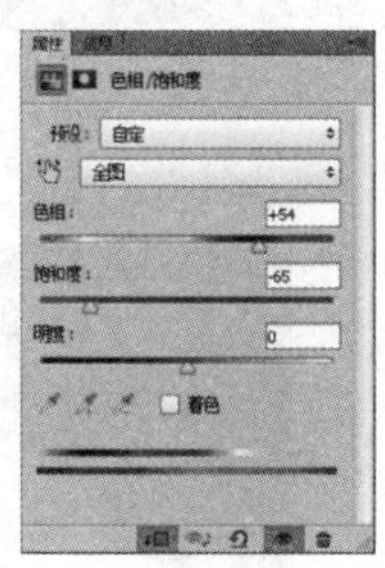
图10-8-59

图10-8-60

07 选择工具箱中的横排文字工具，在图像中单击输入文字，得到的图像效果如图10-8-61所示。

图10-8-61

## ※ “滤色”模式

“滤色”模式是将当前图像的颜色与下层图像的颜色结合起来产生比两种颜色都浅的第三种颜色，通过该模式转换后的颜色通常都很浅，用黑色过滤时颜色保持不变。用白色过滤将产生白色，混合后的颜色总是较亮的颜色。无论在“滤色”模式下使用着色工具绘画，还是对“滤镜”模式指定一个图层，合并后的颜色始终是相同的合成颜色或更淡的颜色。“滤色”模式与“正片叠底”模式结果正好相反。

## 实战 应用“滤色”模式

第 10 章 / 实战 / 应用“滤色”模式

打开素材文档，“背景”图层的图像效果如图10-8-62所示。“图层1”图层的图像效果如图10-8-63所示。选择“图层1”，将“图层1”的图层混合模式设置为“滤色”，得到的图像效果如图10-8-64所示。从图像结果中可以看到，混合后“图层1”中仅保留了亮色部分不变，而较暗的颜色则被底层图像中的颜色代替。

图10-8-62

图10-8-63

图10-8-64

## 训练营 16 用“滤色”模式创建iPod广告

第 10 章 / 训练营 /16 用“滤色”模式创建 iPod 广告

▲ 使用“滤色”模式合成图像
▲ 盖印选中图层并设置混合模式产生混合效果

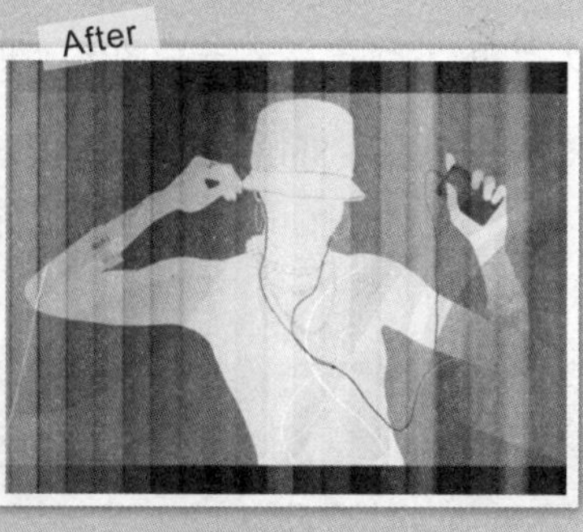


01 执行【文件】/【打开】命令（Ctrl+O），弹出“打开”对话框，选择需要的素材，单击“打开”按钮打开图像，如图10-8-65所示。

02 执行【文件】/【打开】（Ctrl+O）命令，弹出“打开”对话框，选择需要的素材，单击“打开”按钮打开图像。选择工具箱中的移动工具，将其拖曳至主文档中生成“图层1”，调整图像大小及位置，得到的图像效果如图10-8-66所示。

图10-8-65

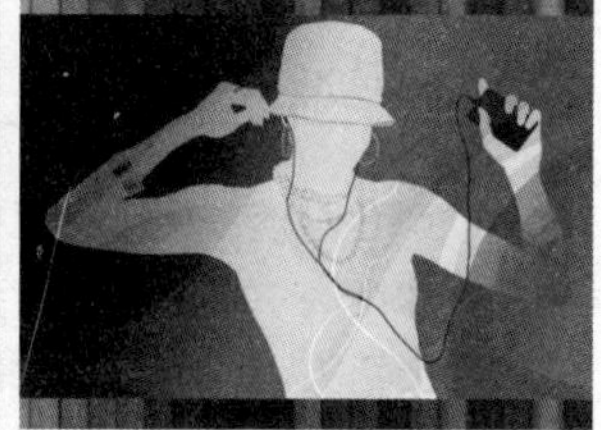
图10-8-66

03 选择“图层1”，将其图层混合模式设置为“滤色”，得到的图像效果如图10-8-67所示。

04 按快捷键Shift+Ctrl+E盖印当前图层，得到“图层2”。将“背景”图层和“图层1”分别拖曳至“面板”上的创建新图层按钮上，得到“背景副本”图层和“图层1副本”图层，按快捷键Ctrl+I将其反相，得到的图像效果如图10-8-68所示。

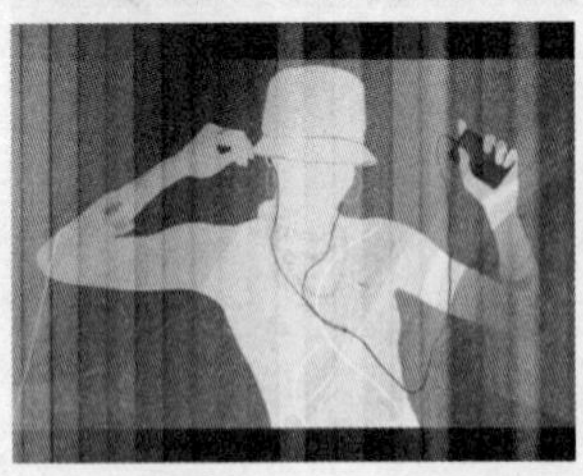
图10-8-67

图10-8-68

05 选择“图层1副本”图层，将其图层混合模式设置为“正片叠底”，得到的图像效果如图10-8-69所示。

06 按快捷键Shift+Ctrl+E盖印当前图层，得到“图层3”。按快捷键Ctrl+I将其反相，得到的图像效果如图10-8-70所示。

图10-8-69

图10-8-70

Tips 提示

对比图 10-8-67 和图 10-8-70 所示的效果，可以发现两张图像效果完全一样。结果验证了前面说到的经过“滤色”混合模式得到的效果和将基色和混合色各自的反相经过“正片叠底”混合后再次反相得到的效果是一致的。

### ※ “颜色减淡”模式

“颜色减淡”模式可以加亮底层图像，同时使颜色变得更加饱满，不管何时定义混合模式，底层上的暗区域都将会消失，因而可以保持较好的对比度。“颜色减淡”模式类似于“滤色”模式创建的效果。

打开素材文档，“背景”图层的图像效果如图10-8-71所示。“图层1”图层的图像效果如图10-8-72所示。

图10-8-71

图10-8-72

选择“图层1”，将“图层1”的图层混合模式设置为“颜色减淡”，得到的图像效果如图10-8-73所示。从图像结果中可以看出，混合后“图层1”中的较暗区域消失，而底层图像像素变亮和鲜艳了。

图10-8-73

### ※ “线性减淡”模式

“线性减淡”模式通过查看每个通道中的颜色信息，并通过增加亮度使底层颜色变亮以反映上层图层色彩，可产生更加强烈的对比效果。与白色混合时使图像中的色彩信息降至最低，与黑色混合则不发生变化。

## 实战 添加“线性减淡”模式

第 10 章 / 实战 / 添加“线性减淡”模式

打开素材文档，“背景”图层的图像效果如图10-8-74所示。“图层1”图层的图像效果如图10-8-75所示。选择“图层1”，将“图层1”的图层混合模式设置为“线性减淡”，得到的图像效果如图10-8-76所示。从图像结果中可以看出，“图层1”与“背景”中的亮度重叠区域更亮了，整个图像对比度加大。

图10-8-74

图10-8-75

图10-8-76

## ※ “浅色”模式

“浅色”模式最早是在CS3版本中出现的。它与加深混合模式中的“深色”相对应。根据当前图像的饱和度直接覆盖底层图像中高光区域的颜色，以高光色调取代底层图像中包含的暗调区域。“浅色”模式可反映背景较暗图像中的亮部信息，用高光颜色取代暗部信息。

## 实战 添加“浅色”模式

第 10 章 / 实战 / 添加“浅色”模式

打开素材文档，“背景”图层的图像效果如图10-8-77所示。“图层1”图层的图像效果如图10-8-78所示。选择“图层1”，将“图层1”的图层混合模式设置为“浅色”，得到的图像效果如图10-8-79所示。

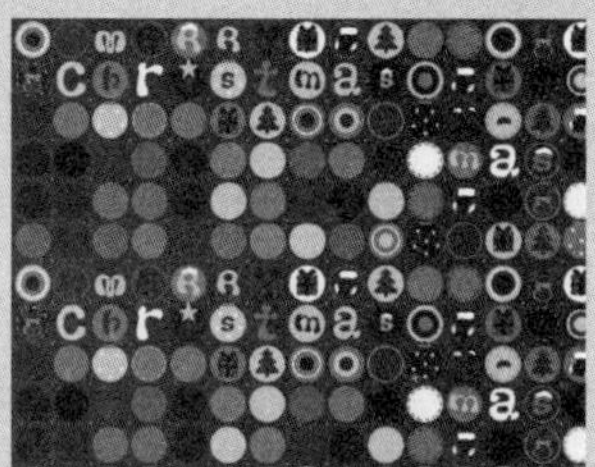

图10-8-77

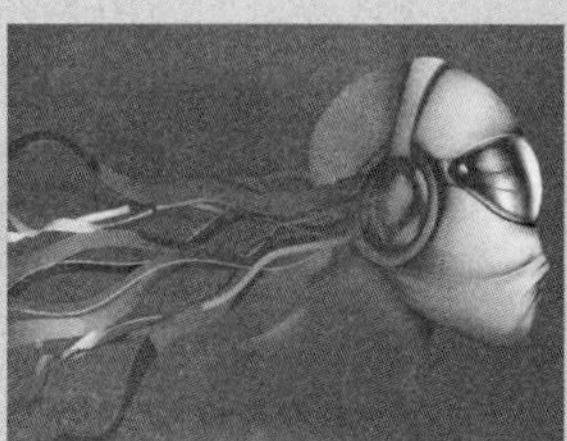

图10-8-78

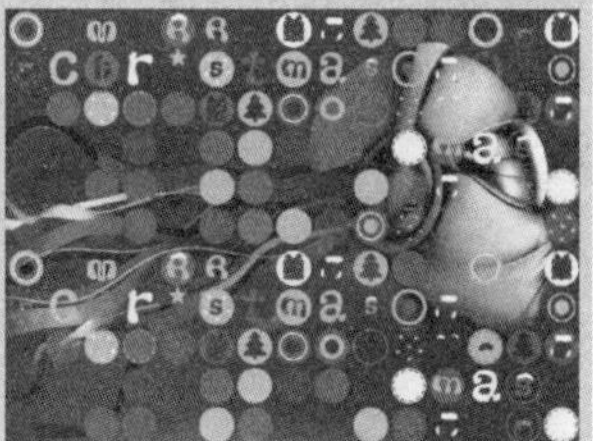

图10-8-79

## 训练营 17 用“浅色”模式创建特殊曝光

第 10 章 / 训练营 /17 用“浅色”模式创建特殊曝光

▲ 使用【应用图像】命令改变人物肤色
▲ 使用“叠加”混合模式制作曝光效果

01 执行【文件】/【打开】命令（Ctrl+O），弹出“打开”对话框，选择需要的素材，单击“打开”按钮打开图像，如图10-8-80所示。

图10-8-80

02 选择“背景”图层，将其拖曳至“图层”面板上的新建图层按钮上，得到“背景副本”图层，执行【图像】/【应用图像】命令，弹出“应用图像”对话框，具体设置如图10-8-81所示，得到的图像效果如图10-8-82所示。

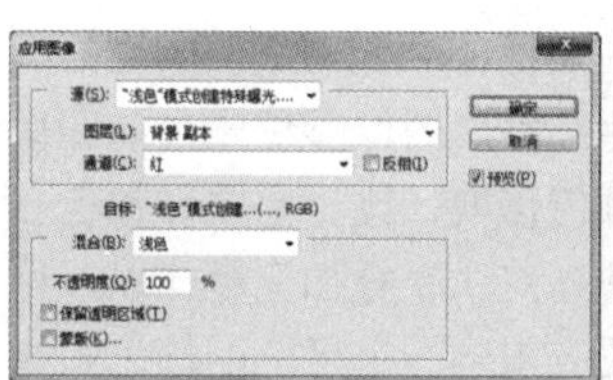

图10-8-81

图10-8-82

03 选择“背景副本”图层，单击“图层”面板上的创建新的填充或调整图层按钮，在弹出的下拉菜单中选择“色相/饱和度”选项，在调整面板中设置参数，如图10-8-83所示，设置完毕后，得到的图像效果如图10-8-84所示。

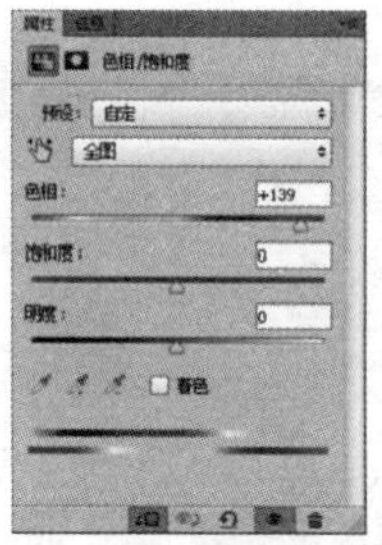

图10-8-83

图10-8-84

04 选择“背景副本”图层，将其图层混合模式设置为“叠加”，得到的图像效果如图10-8-85所示。

图10-8-85

## 10.8.6 对比混合模式

对比混合模式组中包含有“叠加”、“柔光”、“强光”、“亮光”、“线性光”、“点光”和“实色混合”七个模式，综合了加深和减淡模式的特点，在进行混合时“50%”的灰色会完全消失，任何亮于“50%”的灰色区域可能加亮下面的图像，而暗于“50%”灰色的区域都可能使底层图像变暗，从而增加图像的对比度。

**Tips 提示**

当底层图像为黑色或白色时，任何图像应用“叠加”模式均不起作用。

### ※ “叠加”模式

“叠加”模式是将当前图像的颜色与底层图像的颜色相混合，产生一种中间色。底层图像颜色比当前图像颜色暗的颜色使当前图像颜色倍增，比当前图像颜色亮的颜色将使当前图像颜色被遮盖。“叠加”模式以一种非艺术逻辑的方式把放置或应用到一个层上的颜色同背景色进行混合，然而却能得到有趣的效果。背景图像中的纯黑色或纯白色区域无法在“叠加”模式下显示层上的“叠加”着色或图像区域。背景区域上落在黑色和白色之间的亮度值同“叠加”材料的颜色混合在一起，产生最终的合成颜色。“叠加”模式的特点是在为底层图像添加颜色时，可保持底层图像的高光和暗调。

### 实战 添加“叠加”模式

第 10 章 / 实战 / 添加“叠加”模式

打开素材文档，“图层1”图层的图像效果如图10-8-86所示。“背景”图层的图像效果如图10-8-87所示。选择“图层1”，将“图层1”的图层混合模式设置为“叠加”，得到的图像效果如图10-8-88所示。

图10-8-86

图10-8-87

图10-8-88

### 训练营 18 用“叠加”模式增强图像对比度

第 10 章 / 训练营 /18 用“叠加”模式增强图像对比度

▲ 利用“叠加”模式的特性，叠加图像增强对比度

▲ 结合“色阶”调整图层，调整图像对比度

01 执行【文件】/【打开】命令（Ctrl+O），弹出“打开”对话框，选择需要的素材，单击“打开”按钮打开图像，如图10-8-89所示。

02 选择“背景”图层，将其拖曳至“图层”面板上的新建图层按钮，得到“背景副本”图层，将其图层混合模式设置为“叠加”，得到的图像效果如图10-8-90所示。

图10-8-89

图10-8-90

03 单击“图层”面板上的创建新的填充或调整图层按钮，在弹出的下拉菜单中选择“色阶”选项，在调整面板中设置参数，如图10-8-91所示，得到的图像效果如图10-8-92所示。

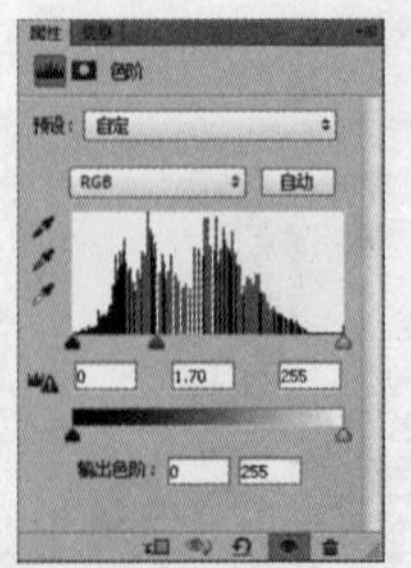


图10-8-91

图10-8-92

04 按快捷键Ctrl+Shift+Alt+E盖印可见图层，得到“图层1”，将其图层混合模式设置为“叠加”，图层不透明度设置为50%，“图层”面板如图10-8-93所示，得到的图像效果如图10-8-94所示。

图10-8-93

图10-8-94

**Tips 提示**

利用“叠加”模式的特性，可多次复制图层加强色彩对比，补充图像的对比强度，从而达到理想的效果。

## ※ “柔光”模式

“柔光”模式会产生一种柔光照射的效果。该模式是根据当前图像的明暗来决定图像的最终效果是变亮还是变暗。如果当前图像比底层图像更亮一些，那么混合后的图像效果更亮，如果当前图像比底层图像更暗一些，那么混合后的图像效果更暗，使图像的亮度反差增大。

使颜色变亮或变暗取决于上层图像，如果当前图像比50%灰色亮，则图像变亮，就像被减淡了一样。如果当前图像比50%灰色暗，则图像变暗，就像被加深了一样。用纯黑色或纯白色绘画会产生明显较暗或较亮的区域，但不会产生纯黑色或纯白色。

## 实战 设置“柔光”模式

第10章/实战/设置“柔光”模式

打开素材文档，“图层1”图层的图像效果如图10-8-95所示。“背景”图层的图像效果如图10-8-96所示。选择“图层1”，将“图层1”的图层混合模式设置为“柔光”，得到的图像效果如图10-8-97所示。

图10-8-95

图10-8-96

图10-8-97

## ※ “强光”模式

“强光”模式可以产生一种强光照射的效果，是根据当前图层的明暗程度来决定最终的效果变暗还是变亮。如果当前图像的颜色比底层图像的颜色更亮一些，则混合后的颜色更亮，反之，混合后的效果更暗一些。除了根据背景中的颜色而使背景色是多重的或屏蔽的之外，这种模式实质上同“柔光”模式相似，区别在于它的效果要比柔光模式更加强烈一些。同“叠加”模式一样，这种模式也可以在背景对象的表面模拟图案或文本。“强光”模式特点是可以增加图像的对比度，它相当于“正片叠底”和“滤色”的组合。

打开素材文档，“图层1”图层的图像效果如图10-8-98所示。“背景”图层的图像效果如图10-8-99所示。选择“图层1”，将“图层1”的图层混合模式设置为“强光”，得到的图像效果如图10-8-100所示。

图10-8-98

图10-8-99

图10-8-100

## 训练营 19 用“强光”模式制作森林透光

第10章/训练营/19用“强光”模式制作森林透光

▲ 使用【动感模糊】滤镜结合渐变工具制作光线效果
▲【高斯模糊】滤镜结合“强光”模式制作迷幻效果

01 执行【文件】/【打开】命令（Ctrl+O），弹出“打开”对话框，选择需要的素材，单击“打开”按钮打开图像，如图10-8-101所示。

02 单击“图层”面板上的新建图层按钮，新建“图层1”，选择工具箱中的矩形选框工具，在图像中绘制选区，得到的图像效果如图10-8-102所示。

图10-8-101

图10-8-102

03 将前景色设置为白色，按快捷键Alt+Delete填充前景色，得到的图像效果如图10-8-103所示。

图10-8-103

04 执行【滤镜】/【杂色】/【添加杂色】命令，弹出“添加杂色”对话框，具体参数设置如图10-8-104所示，得到的图像效果如图10-8-105所示。

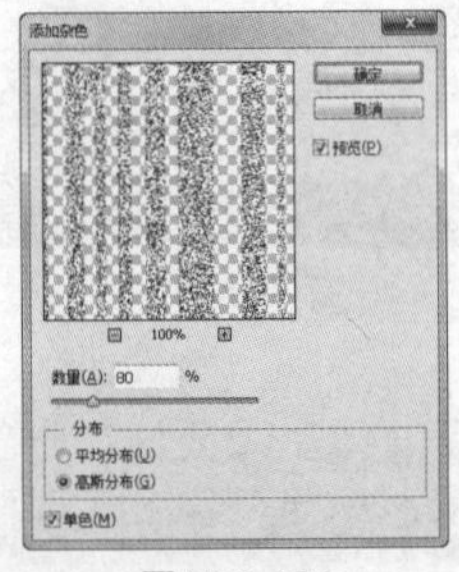
图10-8-104

图10-8-105

05 执行【滤镜】/【模糊】/【动感模糊】命令，弹出“动感模糊”对话框，具体参数设置如图10-8-106所示，得到的图像效果如图10-8-107所示。

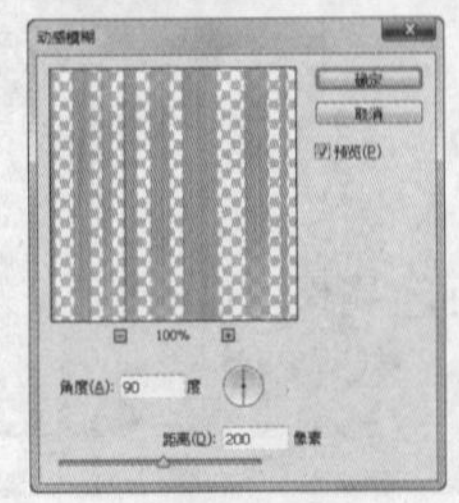
图10-8-106

图10-8-107

06 执行【编辑】/【变换】/【扭曲】命令，弹出自由变换框，调整变换框，得到的图像效果如图10-8-108所示。

07 选择“图层1”，将其拖曳至“图层”面板上新建图层按钮，得到“图层1副本”图层，按快捷键Ctrl+T调整图像角度，得到的图像效果如图10-8-109所示。

图10-8-108

图10-8-109

08 按Ctrl键分别单击“图层1”和“图层1副本”图层将其全部选中，按快捷键Ctrl+E合并所选图层，执行【滤镜】/【模糊】/【动感模糊】命令，弹出“动感模糊”对话框，具体参数设置如图10-8-110所示，得到的图像效果如图10-8-111所示。

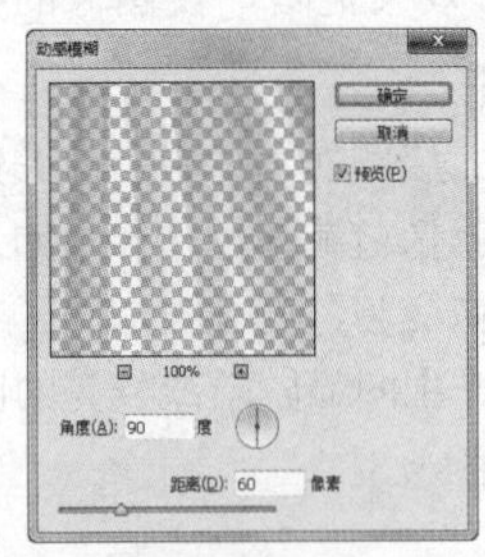
图10-8-110

图10-8-111

09 单击“图层”面板上的创建新的填充或调整图层按钮，在弹出的下拉菜单中选择“色相/饱和度”选项，在调整面板中设置参数，如图10-8-112所示，设置完毕后单击“确定”按钮，得到的图像效果如图10-8-113所示。

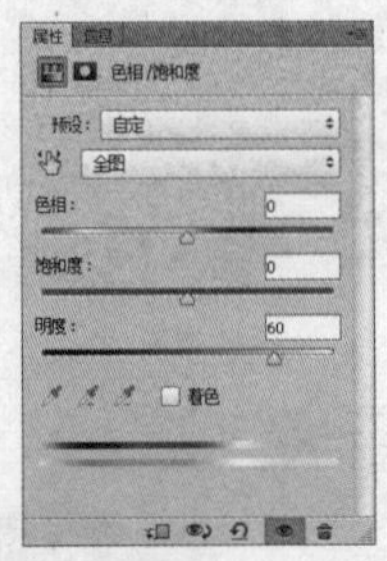
图10-8-112

图10-8-113

**Tips 提示**

绘制选区并羽化是为了绘制被光线照亮的区域，接下来将添加调整图层来调整这部分区域的亮度，使其好像是光线照射过来的效果。

10 选择“背景”图层，选择工具箱中的套索工具，在其工具选项栏中设置羽化值为15，在图像中绘制，得到的图像效果如图10-8-114所示。

图10-8-114

11 单击“图层”面板上的创建新的填充或调整图层按钮，在弹出的下拉菜单中选择“曲线”选项，在调整面板中设置参数，如图10-8-115所示，设置完毕后单击“确定”按钮，得到的图像效果如图10-8-116所示。

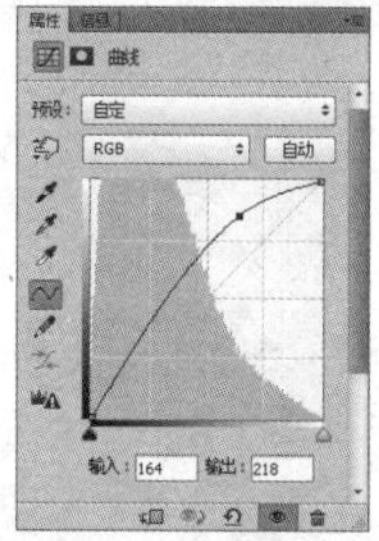
图10-8-115

图10-8-116

12 选择“图层1”，执行【滤镜】/【模糊】/【动感模糊】命令，弹出“动感模糊”对话框，具体设置如图10-8-117所示，得到的图像效果如图10-8-118所示。

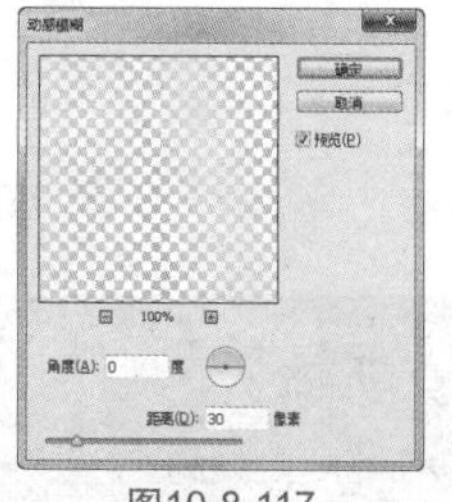
图10-8-117

图10-8-118

13 按Ctrl键单击“图层1”缩览图，调出其选区，单击“图层”面板上的新建图层按钮，创建“图层2”，选择工具箱中的渐变工具，在其工具选项栏中单击可编辑渐变条，弹出“渐变编辑器”对话框，具体参数设置如图10-8-119所示，得到的图像效果如图10-8-120所示。

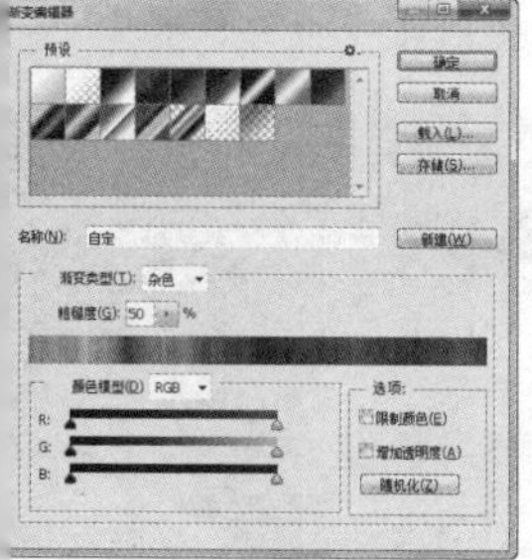
图10-8-119

图10-8-120

14 单击“图层”面板上的创建新的填充或调整图层按钮，在弹出的下拉菜单中选择“色相/饱和度”选项，在调整面板中设置参数，如图10-8-121所示，设置完毕后单击“确定”按钮，得到的图像效果如图10-8-122所示。

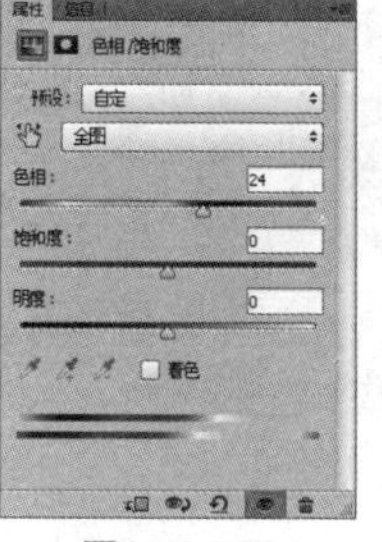
图10-8-121

图10-8-122

15 选择“图层2”，将其图层混合模式设置为“柔光”，得到的图像效果如图10-8-123所示。

图10-8-123

16 按Ctrl键分别单击“图层1”和“图层2”图层将其全部选中，按快捷键Ctrl+Alt+E盖印所选图层，得到“图层2（合并）”图层，将其图层混合模式设置为“强光”，得到的图像效果如图10-8-124所示。

图10-8-124

17 按快捷键Ctrl+Alt+Shift+E盖印图层，得到“图层3”，将其拖曳至“图层”面板上的新建图层按钮，得到“图层3副本”图层，执行【滤镜】/【模糊】/【高斯模糊】命令，弹出“高斯模糊”对话框，具体设置如图10-8-125所示，得到的图像效果如图10-8-126所示。

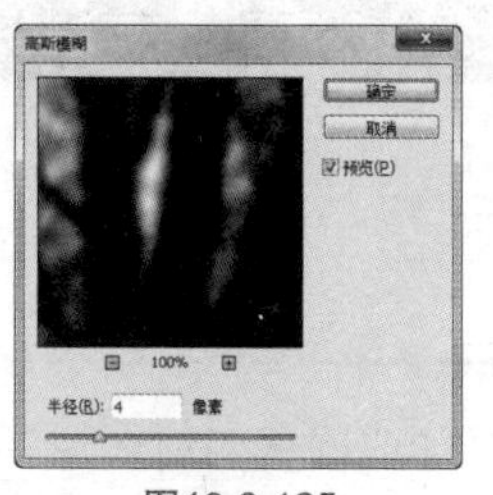
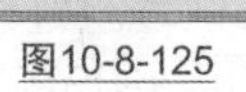
图10-8-125

图10-8-126

18 执行【滤镜】/【渲染】/【镜头光晕】命令，弹出“镜头光晕”对话框，具体设置如图10-8-127所示，将其图层混合模式设置为“强光”，得到的图像效果如图10-8-128所示。

图10-8-127

图10-8-128

## ※ “亮光”模式

“亮光”模式根据当前图像具体的颜色，增加或减小对比度来加深或减淡颜色。若当前图层颜色比50%灰色亮，则图像通过降低对比度而变亮；若当前图层颜色比50%灰色暗，则图像通过增加对比度而变暗。

“亮光”模式的特点是混合后的颜色更为饱和，可使图像产生一种明快感，它相当于颜色减淡和颜色加深的组合。

## 实战 设置“亮光”模式

第 10 章 / 实战 / 设置“亮光”模式

打开素材文档，“图层1”图层的图像效果如图10-8-129所示。“背景”图层的图像效果如图10-8-130所示。选择“图层1”，将“图层1”的图层混合模式设置为“亮光”，得到的图像效果如图10-8-131所示。

图10-8-129

图10-8-130

图10-8-131

## ※ “线性光”模式

“线性光”模式是通过增加或降低当前图层颜色的亮度来加深或减淡颜色。若当前图层颜色比50%灰色亮，图像通过增加亮度使整体变亮。若当前图层颜色比50%灰色暗，图像会降低亮度使整体变暗。

“线性光”模式的特点是可使图像产生更高的对比度效果，从而使更多区域变为黑色和白色，它相当于线性减淡和线性加深的组合。

打开素材文档，“图层1”图层的图像效果如图10-8-132所示。“背景”图层的图像效果如图10-8-133所示。选择“图层1”，将“图层1”的图层混合模式设置为“亮光”，得到的图像效果如图10-8-134所示。

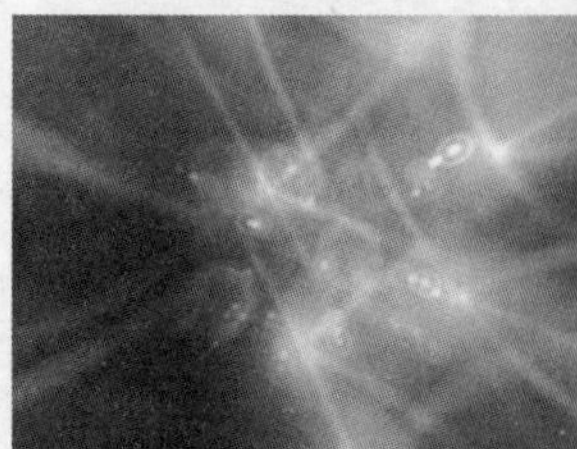

图10-8-132

图10-8-133

图10-8-134

## 训练营 20 用“线性光”模式制作插画图片

第 10 章 / 训练营 /20 用“线性光”模式制作插画图片

▲ 使用【木刻】滤镜结合“线性光”模式制作矢量效果
▲ 使用调整图层调整图像

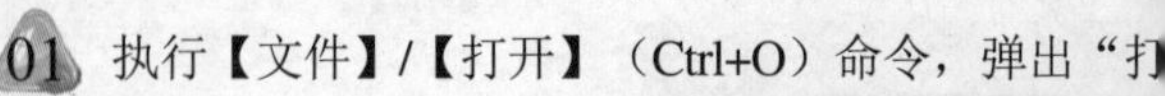

01 执行【文件】/【打开】（Ctrl+O）命令，弹出“打开”对话框，选择需要的素材，单击“打开”按钮打开图像，如图10-8-135所示。

图10-8-135

02 单击“图层”面板上的创建新的填充或调整图层按钮，在弹出的下拉菜单中选择“色相/饱和度”选项，在调整面板中设置参数，如图10-8-136所示，得到的图像效果如图10-8-137所示。

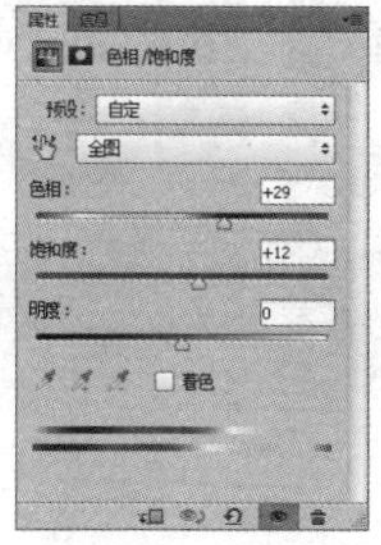

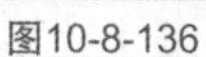
图10-8-136

图10-8-137

03 单击“色相/饱和度”调整图层蒙版缩览图，将前景色设置为黑色，选择工具箱中的画笔工具，在其工具选项栏中设置笔刷大小及不透明度，在图像中的人物区域进行涂抹，得到的图像效果如图10-8-138所示。

图10-8-138

04 按快捷键Ctrl+Shift+Alt+E盖印所有可见图层，生成“图层1”。执行【滤镜】/【艺术效果】/【木刻】命令，弹出“木刻”对话框，具体参数设置如图10-8-139所示，得到的图像效果如图10-8-140所示。

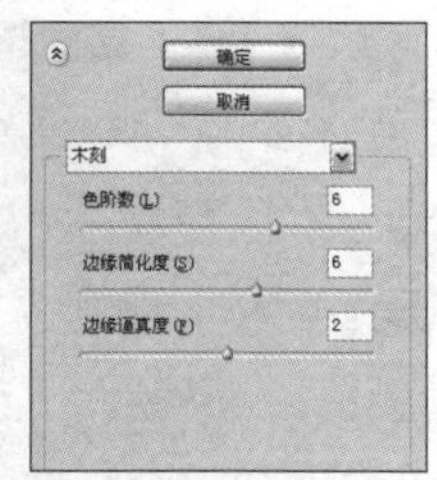

图10-8-139

图10-8-140

## 技术要点：【木刻】滤镜

【木刻】滤镜可将图像描绘成好像是由彩纸上剪下来的边缘粗糙的剪纸片组成的。高对比度的图像看起来呈剪影状，而彩色图像看上去是由几层彩纸组成的，因此适合制作矢量效果图像。

05 在“图层”面板上将其图层混合模式设置为“线性光”，得到的图像效果如图10-8-141所示。

06 将“图层1”拖曳至“图层”面板中的创建新图层按钮上，得到“图层1副本”图层，并将其图层混合模式设置为“滤色”，不透明度设置为74%，得到的图像效果如图10-8-142所示。

07 将“图层1”拖曳至“图层”面板中的创建新图层按钮上，得到“图层2副本”图层，并将其图层混合模式设置为“正片叠底”，不透明度设置为40%，得到的图像效果如图10-8-143所示。

图10-8-141

图10-8-142

08 执行【滤镜】/【风格化】/【查找边缘】命令，得到的图像效果如图10-8-144所示。

图10-8-143

图10-8-144

09 在“图层”面板上将其图层混合模式设置为“正片叠底”，不透明度设置为45%，得到的图像效果如图10-8-145所示。

10 选择工具箱中的横排文字工具，在其工具选项栏中设置合适的文字及字号，在图像中输入文字，得到的图像效果如图10-8-146所示。

图10-8-145

图10-8-146

## ※ “点光”模式

“点光”模式其实就是替换颜色，这取决于当前图层图像颜色。它的特点是可根据混合色替换颜色，主要用于制作特效。它相当于“变亮”和“变暗”模式的组合。

若当前图层颜色比50%灰色亮，则当前图层颜色被替换，而比当前图层颜色亮的像素不变；若当前图层颜色比50%灰色暗，比当前图层亮的像素被替换，而比当前图层暗的像素不变。这对于图像添加特殊效果非常有用。

## 实战 设置“点光”模式

第10章/实战/设置“点光”模式

打开素材文档，“图层1”图层的图像效果如图10-8-147所示。“背景”图层的图像效果如图10-8-148所示。选择“图层1”，将“图层1”的图层混合模式设置为“点光”，得到的图像效果如图10-8-149所示。

图10-8-147

图10-8-148

图10-8-149

## ※ “实色混合”模式

“实色混合”模式是黑与白两种极端颜色的“马太效应”组合。如果两图像以“实色混合”，那么首先对基色和混合色图像执行阈值操作(根据像素色阶值是大于等于还是小于128色阶来决定是变为白色还是黑色)，然后根据哪个与黑色与白色最近决定黑白的取舍。“实色混合”模式的特点是可以增加颜色的饱和度，使图像产生色调分离的效果。因此常被用来制作高饱和度的色调分离特效。

打开素材文档，“背景”图层的图像效果如图10-8-150所示。“图层1”图层的图像效果如图10-8-151所示。选择“图层1”，将“图层1”的图层混合模式设置为“实色混合”，得到的图像效果如图10-8-152所示。

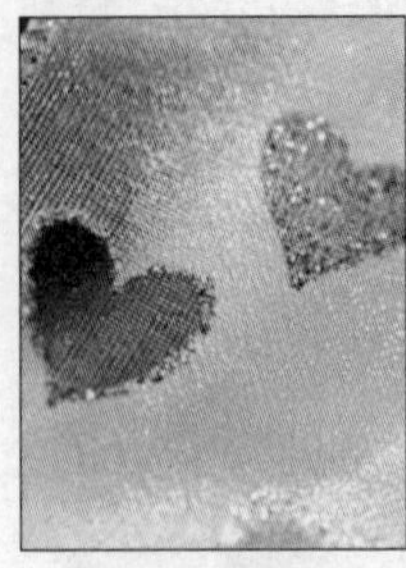
图10-8-150

图10-8-151

图10-8-152

**Tips 提示**

如果是两个同源图层混合，实色混合相当于“亮度/对比度”命令的一种极端情形，那就是将对比度提高到了100%。如果将“实色混合”模式在低“不透明度”或“填充不透明度”下使用，依然可以得到较为平滑的效果。这种情形下，可以把它当作另一种形式的“亮度/对比度”命令或者“亮光”模式使用。

## 训练营 21 用“实色混合”模式制作抽象画

第10章/训练营/21 用“实色混合”模式制作抽象画

▲ 使用画笔工具绘制
▲ 为图层创建剪贴蒙版
▲ 使用“实色混合”模式混合图像
▲ 使用【光照效果】滤镜制作灯光效果

01 执行【文件】/【打开】命令（Ctrl+O），弹出“打开”对话框，选择需要的素材，单击“打开”按钮打开图像，如图10-8-153所示。

图10-8-153

02 单击“图层”面板上的创建新的填充或调整图层按钮，在弹出的下拉菜单中选择“色彩平衡”选项，在调整面板中设置具体参数，如图10-8-154所示，得到的图像效果如图10-8-155所示。

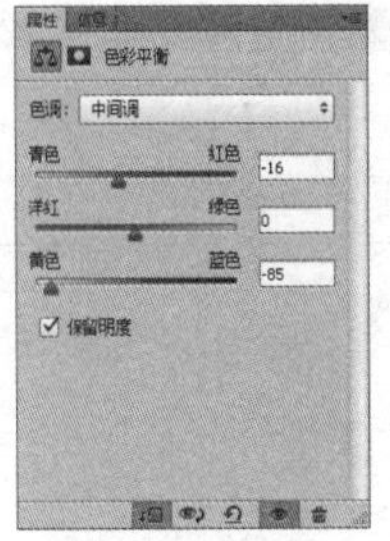
图10-8-154

图10-8-155

03 将前景色设置为黑色，选择工具箱中的画笔工具，在工具选项栏中设置画笔类型为“中号湿边油彩笔”，单击喷枪工具按钮，并设置合适的笔刷大小在图像中绘制，得到的图像效果如图10-8-156所示。

图10-8-156

04 执行【文件】/【打开】（Ctrl+O）命令，弹出“打开”对话框，选择需要的素材，单击“打开”按钮打开图像。选择工具箱中的移动工具，将其拖曳至主文档中生成“图层2”，调整图像大小及位置，得到的图像效果如图10-8-157所示。

图10-8-157

05 执行【滤镜】/【艺术效果】/【木刻】命令，弹出“木刻”对话框，具体参数设置如图10-8-158所示，得到的图像效果如图10-8-159所示。

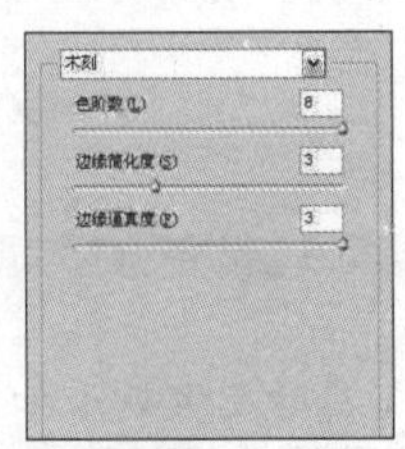
图10-8-158

图10-8-159

06 选择“图层2”，执行【图层】/【创建剪贴蒙版】命令（Alt+Ctrl+G），得到的图像效果如图10-8-160所示。

07 按快捷键Ctrl+Shift+Alt+G盖印图像，得到“图层3”，将“图层3”的混合模式设置为“实色混合”，填充值设置为40%，得到的图像效果如图10-8-161所示。

图10-8-160

图10-8-161

08 单击“图层”面板上添加图层蒙版按钮，将前景色设置为黑色，选择工具箱中的画笔工具，选择柔角笔刷，设置笔刷不透明度，在图像中涂抹，得到的图像效果如图10-8-162所示。

图10-8-162

09 执行【滤镜】/【渲染】/【光照效果】命令，弹出“光照效果”对话框，具体参数设置如图10-8-163所示，得到的图像效果如图10-8-164所示。

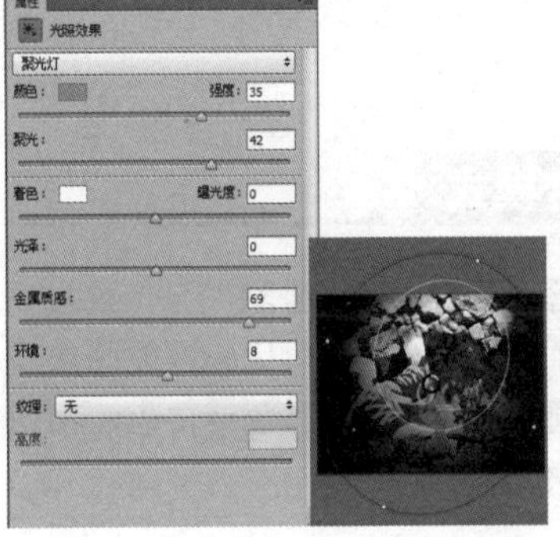
图10-8-163

图10-8-164

10 单击“图层”面板上的创建新的填充或调整图层按钮，在弹出的下拉菜单中选择“可选颜色”选项，在调整面板中设置参数，如图10-8-165所示，得到的图像效果如图10-8-166所示。

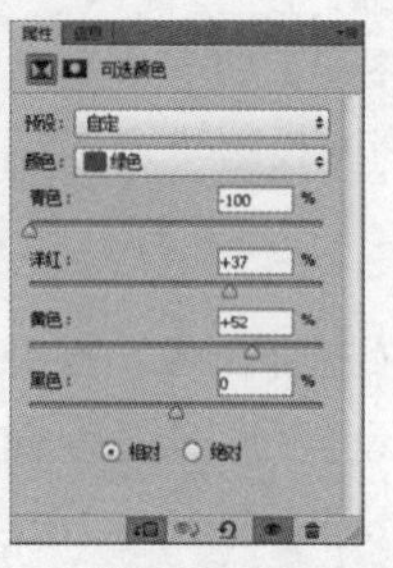

图10-8-165　　图10-8-166

11 单击"图层"面板上的创建新的填充或调整图层按钮，在弹出的下拉菜单中选择"色阶"选项，在调整面板中设置参数，如图10-8-167所示，得到的图像效果如图10-8-168所示。

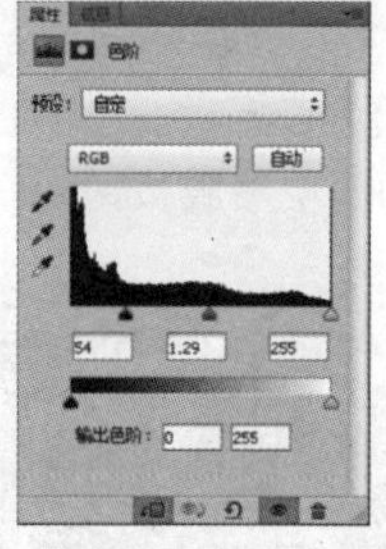

图10-8-167　　图10-8-168

12 选择工具箱中的横排文字工具，在图像中单击输入文字，调整其效果，得到的图像效果如图10-8-169所示。

图10-8-169

## 10.8.7 比较混合模式

比较混合模式包含"差值"、"排除"、"减去"和"划分"四种模式。比较混合模式可比较当前图像与底层图像，然后将相同的区域显示为黑色或白色，不同的区域显示为灰度层次或彩色。

### ※ "差值"模式

"差值"模式将从图像中下层图像颜色的亮度值减去当前图像颜色的亮度值，如果结果为负，则取正值，产生反相效果。由于黑色的亮度值为0，白色的亮度值为255，因此用黑色着色不会产生任何影响，用白色着色则产生被着色的原始像素颜色的反相。

"差值"模式的特点是当前图像中的白色区域会使图像产生反相的效果，而黑色区域则会越接近底层图像。常用于比较并查找出图像操作前后变化的区域。

### 实战 设置"差值"模式

第 10 章 / 实战 / 设置"差值"模式

打开素材文档，"背景"图层的图像效果如图10-8-170所示。"图层1"图层的图像效果如图10-8-171所示。选择"图层1"，将"图层1"的图层混合模式设置为"差值"，得到的图像效果如图10-8-172所示。

图10-8-170

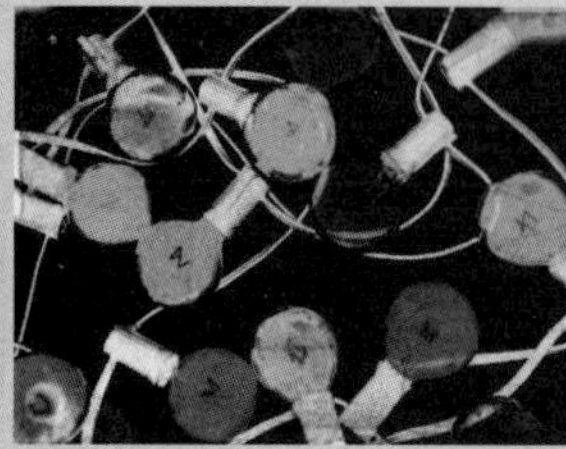

图10-8-171　　图10-8-172

**Tips 提示**

"差值"模式创建背景颜色的相反色彩，例如，在"差值"模式下，当把蓝色应用到绿色背景中时将产生一种青绿组合色。"差值"模式适用于模拟原始设计的底片，而且尤其可用来在其背景颜色从一个区域到另一区域发生变化的图像中生成突出效果。

### ※ "排除"模式

"排除"模式与差值模式相似，但是具有高对比度和低饱和度的特点，而且排除模式可比差值模式产生更为柔和的效果。在处理图像时，可以先选择"差值"模式，若效果不够理想，可以选择"排除"模式来试试。无论是"差值"模式还是"排除"模式都能使人物或自然景色图像产生更真实或更吸引人的图像合成。

### 实战 设置"排除"模式

第 10 章 / 实战 / 设置"排除"模式

打开素材文档，"图层1"图层的图像效果如图10-8-173所示。"背景"图层的图像效果如图10-8-

174所示。选择“图层1”，将“图层1”的图层混合模式设置为“排除”，得到的图像效果如图10-8-175所示。

图10-8-173

图10-8-174

图10-8-175

## ※ “减去”模式

“减去”模式与“差值”模式类似，从图像中下层图像颜色的亮度值中减去当前图像颜色的亮度值，并产生反相效果。上层图像越亮混合后的效果越暗，与白色混合后为黑色；上层为黑色时混合后无变化。

图10-8-176

打开素材文档，“背景”图层的图像效果如图10-8-176所示。“图层1”图层的图像效果如图10-8-177所示。选择“图层1”，将“图层1”的图层混合模式设置为“减去”，得到的图像效果如图10-8-178所示。

图10-8-177

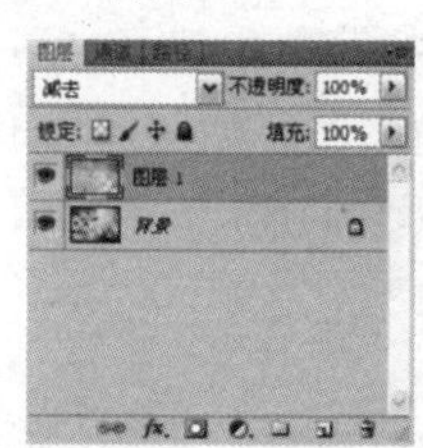

图10-8-178

## 实战 对比“减去”和“差值”

第10章/实战/对比“减去”和“差值”

打开素材图像，如图10-8-179所示，单击“图层”面板上的创建新的填充或调整图层按钮，在弹出的下拉菜单中选择“纯色”选项，弹出“拾取实色”对话框，如图10-8-180所示设置色值，设置完毕后单击“确定”按钮，将其图层混合模式设置为“减去”，得到的图像效果如图10-8-181所示。

图10-8-179

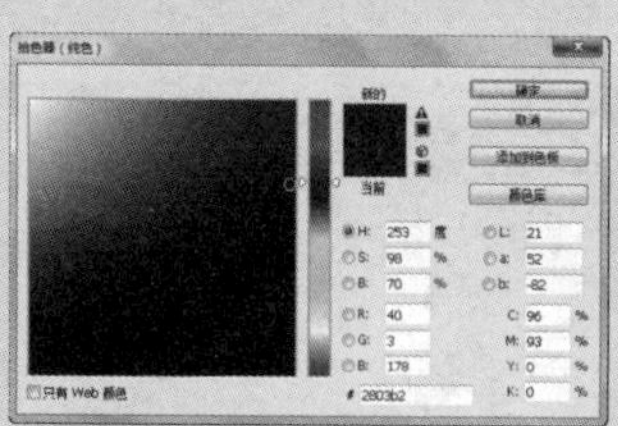
图10-8-180

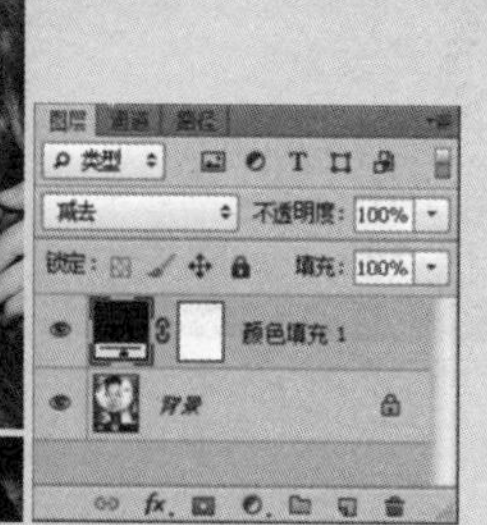
图10-8-181

将其图层混合模式设置为“差值”，得到的图像效果如图10-8-182所示。

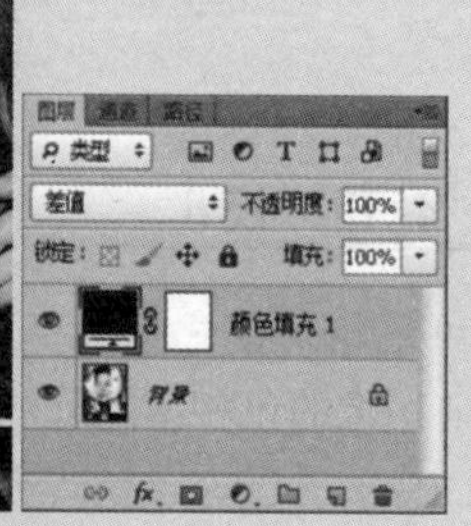
图10-8-182

## ※ “划分”模式

“划分”模式比较当前图像与底层图像，然后将混合后的区域划分为白色、黑色或饱和度较高的色彩；上层图像越亮混合后的效果变化越不明显，与白色混合没有变化；上层图像为黑色混合后图像基本变为白色。

## 实战 设置“划分”模式

第 10 章 / 实战 / 设置“划分”模式

打开素材文档，“背景”图层的图像效果如图10-8-183所示。“图层1”图层的图像效果如图10-8-184所示。选择“图层1”，将“图层1”的图层混合模式设置为“差值”，得到的图像效果如图10-8-185所示。

图10-8-183

图10-8-184

图10-8-185

## 10.8.8 色彩混合模式

色彩的三要素是色相、饱和度和亮度，使用色彩混合模式合成图像时，Photoshop CS6会将三要素中的一种或两种应用在图像中。色彩混合模式包括“色相”、“饱和度”、“颜色”和“明度”四种混合模式。

### ※ “色相”模式

“色相”模式是选择下层图像颜色亮度和饱和度与当前图像的色相值进行混合创建效果。它适合于修改彩色图像的颜色，该模式可将当前图像的基本颜色应用到底层图像中，并保持底层图像的亮度和饱和度。“色相”模式对不包含颜色的区域不起作用，不能改变底层图像的饱和度。

打开素材文档，“图层1”图层的图像效果如图10-8-186所示。“背景”图层的图像效果如图10-8-187所示。选择“图层1”，将“图层1”的图层混合模式设置为“色相”，得到的图像效果如图10-8-188所示。

图10-8-186

图10-8-187

图10-8-188

## 训练营 22 用“色相”模式制作喷绘照片

第 10 章 / 训练营 /22 用“色相”模式制作喷绘照片

- ▲ 使用“色相”混合模式得到色彩感较强烈的艺术画效果
- ▲ 使用【查找边缘】滤镜进一步加强图像的手绘风格，同时添加多种素材元素，使画面充满较强的现代感

**01** 执行【文件】/【打开】命令（Ctrl+O），弹出“打开”对话框，选择需要的素材，单击“打开”按钮打开图像，将“背景”图层拖曳至“图层”面板上的创建新图层按钮上，得到“背景副本”图层，如图10-8-189所示。

**02** 单击“图层”面板上的创建新的填充或调整图层按钮，在弹出的下拉菜单中选择“渐变映射”选项，在调整面板中设置参数，如图10-8-190所示，得到的图像效果如图10-8-191所示。

图10-8-189

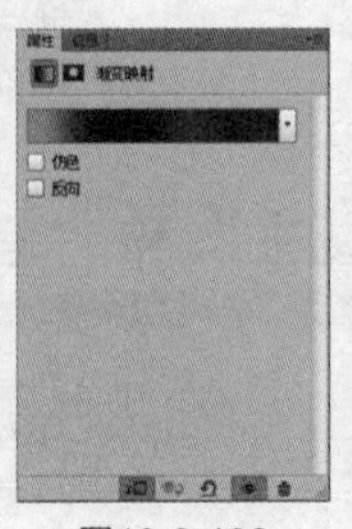

图10-8-190

图10-8-191

03 将“背景副本”图层的图层混合模式设置为“色相”，得到的图像效果如图10-8-192所示。

04 盖印可见图层，得到“图层1”。执行【滤镜】/【风格化】/【查找边缘】命令，得到的图像效果如图10-8-193所示。

图10-8-192

图10-8-193

05 执行【滤镜】/【模糊】/【高斯模糊】命令，具体参数设置如图10-8-194所示，得到的图像效果如图10-8-195所示。

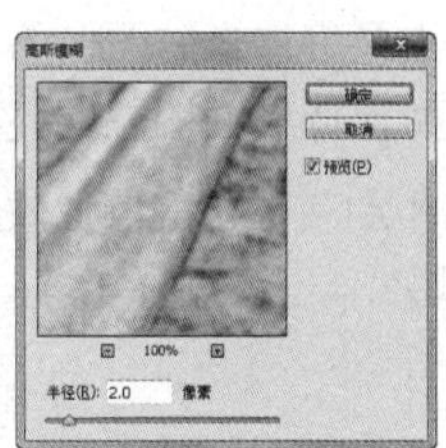
图10-8-194

图10-8-195

06 执行【滤镜】/【杂色】/【减少杂色】命令，具体参数设置如图10-8-196所示，将该图层混合模式设置为“深色”，得到的图像效果如图10-8-197所示。

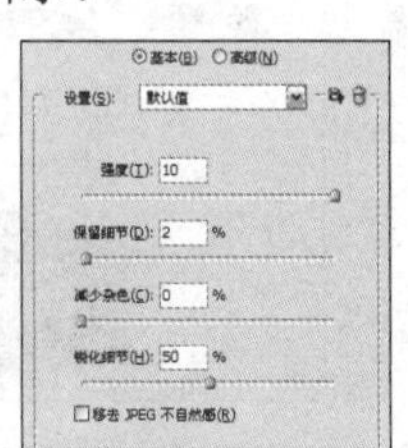
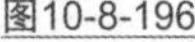
图10-8-196

图10-8-197

07 将“图层1”拖曳至“图层”面板上的创建新的图层按钮上，得到“图层1副本”图层。不透明度设置为40%，得到的图像效果如图10-8-198所示。

08 执行【文件】/【打开】命令（Ctrl+O），弹出“打开”对话框，选择需要的素材，单击“打开”按钮打开图像。选择工具箱中的移动工具，将其拖曳至主文档中，生成“图层2”，并调整图像大小及位置，得到的图像效果如图10-8-199所示。

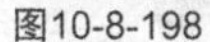
图10-8-198

图10-8-199

09 单击“图层”面板上的创建新的填充或调整图层按钮，在弹出的下拉菜单中选择“色相/饱和度”选项，在调整面板中设置参数，如图10-8-200所示，得到的图像效果如图10-8-201所示。

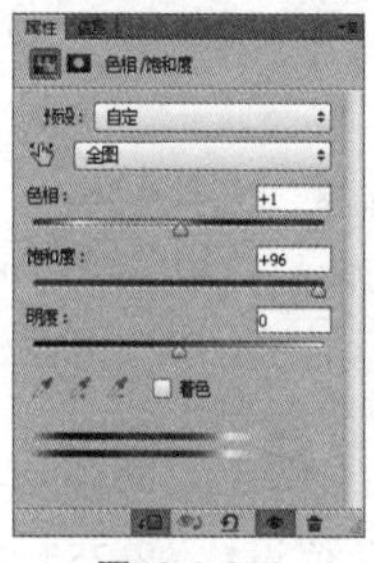
图10-8-200

图10-8-201

## ※ “饱和度”模式

“饱和度”模式的作用方式与“色相”模式相似，它只用当前图像的饱和度进行着色，而色相值和亮度值保持不变。“饱和度”模式的特点是可使图像的某些区域变为黑白色，该模式可将当前图像的饱和度应用到底层图像中，并保持底层图像的亮度和色相。当底层图像颜色与当前图像颜色的饱和度值不同时，才能进行着色处理，在饱和度为“0”的情况下，选择此模式将不发生变化。

打开素材文档，“图层1”图层的图像效果如图10-8-202所示。“背景”图层的图像效果如图10-8-203所示。选择“图层1”，将“图层1”的图层混合模式设置为“饱和度”，得到的图像效果如图10-8-204所示。

图10-8-202

图10-8-203

图10-8-204

训练营 第 10 章 / 训练营 /23 用“饱和度”模式增加图像色彩

## 23 用“饱和度”模式增加图像色彩

▲ 应用“饱和度”混合模式提高图像中人物衣服及背景的色彩饱和度
▲ 图像在叠加了纹理素材后获得色彩丰富、绚丽的视觉效果

01 执行【文件】/【打开】（Ctrl+O）命令，弹出“打开”对话框，选择需要的素材，单击“打开”按钮打开图像，如图10-8-205所示。

02 单击“图层”面板上创建新的图层按钮，得到“图层1”。将前景色色值设置为R255、G0、B0，按快捷键Alt+Delete填充前景色，将其图层混合模式设置为“饱和度”，得到的图像效果如图10-8-206所示。

图10-8-205

图10-8-206

03 单击“图层”面板上的添加图层蒙版按钮，将前景色设置为黑色，选择工具箱中的画笔工具，选择柔角笔刷，设置笔刷的不透明度，在图像中涂抹，得到的图像效果如图10-8-207所示。

04 执行【文件】/【打开】（Ctrl+O）命令，弹出“打开”对话框，选择需要的素材，单击“打开”按钮打开图像。选择工具箱中的移动工具，将其拖曳至主文档中，生成“图层2”，将其图层混合模式设置为“变暗”，得到的图像效果如图10-8-208所示。

图10-8-207

图10-8-208

### ※ “颜色”模式

“颜色”模式能够使用当前颜色的饱和度值和色相值同时进行着色，而使底层图像的颜色的亮度值保持不变。“颜色”模式可以看成是“饱和度”模式和“色相”模式的综合效果。该模式能够使灰色图像的阴影或轮廓透过着色的颜色显示出来，产生某种色彩化的效果。这样可以保留图像中的灰阶，并且对于给单色图像上色和给彩色图像着色都会非常有用。

“颜色”模式的特点是可将当前图像的色相与饱和度应用到底层图像中，并保持底层图像的亮度。

打开素材文档，“图层1”图层的图像效果如图10-8-209所示。“背景”图层的图像效果如图10-8-210所示。选择“图层1”，将“图层1”的图层混合模式设置为“颜色”，得到的图像效果如图10-8-211所示。

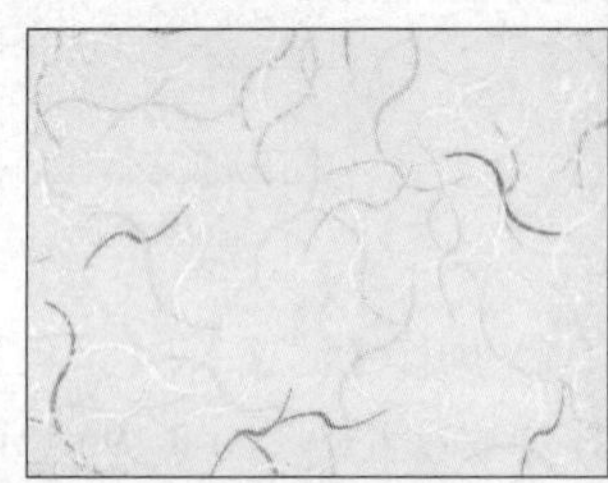

图10-8-209

图10-8-210

图10-8-211

训练营 第 10 章 / 训练营 /24 用“颜色”模式制作诡异面容

## 24 用“颜色”模式制作诡异面容

▲ 将纯色图层的混合模式设置为“颜色”，得到图像整体色调的变化
▲ 综合使用羽化选区与多边形套索工具，绘制柔和的选区效果

01 执行【文件】/【打开】命令（Ctrl+O），弹出“打开”对话框，选择需要的素材，单击“打开”按钮打开图像，如图10-8-212所示。

02 单击“图层”面板上的创建新的图层按钮，得到“图层1”。将前景色色值设置为R71、G145、B183，按快捷键Alt+Delete填充前景色，将“图层1”混合模式设置为“颜色”，得到的图像效果如图10-8-213所示。

图10-8-212

图10-8-213

03 选择工具箱中的多边形套索工具，在其工具选项栏中设置羽化值为3像素，在图像中人物的嘴唇部位勾选，得到的图像效果如图10-8-214所示。

04 单击“图层”面板上创建新的图层按钮，得到“图层2”。将前景色色值设置为R173、G81、B250，按快捷键Alt+Delete填充前景色，将“图层2”混合模式设置为“颜色”，得到的图像效果如图10-8-215所示。

图10-8-214

图10-8-215

05 选择工具箱中的多边形套索工具，在其工具选项栏中设置羽化值为3像素，在图像中人物的眼球部位勾选，得到的图像效果如图10-8-216所示。

单击“图层”面板上创建新的图层按钮，得到“图层3”。将前景色色值设置为R21、G197、B41，按快捷键Alt+Delete填充前景色，将“图层3”混合模式设置为“颜色”，得到的图像效果如图10-8-217所示。

图10-8-216

图10-8-217

07 选择工具箱中的多边形套索工具，在其工具选项栏中设置羽化值为3像素，在图像中人物的头饰部位勾选，得到的图像效果如图10-8-218所示。

08 单击“图层”面板上创建新的图层按钮，得到“图层4”。将前景色色值设置为R70、G20、B178，按快捷键Alt+Delete填充前景色，将“图层4”混合模式设置为“颜色”，得到的图像效果如图10-8-219所示。

图10-8-218

图10-8-219

## ※ “明度”模式

“明度”模式可以将当前图像的亮度应用于底层图像中，并保持底层图像的色相与饱和度。此模式创建的效果与“颜色”模式创建的效果相反。其实就是用底层图像中的“色相”和“饱和度”以及当前图像的亮度创建结果色。此模式创建的效果与“颜色”模式创建的效果相反。

打开素材文档，“图层1”图层的图像效果如图10-8-220所示。“背景”图层的图像效果如图10-8-221

所示。选择“图层1”，将“图层1”的图层混合模式设置为“明度”，得到的图像效果如图10-8-222所示。

图10-8-220

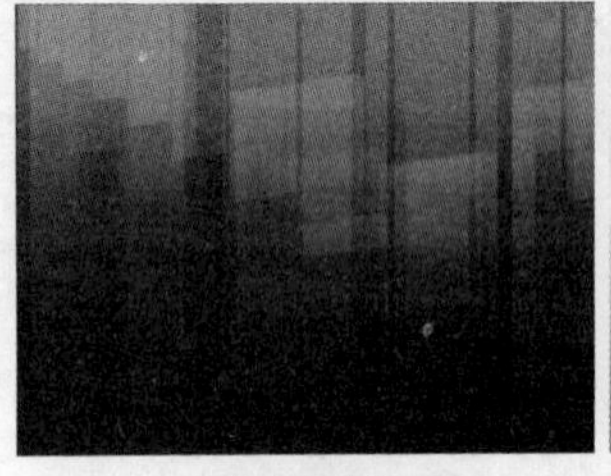
图10-8-221

图10-8-222

## 10.8.9 如何认识混合模式的规律

在Photoshop CS6中，由于混合模式可以使图像产生丰富的调整变化，并且使用不同的混合模式可以创建各种特殊的效果，因此在图像处理和图像混合时能够准确掌握混合模式的规律非常重要。需要注意的是图层没有“清除”混合模式，Lab 图像无法使用“颜色减淡”、“颜色加深”、“变暗”、“变亮”、“差值”和“排除”等模式。

除上述25种基本的混合模式外，Photoshop CS6还提供了“背后”和“清除”模式，当使用油漆桶工具、形状工具（当填充区域按钮被按下时）、画笔工具和铅笔工具时，工具选项栏中会显示这两种模式，在执行“填充”命令和“描边”命令的对话框中也包括这两种模式。

**Tips 提示**

背后模式的作用仅限于当前图层的透明区域，就像在当前图层下面的图层绘画一样，丝毫不会影响当前图层原有的图像。

清除模式与橡皮擦的作用基本相同，在使用时填充与绘图的颜色不再重要，不透明度的设置决定图像是否完全被删除。

在执行混合模式时，使用任意一种混合方式都可以使图像获得不同的效果。对于初学者来讲，最为简单的学习方法就是任意改变图层上的混合模式选项，并在不停尝试的情况下，边寻找较为合适的混合模式边学习了解。打开素材图像，如图10-8-223所示。在“面板”中对图像进行混合模式调整，当设置不同的混合模式选项时，所得到的图像效果也不同，如图10-8-224～图10-8-227所示。

图10-8-223

图10-8-224

图10-8-225

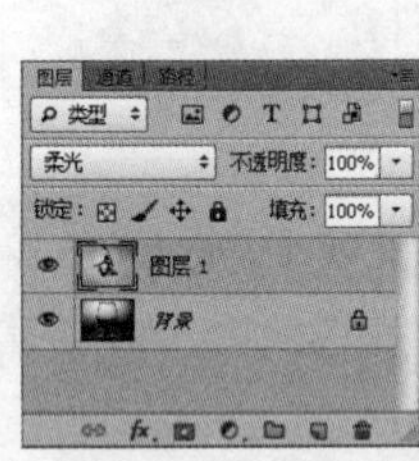

图10-8-226

图10-8-227

在不断的尝试中可以学习到，正确的应用混合模式的方法，可以使图像获得最佳的调整效果。因此，认识混合模式规律是一个由浅至深的途径，也是一个逐渐掌握混合模式的途径。

**Tips 提示**

在对图像进行混合时可以将混合模式看作是“基色”、“混合色”和“结果色”的关系，这个概念可以用数学上的四则运算来理解，基色 + 混合色 = 结果色，而混合模式就是指“基色”和“混合色”之间的运算方式。

### ※ 使用灰度图层对图像调整命令模拟

使用图层混合模式，方法很重要。由于彩色图像的像素色彩较为复杂，因此在学习了解过程中也较为困难。为了使混合规律更容易观察，可以使用灰度图层与一个普通图像进行混合，打开素材文档，如图10-8-228所示。在“图层”面板中，“图层1”也就是灰度图层只存在黑、白、灰3种颜色，因此在进行混合后可以更清晰地观察出混合模式的规律。

图10-8-228

### ※ 通过比较条形图认识混合模式的规律

由于当前图像实质上是由黑、白、灰三种灰度颜色组成的，因此使用灰度图像研究像素在不同的混合模式下的变化规律较彩色图像而言更加容易一些。

打开素材文档，选择“图层1”，该图层混合模式为“正常”，当前图像效果如图10-8-229所示。将“图层1”的混合模式设置为“变暗”，得到的图像效果如图10-8-230所示。将“图层1”的混合模式设置为“变亮”，得到的图像效果如图10-8-231所示。

图10-8-229

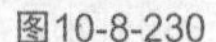

图10-8-230

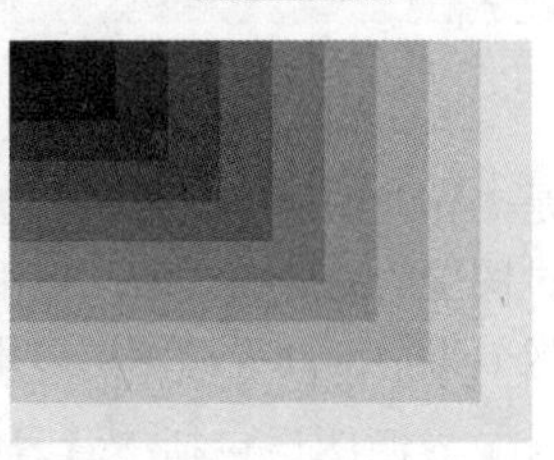

图10-8-231

将“图层1”的混合模式设置为“正片叠底”，得到的图像效果如图10-8-232所示。将“图层1”的混合模式设置为“滤色”，得到的图像效果如图10-8-233所示。

图10-8-232

图10-8-233

通过比较效果图像发现，在混合模式中，“变暗”组混合模式与“变亮”组混合模式分别相对应的选项均是两个作用机理相同但是效果相反的混合模式，如“变暗”与“变亮”模式、“正片叠底”与“滤色”模式、“颜色加深”与“颜色减淡”模式、“线性加深”与“线性减淡”模式等。在对比中还可以发现，“点光”模式是“变暗”与“变亮”模式的组合，如图10-8-234所示。

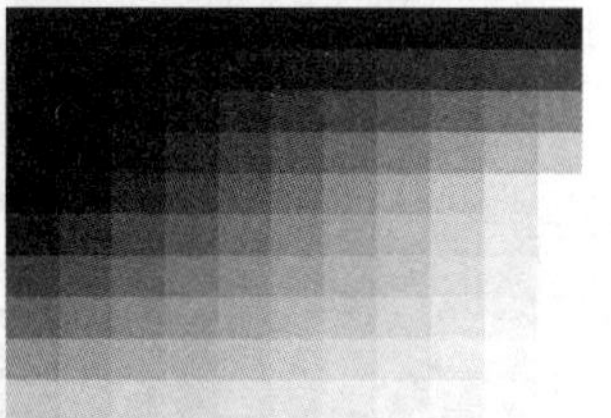

图10-8-234

## 10.8.10 如何正确使用混合模式

混合模式的具体使用方法比较简单，前面虽然讲解分析了如何认识混合模式的规律，但是混合模式的功能过于强大、其原理推导较为复杂，因此正确地应用该命令，并使调整获得最佳效果并不容易。

### ※ 混合模式的用途

清楚了解混合模式的用途，是我们掌握如何正确地使用混合模式的首要任务。在图像处理中，混合模式的用途主要有两个：颜色调整和图像混合。

颜色调整一般只涉及对像素的色阶值进行改变，并不涉及像素位置的变化，例如应用“颜色加深”图层混合模式前后的图像效果，如图10-8-235所示。

图10-8-235

图像混合则是把两个不相干的图层像素融合在一起，混合后的像素不同于两个参与混合像素之中的任何一个，打开素材文档，如图10-8-236所示。为其应用“正片叠底”混合模式后得到的图像效果如图10-8-237所示。

图10-8-236

图10-8-237

打开图像素材，为其复制一个副本，模式“正常”时的图像效果如图10-8-238所示。为“背景副本”图层应用图层混合模式后，得到的图像效果如图10-8-239所示。该种方法是通过改变副本图层的混合模式，使图像获得调整结果，由于互相混合的两个图层拥有完全相同或相似的像素，因此所复制的副本图层又称为同源图层。

图10-8-238　　图10-8-239

选择“背景副本”图层，为其添加“色彩平衡”调整该图层，得到的图像效果如图10-8-240所示。将“背景副本”图层的混合模式设置为“正片叠底”，得到的图像效果如图10-8-241所示。“背景副本”图层的颜色发生了改变，但是像素原来的位置并没有发生变化，应用混合模式后得到的图像效果的像素位置也没有发生影响，因此“背景副本”图层依旧可以称为“背景”图层的同源图层。

图10-8-240　　图10-8-241

如果“背景副本”图层的像素在图层中的位置改变时，“背景”图层与“背景副本”图层不存在对应关系，图像也不再重叠在一起，此时“背景副本”图层称为“背景”图层的异源图层。选择“背景副本”图层，执行【编辑】/【变换】/【水平翻转】命令，得到的图像效果如图10-8-242所示。将“背景副本”图层混合模式设置为“叠加”后，得到的图像效果如图10-8-243所示。

图10-8-242　　图10-8-243

**Tips 提示**

虽然应用“异源图层”与其下方图层进行混合所得到的混合效果并不整齐规范，但是当掌握了关于混合模式的规律并能够正确应用该命令后，异源之间的混合将会为普通图像创建出意想不到的视觉效果。

在Photoshop CS6中，与“同源图层”相对应的就是“异源图层”。异源图层多为两张不相干的图像，通过图层的混合模式后，可用作创建合成图像，或拼接图像效果，因此异源图层多用于图层间的混合效果。

异源图层包括“背景”图层复制后的变换图层，也包括与“背景”图层丝毫不存在联系的图层，打开两张不同的素材图像，如图10-8-244所示。应用“线性加深”混合模式后，得到的图像效果如图10-8-245所示。

图10-8-244

图10-8-245

## ※ 混合模式的分布

在Photoshop CS6中，混合模式可以说是无处不在。为了更好地了解和使用混合模式，根据使用场合的不同，可以将混合模式分为“颜色混合”、“图层混合”和“通道混合”三种模式。

“颜色混合”模式，多数出现在绘画工具的工具选项栏和“画笔”面板中，设置不同的混合模式在图像上进行绘制可以得到特殊的图像效果。

“图层混合”模式，就是上面讲到的一些基础性的混合模式，也是调整图像的重要工具之一。

“通道混合”模式，存在于命令“计算”和“应用图像”对话框中。在“计算”对话框中的混合模式可以用来创建复杂的选区，在“应用图像”对话框中的混合模式可以创建具有特殊效果的图像。

在对图像进行调整时，除了以上三种模式之外，在一些其他对话框及工具选项栏中等也都存在着混合模式的选项。虽然看起来都是混合模式，但是由于使用的场合不同，其特性也有一定差异，因此熟练掌握各种模式的混合特性是正确使用混合模式的基础。

训练营 25　第10章/训练营/25为黑白照片局部上色

## 为黑白照片局部上色

▲ 使用调整图层结合图层蒙版为图像上色

▲ 更改图层混合模式使上色更加自然

01 执行【文件】/【打开】命令，弹出“打开”对话框，选择需要的素材，单击“打开”按钮打开图像，如图10-8-246所示。

图10-8-246

02 单击“图层”面板上的创建新的填充或调整图层按钮，在弹出的下拉菜单中选择“纯色”选项，弹出“拾取颜色”对话框，在对话框中设置参数，如图10-8-247所示，设置完毕后单击“确定”按钮，并将其图层混合模式设置为“叠加”，得到的图像效果如图10-8-248所示。

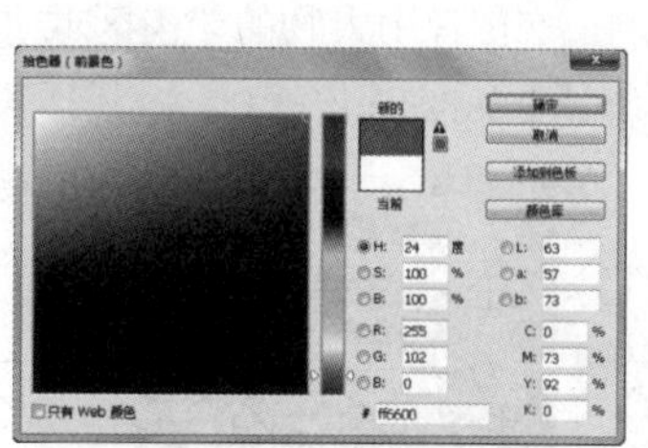

图10-8-247

图10-8-248

03 选择“纯色1”调整图层的图层蒙版，将前景色设置为黑色，选择工具箱中的画笔工具，在其工具选项栏中设置合适的柔角笔刷，在图像中人物裙子以外的区域进行涂抹，图层蒙版如图10-8-249所示，得到的图像效果如图10-8-250所示。

04 选择工具箱中的钢笔工具，在其工具选项栏中选择“路径”选项，在图像中人物的嘴唇区域绘制闭合路径，按快捷键Ctrl+Enter将路径转换为选区，得到的图像效果如图10-8-251所示。

图10-8-249

图10-8-250

图10-8-251

05 单击“图层”面板上的创建新的填充或调整图层按钮，在弹出的下拉菜单中选择“纯色”选项，弹出“拾取颜色”对话框，在对话框中设置参数，如图10-8-252所示，设置完毕后单击“确定”按钮，并将其图层混合模式设置为“叠加”，得到的图像效果如图10-8-253所示。

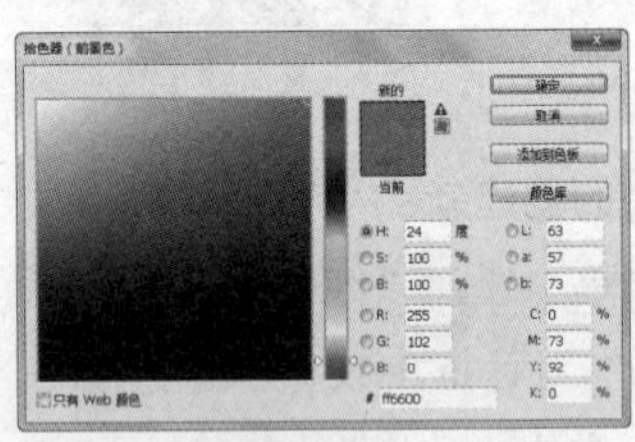
图10-8-252

图10-8-253

06 选择“纯色2”调整图层的图层蒙版，将前景色设置为黑色，选择工具箱中的画笔工具，在其工具选项栏中设置合适的柔角笔刷，在图像中人物的牙齿区域进行涂抹，得到的图像图像效果如图10-8-254所示。

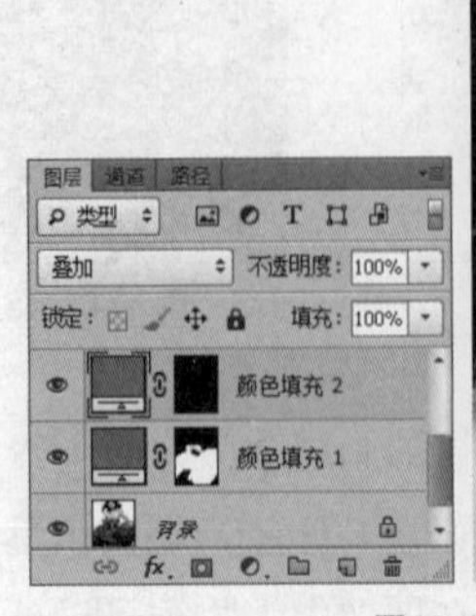

图10-8-254

07 选择工具箱中的椭圆选框工具，在其工具选项栏中单击添加到选区按钮，在图像中人物的眼睛区域绘制选区如图10-8-255所示。

08 单击“图层”面板上的创建新的填充或调整图层按钮，在弹出的下拉菜单中选择“色相/饱和度”选项，在调整面板中勾选着色并设置参数，如图10-8-256所示，得到的图像效果如图10-8-257所示。

图10-8-255

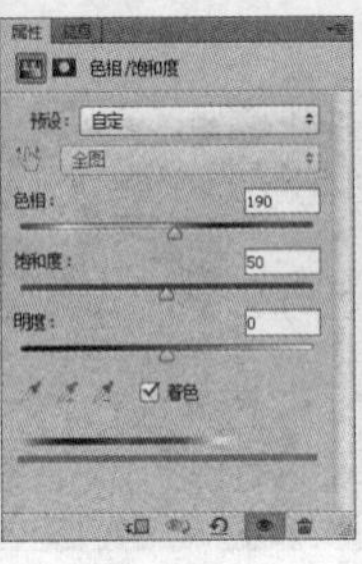

图10-8-256

图10-8-257

09 将其图层混合模式设置为“变亮”，得到的图像效果如图10-8-258所示。

10 单击“图层”面板上的创建新的填充或调整图层按钮，在弹出的下拉菜单中选择“渐变映射”选项，选择如图10-8-259所示的渐变样式，得到的图像效果如图10-8-260所示。

图10-8-258

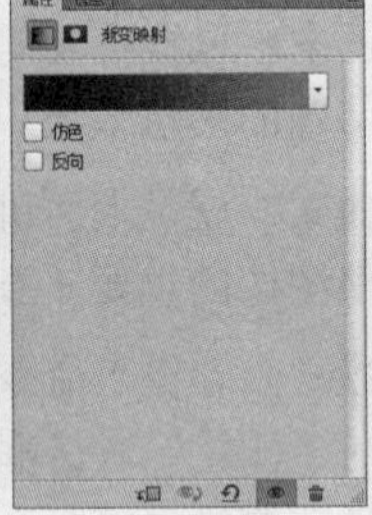

图10-8-259

图10-8-260

11 将“渐变映射1”调整图层的图层混合模式设置为“柔光”，图层不透明度设置为30%，得到的图像效果如图10-8-261所示。

图10-8-261

## 制作可爱条纹字

要点描述：

◆ 定义图案命令、图层样式

视频路径：

配套教学→思维扩展→制作可爱条纹字.avi

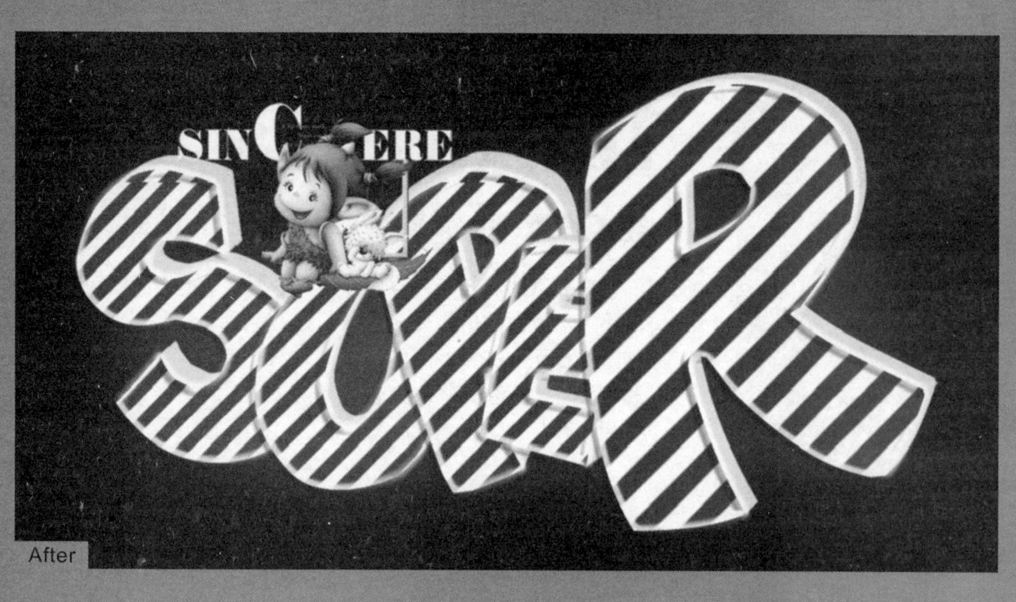

## 利用图层混合模式制作炫彩效果

要点描述：

饱和度混合模式、选区羽化、变暗混合模式

视频路径：

配套教学→思维扩展→图层混合模式制作炫彩效果.avi

# 第11章 蒙版功能详解

## 11.1 初识蒙版

**关键字** 蒙版的类型与特点、新建蒙版、编辑蒙版

蒙版其实就是利用黑白灰不同的颜色，对其下方图层图像实现不同程度的遮挡。蒙版中的黑白灰不仅仅是颜色，而且是表现为对图像需要隐藏区域的遮挡程度。在蒙版上能对图像进行更改而不损坏图像，在图像的某些区域利用滤镜、颜色变化或其他设置之后，蒙版也能起到保护图像其余区域的作用。

在Photoshop CS6中蒙版的类型主要有四种，图层蒙版、矢量蒙版、快速蒙版和剪贴蒙版。如图11-1-1～图11-1-6所示的众多图像作品都是以蒙版作为主要合成方式完成的。

**本章关键技术点**

- ▲ 蒙版的类型与特点
- ▲ 编辑蒙版与快速蒙版
- ▲ 图层蒙版、矢量蒙版、剪贴蒙版的创建、编辑及应用

图11-1-1

图11-1-2

图11-1-3

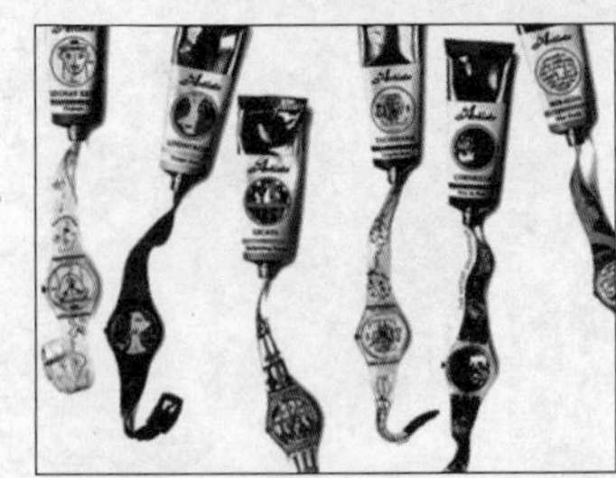

图11-1-4

图11-1-5

图11-1-6

## 11.1.1 蒙版的类型与特点

### ※ 图层蒙版

在Photoshop CS6中，图层蒙版的最大优点是在显示隐藏图像时，不会影响到图层中的像素，对图像不会产生破坏。在图层蒙版中，黑色用于控制图像的隐藏，相反白色用于控制图像的显示。如图11-1-7所示为原图，图11-1-8所示为添加图层蒙版的图像效果和“图层”面板状态。

图11-1-7

图11-1-8

### ※ 矢量蒙版

矢量蒙版具有矢量图形的特点，通过矢量编辑工具为图像添加蒙版。在矢量蒙版中矢量图形以外的区域将是不可见的，最后得到的图像轮廓矢量图形的形状。添加矢量蒙版的图像效果和“图层”面板状态如图11-1-9所示。

图11-1-9

### ※ 快速蒙版

快速蒙版与其他蒙版不同，快速蒙版是为图像某个区域创建选区的一种功能，如果目标图像不适合使用工具箱中的矩形选区工具、套索工具或魔棒工具直接创建选区，可以借助快速蒙版来进行操作。使用快速蒙版的图像效果和“通道”面板状态如图11-1-10所示，取消快速蒙版模式编辑得到的选区效果如图11-1-11所示。

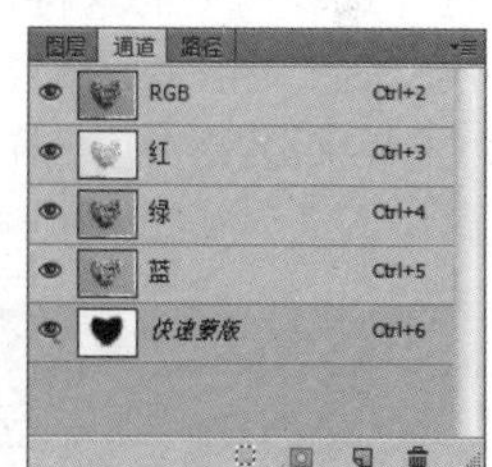


图11-1-10

图11-1-11

**Tips 提示**

快速蒙版选择的是图像中的心形区域，而心形物体以外的区域是不被选择的，从相对应的“通道”面板和创建的选区中可以看出，快速蒙版是将图像中心形物体以外的区域覆盖上了黑色。

### ※ 剪贴蒙版

在合成创作中通常被使用到的一种合成方法就是剪贴蒙版，剪贴蒙版最后得到的图像效果是由下方图层的形状和上方图层的内容共同创建的。剪贴蒙版是由两个或两个以上的图层所构成，用于控制其上方的图层显示区域，上方的图层一般被称作内容图层，而最下方的图层一般被称作基层。应用剪贴蒙版的图像效果和“图层”面板状态如图11-1-12所示。

图11-1-12

## 11.1.2 新建蒙版

### ※ 建立图层蒙版

执行【文件】/【打开】命令，弹出“打开”对话框，选择需要的素材，单击“打开”按钮。单击“图层”面板上的添加图层蒙版按钮，当前图层蒙版显示的颜色将会是白色，在文档中如果有一个选区，就会以这个选区为基础添加一个不同灰度颜色的图层蒙版。含有选区的图像效果如图11-1-13所示，单击“图层”面板上的添加图层蒙版按钮，得到的图像效果和“图层”面板状态如图11-1-14所示。

图11-1-13

图11-1-14

### 实战 建立图层蒙版

第 11 章 / 实战 / 建立图层蒙版

打开素材图像，图像效果和“图层”面板状态如图 11-1-15 所示，选择工具箱中的钢笔工具，沿图像中图形的边缘绘制一个闭合的路径，按快捷键Ctrl+Enter 将路径转化为选区，如图 11-1-16 所示。单击添加图层蒙版按钮，得到的图像效果和“图层”面板状态如图 11-1-17 所示。

图11-1-15

图11-1-16

图11-1-17

**Tips 提示**

图层蒙版中白色对应的区域将全部显示，黑色对应的图层区域将全部隐藏，而其他的灰色对应的是不同程度的隐藏。

### ※ 建立矢量蒙版

矢量蒙版是通过工具箱中的钢笔工具和形状工具等其他矢量绘图工具来创建蒙版，在图层面板上选择一个图层后单击添加图层蒙版按钮两次，将先后得到图层蒙版和矢量蒙版。

### 实战 添加矢量蒙版

第 11 章 / 实战 / 添加矢量蒙版

打开素材图像如图 11-1-18 所示，未添加适量蒙版之前的图层面板状态如图 11-1-19 所示。

图11-1-18

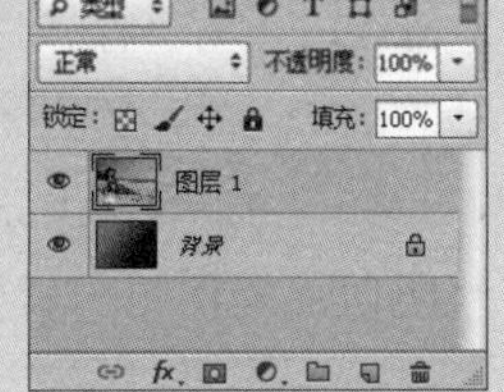
图11-1-19

选择“图层 1”执行【图层】/【矢量蒙版】/【显示全部】命令，选择工具箱中的自定义形状工具，在图像中绘制一个自定义形状，得到的图像效果和图层面板状态如图 11-1-20 所示。

图11-1-20

## ※ 建立快速蒙版

打开素材图像如图11-1-21所示，选择工具箱下方的以快速蒙版模式编辑按钮，然后选择工具箱中的画笔工具，在图像中绘制如图11-1-22所示的形状，绘制完毕后单击以标准模式编辑按钮，创建的选区如图11-1-23所示，按快捷键Shift+Ctrl+I反选，最后为图像添加“色相/饱和度”调整图层，具体参数设置和得到的图像效果如图11-1-24所示。

图11-1-21

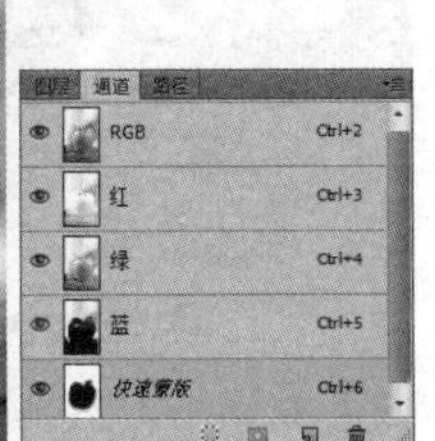
图11-1-22

图11-1-23

图11-1-24

**Tips 提示**

快速蒙版的特色是它能与画笔工具的完美结合使用，绘制快速蒙版时，首先选择工具箱中的画笔工具，然后可以根据绘制的图像形状，在工具选项栏中设置画笔的各项参数。

## ※ 建立剪贴蒙版

如图11-1-25所示为五个图层的PSD文件格式。

图11-1-25

隐藏“图层2”和“图层3”，选择“图层2”，执行【图层】/【创建剪贴蒙版】命令，或按Alt键并单击“图层1”和“图层2”的分界线即可建立剪贴蒙版，得到的图像效果和“图层”面板如图11-1-26所示。

图11-1-26

显示“图层2”和“图层3”，分别执行以上操作步骤，选择“图层2”将其混合模式设置为“颜色加深”，选择“图层3”将其混合模式设置为“叠加”，得到的图像效果和“图层”面板如图11-1-27所示。由最后得到的效果可以看出，在创建剪贴蒙版时，内容图层可以有若干个，而基层图层只能有一个。

图11-1-27

**技术要点：设置剪贴蒙版**

剪贴蒙版不会考虑到“基层”中的颜色，只会根据“基层”中的像素来进行剪贴。首先需要注意作为“基层”的图像是否有透明像素的图层，当“基层”中的内容有变化时，整体图像的效果也会发生变化。

建立剪贴蒙版的另一种快捷方式是，选择“图层 2”单击鼠标右键，在弹出的下拉菜单中选择“创建剪贴蒙版”命令，即可创建剪贴蒙版。

## 11.1.3 编辑蒙版

### ※ 编辑图层蒙版

编辑图层蒙版就是依据要显示及隐藏的图像，然后使用适当的工具来决定蒙版中哪一部分为白色、哪一部分为黑色。编辑蒙版的方法不止一种，不仅可以选择画笔工具和渐变工具来修改蒙版，还可以使用色阶、饱和度调色命令对蒙版进行调整，总之编辑图层蒙版的手段很多，可根据不同的需要来进行编辑图层蒙版。

### ※ 编辑矢量蒙版

编辑矢量蒙版与编辑图层蒙版一样，编辑矢量蒙版就是依据要显示及隐藏的图像，然后使用所需要的工具来编辑蒙版中哪一部分为白色、哪一部分为灰色，并且只有矢量特征，不会含有其他的效果。可使用矢量工具对创建的矢量蒙版中不满意的地方进行修改。

在矢量蒙版中所绘制的形状将会是一条或若干条路径，可根据需要选择工具箱中的路径选择工具、添加锚点工具等来绘制矢量蒙版中的路径，最后使图像产生更加完美的效果。

训练营 01 第 11 章 / 训练营 /01 时尚金字塔

### 时尚金字塔

▲ 使用钢笔工具沿图像中金字塔的边缘绘制路径
▲ 采用涂抹工具将图像中的投影部分进行修饰

**01** 执行【文件】/【打开】命令，弹出“打开”对话框，选择需要的素材，单击“打开”按钮打开图像，如图11-1-28所示。

图11-1-28

**02** 按快捷键Ctrl+O打开素材图像，如图11-1-29所示。选择工具箱中的移动工具，将其拖曳至主文档中生成“图层1”，调整图像位置与大小，得到的图像效果如图11-1-30所示。

图11-1-29

图11-1-30

**03** 选择工具箱中的钢笔工具，执行【图层】/【矢量蒙版】/【当前路径】命令，为图像添加矢量蒙版，得到的图像效果如图11-1-31所示。

**04** 选择“图层1”，选择工具箱中的钢笔工具，单击“图层1”的矢量蒙版缩览图，将路径调整至如图11-1-32所示。

图11-1-31

图11-1-32

**05** 单击“图层”面板上的添加图层样式按钮，在弹出的下拉菜单中选择“投影”选项，弹出“图层样式”对话框，具体参数设置如图11-1-33所示。得到的图像效果如图11-1-34所示。

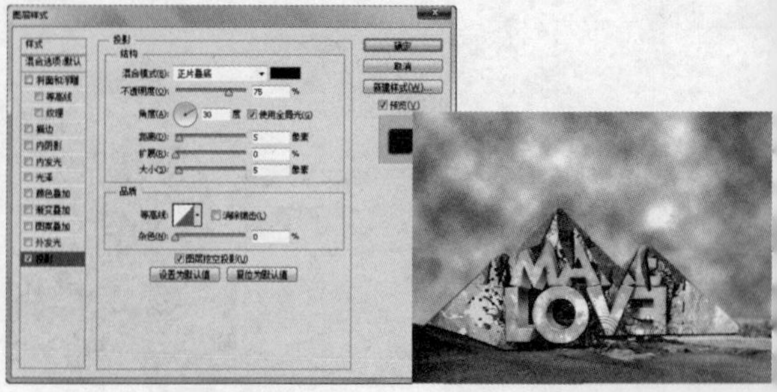

图11-1-33

图11-1-34

06 选择“图层1”单击右键，在弹出的下拉菜单中选择“创建图层”选项，得到“图层1副本”图层，选择工具箱中的涂抹工具，在图像中进行涂抹，得到的图像效果如图11-1-35所示。

图11-1-35

## ※ 编辑快速蒙版

在使用快速蒙版模式编辑状态下，如果将前景色设置为黑色进行涂抹，图像中的涂抹处将显示为半透明红色区域，成为快速蒙版下的非选择区域；如果将前景色设置为白色进行涂抹，图像中的半透明红色区域将会被擦除，快速蒙版下的选择区是红色区域，注意系统会默认将前景色和背景色设置为黑色和白色，如果使用不同的灰色进行涂抹，最后创建的选区会有羽化效果。

进行编辑之前，选择工具箱底部的以快速蒙版模式编辑按钮进入快速蒙版编辑状态，打开素材图像如图11-1-36所示。进入快速蒙版模式编辑后，选择工具箱中的画笔工具，在其工具选项栏中设置合适的参数，在图像中橙子以外的区域进行涂抹，得到的图像效果和“通道”面板状态如图11-1-37所示。单击工具箱中底部的以标准模式编辑按钮，执行【选择】/【反向】命令，将其反选，得到的图像效果如图11-1-38所示，单击“图层”面板上的调整图层按钮，在弹出的下拉菜单中选择“色相/饱和度”选项，在弹出的“调整”面板中设置具体参数，最后得到的图像效果如图11-1-39所示。

图11-1-36

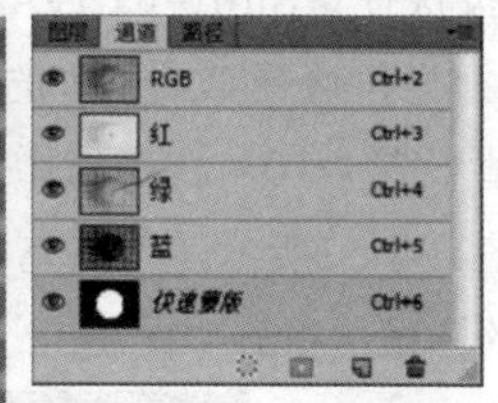

图11-1-37

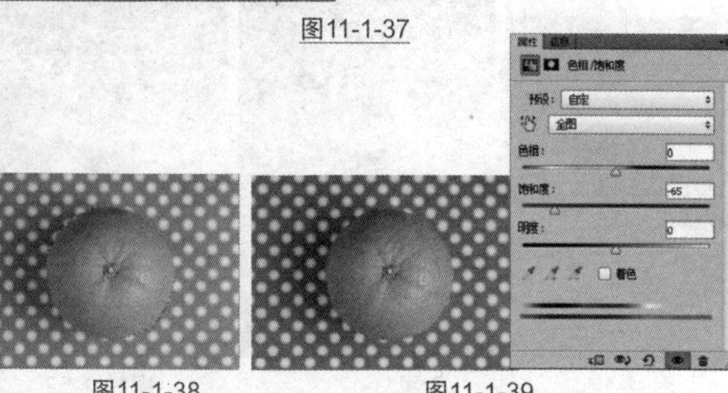

图11-1-38　图11-1-39

## 实战 编辑快速蒙版

第 11 章 / 实战 / 编辑快速蒙版

打开素材图像，如图 11-1-40 所示，选择工具栏中的以快速蒙版模式编辑工具，单击鼠标左键，“通道面板状态”如图 11-1-41 所示。选择工具箱中的画笔工具，在其工具选项栏中设置合适的参数，在图像中的花瓣区域进行涂抹，得到的图像效果和“通道”面板状态如图 11-1-42 所示。

图11-1-40

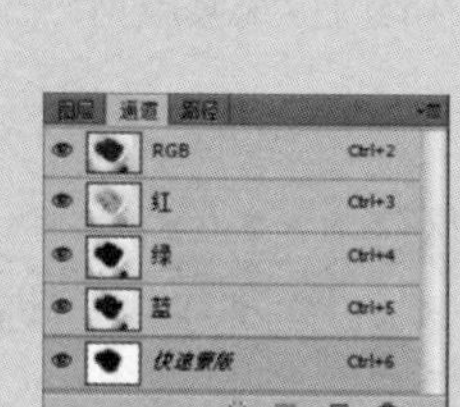

图11-1-41

图11-1-42

执行【图像】/【调整】/【反相】命令，最后得到的图像效果和“通道”面板状态如图 11-1-43 所示。

图11-1-43

单击“图层”面板上的调整图层按钮，在“色相 / 饱和度”调整面板中设置参数，最后得到的图像效果如图 11-1-44 所示。

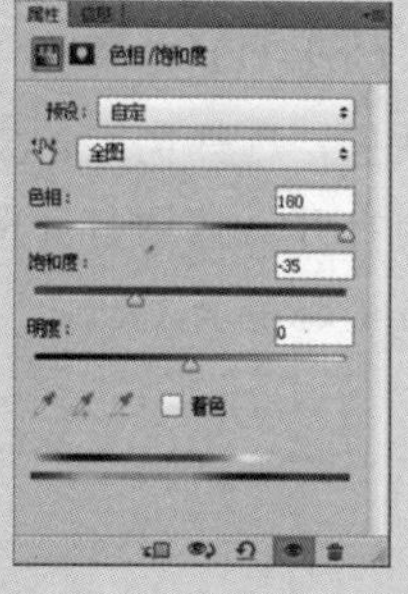

图11-1-44

## Tips 提示

快速蒙版是一个非常便捷的编辑选区的方法，虽然称为蒙版，但与其他的蒙版是不同的。图层蒙版、矢量蒙版和剪贴蒙版主要是隐藏和显示图像，最后达到遮挡或显示图像的效果，而快速蒙版主要是对图像进行快速的选择，主要使用绘图工具对其编辑，所以最后达到的效果很难精细。

### ※ 编辑剪贴蒙版

编辑剪贴蒙版时，可根据图层的性质不同，使用不同的方法来改变矢量图层和像素图层，如果基层图像为像素图像时，那么修改基层时需要通过能够修改像素的工具进行修改；如果基层中的图像为矢量图像时，那么修改基层时也需要通过矢量工具进行修改。其蒙版的主要功能是，通过改变剪贴蒙版中基层的图像或者编辑图层中的内容来修改剪贴蒙版的效果。

训练营 第 11 章 / 训练营 /02 用剪贴蒙版制作合成效果

## 02 用剪贴蒙版制作合成效果

▲ 为图像添加调整图层，改变图像的色调
▲ 改变图层混合模式
▲ 为图像添加剪贴蒙版制作合成效果

01 执行【文件】/【打开】命令（Ctrl+O），弹出“打开”对话框，选择需要的素材，单击“打开”按钮打开图像，如图11-1-45所示。

图11-1-45

02 单击“图层”面板上的创建新的填充或调整图层按钮，在弹出的下拉菜单中选择“色阶”选项，在弹出的调整面板中设置具体参数，如图11-1-46所示，得到的图像效果如图11-1-47所示。

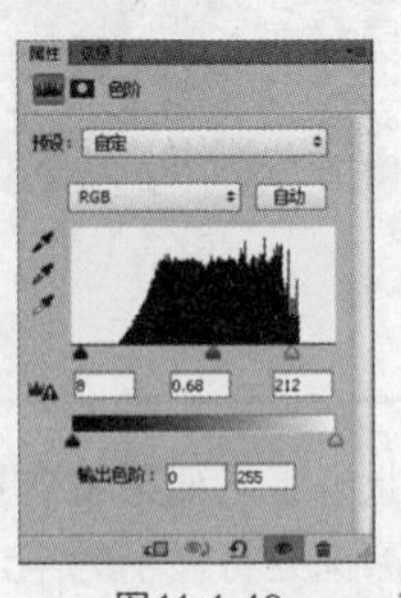

图11-1-46

图11-1-47

03 单击“图层”面板上的创建新的填充或调整图层按钮，在弹出的下拉菜单中选择“亮度/对比度”选项，在弹出的调整面板中设置具体参数，如图11-1-48所示，得到的图像效果如图11-1-49所示。

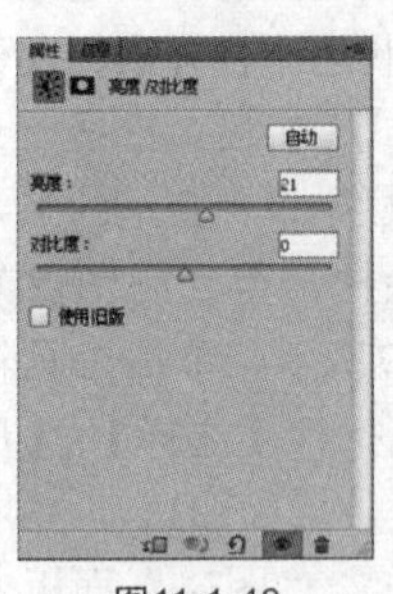

图11-1-48

图11-1-49

04 单击“图层”面板上的创建新的填充或调整图层按钮，在弹出的下拉菜单中选择“色彩平衡”选项，在弹出的调整面板中设置具体参数，如图11-1-50所示，得到的图像效果如图11-1-51所示。

05 按快捷键Shift+Ctrl+Alt+E盖印可见图层，得到“图层1”，选择工具箱中的多边形套索工具，将其羽化值设置为10，在图像中绘制选区，得到的图像效果如图11-1-52所示，绘制完毕后按快捷键Ctrl+J复制选区内的图像，得到“图层2”。

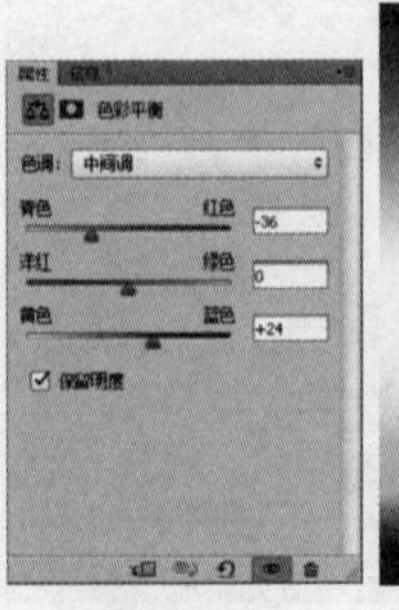

图11-1-50

图11-1-51

图11-1-52

06 打开素材图像，将其拖曳至主文档中生成“图层3”，将其图层混合模式设置为“变暗”，选择“图层3”，按快捷键Alt+Ctrl+G创建剪贴蒙版，得到的图像效果和“图层”面板状态如图11-1-53所示。

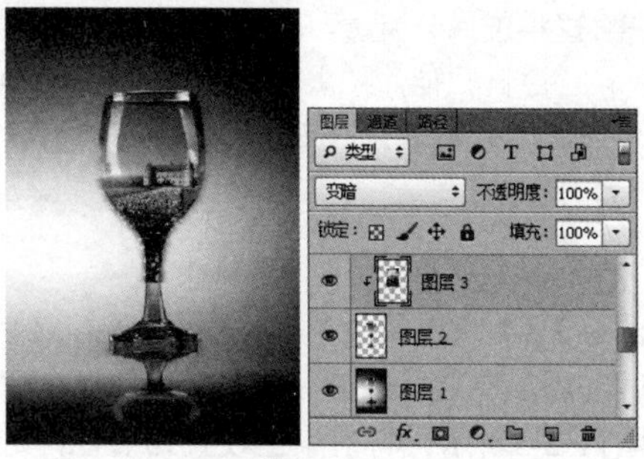

图11-1-53

07 单击“图层”面板上的添加图层蒙版按钮，为“图层3”添加图层蒙版，将前景色设置为黑色，选择工具箱中的画笔工具，在其工具选项栏中设置合适的柔角笔刷大小及不透明度，在图像中进行绘制，得到的图像效果和“图层”面板状态如图11-1-54所示。

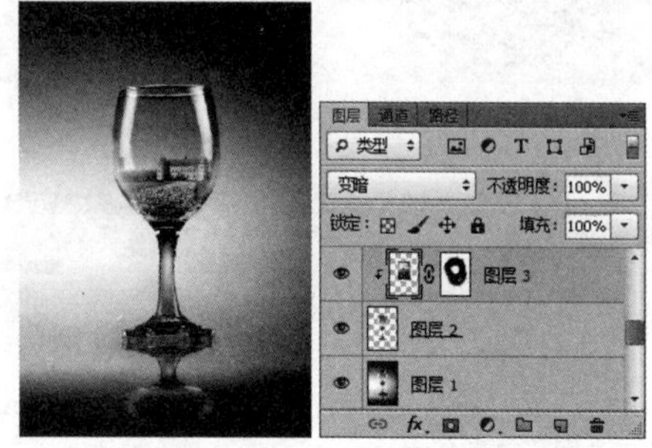

图11-1-54

08 执行【文件】/【打开】命令（Ctrl+O），弹出“打开”对话框，选择需要的素材，单击“打开”按钮打开图像，如图11-1-55所示。将其拖曳至主文档中生成“图层4”。

09 选择“图层4”，按快捷键Shift+Ctrl+U去色，将其不透明度设置为80%，图像效果如图11-1-56所示。

图11-1-55

图11-1-56

10 选择“图层4”，按快捷键Alt+Ctrl+G创建剪贴蒙版，得到的图像效果和“图层”面板状态如图11-1-57所示，单击图层面板上的添加图层蒙版按钮，为“图层4”添加图层蒙版，将前景色设置为黑色，选择工具箱中的画笔工具，在其工具选项栏中设置合适的柔角笔刷大小及不透明度，在图像中进行绘制，得到的图像效果和“图层”面板状态如图11-1-58所示。

图11-1-57

图11-1-58

11 将“图层4”分别拖曳至“图层”面板中的创建新图层按钮上三次，分别得到“图层4副本”、“图层4副本2”和“图层4副本3”图层，将其不透明度分别设置为50%、80%和80%，将其放置在合适的位置，得到的图像效果如图11-1-59所示。

12 选择“图层3”，将其复制，得到“图层3副本”图层，将其拖曳至“图层2”的下方，按快捷键Ctrl+T调出自由变换框，单击鼠标右键选择【垂直翻转】命令，将其不透明度设置为20%，将图像放置在合适的位置，得到的图像效果如图11-1-60所示。

13 选择工具箱中的横排文字工具，在图像中输入文字，得到的图像效果如图11-1-61所示。

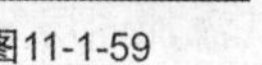

图11-1-59

图11-1-60

图11-1-61

# 11.2 图层蒙版

**关键字** 蒙版的编辑、灰度层的影响、工具和滤镜编辑、粘贴和链接、收缩与扩展

图层蒙版的应用非常广泛，可以把它当成图层上面覆盖的一层玻璃，这种玻璃分为透明的和不透明的，前者显示图层内容，后者隐藏图层内容。可以使用各种绘图工具在玻璃片（即蒙版）上涂抹（只能涂抹黑 / 白 / 灰色），涂抹黑色的地方蒙版变为不透明，可以隐藏图层内容，涂抹白色可以显示图层内容，涂抹灰色可以使蒙版变为半透明以显示部分图层内容。

图层蒙版的所有操作都在图层蒙版中进行，非常大的好处就是显示或隐藏图像时，不会破坏图层中图像本身的像素。使用图层蒙版制作的图像效果如图11-2-1所示，图层蒙版状态如图11-2-2所示。“图层”面板状态如图11-2-3所示。

图11-2-1

图11-2-2

图11-2-3

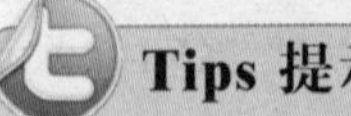

**Tips 提示**

在 Photoshop CS6 的默认状态下，“背景”图层是被禁止添加图层蒙版的，如果想要为“背景”图层添加图层蒙版，可以双击“背景”图层的图层缩览图，在弹出的“新建图层”对话框中设置其参数，设置完毕后单击“确定”按钮。这样“背景”图层就转换为了普通图层，可以为其添加图层蒙版。

## 11.2.1 图层蒙版的编辑技巧

### ※ 添加图层蒙版

为图像添加蒙版，如图11-2-4所示为两个图层的PSD文件格式。选择“图层1”，为其添加图层蒙版，执行【图层】/【图层蒙版】/【显示全部】命令，执行此命令后，添加图层蒙版的图层将全部显示，“图层”面板如图11-2-5所示。将前景色设置为黑色，选择工具箱中的画笔工具，在图像中进行涂抹，得到的图像效果和“图层”面板如图11-2-6所示。

图11-2-4

图11-2-5

图11-2-6

继续执行【图层】/【图层蒙版】/【隐藏全部】命令，执行此命令后，添加图层蒙版的图像将全部隐藏，添加的蒙版将呈黑色状态，得到的图像效果和“图层”面板状态如图11-2-7所示。将前景色设置为白色，选择工具箱中的画笔工具，在图像中进行涂抹，得到的图像效果和“图层”面板状态如图11-2-8所示。

图11-2-7

图11-2-8

## ※ 编辑图层蒙版

编辑图层蒙版的方法很多，如使用工具箱中的画笔工具、滤镜中的命令、【曲线】命令等，都可以对图层蒙版进行直接编辑。编辑图层蒙版是根据图像所需要显示及隐藏的部分来进行编辑，使用适当的方法将决定蒙版中黑白部分的显示效果。

## ※ 运用工具编辑图层蒙版

使用工具箱中的各种选择工具与绘图工具，可直接对图层蒙版进行编辑，因为图层蒙版具有位图的特性。

## 实战 使用工具编辑图层蒙版

第 11 章 / 实战 / 使用工具编辑图层蒙版

打开两张素材图像，如图 11-2-9 所示。将天空素材拖曳至人物图像中生成“图层 1”，放置在合适的位置，将前景色设置为黑色，为“图层 1”添加图层蒙版，选择工具箱中的画笔工具，在其工具选项栏中设置合适的笔刷大小，在图像中进行涂抹，得到的图像效果和“图层”面板状态如图 11-2-10 所示，图层蒙版状态如图 11-2-11 所示。

图11-2-9

### Tips 提示

将前景色设置为黑色，选择工具箱中的画笔工具，在图层蒙版上进行绘制时，图像被隐藏；选择橡皮擦工具在图层蒙版上进行绘制时，图像显示将得到相反的效果。

图11-2-10　图11-2-11

选择工具箱中的橡皮擦工具在蒙版上进行绘制，图层蒙版如图 11-2-12 所示，“图层”面板中的图层蒙版也会发生改变，如图 11-2-13 所示，得到的图像效果如图 11-2-14 所示。

图11-2-12　图11-2-13　图11-2-14

### Tips 提示

首先必须在“图层”面板中选择需要编辑的图层蒙版，然后再选择合适的工具或其他命令进行编辑才能改变图层蒙版。

## ※ 运用滤镜编辑图层蒙版

执行滤镜中的命令在图层蒙版上进行编辑会使图层蒙版得到意想不到的效果。选择“图层1”中的图层蒙版后，执行【滤镜】/【模糊】/【径向模糊】命令，弹出“径向模糊”对话框，在对话框中设置参数如图11-2-15所示；设置完毕后单击“确定”按钮，得到的图像效果和图层蒙版效果如图11-2-16所示；“图层”面板中的图层蒙版发生变化之后的效果如图11-2-17所示。

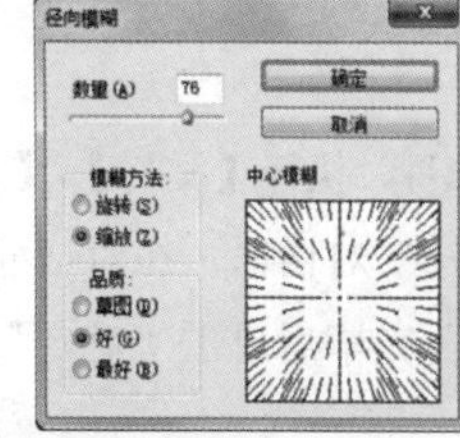


图11-2-15

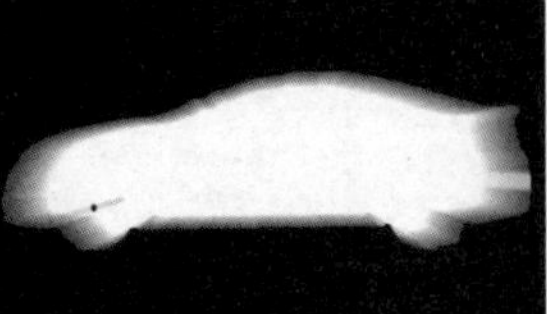

图11-2-16

执行【滤镜】/【像素化】/【晶格化】命令，弹出“晶格化”对话框，在对话框中设置参数，如图11-2-18所示；设置完毕后单击“确定”按钮，得到的图层蒙版效果如图11-2-19所示；“图层”面板中图层蒙版发生变化之后的效果如图11-2-20所示。

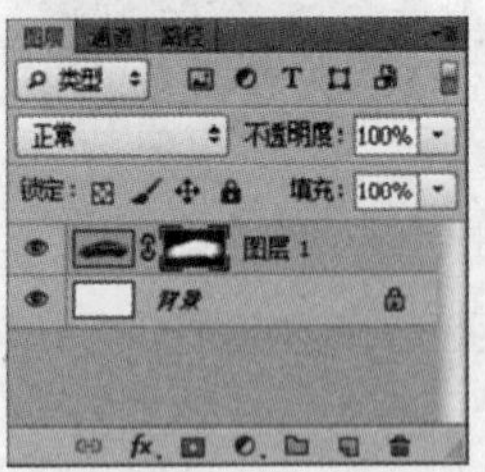
图11-2-17

图11-2-18

图11-2-19

图11-2-20

训练营 第11章/训练营/03 时间就是生命

## 03 时间就是生命

▲ 通过创建的选区，直接得到含有内容的图层蒙版

▲ 选择工具箱中的画笔工具对图层蒙版进行编辑

01 执行【文件】/【新建】命令（Ctrl+N），弹出“新建”对话框，在对话框中设置参数如图11-2-21所示，设置完毕后单击“确定”按钮，得到新建的文档。

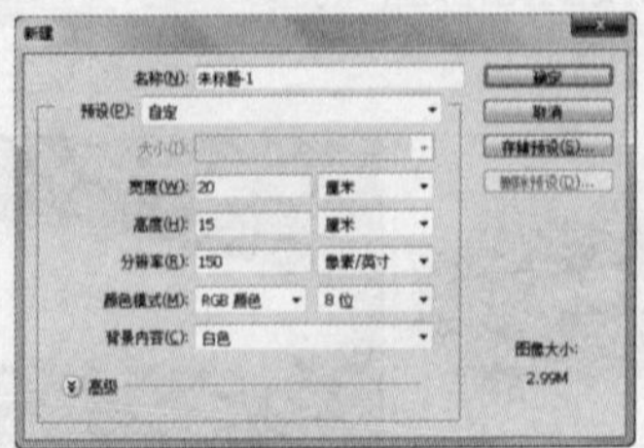
图11-2-21

02 选择工具箱中的渐变工具，在其工具选项栏中单击可编辑渐变条，在弹出的“渐变编辑器”对话框中将左边的渐变颜色色值设置为R203、G255、B247，右边设置为R0、G102、B234，如图11-2-22所示，设置完毕后单击“确定”按钮，在图像中按住Shift键由上至下拖动鼠标填充渐变，得到的图像效果如图11-2-23所示。

图11-2-22

图11-2-23

03 按快捷键Ctrl+O打开素材图像，如图11-2-24所示。选择工具箱中的移动工具，将其拖曳至主文档中生成“图层1”，得到的图像效果如图11-2-25所示，“图层”面板状态如图11-2-26所示。

图11-2-24

图11-2-25

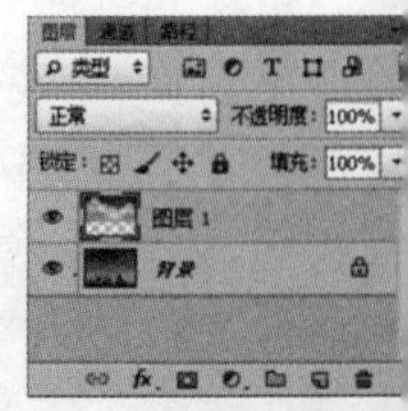
图11-2-26

04 单击“图层”面板上的添加图层蒙版按钮，为“图层1”添加图层蒙版，将前景色设置为黑色，选择工具箱中的画笔工具，在其工具选择栏中设置合适的柔角笔刷，在图像中有明显分界的地方涂抹，得到的图像效果如图11-2-27所示，“图层”面板状态如图11-2-28所示。

图11-2-27

图11-2-28

05 按快捷键Ctrl+O打开素材图像，如图11-2-29所示。选择工具箱中的移动工具，将其拖曳至主文档中生成“图层2”，得到的图像效果如图11-2-30所示。

图11-2-29

图11-2-30

06 按快捷键Ctrl+O打开素材图像，如图11-2-31所示。选择工具箱中的移动工具，将其拖曳至主文档中生成“图层3”，调整图像位置与大小，得到的图像效果如图11-2-32所示。

图11-2-31

图11-2-32

07 选择工具箱中的魔棒工具，在图像中的白色区域单击，按快捷键Ctrl+Shift+I将选区反向，得到的图像效果如图11-2-33所示。

图11-2-33

**Tips 提示**

在涂抹过程中按快捷键“X”，可实现前景色和背景色的互换，前景色为黑色时清除图像，反之恢复图像。

08 为“图层3”添加图层蒙版，得到的图像效果如图11-2-34所示，“图层”面板如图11-2-35所示。

图11-2-34

图11-2-35

08 按快捷键Ctrl+O打开素材图像，如图11-2-36所示。选择工具箱中的移动工具，将其拖曳至主文档中生成“图层4”，调整图像位置与大小，得到的图像效果如图11-2-37所示。

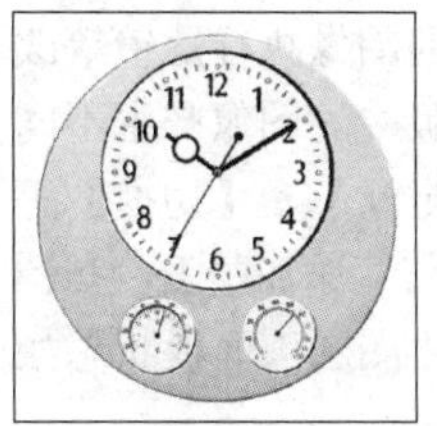
图11-2-36

图11-2-37

09 选择工具箱中的魔棒工具，在图像中的白色区域单击，按快捷键Ctrl+Shift+I将选区反向，得到的图像效果如图11-2-38所示。

图11-2-38

10 为“图层4”添加图层蒙版，图层混合模式为“线性加深”，得到的图像效果如图11-2-39所示，“图层”面板状态如图11-2-40所示。

图11-2-39

图11-2-40

11 选择“图层3”，按快捷键Ctrl+T调出自由变换框，缩小图像大小，得到的图像效果如图11-2-41所示。

图11-2-41

12 将“图层3”拖曳至“图层”面板中的创建新图层按钮上，得到“图层3副本”图层。按快捷键Ctrl+T调出自由变换框，缩小图像大小，不透明度设置为30%，得到的图像效果如图11-2-42所示。

图11-2-42

## ※ 图层蒙版的链接

变换型链接关系和像素型链接关系是图层蒙版和图层的两种状态的链接特性。

**像素型链接关系**：像素型链接关系是指图层与图层蒙版处于链接状态时，在对图层中的图像执行滤镜等改变图像像素的操作时，会对图层蒙版中的图像产生不同的作用，例如执行【模糊】、【极坐标】、【切换】等命令。打开一个PSD图像，为“图层1”添加蒙版，在图像中进行涂抹，得到的图像效果和“图层”面板状态如图11-2-43所示。

图11-2-43

选择“图层1”，执行【滤镜】/【模糊】/【径向模糊】命令，弹出“径向模糊”对话框，参数设置为（0、484），得到的图像效果以及图层蒙版状态如图11-2-44所示。

图11-2-44

**变换型链接关系**：通常在默认情况下，图层与其蒙版是显示链接状态的，在“图层”面板中图层缩览图和图层蒙版缩览图之间会显示链接图标，如果执行【编辑】/【自由变换】命令对图像进行移动、缩放等操作，或使用工具箱中的移动工具进行移动时，图层蒙版和图像会一起发生变化。单击“图层”面板中的链接图标，就会取消此链接关系，然后就能独立移动蒙版或图层中的图像。若再次单击“图层”面板中图像和图层蒙版的缩览图之间的链接图标的位置，就会再次出现显示链接图标，就可重新建立此链接关系，图像和蒙版就会重新链接起来。

## 实战 图层蒙版的链接操作

第 11 章 / 实战 / 图层蒙版的链接操作

打开素材，如图 11-2-45 所示，单击“图层”面板上的添加图层蒙版按钮，为“图层 1”添加图层蒙版，此时“图层”面板中“图层 1”的图层缩览图与蒙版缩览图之间存在着链接状态的特征，如图 11-2-46 所示。

图11-2-45

图11-2-46

单击图层缩览图与蒙版缩览图之间的链接图标，将不会显示图标，如图 11-2-47 所示。选择工具箱中的移动工具，移动蒙版的位置，此时得到的图像效果和图层蒙版将会发生变化，如图 11-2-48 所示。

图11-2-47

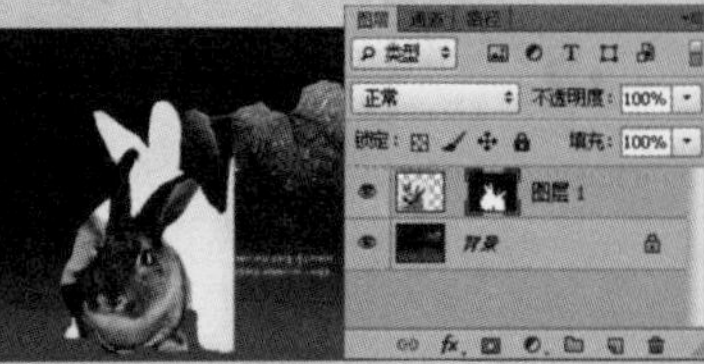
图11-2-48

### Tips 提示

如果图层蒙版和矢量蒙版都出现在“图层”面板中，那么“图层”面板中的图层缩览图、图层蒙版缩览图和矢量蒙版缩览图之间都存在链接状态的特征。执行【编辑】/【贴入】命令时，蒙版与图像之间是不存在链接的。

## ※ 图层蒙版的图层样式选项

若为带有图层蒙版的图层添加图层样式，显示的图像效果会非常丰富。图层样式会根据蒙版中的白色区域而定，和为普通图层添加图层样式是不一样的。

## 实战 为图层蒙版添加图层样式

第 11 章 / 实战 / 为图层蒙版添加图层样式

打开一个 PSD 文件，如图 11-2-49 所示，显示含有图层蒙版的“图层”面板状态，如图 11-2-50 所示。

图11-2-49　图11-2-50

单击“图层”面板上的添加图层样式按钮fx，在弹出的下拉菜单中勾选“投影”选项，弹出“图层样式”对话框，具体参数设置如图11-2-51所示。设置完毕后不关闭对话框，根据图层蒙版得到的图像效果如图11-2-52所示。

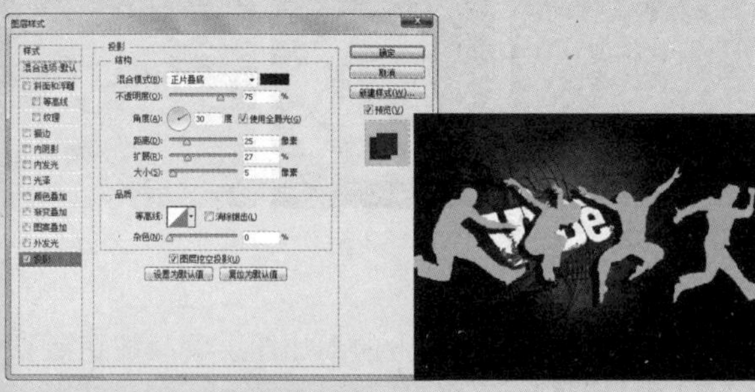

图11-2-51　图11-2-52

勾选“外发光”复选项，具体参数设置如图11-2-53所示。设置完毕后不关闭对话框，根据图层蒙版得到的图像效果如图11-2-54所示。

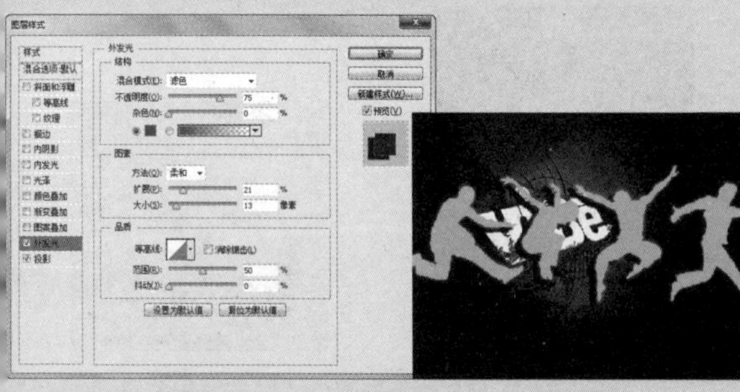

图11-2-53　图11-2-54

继续勾选“斜面和浮雕”复选项，具体参数设置如图11-2-55所示。设置完毕后不关闭对话框，根据图层蒙版得到的图像效果如图11-2-56所示。

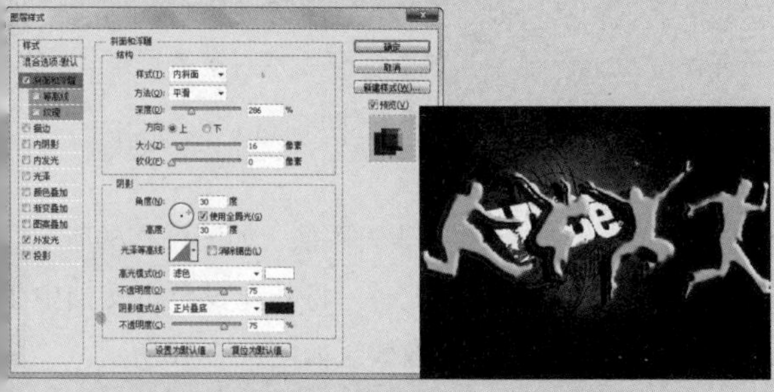

图11-2-55　图11-2-56

## 技术要点：反相

想要在图像中显示反相的效果，对此图层蒙版执行【图像】/【调整】/【反相】命令（Ctrl+I），图层蒙版中的黑色和白色将处于下图状态。

## ※ 应用图层蒙版

应用图层蒙版时，可以保证在应用图层蒙版前后图像效果将不会有其他的变化。可将蒙版中白色对应的图像保留，黑色对应的图像删除，灰色过渡区域所对应的部分图像区域被删除。

下面就来讲解一下如何应用图层蒙版。

打开素材，如图11-2-57所示，显示含有图层蒙版的“图层”面板状态，如图11-2-58所示。选择“图层”面板中的蒙版缩览图，单击“图层”面板中的删除图层按钮。

图11-2-57

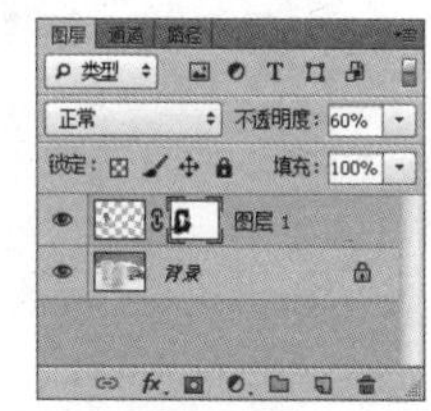

图11-2-58

弹出提示对话框，在此对话框中单击“应用”按钮如图11-2-59所示，图层将应用图层蒙版的效果，如图11-2-60所示。或者执行【图层】/【图层蒙版】/【应用】命令，还可以选择需要应用蒙版的图层，在图层蒙版缩览图上单击鼠标右键，在弹出的下拉菜单中选择“应用图层蒙版”，最后完成此操作。

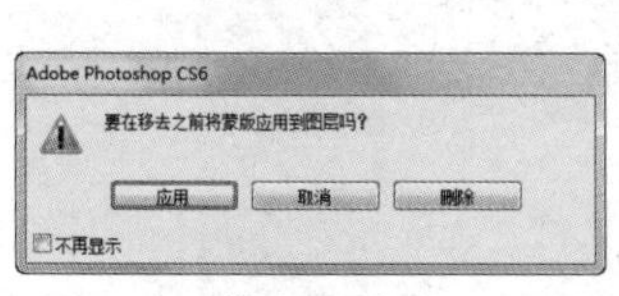



图11-2-59

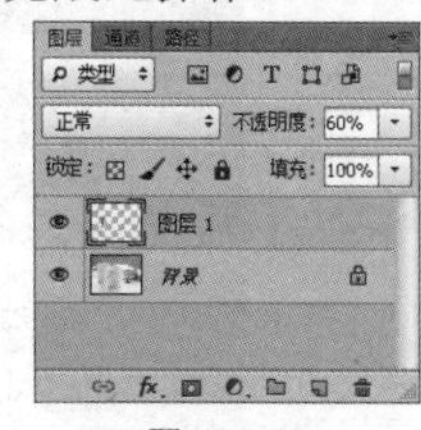

图11-2-60

### ※ 删除图层蒙版

在删除图层蒙版后，不会对图像进行任何修改，就像从未添加过蒙版一样。选择需要删除的图层蒙版，单击“图层”面板中的删除按钮，弹出提示对话框，在此对话框中单击“删除”按钮，或者执行【图层】/【图层蒙版】/【删除】命令，还可以选择需要删除的图层，在图层蒙版缩览图上单击鼠标右键，在弹出的下拉菜单中选择“删除图层蒙版”选项，最后将完成此操作。

## 实战 删除图层蒙版的操作

第 11 章 / 实战 / 删除图层蒙版的操作

打开一个 PSD 文件，如图 11-2-61 所示，显示含有图层蒙版的“图层”面板状态，如图 11-2-62 所示。

图11-2-61

图11-2-62

选择“图层 1”中的图层蒙版，执行【图层】/【图层蒙版】/【删除】命令，得到的图像效果和“图层”面板状态如图 11-2-63 所示。

图11-2-63

## 训练营 04 使用图层蒙版合成图像

第 11 章 / 训练营 /04 使用图层蒙版合成图像

▲ 通过创建的选区，直接得到含有内容的图层蒙版
▲ 画笔工具对图层蒙版进行编辑，合成图像

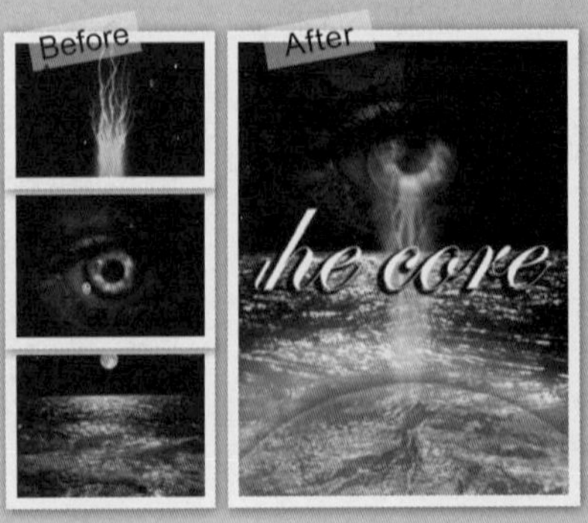


01 执行【文件】/【打开】命令，弹出“打开”对话框，选择需要的素材，单击“打开”按钮打开图像，将其复制得到“背景副本”图层，放置在合适的位置，如图11-2-64所示。

02 按快捷键Ctrl+O打开素材图像，如图11-2-65所示。选择工具箱中的移动工具，将其拖曳至主文档中生成“图层1”，得到的图像效果如图11-2-66所示。

图11-2-64

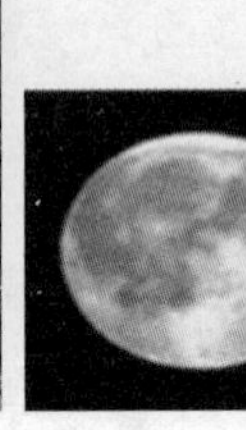

图11-2-65

图11-2-66

03 单击“图层”面板上的添加图层蒙版按钮，为“图层1”添加图层蒙版，将前景色设置为黑色，选择工具箱中的画笔工具，在其工具选择栏中设置合适的柔角笔刷，在图像中绘制，得到的图像效果如图11-2-67所示，“图层”面板状态如图11-2-68所示。

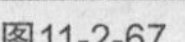

图11-2-67

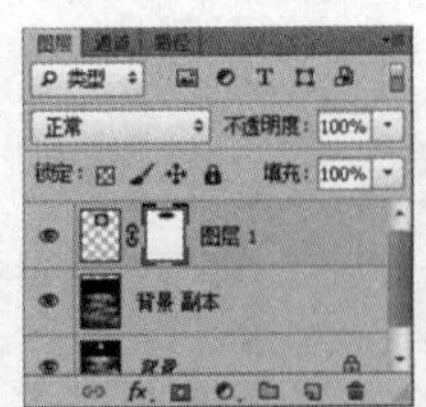


图11-2-68

**Tips 提示**

如果需要在图像中观察图层蒙版的情况，先切换至“通道”面板，在面板最下方有一个与当前图层蒙版相对应的通道，通过对可视性按钮的操作，将其他的颜色通道都隐藏，只显示当前图层蒙版相对应的通道，图像中就会出现图层蒙版的效果。

04 按快捷键Ctrl+O打开素材图像，如图11-2-69所示。选择工具箱中的移动工具，将其拖曳至主文档中生成“图层2”，得到的图像效果如图11-2-70所示，“图层”面板状态如图11-2-71所示。

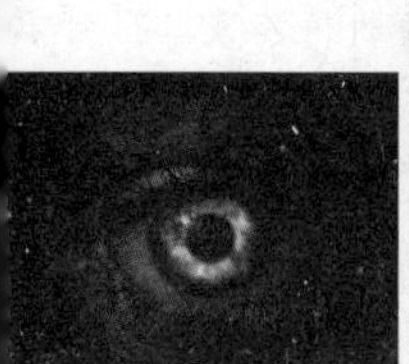
图11-2-69

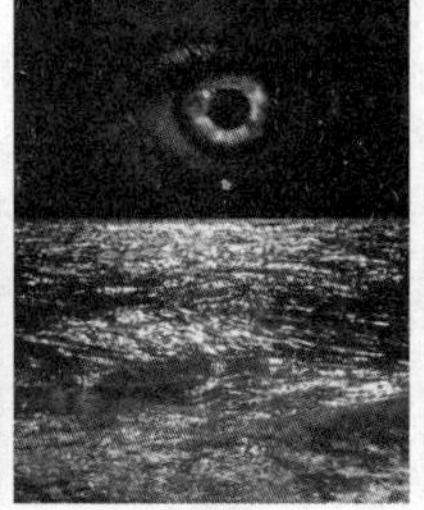
图11-2-70

图11-2-71

05 单击“图层”面板上的添加图层蒙版按钮，为“图层2”添加图层蒙版，将前景色设置为黑色，选择工具箱中的画笔工具，在其工具选项栏中设置合适的柔角笔刷，在图像中绘制，得到的图像效果如图11-2-72所示，“图层”面板状态如图11-2-73所示。

图11-2-72

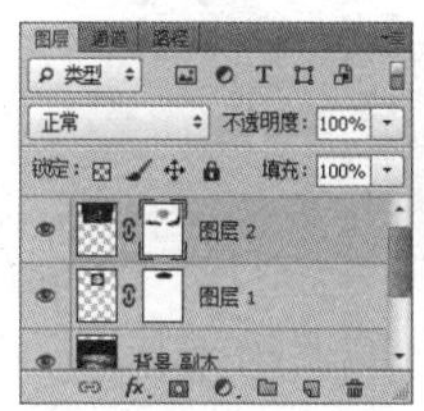
图11-2-73

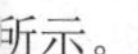
06 按快捷键Ctrl+O打开素材图像，如图11-2-74所示。选择工具箱中的移动工具，将其拖曳至主文档中生成“图层3”，将其不透明度设置为73%，得到的图像效果如图11-2-75所示，“图层”面板状态如图11-2-76所示。

图11-2-74

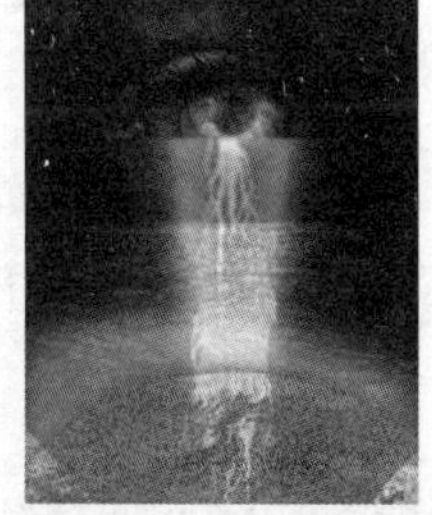
图11-2-75

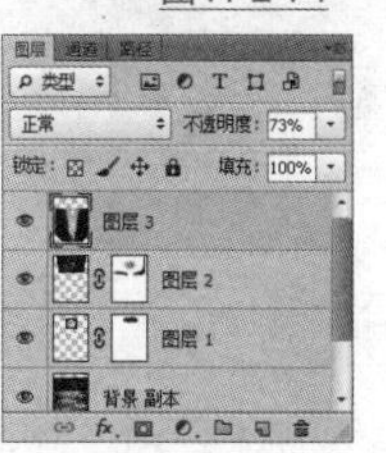
图11-2-76

**Tips 提示**

注意，在对蒙版进行编辑前，需检查蒙版是否在选中状态下，若为选中，会产生错误的操作，产生不必要的麻烦。

07 单击“图层”面板上的添加图层蒙版按钮，为“图层3”添加图层蒙版，将前景色设置为黑色，选择工具箱中的画笔工具，在其工具选择栏中设置合适的柔角笔刷，在图像中绘制，得到的图像效果如图11-2-77所示，“图层”面板状态如图11-2-78所示。

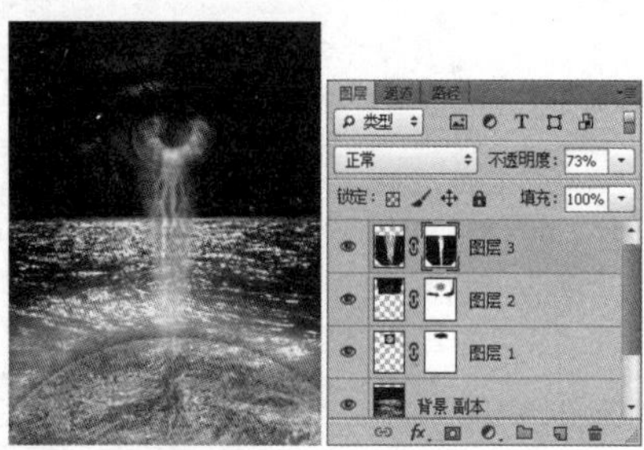
图11-2-77　图11-2-78

08 快捷键Ctrl+O打开素材图像，如图11-2-79所示。选择工具箱中的移动工具，将其拖曳至主文档中生成“图层4”，将其图层混合模式设置为“正片叠底”，得到的图像效果如图11-2-80所示，“图层”面板状态如图11-2-81所示。

图11-2-79

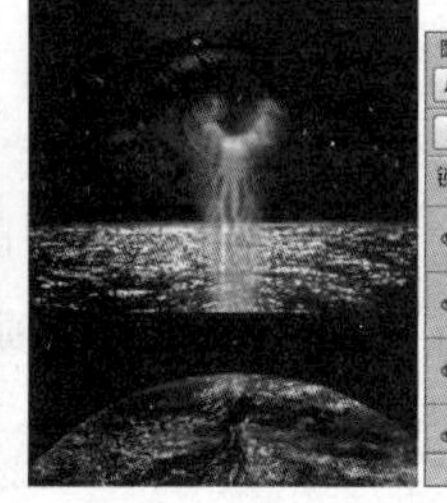
图11-2-80

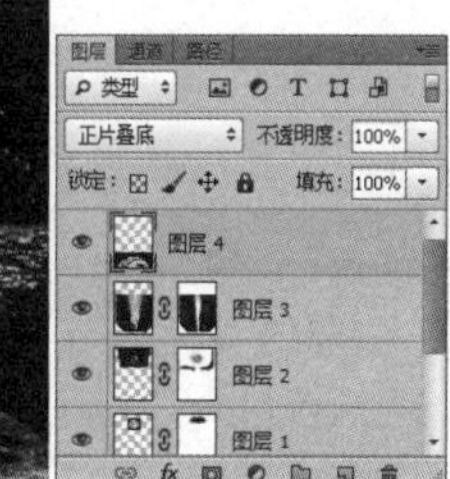
图11-2-81

09 单击“图层”面板上的添加图层蒙版按钮，为“图层4”添加图层蒙版，将前景色设置为黑色，选择工具箱中的画笔工具，在其工具选项栏中设置合适的柔角笔刷，在图像中绘制，得到的图像效果如图11-2-82所示，“图层”面板状态如图11-2-83所示。

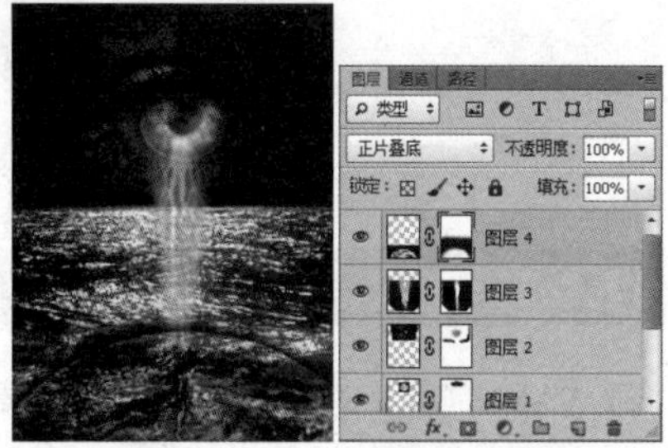
图11-2-82　图11-2-83

10 单击“图层”面板上的添加图层样式按钮，在弹出的下拉菜单中选择“外发光”选项，弹出“图层样式”对话框，具体参数设置如图11-2-84所示。设置完毕后不关闭对话框，继续勾选“内发光”复选框，如图11-2-85所示，得到的图像效果如图11-2-86所示。

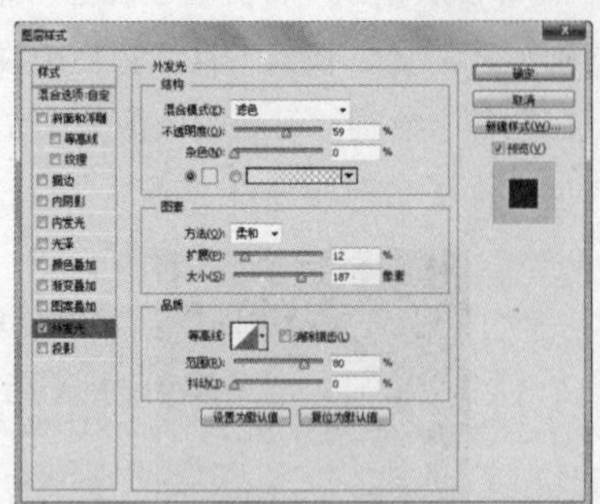

图11-2-84

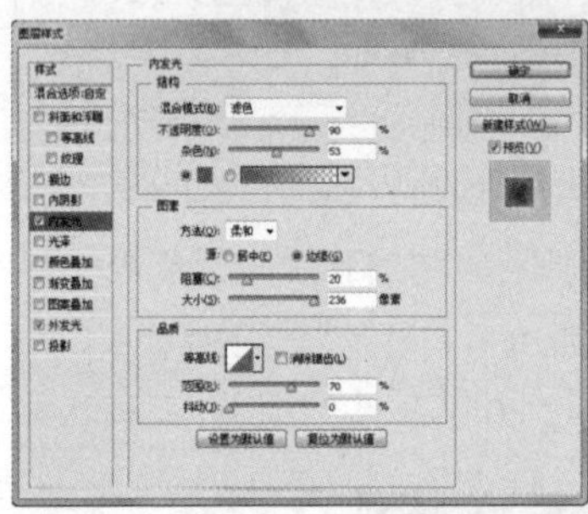

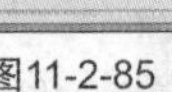

图11-2-85　　图11-2-86

11 选择工具箱中的横排文字工具T，添加文字装饰效果。单击“图层”面板上的添加图层样式按钮fx，在弹出的下拉菜单中选择“投影”选项，弹出“图层样式”对话框，具体参数设置如图11-2-87所示，得到的图像效果如图11-2-88所示。

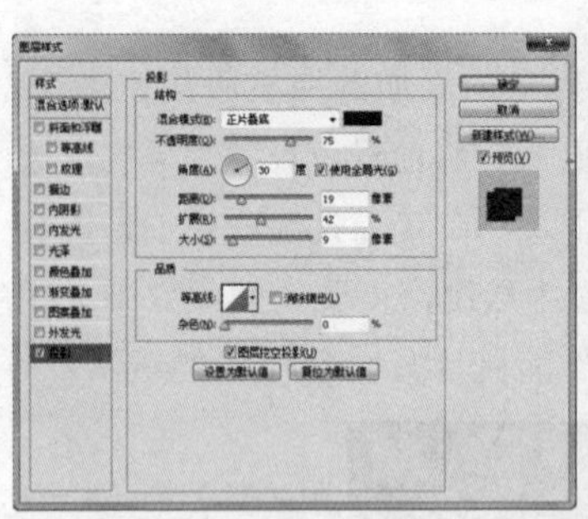

图11-2-87　　图11-2-88

## 11.2.2 灰度层次对蒙版效果的影响

图层蒙版是一张256级色阶的灰度图像，在图层蒙版中用黑色绘制的区域将被隐藏，蒙版中的纯黑色区域将显示出下面图层中的图像内容，遮挡当前图层中的图像内容；在图层蒙版中用白色绘制的区域是可见的，蒙版中的纯白色区域将显示当前图层中的图像；蒙版中的灰色区域可依据灰度值显示出不同层次的半透明效果，例如当蒙版中某区域设置为30%的黑色时，在图层中其70%的不透明度就是相应区域的图像，因此显示当前图像与下面图像的叠加效果是用灰色绘制的区域。打开素材图像，如图11-2-89所示，新建“图层1”，将前景色设置为白色进行填充，为此图层添加图层蒙版，在蒙版上填充不同的灰度，得到的蒙版效果如图11-2-90所示，显示含有图层蒙版的“图层”面板状态如图11-2-91所示，得到的图像效果如图11-2-92所示。

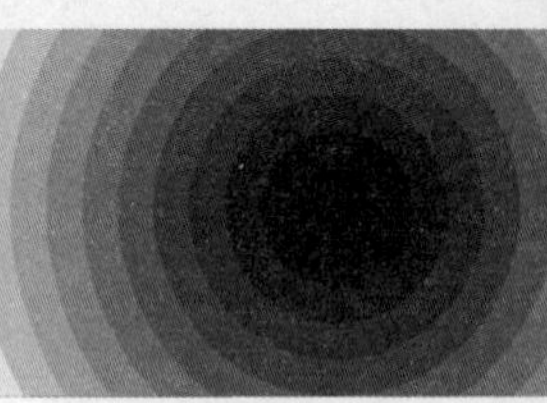

图11-2-89　　图11-2-90

图11-2-91　　图11-2-92

## 11.2.3 使用滤镜编辑蒙版

### 实战 使用滤镜编辑图层蒙版的操作

第11章/实战/使用滤镜编辑图层蒙版的操作

使用画笔工具在图层蒙版上涂抹，或使用渐变工具在蒙版中填充渐变后，再使用滤镜编辑蒙版，可以得到特殊的图像合成效果。原图图像和“图层”面板状态如图11-2-93所示。

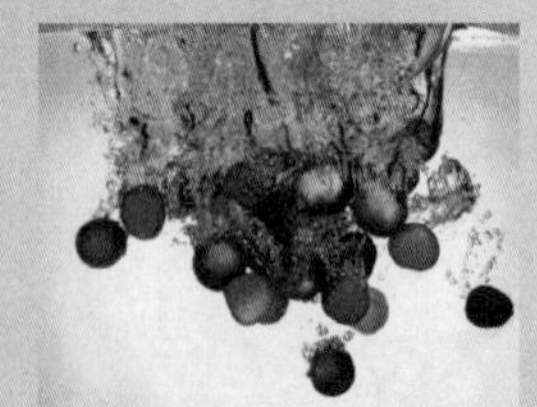

图11-2-93

选择“图层1”，单击“图层”面板上的添加图层蒙版按钮，为“图层1”添加图层蒙版，执行【滤镜】/【渲染】/【云彩】命令，将前景色设置为白色，单击“图层1”的图层蒙版缩览图，选择工具箱中的画笔工具，将笔刷的硬度设置为60，在图像中的水果区域涂抹，得到的图像效果和“图层”面板状态如图11-2-94所示。选择“图层1”，执行【图像】/【调整】/【可选颜色】命令，选择“红色”参数设置为（-100、-100、0、0），设置完毕后单击“确定”按钮，得到的图像效果如图 11-2-95 所示。

图11-2-94

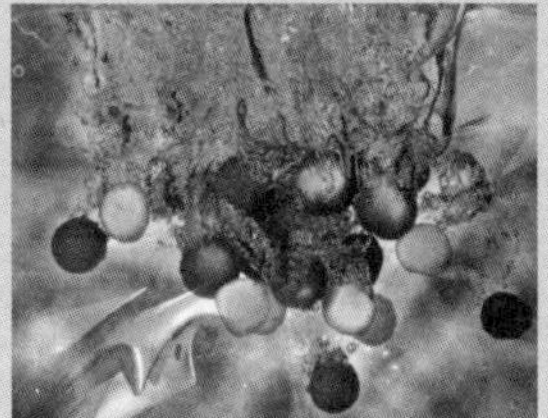

图11-2-95

单击“图层 1”图层的蒙版缩览图，执行【滤镜】/【素描】/【变调图案】命令，弹出“变调图案”对话框，参数设置为（1、5、网点），将前景色设置为白色，单击“图层 1”的图层蒙版缩览图，选择工具箱中的画笔工具，将笔刷的硬度设置为 100，在图像中的水果区域涂抹，得到的图像效果和“图层”面板状态如图 11-2-96 所示。

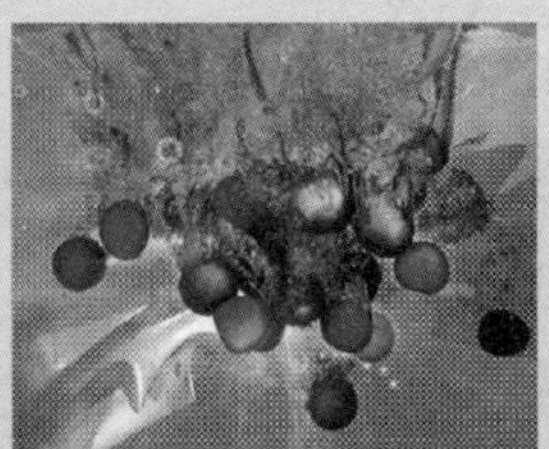

图11-2-96

单击“图层 1”图层的蒙版缩览图，执行【滤镜】/【纹理】/【染色玻璃】命令，弹出“染色玻璃”对话框，参数设置为（21、6、3），将前景色设置为白色，单击“图层 1”的图层蒙版缩览图，选择工具箱中的画笔工具，将笔刷的硬度设置为 100，在图像中的水果区域涂抹，得到的图像效果和“图层”面板状态如图 11-2-97 所示。

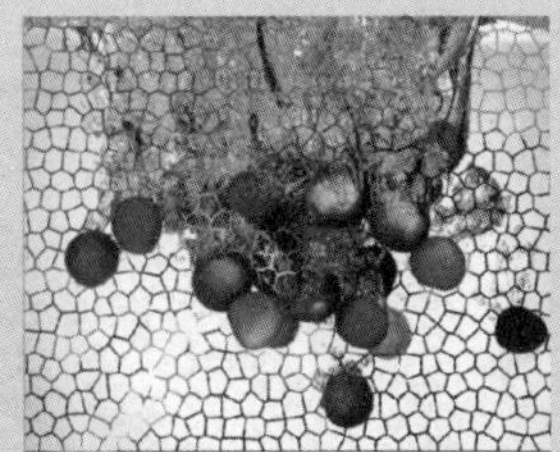

图11-2-97

**Tips 提示**

在此图层蒙版上可以执行不同的滤镜命令，每个滤镜命令将会产生不同的图像效果，按 Alt 键并单击“图层 1”的图层蒙版缩览图，能够看到在蒙版上应用滤镜的效果。

## 11.2.4 通过粘贴图像创建图层蒙版

选择图像将其粘贴到图层蒙版中，根据源图像明暗程度建立图层蒙版，将图像的灰度模式作为图层蒙版。

### 实战 粘贴图像创建图层蒙版

第 11 章 / 实战 / 粘贴图像创建图层蒙版

打开素材图像，图像效果和“图层”面板状态如图 11-2-98 所示，选择“图层 1”，单击“图层”面板上的添加图层蒙版按钮，为此图层添加图层蒙版，打开素材图像如图 11-2-99 所示，执行【选择】/【全部】命令（Ctrl+A），继续执行【编辑】/【拷贝】命令（Ctrl+C），切换至主文档中，按 Alt 键并单击此图层的图层蒙版缩览图，进入到蒙版的编辑状态。

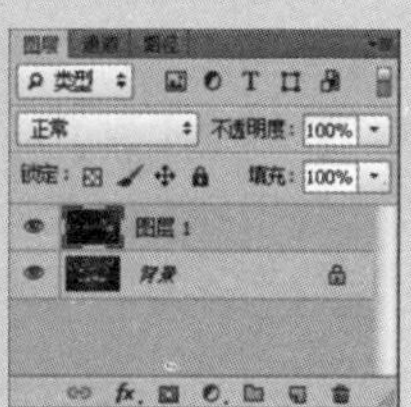

图11-2-98

图11-2-99

执行【编辑】/【粘贴】（Ctrl+V）命令将图像粘贴到蒙版中，执行【图像】/【调整】/【反相】命令（Ctrl+I），按快捷键 Ctrl+D 取消选择，按 Alt 键并单击此图层的图层蒙版缩览图，恢复到图像编辑状态，得到的图像效果和“图层”蒙版状态如图 11-2-100 所示。

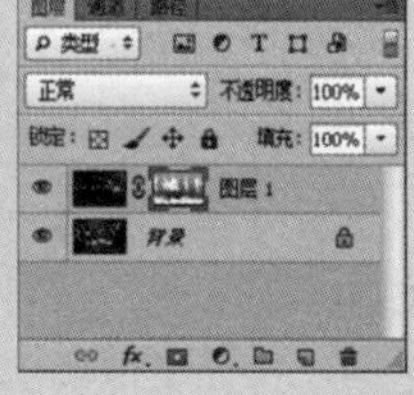

图11-2-100

## 11.2.5 收缩与扩展蒙版

想要制作出完美精致的图像合成效果，在制作蒙版过程中，必须适时地调整蒙版大小，才能达到想要的效果。

### ※ 收缩蒙版

在制作蒙版过程中，会发现由通道生成的蒙版边缘通常并不能和图像边缘相吻合，会残留原有的图像背景，添加图层蒙版后的图像效果和“图层”面板状态如图11-2-101所示，图像中某一区域放大后的效果如图11-2-102所示。

图11-2-101

图11-2-102

单击“图层1”图层的蒙版缩览图，执行【滤镜】/【其他】/【最小值】命令，弹出“最小值”对话框，具体设置和得到的图像效果如图11-2-103所示，图像中某一区域放大后的效果如图11-2-104所示。

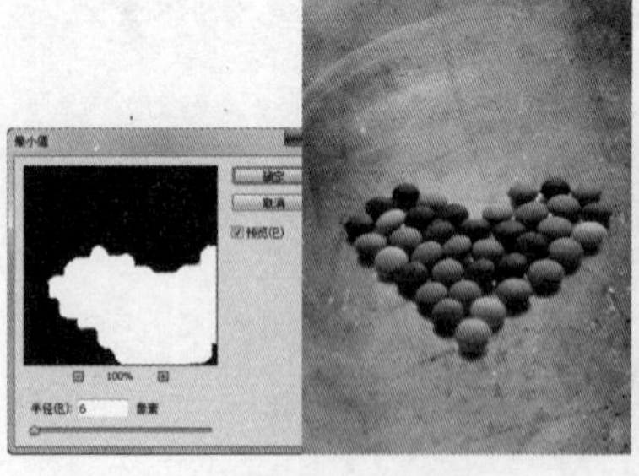

图11-2-103

图11-2-104

**Tips 提示**

在修改蒙版时，最小值和最大值会起到一定的作用。【最小值】滤镜和【最大值】滤镜有应用和收缩的效果。

### ※ 扩展蒙版

执行【最大值】滤镜，可以扩展蒙版的白色区域来增加图像的显示范围。单击“图层1”图层的蒙版缩览图，执行【滤镜】/【其他】/【最大值】命令，弹出“最大值”对话框，具体参数设置以及得到的图像效果如图11-2-105所示，图像中某一区域放大后的效果如图11-2-106所示。

图11-2-105

图11-2-106

**Tips 提示**

【最小值】滤镜用周围像素的最低亮度值代替当前亮度的像素值，去掉图像多出的边缘；而【最大值】滤镜用周围像素的最高亮度值代替当前亮度的像素值，与【最小值】滤镜相反。

训练营 第 11 章 / 训练营 /05 梦幻仙境

## 05 梦幻仙境

▲ 为图层添加图层蒙版制作合成特效

▲ 改变图层混合模式改变图像效果

▲ 添加调整图层改变图像色调

01 执行【文件】/【新建】命令（Ctrl+N），弹出“新建”对话框，具体参数设置如图11-2-107所示，设置完毕后单击“确定”按钮。将前景色色值设置为R107、G107、B107，按快捷键Alt+Delete填充前景色图像，得到的图像效果如图11-2-108所示。

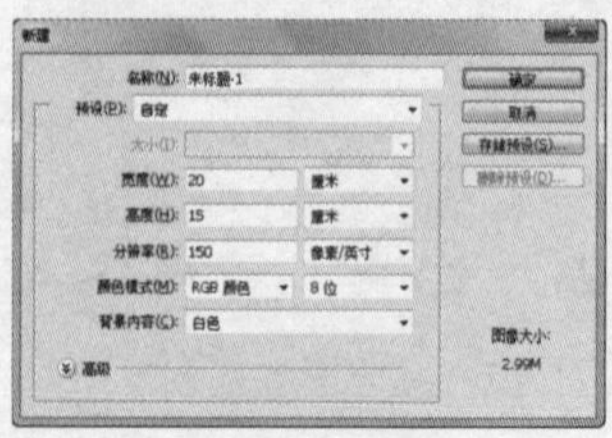

图11-2-107

图11-2-108

02 执行【文件】/【打开】命令，弹出“打开”对话框，选择需要的素材，单击“打开”按钮打开图像，如图11-2-109所示。

图11-2-109

03 选择工具箱中的移动工具，将其拖曳至主文档中生成“图层1”，得到的图像效果如图11-2-110所示；单击“图层”面板上的添加图层蒙版按钮，为“图层1”添加图层蒙版；将前景色设置为黑色，选择工具箱中的画笔工具，在其工具选项栏中设置合适的柔角笔刷及不透明度，在图像中绘制，得到的图像效果如图11-2-111所示。

图11-2-110

图11-2-111

04 单击“图层”面板上的创建新的填充或调整图层按钮，在弹出的下拉菜单中选择“渐变填充”选项，在弹出的“渐变填充”对话框中设置具体参数，渐变颜色设置为由黑色到透明之间的渐变，如图11-2-112所示；设置完毕后单击“确定”按钮，得到的图像效果如图11-2-113所示。

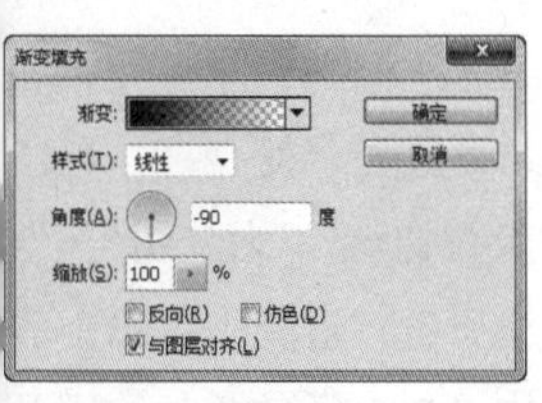

图11-2-112

图11-2-113

05 单击“图层”面板上的创建新的填充或调整图层按钮，在弹出的下拉菜单中选择“色阶”选项，在弹出的“调整”面板中设置具体参数，如图11-2-114所示，得到的图像效果如图11-2-115所示。

打开素材图像，选择工具箱中的移动工具，将其拖曳至主文档中生成“图层2”，得到的图像效果如图11-2-116所示，将其拖曳至“图层”面板中的创建新图层按钮上两次，分别得到“图层2副本”和“图层2副本2”图层，按住Ctrl键并分别选中这三个图层缩览图，再按快捷键Ctrl+E合并图层，得到新的“图层2副本2”图层，得到的图像效果如图11-2-117所示。

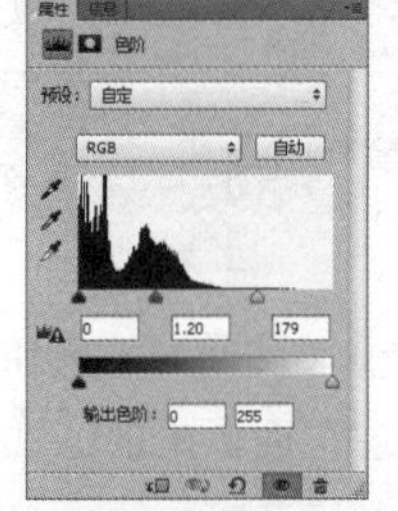

图11-2-114

图11-2-115

图11-2-116

图11-2-117

07 选择“图层2副本2”图层，将其混合模式设置为“叠加”，单击“图层”面板上的添加图层蒙版按钮，为“图层2副本2”图层添加图层蒙版，将前景色设置为黑色，选择工具箱中的画笔工具，在其工具选项栏中设置合适的柔角笔刷及不透明度，在图像中涂抹，得到的图像效果和“图层”面板状态如图11-2-118所示。

图11-2-118

08 打开素材图像，选择工具箱中的移动工具，将其拖曳至主文档中生成“图层3”，得到的图像效果如图11-2-119所示，按快捷键Ctrl+Shift+U对图像进行去色，得到的图像效果如图11-2-120所示。

图11-2-119

图11-2-120

09 执行【图像】/【调整】/【色彩平衡】命令，弹出“色彩平衡”对话框，具体设置如图11-2-121所示，设置完毕后单击“确定”按钮，得到的图像效果如图11-2-122所示。

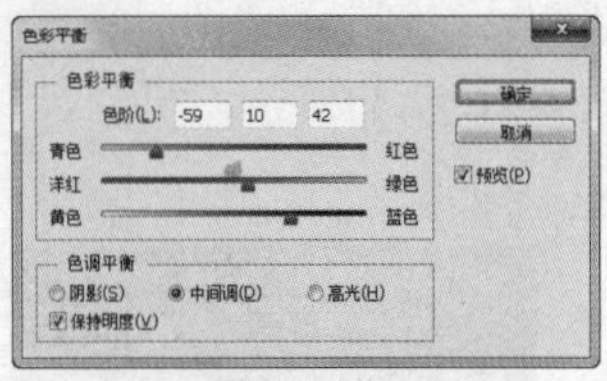

图11-2-121

图11-2-122

10 选择“图层3”，将其混合模式设置为“叠加”，不透明度设置为80%，单击“图层”面板上的添加图层蒙版按钮，为“图层3”添加图层蒙版，将前景色设置为黑色，选择工具箱中的画笔工具，在其工具选项栏中设置合适的柔角笔刷及不透明度，在图像中涂抹，得到的图像效果如图11-2-123所示。

图11-2-123

11 打开素材图像，选择工具箱中的移动工具，将其拖曳至主文档中生成“图层4”，得到的图像效果如图11-2-124所示，单击“图层”面板上的添加图层蒙版按钮，为“图层4”添加图层蒙版，将前景色设置为黑色，选择工具箱中的画笔工具，在其工具选项栏中设置合适的柔角笔刷及不透明度，在图像中涂抹，执行【图像】/【调整】/【色彩平衡】命令（Ctrl+B），弹出“色彩平衡”对话框，具体设置如图11-2-125所示。设置完毕后单击“确定”按钮，将其拖曳至“图层”面板中的创建新图层按钮上，得到“图层4副本”图层，得到的图像效果和“图层”面板状态如图11-2-126所示。

图11-2-124

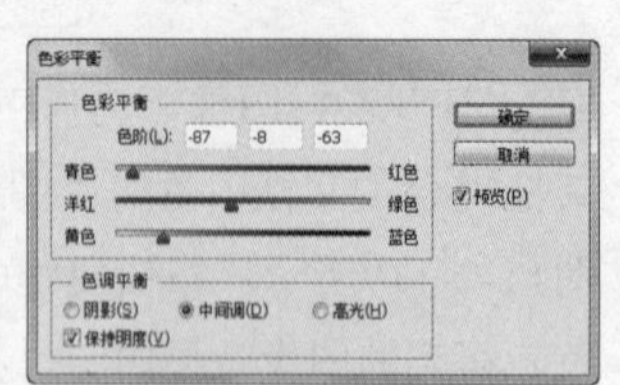

图11-2-125

图11-2-126

## 技术要点：混合模式中差值的含义

混合模式中的“差值”就是根据图像颜色的亮度分布不同，而对像素的颜色值进行相减处理。

12 选择“图层4副本”图层，将其混合模式设置为“差值”，不透明度设置为40%，得到的图像效果如图11-2-127所示。

图11-2-127

13 打开素材图像，选择工具箱中的移动工具，将其拖曳至主文档中生成“图层5”，得到的图像效果如图11-2-128所示，将其混合模式设置为“叠加”，单击“图层”面板上的添加图层蒙版按钮，为“图层5”添加图层蒙版，将前景色设置为黑色，选择工具箱中的画笔工具，在其工具选项栏中设置合适的柔角笔刷，将其不透明度设置为50%，在图像中的草地区域进行涂抹，得到的图像效果如图11-2-129所示。

图11-2-128

图11-2-129

## Tips 提示

使用画笔工具在图像中进行涂抹时，需适当地调整其不透明度，涂抹出来的图像才不会显得那么生硬，可以达到更好的效果。

14 打开素材图像，选择工具箱中的移动工具，将其拖曳至主文档中生成“图层6”，得到的图像效果如图11-2-130所示，将其混合模式设置为“变亮”，单击“图层”面板上的添加图层蒙版按钮，为“图层6”添加图层蒙版，将前景色设置为黑色，选择工具箱中的画笔工具，在其工具选项栏中设置合适的柔角笔刷及不透明度，在图像中球体的周围进行涂抹，得到的图像效果如图11-2-131所示。

图11-2-130

图11-2-131

15 打开素材图像，选择工具箱中的移动工具，将其拖曳至主文档中生成“图层7”，得到的图像效果如图11-

2-132所示，将其混合模式设置为“点光”，单击“图层”面板上的添加图层蒙版按钮，为“图层7”添加图层蒙版，将前景色设置为黑色，选择工具箱中的画笔工具，在其工具选项栏中设置合适的柔角笔刷及不透明度，在图像中进行涂抹，得到的图像效果如图11-2-133所示。

图11-2-132

图11-2-133

16 选择“图层7”，将其拖曳至“图层”面板中的创建新图层按钮上五次，分别得到“图层7副本”、“图层7副本2”、“图层7副本3”、“图层7副本4”和“图层7副本5”图层，按快捷键Ctrl+T调出自由变换框，调整图像的位置及大小，得到的图像效果如图11-2-134所示。

图11-2-134

**Tips 提示**

按快捷键 Ctrl+T 调出自由变换框之后，单击鼠标右键弹出下拉菜单，可选择“变形”、“斜切”等命令，对图像进行调整变形。

17 分别打开两张素材图像，选择工具箱中的移动工具，将其拖曳至主文档中分别生成“图层8”和“图层9”，得到的图像效果如图11-2-135所示，将其混合模式设置为“变亮”，得到的图像效果如图11-2-136所示。

图11-2-135

图11-2-136

18 打开素材图像，选择工具箱中的移动工具，将其拖曳至主文档中生成“图层10”，得到的图像效果如图11-2-137所示，将其混合模式设置为“变亮”，将“图层10”拖曳至“图层”面板中的创建新图层按钮上得到“图层10副本”，按快捷键Ctrl+T调出自由变换框，调整图像的位置及大小，得到的图像效果如图11-2-138所示。

图11-2-137

图11-2-138

18 打开素材图像，选择工具箱中的移动工具，将其拖曳至主文档中生成“图层11”，将其混合模式设置为“变亮”，得到的图像效果如图11-2-139所示。

19 单击“图层”面板上的创建新图层按钮，新建“图层12”，将前景色设置为白色，选择工具箱中的画笔工具，在其画笔面板中设置合适的笔刷，为图像添加点缀，将其不透明度设置为80%，得到的图像效果如图11-2-140所示。

图11-2-139

图11-2-140

20 选择“图层12”，单击“图层”面板上的添加图层样式按钮，在弹出的下拉菜单中选择“斜面和浮雕”选项，弹出“图层样式”对话框，具体参数如图11-2-141所示。设置完毕后继续勾选“渐变填充”复选框，如图11-2-142所示，单击“确定”按钮，得到的图像效果如图11-2-143所示。

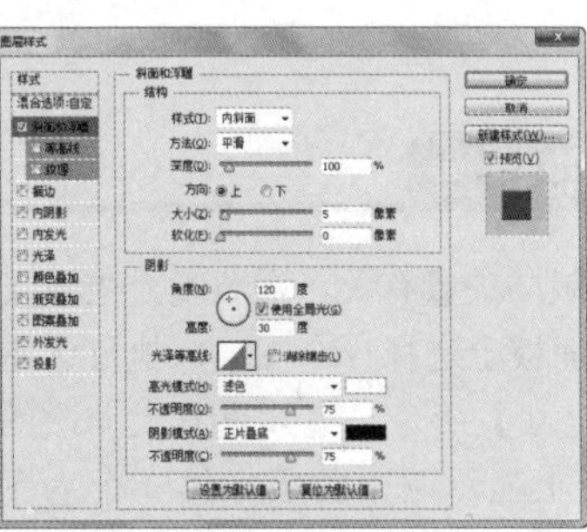
图11-2-141

图11-2-142 图11-2-143

# 11.3 矢量蒙版

**关键字** 矢量蒙版的特征、矢量蒙版转换为图层蒙版、矢量蒙版的应用技巧

矢量蒙版不会因放大或缩小操作而影响蒙版的清晰轮廓，与像素和分辨率是没有任何关系的。矢量蒙版可以对图像进行遮挡，通过使用各种路径工具的操作，使图像轮廓边缘呈现出清晰的效果，与图层蒙版不同的是，矢量蒙版不是用黑色而是用灰色来表现蒙版缩览图中隐藏图像的部分。

矢量蒙版与图层蒙版的操作方法相似，因为矢量蒙版是由矢量图形建立的蒙版，所以矢量蒙版与图层蒙版的区别和矢量图形与像素图像的区别相类似，矢量蒙版效果及其相对应的“图层”面板和“路径”面板状态，如图11-3-1和图11-3-2所示。

图11-3-1

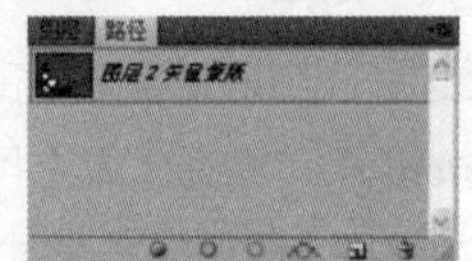

图11-3-2

## 11.3.1 矢量蒙版的特性

顾名思义，矢量蒙版与矢量有关，需要配合矢量工具的使用。在“图层”面板上选择一个图层，执行【图层】/【蒙版】/【显示全部】命令，继续重复上一次的操作，在“图层”面板上显示两个蒙版，第一个为图层蒙版，第二个为矢量蒙版。其实矢量就是形状蒙版，可以自由地变换形状，若对图像进行抠图的操作时，可以自由地调整图轮廓。被路径所包围的部分（内部）是不透明的，外部则是完全透明。矢量蒙版能使图像轮廓无限扩大而不受像素的影响。其实，矢量蒙版就是使用路径来遮挡图像。矢量蒙版和图层蒙版不一样，不可以对其图像深浅透明度进行调整，矢量蒙版对于图像的比例缩放和调整操作更加便捷，使用矢量蒙版制作的图像效果如图11-3-3所示，“路径”面板状态如图11-3-4所示，“图层”面板状态如图11-3-5所示。

图11-3-3

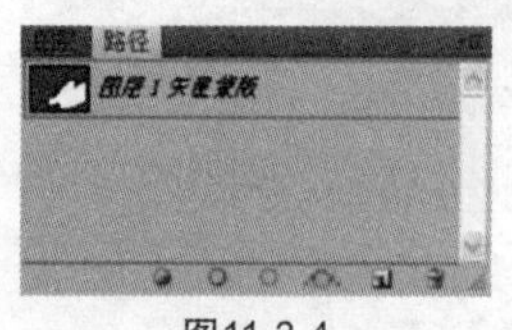

图11-3-4

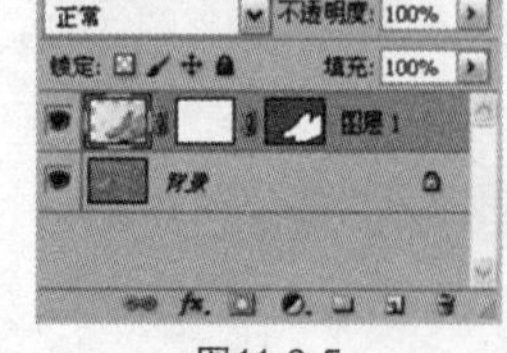

图11-3-5

### ※ 直接添加空白矢量蒙版

添加空白矢量蒙版时，当前图层中必须没有选区存在，在这样的情况下才可进行此操作。在“图层”面板中选择某一个图层，执行【图层】/【矢量蒙版】/【显示全部】命令添加的蒙版将显示为白色，图像将全部显示，使用此命令添加的矢量蒙版如图11-3-6所示。

在“图层”面板中选择某一个图层，执行【图层】/【矢量蒙版】/【隐藏全部】命令，添加的蒙版呈灰色状态，图像将全部隐藏，使用此命令添加的矢量蒙版如图11-3-7所示。

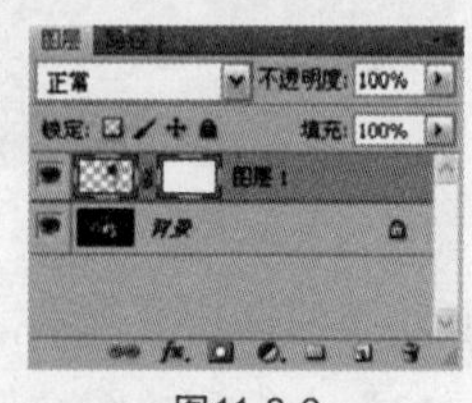

图11-3-6

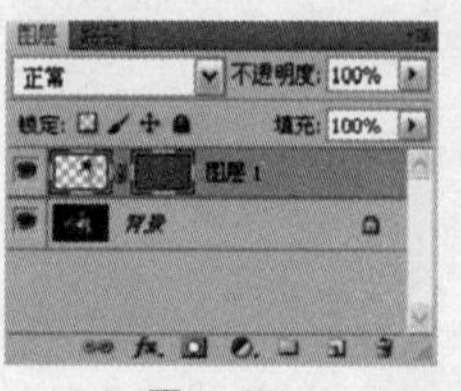

图11-3-7

**Tips 提示**

从以上的操作可以看出显示图像时矢量蒙版显示的是白色；而隐藏图像时矢量蒙版显示的是灰色，注意不是黑色。

## ※ 通过形状图层得到矢量蒙版

除了能够直接添加空白的矢量蒙版，还可对形状图层进行编辑，在矢量蒙版中可得到带有形状的内容。当选择工具箱中的钢笔工具或各种形状工具进行绘制时，可在文件中得到形状图层，在“图层”面板中的形状图层的图层缩览图后，会自动生成与编辑形状相对应的矢量蒙版，切换到“路径”面板，会发现“路径”面板中已经拥有了一个与所得矢量蒙版箱对应的路径。

## 实战 如何获得矢量蒙版

第 11 章 / 实战 / 如何获得矢量蒙版

执行【文件】/【打开】命令，打开素材图像，如图 11-3-8 所示。新建“图层 1”，将前景色色值设置为 R174、G255、B199，按快捷键 Alt+Delete 填充前景色，选择“图层 1”，执行【图层】/【矢量蒙版】/【隐藏全部】命令，选择工具箱中的自定形状工具，在图像中绘制一个自定形状，得到的图像效果如图 11-3-9 所示，“图层”面板得到的形状图层将含有矢量蒙版，如图 11-3-10 所示。

图11-3-8

图11-3-9

图11-3-10

切换至“路径”面板，“路径”面板中将得到与“形状 1”图层中矢量蒙版相对应的路径，如图 11-3-11 所示。

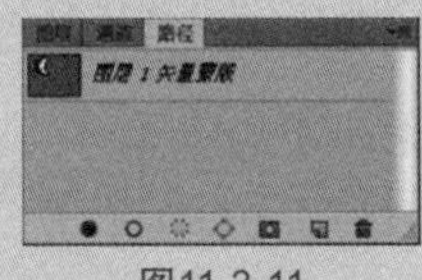

图11-3-11

将前景色设置为白色，选择工具箱中的钢笔工具，在图像中绘制的形状如图 11-3-12 所示，“图层”面板得到的形状图层将含有矢量蒙版，如图 11-3-13 所示。

图11-3-12

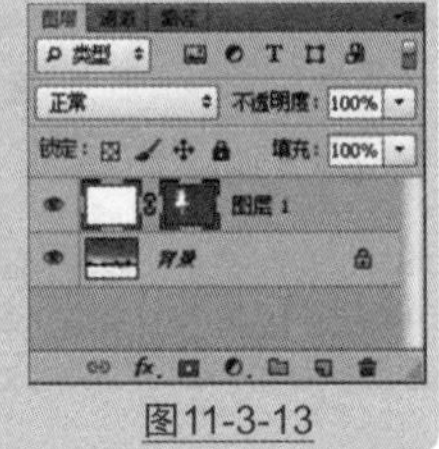

图11-3-13

切换至“路径”面板，在“路径”面板中得到了与“形状 1”图层中矢量蒙版相对应的路径，如图 11-3-14 所示。

图11-3-14

以上是两种矢量蒙版的创建方法，要根据图像的需要，选择最合适的蒙版创建方法进行操作。

**Tips 提示**

选择钢笔工具或其他形状工具在图像中绘制时，必须在其工具选项栏中选择“形状”选项，在图层中才会显示此图形，若在工具选项栏中选择的是“路径”选项，在图层中绘制的将是路径。

## ※ 编辑矢量蒙版中的路径

显示和隐藏是矢量蒙版的两个特征。与编辑图层蒙版一样，编辑矢量蒙版就是根据需要显示及隐藏图像。如果对得到矢量蒙版中的形状不满意，可以进行修改。

矢量蒙版中所绘制的图形实际上是一条或若干条路径，因此可以根据需要，使用路径选择工具、添加锚点工具等其他路径编辑工具来编辑矢量蒙版中的路径，最后达到修改图像效果的目的。

## 实战 编辑矢量蒙版

第 11 章 / 实战 / 编辑矢量蒙版

执行【文件】/【打开】命令，选择需要的素材图像，将前景色色值设置为 R255、G0、B0，新建“图层 1”，按快捷键 Alt+Delete 填充前景色，执行【图层】/【矢量蒙版】/【隐藏全部】命令，为“图层 1”添加矢量蒙版，选择工具箱中的自定义形状工具，在图像中绘制路径，得到的图像效果如图 11-3-15 所示，得到的矢量蒙版如图 11-3-16 所示。

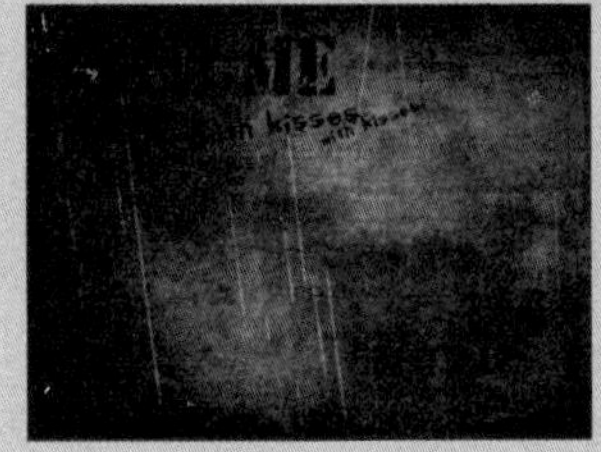

图11-3-15

图11-3-16

选择工具箱中的钢笔工具，在“图层 1”中的矢量蒙版上绘制形状，得到的图像效果如图 11-3-17 所示，得到的矢量蒙版如图 11-3-18 所示。

图11-3-17

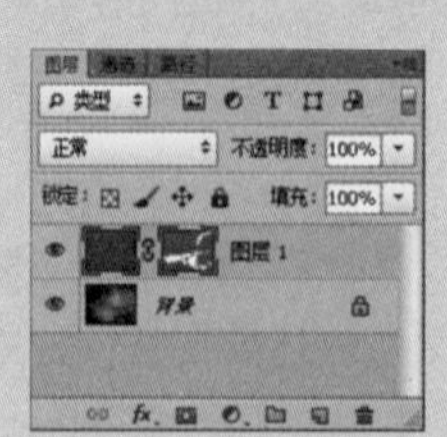
图11-3-18

选择工具箱中的画笔工具，将前景色设置为白色，在其工具选项栏中设置合适的笔刷大小及不透明度，在“图层 1”中进行涂抹，得到的图像效果如图 11-3-19 所示，在图层上进行绘制而矢量蒙版并没有发生变化，“图层”面板中的图层与矢量蒙版所显示的状态如图 11-3-20 所示。

图11-3-19

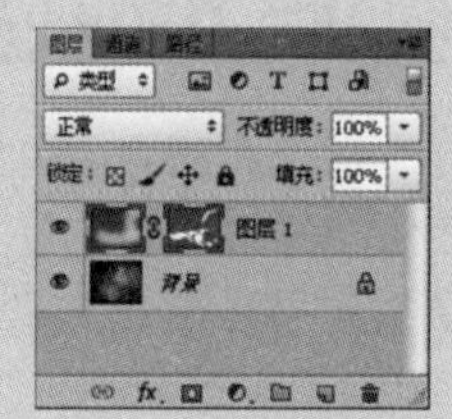
图11-3-20

### 技术要点：路径的含义及作用

路径是以矢量（专业制作矢量图形的软件有 Adobe Illustrator 和 CorelDraw）的形式显示的，可以随意地放大缩小以及旋转，图像的边缘都不会有锯齿的现象发生。

## 11.3.2 将矢量蒙版转换为图层蒙版

制作图像混合效果时，图层蒙版起着非常重要的作用，使用图层蒙版可以在不改变图层中图像像素的情况下，实现多种混合的图像并进行调整，最后达到完美的效果。图层蒙版的功能使用很方便，可以用它来遮挡图像中不需要的区域，从而控制图像的显示范围。

### 实战 矢量蒙版转换为图层蒙版

第 11 章 / 实战 / 矢量蒙版转换为图层蒙版

打开两张素材图像，如图 11-3-21 和图 11-3-22 所示。

图11-3-21

图11-3-22

选择工具箱中的移动工具，将风景图像拖曳至人物图像的文档中，生成“图层 1”，按快捷键 Ctrl+T 调整图像的大小及位置。单击“图层”面板上的添加图层蒙版按钮，为“图层 1”添加图层蒙版，将前景色设置为黑色，选择工具箱中的画笔工具，在其工具选项栏中设置合适的柔角笔刷大小在图像中进行涂抹，将“背景”图层中除天空外的部分隐藏，得到的图像效果如图 11-3-23 所示，“图层”面板状态如图 11-3-24 所示。

图11-3-23

图11-3-24

在图层蒙版中显示的白色部分是对其图像显示；如果在图层蒙版中显示灰色，则对其图像显示半透明效果。

矢量蒙版存在矢量的特征，所以大多数用于位图的工具和命令无法在此蒙版中进行操作。矢量蒙版是另一个用来控制显示或隐藏图层图像的方法，由于矢量蒙版是基于图形所创建的蒙版，不能像图层蒙版一样创建具有柔和边缘的蒙版效果。如果想使用用于位图的工具和命令，首先必须将矢量蒙版转换为图层蒙版。

如果要使用位图的工具和命令，需执行【图层】/【栅格化】/【矢量蒙版】命令（或在矢量蒙版缩览图上单击鼠标右键，在弹出的下拉菜单中选择“栅格化矢量蒙版”命令），将矢量蒙版转化为图层蒙版。添加了矢量蒙版的素材图像如图 11-3-25 所示，“图层”面板状态如图 11-3-26 所示。

图11-3-25

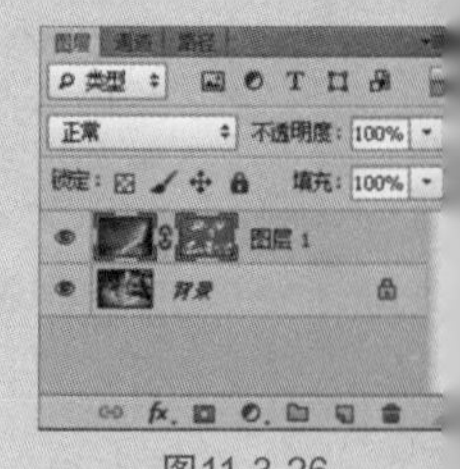
图11-3-26

将“图层1”拖曳至“图层”面板中的创建新图层按钮上，得到“图层1副本”图层，隐藏“图层1”，选择“图层1副本”图层，执行【图层】/【栅格化】/【矢量蒙版】命令，“图层”面板状态如图11-3-27所示。

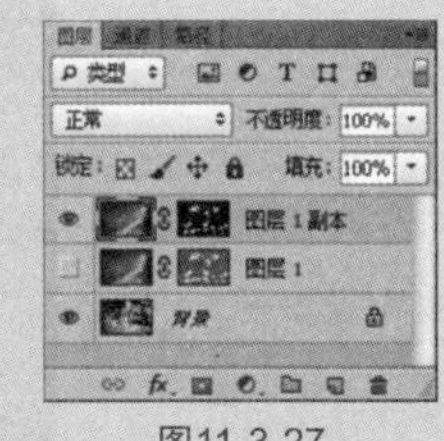
图11-3-27

选择矢量蒙版缩览图，执行【滤镜】/【模糊】/【高斯模糊】命令，弹出“高斯模糊”对话框，在对话框中设置参数如图11-3-28所示，设置完毕后单击“确定”按钮，得到的图像效果如图11-3-29所示。

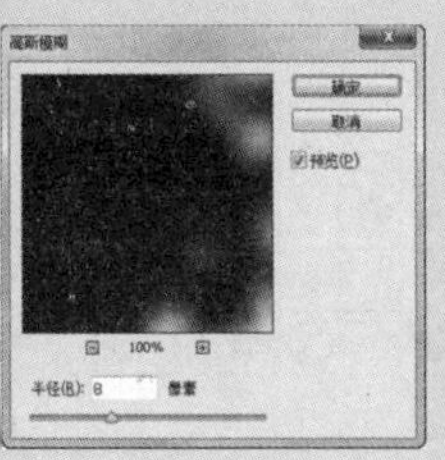
图11-3-28

图11-3-29

## Tips 提示

矢量蒙版与图层蒙版的操作特点相同：例如，可以按住Shift键单击矢量蒙版以暂时将其隐藏，再按住Shift键单击矢量蒙版将其显示，恢复原来的效果；按住Alt键单击矢量蒙版可以显示矢量蒙版；在矢量蒙版与图层的链接按钮处，单击链接按钮，可取消链接关系，图层面板上最后可分别随意链接拖动蒙版路径与图层。

训练营 第11章/训练营/06使用矢量蒙版合成招贴

## 06 使用矢量蒙版合成招贴

▲ 通过使用钢笔工具、自定义形状工具在图像中创建矢量蒙版
▲ 选择工具箱中的画笔工具对图层蒙版进行编辑

01 执行【文件】/【新建】命令（Ctrl+N），弹出“新建”对话框，具体参数设置如图11-3-30所示，设置完毕后单击“确定”按钮。将前景色设置为黑色，按快捷键Alt+Delete填充前景色。

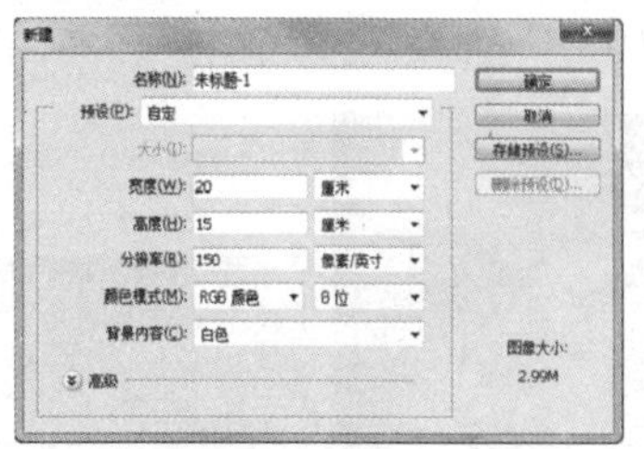
图11-3-30

02 执行【文件】/【打开】命令（Ctrl+O），弹出“打开”对话框，选择需要的素材，单击“打开”按钮打开图像，如图11-3-31所示。将其拖曳至主文档中生成“图层1”，将其放置在合适的位置，得到的图像效果如图11-3-32所示。

图11-3-31

图11-3-32

03 单击“图层”面板上的添加图层蒙版按钮，为“图层1”添加蒙版，将前景色设置为黑色，选择工具箱中的画笔工具，在其工具选项栏中设置合适的柔角笔刷大小及不透明度，在图像中人物的下方进行涂抹，得到的图像效果和“图层”面板状态如图11-3-33所示。

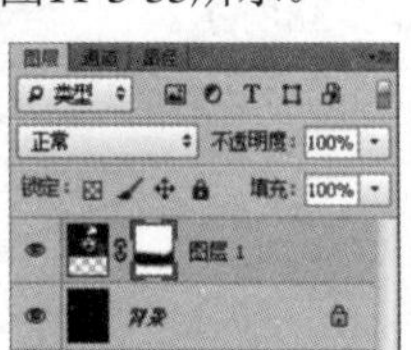

图11-3-33

04 打开素材图像，将其拖曳至主文档中生成“图层2”，放置在合适的位置，如图11-3-34所示。

图11-3-34

05 选择“图层2”，执行【图层】/【矢量蒙版】/【隐藏全部】命令，选择工具箱中的钢笔工具，在其工具选项栏中选择“路径”选项，单击“图层2”的矢量蒙版缩览图，在图像中人物的眼部区域进行绘制，得到的图像效果和“图层”面板状态如图11-3-35所示。

图11-3-35

06 按住Ctrl键并单击“图层2”的矢量蒙版缩览图，调出其选区，单击“图层”面板上的创建新的填充或调整图层按钮，在弹出的下拉菜单中选项“色阶”选项，在弹出的调整面板中设置具体参数，如图11-3-36所示，得到的图像效果如图11-3-37所示。

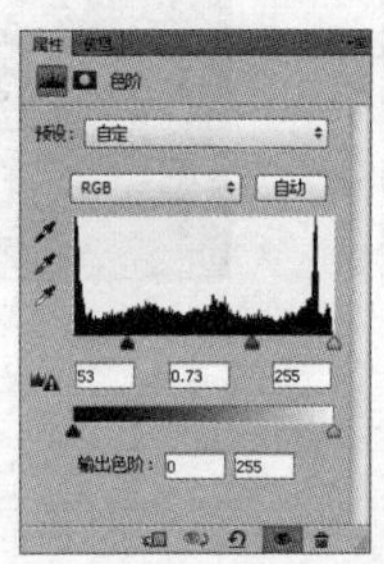

图11-3-36

图11-3-37

07 打开素材图像，将其拖曳至主文档中生成“图层3”，放置在合适的位置，如图11-3-38所示。

图11-3-38

08 选择“图层3”，执行【图层】/【矢量蒙版】/【隐藏全部】命令，选择工具箱中的自定义形状工具，在其工具选项栏中单击“形状”选项，选择自定义形状如图11-3-39所示，单击“图层3”的矢量蒙版缩览图，在图像中人物的脸部区域进行绘制，将其图层混合模式设置为“颜色加深”，得到的图像效果和“图层”面板状态如图11-3-40所示。

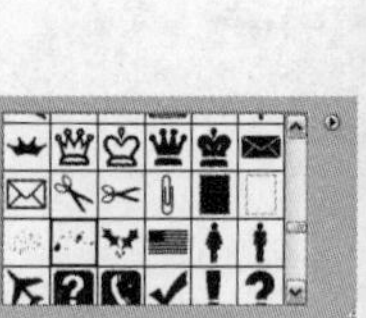

图11-3-39

图11-3-40

**Tips 提示**

选择自定义形状工具后，在其工具选项栏中打开“自定义形状”预设器，通过追加打开Photoshop中自带的形状库，能够得到多种形式的形状。存储之后的自定义形状将排列在形状列表的最后。

09 新建“图层4”，选项工具箱中的矩形选框工具，在图像中绘制矩形，选择工具箱中的渐变工具，在其工具选项栏中单击可编辑渐变条，在弹出的“渐变编辑器”对话框中将渐变颜色色值由左至右分别设置为R182、G182、B182到透明颜色之间的渐变，设置完毕后单击“确定”按钮，在选区中由下至上拖曳鼠标填充渐变，得到的图像效果如图11-3-41所示。

10 选择工具箱中的横排文字工具，在图像中输入文字，得到的图像效果如图11-3-42所示。

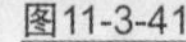

图11-3-41

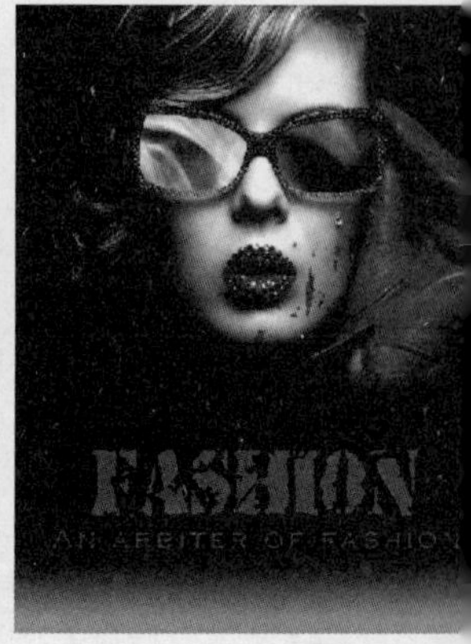


图11-3-42

### 11.3.3 矢量蒙版的应用技巧

#### ※ 变换矢量蒙版

编辑矢量蒙版，执行【编辑】/【自由变换】命令（或按快捷键Ctrl+T调出自由变换框），单击鼠标右键，在弹出的下拉菜单中选择变换的选项（如缩放、变形）对矢量蒙版进行自由变换，或选择工具箱中的路径工具在图像中进行编辑。

#### ※ 隐藏矢量蒙版

在“图层”面板中有矢量蒙版存在的状态下，按Shift键单击矢量蒙版缩览图可对矢量蒙版进行隐藏（或选择“图层”面板中的矢量图层蒙版并单击鼠标右键，在弹出的下拉菜单中选择“停用蒙版图层”选项），蒙版缩览图上会显示一个红叉，此时图像恢复到没有使用蒙版的状态，按Shift键再次单击蒙版缩览图可对其矢量蒙版进行显示，蒙版缩览图上的红叉就会消失。

#### ※ 删除矢量蒙版

在“图层”面板中，若想删除“图层”面板中的矢量蒙版，可以执行【图层】/【矢量蒙版】/【删除】命令（或将蒙版拖曳至“图层”面板上的删除按钮上，弹出提示对话框，单击“删除”按钮）对其矢量蒙版进行删除。

#### 实战 隐藏矢量蒙版的操作

第 11 章 / 实战 / 隐藏矢量蒙版的操作

打开素材图像，如图 11-3-43 所示，“图层”面板状态如图 11-3-44 所示。

图11-3-43

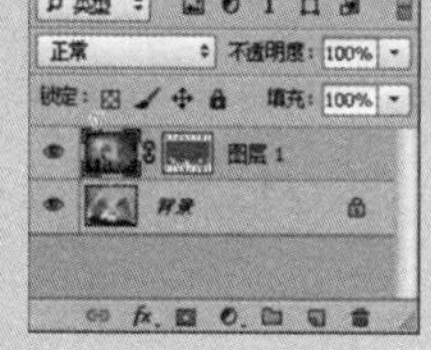
图11-3-44

选择“图层 1”，按住 Shift 键并单击“图层 1”的矢量蒙版缩览图，对蒙版进行隐藏，得到的图像效果如图 11-3-45 所示，“图层”面板状态如图 11-3-46 所示。

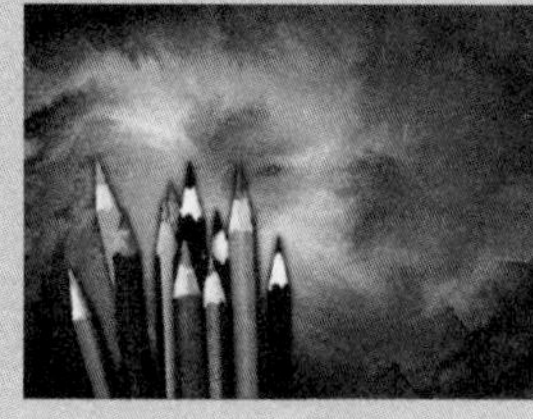
图11-3-45

图11-3-46

## 11.4 剪贴蒙版

关键字 剪贴蒙版的类型、剪贴蒙版的应用技巧、剪贴蒙版的混合与不透明度设置

剪贴蒙版由基层图层和内容图层构成，一般用于文字图层、形状图层以及调整图层之间的相互混合，在合成图像时，剪贴蒙版是经常使用的，使用起来也非常方便。对于剪贴蒙版而言，在“图层”面板中处于底部的图层叫做基层，控制其图层上方的显示范围；处于顶部的图层叫做内容层。

在剪贴蒙版中，基层只能有一个，而内容图层可以有若干个。应用剪贴蒙版后的图像效果如图11-4-1所示，“图层”面板状态如图11-4-2所示。

图11-4-1

图11-4-2

**Tips 提示**

剪贴蒙版是利用基层中的图形以及混合模式来控制内容图层中的显示范围。创建剪贴蒙版的快捷键方式是，选择一个图层，按快捷键 Ctrl+Alt+G（或按 Alt 键并单击在两个图层中间的部分，此时会出现一个两个圆形交叉的小图标）。

## 11.4.1 剪贴蒙版的类型

剪贴蒙版的类型有六种，分别为图像型剪贴蒙版、文字型剪贴蒙版、渐变型剪贴蒙版、矢量蒙版型剪贴蒙版、调整图层型剪贴蒙版，经常用到的是前三种，接下来将讲解这三种类型的剪贴蒙版。

## 11.4.2 图像型剪贴蒙版

在剪贴蒙版中，图像可以作为基层也可以作为内容层来表现，在以后的操作中会经常使用到图像剪贴蒙版，图像型剪贴蒙版是图像与图像之间的一种混合方式。

训练营 第 11 章 / 训练营 /07 为化妆瓶添加图案

### 07 为化妆瓶添加图案

▲ 通过创建选区将化妆瓶从背景层中分离出来

▲ 将选择好的图像拖曳至主文档中，为其创建剪贴蒙版，更改图层混合模式并降低不透明度完成操作

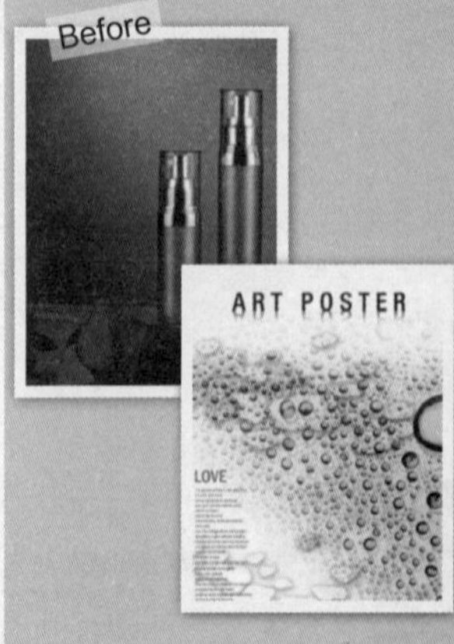

01 执行【文件】/【打开】命令，弹出“打开”对话框，选择需要的素材，单击“打开”按钮打开图像，如图11-4-3所示。

02 选择工具箱中的多边形套索工具，在其工具选项栏中单击添加到选区按钮，将化妆瓶选取出来，如图11-4-4所示。按快捷键Ctrl+J复制选区内的图像至新图层，得到“图层1”，“图层”面板如图11-4-5所示。

图11-4-3

图11-4-4

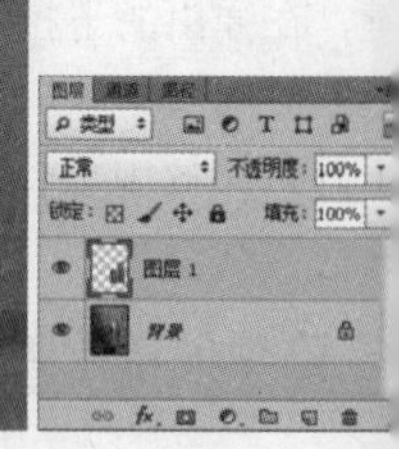


图11-4-5

03 按快捷键Ctrl+O，弹出“打开”对话框，选择需要的素材，单击“打开”按钮打开图像，如图11-4-6所示。

04 选择工具箱中的移动工具，将其拖曳至前面的文档中，生成“图层2”，调整其大小和位置，得到的图像效果如图11-4-7所示。

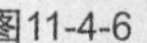

图11-4-6

图11-4-7

05 执行【图层】/【创建剪贴蒙版】命令，为“图层1”创建剪贴蒙版，“图层”面板如图11-4-8所示，得到的图像效果如图11-4-9所示。

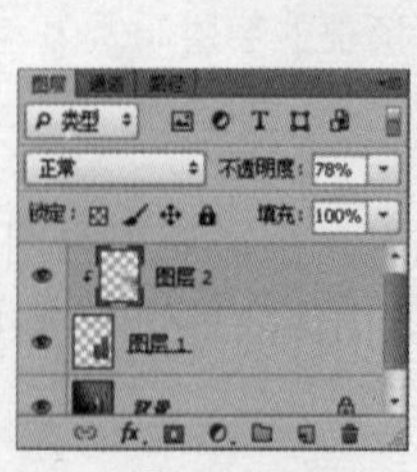


图11-4-8

图11-4-9

06 将“图层2”的图层混合模式设置为“正片叠底”，并将其不透明度设置为78%，“图层”面板如图11-4-10所示，得到的图像效果如图11-4-11所示。

图11-4-10

图11-4-11

**Tips 提示**

从上面的案例可以看出，通过为原有的图像添加剪贴蒙版，可以得到令人非常满意的效果。它会使图像的边缘变得不再那么生硬，看起来很自然，达到一种特殊的效果。

## 11.4.3 文字型剪贴蒙版

在文字型剪贴蒙版中一般使用文字作为基层，在原有的效果不变的同时，可以随意地改变文字图层中文字的大小、内容等属性。文字型剪贴蒙版大概分为两种，第一种是将纹理作为内容图层与文字图层创建剪贴蒙版，第二种是将文字作为形状，下面讲解一下如何创建文字型剪贴蒙版。

### 实战 创建文字型剪贴蒙版

第 11 章 / 实战 / 创建文字型剪贴蒙版

执行【文件】/【打开】命令（Ctrl+O），弹出“打开”对话框，选择需要的素材，单击“打开”按钮，如图 11-4-12 所示。选择工具箱中的横排文字工具，在图像中输入文字，调整文字大小及方向，如图 11-4-13 所示。执行【文件】/【打开】命令（Ctrl+O），弹出“打开”对话框，选择需要的素材，单击“打开”按钮，如图 11-4-14 所示。

图11-4-12　图11-4-13

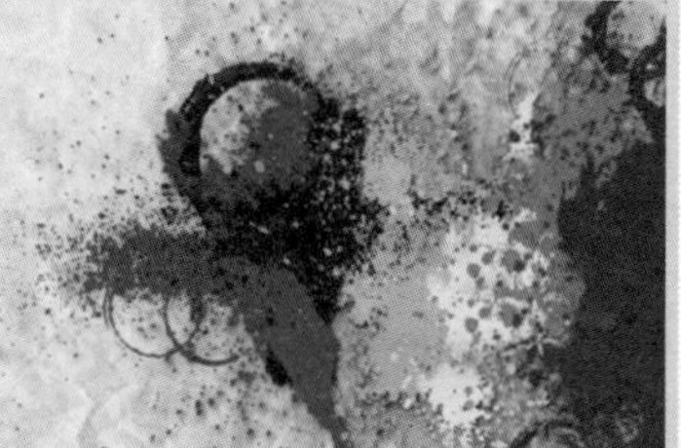
图11-4-14

选择工具箱中的移动工具，将其拖曳至前面的文档中，生成“图层 1”，将其不透明度设置为 71%，调整其大小及方向，执行【图层】/【创建剪贴蒙版】命令（Ctrl+Alt+G），为文字图层创建剪贴蒙版，得到的图像效果如图 11-4-15 所示，“图层”面板状态如图 11-4-16 所示。选择文字图层，单击“图层”面板上的添加图层样式按钮，在弹出的下拉菜单中选择“投影”，弹出“图层样式”对话框，具体参数设置如图 11-4-17 所示，设置完毕后单击“确定”按钮，得到的图像效果如图 11-4-18 所示。

图11-4-15

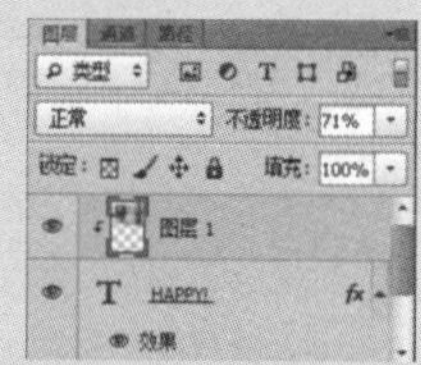
图11-4-16

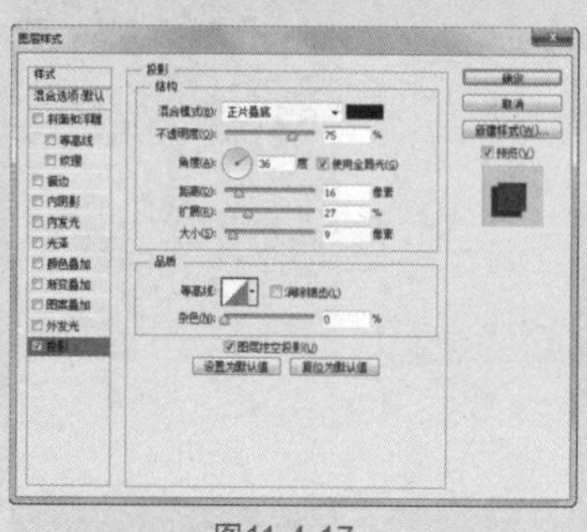
图11-4-17

图11-4-18

选择工具箱中的横排文字工具，在图像中输入文字，调整文字大小及方向，如图 11-4-19 所示。按快捷键 Ctrl+O，弹出“打开”对话框，选择需要的素材，单击“打开”按钮，如图 11-4-20 所示。选择工具箱中的移动工具，将其拖曳至前面的文档中生成“图层 2”，调整其大小及方向，执行【图层】/【创建剪贴蒙版】命令（Ctrl+Alt+G），为文字图层创建剪贴蒙版，得到的图像效果如图 11-4-21 所示。

图11-4-19

图11-4-20

图11-4-21

选择文字图层，单击“图层”面板上的添加图层样式按钮，在弹出的下拉菜单中选择“投影”选项，弹出“图层样式”对话框，具体参数设置如图 11-4-22 所示。继续勾选“描边”选项，具体参数设置如图 11-4-23 所示。设置完毕后单击“确定”按钮，得到的图像效果如图 11-4-24 所示。

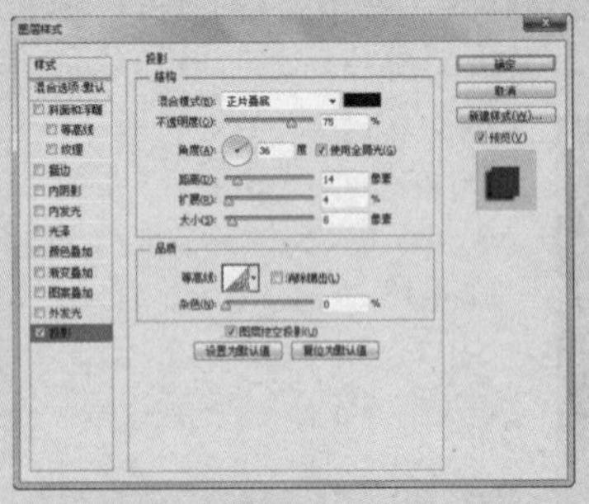

图11-4-22

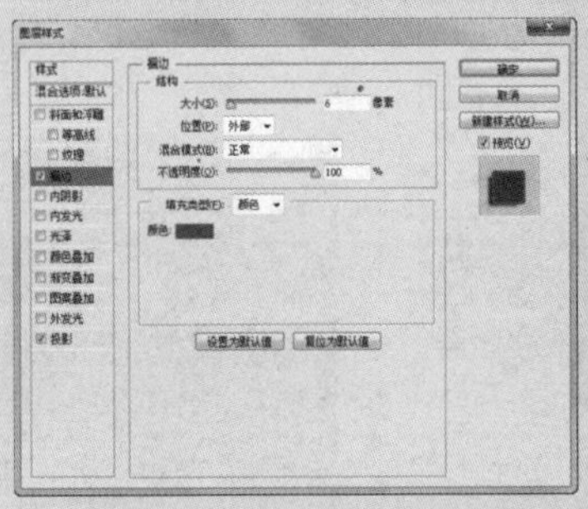

图11-4-23

图11-4-24

为图像添加点缀，得到的图像效果如图 11-4-25 所示。“图层”面板状态如图 11-4-26 所示。当文字的内容发生变化时（如字体），内容图像不会发生改变，得到的图像效果如图 11-4-27 所示。

图11-4-25

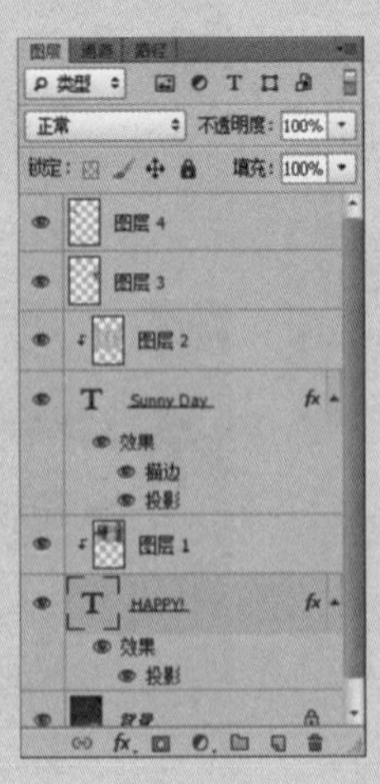


图11-4-26

图11-4-27

## 11.4.4 渐变型剪贴蒙版

在剪贴蒙版中，若在基层中填充透明渐变，将有一定区域是透明的，其上方的内容图层按渐变的透明区域与其下方的图层混合，可创建带有隐藏效果的剪贴蒙版。下面讲解一下如何创建渐变型剪贴蒙版。

### 实战 创建渐变型剪贴蒙版

第 11 章 / 实战 / 创建渐变型剪贴蒙版

执行【文件】/【打开】命令（Ctrl+O），弹出“打开”对话框，选择需要的素材，单击“打开”按钮，如图 11-4-28 所示。

单击“图层”面板上的创建新图层按钮，新建“图层 1”，将前景色设置为白色，选择工具箱中的渐变工具，设置由前景色到透明的渐变，在图像中从上至下拖动鼠标填充渐变，得到的图像效果如图 11-4-29 所示。

图11-4-28

图11-4-29

隐藏“图层 1”，选择工具箱中的魔棒工具将图像中除天空外的区域选取出来，如图 11-4-30 所示。选择并显示“图层 1”，隐藏“背景”图层，按 Delete 键删除选区内的图像，按快捷键 Ctrl+D 取消选择，得到的图像效果如图 11-4-31 所示。

图11-4-30

图11-4-31

按快捷键 Ctrl+O，弹出“打开”对话框，选择需要的素材，单击“打开”按钮，如图 11-4-32 所示。选择工具箱中的移动工具，将其拖曳至前面的文档中，生成“图层 2”，按快捷键 Ctrl+T 调整其大小及方向，执行【图层】/【创建剪贴蒙版】命令（Ctrl+Alt+G），为“图层 1”创建剪贴蒙版，显示“背景”图层，得到的图像效果和“图层”面板状态如图 11-4-33 所示。

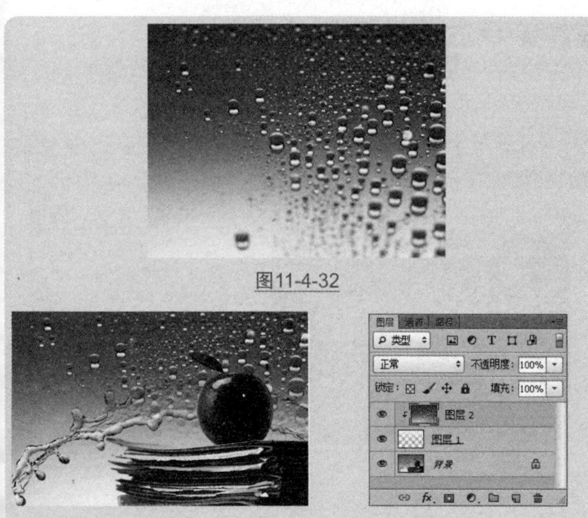

图11-4-32

图11-4-33

从以上操作可以看出由于渐变下方为透明区域，所以“图层 2”中的图像与“背景”图层很自然地混合在一起。

如果使用实色进行填充基层，如图 11-4-34 所示，在创建剪贴蒙版后，两个图层不会很自然地混合在一起，如图 11-4-35 所示。

图11-4-34　　图11-4-35

## 11.4.5 剪贴蒙版的应用技巧

### ※ 创建剪贴蒙版

选择内容图层，执行【图层】/【创建剪贴蒙版】命令（Ctrl+Alt+G），则该图层与其下方作为基层的图层创建剪贴蒙版。创建剪贴蒙版前的图像效果和相应的“图层”面板状态如图11-4-36所示，创建剪贴蒙版后的图像效果和相应的“图层”面板状态如图11-4-37所示。

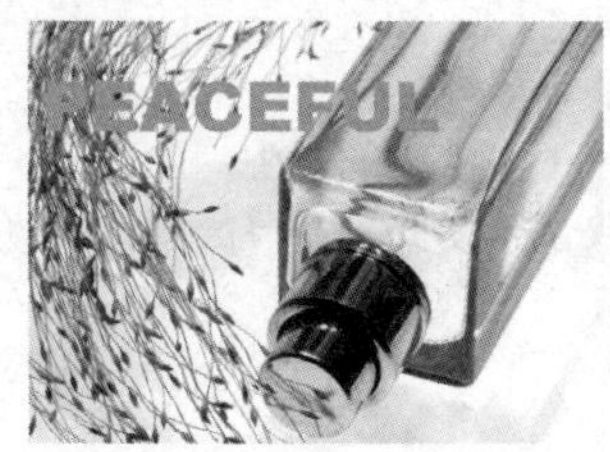

图11-4-36

图11-4-37

首先在“图层”面板中选中多个图层，然后执行【图层】/【创建剪贴蒙版】命令（Ctrl+Alt+G），这样就可以将多个内容图层同时创建剪贴蒙版，选中多个图层时建立剪贴蒙版前的图像效果和“图层”面板状态如图11-4-38所示，选中多个图层时建立剪贴蒙版后的图像效果和“图层”面板状态如图11-4-39所示。

图11-4-38

图11-4-39

**Tips 提示**

注意，在创建剪贴蒙版时，若是使用按 Alt 键然后用鼠标单击的方法只能够将一个图层作为内容图层建立剪贴蒙版，却不能一次创建多个内容图层。

### ※ 调整图层顺序

若是选择了剪贴蒙版组中的某个图层，想要从其他文档中移入图层或创建新图层时，该图层会成为剪贴蒙版组中的一部分，如果将一个没有应用剪贴蒙版的图层移至剪贴蒙版中，该图层也会成为剪贴蒙版组中的一部分，所以调整剪贴蒙版组中的图层顺序会对剪贴蒙版的效果产生影响，将同一文档中的图层移至剪贴蒙版组中前的图像效果及其相对应的“图层”面板状态如图11-4-40所示，将同一文档中的图层移至剪贴蒙版组后的图像效果及其相对应的“图层”面板状态如图11-4-41所示。

图11-4-40

图11-4-41

如果将剪贴蒙版组中的某个内容图层从剪贴蒙版的区域中移走，则该图层会自动释放剪贴蒙版。将“图层3”图层移出剪贴蒙版后的图像效果和“图层”蒙版如图11-4-42所示。若将基层移出剪贴蒙版区域，则剪贴蒙版全部释放，如图11-4-43所示。

图11-4-42

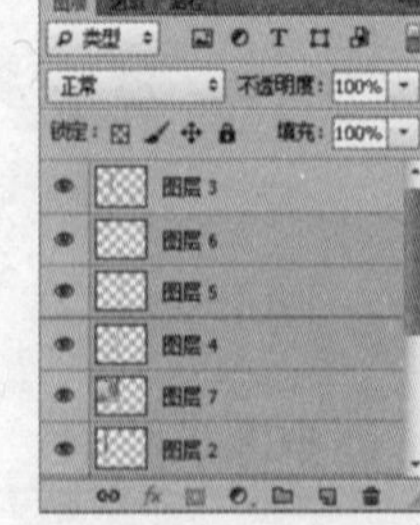

图11-4-43

## ※ 释放剪贴蒙版中的指定图层

在“图层”面板中，选择剪贴蒙版中的内容图层，执行【图层】/【释放剪贴蒙版】命令（Ctrl+Alt+G），可释放该图层。

## 实战 释放剪贴蒙版的操作

第 11 章 / 实战 / 释放剪贴蒙版的操作

打开素材图像，为其图层添加剪贴蒙版，释放前的图像效果和“图层”面板状态如图 11-4-44 所示。

图11-4-44

选择“图层 2”，执行【图层】/【释放剪贴蒙版】命令（Ctrl+Shift+G），释放的图像效果和“图层”面板状态如图 11-4-45 所示。

图11-4-45

**Tips 提示**

若需要释放的图层处于剪贴蒙版组中，则该图层上方的所有内容图层也将同时被释放。

## ※ 释放剪贴蒙版中的所有图层

在“图层”面板中，选择剪贴蒙版组中的基层，执行【图层】/【释放剪贴蒙版】命令（Ctrl+Alt+G），可释放全部剪贴蒙版。

**Tips 提示**

释放剪贴蒙版中的内容图层和所有图层的另一种方法是，按 Alt 键并单击需要释放的图层（或基层）和其下方的图层（或基层相邻的内容图层）中间部分，此时会出现一个两个圆形交叉的小图标，此时就可以释放剪贴蒙版（或全部剪贴蒙版）了。

## 11.4.6 剪贴蒙版的混合模式设置

混合模式对剪贴蒙版的影响分为两类：一类是内容图层应用混合模式产生的影响，另一类是基层应用混合模式所产生的影响。可将剪贴蒙版当做调整好的图层，此图层的内容图层是服务于基层的，基层是图层的主体。

在如图11-4-46所示的素材文档中，将“图层1”（内容层）的混合模式设置为“强光”，得到的图像效果如图11-4-47所示，继续将“图层1”的混合模式设置为“明度”，得到的图像效果如图11-4-48所示。

图11-4-46

图11-4-47

图11-4-48

## 11.4.7 剪贴蒙版的不透明度设置

同剪贴蒙版的混合模式一样，对基层的不透明度进行设置将会影响整个剪贴蒙版的不透明度。当基层的不透明度设置为20%时，会模糊地显示内容图层；当基层的不透明度设置为100%时，会清楚地显示内容图层，如果基层的不透明度为0%，则整个蒙版不可见。

含有剪贴蒙版的素材文档如图11-4-49所示，将“图层1”（基层）的不透明度设置为50%时，得到的图像效果如图11-4-50所示，从得到的图像效果可以看出，整个剪贴蒙版的不透明度都会受到影响（基层和内容层）；而将“图层2”（内容层）的不透明度设置为50%时，只有“图层2”（内容层）的不透明度受到影响，如图11-4-51所示。

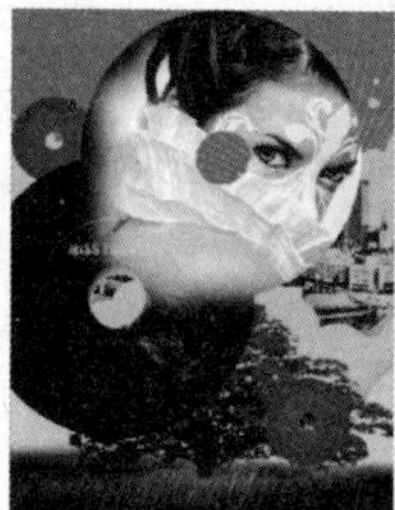

图11-4-49

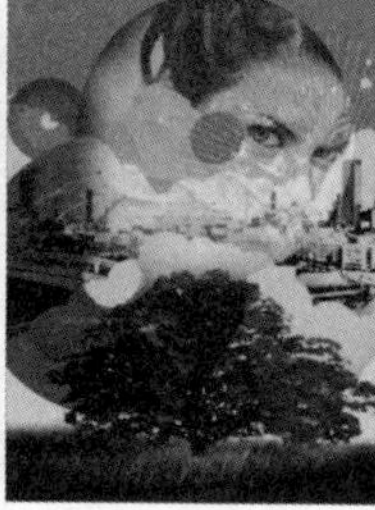

图11-4-50

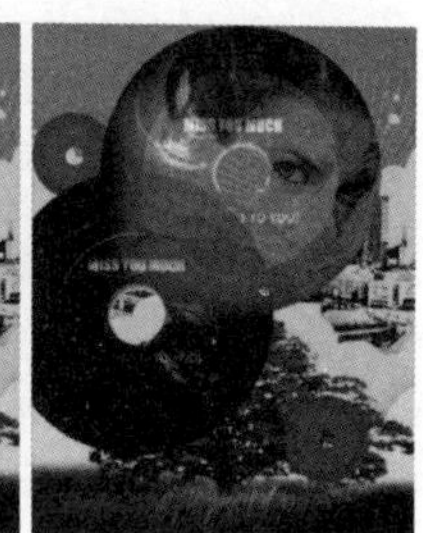

图11-4-51

**Tips 提示**

由以上的操作可以看出，在剪贴蒙版中，调整内容图层的不透明度只对其自身的不透明度产生影响；调整基层图层的不透明度能够对整个剪贴蒙版组产生影响。

训练营 08 第 11 章 / 训练营 /08 图层蒙版的综合应用

## 图层蒙版的综合应用

▲ 为图像添加图层蒙版以及剪贴蒙版达到合成的效果
▲ 应用图像的混合模式改变图像的效果
▲ 添加调整图层改变图像的色调
▲ 添加图层样式改变图像的效果

Before

After

01 执行【文件】/【新建】命令（Ctrl+N），弹出“新建”对话框，具体参数设置如图11-4-52所示，设置完毕后单击“确定”按钮。

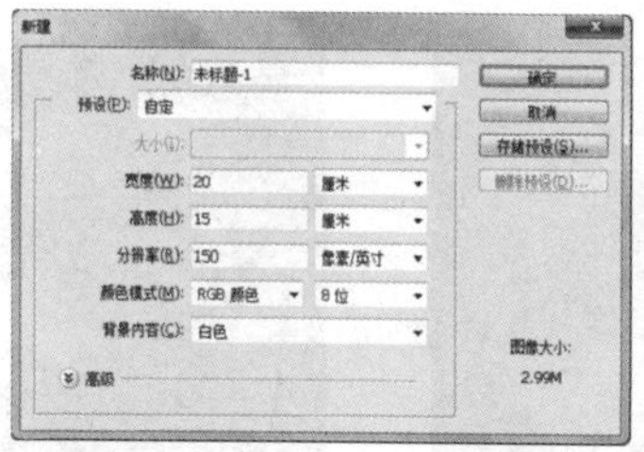

图11-4-52

02 执行【文件】/【打开】命令，弹出“打开”对话框，选择需要的素材，单击“打开”按钮打开图像，如图11-4-53所示。

图11-4-53

03 选择工具箱中的移动工具，将其拖曳至主文档中生成“图层1”，单击“图层”面板上的创建新的填充或调整图层按钮，在弹出的下拉菜单中选择“色阶”选项，在弹出的调整面板中设置具体参数如图11-4-54所示，得到的图像效果如图11-4-55所示。

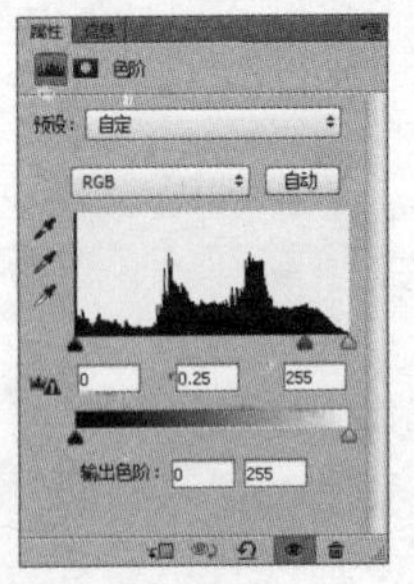
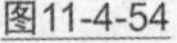
图11-4-54

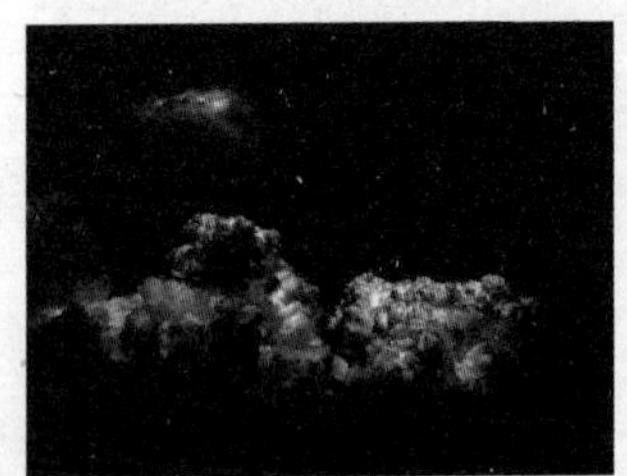
图11-4-55

## 技术要点：色阶和阈值的区别

**色阶**：“色阶”控制的是色彩的黑白灰三个色调，其操作原理和曲线大致相同，调整明暗区域。

**阈值**：“阈值”命令将灰度或彩色图像转换为高对比度的黑白图像，来确定图像中最亮和最暗的区域。

04 执行【文件】/【打开】命令（Ctrl+O），弹出“打开”对话框，选择需要的素材，单击“打开”按钮打开图像，选择工具箱中的魔棒工具，单击图像中的黑色区域，调出其选区，按快捷键Shift+Ctrl+I进行反向选择，得到的图像效果如图11-4-56所示。

05 选择工具箱中的移动工具，将选区内的图像拖曳至主文档中生成“图层2”，得到的图像效果如图11-4-57所示。

图11-4-56

图11-4-57

06 单击“图层”面板上的添加图层样式按钮，在弹出的下拉菜单中选择“外发光”选项，弹出“图层样式”对话框，具体参数如图11-4-58所示。设置完毕后不关闭对话框，继续勾选“内发光”复选框，具体参数设置如图11-4-59所示；继续勾选“颜色叠加”复选框，具体参数设置如图11-4-60所示；继续勾选“渐变叠加”复选框，具体参数设置如图11-4-61所示，设置完毕后单击“确定”按钮，得到的图像效果如图11-4-62所示。

07 单击“图层”面板上的添加图层蒙版按钮，为“图层2”添加图层蒙版，将前景色设置为黑色，选择工具箱中的画笔工具，在其工具选项栏中设置合适的柔角笔刷及不透明度，在图像中球体的下半部分进行涂抹，得到的图像效果如图11-4-63所示。

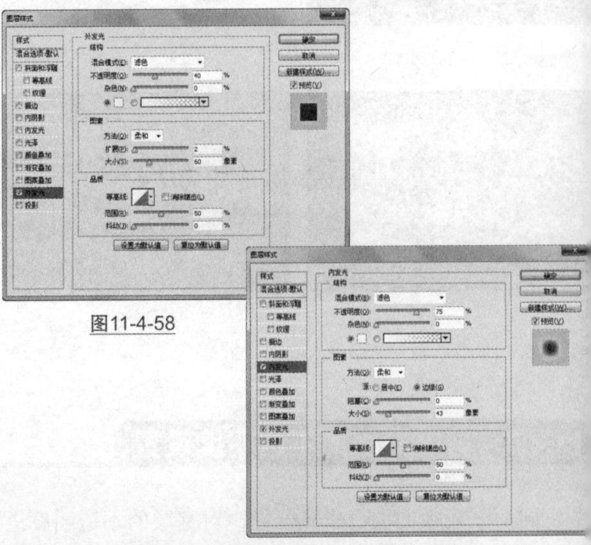
图11-4-58

图11-4-59

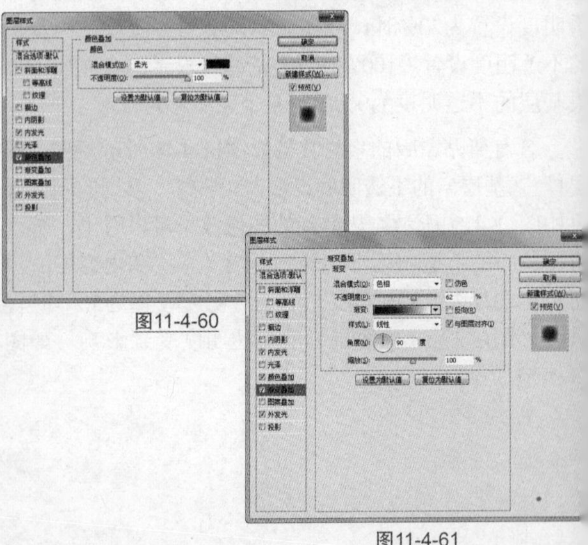
图11-4-60

图11-4-61

图11-4-62

图11-4-63

**Tips 提示**

在“图层样式”对话框中，“颜色叠加”复选框中的叠加颜色色值为 R51、G49、B0，“渐变叠加”复选框中的渐变颜色是由黑色到白色之间的渐变。

08 打开素材图像，选择工具箱中的移动工具，将其拖曳至主文档中生成“图层3”，得到的图像效果如图11-4-64所示，执行【编辑】/【变换】/【变形】命令，调整图像的形状，得到的图像效果如图11-4-65所示。

图11-4-64

图11-4-65

09 单击“图层”面板上的添加图层蒙版按钮，为“图层3”添加图层蒙版，将前景色设置为黑色，选择工具箱中的画笔工具，在其工具选项栏中设置合适的柔角笔刷及不透明度，在图像中进行涂抹，得到的图像效果如图11-4-66所示，将其混合模式设置为“明度”得到的图像效果如图11-4-67所示。

图11-4-66

图11-4-67

10 单击“图层”面板上的创建新的填充或调整图层按钮，在弹出的下拉菜单中选择“色相/饱和度”选项，先不设置参数值，需执行【图层】/【创建剪贴蒙版】命令（Alt+Ctrl+G），之后在弹出的调整面板中设置具体参数，如图11-4-68所示，得到的图像效果如图11-4-69所示。

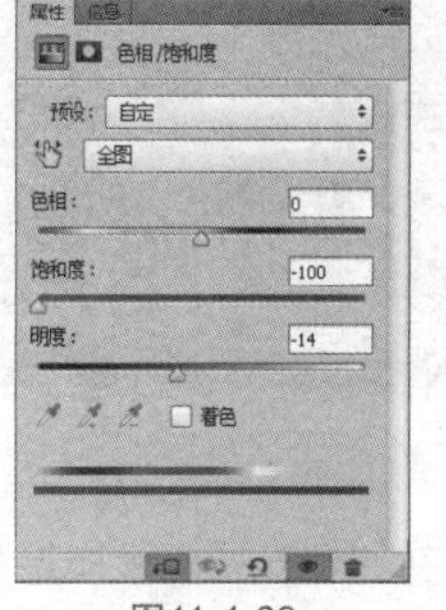

图11-4-68

图11-4-69

11 单击“图层”面板上的创建新的填充或调整图层按钮，在弹出的下拉菜单中选择“亮度/对比度”选项，先不设置参数值，需执行【图层】/【创建剪贴蒙版】命令（Alt+Ctrl+G），之后在弹出的调整面板中设置具体参数，如图11-4-70所示；选择“亮度/对比度”图层蒙版缩览图，将前景色设置为黑色，选择工具箱中的画笔工具，在其工具选择栏中设置不透明度为80%的柔角笔刷，在图像中进行涂抹，得到的图像效果如图11-4-71所示。

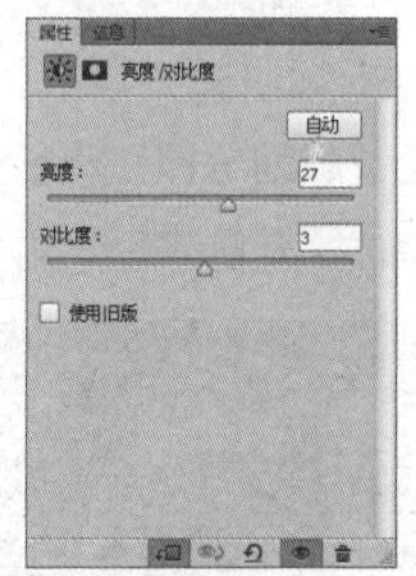

图11-4-70

图11-4-71

**Tips 提示**

以上两步操作，都是创建完剪贴蒙版之后再在“调整”面板中设置参数。

12 打开素材图像，选择工具箱中的移动工具，将其拖曳至主文档中生成“图层4”。单击“图层”面板上的添加图层蒙版按钮，为“图层4”添加图层蒙版，将前景色设置为黑色，选择工具箱中的画笔工具，在其工具选项栏中设置合适的柔角笔刷及不透明度，在图像中进行涂抹，得到的图像效果如图11-4-72所示，将其混合模式设置为“正片叠底”，得到的图像效果如图11-4-73所示。

**Tips 提示**

此步骤也是采用先对图像进行变形处理的方法。

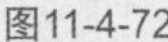
图11-4-72

图11-4-73

13 单击“图层”面板上的创建新的填充或调整图层按钮，在弹出的下拉菜单中选择“亮度/对比度”选项，在弹出的调整面板中设置具体参数，如图11-4-74所示，得到的图像效果如图11-4-75所示。

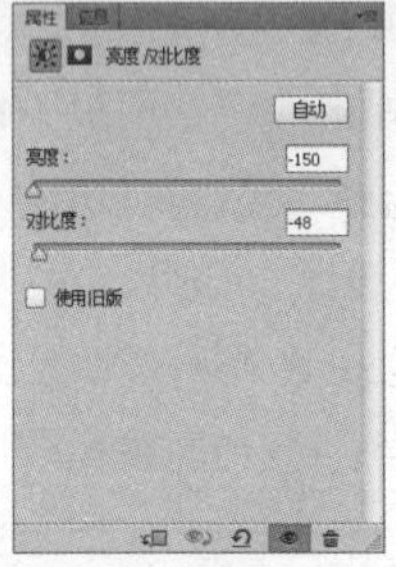

图11-4-74

图11-4-75

14 选择“亮度/对比度2”的图层蒙版缩览图，将前景色设置为黑色，按快捷键Atrl+Delete填充前景色，再将前景色设置为白色，选择工具箱中的画笔工具，在其工具选项栏中设置合适的笔刷及不透明度，在图像中进行涂抹，得到的图像效果如图11-4-76所示。

图11-4-76

15 打开素材图像，选择工具箱中的移动工具，将其拖曳至主文档中生成“图层5”，得到的图像效果如图11-4-77所示，单击“图层”面板上的添加图层蒙版按钮，为“图层5”添加图层蒙版，将前景色设置为黑色，选择工具箱中的画笔工具，在其工具选项栏中设置合适的柔角笔刷及不透明度，在图像中进行涂抹，得到的图像效果如图11-4-78所示。

图11-4-77

图11-4-78

**Tips 提示**

在图像中涂抹时，需适当地调整笔刷的大小、样式及前景色的黑白两种颜色的调换，最后绘制出来的效果才会更加逼真。

16 打开素材图像，选择工具箱中的移动工具，将其拖曳至主文档中生成“图层6”，得到的图像效果如图11-4-79所示，单击“图层”面板上的添加图层蒙版按钮，为“图层6”添加图层蒙版，将前景色设置为黑色，选择工具箱中的画笔工具，在其工具选项栏中设置合适的柔角笔刷及不透明度，在图像中除瀑布以外的区域进行涂抹，再将画笔的不透明度设置为30%，在图像中的瀑布区域进行涂抹，得到的图像效果如图11-4-80所示。

图11-4-79

图11-4-80

17 打开素材图像，选择工具箱中的移动工具，将其拖曳至主文档中生成“图层7”，得到的图像效果如图11-4-81所示，按快捷键Ctrl+Shift+U对图像进行去色，得到的图像效果如图11-4-82所示。

图11-4-81

图11-4-82

18 单击“图层”面板上的添加图层蒙版按钮，为“图层7”添加图层蒙版，将前景色设置为黑色，选择工具箱中的画笔工具，在其工具选项栏中设置合适的柔角笔刷及不透明度，在图像中进行涂抹，得到的图像效果如图11-4-83所示。

19 选择“图层7”，将其拖曳至“图层”面板中的创建新图层按钮上五次，分别得到“图层7副本”、“图层7副本2”、“图层7副本3”、“图层7副本4”和“图层7副本5”图层，按快捷键Ctrl+T调出自由变换选框，调整图像的位置及大小，并将“图层7副本2”、“图层7副本3”、“图层7副本4”和“图层7副本5”图层的不透明度分别设置为82%、64%、74%、67%，得到的图像效果如图11-4-84所示。

图11-4-83

图11-4-84

20 打开素材图像，选择工具箱中的移动工具，将其拖曳至主文档中生成“图层8”，得到的图像效果如图11-4-85所示，按快捷键Ctrl+Shift+U对图像进行去色，得到的图像效果如图11-4-86所示。

图11-4-85

图11-4-86

21 执行【图像】/【调整】/【色阶】命令，弹出“色阶”对话框，具体设置如图11-4-87所示。设置完毕后单击“确定”按钮，得到的图像效果如图11-4-88所示。

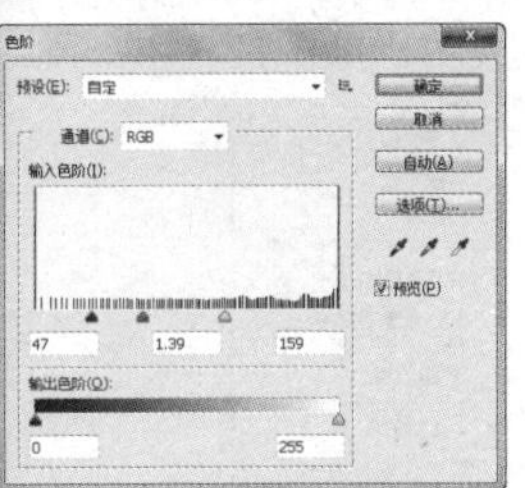
图11-4-87

图11-4-88

22 单击“图层”面板上的添加图层蒙版按钮，为“图层8”添加图层蒙版，将前景色设置为黑色，选择工具箱中的画笔工具，在其工具选项栏中设置合适的柔角笔刷及不透明度，在图像中的上半部分进行涂抹，将其图层的混合模式设置为“点光”，不透明度设置为80%，得到的图像效果如图11-4-89所示。

23 将前景色设置为白色，选择工具箱中的横排文字工具，在图像中输入文字，得到的图像效果如图11-4-90所示。

图11-4-89

图11-4-90

24 选择“文字”图层，单击“图层”面板上的添加图层样式按钮，在弹出的下拉菜单中选择“内发光”选项，弹出“图层样式”对话框，具体参数如图11-4-91所示。

25 设置完毕后不关闭对话框，继续勾选“斜面和浮雕”复选框，如图11-4-92所示，继续勾选“描边”复选框，将“描边”设置为白色，如图11-4-93所示，设置完毕后单击“确定”按钮，得到的图像效果如图11-4-94所示。

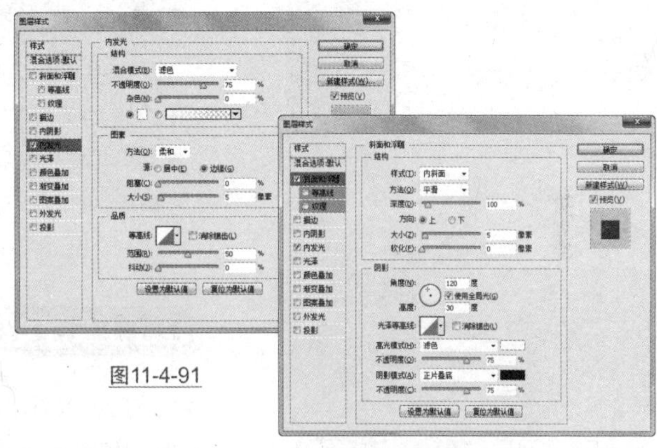
图11-4-91

图11-4-92

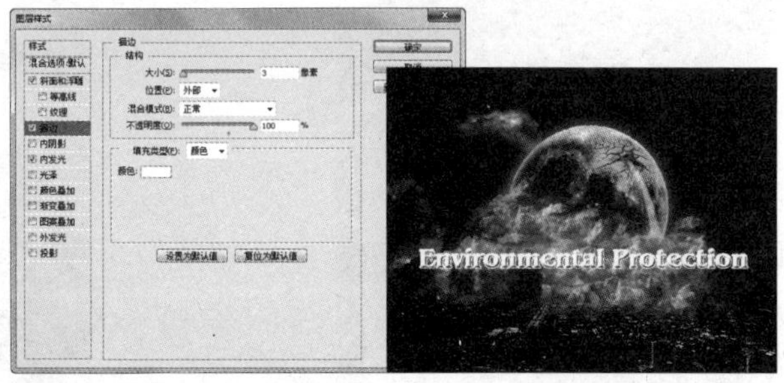

图11-4-93

图11-4-94

26 打开素材图像，选择工具箱中的移动工具，将其拖曳至主文档中生成“图层9”，得到的图像效果如图11-4-95所示。

27 选择“图层9”，执行【图层】/【创建剪贴蒙版】命令（Alt+Ctrl+G），得到的图像效果如图11-4-96所示。

28 将前景色设置为白色，选择工具箱中的横排文字工具，在图像中输入文字，得到的图像效果如图11-4-97所示。

图11-4-95

图11-4-96

图11-4-97

# 第12章 通道功能解析

**本章关键技术点**

- ▲ 通道的基本操作
- ▲ 通道混合器命令
- ▲ 通道与色彩调整
- ▲ 通道与滤镜
- ▲ 应用图像和计算命令

## 12.1 通道面板

**关 键 字** 了解通道面板、如何选择通道

通道是 Photoshop 最重要的功能之一,主要用于储存图像的色彩和图层中选区的信息。如果改变了通道中记录颜色的灰度就等于改变了图像的效果,在通道中也可以像编辑图像一样编辑选区,通道功能使图像的操作更加便捷。

### 12.1.1 了解通道面板

打开素材图像,如图12-1-1所示;系统根据颜色模式在“通道”面板中自动创建色彩信息通道。如图12-1-2所示为“通道”面板,该图像为RGB模式。单击“通道”面板上的扩展按钮，弹出下拉菜单,如图12-1-3所示。

图12-1-1

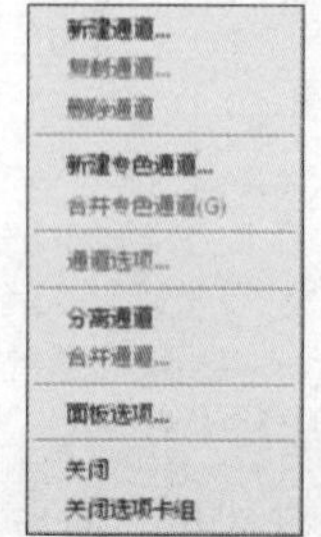


图12-1-3

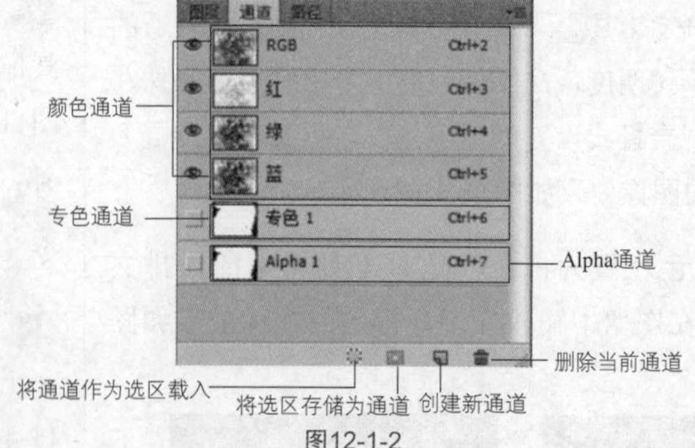


图12-1-2

**颜色通道**:记录图像颜色的通道。

**专色通道**:用于制作补充或代替印刷油墨的特殊预设油墨,印刷时每种专色都需要专用的印版。

**Alpha通道**:需要自行创建用于保存选区的通道。

**将通道作为选区载入**：单击该按钮，可以载入所选通道的选区。

**将选区存储为通道**：单击该按钮，可将图像中的选区保存。

**创建新通道**：单击该按钮，可以新建Alpha通道。

**删除当前通道**：单击该按钮，可以删除当前选择的通道。

## 12.1.2 如何选择通道

单击一个颜色通道，在图像窗口中将会显示所选通道的灰度，如图12-1-4所示；按住Shift键，可以同时选择多个通道，在图像窗口中将显示该通道的复合信息，如图12-1-5所示。

图12-1-4

图12-1-5

单击RGB复合通道，可以重新显示其他颜色通道。如图12-1-6所示，在复合通道下可以同时预览和编辑所有的颜色通道。

图12-1-6

### 技术要点：快速选择通道

按下Ctrl+数字键可以快速选择通道。在RGB模式下，按Ctrl+3键可以选择红色通道，按Ctrl+4键可以选择绿色通道，按Ctrl+5键可以选择蓝色通道，按Ctrl+6键可以选择Alpha通道。如果要回到RGB通道，按Ctrl+2键即可(在“通道”面板中，快捷键显示在通道名称后)。

## 实战 选择通道

第12章/实战/选择通道

打开一张素材图像，切换至通道面板。单击“红”通道，选择单一通道，此时通道面板状态如图12-1-7所示；按住Shift键单击“绿”通道，选择复合通道，此时通道面板状态如图12-1-8所示。

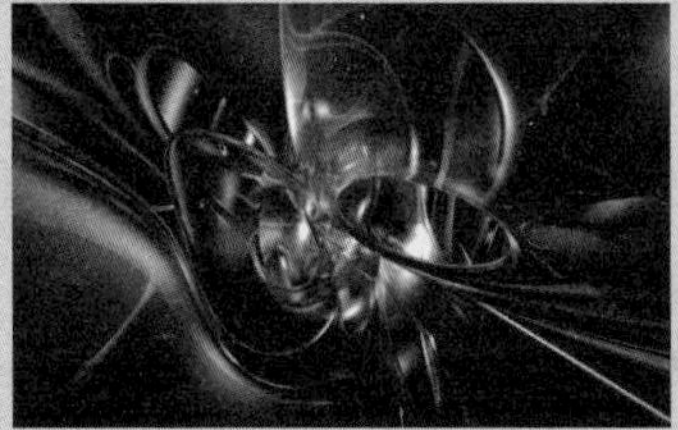

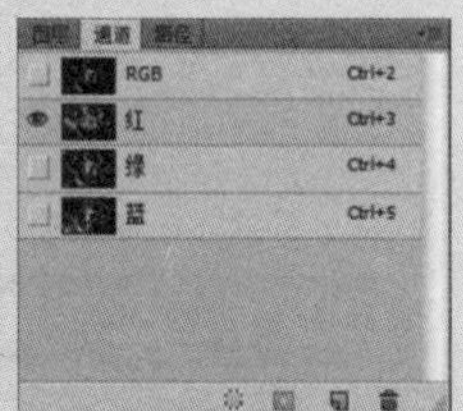



图12-1-7

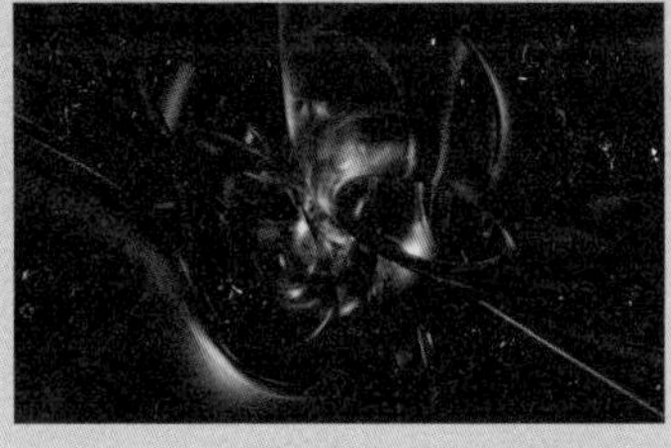

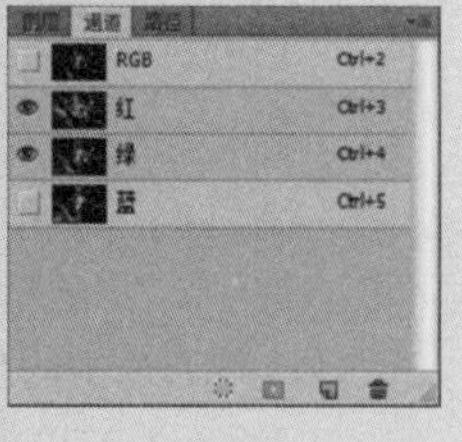



图12-1-8

# 12.2 通道类型

**关键字** 颜色通道、Alpha通道、专色通道

在 Photoshop CS6 中通道分为颜色通道、Alpha 通道和专色通道三种，不同的通道有着不同的功能和操作方法。在“通道”面板中选择不同的通道显示，会出现不同的颜色效果。

在图像中每个通道都拥有256级灰度，一个图像最多可有56个通道。在Photoshop中，通道可以分为保存图像色彩的颜色通道，如图12-2-1A所示；打印图像的专色通道，如图12-2-1B所示；以及保存选区的Alpha通道，如图12-2-1C所示。

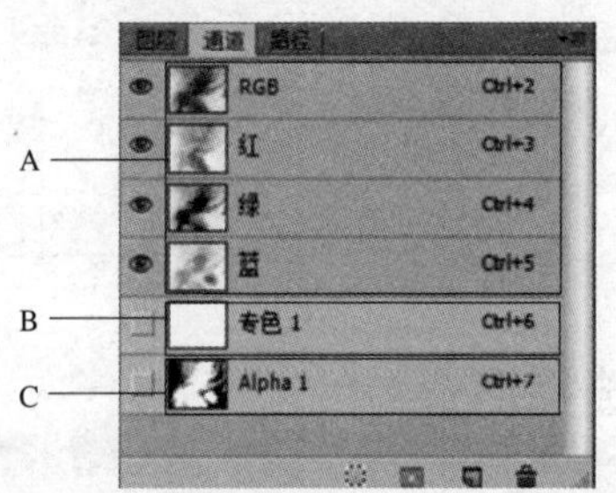

图12-2-1

**Tips 提示**

只要用支持图像颜色模式的格式存储文件，就能够保存颜色通道。Alpha 通道只有在以 PSD、PDF、PICT、Pixar、TIFF 或 RAW 格式存储文件时才会被保存，用其他格式存储文件将会导致通道信息的丢失。

## 12.2.1 颜色通道

颜色通道用来保存图像的色彩、选区信息，颜色通道的数目取决于颜色模式。

在默认状态下，RGB图像有三个颜色通道（红、绿、蓝）和一个复合通道。红色信息保存在红色通道中，绿色信息保存在绿色通道中，蓝色信息保存在蓝色通道中。复合通道是三个颜色通道信息叠加后的效果，改变通道中的颜色信息就会改变颜色的分布。如图12-2-2所示为RGB模式的图像包含的通道。

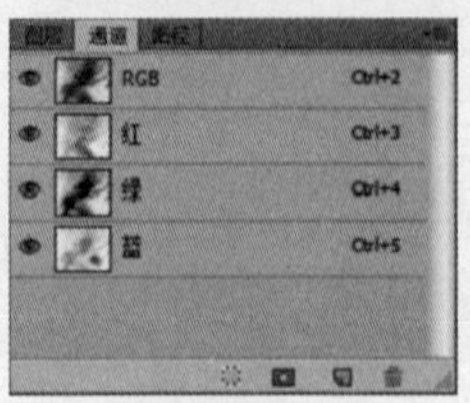

图12-2-2

CMYK图像有四个颜色通道（青色、洋红、黄色、黑色）和一个复合通道。如图12-2-3所示；Lab图像有三个颜色通道（明度、a、b）和一个复合通道，如图12-2-4所示。

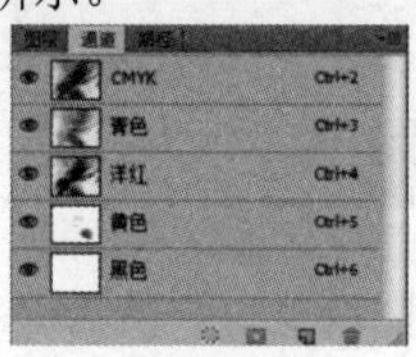

图12-2-3

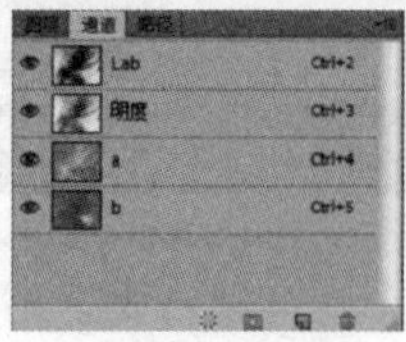

图12-2-4

位图、灰度、双色调和索引颜色图像都只有1个通道颜色通道记录了图像中的打印颜色和显示颜色。

在对图像进行调整、绘画或应用滤镜时，如果选择了某个颜色通道，那么操作将只影响当前选择的通道中的颜色信息；如果没有选择指定的通道，操作将会影响所有通道。

### 实战 调整颜色通道

第 12 章 / 实战 / 调整颜色通道

打开一张素材图像如图 12-2-5 所示，执行【色阶】命令调整“蓝”通道时，如图 12-2-6 所示，得到的图像效果如图 12-2-7 所示。

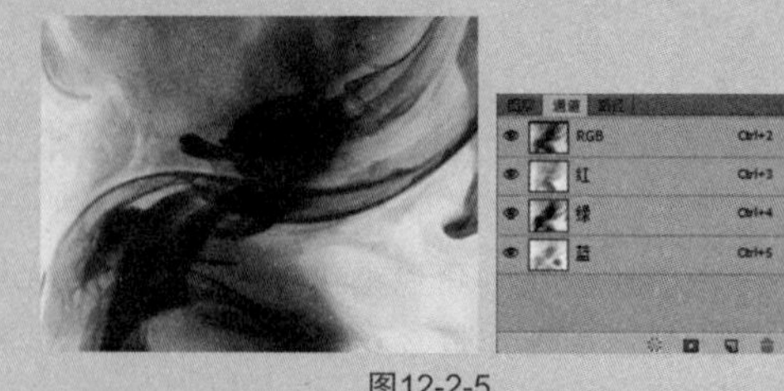

图12-2-5

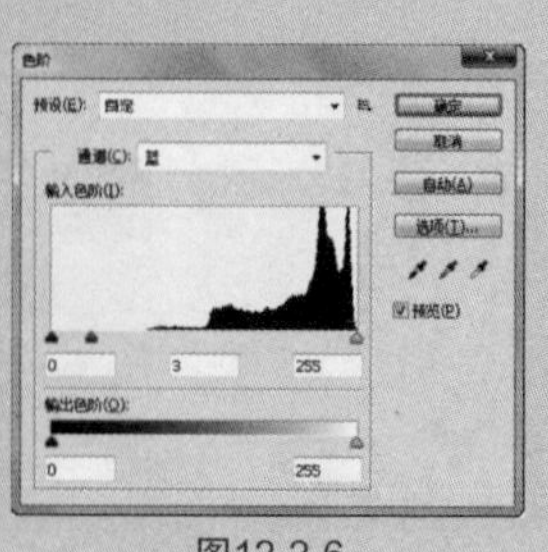

图12-2-6

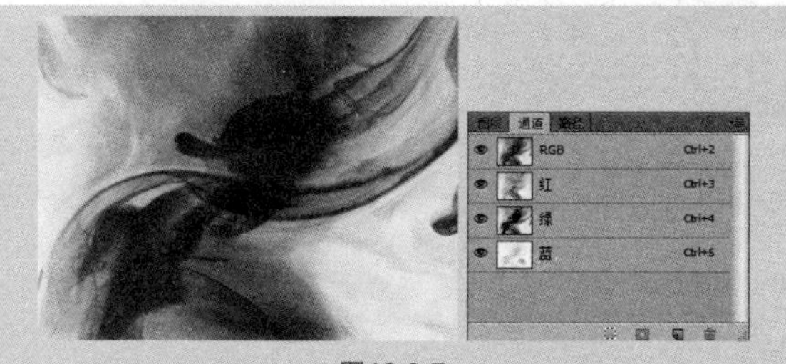

图12-2-7

执行【色阶】命令调整复合通道时，如图 12-2-8 所示，得到的图像效果如图 12-2-9 所示。对比图中的“通道”面板可以发现调整“蓝”通道时，在“通道”面板中，只改变了“蓝”通道中的颜色信息；而调整复合通道时，改变了所有通道中的颜色信息。

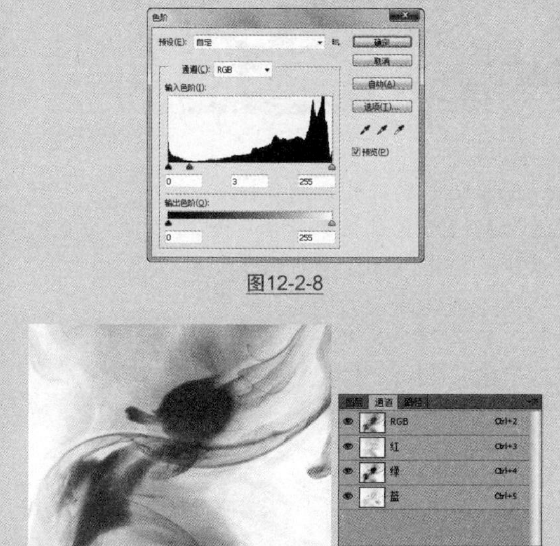

图12-2-8

图12-2-9

## 12.2.2 Alpha通道

Alpha通道是需要自行创建的通道，其基本功能就是用于保存选区。在Alpha通道中，白色部分可以作为选区载入；黑色区域不能载入为选区；灰色部分载入后的选区有羽化效果。按住Ctrl键，单击Alpha通道缩览图即可载入Alpha通道的选区。Alpha通道不会影响图像的显示和印刷效果。图12-2-10和图12-2-11所示为载入不同的Alpha通道时得到的选区效果。

图12-2-10

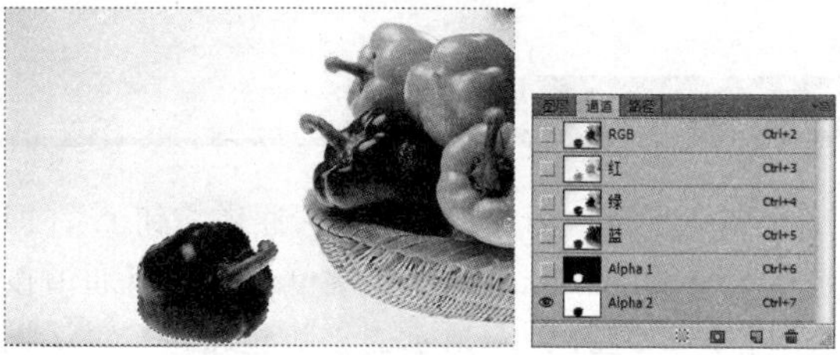

图12-2-11

图12-2-12所示为图像载入Alpha通道中的选区后，填充绿色的效果；图12-2-13所示为载入修改后的Alpha通道中的选区，填充绿色得到的效果。

图12-2-12

图12-2-13

## 12.2.3 专色通道

专色通道是用于存储专色的特殊通道。专色是特殊的预混油墨，如明亮的橙色、荧光色和金属金银色油墨等，或者可以是烫金版凹凸版，还可以作为局部光油版等。专色通道可以在除了位图模式以外所有色彩模式下创建，也可以作为一个专色版应用到图像及印刷当中。

# 12.3 通道的基本操作

关键字 创建Alpha通道，复制/选择/隐藏/保存/删除通道，创建专色通道、Alpha通道与选区的转换

下面来了解如何使用"通道"面板和面板菜单中的命令创建通道以及对通道进行复制、删除、分离与合并等操作。

## 12.3.1 创建Alpha通道

单击"通道"面板上的创建新通道按钮，即可新建一个Alpha通道，按住Alt键单击创建新通道按钮，可弹出如图12-3-1所示的"新建通道"对话框，在对话框中可以设置通道的名称、蒙版的显示选项、颜色和不透明度。

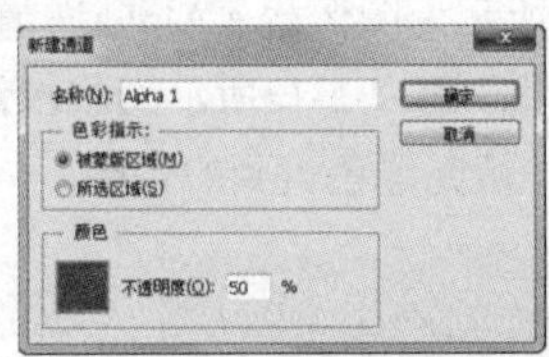

图12-3-1

如果在图像中创建了选区，用户可将选区存储在Alpha通道中。单击"通道"面板中将选区存储为通道按钮，可以将选区保存在Alpha通道中；或者执行【选择】/【存储选区】命令，在弹出的对话框中将其设置为新建的Alpha通道或添加到原有的Alpha通道中。图12-3-2所示为创建了选区的素材图像，单击"通道"面板中将选区存储为通道按钮，在"通道"面板上创建Alpha通道，如图12-3-3所示。

图12-3-2

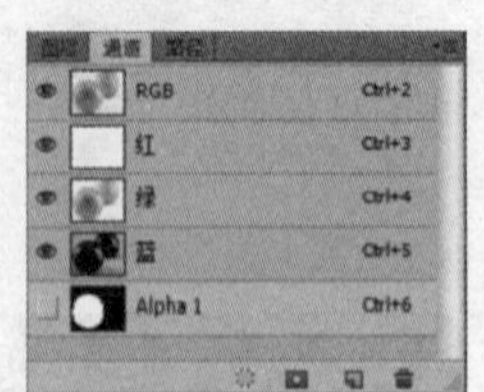

图12-3-3

### 实战 利用Alpha通道保存选区

第 12 章 / 实战 / 利用 Alpha 通道保存选区

打开一张素材图像，并在图像中创建选区，如图12-3-4所示；切换至"通道"面板，在单击"通道"面板上的将选区存储为通道按钮，得到的图像效果如图12-2-5所示；"通道"面板如图12-3-6所示。

图12-3-4

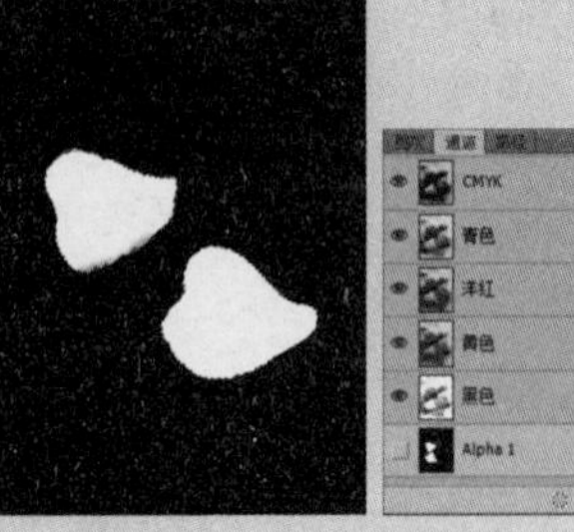

图12-3-5

图12-3-6

或者在创建好选区后，执行【选择】/【存储选区】命令，如图12-3-7所示，弹出"存储选区"对话框。在对话框中设置参数和名称，如图12-3-8所示；设置完毕后单击"确定"按钮，"通道"面板如图12-3-9所示。

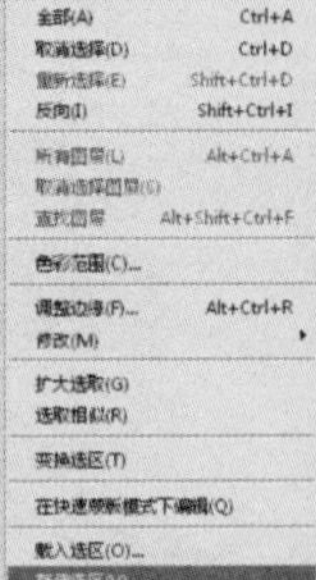

图12-3-7

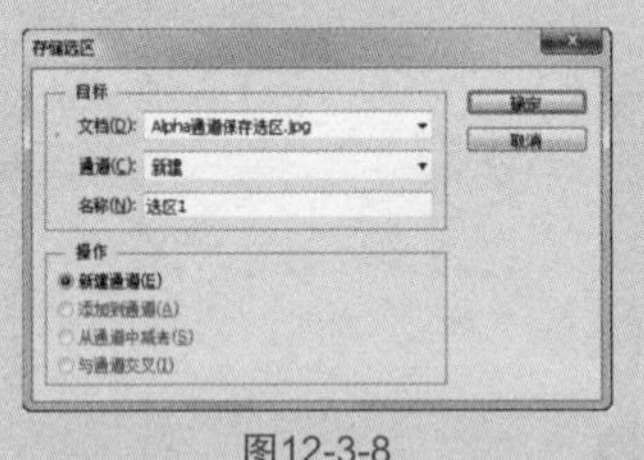

图12-3-8

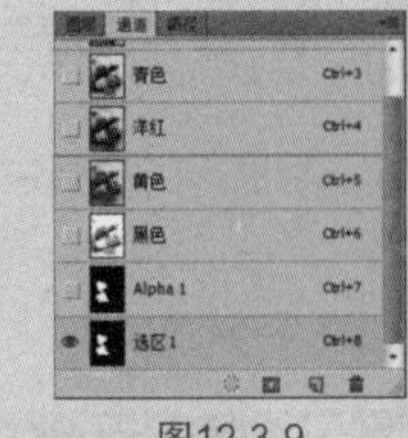

图12-3-9

## 12.3.2 复制、选择、替换通道

### ※ 复制通道

选择"通道"面板上需要复制的通道，单击"通道"面板上的扩展按钮，在弹出的下拉菜单中选择"复制通道"选项，弹出"复制通道"对话框，在对话框中设置通道属性，如图12-3-10所示；设置完毕后单击"确定"按钮，"通道"面板如图12-3-11所示；或将需要复制的通道拖曳至"通道"面板上的创建新通道按钮上，也可复制该通道，如图12-3-12和图12-3-13所示。

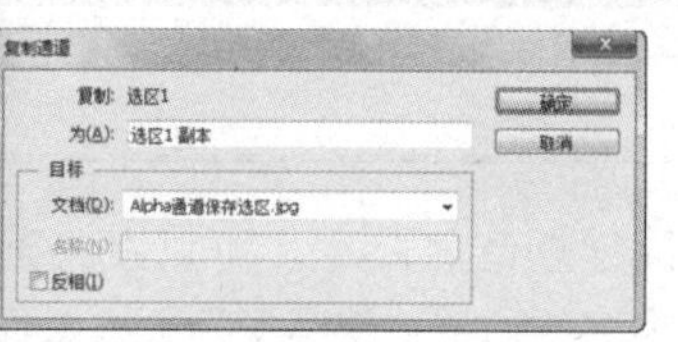
图12-3-10

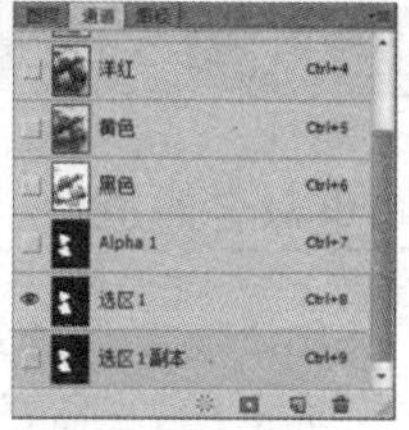
图12-3-11

图12-3-12

图12-3-13

## 实战 复制通道

第 12 章 / 实战 / 复制通道

打开一张素材图像，并在图像中创建选区，如图 12-3-14 所示，切换至“通道”面板，在单击“通道”面板上的将选区存储为通道按钮，得到的图像效果如图 12-3-15 所示，“通道”面板如图 12-3-16 所示。

图12-3-14

图12-3-15

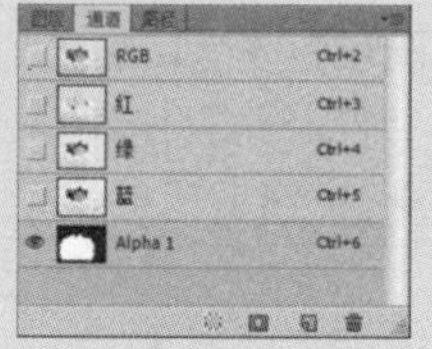
图12-3-16

单击“通道”面板上的扩展按钮，在弹出的下拉菜单中选择“复制通道”选项，弹出“复制通道”对话框，在对话框中设置通道属性，设置完毕后单击“确定”按钮，如图 12-3-17 所示；或将需要复制的通道拖曳至“通道”面板上的创建新通道按钮上，也可复制该通道，如图 12-3-18 所示。

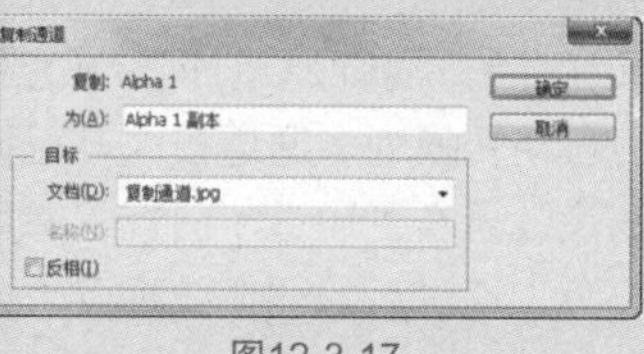
图12-3-17

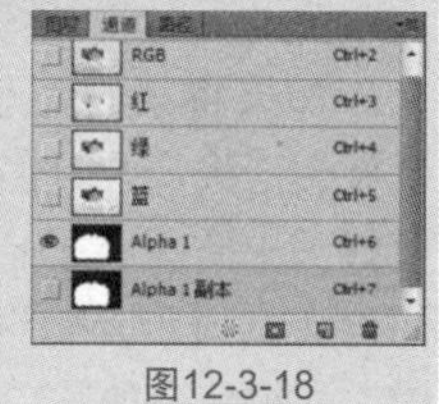
图12-3-18

### ※ 选择通道

单击“通道”面板上的通道名称便可将其选中，如图12-3-19所示；若要选择多个通道，按住Shift键分别单击要选择的通道（可选择或取消多个通道），将其选中，如图12-3-20所示。

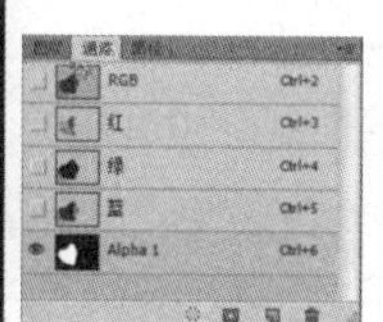
图12-3-19

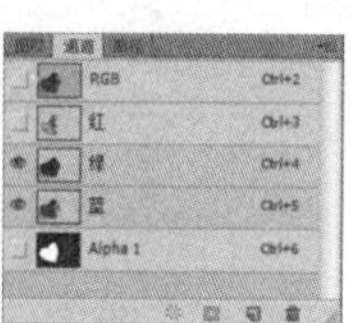
图12-3-20

### ※ 替换通道

单击“通道”面板上需要替换的通道，如图12-3-21所示。按快捷键Ctrl+A将其选中，按快捷键Ctrl+C复制选区中的图像，选择需要被替换的通道，如图12-3-22所示。按快捷键Ctrl+V粘贴图像，图像效果发生变化，“绿”通道被“蓝”通道替换，得到的图像效果如图12-3-23所示。

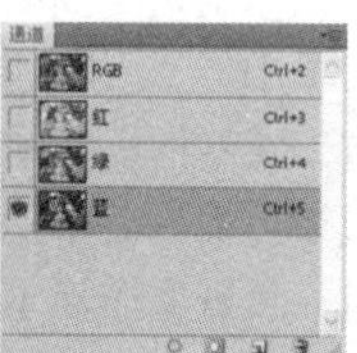
图12-3-21

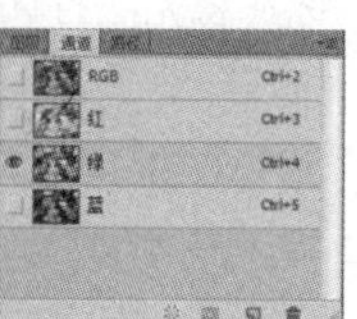
图12-3-22

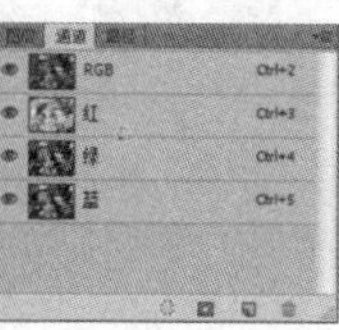
图12-3-23

## 12.3.3 返回、显示与隐藏通道

### ※ 返回到默认通道

当编辑完一个或多个通道后，单击复合通道便可返回到面板默认的状态，能够查看所有默认通道。只要所有颜色通道均可见，就会显示复合通道。图12-3-24所示为编辑“蓝”通道时的“通道”面板状态，图12-3-25所示为单击复合通道后的“通道”面板状态。

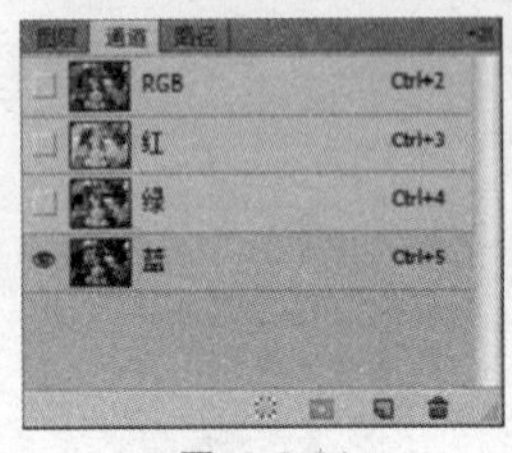
图12-3-24

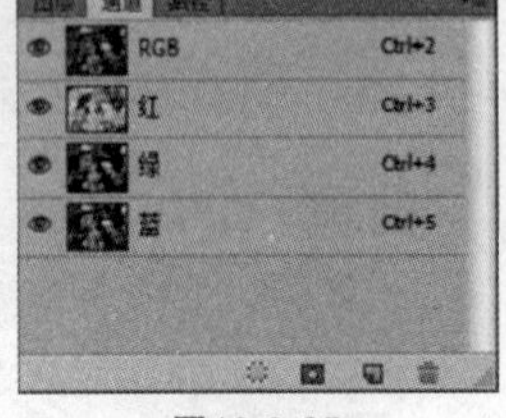
图12-3-25

### ※ 显示和隐藏通道

在通道可见的情况下，“通道”面板的左侧会有指示通道可见性按钮，单击该按钮便可隐藏该通道。若要再次显示该通道，只需在指示通道可见性按钮处单击，使该按钮出现即可。

## 12.3.4 创建专色通道

单击“通道”面板右上角的扩展按钮，在弹出的下拉菜单中选择“新建专色通道”选项，弹出“新建专色通道”对话框，如图12-3-26所示；单击颜色图标可以弹出“换色器”对话框，选择某一种颜色将其创建为专色通道，设置完毕后单击“确定”按钮，即可新建专色通道。如果选取自定义颜色，通道将自动采用该颜色的名称，这能够使其他应用程序识别它们，如果修改了通道的名称，将无法打印该文件。

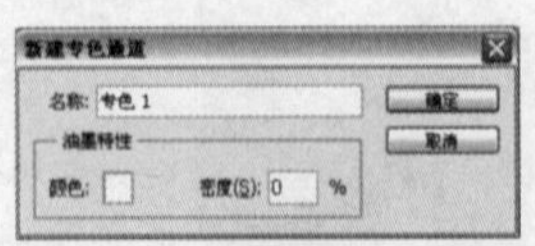
图12-3-26

**Tips 提示**

“密度”选项和颜色选项只影响屏幕预览和复合印刷，不影响印刷的分离效果。尽量不要修改专色的名称，以便其他程序能够识别，否则可能无法打印此文件。

## 12.3.5 重命名、保存、删除通道

### ※ 重命名通道

如果需要对通道执行重命名命令，可以在“通道”面板上双击需要重命名的通道，使其变为可输入状态，在为通道重新命名后需要按Enter键确认操作。重命名只适用于专色通道和Alpha通道。

### 实战 重命名通道

第 12 章 / 实战 / 重命名通道

打开一张素材图像，并在图像中创建选区，切换至“通道”面板，在单击“通道”面板上的将选区存储为通道按钮，“通道”面板状态如图 12-3-27 所示。在“通道”面板上双击需要重命名的通道，输入“盘子”，如图 12-3-28 所示，按 Enter 键确认操作。

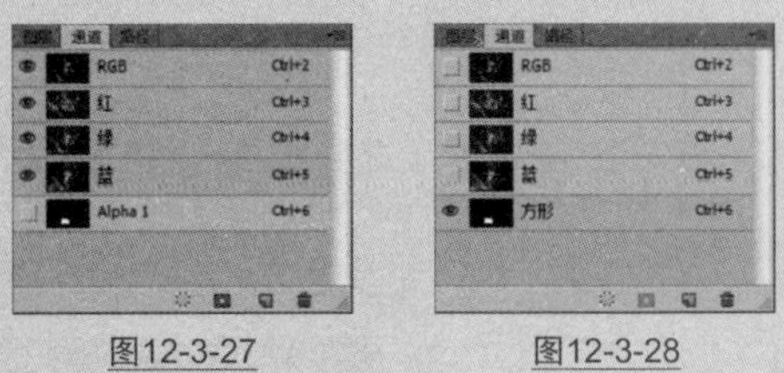
图12-3-27　　图12-3-28

### ※ 保存通道

在存储文件时，将“格式”设置为PSD、PDF、PICT、Pixar、TIFF和RAW，可以保存Alpha通道。在以TIFF格式储存时不能保存专色通道，因为TIFF格式不能够区分Alpha通道与专色通道。以DCA2.0格式储存文件时，只能保存专色通道，以其他格式储存文件时会丢失通道信息。

### ※ 删除通道

在“通道”面板上选择需要删除的通道，单击“通道”面板上的删除当前通道按钮，便可以将该通道删除。或者选择需要删除的通道，单击“通道”面板上的扩展按钮，在弹出的下拉菜单中选择“删除通道”选项。还可以将需要删除的通道直接拖曳至“通道”面板上的删除当前通道按钮上。

如果将某一颜色通道删除，混合通道和该颜色通道便会消失，并且图像会自动转换为多通道模式，而该模式不支持图层。原图图像效果及“通道”面板状态如图12-3-29所示，删除“绿色”通道后的图像效果及“通道”面板状态如图12-3-30所示。

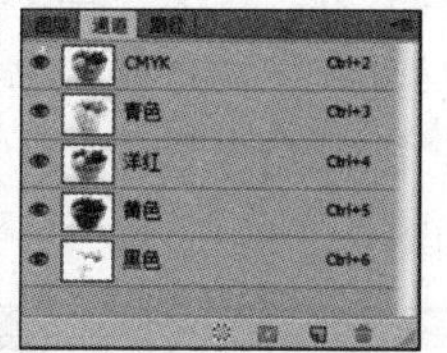

图12-3-29

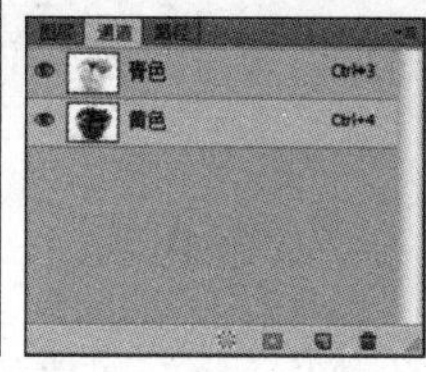

图12-3-30

## 12.3.6 Alpha通道与选区的互相转换

### ※ 将通道作为选区载入

单击将通道作为选区载入按钮，可将当前通道中的信息以选区形式载入。也可以在“通道”面板上选择通道后，执行【选择】/【载入选区】命令，在弹出的“载入选区”对话框中单击“确定”按钮载入选区。或者按住Ctrl键单击该通道面板上的缩览图，也可以调出该通道的选区。

在Alpha通道中，白色的区域可以作为选区载入，黑色的区域不能载入选区，灰色的区域可以载入为带有羽化效果的选区。

### ※ 同时显示Alpha通道和图像

选择Alpha通道后，显示该通道的灰度图像，如图12-3-31所示。如果要同时查看图像和通道内容，在显示Alpha通道后，单击复合通道前的指示通道可见性按钮，Photoshop CS6会显示图像并以一种颜色替代Alpha通道的灰度图像，类似于在快速蒙版模式下的选区一样，如图12-3-32所示。

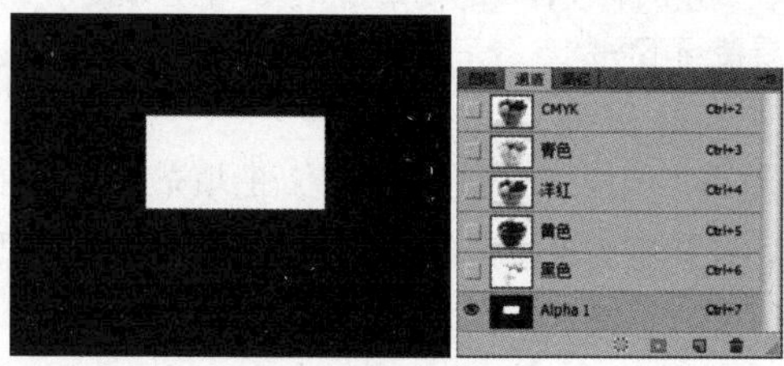

图12-3-31

图12-3-32

训练营 01 第12章/训练营/01 使用通道添加天空

## 使用通道添加天空

- ▲ 使用通道将建筑物从背景中分离
- ▲ 按住 Ctrl 键单击通道将其作为选区载入
- ▲ 使用滤镜命令制作天空中的云彩
- ▲ 通过创建调整图层调整天空颜色

01 执行【文件】/【打开】命令（Ctrl+O），弹出“打开”对话框，选择需要的素材，单击“打开”按钮打开图像，如图12-3-33所示。

图12-3-33

02 将“背景”图层拖曳至“图层”面板中的创建新图层按钮上，得到“背景副本”图层。切换至“通道”面板，选择“蓝”通道，将其拖曳至“通道”面板中的创建新通道按钮上，得到“蓝副本”通道，“通道”如图12-3-34所示，图像效果如图12-3-35所示。

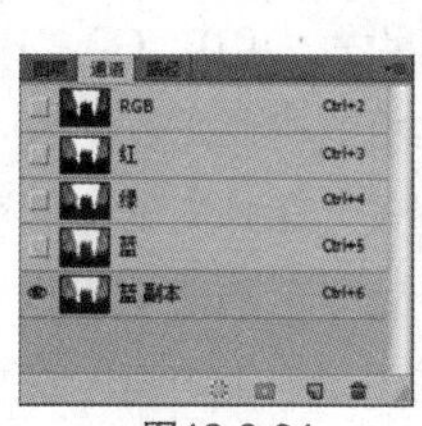

图12-3-34

图12-3-35

03 选择工具箱中的钢笔工具，在其工具选项栏中单击添加到路径区域按钮，沿建筑物与雕像绘制路径，如图12-3-36所示。

图12-3-36

04 切换至“路径”面板，单击将路径作为选区载入按钮，将路径转换为选区。切换回“通道”面板，选择“蓝副本”通道，将前景色设置为黑色，按快捷键Ctrl+Delete填充前景色至选区，得到的图像效果如图12-3-37所示。

05 按快捷键Ctrl+D取消选择。按Ctrl键单击“蓝副本”通道，调出其选区，按快捷键Shift+Ctrl+I将选区反相，得到的图像效果如图12-3-38所示。

图12-3-37

图12-3-38

06 切换至“图层”面板，选择“背景副本”图层，按快捷键Ctrl+J复制选区中的图像到新的图层，得到“图层1”。单击“背景”图层和“背景副本”图层缩览图前的指示图层可见性按钮，将其隐藏，面板如图12-3-39所示，得到的图像效果如图12-3-40所示。

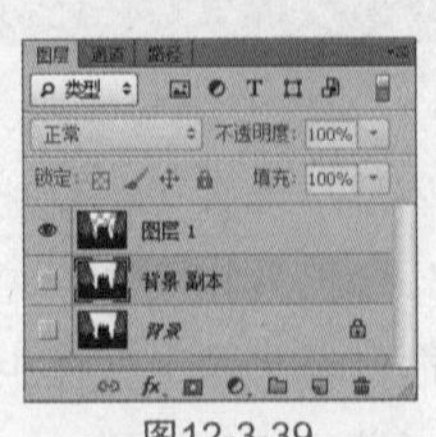

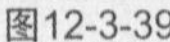
图12-3-39

图12-3-40

07 单击“图层”面板上的创建新图层按钮，新建“图层2”，将前景色色值设置为R0、G0、B255，背景色设置为白色，选择工具箱中的渐变工具，在其工具选项栏中单击可编辑渐变条，在弹出的“渐变编辑器”对话框中设置由前景色到背景色的渐变类型，设置完毕后单击“确定”按钮，在图像中由上至下拖曳鼠标填充渐变，得到的图像效果如图12-3-41所示。

08 单击“图层”面板上的创建新图层按钮，新建“图层3”，将前景色和背景色设置为黑色和白色，执行【滤镜】/【渲染】/【云彩】命令，得到的图像效果如图12-3-42所示。

图12-3-41

图12-3-42

09 将“图层3”图层的混合模式设置为“变亮”，得到的图像效果如图12-3-43所示，图层面板状态如图12-3-44所示。

图12-3-43

图12-3-44

10 单击“图层”面板上的创建新的填充或调整图层按钮，在弹出的下拉菜单中选择“色相/饱和度”选项，在调整面板上设置具体参数，面板状态如图12-3-45所示，得到的图像效果如图12-3-46所示。

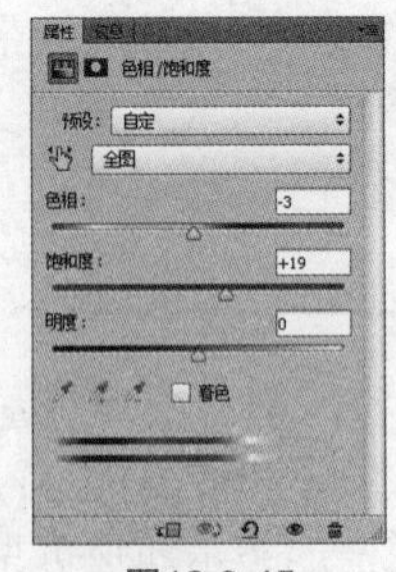

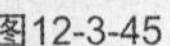
图12-3-45

图12-3-46

**Tips 提示**

在调整的时候，一定要掌握好颜色的饱和度，不同的图像要使用不同的参数来调整，才能达到理想的效果。

11 单击“图层”面板上的创建新的填充或调整图层按钮，在弹出的下拉菜单中选择“色彩平衡”选项，在调整面板上设置具体参数，如图12-3-47和图12-3-48所示，得到的图像效果如图12-3-49所示。

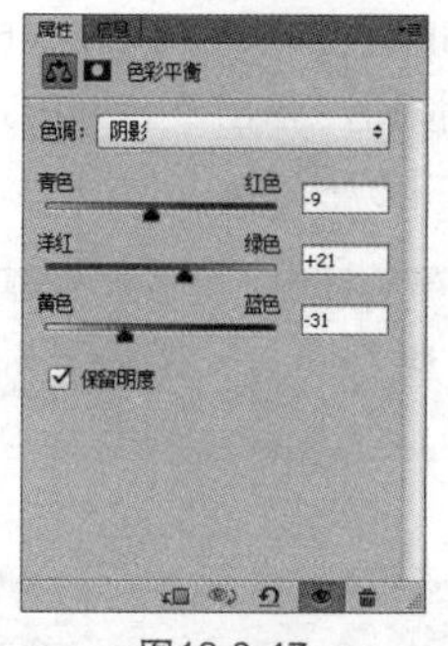


图12-3-47

图12-3-48

图12-3-49

12 单击“图层”面板上的创建新的填充或调整图层按钮，在弹出的下拉菜单中选择“曲线”选项，在调整面板上设置具体参数，面板如图12-3-50所示，得到的图像效果如图12-3-51所示。

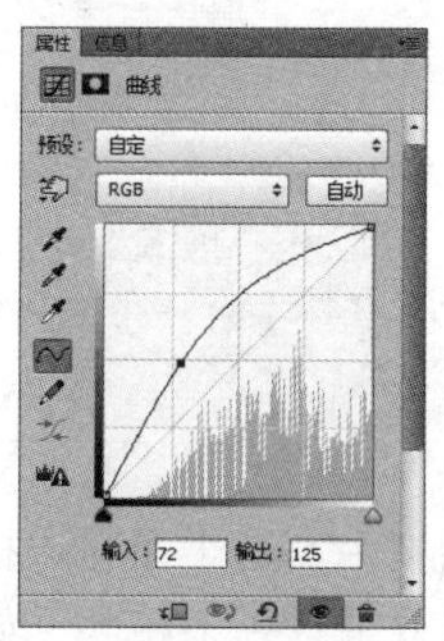


图12-3-50

图12-3-51

13 在“图层”面板上选择“图层1”，将其拖曳至图层的最上方，得到的图像效果如图12-3-52所示，面板状态如图12-3-53所示。

图12-3-52

图12-3-53

## 12.3.7 用原色显示通道

在默认状态下，“通道”面板中的颜色通道显示为灰色，如图12-3-54所示，执行【编辑】/【首选项】/【界面】命令，打开“首选项”对话框，勾选“用彩色显示通道”选项，如图12-3-55所示；勾选完毕后，所有的颜色通道都会以原色显示，如图12-3-56所示。

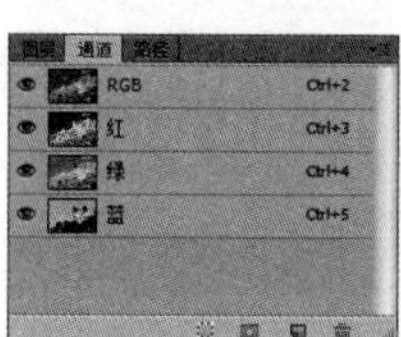


图12-3-54

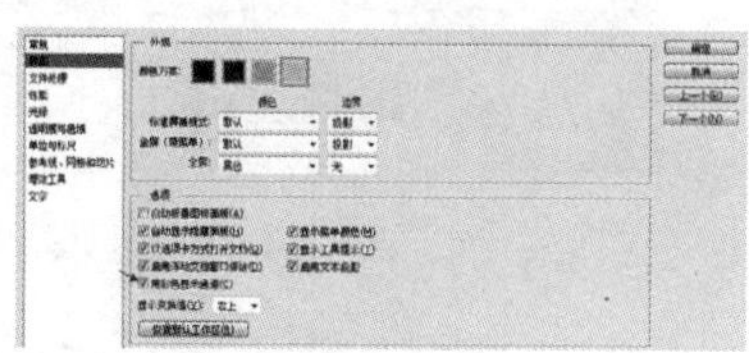

图12-3-55

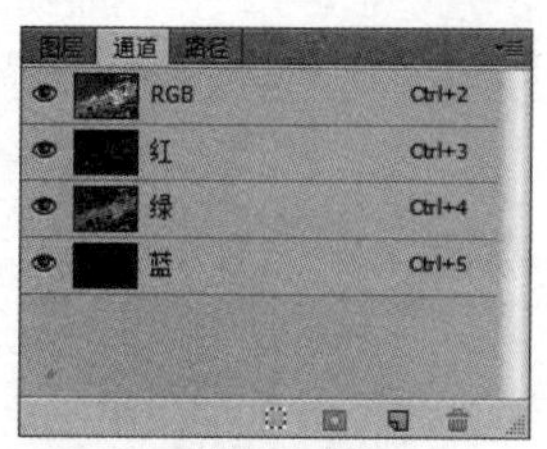


图12-3-56

## 12.3.8 分离、合并通道

### ※ 分离通道

在Photoshop CS6中，要将通道分离为单独的图像，可以切换至“通道”面板，单击“通道”面板上的扩展按钮，在弹出的下拉菜单中选择“分离通道”选项，将拼合图像的通道分离为单独的图像。分离通道后，原文件会关闭，单个通道出现在单独的灰度图像窗口，新窗口中的标题栏显示原文件名。新图像中会保留上一次存储后的所有更改，而原图像则不保留这些更改。如图12-3-57所示为原图像及其通道，图12-3-58所示为执行“分离通道”命令后得到的图像效果。

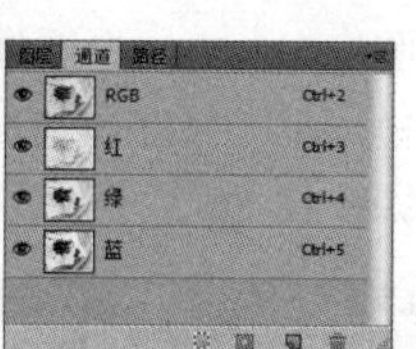


图12-3-57

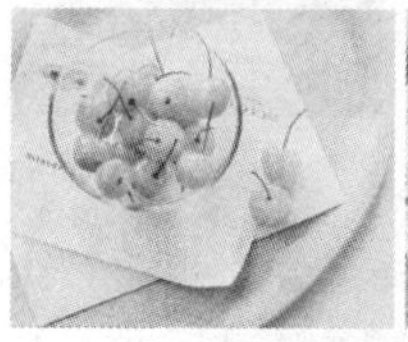

图12-3-58

## 实战 分离通道

第 12 章 / 实战 / 分离通道

打开一张素材图像，如图 12-3-59 所示，通道面板状态如图 12-3-60 所示。

图12-3-59

图12-3-60

单击“通道”面板上的扩展按钮，在弹出的下拉菜单中选择“分离通道”选项，将拼合图像的通道分离为单独的图像，得到的图像如图 12-3-61 所示。

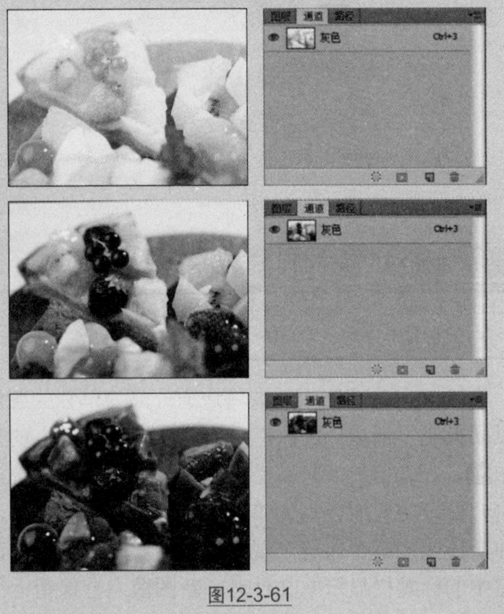

图12-3-61

### ※ 合并通道

在Photoshop CS6中，“合并通道”命令可以将多个灰度图像合并为一个图像的通道，合并的图像必须是在灰度模式下，并且具有相同的像素尺寸，处于打开的状态。如图12-3-62、图12-3-63和图12-3-64所示。

图12-3-62

图12-3-63

图12-3-64

在“通道”面板下拉菜单中选择“合并通道”选项，如图12-3-65所示，弹出“合并通道”对话框，在对话框中设置图像模式为“RGB颜色”，如图12-3-66所示，设置完毕后单击“确定”按钮，弹出“合并RGB通道”对话框，具体设置如图12-3-67所示。

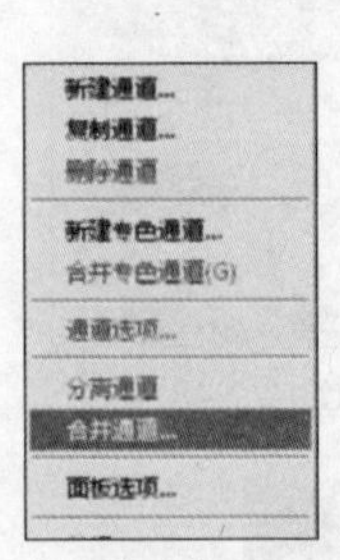

图12-3-65

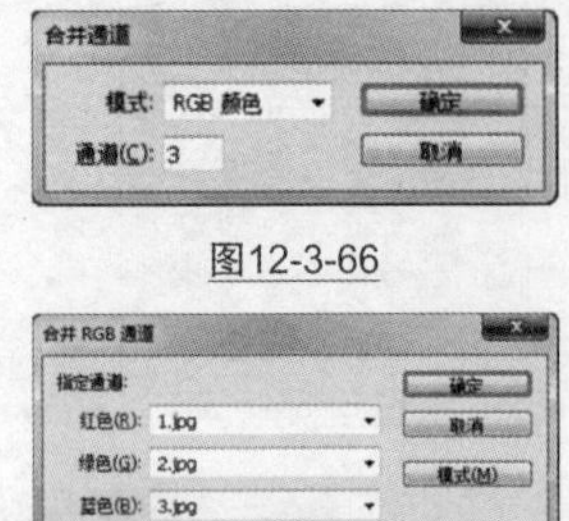

图12-3-66


图12-3-67

设置完毕后单击“确定”按钮，将图像合并为一个RGB图像，得到的图像效果如图12-3-68所示，通道面板状态如图12-3-69所示。

图12-3-68

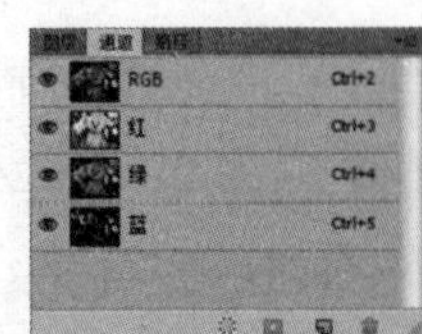

图12-3-69

**Tips 提示**

如果打开了四个灰度图像，可以在“模式”下拉列表中选择“CMYK”选项，将它们合并为一个CMYK图像。

在“合并RGB通道”对话框中，各个通道选择的图像文件不同，合并后的图像效果也各不相同。如图12-3-70和图12-3-71所示。

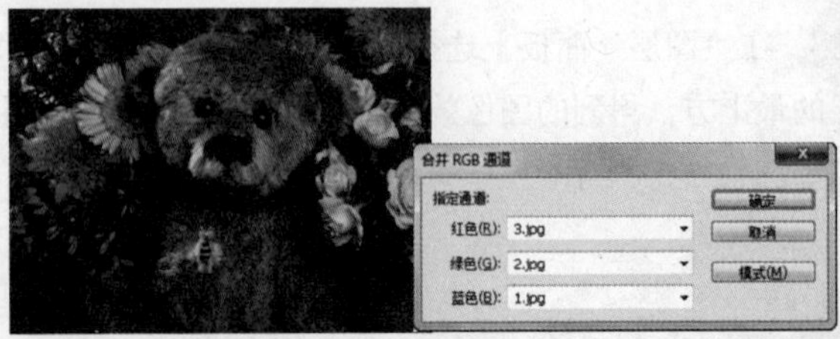

图12-3-70

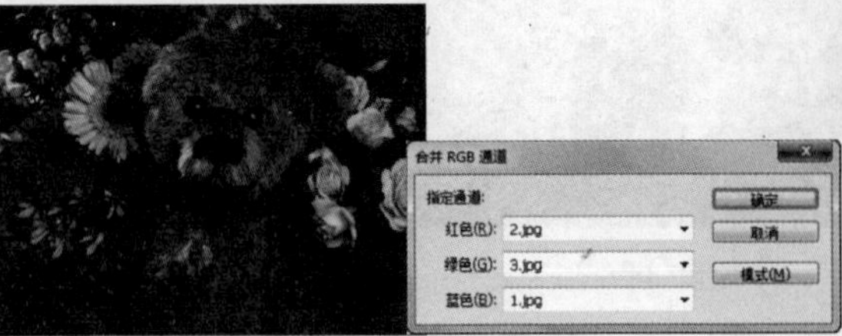

图12-3-71

## 12.3.9 编辑与修改专色

在图像中创建选区，如图12-3-72所示，创建专色通道，在弹出的“专色通道选项”对话框中选择“颜色”选项，在颜色库中选择专色并填充选区，如图12-3-73和图12-3-74所示。

图12-3-72

图12-3-73

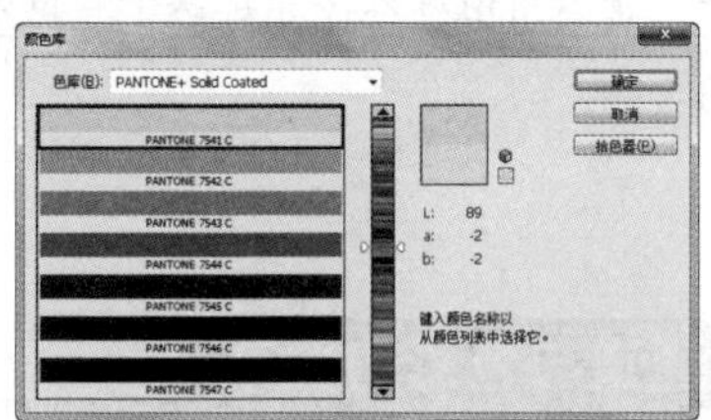
图12-3-74

创建专色通道后，可以使用绘画或编辑工具在图像中绘画。用黑色绘画可添加更多不透明度为100%的专色，如图12-3-75所示。

图12-3-75

用灰色绘画可添加不透明度较低的专色，如图12-3-76所示。在绘画或编辑工具选项栏中，“不透明度”选项决定了用于打印输出的实际油墨浓度。如果要修改专色，双击专色通道缩览图，在弹出的“专色通道选项”对话框中进行设置。

图12-3-76

## 12.3.10 在通道与图层中图像的相互粘贴

### ※ 将通道中的图像粘贴到图层中

打开需要的素材，在“通道”面板中单击“绿”通道，如图12-3-77所示；图像窗口中会显示“绿”通道的灰度图像，按快捷键Ctrl+A全选，按Ctrl+C键复制绿通道；按快捷键Ctrl+2切换回RGB复合通道，按快捷键Ctrl+V将复制的图像粘贴到一个新的图层，如图12-3-78所示。

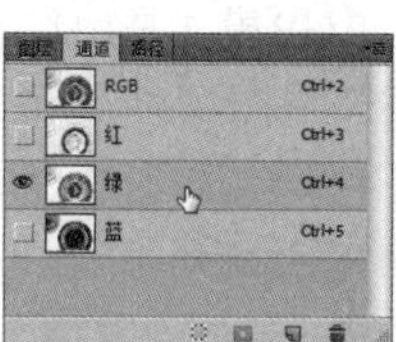
图12-3-77

图12-3-78

### ※ 将图层中的图像粘贴到通道中

打开需要的素材，按快捷键Ctrl+A全选，按Ctrl+C键复制图像；单击“通道”面板中的创建新通道按钮，新建一个Alpha通道，如图12-3-79所示；按快捷键Ctrl+V将复制的图像粘贴到该通道中，得到的图像效果如图12-3-80所示。

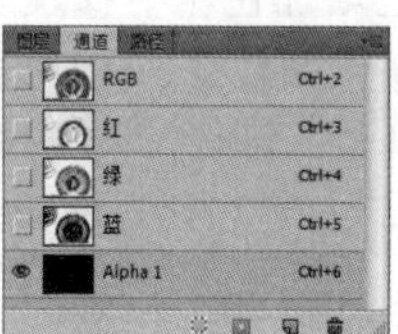
图12-3-79

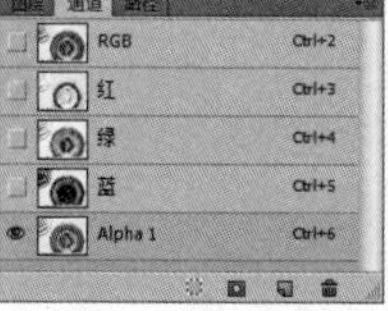
图12-3-80

# 12.4 通道与色彩调整

关键字 色彩的合成原理、色轮、通道与色彩的关系、通道与曲线、通道与色阶

在“通道”面板中，通道除了保存选区外，颜色通道记录了图像的颜色信息，如果对颜色通道进行调整，将影响整个图像的颜色。

## 12.4.1 色彩的合成原理

RGB模式是用红（R）、绿（G）、蓝（B）三种光线生成图像的，如图12-4-1所示。红与蓝混合产生洋红色；红与绿混合产生黄色；绿与蓝混合产生青色，如图12-4-1所示。

CMYK模式是用青（C）、洋红（M）、黄（Y）、黑（K）四种颜色来创建图像的，如图12-4-1所示。黄色与洋红混合产生红色；黄色与青色混合产生绿色；青色与洋红混合则产生蓝色，如图12-4-2所示。

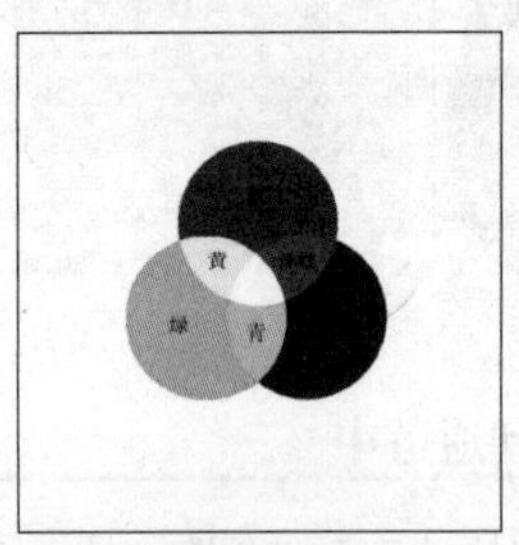

图12-4-1

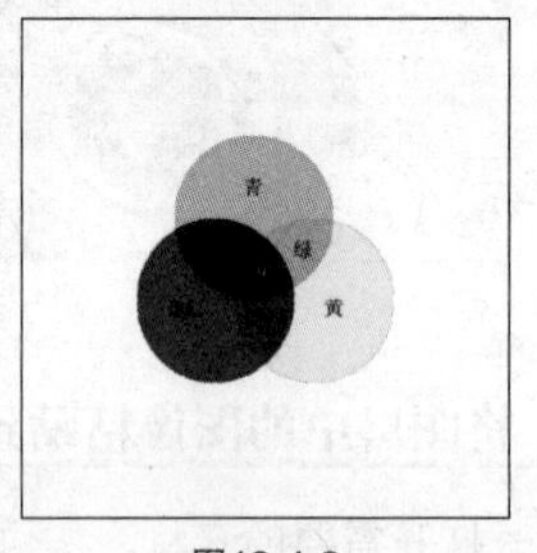

图12-4-2

## 12.4.2 色轮

通过色轮可以知道在通道中调整某一颜色时，对其他颜色会产生什么样的影响。图12-4-3所示为色轮，通过增加色轮中相反颜色的数量，可以减少图像中某种颜色的数量。在标准色轮上，在相对位置的颜色被称作补色。同样，通过调整色轮中两个相邻的颜色，甚至将两个相邻的色彩调整为其相反的颜色，可以增加或减少一种颜色。

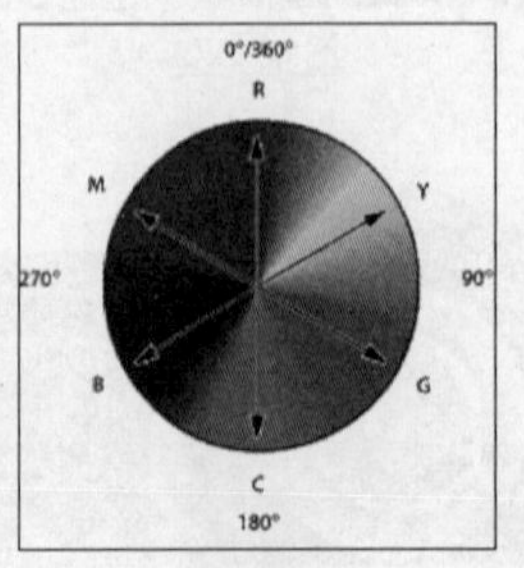


图12-4-3

在 RGB 图像中，可以通过删除红色和蓝色或通过添加绿色来减少洋红。所有这些调整都会得到一个包含较少洋红的整体色彩平衡。在 CMYK 图像中，可以通过减少洋红的数量或增加其补色（增加青色和黄色）来减少洋红。甚至可以结合这两种校正，最小化它们对总体明度的影响。

## 12.4.3 通道与色彩的关系

在RGB模式的图像中，颜色通道中的灰色代表一种颜色的多少，明亮的区域表示含有大量相对应的颜色，而暗的区域则表示含有相对应的颜色较少。如果需要在图像中增加某种颜色，只需将相应的通道调亮；如要减少某种颜色，将相应的通道调暗即可。图12-4-4所示为一个RGB模式的图像，将其“红”通道调亮可以增加红色，相应减少其补色——绿色，如图12-4-5所示，将其“红”通道调暗可以减少红色，相应增加其补色——绿色，如图12-4-6所示。

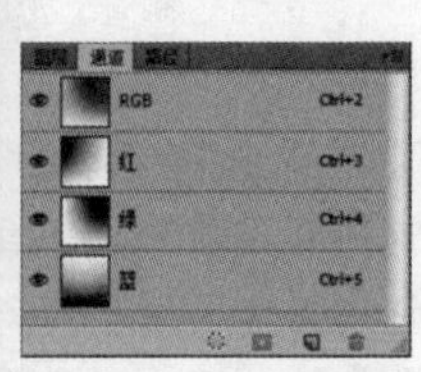


图12-4-4

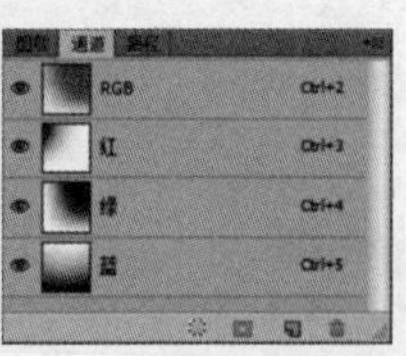


图12-4-5

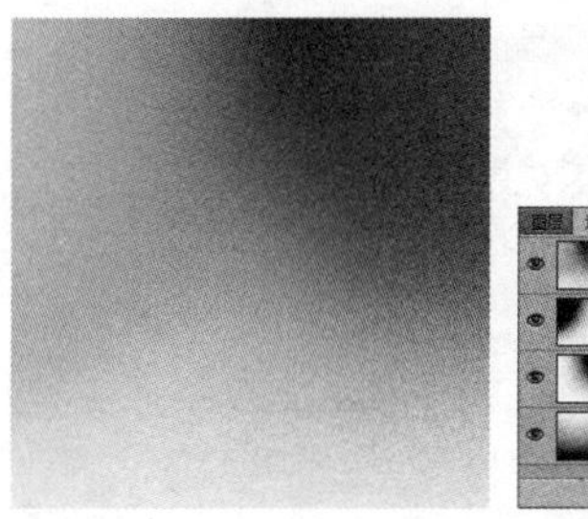
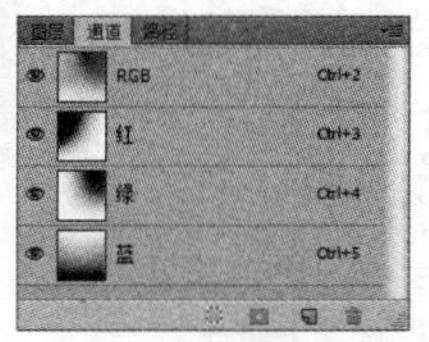

图12-4-6

**Tips 提示**

CMYK 模式与 RGB 模式正好相反。在 CMYK 模式的图像当中，通道较亮的表示图像中缺少该颜色，通道较暗的则表示图像中包含大量该颜色。如果要增加某种颜色，只需要将相应的通道调暗；如要需要减少某种颜色将相应的通道调亮即可。

## 12.4.4 通道与曲线

在“曲线”对话框中包含通道选项，在该选项中可以选择不同的颜色通道进行调整，如图12-4-7所示。选择如图12-4-8所示的素材图像，打开“曲线”对话框后选择“红”通道，上扬曲线可将图像的整体颜色向红色转换，如图12-4-9和图12-4-10所示。下降曲线可将图像的整体颜色向青色转换，如图12-4-11和图12-4-12所示。

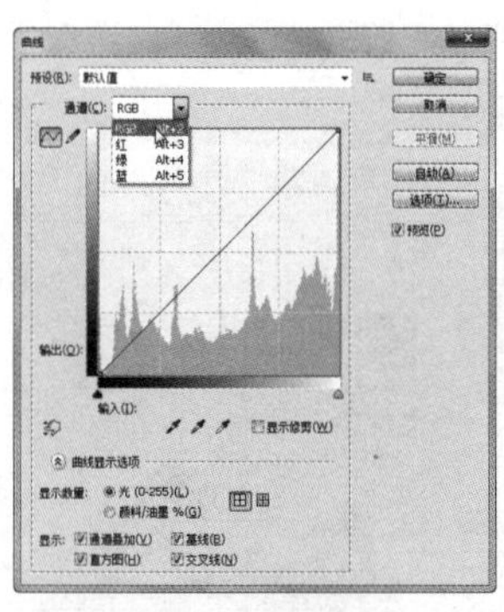

图12-4-7　图12-4-8

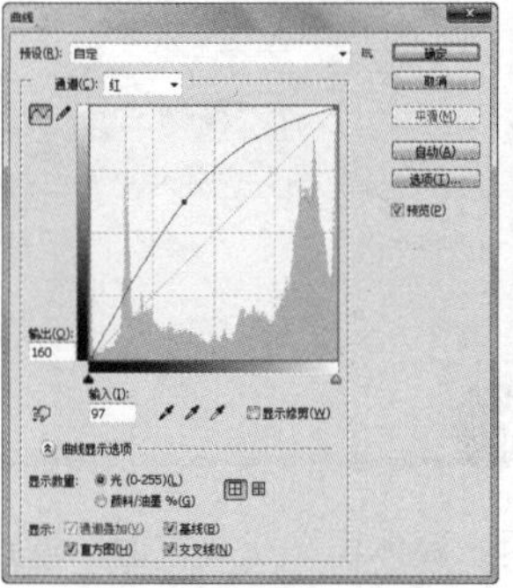

图12-4-9　图12-4-10

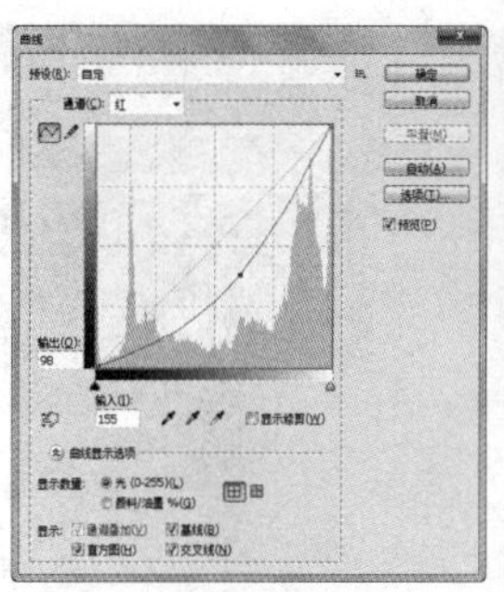

图12-4-11　图12-4-12

选择“绿”通道时，上扬曲线可将图像的整体颜色向绿色转化，如图12-4-13和图12-4-14所示。下降曲线可将图像的整体颜色向洋红转换，如图12-4-15和图12-4-16所示。

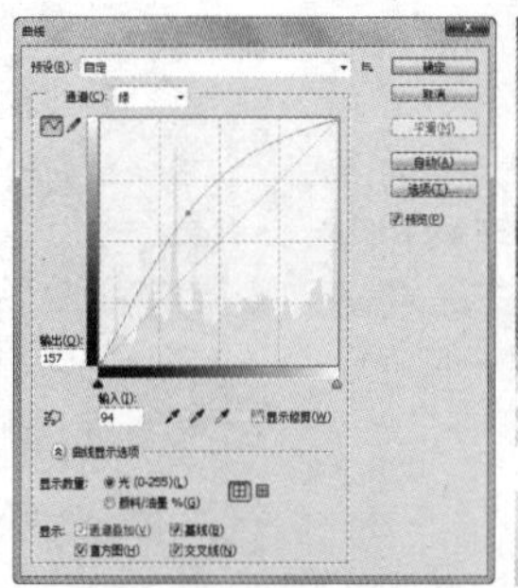

图12-4-13　图12-4-14

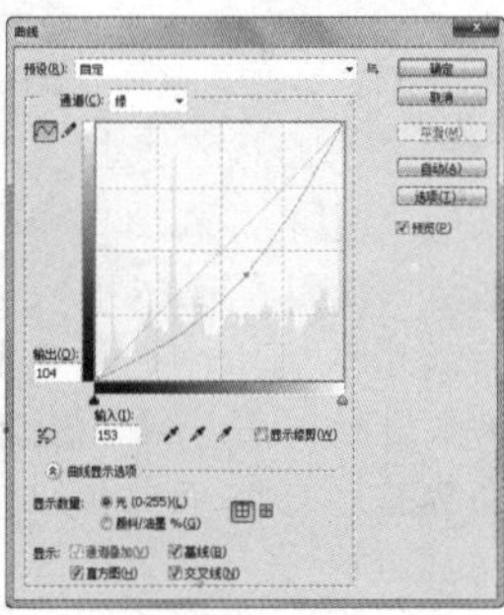

图12-4-15　图12-4-16

选择“蓝”通道时，上扬曲线可将图像的整体颜色向蓝色转化，如图12-4-17和图12-4-18所示。下降曲线可将图像的整体颜色向黄色转换，如图12-4-19和图12-4-20所示。

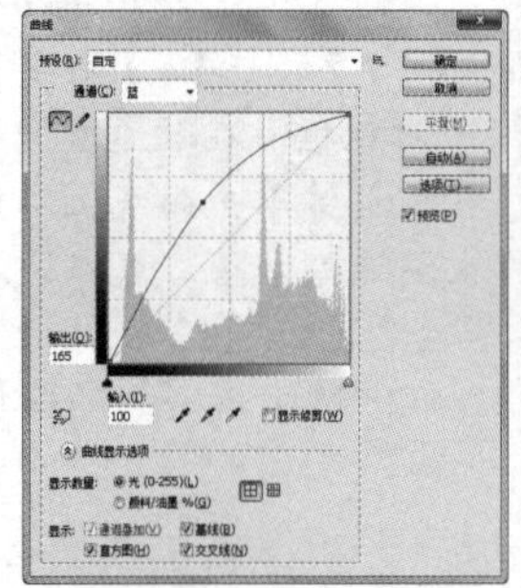

图12-4-17　图12-4-18

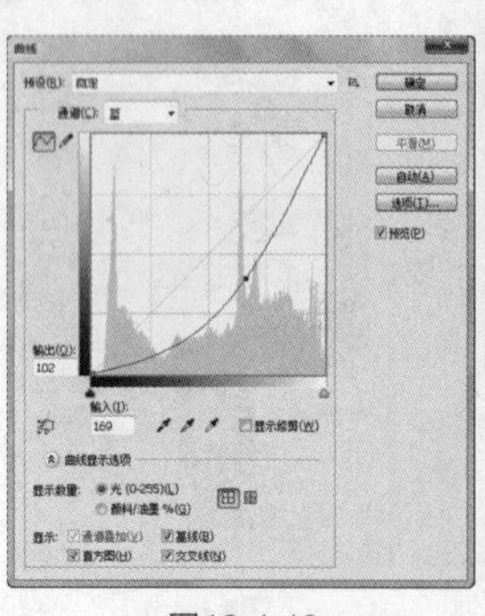
图12-4-19

图12-4-20

## 实战 调整曲线通道

第 12 章 / 实战 / 调整曲线通道

在处理数码照片时，曲线通道可以用来校正照片中的色温偏差。打开如图 12-4-21 所示的素材图像，从图中可以发现图像整体色调是偏暖黄色，接下来将通过调整曲线通道来解决这一问题。

图12-4-21

执行【窗口】/【信息】命令，调出“信息”面板，选择工具箱中的吸管工具，在图像中做标记，通过“信息”面板来观察标记处的通道值变化，也就是靠信息面板来进行调色。按住 Shift 键单击图像中的任意点做标记，如图 12-4-22 所示。

图12-4-22

观察“信息”面板，在相应位置记录标记点的 RGB 值，此时该点的 RGB 值如图 12-4-23 所示。由此可以发现“红”通道值比较大，“蓝”通道的值比较小，造成了图像的偏色，通过这个比较就可以对图像进行调整了。执行【图像】/【调整】/【曲线】命令（Ctrl+L），弹出“曲线”对话框，在“通道”下拉列表中选择“蓝”通道，按 Ctrl 键单击曲线上的任意位置，向上拖动曲线，增大通道的数值，可以通过观察“信息”面板来确定，参数设置如图 12-4-24 所示，“信息”面板状态如图 12-4-25 所示，得到的图像效果如图 12-4-26 所示。

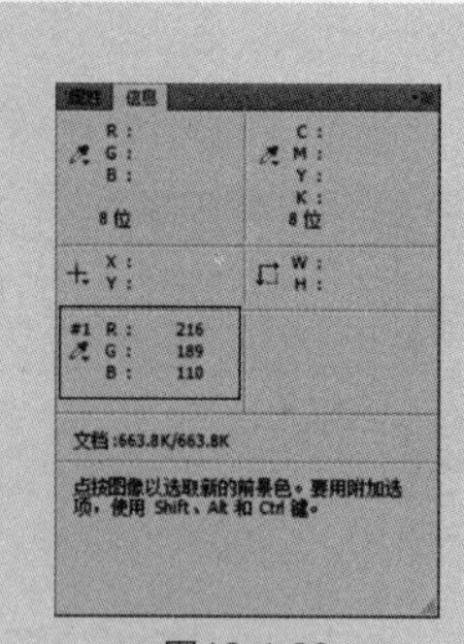
图12-4-23

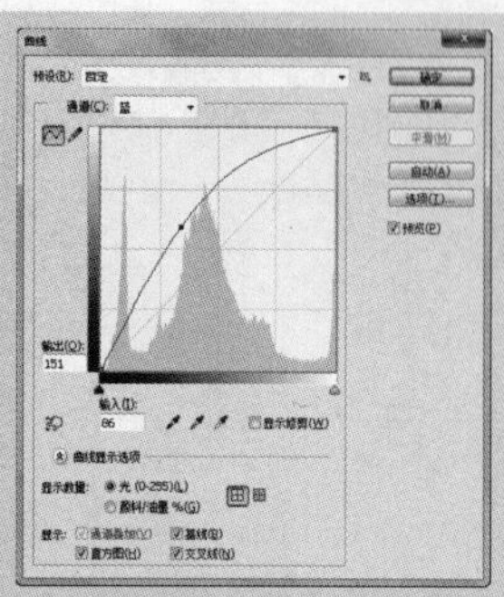
图12-4-24

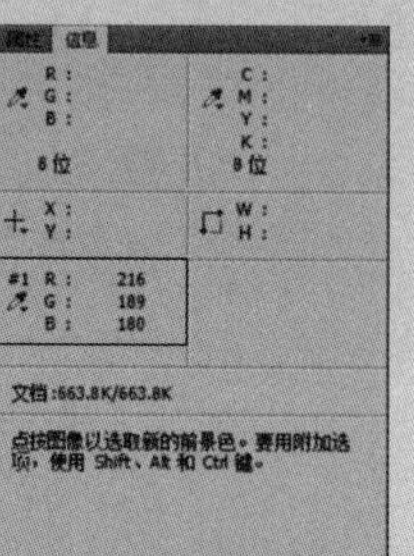
图12-4-25

图12-4-26

使用同样的方法调整“红”通道，如图 12-4-27 所示。此时“信息”面板上 RGB 数值与未调整之前相比，三个通道的数值已经接近，“信息”面板状态如图 12-4-28 所示，调整完毕后单击“确定”按钮，得到的图像效果如图 12-4-29 所示。

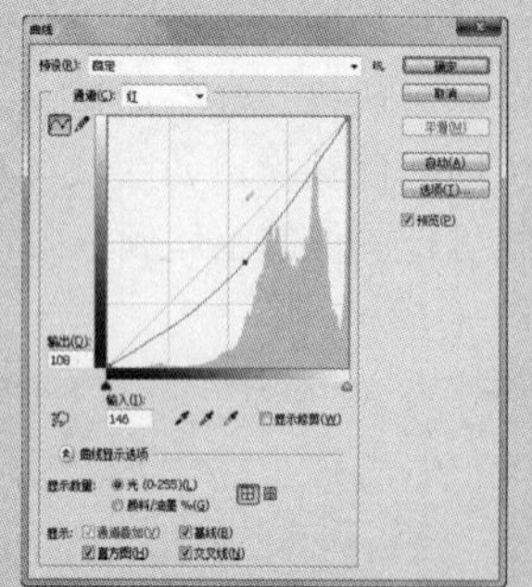
图12-4-27

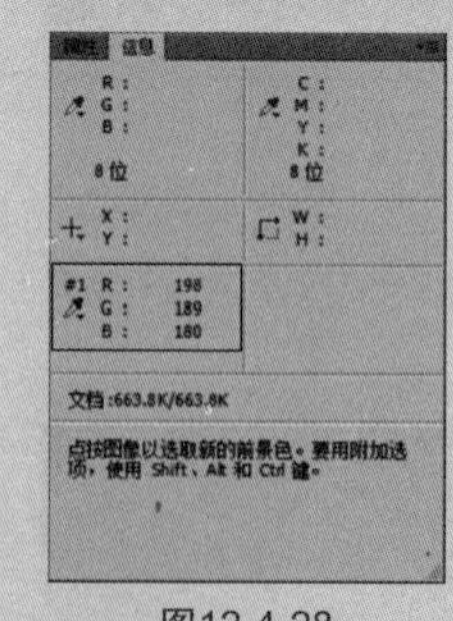
图12-4-28

图12-4-29

### 12.4.5 通道与色阶

色阶在通道中的运用主要体现在三个方面。通过调整通道的亮度和对比度可增强图像主体对象与背景之间的差别，以便于进行选取。通过选择一个或者多个通道进行调整来增强或减弱图像的某些颜色，从而达到调整图像的目的。通过调整选区的亮度创建浮雕、金属和裂纹效果。

数码照片一般都是RGB模式的图像，因此对RGB模式的图像调整最为常用。RGB模式是用R（红）、G（绿）和B（蓝）三种光线创建图像，R（红）和G（绿）混合可产生黄色光；R（红）和B（蓝）混合可产生洋红色光；G（绿）和B（蓝）混合可产生青色光。

## 实战 调整色阶通道

第 12 章 / 实战 / 调整色阶通道

打开如图 12-4-30 所示的 RGB 模式的图像文件，观察“通道”面板可以发现，各个通道颜色的亮度是有差别的，较亮的通道表示图像中包含大量的该颜色信息（图中“红”通道），而较暗的通道则表示图像中缺少该颜色信息（图中“蓝”通道）。了解以上原理后就可以通过调整光线的强度来修改图像的颜色了，当需要在图像中增加某种颜色时，可以将相应的通道调亮；当需要减少某种颜色时，可将相应的通道调暗。

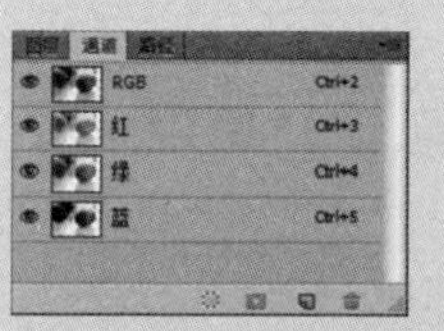

图12-4-30

执行【图像】/【调整】/【色阶】命令，弹出“色阶”对话框，在“通道”下拉菜单中选择“红”通道，向左拖动中间灰色滑块，如图 12-4-31 所示，增强图像中的红色，得到的图像效果如图 12-4-32 所示；向右拖动中间灰色滑块，如图 12-4-33 所示，减弱图像中的红色，得到的图像效果如图 12-4-34 所示。

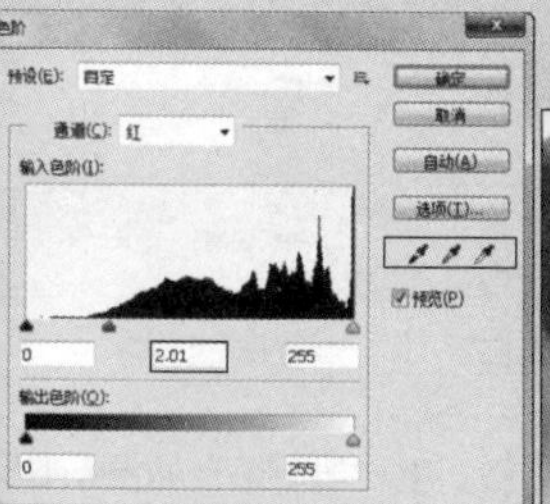

图12-4-31 图12-4-32

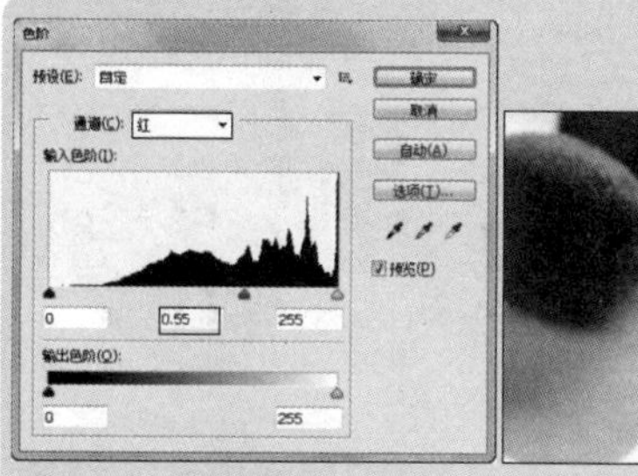

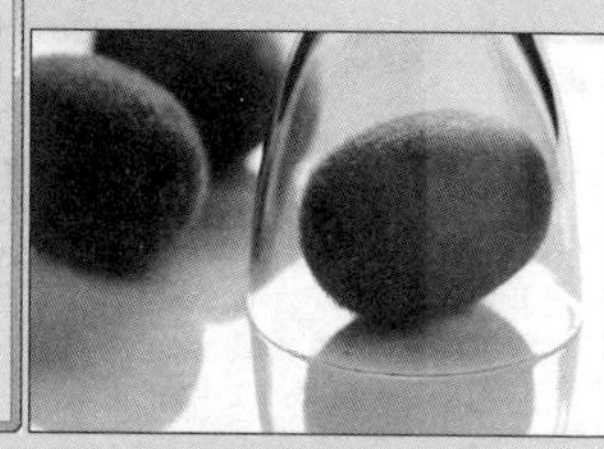
图12-4-33 图12-4-34

继续在“通道”下拉菜单中选择“绿”通道，向左拖动中间灰色滑块，如图 12-4-35 所示，增强图像中的绿色，得到的图像效果如图 12-4-36 所示；向右拖动中间灰色滑块，如图 12-4-37 所示，减弱图像中的绿色，得到的图像效果如图 12-4-38 所示。

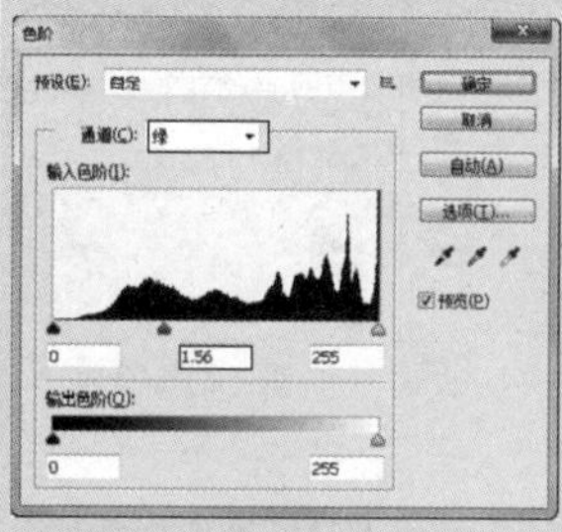

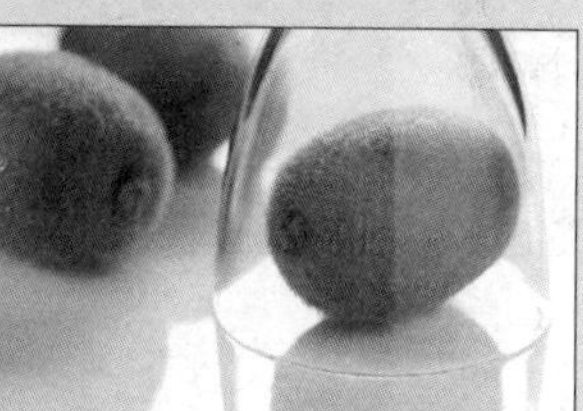
图12-4-35 图12-4-36

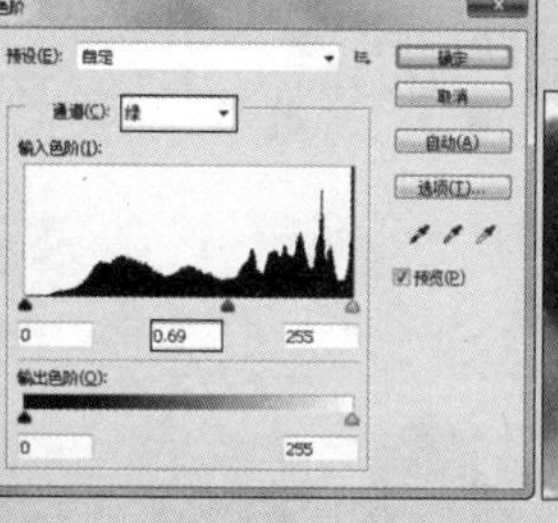

图12-4-37 图12-4-38

继续在“通道”下拉菜单中选择“蓝”通道，向左拖动中间灰色滑块，如图 12-4-39 所示，增强图像中的蓝色，得到的图像效果如图 3-1-40 所示；向右拖动中间灰色滑块，如图 12-4-41 所示，减弱图像中的蓝色，得到的图像效果如图 12-4-42 所示。

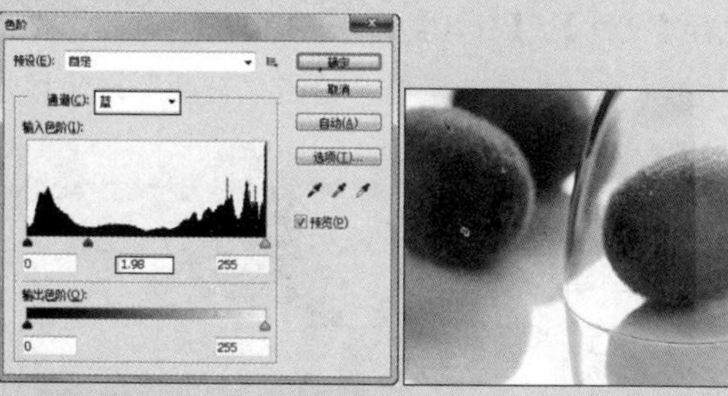

图12-4-39 图12-4-40

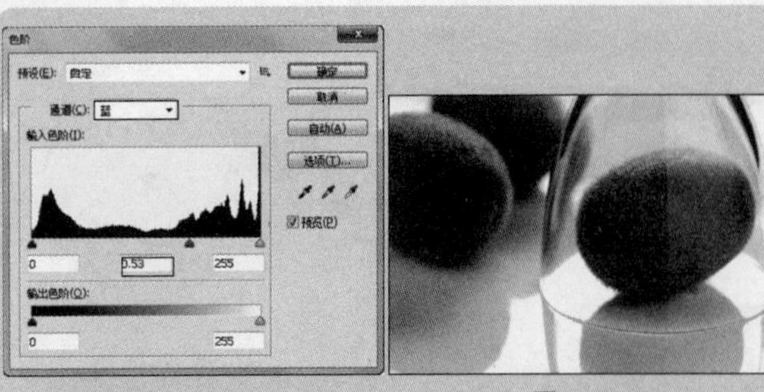

图12-4-41　　图12-4-42

对比调整后的“通道”面板，“绿”通道已经变为“通道”面板中最亮的通道，如图 12-4-43 所示；“绿”通道与“蓝”通道偏暗，这说明图像中缺少大量的绿色和蓝色，如图 12-4-44 所示；“红”通道与“绿”通道偏亮，因此图像的总体颜色以红色和黄色为主，如图 12-4-45 所示。

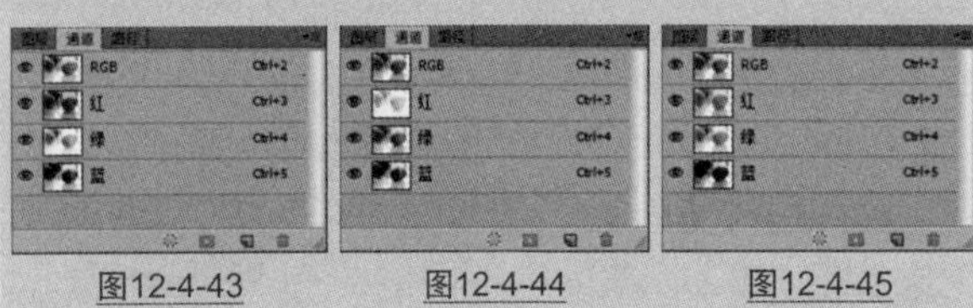

图12-4-43　　图12-4-44　　图12-4-45

训练营 第 12 章 / 训练营 /02 用色阶调整灰蒙蒙的照片

## 02 用色阶调整灰蒙蒙的照片

▲ 复制“背景”图层得到“背景副本”图层
▲ 用“色阶”命令分别调整图像的“红”、“绿”和“蓝”通道

01 执行【文件】/【打开】命令（Ctrl+O），弹出“打开”对话框，选择需要的素材，单击“打开”按钮打开图像，如图12-4-46所示。将“背景”图层拖曳至“图层”面板中的创建新图层按钮上，得到“背景副本”图层。

图12-4-46

02 单击“图层”面板上的创建新的填充或调整图层按钮，在弹出的下拉菜单中选择“色阶”选项，在弹出的调整面板中设置具体参数，如图12-4-47、图12-4-48、图12-4-49和图12-4-50所示；得到的图像效果如图12-4-51所示。

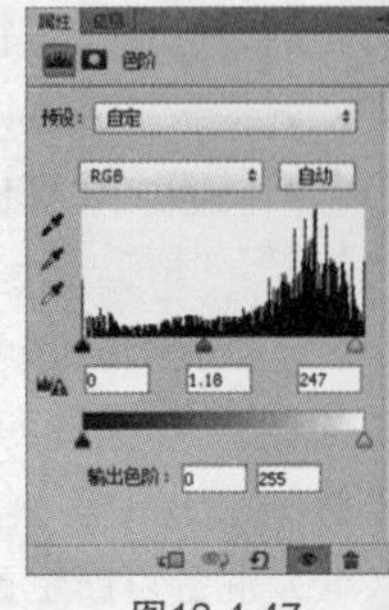

图12-4-47

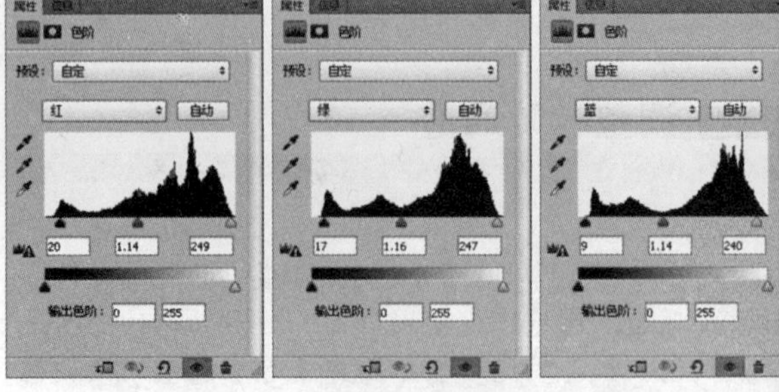

图12-4-48　　图12-4-49　　图12-4-50

图12-4-51

### Tips 提示

从图中可以发现，通过分别调整 3 个颜色通道，可以分层次解决像素过多集中在中间调部分而高光和暗调缺乏像素的情况。

03 选择工具箱中的套索工具，在其工具选项栏中将羽化值设置为50，在图像中人物的上半部分区域绘制选区，如图12-4-52所示。

图12-4-52

04 添加“曲线”调整图层，在“调整”面板中设置具体参数，如图12-4-53所示，得到的图像效果如图12-4-54所示。

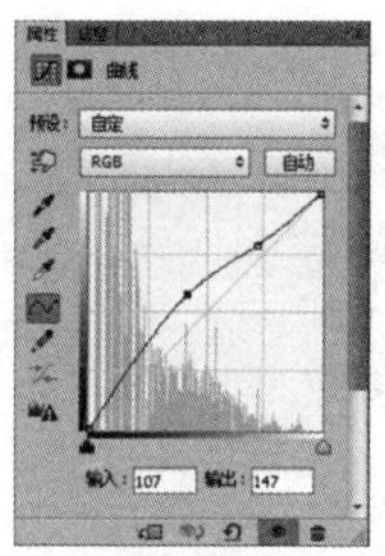
图12-4-53

图12-4-54

05 选择工具箱中的套索工具，在其工具选项栏中将羽化值设置为50，在图像中人物的下半部分区域绘制选区，如图12-4-55所示。

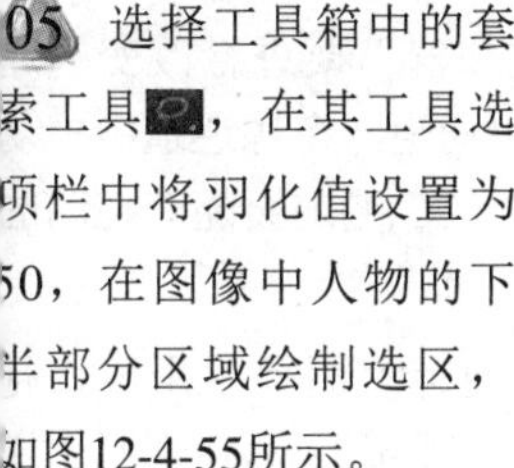

图12-4-55

06 添加“曲线”调整图层，在“调整”面板中设置具体参数，如图12-4-56所示，得到的图像效果如图12-4-57所示。

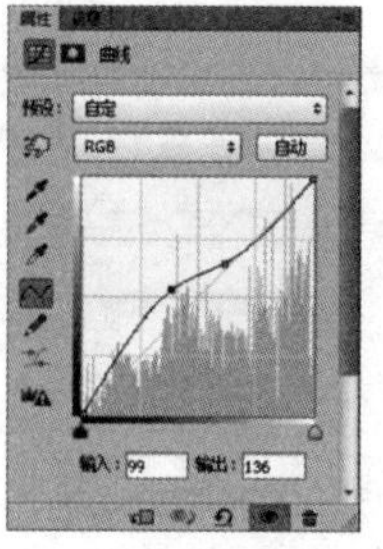
图12-4-56

图12-4-57

07 添加“亮度/对比度”调整图层，在“调整”面板中设置具体参数，如图12-4-58所示，得到的图像效果如图12-4-59所示。

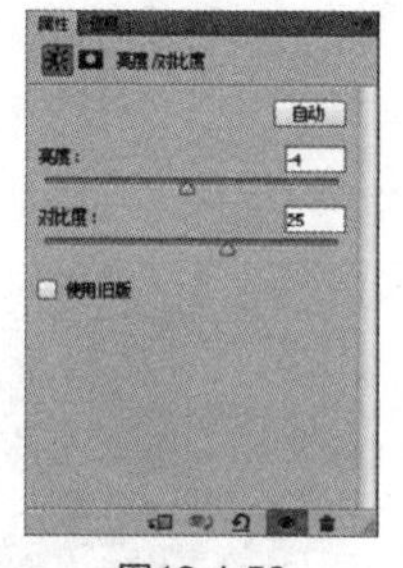
图12-4-58

图12-4-59

# 12.5 通道混和器功能研究

**关键字** 了解【通道混和器】命令对话框、调整图像颜色、创建双色调、创建灰度图

“通道混和器”命令可使用图像中现有的(源)颜色通道的混合来修改目标(输出)颜色通道，它主要有以下功能：

1. 通过从每个颜色通道中选取它所占的百分比来创建高品质的灰度图像。
2. 可以创建高品质的棕褐色调或其他彩色图像。
3. 可以修改颜色通道并使用其他颜色调整工具进行不易实现的色彩调整和创意颜色调整。

## 12.5.1 了解【通道混和器】命令对话框

打开一个需要的素材，如图12-5-1所示，执行【图像】/【调整】/【通道混和器】命令（或者添加“通道混和器”调整图层），可以弹出“通道混和器”对话框如图12-5-2所示。

图12-5-1

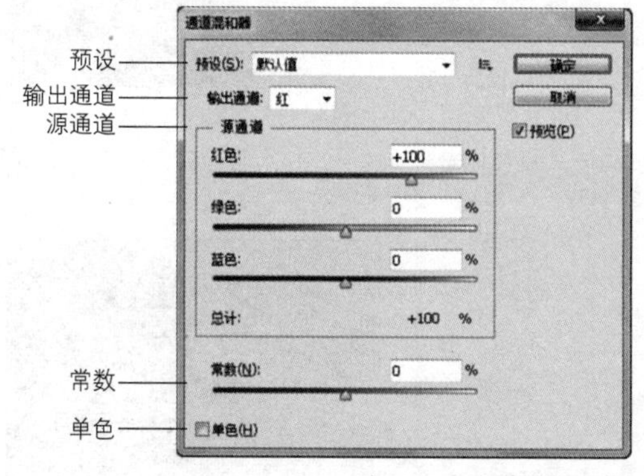

图12-5-2

## ※ 预设

预设是Photoshop CS6自带的一些参数设置，根据这些设置可以快捷地将图像调整成为高品质的灰度图像，单击“预设”文本框右侧的扩展按钮，会弹出如图12-5-3所示的下拉菜单，在其中选择不同的预设，得到的图像效果也各不相同。

图12-5-3

如图12-5-4、图12-5-5、图12-5-6和图12-5-7所示分别为选择不同预设参数时的效果。

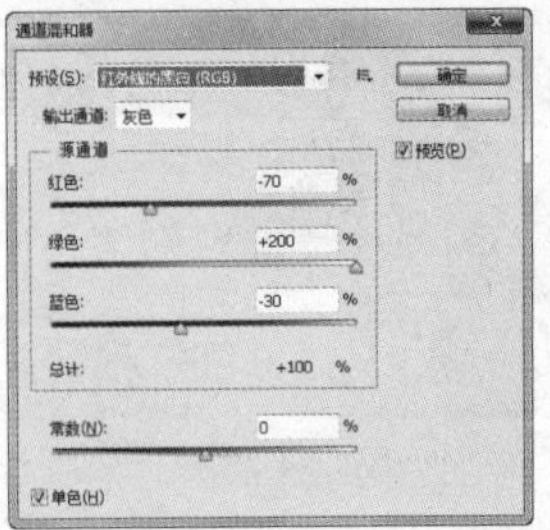
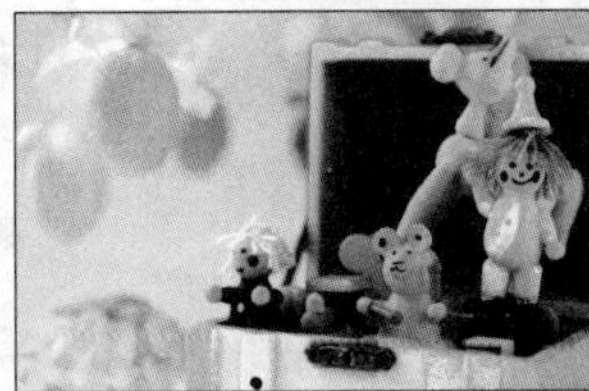

图12-5-4

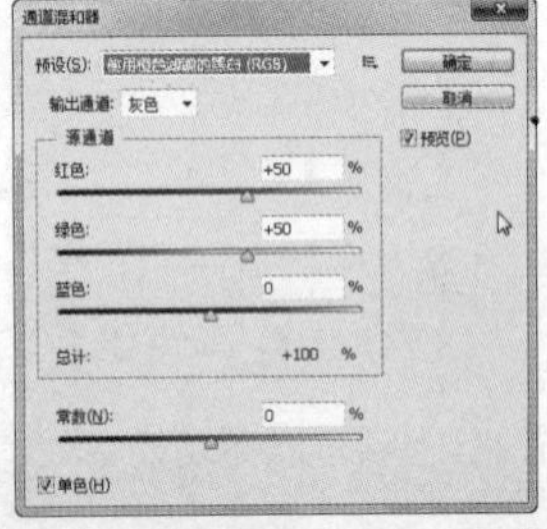

图12-5-5

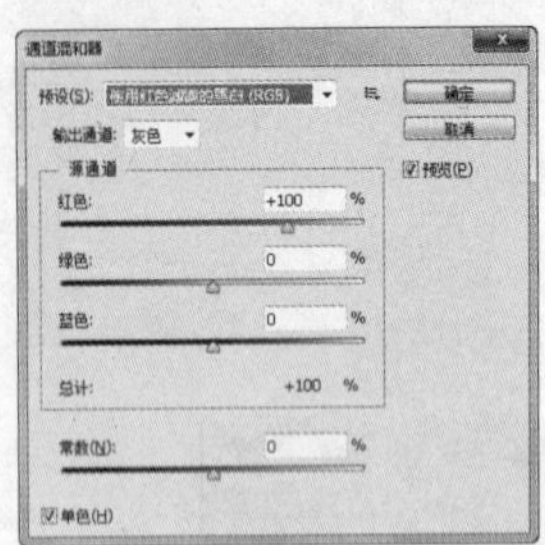

图12-5-6

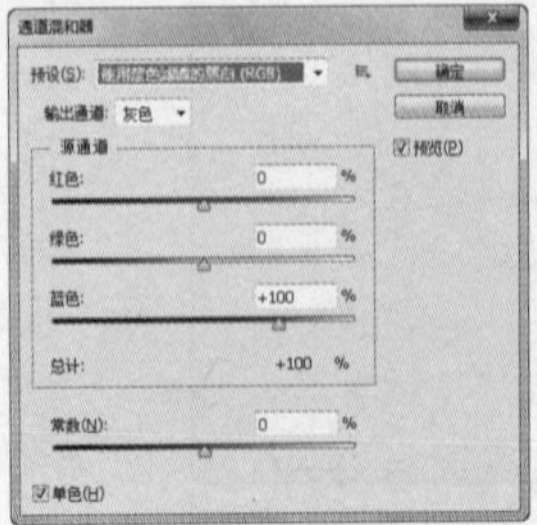

图12-5-7

### Tips 提示

在选择不同的预设时观察“源通道”中各个颜色滑块的位置，可以看到选择的输出通道都是“灰色”，用某种颜色的滤镜就是将某种颜色的滑块向右拖动。比如，“使用红色滤镜的黑白（RGB）”预设中就是将“源通道”中的红色滑块移动到100%的位置。

## ※ 输出

输出通道是通过“通道混和器”要进行改变的通道。例如，当前的红通道是输出通道，在源通道中拖动红色滑块，“通道”面板中的“红”通道会随着拖动的方向发生变化。

图12-5-8所示为原图和“通道”面板效果，执行【图像】/【调整】/【通道混和器】命令，弹出“通道混和器”对话框，将红色滑块向左拖动，如图12-5-9所示；观察“通道”面板，“红”通道已经变成了一片黑色，“红”通道中已经没有红色了，得到的图像效果如图12-5-10所示。

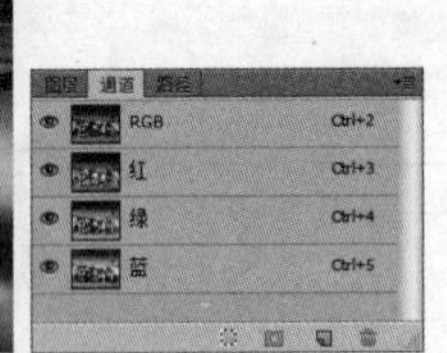

图12-5-8

图12-5-9

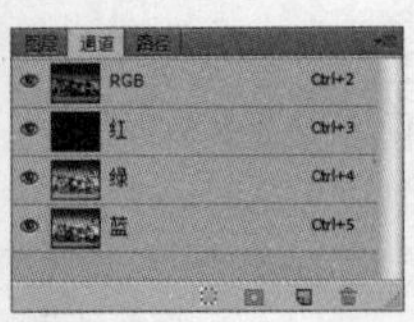

图12-5-10

若在源通道中拖动其他颜色滑块，图像中还是只有“红”通道会发生变化，其他通道不会发生变化，如图12-5-11所示。

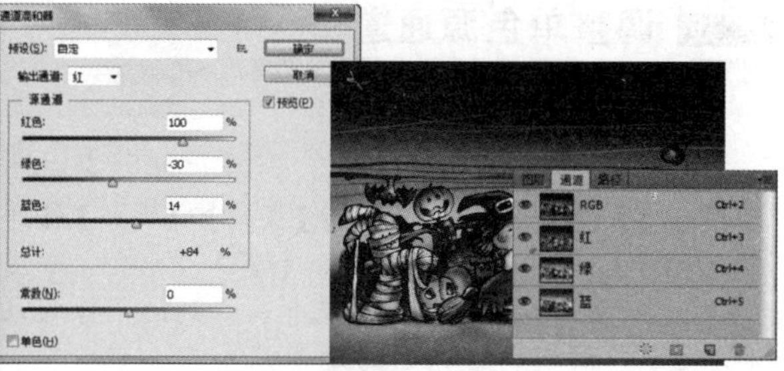
图12-5-11

## ※ 源通道

源通道就是指图像的三个通道，在源通道部分可以通过调整各个通道的滑块来控制其对应像素的百分比，在选定了输出通道的前提下，拖动源通道中的各个颜色滑块，能够控制“输出通道”中各层次的灰度所占的比列，从而控制该输出通道的颜色在图像中的显示。

## 实战 调整源通道

第 12 章 / 实战 / 调整源通道

打开一个需要的素材，如图 12-5-12 所示为原图和“通道”面板效果。执行【图像】/【调整】/【通道混和器】命令，弹出“通道混和器”对话框，如图 12-5-13 所示，选择“蓝”输出通道，在源通道部分将蓝色滑块向左拖动至 45% 位置，在“通道”面板中可以看到“蓝”通道变暗了，图像中蓝色减少，画面呈现偏黄的色调，得到的效果如图 12-5-14 所示。

图12-5-12

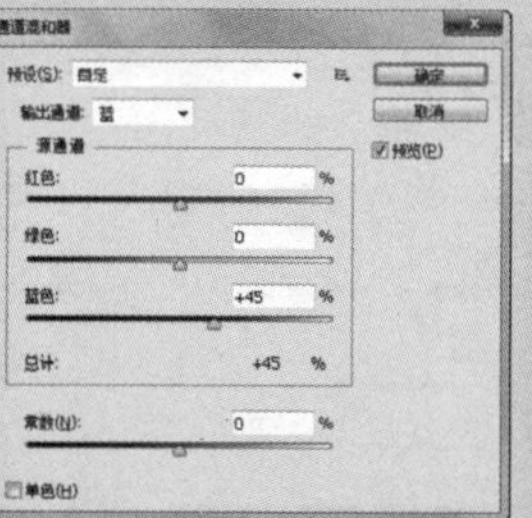
图12-5-13

图12-5-14

在“通道混和器”对话框中，将输出通道设置为“绿”，在源通道中将绿色滑块向左拖动至 60% 位置，如图 12-5-15 所示；在“通道”面板中可以看到“绿”通道变暗了，图像中绿色减少，画面呈现偏红的色调，得到的效果如图 12-5-16 所示。

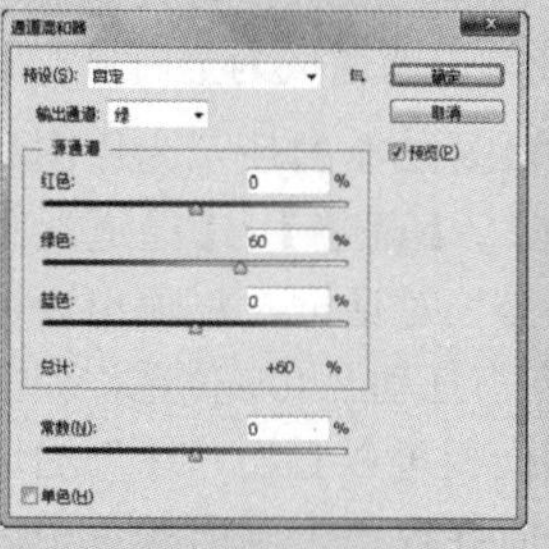
图12-5-15

图12-5-16

在“通道混和器”对话框中，将输出通道设置为“红”，在源通道中将红色滑块向左拖动至 75% 位置，如图 12-5-17 所示；在“通道”面板中可以看到“红”通道变暗了，图像中红色减少，画面呈现特殊的效果，得到的效果如图 12-5-18 所示。

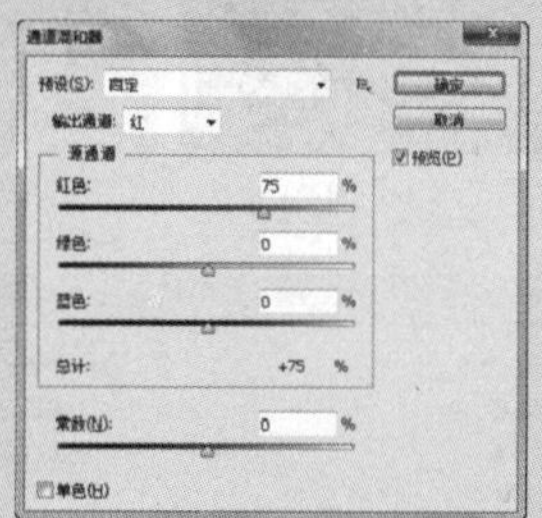
图12-5-17

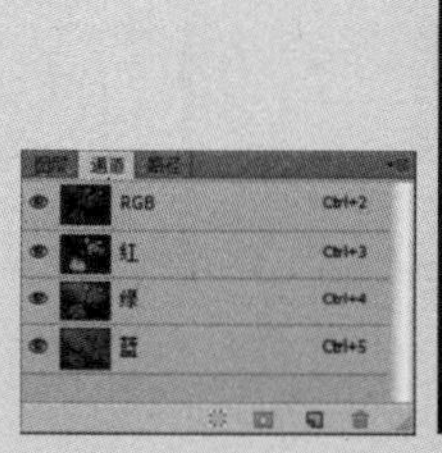

图12-5-18

执行【图像】/【调整】/【曲线】命令（Ctrl+M），弹出“曲线”对话框，具体设置如图 12-5-19 所示，得到的图像效果如图 12-5-20 所示。

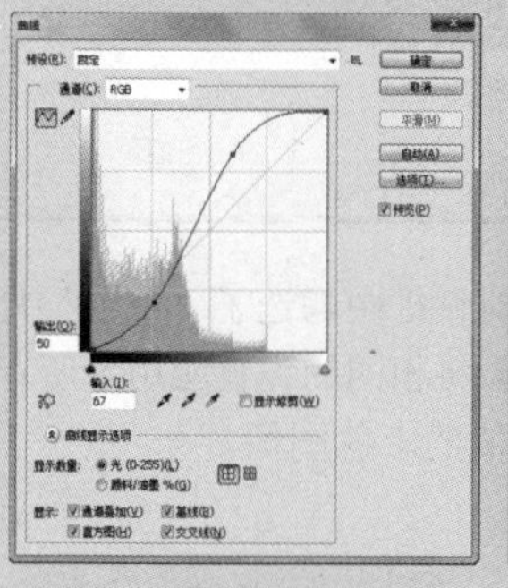
图12-5-19

图12-5-20

## ※ 常数

常数选项用于调整输出通道的灰度值。负值增加更多的黑色，正值增加更多的白色。-200%值将使输出通道成为全黑，而+200%值将使输出通道成为全白。

打开一个需要的素材，如图12-5-21所示为原图和“通道”面板。执行【图像】/【调整】/【通道混和器】命令，弹出“通道混和器”对话框，将输出通道设置为“绿”，将常数滑块向右拖动至40%位置，如图12-5-22所示，观察“通道”面板可以看出“绿”通道整体增加了更多的白色，从而导致整个画面颜色中绿色部分增多，得到的图像效果和“通道”面板状态如图12-5-23所示。

图12-5-21

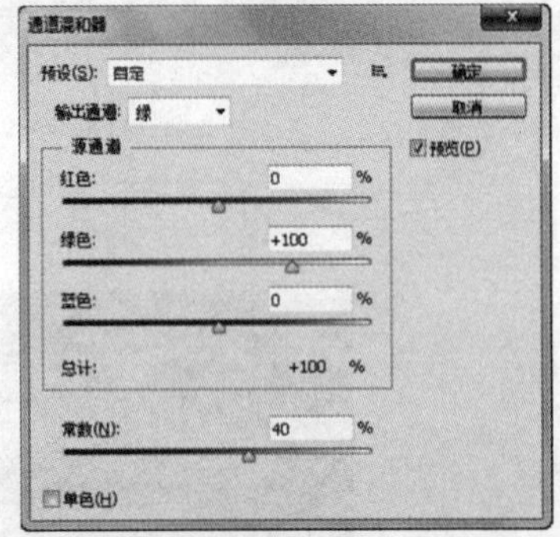


图12-5-22

图12-5-23

## ※ 单色

如果在“通道混和器”对话框中勾选了“单色”复选框，那么Photoshop CS6就会将相同的设置应用于所有输出通道，创建只包含灰色值的彩色图像。

## 实战 调整单色源通道

第 12 章 / 实战 / 调整单色源通道

打开一个需要的素材图像，如图 12-5-24 所示为原图和“通道”面板状态。执行【图像】/【调整】/【通道混和器】命令，弹出“通道混和器”对话框，如图 12-5-25 所示勾选“单色”复选框，得到的图像效果和“通道”面板如图 12-5-26 所示。

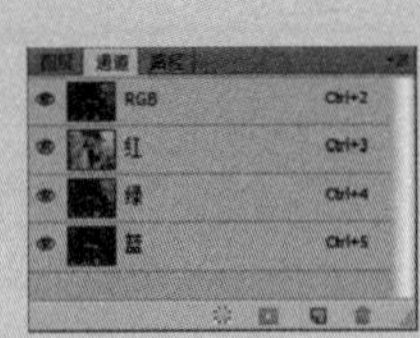


图12-5-24

图12-5-25

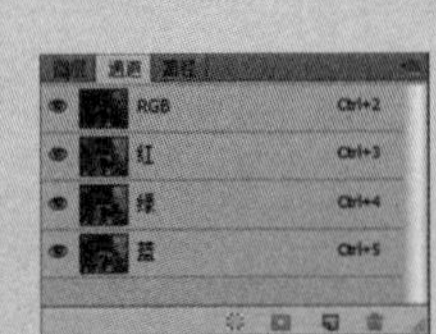


图12-5-26

在“通道混和器”对话框中取消对“单色”复选框的勾选，在各个输出通道中调整源通道，如图 12-5-27、图 12-5-28 和图 12-5-29 所示，得到的图像效果和“通道”面板如图 12-5-30 所示。

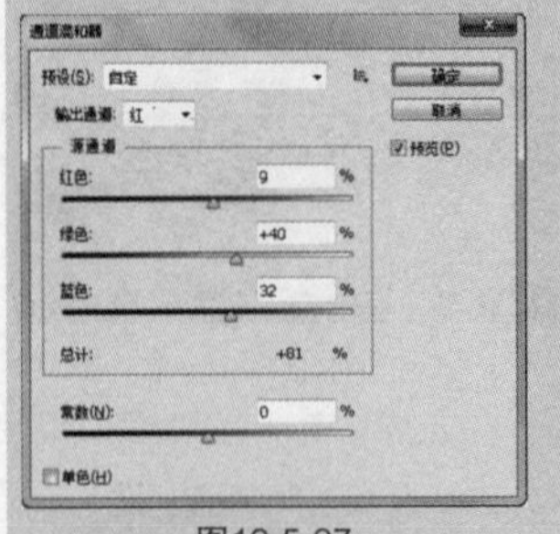


图12-5-27

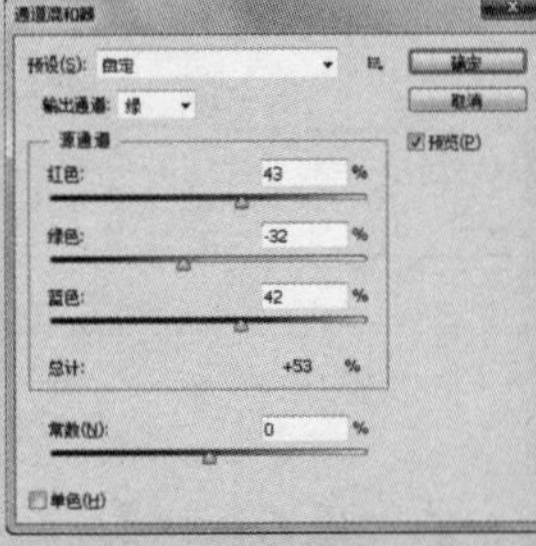


图12-5-28

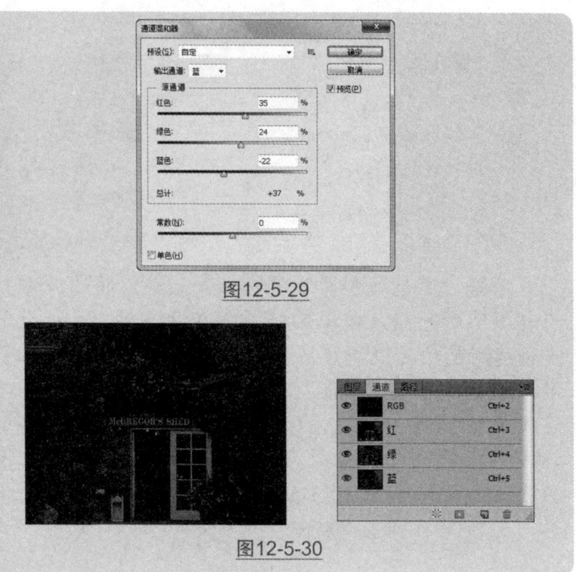
图12-5-29

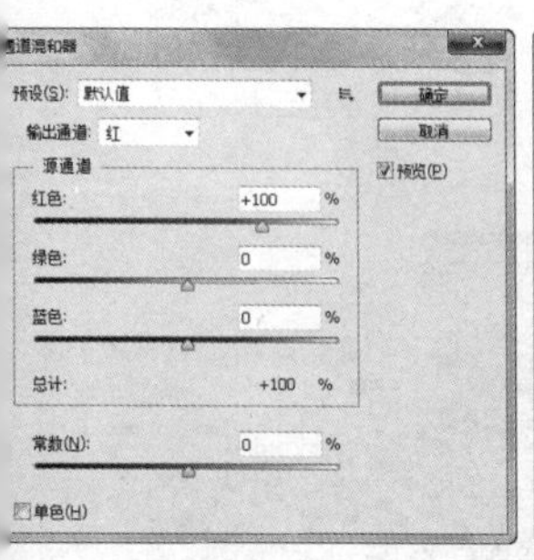

图12-5-30

## 12.5.2 调整图像颜色

通道混合器的主要功能之一就是调整图像颜色。执行【图像】/【调整】/【通道混和器】命令（或者添加“通道混和器”调整图层），可以弹出“通道混和器”对话框，如图12-5-31所示，在通道混和器对话框的“通道”选项下拉菜单中可以选择红、绿和蓝（RGB模式的图像）通道进行调整，选取某个输出通道会将该通道的源滑块设置为100%，并将所有其他通道设置为0%。例如，如果选取“蓝”通道作为输出通道，则会将“源通道”中的“蓝色”滑块设置为100%，并将“红色”和绿色的滑块设置为0%，如图12-5-32所示。

图12-5-31

图12-5-32

将任何源通道的滑块向右拖动可以增加该通道在输出通道中所占的百分比，向左拖动可减小该百分比。在RGB模式的图像中，向右移动滑块可增加输出通道的光线，向左移动可以减少光线；对于CMYK模式的图像来说，向右移动滑块可增加油墨，从而加深通道的颜色，向左移动可减少油墨，从而提高通道的亮度。如图12-5-33所示为一个RGB模式的图像，如图12-5-34所示向右拖动“红”通道滑块时，得到的图像效果如图12-5-35所示。

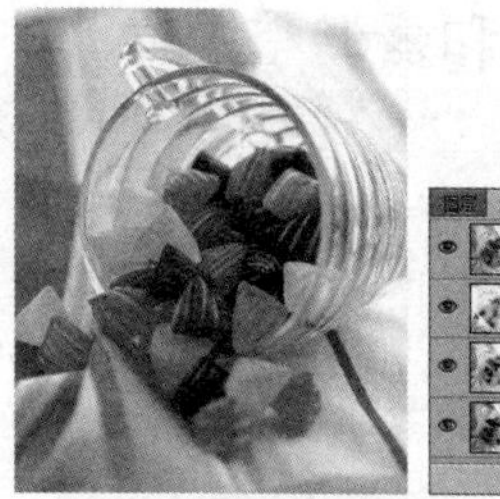
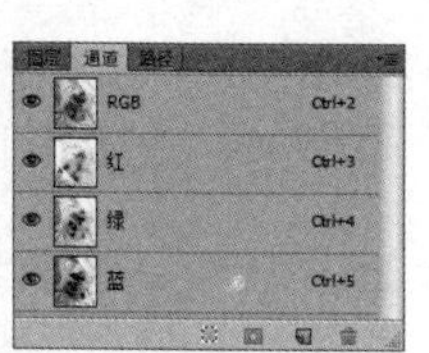
图12-5-33

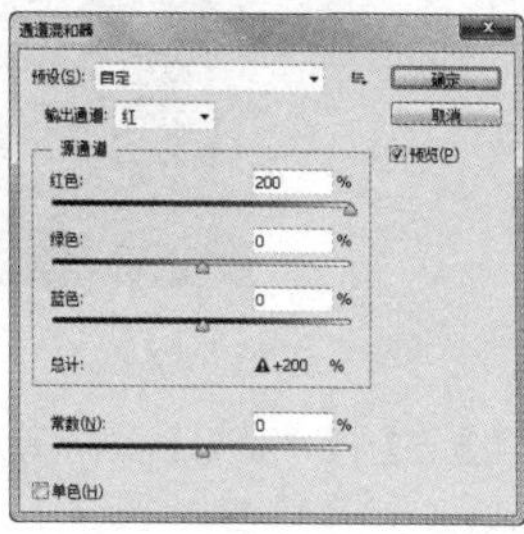
图12-5-34

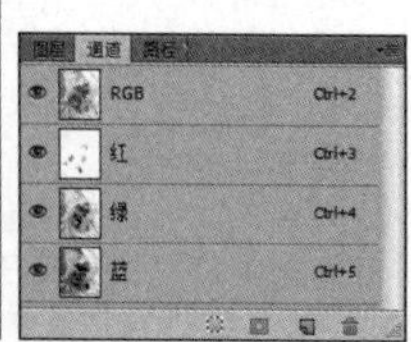
图12-5-35

如图12-5-36所示向左拖动“红”通道滑块时，得到的图像效果如图12-5-37所示。对比“通道”面板中“红”通道的变化可以发现，向右拖动滑块，“红”通道变亮；向左拖动滑块，“红”通道变暗。

图12-5-36

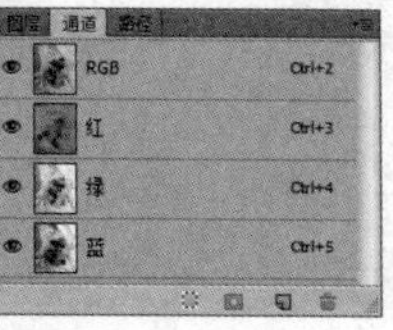
图12-5-37

# 实战 使用通道混和器调整图像



如图 12-5-38 所示的素材图像色彩是均衡的，但是画面整体偏灰，而且没有将图片效果表现出来。如果直接执行【图像】/【调整】/【通道混和器】命令，当调整效果不满意时不太容易回到调整之前的效果，而且图像原本的模式是 RGB 模式，“通道混和器”调整的也只有这三个通道。

图12-5-38

执行【图像】/【模式】/【CMYK 颜色】命令，将图像变为 CMYK 模式。在“图层”面板上单击创建新的填充或调整图层按钮，在弹出的下拉菜单中选择“通道混和器”选项，弹出调整面板，具体设置如图 12-5-39、图 12-5-40、图 12-5-41 和图 12-5-42 所示，得到的图像效果和图层面板状态如图 12-5-43 所示，“通道”面板状态如图 12-5-44 所示。

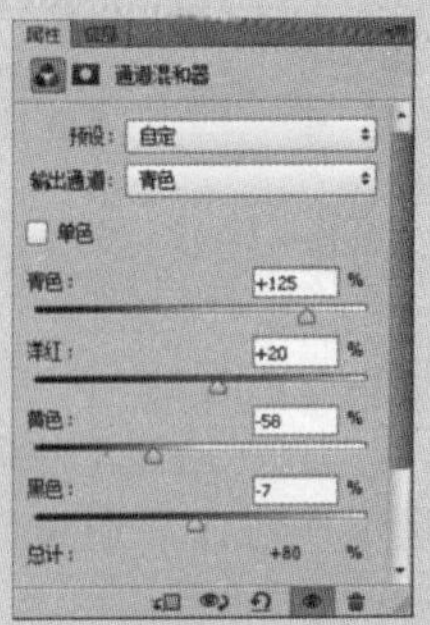


图12-5-39

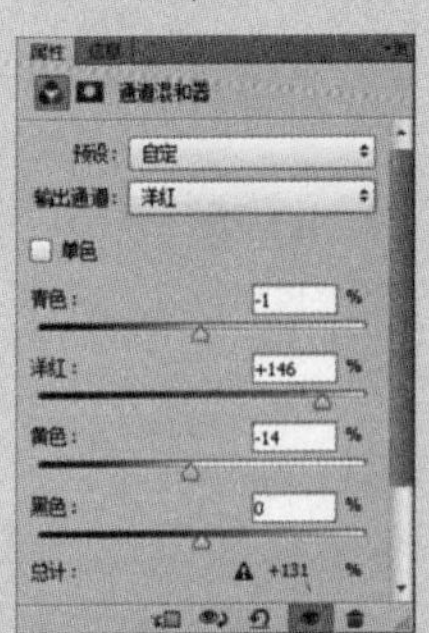


图12-5-40

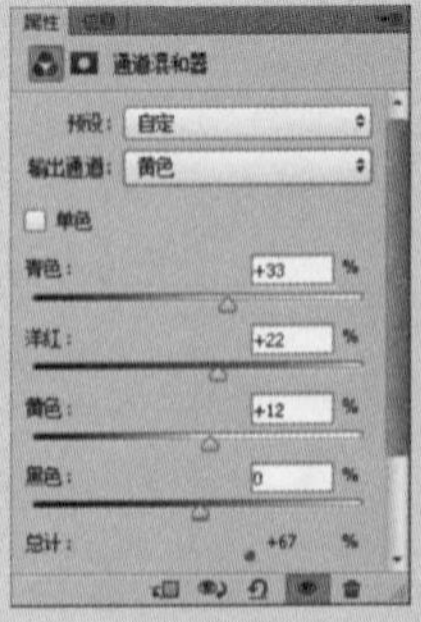


图12-5-41

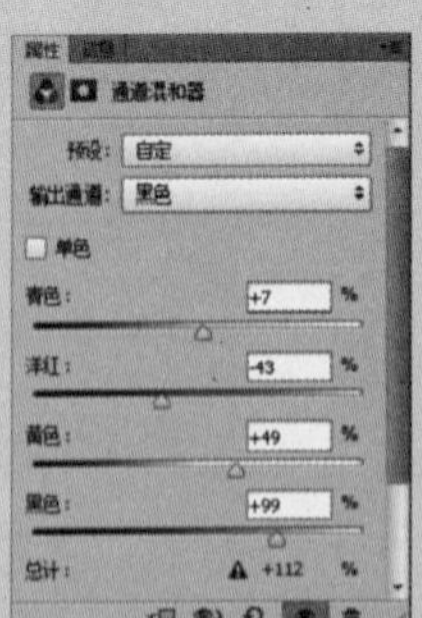


图12-5-42

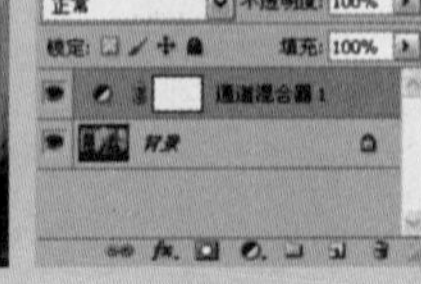


图12-5-43

图12-5-44

根据“通道混和器”的特性，还可以将图像调整为与原图颜色相差较多的效果。在“图层”面板上单击创建新的填充或调整图层按钮，在弹出的下拉菜单中选择“通道混和器”选项，弹出调整面板，具体设置如图 12-5-45、图 12-5-46、图 12-5-47 和图 12-5-48 所示，得到的图像效果和图层面板状态如图 12-5-49 所示，面板如图 12-5-50 所示。

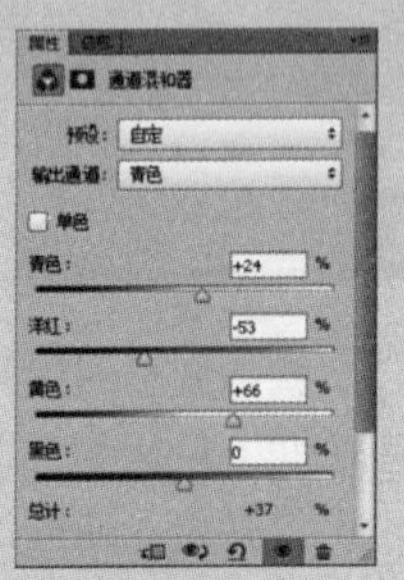


图12-5-45

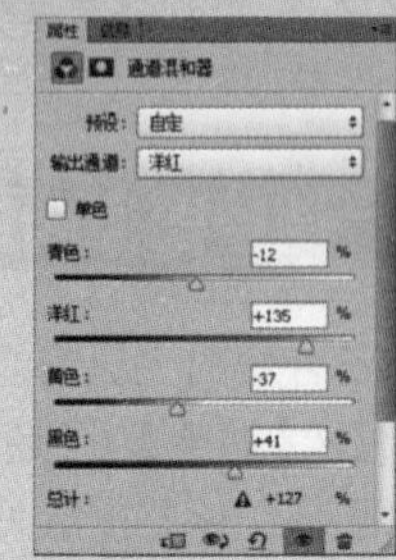


图12-5-46

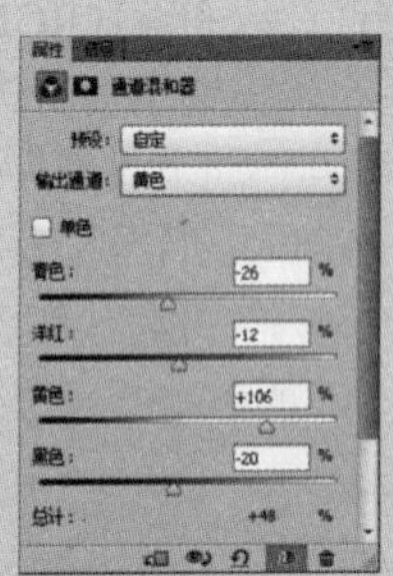


图12-5-47

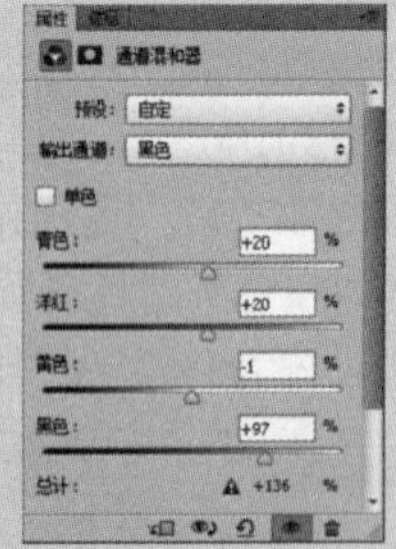


图12-5-48

图12-5-49

图层 通道 路径

CMYK Ctrl+2

青色 Ctrl+3

洋红 Ctrl+4

黄色 Ctrl+5

黑色 Ctrl+6

通道混合器 2蒙版 Ctrl+\

图12-5-50

另外两个效果如图12-5-51和图12-5-52所示。

图12-5-51

图12-5-52

**Tips 提示**

在【图像】/【调整】的众多命令中,【色相/饱和度】命令和【可选颜色】等命令也能够将图像的颜色进行调整,但是效果和通道混和器比较来说各有特色。使用【色相/饱和度】命令进行调整，可以改变图像的色相和整体氛围但是不能完善图像的阶调。使用【可选颜色】和【曲线】命令进行调整，阶调可以得到改善，但是并不能够像【通道混和器】和【色相/饱和度】那样改变图像的颜色。

## 12.5.3 创建双色调图像

“通道混和器”是通过源通道向目标通道加减灰度数据来进行颜色调整的。双色调图像在印刷中只使用两种油墨，因此可以更好地节约印刷成本，如果通过转换图像的模式来创建双色调图像（将图像转换为灰度模式，然后再转换为双色调模式），在转换的过程中是无法调整图像亮度和对比度的，并且图像的颜色很难精确地控制。接下来介绍如何使用“通道混和器”创建双色调图像。

打开如图12-5-53所示的CMYK模式的图像，使用“通道混和器”保留图像中的黄色和黑色，清除其他颜色，可创建一幅用于印刷输出的双色调图像。

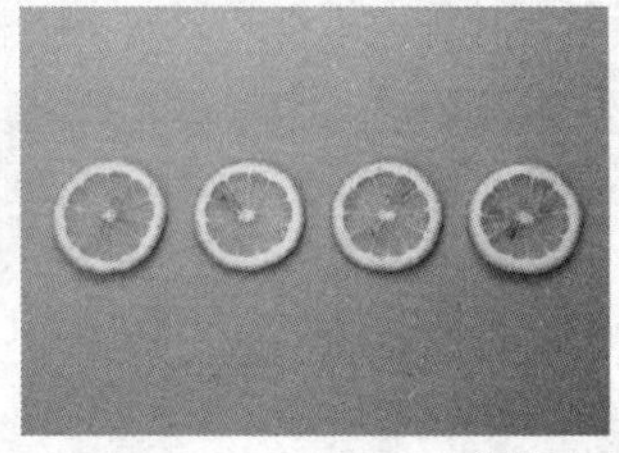

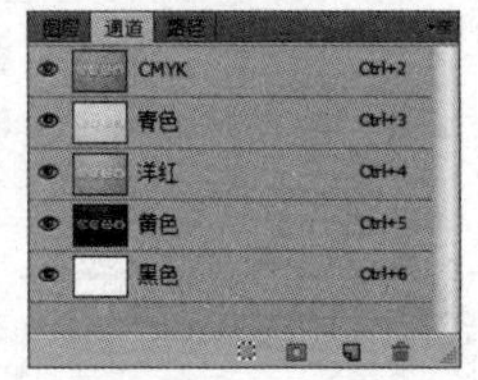

图12-5-53

执行【图像】/【调整】/【通道混和器】命令，弹出“通道混和器”对话框，在“输出通道”的下拉菜单中选择“青色”通道和“洋红”通道中的青色滑块和洋红滑块拖动到最左侧，清除图像中的青色和洋红色，如图12-5-54和图12-5-55所示，得到的图像效果如图12-5-56所示。

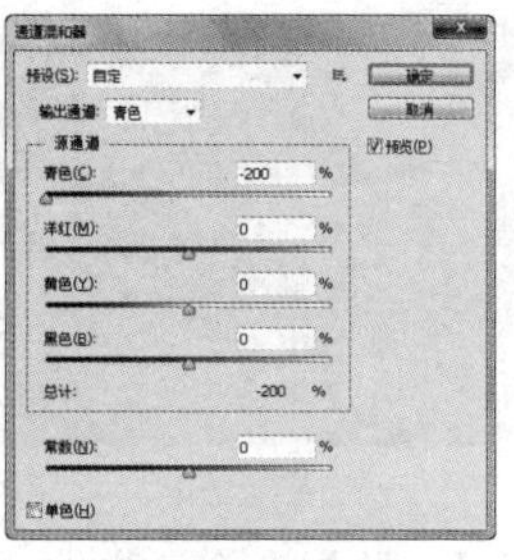
图12-5-54

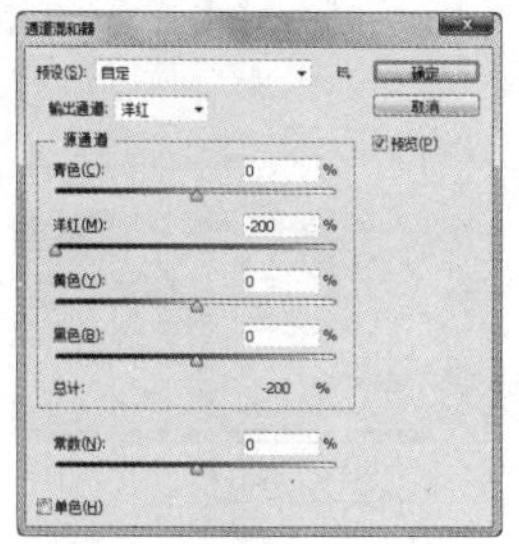
图12-5-55

此时图像中只保留了黑色和黄色，由于清除了青色和洋红，使图像的颜色过浅，缺乏对比度，这个问题可以通过调整黑色通道进行弥补。

图12-5-56

在“输出通道”下拉菜单中选择“黑色”通道，向右侧拖动黄色和黑色滑块增加图像对比度，如图12-5-57所示，设置完毕后单击“确定”按钮，得到的图像效果如图12-5-58所示。

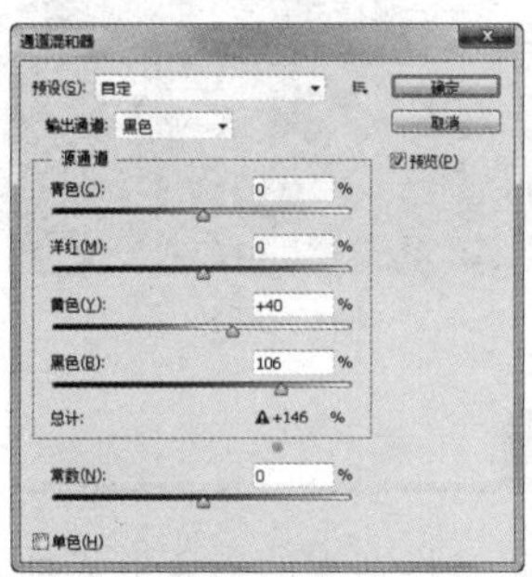
图12-5-57

图12-5-58

切换至“通道”面板并观察，发现青色通道和洋红通道都变为白色，这说明这两个通道中没有任何颜色信息，如图12-5-59所示，将其拖曳至通道面板上的删除通道按钮，删除后图像转换为多通道模式，“通道”面板状态如图12-5-60所示。双击“黄色”通道缩览图，弹出“专色通道选项”，如图12-5-61所示，单击“颜色”选项，弹出“拾色器”对话框，将色值设置为R255、G196、B12，设置完毕后单击“确定”按钮，得到的图像效果如图12-5-62所示。

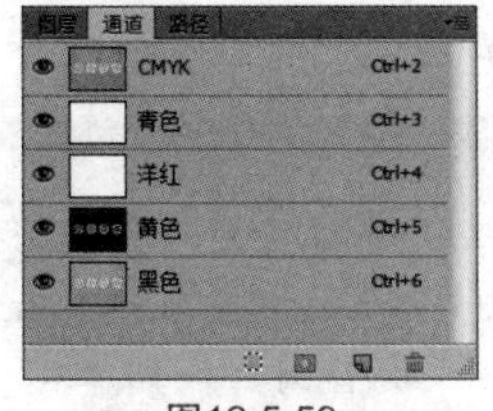

图12-5-59

图12-5-60

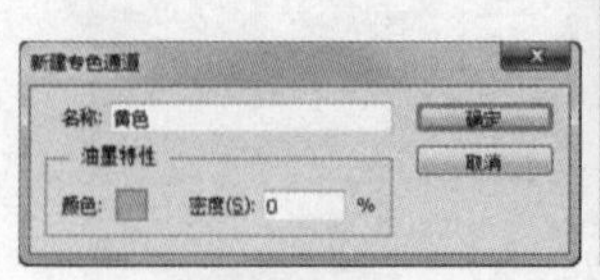
图12-5-61

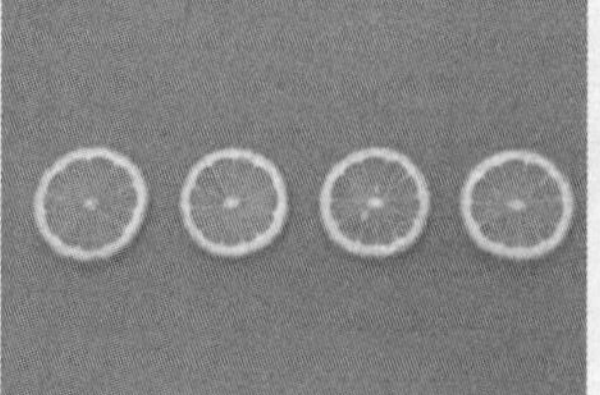
图12-5-62

执行【图像】/【调整】/【色阶】命令，弹出“色阶”对话框，设置参数如图12-5-63所示，设置完毕后单击“确定”按钮，得到的图像效果如图12-5-64所示。如图12-5-65所示为使用转换图像模式的方法（使用了与通道颜色相同的黑色和黄色）创建的双色调模式，很明显“通道混和器”创建的双色调模式要更好一些。

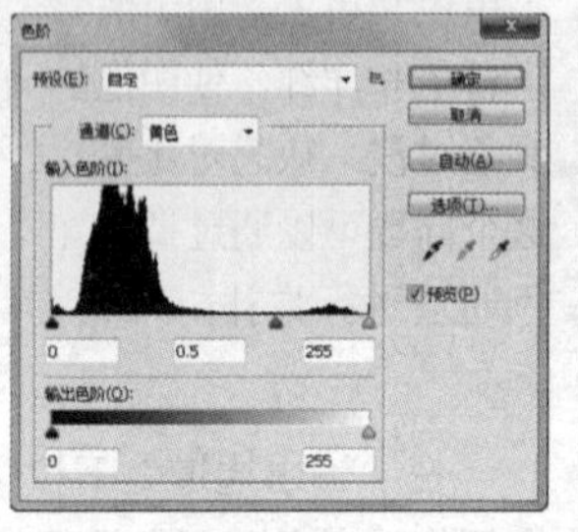
图12-5-63

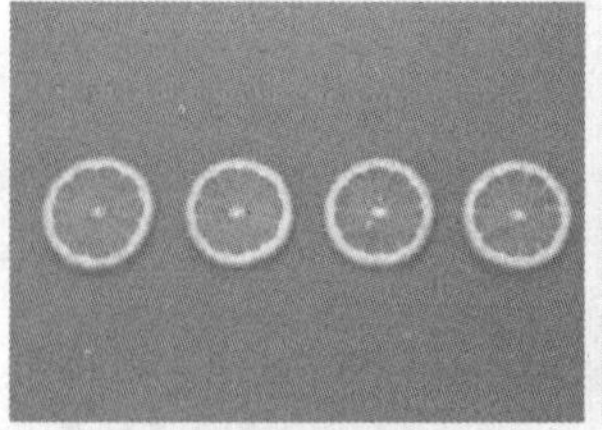
图12-5-64

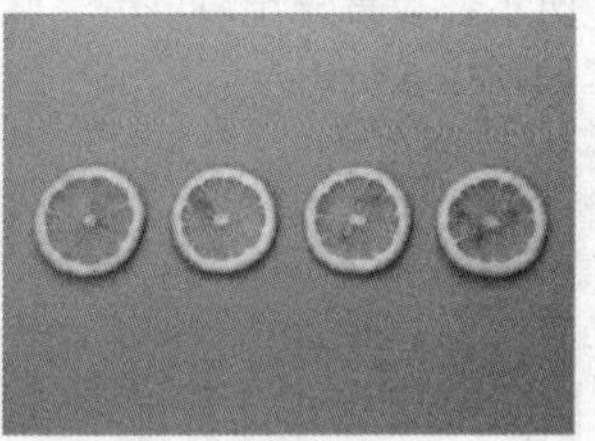
图12-5-65

## 12.5.4 创建灰度图像

在摄影作品中，黑白摄影是将客观的彩色世界抽象为黑白画面，靠黑、白、灰之间的影调变化来表现五彩缤纷的大千世界。虽然它不如彩色摄影那样绚丽、逼真，但是，从艺术创作上来说，它往往较彩色摄影更含蓄、更有韵味，从而也更能促进摄影者的创造性。而黑白摄影作品中能够打动人的地方很多时候归因于作品的层次丰富、色调对比强烈。

通过Photoshop CS6可以将任何一幅图片变成灰度图像效果，但若将其变成高质量的黑白摄影作品则并不是简单的将图像的颜色去除就可以，而是要根据画面的主题、层次，有目的地处理图像中的黑白灰阶调。

### 实战 创建高质量的灰度图

第 12 章 / 实战 / 创建高质量的灰度图

使用“通道混和器”还可以创建高质量的灰度图像。如图 12-5-66 所示为一幅 RGB 模式的图像，单击“图层”面板上的创建新的填充或调整图层按钮，在弹出的下拉菜单中选择“通道混和器”选项，勾选“单色”选项可将“灰色”设置为输出通道，拖动“源通道”中的滑块控制图像的细节的数量和对比度，如图 12-5-67 所示，得到的图像效果如图 12-5-68 所示。

图12-5-66

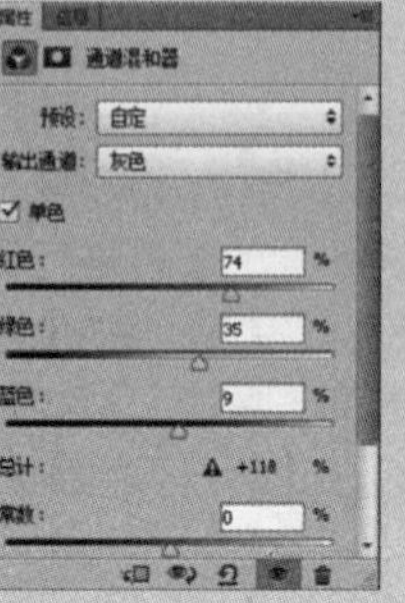
图12-5-67

图12-5-68

**Tips 提示**

在调整源通道的百分比时，当滑块数值的总和达到或者接近 100％时，调整的结果与原图像的亮度最接近，通常可以得到最佳效果。

拖动“常数”选项的滑块可以调整输出通道的灰度值，该值为正值时会增加更多的白色，如图 12-5-69 所示，得到的图像效果如图 12-5-70 所示；该值为负值时会增加更多的黑色，如图 12-5-71 所示，得到的图像效果如图 12-5-72 所示。

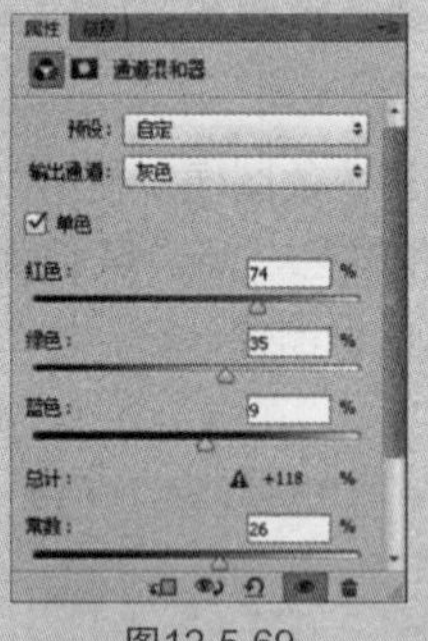
图12-5-69

图12-5-70

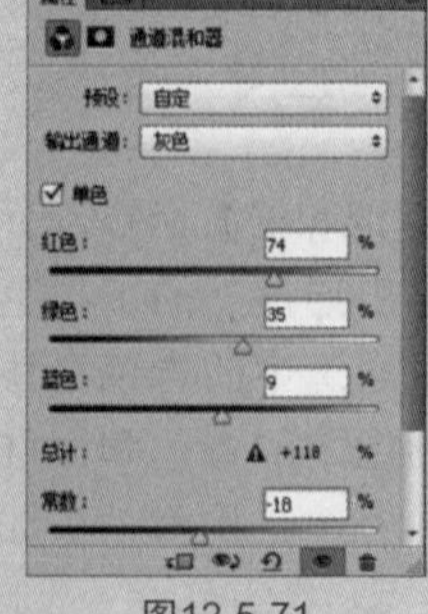
图12-5-71

图12-5-72

## 技术要点：滤镜在黑白摄影中的作用

滤镜在黑白摄影创作中主要在两个方面产生作用：使得摄影物体的主题更为自然；或者突出强调摄影物体的某一部分。

黑白摄影中使用的滤镜主要有橙色、红色、绿色、蓝色及黄色。使用何种颜色的滤镜能够让相同的光谱通过，其余的光谱滤除，该颜色在照片上呈现较淡的效果，因此在黑白摄影时可增加清晰分明的灰阶，以提升照片的明暗对比。

例如在拍摄天空和云的效果时，若是不用滤镜，蓝天和白云也许会在最后完成的图像作品中消失，解决这一问题的方法就是使用滤镜。通常，主要的滤镜颜色是黄色、橘黄色和红色。黄色的滤镜会使蓝色的天空的颜色呈现出轻微的暗淡；橙色的滤镜则会使蓝色的天空和白色的云彩变得更为强烈和具有吸引力；用红色的滤镜会使图像中蓝色更深而白云变白。

## ※ 将风景图像处理制为黑白摄影效果

打开一个需要的素材，如图12-5-73所示，若将图像直接执行【图像】/【调整】/【去色】命令，得到的效果如图12-5-74所示，图像显得比较灰，按快捷键Ctrl+Z还原去色。在“图层”面板上单击创建新的填充或调整图层按钮，在弹出的下拉菜单中选择“通道混和器”选项，弹出调整面板，在“预设”下拉菜单中选择“使用黄色滤镜的黑白”选项，如图12-5-75所示；得到的图像效果如图12-5-76所示，可以看出图像的对比还是不够强烈，继续在调整面板上进行调整，如图12-5-77所示；最后得到的图像效果如图12-5-78所示。经过“通道混和器”处理过的图像中，对比更强烈、层次更丰富，各个细节都有表现。

图12-5-73

图12-5-74

图12-5-75

图12-5-76

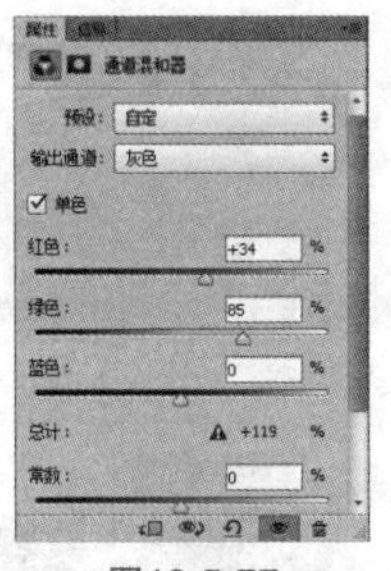

图12-5-77

图12-5-78

## ※ 将人物摄影制作成黑白摄影效果

打开一个需要的素材，如图12-5-79所示为人物摄影作品，观察发现图像中人物整体感觉很好。若将图像直接执行【图像】/【调整】/【去色】命令，得到的效果如图12-5-80所示，人物的灰和背景的灰融合在一起了，不够突出。按快捷键Ctrl+Z还原去色。在“图层”面板上单击创建新的填充或调整图层按钮，在弹出的下拉菜单中选择“通道混和器”选项，弹出调整面板，在“预设”下拉菜单中选择“使用橙色滤镜的黑白”选项，如图12-5-81所示；得到的图像效果如图12-5-82所示，可以看出，经过“通道混和器”处理过的图像中人物和背景的分离状况都表现得比直接去色得到的图像效果好。

图12-5-79

图12-5-80

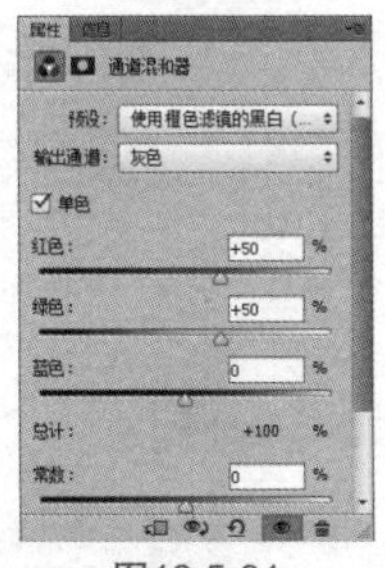

图12-5-81

图12-5-82

## 技术要点：创建灰度图像

在Photoshop CS6中，可以使用多种方法创建灰度图像，例如使用“去色”命令、“色相/饱和度”命令等。相对于其他方法，“通道混和器”在调整方式上更加灵活，可以用于制作专业级的灰度图像。左图所示为使用“去色”命令创建的灰度图像，右图所示为使用“通道混合器”命令创建的灰度图像，比较两幅图像可以发现，使用“通道混和器”创建的图像会显示更多的细节。

## 12.5.5 创意色彩

在“通道混合器”中勾选“单色”复选框能够将图像变为黑白照片效果，还可以根据图像特点调整其各颜色所占的比例。若在勾选了“单色”复选框后，再取消对“单色”复选框的勾选，图像并不会恢复到勾选之前的彩色效果，而是一直保持在勾选“单色”复选框时的黑白状态。但这时的图像已经算是彩色图像了，只是其彩色像素都保持着一种平衡，这种平衡使图像还显示为黑白效果。这时若使用“通道混和器”可以调整出其他颜色调整工具不易实现的色彩。下面将通过“通道混和器”将照片创建为梦幻双色调。

训练营 03 第 12 章 / 训练营 /03 创意图像色彩

### 创意图像色彩

▲ 复制“背景”图层得到“背景副本”图层
▲ 使用“通道混和器”命令调整图像颜色

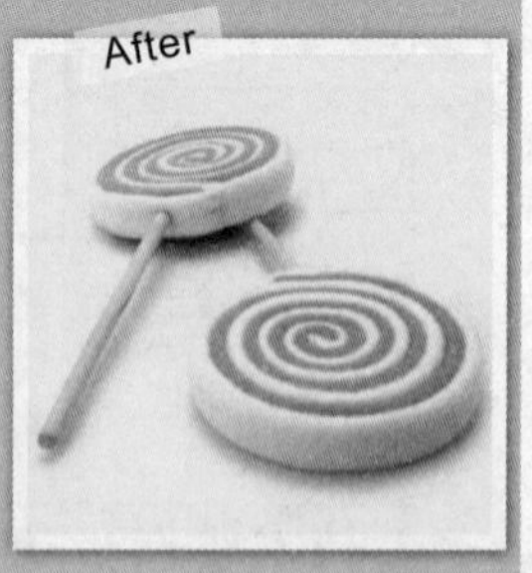


01 执行【文件】/【打开】命令（Ctrl+O），弹出“打开”对话框，选择需要的素材，单击“打开”按钮打开图像，如图12-5-83所示。

图12-5-83

02 在“图层”面板上单击创建新的填充或调整图层按钮，在弹出的下拉菜单中选择“通道混和器”选项，弹出调整面板，勾选“单色”选项，具体参数设置如图12-5-84所示，设置完毕后取消勾选“单色”选项，得到的图像效果如图12-5-85所示。

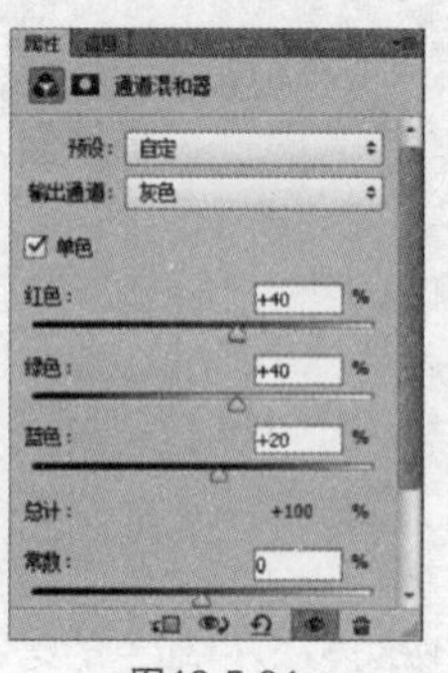


图12-5-84

图12-5-85

03 继续设置各个颜色通道的参数，如图12-5-86、图12-5-87和图12-5-88所示，设置完毕后单击“确定”按钮，得到的图像效果如图12-5-89所示。

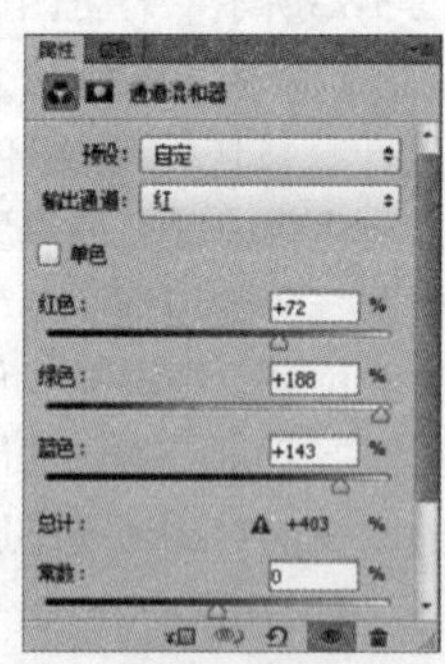

图12-5-86

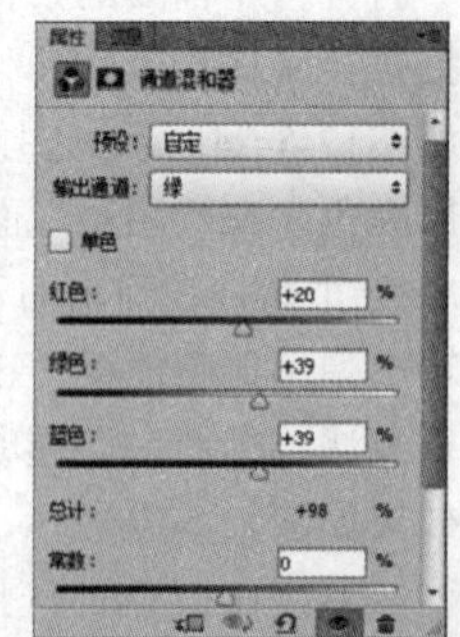


图12-5-87

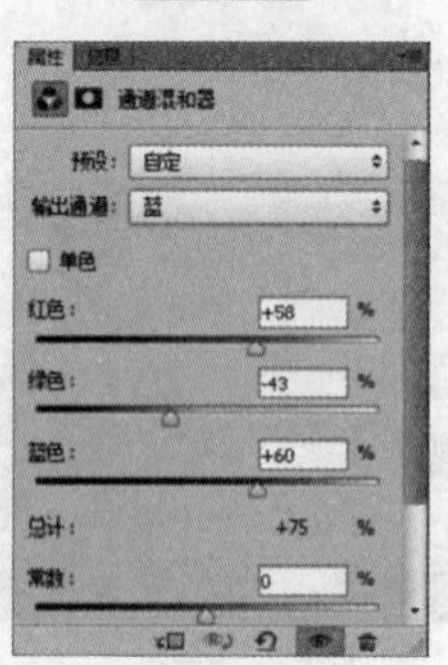


图12-5-88

图12-5-89

# 12.6 滤镜与通道

**关键字** “抽出”滤镜与通道、“锐化”滤镜与通道

在使用滤镜处理数码照片时，可以发现一些滤镜中包含有“通道”选项，如“抽出”滤镜、“镜头模糊”滤镜、“锐化”滤镜和“半色调”滤镜，这些滤镜均可以通过通道来创建一些特殊的效果，下面将分析滤镜与通道的关系。

## 12.6.1 “抽出”滤镜与通道

在图像合成制作中，经常需要将物体与背景分离。在边缘复杂的情况下，使用“抽出”滤镜进行分离物体与背景是最恰当的了（抽出滤镜详见13.3）。“抽出”滤镜适合选择人物和动物的毛发，以及边缘模糊或呈现一定透明度的对象。在背景简单、边缘模糊或小细节较多的情况下可以将通道与“抽出”滤镜相结合，更准确地分离背景。

下面将通过实例讲解如何运用“抽出”滤镜与通道相结合分离物体与背景。

训练营 第12章/训练营/04 用“抽出”滤镜和通道抠图

### 04 用“抽出”滤镜和通道抠图

- 使用魔棒工具绘制选区
- 将选区存储为通道
- 运用“抽出”滤镜抠取动物毛发
- 添加新背景

01 执行【文件】/【文件】命令（Ctrl+O），弹出“打开”对话框，选择需要的素材，单击“打开”按钮打开图像，如图12-6-1所示。

图12-6-1

02 将“背景”图层拖曳至“图层”面板中的创建新图层按钮上，选择工具箱中的魔棒工具，在其工具选项栏中设置容差为32，按住Shift键在图像中单击创建选区，选区背景图像，得到的图像效果如图12-6-2所示。

03 按快捷键Ctrl+Shift+I将选区反选，得到的图像效果如图12-6-3所示。

图12-6-2

图12-6-3

**Tips 提示**

在使用工具箱中的魔棒工具绘制完选区之后，可以再使用工具箱中的套索工具，按住Alt键将图像中多余的选区圈选，在其工具选项栏中单击“从选区减去”按钮，对多余的选区全选。

04 切换至“通道”面板，单击“通道”面板上的创建新通道按钮，新建“Alphal”通道。执行【编辑】/【描边】命令，弹出“描边”对话框，在对话框中设置参数，如图12-6-4所示，设置完毕后单击确定按钮，“通道”面板状态如图12-6-5所示，得到的图像效果如图12-6-6所示。

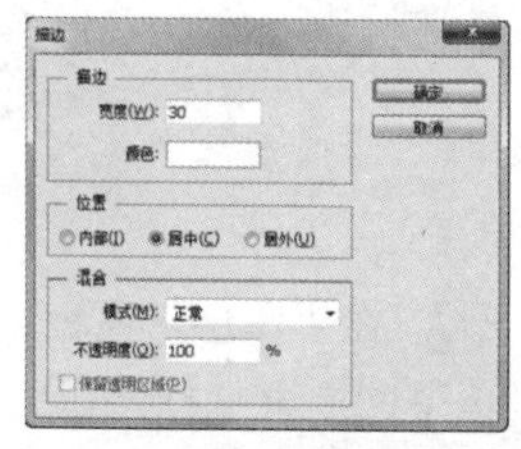


图12-6-4

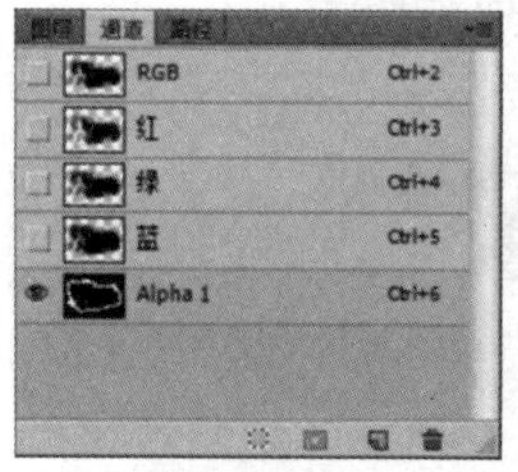


图12-6-5

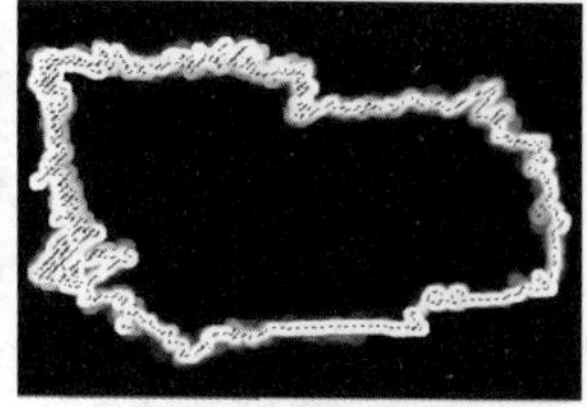

图12-6-6

**Tips 提示**

设置描边大小时，可以根据所选动物毛发的长短设置，毛发比较长设置描边的数值要大，反之毛发较短设置描边的数值要小。

05 按快捷键Ctrl+D取消选择。执行【图像】/【调整】/【反向】命令（Ctrl+I），得到的图像效果如图12-6-7所示，“通道”面板如图12-6-8所示。

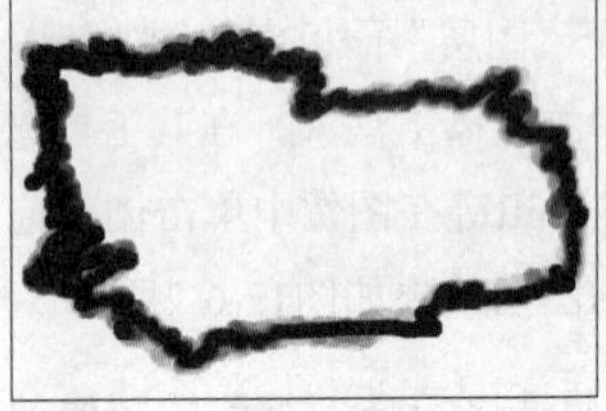
图12-6-7

图12-6-8

06 切换回“图层”面板，选择“背景副本”图层，执行【滤镜】/【抽出】命令，弹出“抽出”对话框，在“通道”选项中选择“Alpha1通道”，如图12-6-9所示。选择对话框中的填充工具，在绿色边界内单击鼠标左键，填充蓝色，“抽出”对话框如图12-6-10所示。

图12-6-9

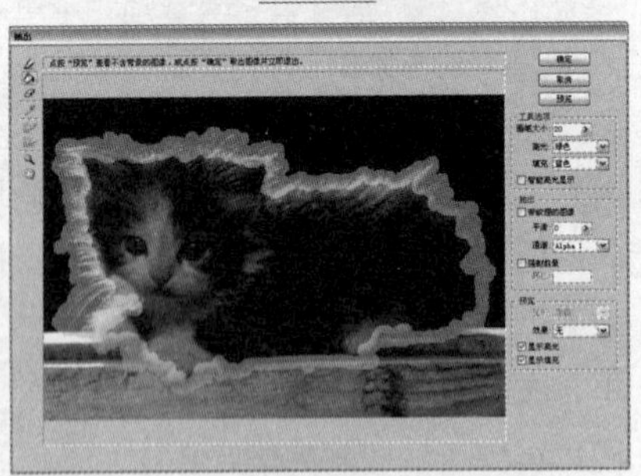
图12-6-10

07 在“图层”面板中单击“背景”图层缩览图前的指示图层可见性按钮，将其隐藏，面板如图12-6-11所示，得到的图像效果如图12-6-12所示。

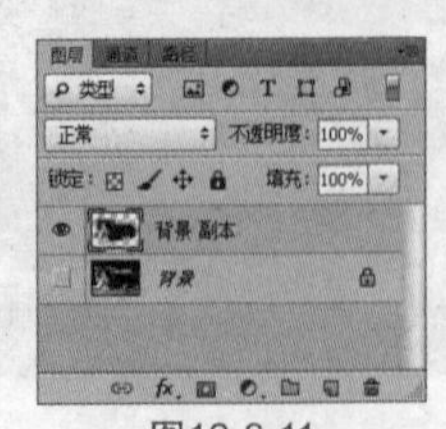

图12-6-11

图12-6-12

08 执行【文件】/【打开】命令，弹出“打开”对话框，选择需要的素材，单击“打开”按钮打开图像，如图12-6-13所示。

09 选择工具箱中的移动工具，将其拖曳至主文档中，生成“图层1”，得到的图像效果如图12-6-14所示。

图12-6-13

图12-6-14

10 按快捷键Ctrl+T调出自由变换框，按住Shift键缩小图像，调整图像位置，得到的图像效果如图12-6-15所示。

11 选择“背景副本”图层，单击“图层”面板上的添加图层蒙版按钮，为“背景副本”图层添加图层蒙版，将前景色设置为黑色，选择工具箱中的画笔工具，在动物毛发边缘涂抹，得到的图像效果如图12-6-16所示。

图12-6-15

图12-6-16

## 12.6.2 “锐化”滤镜与通道

使用Photoshop CS6修改数码照片最常用的命令是【滤镜】/【锐化】子菜单下的多个命令。最常用的“锐化”方法是在“RGB颜色”或“CMYK颜色”模式下直接对图像进行锐化，但实际上这两种模式不适合使用【锐化】滤镜。正确的方法是先将图像转换到“Lab颜色”模式，在“明度”通道内对图像进行锐化，最后再将图像的模式转换为“RGB颜色”模式或者“CMYK颜色”模式。

“锐化”滤镜通过增加相邻像素的对比度来聚焦模糊的图像。对于专业色彩校正，可以使用“USM锐化”滤镜调整图像边缘细节的对比度，并在边缘的每侧生成一条亮线和一条暗线。此过程将使边缘突出，造成图像更加清晰的错觉。

## 实战 在通道中进行锐化

第 12 章 / 实战 / 在通道中进行锐化

打开一个需要的素材，如图 12-6-17 所示，"通道"面板如图 12-6-18 所示。执行【图像】/【模式】/【Lab 颜色】命令，将图像转化为"Lab 颜色"模式，"通道"面板如图 12-6-19 所示。

图12-6-17

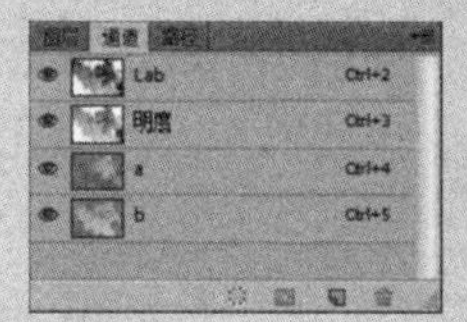

图12-6-18

图12-6-19

切换至"通道"面板，选择"明度"通道，执行【滤镜】/【锐化】/【USM 锐化】命令，弹出"USM 锐化"对话框，具体设置如图 12-6-20 所示，设置完毕后单击"确定"按钮，得到的效果如图 12-6-21 所示。再执行【图像】/【模式】/【CMYK 颜色】命令，将其转换为"CMYK 颜色"模式，"通道"面板如图 12-6-22 所示，得到的图像效果如图 12-6-23 所示。

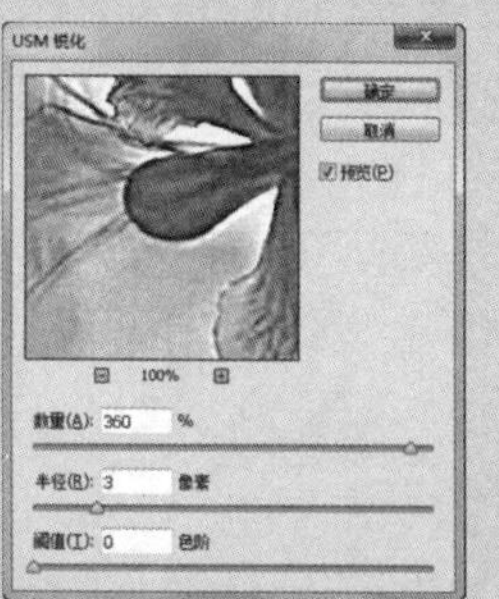

图12-6-20

图12-6-21

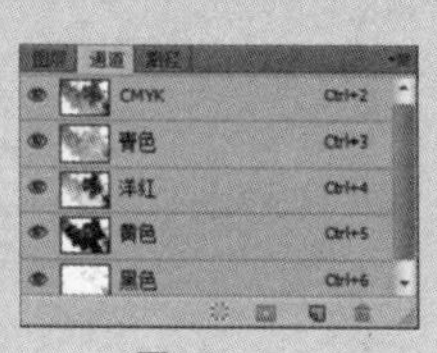

图12-6-22

图12-6-23

## 12.6.3 "镜头模糊"滤镜与通道

"镜头模糊"滤镜可以模拟典型的摄影技巧来创建景深效果，它是通过图像的Alpha通道或图层蒙版的深度值来映射图像中像素的位置，使图像中的一些对象在焦点内；而另一些区域变模糊，从而产生镜头景深的模糊效果。在使用"镜头模糊"滤镜时，可以通过Alpha通道有效地控制模糊的范围，并利用通道调整特定范围内"镜头模糊"滤镜的强度。下面介绍如何制作数码照片中的焦点效果。

### 训练营 05 制作焦点效果

第 12 章 / 训练营 /05 制作焦点效果

▲ 使用通道制作图像受保护区域

▲ 使用"镜头模糊"命令制作模糊效果

01 执行【文件】/【打开】命令，弹出"打开"对话框，选择需要的素材，单击"打开"按钮打开图像，如图12-6-24所示。

02 选择工具箱中的磁性套索工具，选取图像中的房屋，如图12-6-25所示。

图12-6-24

图12-6-25

03 切换至"通道"面板，单击"通道"面板中的将选区存储为通道按钮，将选区保存为Alpha通道，按快捷键Ctrl+D取消选择，选择Alpha1通道，得到的图像效果如图12-6-26所示，"通道"面板状态如图12-6-27所示。

图12-6-26

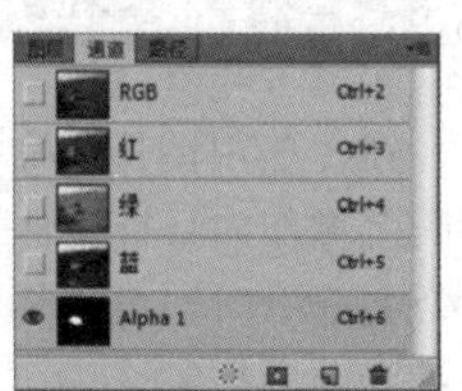



图12-6-27

04 选择"RGB"通道前的指示通道可见性按钮，此时系统会显示原图像并以50%的红色代替Alpha通道的灰度图像，得到的图像效果如图12-6-28所示，面板状态如图12-6-29所示。

图12-6-28

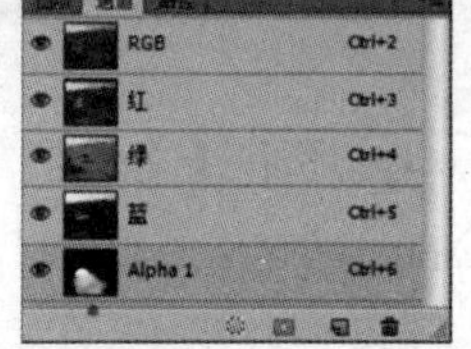
图12-6-29

05 将前景色设置为白色，选择工具箱中的画笔工具，设置柔角笔刷，在房屋边缘涂抹，扩大蒙版范围并使蒙版的边缘模糊，如图12-6-30所示，"通道"面板状态如图12-6-31所示。

图12-6-30

图12-6-31

**Tips 提示**

在涂抹的过程中按快捷键"X"可根据需要随时切换前景色和背景色。

06 选择"Alpha1"通道，执行【图像】/【调整】/【反相】命令（Ctrl+I），反转蒙版效果，得到的图像效果如图12-6-32所示。隐藏"Alpha1"通道，单击"通道"面板中的RGB复合通道，切换回"图层"面板。

图12-6-32

07 执行【滤镜】/【模糊】/【镜头模糊】命令，弹出"镜头模糊"对话框，在"源"选项下拉菜单中选择"Alpha1"，具体参数设置如图12-6-33所示，设置完毕后单击"确定"按钮，得到的图像效果如图12-6-34所示。

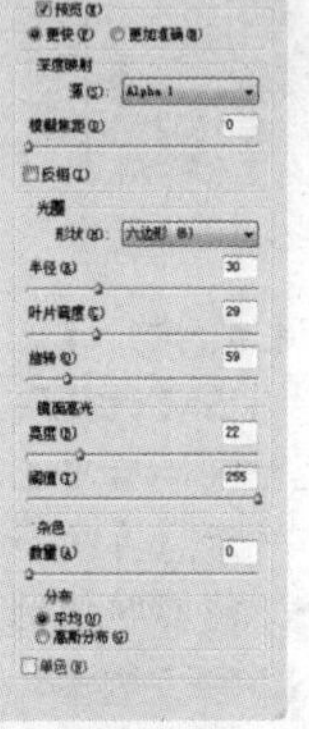

图12-6-33

图12-6-34

# 12.7 "应用图像"命令

**关键字** 了解"应用图像"命令对话框、设置参与混合的对象、多通道中使用【应用图像】命令等

利用"应用图像"命令可以将图像的图层和通道(源)与当前所用图像(目标)的图层和通道混合,从而制作出单个调整命令无法产生的特殊效果。虽然可以通过将通道复制到"图层"面板中的图层以创建通道的新组合,但是采用"应用图像"命令来混合通道信息会更加迅速有效。

## 12.7.1 了解"应用图像"命令对话框

在"应用图像"命令中，该命令常将处于活动状态的图像作为目标文件，因此当执行【图像】/【应用图像】命令时，处于活动状态的图像通常受【应用图像】命令的控制。为了使后面的操作更加得心应手，首先应了解对话框中每个选项的含义，并进行针对性的命令设置。

打开一个需要的素材，如图12-7-1所示，执行【图像】/【应用图像】命令，弹出"应用图像"对话框如图12-7-2所示。

图12-7-1

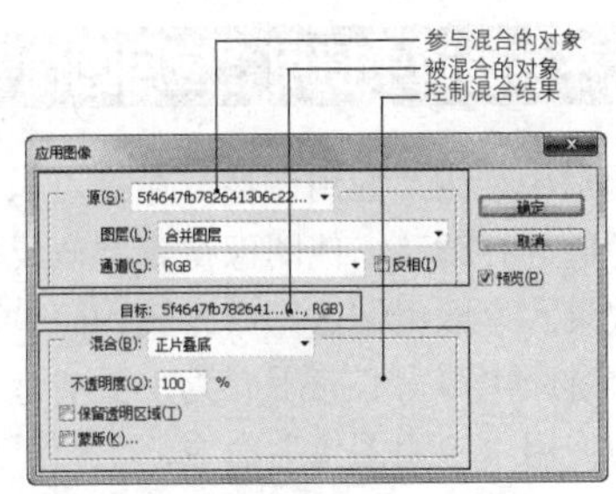


图12-7-2

## ※ 设置参与混合的对象

**源**：该选项用于选择需要进行合成效果的图像文牛。由于在执行“应用图像”命令后，系统会在当前操乍的图像中创建混合，因此通过该选项的下拉菜单可以选择另外一个打开的文件使之与当前的文件相混合。

**图层**：用来选择图像中进行合并的图层。如果图像中只有“背景”图层，那么在其下拉菜单中只显示“背景”选项；如果图像中包括多个图层，则在下拉菜单中除了图层选项以外，还有一个“合并图层”选项，选择该选项后则表示进行的操作将使用源图像中所有的图层。

**通道**：用来选择参与混合的通道。当勾选后面的“反相”复选框时，表示将通道反相处理后再参与混合操作。如果所选图层是透明的，例如文字图层，那么也可以选择透明区域。

## ※ 设置被混合的对象

“应用图像”对话框设置完毕后，得到的混合效果如图12-7-3所示，图层面板状态如图12-7-4所示。

图12-7-3

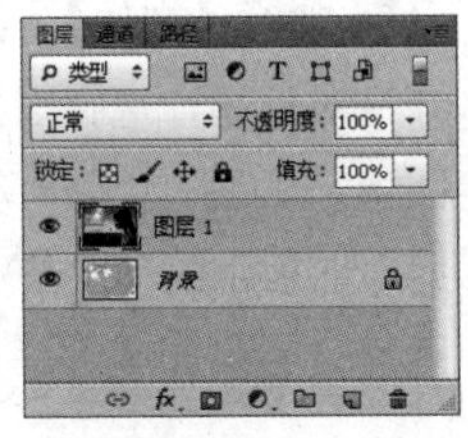

图12-7-4

**目标**：该选项是一个不可以编辑、修改的选项，指的是当前作用下的图像文件。从“目标”选项中可以查看当前图像的名称、当前所选择的图层和文件的模式等。

## ※ 设置混合模式和混合强度

**混合**：用于选择进行运算的合成模式。在该选项对应的下拉菜单中，除了Photoshop CS6中基本的混合模式外，还包括“相加”和“相减”模式，当选择这两种模式后，对话框中会出现“缩放”和“补偿值”两个选项，如图12-7-5所示，“缩放”值越高相对应的图像效果越暗，“补偿值”越高图像就越亮。

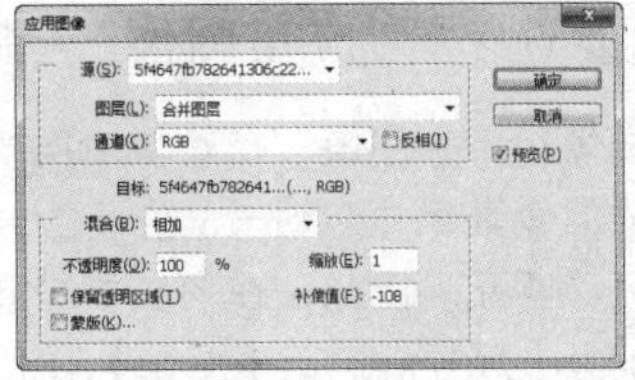

图12-7-5

图12-7-6所示为“线性加深”模式的混合效果；图12-7-7所示为“变暗”模式的混合效果；图12-7-8所示为“相加”模式的混合效果；图12-7-9所示为“排除”模式的混合效果。

图12-7-6

图12-7-7

图12-7-8

图12-7-9

**不透明度**：用于设置源文件在计算过程中的影响程度。其中，当不透明度设置得越低时，源图像对目标文件的影响越小。

## ※ 设置混合范围

**保留透明区域**：“应用图像”命令有两种方法控制混合范围，一种是勾选“保留透明区域”选项，将混合效果限定在图层的不透明区域；另一种是勾选“蒙版”选项。

**蒙版**：勾选该复选框后，在“应用图像”对话框的下方将会增加3个下拉列表和一个反相选项，可以从中再选择一个图层或通道作为蒙版继续混合图像，如图12-7-10所示。

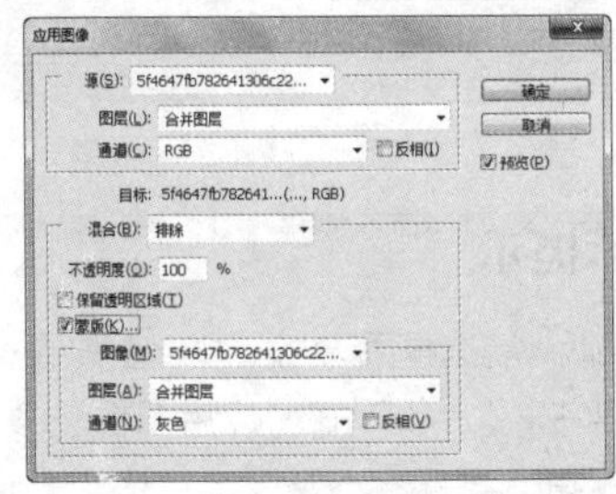

图12-7-10

## 技术要点：“应用图像”命令

打开源图像和目标图像，在对其使用“应用图像”命令时，图像的像素尺寸必须与“应用图像”对话框中出现的图像名称匹配。因此，在图像参与混合时应该提前检查图像的大小尺寸。执行【图像】/【图像大小】命令可以打开“图像大小”对话框进行文件尺寸匹配，也可以直接在打开的图像文件上单击鼠标右键，在弹出的下拉菜单中选择“图像大小”选项进行尺寸调整，“图像大小”对话框如图所示。

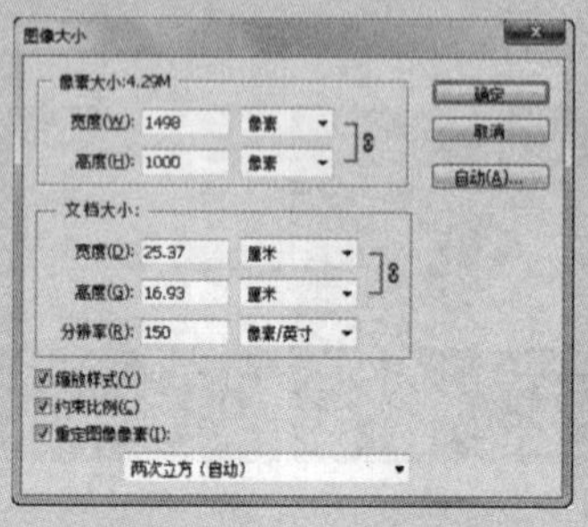

## 实战 使用“应用命令”调整图像

第 12 章 / 实战 / 使用“应用命令”调整图像

打开一个需要的素材，如图 12-7-11 所示，执行【图像】/【应用图像】命令，弹出“应用图像”对话框，如图 12-7-12 所示设置具体参数，单击“确定”按钮，得到的图像如图 12-7-13 所示。

图12-7-11

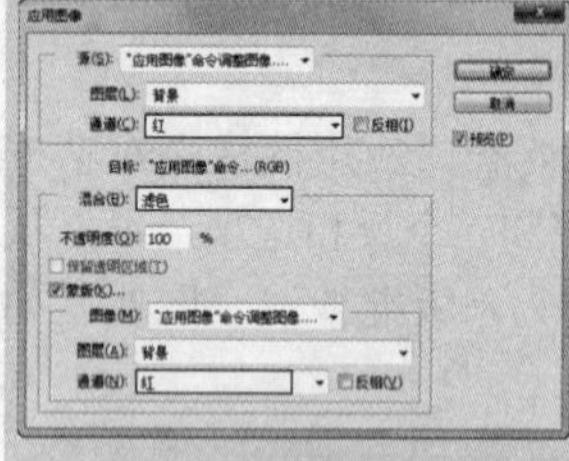

图12-7-12

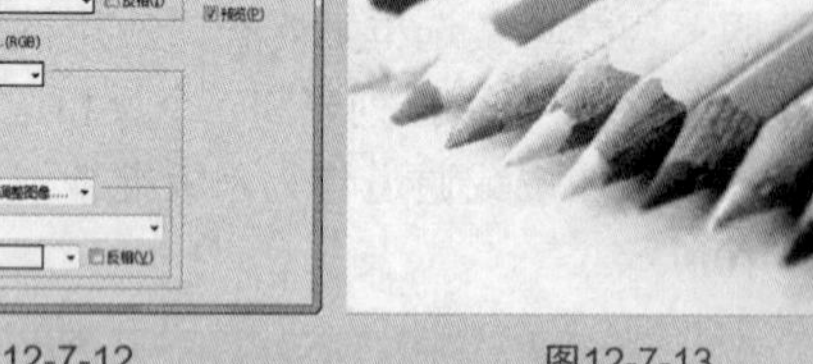

图12-7-13

### Tips 提示

勾选“蒙版”复选框后，对话框中增加了一个新的“反相”选项。其中，“反相”在“应用图像”命令中起到翻转色调值的作用。

## 12.7.2 在多通道中使用“应用图像”命令

在多通道中使用“应用图像”命令可以分别对图像中的单色通道进行调整，使图像得到类似反转负冲等特殊的色彩效果。“应用图像”命令较为简单，难点在于如何将该命令应用得得心应手。为了更清楚地了解如何在多通道中使用“应用图像”命令，下面讲述一个制作反转负冲效果的实例。

训练营 06

第 12 章 / 训练营 /06 制作反转负冲效果

## 制作反转负冲效果

▲ 使用“应用图像”命令调整各个通道色值

▲ 使用“曲线”命令调整图像

01 执行【文件】/【打开】命令（Ctrl+O），弹出“打开”对话框，选择需要的素材，单击“打开”按钮打开图像，如图12-7-14所示。将“背景”图层拖曳至“图层”面板中的创建新图层按钮上，得到“背景副本”图层，面板如图12-7-15所示。

图12-7-14

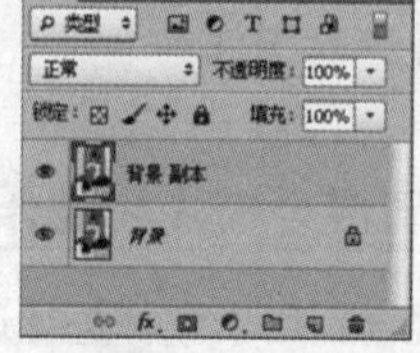

图12-7-15

02 切换至“通道”面板，选择“蓝”通道，执行【图像】/【应用图像】命令，弹出“应用图像”对话框，具体设置如图12-7-16所示，设置完毕后单击“确定”按钮，得到的图像效果如图12-7-17所示，通道面板如图12-7-18所示。

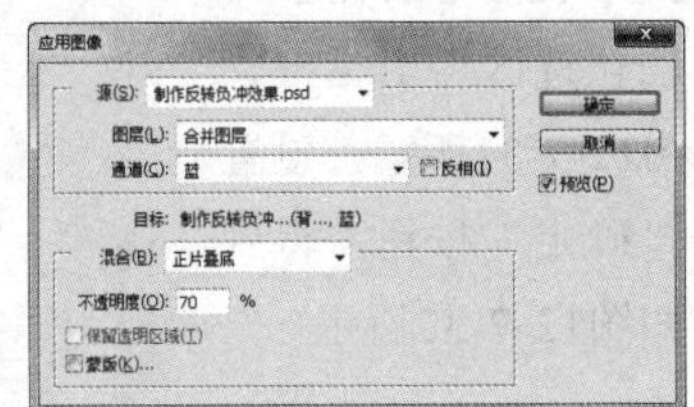

图12-7-16

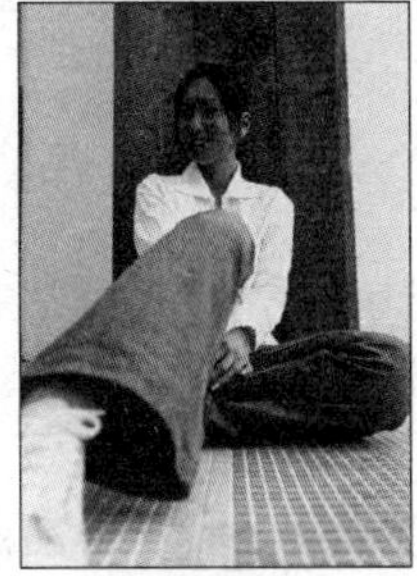
图12-7-17

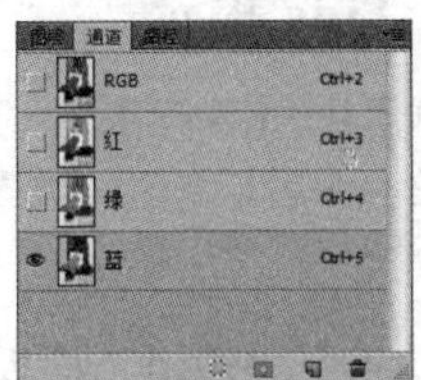

图12-7-18

**Tips 提示**

反转负冲效果，实际就是指正片使用了负片的冲洗工艺得到的照片效果。反转胶片经过负冲后色彩艳丽，反差偏大，景物的红、蓝、黄三色表现特别夸张。反转片负冲的效果比普通的负片负冲效果在色彩方面更具表现力，其色调的夸张表现是彩色负片无法达到的。

03 选择“绿”通道，执行【图像】/【应用图像】命令，弹出“应用图像”对话框，具体设置如图12-7-19所示，设置完毕后单击“确定”按钮，得到的图像效果如图12-7-20所示；通道面板如图12-7-21所示。

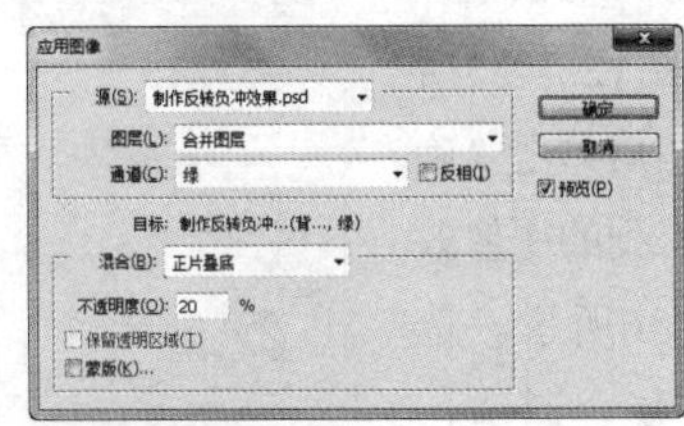

图12-7-19

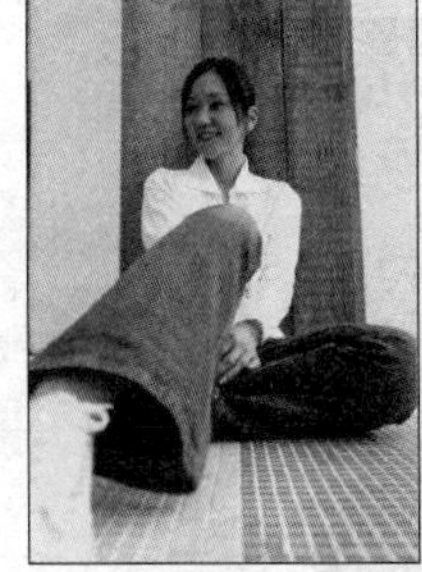
图12-7-20

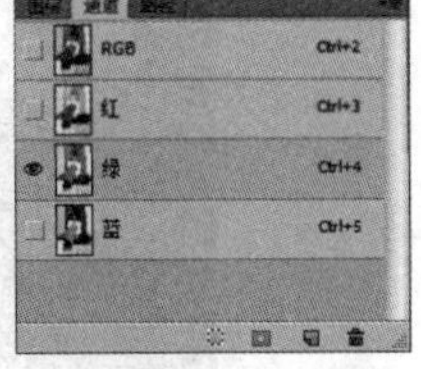

图12-7-21

04 选择“红”通道，执行【图像】/【应用图像】命令，弹出“应用图像”对话框，具体设置如图12-7-22所示，设置完毕后单击“确定”按钮，得到的图像效果如图12-7-23所示。

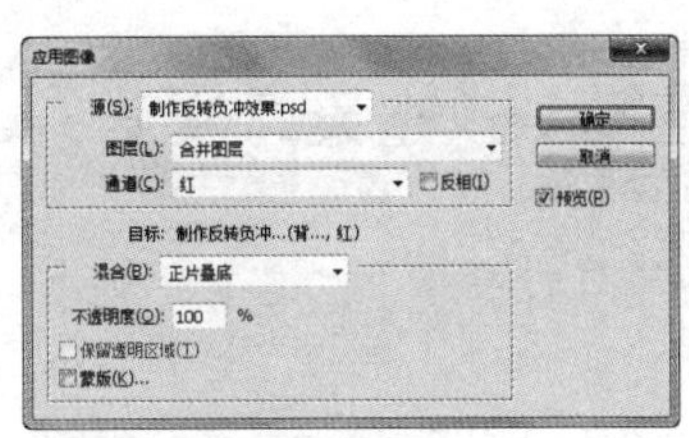

图12-7-22

图12-7-23

05 选择“RGB”通道，切换至“图层”面板，得到的图像效果如图12-7-24所示，面板如图12-7-25所示。

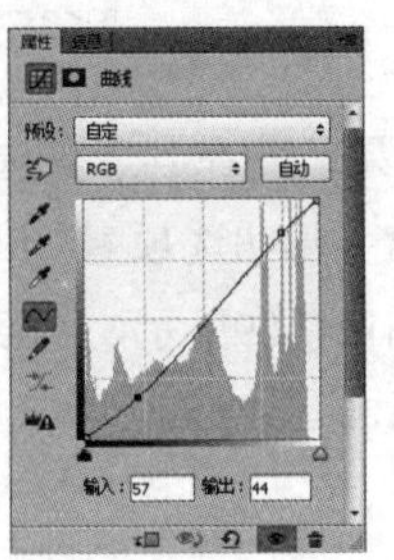
图12-7-24

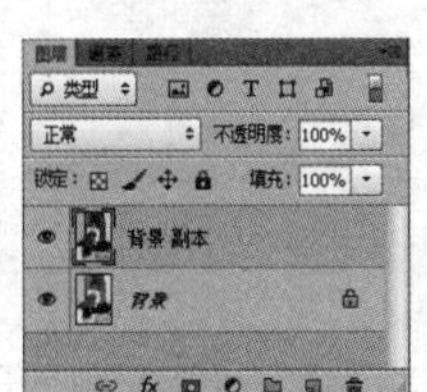

图12-7-25

06 单击“图层”面板上的添加新的填充或调整图层按钮，在弹出的下拉菜单中选择“曲线”选项，在“曲线”调整面板中设置具体参数，如图12-7-26所示，得到的图像效果如图12-7-27所示。

图12-7-26

图12-7-27

**Tips 提示**

反转负冲主要适用于人像摄影和部分风光照片，这两种拍摄题材在反转片负冲的表现下，反差强烈，主体突出，色彩艳丽，使照片具有了独特的魅力。

## 12.7.3 使用“应用图像”命令改造普通通道

使用“应用图像”命令不仅可以改变颜色通道，也可以改造普通通道，为图像创建出多种特殊效果。

训练营 第 12 章 / 训练营 /07 使用“应用图像”改造果肉效果

### 07 使用“应用图像”改造果肉效果

▲ 使用“应用图像”命令调整各个通道色值
▲ 使用“曲线”命令调整图像

01 执行【文件】/【打开】命令（Ctrl+O），弹出“打开”对话框，选择需要的素材，单击“打开”按钮打开图像，如图12-7-28所示。将“背景”图层拖曳至“图层”面板中的创建新图层按钮上，得到“背景副本”图层。

图12-7-28

02 选择工具箱中的钢笔工具，在其工具选项栏中选择“路径”选项，并选择合并形状选项，沿果肉与果皮边缘细致绘制路径，如图12-7-29所示，“路径”面板状态如图12-7-30所示。

图12-7-29

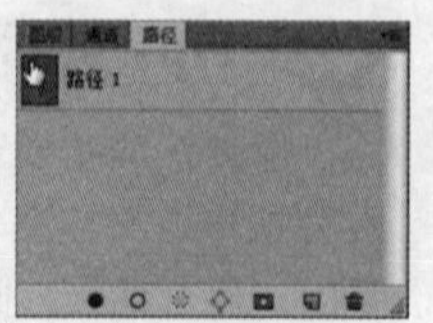
图12-7-30

03 按快捷键Ctrl+Enter将路径转换为选区。执行【选择】/【修改】/【羽化】命令，弹出“羽化选区”对话框，具体设置如图12-7-31所示，设置完毕后单击“确定”按钮，得到的选区效果如图12-7-32所示。

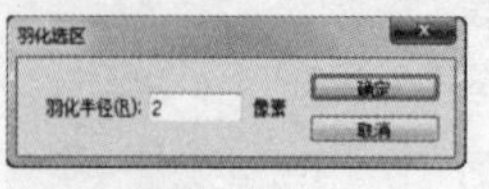

图12-7-31

图12-7-32

**Tips 提示**

这里执行【羽化】命令，对选区进行“羽化”非常重要，使用该命令后，选区的边界将变得平滑。

04 切换至“通道”面板，在保持选区不变的情况下单击“通道”面板上的将选区存储为通道按钮，得到“Alpha1”通道，按快捷键Ctrl+D取消选择，“通道”面板如图12-7-33所示，得到的图像效果如图12-7-34所示。

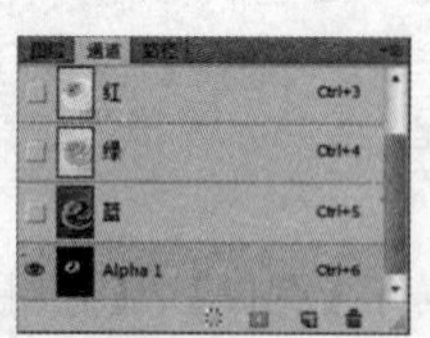

图12-7-33

图12-7-34

05 选择“Alpha1”通道，执行“应用图像”命令，弹出“应用图像”对话框，具体设置如图12-7-35所示，设置完毕后单击“确定”按钮，得到的图像效果如图12-7-36所示。选择“RGB”复合通道，如图12-7-37所示。

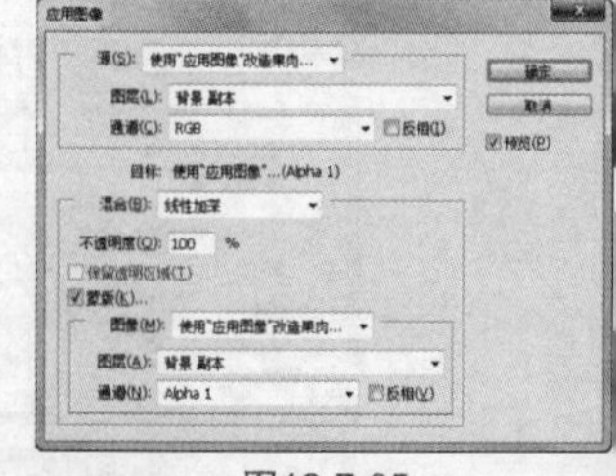
图12-7-35

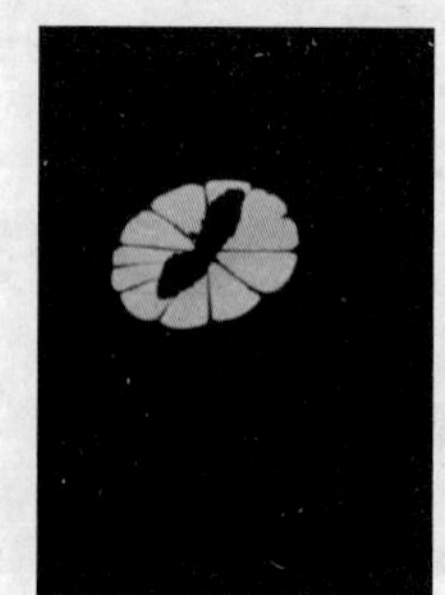
图12-7-36

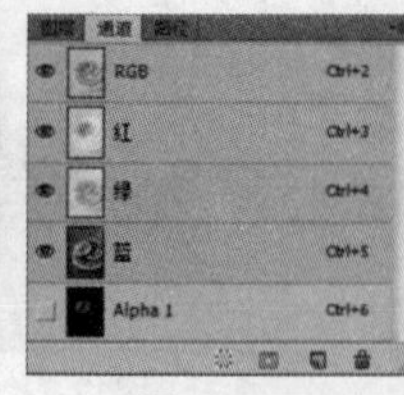

图12-7-37

**Tips 提示**

对“Alpha1”通道执行“应用图像”命令，目的是为了让果肉的纹理和细节赋予“Alpha1”通道的轮廓内部。

**技术要点： 临时文字路径**

通过观察可以发现，由于选择“蓝”通道作为源通道，选择“加深”作为混合模式，并使用“Alpha1”通道作为“蒙版”将颜色变化限制在果肉的轮廓范围内，使果肉发生变化。如果选择其他通道作为源通道，并修改一种新的混合模式，那么图像将会获得其他的混合效果。

06 执行“应用图像”命令，弹出“应用图像”对话框，具体设置如图12-7-38所示，设置完毕后单击“确定”按钮，得到的图像效果如图12-7-39所示。

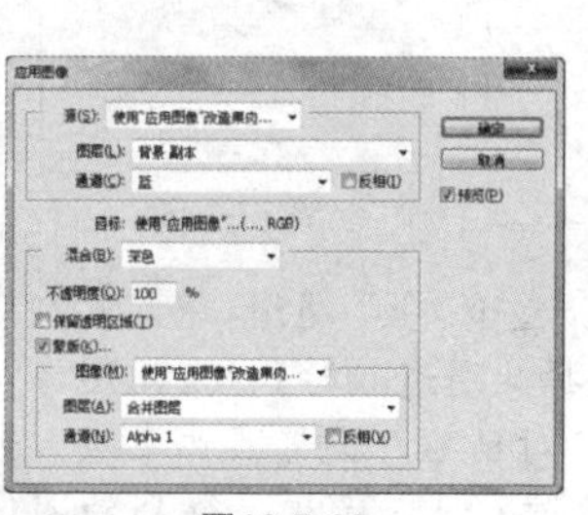

图12-7-38

图12-7-39

**Tips 提示**

不同的设置可以使图像产生多种不同的混合效果。对于【应用图像】命令来说，如果图像在混合后的色相相近，则是通过修改混合模式得到的；如果颜色略有不同，则是通过对单独的颜色通道使用该命令得到的。

## 12.7.4 “应用图像”与图像混合

“应用图像”命令不仅可以用于图像调整，也可以用于图像混合。由于在“应用图像”对话框中的多种混合模式的参与，并且该命令有调动不同的通道参与混合的能力，使两张不同的图像在混合时能够获得较好的图像混合效果。

通常情况下，两张相同的图像进行混合多用于图像的颜色调整，两张不同的图像进行混合多用于图像混合。

### ※ 相同图像之间的混合

对相同的图像进行特定的混合，可以有助于该图像的细节描述。

### 实战 对图像进行混合

第 12 章 / 实战 / 对图像进行混合

打开两个 PSD 格式的素材图像，如图 12-7-40 和图 12-7-41 所示，图层面板状态如图 12-7-42 所示。

图12-7-40

图12-7-41

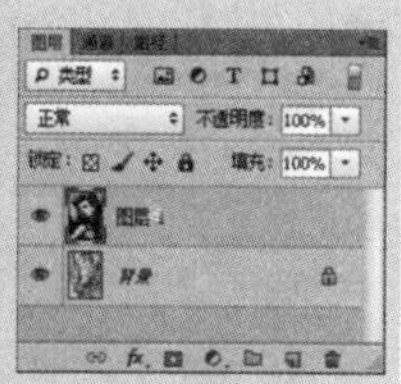

图12-7-42

将“图层 1”拖曳至“图层”面板上的创建新图层按钮上，得到“图层 1 副本”，如图 12-7-43 所示。

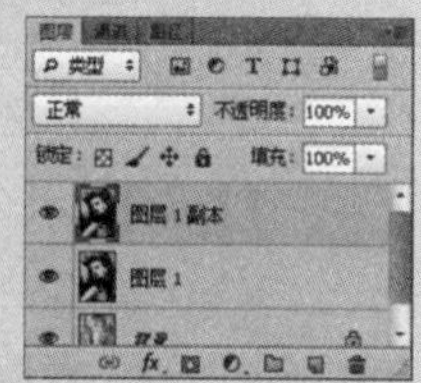

图12-7-43

执行【图像】/【应用图像】命令，弹出“应用图像”对话框，具体设置如图 12-7-44 所示。由于在对话框中进行混合的图层为图像相同的图层，因此在使用“叠加”混合模式后图像整体效果得到了强调，得到的图像效果如图 12-7-45 所示。

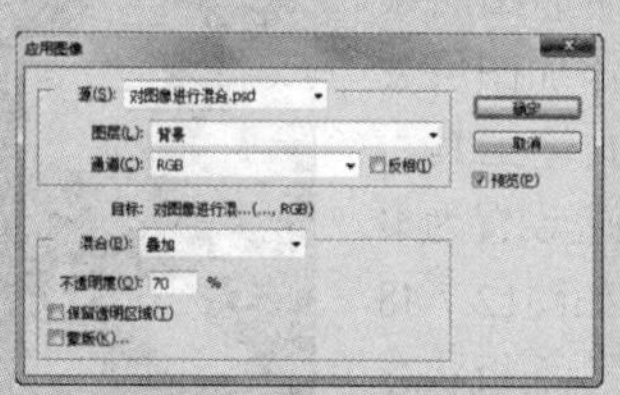

图12-7-44

图12-7-45

**Tips 提示**

在使用“应用图像”命令对图像进行混合时需要清楚，哪张图像需要作为混合后主要显示的图像，而哪张图像又作为混合后起辅助效果的图像。此时为“背景”复制其副本图像是非常重要的。在复制出“背景副本”图层后，“应用图像”命令将直接作用在该图层中，而原图像的“背景”图层中的图像将不会受到调整的影响而产生任何的损失。

### ※ 不相同图像之间的混合

对不同的图像使用“应用图像”命令，可以使其获得较自然的图像混合效果。

将前面应用过“应用图像”命令的“图层1副本”图层删除，重新复制一个“图层1副本”图层。执行【图像】/【应用图像】命令，弹出“应用图像”对话框，具体设置如图12-7-46所示。在这里需要注意的是，“蒙版”复选框需要进行勾选。设置完毕后单击“确定”按钮，得到的图像效果如图12-7-47所示。

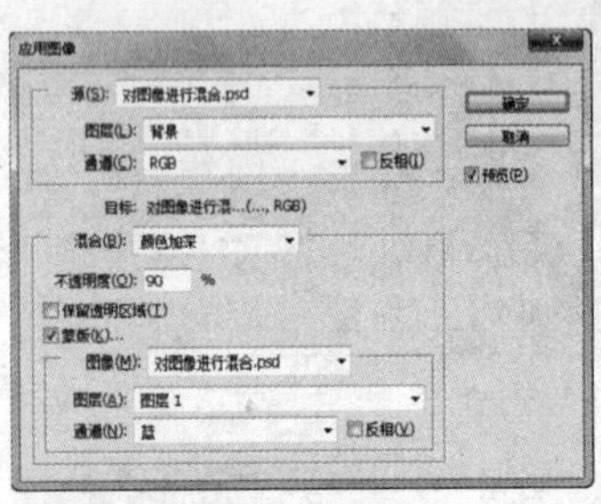

图12-7-46

图12-7-47

**Tips 提示**

“强光”模式是一个以混合色为主的混合模式。使用该模式后两个需要进行混合的图像可以得到较好的细节和纹理混合效果。

通过观察可以发现，在使用“应用图像”命令后，“图层1”与“背景”图层自然地融合到一起，但某些地方的衔接略不自然，因此需要对其进行调整。

选择“图层1副本”图层，单击“图层”面板上的添加图层蒙版按钮，为该图层添加图层蒙版。选择工具箱中的画笔工具，在其工具选项栏中将画笔设置为柔角，不透明度为50%，如图12-7-48所示进行涂抹。“图层”面板状态如图12-7-49所示，得到的图像效果如图12-7-50所示。

图12-7-48

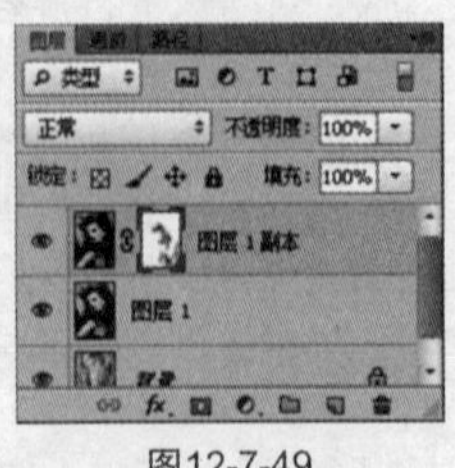

图12-7-49

图12-7-50

### ※ 使用“应用图像”进行混合的优点

“应用图像”命令是改变通道的图像的工具，也经常用于改变图层蒙版。

在图像混合操作中，大多数倾向于使用工具箱中的各种工具以修改图层蒙版来实现图像之间的混合。因为使用画笔工具修改蒙版的确具有很强的灵活性，并且被多数人所使用。但是其弊端也在于由于画笔修改蒙版带有很大的随意性，因此过于依赖个人的操作水平。为了使图像混合变得更加容易操作，将“应用图像”命令与画笔方式互为补充是非常必要的。

## 实战 对图像进行抠图

第 12 章 / 实战 / 对图像进行抠图

打开素材图像，如图 12-7-51 所示，“图层”面板状态如图 12-7-52 所示。

图12-7-51

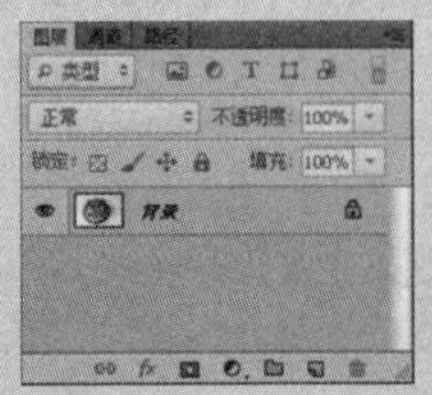

图12-7-52

切换至“通道”面板，选择“蓝”通道，将其复制，得到“蓝副本”通道，选择此通道，执行“应用图像”命令，弹出“应用图像”对话框，设置具体参数，如图 12-7-53 所示。按快捷键 Ctrl+I 反相，得到的图像效果如图 12-7-54 所示。

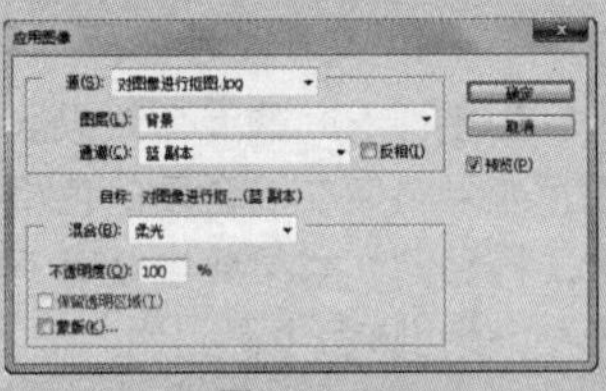

图12-7-53

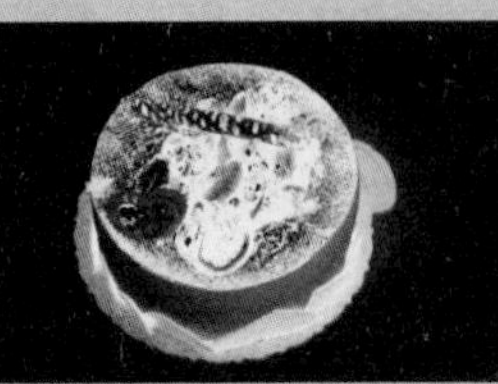

图12-7-54

选择工具箱中的套索工具，在图像中的蛋糕区域绘制选区，填充白色，按快捷键 Ctrl+D 取消选择，选择画笔工具，在图像中蛋糕与背景的边缘区域进行涂抹，得到的图层“面板”状态如图 12-7-55 所示，得到的图像效果如图 12-7-56 所示。

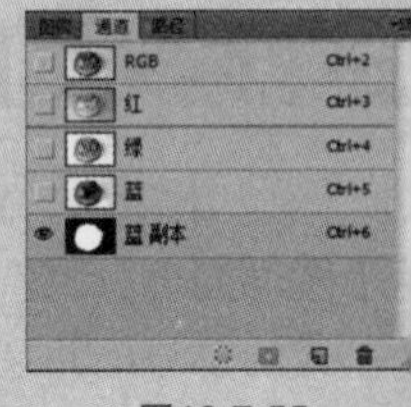

图12-7-55

执行“应用图像”命令，用同样的方法，其参数相同。按 Ctrl 键并单击“蓝副本”通道缩览图，调出选区，切换回“图层”面板，按快捷键 Ctrl+J 复制选区内的图像，隐藏“背景”图层，得到的图像效果和“图层”面板状态如图 12-7-57 所示。

图12-7-56

图12-7-57

训练营 第 12 章 / 训练营 /08 为图像更换背景

## 08 为图像更换背景

- 使用“应用图像”命令创建选区
- 使用“最小值”滤镜减弱抠图后的白边现象

01 执行【文件】/【文件】命令（Ctrl+O），弹出“打开”对话框，选择需要的素材，单击“打开”按钮打开图像，如图12-7-58所示。

图12-7-58

02 切换到“通道”面板，将“绿”通道拖曳至“通道”面板上的创建新通道按钮上，得到“绿副本”通道，如图12-7-59所示，得到的图像效果如图12-7-60所示。

图12-7-59

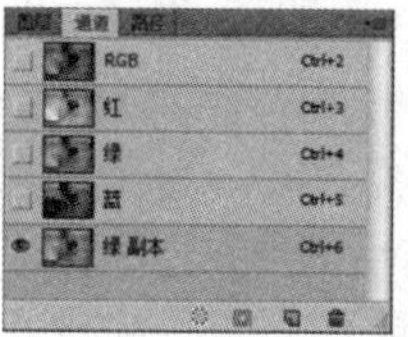
图12-7-60

03 执行【图像】/【应用图像】命令，弹出“应用图像”对话框，具体参数设置如图12-7-61所示，设置完毕后单击“确定”按钮，得到的图像效果如图12-7-62所示。

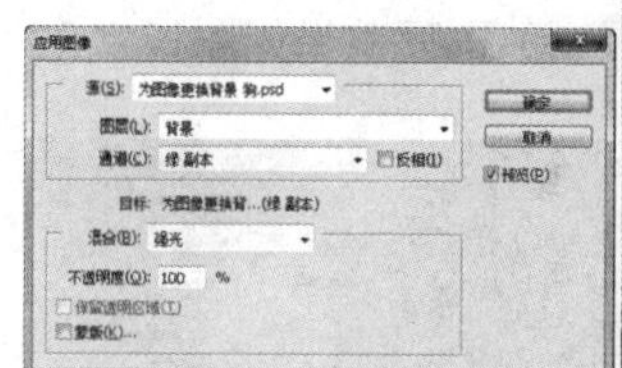
图12-7-61

图12-7-62

04 按快捷键Ctrl+I将图像反相，如图12-7-63所示，“通道”面板如图12-7-64所示。

图12-7-63

图12-7-64

05 选择工具箱中的套索工具，在图像中绘制选区，如图12-7-65所示。将前景色设置为白色，按快捷键Alt+Delete填充前景色，填充完毕后按快捷键Ctrl+D取消选择。选择工具箱中的画笔工具，在其工具选项栏中设置合适的笔刷大小，并将硬度设置为100%，继续在图像中狗的身体部分的黑色区域涂抹，得到的图像效果如图12-7-66所示。

图12-7-65

图12-7-66

06 选择工具箱中的缩放工具，将视图进行局部放大。选择工具箱中的画笔工具，在狗的周身进行细致涂抹，如图12-7-67所示，涂抹时应避开耳朵及周围较细的绒毛区域，得到的图像效果如图12-7-68所示。

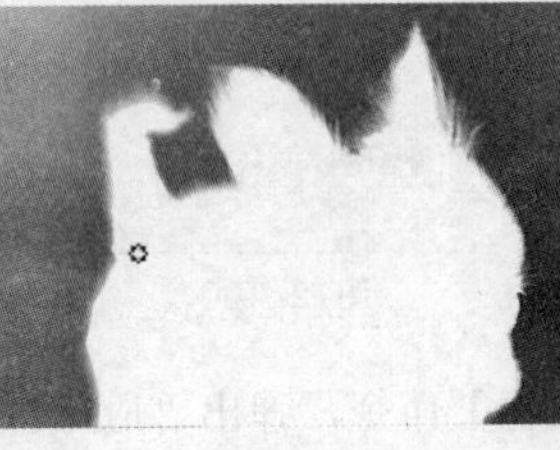
图12-7-67

图12-7-68

07 执行【图像】/【应用图像】命令，弹出“应用图像”对话框，具体参数设置如图12-7-69所示，设置完毕后单击“确定”按钮，得到的图像效果如图12-7-70所示。

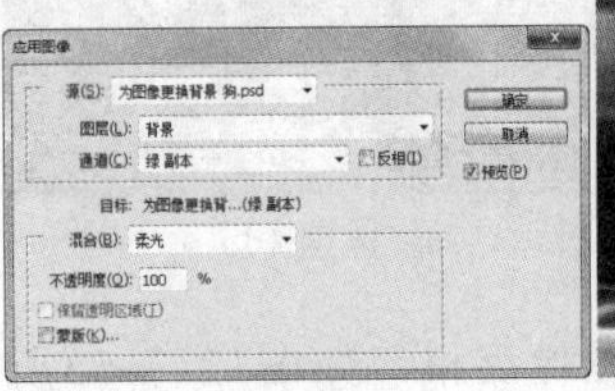
图12-7-69

图12-7-70

08 将前景色设置为黑色，选择工具箱中的画笔工具，在其工具选项栏中设置合适的笔刷，在图像中除主体物区域进行涂抹，得到的图像效果如图12-7-71所示。

09 选择“绿副本”通道，执行【图像】/【调整】/【色阶】命令（Ctrl+L），弹出“色阶”对话框，选择对话框中的在图像中取样以设置黑场按钮，在图像中的黑色区域进行单击，将其强制为黑色，如图12-7-72所示；“色阶”对话框如图12-7-73所示。设置完毕后单击“确定”按钮，得到的图像效果如图12-7-74所示。

图12-7-71

图12-7-72

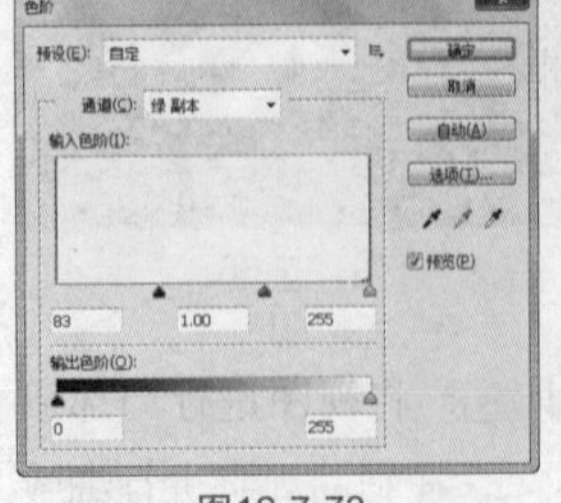
图12-7-73

图12-7-74

10 按Ctrl键单击“绿副本”通道缩览图，调出其选区。切换至“图层”面板，按快捷键Ctrl+~返回到图像RGB模式，按快捷键Ctrl+J将选区内的图像复制至新的图层，得到“图层1”。在“图层”面板上单击“背景”图层缩览图前的指示图层可见性按钮，将其隐藏。面板状态如图12-7-75所示，得到的图像效果如图12-7-76所示。

图12-7-75

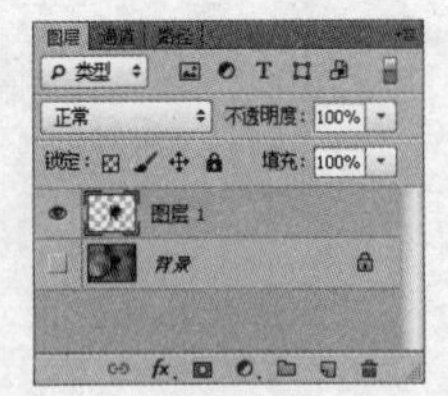
图12-7-76

11 按快捷键Ctrl+O打开需要的素材图像，如图12-7-7所示。将抠取好的狗拖曳至新文档中，生成“图层1”。选择“图层1”，执行【编辑】/【变换】/【水平翻转】命令。按快捷键Ctrl+T调出自由变换框，调整图像大与位置，调整完毕后按Enter键确认变换，得到的图像效果如图12-7-78所示。

图12-7-77

图12-7-78

**Tips 提示**

对图像进行翻转可以使用“水平翻转”命令或“旋转画布”命令，其中，“旋转画布”命令不适用于单一图层或图层的一部分，只适用于旋转整个图像，而“水平翻转”命令则可用于单一图层。

12 按Ctrl键单击“图层1”缩览图，调出其选区。击“图层”面板上的添加图层蒙版按钮，为“图1”添加图层蒙版，“图层”面板状态如图12-7-79所示。单击“图层1”的图层蒙版缩览图，执行【滤镜】/【它】/【最小值】命令，弹出“最小值”对话框，具体参数设置如图12-7-80所示。设置完毕后单击“确定”按钮，得到的图像效果如图12-7-81所示。

图12-7-79

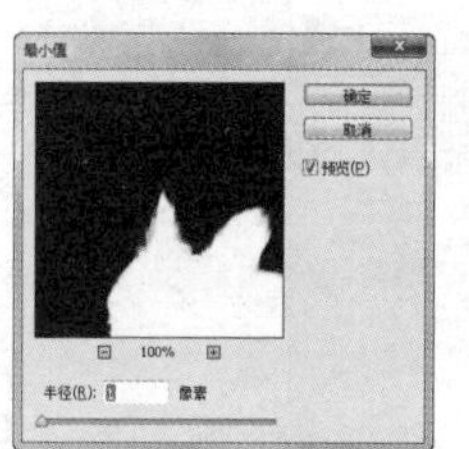
图12-7-80

图12-7-81

Tips 提示

使用“最小值”滤镜命令可以在一定程度上降低图层蒙版中图像抠取后留下的毛边效果。

13 选择“背景”图层，单击“图层”面板上的创建新图层按钮，新建“图层2”。将前景色设置为黑色，选择工具箱中的画笔工具，在其工具选项栏中设置合适的笔刷大小，并将笔刷硬度设置为100%，不透明度设置为40%，为狗绘制阴影，如图12-7-82所示；“图层”面板状态如图12-7-83所示。

图12-7-82

图12-7-83

14 选择工具箱中的钢笔工具，在图像中绘制闭合路径，如图12-7-84所示，绘制完毕后按快捷键Ctrl+Enter将路径转换为选区。选择“图层1”，单击“图层”面板上的创建新图层按钮，新建“图层3”。将前景色设置为白色，按快捷键Alt+Delete填充前景色，填充完毕后按快捷键Ctrl+D取消选择，得到的图像效果如图12-7-85所示。

图12-7-84

图12-7-85

15 在“图层”面板上将“图层3”的不透明度设置为80%，得到的图像效果如图12-7-86所示。

图12-7-86

16 选择“图层3”，执行【滤镜】/【模糊】/【高斯模糊】命令，弹出“高斯模糊”对话框，具体参数设置如图12-7-87所示，设置完毕后单击“确定”按钮，得到的图像效果如图12-7-88所示。

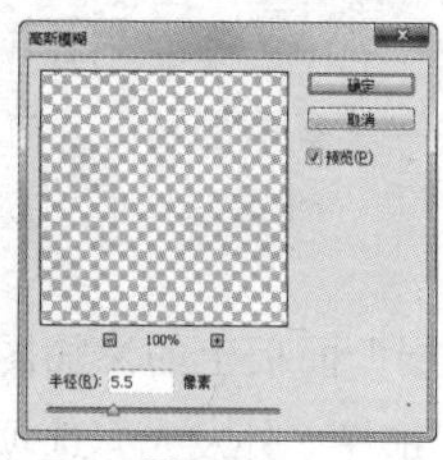
图12-7-87

图12-7-88

17 选择“图层3”，单击“图层”面板上的创建新图层按钮，新建“图层4”。将前景色设置为白色。选择工具箱中的画笔工具，在其工具选项栏中设置合适的笔刷大小，在图像中绘制，得到的图像效果如图12-7-89所示。

图12-7-89

18 选择工具箱中的自定义形状工具，在其工具选项栏中单击“自定义形状”拾色器，选择形状，如图12-7-90所示；按住鼠标左键在图像中拖曳形状，得到的图像效果如图12-7-91所示。

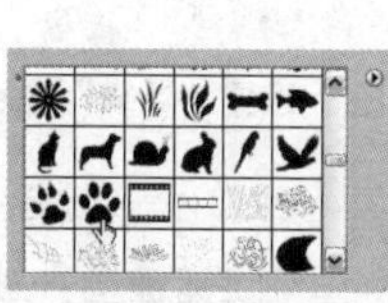
图12-7-90

图12-7-91

19 选择工具箱中的钢笔工具，在图像中绘制路径，如图12-7-92所示。选择工具箱中的横排文字工具T，沿着绘制的路径输入文字，如图12-7-93所示。

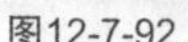
图12-7-92

图12-7-93

## Tips 提示

对文字设定路径，可以使输入的文字按照设定的路径进行分布。在创建路径后，选择工具箱中的横排文字工具T，将文字输入图标移动至路径上，则会发现输入图标变为如图所示的形状，此时在路径上单击鼠标，并输入需要添加的字母或文字即可。其中，横排文字沿着路径显示，与基线垂直。直排文字沿着路径显示，与基线平行。

20 选择文字图层，单击“图层”面板上的添加图层样式按钮，在弹出的下拉菜单中选择“外发光”选项，弹出“图层样式”对话框，具体参数设置如图12-7-94所示。继续勾选“渐变叠加”复选框，单击渐变选项的下拉菜单，在渐变编辑器中选择渐变，具体参数设置如图12-7-95、图12-7-96所示，设置完毕后单击“确定”按钮。

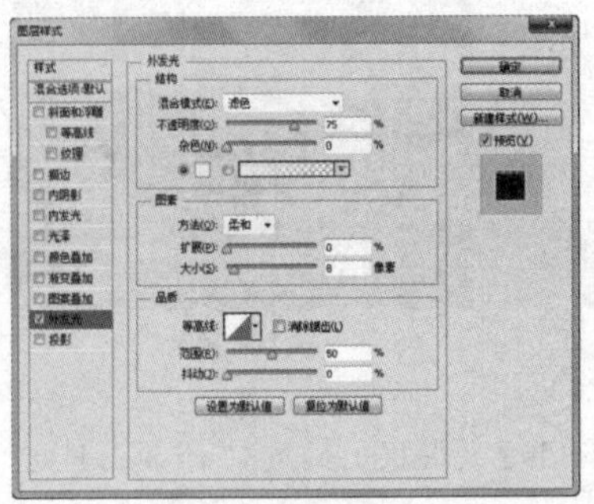
图12-7-94

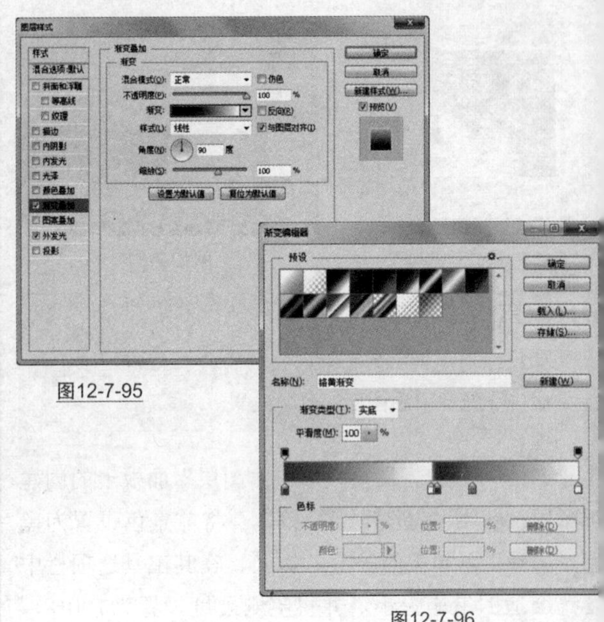
图12-7-95

图12-7-96

21 应用图层样式后得到的图像效果如图12-7-97所示；“图层”面板状态如图12-7-98所示。

图12-7-97

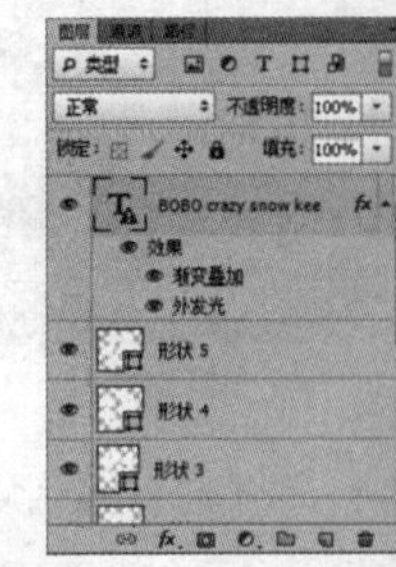
图12-7-98

# 12.8 “计算”命令

**关键字** 了解“计算”命令对话框、设置“计算”命令对话框、通道计算的操作方法、通道计算精确调整图像的高光区域

在 Photoshop CS6 中，“计算”命令是一个较容易被人忽视的命令，由于操作者本身对该命令的不理解，因此便会产生“计算命令很难”的想法。这节将详细讲述通道计算在实际操作中强大的功能。

## 12.8.1 了解“计算”命令对话框

“计算”命令用于混合两个来自一个或多个源图像的单色通道，并且通过计算命令可以将结果应用到新图像或新通道中，或应用到图像的选区中。通过“计算”命令可以创建新的通道和选区，也可以创建新的黑白图像文件，但是不能生成彩色的图像。

执行【图像】/【计算】命令可以弹出“计算”对话框，如图12-8-1所示。“计算”命令的各个选项含义如下。

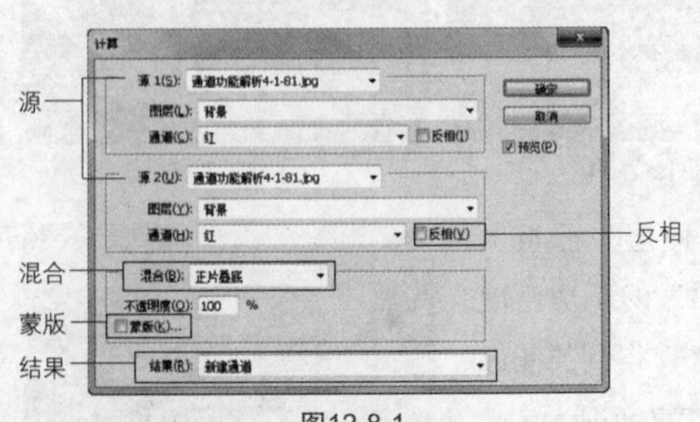

图12-8-1

**源**：与当前活动文件像素大小相同的图像文件都会出现在“源1”和“源2”的下拉菜单中，在其中选择要

参与混合的源图像、图层和通道。如果要使用源图像中的所有图层，则选择“合并图层”选项。

**反相**：在计算中使用通道内容的负片，然后再进行计算。

**混合**：在下拉菜单中选择一种混合模式。

**不透明度**：在文本框中输入所需的不透明度数值可以指定效果的强度。

**蒙版**：如果要通过蒙版应用混合，则勾选“蒙版”。然后在该栏中选择包含蒙版的图像和图层。对于“通道”，可以选择任何颜色通道或者Alpha通道以用作蒙版。也可以使用基于当前选区或选中图层“透明区域”边界的蒙版。勾选“反相”将反转通道的蒙版区域和未蒙版区域。

**结果**：在下拉菜单中可指定是将混合结果放入新文档、新通道还是当前图像中的选区。

打开一个需要的素材，如图12-8-2所示，执行【图像】/【计算】命令，弹出“计算”对话框，对话框由三个主要的部分组成，分别是“源1”、“源2”和混合模式。其中，“源1”和“源2”分别表示两个将要以某种方式混合的通道，而通道模式则表示通道进行混合的方式。

图12-8-2

在弹出的“计算”对话框中设置具体参数，如图12-8-3所示；生成一个新通道，图像效果如图12-8-4所示。

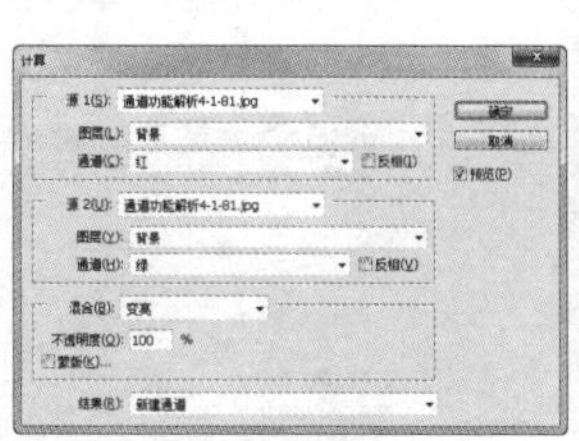

图12-8-3

图12-8-4

通过观察可以发现，在应用“计算”命令后，由于在结果选项栏中选择的为“新建通道”选项，因此图像变为灰度模式，而“图层”面板上的“背景”图层却没有随该命令产生变化，面板如图12-8-5所示；切换至“通道”面板，“Alpha1”通道出现在面板中，因此可以说明，该通道为应用“计算”命令后得到的新通道，如图12-8-6所示。

图12-8-5

图12-8-6

**Tips 提示**

在【计算】命令中可以使用一个或多个图像进行通道计算。需要注意的是，如果使用多个源图像，则这些图像的像素尺寸必须相同。

## 12.8.2 设置“计算”命令对话框

### ※ 确定参加计算的图像文件

在使用“计算”命令时，参加计算的对象可以是两幅不同的图像，也可以是同一幅图像中不同或相同的两个通道。其中，如进行计算的是两幅不同的图像，可以通过“对话框”中的“源1”和“源2”中具体指定进行计算的图像名称。

### ※ 确定参加计算的图像的图层

在确定参加计算的图像后，如果该图像拥有多个图层，就需要确定参加计算的图像图层是哪一个。在“计算”对话框中，在“源1”和“源2”选项下方的“图层”文本框中可以分别指定需要进行计算的图层名称。如图12-8-7所示的对话框表明，参加计算的同一幅图像的两个不同图层分别是“图层1”和“图层2”。

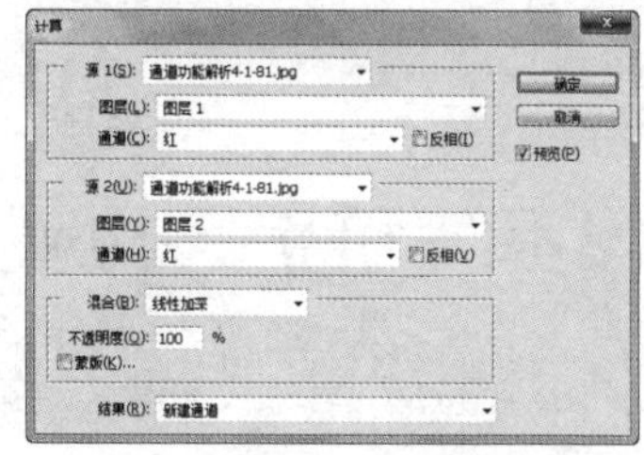

图12-8-7

在这里，确定图层的意义是便于确定计算的主要对象——通道。因为，不同的图层其通道也是不同的，当指定不同的图层后，其具体所指的通道也就发生了变化。

### ※ 确定参加计算的图像图层的具体通道

在设置到该步骤时可以发现，为需要进行计算的图像图层设置通道，是整个“计算”命令中确定计算对象的最后一个步骤。

### ※ 确定通道间的计算方法

在“计算”对话框中指定计算方式与在“图层”面板上指定图层混合模式有些相似。当在“混合”选项的下拉菜单中选择不同的选项后，就可以确定具体参加计算的通道间的计算方法，并且这个过程将直接影响到最终得到的通道间的计算结果。

当设置的“混合”选项不同时，得到的计算结果也不同。在对话框中，将“混合”选项设置为“正片叠底”，具体参数设置如图12-8-8所示，设置完毕后单击“确定”按钮，得到的图像效果如图12-8-9所示。

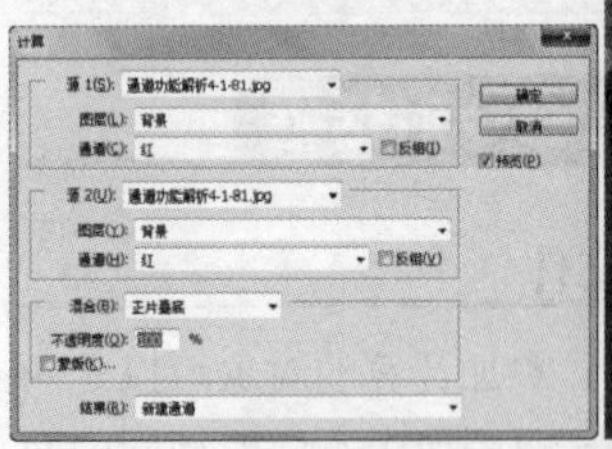

图12-8-8

图12-8-9

若将“混合”选项设置为“滤色”，如图12-8-10所示，得到的图像效果与选择“正片叠底”混合模式时的效果不同，得到的图像效果如图12-8-11所示。

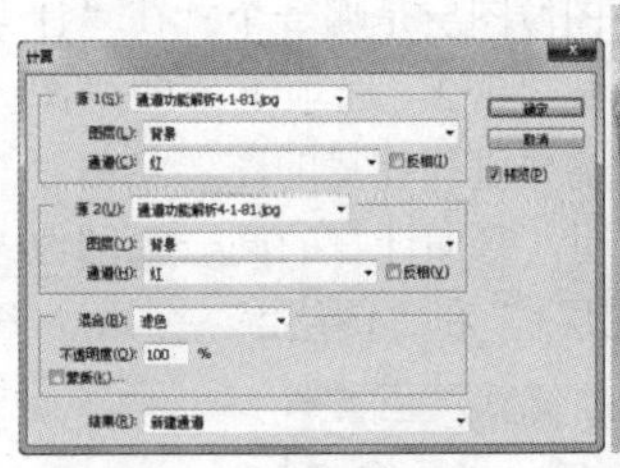

图12-8-10

图12-8-11

**技术要点：“计算”对话框**

在“计算”对话框中，当“混合”选项框内文字变为灰色时表示可以直接使用键盘上的方向键进行模式选择，如下图所示。需要注意的是，当某一个框内变为蓝色选中状态时，将导致其他快捷键失灵。

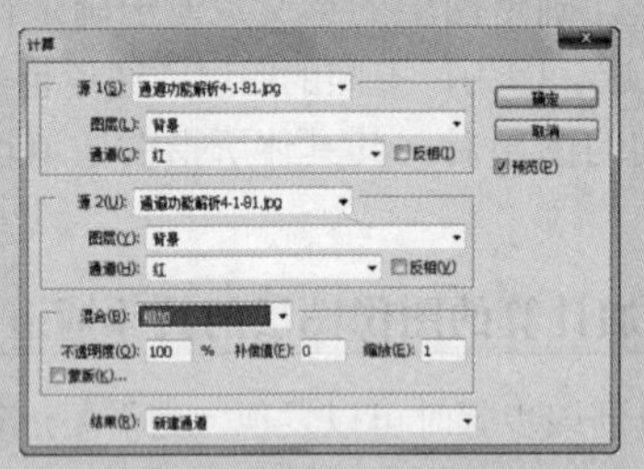

### ※ 选择计算的结果

在“计算”对话框中，选择计算结果是计算的最后一个步骤。该选项中包括新建文档、新建通道和选区三项，用于确定两个通道之间的计算结果，具体生成新的文件、新的通道或是新的选区，都可以在此进行设置。

## 实战 用计算命令调整图像

第 12 章 / 实战 / 用计算命令调整图像

打开素材图片如图 12-8-12 所示，执行【图像】/【计算】命令，弹出“计算”对话框，如图 12-8-13 所示设置具体参数，单击“确定”按钮。通道面板状态如图 12-8-14 所示。

图12-8-12

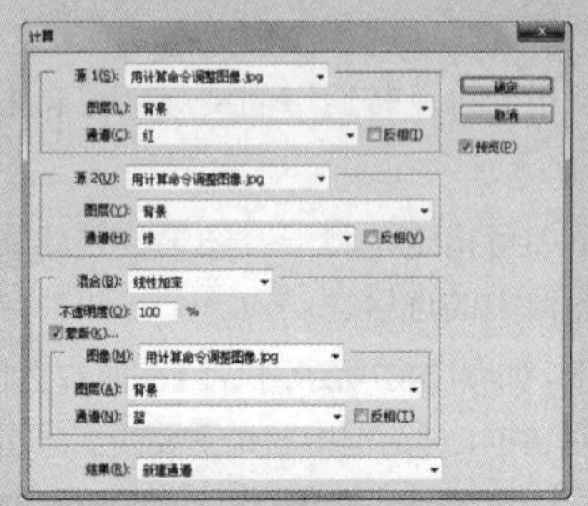

图12-8-13

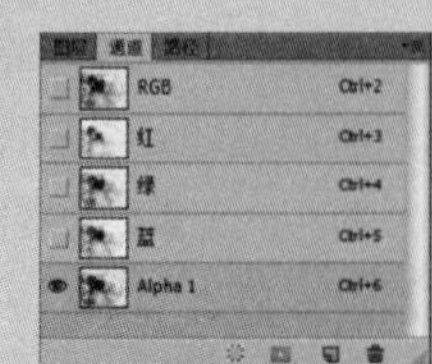

图12-8-14

按住 Ctrl 键单击新建通道，将通道作为选区载入，切换至“图层”面板，单击调整图层按钮，选择“色相 / 饱和度”选项，如图 12-8-15 所示调整图层，得到的图像如图 12-8-16 所示。

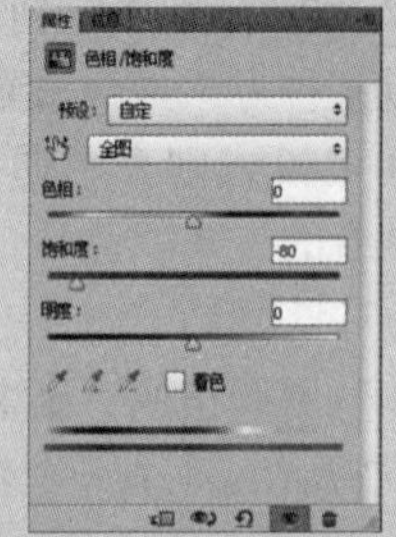

图12-8-15

图12-8-16

## 12.8.3 通道计算的操作方法

执行【图像】/【计算】命令，可以弹出“计算”对话框，通过设置对话框内的参数可以进行“计算”命令的应用。

打开如图12-8-17所示的素材图像，执行【图像】/【计算】命令，弹出“计算”对话框，如图12-8-18所示。

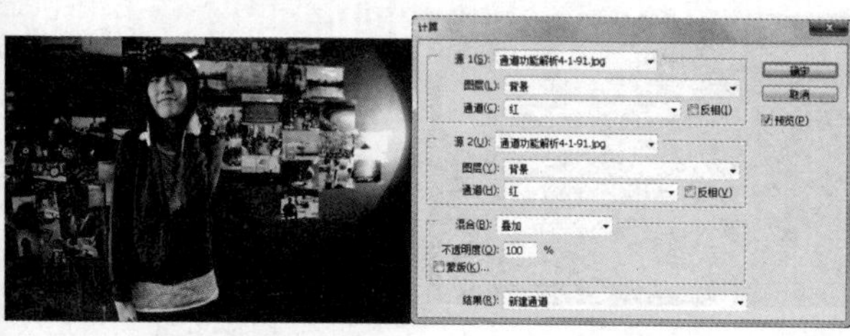

图12-8-17　　图12-8-18

通过观察“计算”对话框，可以将该命令的应用过程分为三部分。

## ※ 设置参与计算的图像

设置参与计算的图像是“计算”命令需要面对的首要问题。由于两个相计算的通道必须要为其指定参与的图像，因此应在“源1”和“源2”选项中选择一个或两个打开的文件，然后指定参与计算的图层、通道或透明区域。

由于此时只打开一个素材图像，因此在“计算”对话框中无论是“源1”还是“源2”的下拉菜单中只会看到当前所打开的文件名称，如图12-8-19所示，也就是只可以对当前图像进行“计算”操作。

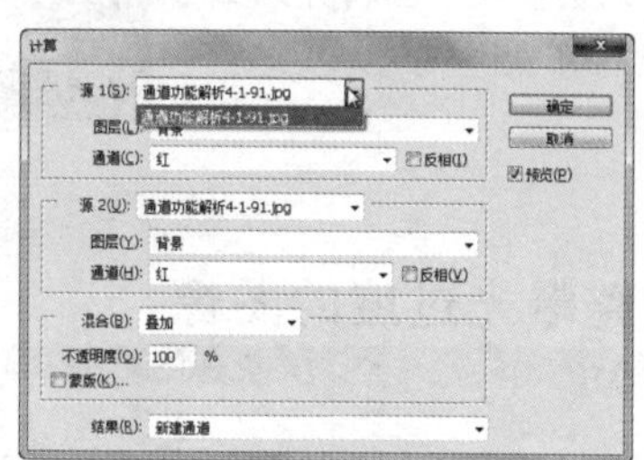

图12-8-19

为了使通道计算后的图像效果更加丰富，打开如图12-8-20所示的素材图像。执行【图像】/【图像大小】命令，在弹出的“图像大小”对话框中将两个图像的文档尺寸统一一致。重新执行【图像】/【计算】命令，弹出“计算”对话框，如图12-8-21所示，单击“源1”的下拉菜单可以发现，新打开的图像文件也出现在该菜单中，说明此时可以为两个来源不同的图像进行“计算”操作。

图12-8-20　　图12-8-21

**Tips 提示**

在使用“计算”命令对两个来源不同的图像进行操作时，需要注意这两个不同的图像分别所拥有的尺寸。一般而言，以一个图像的尺寸作为参照去修改另一个图像的情况较多。不同尺寸的图像是无法一起进行“计算”命令的。

## ※ 设置混合方式

在设置完参与计算的图像后，需要继续设置其混合方式。在“计算”对话框中，混合方式包括“混合模式”、“不透明度”和“蒙版”三项，其中“混合”选项用来控制计算过程中的混合方式，它与“应用图像”命令中的“混合”选项作用相同；“不透明度”用来控制“源1”中选择的图层不透明度，可以控制计算效果的强度；勾选“蒙版”选项后，可以通过颜色通道、Alpha通道、图像的透明区域或当前文件中的选区来控制“源2”中选择的图层和通道的计算区域，使“源2”中选择的图层和通道的部分区域不受计算的影响。

在对话框中，将混合选项设置为“减去”，如图12-8-22所示，得到的图像效果如图12-8-23所示。

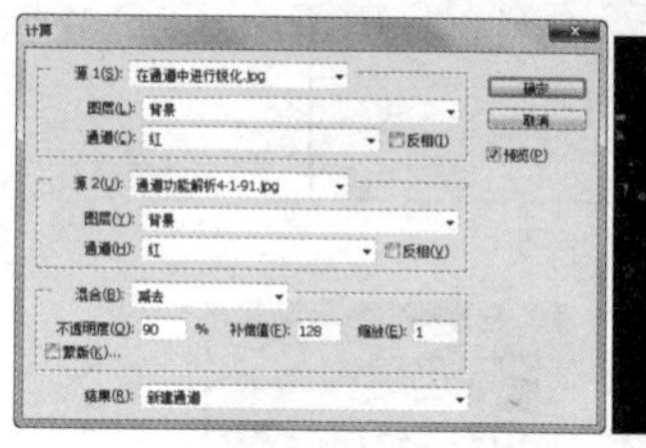

图12-8-22　　图12-8-23

在混合选项中，除了正常的混合模式外，还包括“相加”和“减去”两种混合模式。由于在“计算”命令中，对图层、通道或合成图像进行颜色混合计算后可以获得需要的效果，因此清楚颜色混合模式可以使通道计算更加得心应手。

## ※ 设置计算结果

在“计算”对话框的最后一栏是设置计算的结果，表示结果要存放在哪里。其中，在“结果”选项栏的下拉菜单中可以选择“新建文档”、“新建通道”和“选区”三项。

继续使用前面的“计算”对话框，具体设置如图12-8-24所示，其中，将“结果”栏设置为“新建文档”选项，单击“确定”按钮，得到的图像效果如图12-8-25所示。图像中新建了一个以未标题命名的新文档，“图层”面板状态如图12-8-26所示，“通道”面板状态如图12-8-27所示。

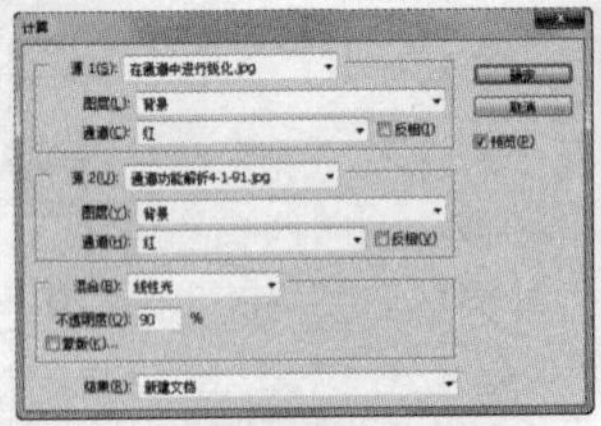
图12-8-24

图12-8-25

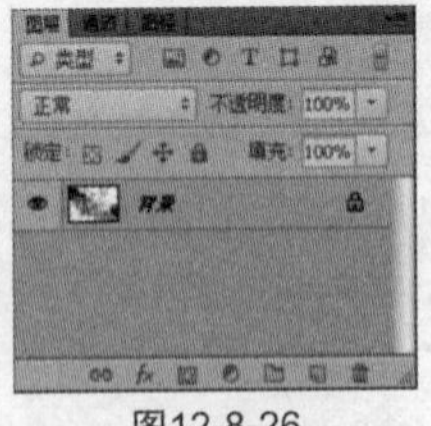
图12-8-26

图12-8-27

返回“计算”对话框，保持对话框中的设置不变，在“结果”栏中选择“新建通道”选项，如图12-8-28所示。设置完毕后单击“确定”按钮，图像在原图像的基础上变为黑白色，“图层”面板状态如图12-8-29所示，“通道”面板状态如图12-8-30所示。

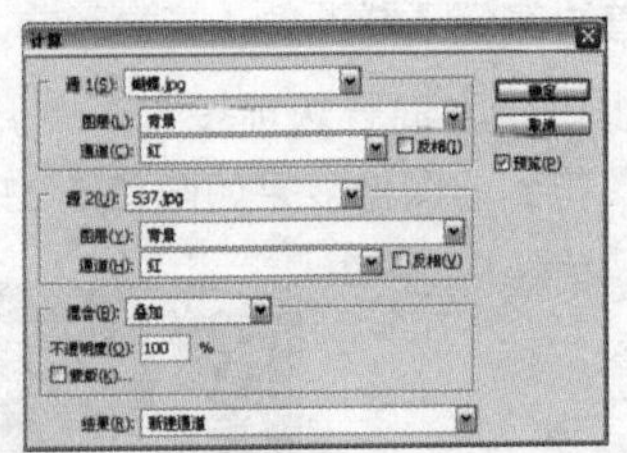
图12-8-28

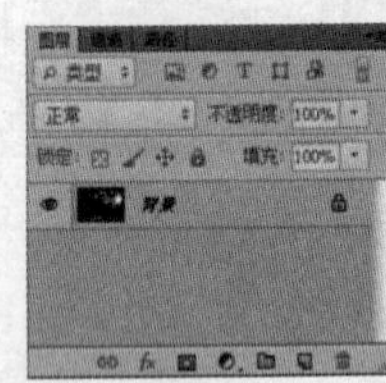
图12-8-29

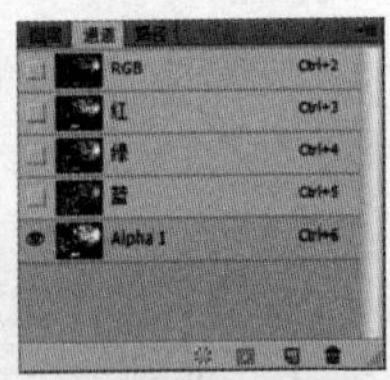
图12-8-30

通过观察可以发现，由于选择的是“新建通道”选项，因此“图层”面板没有发生变化，而在“通道”面板上得到了一个新的Alpha通道。

重新执行“计算”命令，保持对话框中的设置不变，在“结果”栏中选择“选区”选项，如图12-8-31所示。设置完毕后单击“确定”按钮，得到的图像效果如图12-8-32所示，“图层”面板状态如图12-8-33所示。

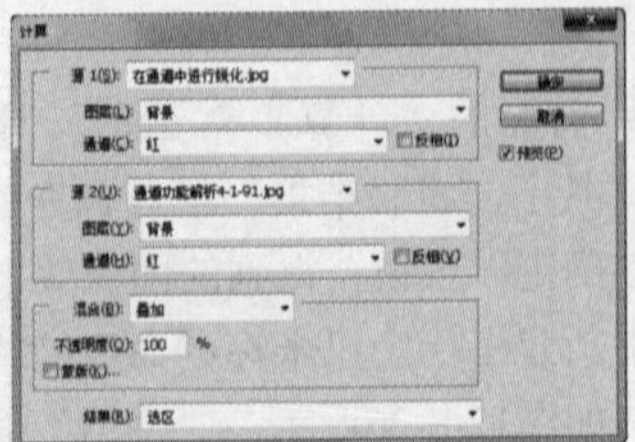
图12-8-31

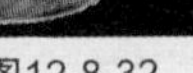
图12-8-32

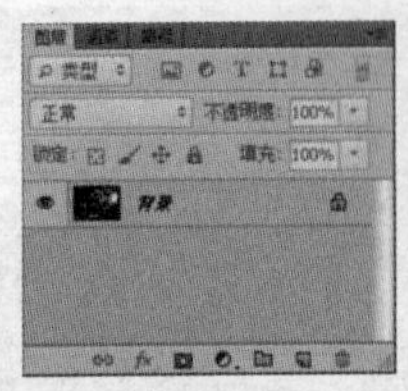
图12-8-33

**Tips 提示**

将结果设置为“选区”选项是“计算”命令的又一大实用功能。选择该选项常用来计算图像，并为其创建特殊选区。

## 12.8.4 利用通道计算调整图像的高光区域

在处理数码照片时经常会遇到由于曝光过度使照片高光区域过于饱和的情况，如图12-8-34所示的人物部分，而照片的中间调和暗调并没有过曝，因此只需要调整图像的高光区域。如何选择图像的高光区域就需要通道计算这一功能来实现，下面将介绍如何选择图像的高光区域。

图12-8-34

### 实战 调整曝光过度的图像

第 12 章 / 实战 / 调整曝光过度的图像

执行【图像】/【计算】命令，弹出“计算”对话框，具体设置如图 12-8-35 所示，设置完毕后单击“确定”按钮，得到的图像效果如图 12-8-36 所示。此时“通道”面板上生成“Alpha1”通道，“通道”面板状态如图 12-8-37 所示。

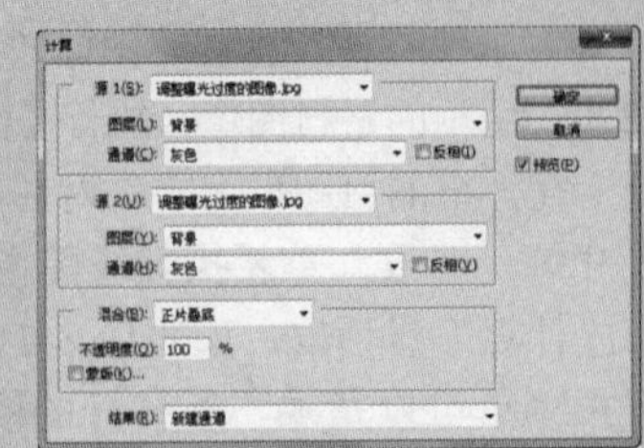
图12-8-35

图12-8-36

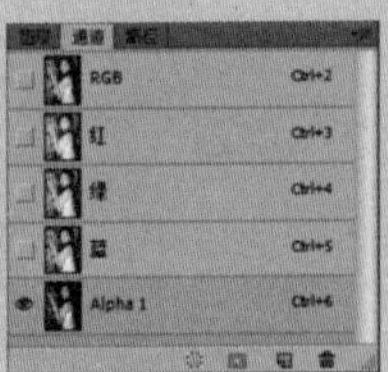
图12-8-37

**Tips 提示**

“源 1”和“源 2”都选择灰色通道，混合模式选择“正片叠底”，能够把连续色调图像的高光部分从图像中孤立出来。得到的“Alpha1”通道图像比“灰色”通道的图像暗是由于使用了“正片叠底”混合模式的缘故。

从图中可以发现，图像高光区域并不明显。继续执行【图像】/【计算】命令，弹出“计算”对话框，具体设置如图 12-8-38 所示，设置完毕后单击“确定”按钮，得到的图像效果如图 12-8-39 所示。此时“通道”面板上生成“Alpha2”通道，“通道”面板状态如图 12-8-40 所示。

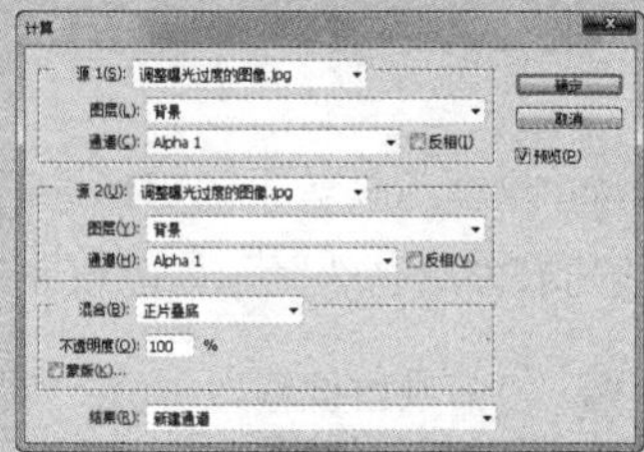


图12-8-38

图12-8-39

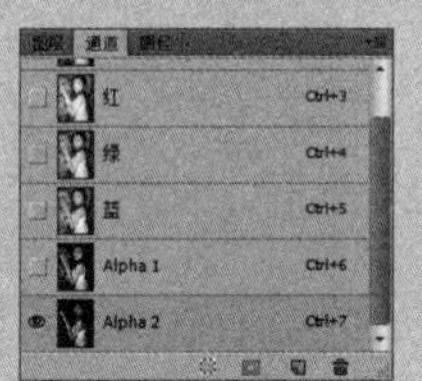


图12-8-40

继续执行【图像】/【计算】命令，弹出“计算”对话框，具体设置如图 12-8-41 所示，设置完毕后单击“确定”按钮，得到的图像效果如图 12-8-42 所示。此时“通道”面板上生成“Alpha3”通道，“通道”面板状态如图 12-8-43 所示。

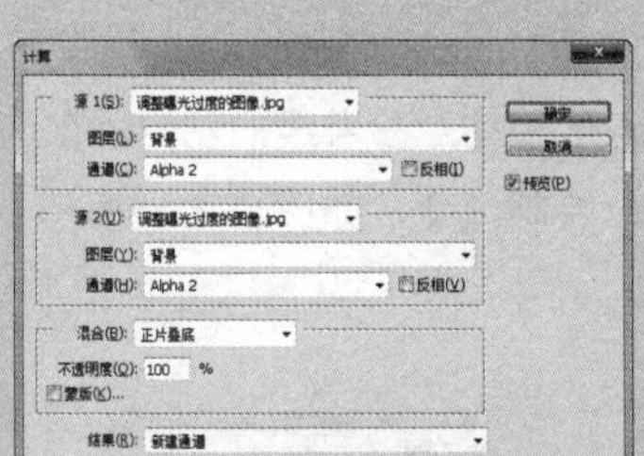


图12-8-41

图12-8-42

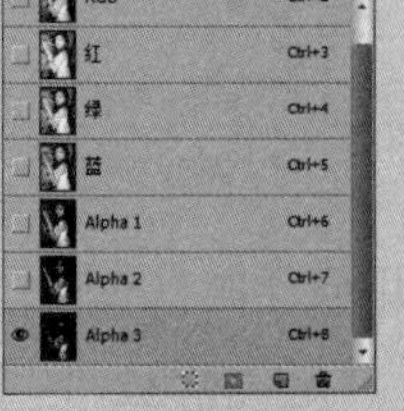


图12-8-43

**Tips 提示**

“计算”命令的强大之处在于，并不只是图像的几个颜色通道可以参与混合。在前面生成的“Alpha2”通道同样可以参与到计算中，因此可以通过不断计算，最终得到自己满意的结果。

从图中可以发现，得到的通道“Alpha3”大部分区域都被湮没在黑暗中，由于只需要调整人物的曝光过度，因此选择工具箱中的画笔工具，将前景色设置为黑色，在除人物脸部以外的区域涂抹，得到的图像效果如图 12-8-44 所示。按 Ctrl 键单击“Alpha3”通道缩览图，调出其选区（这部分就是脸部高光区域），切换至“图层”面板，选择“背景”图层，单击“图层”面板上的创建新的填充或调整图层按钮，在弹出的下拉菜单中选择“色阶”选项，向右拖动中间滑块，可以降低图像高光区域的亮度，使之接近中间色调，在弹出的“调整”面板中设置具体参数。如图 12-8-45 所示；设置完毕后单击“确定”按钮，按快捷键 Ctrl+D 取消选择，得到的图像效果如图 12-8-46 所示。由于图层蒙版的保护，这种调整不会影响到图像的中间调和暗调区域。

图12-8-44

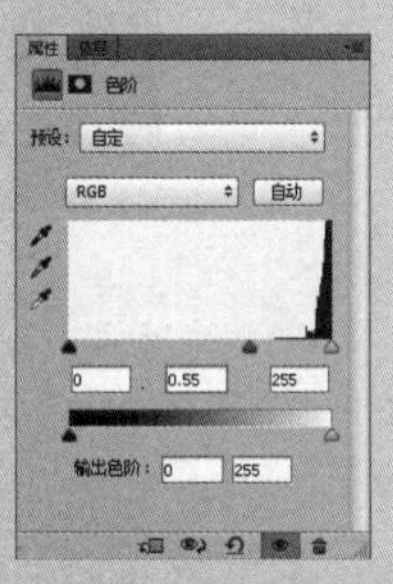


图12-8-45

图12-8-46

放大人物脸部对比调整前和调整后的图像，如图 12-8-47 和图 12-8-48 所示。从图中可以发现人物的高光部分被减弱，人物恢复正常。

图12-8-47

图12-8-48

训练营 第 12 章 / 训练营 /09 制作照片折痕效果

# 09 制作照片折痕效果

▲ 使用调整图层调整图像色彩
▲ 使用通道结合“计算”命令创建选区
▲ 使用“曲线”调整图层调整图像

01 执行【文件】/【文件】命令，弹出“打开”对话框，选择需要的素材图像，单击“打开”按钮打开图像，如图12-8-49所示。将“背景”图层拖曳至“图层”面板上的创建新图层按钮上，得到“背景副本”图层。

图12-8-49

02 单击“图层”面板上的创建新的填充或调整图层按钮，在弹出的下拉菜单中选择“色相/饱和度”选项，在调整面板中设置参数，如图12-8-50所示，得到的图像效果如图12-8-51所示。

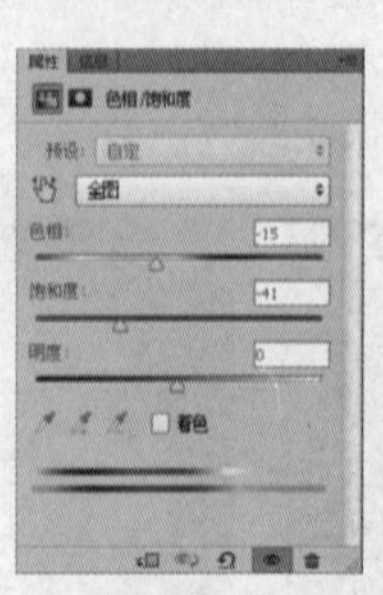
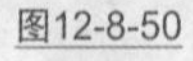

图12-8-50

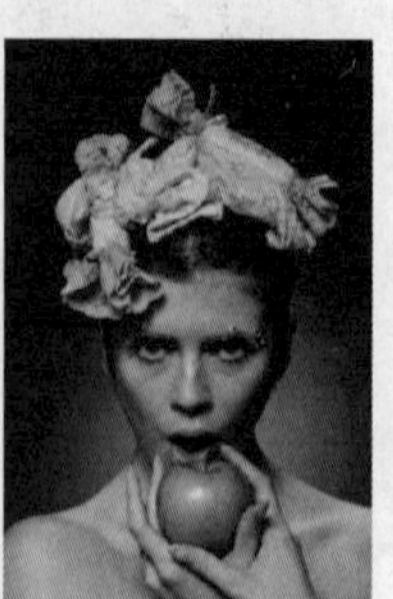

图12-8-51

03 切换至“通道”面板，单击“通道”面板上的创建新通道按钮，新建“Alpha1”通道，“通道”面板如图12-8-52所示。执行【窗口】/【标尺】，显示标尺，如图12-8-53所示。从刻度处向纵横方向分别拖曳出参考线，如图12-8-54所示。

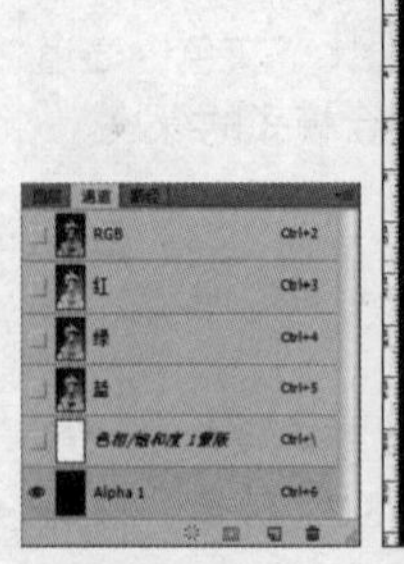

图12-8-52

图12-8-53

图12-8-54

04 选择工具箱中的矩形选框工具，在图像中参考线的右方绘制选区，如图12-8-55所示。

05 将前景色设置为白色，背景色设置为黑色，选择工具箱中的渐变工具，在选区中按住Shift键从左至右绘制渐变，如图12-8-56所示。

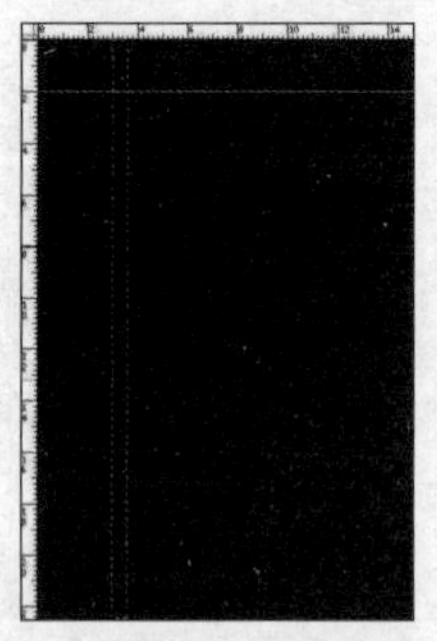

图12-8-55

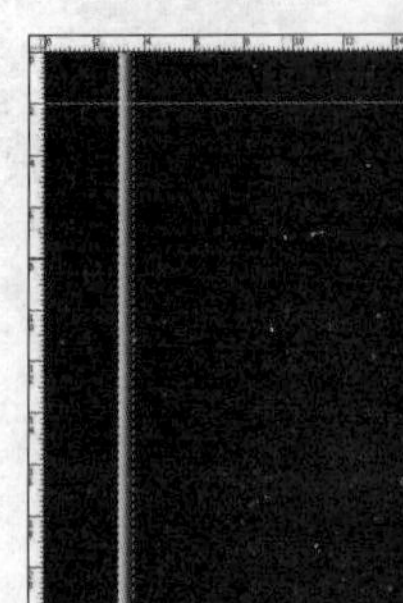

图12-8-56

06 单击“通道”面板上的创建新通道按钮，新建“Alpha2”通道，“通道”面板如图12-8-57所示。将选区移动至参考线的左方，在选区中按住Shift键从右至左绘制渐变，如图12-8-58所示。

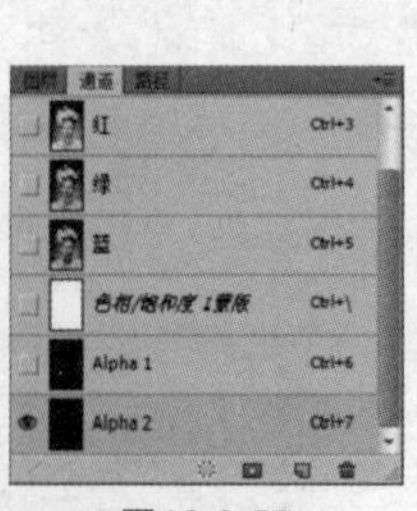

图12-8-57

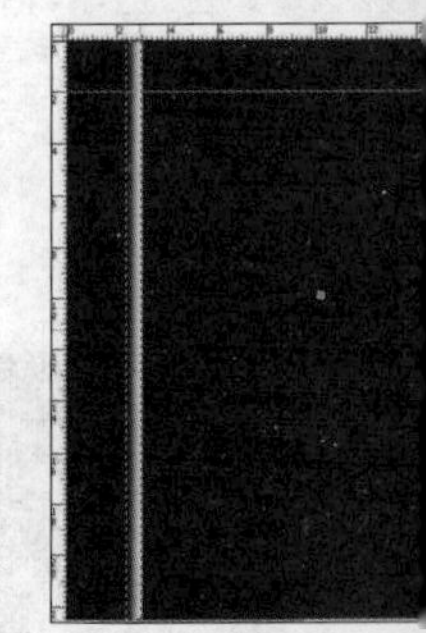

图12-8-58

07 用同样的方法得到“Alpha3”和“Alpha4”通道，“通道”面板如图12-8-59所示。执行【图像】/【计算】命令，弹出“计算”对话框，在对话框中设置参数，如图12-8-60所示。设置完毕后单击“确定”按钮，“通道”面板如图12-8-61所示，得到的图像效果如图12-8-62所示。

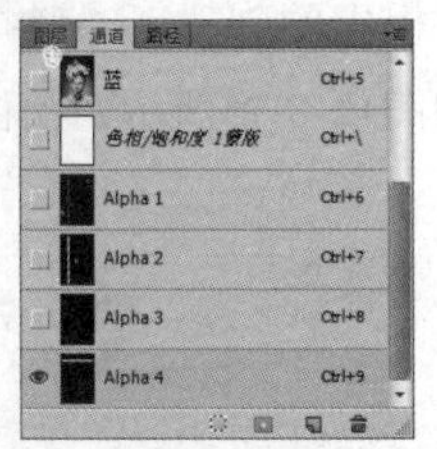
图12-8-59

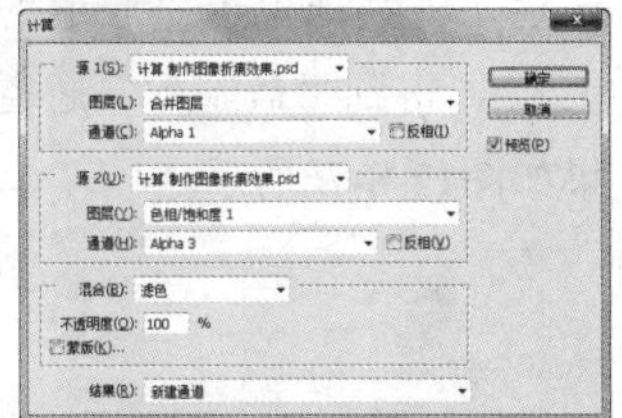
图12-8-60

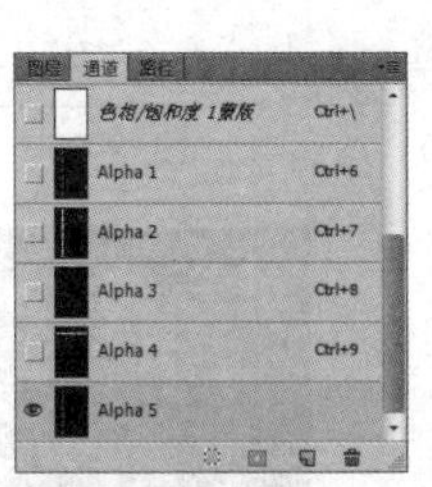
图12-8-61

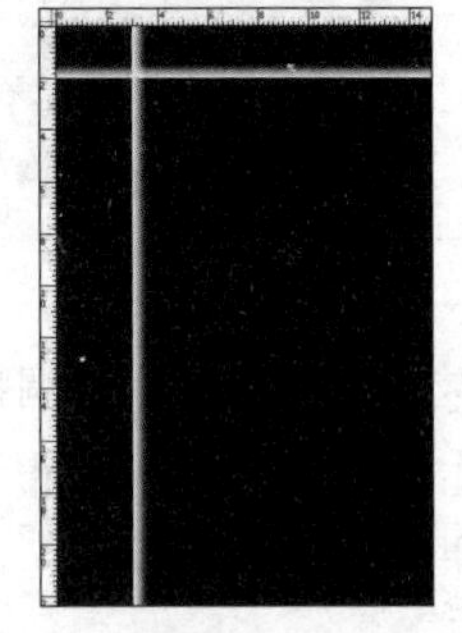
图12-8-62

**Tips 提示**

将“源1”和“源2”即“Alpha1”和“Alpha3”通过“滤色”混合模式进行合并，得到新的通道即“Alpha5”。

08 用同样的方法计算出“Alpha2”和“Alpha4”通道，如图12-8-63所示，“通道”面板状态如图12-8-64所示，得到的图像效果如图12-8-65所示。

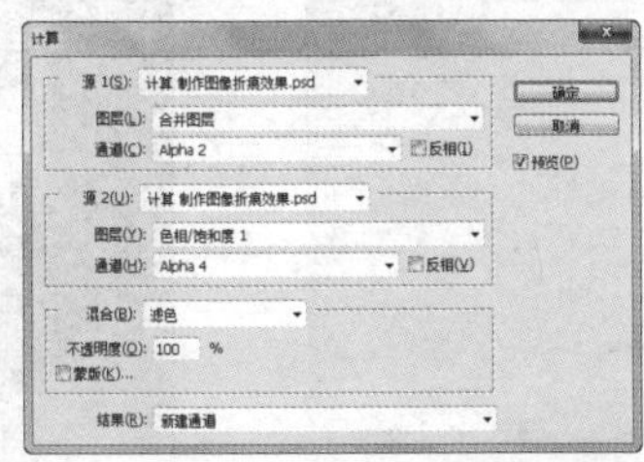
图12-8-63

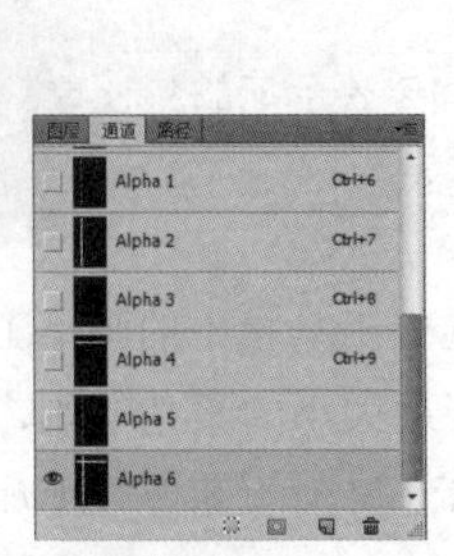
图12-8-64

图12-8-65

09 按住Ctrl键单击“Alpha5”缩览图，调出其选区，切换回“图层”面板，选择“色相/饱和度1”调整图层，单击“图层”面板上的创建新的填充或调整图层按钮，在弹出的下拉菜单中选择“曲线”选项，在调整面板中设置参数，如图12-8-66所示，得到的图像效果如图12-8-67所示。

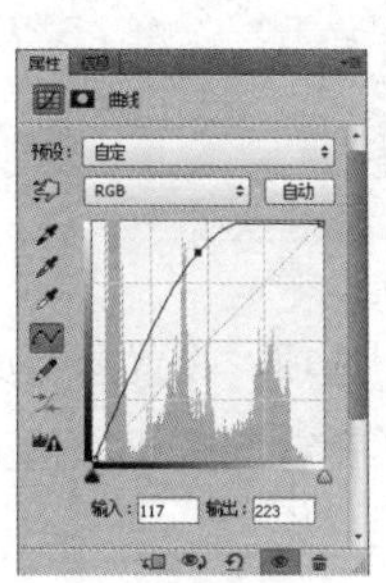
图12-8-66

图12-8-67

10 按快捷键Ctrl+Shift+Alt+E盖印可见图层，得到“图层1”。切换至“通道”面板，按住Ctrl键单击“Alpha6”缩览图，调出其选区。切换回“图层”面板，单击“图层”面板上的创建新的填充或调整图层按钮，在弹出的下拉菜单中选择“曲线”选项，在调整面板中设置参数，如图12-8-68所示，得到的图像效果如图12-8-69所示。

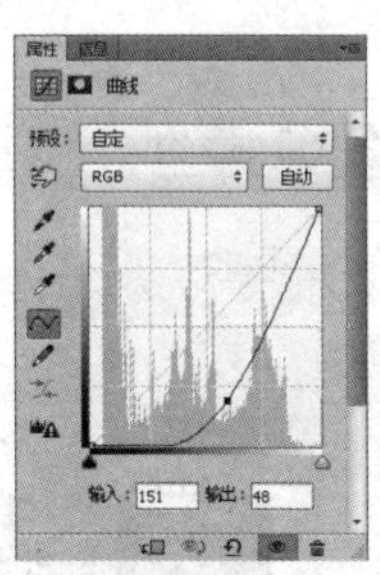
图12-8-68

图12-8-69

11 按快捷键Ctrl+Shift+Alt+E盖印可见图层，得到“图层2”，按快捷键Ctrl+T调整图像大小和位置，按快捷键Ctrl+R隐藏标尺，得到的图像效果如图12-8-70所示。

图12-8-70

12 单击“图层”面板上的添加图层样式按钮，在弹出的下拉菜单中选择“描边”选项，弹出“图层样式”对话框，在对话框中设置参数如图12-8-71所示。

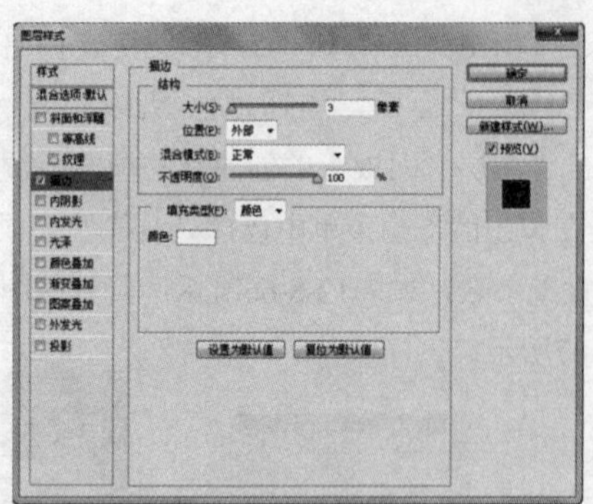
图12-8-71

13 继续勾选“投影”选项，设置参数如图12-8-72所示；设置完毕后单击“确定”按钮，得到的图像效果如图12-8-73所示。

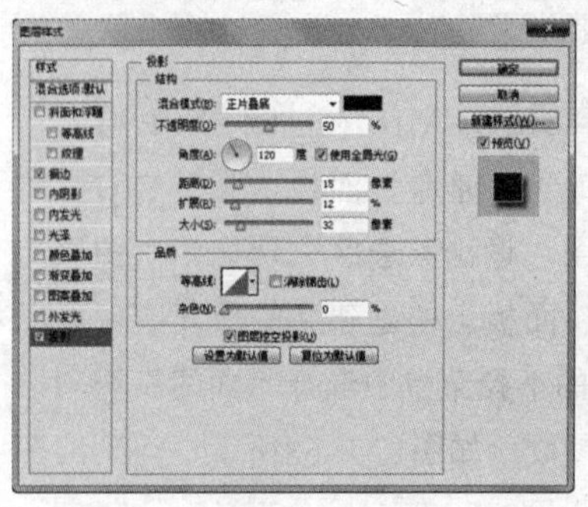
图12-8-72

图12-8-73

训练营 10 第12章/训练营/10 用通道抠取丝薄婚纱

## 用通道抠取丝薄婚纱

▲ 运用通道结合“色阶”调整图像对比度将人物与背景分离
▲ 创建选区，添加新背景

01 执行【文件】/【打开】命令，弹出“打开”对话框，选择需要的素材，单击“打开”按钮打开图像，如图12-8-74所示。

02 将“背景”图层拖曳至“图层”面板中的创建新图层按钮上，得到“背景副本”图层。切换至“通道”面板，选择图像对比度最强的通道，选择“蓝”通道，将其拖曳至“通道”面板中的创建新通道按钮上，得到“蓝副本”通道如图12-8-75所示。图像效果如图12-8-76所示。

图12-8-74

图12-8-75

图12-8-76

03 执行【图像】/【调整】/【反相】命令（Ctrl+I），得到的图像效果如图12-8-77所示。

图12-8-77

04 执行【图像】/【调整】/【色阶】命令（Ctrl+L），弹出“色阶”对话框，在对话框中设置参数，设置完毕后单击“确定”按钮，如图12-8-78所示，得到的图像效果如图12-8-79所示。

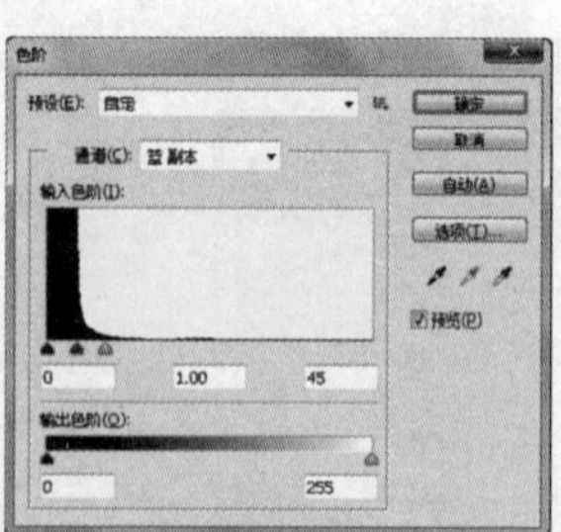
图12-8-78

图12-8-79

**Tips 提示**

用“色阶”调整图像，增强图像的明暗对比度，使人物与背景区别开。

05 将前景色设置为白色，选择工具箱中的画笔工具，在其工具选项栏中设置合适大小的柔角笔刷，在图像中绘制出人物的身体轮廓，得到的图像效果如图12-8-80所示。

06 按住Ctrl键单击“蓝副本”通道缩览图调出其选区，得到的图像效果如图12-8-81所示。

图12-8-80

图12-8-81

07 选择“RGB”通道，切换到“图层”面板，执行【图层】/【新建】/【通过拷贝的图层】命令（Ctrl+J），将选区内的图像复制到新图层中，得到“图层1”，单击“背景”图层和“背景副本”图层前的指示图层可见性按钮，将其隐藏，得到的图像效果如图12-8-82所示。

图12-8-82

08 按快捷键Ctrl+O，弹出“打开”对话框，选择需要的素材，单击“打开”按钮打开图像，如图12-8-83所示。

09 选择工具箱中的移动工具，将其拖曳至主文档中生成“图层2”，并将其置于“图层1”的下方，调整图像位置，得到的图像效果如图12-8-84所示。

图12-8-83

图12-8-84

10 按住Ctrl键单击“蓝副本”通道缩览图调出其选区，单击“图层”面板上的添加矢量蒙版按钮，为“图层3”添加图层蒙版，得到的图像效果如图12-8-85所示，面板如图12-8-86所示。

图12-8-85

图12-8-86

思维扩展

## 制作陨石表面效果

要点描述：

在Alpha通道中应用滤镜，对通道使用光照效果、调整图层、文字工具

视频路径：

配套教学→思维扩展→制作陨石表面效果.avi

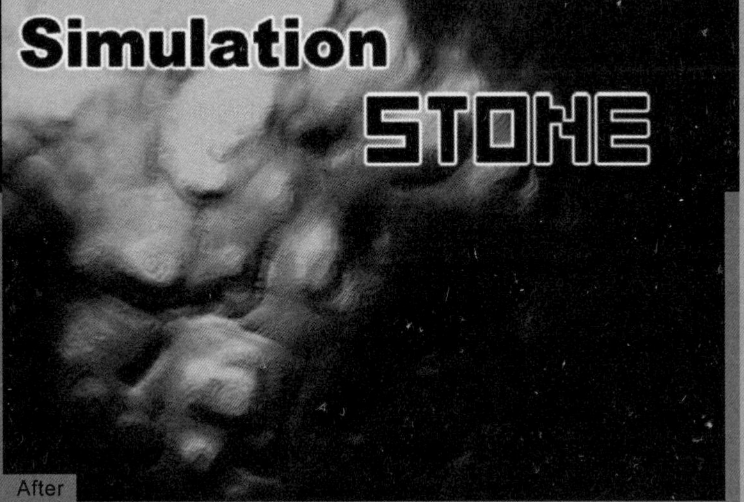

# 第13章 滤镜功能详解

## 13.1 滤镜

**关键字** 什么是滤镜、滤镜的特点、转换智能滤镜

滤镜是 Photoshop 软件中比较重要的功能，也是最具吸引力的功能之一。在 Photoshop CS6 中包含上百种滤镜，通过滤镜可以制作出绚丽多彩的特效。滤镜不仅能够制作各种特效，还能模拟多种材料的质感和纹理以及绘画效果，得到风格各异的图像效果，为设计添加探索元素。

### 本章关键技术点

- ▲ 滤镜的特点
- ▲ 滤镜库和抽出滤镜
- ▲ 镜头校正、液化、消失点
- ▲ 滤镜组中各滤镜的应用

### 13.1.1 什么是滤镜

滤镜是Photoshop CS6重要的功能之一，滤镜不仅能够改变图像的效果、遮盖缺点和修饰图像，还能够在原图像的基础上创作出令人意想不到的效果。滤镜原本是摄影镜头前的玻璃片，它能使摄影作品产生特殊的效果。而Photoshop CS6中的滤镜则是一种插件，用来控制图像中的像素。图像中像素的位置或者颜色发生改变，图像即发生改变并生成各种特殊的效果。“滤镜”菜单中有一百多种滤镜并根据不同的功能分类放置在不同类别的滤镜组中，如图13-1-1所示。

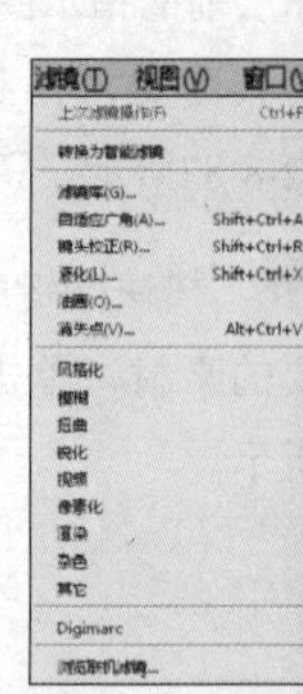

图13-1-1

Photoshop CS6中的滤镜分为三大类。第一类为修改类滤镜，它可以修改图像中的像素，比如“扭曲”滤镜等；第二类为复合类滤镜，它有自己的工具和独特的操作方法，比如“液化”滤镜等；第三类是创造类滤镜，如“云彩”滤镜等，它是无需借助任何像素就可以产生效果的滤镜。除此之外，在Photoshop CS6中还可以使用其他外挂滤镜，它们能够为图像创造出更多的特殊效果。

### 13.1.2 滤镜的特点

滤镜不能应用于位图模式、索引颜色和8位RGB模式的图像，某些滤镜只对RGB模式的图像起作用，如“画笔描边”滤镜和“艺术效果”滤镜就不能够在CMYK模式下使用。如图13-1-2所示为CMYK模式图像下的滤镜菜单。另外，滤镜只能应用于图层的有色区域，对完全透明的区域没有效果。

图13-1-2

最后一次使用的滤镜将出现在“滤镜”菜单的顶阝，按快捷键Ctrl+F，通过执行此命令可以对图像再次立用上一次使用过的滤镜效果，按快捷键Alt+Ctrl+F可丁开滤镜的对话框重新进行参数的设置。

如果在滤镜设置对话框中对调整的效果不满意，可以按住Alt键，这时对话框中的“取消”按钮会变为“复立”按钮，单击“复位”按钮就可以将参数重置为调整前的状态。

使用滤镜处理图层中的图像时，必须显示该图层。口果在图像中创建了选区，滤镜只对选区内的图像进行处理，如图13-1-3所示；没有创建选区则处理当前图层中的全部图像，如图13-1-4所示。

图13-1-3

图13-1-4

滤镜还可以处理图层蒙版、快速蒙版和通道。

滤镜是以像素为单位来进行效果计算的处理，因，相同的参数设置处理不同分辨率的图像，所得到效果也是不同的。

使用滤镜时通常打开滤镜库或相应的对话框，在览框中可预览滤镜效果，单击⊞和⊟按钮，可以放大缩小显示比例；单击并拖动预览框内的图像，可以移图像，如图13-1-5所示。

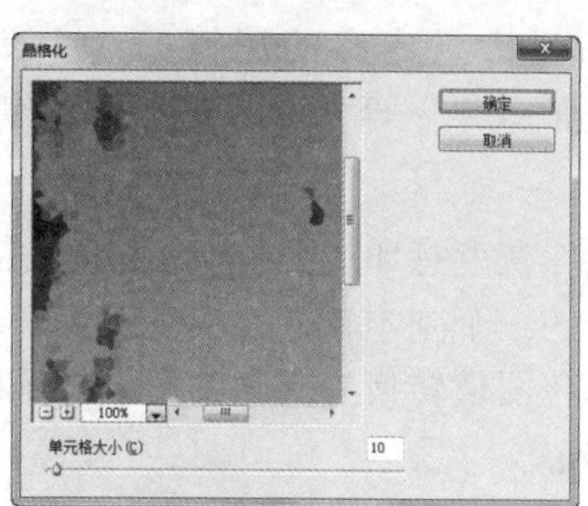


图13-1-5

在使用滤镜处理图像后，可以执行【编辑】/【渐隐】命令修改滤镜效果的混合模式和不透明度。如图13-1-6所示为使用“木刻”滤镜处理的图像，弹出的“渐隐”对话框具体参数设置如图13-1-7所示，得到的图像效果如图13-1-8所示。

图13-1-6

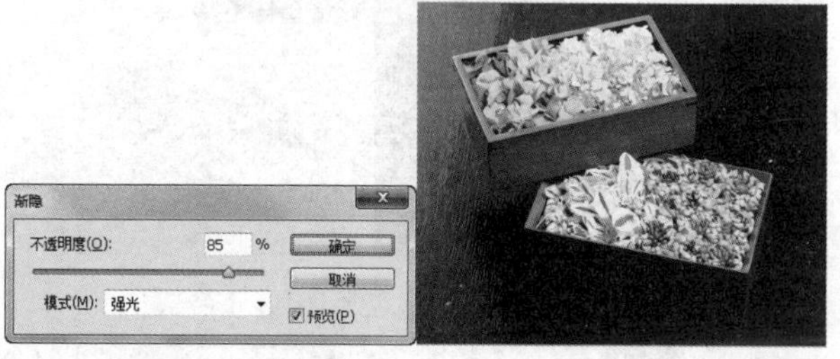


图13-1-7 图13-1-8

## 13.1.3 如何提高滤镜的性能

Photoshop CS6中的一部分滤镜在使用时会占用大量内存，尤其是应用于高分辨率的图像时，系统在处理图像的时候速度会变得比较慢。为了能够提高工作效率，我们可以借助一些方法来进行。

在运行滤镜之前先执行【编辑】/【清理】命令释放内存，或退出其他应用程序，为Photoshop CS6软件运行提供更多的可用内存。

也可以先在小部分图像上实验滤镜，找到适合的设置后，再应用到整个图像当中。如果图像过大，并且存在内存不足的问题，则可将效果应用于单个通道，但是有些滤镜在应用于单个通道与复合通道的效果不同，滤镜会随机修改像素。

对于占用大量内存的滤镜如“木刻”、“波纹”、“光照效果”等，可以尝试更改设置来提高滤镜的速度。

如果要在灰度打印机上打印，最好在应用滤镜之前先将图像的一个副本转换为灰度图像。若是将应用滤镜后的彩色图像转换为灰度图像，得到的图像效果将会发生变化。

## 13.1.4 转换智能滤镜

智能滤镜是一种非破坏性的滤镜，它作为图层效果保存在“图层”面板上，能够随时调整滤镜参数，隐藏或者删除，这些操作都不会对图像造成任何实质性的破坏，它兼有滤镜和智能对象两种功能的特点。

### 实战 将图层转换为智能滤镜

第 13 章 / 实战 / 将图层转换为智能滤镜

打开素材图像，其“图层”面板状态如图 13-1-9 所示，执行【滤镜】/【转换为智能滤镜】命令如图 13-1-10 所示，将选择的图层转换为智能对象，“图层”面板状态如图 13-1-11 所示。

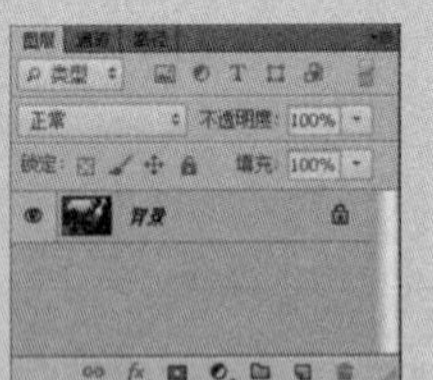

图13-1-9

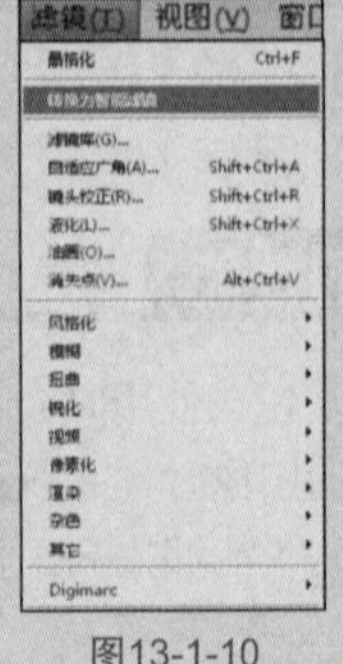

图13-1-10

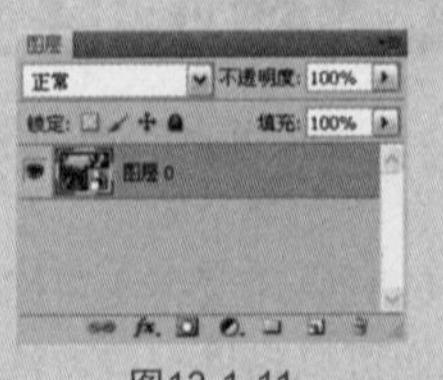

图13-1-11

使用【滤镜】命令，即可创建智能滤镜，得到的图像效果和“图层”面板状态如图 13-1-12 所示。

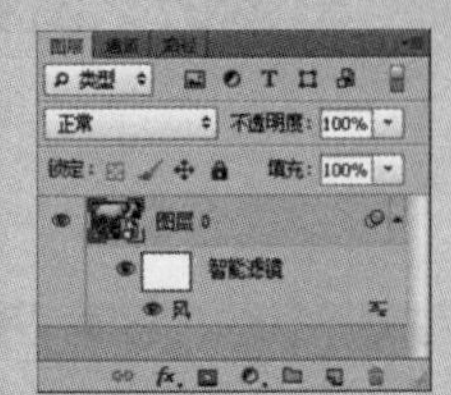

图13-1-12

**Tips 提示**

在 Photoshop CS6 中，除了“抽出”、“液化”、“图案生成器”和“消失点”之外的所有滤镜都可以转换为智能滤镜使用，这其中包括支持智能滤镜的外挂滤镜。此外，“变化”和“阴影 / 高光”命令也可以转换为智能滤镜应用。

**技术要点： 打开为智能对象**

执行【文件】/【打开为智能对象】命令，弹出“打开为智能对象”对话框，如图 13-1-13 所示，在对话框中选择需要的素材打开图像，该文件可转换为智能对象，“图层”面板状态如图 13-1-14 所示。

图13-1-13

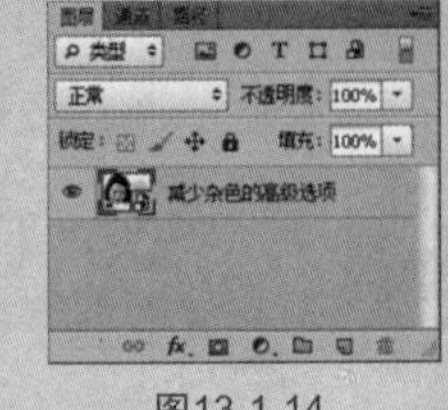

图13-1-14

# 13.2 滤镜库

**关键字** 认识滤镜库对话框、滤镜库的应用

滤镜库是 Photoshop CS6 对其自带的大部分滤镜功能的一个整合，可以一次性打开风格化、画笔描边、扭曲、素描、纹理和艺术效果滤镜，因此用户可以直接使用滤镜库对图像进行多种滤镜效果的编辑，还可以使用对话框中的其他滤镜替换原有的滤镜。这样能够极大地提高了图像处理的灵活性、机动性和工作效率，为用户节省了大量的时间。

## 13.2.1 认识滤镜库对话框

执行【滤镜】/【滤镜库】命令或在滤镜组选择某一个命令都可以打开“滤镜库”对话框，如图13-2-1所示。

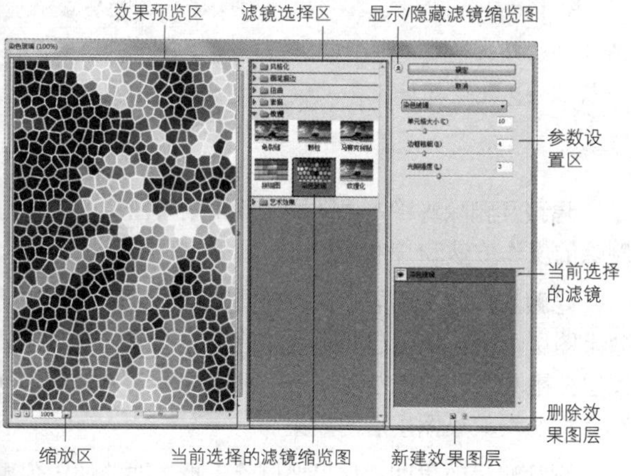


图13-2-1

“滤镜库”对话框分三个部分，包括效果预览区、滤镜选择区和参数设置区。

**效果预览区**：对添加过滤镜命令的图像进行预览的区域，预览区内包含缩放图像按钮以及下拉菜单。连续单击缩小图像按钮，可按系统默认的比例对预览图像进行缩小；连续单击放大图像按钮，可按系统默认的比例对预览图像进行放大。

**更改预览比例扩展按钮**：单击在弹出的下拉菜单中列出可进行更改的图像预览比例。

**滤镜选择区**：“滤镜库”中总共包含六组滤镜，分别是风格化、画笔描边、扭曲、素描、纹理和艺术效果。单击滤镜组前的按钮，则弹出滤镜选项下包含的滤镜命令，每个滤镜命令都对应显示其缩览图，单击滤镜组中的一个滤镜即可使用该滤镜。同时，右侧的参数设置区会显示该滤镜的参数选项，预览区中将显示此种滤镜的应用效果。

**参数设置区**：对当前选择的滤镜命令进行参数设置的区域，拖动滑块可改变所添加的滤镜效果的数值大小。

该区域下方为添加滤镜效果图层、删除滤镜效果图层和隐藏滤镜效果图层。

**新建效果图层按钮**：添加新滤镜效果图层，增添新的滤镜图层会使图像得到多种滤镜的叠加效果。

**删除效果图层按钮**：选择某滤镜效果图层，单击可将选择的效果图层删除。

**隐藏图层按钮**：可将效果图层隐藏，方便用户对图像进行调整；再次单击隐藏图层按钮，可将隐藏的效果图层显示。

**显示/隐藏滤镜缩览图按钮**：可以隐藏滤镜组，空间留给图像缩览区；再次单击则显示滤镜组。

## 13.2.2 滤镜库的应用

滤镜库提出滤镜效果图层的概念，即可以在图像中同时应用多个滤镜，每个滤镜被认为是一个滤镜效果图层，与普通图层一样，可以进行复制、删除或隐藏等，从而将滤镜效果叠加起来，得到更加丰富与特别的图像效果。

添加滤镜效果图层：在滤镜组中选择一个滤镜，在滤镜参数设置区底部的列表框会显示当前选择滤镜名称的滤镜效果图层，这时可在预览框中预览使用滤镜后的图像效果。如果需要添加滤镜效果图层，单击新建效果图层按钮，新建一个滤镜效果图层，该滤镜效果图层将与上一个滤镜图层的命令以及参数相同，如图13-2-2所示。

图13-2-2

在滤镜组中选择一个需要变换叠加的滤镜命令，这就完成了滤镜效果图层的添加，如图13-2-3所示。

改变滤镜效果图层叠加顺序：改变滤镜效果图层叠加的顺序，也可以改变图像应用滤镜后最终的效果。单击鼠标左键，拖曳要改变顺序的效果图层至其他效果图层的上面或下面，当出现黑色的线时，释放鼠标即可。如将“马赛克拼贴”效果图层拖曳至“颗粒”效果图层下面，如图13-2-4所示，得到的滤镜效果如图13-2-5所示。

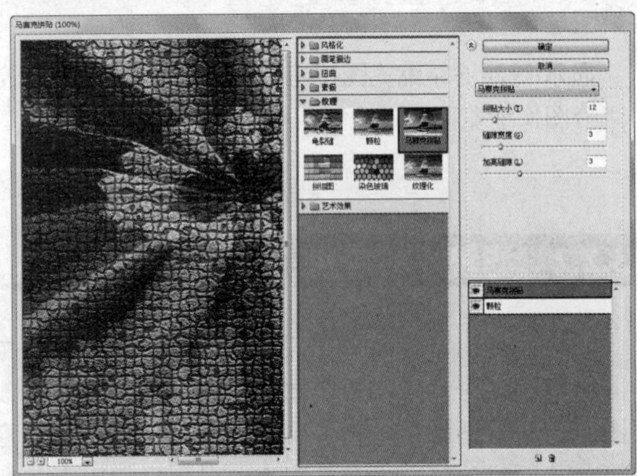

图13-2-3

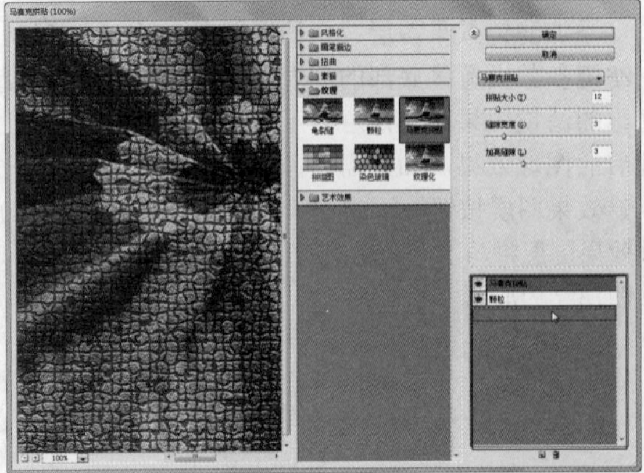

图13-2-4

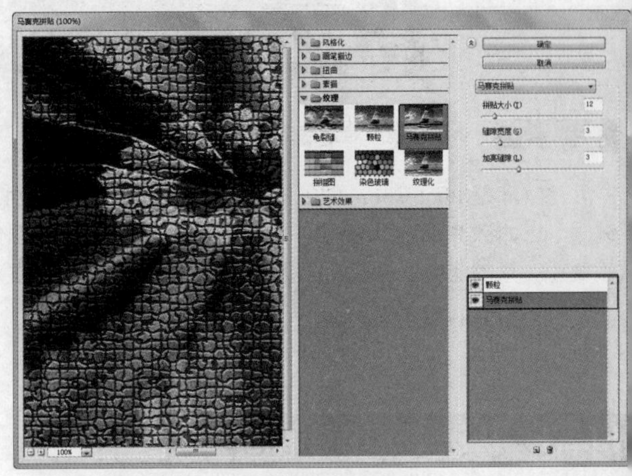

图13-2-5

**Tips 提示**

如果想使用同一滤镜来加强对图像的作用效果，只需单击“新建效果图层”按钮，创建一个与原来滤镜一样的效果图层即可。

**隐藏及删除滤镜效果图层**：滤镜效果图层的隐藏与删除的操作方法和普通图层一样。

**隐藏滤镜效果图层**：如果想隐藏某一个或几个滤镜效果图层，只需单击想要隐藏的滤镜效果图层前的隐藏图层按钮，即可将其隐藏。如图13-2-6所示为隐藏“马赛克拼贴”效果图层后的效果。

**删除滤镜效果图**：如果要删除不再需要的滤镜效果图层，只要选中需要删除的图层，然后单击对话框底部的“删除效果图层”按钮即可。

图13-2-6

# 13.3 抽出

**关键字** 抽出滤镜的概念及应用

“抽出”滤镜的基本原理是使用边缘高光器工具确定主题和背景之间的边界，使用填充工具填充需要保留的部分，Photoshop CS6 将覆盖的区域与保留及丢弃的区域进行比较，计算出被边缘高光器所覆盖的区域并进行处理。

“抽出”滤镜的意义在于处理有柔和或模糊边界的图像，使用【抽出】命令可以将图像从背景中剪切出来，自动清除背景，转换成透明像素。

对图像执行【抽出】命令，需要确定三类信息，分别是需要删除的信息、需要保留的区域和包含前两个区域之间的过渡区。

执行【文件】/【打开】命令（Ctrl+O），弹出“打开”对话框，选择需要的素材文件，单击“打开”按钮，如图13-3-1所示。执行【滤镜】/【抽出】命令，如图13-3-2所示，弹出“抽出”对话框，如图13-3-3所示。

图13-3-1

图13-3-2

图13-3-3

**边缘高光器**：作用是标记要保留区域的边缘。使用它来确定主体和背景之间的边界（默认显示为绿色的线条）。在使用边缘高光器时，按需要调整画笔大小，所绘制的线条一般为闭合线条。

**填充工具**：对边缘高光器圈定后的区域进行填充覆盖（默认覆盖为蓝色），填充要保留的区域，在执行抽出命令时，所有蓝色覆盖的区域都不会被删除。

**橡皮擦工具**：对抽出图像的边缘高光进行擦除，并具有修改边缘线等编辑功能。使用该工具可以擦除不需要的高光区。

**吸管工具**：当“强制前景”复选框被勾选，使用吸管工具可以挑选出所需要保留的颜色。

**清除工具**：在预览阶段，使用该工具使蒙版透明，清除工具将删除更多的背景区域，按住Alt键在使用清除工具的图像缩览区中绘制，可以取回背景信息。

**边缘修饰工具**：在预览阶段，使用边缘修饰工具能使边缘变得更清晰。

**缩放工具**：用于对缩览图放大或缩小，方便用户对图像进行观察与编辑。使用方法与主菜单工具箱的缩放工具相同。

**抓手工具**：选择抓手工具单击并拖动预览图，可以拖动当前视图。当使用边缘高光器或填充、橡皮擦工具时，按住空格键，就可以暂时将当前工具转换为抓手工具。松开空格键后，保持之前所选择的工具。

**Tips 提示**

“抽出”滤镜会删除像素，因此在使用“抽出”滤镜之前，可以复制当前图层，以保存一个图层副本。若处理对象也是绿色，可以改变工具选项中“高光”工具的颜色，区别正在抽取的对象。

选择边缘高光器工具，绘制主体和背景之间的边界，如图13-3-4所示。选择填充工具，在边缘高光器工具绘制出的封闭线条中单击以填充实色。填充色为蓝色，用蓝色覆盖的所有区域都不会被删除，如图13-3-5所示。设置完毕后单击“确定”按钮，得到的图像效果如图13-3-6所示。

图13-3-4

图13-3-5

图13-3-6

**Tips 提示**

将图片加入背景色，可以更加清晰地观察到对人物头发执行【抽出】命令后的效果。图 13-3-6 所示的背景色为白色。

**智能高光显示**：智能高光显示多应用于描绘边界清晰的对象。选择此选项，将忽略用户设置的画笔大小，自动应用刚好覆盖住边缘的画笔大小绘制高光，并且在用户描绘对象边缘时，能自动捕捉对比最强烈的边缘。如图13-3-7所示。

**带纹理的图像**：如图13-3-8所示，若编辑的图像自身颜色与背景颜色相近，但是纹理不同，勾选“带纹理的图像”复选框，通过选择纹理及设置平滑度，使图像轻松地从背景中分离出来。

**带纹理的图像**：强制前景，应用于主体图像太小或过于复杂、分散，难以绘制出其轮廓并用填充工具填充时，因此在定义填充区域时，勾选“强制前景”复选框，选择吸管工具单击主体颜色，应用滤镜后与吸管工具单击区域颜色相近的图像将被保留，如图13-3-9所示。

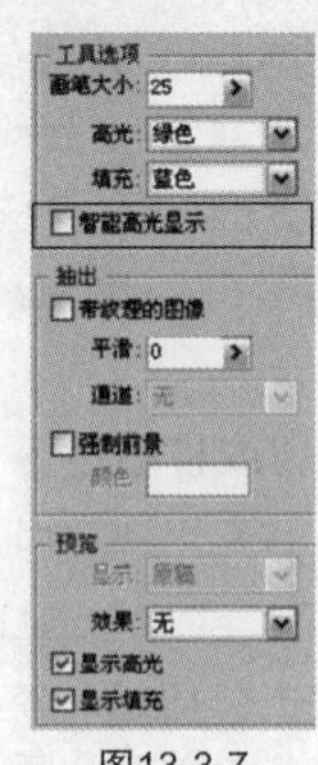


图13-3-7

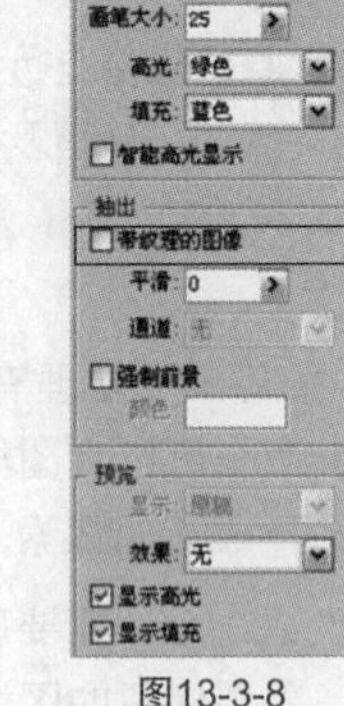


图13-3-8

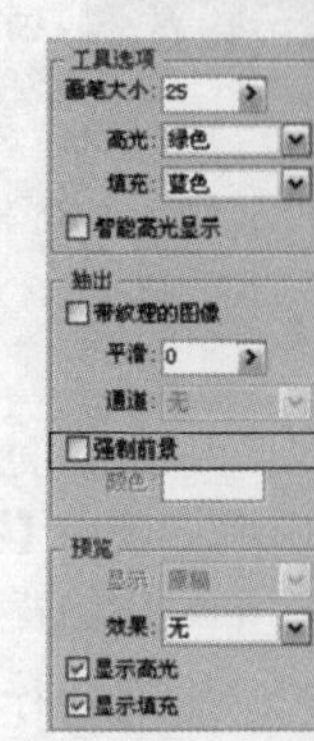


图13-3-9

训练营 第 13 章 / 训练营 /01 使用抽出滤镜抠图

## 01 使用抽出滤镜抠图

▲ 使用抽出滤镜抠图
▲ 使用描边制作效果
▲ 通过使用图层混合模式完成效果

**01** 执行【文件】/【打开】命令（Ctrl+O），弹出“打开”对话框，选择需要的素材文件，单击“打开”按钮，打开图像，如图13-3-10所示。

图13-3-10

**02** 执行【滤镜】/【抽出】命令，弹出“抽出”对话框，如图13-3-11所示。

图13-3-11

03 选择对话框中的边缘高光器，沿要抠除地域周围标记高光，如图13-3-12所示。

图13-3-12

04 选择对话框中的油漆桶填充工具，填充高光笔绘制的区域，如图13-3-13所示。

图13-3-13

05 单击对话框右上角的“预览”按钮，预览抽出的效果，如图13-3-14所示。

图13-3-14

06 在对话框的右下角“效果”选项中单击下拉按钮，在弹出的下拉菜单中选择“黑色杂边”选项，如图13-3-15所示。

图13-3-15

07 黑色背景下发现有计算错误的地方，如图13-3-16所示。

图13-3-16

08 选择对话框中的油漆桶填充工具，将图像放大；选择对话框中的油漆桶填充工具，对未被清除的色块进行擦除，如图13-3-17所示。

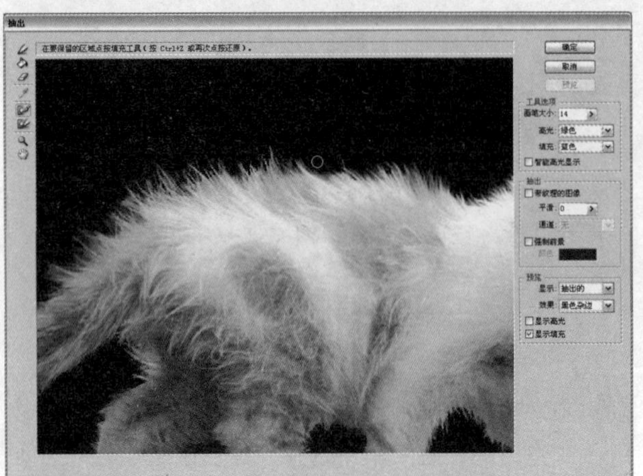
图13-3-17

09 擦除完毕后的效果如图13-3-18所示。

图13-3-18

10 设置完毕后，单击“确定”按钮，得到的图像效果如图13-3-19所示。

图13-3-19

11 单击图层面板上的创建新的图层按钮，新建“图层1”。选择工具箱中的渐变工具，在其工具选项栏中单击可编辑渐变条，弹出渐变编辑器对话框，在对话框中设置具体参数，如图13-3-20所示。

图13-3-20

**Tips 提示**

渐变颜色色值分别设置为 R2、G28、B115，R70、G122、B232。

12 设置完毕后，单击“确定”按钮，在图像中由左上至右下拉出渐变，得到的图像效果如图13-3-21所示。

图13-3-21

13 选择“图层1”，单击图层面板上的创建新的填充或调整图层按钮，在弹出的下拉菜单中选择“色相/饱和度”选项，在调整面板上设置具体参数，如图13-3-22所示，得到的图像效果如图13-3-23所示。

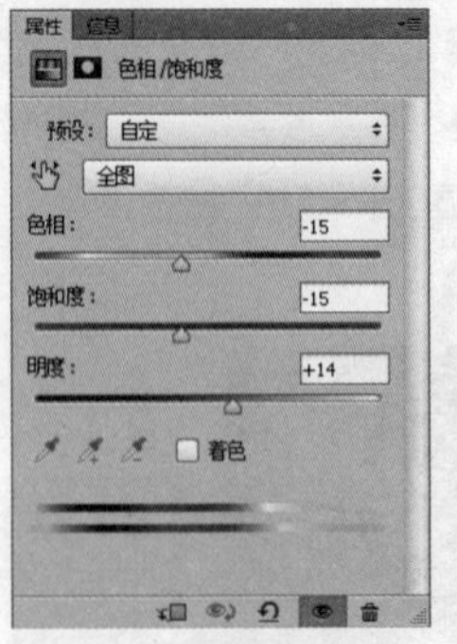

图13-3-22

图13-3-23

14 选择“图层1”，并将其放置于“图层0”的下方，得到的图像效果如图13-3-24所示。

图13-3-24

# 13.4 镜头校正

**关键字** 镜头校正的应用

“镜头校正”滤镜可修复常见的镜头瑕疵，如桶形和枕形失真、晕影和色差。该滤镜在RGB或灰度模式下只能用于8位/通道和16位/通道的图像。

使用“镜头校正”可以修正照片的变形、扭曲、色差等缺陷。执行【滤镜】/【镜头校正】命令，弹出“镜头校正”对话框，如图13-4-1所示。

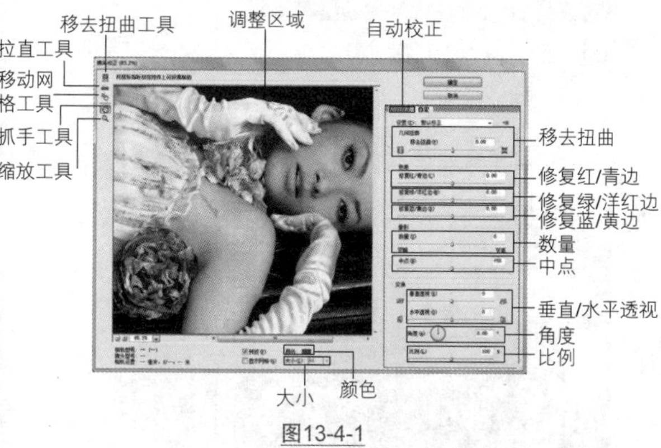

图13-4-1

**移动扭曲工具**：使用移动扭曲工具在图像中从边缘向中心移动，可修正桶装变形图像；从中心向外移动，可修正枕状变形图像。

**拉直工具**：可修正图像的旋转角度，使用该工具在图像中绘制直线，图像会沿着直线调整旋转角度。

**移动网格工具**：可移动网格，调整网格位置。

**调整区域**：在此区域中调整图像。

**自动校正**：选择此选项，会出现相应的参数设置面板，如图13-4-2所示。在此面板中设置所需的参数，图像会按参数自动进行校正。

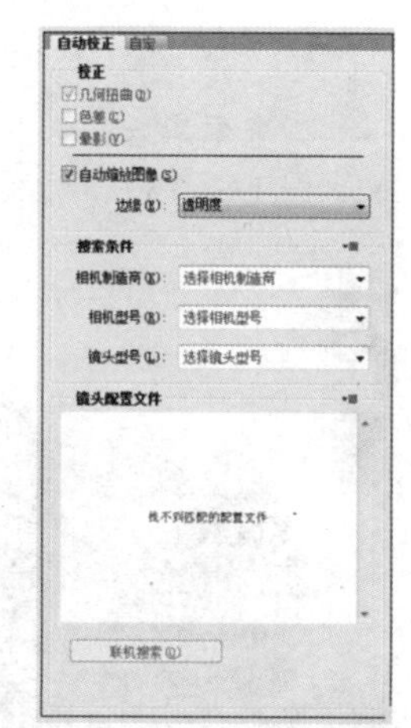

图13-4-2

**移去扭曲**：像左移动滑块可使图像膨胀，用来修正枕状变形图像；像右移动可使图像收缩，用来修正桶状变形图像。

**修复红/青边**：可移去图像的红色或青色边缘。

**修复绿/洋红边**：可移去图像的绿色或洋红色边缘。

**修复蓝/黄边**：可移去图像的蓝色或黄色边缘。

**数量**：可设置图像边缘变亮或变暗的程度，向左移动会使边缘变暗；向右移动可使边缘变亮。打开如图13-4-3所示的素材图像，向右调整数量，得到的图像效果如图13-4-4所示。

图13-4-3

图13-4-4

**中点**：可调整图像晕影中心的大小。如图13-4-5和图13-4-6所示，分别为设置数量为-100时，中点为0和100时的图像效果。

图13-4-5

图13-4-6

**Tips 提示**

使用数量和中点可在图像边缘设置晕影效果。

**垂直/水平透视**：可校正图像的垂直或水平透视错误。

**角度**：调整图像的旋转角度。

**比例**：调整图像比例。当对图像进行变形后，有可能会产生空白区域，如图13-4-7所示，向右移动滑块调整图像比例，可使图像放大比例填充空白区，如图13-4-8所示；相当于裁剪掉空白区域，但不会改变图像尺寸。向左移动滑块可缩小图像比例，如图13-4-9所示。

图13-4-7

图13-4-8

图13-4-9

**颜色**：单击右侧颜色块，会弹出“拾色器”对话框，在对话框中可选择所需的网格颜色。

**大小**：可调整网格大小，如图13-4-10和图13-4-11所示，分别为不同大小和颜色时网格的图像效果。

图13-4-10

图13-4-11

## 实战 用镜头校正矫正照片

第 13 章 / 实战 / 用镜头校正矫正照片

打开素材图像，将“背景”图层拖曳至“图层”面板上的创建新图层按钮上，得到“背景副本”图层如图 13-4-12 所示。

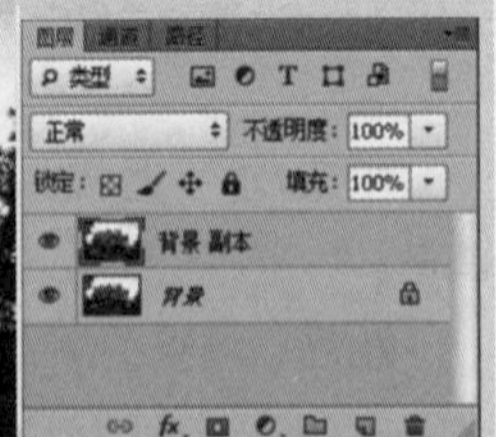
图13-4-12

执行【滤镜】/【镜头校正】命令，弹出“镜头校正”对话框，如图 13-4-13 所示勾选“自动缩放图像”和“显示网格”选项；选择“自定”选项卡在对话框中设置参数如图 13-4-14 所示。

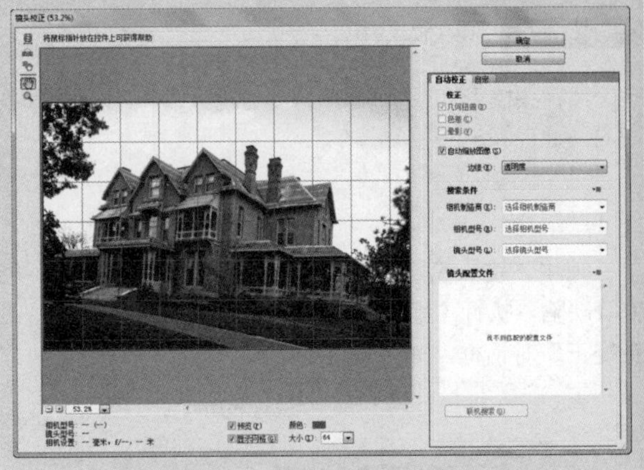
图13-4-13

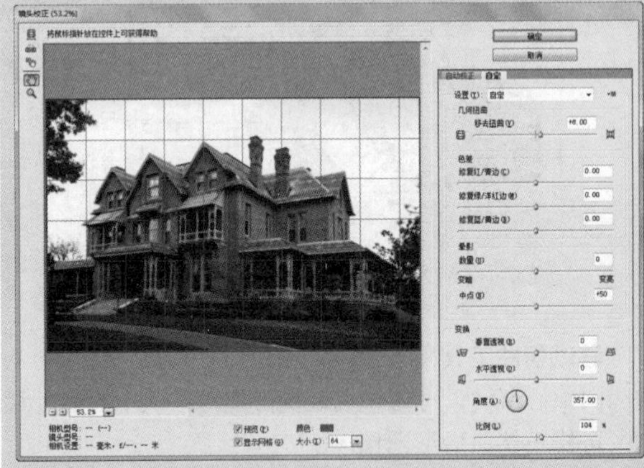
图13-4-14

设置完毕后，单击“确定”按钮，得到的图像效果如图 13-4-15 所示。

图13-4-15

# 13.5 液化

**关键字** 液化的应用

“液化”滤镜可用于推、拉、旋转、反射、折叠和膨胀图像的任意区域。您创建的扭曲可以是细微的或剧烈的，这就使“液化”命令成为修饰图像和创建艺术效果的强大工具。“液化”滤镜可应用于 8 位 / 通道或 16 位 / 通道图像。

“液化”滤镜可以实现图像的多种变形，从而产生特殊的扭曲效果，例如推拉、旋转、褶皱、膨胀、扭曲和镜像等。打开素材图像，如图13-5-1所示，执行【滤镜】/【液化】命令，如图13-5-2所示。

图13-5-1

图13-5-2

弹出“液化”对话框，如图13-5-3所示。“液化”滤镜对话框中包含工具箱、效果预览区和参数设置区三大部分。工具箱是使图像得到液化效果的直接途径，因此清楚每个工具的功能是十分必要的。

**向前变形工具**：使用向前变形工具在图像上拖移，可以使图像的像素沿着画笔的绘制路径向前推动，形成前推的变形效果，如图13-5-4所示。

**重建工具**：将预览图中的图像扭曲后，使用重建工具在图像被变形的区域中绘制，可以恢复被扭曲的图像，如图13-5-5所示。

图13-5-3

图13-5-4

图13-5-5

**顺时针旋转扭曲工具**：使图像在画笔的光标区域内产生顺时针旋转效果，按住Alt键，则产生逆时针旋转效果，如图13-5-6所示。

图13-5-6

**皱褶工具**：使图像的像素向画笔的中心点收缩，如图13-5-7所示。

**膨胀工具**：使图像的像素从画笔的中心点膨胀，如图13-5-8所示。

**左推工具**：将与画笔描边方向垂直的像素向左推移，按住Alt键拖移则使像素反相移动，如图13-5-9所示。

图13-5-7

图13-5-8

图13-5-9

**冻结蒙版工具**：选择对角描边重新绘制，保护画笔绘制过的区域不受其他液化编辑影响，如图13-5-10所示。

图13-5-10

**解冻蒙版工具**：解除使用冻结蒙版工具所冻结的区域，将其还原成可编辑的状态，如图13-5-11所示。

图13-5-11

**抓手工具**：选择抓手工具单击并拖动预览图，可以拖动当前视图。

**缩放工具**：用于对缩览图放大或缩小，方便用户对图像进行观察与编辑。

**工具选项**：“画笔大小”用于设置对图像执行【液化】命令时所影响的区域大小。设置画笔的大小可以单击扩展按钮或移动滑块进行调整，也可以直接在显示画笔大小的数值栏里进行更改。更改参数大小的方法对下面调整画笔密度、压力、速率及湍流抖动选项同样使用。

“画笔密度”和“画笔压力”用于控制图像受到液化程度的大小。

画笔速率用于控制实现效果的速度（当选择“液化”时，该选项不可调）。

当选择重建工具时，该选项被激活，可直接拖动滑块或输入参数进行设置，如图13-5-12所示。

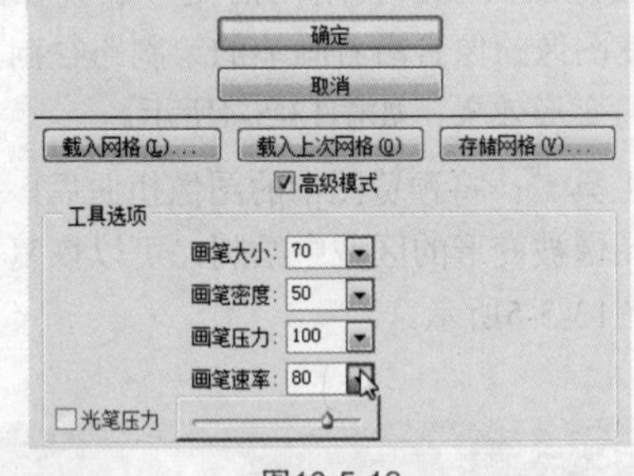

图13-5-12

**重建选项**：单击“重建”按钮，可以打开“恢复重建”对话框，在对话框中可以设置数量，如图13-5-1所示；单击“恢复全部”按钮，将会清除所有执行的扭曲效果，恢复为未被调整的初始图像。

图13-5-13

**蒙版选项**：此选项应用于冻结蒙版以及解冻蒙版时。单击“无”按钮，将移除整个被冻结的区域；单击“全部蒙住”按钮，将冻结整个图像；单击“全部反相”按钮，反相所有被冻结的区域。

**视图选项**：对预览区的显示情况进行控制。

### 技术要点：液化命令的操作技巧

执行【滤镜】/【液化】命令，弹出“液化”对话框，在图像预览区中光标显示为圆内包含一个“+”，其中“+”为图像变形的中心点，被圆形覆盖的区域是变形的范围；扭曲的作用范围在画笔的光标内，光标中心点扭曲效果最强，边缘处最弱。若要对扭曲范围进行调整，可通过调整参数设置区内画笔大小的数值实现。

## 实战 使用液化修整人物眼睛

第 13 章 / 实战 / 使用液化修整人物眼睛

打开素材图像，将“背景”图层拖曳至“图层”面板上的创建新图层按钮上，得到“背景副本”图层如图 13-5-14 所示。

执行【滤镜】/【液化】命令，弹出“液化”对话框，选择对话框中的膨胀工具，在人物右眼处单击，如图 13-5-15 所示。

图13-5-14

图13-5-15

调整完毕后，单击“确定”按钮，得到的图像效果如图 13-5-16 所示。

图13-5-16

# 13.6 消失点

**关键字** 消失点

“消失点”滤镜是由 Photoshop CS2 开始新增的一款滤镜功能，该滤镜在透视学的原理上添加了仿制图章功能，使图像经过修复和复制等操作后，不改变其透视原理。

“消失点”滤镜主要应用于扩展有透视关系的立方物体，使扩展后的部分继续延续原物体的透视角度和比例；除去画面上的障碍物，保持其透视关系及纹理等。

打开素材图像，如图13-6-1所示，执行【滤镜】/【消失点】命令（Shift+Ctrl+V），如图13-6-2所示，弹出“消失点”对话框。

关于“消失点”的详细介绍请见8.5.9《用“消失点”滤镜修饰图像》。

图13-6-1

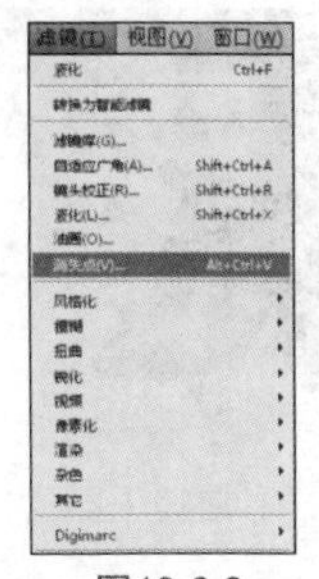

图13-6-2

# 13.7 滤镜组

**关键字** 风格化滤镜组、模糊滤镜组、画笔滤镜组、杂色滤镜组、艺术效果滤镜组

Photoshop CS6 中自带 14 个滤镜组，在进行图像处理时，使用滤镜制作出特殊的图像效果，是处理图像最为常用的手段之一。在滤镜组中，可以根据个人的需要去选择滤镜，并且能重复使用不同的滤镜来对图像进行各种特效处理，让普通的图像产生不可思议的效果。

## 13.7.1 风格化滤镜组

风格化滤镜是可以创建出多种绘画风格或印象派效果的图像。风格化滤镜组中包含九种滤镜，其中只有“照亮边缘”滤镜位于滤镜库中，其他滤镜通过执行【滤镜】/【风格化】命令，在弹出的子菜单中选择。执行【滤镜】/【风格化滤镜】命令，如图13-7-1所示。

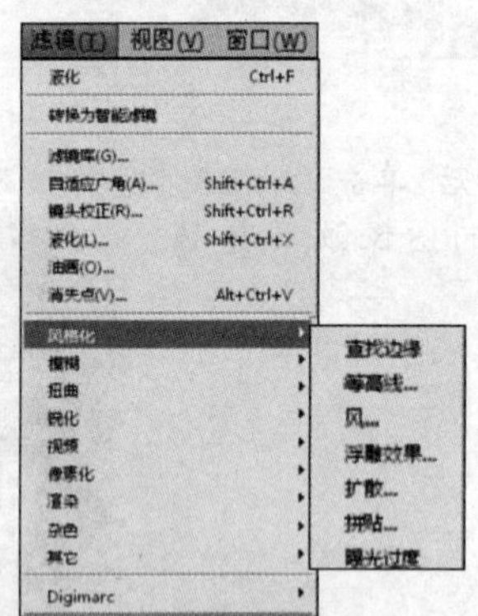

图13-7-1

### ※ 查找边缘

“查找边缘”滤镜能够自动查找图像中主要的颜色区域，并对其边缘进行强调，产生轮廓线。在实例应用中常用到【查找边缘】滤镜模拟线描图或创建特殊轮廓效果。此命令没有对话框，系统将自动应用此滤镜。打开素材图像，如图13-7-2所示，应用“查找边缘”滤镜后得到的图像效果如图13-7-3所示。

图13-7-2　　图13-7-3

**Tips 提示**

对图像执行滤镜命令后，连续按快捷键 Ctrl+F，应用前一步骤所执行的滤镜命令，会增强应用到画面的滤镜效果。在制作实例中，执行该步骤往往会出现许多特殊的图像效果。

### ※ 等高线

“等高线”滤镜用于绘制图像中暗部与亮部边缘的轮廓线，模拟与等高线图类似的效果。

色阶：用来设置描绘边缘的色阶值。

### 实战 边缘

第 13 章 / 实战 / 边缘

用来设置处理图像边缘的位置，以及边界的产生方法。该选项组包括“较高”和“较低”两个选项。选择“较高”选项时，则在基准亮度等级以上的轮廓上生成等高线；选择“较低”时，可在基准亮度等级以下的轮廓上生成等高线。如图 13-7-4 所示为选择“较高”选项得到的图像效果。如图 13-7-5 所示为选择“较低”选项得到的图像效果。

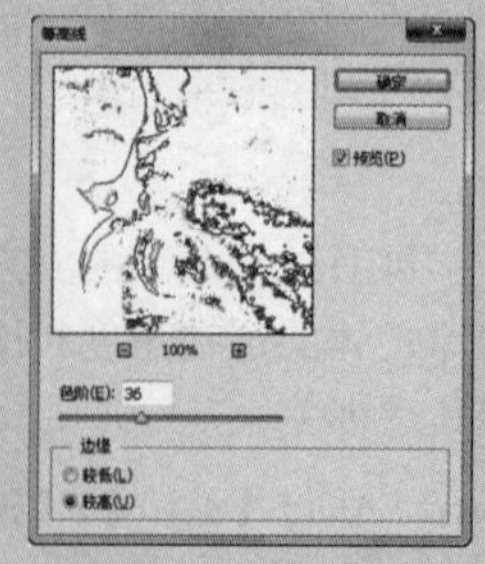

图13-7-4

图13-7-5

## ※ 风

“风”滤镜在实例中应用得较为广泛，该滤镜通过在图像中创建细小的水平线条以模拟风吹的效果。该滤镜只在水平方向起作用，在其对话框中，可设置风的强度和方向，如图13-7-6所示。

图13-7-6

**方法**：“风”、“大风”和“飓风”三个选项，选择不同的选项，所产生的强度也有所不同。

**方向**：用来设置风吹的方向。

**Tips 提示**

使用“风”滤镜只能产生向左或者向右的风吹效果，如果要产生垂直方向的风吹效果，在应用该滤镜前应该先旋转画布。

## ※ 浮雕效果

“浮雕效果”滤镜通过将选区的填充色转换为灰色，并用原填充色描画边缘，使图像产生凹凸不平的浮雕效果。在其对话框中可以设置“角度”、“高度”和“数量”，如图13-7-7所示。

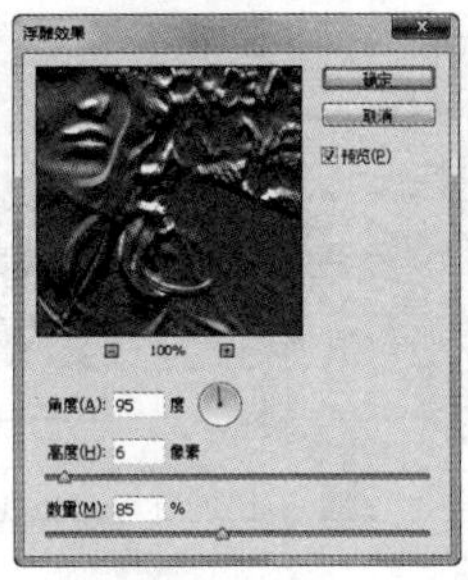

图13-7-7

**角度**：用来设置光照方向，光线角度会影响浮雕的凸出位置。

**高度**：用来设置浮雕效果凸起的程度，该值越高浮雕效果越明显。

**数量**：用来设置浮雕滤镜作用的范围，该值越高边界就越清晰。

## ※ 扩散

“扩散”滤镜将图像中的像素进行分散处理，从而起到虚化焦点的作用，如图13-7-8所示。

图13-7-8

**正常**：图像的所有区域都进行扩散处理，与图像的颜色值无关。

**变暗优先**：用较暗的像素替换亮的像素。

**变亮优先**：用较亮的像素替换暗的像素。

**各向异性**：用于减少色彩细节，从而使图像变得平滑。

## ※ 拼贴

“拼贴”滤镜将图片分割成多个方形组合的图像，在图像中每个方形都产生轻微的位移，使画面形成一种拼贴而成的效果，如图13-7-9所示。

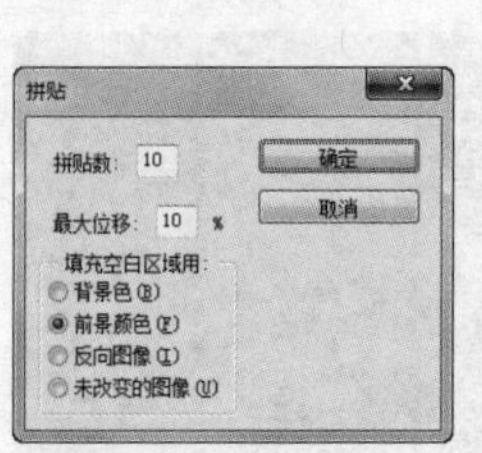

图13-7-9

**拼贴数**：设置分割块的数量。

**最大位移**：设置分割块偏移的距离。

**填充空白区域用**：决定用何种方式填充拼贴块之间空白区域。

**Tips 提示**

应用“拼贴”滤镜时，调整对话框中的参数可以控制图像中分割块的大小以及分割块之间的空隙间距。实例应用中，“拼贴”滤镜可用作创建拼图等特殊效果的图像。

## ※ 曝光过度

“曝光过度”滤镜使图像产生正片与负片混合的效果。该效果与图层混合模式中“排除”模式的效果相似，如图13-7-10所示。此滤镜没有对话框。

图13-7-10

**Tips 提示**

“曝光过度”滤镜没有参数设置对话框，系统会根据图像信息自动进行曝光调整。

## ※ 凸出

“凸出”滤镜将图像分成一系列大小相同但有机叠放的立方体或锥体，从而扭曲图像并创建特殊的三维立体效果，如图13-7-11所示。

图13-7-11

**类型**：设置画面凸出的类型。

**大小**：设置立方体或锥体底面的大小，该值越高，生成的立方体或锥体就越大。

**深度**：设置凸出对象的高度。选择“随机”表示为每个立方体或锥体设置一个任意的深度；选择“基于色阶”则表示使每个对象的深度与其亮度对应，越亮的区域凸出的越多。

**立方体正面**：决定是否使用区域中的平均色填充立方体。只有在选择了“块”时，此命令才可以使用，勾选该选项后，将失去图像的整体轮廓，如图13-7-12所示。

图13-7-12

**蒙版不完整块**：勾选该选项后，系统将会自动删除画面中不完整的立方体或者锥体，如图13-7-13所示。

图13-7-13

## ※ 照亮边缘

“照亮边缘”滤镜对图像中颜色对比反差较大的边缘产生发光效果，类似霓虹灯的效果，如图13-7-14所示。

**边缘宽度/边缘亮度**：用来设置发光边缘的宽度和亮度。

**平滑度**：用来设置发光边缘的平滑程度。

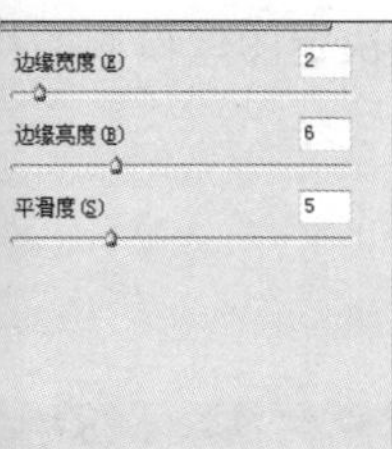

图13-7-14

**技术要点： 相似滤镜的特点**

“查找边缘”滤镜与“照亮边缘”滤镜是两个效果较为相似的滤镜。

共性：二者都可以强调图像边缘，生成线描图。

特性：“照亮边缘”滤镜拥有对话框及参数滑块，因此该滤镜在应用时更容易控制，用户可以通过调整数值，得到更好的效果。

## 13.7.2 模糊滤镜组

模糊滤镜可以柔化选区或整个图像，淡化图像中不同色彩的边界，从而产生边缘柔和、模糊的效果，提高图像的质量。模糊滤镜组中包含11种滤镜，在去除图像的杂色、掩盖图像的缺陷或创造出特殊效果时会经常用到此类滤镜。执行【滤镜】/【模糊】命令，如图13-7-15所示。

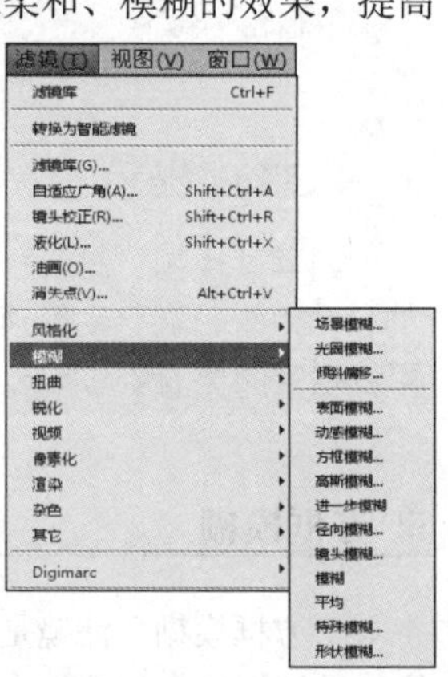


图13-7-15

### ※ 场景模糊

“场景模糊”滤镜可以对图片进行焦距调整，与拍摄照片的原理一样，选择好相应的主体后，主体之前及之后的物体就会相应地模糊。选择的镜头不同，模糊的方法也略有差别。不过场景模糊可以对一幅图片整体或局部进行模糊处理。

打开一张素材图像，如图13-7-16所示；在图像主体周围绘制选区，如图13-7-17所示；执行【滤镜】/【模糊】/【场景模糊】命令，设置模糊参数如图13-7-18所示，设置完毕后单击“确定”按钮，得到的图像效果如图13-7-19所示。

图13-7-16

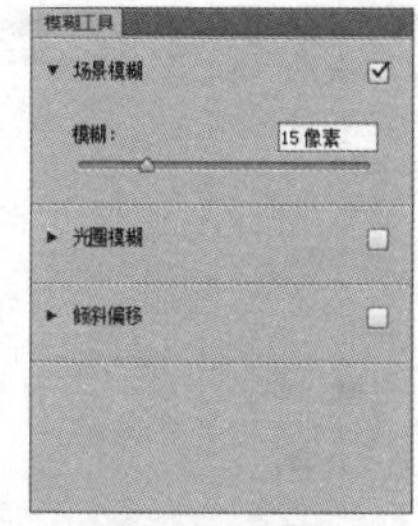


图13-7-17

图13-7-18

图13-7-19

### ※ 光圈模糊

光圈模糊的原理类似于镜头对焦，焦点周围的图像会变模糊。光圈的大小和形状可以调整，如图13-7-20所示；光圈模糊的强度也可以设置，如图13-7-21所示。

图13-7-20

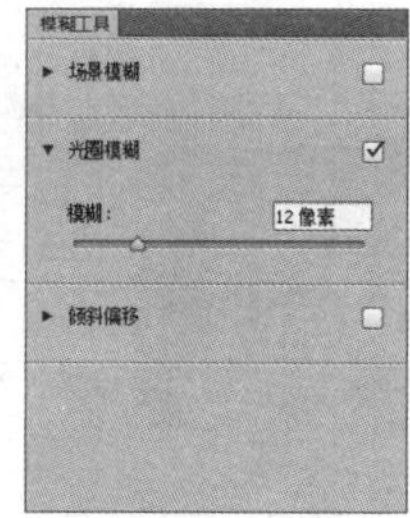


图13-7-21

### ※ 倾斜偏移

倾斜偏移可以用来模仿微距图片拍摄的效果，比较适合俯拍或者镜头有点倾斜的图片。

打开一张素材图像，如图13-7-22所示；执行【滤镜】/【模糊】/【倾斜偏移】命令，调整偏移角度，如图13-7-23所示；“模糊”参数如图13-7-24所示，设置完毕后单击“确定”按钮，得到的图像效果如图13-7-25所示。

图13-7-22

图13-7-23

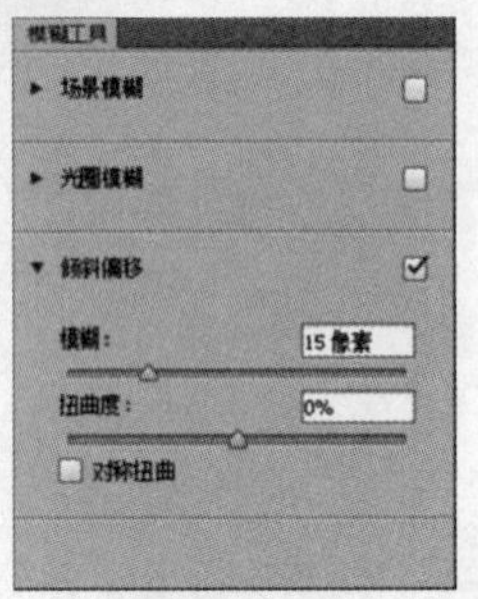

图13-7-24

图13-7-25

## ※ 表面模糊

“表面模糊”滤镜在保护边缘的同时模糊图像，该滤镜可以用于创建特殊效果并消除杂色或者颗粒。打开图像素材，如图13-7-26所示；应用“表面模糊”滤镜后，在其对话框中设置具体参数，如图13-7-27所示；得到的图像效果如图13-7-28所示。

图13-7-26

图13-7-27

图13-7-28

**半径**：用来设置指定模糊取样区域的大小。

**阈值**：用来控制相邻像素色调值与中心像素值相差多大时才能成为模糊的一部分，色调值差小于阈值的像素将不能被模糊。

## ※ 动感模糊

“动感模糊”滤镜是通过对图像中某一方向上的像素进行线性位移来产生运动的模糊效果，可以根据制作需求以指定方向、指定强度模糊图像，类似于物体高速运动时以固定的曝光时间拍摄的一种摄影手法，在表现对象的速度感时会用到此滤镜。

**角度**：设置模糊的方向。可以输入角度数值也可以直接拖动指针调节。

**距离**：设置像素移动的距离，决定图像模糊的程度，数值越大，模糊程度越强烈。

## 实战 设置动感模糊

第 13 章 / 实战 / 设置动感模糊

如图13-7-29所示为图像创建选区，动感模糊滤镜对话框的具体参数设置如图13-7-30所示，得到的图像效果如图13-7-31所示。

图13-7-29

图13-7-30

图13-7-31

### Tips 提示

“动感模糊”滤镜可用于制作物体高速运动时产生的移动效果，调整动感模糊的方向（-360° 到 360°），可以规定图像的运动方向。

## ※ 方框模糊

“方框模糊”滤镜是以图像中相邻像素的平均颜色值来模糊图像，该滤镜多应用于创建特殊的效果。

**半径**：设置用于计算给定像素的平均值的区域大小。

打开素材图像，如图13-7-32所示，执行【滤镜】/【模糊】/【方框模糊】命令，在对话框中设置具体参数如图13-7-33所示，得到的图像效果如图13-7-34所示。

图13-7-32

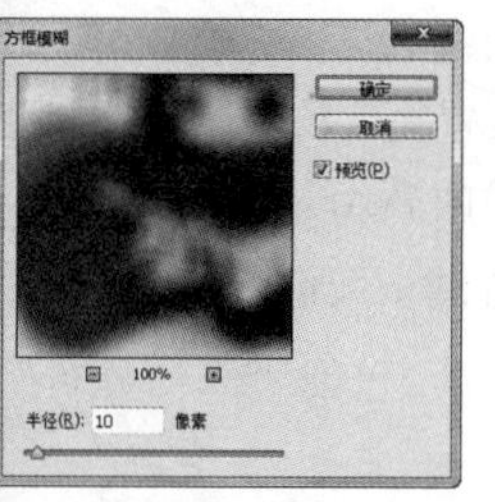

图13-7-33

图13-7-34

## ※ 高斯模糊

“高斯模糊”滤镜指当Photoshop CS6将加权平均应用像素生成的钟形曲线。在众多模糊滤镜中，此滤镜运用得最为广泛，该滤镜使用可调整的量快速模糊选区，对图像进行柔和处理，产生朦胧的效果，多应用于消退杂色等。

**半径**：用来设置模糊的程度。

打开素材图像，如图13-7-35所示，执行【滤镜】/【模糊】/【高斯模糊】命令，在对话框中设置具体参数如图13-7-36所示，得到的图像效果如图13-7-37所示。

图13-7-35

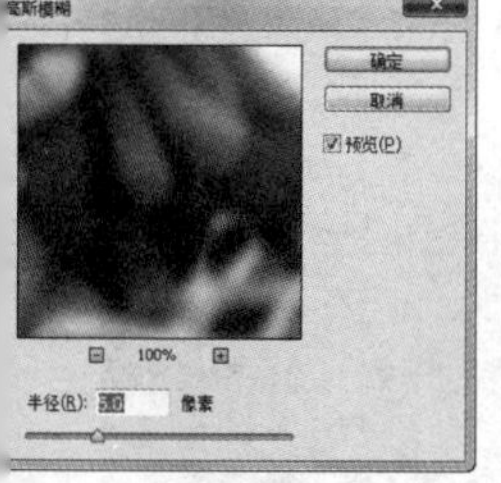
图13-7-36

图13-7-37

## ※ 模糊与进一步模糊

“模糊”滤镜和“进一步模糊”滤镜都能够在图像中有显著颜色变化的地方用模糊处理来消除杂色，对图像产生的模糊效果相似。其中“模糊”滤镜通过平衡已定义的线条和遮蔽区域的清晰边缘旁边的像素，使变化显得柔和，而“进一步模糊”滤镜产生的效果要比“模糊”滤镜高3～4倍。这两个滤镜都没有对话框。

## ※ 径向模糊

“径向模糊”滤镜是一种可以使图像产生旋转模糊或者放射模糊方式的滤镜，该滤镜模拟前后移动相机或旋转相机拍摄物体产生的效果。打开素材图像，如图13-7-38所示，执行【滤镜】/【模糊】/【径向模糊】命令，弹出“径向模糊”对话框如图13-7-39所示。

图13-7-38　图13-7-39

**数量**：控制使用任何一种模糊方法的模糊强度。

**模糊方法**：包括“旋转”和“缩放”两种。选择“旋转”时，图像会产生旋转的模糊效果，如图13-7-40所示；选择“缩放”时，图像会产生放射状的模糊效果，如图13-7-41所示。

图13-7-40　图13-7-41

**中心模糊**：用来设置模糊的原点，在设置框内单击，可将单击点设置为模糊的原点，不同的原点位置产生的模糊效果也各不相同，如图13-7-42和图13-7-43所示。

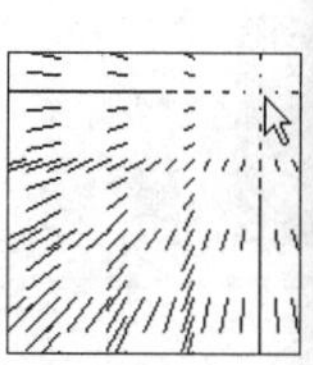

图13-7-42

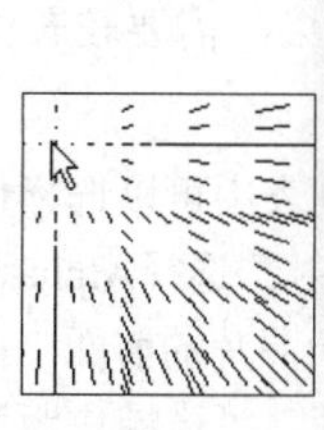

图13-7-43

**Tips 提示**

“径向模糊”滤镜是一种给定原点，可在图像其他区域围绕原点进行模糊的滤镜。在弹出“径向模糊”对话框后，通过拖动“中心模糊”框中的图案，可以指定模糊的原点的位置。

**品质**：设置应用模糊效果后图像的显示品质，有三个选项。选择“草图”时，处理的速度最快但为粒状的结果；选择“好”和“最好”都可以产生较平滑的效果。这两种品质看不出什么不同，但在较大的图像上会有所区别。

## ※ 镜头模糊

“镜头模糊”滤镜可以模拟相机镜头，通过在图像中添加模糊效果，以产生更窄的景深效果。使用此滤镜可以起到模糊部分区域、突出焦点的作用，常应用于表现图像中需要区分物体主次关系等效果上。打开素材图像，如图13-7-44所示，执行【滤镜】/【模糊】/【镜头模糊】命令，弹出“镜头模糊”对话框如图13-7-45所示。

图13-7-44

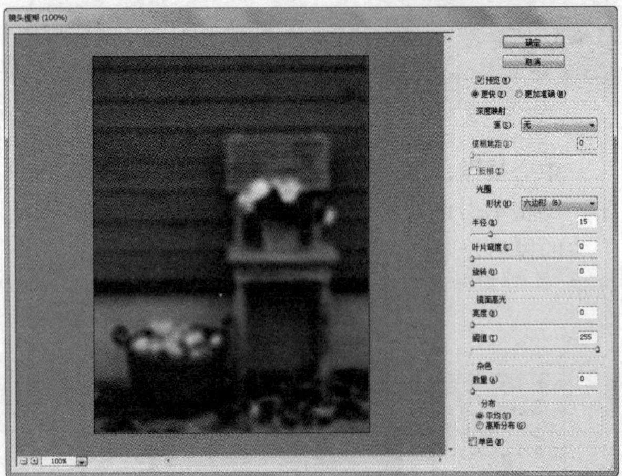


图13-7-45

**更快**：提高预览速度。

**更加准确**：查看图像的最终效果，需要较长的预览时间。

**深度映射**：在“源”选项下拉列表中可以选择使用Alpha通道和图层蒙版来创建深度映射。选择Alpha通道后，则Alpha通道中的黑色被视为位于照片的前面，白色则被视为位于远处的位置，将被模糊。“模糊焦距”选项用来设置位于焦点内的像素的深度。“反相”如果被勾选，可以反转蒙版和通道，然后再应用滤镜。

**光圈**：用来设置模糊的显示方式。“形状”选项的下拉列表中可以设置光圈的形状。“半径”用来设置模糊的数量。“叶片弯度”用来设置光圈边缘的平滑度。“旋转”设置光圈的旋转。

**镜面高光**：设置镜面高光的范围。“亮度”用来设置高光的亮度。“阈值”用来设置亮度的节制点，比截止点值亮的所有像素都被视为镜面高光。

**杂色**：设置图像中添加或者减少杂色。

**分布**：设置杂色的分布方式，包括“平均分布”和“高斯分布”。

**单色**：在不影响颜色的情况下，为图像添加杂色。

如果只需要将图像的背景变得模糊，需要先创建背景的选区，如图13-7-46所示，将选区保存为Alpha通道，“通道”面板状态如图13-7-47所示。执行【滤镜】/【模糊】/【镜头模糊】命令，弹出“镜头模糊”对话框，在对话框中设置具体参数，如图13-7-48所示，便可将通道中的选区进行模糊处理，得到的图像效果如图13-7-49所示。

图13-7-46

图13-7-47

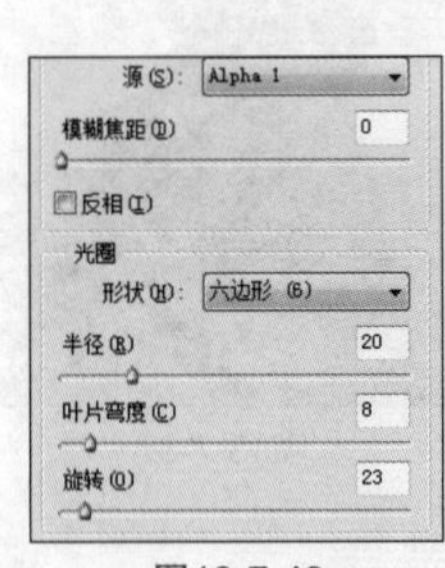


图13-7-48

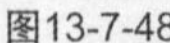

图13-7-49

## ※ 平均

“平均”滤镜是一个找出图像或选区的平均颜色，然后用该颜色填充图像或选区的一种模糊滤镜，该滤镜无对话框。打开素材图像，在图像中创建选区如图13-7-50所示，应用“平均”滤镜后得到的图像效果如图13-7-51所示。

图13-7-50

图13-7-51

## ※ 特殊模糊

“特殊模糊”滤镜是一种可以精确模糊图像的滤镜。它包括四个选项，通过不同的选项设置，可以精确地模糊图像。打开素材图像，如图13-7-52所示，执行【滤镜】/【模糊】/【特殊模糊】命令，弹出“特殊模糊”对话框如图13-7-53所示。

**半径**：用来设置应用模糊的范围，该值越高，模糊效果越明显。

**阈值**：设置模糊效果的图像边缘。在此选项中设置数值，所有低于这个数值的像素都会被模糊。

**品质**：设置图像模糊效果的质量，包括“低”、“中等”和“高”三种。

图13-7-52

图13-7-53

## 实战 特殊模糊的模式设置

第 13 章 / 实战 / 特殊模糊的模式设置

设置产生模糊效果的模式，在该选项下拉列表中有三种模式选项。“正常”选项只将图像模糊，不添加特殊效果，如图 13-7-54 和图 13-7-55 所示。

图13-7-54

图13-7-55

“仅限边缘”选项以黑白显示图像，以白色勾画出图像的色彩边界，如图 13-7-56 和图 13-7-57 所示。

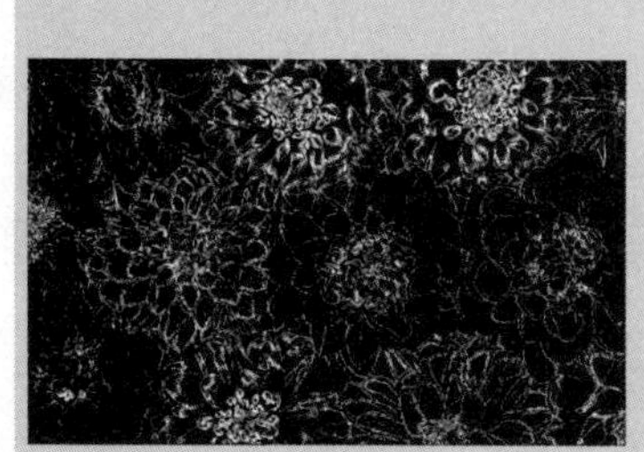
图13-7-56

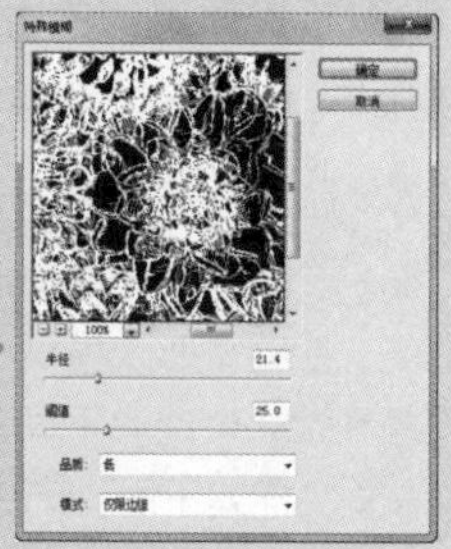
图13-7-57

“叠加边缘”选项以白色勾画出图像边缘像素亮度值变化强烈的区域，如图 13-7-58 和图 13-7-59 所示。

图13-7-58

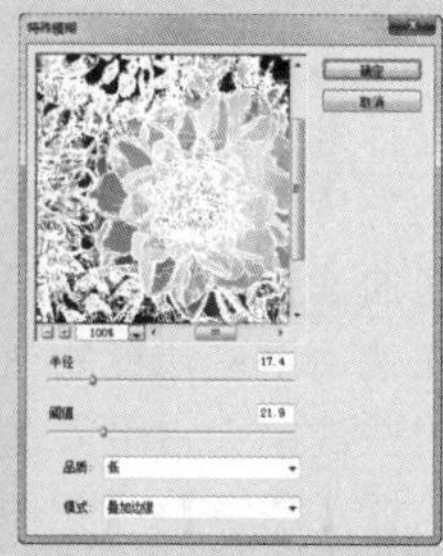
图13-7-59

## ※ 形状模糊

“形状模糊”滤镜是可以使用不同的形状创建模糊效果的滤镜。打开素材图像，如图13-7-60所示，执行【滤镜】/【模糊】/【形状模糊】命令，弹出“形状模糊”对话框，在对话框中设置具体参数，如图13-7-61所示，得到的图像效果如图13-7-62所示。

图13-7-60

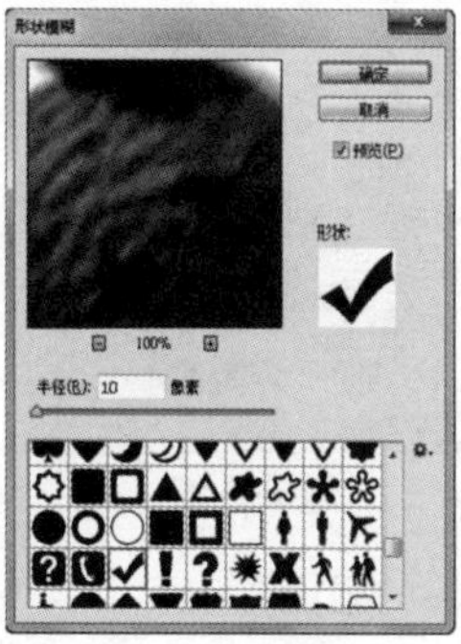

图13-7-61

图13-7-62

**半径**：用来设置形状的大小，该值越高模糊效果越好。

**形状列表**：单击列表中的形状即可使用该形状模糊图像。

**Tips 提示**

应用“形状模糊”滤镜时，可以通过对话框中的样式图标菜单选取不同的形状，创建模糊效果。因此选取的形状样式不同，产生的模糊效果也会不同。

## 13.7.3 扭曲滤镜组

扭曲滤镜主要用于对图像进行几何扭曲，为图像创建三维立体效果或其他变形效果。扭曲滤镜组中包含13种滤镜，在使用这些滤镜处理图像时，这些滤镜会占用大量的内存。执行【滤镜】/【扭曲滤镜】命令，如图13-7-63所示。

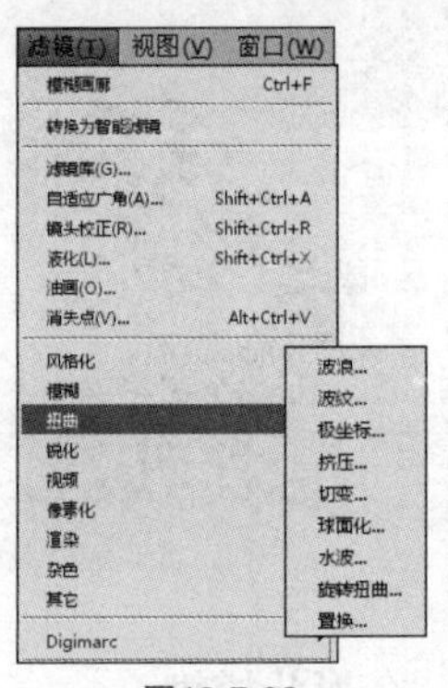


图13-7-63

### ※ 波浪

“波浪”滤镜用于制作图像的波浪起伏效果。打开素材图像，如图13-7-64所示，执行【滤镜】/【扭曲】/【波浪】命令，弹出“波浪”对话框，在对话框中设置具体参数，如图13-7-65所示，得到的图像效果如图13-7-66所示。

图13-7-64

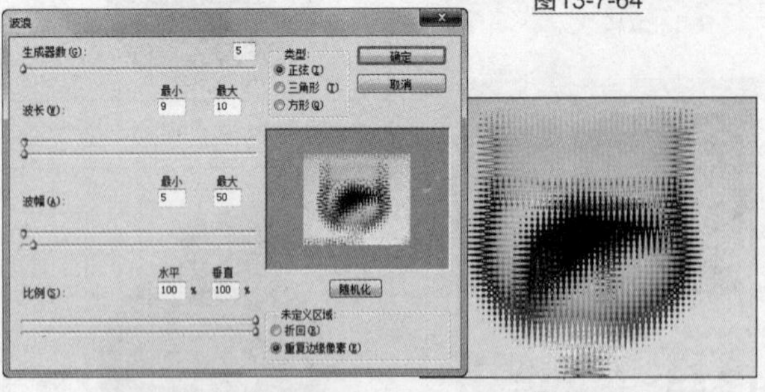


图13-7-65　图13-7-66

**生成器数**：用来设置生成波浪的强度。

**波长**：用来设置波浪长度。

**波幅**：用来设置波浪起伏的高度和宽度。

**比例**：用来设置缩放比例。

**类型**：用于选择应用波浪的类型，包括“正弦”、“三角形”和“方形”三种。

**随机化**：用来设置波浪的随机效果，如对当前的效果不满意，单击此按钮可生成新的效果。

**未定义区域**：用来设置空白区域的填充方式。

### ※ 波纹

“波纹”滤镜作用在选区上，从而创建波状起伏的图案，常用于制作如水池表面的波纹效果，应用“波纹”滤镜后，在对话框中设置具体参数，如图13-7-67所示，得到的图像效果如图13-7-68所示。

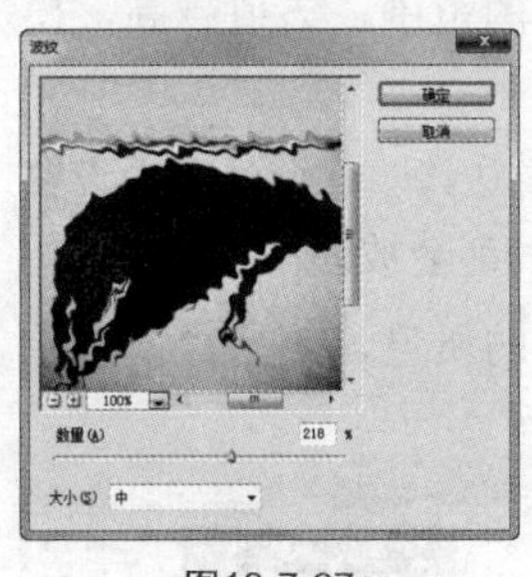


图13-7-67　图13-7-68

**数量**：用来设置产生波纹的数量。

**大小**：用来设置波纹的大小。

**Tips 提示**

“波浪”滤镜与“波纹”滤镜比较相似，二者区别在于“波浪”滤镜能够通过调整对话框中的数值进行更多的控制。

### ※ 玻璃

“玻璃”滤镜可以使图像得到较强的质感效果，使用该滤镜能够产生透过不同类型的玻璃观看图像的效果。如图13-7-69所示为“玻璃”对话框。

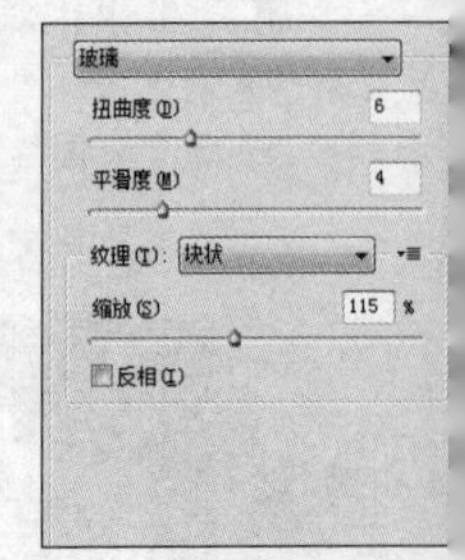


图13-7-69

**扭曲度**：用来设置扭曲效果的强度，该值越高，图像的扭曲效果就越明显。

**平滑度**：用来设置扭曲效果的平滑程度，该值越低，扭曲的纹理越细小。

**纹理**：用来设置扭曲时所产生的纹理。下拉列表中有包括“块状”、“画布”、“磨砂”和“小镜头”四种纹理，分别如图13-7-70、图13-7-71、图13-7-72和图13-7-73所示。

图13-7-70

图13-7-71

图13-7-72

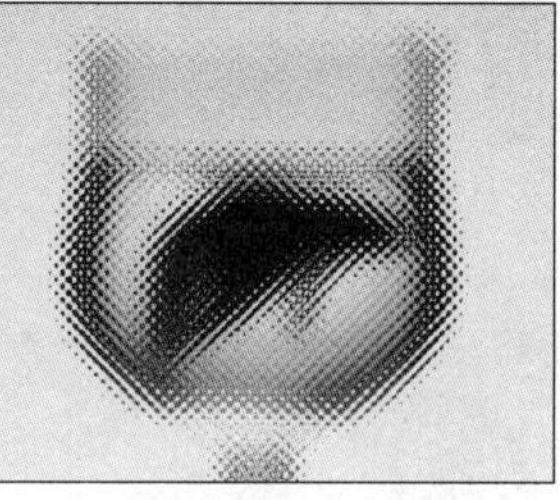
图13-7-73

**缩放**：用来设置纹理的缩放程度。

**反相**：勾选该选项，将反转纹理效果。

**Tips 提示**

在应用“玻璃”滤镜时，单击“纹理”下拉列表框右侧的按钮▶，在弹出的快捷菜单中选择“载入纹理”命令，这时可在打开的“载入纹理”对话框中选择其他纹理文件，但文件的格式必须为 PSD。

## 实战 用玻璃滤镜制作边框效果

第 13 章 / 实战 / 用玻璃滤镜制作边框效果

打开素材图像如图 13-7-74 所示。

图13-7-74

选择工具箱中的矩形选框工具⬚，在图像中绘制选区如图 13-7-75 所示。

按快捷键 Ctrl+Shift+I 将选区反选，单击工具箱中的以快速蒙版模式编辑按钮◎，得到的图像效果如图 13-7-76 所示。

图13-7-75

图13-7-76

执行【滤镜】/【扭曲】/【玻璃】命令，弹出“玻璃”对话框，如图 13-7-77 所示设置参数。设置完毕后，单击“确定”按钮，得到的图像效果如图 13-7-78 所示。

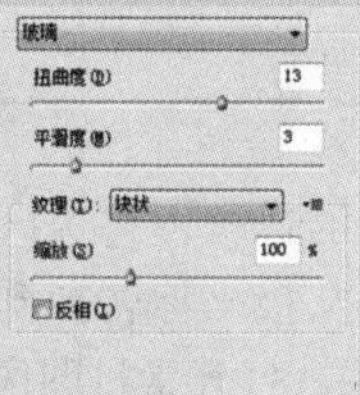

图13-7-77

图13-7-78

单击“图层”面板上的创建新图层按钮▣，新建“图层 1”。单击工具箱中的以标准模式编辑按钮◘，将蒙版转换为选区，如图 13-7-79 所示。

图13-7-79

图 13-7-80 所示为设置前景色色值，设置完毕后，单击“确定”按钮。按快捷键 Alt+Delete 键填充前景色，按快捷键 Ctrl+D 取消选择，得到的图像效果如图 13-7-81 所示。

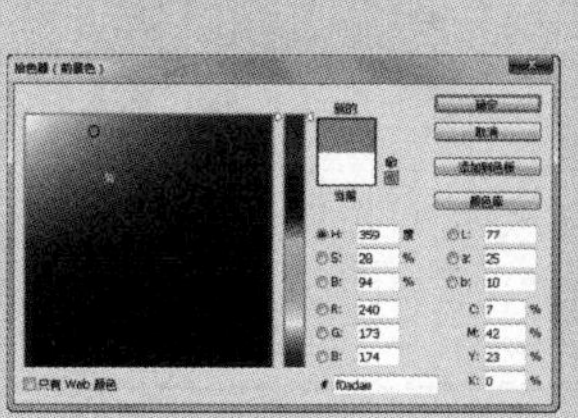
图13-7-80

图13-7-81

## ※ 海洋波纹

“海洋波纹”滤镜也是一款模拟水纹效果的滤镜，该滤镜将随机分隔的水纹添加到图像表面，使图像看上去像是在水中的效果。应用“海洋波纹”滤镜，在其对话框中设置具体参数，如图13-7-82所示，得到的图像效果如图13-7-83所示。

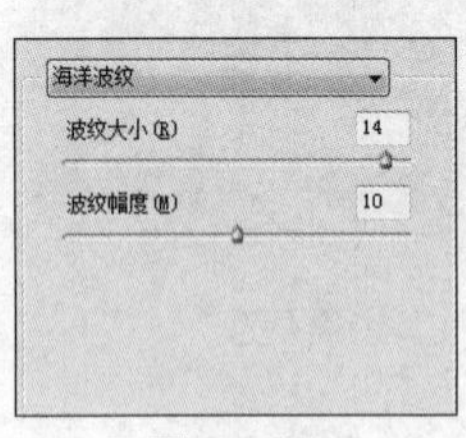


图13-7-82

图13-7-83

**波纹大小**：设置图像中生成的波纹的大小。

**波纹幅度**：设置波纹的变形程度。

## ※ 极坐标

“极坐标”滤镜是根据选中的选项，将选区从平面坐标转换到极坐标，或将选区从极坐标转换到平面坐标，使图像得到强烈的变形效果。打开素材图像如图13-7-84所示，应用“极坐标”滤镜，在其对话框中设置具体参数，如图13-7-85所示，勾选两种极坐标得到的图像效果分别如图13-7-86和图13-7-87所示。

图13-7-84

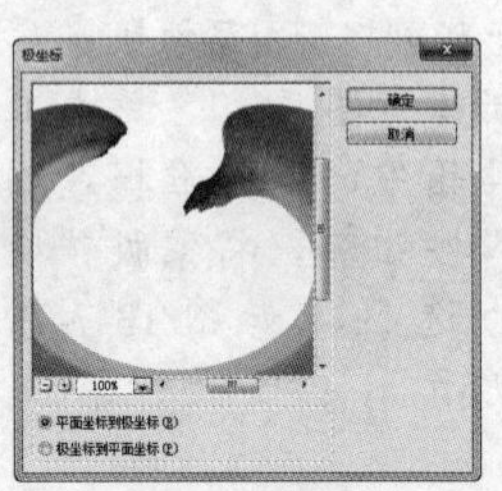


图13-7-85

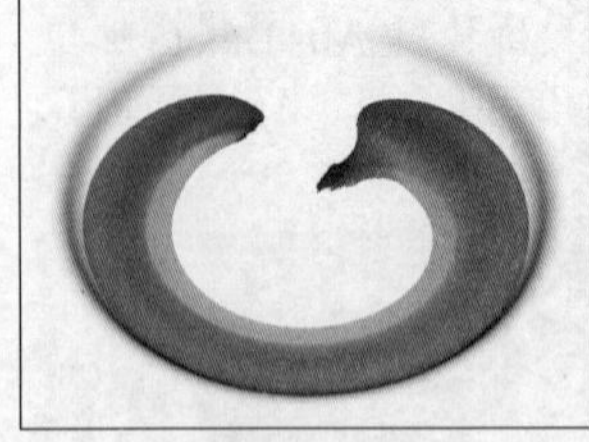

图13-7-86

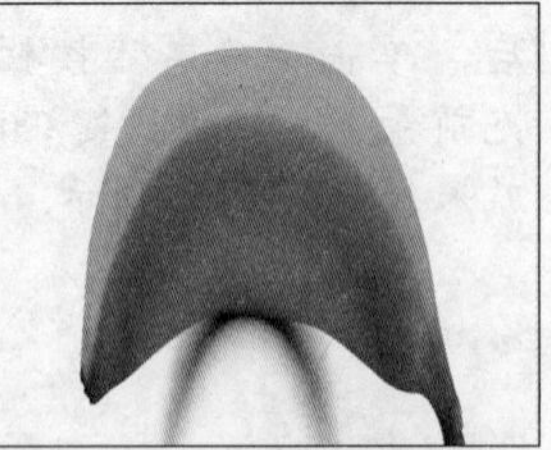

图13-7-87

## ※ 挤压

“挤压”滤镜可以使图像产生挤压效果。正值（最大值是100%）将选区向中心挤压变形，使图像产生凹陷效果；负值（最小值-100%）将选区向外移动变形，使图像产生凸出效果。打开素材图像，如图13-7-88所示；应用挤压滤镜，在其对话框中设置正值，如图13-7-89所示，得到凹陷的图像效果如图13-7-90所示；在对话框中设置负值，如图13-7-91所示，得到凸出的图像效果如图13-7-92所示。

图13-7-88

图13-7-89

图13-7-90

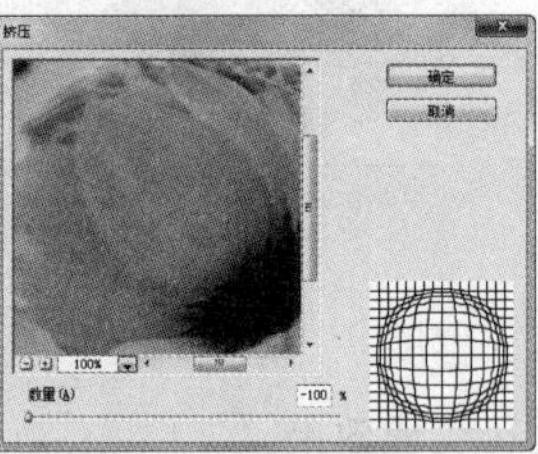


图13-7-91

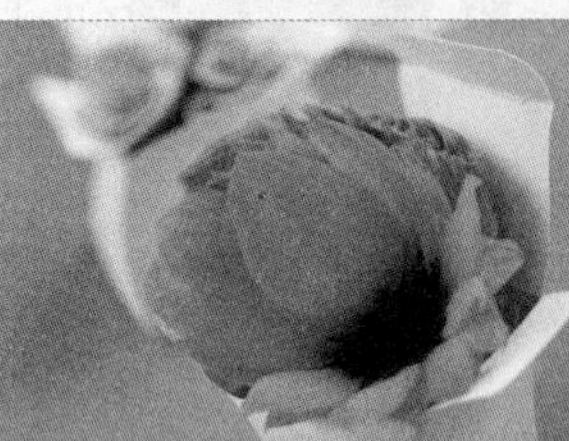

图13-7-92

## ※ 扩散亮光

“扩散亮光”滤镜将画面渲染成如同透过一个柔和的扩散滤镜观看图像的效果。添加该滤镜后选区的中心向外渐隐亮光，可提高物体的光感效果。打开素材图像如图13-7-93所示，应用扩散亮光滤镜，在其对话框中设置具体参数如图13-7-94所示，得到的图像效果如图13-7-95所示。

图13-7-93

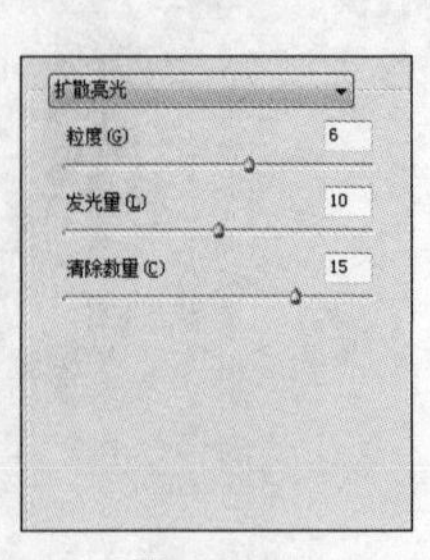

图13-7-94

图13-7-95

亮光的颜色由背景色决定，选择不同的背景色，可以产生不同的视觉效果，如图13-9-96所示为使用蓝色作为背景色时的滤镜效果。

图13-7-96

**粒度**：设置图像中添加颗粒的密度。

**发光量**：设置图像中生成光亮的强度。

**清除数量**：设置图像中受到滤镜影响的范围，该值越高，受滤镜影响的范围就越小。

## ※ 切变

“切变”滤镜可通过调节曲线的弧度使图像得到扭曲的效果。在“切变”对话框中，可以对编辑区的直线添加节点以调整其弯曲程度，将节点拖曳出对话框便可将其删除。打开素材图像如图13-7-97所示，应用切变滤镜，在其对话框中设置参数，如图13-7-98所示，得到的图像效果如图13-7-99所示。

图13-7-97

图13-7-98

图13-7-99

**折回**：设置图像中空白区域填入溢出图像之外的图像内容。

**重复边缘像素**：设置图像中边界不完整的空白区域填入扭曲边缘的像素颜色。

## ※ 球面化

“球面化”滤镜通过将选区折成球形、扭曲图像以及伸展图像以适合选中的曲线，使对象具有三维立体效果。该滤镜多应用于制作球面立体图像效果。打开素材图像如图13-7-100所示，应用球面化滤镜，弹出“球面化”对话框，如图13-7-101所示。

图13-7-100

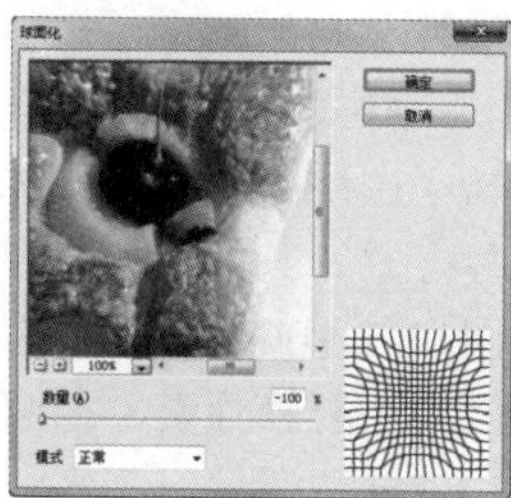
图13-7-101

### 实战 球面化滤镜的数量设置

第 13 章 / 实战 / 球面化滤镜的数量设置

设置图像被挤压的程度，该值为负值时，图像向内收缩，如图 13-7-102 所示；该值为正值时，图像向外凸起，如图 13-7-103 所示。

图13-7-102

图13-7-103

**模式**：设置图像的挤压方式，该选项的下拉列表中包括“正常”、“水平优先”和“垂直优先”三种模式。

## ※ 水波

“水波”滤镜根据选区中像素的半径将选区径向扭曲，多用于模拟水面的波纹效果。打开素材图像，在图像中创建选区，如图13-7-104所示；应用水波滤镜，弹出“水波”对话框，如图13-7-105所示。

图13-7-104

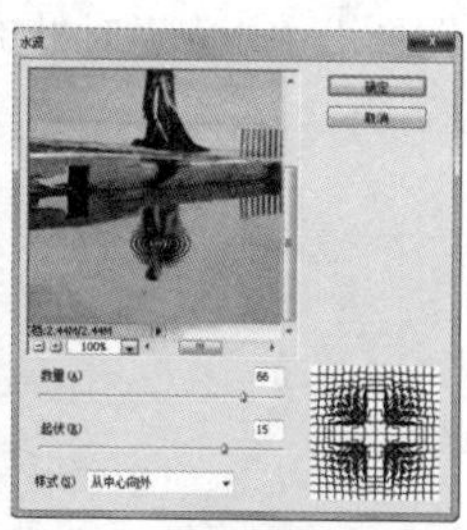
图13-7-105

**数量**：设置波纹起伏程度，负值产生下凹波纹；正值产生上凸波纹。

**起伏**：设置水波的反转次数，该值越高产生的波纹越多。

**样式**：设置波纹形成的方式，在其下拉列表中包括“围绕中心”、“从中心向外”和“水池波纹”三种方式。其中“围绕中心”是围绕中心旋转像素，如图13-7-106所示；“从中心向外”代表靠近或远离选区中心置换像素，如图13-7-107所示；“水池波纹”将像素置换到左上方或右下方，如图13-7-108所示。

图13-7-106

图13-7-107

图13-7-108

## ※ 旋转扭曲

“旋转扭曲”滤镜通过围绕选区中心点，形成旋转扭曲效果。打开素材图像，如图13-7-109所示；应用旋转扭曲滤镜，弹出“旋转扭曲”对话框，如图13-7-110所示。

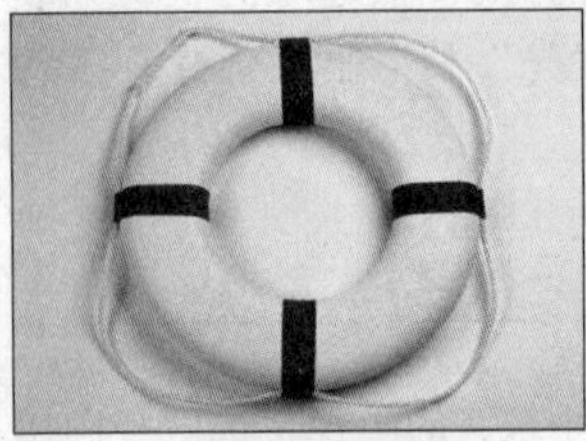
图13-7-109

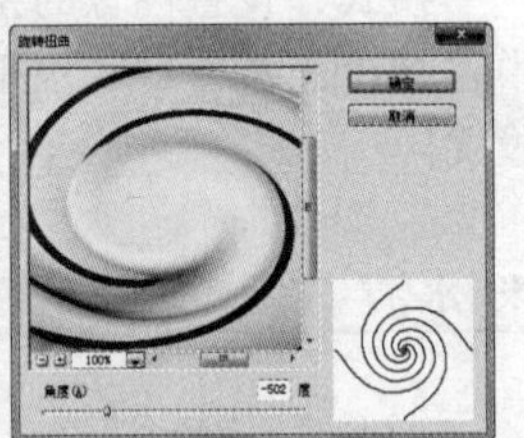

图13-7-110

**角度**：设置扭曲的角度。设置为正值时，图像沿中心点顺时针旋转，如图13-7-111所示；设置为负值时，图像沿中心点逆时针旋转，如图13-7-112所示。

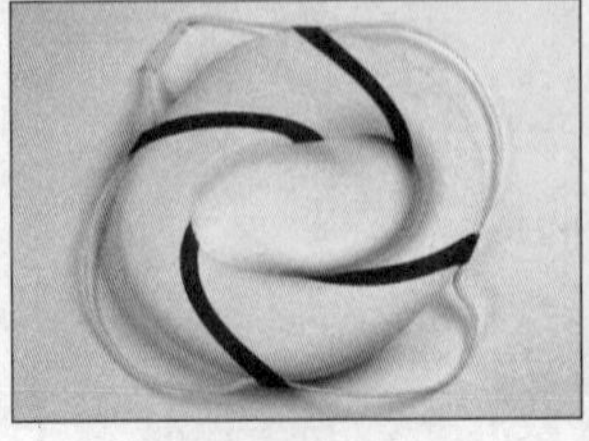
图13-7-111

图13-7-112

## ※ 置换

“置换”滤镜是以置换图来确定如何扭曲选区的一种滤镜。简单而言，置换图是为扭转选区而服务的，在应用中，置换图需要使用PSD格式的图像文件。打开素材图像如图13-7-113所示，如图13-7-114所示为用于置换的PSD格式图像，应用置换滤镜，弹出“置换”对话框，如图13-7-115所示。

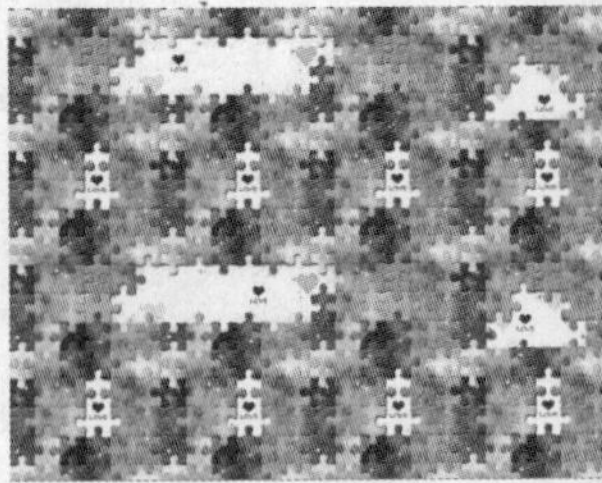
图13-7-113

图13-7-114

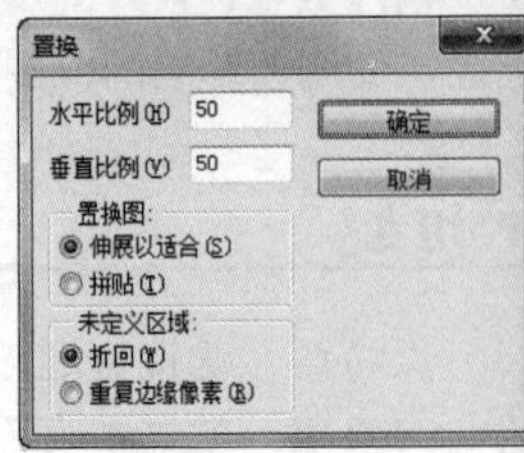

图13-7-115

**水平比例/垂直比例**：设置置换图在水平和垂直方向上的变形比例。

**置换图**：若置换图的尺寸与应用该滤镜的图像大小不等，勾选“伸展以适合”选项，置换图将自动伸展至适合图像大小，如图13-7-116所示，勾选“拼贴”选项，置换图将形成图案拼贴至整个画面范围，如图13-7-117所示。

图13-7-116

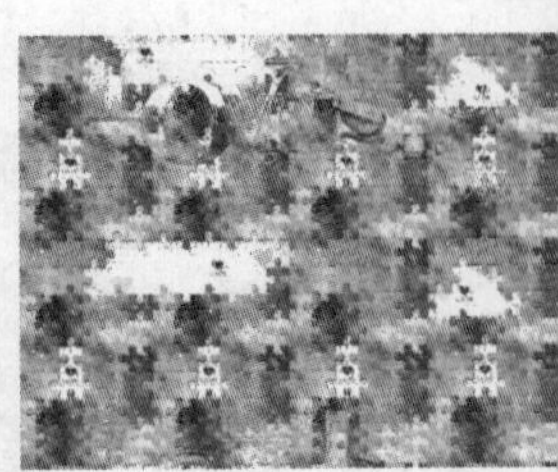
图13-7-117

**未定义区域**：设置一种方式，在图像边界不完整的空白区域填入边缘的像素颜色。

### Tips 提示

【置换】滤镜在于巧妙地将置换图与原图像结合起来，通过 Photoshop CS6 内部的计算，将图像中的像素置换，形成新的具有特殊效果的图案。尝试更换不同的置换图，会得到更多样式的图像效果。

## 13.7.4 锐化滤镜组

锐化滤镜通过增加图像的对比度，使模糊的图片变得清晰。因此，锐化通常是图像处理的最后一个步骤。锐化滤镜组包括五个滤镜组成，执行【滤镜】/【锐化】命令，如图13-7-118所示。

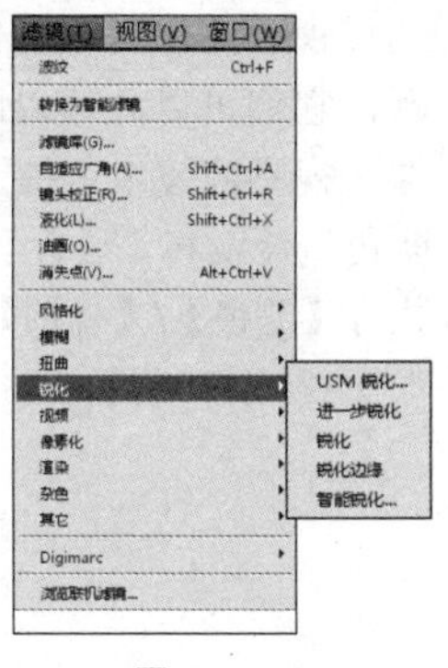

图13-7-118

### ※ USM锐化

“USM锐化”滤镜通过增加图像边缘的对比度锐化图像，该滤镜可以通过用户对阈值等参数的修改使锐化效果更加出色，因此“USM锐化”可用于校正摄影、扫描、重新取样或打印过程中产生的模糊。打开素材图像，如图13-7-119所示，应用USM锐化滤镜，弹出“USM锐化”对话框，在对话框中设置具体参数如图13-7-120所示，得到的图像效果如图13-7-121所示。

图13-7-119

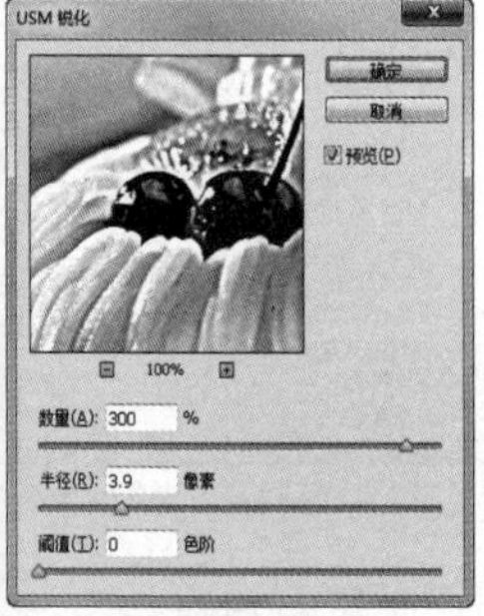

图13-7-120

图13-7-121

**数量**：设置锐化区域所受到的强度影响，该值越大，锐化效果越明显。

**半径**：设置图像边缘受影响的区域大小，该值越大，边缘效果的范围越广，锐化也就越明显。

**阈值**：设置相邻像素之间的对比度，默认的阈值0将锐化图像中的所有像素。

**Tips 提示**

执行【滤镜】/【锐化】/【USM锐化】命令，弹出“USM锐化”对话框，在预览区单击鼠标左键可显示锐化前的图像状况，松开鼠标将返回预览效果。

### ※ 进一步锐化

“进一步锐化”滤镜的工作原理为聚焦选区，增大图像或选区像素之间的反差，提高对象的清晰度，应用“进一步锐化”滤镜得到的清晰效果强于“锐化”滤镜。此滤镜没有对话框。

### ※ 锐化

“锐化”滤镜的工作原理与“进一步锐化”滤镜的工作原理相同，区别在于“锐化”滤镜的锐化效果较弱。此滤镜没有对话框。打开素材图像，如图13-7-122所示；应用锐化滤镜，得到的图像效果如图13-7-123所示；应用进一步锐化滤镜，得到的图像效果如图13-7-124所示。

图13-7-122

图13-7-123

图13-7-124

### ※ 锐化边缘

“锐化边缘”滤镜在保留整体平滑度的基础上只锐化图像的边缘。该滤镜在不指定数值的情况下进行锐化。

### ※ 智能锐化

“智能锐化”滤镜具有“USM锐化”滤镜所没有的锐化控制功能。该滤镜在阴影和高光区域对锐化提供了良好的控制，进一步改善锐化后图像的边缘细节，从而减少阴影区的噪点及高光区因锐化过度出现的光晕。打开素材图像，如图13-7-125所示，应用智能锐化滤镜，弹出“智能锐化”对话框，在对话框中设置具体参数如图13-7-126所示，得到的图像效果如图13-7-127所示。

图13-7-125

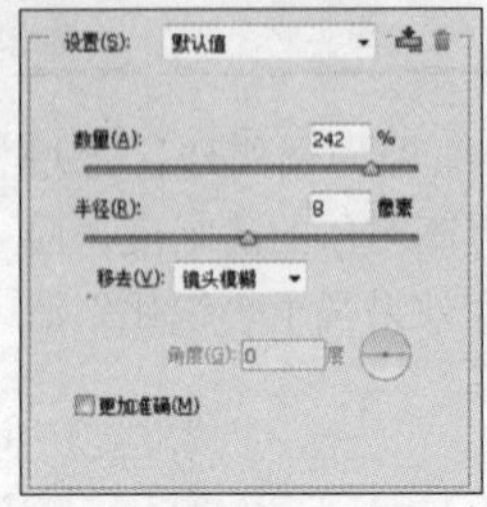

图13-7-126

图13-7-127

**设置**：如果保存了锐化设置，可在该选项的下拉列表中选择它。

**数量**：设置图像的锐化程度。

**半径**：设置图像边缘需要清晰的范围。

**移去**：设置图像的模糊方式，在下拉列表中包括“高斯模糊”、“镜头模糊”和“动感模糊”三种方式。选择“动感模糊”选项时，该对话框下方的“角度”选项将被激活，调整“角度”数值将影响“动感模糊”的方向。

**更加准确**：勾选该选项，能够使锐化的效果更精确，但需要更长的时间来处理文件。

## 实战 智能锐化的高级设置

第 13 章 / 实战 / 智能锐化的高级设置

在其对话框中勾选“高级”选项后，可以分别设置阴影和高光区的锐化程度，如图 13-7-128 和图 13-7-129 所示。

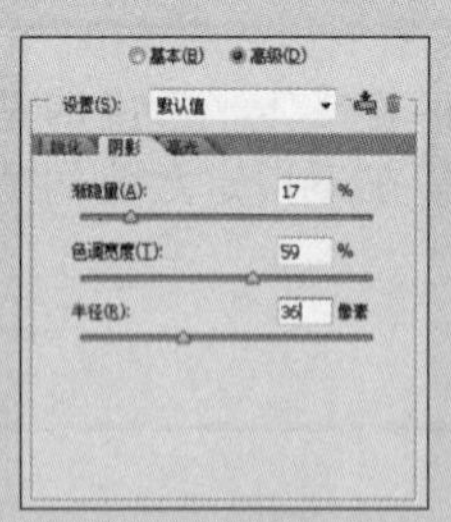

图13-7-128

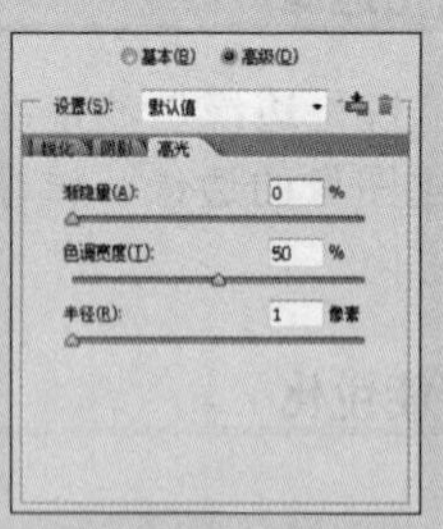

图13-7-129

**渐隐量**：设置阴影或高光中的锐化量。

**色调宽度**：设置阴影或高光中色调的修改范围。

**半径**：设置每个像素周围区域的大小，以确定像素在阴影或是在高光中。

**Tips 提示**

单击“智能锐化”滤镜对话框中右侧的新建滤镜设置按钮，可将当前设置的参数进行储存；单击删除滤镜设置按钮，可将已储存的参数删除。

## 13.7.5 视频滤镜组

视频滤镜用来解决视频图像交换时系统差异的问题，它们可以处理以隔行扫描方式的设备中提取的图像。视频滤镜组包括“NTSC颜色”滤镜和“逐行”滤镜。执行【滤镜】/【视频】命令，如图13-7-130所示。

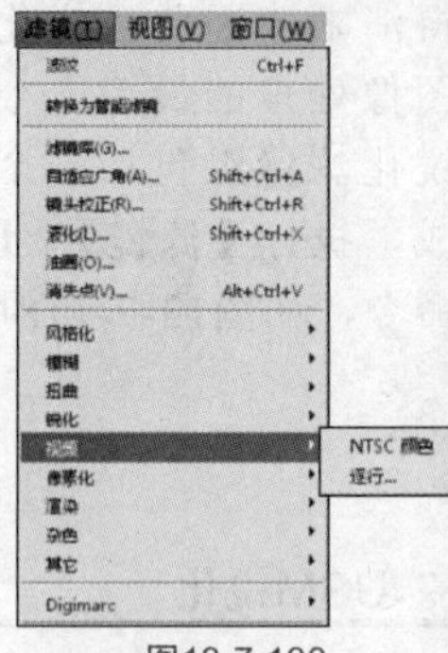

图13-7-130

### ※ NTSC颜色

“NTSC颜色”滤镜可以将色域限制在电视机重现可接受的范围内，防止过饱和颜色渗到电视扫描行中，Photoshop CS6中的图像便可以被电视接受。

### ※ 逐行

通过隔行扫描方式显示画面的电视，以及视频设备中捕捉的图像都会出现扫描线，“逐行”滤镜可以移去视频图像中的奇数或偶数隔行线，使在视频上捕捉的运动图像变得平滑。如图13-7-131所示为“逐行”对话框。

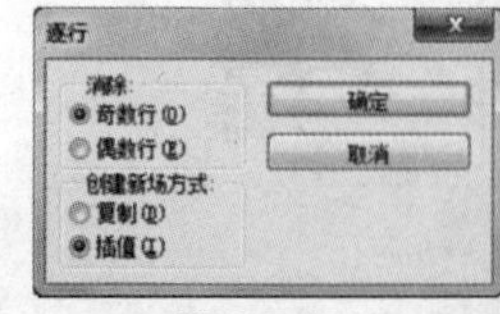

图13-7-131

**消除**：选择“奇数行”可删除奇数扫描线；选择“偶数行”可删除偶数扫描线。

**创建新场方式**：设置消除后以何种方式来填充空白区域。

## 13.7.6 素描滤镜组

“素描”滤镜是一组可以为图像提供多种素描纹理效果的滤镜组，用户可以应用不同的滤镜使图像获得三维立体效果或创建美术手绘外观等素描效果。该滤镜组只能应用在RGB模式中，在重绘图像时，多数“素描”滤镜使用前景色和背景色。该滤镜组包括了14种滤镜效果，全部位于滤镜库中。

## ※ 半调图案

“半调图案”滤镜在保持连续的色调范围的同寸，模拟半调网屏的效果，使图像产生类似网点印刷的效果。打开素材图像，如图13-7-132所示，应用“半调图案”滤镜，在其对话框中设置具体参数，如图13-7-133所示。

图13-7-132

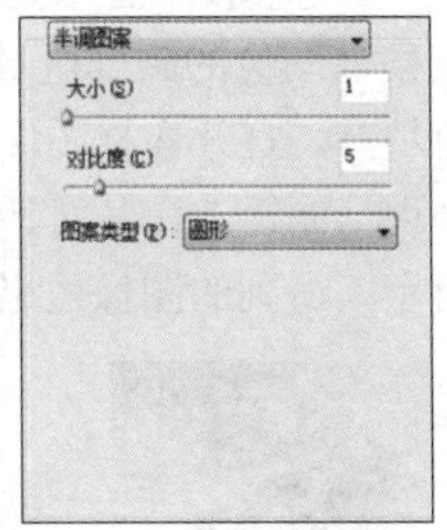

图13-7-133

**大小**：设置图案的尺寸。

**对比度**：设置图像的对比度。

## 实战 半调图案的图案类型

第 13 章 / 实战 / 半调图案的图案类型

设置图案的类型，在其下拉列表中包括“圆形”如图 13-7-134 所示；“网点”如图 13-7-135 所示；“直线”如图 13-7-136 所示。

图13-7-134

图13-7-135

图13-7-136

## ※ 便条纸

“便条纸”滤镜使图像产生手工制作纸张的效果，使用该滤镜可以简化图像。打开素材图像，如图13-7-137所示，应用“便条纸”滤镜，在其对话框中设置具体参数，如图13-7-138所示，得到的图像效果如图13-7-139所示。

**图像平衡**：设置图像中凸出和凹陷所影响的范围，凸出部分用前景色填充，凹陷部分用背景色填充。

**粒度**：设置图像中生成的颗粒数量。

**凸现**：设置图像中生成的颗粒的凹凸效果。

图13-7-137

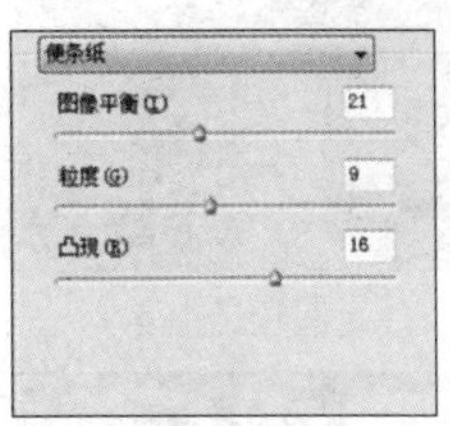

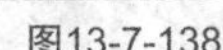
图13-7-138

图13-7-139

**Tips 提示**

“便条纸”滤镜通常用来制作生锈效果，但被处理的图像要具有层次分明的高色调、半色调和低色调。

## ※ 粉笔和炭笔

“粉笔和炭笔”滤镜可以创建类似于粉笔绘画素描的效果，粉笔使用背景色来处理图像较亮的区域，炭笔则使用前景色来处理图像较暗的区域。打开素材图像，如图13-7-140所示；应用“粉笔和炭笔”滤镜，在其对话框中设置具体参数，如图13-7-141所示；得到的图像效果如图13-7-142所示。

图13-7-140

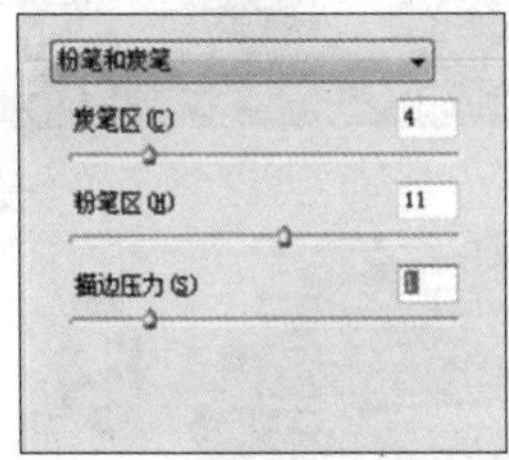

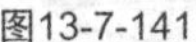
图13-7-141

图13-7-142

**炭笔区/粉笔区**：设置炭笔区域和粉笔区域的范围。

**描边压力**：设置图像勾画的对比度。

## ※ 铬黄

“铬黄”滤镜根据原图像的明暗分布情况产生磨光的金属效果。应用该滤镜后，可以使用“色阶”命令增加图像的对比度，使金属效果更加强烈。打开素材图像，如图13-7-143所示，应用“铬黄”滤镜，在其对话框中设置具体参数，如图13-7-144所示，得到的图像效果如图13-7-145所示。

图13-7-143

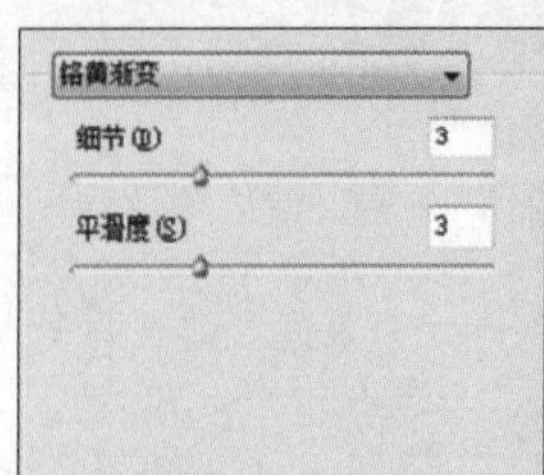


图13-7-144

图13-7-145

**细节**：设置原图像保留的程度。

**平滑度**：设置生成的图像的光滑程度。

## ※ 绘图笔

“绘图笔”滤镜用前景色在背景色上以对角方向捕捉原图像细节，以重新绘制图像来替换原图像中的颜色，使图像产生钢笔画效果。打开素材图像，如图13-7-146所示；应用“绘图笔”滤镜，在其对话框中设置具体参数，如图13-7-147所示；得到的图像效果如图13-7-148所示。

图13-7-146

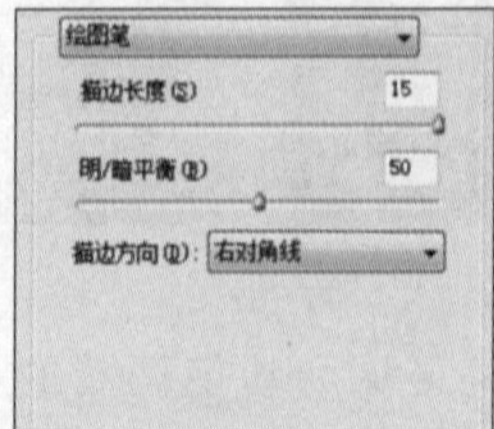


图13-7-147

图13-7-148

**描边长度**：设置在画面中生成的线条长度。

**描边方向**：设置线条描边的方向。

**明/暗平衡**：设置图像亮调与暗调的平衡。

## ※ 基底凸现

“基底凸现”滤镜可以使图像产生凹凸起伏的雕刻效果，图像的暗部区域用前景色填充，亮部区域用背景色填充。打开素材图像，如图13-7-149所示；应用“基底凸现”滤镜，在其对话框中设置具体参数，如图13-7-150所示；得到的图像效果如图13-7-151所示。

图13-7-149

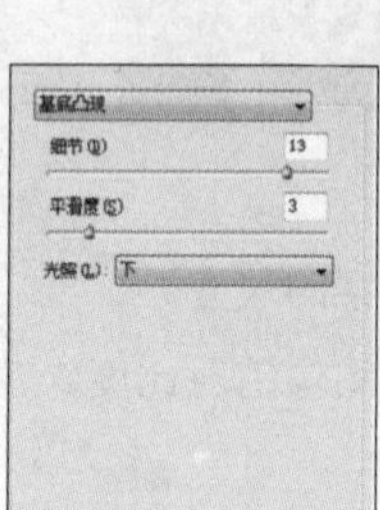


图13-7-150

图13-7-151

**细节**：设置原图像细节保留的程度。

**平滑度**：设置浮雕效果的平滑程度。

**光照**：设置光照的方向，在其下拉列表中可以选择一个光照方向。

## ※ 水彩画纸

“水彩画纸”滤镜模仿在潮湿的纤维纸上涂抹颜色而产生画面浸湿、颜料扩散并混合的效果。

## 实战 应用水彩画纸制作水彩画效果

第 13 章 / 实战 / 应用水彩画纸制作水彩画效果

打开素材图像，如图 13-7-152 所示；复制“背景”图层，得到“背景副本”图层，如图 13-7-153 所示。

图13-7-152

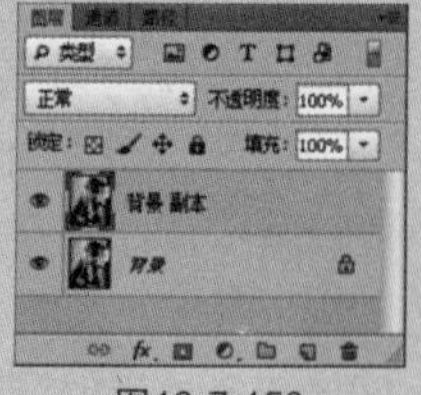


图13-7-153

执行【滤镜】/【素描】/【水彩画纸】命令，弹出“水彩画纸”对话框，在其对话框中设置具体参数，如图13-7-154所示，得到的图像效果如图13-7-155所示。

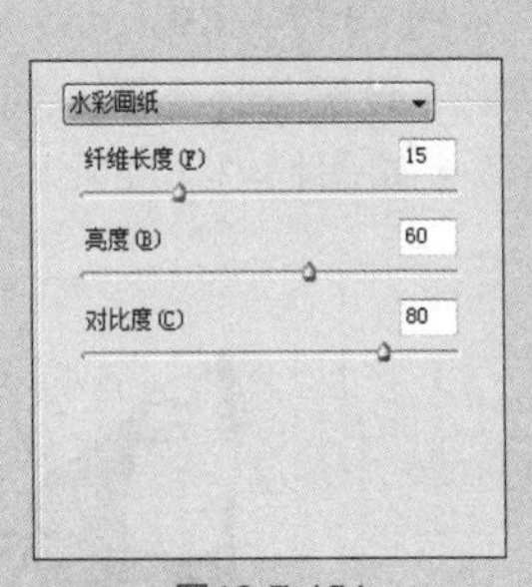

图13-7-154

图13-7-155

**纤维长度**：设置图像中生成的纤维的长度。

**亮度/对比度**：设置图像的亮度和对比度。

## ※ 撕边

“撕边”滤镜可以用粗糙的颜色边缘模拟碎纸片的效果，且用前景色填充暗部区域，用背景色填充高亮度区域。打开素材图像，如图13-7-156所示；应用“撕边”滤镜，在其对话框中设置具体参数，如图13-7-157所示；得到的图像效果如图13-7-158所示。

图13-7-156

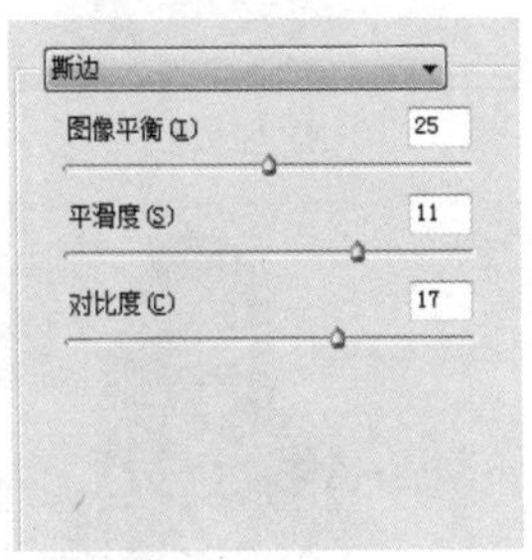

图13-7-157

图13-7-158

**图像平衡**：设置图像前景色和背景色的平衡比例。

**平滑度**：设置图像边缘的平滑程度。

**对比度**：设置图像效果的对比强度。

## ※ 石膏效果

“石膏效果”滤镜使用前景色与背景色进行着色，使图像产生石膏效果，增加画面的立体感。打开素材图像，如图13-7-159所示；应用“塑料效果”滤镜，在其对话框中设置具体参数，如图13-7-160所示；得到的图像效果如图13-7-161所示。

图13-7-159

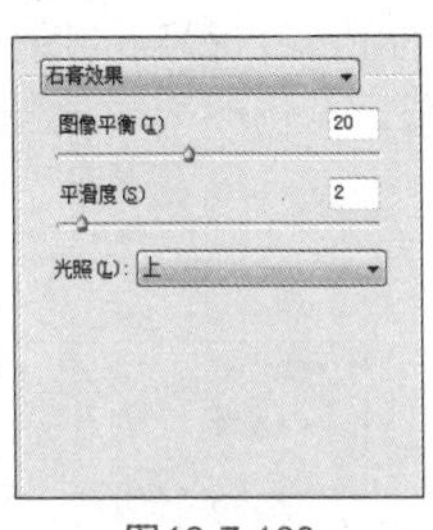

图13-7-160

图13-7-161

**图像平衡**：设置图像高光区域和阴影区域相对面积的大小。

**平滑度**：设置图像效果的平滑程度。

**光照**：设置图像光照的方向。

## ※ 炭笔

“炭笔”滤镜应用前景色和背景色重新绘制图像，使画面产生色调分离的涂抹效果，炭笔是前景色，背景色是纸张颜色。打开素材图像，如图13-7-162所示；应用“炭笔”滤镜，在其对话框中设置具体参数，如图13-7-163所示；得到的图像效果如图13-7-164所示。

图13-7-162

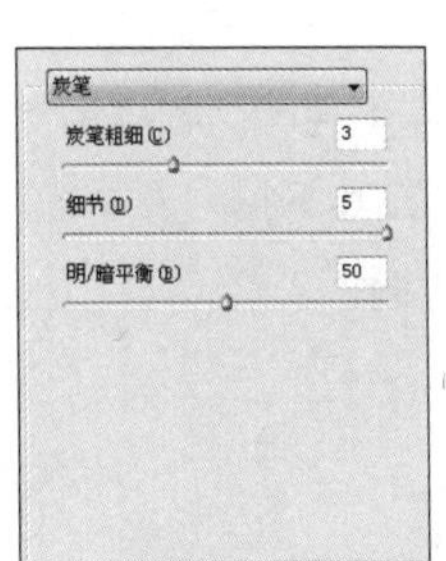

图13-7-163

图13-7-164

**炭笔粗细**：设置炭笔笔触的宽度。

**细节**：设置图像细节保留的程度。

## ※ 炭精笔

**明/暗平衡**：设置图像中亮调与暗调的平衡关系。

“炭精笔”滤镜可以在图像上模拟浓黑和纯白的炭精笔纹理，在暗区使用前景色，亮区使用背景色。为了更有真实感，可以在应用滤镜之前将前景色改为常用的炭精笔的颜色，如黑色、深褐色等。打开素材图像，如图13-7-165所示；应用“炭精笔”滤镜，在其对话框中设置具体参数，如图13-7-166所示；得到的图像效果如图13-7-167和图13-7-168所示。

图13-7-165

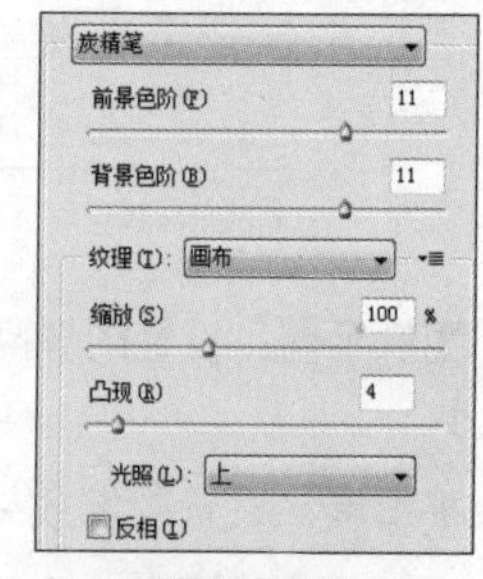

图13-7-166

图13-7-167

图13-7-168

**前景色阶/背景色阶**：设置前景色与背景色的平衡关系，色阶数值越高颜色就越突出。

**纹理**：设置纹理的类型。

**缩放/凸现**：设置纹理的大小和凹凸程度。

**光照**：设置光照的方向，在其下拉列表中选择。

**反相**：反转纹理的凹凸方向。

## ※ 图章

“图章”滤镜可以对图像进行简化，使图像看起来与图章盖印的效果相似。该滤镜用于黑白图像时效果最佳。打开素材图像，如图13-7-169所示；应用“图章”滤镜，在其对话框中设置具体参数，如图13-7-170所示；得到的图像效果如图13-7-171所示。

图13-7-169

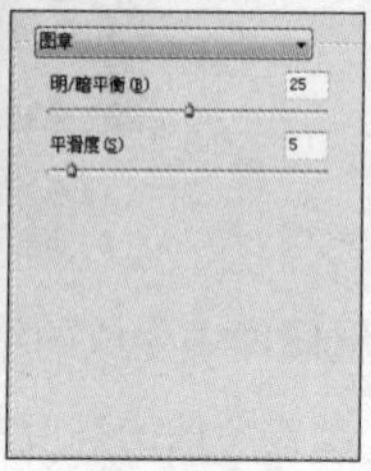

图13-7-170

图13-7-171

**明/暗平衡**：设置图像中亮部与暗部的平衡关系。

**平滑度**：设置图像效果的平滑程度。

## ※ 网状

“网状”滤镜模拟胶片乳胶的可控收缩和扭曲来创建图像，使之在阴影区呈结块状，在高光区呈轻微颗粒化。打开素材图像，如图13-7-172所示；应用“网状”滤镜，在其对话框中设置具体参数，如图13-7-173所示；得到的图像效果如图13-7-174所示。

图13-7-172

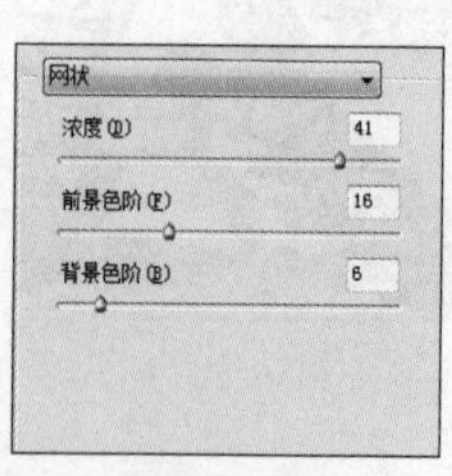

图13-7-173

图13-7-174

**浓度**：设置图像中生成的网纹的密度。

**前景色阶/背景色阶**：设置前景色与背景色在图像中使用的色阶数。

## ※ 影印

“影印”滤镜模拟影印图像，使画面产生类似印刷的效果。打开素材图像，如图13-7-175所示；应用“网状”滤镜，在其对话框中设置具体参数，如图13-7-176所示；得到的图像效果如图13-7-177所示。

图13-7-175

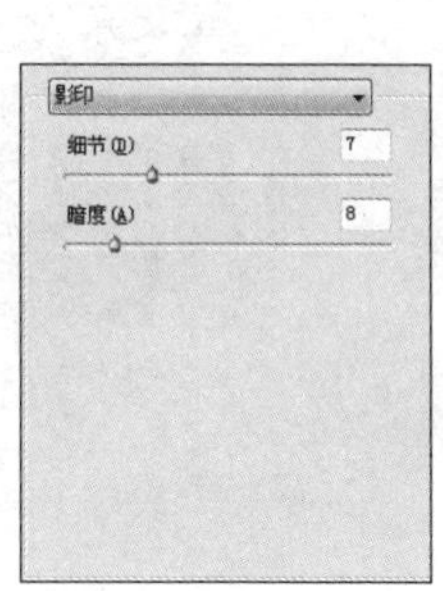


图13-7-176

图13-7-177

**细节：** 设置图像细节保留的程度。

**暗度：** 设置图像暗部区域的强度。

## 13.7.7 纹理滤镜组

“纹理”滤镜可以创建多种特殊的纹理效果或为图像添加材质效果。该滤镜组包括六种纹理。

## ※ 龟裂缝

“龟裂缝”滤镜使图像获得龟壳裂纹的效果，应用该滤镜可模拟在粗糙的石膏表面上雕刻出细网状裂缝效果，对包含多种颜色值或灰度值的图像创建浮雕效果。打开素材图像，如图13-7-178所示；应用“网状”滤镜，在其对话框中设置具体参数，如图13-7-179所示；得到的图像效果如图13-7-180所示。

图13-7-178

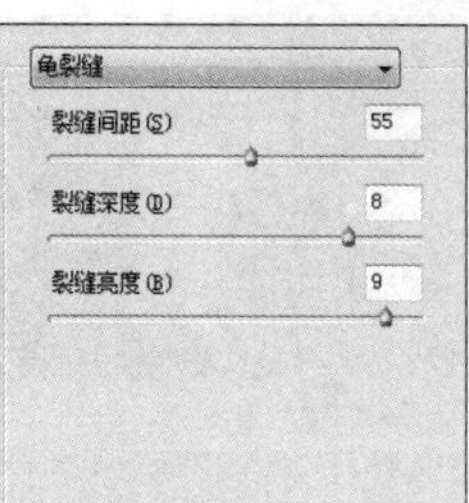


图13-7-179

图13-7-180

**裂缝间距：** 设置图像中生成的裂缝的间距，该值越小，裂缝越细。

**裂缝深度/裂缝亮度：** 设置图像中生成的裂缝的深度和亮度。

## ※ 颗粒

“颗粒”滤镜通过模拟颗粒在图像中添加的多种纹理效果，设置颗粒的类型不同，图像得到的纹理效果也不相同。打开素材图像，如图13-7-181所示，应用“颗粒”滤镜，在其对话框中设置具体参数，如图13-7-182所示。

图13-7-181

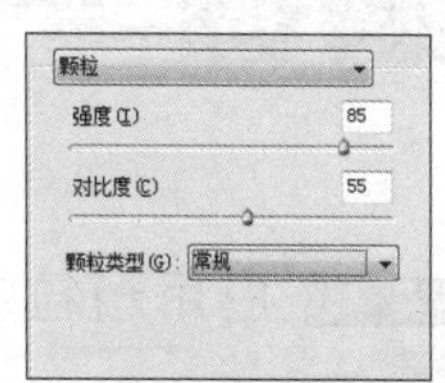


图13-7-182

**强度/对比度：** 设置图像中添加的颗粒的数量与对比度。

**颗粒类型：** 设置图像中生成颗粒的类型。其下拉列表中包括十种类型，如图13-7-183所示；图像效果如图13-7-184和图13-7-185所示。

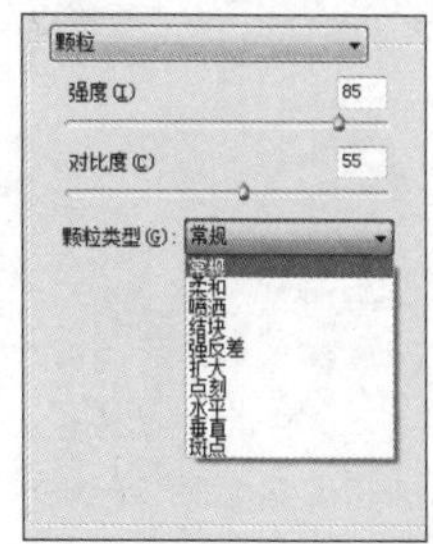


图13-7-183

图13-7-184

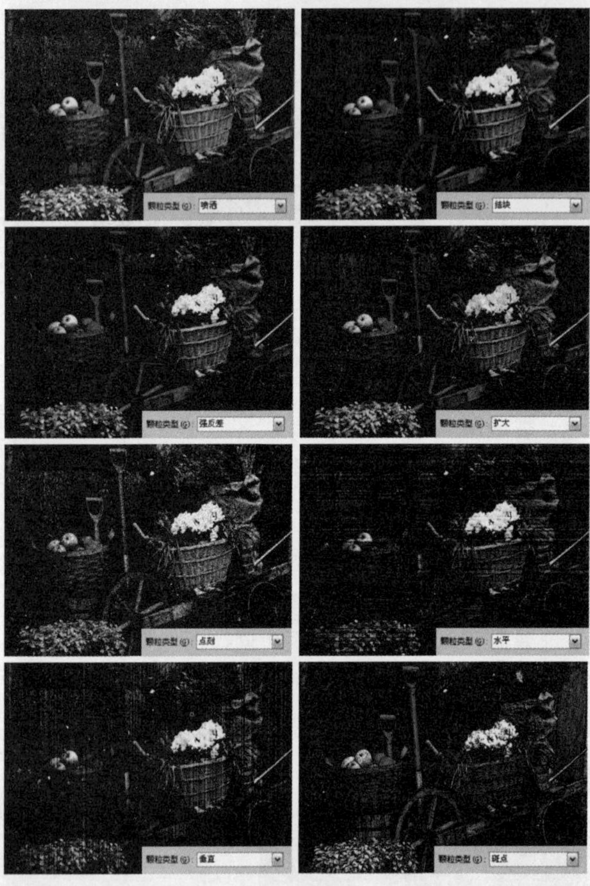


图13-7-185

## 实战 应用颗粒制作怀旧效果

第 13 章 / 实战 / 应用颗粒制作怀旧效果

打开素材图像，如图 13-7-186 所示。

图13-7-186

单击“图层”面板上的创建新的填充或调整图层按钮，在弹出的下拉菜单中选择“色相 / 饱和度”选项，在“调整”面板中设置参数，如图 13-7-187 所示，得到的图像效果如图 13-7-188 所示。

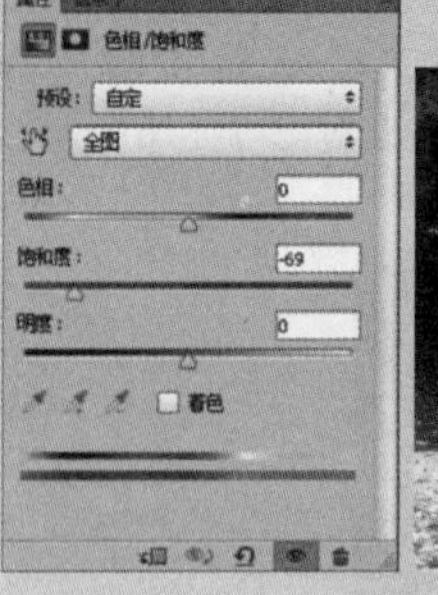

图13-7-187　图13-7-188

按快捷键 Ctrl+Shift+Alt+E 盖印可见图层，得到“图层 1”；执行【滤镜】/【纹理】/【颗粒】命令，弹出“颗粒”对话框，在对话框中设置参数如图 13-7-189 所示，设置完毕后单击“确定”按钮；得到的图像效果如图 13-7-190 所示。

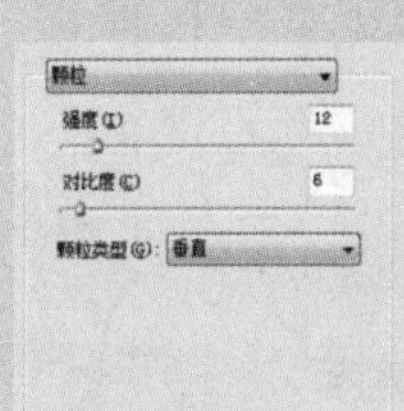

图13-7-189　图13-7-190

## ※ 马赛克拼贴

“马赛克拼贴”滤镜使图像产生色块拼贴的效果，并在色块之间添加深色的缝隙，形成浮雕效果。打开素材图像，如图13-7-191所示；应用“马赛克拼贴”滤镜，在其对话框中设置具体参数，如图13-7-192所示；得到的图像效果如图13-7-193所示。

图13-7-191

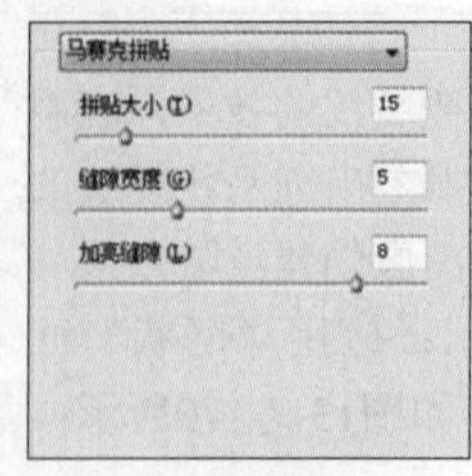

图13-7-192　图13-7-193

**Tips 提示**

像素化滤镜组中也有一个"马赛克"滤镜，它可以将图像分解成各种颜色的像素块，而"马赛克拼贴"滤镜则用于将图像创建为拼贴块。

**拼贴大小**：设置图像中形成的马赛克块状图案大小。

**缝隙宽度**：设置图像生成的块状图案之间的宽度大小。

**加亮缝隙**：设置控制缝隙间的亮暗程度。

## ※ 拼缀图

"拼缀图"滤镜将图像分解为用图像中该区域的主色填充的正方形，使图像以小色块的形式替换原图像显示。打开素材图像，如图13-7-194所示；应用"拼缀图"滤镜，在其对话框中设置具体参数，如图13-7-195所示；得到的图像效果如图13-7-196所示。

图13-7-194

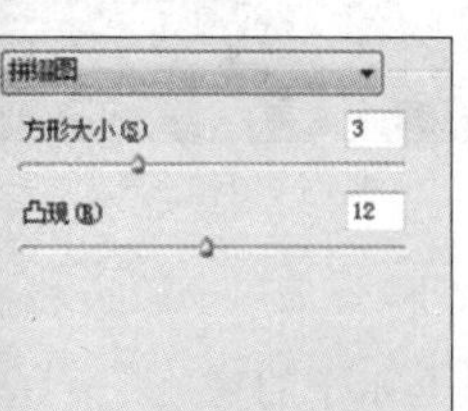


图13-7-195

图13-7-196

**方形大小**：设置图像生成的方块大小。

**凸现**：设置图像生成方块的凸出程度。

## ※ 染色玻璃

"染色玻璃"滤镜将图像重新绘制为用前景色勾勒的相邻不规则单元格，模拟玻璃拼凑的效果。打开素材图像，如图13-7-197所示；应用"染色玻璃"滤镜，在其对话框中设置具体参数，如图13-7-198所示；得到的图像效果如图13-7-199所示。

**单元格大小**：设置形成的不规则多边形的大小。

**边框粗细**：设置单元格之间缝隙的大小。

**光照强度**：设置生成每块相邻单元格间的裂缝亮度。

图13-7-197

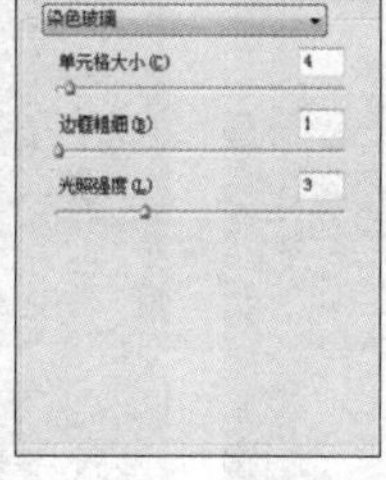


图13-7-198

图13-7-199

## ※ 纹理化

"纹理化"滤镜通过更改对话框中的"纹理"选项，将选择或创建的纹理应用于图像，形成特殊的纹理风格效果。打开素材图像，如图13-7-200所示；应用"纹理化"滤镜，在其对话框中设置具体参数，如图13-7-201所示；得到的图像效果如图13-7-202所示。

图13-7-200

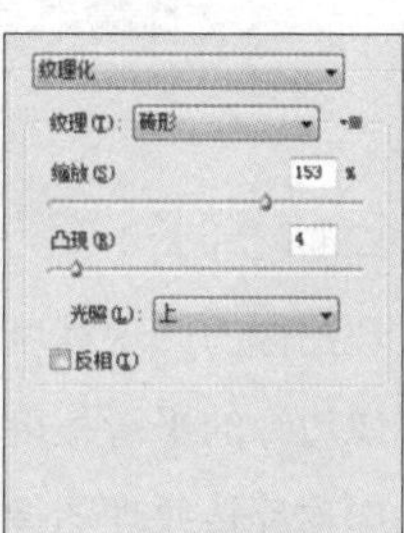


图13-7-201

图13-7-202

**纹理化**：单击"载入纹理"选项，可以通过该选项载入任何PSD格式的图像作为纹理素材使用。

## 实战 纹理化的纹理设置

第 13 章 / 实战 / 纹理化的纹理设置

设置图像纹理的类型。在其下拉列表中包括四种类型，如图 13-7-203 所示；图像效果如图 13-7-204 所示。

图13-7-203

图13-7-204

**缩放**：设置纹理的尺寸大小。

**凸现**：设置纹理图像的凸现程度。

**光照**：设置图像边缘的平滑程度。

**反相**：勾选此选项反转纹理图像的亮暗部分。

## 13.7.8 像素化滤镜组

像素化滤镜通过寻找图像中的色彩信息，使单元格中颜色值相近的像素结成块并清晰地定义一个选区，也就是说，像素化滤镜把图像分解成如方形、点状或线状等像素颗粒，使图像以色块的形式展示给观察者。该滤镜组包括七种滤镜，执行【滤镜】/【纹理滤镜】命令，如图13-7-205所示。

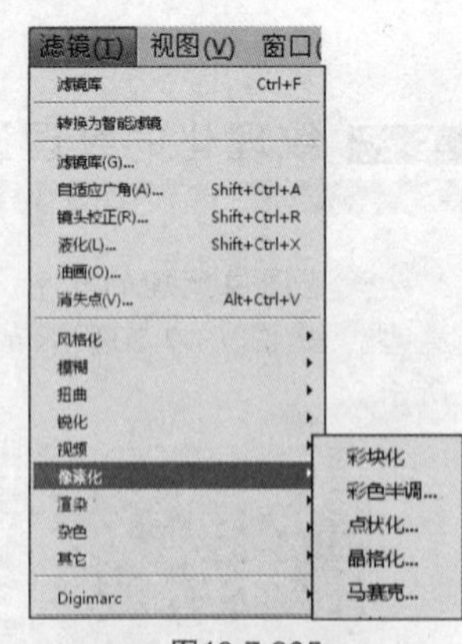


图13-7-205

### ※ 彩块化

“彩块化”滤镜使相近的像素或纯色的像素结成颜色相近的像素块。使用该滤镜可以使扫描的图像接近手绘图像效果。此滤镜没有对话框。打开素材图像，如图13-7-206所示；应用“彩块化”滤镜，得到的图像效果如图13-7-207所示。

图13-7-206

图13-7-207

### ※ 彩色半调

“彩色半调”滤镜用于模拟在图像的每个通道上使用放大的半调网屏的效果，该滤镜会将图像上的颜色通道全部转变为着色网点。打开素材图像，如图13-7-208所示；应用“彩色半调”滤镜，在其对话框中设置具体参数，如图13-7-209所示；得到的图像效果如图13-7-210所示。

图13-7-208

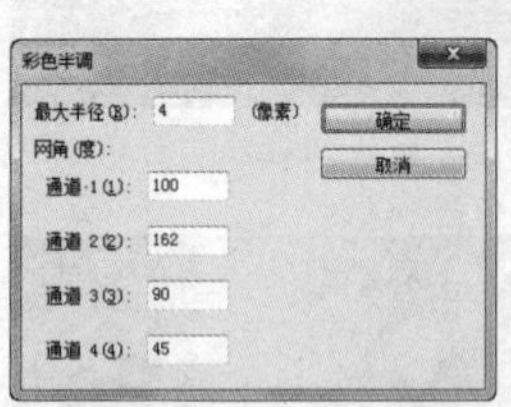


图13-7-209

图13-7-210

**最大半径**：设置像素点的大小。

**网角**：设置网点构成的直线与水平的夹角。

### ※ 点状化

“点状化”滤镜的工作原理是将图像中的颜色分解为随机分布的网点。打开素材图像，如图13-7-211所示；应用“点状化”滤镜，在其对话框中设置具体参数，如图13-7-212所示；得到的图像效果如图13-7-213所示。

图13-7-211

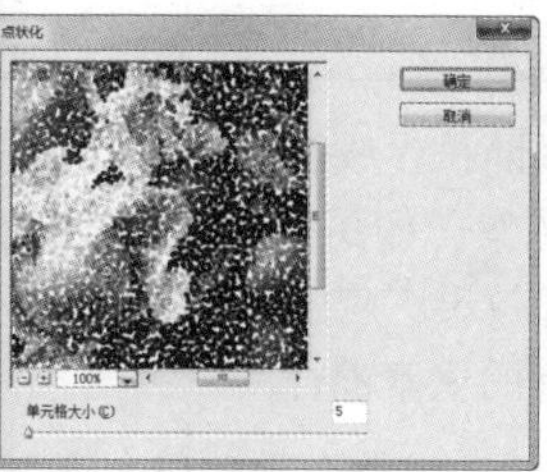
图13-7-212

图13-7-213

**单元格大小**：设置图像上的网点大小。单元格大小必须为3～300之间的整数。

## ※ 晶格化

“晶格化”滤镜使像素结块形成多边形纯色色块，使用该滤镜可以制作出层次感较强的效果。打开素材图像，如图13-7-214所示，应用“晶格化”滤镜，在其对话框中设置具体参数，如图13-7-215所示，得到的图像效果如图13-7-216所示。

图13-7-214

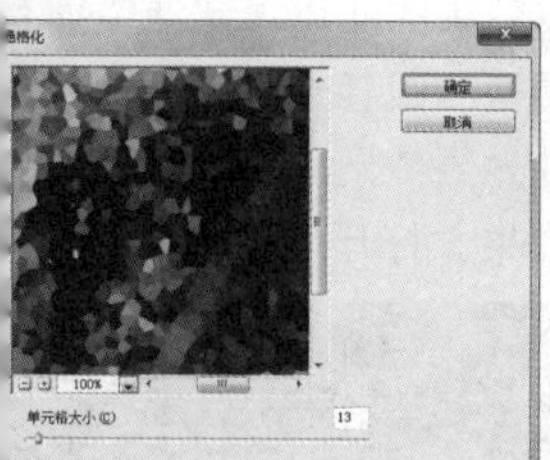
图13-7-215

图13-7-216

**单元格大小**：设置生成多边形的晶格大小。

## ※ 马赛克

“马赛克”滤镜可使像素结为方形块，调整对话框内参数大小可以控制图像中所显示的马赛克的单元格大小。打开素材图像，如图13-7-217所示，应用“马赛克”滤镜，在其对话框中设置具体参数，如图13-7-218所示，得到的图像效果如图13-7-219所示。

图13-7-217

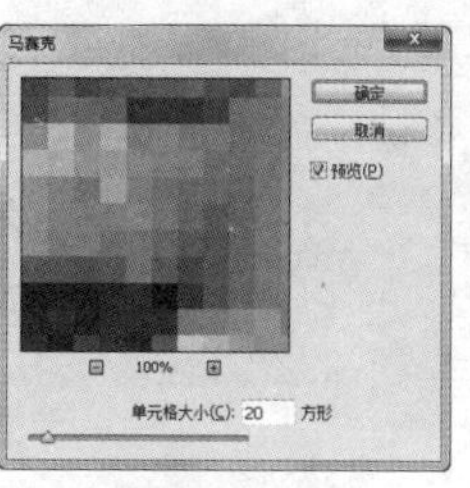

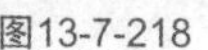

图13-7-218

图13-7-219

**单元格大小**：设置图像中马赛克单元格大小。

## ※ 碎片

“碎片”滤镜可以将选区中的图像的像素创建为四个副本，将它们平均分配，并使其相互偏移，形成一种不聚焦的图像效果。此滤镜没有对话框。打开素材图像，如图13-7-220所示；应用“碎片”滤镜，得到的图像效果如图13-7-221所示。

图13-7-220

图13-7-221

## ※ 铜版雕刻

“铜版雕刻”滤镜将图像转换为黑白区域的随机图案或彩色图像中完全饱和颜色的随机图案。应用此滤镜可以使图像看起来贴近铜版画风格。打开素材图像，如图13-7-222所示，应用“铜版雕刻”滤镜，在其对话框中设置具体参数，如图13-7-223所示。

图13-7-222

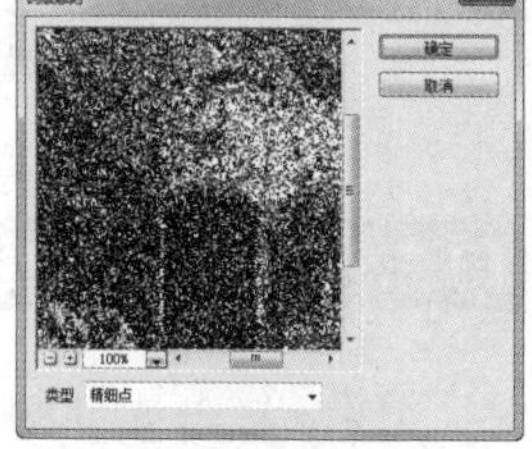
图13-7-223

**类型**：单击下拉菜单按钮，在其下拉列表中包括十种类型，如图13-7-224所示；图像效果如图13-7-225和图13-7-226所示。

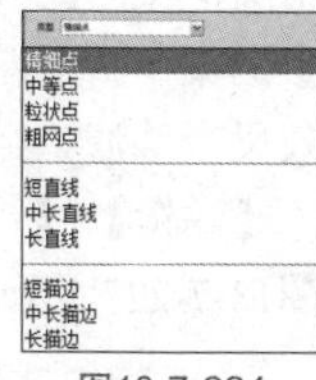

图13-7-224

图13-7-225

图13-7-226

## 13.7.9 渲染滤镜组

渲染滤镜组是Photoshop CS6滤镜中较为实用的一组滤镜。应用“渲染”滤镜可在图像中创建云彩图案、折射图案和模拟的光反射效果。该滤镜组包括五种纹理，执行【滤镜】/【渲染滤镜】命令，如图13-7-227所示。

图13-7-227

### ※ 分层云彩/云彩

“分层云彩”滤镜是使用随机生成的介于前景色与背景色之间的值，生成云彩图案。如图13-7-228所示为应用多次此滤镜后得到的图像效果。应用“分层云彩”滤镜，将会使云彩数据与现有的像素混合。

“云彩”滤镜是使用随机生成的介于前景色与背景色之间的随机值，生成柔和的云彩图案。执行【滤镜】/【渲染】/【云彩】命令，得到云彩效果，按快捷键Ctrl+Alt+F可生成层次更加分明的云彩效果，如图13-7-229所示。

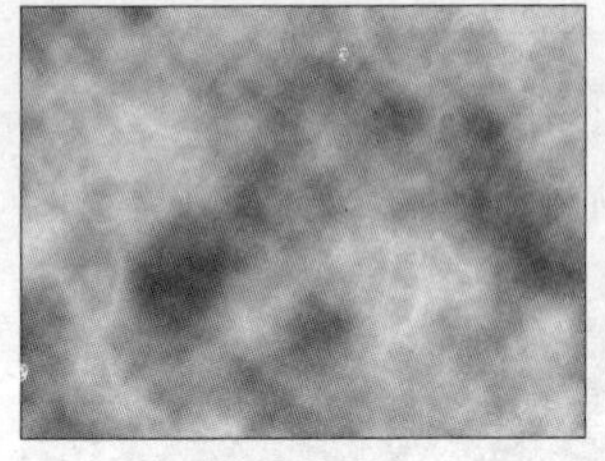

图13-7-228

图13-7-229

### ※ 光照效果

“光照效果”滤镜是一种应用不同的光源、光类型和光特性，改变图像的受光区域，使物体得到光照效果或通过光照得到特殊材质效果的滤镜。此滤镜拥有十七种光照样式、三种光照类型和四套光照属性，可以应用在RGB图像上产生无数种光照效果，还可以使用灰度文件的纹理产生类似3D的效果。打开素材图像，如图13-7-230所示，执行“滤镜>渲染>光照效果”命令，Photoshop界面效果如图13-7-231所示。

图13-7-230

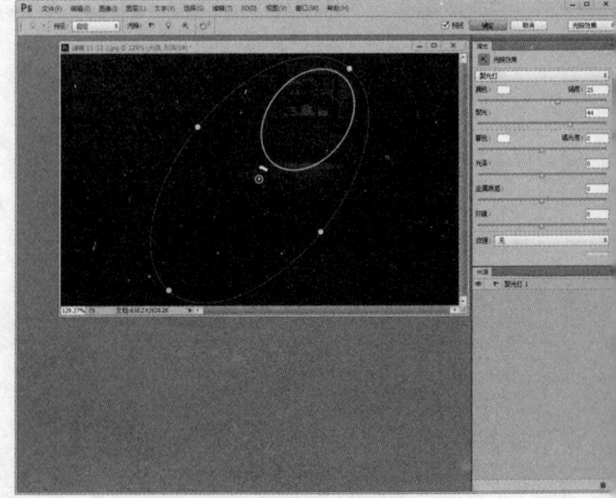

图13-7-231

**选项栏**：可以选项栏中添加、复位和删除灯光，如图13-7-232所示。

图13-7-232

灯光包括聚光灯、点光和无限光3种类型。单击其中任意一个按钮，即可在窗口中添加相应的光源。对灯光进行调整后，单击按钮，可以将灯光的参数和位置恢复到初始状态。在窗口右侧的“光源”面板中选择一个灯光，单击按钮，可将其删除，如图13-7-233所示。

图13-7-233

聚光灯是从远处照射光，光照角度不会发生变化，如图13-7-234所示。拖动光圈的中心点可以移动光源，如图13-7-235所示；拖动线段四周的圆点可以旋转光照角度和调整光照范围，如图13-7-236和图13-7-237所示。

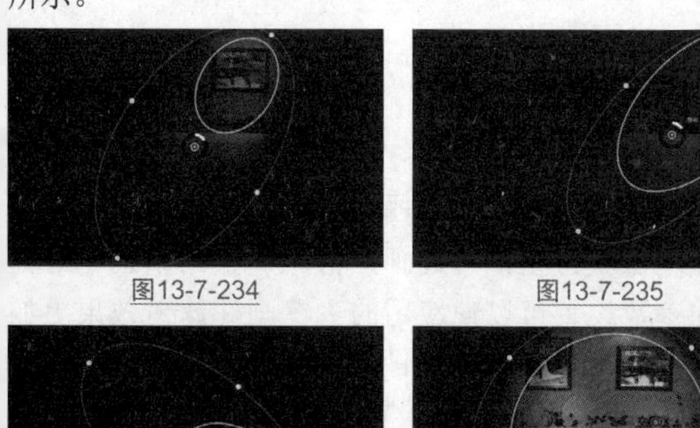

图13-7-234　图13-7-235

图13-7-236　图13-7-237

点光是光在图像的正上方向各个方向照射，如图13-7-238所示。按住鼠标拖动预览窗口中光圈的中心点可对光源位置进行调整，如图13-7-239所示；将光标放在绿色的边框线上，当线框变成黄色时，可以对光照范围进行调整，如图13-7-240所示。

图13-7-238

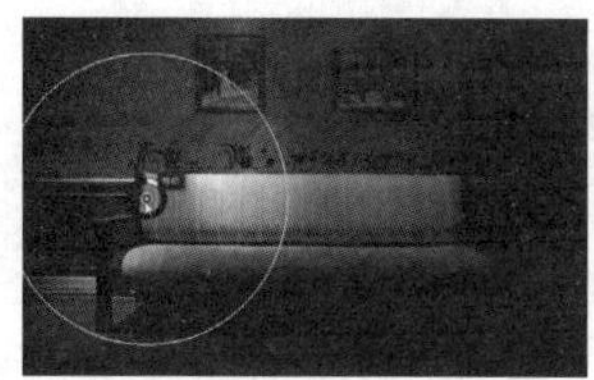

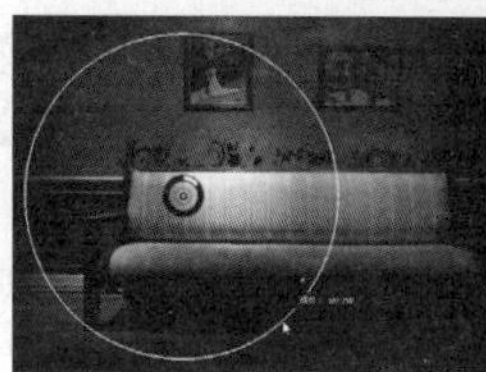

图13-7-239　图13-7-240

无限光是由远处投射的一束椭圆形的光，这样光照角度不会发生变化，就像太阳光一样，如图13-7-241所示。按住鼠标拖动控制手柄可以改变光源的角度，如图13-7-242所示。

图13-7-241　图13-7-242

**预设**：该下拉列表中包含多种不同类型的光照样式，用户可以在此基础上对选定的光照样式进行编辑调整，如图13-7-243所示。

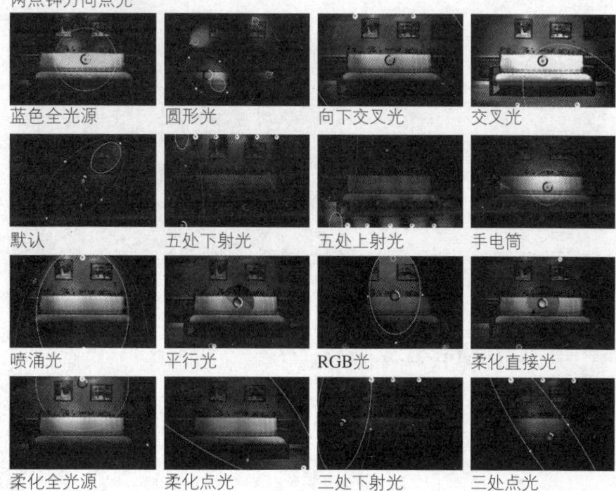


图13-7-243

**光照属性**：可以在打开的“类型”下拉列表中选择灯光类型。该选项与选项栏中的灯光按钮用途相同；

单击“颜色” 选项右侧的颜色块，可在打开的“拾色器”中调整灯光的颜色；“强度”用来调整灯光的强度，该值越高光线越强烈。“曝光度”值为正值时可增强光照，为负值时则减弱光照；“光泽” 用来设置灯光在图像表面的反射程度；“金属质感” 用来设置反射的光线是光源色彩还是图像本身的颜色，该值越高反射光越接近反射体本身的颜色，该值越低反射光越接近光源颜色；“着色” 用来设置环境光的颜色；“环境”用来调整环境光的强度，可以拖动“环境”选项中的滑块，“环境”值越高环境光越接近于颜色框中设定的颜色。

**纹理通道：**“光照效果”滤镜可以通过一个通道中的灰度图像来控制光从图像反射的方式，生成立体效果。

## ※ 镜头光晕

“镜头光晕”滤镜模拟亮光照射到相机镜头所产生的反光效果，常用于模拟太阳照射下的光晕效果。通过单击图像缩览图的任一位置或拖动其十字线，可以指定光晕中心的位置。打开素材图像，如图13-7-244所示，应用“镜头光晕”滤镜，在其对话框中设置具体参数，如图13-7-245所示，得到的图像效果如图13-7-246所示。

图13-7-244

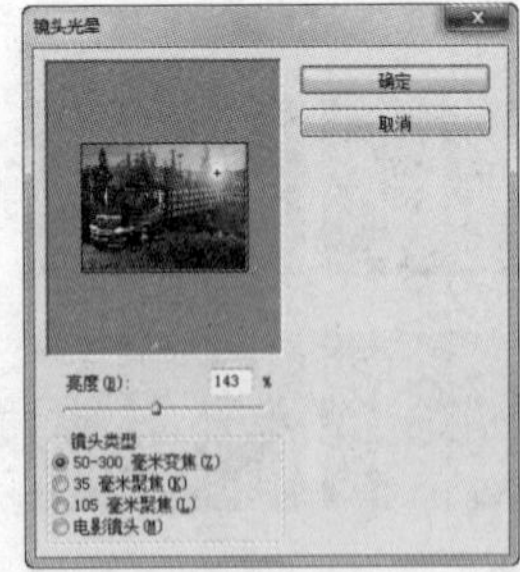
图13-7-245

图13-7-246

**Tips 提示**

“光照效果”滤镜和“镜头光晕”滤镜只能应用于RGB 模式的图像。

## ※ 纤维

“纤维”滤镜使用前景色和背景色创建编织纤维的外观。应用“纤维”滤镜时，现有图层上的图像数据将会被替换。该滤镜多应用于创建仿旧、树皮或自然现象等纹理效果。打开素材图像，如图13-7-247所示，应用“纤维”滤镜，在其对话框中设置具体参数，如图13-7-248所示，得到的图像效果如图13-7-249所示。

图13-7-247

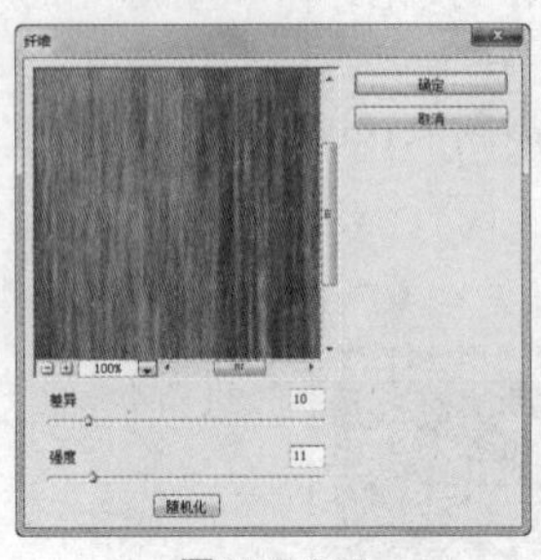
图13-7-248

图13-7-249

**差异：**设置颜色变化方式。设置偏低数值会产生较长的颜色条纹；而设置较高的数值则会产生条纹短小且颜色分布变化较大的纤维效果。

**强度：**设置每根纤维的外观。设置数值较低会产生较松散的条纹；设置数值偏高则会产生层次清晰的绳状纤维效果。

**随机：**设置随机产生图案。

# 13.7.10 艺术效果滤镜组

“艺术效果”滤镜多应用于模拟手绘效果或制作充满艺术气质的特殊效果图像。艺术效果滤镜组共包括15种滤镜，为了便于操作，用户可以直接通过打开“滤镜库”对其进行应用。

## ※ 壁画

“壁画”滤镜应用粗略涂抹的小块颜料重绘画面，使图像获得粗糙的绘画风格。调整“壁画”对话框中的参数设置可以使应用的“壁画”滤镜效果更加显著。打开素材图像，如图13-7-250所示，应用“壁画”滤镜，在其对话框中设置具体参数，如图13-7-251所示，得到的图像效果如图13-7-252所示。

图13-7-250

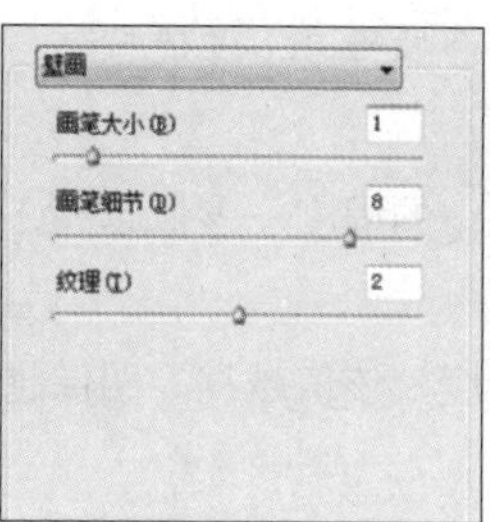


图13-7-251

图13-7-252

**画笔大小**：设置画笔的大小。

**画笔细节**：设置图像细节保留的程度。

**纹理**：设置添加的纹理的数量，该值越高，图像风格越粗犷。

## ※ 彩色铅笔

“彩色铅笔”滤镜用于模拟彩色铅笔的绘画风格，在纯色背景上按照特定的纹理绘制图像，使图像获得彩色铅笔的绘画效果。打开素材图像，如图13-7-253所示，应用“彩色铅笔”滤镜，在其对话框中设置具体参数，如图13-7-254所示，得到的图像效果如图13-7-255所示。

图13-7-253

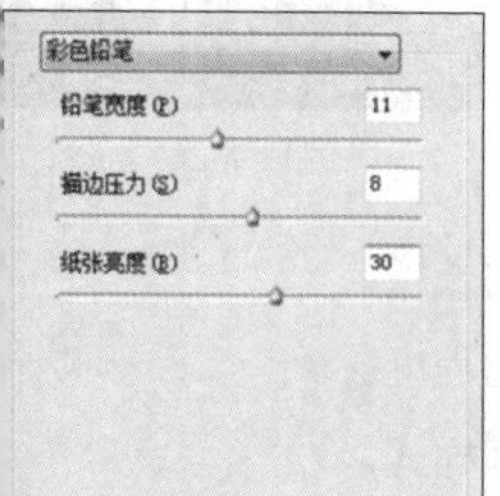


图13-7-254

图13-7-255

**铅笔宽度**：设置铅笔线条的宽度，该值越高，线条越粗。

**描边压力**：设置铅笔的压力效果。

**纸张亮度**：设置画纸的明暗程度，该值越高，画纸颜色越接近背景色。

## ※ 粗糙蜡笔

“粗糙蜡笔”滤镜模拟在带有纹理的纸张上使用蜡笔进行绘制的图像效果。打开素材图像，如图13-7-256所示，应用“粗糙蜡笔”滤镜，在其对话框中设置具体参数，如图13-7-257所示。

图13-7-256

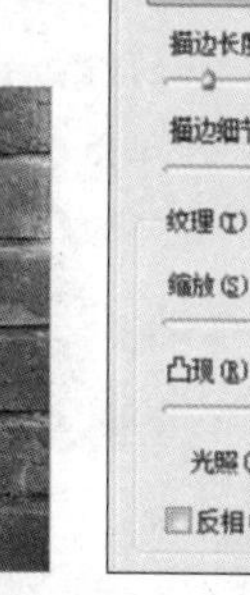


图13-7-257

**描边长度**：设置画笔线条的长度。

**描边细节**：设置勾画细节的程度。

## 实战 粗糙蜡笔的纹理设置

第 13 章 / 实战 / 粗糙蜡笔的纹理设置

设置图像效果的纹理样式。在其下拉列表中有4种纹理：砖形、粗麻布、画布和砂岩，图像效果如图13-7-258所示。也可以载入PSD格式的文件作为纹理文件。

图13-7-258

**缩放/凸现**：设置纹理的大小与凸起程度。

**光照**：设置光照的方向，在其下拉列表中可以选择光照方向。

**反相**：勾选此选项可反转光照方向。

## ※ 底纹效果

“底纹效果”滤镜通过选择不同的纹理材质，使图像产生一种在带有纹理的纸张上绘画的效果。调整“底纹效果”对话框可以加深或减弱底纹效果对画面的影响。打开素材图像，如图13-7-259所示，应用“底纹效果”滤镜，在其对话框中设置具体参数，如图13-7-260所示，得到的图像效果如图13-7-261所示。

图13-7-259

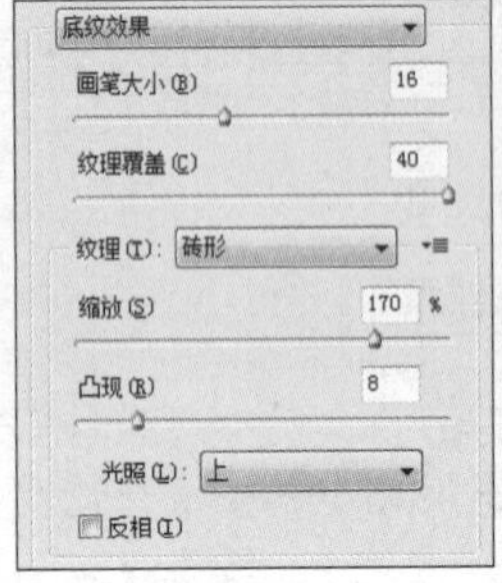


图13-7-260

图13-7-261

**画笔大小**：设置产生底纹的画笔大小，该值越高，效果越强烈。

**纹理覆盖**：设置纹理应用的范围。

**Tips 提示**

执行【滤镜】/【艺术效果】/【底纹效果】命令，在弹出“底纹效果”的对话框中，单击右侧的扩展按钮，弹出“载入纹理”对话框，可以载入其他 PSD 格式的纹理并应用。

## ※ 调色刀

“调色刀”滤镜可以减少图像中的色彩细节，使整个画面的细节部分以大的色彩块替代，形成独特的艺术绘画效果。打开素材图像，如图13-7-262所示，应用“调色刀”滤镜，在其对话框中设置具体参数，如图13-7-263所示，得到的图像效果如图13-7-264所示。

图13-7-262

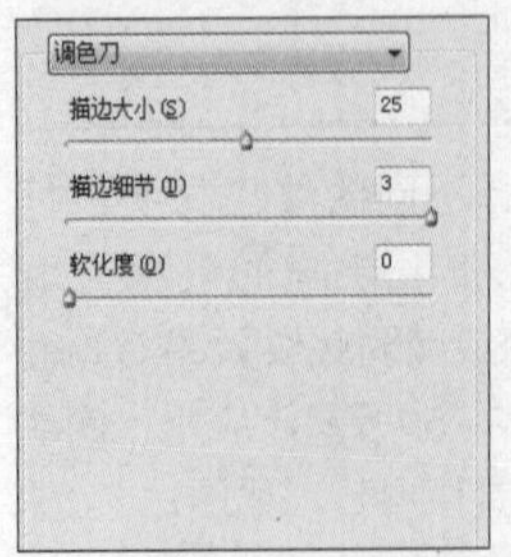


图13-7-263

图13-7-264

**描边大小**：设置图像颜色混合的程度，该值越高，图像越模糊。

**描边细节**：设置图像细节保留的程度，该值越高，图像边缘越明确。

**软化度**：设置图像柔化的程度，该值越高，图像越模糊。

## ※ 干画笔

“干画笔”滤镜采用干笔技术绘制图像边缘，通过减少图像的颜色来简化图像细节，使画面产生类似干笔画的效果。打开素材图像，如图13-7-265所示，应用“干画笔”滤镜，在其对话框中设置具体参数，如图13-7-266所示，得到的图像效果如图13-7-267所示。

图13-7-265

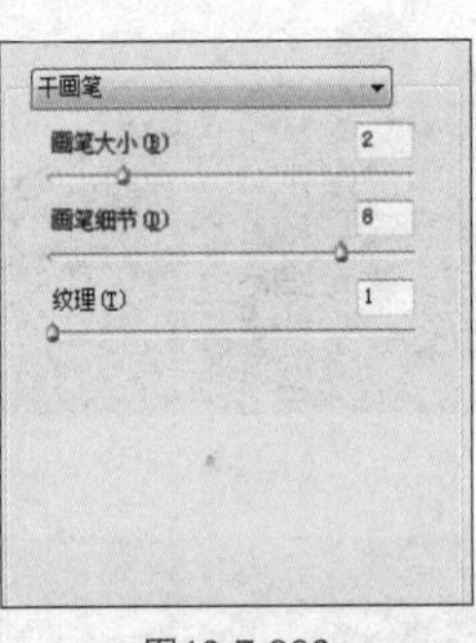


图13-7-266

图13-7-267

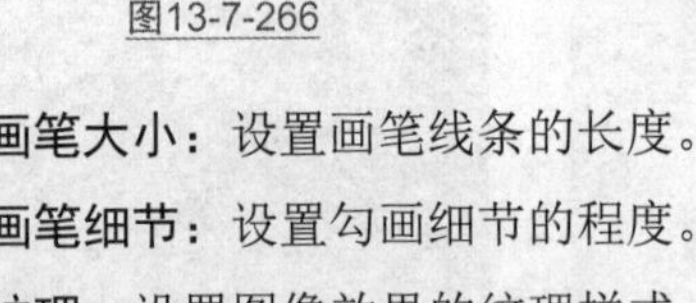

**画笔大小**：设置画笔线条的长度。

**画笔细节**：设置勾画细节的程度。

**纹理**：设置图像效果的纹理样式。

**Tips 提示**

使用“艺术效果”滤镜时，“调色刀”、“干笔画”和“木刻”等滤镜可以起到简化图像色彩的效果，使画面中相近的颜色用一种折中的色彩进行替代，因此在实例应用当中需要清楚图像是否允许被简化。

## ※ 海报边缘

“海报边缘”滤镜对图像进行色调分离，使用黑色线条描绘图像边缘，创建一种超现实主义的图像效果。打开素材图像，如图13-7-268所示，应用“海报边缘”滤镜，在其对话框中设置具体参数，如图13-7-269所示，得到的图像效果如图13-7-270所示。

图13-7-268

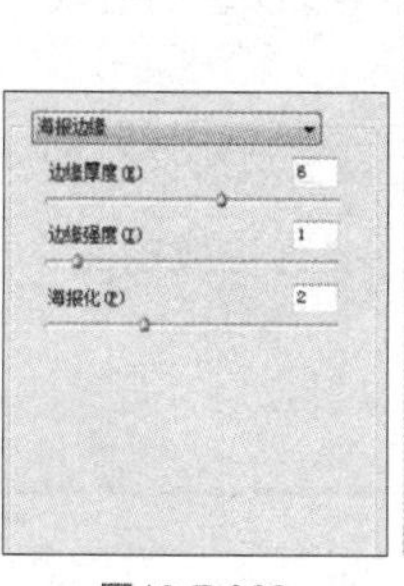

图13-7-269

图13-7-270

**边缘厚度**：设置图像边缘的粗细，该值越高，轮廓越宽。

**边缘强度**：设置图像边缘的强化程度。

**海报化**：设置颜色的浓度。

## ※ 海绵

“海绵”滤镜是对图像中颜色对比强烈、纹理较重的区域创建图像，以模拟使用海绵在画纸上绘画的效果。打开素材图像，如图13-7-271所示，应用“海绵”滤镜，在其对话框中设置具体参数，如图13-7-272所示，得到的图像效果如图13-7-273所示。

图13-7-271

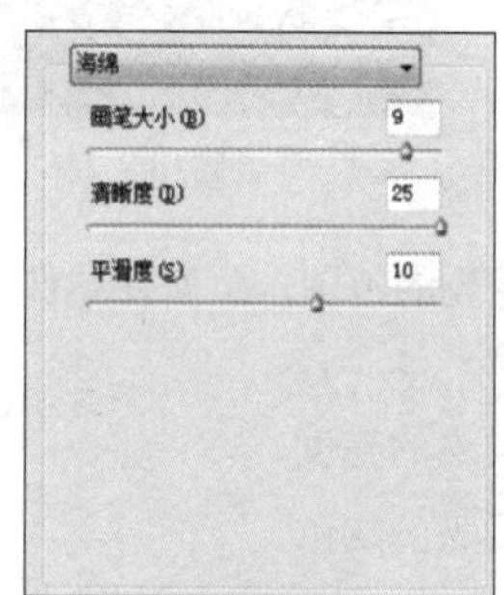

图13-7-272

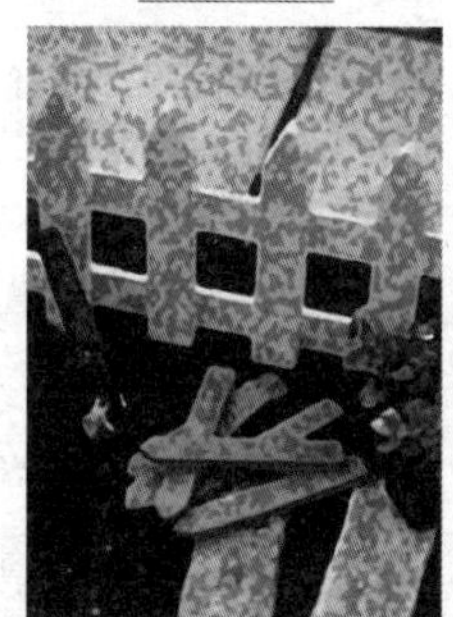
图13-7-273

**画笔大小**：设置模拟海绵的画笔的大小。

**清晰度**：设置海绵纹理的大小，该值越高，海绵文理越清晰。

**平滑度**：设置图像边缘的平滑度，该值越高，图像越柔和。

**Tips 提示**

将“艺术效果”滤镜进行多种滤镜效果的叠加应用，往往比单一地添加一种滤镜所得到的效果要好，适当地调整滤镜效果图层的顺序也会得到不同的图像效果。

## ※ 绘画涂抹

“绘画涂抹”滤镜可以通过调整对话框中的“画笔类型”选项，使图像产生独特的边缘清晰的绘画效果。打开素材图像，如图13-7-274所示，应用“绘画涂抹”滤镜，在其对话框中设置具体参数，如图13-7-275所示。

图13-7-274

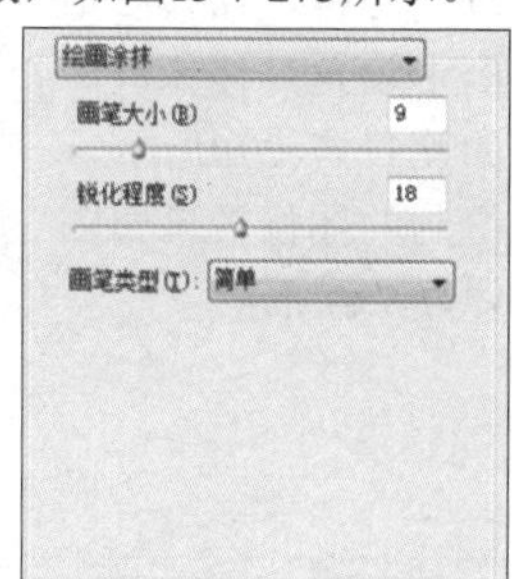

图13-7-275

**画笔大小**：设置使用画笔尺寸的大小。

**锐化程度**：设置图像锐化的程度，该值越大，锐化程度越明显。

## 实战 绘画涂抹的画笔类型

第 13 章 / 实战 / 绘画涂抹的画笔类型

设置画笔的类型，在其下拉列表中有 6 种类型：简单、未处理光照、暗光、宽锐化、宽模糊和火花，选择不同的类型产生的效果也各不相同，如图 13-7-276 和图 13-7-277 所示。

图13-7-276

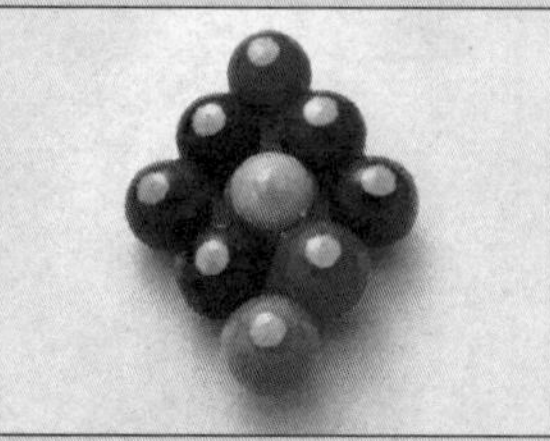

图13-7-277

## ※ 胶片颗粒

“胶片颗粒”滤镜对图像添加颗粒效果，调整对话框中的参数设置可以对散布在画面中的颗粒效果进行控制。打开素材图像，如图13-7-278所示，应用“胶片颗粒”滤镜，在其对话框中设置具体参数，如图13-7-279所示，得到的图像效果如图13-7-280所示。

图13-7-278

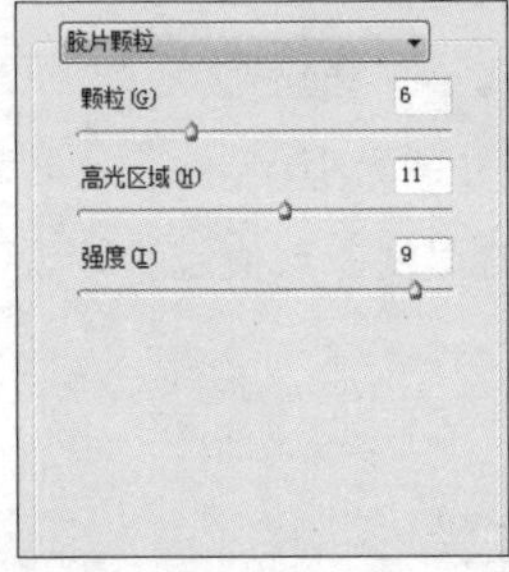

图13-7-279

图13-7-280

**颗粒**：设置添加颗粒的大小，数值越大，添加的颗粒越多，图像效果越明显。

**高光区域**：设置图像中高光区域的范围。

**强度**：设置图像的明暗程度。

## ※ 木刻

“木刻”滤镜可减少图像中的色彩细节，将画面中相近的颜色用一种颜色进行替代。打开素材图像，如图13-7-281所示，应用“木刻”滤镜，在其对话框中设置具体参数，如图13-7-282所示，得到的图像效果如图13-7-283所示。

图13-7-281

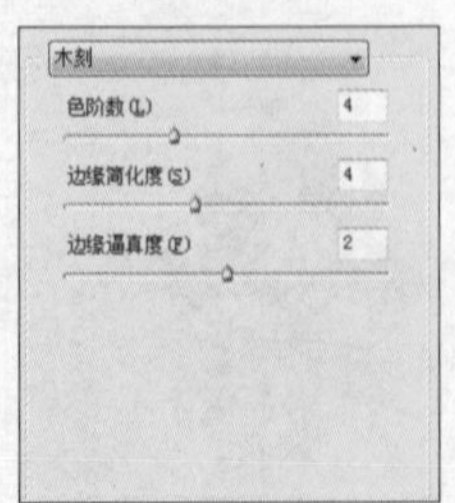

图13-7-282

图13-7-283

**色阶数**：设置图像颜色的层次，数值越大，颜色越丰富。

**边缘简化度**：设置边缘简化的程度。

**边缘逼真度**：设置生成的新图像效果与原图像的相似程度。

## ※ 霓虹灯光

“霓虹灯光”滤镜将各种类型的灯光添加到图像中的对象上，模拟霓虹灯的光照效果。该滤镜可用在柔化图像外观时给图像着色。要改变其发光颜色，可以单击发光框，从“拾色器”对话框中选择一种颜色。打开素材图像如图13-7-284所示，应用“霓虹灯光”滤镜，在其对话框中设置具体参数如图13-7-285所示，得到的图像效果如图13-7-286所示。

图13-7-284

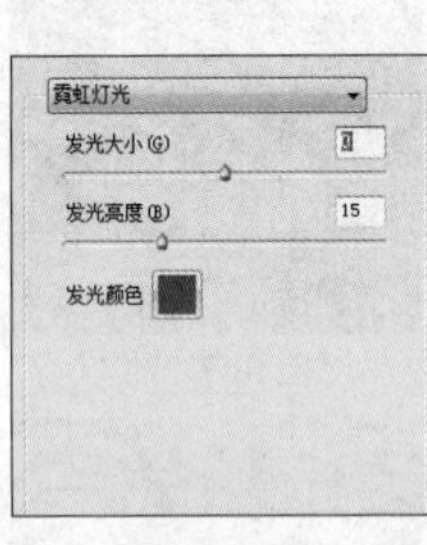

图13-7-285

图13-7-286

**发光大小**：设置发光的范围，负值使图像变暗，正值使图像变亮。

**发光亮度**：设置发光的亮度。

**发光颜色**：设置发光的颜色。

## ※ 水彩

“水彩”滤镜模拟水彩的风格绘制图像，使用特殊的画笔笔触进行绘制以简化细节。当图像边缘有显著的色调变化时，此滤镜会使颜色饱满。打开素材图像，如图13-7-287所示，应用“水彩”滤镜，在其对话框中设置具体参数，如图13-7-288所示，得到的图像效果如图13-7-289所示。

图13-7-287

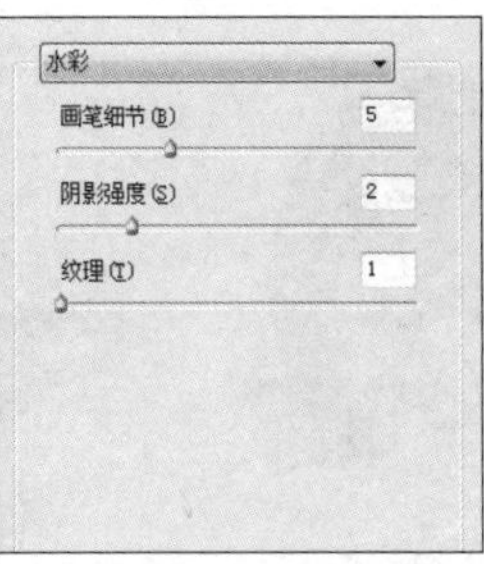

图13-7-288　　图13-7-289

**画笔细节**：设置图像效果的细腻的程度。

**阴影强度**：设置图像中阴影区域的强度。

**纹理**：设置图像边缘纹理的强度，该值越高，纹理越清晰。

## ※ 塑料包装

"塑料包装"滤镜类似给图像涂上一层光亮的塑料膜，以强调表面突出的细节部分。打开素材图像，如图13-7-290所示，应用"塑料包装"滤镜，在其对话框中设置具体参数，如图13-7-291所示，得到的图像效果如图13-7-292所示。

图13-7-290

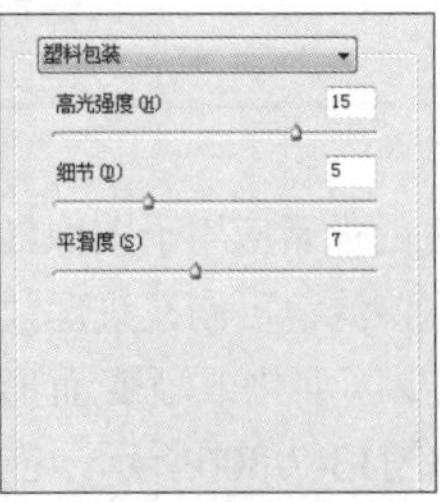

图13-7-291　　图13-7-292

**高光强度**：设置高光反光区的亮度。

**细节**：设置图像保留细节的程度。

**平滑度**：设置发光塑料的柔和度。

## ※ 涂抹棒

"涂抹棒"滤镜使用短的对角描边涂抹暗区以柔化图像。执行该滤镜后亮区变得更亮，以致会失去图像细节。打开素材图像，如图13-7-293所示，应用"涂抹棒"滤镜，在其对话框中设置具体参数，如图13-7-294所示，得到的图像效果如图13-7-295所示。

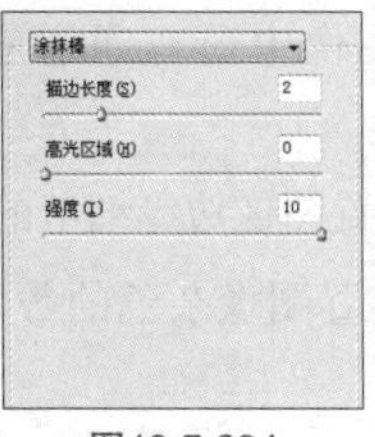
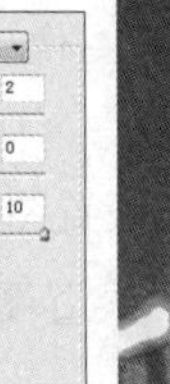

图13-7-293　　图13-7-294　　图13-7-295

## 13.7.11　杂色滤镜组

"杂色"滤镜在众多滤镜中应用较为广泛，该滤镜可添加或移去带有随机分布色阶的像素，有助于将选区混合到周围的像素中。"杂色"滤镜可创建与众不同的纹理和移去有问题的区域。执行【滤镜】/【杂色】命令，如图13-7-296所示。

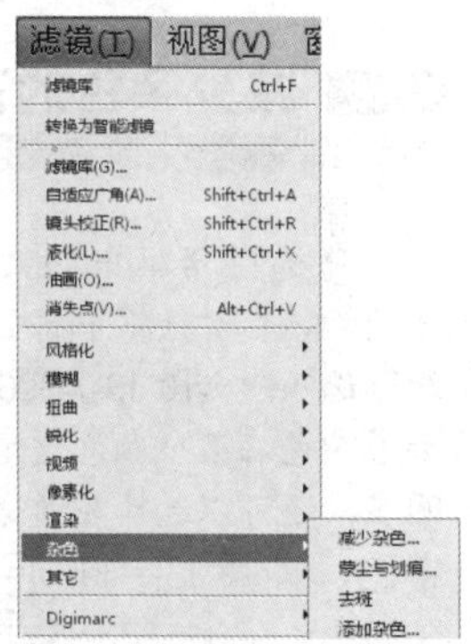

图13-7-296

## ※ 减少杂色

"减少杂色"滤镜为整个图像或通道保留边缘的同时减少杂色，该滤镜可以控制图像的杂色数量，并尽量保证图像细节。打开素材图像，如图13-7-297所示，应用"减少杂色"滤镜，在其对话框中设置具体参数，如图13-7-298所示，得到的图像效果如图13-7-299所示。

图13-7-297

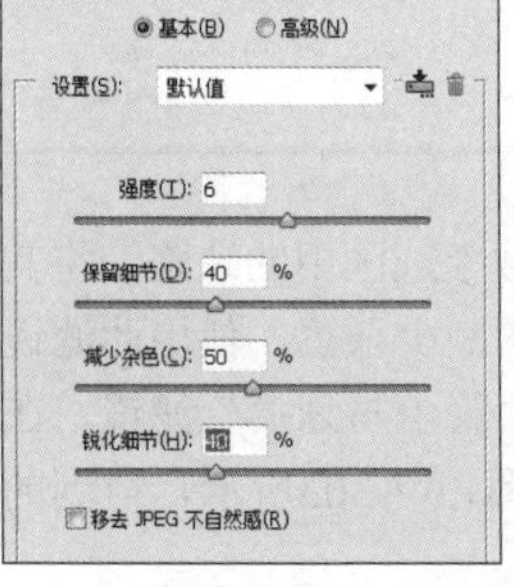

图13-7-298　　图13-7-299

**设置**：如图保存了预设参数，可在其下拉列表中选择。

**强度**：设置图像中所有通道应用的亮度杂色减少量。

**保留细节**：设置图像边缘细节的保留程度。

**减少杂色**：设置图像杂色的数量，该值越高，减少的杂色越多。

**锐化细节**：设置图像的锐化程度。

**移去JPEG不自然感**：勾选该选项可以移除由于使用低JPEG品质导致的斑驳的图像伪像和光晕。

## 实战 减少杂色的高级选项

第 13 章 / 实战 / 减少杂色的高级选项

勾选对话框中的“高级”选项后，在对话框中将显示“高级”选项，如图 13-7-300 所示，如果杂色在某个颜色通道中较为明显，还可以选择在通道中清除杂色，如图 13-7-301 和图 13-7-302 所示。

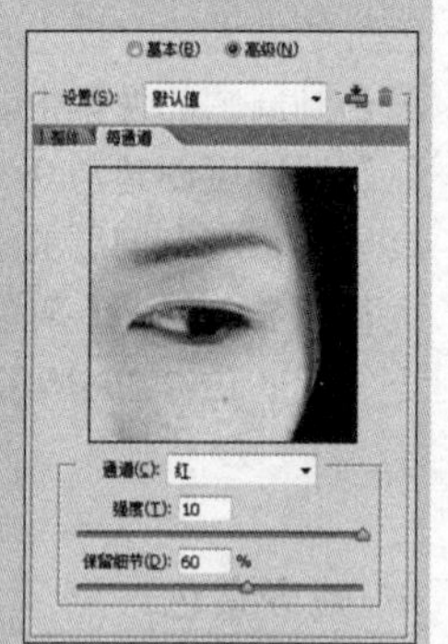

图13-7-300

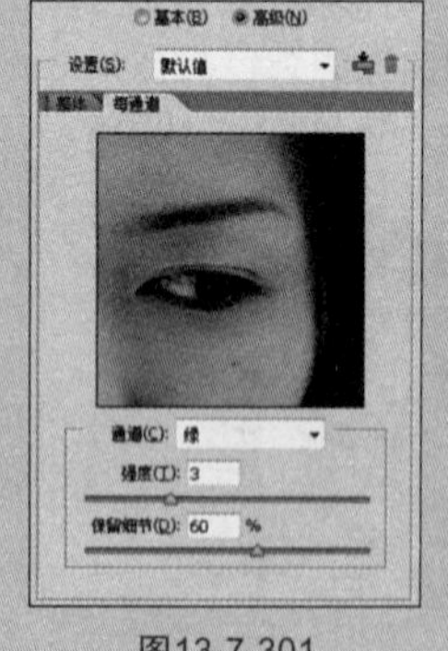

图13-7-301

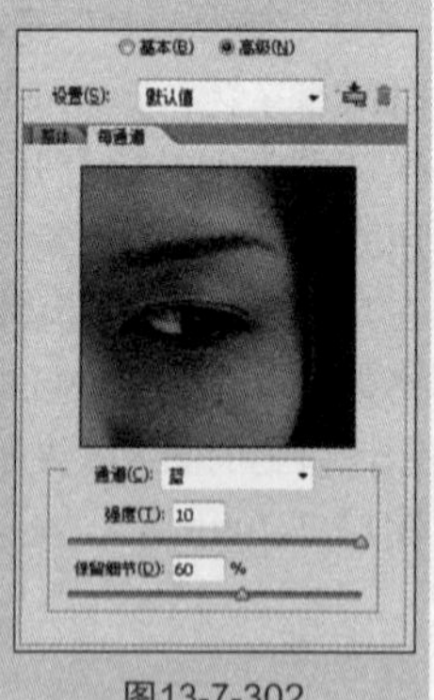

图13-7-302

## ※ 蒙尘与划痕

“蒙尘与划痕”滤镜通过搜索选区中的缺陷，将其混合在图像中，更改相异的像素减少杂色。使用此滤镜可能会影响图片的质量。应用“蒙尘与划痕”滤镜，在其对话框中设置具体参数，如图13-7-303所示，得到的图像效果如图13-7-304所示。

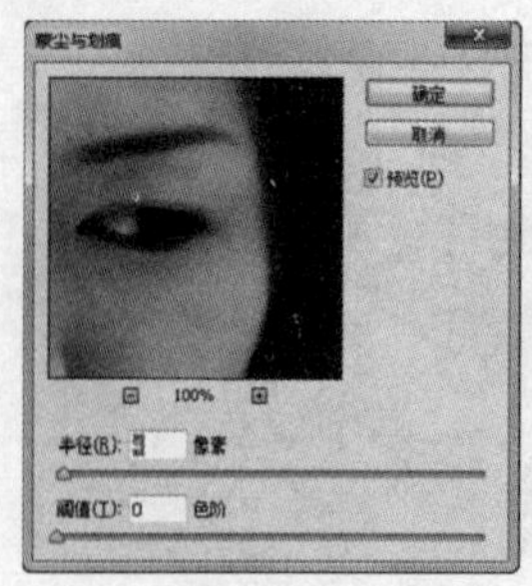

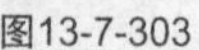

图13-7-303

图13-7-304

**半径**：设置图像中每个调整区域的大小，该数值越大，画面越模糊。

**阈值**：设置图像中像素的差异值多大才被视为杂色，该值越高效果就越弱。

## ※ 去斑

“去斑”滤镜通过检测图像的边缘以寻找发生显著颜色变化的区域，并对图像边缘外所有的选区进行模糊。使用该滤镜会移去杂色，保持图像细节，图像效果如图13-7-305所示。

图13-7-305

## ※ 添加杂色

“添加杂色”滤镜是将随机产生的像素应用于图像，模拟在高速胶片上拍摄的效果。使用该滤镜可创建纹理效果、增加修改过图片的真实感和减少因羽化或渐变而形成的颜色间断。打开素材图像，如图13-7-306所示，应用“添加杂色”滤镜，在其对话框中设置具体参数，如图13-7-307所示，得到的图像效果如图13-7-308所示。

**数量**：设置杂色的数量。

**分布**：选项中包括“平均分布”和“高斯分布”。“平均分布”使用随机数值分布杂色的颜色值以获得细微效果；“高斯分布”沿一条钟形曲线分布杂色的颜色值以获得斑点状的效果。

**单色**：勾选此选项，滤镜只应用于图像中的色调元素，而不改变图像颜色。

图13-7-306

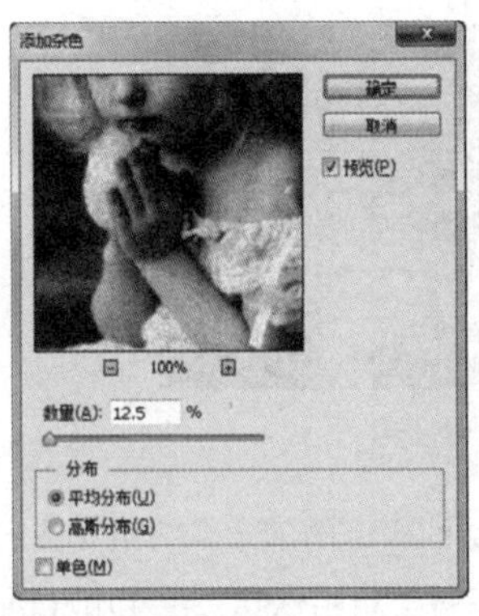

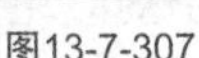

图13-7-307

图13-7-308

**Tips 提示**

在实例制作中，“添加杂色”滤镜应用得较为广泛，例如为美化后的人物皮肤增添杂色效果以获得真实感，或为人物唇部添加杂色，制作珠光炫彩效果等。

## ※ 中间值

“中间值”滤镜可以通过混合选区中像素的亮度减少图像的杂色，平衡图像的中间色调。该滤镜的主要工作原理为搜索像素选区的半径范围以查找亮度相近的像素，扔掉与相邻像素差异太大的像素，并用搜索到的像素的中间亮度值替换中心像素。应用“中间值”滤镜，在其对话框中设置具体参数，如图13-7-309所示，得到的图像效果如图13-7-310所示。

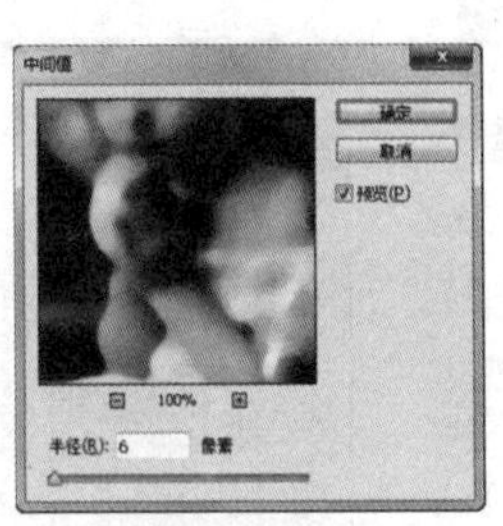

图13-7-309

图13-7-310

**半径**：设置中间值的平滑距离。

训练营 第13章 / 训练营 /02 给夜景添加星光效果

## 02 给夜景添加星光效果

▲ 使用滤镜制作星光背景
▲ 添加图层蒙版将背景融合于星光
▲ 添加调整图层完成效果

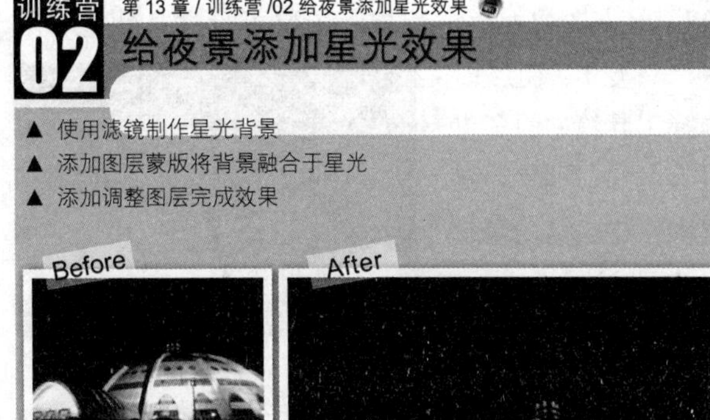


01 执行【文件】/【打开】命令，弹出“打开”对话框，选择需要的素材图像，单击“确定”按钮，打开素材图像，如图13-7-311所示。

图13-7-311

02 单击图层面板上的创建新图层按钮，新建“图层1”图层，将前景色设置为黑色，按快捷键Alt+Delete，填充前景色。执行【滤镜】/【杂色】/【添加杂色】命令，弹出“添加杂色”对话框，具体设置如图13-7-312所示，设置完毕后单击“确定”按钮，得到的图像效果如图13-7-313所示。

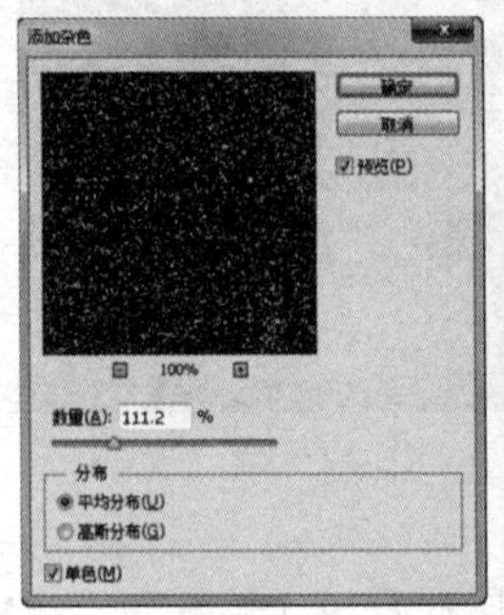

图13-7-312

图13-7-313

03 单击图层面板上的指示图层可见性按钮，隐藏“图层1”图层；选择工具箱中的多边形套索工具，创建天空的选区，如图13-7-314所示。

图13-7-314

04 单击图层面板上的添加图层蒙版按钮，为“图层1”添加图层蒙版，并显示“图层1”图层，得到的图像效果如图13-7-315所示，“图层”面板状态如图13-7-316所示。

图13-7-315

图13-7-316

05 按Ctrl键，调出蒙版选区，如图13-7-317所示；单击图层面板上的创建新的填充或调整图层按钮，在弹出的下拉菜单中选择“色阶”选项，在调整面板上设置具体参数，如图13-7-318所示；得到的图像效果如图13-7-319所示。

图13-7-317

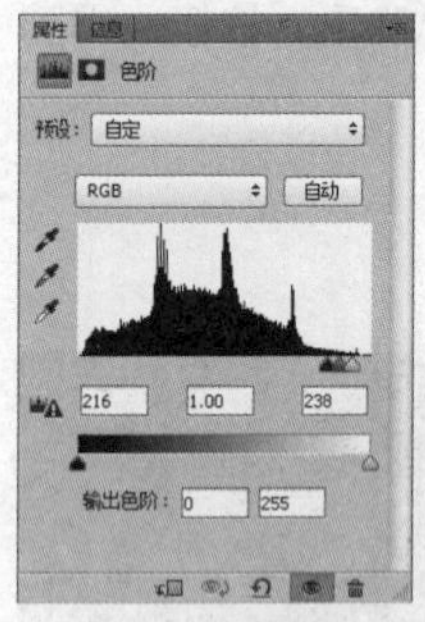
图13-7-318

图13-7-319

06 选择“图层1”，将其图层混合模式设置为“滤色”，不透明度设置为95%，得到的图像效果如图13-7-320所示。

图13-7-320

07 保持选区，单击图层面板上的创建新的填充或调整图层按钮，在弹出的下拉菜单中选择“色相/饱和度”选项，在调整面板上设置具体参数，如图13-7-321所示，得到的图像效果如图13-7-322所示。

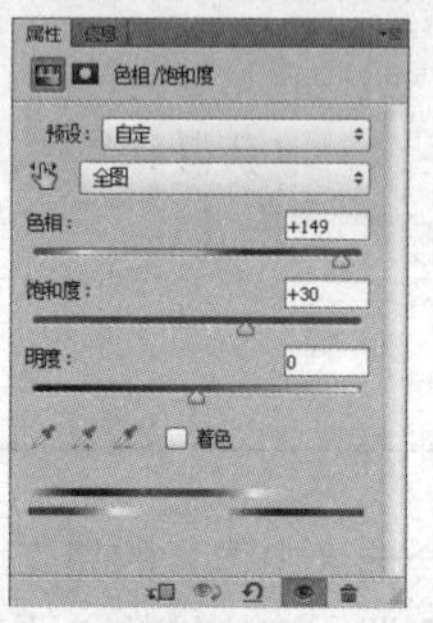
图13-7-321

图13-7-322

**Tips 提示**

添加“色相/饱和度”调整图层，是为了让添加的星空看上去更自然，更贴合背景图像。

## 13.7.12 其他滤镜组

“其它”滤镜是滤镜菜单中最后一个滤镜组，在分类中，某些滤镜的功能较为特殊，因此被统一归放在其他滤镜组中。其他滤镜组包括五种滤镜。执行【滤镜】/【其它】命令，如图13-7-323所示。

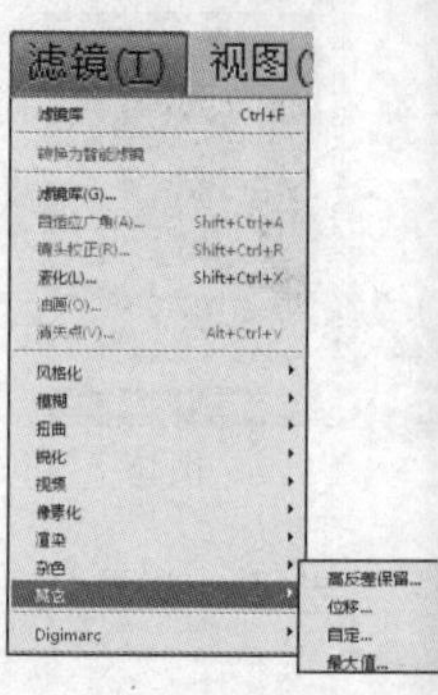
图13-7-323

### ※ 高反差保留

“高反差保留”滤镜通过制定的半径，在发生强烈颜色转变的区域保留边缘细节，并忽略图像的其余部分，当半径值为0时，图像变为灰色。实例应用中“高反差保留”滤镜多用于提取图像边缘线稿或模拟浮雕效果。打开素材图像，如图13-7-324所示，应用“高反差保留”滤镜，在其对话框中设置具体参数，如图13-7-325所示，得到的图像效果如图13-7-326所示。

图13-7-324

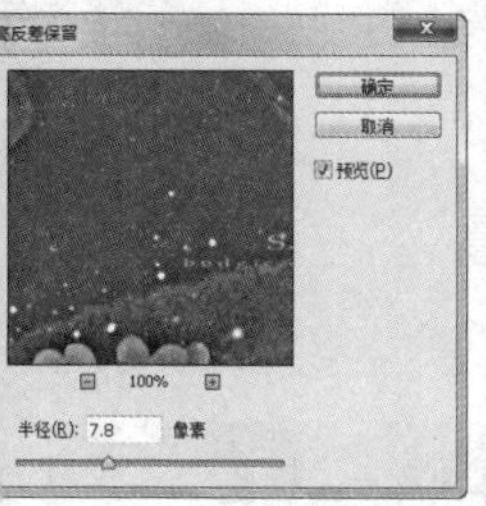
图13-7-325

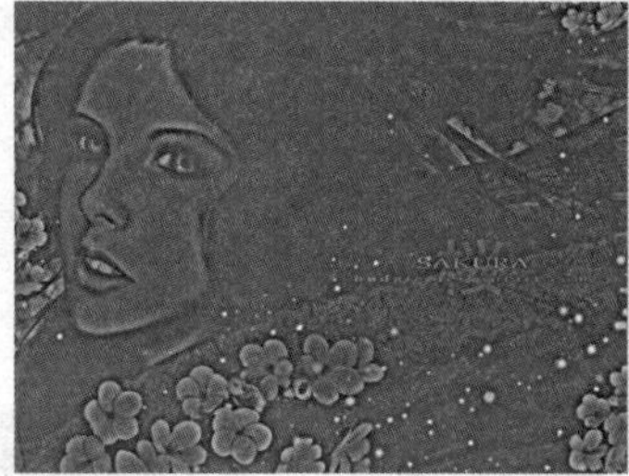
图13-7-326

**半径**：设置图像被保留的边缘大小。

**Tips 提示**

“照亮边缘”、“等高线”、“特殊模糊”和“高反差保留”4个滤镜都可以使图像获得线描效果，其中“高反差保留”滤镜能够保留反差最大的区域，使图像得到更加清晰的线描效果。

## ※ 位移

“位移”滤镜使选区按照设定的数值进行水平或垂直的移动变化。打开素材图像，如图13-7-327所示，应用“位移”滤镜，在其对话框中设置具体参数，如图13-7-328所示，得到的图像效果如图13-7-329所示。

图13-7-327

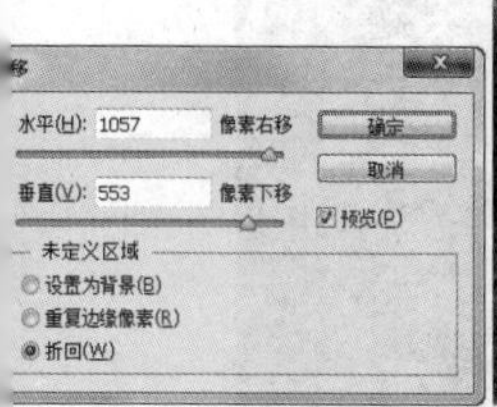
图13-7-328

图13-7-329

**水平**：设置图像水平移动的位置。正值向右偏移，左侧留下空缺；负值向左偏移，如图13-7-330所示，右侧留出空缺，如图13-7-331所示。

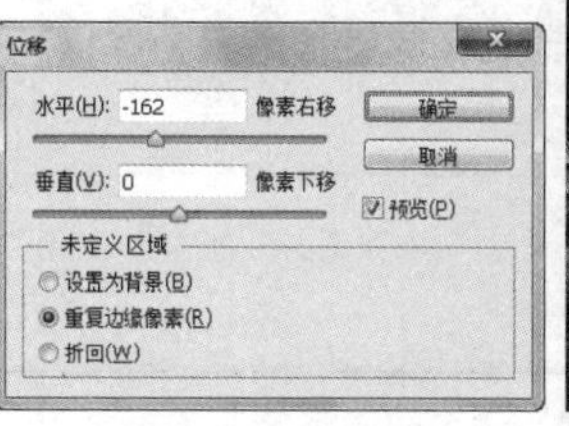
图13-7-330

图13-7-331

**垂直**：设置图像垂直移动的位置。负值向上偏移，下侧方留下空缺；正值向下偏移，如图13-7-332所示，上方留出空缺，如图13-7-333所示。

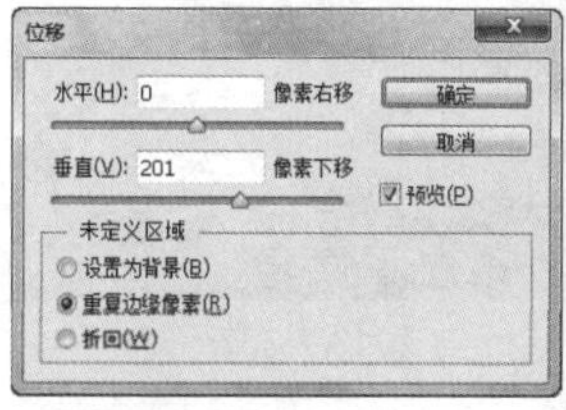
图13-7-332

图13-7-333

**未定义区域**：设置图像偏移后空缺部分的填充方式。

## ※ 自定

“自定”滤镜运用预定的数学运算改变图像中每个像素的亮度值，创建自定义的滤镜效果，当输入正值时图像变亮；输入负值时图像变暗。打开素材图像，如图13-7-334所示，应用“自定”滤镜，在其对话框中设置具体参数，如图13-7-335所示，得到的图像效果如图13-7-336所示。

图13-7-334

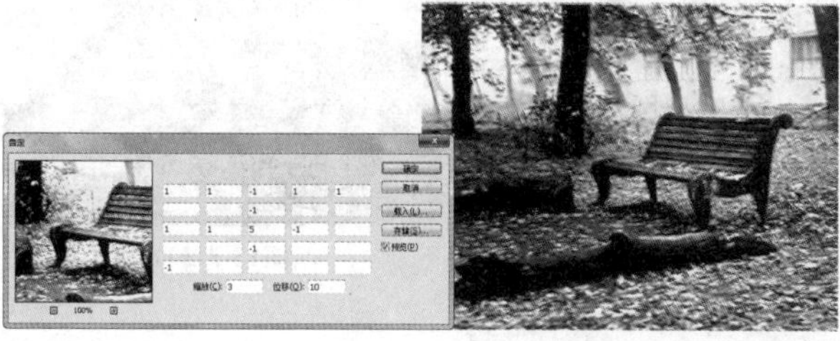
图13-7-335

图13-7-336

**Tips 提示**

执行【自定】命令，弹出“自定”对话框，用户可以根据需要在参数设置区进行设置，创建特殊的滤镜效果。单击“存储”按钮，可将自定义滤镜作为模板存储，方便再次应用。

### ※ 最大值/最小值

“最大值”滤镜用于扩大亮区范围，缩小暗区。在指定的半径内，“最大值”滤镜应用周围最大亮度值替换当前像素的亮度值。打开素材图像，如图13-7-337所示，应用“最大值”滤镜，在其对话框中设置具体参数，如图13-7-338所示，得到的图像效果如图13-7-339所示。

图13-7-337

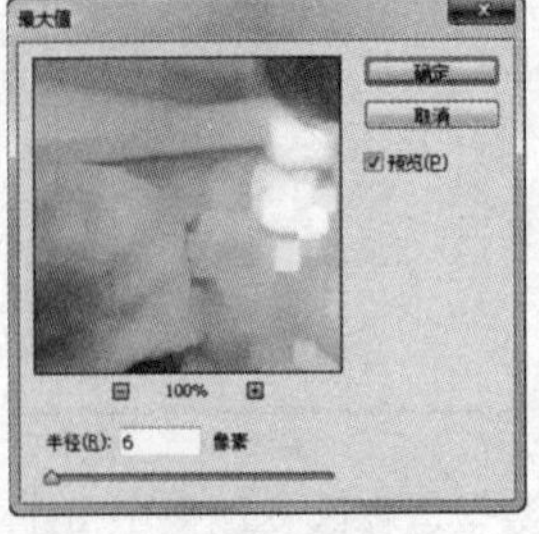


图13-7-338

图13-7-339

“最小值”滤镜用于扩大暗部范围，缩小亮区。在指定的半径内，“最小值”滤镜应用周围最小亮度值替换当前像素的亮度值。应用“最小值”滤镜，在其对话框中设置具体参数，如图13-7-340所示，得到的图像效果如图13-7-341所示。

图13-7-340

图13-7-341

**半径**：滤镜分析像素之间颜色过渡情况的区域半径。

**Tips 提示**

“最大值”滤镜和“最小值”滤镜常用来修改蒙版，“最大值”滤镜用于收缩蒙版，“最小值”滤镜用于扩展蒙版。

训练营 第13章/训练营/03 制作照片褶皱特效

## 03 制作照片褶皱特效

▲ 使用通道创建选区
▲ 在通道中使用滤镜命令制作纹理
▲ 使用涂抹工具制作效果

**01** 执行【文件】/【新建】命令（Ctrl+N），弹出“新建”对话框，具体设置如图13-7-342所示，设置完毕后单击“确定”按钮新建文档。

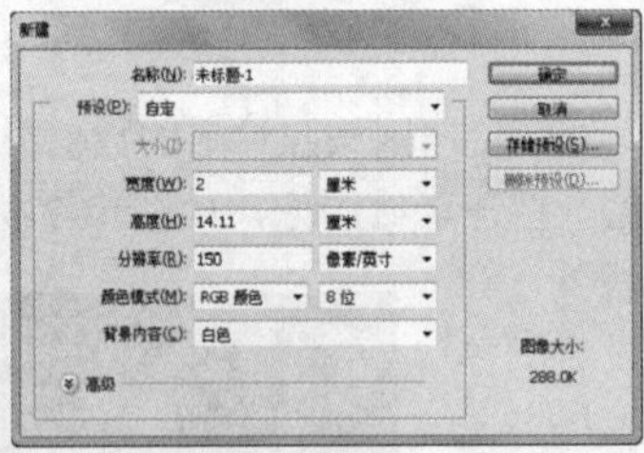


图13-7-342

**02** 将前景色设置为黑色，背景色设置为白色。执行【滤镜】/【渲染】/【云彩】命令，得到的图像效果如图13-7-343所示。

图13-7-343

03 执行【滤镜】/【渲染】/【分层云彩】命令，重复多次后，得到的图像效果如图13-7-344所示。

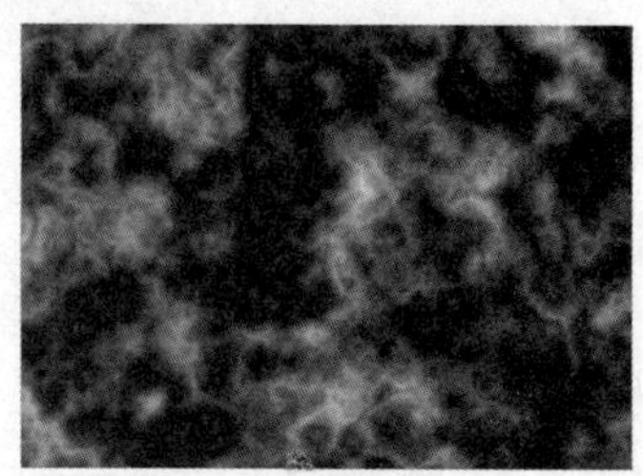

图13-7-344

04 执行【滤镜】/【风格化】/【浮雕效果】命令，弹出“浮雕效果”对话框，在对话框中设置具体参数，如图13-7-345所示，得到的图像效果如图13-7-346所示。

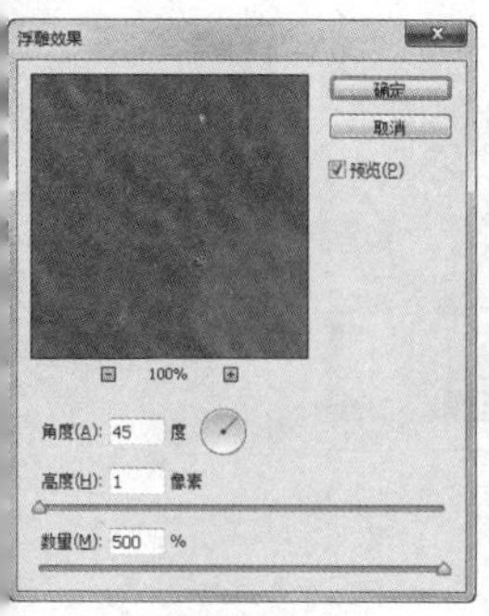


图13-7-345

图13-7-346

05 执行【滤镜】/【模糊】/【高斯模糊】命令，弹出“高斯模糊”对话框，在对话框中设置具体参数，如图13-7-347所示，得到的图像效果如图13-7-348所示。

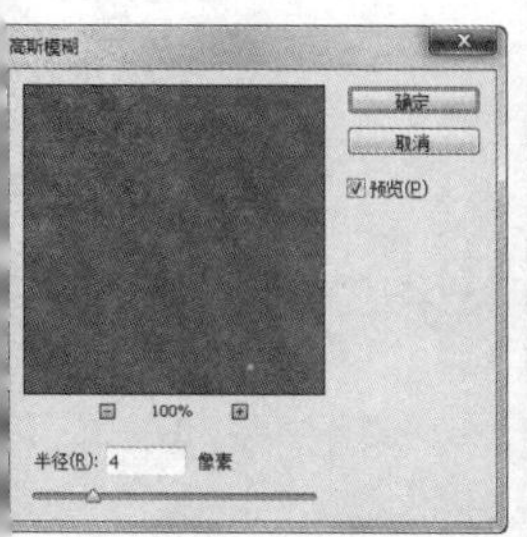


图13-7-347

图13-7-348

06 制作完成所需要的褶皱纹理后，按快捷键Ctrl+Alt+S，将褶皱纹理存储为PSD格式的置换图。按快捷键Ctrl+Z，返回到图像模糊处理前的步骤。执行【文件】/【打开】命令，选择需要的素材图像，单击“打开”按钮，打开图像，如图13-7-349所示。

图13-7-349

07 选择工具箱中的移动工具，将图像拖曳至主文档中，生成“图层1”，按快捷键Ctrl+T调出自由变换框，调整图像的位置和大小，调整完毕后按Enter键，确认变换，得到的图像效果如图13-7-350所示。

图13-7-350

08 执行【滤镜】/【扭曲】/【置换】命令，弹出“置换”对话框，具体设置如图13-7-351所示，设置完毕后单击“确定”按钮，在弹出的对话框中打开前面另存的置换图，如图13-7-352所示，得到的图像效果如图13-7-353所示。

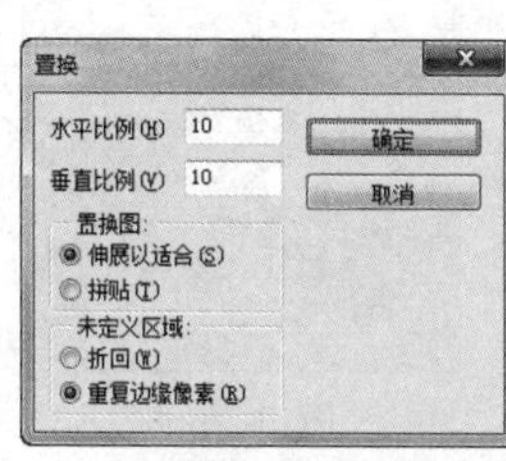


图13-7-351

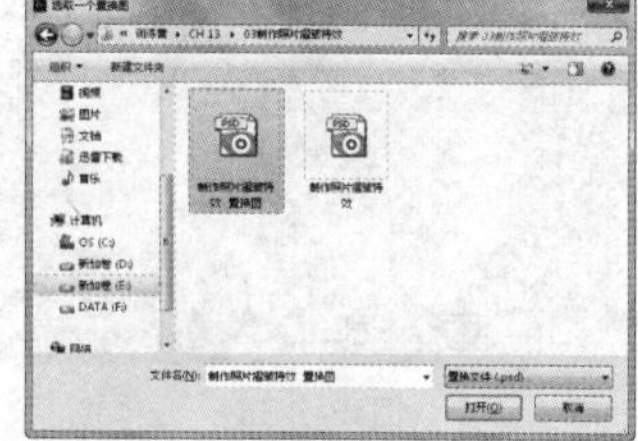

图13-7-352

图13-7-353

09 将“图层1”的图层混合模式设置为叠加，得到的图像效果如图13-7-354所示。

图13-7-354

10 单击图层面板上的创建新的填充或调整图层按钮 ，在弹出的下拉菜单中选择“色阶”选项，在调整面板上设置具体参数，如图13-7-355所示，得到的图像效果如图13-7-356所示。

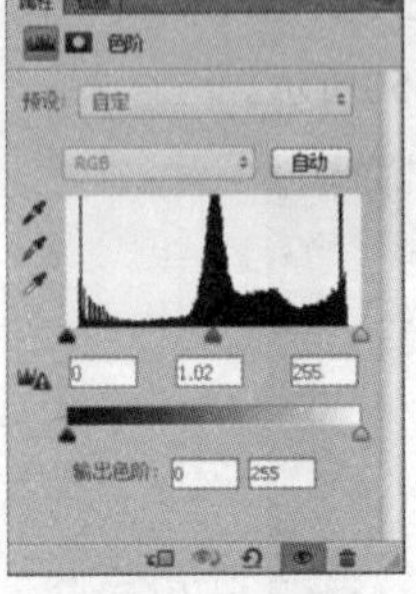
图13-7-355

图13-7-356

11 选择“背景”图层，按Ctrl键调出“图层1”的选区，如图13-7-357所示，按快捷键Ctrl+J，复制“背景”图层选区内的图像，生成“图层2”，“图层”面板如图13-7-358所示。

图13-7-357

图13-7-358

12 将前景色设置为白色。选择“背景”图层，按快捷键Alt+Delete，填充前景色。选择“色阶”调整图层，按快捷键Ctrl+Alt+G，为“图层1”添加剪贴蒙版，得到的图像效果如图13-7-359所示，“图层”面板如图13-7-360所示。

图13-7-359

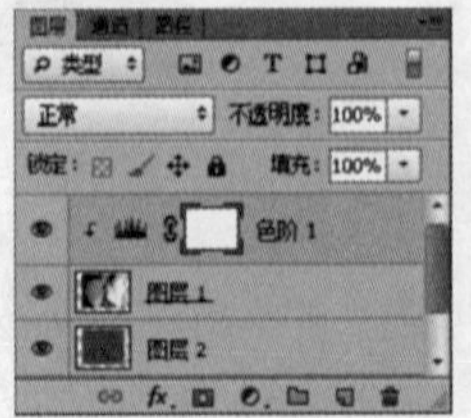
图13-7-360

12 单击图层面板上的添加图层样式按钮 ，在弹出的下拉菜单中选择“投影”选项，在“图层样式”对话框中设置具体参数，如图13-7-361所示，得到的图像效果如图13-7-362所示。

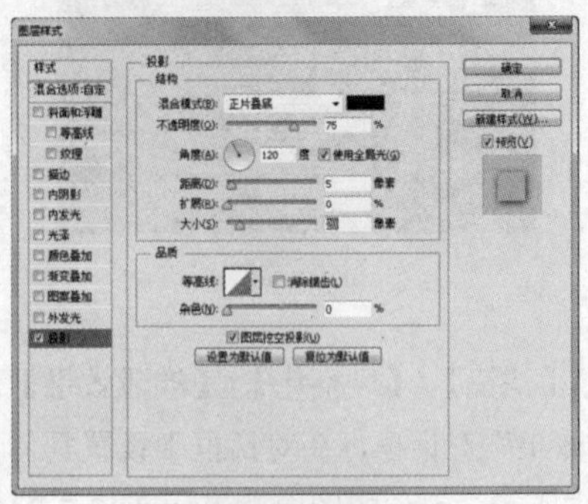
图13-7-361

图13-7-362

**Tips 提示**

在执行 Photoshop CS6 的置换扭曲滤镜时，图像随着置换文件的明暗关系产生扭曲变化，使变形的图案看起来有立体的假象。在这里用云彩的明暗关系扭曲人物的贴图文件，使图案产生随着云彩明暗起伏的效果，以达到模仿三维贴图效果的目的。

训练营 04 第 13 章 / 训练营 /04 用滤镜制作蝴蝶纹理

## 用滤镜制作蝴蝶纹理

▲ 使用滤镜制作纹理背景
▲ 在通道中使用滤镜命令制作纹理
▲ 使用涂抹工具制作效果

01 执行【文件】/【新建】命令（Ctrl+N），弹出“新建”对话框，具体设置如图13-7-363所示，设置完毕后单击“确定”按钮新建文档。

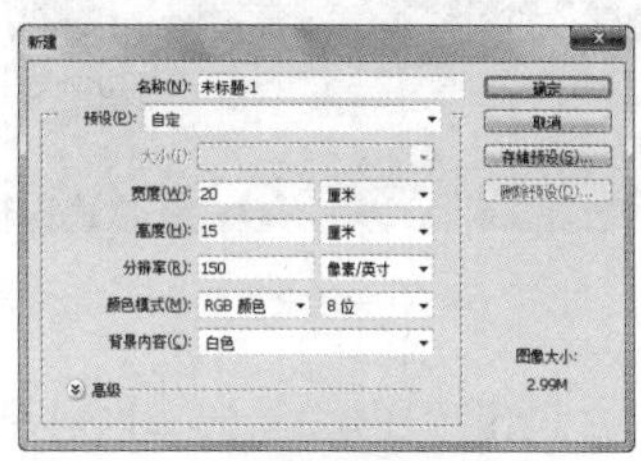


图13-7-363

02 将前景色设置为黑色，背景色设置为白色。执行【滤镜】/【渲染】/【云彩】命令，得到的图像效果如图13-7-364所示。

图13-7-364

03 执行【滤镜】/【模糊】/【高斯模糊】命令，弹出“高斯模糊”对话框，具体设置如图13-7-365所示，设置完毕后单击“确定”按钮，得到的图像效果如图13-7-366所示。

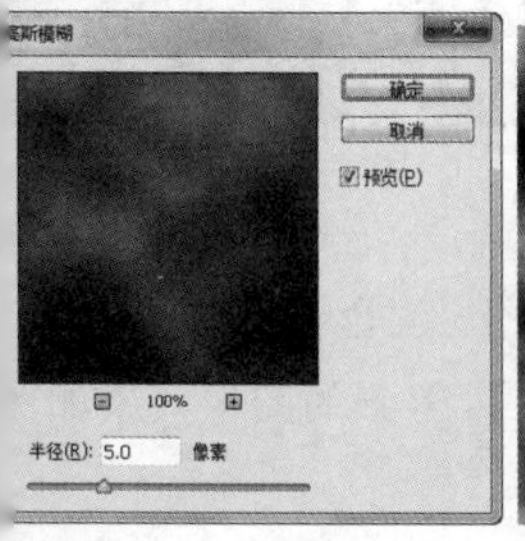


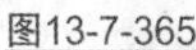


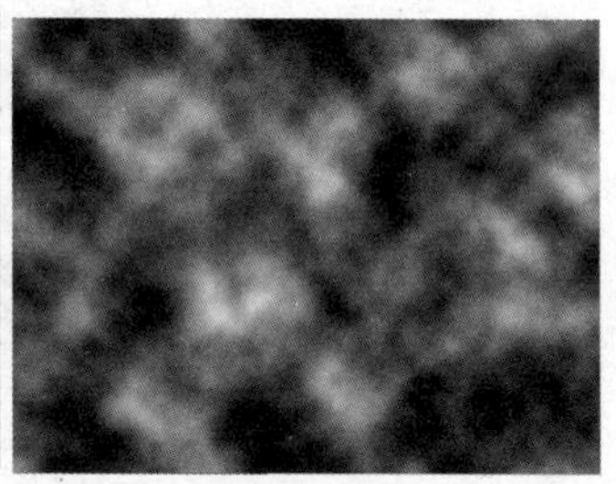

图13-7-365　图13-7-366

04 执行【滤镜库】/【素描】/【基底凸现】命令，弹出“基底凸现”对话框，具体设置如图13-7-367所示，设置完毕后单击“确定”按钮，得到的图像效果如图13-7-368所示。

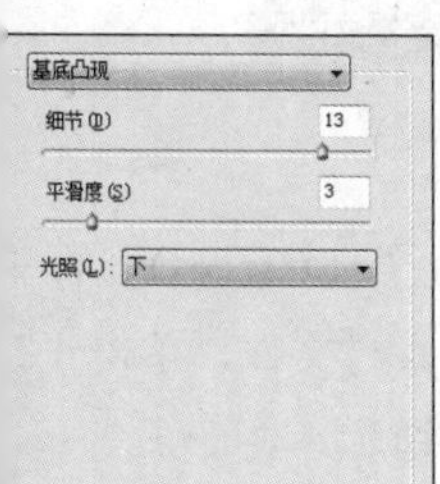

图13-7-367　图13-7-368

05 执行【滤镜库 】/【纹理】/【龟裂纹】命令，弹出“龟裂纹”对话框，具体设置如图13-7-369所示，设置完毕后单击“确定”按钮，得到的图像效果如图13-7-370所示。

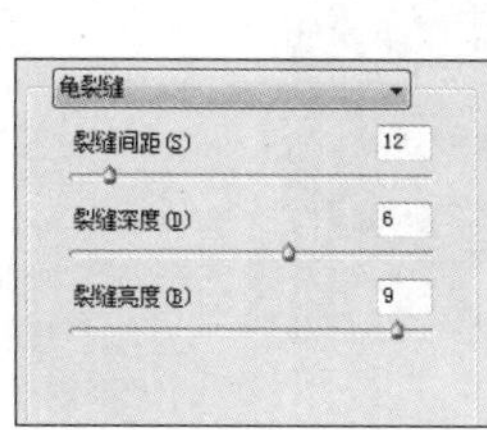

图13-7-369　图13-7-370

06 单击图层面板上的创建新图层按钮，新建“图层1”图层，将前景色设置为白色，按快捷键Alt+Delete，填充前景色。执行【滤镜】/【杂色】/【添加杂色】命令，弹出“添加杂色”对话框，具体设置如图13-7-371所示，设置完毕后单击“确定”按钮，得到的图像效果如图13-7-372所示。

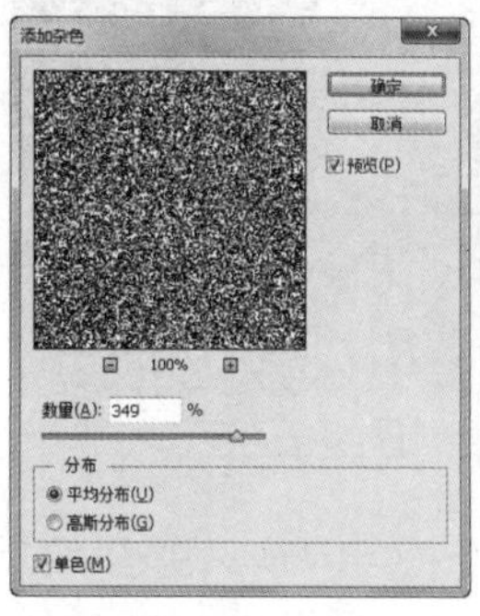

图13-7-371　图13-7-372

07 执行【滤镜】/【风格化】/【浮雕效果】命令，弹出“浮雕效果”对话框，具体设置如图13-7-373所示，设置完毕后单击“确定”按钮，得到的图像效果如图13-7-374所示。

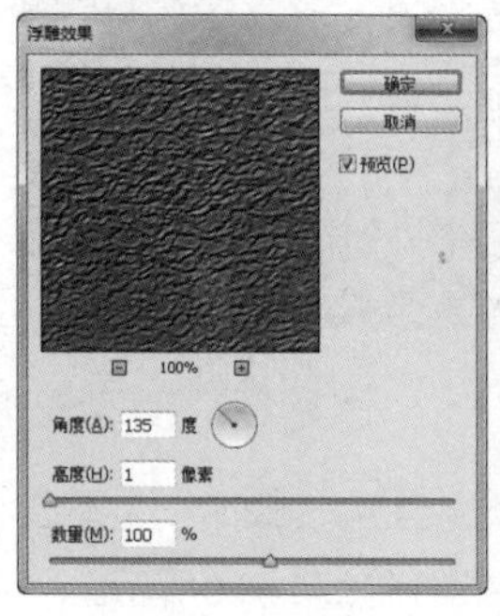

图13-7-373　图13-7-374

08 选择“图层1”，将其图层不透明度设置为50%，得到的图像效果如图13-7-375所示。

图13-7-375

09 单击图层面板上的创建新的填充或调整图层按钮 ，在弹出的下拉菜单中选择“色相/饱和度”选项，在调整面板上设置具体参数如图13-7-376所示，并将其图层不透明度设置为50%，得到的图像效果如图13-7-377所示。

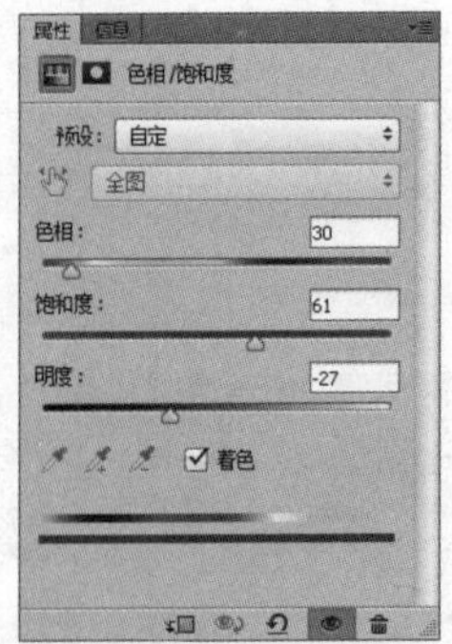


图13-7-376

图13-7-377

10 执行【文件】/【打开】命令（Ctrl+O），弹出“打开”对话框，选择需要的素材文件，单击“打开”按钮打开图像，如图13-7-378所示。选择工具箱中的移动工具 ，将图像拖曳至主文档中生成“图层2”，按快捷键Ctrl+T调出自由变换框，调整图像的大小与位置，按Enter键确认变换，得到的图像效果如图13-7-379所示。

图13-7-378

图13-7-379

11 将“图层2”的图层混合模式设置为“叠加”，不透明度设置为70%，得到的图像效果如图13-7-380所示。

图13-7-380

12 按Ctrl键，调出“图层2”的选区，单击图层面板上的创建新的填充或调整图层按钮 ，在弹出的下拉菜单中选择“渐变映射”选项，在调整面板上设置具体参数，如图13-7-381所示，单击渐变条弹出“渐变编辑器”，具体设置如图13-7-382所示，得到的图像效果如图13-7-383所示。

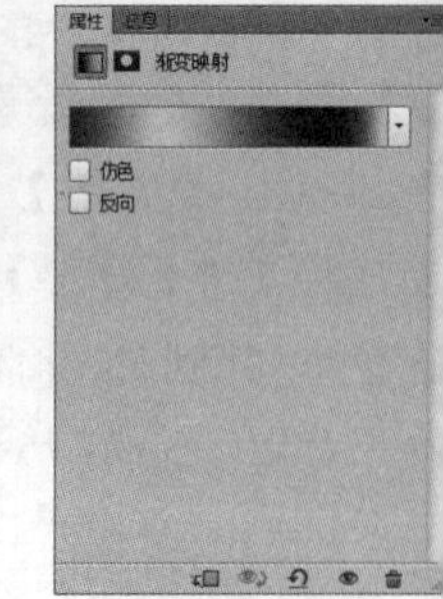


图13-7-381

图13-7-382

图13-7-383

13 将“渐变映射1”图层的图层混合模式设置为“饱和度”，不透明度设置为60%，得到的图像效果如图13-7-384所示。

图13-7-384

14 执行【文件】/【打开】命令（Ctrl+O），弹出“打开”对话框，选择需要的素材文件，单击“打开”按钮打开图像，如图13-7-385所示。

图13-7-385

15 选择工具箱中的移动工具，将图像拖曳至主文档中生成“图层3”，按快捷键Ctrl+T调出自由变换框，调整图像的大小与位置，按Enter键确认变换，将其图层混合模式设置为“变亮”，得到的图像效果如图13-7-386所示。

图13-7-386

16 单击图层面板上的添加图层蒙版按钮，为“图层3”添加图层蒙版；将前景色设置为黑色，选择工具箱中的画笔工具，设置合适大小的柔角笔刷，在图像主体上涂抹，得到的图像效果如图13-7-387所示；蒙版如图13-7-388所示。

图13-7-387

图13-7-388

17 将“图层2”拖曳至“图层”面板中的创建新图层按钮上，得到“图层2副本”，并将其放置于图层的最上方，如图13-7-389所示。

图13-7-389

18 切换至通道面板，将“蓝”通道拖曳至“图层”面板中的创建新图层按钮上，得到“蓝副本”，如图13-7-390所示。执行【滤镜】/【风格化】/【浮雕效果】命令，弹出“浮雕效果”对话框，具体设置如图13-7-391所示，设置完毕后单击“确定”按钮，得到的图像效果如图13-7-392所示。

图13-7-390

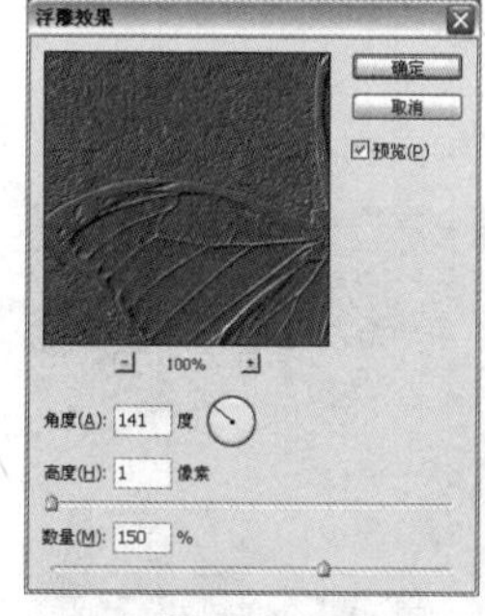

图13-7-391

图13-7-392

**Tips 提示**

在 Photoshop 中，我们可以将滤镜应用于单个的通道，还可以对每个颜色通道应用不同的滤镜，或应用具有不同设置的同一滤镜。

19 执行【图像】/【调整】/【色阶】命令，弹出“色阶”对话框，具体设置如图13-7-393所示，设置完毕后单击“确定”按钮，得到的图像效果如图13-7-394所示。

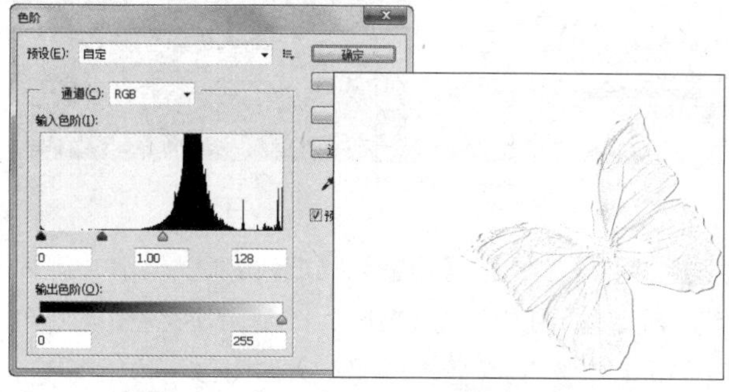

图13-7-393

图13-7-394

20 按快捷键Ctrl+I将通道反相，得到的图像效果如图13-7-395所示。

图13-7-395

21 执行【图像】/【调整】/【曲线】命令，弹出“曲线”对话框，具体设置如图13-7-396所示，设置完毕后单击“确定”按钮，得到的图像效果如图13-7-397所示。

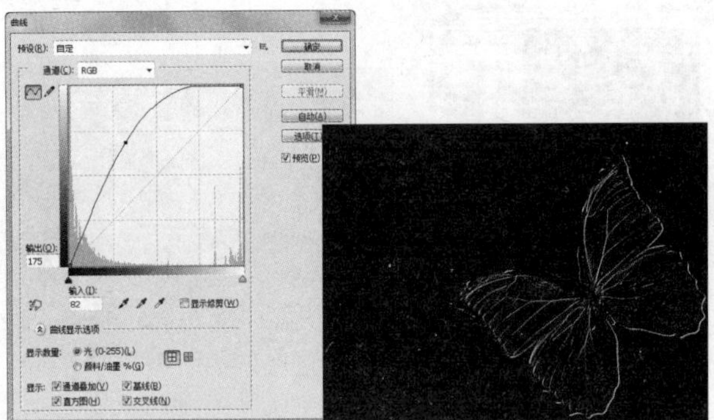

图13-7-396　　图13-7-397

22 将“蓝”通道拖曳至“图层”面板中的创建新图层按钮上，得到“蓝副本2”，执行【图像】/【调整】/【色阶】命令，弹出“色阶”对话框，具体设置如图13-7-398所示，设置完毕后单击“确定”按钮，得到的图像效果如图13-7-399所示。

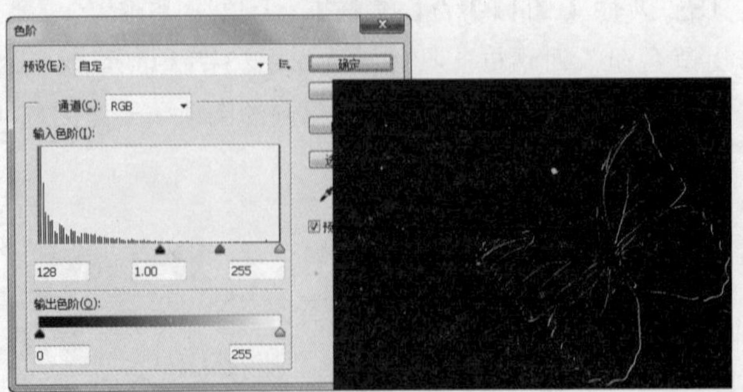

图13-7-398　　图13-7-399

23 执行【图像】/【调整】/【曲线】命令，弹出“曲线”对话框，具体设置如图13-7-400所示，设置完毕后单击“确定”按钮，得到的图像效果如图13-7-401所示。

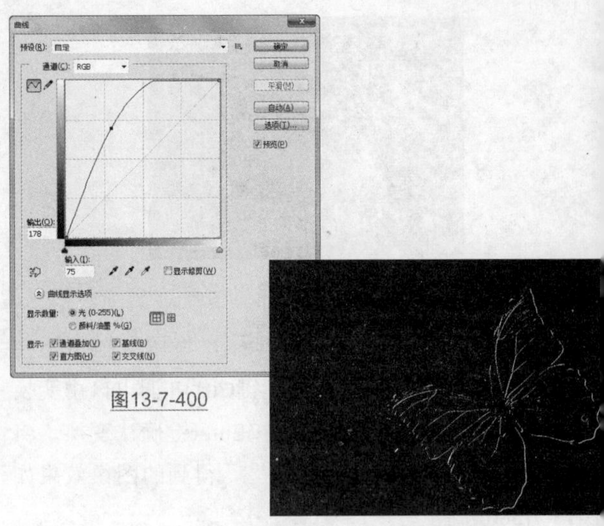

图13-7-400　　图13-7-401

24 切换回“图层”面板，删除“图层2副本”。单击“图层”面板中的创建新图层按钮，新建“图层4”。切换至“通道”面板，按Ctrl键，单击“蓝”通道，调出其选区，切换回“图层”面板，如图13-7-402所示；用黑色填充选区，如图13-7-403所示；将其图层混合模式设置为“线性加深”，不透明度设置为70%，得到的图像效果如图13-7-404所示。

图13-7-402

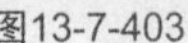

图13-7-403　　图13-7-404

25 单击“图层”面板中的创建新图层按钮，新建“图层5”。切换至“通道”面板，按Ctrl键，单击“蓝副本”通道，调出其选区，切换回“图层”面板，如图13-7-405所示；用白色填充选区，如图13-7-406所示；将其图层混合模式设置为“线性减淡”，不透明度设置为80%，得到的图像效果如图13-7-407所示。

图13-7-405

图13-7-406

图13-7-407

26 将前景色设置为如图13-7-408所示，选择工具箱中的横排文字工具T，在图像中输入需要的文字，得到的图像效果如图13-7-409所示。

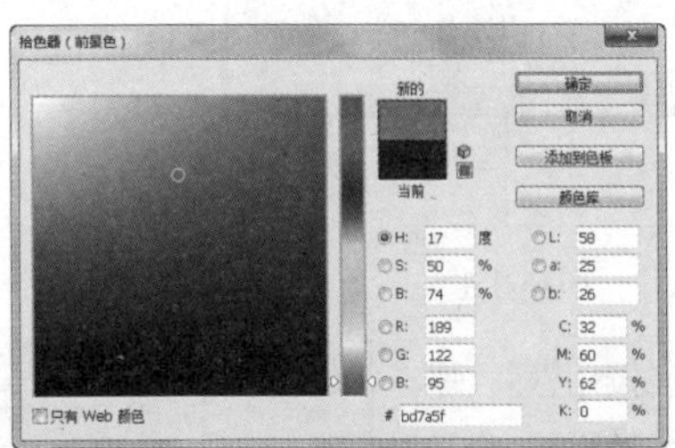

图13-7-408

图13-7-409

27 单击“图层”面板上的添加图层样式按钮，在弹出的下拉菜单中选择“外发光”选项，弹出“图层样式”对话框，具体参数设置如图13-7-410所示；设置完毕后不关闭对话框，继续勾选“投影”复选框，如图13-7-411所示。

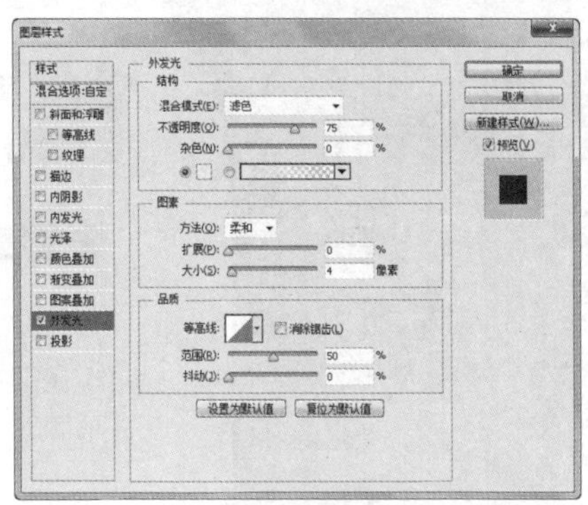

图13-7-410

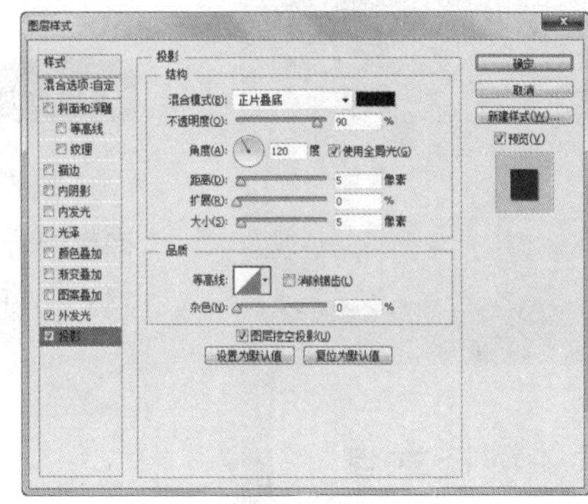

图13-7-411

28 设置完毕后，单击“确定”按钮，得到的图像效果如图13-7-412所示。

图13-7-412

# 第14章 动作与任务自动化

## 14.1 动作

**关键字** 动作面板、录制/添加动作、重复/删除动作

在 Photoshop CS6 中，为了能快速便捷地处理图像，可以使用动作把处理图像的过程记录下来，再对其他图像进行相同处理的时候，只需要执行之前录制的动作便可自动完成操作，极大地提高了工作效率。

**本章关键技术点**

- ▲ 录制、添加动作
- ▲ 如何批处理图像
- ▲ 用Photomerge拼合全景照片
- ▲ 合并到HDR改善图像

### 14.1.1 了解动作面板

执行【窗口】/【动作】命令，打开“动作”面板，如图14-1-1所示，在面板中有系统自带的预设动作，可以在“动作”面板中对动作进行记录、播放、编辑、删除、存储、载入和替换等一系列操作。

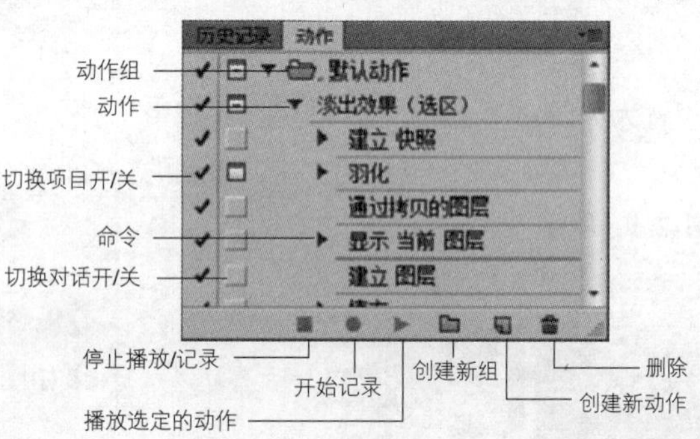


图14-1-1

单击“动作”面板上的扩展按钮，弹出下拉菜单如图14-1-2所示；选择Photoshop CS6预设动作其中的一个，将其载入到面板中，可以快速得到各种字体、纹理、边框效果，如图14-1-3所示。

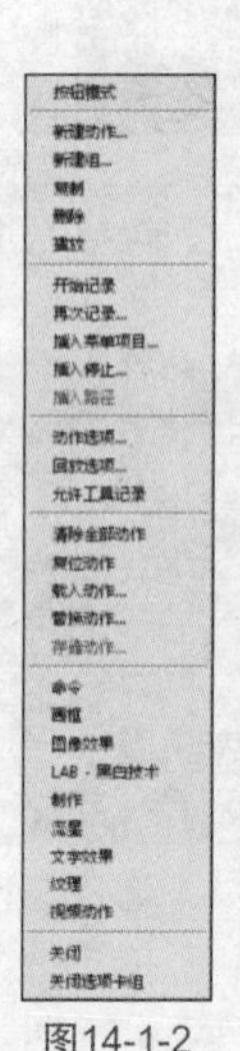

图14-1-2

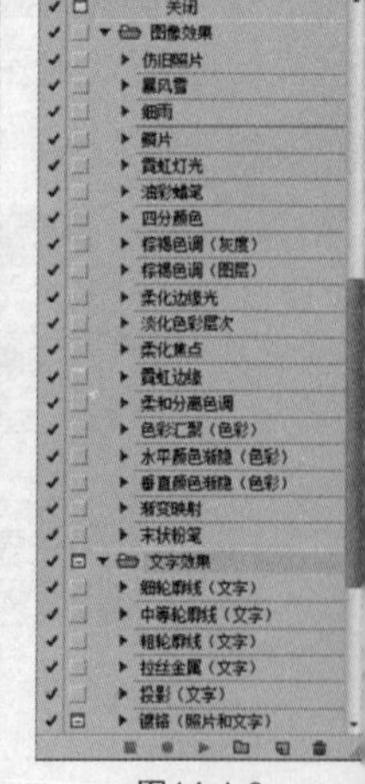

图14-1-3

**切换项目开/关**：在面板动作上显示此标志，则表示动作可以执行。如果动作前没有该标志，表示该动作不能被执行。如果某一命令前没有该标志，则表示该命令不能被执行。

**切换对话开/关**：该标志在命令前显示，则表示执行该动作时将会暂停，在弹出的该命令对话框中设置参数，设置完毕后单击“确定”按钮便可继续执行后面的动作；如果没有显示该标志，则动作按设定的过程操作；如果在面板上有按钮为红色，则表示在该动作中有命令设置了暂停。

**动作组/动作/命令**：动作组是动作的集合，动作是操作命令的集合。单击命令前的下拉按钮将显示命令列表与参数设置。

**停止播放/记录**：停止播放动作和停止记录动作。

**开始记录**：单击该按钮，开始录制动作。

**播放选定的动作**：选择一个动作后，单击该按钮可播放该动作。

**创建新组**：用来创建新的动作组，以保存新建的动作。

**创建新动作**：单击该按钮，可以新建一个动作。

**删除**：单击该按钮，可将选择的动作组、动作和命令删除。

## 14.1.2 录制动作

所谓的录制动作，就是录制一段具体操作。例如：需要处理一批数码相机拍的照片，想调一下色阶或者亮度之类的，就可以先打开一张图，新建一个动作，然后点录制动作，接下来开始调整图片，完成以后单击停止录制，这样就会生成一个新的动作。打开别的图片以后直接播放这个动作，图片就会根据上一张图片的设置来调整这张图。此方法在处理大批量相同类型图片时最适用。

## 实战 录制动作



打开素材图像，如图14-1-4所示，录制增加图片对比度的动作，并用该动作处理其他图像。

打开“动作”面板，单击创建新组按钮，弹出“新建组”对话框，输入动作组的名称，如图14-1-5所示，单击“确定”按钮，如图14-1-6所示。

图14-1-4

图14-1-5

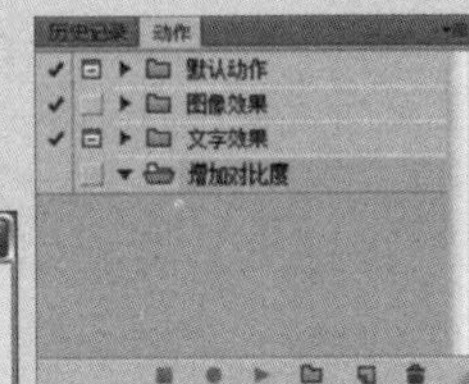


图14-1-6

单击“动作”面板上的创建新动作按钮，弹出“新建动作”对话框，在对话框中进行设置如图14-1-7所示，设置完毕后单击“记录”按钮开始录制动作，此时面板中的开始记录按钮变为红色，如图14-1-8所示。

图14-1-7

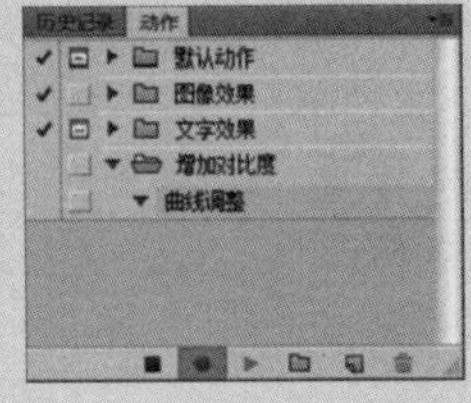


图14-1-8

按快捷键Ctrl+M，弹出“曲线”对话框，在“预设”下拉列表中选择“反冲（RGB）”，如图14-1-9所示；设置完毕后单击“确定”按钮，将该命令记录为动作，如图14-1-10所示，得到的图像效果如图14-1-11所示。

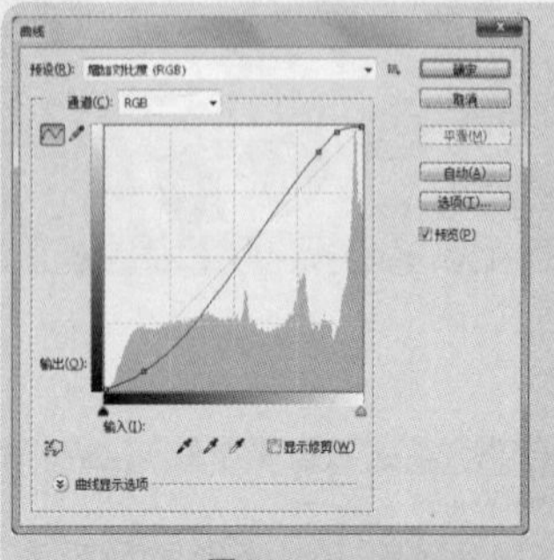

图14-1-9

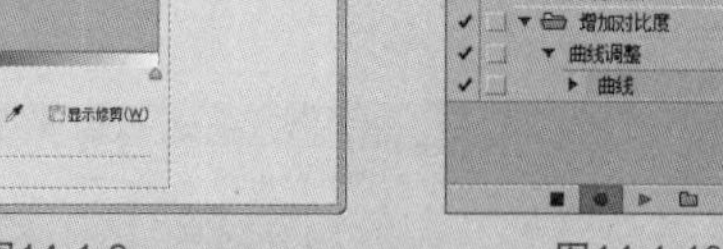

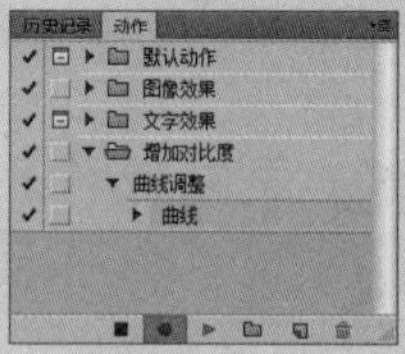

图14-1-10

图14-1-11

按快捷键Shift+Ctrl+S将文件另存后，单击“动作”面板上的停止/记录按钮■，完成动作的录制，然后关闭文件，如图14-1-12所示。由于我们在“新建动作”对话框中将设置动作为蓝色，所以在按钮模式（单击“动作”面板右侧的扩展按钮，在弹出的下拉菜单中选择“按钮模式”即可）下新建的动作显示为蓝色，如图14-1-13所示。给动作设置颜色只是为了便于我们区分在按钮模式下的动作，并无其他作用。

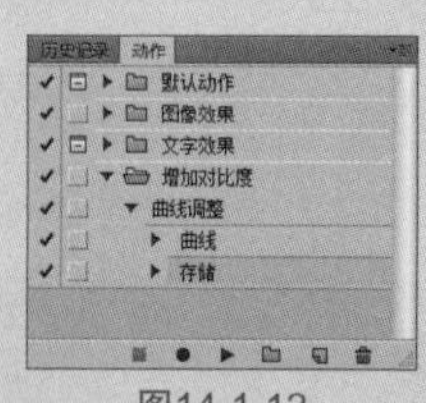

图14-1-12

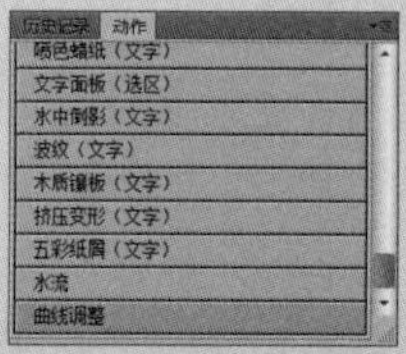

图14-1-13

下面将录制好的动作处理其他图像。打开一个素材图像，如图14-1-14所示。在面板上选择“曲线调整”动作如图14-1-15所示，单击播放选定的动作按钮▶播放该动作，得到的图像效果如图14-1-16所示。

图14-1-14

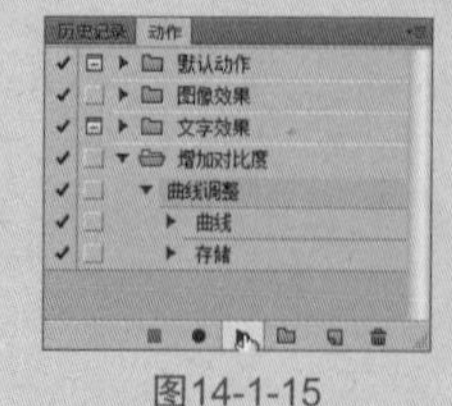

图14-1-15

图14-1-16

## 技术要点：动作的其他命令

**按照顺序播放全部动作**：选择动作，单击播放选定的动作按钮，可按顺序播放该动作中的所有命令。

**从指定命令开始播放动作**：在动作中选择单个命令，单击播放选定的动作按钮，这样只播放该命令及后面的命令，之前的命令不会播放。

**播放单个命令**：按住Ctrl键双击动作面板中的一个命令可以单独播放该命令。

**播放部分命令**：当动作组、动作和命令前显示有切换项目开关时，表示可以播放该动作组、动作和命令。如果勾选某些命令前面的切换项目开关，这些命令将不能播放，如果勾选某动作，该动作中的所有命令都不能播放，如果勾选某动作组，则该组中的所有动作和命令都不能播放。

## 14.1.3 添加动作

### ※ 在动作中插入命令

打开一个素材图像，单击“动作”面板上的“曲线”命令，如图14-1-17所示，我们将在该命令后面添加新的命令。

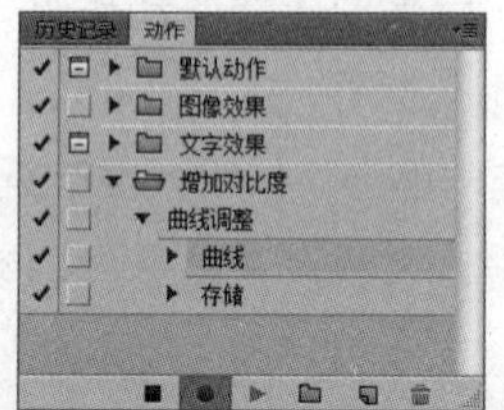

图14-1-17

单击开始记录按钮●录制动作，执行【滤镜】/【扭曲】/【球面化】命令，弹出“球面化”对话框，在对话框中设置具体参数如图14-1-18所示，设置完毕后单击“确定”按钮。

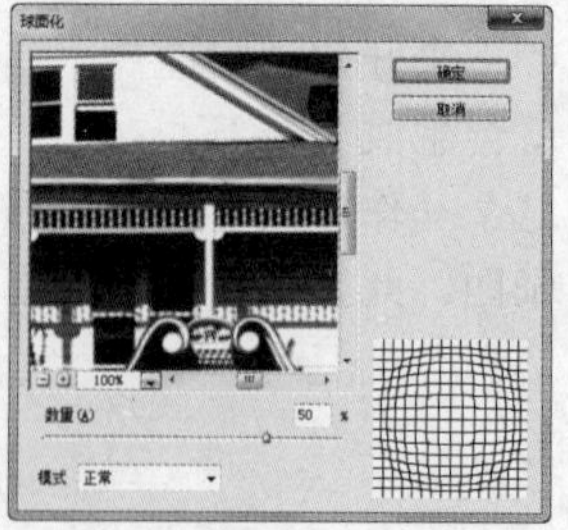

图14-1-18

单击停止播放/记录按钮■停止录制，即可将此操作插入到“曲线”命令的后面，如图14-1-19所示。

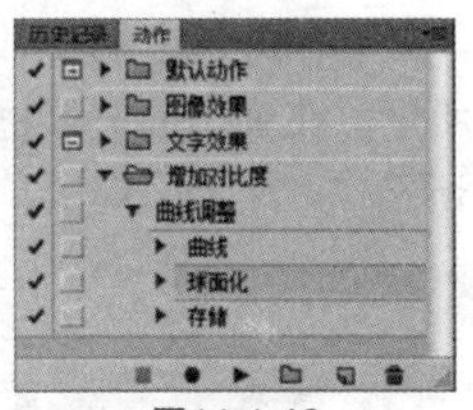

图14-1-19

## ※ 在动作中插入菜单项目

指在动作中插入菜单中的命令，这就可以将许多不能录制的命令插入到动作中，如色调工具、绘画、“视图”菜单和“窗口”菜单中的命令等。

单击“动作”面板中的“球面化”命令，如图14-1-20所示，选中此命令后将可在该命令后面插入菜单项目。

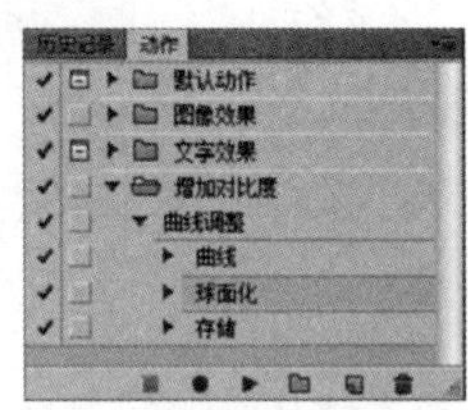

图14-1-20

单击“动作”面板上的扩展按钮，在下拉菜单中选择“插入菜单项目”选项，弹出“插入菜单项目”对话框，如图14-1-21所示。执行【视图】/【按屏幕大小缩放】命令，在“插入菜单项目”对话框中单击 “确定”按钮，显示网格的命令便插入到动作中了，如图14-1-22所示。

图14-1-21

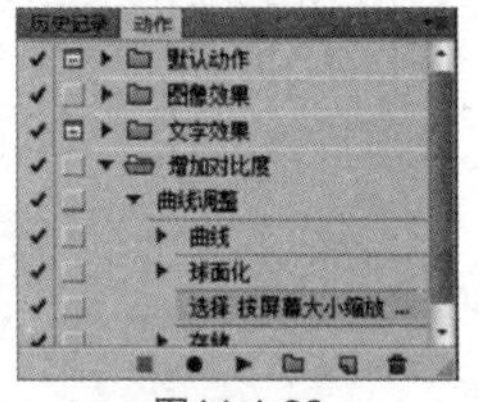

图14-1-22

## ※ 在动作中插入停止

指让动作播放到某一步时自动停止播放，停止后可以手动执行无法录制为动作的步骤，如使用色调工具等。

单击“动作”面板中的“曲线”命令，如图14-1-23所示，将在该命令后面插入停止。

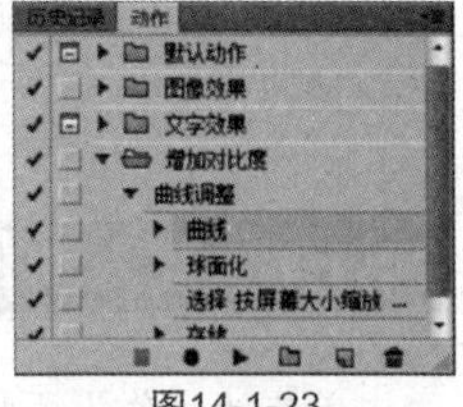

图14-1-23

单击“动作”面板上的扩展按钮，在下拉菜单中选择“插入停止”选项，弹出“记录停止”对话框，在对话框中输入提示信息，并勾选“允许继续”选项，如图14-1-24所示。设置完毕后单击“确定”，将停止插入到了动作中，如图14-1-25所示。

图14-1-24

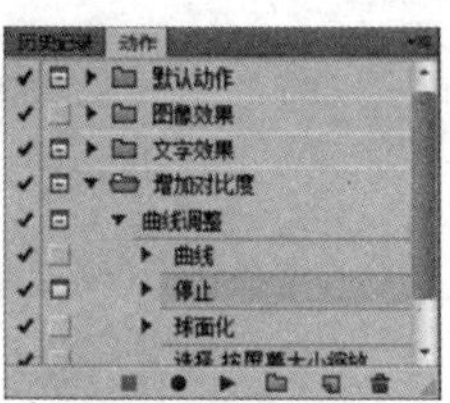

图14-1-25

当播放动作时，执行完“曲线”命令后，动作就会停止，弹出“记录停止”对话框，如图14-1-26所示；单击对话框中的“停止”按钮停止播放，就可以使用色调工具等编辑图像；编辑完成后单击播放选定的动作按钮则继续播放后面的命令；单击对话框中的“继续”按钮则不会停止播放，而是继续播放后面的动作。

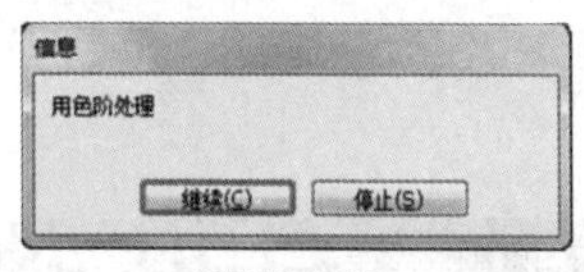

图14-1-26

## 实战 在动作中插入路径

第 14 章 / 实战 / 在动作中插入路径

插入路径是指将路径作为动作中的内容包含在动作内，可以用钢笔工具和形状工具创建路径作为插入的路径，或从Illustrator中粘贴路径。

打开素材图像，如图14-1-27所示。选择工具箱中的自定义形状工具，在其工具选项栏中选择“路径”选项，并单击“形状”扩展按钮，在下拉列表中选择图形如图14-1-28所示，在画面中绘制该图形如图14-1-29所示。

图14-1-27

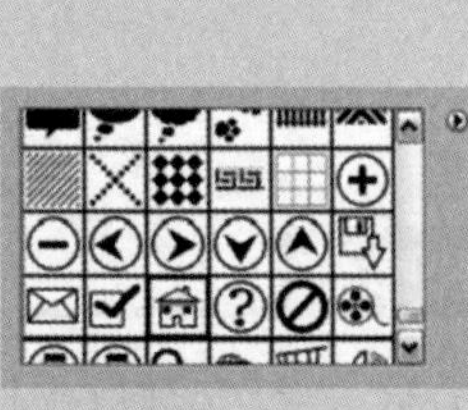

图14-1-28

图14-1-29

在“动作”面板中选择“球面化”命令，如图14-1-30所示，单击“动作”面板上的扩展按钮，在下拉菜单中选择“插入路径”选项，在该命令后插入路径，如

图14-1-31所示。播放动作时，工作路径将被设置为所记录的路径。

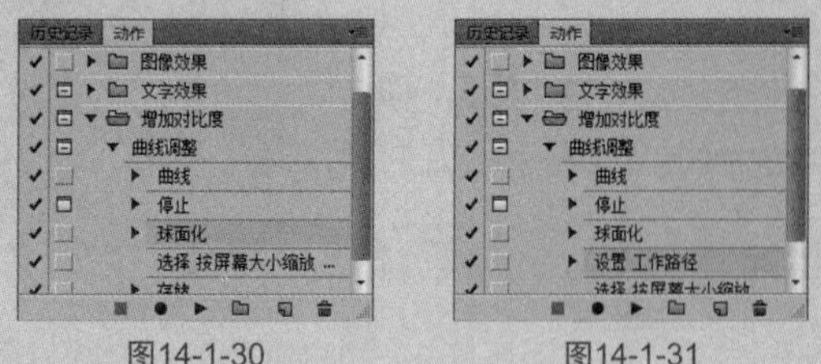

图14-1-30　　图14-1-31

**Tips 提示**

如果一个动作中需要记录多个“插入路径”命令，则需在记录每个“插入路径”命令之后都执行“路径”面板菜单中的“存储路径”命令，这样每次记录的路径才不会替换掉前一个路径。

## 14.1.4 重排、重复与删除动作

在“动作”面板中，将某一动作或命令拖曳至本动作或另一动作中，即可重新排列动作和命令，如图14-1-32和图14-1-33所示。按住Alt键拖曳动作和命令，改变其位置即可重新排列动作列表。

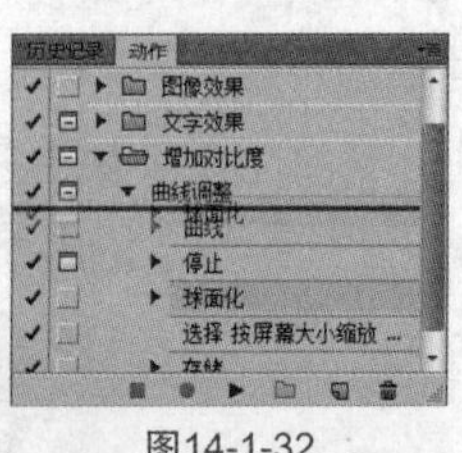

图14-1-32

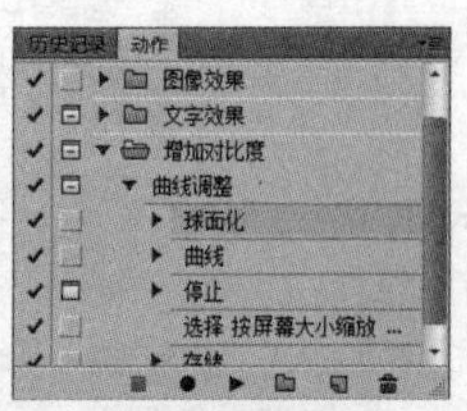

图14-1-33

动作式命令将动作和命令拖曳至创建新动作按钮上可以复制，将动作或命令拖曳至“动作”面板中的删除按钮上，即可将其删除；单击“动作”面板上的扩展按钮，在下拉菜单中选择“清除全部动作”选项，可将所有动作全部删除。如要将面板恢复为默认的动作，可单击“动作”面板上的扩展按钮，在下拉菜单中选择“复位动作”选项。

## 14.1.5 修改动作的名称和参数

如果要修改动作组或动作的名称，选中需要修改的动作组或动作，如图14-1-34所示，单击“动作”面板上的扩展按钮，在下拉菜单中选择“组选项”或“动作选项”选项，弹出相应对话框，在对话框中进行设置，如图14-1-35所示。需要修改命令的参数时，可以双击命令，如图14-1-36所示，在弹出的对话框中对参数进行修改，如图14-1-37所示。

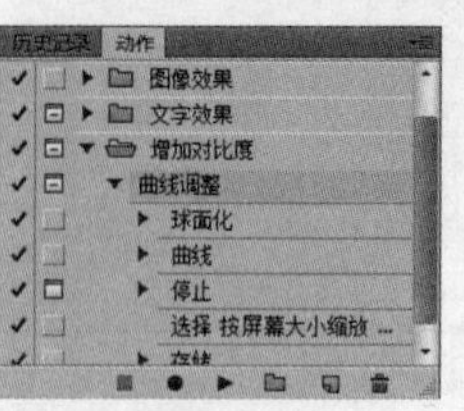

图14-1-34

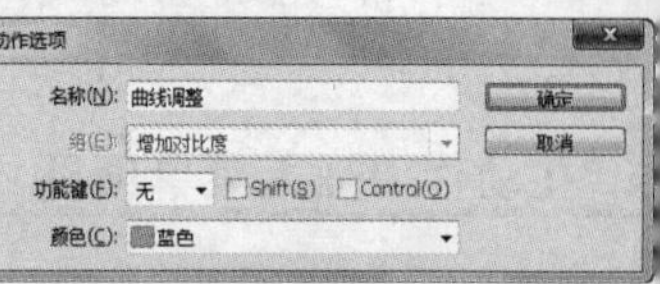

图14-1-35

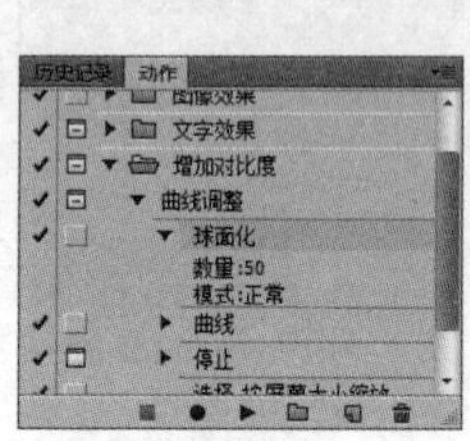

图14-1-36

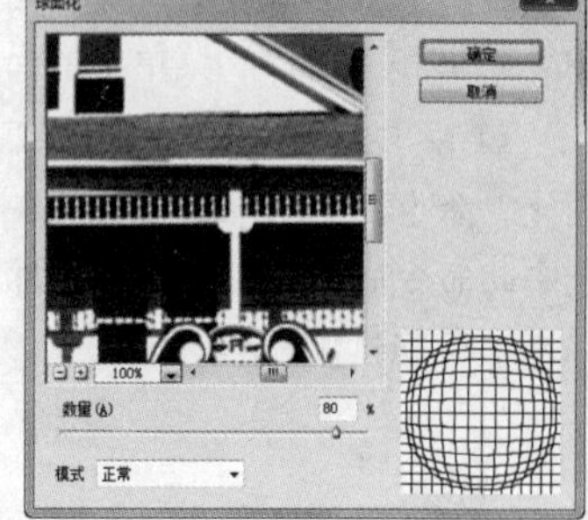

图14-1-37

## 14.1.6 设置回放速度

单击“动作”面板上的扩展按钮，在下拉菜单中选择“回放选项”选项，弹出“回放选项”对话框，如图14-1-38所示，在对话框中可以设置动作的播放速度，也可以将其暂停，以便对动作进行调试。

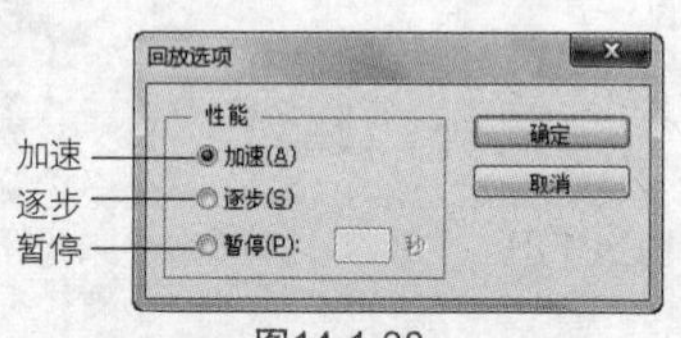


图14-1-38

**加速**：以默认的速度播放动作。

**逐步**：在播放动作时，显示每一步操作处理结果后，再进行下一步操作，播放速度较慢。

**暂停**：勾选该项，可设置播放动作时各个命令的间隔时间。

## 14.1.7 载入动作库

单击“动作”面板中的扩展按钮，在下拉菜单中选择“载入动作”选项，弹出“载入”对话框，在“动作库”文件夹中选择一个动作，单击“载入”按钮，即可将其载入到“动作”面板中。

# 14.2 自动

**关键字** 了解批处理图像、脚本

## 14.2.1 了解批处理图像

批处理是指将动作应用在目标文件夹的所有图像上。可以使用批处理来完成大量相同的、重复性的操作，既可以节省时间，又可以提高工作效率，实现图像处理的自动化。

执行【文件】/【自动】/【批处理】命令，弹出“批处理”对话框，如图14-2-1所示。

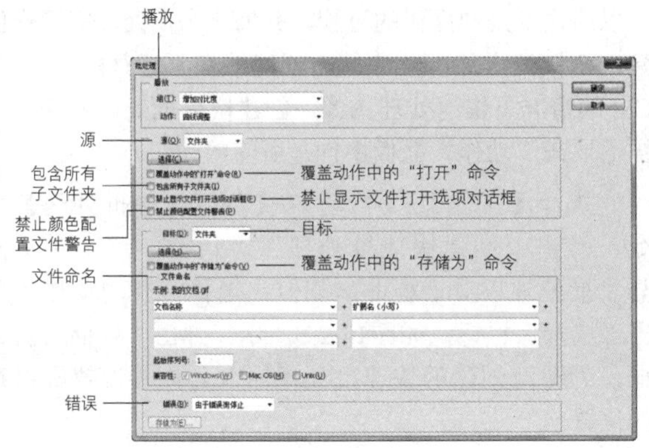


图14-2-1

**播放**：单击“播放”下拉菜单按钮，在下拉列表中选择播放组或动作。

**源**：单击“源”下拉菜单按钮，在下拉列表中选择选项。选择“文件夹”并单击“选取”按钮，弹出对话框，在对话框中选择一个文件夹，将批处理该文件夹中的所有文件。选择“导入”，可以处理来自数码相机、扫描仪或PDF文档的图像；选择“打开文件夹”可以处理当前所有打开的文件；选择“Bridge”，可以处理Adobe Bridge中选定的文件。

**覆盖动作中的打开命令**：在批处理时忽略动作中指定的文件而是选择“批处理”的文件。

**包含所有子文件夹**：将批处理应用到所选文件夹中包含的所有子文件夹。

**禁止显示文件打开选项对话框**：批处理时不会打开文件选项对话框。

**禁止颜色配置文件警告**：关闭颜色方案信息的显示，这样可以减少人工干预批处理操作。

**目标**：单击“目标”下拉菜单按钮，在下拉列表中选择完成批处理后文件的保存位置。选择“无”，表示不保存文件，文件仍为打开状态；选择“存储并关闭”，可以将文件保存在原位置并覆盖原始文件；选择“文件夹”并单击选项下面的“选择”按钮，可将批处理后的文件保存于指定的文件夹。

**覆盖动作中的存储为命令**：如果动作中包含“存储为”命令，勾选该项后，批处理时动作中将引用批处理的文件，而不是动作中指定的文件名和位置。

**文件命名**：可以对新的文件设置统一的命名，在“文件命名”区域进行选项的设置。

**错误**：单击“错误”下拉菜单按钮，在下拉列表中选择处理错误的选项。

### ※ 处理一批图像文件

在Photoshop CS6中，批处理是一个非常实用的功能，可以用它批量处理照片，比如调整图像的大小以及分辨率，对图像进行锐化等处理。在对图像批处理前，先将需要批处理的文件保存到一个文件夹中，如图14-2-2所示，并在“动作”面板中录制好动作。

图14-2-2

打开“动作”面板，将刚才录制的“增加对比度”动作组中的停止、工作路径、网格等命令拖曳至“动作”面板上的删除动作按钮上将其删除，如图14-2-3所示。

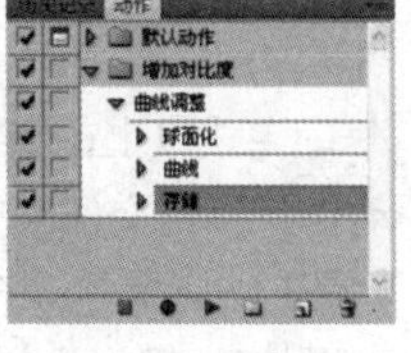


图14-2-3

执行【文件】/【自动】/【批处理】命令，弹出“批处理”对话框，在“播放”选项中选择要播放的动作，如图14-2-4所示，单击“选择”按钮，弹出“浏览文件夹”对话框，进行选择，如图14-2-5所示。

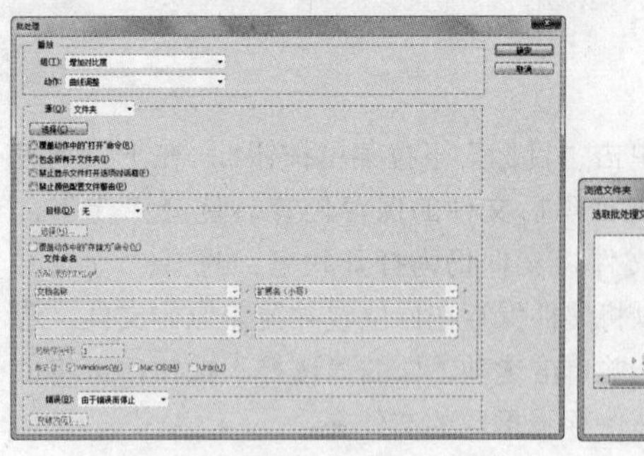
图14-2-4

图14-2-5

在“目标”下拉列表中选择“文件夹”，单击“选择”按钮，如图14-2-6所示，在打开的对话框中设置完成批处理后文件的保存位置，勾选“覆盖动作中的存储为命令”选项，如图14-2-7所示，设置完毕后单击“确定”按钮。

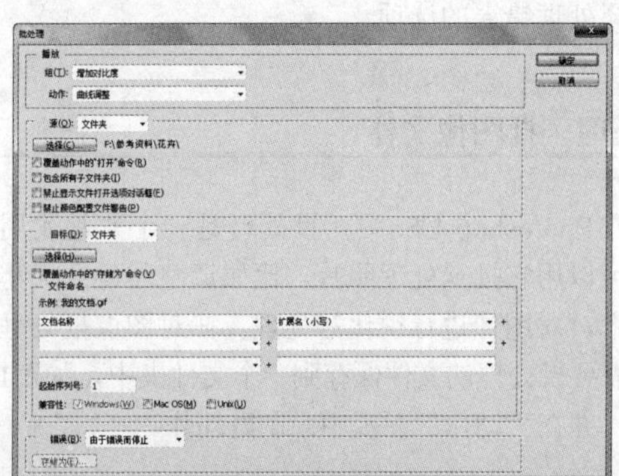
图14-2-6

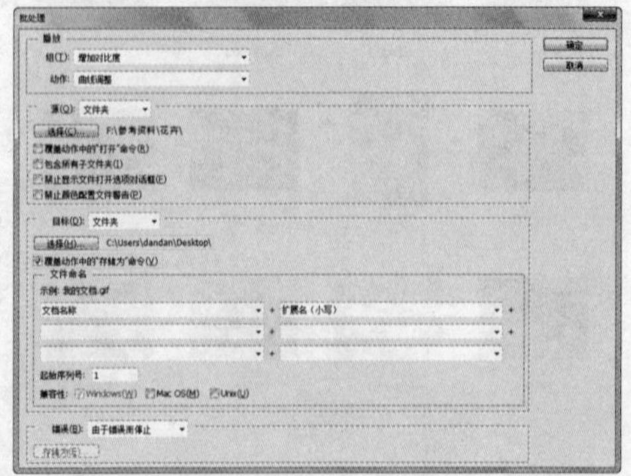
图14-2-7

完成以上的操作后，Photoshop CS6就会使用所选动作将指定文件夹中的所有图像都做增加对比度处理，如图14-2-8所示。在批处理过程中，如果要中止操作，可以按Esc键退出操作。

图14-2-8

## ※ 创建快捷批处理

快捷批处理是能够快速完成批处理的应用程序，它可以简化批处理操作的过程，并为一个批处理的操作创建一个快捷方式，此快捷方式能够在不运行Photoshop CS6的情况下快速处理图像。创建快捷批处理之前，同样需要在“动作”面板中创建所需的动作。

执行【文件】/【自动】/【创建快捷批处理】命令，弹出“创建快捷批处理”对话框，这个对话框与“批处理”对话框非常相似，选择需要的动作，单击“选择”按钮，如图14-2-9所示，弹出“存储”对话框，为即将创建的快捷批处理输入名称并设置好保存的位置。

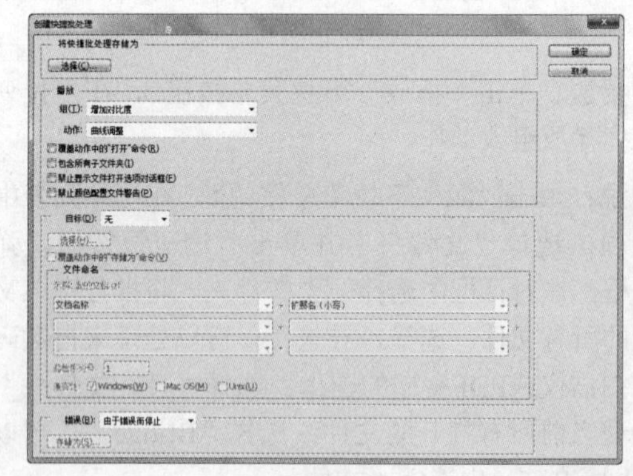
图14-2-9

单击“保存”按钮，返回到“创建快捷批处理”对话框中，此时“选择”按钮的右侧显示快捷批处理程序的保存位置，如图14-2-10所示，设置完毕后单击“确定”按钮，即可创建快捷批处理程序并保存到指定位置。

图14-2-10

如需对图像进行批处理，只需要将其拖曳至该快捷批处理图标上，便可以直接对其进行批处理，在没有运行Photoshop CS6的情况下，一样可以对图像执行批处理的操作。

## 14.2.2 脚本

在Photoshop的CS版本中开始增加了对脚本的支持功能。在Windows平台上，可以使用支持COM自动化的脚本语言，这些脚本语言不能跨平台，但可以控制多个应用程序，例如Adobe Photoshop、Adobe Illustrator和Microsoft Office。而Photoshop中可以调用Visual Basic或JavaScript所撰写的脚本。

执行【文件】/【脚本】命令，在下拉菜单中包括各种脚本命令，如图14-2-11所示。

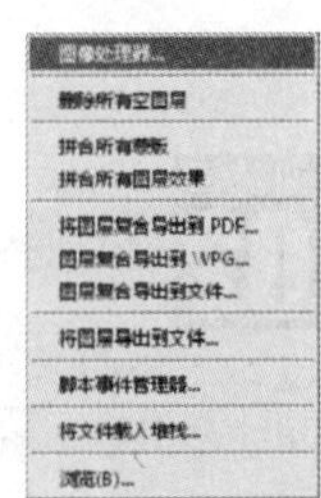


图14-2-11

训练营 01 第 14 章 / 训练营 /01 创建 LOMO 特效动作

## 创建LOMO特效动作

▲ 通过在"动作"面板中创建包含多个步骤操作的动作，为素材图像添加LOMO 特效

01 执行【文件】/【打开】命令（Ctrl+O），弹出"打开"对话框，选择需要的素材，单击"打开"按钮打开图像，如图14-2-12所示。

图14-2-12

02 执行【窗口】/【动作】命令，单击"动作"面板上的创建新动作按钮，新建"动作1"，在"颜色"下拉列表中，选择动作颜色为黄色，如图14-2-13所示，单击记录按钮开始记录。

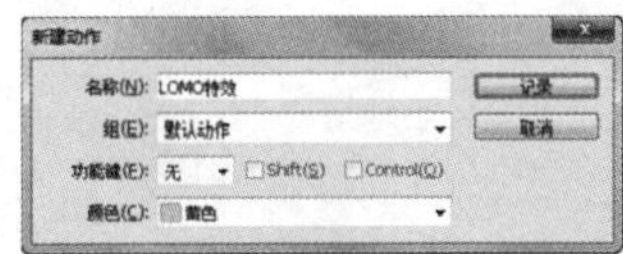


图14-2-13

03 单击"图层"面板上的创建新图层按钮，新建"图层1"，将前景色设置为黑色，按快捷键Alt+Delete填充前景色，将其图层不透明度设置为50%，图像效果如图14-2-14所示。

04 选择工具箱中的矩形选框工具，在其工具选项栏中设置羽化为50像素，在图像中绘制选区，按Delete键删除选区内图像，按快捷键Ctrl+D取消选择，得到的图像效果如图14-2-15所示。

图14-2-14

图14-2-15

05 切换至"动作"面板，单击停止播放/记录按钮，如图14-2-16所示；打开一张素材图像如图14-2-17所示；单击播放选定按钮执行动作，得到的图像效果如图14-2-18所示。

图14-2-16

图14-2-17

图14-2-18

## 14.2.3 用Photomerge拼合全景照片

执行【文件】/【自动】/【Photomerge】命令，可以打开"Photomerge"对话框，如图14-2-19所示。

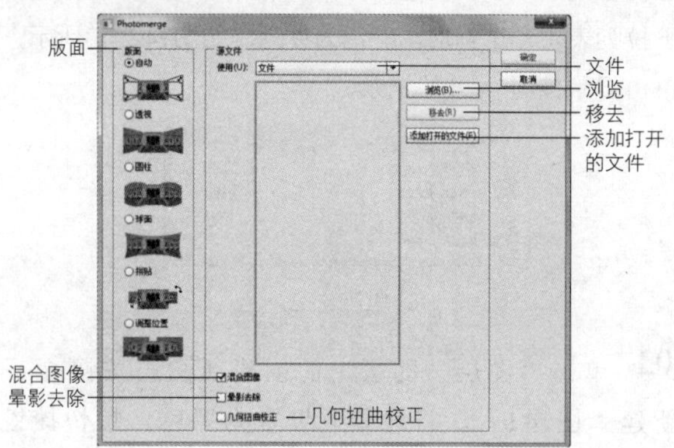


图14-2-19

**文件**：单击该选项可以选择文件或文件夹。

**浏览**：单击该按钮可以选择需要拼合的文件或文件夹。

**移去**：选中不需要拼合的图片，单击该按钮可将其从对话框中删除。

**添加打开文件**：单击该按钮可将打开的文档添加到该对话框中（必须是保存后的文档）。

**版面**：主要包括自动、透视、圆柱、球面、拼贴和调整位置6个选项，可根据处理对象情况选择合适的版面进行拼合。

**混合图像**：默认状态下系统自动勾选此选项，勾选该选项后拼合图像自动添加图层蒙版，图像拼合更加自然。图14-2-20所示为勾选此选项的图像效果，图14-2-21所示为不勾选此选项的图像效果。

**晕影去除**：去除拼合图像的重叠阴影。

**几何扭曲校正**：校正拼合图像的几何扭曲。

图14-2-20

图14-2-21

训练营 02

第 14 章 / 训练营 /02 使用【Photomerge】命令拼合全景照片

## 使用【Photomerge】命令拼合全景照片

▲ 多个角度的照片通过【Photomerge】命令进行拼合

▲ 通过“裁切工具”对拼接的照片进行裁剪

01 执行【文件】/【自动】/【Photomerge】命令，弹出“Photomerge”对话框，如图14-2-22所示。在弹出的“Photomerge”对话框中单击“浏览”按钮，弹出“打开”面板，选择需要的图像，单击“打开”按钮，如图14-2-23所示。

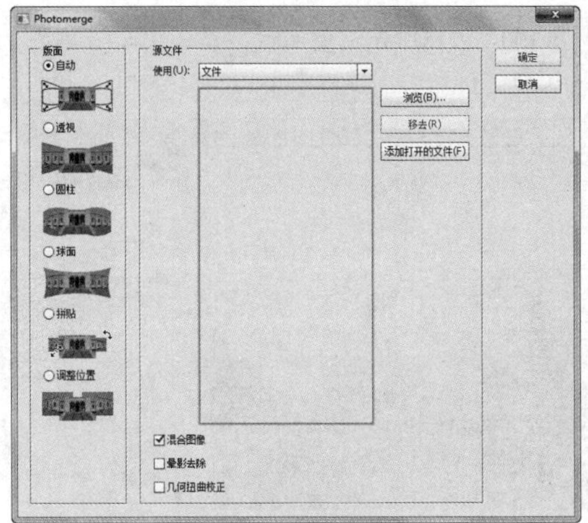
图14-2-22

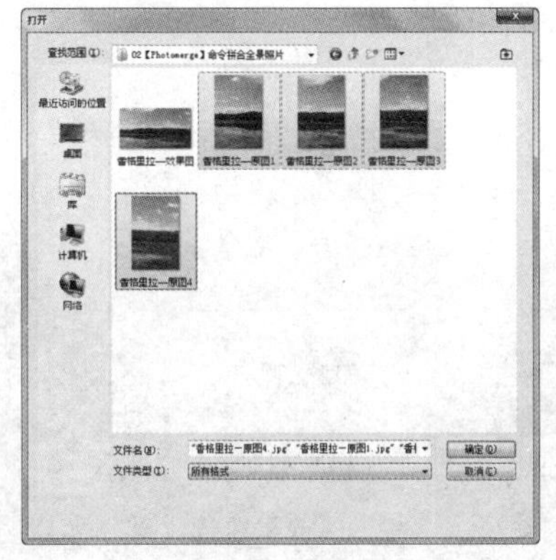
图14-2-23

02 在“Photomerge”对话框中单击“版面”选项组中的“圆柱”单选按钮，勾选“晕影去除”和“几何扭曲校正”复选框，如图14-2-24所示。

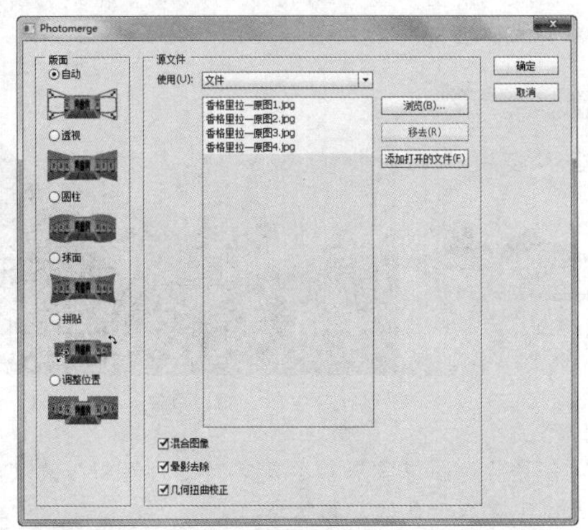
图14-2-24

03 设置完毕后单击“确定”按钮，生成的“图层”面板状态和图像效果如图14-2-25和图14-2-26所示。

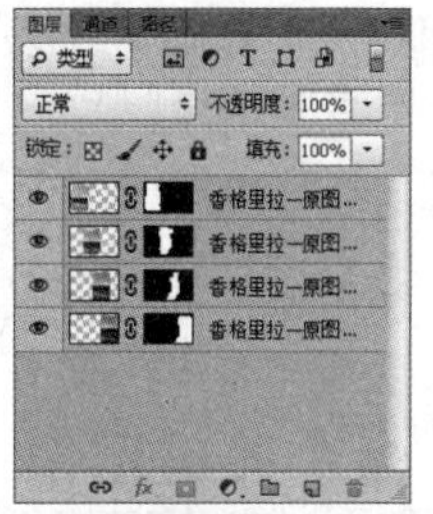
图14-2-25

图14-2-26

04 选择工具箱中的裁切工具，将多余的图像进行裁切，图像效果如图14-2-27所示。

图14-2-27

05 裁切完毕后得到的最后图像效果如图14-2-28所示。

图14-2-28

## 14.2.4 合并到HDR

在拍摄照片的过程中常遇到景物光线反差很大的难题，对准高光部位测光暗部便黑成一片，对准暗部测光高光便没了层次，如图14-2-29、图14-2-30和图14-2-31所示。

图14-2-29

图14-2-30

图14-2-31

Photoshop CS6中的【合并到HDR Pro】命令可以把多张按照不同的明暗亮度级差分别曝光拍摄照片，合并处理为一张最大限度呈现亮部到暗部丰富层次细节的照片。

## 实战 使用“合并到HDR”命令改善图像

第14章/实战/使用“合并到HDR”命令改善图像

执行【文件】/【自动】/【合并到HDR Pro】命令，弹出“合并到HDR Pro”对话框，如图14-2-32所示。

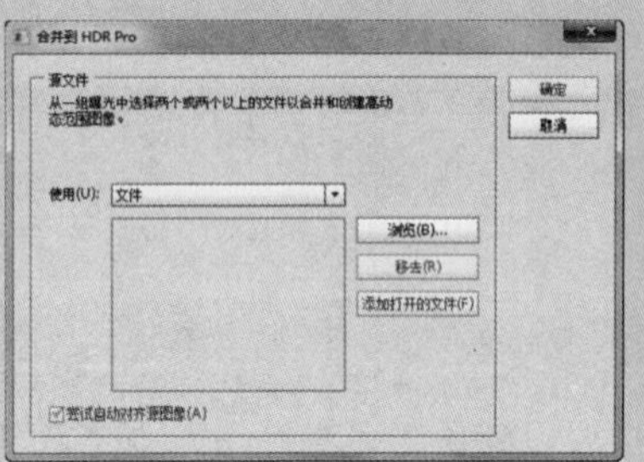

图14-2-32

在对话框中单击“浏览”按钮弹出“打开”对话框，选择需要拼合的图像单击“确定”按钮，对话框如图14-2-33所示。

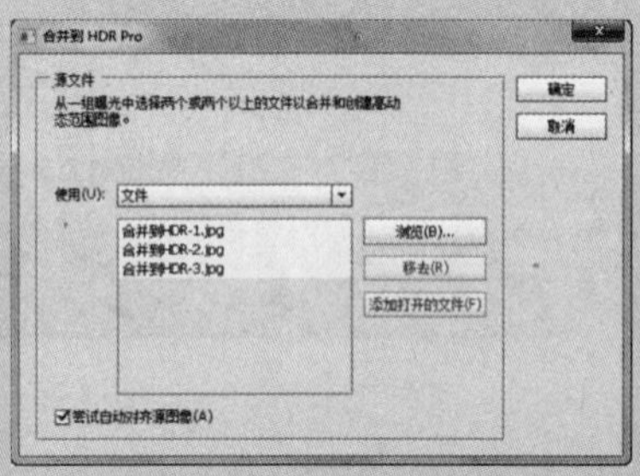

图14-2-33

单击“确定”按钮，弹出新的“合并到HDR Pro”对话框如图14-2-34所示。

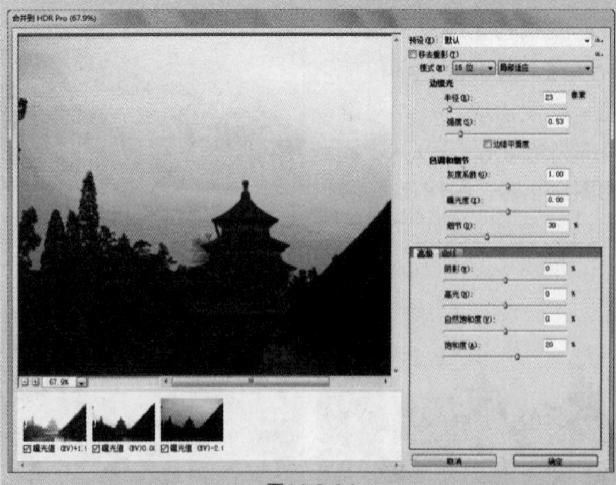

图14-2-34

如图14-2-35所示调整曲线，调整完毕后单击“确定”按钮，得到的图像效果如图14-2-36所示。

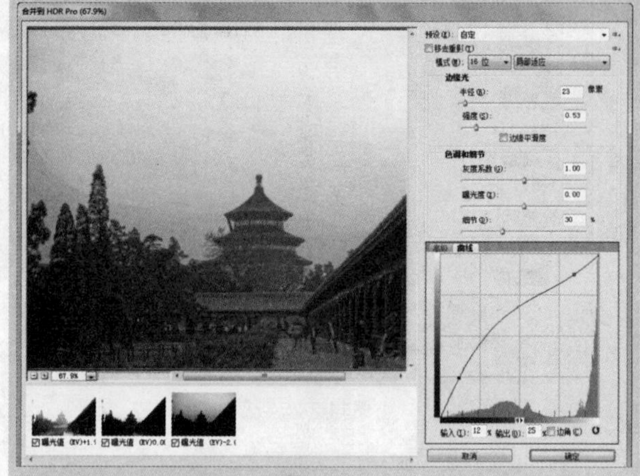

图14-2-35

图14-2-36

单击“图层”面板上创建新的填充或调整图层按钮，在弹出的下拉菜单中选择“色阶”选项，在“调整”面板中设置参数，如图14-2-37所示，得到的图像效果如图14-2-38所示。

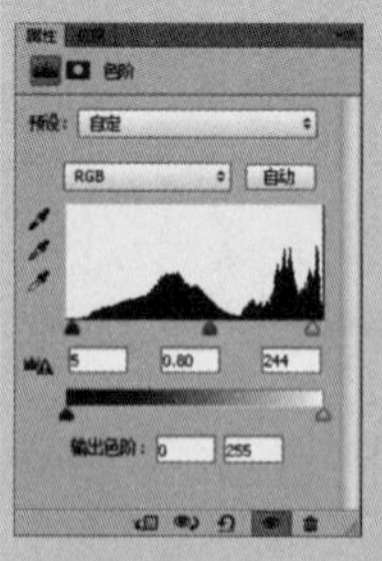

图14-2-37

图14-2-38

合并后的图像既保留了天空傍晚的色彩，又改善了天空下黑成一片的景物状态。

## 技术要点：【自动对齐图层】命令

创建全景照片，也可以使用【编辑】菜单下的【自动对齐图层】命令。它可以根据图像中的相似内容，自动将图像对齐。

打开几张拼接全景照片的素材，将所有照片全部拖曳至一个文档中，并将“背景”图层转换为普通图层，如图 14-2-39 所示。

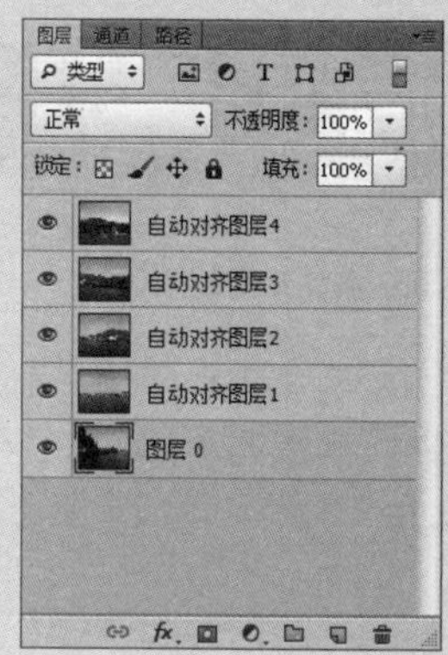


图14-2-39

在“图层”面板中将所有的图层选中，执行【编辑】/【自动对齐图层】命令，这里选择“自动”，如图 14-2-40 所示。单击“确定”按钮，得到的图像效果如图 14-2-41 所示。

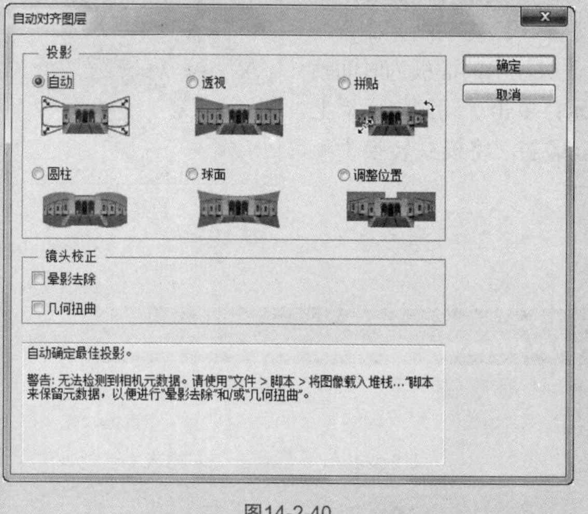


图14-2-40

图14-2-41

“自动对齐图层”对话框中包含两大类对齐设置，即“投影”和“镜头校正”。

**投影**：设置投影对齐的方式确定最佳投影。

❶ **自动**：Photoshop CS6 将分析源图像并应用“透视”或“圆柱”版面（取决于哪一种版面能够生成更好的复合图像）。

❷ **透视**：通过将源图像中的一个图像（默认情况下为中间的图像）指定为参考图像来创建一致的复合图像。然后将变换其他图像（必要时，进行位置调整、伸展或斜切），以便匹配图层的重叠内容。

❸ **拼贴**：交互图层，相当于在 Photoshop 里自由拖动对齐拼合。

❹ **圆柱**：利用圆柱体效果可以作出拼合密度及效果很好的拼合图，一般拼合所选的就是这个选项。

❺ **球面**：将图像与宽视角对齐（垂直和水平）。指定某个源图像（默认情况下是中间图像）作为参考图像，并对其他图像执行球面变换，以便匹配重叠的内容。

❻ **调整位置**：对齐图层并匹配重叠内容，但不会变换（伸展或斜切）任何源图层。

**镜头校正**：自动校正以下镜头缺陷。

❶ **晕影去除**：可以对导致图像边缘（尤其是角落）比图像中心暗的镜头缺陷进行补偿。

❷ **几何扭曲**：可以补偿桶形、枕形或鱼眼失真。

拼合图像后可以利用其他调色工具进行调整，这里选用的是“曲线”调整图层和“匹配颜色”调整，拼合好的全景图如图 14-2-42 所示。

图14-2-42

# 第15章 动画与网页

本章关键技术点

- ▲ 学习制作简单的动画
- ▲ 使用切片工具和参考线创建切片
- ▲ Web图形的优化及输出

## 15.1 动画

**关键字** "动画"面板、帧模式动画、制作动画效果

动画是由于人眼在设定的时间内看到连续的静止画面所产生的错觉。显示的这一系列的画面被称为帧，当每一帧都与前一帧有微小的变化时，这些帧连续、快速地在人眼中显示时就会产生运动的视觉感，让人感受到动画效果。

### 15.1.1 了解"动画"面板

执行【文件】/【打开】命令，选择需要的素材图像，单击"打开"按钮打开图像，如图15-1-1所示。执行【窗口】/【动画】命令，打开"动画"面板，此时显示的面板为时间轴模式，如图15-1-2所示；单击"动画"面板上的转换为帧动画按钮，将模式转换为帧模式，如图15-1-3所示。

图15-1-1

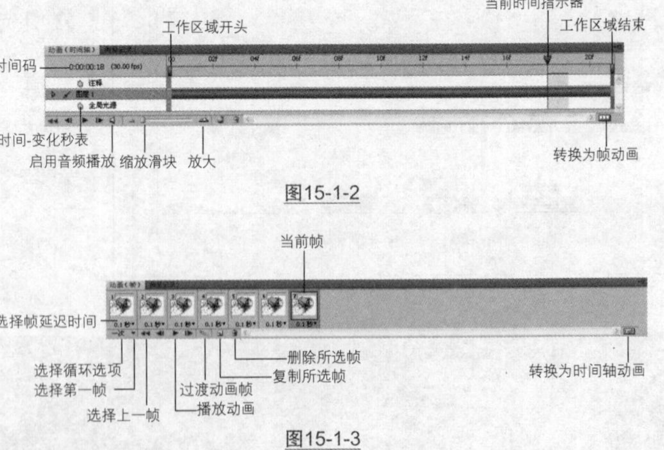


图15-1-2



图15-1-3

"动画"面板上显示了动画中的每个帧的缩览图，面板底部的工具可对各个帧进行浏览、设置、添加、删除以及预览动画。

**当前帧**：当前选择的帧。

**帧延迟时间**：设置帧在播放过程中的持续时间。

**选择循环选项**：设置动画播放的次数。选择“永远”选项，将一直循环播放动画；选择“一次”选项，播放一次后动画自动停止；选择“其他”选项，在对话框中设置需要循环播放的次数。

**选择第一帧**：单击此按钮可自动选择第一帧作为当前帧。

**选择上一帧**：单击此按钮，可选择当前帧的上一帧。

**播放动画**：单击该按钮可播放动画，再次单击停止播放。

**选择下一帧**：单击该按钮，可选择当前帧的下一帧。

**过渡动画帧**：如果要在两个帧之间添加其他的帧，并让新帧之间的图层属性均匀变化，单击该按钮，弹出“过渡动画帧”对话框，在对话框中设置具体参数，如图15-1-4所示，添加帧后的“动画”面板状态如图15-1-5所示。

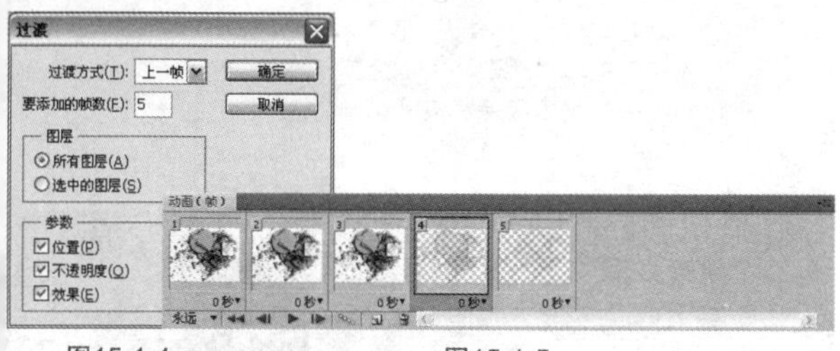

图15-1-4　　图15-1-5

**复制所选帧**：单击该按钮可在面板中复制选择的帧。

**删除所选帧**：删除选择的帧。

## 15.1.2 动画帧的基本操作

### ※ 添加动画帧

动画是由一系列连续的帧形成的，打开“动画”面板后，面板上仅显示打开的图像为“动画”面板上的第一帧，所以要制作动画就需要进行帧的添加。

打开素材图像，如图15-1-6所示，“动画”面板如图15-1-7所示；单击“动画”面板上的扩展按钮，在弹出的下拉菜单中选择“新建帧”选项，或单击面板上“复制所选帧”按钮，在面板上即可复制所选择的当前帧，如图15-1-8所示。

图15-1-6

图15-1-7

图15-1-8

### ※ 选择帧

在“动画”面板上单击需要选择的帧的缩览图，即可将其选中，并在窗口中将其显示；按Shift键单击，可选择多个连续的帧，如图15-1-9所示；按Ctrl键单击，可选择多个不连续的帧，如图15-1-10所示；单击“动画”面板上的扩展按钮，在弹出的下拉菜单中选择“选择全部帧”选项，可将全部帧选择，如图15-1-11所示。

图15-1-9

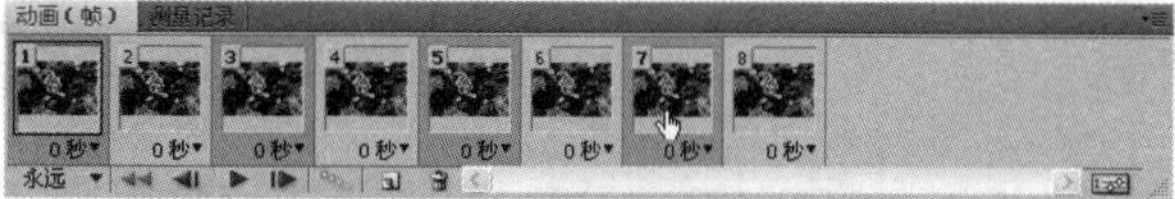

图15-1-10

图15-1-11

### ※ 重新排列帧

如果需要更改帧的位置，单击需要移动的帧，按住鼠标左键将其拖曳至需要更换的位置，在面板上出现黑色线条如图15-1-12所示，即可释放鼠标，面板状态如图15-1-13所示。

图15-1-12

图15-1-13

### ※ 删除帧

单击“动画”面板上的扩展按钮，在弹出的下拉菜单中选择“删除帧”选项，可将选择的帧删除；或选择需要删除的帧，单击面板上的“删除所选帧”按钮，即可删除。

### ※ 拷贝/粘贴帧

打开需要的素材图像，如图15-1-14所示；单击“动画”面板上的扩展按钮，在弹出的下拉菜单中选择“拷贝单帧”选项；返回上一个素材图像，单击“动画”面板上的扩展按钮，在弹出的下拉菜单中选择“粘贴单帧”选项，弹出“粘贴帧”对话框，如图15-1-15所示；在对话框中设置参数，设置完毕后单击“确定”按钮。“动画”面板状态如图15-1-16所示。

图15-1-14

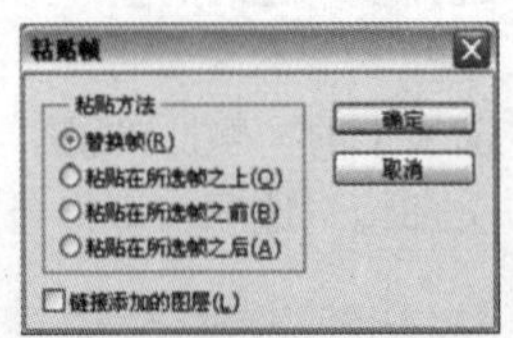


图15-1-15

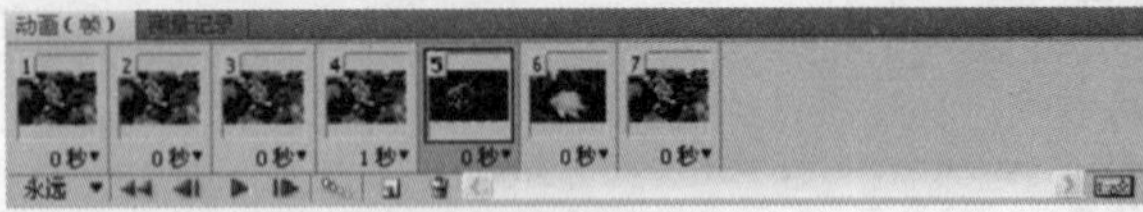

图15-1-16

## 15.1.3 制作动画效果

### 实战 练习制作简单的动画

第 15 章 / 实战 / 练习制作简单的动画

打开素材图像，如图 15-1-17 所示，面板如图 15-1-18 所示。

打开“动画”面板，单击“帧延迟时间”的下拉菜单按钮，在下拉列表中选择 0.2 秒；单击“循环次数”的下拉菜单按钮，在下拉列表中选择“永远”，如图 15-1-19 所示。单击“动画”面板上的复制所选帧按钮，添加一个动画帧，如图 15-1-20 所示。隐藏“图层 1”显示“图层 1 副本”，如图 15-1-21 所示。

图15-1-17

图15-1-18

图15-1-19

图15-1-20

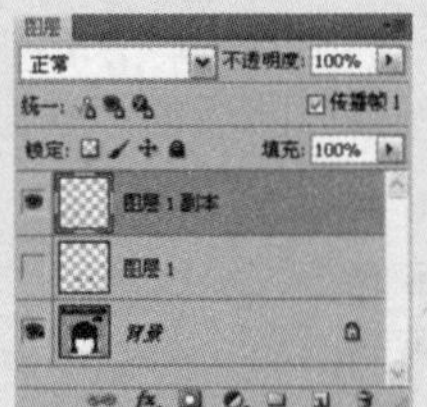

图15-1-21

单击“播放动画”按钮播放动画，画面中的人物就会不停地眨眼，如图 15-1-22、图 15-1-23 和图 15-1-24 所示。再次单击该按钮或按下空格键可停止播放。

图15-1-22

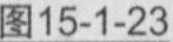

图15-1-23

图15-1-24

**Tips 提示**

动画文件制作完成后，执行【文件】/【存储为 Web 和设备所用格式】命令，将文件存储为 GIF 格式，并进行适当的优化；也可以用 PSD 格式存储动画，方便以后能够对动画进行再次修改。

训练营 01 第 15 章 / 训练营 /01 制作简单的动画效果

## 制作简单的动画效果

▲ 使用图层样式为花朵添加不同样色，使图像呈现绚烂效果

01 执行【文件】/【打开】命令（Ctrl+O），弹出“打开”对话框，选择需要的素材，单击“打开”按钮打开图像，如图15-1-25所示。

02 选择工具箱中的魔棒工具，容差设置为100，单击图像建立选区，按快捷键Ctrl+Shift+I反向选区，得到的图像效果如图15-1-26所示。

图15-1-25

图15-1-26

03 按快捷键Ctrl+C复制图像，按快捷键Ctrl+V粘贴图像。将此图像拖曳至主文档中，得到“图层1”。单击“图层”面板上的添加图层样式按钮，在弹出的下拉菜单中选择“外发光”选项，弹出“图层样式”对话框，具体参数设置如图15-1-27所示，得到的图像效果如图15-1-28所示。

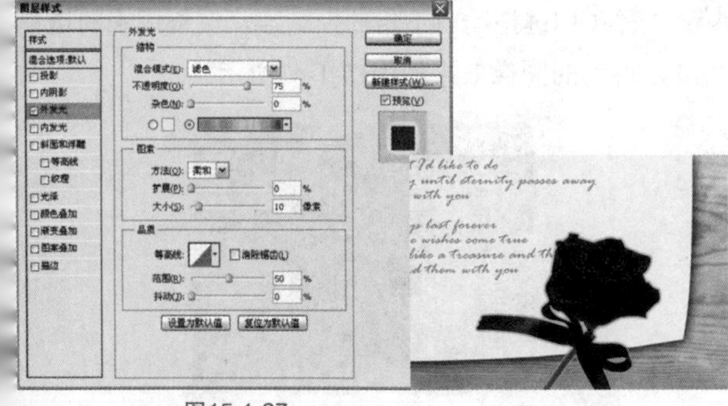
图15-1-27 图15-1-28

**Tips 提示**

“外发光”是由内至外的发光等级，如果你把它改成波浪，出来的发光效果也是强弱相间的效果。

04 选择“动画”面板，在帧延迟时间下拉列表中选择0.2秒，循环次数设置为“永远”，如图15-1-29所示。

图15-1-29

05 单击“动画”面板中的复制所选帧按钮，添加一个动画帧，如图15-1-30所示。

图15-1-30

06 单击“图层”面板上的添加图层样式按钮，在弹出的下拉菜单中选择“外发光”选项，弹出“图层样式”对话框，具体参数设置如图15-1-31所示，得到的图像效果如图15-1-32所示。

图15-1-31 图15-1-32

07 在“动画”面板中再添加一个动作帧，重新单击“图层”面板上的添加图层样式按钮，在弹出的下拉菜单中选择“外发光”选项，弹出“图层样式”对话框，具体参数设置如图15-1-33所示，得到的图像效果如图15-1-34所示。

08 在“动画”面板中再添加一个动作帧，重新单击“图层”面板上的添加图层样式按钮，在弹出的下拉菜单中选择“外发光”选项，弹出“图层样式”对话框，具体参数设置如图15-1-35所示，得到的图像效果如图15-1-36所示。

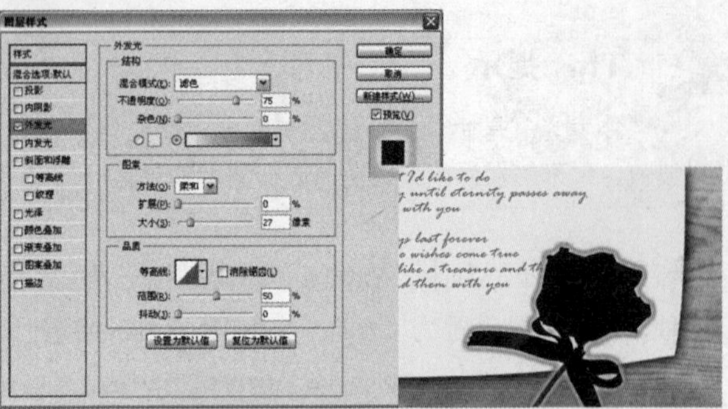

图15-1-33　　图15-1-34

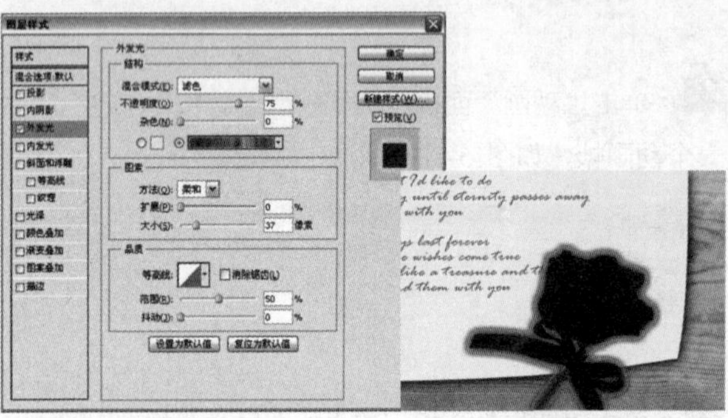

图15-1-35　　图15-1-36

训练营 02　第 15 章 / 训练营 /02 制作动画蝴蝶

## 制作动画蝴蝶

▲ 使用变换工具制作蝴蝶飞舞效果

**01** 执行【文件】/【打开】命令（Ctrl+O），弹出“打开”对话框，选择需要的素材，单击“打开”按钮打开图像，如图15-1-37所示。

图15-1-37

**02** 选择工具箱中的魔棒工具，容差设置为100，点击图像建立选区，按快捷键Ctrl+Shift+I反向选区，得到的图像效果如图15-1-38所示。

图15-1-38

**03** 按快捷键Ctrl+C复制图像，按快捷键Ctrl+V粘贴图像。将此图像拖曳至主文档中，得到“图层1”。选择“动画”面板，在帧延迟时间下拉列表中选择0.2秒，循环次数设置为“永远”，如图15-1-39所示。

图15-1-39

**04** 单击“动画”面板中的复制所选帧按钮，添加一个动画帧，如图15-1-40所示。

图15-1-40

**05** 选择“图层1”，将其拖曳至“图层”面板上创建新图层按钮，得到“图层1副本”图层。按快捷键Ctrl+T调整图像大小，按住Shift+Alt键拖动中间控制点，将蝴蝶向中间压扁，得到的图像效果如图15-1-41所示。

图15-1-41

**06** 按住Ctrl键拖动右下角的控制点，调整蝴蝶的透视角度，得到的图像效果如图15-1-42所示。

图15-1-42

07 单击播放动画按钮▶播放动画，动画中的蝴蝶会不停地扇动翅膀，如图15-1-43所示。再次单击该按钮▶可停止播放，也可以按下空格键切换，如图15-1-44所示。

图15-1-43

图15-1-44

# 15.2 网页

**关键字** 了解切片以及作用、切片、创建切片、修改切片、组合与删除切片、转换为用户切片、设置切片选项

网页（Web page），是网站中的一“页”。网页的格式通常选用HTML格式；通常用图像文档来提供图画；网页要使用网页浏览器进行阅读。

## 15.2.1 了解切片及其作用

在制作网页时，通常要对页面进行分割，即制作切片。通过切片图像操作，可以将图像保存为Web网页时，将每一个切片作为一个独立文件进行存储，减少图像的下载时间，加快下载速度。也可以为切片制作动画，连接到URL地址，或者使用它们制作翻转按钮。

## 15.2.2 切片的类型

在Photoshop CS6中，使用切片工具创建的切片称为用户切片，通过图层创建的切片称为基于图层的切片。当创建新的用户切片或基于图层的切片时，会生成附加的自动切片来占据图像的其他区域，自动切片可填充图像中的用户切片或基于图层切片未定义的区域。每添加或编辑用户切片或基于图层的切片时，都会重新生成自动切片。由实线来定义用户切片和基于图层的切片，虚线定义自动切片，如图15-2-1所示。创建一个新切片后，切片工具自动转换为切片选择工具，可以对切片进行移动。

用户切片　自动切片

图15-2-1

## 15.2.3 创建切片

### 实战 使用切片工具创建切片

第 15 章 / 实战 / 使用切片工具创建切片

打开素材图像，如图 15-2-2 所示。

图15-2-2

选择工具箱中的切片工具，在工具选项栏的“样式”下拉列表中选择“正常”，在要创建切片的区域上单击并拖动，创建出一个矩形框（可同时按住空格键移动定界框），如图 15-2-3 所示。放开鼠标即可创建一个用户切片，它以外的部分将自动生成自动切片，如图 15-2-4 所示。按 Shift 键在图像中进行拖动，可以创建出正方形切片。按 Alt 键拖动，以中心向外创建切片。

图15-2-3

图15-2-4

## 技术要点：切片的样式设置

在切片工具选项栏的“样式”下拉列表中可以设置切片的创建方法，包括“正常”、“固定长宽比”和“固定大小”。

**正常**：通过拖动鼠标确定切片的大小。

**固定长宽比**：输入切片的长宽比，可创建设置固定长宽比的切片。如创建一个长度是宽度两倍的切片，输入 2:1 即可。

**固定大小**：设置切片的长度和宽度值，单击需要创建切片的位置，即可创建指定大小的切片。

### ※ 使用参考线创建切片

除去切片工具以外，还有很多的辅助工具可以帮助用户快速地建立切片，例如前面章节中讲过的“参考线”、“图层”等都可以用以分割图片。

## 实战 使用参考线创建切片

第 15 章 / 实战 / 使用参考线创建切片

打开素材图像，如图 15-2-5 所示；按快捷键 Ctrl+R 显示标尺，如图 15-2-6 所示。

图15-2-5

图15-2-6

分别在水平标尺和垂直标尺拖出参考线，设定切片的范围，如图 15-2-7 所示。

选择工具箱中的切片工具，单击其工具选项栏中的“基于参考线的切片”，以基于参考线的划分方式创建切片，如图 15-2-8 所示。

图15-2-7

图15-2-8

### ※ 使用图层创建切片

打开素材图像，如图15-2-9所示。

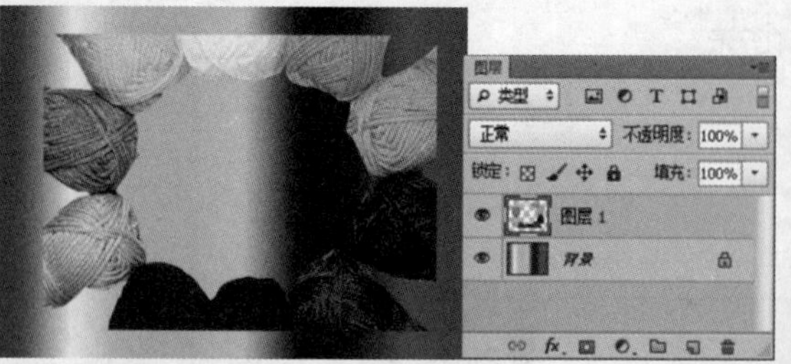

图15-2-9

在“图层”面板中选择“图层1”，如图15-2-10所示，执行【图层】/【新建基于图层的切片】命令即可基于图层创建切片，切片包含了该图层中的所有像素，如图15-2-11所示。

图15-2-10

图15-2-11

如果对图层内容进行移动时，切片区域会随着移动进行自动调整，如图15-2-12所示；缩放图层内容时，切片区域同样会自行调整，如图15-2-13所示。

图15-2-12

图15-2-13

## 15.2.4 编辑切片

### ※ 选择、移动与调整切片

打开素材图像，选择工具箱中的切片选择工具，单击一个切片将其选中，如图15-2-14所示（呈黄色线的切片为选中状态）。如果需要同时选中多个切片，只需按Shift键并单击其他切片，就能添加选择，如图15-2-15所示。

如果要调整切片范围的大小，先选择切片，然后拖动切片定界框上的控制点，如图15-2-16所示，就能对切片进行大小的调整了。

拖动切片可以对切片进行移动，如图15-2-17所示（移动时的切片边框呈虚线状态），按Shift键可以控制切片移动的角度，在垂直、水平或45°对角线的方向上；按Alt键拖动，可以将切片进行复制。

图15-2-14

图15-2-15

图15-2-16

图15-2-17

**Tips 提示**

创建切片后，执行【视图】/【锁定切片】命令，锁定所有切片，以防止切片和切片选择工具修改切片，再次执行该命令可取消锁定。

**技术要点：切片工具选项栏设置**

**调整切片堆叠顺序**：在创建切片时，最后创建的切片是堆叠顺序中的顶层切片。当切片重叠时，可以在工具选项栏中单击该选项中的按钮，改变切片的堆叠顺序，以便能够选择到底层的切片。单击置为顶层按钮，可将所选切片调整到所有切片之上；单击前移一层按钮，可将所选切片向上层移动一个顺序；单击后移一层按钮，可将所选切片向下层移动一个顺序；单击置为底层按钮，可将所选切片移动到所有切片之下。

**提升**：单击该按钮，可以将所选的自动切片或图层切片转换为用户切片。

**划分**：单击该按钮，可以打开“划分切片”对话框对所选切片进行划分。

**对齐与分布切片**：选择多个切片后，可单击该选项中的按钮来对齐或分布切片，这些按钮的使用方法与对齐和分布图层的按钮相同。

**隐藏自动切片**：单击该按钮，可以隐藏自动切片。

**设置切片选项**：单击该按钮，可在打开的“切片选项”对话框中设置切片的名称、类型等。

## 15.2.5 修改切片

选择工具箱中的切片选择工具，单击切片如图15-2-18所示；单击其工具选项栏中的“划分”，弹出“划分切片”对话框，如图15-2-19所示；在对话框中设置沿水平、垂直方向或同时沿这两个方向重新划分切片。

图15-2-18

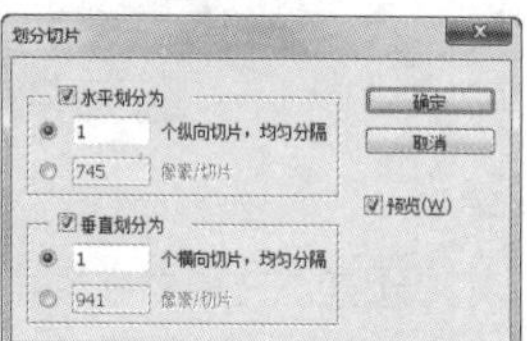

图15-2-19

**技术要点：划分切片的功能设置**

**水平划分为**：在对话框中勾选该选项，可在长度方向上划分切片。有两种划分方式：“各纵向切片”均匀分隔，可设置切片的划分数目；“像素 / 切片”，可设置一个数值，按照指定数目的像素创建切片，若按该像素数目无法平均划分切片，则将剩余部分划分为另一个切片；如将 100 像素宽的切片划分为 3 个 30 像素宽的新切片，则剩余的 10 像素宽的区域将变成一个新的切片。如图 15-2-20 所示为选择“各纵向切片，均匀分隔”后，设置数值为 3 的划分效果；图 15-2-21 所示为选择“像素 / 切片”后，输入数值为 200 像素的划分效果。

图15-2-20

图15-2-21

**垂直划分为**：勾选该项后，可在宽度方向上划分切片，有两种划分方法。图 15-2-22 所示为选择“个横向切片，均匀分隔”选项，设置数值为 3 的划分效果；图 15-2-23 所示为选择“像素 / 切片”选项，设置数值为 200 像素的划分效果。

图15-2-22

图15-2-23

**预览**：在画面中预览切片划分效果。

## 15.2.6 组合与删除切片

### ※ 组合切片

选择工具箱中的切片选择工具，选择两个或更多的切片，如图15-2-24所示；单击鼠标右键，在弹出的菜单中选择“组合切片”选项，可以将所选切片组合为一个切片，如图15-2-25所示。

图15-2-24

图15-2-25

### ※ 删除切片

按Delete键可将选择的一个或多个切片删除。如果要删除所有用户切片和基于图层的切片，可执行【视图】/【清除切片】命令。

## 15.2.7 转换为用户切片

基于图层的切片与图层的像素内容相联系，在对切片进行编辑如移动、组合、划分、调整大小和对齐等操作时，要编辑相应的图层。如果想使用切片工具完成此操作，则需要先将切片转换为用户切片。此外，在图像中，所有自动切片都是链接在一起并共享相同的优化设置，如果想为自动切片设置不同的优化设置，必须将其转换为用户切片。

选择工具箱中的切片选择工具，选择要转换的切片，如图15-2-26所示；单击工具选项栏中的“提升”，即可将其转换为用户切片，如图15-2-27所示。

图15-2-26

图15-2-27

## 15.2.8 设置切片选项

选择工具箱中的切片选择工具，双击切片可以弹出“切片选项”对话框，如图15-2-28所示。

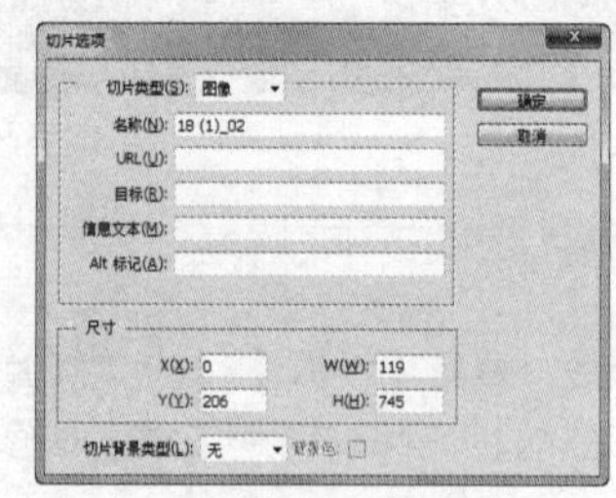


图15-2-28

**切片类型**：可以通过选择不同的类型得到不同的切片。在文件一起导出时，切片数据在Web浏览器中的显示方式。“图像”为默认的类型，得到的切片包含图像数据；选择“无图像”，得到的切片为纯色或HTML文本。由于不包含数据，所以它的下载速度更快，但无法在ImageReady中显示，只能在浏览器中预览；选择“表”得到的切片在导出时作为嵌套表写入到HTML文本文件中。

**名称**：用来设置切片的名称。

**URL**：为切片输入链接的Web地址，在浏览器中单击切片图像时，即可链接到该选项指定的网址。该选项只能用于“图像”切片。

**目标**：设置浏览器跳转时打开页面的方式。

**名称**：设置出现在浏览器中的信息。这些选项只能用于图像切片，并且只会在导出的HTML文件中出现。

**Alt标记**：设置选定切片的Alt文本在图像下载过程中取代图像，并在一些浏览器中作为工具提示出现。

**尺寸**：设置切片的位置、大小、高度。

**切片背景类型**：设置当前所选切片的背景色。

# 15.3 优化并存储网页文件

关键字 Web图形优化选项、Web图形的输出设置

在创建切片后，可对文件的大小进行压缩，以优化图像。有利于在Web上发布图像，较小的文件可以使Web服务器更高效地存储和传输图像，方便用户更快地下载图像。

执行【文件】/【存储为Web所用格式】命令，弹出"存储为Web所用格式"对话框，如图15-3-1所示，在对话框中进行设置。优化功能可以对图像进行优化和输出。

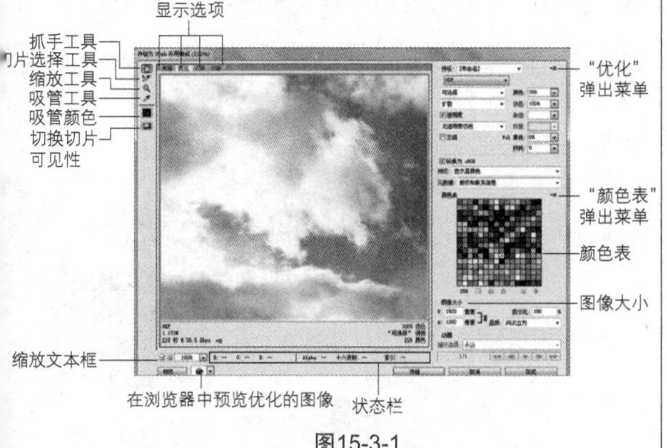

图15-3-1

**显示选项**：单击"原稿"标签，显示没有优化的图像；单击"优化"标签，显示应用了当前优化设置的图像；单击"双联"标签，显示图像的两个版本，即优化前和优化后的图像；单击"四联"标签，显示图像的四个版本，如图15-3-2所示。原图像外的其他三个图像可以进行不同的优化，图像下面提供了优化信息，如优化格式、文件大小、图像估计下载时间等，通过对比选择最佳优化方案。

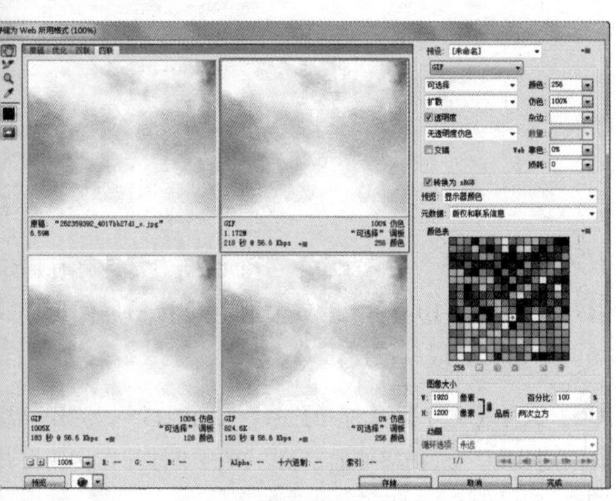
图15-3-2

**缩放工具/抓手工具/缩放文本框**：可以放大图像的显示比例，按Alt键单击则缩小显示比例，也可以在缩放文本框中输入显示百分比。使用抓手工具可以移动查看图像。

**切片选择工具**：图像包含多个切片时，选择该工具来选择窗口中的切片，以便对其进行优化。

**吸管工具/吸管颜色**：在图像中单击，可以拾取单击点的颜色，并显示在吸管颜色图标中。

**切换切片可见性**：单击该按钮可以显示或隐藏切片的定界框。

**"优化"菜单**：包括"存储设置"、"链接切片"、"编辑输出设置"等选项，如图15-3-3所示。

**"颜色表"弹出菜单**：包括与颜色表有关的选项，新建颜色、删除颜色以及对颜色进行排序等，如图15-3-4所示。

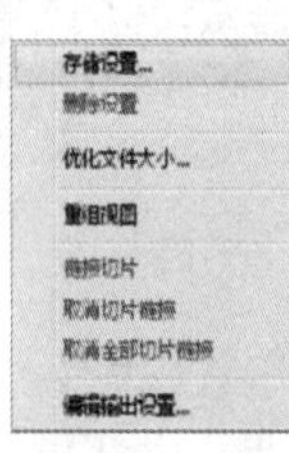

图15-3-3

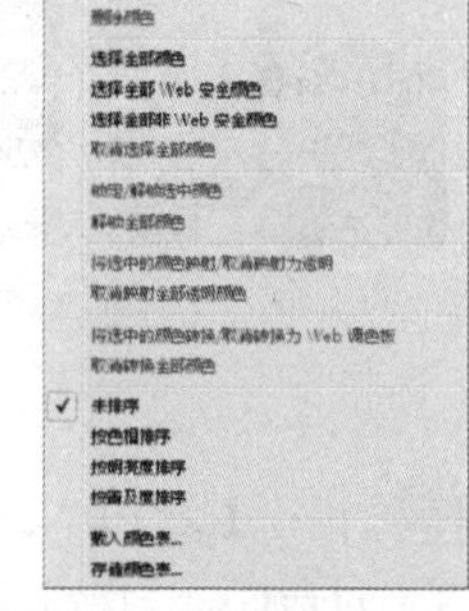
图15-3-4

**颜色表**：将图像优化为GIF、PNG-8和WBMP格式时，可在"颜色表"中对图像颜色进行优化设置。

**图像大小**：设置图像的大小为指定的像素尺寸或原图像大小的百分比。

**状态栏**：显示鼠标所在位置的图像的颜色值等信息。

**在浏览器中预览优化的图像**：单击问号按钮，可在系统上默认的Web浏览器中预览优化后的图像，如图15-3-5所示。预览窗口中会显示图像的题注，并列出了图像的文件类型、像素尺寸、文件大小、压缩规格和其他HTML信息。也可以选择使用其他浏览器，单击下拉菜单按钮，在下拉菜单中选择"其他"选项即可。

图15-3-5

第 15 章 / 训练营 /03 载入颜色表更改图像色调

## 训练营 03 载入颜色表更改图像色调

▲ 在“存储为 Web 所用格式”对话框中的颜色表中，看到该图像的所有颜色信息

▲ 通过扩展菜单中的命令对颜色表中的颜色进行选择、排序、存储

01 执行【文件】/【打开】命令（Ctrl+O），弹出“打开”对话框，选择需要的素材，单击“打开”按钮打开图像，如图15-3-6所示。

图15-3-6

02 执行【文件】/【存储为Web和设备所用格式】菜单命令，如图15-3-7所示。

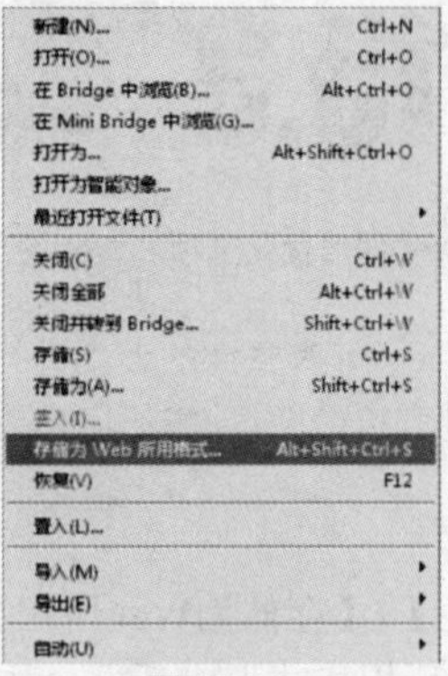
图15-3-7

03 在弹出的“存储为Web 所用格式”对话框中单击“优化”标签，对话框状态如图15-3-8所示。

图15-3-8

04 单击颜色表右上角的扩展按钮，在弹出的菜单中选择“存储颜色表”命令，如图15-3-9所示。

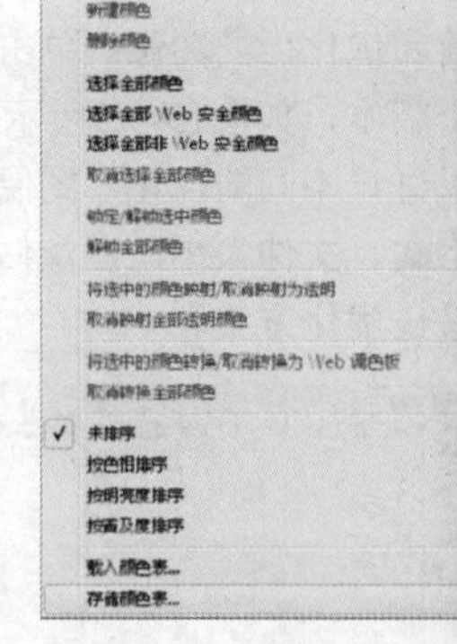
图15-3-9

05 在弹出的“存储颜色表”对话框中，选择存储位置，如图15-3-10所示，单击“保存”按钮，即存储成功，单击“完成”按钮。

06 执行【文件】/【打开】命令（Ctrl+O），弹出“打开”对话框，选择需要的素材，单击“打开”按钮打开图像，如图15-3-11所示。

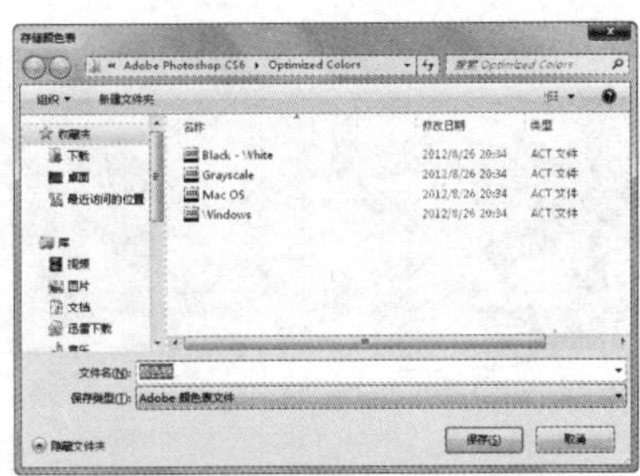
图15-3-10

图15-3-11

07 执行【文件】/【存储为Web所用格式】命令，即弹出“存储为Web和设备所用格式”对话框，如图15-3-12所示。

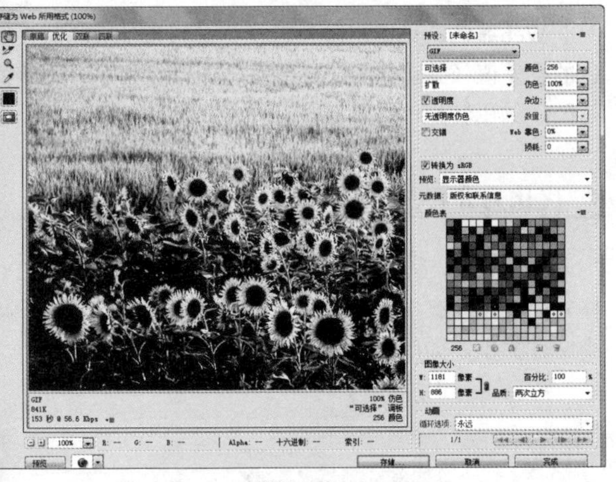
图15-3-12

08 单击颜色表右上角的扩展按钮，在弹出的菜单中选择“载入颜色表”命令，如图15-3-13所示。

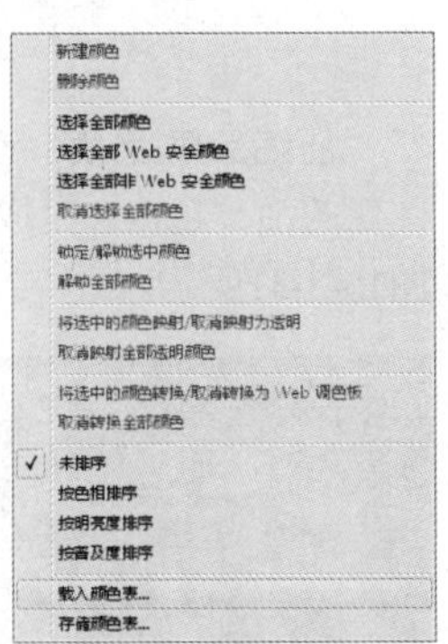
图15-3-13

09 在弹出的“载入颜色表”对话框中选择刚才存储的颜色表，单击“载入”按钮，关闭对话框，切换回“存储为Web所用格式”对话框，如图15-3-14所示。

图15-3-14

10 设置选项后，单击“存储”按钮，保存图像，得到优化选项后的图像效果如图15-3-15所示。

图15-3-15

## 15.3.1 Web图形优化选项

### ※ 优化为GIF和PNG-8格式

GIF是用于压缩单调颜色和清晰细节的图像（如艺术线条、徽标或带文字的插图）的标准格式，它是一种无损的压缩格式。PNG-8格式与GIF格式一样，可以有效地压缩纯色区域，并保留清晰的细节，这两种格式都支持8位颜色，它们可以显示多达256种颜色。在“存储为Web和设备所用格式”对话框中的文件格式下拉列表中可以选择“GIF”或“PNG-8”，将显示它们的优化选项，如图15-3-16和图15-3-17所示。

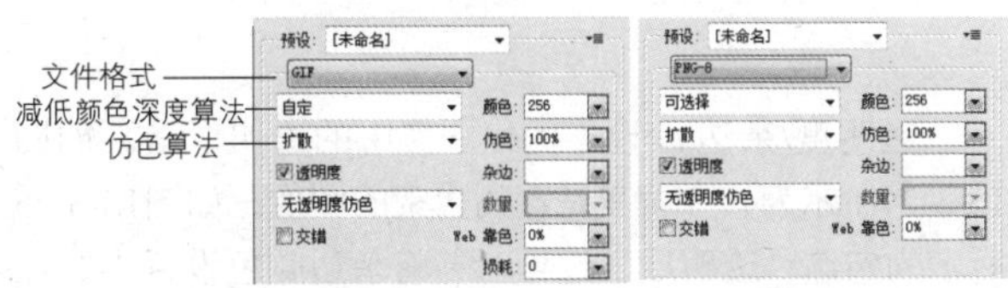

图15-3-16　　图15-3-17

**损耗**：有选择地删除数据来减小文件大小，可将文件减小5%～40%。一般情况下，应用图15-3-18所示的“损耗”值不会对图像产生太大影响；如果数值过高，文件变小，但图像的品质会变差，如图15-3-19所示。

图15-3-18

图15-3-19

**减低颜色深度算法/颜色**：设置生成颜色查找表的方法和要在颜色查找表中使用的颜色数量，如图15-3-20和图15-3-21所示为不同颜色数量的图像效果。

图15-3-20

图15-3-21

**仿色算法/仿色**：“仿色”是指通过模拟电脑的颜色来显示系统中未提供的颜色的方法。高的仿色百分比会使图像中出现更多的颜色和细节，但也会将文件大小改变，如图15-3-22所示为“颜色”设置为50，“仿色”为0%的GIF图像；如图15-3-23所示“仿色”设置为100%的效果。

图15-3-22

图15-3-23

**透明度/杂边**：设置优化图像中的透明像素。如图15-3-24所示为一个背景是透明像素的图像；如图15-3-25所示为勾选“透明度”选项，并将杂边颜色设置为绿色的效果；如图15-3-26所示为勾选“透明度”选项，但未设置杂边颜色的效果；如图15-3-27所示为未勾选“透明度”选项，设置杂边颜色为绿色的效果。

图15-3-24

图15-3-25

图15-3-26

图15-3-27

**交错**：图像文件正在进行下载时，在浏览器中显示图像的分辨率版本，使用户感觉下载时间更短，但会增加文件的大小。

**Web靠色**：设置将颜色转换为最接近的Web面板颜色的容差值（并防止颜色在浏览器中进行仿色）。该值越高，颜色转换的数量越多。

## ※ 优化为JPEG格式

JEPG是压缩连续色调图像的标准格式。图像JEPG格式的优化为有损压缩，它会有选择性地删除数据以减小文件大小，如图15-3-29所示为JEPG选项。

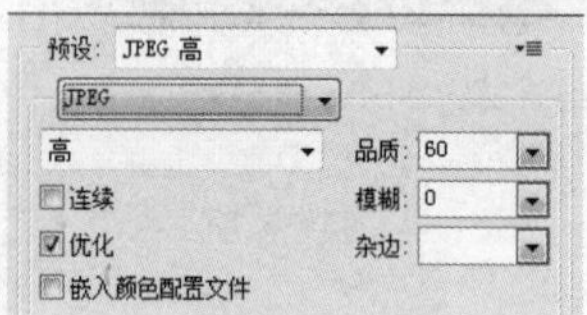

图15-3-28

**压缩品质/品质**：设置压缩程度。“品质”值越高，图像的细节越多，生成的文件也就越大，如图15-3-30和图15-3-31所示。

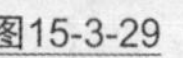
图15-3-29

图15-3-30

**优化**：创建较小的文件。如果要最大限度地压缩文件，建议使用优化的JEPG格式。

**嵌入颜色配置文件**：在优化文件中保存颜色配置文件。某些浏览器会适用颜色配置文件进行颜色的校正。

**模糊**：设置应用于图像的模糊量。与“高斯模糊”滤镜有相同的效果，并进一步压缩文件得到更小的文件。

**杂边**：以原图像中透明的像素设置填充颜色。

**连续**：在Web浏览器中以连续的方式显示图像。

PNG-24适合于压缩连续图像，它可以在图像中保留多达256个透明度级别，但生成的文件要比JEPG格式生成的文件更大。图15-3-31所示为PNG-24优化选项对话框。

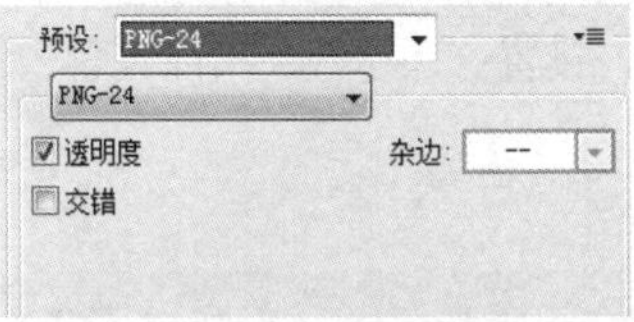

图15-3-31

## ※ 优化为WBMP格式

WBMP格式适用于优化移动设备图像的标准格式。打开素材图像，如图15-3-32所示，在优化选项中进行设置，如图15-3-33所示，得到的图像效果如图15-3-34所示。

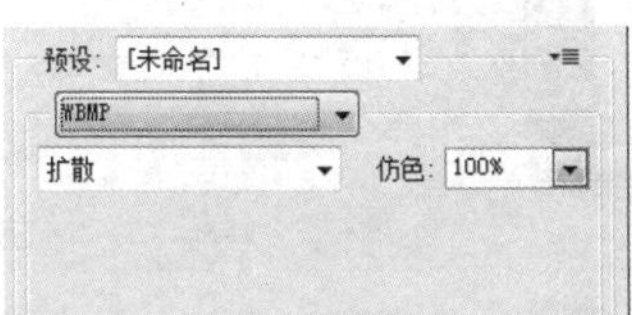


图15-3-32

图15-3-33

图15-3-34

## 15.3.2 Web图形的输出设置

优化Web图形后，在“存储为Web所用格式”对话框的“优化”选项中单击扩展按钮，在下拉菜单中选择“编辑输出设置”选项，如图15-3-35所示，弹出“输出设置”对话框，在对话框中设置具体参数，如图15-3-36所示。

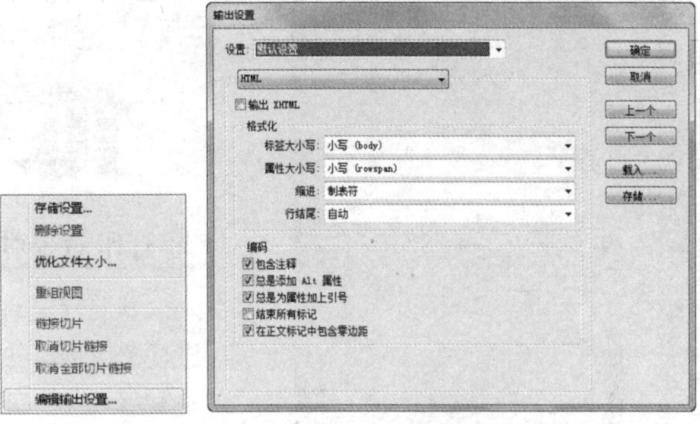


图15-3-35　　图15-3-36

如果要设置预设的输出选项，单击“设置”选项中的下拉菜单按钮，在下拉列表中进行选择，如果要自定义输出选项，在如图15-3-37所示选项的下拉列表中选择“HTML”、“切片”、“背景”或“存储文件”选项，下面会有显示详细的设置内容。

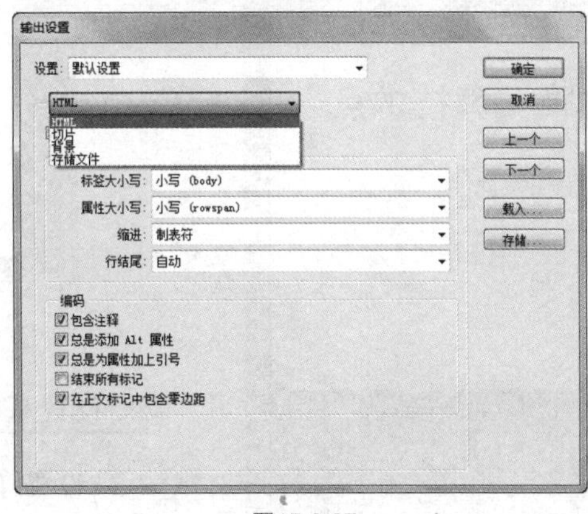


图15-3-37

# 第16章 打印

在 Photoshop CS6 中，要想将绘制好的图像输出打印，需要使用到以下命令，【打印】和【打印一份】命令，可以在弹出的对话框中根据需要进行设置，还可以在最后预览打印的效果。

**本章关键技术点**

▲ 打印选项和页面的设置

▲ 色彩管理基础知识

## 16.1 “打印”对话框

### ※ 打印命令对话框

执行【文件】/【打印】命令，弹出“打印”对话框，在对话框中可以进行图像预览并设置打印机选项，设置打印份数、页面设置、输出选项和色彩管理选项，如图16-1-1所示。

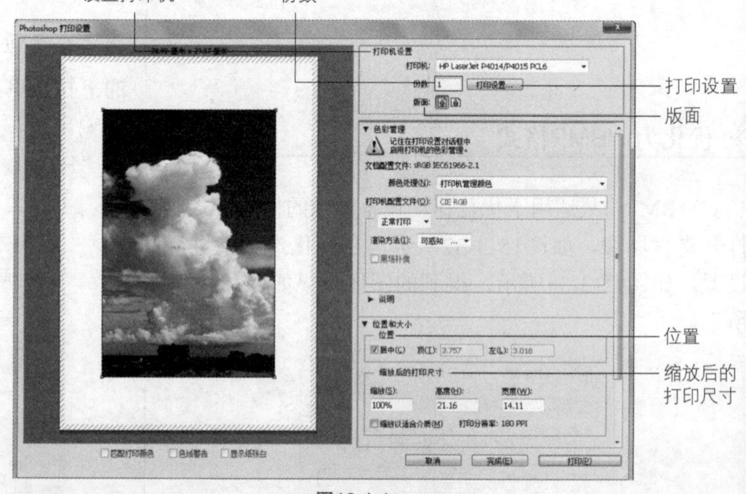


图16-1-1

### ※ 设置基本打印选项

**设置打印机**：单击“打印机”下面的扩展按钮，在弹出的下拉菜单中选择打印机。

**份数**：根据需要设置打印的份数。

**版面**：可以设置横向或纵向打印。

**位置**：勾选“居中”选项时，图像将会在预览区域的中心。如果取消“图像居中”选项，可在预览区域调整图像的位置。

**缩放后的打印尺寸**：用于设置图像缩放后的比例。勾选“缩放以适合介质”选项，在打印区域将自动缩放图像定位于纸张适合的位置；取消“缩放以适合介质”选项，可在“缩放”、“高度”和“宽度”选项中设置图像的具体参数。

**打印选定区域**：勾选该项，可以启用对话框中的裁剪控制功能，通过调整定界框来移动或缩放图像，如图16-1-2所示。

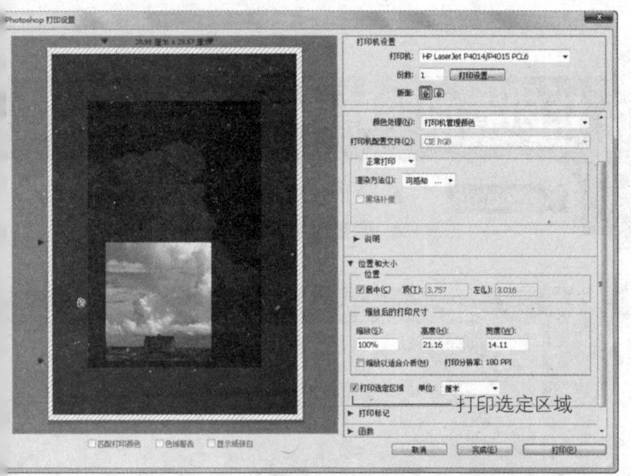


图16-1-2

## ※ 页面设置

单击“打印设置”按钮，弹出如图16-1-3所示对话框，在该对话框中可以设置纸张尺寸、来源和类型等信息。

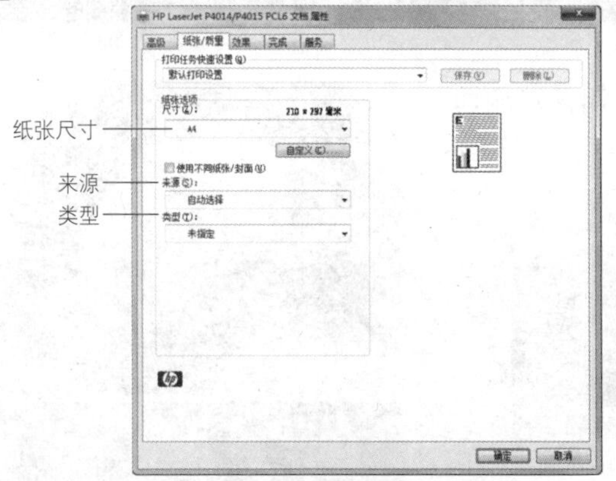


图16-1-3

**纸张尺寸**：单击其扩展按钮，在弹出的下拉菜单中选择纸张的尺寸，也可以通过设置参数设置页面大小（单击“自定义”按钮）。一般情况下打印机使用A4纸打印。

**来源**：可通过该项选择纸张的来源。

**类型**：可通过该项选择纸张的类型，如图16-1-4所示。

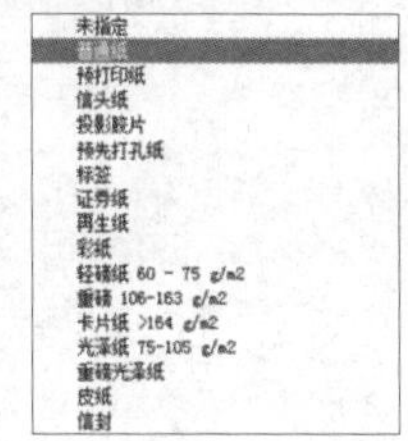


图16-1-4

选择“效果”选项和“完成”选项，如图16-1-5和图16-1-6所示。

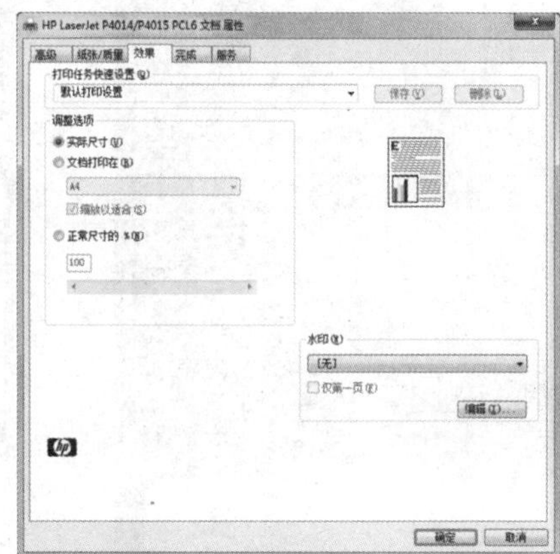

图16-1-5

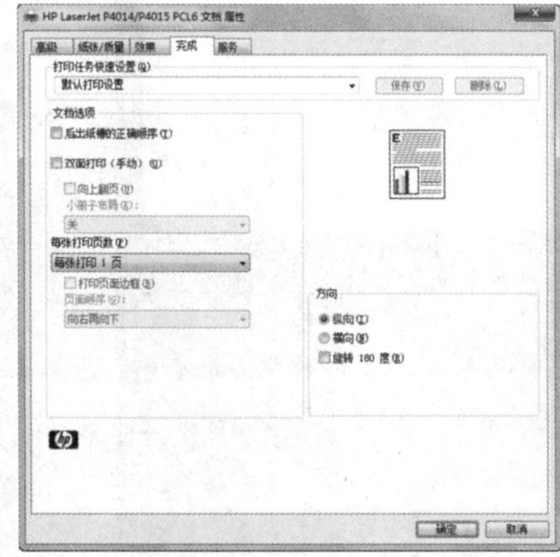

图16-1-6

## 16.2 打印一份

在Photoshop CS6中，执行【文件】/【打开】命令，弹出“打开”对话框，选择需要打印的素材，单击“打开”按钮，再执行【文件】/【打印一份】命令，就可以进行此操作（注：此命令无对话框）。

操作的结果将是直接输出图像。

# 第17章 综合案例



## Effects Case 17.1 让闭着的眼睛睁开

Keywords
▲ 使用套索工具选取眼睛
▲ 调整图层使添加的眼睛自然

### 本章关键技术点

▲ 如何把握场景的整体色调
▲ 灯光的合理调配

01 打开需要的素材图像，如图17-1-1和图17-1-2所示。

图17-1-1

图17-1-2

02 选择工具箱中的套索工具，如图17-1-3所示在人物眼部进行绘制，将选区内的图像拖曳至主文档中。

图17-1-3

03 按快捷键Ctrl+T调出自由变换框，调整图像的大小和位置，将"图层2"的不透明度设置为70%，得到的图像效果如图17-1-4所示。

图17-1-4

**04** 单击“图层”面板上的添加图层蒙版按钮，为“图层2”添加图层蒙版，将前景色设置为黑色，使用画笔工具在眼部多余的图像上进行涂抹，如图17-1-5所示。

图17-1-5

**Tips 提示**

添加图层蒙版后必须将前景色设置为黑色，并确保蒙版为选中状态，然后使用画笔工具在合适部位涂抹，删除不需要的部位。

**05** 单击“图层”面板中的创建新的填充或调整图层按钮，选择“曲线”选项，在调整面板中设置参数，如图17-1-6所示，调整后的图像效果如图17-1-7所示。

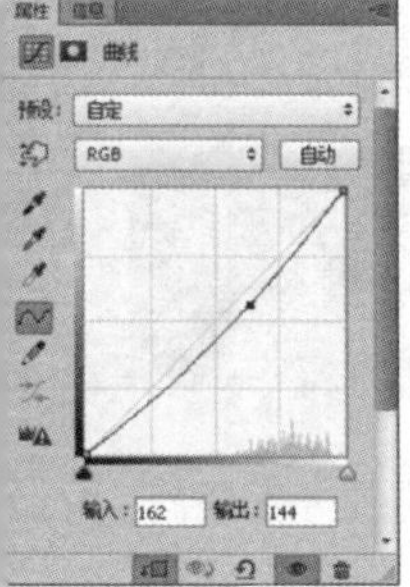



图17-1-6

图17-1-7

**06** 按快捷键Ctrl+Alt+Shift+E盖印可见图层，得到“图层3”，选择工具箱中的加深工具，在其工具选项栏中设置合适大小的笔刷，并将其不透明度设置为20%，在人物眼部进行涂抹，如图17-1-8所示。

图17-1-8

思维扩展

## 为人物添加饰品

要点描述：

移动工具、自由变换、图层蒙版、画笔工具

视频路径：

配套教学→思维扩展→为人物添加饰品.avi

Effects Case 17.2

# 调出淡雅蓝色调

Keywords
▲ 使用调整图层调整图像
▲ 为图像添加文字效果

01 打开需要的素材图像，如图17-2-1所示。

图17-2-1

02 添加“通道混和器”调整图层，参数设置如图17-2-2所示，得到的图像效果如图17-2-3所示。

图17-2-2　图17-2-3

03 添加“色相/饱和度”调整图层，参数设置如图17-2-4所示，得到的图像效果如图17-2-5所示。

图17-2-4　图17-2-5

04 添加“亮度/对比度”调整图层，参数设置如图17-2-6所示，得到的图像效果如图17-2-7所示。

图17-2-6　图17-2-7

05 盖印可见图层，得到“图层1”，复制“背景”图层，为“背景副本”图层添加图层蒙版，前景色设置为黑色，使用柔角画笔在背景和人物区域进行涂抹，图像效果如图17-2-8所示。

图17-2-8

06 为图像添加文字效果，如图17-2-9所示。

图17-2-9

07 新建“图层2”，使用画笔工具在图像中绘制白色，减淡重色调，图像效果如图17-2-10所示。

图17-2-10

# Effects Case 17.3 人像面部的美化技巧

Keywords

▲ 利用【高斯模糊】和【表面模糊】滤镜对人物磨皮
▲ 案例中多处用到蒙版，处理图像过程中经常用到
▲ 彩妆主要用添加调整图层的方法，再通过更改调整图层的不透明度及混合模式融合图像

01 打开需要的素材图像，如图17-3-1所示。

图17-3-1

02 切换至“通道”面板，按Ctrl键单击“红”通道缩览图调出其选区，如图17-3-2所示。

图17-3-2

03 按快捷键Ctrl+J复制选区，得到“图层1”，执行【滤镜】/【模糊】/【高斯模糊】命令，半径设置为5像素，得到的图像效果如图17-3-3所示。

图17-3-3

04 单击“图层”面板上的添加图层蒙版按钮，为“图层1”添加蒙版，将前景色设置为黑色，用画笔在图像中人物的五官区域进行涂抹，图像效果如图17-3-4所示。

图17-3-4

05 按快捷键Ctrl+Alt+Shift+E盖印可见图层，得到“图层2”。执行【滤镜】/【模糊】/【表面模糊】命令，将半径设置为30像素，阈值设置为20色阶，为“图层2”添加蒙版，将前景色设置为黑色，用画笔在图像中人物的五官区域进行涂抹，图像效果如图17-3-5所示。

图17-3-5

06 按快捷键Ctrl+Alt+Shift+E盖印可见图层，得到“图层3”，在“图层”面板上将其图层混合模式设置为“柔光”，执行【滤镜】/【其它】/【高反差保留】命令，将半径设置为70像素，得到的图像效果如图17-3-6所示。

图17-3-6

07 单击“图层”面板上的创建新的填充或调整图层按钮，在弹出的下拉菜单中选择“曲线”选项，在调整面板中设置参数如图17-3-7所示，得到的图像效果如图17-3-8所示。

图17-3-7　图17-3-8

08 使用钢笔工具在图像中绘制如图17-3-9所示的闭合路径，按快捷键Ctrl+Enter将路径转换为选区，设置羽化值为5像素。添加“纯色”调整图层，将颜色色值设置为R0、G240、B255，将其混合模式设置为“颜色”，不透明度设置为30%，图像效果如图17-3-10所示。

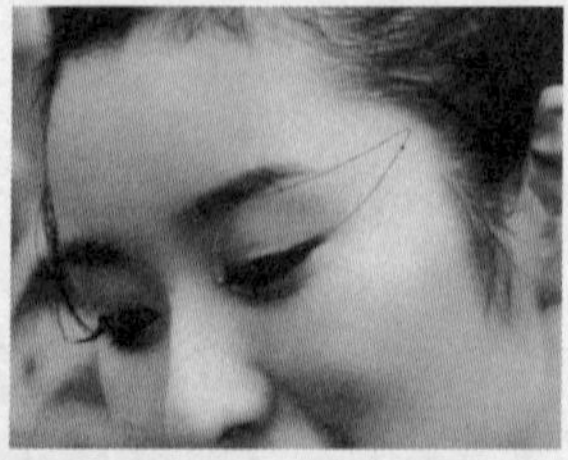
图17-3-9

图17-3-10

09 用钢笔工具在图像中绘制如图17-3-11所示的闭合路径，按快捷键Ctrl+Enter将路径转换为选区，设置羽化值为5像素。添加“纯色”调整图层，将颜色色值设置为R41、G71、B202，将其图层混合模式设置为“颜色”，不透明度设置为50%，图像效果如图17-3-12所示。

图17-3-11　图17-3-12

10 添加“纯色”调整图层，将颜色色值设置为R229、G255、B57，将其图层混合模式设置为“颜色”，不透明度设置为50%，并将其图层蒙版填充为黑色，将前景色设置为白色，用画笔在如图17-3-13所示的位置进行涂抹。

图17-3-13

11 添加“纯色”调整图层，将颜色色值设置为R28、G25、B164，更改图层混合模式为“颜色”，得到的图像效果如图17-3-14所示。

图17-3-14

12 添加“纯色”调整图层，将颜色色值设置为R221、G183、B251，将其图层混合模式设置为“颜色”不透明度设置为60%，得到的图像效果如图17-3-15所示。

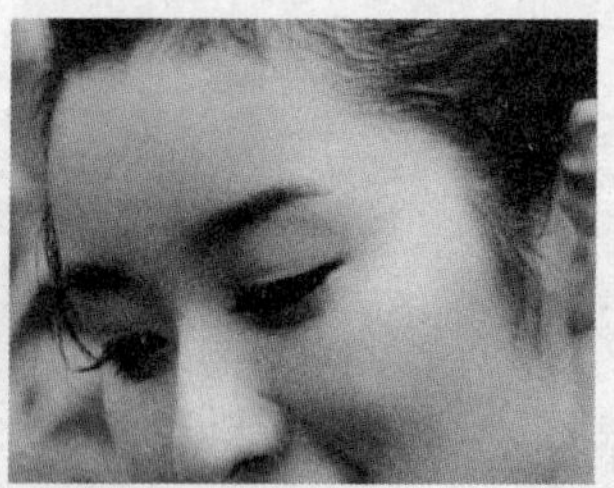
图17-3-15

13 选中“颜色填充1”至“颜色填充5”之间的所有调整图层，将其拖曳至创建新图层按钮上，得到所选调整图层的副本图层。将复制得到的调整图层全部选中，按快捷键Ctrl+T调出自由变换框，水平翻转并移动图像至另一只眼睛处，调整好大小及位置，得到的图像效果如图17-3-16所示。

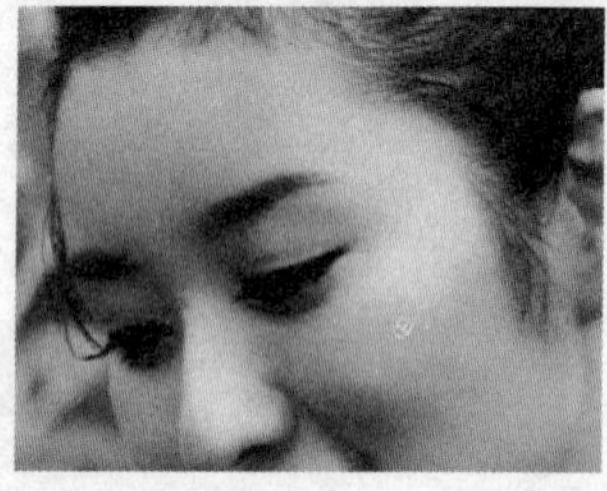
图17-3-16

14 新建“图层4”，选择工具箱中的钢笔工具，在图像中绘制如图17-3-17所示的闭合路径，按快捷键Ctrl+Enter将路径转换为选区，将前景色设置为黑色，按快捷键Alt+Delete填充前景色，图像效果如图17-3-18所示。

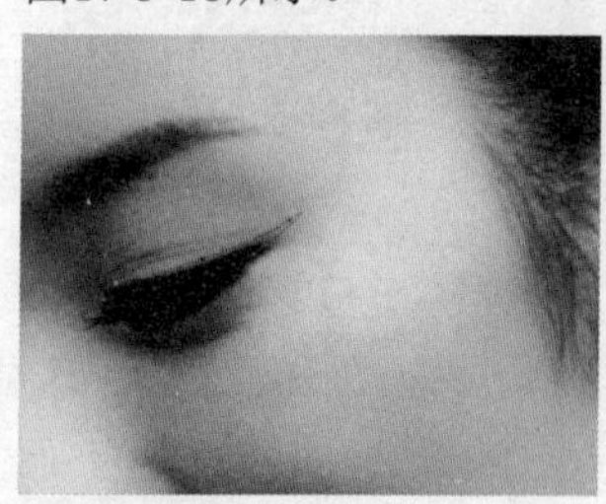
图17-3-17

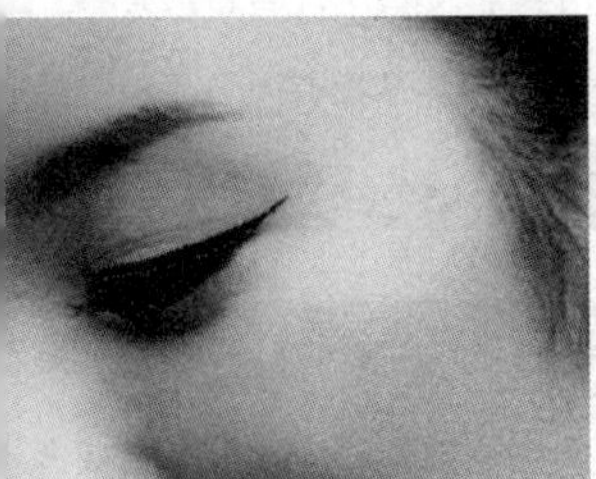
图17-3-18

15 按快捷键Ctrl+D取消选择。为“图层4”添加蒙版，设置前景色为黑色，用画笔对图像进行细致涂抹。并将其图层不透明度设置为50%，得到的图像效果如图17-3-19所示。

图17-3-19

16 使用钢笔工具在图像中绘制如图17-3-20所示的闭合路径，按快捷键Ctrl+Enter将路径转换为选区，将羽化值设置为5像素。添加“纯色”调整图层，将颜色色值设置为R255、G116、B106，将其图层混合模式设置为“颜色”，复制图层，得到“颜色填充6副本”调整图层，将其移动至另外一边脸颊处，得到的图像效果如图17-3-21所示。

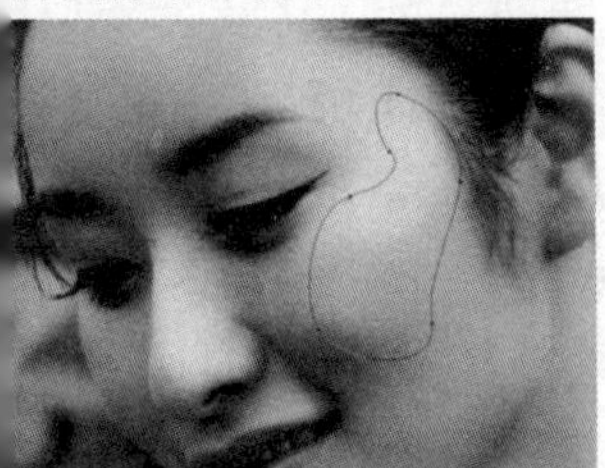
图17-3-20

图17-3-21

17 使用钢笔工具在图像中绘制如图17-3-22所示的闭合路径，按快捷键Ctrl+Enter将路径转换为选区，设置羽化值为1像素。添加“纯色”调整图层，将颜色色值设置为R188、G70、B24，将其图层混合模式设置为“柔光”，得到的图像效果如图17-3-23所示。

图17-3-22

图17-3-23

18 添加“纯色”调整图层，将颜色设置为白色。选择“颜色填充8”调整图层的蒙版，将前景色设置为白色，背景色设置为黑色，按快捷键Ctrl+Delete填充背景色，用画笔涂抹出嘴唇的高光，将其图层混合模式设置为“叠加”，不透明度设置为50%，得到的图像效果如图17-3-24所示。

图17-3-24

19 新建“图层5”，设置不同的前景色和背景色，选择工具箱中的画笔工具，在人物头发处绘制不同颜色的效果，如图17-3-25所示。

图17-3-25

20 将“图层5”的图层混合模式设置为“颜色”，得到的图像效果如图17-3-26所示。

图17-3-26

21 打开需要的素材图像，如图17-3-27所示。将其拖曳至主文档中，生成“图层6”，为“图层6”添加蒙版，将前景色设置为黑色，用画笔在人物面部区域进行涂抹，并将“图层6”的图层混合模式设置为“线性加深”，得到的图像效果如图17-3-28所示。

图17-3-27

图17-3-28

Effects Case

# 17.4 打造梦幻发光的背景效果

Keywords

▲ 使用多边形套索工具绘制不规则选区
▲ 使用【径向模糊】滤镜制作图像效果
▲ 使用【查找边缘】滤镜制作图像效果

After

01 新建文档，具体参数设置如图17-4-1所示。

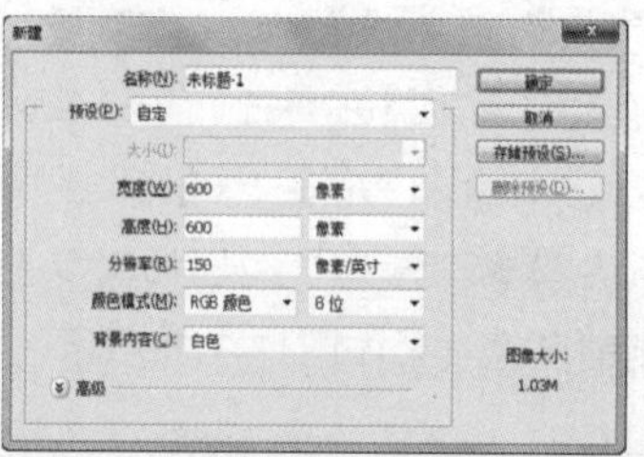

图17-4-1

02 新建“图层1”。选择多边形套索工具，在图像中绘制不规则选区，按快捷键Ctrl+Alt+D调出羽化对话框，将羽化值设置为2像素。将前景色设置为白色，按快捷键Alt+Delete填充前景色，得到的图像效果如图17-4-2所示。

图17-4-2

03 按快捷键Ctrl+D取消选择。执行【滤镜】/【模糊】/【径向模糊】命令，将数量值设置为100，选择“缩放”的模糊方法和“最好”的品质，按快捷键Ctrl+F重复执行3~4次，得到的图像效果如图17-4-3所示。

图17-4-3

04 执行【滤镜】/【风格化】/【查找边缘】命令，得到的图像效果如图17-4-4所示。

图17-4-4

05 执行【图像】/【调整】/【反相】命令（Ctrl+I），得到的图像效果如图17-4-5所示。

图17-4-5

06 执行【滤镜】/【风格化】/【查找边缘】命令，得到的图像效果如图17-4-6所示；执行【图像】/【调整】/【反相】命令（Ctrl+I），得到的图像效果如图17-4-7所示。

图17-4-6

图17-4-7

07 继续执行【滤镜】/【风格化】/【查找边缘】命令，得到的图像效果如图17-4-8所示；执行【图像】/【调整】/【反相】命令（Ctrl+I），得到的图像效果如图17-4-9所示。

图17-4-8

图17-4-9

08 重复【查找边缘】和【反相】命令各两次，得到的图像效果如图17-4-10所示。

图17-4-10

09 选择“图层1 ”，为其添加蒙版，将前景色设置为黑色，用画笔在图像周围和中心部位进行涂抹，得到的图像效果如图17-4-11所示。

10 添加“色相/饱和度”调整图层，设置色相为195，饱和度为73，明度为0，得到的图像效果如图17-4-12所示。

图17-4-11

图17-4-12

11 新建“图层2”。选择矩形选框工具，在图像中间部位绘制小的矩形选区，将前景色色值设置R251、G2、B2，按快捷键Alt+Delete填充前景色，按快捷键Ctrl+D取消选择，得到的图像效果如图17-4-13所示。

图17-4-13

12 在图像中输入文字，设置合适的字体，得到的图像效果如图17-4-14所示。

图17-4-14

## 制作火焰爆炸的光炫背景

要点描述：

添加杂色、阈值、动感模糊、极坐标、径向模糊、云彩、颜色减淡和柔光

视频路径：

配套教学→思维扩展→制作火焰爆炸的光炫背景.avi

Effects Case

# 17.5 解析粗糙的地面材质

Keywords

▲ 使用【添加杂色】滤镜和【光照效果】滤镜制作粗糙的地面效果
▲ 图层添加图层样式制作路面小石子效果
▲ 使用混合模式为人物脚部着色
▲ 添加【色阶】调整图层调整图像的色调

**01** 新建文档，具体参数设置如图17-5-1所示。

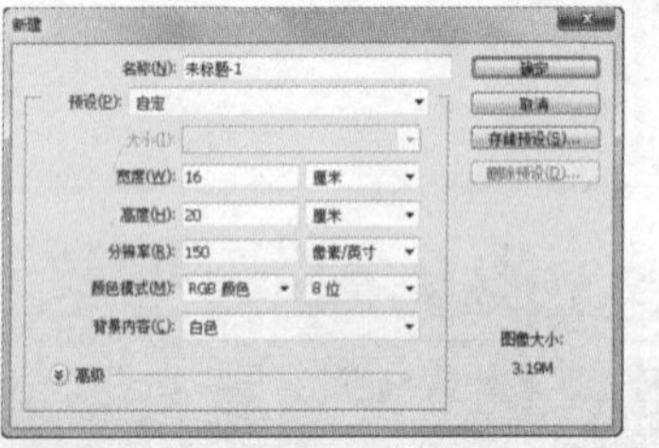


图17-5-1

**02** 将前景色色值设置为R128、G128、B128，按快捷键Alt+Delete填充前景色。执行【滤镜】/【杂色】/【添加杂色】命令，设置数量为400，分布为“高斯分布”，勾选“单色”，得到的图像效果如图17-5-2所示。

图17-5-2

**03** 执行【滤镜】/【渲染】/【光照效果】命令，弹出“光照效果”对话框，具体参数设置如图17-5-3所示，设置完毕后单击“确定”按钮，得到的图像效果如图17-5-4所示。

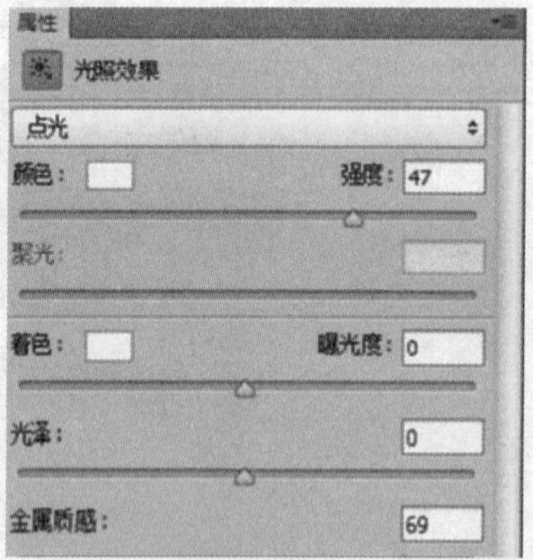


图17-5-3

图17-5-4

**04** 将前景色色值设置为R128、G128、B128，新建“图层1”，快捷键Alt+Delete填充前景色。执行【滤镜】/【杂色】/【添加杂色】命令，设置数量为400，分布为“高斯分布”，勾选“单色”，得到的图像效果如图17-5-5所示。

图17-5-5

**05** 执行【滤镜】/【杂色】/【蒙尘与划痕】命令，设置半径为5像素，阈值为0色阶，得到的图像效果如图17-5-6所示。

**06** 执行【图像】/【调整】/【阈值】命令，设置阈值色阶为1，得到的图像效果如图17-5-7所示。

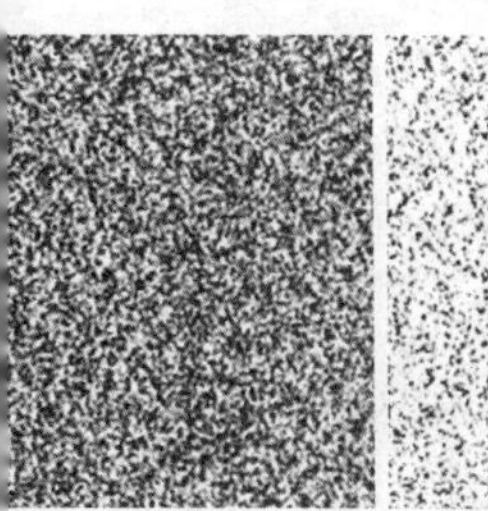

图17-5-6　图17-5-7

**07** 执行【选择】/【色彩范围】命令，在图像中单击黑色区域，选择“取样颜色”，设置颜色容差为31，点选“选择范围”。将“图层1”隐藏，新建“图层2”。将前景色设置为白色，按快捷键Alt+Delete填充前景色，填充完毕后按快捷键Ctrl+D取消选择，得到的图像效果如图17-5-8所示。

图17-5-8

**08** 为“图层2”添加图层蒙版，将前景色设置为黑色，选择画笔工具，设置尖角笔刷，在图像中涂抹，得到的图像效果如图17-5-9所示。

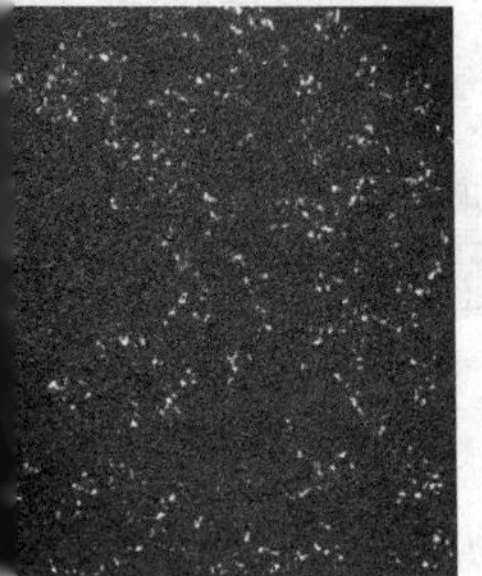

图17-5-9

**09** 选择“图层2”，添加“投影”图层样式，具体参数设置如图17-5-10所示，继续勾选“斜面和浮雕”复选框，具体参数设置如图17-5-11所示。继续勾选“颜色叠加”复选项，将“颜色叠加”色值设置为R240、G240、B240，其他参数设置如图17-5-12所示，得到的图像效果如图17-5-13所示。

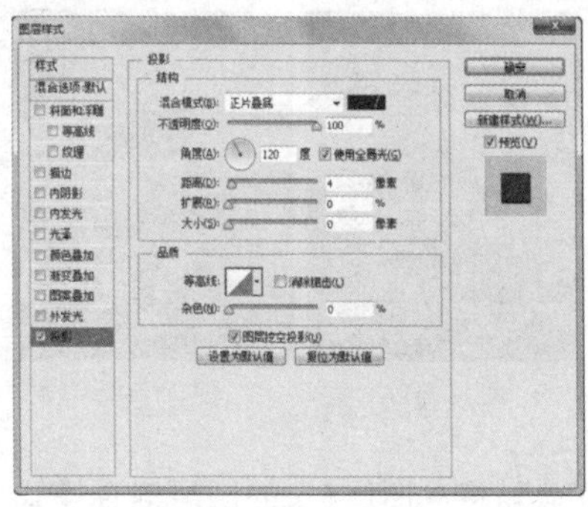

图17-5-10

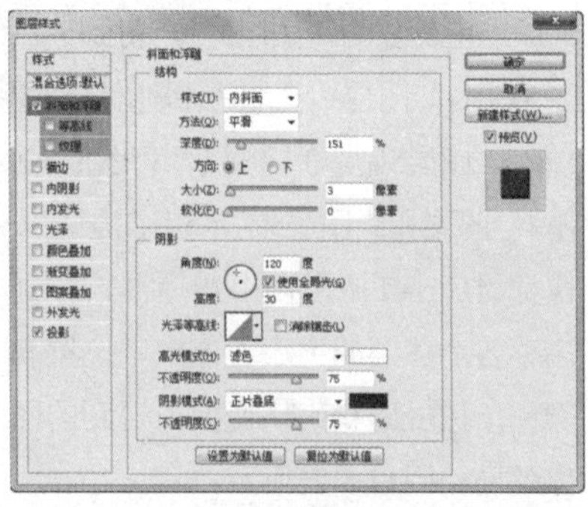

图17-5-11

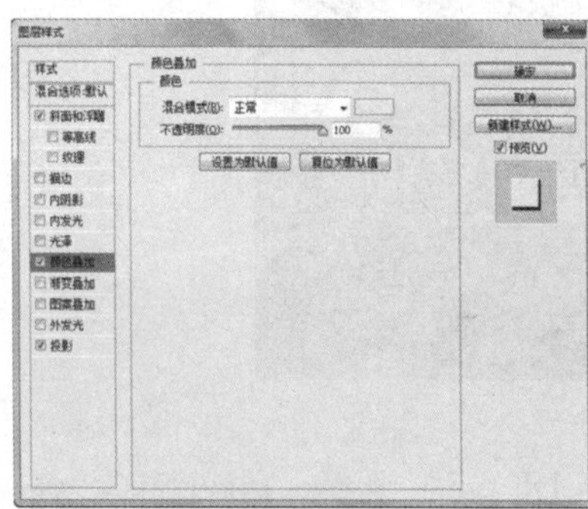

图17-5-12

图17-5-13

**10** 添加“渐变”调整图层，具体参数设置如图17-5-14所示，单击可编辑渐变条，设置名称为“红色、紫色、蓝色”，渐变类型为“实底”，平滑度为100%。将其图层混合模式设置为“正片叠底”，填充设置为58%，得到的图像效果如图17-5-15所示。

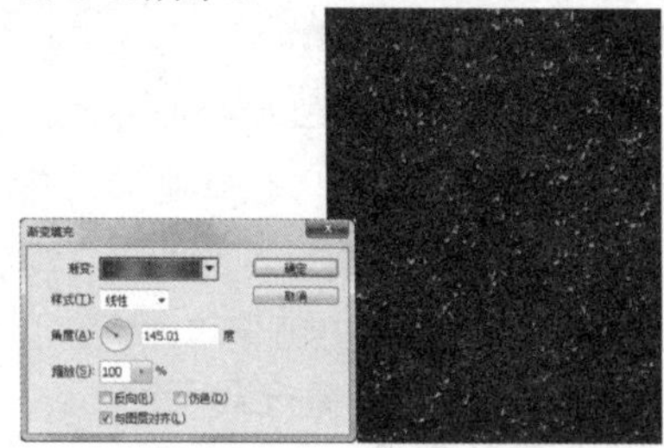

图17-5-14　图17-5-15

**11** 新建“图层3”，选择矩形选框工具，绘制矩形选区，将前景色设置为白色，按快捷键Alt+Delete填充前景色，如图17-5-16所示。按快捷Ctrl+D取消选区。按快捷键Ctrl+T调出自由变换框，调整图像的角度，将其图层混合模式设置为“柔光”，得到的图像效果如图17-5-17所示。

图17-5-16　图17-5-17

**12** 复制“图层3”，得到“图层3副本”图层，按快捷键Ctrl+T调出自由变换框，调整图像的角度和位置，得到的图像效果如图17-5-18所示。按住Ctrl键单击“图层3”缩览图，调出其选区，按Ctrl+Alt+Shift键单击“图层3副本”缩览图，调出两图层之间的交叉选区，如图17-5-19所示。

图17-5-18

图17-5-19

13 为“图层3副本”添加图层蒙版，按快捷键Ctrl+I反相蒙版图像，得到的图像效果如图17-5-20所示。将前景色设置为黑色，选择画笔工具，在图像边缘涂抹。为“图层3”添加图层蒙版，并使用画笔修饰蒙版，得到的图像效果如图17-5-21所示。

图17-5-20

图17-5-21

14 分别复制“图层3”和“图层3副本”图层，得到“图层3副本2”图层和“图层3副本3”图层。

15 打开素材图像，如图17-5-22所示。将素材图像置于主文档中，生成“图层4”，调整图像的大小和位置，得到的图像效果如图17-5-23所示。

图17-5-22

图17-5-23

16 将“图层4”的图层混合模式设置为“深色”，不透明度设置为52%，得到的图像效果如图17-5-24所示。新建“图层5”，将前景色色值设置为R255、G0、B0，选择工具箱中的自定义形状工具，选择名称为“箭头2”的形状，在图像中绘制，得到的图像效果如图17-5-25所示。

图17-5-24

图17-5-25

17 将“图层5”的图层混合模式设置为“颜色加深”，填充设置为50%，重复复制“图层5”，得到“图层5副本”图层、“图层5副本2”图层、“图层5副本3”图层、“图层5副本4”图层和“图层5副本5”图层，按快捷键Ctrl+T调出自由变换框，分别调整各个图层的大小、方向、位置和颜色，按Enter键确认变换，得到的图像效果如图17-5-26所示。

图17-5-26

18 添加“色阶”调整图层，数值分别设置为23、0.87、196，得到的图像效果如图17-5-27所示。

图17-5-27

19 打开素材图像，如图17-5-28所示。选择矩形选框工具，绘制矩形选区，将选区内的图像置于主文档中，生成“图层6”，调整图像的大小和位置，按快捷键Ctrl+Shift+U去色，得到的图像效果如图17-5-29所示。

图17-5-28

图17-5-29

20 为“图层6”添加图层蒙版，将前景色设置为黑色，选择画笔工具，设置柔角笔刷，在图像中涂抹，得到的图像效果如图17-5-30所示。新建“图层7”，将其置于“图层6”下方。选择画笔工具，在人物脚部涂抹，得到的图像效果如图17-5-31所示。

图17-5-30

图17-5-31

21 为“图层7”添加图层蒙版，将前景色设置为黑色，选择画笔工具，在图像中涂抹，将其图层填充值设置为77%，得到的图像效果如图17-5-32所示。新建“图层8”，将“图层8”置于“图层6”的下方，选择多边形套索工具，在图像中创建多边形选区，如图17-5-33所示。

图17-5-32

图17-5-33

22 将前景色设置为黑色，按快捷键Alt+Delete填充前景色，填充完毕后按快捷键Ctrl+D取消选择，将“图层8”的填充设置为35%，得到的图像效果如图17-5-34所示。

图17-5-34

23 选择“图层6”，执行【滤镜库】/【艺术效果】/【海报边缘】命令，设置边缘厚度为2，边缘强度为1，海报化为2，得到的图像效果如图17-5-35所示。

图17-5-35

24 添加“色阶”调整图层，数值分别设置为34、1.00、243，按快捷键Alt+Ctrl+G为“图层6”创建剪贴蒙版，得到的图像效果如图17-5-36所示。

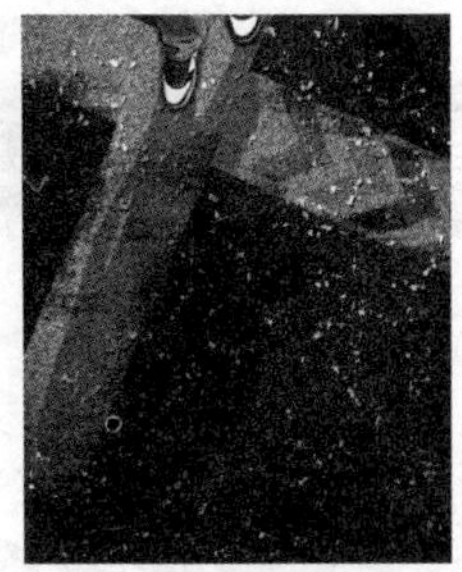
图17-5-36

25 新建“图层9”，将“图层9”的图层混合模式设置为“柔光”，将选择工具箱中的画笔工具，前景色设置为不同的颜色，在其工具选项栏中设置柔角笔刷，在图像中涂抹，得到的图像效果如图17-5-37所示。为图像添加文字及装饰性图案，得到的图像效果如图17-5-38所示。

图17-5-37

图17-5-38

## 沙滩文字

要点描述：

添加杂色、文字工具、斜面和浮雕、收缩选区、亮度/对比度

视频路径：

配套教学→思维扩展→沙滩文字.avi

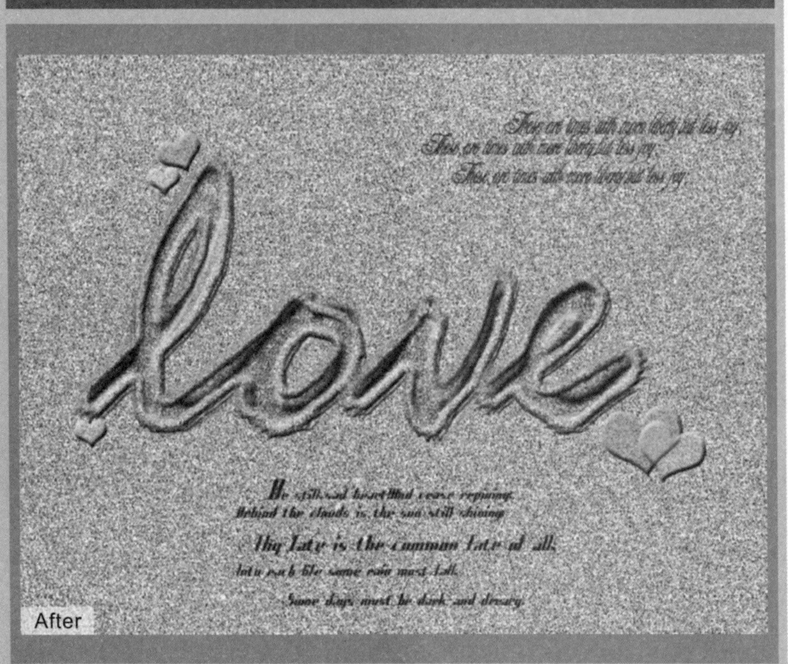

# Effects Case 17.6 制作水晶图标效果

Keywords

▲ 使用调整图层调整图像
▲ 应用【变形】命令及渐变效果创建图像中主体物的投影效果

01 新建文档，具体设置如图17-6-1所示。

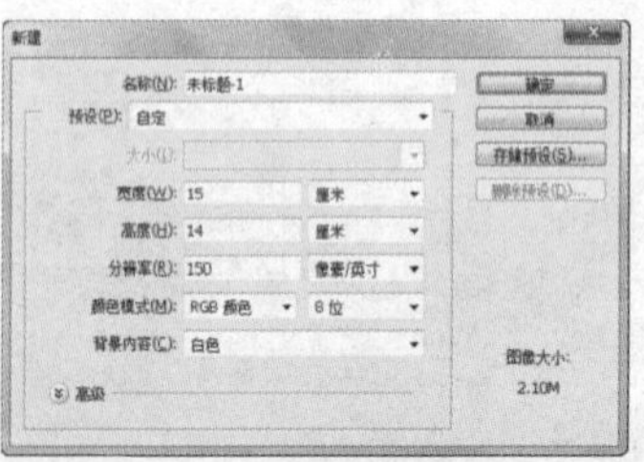
图17-6-1

02 打开所需素材，如图17-6-2和图17-6-3所示。

图17-6-2

图17-6-3

03 将素材图像拖曳至主文档中，生成“图层1”和“图层2”，得到的图像效果如图17-6-4所示。

图17-6-4

04 为图像添加“色相/饱和度”调整图层，按快捷键Alt+Ctrl+G为调整图层创建剪贴蒙版，具体设置如图17-6-5所示，得到的图像效果如图17-6-6所示。

图17-6-5　图17-6-6

05 将“背景”图层和“图层1”盖印可见图层，生成“图层3”。选择“图层3”，执行【编辑】/【变换】/【垂直翻转】命令，将图像翻转，如图17-6-7所示。

图17-6-7

06 显示“背景”图层和“图层1”。选择工具箱中的选框工具，在“图层3”中创建选区并将所创建的选区拖曳至如图17-6-8所示的位置。

图17-6-8

07 执行【编辑】/【变换】/【变形】命令，将选区内的图像变形，制作投影效果。用同样的方法选择长方形的窄边并执行【变形】命令，得到的图像效果如图17-6-9所示。

图17-6-9

08 为“图层3”添加图层蒙版。将前景色设置为黑色，选择工具箱中的渐变工具，由下至上在图层蒙版中填充渐变，将“图层3”的不透明度设置为75%，得到的图像效果如图17-6-10所示。

图17-6-10

09 选择“色相/饱和度”调整图层，新建“图层4”。选择工具箱中的画笔工具，将画笔设置为柔角，不透明度为30%，在“图层4”中绘制图像的阴影部分，得到的图像效果如图17-6-11所示。

图17-6-11

## 思维扩展 解析鲜果的水晶材质

要点描述：
钢笔工具、加深和减淡工具、调整图层、图层样式
视频路径：
配套教学→思维扩展→解析鲜果的水晶材质.avi

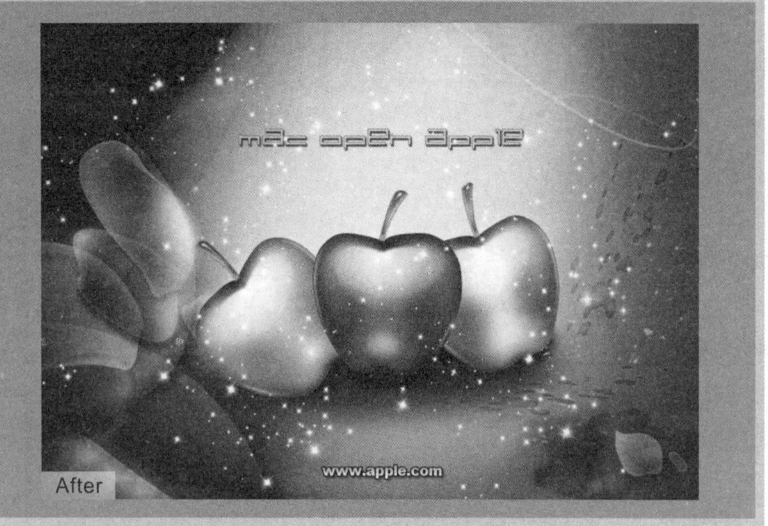


## 思维扩展 解析三维界面质感

要点描述：
矩形选框工具、圆角矩形工具、渐变、图层样式
视频路径：
配套教学→思维扩展→解析三维界面质感.avi

CH 17/ 案例源文件 /17.7 手机展示设计

Effects Case 17.7

# 手机展示设计

Keywords

▲ 添加调整图层调整图像的色调
▲ 使用文字工具为图像添加文字增强效果

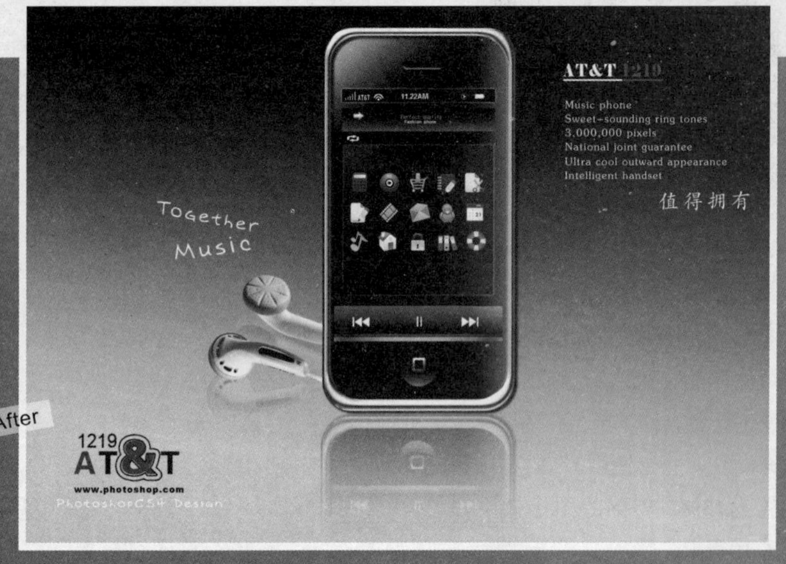


01 新建文档，具体参数设置如图17-7-1所示。

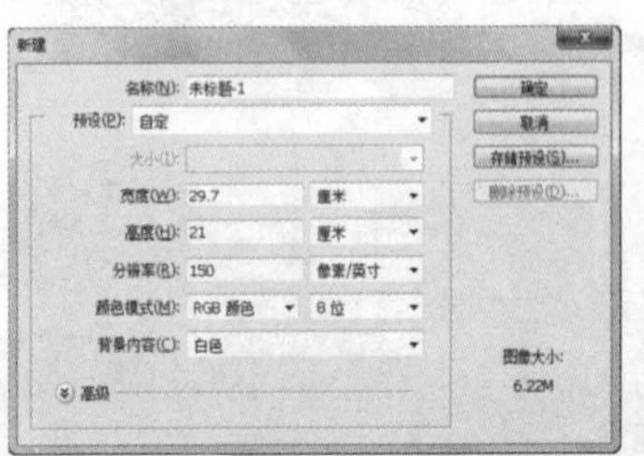
图17-7-1

02 新建“图层1”，将前景色设置为黑色，背景色设置为白色。选择渐变工具，设置由前景到背景的渐变类型，在图像中由上向右下拖动鼠标填充线性渐变，得到的图像效果如图17-7-2所示。

图17-7-2

03 选择工具箱中的圆角矩形工具，在其工具选项栏中选择“形状”选项，将半径设置为45像素，在图像中绘制图形，“图层”面板得到“形状1”图层；打开“样式”面板，选择“光面铬黄”样式，得到的图像效果如图17-7-3所示。

图17-7-3

04 选择“形状1”图层的矢量蒙版缩览图，选择圆角矩形工具，在工具选项栏中选择“形状”选项，将半径设置为65像素，选择“减去顶层形状”选项，在图像中进行绘制，得到的图像效果如图17-7-4所示。

图17-7-4

05 执行【图层】/【图层样式】/【缩放效果】命令，将“缩放”设置为50%，得到的图像效果如图17-7-5所示。

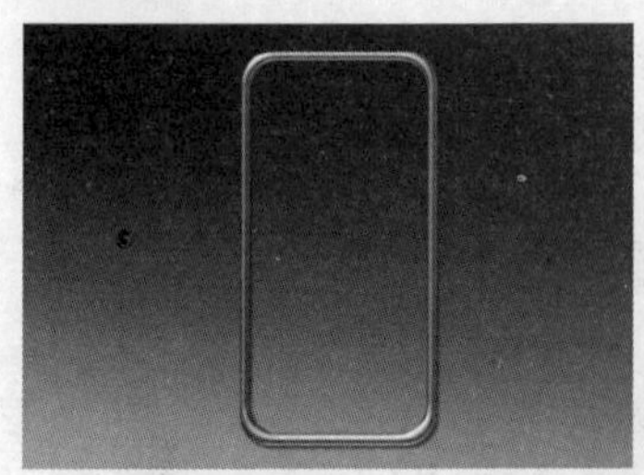
图17-7-5

06 添加“色阶”调整图层，数值分别设置为0、1.20、255，得到的图像效果如图17-7-6所示。

图17-7-6

07 选择“色阶1”调整图层，按快捷键Alt+Ctrl+G创建剪贴蒙版。将“色阶1”调整图层和“形状1”图层同时选中，按快捷键Ctrl+Alt+E合并图层，得到“色阶1（合并）”图层，将图层混合模式设置为“叠加”，不透明度设置为75%，得到的图像效果如图17-7-7所示。

图17-7-7

**Tips 提示**

通过调整“色阶”和合并图像后改变图层混合模式，来加强金属材质的质感。

08 新建“图层2”，选择圆角矩形工具，单击填充像素按钮，将半径设置为65像素，模式设置为“正常”，不透明度为100%。将前景色设置为黑色，在图像中进行绘制，得到的图像效果如图17-7-8所示。

图17-7-8

09 新建“图层3”，按住Ctrl键单击“图层2”缩览图，调出其选区。将前景色设置为白色，选择渐变工具，选择前景色到透明渐变类型，在选区中由左上角向右下方拖动鼠标填充线性渐变，并将“图层3”的图层不透明度设置为68%，得到的图像效果如图17-7-9所示。

图17-7-9

10 保持选区不变，选择“色阶1（合并）”图层，新建“图层4”。将前景色设置为白色，选择渐变工具，选择前景色到透明渐变类型，在选区中由右向左拖动鼠标填充线性渐变，并将“图层4”的不透明度设置为49%，按快捷键Ctrl+D取消选择，得到的图像效果如图17-7-10所示。

图17-7-10

11 新建“组1”，新建“图层5”。选择矩形选框工具，在图像中绘制选区。将前景色设置为黑色，按快捷键Alt+Delete填充前景色，得到的图像效果如图17-7-11所示。

图17-7-11

12 添加“外发光”图层样式，具体参数设置如图17-7-12所示，得到的图像效果如图17-7-13所示。

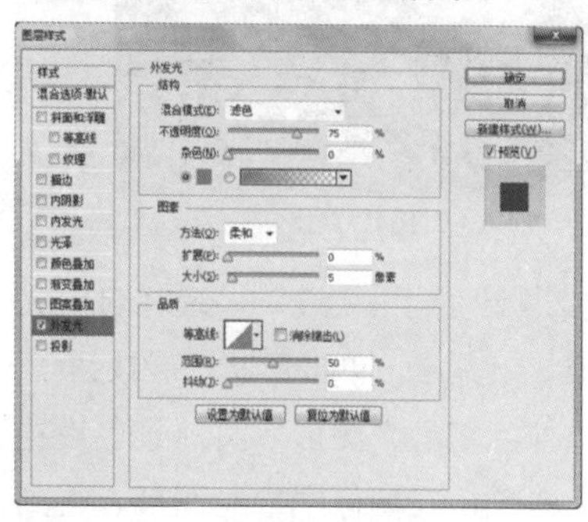
图17-7-12

图17-7-13

**Tips 提示**

“图层样式”对话框中，外发光颜色色值为 R150、G150、B142。

13 选择“图层5”，新建“图层6”。选择圆角矩形工具，将半径设置为65像素，模式设置为“正常”，不透明度为100%。将前景色设置为黑色，在图像中进行绘制。添加“斜面和浮雕”图层样式，具体参数设置如图17-7-14所示，设置完毕后单击“确定”按钮，得到的图像效果如图17-7-15所示。

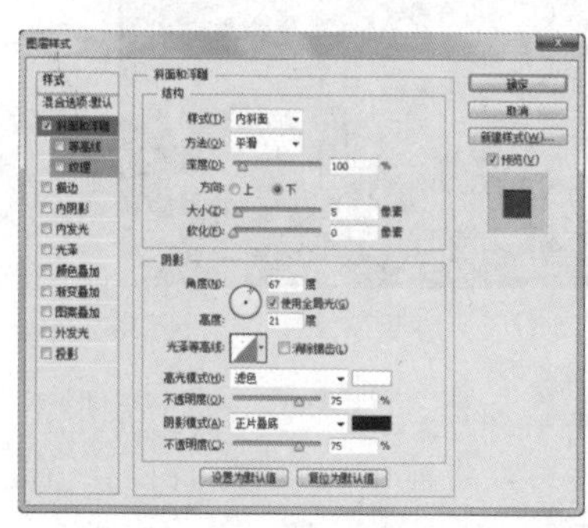
图17-7-14

图17-7-15

14 新建“图层7”。选择自定义形状工具，单击形状扩展按钮，选择“靶心”图形。将前景色设置为白色，在图像中绘制图形，得到的图像效果如图 17-7-16所示。

图17-7-16

15 选择钢笔工具，在图像中绘制闭合路径，按快捷键Ctrl+Enter键将路径转换为选区，如图17-7-17所示。为其添加图层蒙版，得到的图像效果如图17-7-18所示。

图17-7-17

图17-7-18

16 新建“图层8”，选择矩形工具，将前景色设置为白色，在图像中绘制出两个矩形，按快捷键Alt+Delete填充前景色。执行【编辑】/【描边】命令，设置宽度为1像素，位置为“居外”，混合模式为“正常”，不透明度为100%，得到的图像效果如图17-7-19所示。

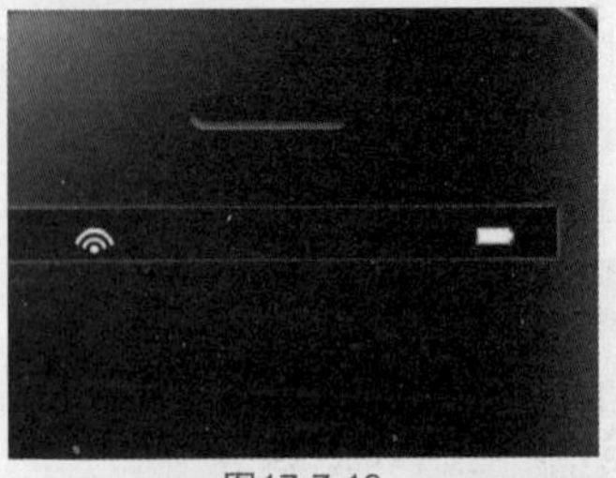
图17-7-19

**Tips 提示**

“描边”对话框中，描边颜色色值为 R115、G115、B115。

17 新建“图层9”，选择矩形工具，将前景色设置为白色，在图中绘制多个长短不同的矩形，按快捷键Alt+Delete填充前景色，如图17-7-20所示。

图17-7-20

18 新建“图层10”，选择自定义形状工具，选择“前进”图形。将前景色设置为白色，在图像中绘制图形，得到的图像效果如图17-7-21所示。

图17-7-21

19 将前景色设置为白色，在图像中输入文字，设置合适的字体和大小，得到的图像效果如图17-7-22所示。

图17-7-22

20 新建“组2”，新建“图层11”。在图像中绘制矩形选区。将前景色设置为黑色，背景色设置为白色，选择渐变工具，选择前景色到背景色渐变类型，在选区中由上向下拖动鼠标填充线性渐变，并将“图层11”图层的不透明度设置为87%，按快捷键Ctrl+D取消选择，得到的图像效果如图17-7-23所示。

图17-7-23

21 添加“外发光”图层样式，具体参数设置如图17-7-24所示，得到的图像效果如图17-7-25所示。

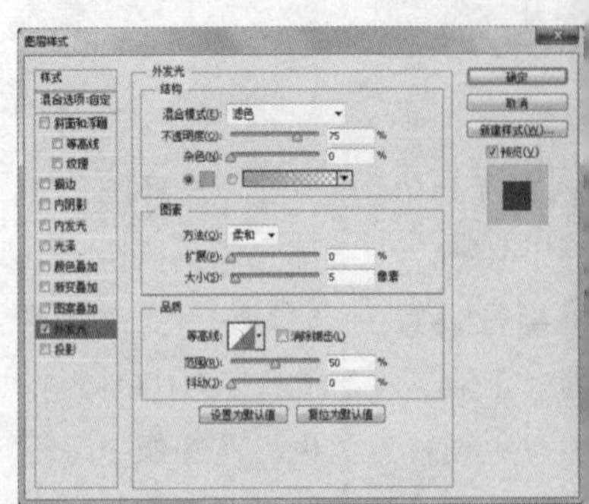
图17-7-24

图17-7-25

**Tips 提示**

“图层样式”对话框中，外发光颜色色值为 R197、G197、B148。

**22** 新建“图层12”，选择自定义形状工具，选择“箭头20”图形。将前景色设置为白色，在图像中绘制图形，得到的图像效果如图17-7-26所示。

图17-7-26

**23** 复制“图层12”，得到“图层12副本”图层。按快捷键Ctrl+T调出自由变换框，单击鼠标右键选择“旋转180度”选项，按Enter键确认变换。选择工具箱中的移动工具，将其向下移动，得到的图像效果如图17-7-27所示。

图17-7-27

**24** 选择自定义形状工具，选择“箭头9”形状，将前景色设置为白色，在图像中绘制图形。切换至“样式”面板，选择“条纹布”，得到的图像效果如图17-7-28所示。

图17-7-28

**25** 将前景色设置为白色，在图像中输入文字，设置合适的字体和大小，得到的图像效果如图17-7-29所示。

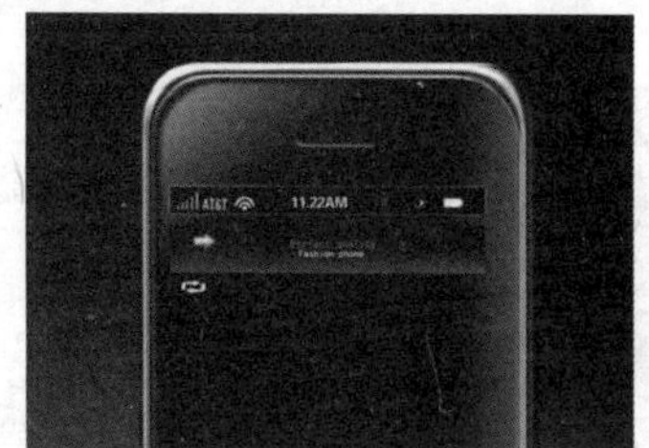

图17-7-29

**26** 新建“组3”，新建“图层14”。在图像中绘制矩形选区。将前景色设置为黑色，按快捷键Alt+Delete填充前景色，得到的图像效果如图17-7-30所示。

图17-7-30

**27** 添加“外发光”图层样式，具体参数设置如图17-7-31所示，得到的图像效果如图17-7-32所示。

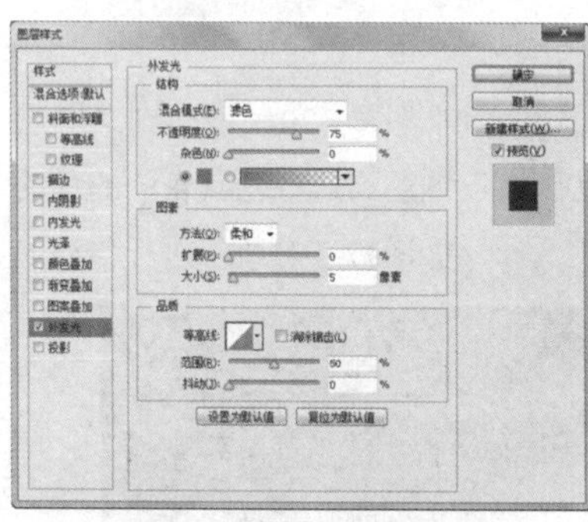

图17-7-31

图17-7-32

**Tips 提示**

“图层样式”对话框中，外发光颜色色值为 R143、G143、B143。

**28** 按住Ctrl键单击“图层14”缩览图，调出其选区。新建“图层15”，前景色设置为白色，选择渐变工具，选择前景色到透明渐变类型，在选区中由左上角向右下方拖动鼠标填充线性渐变，将“图层15”的图层不透明度设置为33%，得到的图像效果如图17-7-33所示。

图17-7-33

**29** 选择“图层15”，新建“图层16”。选择渐变工具，在选区中由右向左拖动鼠标填充线性渐变，并将“图层16”的不透明度设置为28%，按快捷键Ctrl+D取消选择，得到的图像效果如图17-7-34所示。

图17-7-34

**Tips 提示**

在这里，依然使用前景色到透明的渐变类型，前景色为白色，因为上一步已经设置，所以在此无需再设置。

**30** 打开素材图片，如图17-7-35所示。将其移动至主文档中，命名为“图层17”，得到的图像效果如图17-7-36所示。

图17-7-35

图17-7-36

31 新建“组4”，新建“图层18”。在图像中绘制矩形选区。将前景色色值设置为R173、G173、B173，按快捷键Alt+Delete填充前景色，得到的图像效果如图17-7-37所示。

图17-7-37

32 选择“图层18”，选择工具箱中的加深工具，在其工具选项栏中选择柔角笔刷，在其工具选项栏中设置合适的曝光度，在图像两端进行涂抹，得到的图像效果如图17-7-38所示。

图17-7-38

33 新建“图层19”，在图像中绘制矩形选区。将前景色设置为黑色，背景色设置为白色，选择渐变工具，选择前景色到背景色的渐变类型，在选区中由下向上拖动鼠标填充线性渐变，并将“图层19”的图层不透明度设置为51%，按快捷键Ctrl+D取消选择，得到的图像效果如图17-7-39所示。

图17-7-39

34 新建“图层20”，选择自定义形状工具，选择“三角形”图形。将前景色设置为白色，在图像中绘制图形。按快捷键Ctrl+T调出自由变换框，单击鼠标右键，选择“旋转90度（顺时针）”选项，按Enter键确认变换，得到的图像效果如图17-7-40所示。

图17-7-40

35 复制“图层20”，得到“图层20副本”图层。选择工具箱中的移动工具，如图17-7-41所示进行移动。

图17-7-41

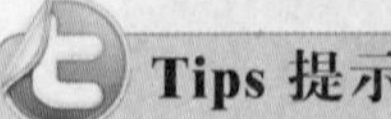

**Tips 提示**

在移动图像时，可按住Shift键，同时按键盘中的上、下、左、右移动键进行调整图像。

36 新建“图层21”，选择矩形工具，在其工具选项栏中单击填充像素按钮，模式设置为“正常”，不透明度为100%。将前景色设置为白色，在图像中绘制小一点的长条矩形，得到的图像效果如图17-7-42所示。

图17-7-42

37 同时选中“图层21”、“图层20副本”图层和“图层20”，按快捷键Ctrl+Alt+E合并图层，得到“图层21（合并）”图层。按快捷键Ctrl+T调出自由变换框，单击鼠标右键，选择“旋转180度”选项，按Enter键确认变换。选择移动工具，将其向左移动，得到的图像效果如图17-7-43所示。

图17-7-43

38 新建“图层22”，选择矩形工具，在其工具选项栏中选择“像素”选项，模式设置为“正常”，不透明度为100%。将前景色设置为白色，在图像中绘制矩形，复制“图层22”，得到“图层22副本”图层，选择工具箱中的移动工具，如图17-7-44所示进行移动。

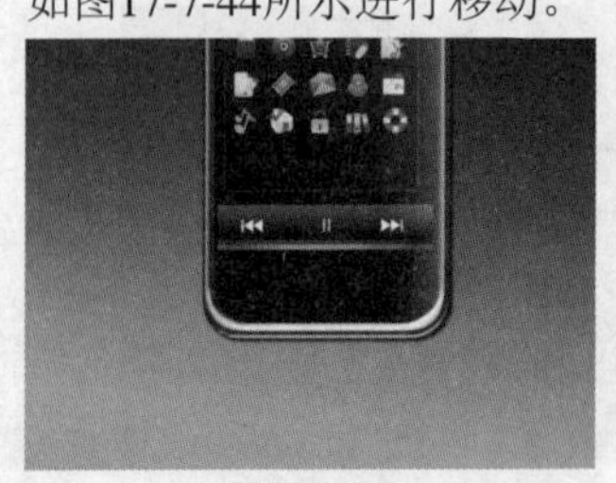

图17-7-44

39 选中“组1”、“组2”和“组3”，选择移动工具，将图像整体向右移动，得到的图像效果如图17-7-45所示。

图17-7-45

**Tips 提示**

此步操作是为了调整手机里图像的位置，使图像整体看上去协调。

40 选择“组4”，新建“图层23”，在图像中绘制正圆选区，按住Alt键从选区中减去上半部分选区，得到的图像效果如图17-7-46所示。

图17-7-46

41 保持选区不变，将前景色设置为白色，选择渐变工具，选择前景色到透明渐变类型，在选区中由下向上拖动鼠标填充线性渐变，并将“图层23”的图层不透明度设置为63%，得到的图像效果如图17-7-47所示。

图17-7-47

42 选择自定义形状工具，选择“圆角方形边框”，在图像中绘制图形，“图层”面板得到“形状2”图层，选择“铬黄”样式，得到的图像效果如图17-7-48所示。

图17-7-48

43 选中除“背景”图层和“图层1”之外的所有图层，按快捷键Ctrl+Alt+E合并图层，得到“形状2（合并）”图层。按快捷键Ctrl+T调出自由变换框，单击鼠标右键，选择“垂直翻转”选项，按Enter键确认变换。选择移动工具，将其向下移动，得到的图像效果如图17-7-49所示。

图17-7-49

44 将其不透明度设置为33%。新建“图层24”，选中“图层24”和“形状2（合并）”图层，按快捷键Ctrl+Alt+E合并图层，得到“图层24（合并）”图层。隐藏“图层24”和“形状2（合并）”图层，为“图层24（合并）”图层添加图层蒙版，选择“图层24（合并）”的蒙版缩览图，将前景色设置为黑色，背景色设置为白色，选择渐变工具，选择前景色到背景色渐变类型，在图像中由下向上拖动鼠标填充线性渐变，得到的图像效果如图17-7-50所示。

图17-7-50

45 添加“亮度/对比度”调整图层，设置亮度为16，对比度为14，“图层”面板得到“亮度/对比度”调整图层，得到的图像效果如图17-7-51所示。

图17-7-51

46 打开需要的素材图片，如图17-7-52所示。将其移动至主文档中，得到“图层25”，并置于“图层1”的上方，得到的图像效果如图17-7-53所示。

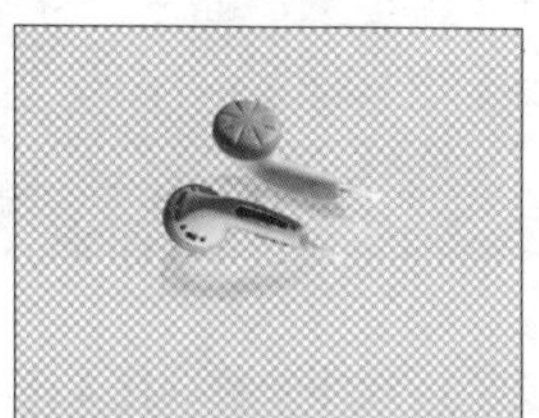

图17-7-52

图17-7-53

47 选择“亮度/对比度1”调整图层，新建“组5”。在图像中输入文字，调整字体的大小和位置，得到的图像效果如图17-7-54所示。

图17-7-54

**Tips 提示**

文字是对产品的说明，同时也是画面的点缀，设计好版式，能凸显画面的完美。

Effects Case 17.8

# 制作烈火燃烧的文字

Keywords

▲ 为文字图层添加图层样式制作图像的效果
▲ 使用【液化】滤镜制作图像效果
▲ 使用橡皮擦工具擦除多余部分
▲ 更改图层混合模式制作图像效果

01 新建文档，具体参数设置如图17-8-1所示。

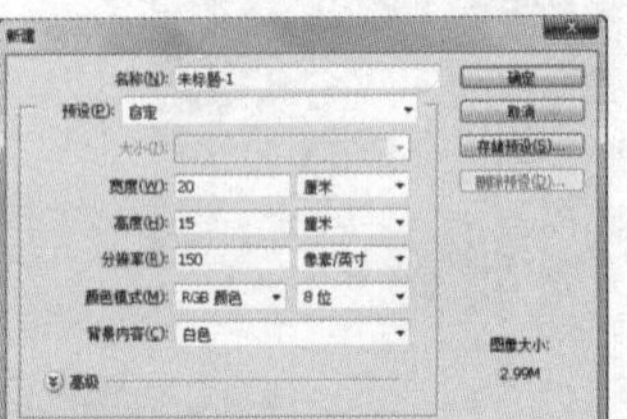

图17-8-1

02 选择“背景”图层，将前景色设置为黑色，按快捷键Alt+Delete填充前景色，选择工具箱中的横排文字工具，在文档中输入文字，如图17-8-2所示。

图17-8-2

03 单击“图层”面板上的添加图层样式按钮，在弹出的下拉菜单中选择“外发光”选项，弹出“图层样式”对话框，具体参数设置如图17-8-3所示。

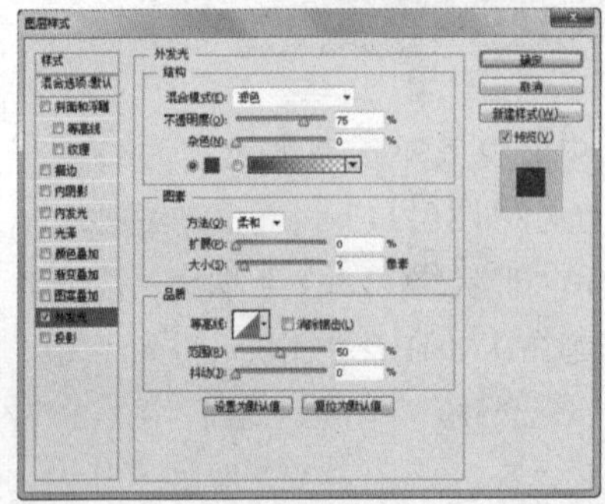

图17-8-3

04 设置完毕后继续勾选“内发光”复选框，具体参数设置如图17-8-4所示。

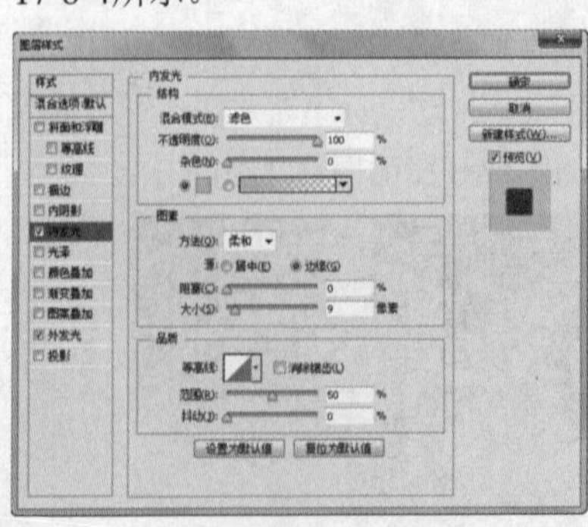

图17-8-4

05 继续勾选“颜色叠加”复选框，参数设置：混合模式为“正常”，颜色色值R255、G120、B0，不透明度为100%。继续勾选“光泽”复选框，具体参数设置如图17-8-5所示。

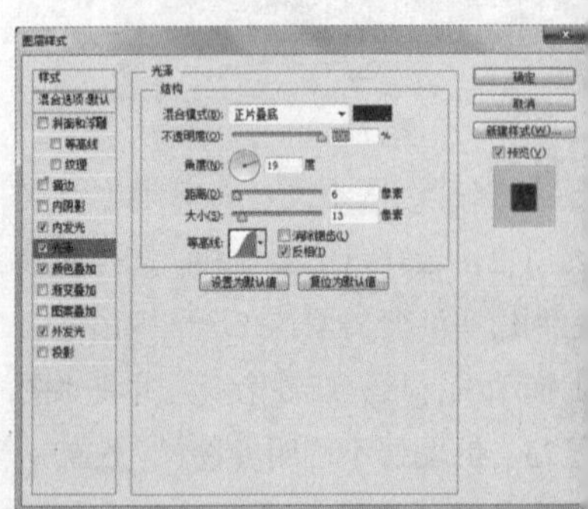

图17-8-5

06 设置完毕后单击“确定”按钮，得到的图像效果如图17-8-6所示。

图17-8-6

**07** 选择“文字”图层，在“文字”图层上单击鼠标右键，选择“栅格化文字”。选择工具箱中的橡皮擦工具，将文字的上部擦去，得到的图像效果如图17-8-7所示。

图17-8-7

**08** 执行【滤镜】/【液化】命令，弹出“液化”对话框，选择向前变形工具，在文字边缘绘制波浪效果，具体设置如图17-8-8所示。设置完毕后单击“确定”按钮，得到的图像效果如图17-8-9所示。

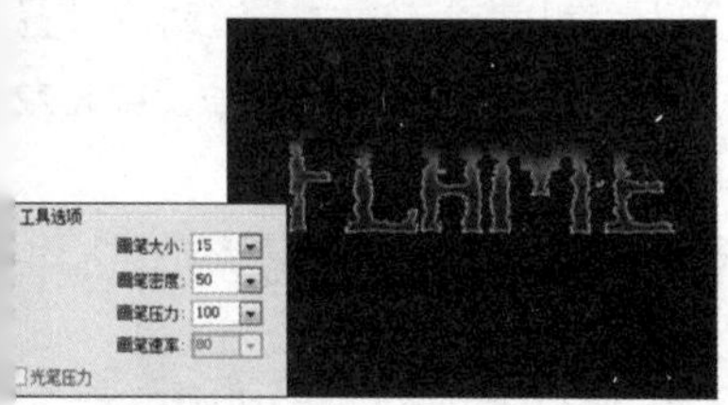


图17-8-8　　图17-8-9

**09** 打开素材图像，切换至“通道”面板，选择“绿”通道，按Ctrl键单击“绿”通道的缩览图，调出选区，切换回“图层”面板，如图17-8-10所示。

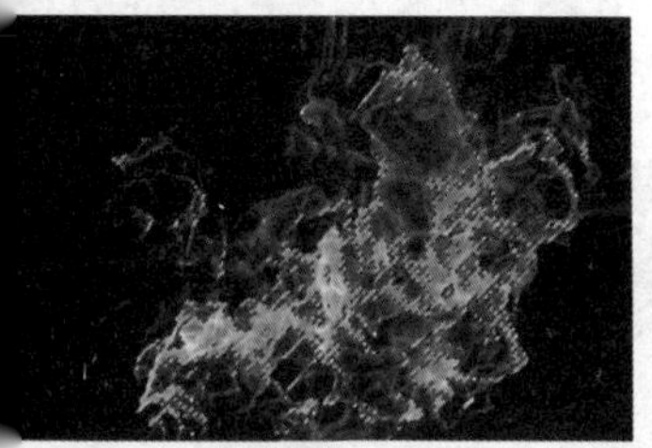

图17-8-10

**Tips 提示**

刚才是利用通道来载入选区的，在移动时必须将每个通道都设为可见，否则移动过去的图像可能会是黑白的。

## 技术要点：【液化】滤镜

主要通过对图片的变形达到夸张的艺术效果，对图片进行修整的功能。可以用来扩大、缩小或扭曲图像，结合了几种重要工具和滤镜的功能，例如有涂抹工具、球面化、扭曲等；也可用来修图，例如把人变胖，变瘦，都可以用滤镜中的液化效果来完成。

“液化”对话框中提供了“液化”滤镜的工具、选项和图像预览，如图1所示。它包含有“工具选项”、“重建选项”、“蒙版选项”和“视图选项”四个部分。

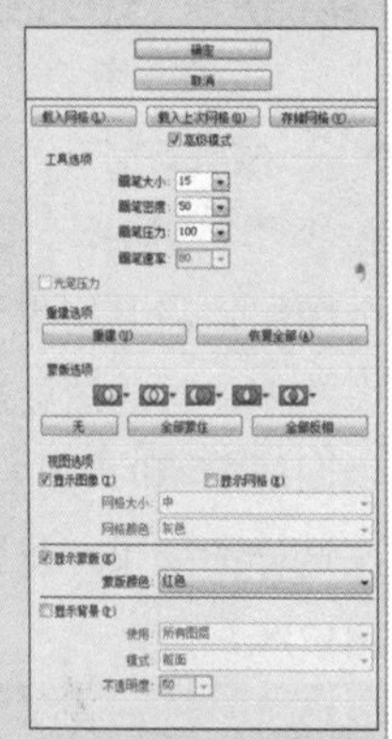

图1

它给出的工具很多，每个工具都可以做出各种新奇的效果。在这里介绍几个常见的：

**向前变形工具**：单击鼠标左键在图像上拖动，图像中的像素会跟着拖动痕迹发生变化，如图2所示。

**顺时针旋转扭曲工具**：调整好画笔的大小，在图像上单击鼠标左键并按住不放，图像上的像素会自动产生旋转扭曲，如图3所示。

**褶皱工具、膨胀工具**：使用方法和顺时针旋转扭曲工具相同，如图4和图5所示。

图2

图3

图4

图5

**重建工具**：是一个绝对需要的工具，当你对自己做的变形不满意时，用它在图像上扫过可以将那部分的像素还原到原来的状态，如图6所示。

图6

**10** 选择工具箱中的移动工具，将选区的内容移至主文档中，得到“图层1”，得到的图像效果如图17-8-11所示。

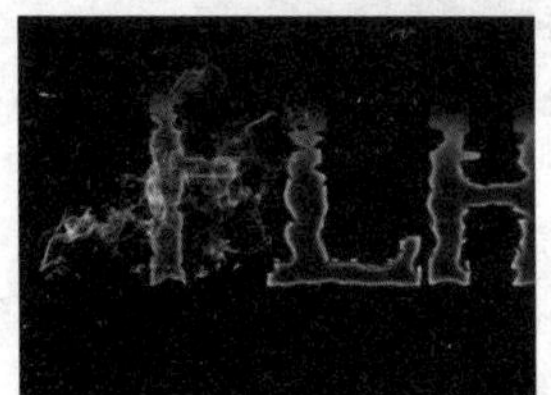

图17-8-11

**11** 选择工具箱中的橡皮擦工具，将多余的火焰部分擦去，只留下在文字周围缭绕的火焰。得到的图像效果如图17-8-12所示。

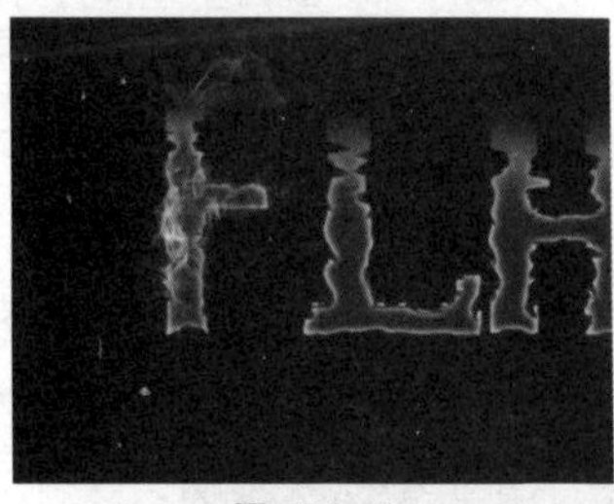

图17-8-12

**12** 复制“图层1”，得到“图层1副本”图层。将其不透明度设置为30%，图层混合模式设置为“叠加”，得到的图像效果如图17-8-13所示。

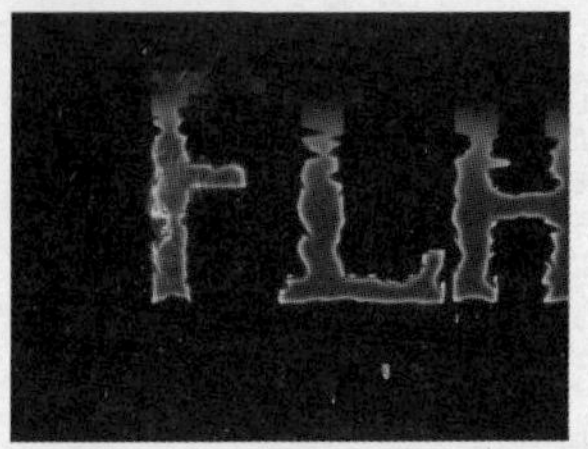

图17-8-13

**13** 按住Shift键单击“图层1”和“图层1副本”图层，选中这两个图层，将其拖曳至“图层”面板中的创建新的图层按钮上，得到“图层2”和“图层3”，多重复几次这样的效果，得到的图像效果如图17-8-14所示。

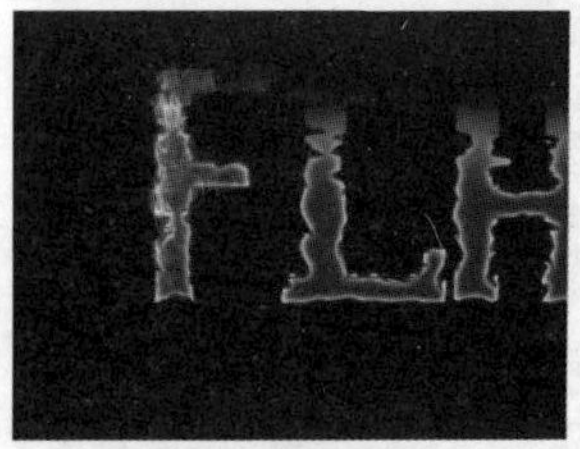

图17-8-14

**14** 用同样的方法制作其他的火焰字体，得到的图像效果如图17-8-15所示。

图17-8-15

**15** 打开素材图像，选择工具箱中的移动工具，将图像拖曳至主文档中，得到“图层11”，移动至“背景”图层的上方，如图17-8-16所示。

图17-8-16

**16** 新建“图层7”，移动至“图层6”的上方，将前景色设置为黑色，按快捷键Alt+Delete填充前景色，将其不透明度设置为50%，选择工具箱中的橡皮擦工具，将图像中木地板的部分擦除，得到的图像效果如图17-8-17所示。

图17-8-17

**17** 新建“图层8”，移动至“图层7”的上方，将前景色设置为黑色，按快捷键Alt+Delete填充前景色，选择工具箱中的椭圆工具，在图像中绘制选区，如图17-8-18所示。

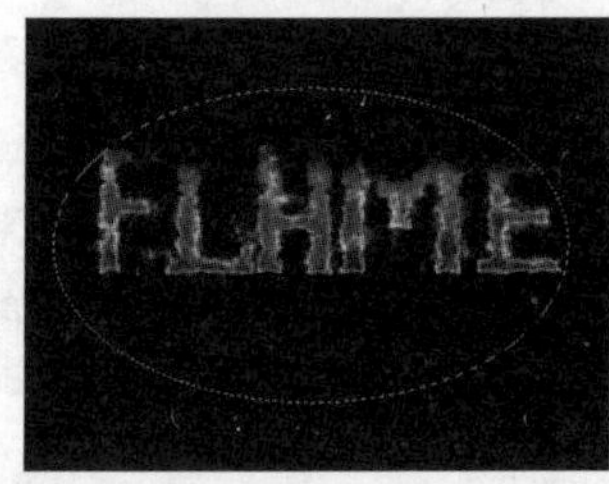


图17-8-18

**18** 执行【选择】/【修改】/【羽化】命令，弹出“羽化”对话框，参数设置为100像素，设置完毕后单击“确定”按钮，按Delete键删除，得到的图像效果如图17-8-19所示。

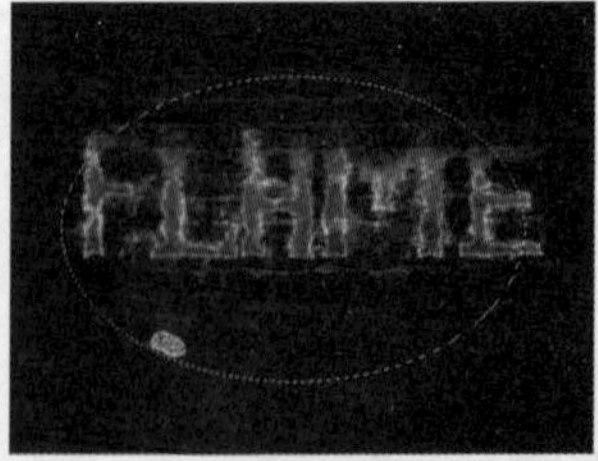


图17-8-19

**19** 按快捷键Ctrl+D取消选区，选择工具箱中的橡皮擦工具，将图像中木地板的部分擦除，得到的图像效果如图17-8-20所示。

**20** 新建“图层9”移动至顶层，将前景色色值设置为R254、G0、B0，选择工具箱中的画笔工具，在图像中绘制三个比较大的圆点，得到的图像效果如图17-8-21所示。

图17-8-20

图17-8-21

**21** 将“图层9”的图层混合模式设置为“颜色减淡”，不透明度设置为50%，得到的图像效果如图17-8-22所示。

图17-8-22

**22** 选择工具箱中的横排文字工具，在图像中输入文字，得到的图像效果如图17-8-23所示。

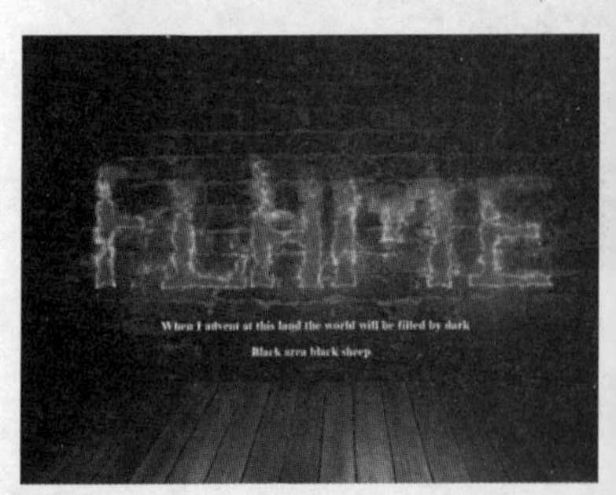


图17-8-23

Effects Case 17.9

# 制作立体流溢的文字

Keywords

▲ 运用移动复制的方法，制作文字立体效果

▲ 通过改变图层混合模式，达到图像的融合效果

**01** 新建文档，具体参数设置如图17-9-1所示。

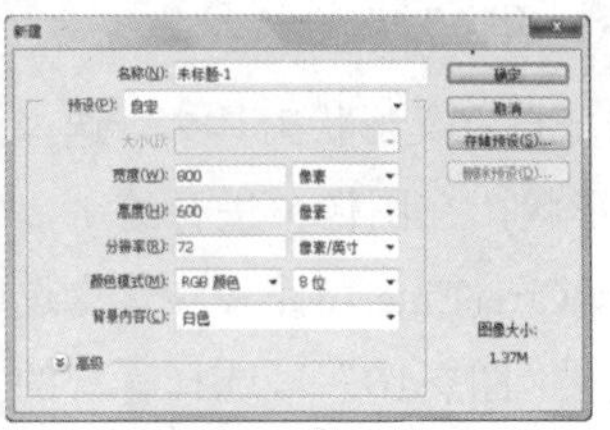

图17-9-1

**02** 将前景色色值设置为R54、G211、B235，背景色色值设置为R17、G53、B118，选择渐变工具，选择从前景色到背景色的渐变类型，单击对称渐变按钮，在图像中填充渐变，图像效果如图17-9-2所示。

图17-9-2

**03** 在图像中输入文字，设置合适的字体及字号，颜色设置为白色，图像效果如图17-9-3所示。

图17-9-3

**04** 复制文字图层，得到文字副本图层，执行【图层】/【栅格化】/【文字】命令，在图像中绘制矩形选区，选区效果如图17-9-4所示，按快捷键Ctrl+J复制选区内的图像到新图层中，生成“图层1”。

图17-9-4

**05** 隐藏文字副本图层，选择“图层1”，按住Alt键的同时按向下的方向键，移动并复制图像，得到的图像效果如图17-9-5所示，并将所有图层选中，按快捷键Ctrl+G将其编组，得到“组1”。

图17-9-5

**06** 选择“图层1”，添加“投影”图层样式，具体参数设置如图17-9-6所示，设置完毕后单击“确定”按钮，得到的图像效果如图17-9-7所示。

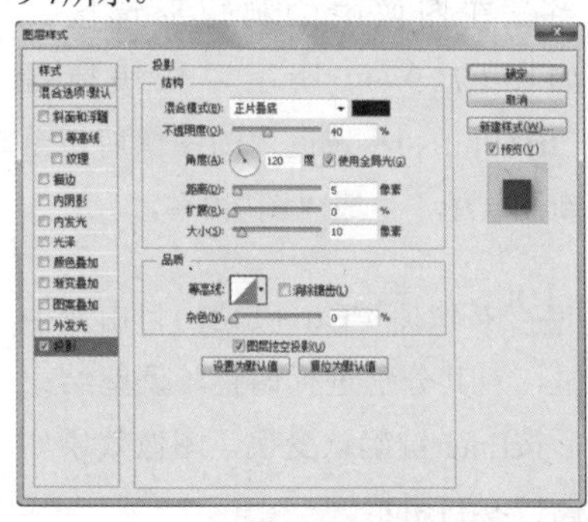

图17-9-6

图17-9-7

07 用同样的方法制作其他几个文字，得到“组2”、“组3”、“组4”、“组5”、“组6”、“组7”和“组8”，并对其分别进行调整，图像效果如图17-9-8所示。

图17-9-8

08 复制“组4”，得到“组4副本”，将其移至顶层，用鼠标右键单击“组4副本”，选择“合并组”，得到“组4副本”图层，选择工具箱中的移动工具，移动图像，图像效果如图17-9-9所示。

图17-9-9

09 在图像中绘制矩形选区，如图17-9-10所示，按快捷键Ctrl+Shift+J将选区内的图像剪切至新图层中，生成“图层9”。

10 按快捷键Ctrl+T调出自由变换框，对其分别进行调整，调整结束后按Enter键确认变换，图像效果如图17-9-11所示。

图17-9-10

图17-9-11

11 选择“图层9”，将前景色设置为白色，选择画笔工具，在图像中进行绘制，图像效果如图17-9-12所示。

图17-9-12

12 添加“投影”图层样式，具体参数设置如图17-9-13所示，得到的图像效果如图17-9-14所示，用同样的方法制作另外一个，图像效果如图17-9-15所示。使用同样方法制作两个，得到的图像效果如图17-9-16所示。

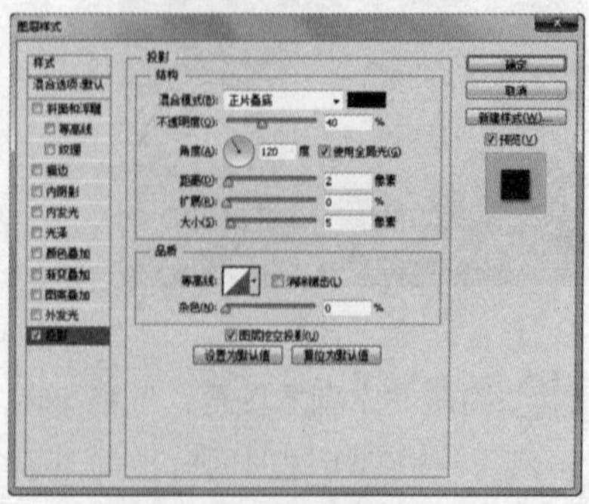
图17-9-13

图17-9-14

图17-9-15

图17-9-16

13 选择自定义形状工具，选择合适的形状，在图像中进行绘制，按快捷键Ctrl+Enter将路径转化为选区。新建“图层10”，选择喜欢的颜色进行填充，按快捷键Ctrl+D取消选择，得到的图像效果如图17-9-17所示。

图17-9-17

14 复制“图层10”，得到“图层10副本”图层，按快捷键Ctrl+T调出自由变换框，按住Alt+Shift键拖动变换框，使图像向中心等比例缩放，按Enter键确认变换，并调整其颜色，得到的图像效果如图17-9-18所示。

图17-9-18

**15** 按快捷键Ctrl+E向下合并，得到“图层10”。按住Alt键选择工具箱中的移动工具，移动并复制图像，并对图像进行调整，得到的图像效果如图17-9-19所示。

图17-9-19

**16** 新建“图层11”，并将其移至“图层10”下方。将前景色设置为白色，选择画笔工具，在图像中按住Shift键进行绘制，得到的图像效果如图17-9-20所示。

图17-9-20

**17** 切换至“路径”面板，新建“路径1”。选择工具箱中的钢笔工具，在图像中绘制如图17-9-21所示的闭合路径。

图17-9-21

**18** 按快捷键Ctrl+Enter将路径转化为选区，切换回“图层”面板，新建“图层12”，将前景色设置为合适的颜色，按快捷键Alt+Delete填充前景色，按快捷键Ctrl+D取消选择。选择工具箱中的移动工具移动图像，得到的图像效果如图17-9-22所示。

图17-9-22

**Tips 提示**

按快捷键 Alt+Delete 填充前景色，按快捷键 Ctrl+Delete 填充背景色。

**19** 选择移动工具，按住Alt键移动并复制图像，得到副本图层，并对其分别进行调整，得到的图像效果如图17-9-23所示，将所有和“图层10”、“图层11”和“图层12”有关的图层，全部选中并按快捷键Ctrl+G将其编组，得到“组9”。

图17-9-23

**20** 打开需要的素材，将其分别拖曳至主文档中，为图像添加点缀元素，得到“图层13”、“组10”和“组11”，并对其分别进行调整，得到的图像效果如图17-9-24所示。

**21** 选择“组11”，添加“亮度/对比度”调整图层，设置亮度为-84，对比度为100，生成“亮度/对比度1”调整图层，得到的图像效果如图17-9-25所示。

图17-9-24

图17-9-25

**22** 选择“亮度/对比度1”调整图层蒙版缩览图，将前景色设置为黑色，选择画笔工具，将不透明度及流量设置为30%，在图像中颜色过深的地方进行涂抹，得到的图像效果如图17-9-26所示。

图17-9-26

**23** 添加“色阶”调整图层，将数值分别设置为43、1.46、255，得到的图像效果如图17-9-27所示。

图17-9-27

Effects Case

17.10

# 制作三维炫动的文字

Keywords

▲ 通过复制图层副本来制作图像立体效果
▲ 将各种图层样式结合使图像呈现不同效果
▲ 使用画笔添加喷溅效果

After

**01** 打开需要的素材文件，单击“打开”按钮打开素材图像，如图17-10-1所示。

图17-10-1

**02** 选择工具箱中的横排文字工具，将前景色设置为白色，选择合适的字体及大小，在图像中输入字母“S”，如图17-10-2所示，输入完毕后将文字栅格化。

图17-10-2

**03** 执行【编辑】/【变换】/【透视】命令，调整字母形状，调整完毕后按Enter键应用变换，图像效果如图17-10-3所示。

图17-10-3

**04** 打开需要的素材文件，如图17-10-4所示。选择工具箱中的矩形选框工具，在图像中绘制选区，如图17-10-5所示。绘制完毕后，执行【编辑】/【定义图案】命令，在弹出的“图案名称”对话框中输入一个名称，设置完毕后单击“确定”按钮关闭对话框。

图17-10-4

图17-10-5

**05** 切换回主文档，将“S”图层复制一次，按Ctrl键单击“S副本”图层的图层缩览图，调出其选区。设置前景色色值为R13、G158、B10，填充前景色，取消选择。将“S副本”图层移动到“S”图层下方，选择“S副本”图层，选择工具箱中的移动工具，按Alt键，同时交替按键盘上的“→”键和“↑”键数下，得到的图像效果如图17-10-6所示。合并所有的“S”图层副本。

图17-10-6

**06** 选择“S”图层，为其添加“内发光”、“斜面和浮雕”、“渐变叠加”和“图案叠加”图层样式，“图层样式”对话框及效果图如图17-10-7～图17-10-11所示。

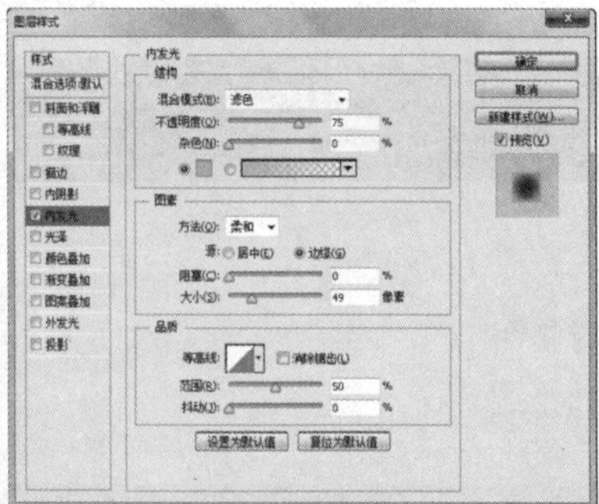

图17-10-7

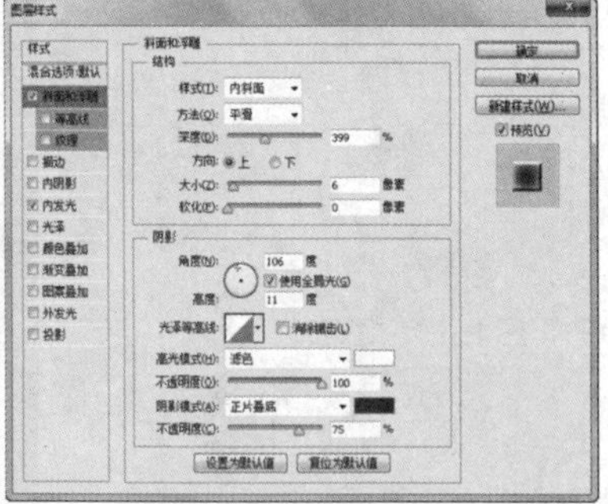

图17-10-8

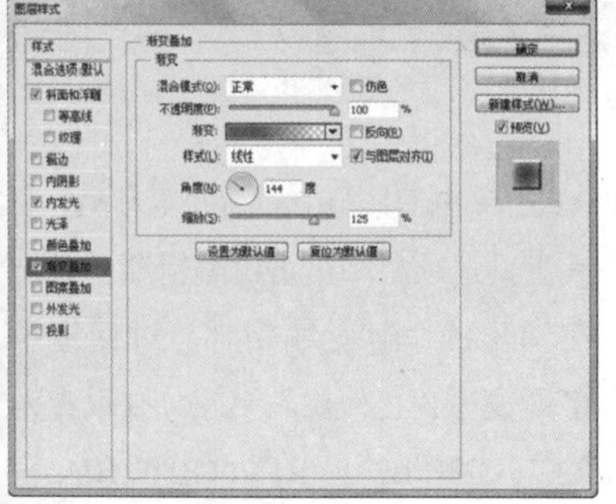

图17-10-9

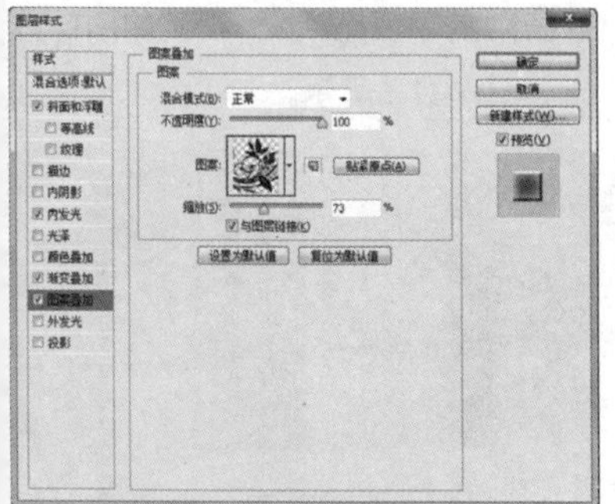

图17-10-10

图17-10-11

**Tips 提示**

为了使字母更加好看，也可试着为其添加其他的图层样式效果。

07 使用同样的方法制作其他的文字效果，得到的图像效果如图17-10-12所示。

图17-10-12

08 选择“背景”图层，新建“图层1”，设置前景色为白色，选择工具箱中的画笔工具，选择合适的笔刷和直径，在画面中涂抹，涂抹后的图像效果如图17-10-13所示。

图17-10-13

09 打开所需的素材图像，如图17-10-14所示。选择工具箱中的移动工具，将其拖曳至主文档中，生成“图层2”。按快捷键Ctrl+T调整图像大小及倾斜角度，如图17-10-15所示摆放。

图17-10-14　图17-10-15

10 为“图层2”添加“内发光”和“外发光”图层样式，具体设置如图17-10-16和图17-10-17所示。其中外发光颜色色值为R3、G20、B248，内发光颜色为R1、G220、B246。设置完毕后单击“确定”按钮，图像效果如图17-10-18所示。

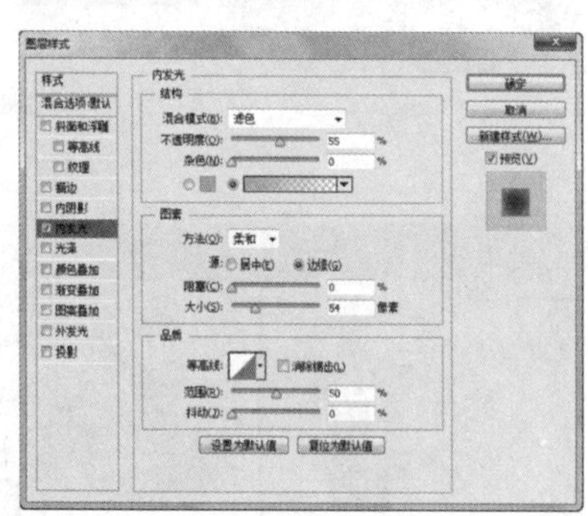

图17-10-16

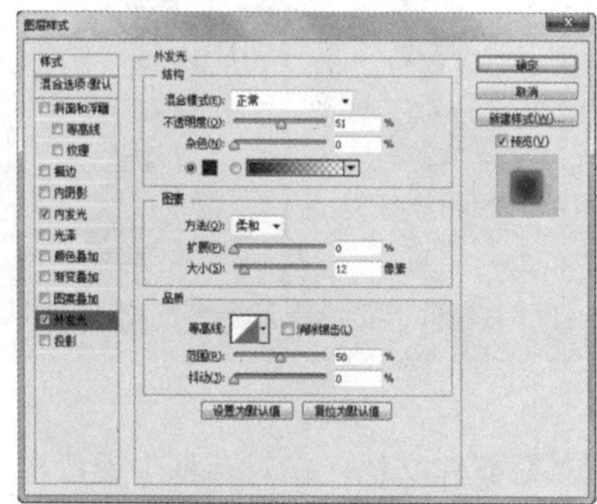

图17-10-17

图17-10-18

11 打开所需素材图像，如图17-10-19所示。选择工具箱中的移动工具，将其拖曳至主文档中，生成“图层3”，调整其大小及位置，得到的图像效果如图17-10-20所示。

图17-10-19　图17-10-20

Effects Case

# 17.11 制作个人网站首页界面

Keywords

- 使用“钢笔工具”制作选区
- 使用“蒙版”制作特效
- 使用“色彩平衡”和“色相/饱和度”调整图像颜色
- 使用各种矢量素材制作图像效果

**01** 新建文档，在对话框中设置参数，如图17-11-1所示。

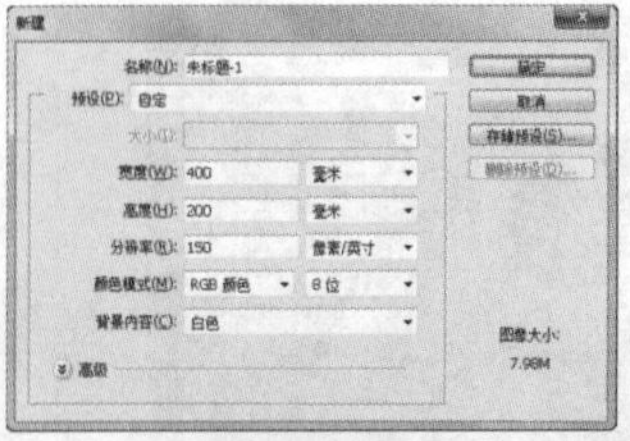


图17-11-1

**02** 打开素材图像“个人写真模板原图1”。将其拖进空白文档中，生成“图层1”，如图17-11-2所示。

图17-11-2

**03** 添加“色相/饱和度”调整图层，在调整面板中设置具体参数，如图17-11-3所示。

**04** 添加“色彩平衡”调整图层，在调整面板中设置具体参数，如图17-11-4所示。

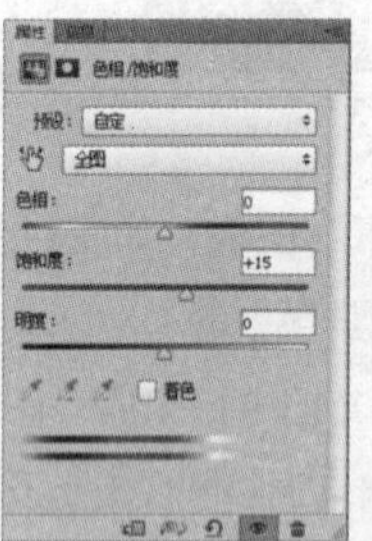


图17-11-3

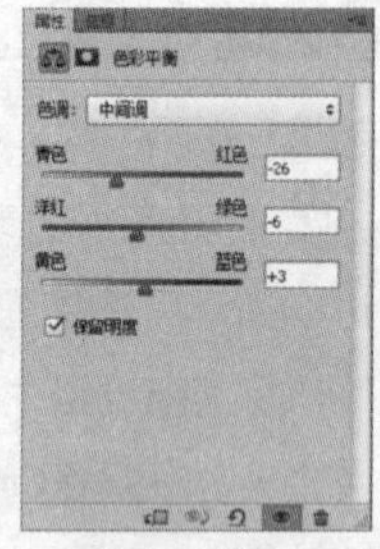


图17-11-4

**05** 设置完毕后，得到的图像效果如图17-11-5所示。

图17-11-5

**06** 单击工具箱中的渐变工具，在其工具选项栏中单击可编辑渐变条，在弹出的“渐变编辑器”对话框中将渐变颜色色值由右至左分别设置为R227、G231、B234，R137、G150、B160。选择“背景”图层，在图像中由左向右拖动鼠标填充渐变，得到的图像效果如图17-11-6所示。

图17-11-6

**07** 打开素材图像“花藤”将其拖进空白文档中，生成“图层2”；双击图层名称改为“花藤”，得到的图像效果如图17-11-7所示。

图17-11-7

08 选择“图层1”图层，单击工具箱中的钢笔工具，沿“花藤”的边缘绘制路径，如图17-11-8所示。

图17-11-8

**Tips 提示**

对外来元素的运用，可以丰富我们的画面，而且省掉我们的一部分时间，更带来了不一样的效果。

09 单击鼠标右键，选择“建立选区”，将羽化半径设置为1像素，设置完毕后单击确定，得到的图像效果如图17-11-9所示。

图17-11-9

10 按快捷键Shift+Ctrl+I将选区反向，单击“图层”面板上的添加图层蒙版按钮，得到的图像效果如图17-11-10所示。

图17-11-10

11 打开素材图像“个人写真模板原图2”，将其拖进空白文档中，生成“图层2”，如图17-11-11所示。

图17-11-11

12 按快捷键Ctrl+T调出自由变换选框，单击鼠标右键，选择“旋转180度”，按Enter键确定变换；设置“图层2”的不透明度为33%，得到的图像效果如图17-11-12所示。

图17-11-12

13 单击“图层”面板上的添加图层蒙版按钮，选择工具箱中的渐变工具，在图像中拖动鼠标填充渐变，得到的图像效果如图17-11-13所示。

图17-11-13

14 打开素材图像“线”，将其拖进空白文档中，生成“图层3”，双击图层名称改为“线”，将其移动到合适的位置，得到的图像效果如图17-11-14所示。

图17-11-14

15 打开素材图像“点”将其拖进空白文档中，双击图层名称改为“点”，移动到合适的位置，得到的图像效果如图17-11-15所示。

图17-11-15

16 打开素材图像“藤蔓”将其拖进空白文档中，双击图层名称改为“藤蔓”，移动到合适的位置，得到的图像效果如图17-11-16所示。

图17-11-16

17 打开素材图像“花”，将其拖进空白文档中，双击图层名称改为“花”，移动到合适的位置，得到的图像效果如图17-11-17所示。

图17-11-17

18 打开素材图像“印记”，将其拖进空白文档中，双击图层名称改为“印记”，移动到合适的位置，得到的图像效果如图17-11-18所示。

图17-11-18

19 打开素材图像“大圆”将其拖进空白文档中，双击图层名称改为“大圆”，移动到合适的位置，得到的图像效果如图17-11-19所示。

图17-11-19

**20** 打开素材图像“小圆”将其拖进空白文档中，双击图层名称改为“小圆”，移动到合适的位置，得到的图像效果如图17-11-20所示。

图17-11-20

**21** 打开素材图像“个人写真模板原图3”将其拖进空白文档中，生成“图层3”，得到的图像效果如图17-11-21所示。

图17-11-21

**22** 选择工具箱中的椭圆选框工具，按住Shift键绘制选区，如图17-11-22所示。

图17-11-22

**23** 选择“图层3”，单击“图层”面板上的添加图层蒙版按钮，得到的图像效果如图17-11-23所示。

图17-11-23

**24** 打开素材“个人写真模板原图4”将其拖进空白文档中，生成“图层4”，得到的图像效果如图17-11-24所示。

图17-11-24

**25** 选择工具箱中的椭圆选框工具，按住Shift键绘制选区，如图17-11-25所示。

图17-11-25

**26** 选择“图层4”，单击“图层”面板上的添加图层蒙版按钮，得到的图像效果如图17-11-26所示。

图17-11-26

**27** 打开素材图像“圆圈”将其拖进空白文档中， 移动到合适的位置，分别设置不透明度，得到的图像效果如图17-11-27所示。

图17-11-27

**28** 选择“小圆”图层，单击“图层” 面板上的添加图层样式按钮，在下拉菜单中选择“投影”选项，弹出“图层样式”对话框，具体参数设置如图17-11-28所示。

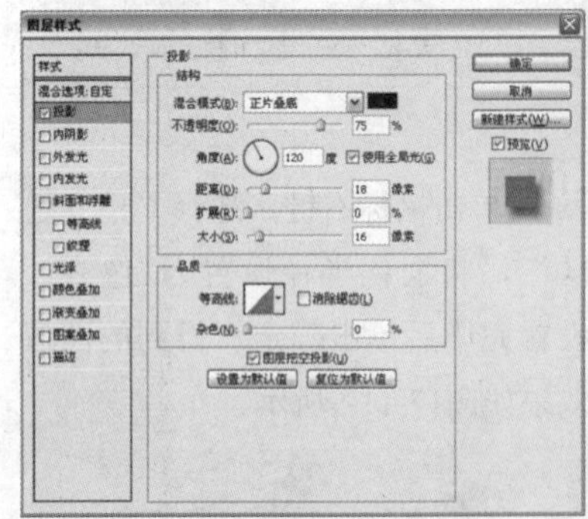

图17-11-28

**29** 设置完毕后单击“确定”按钮，得到的图像效果如图17-11-29所示。

### 技术要点：图层样式的使用与应用

我们可以为除背景层外的所有图层设置阴影、发光、立体浮雕等一系列图层样式，具体做法是双击该图层的图层缩略图，在弹出的“图层样式”对话框中进行需要的设置即可。当为一个图层添加上图层样式效果后，会在该“图层”的右边出现一个小三角，单击它会出现下拉菜单，方便查看已经运用了什么样式，同时可以单击前面的指示图层可见性图标，对比有无图层样式的效果；如果多个图层需要的效果一样，可以在做好的图层上单击鼠标右键，选择“拷贝图层样式”，再右键单击其他的图层，选择“粘贴图层样式”即可使新图层产生图层样式效果。

图17-11-29

30 执行上面的两个步骤，建立“大圆”图层的阴影，得到的图像效果如图17-11-30所示。

图17-11-30

31 使用文字工具在图像中输入文字，调整文字的大小、位置和方向，得到的图像效果如图17-11-31所示。

图17-11-31

32 新建“图层5”，将前景色设置为白色；选择工具箱中的矩形选框工具，在图像上绘制一个长方形选区，按快捷键Alt+Delete填充前景色，按快捷键Ctrl+D取消选区，得到的图像效果如图17-11-32所示。

图17-11-32

思维扩展

## 婚纱照创意灵感

要点描述：

色相/饱和度、自由变换、图层混合模式

视频路径：

配套教学→思维扩展→婚纱照创意灵感.avi

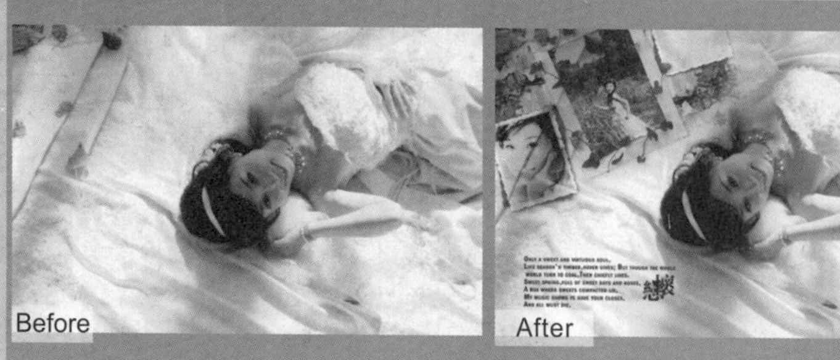


思维扩展

## 打造怀旧的古典淡紫色

要点描述：

计算、纯色调整图层、图层混合模式、色彩平衡、图层蒙版

视频路径：

配套教学→思维扩展→打造怀旧的古典淡紫色.avi

CH 17/ 案例源文件 /17.12Don't lie to me 主题招贴

Effects Case

# 17.12 Don't lie to me主题招贴

Keywords

▲ 使用“调整图层”制作单色图像的坚硬效果
▲ 使用“图层混合模式”使图像间的融合更贴切
▲ 添加“图层样式”制作飘渺的纱质效果
▲ 使用“字符”面板修饰文字

Before

After

**01** 新建文档，具体参数设置如图17-12-1所示。

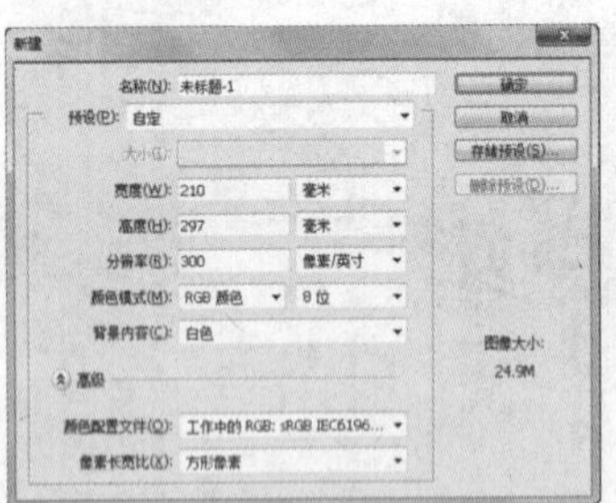
图17-12-1

**02** 添加“图案”调整图层，弹出“图案”选项，将“图案”设置为“浅黄软牛皮纸”，如图17-12-2所示，设置完毕后得到的图像效果如图17-12-3所示。

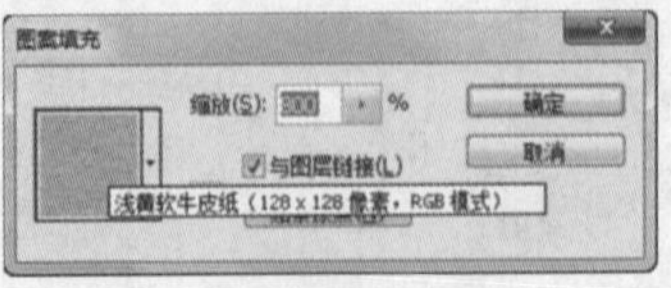
图17-12-2

图17-12-3

**03** 选择“图案填充1”调整图层，设置其填充值为24%，得到的图像效果如图17-12-4所示。

图17-12-4

**04** 新建文档，如图17-12-5所示设置具体参数。

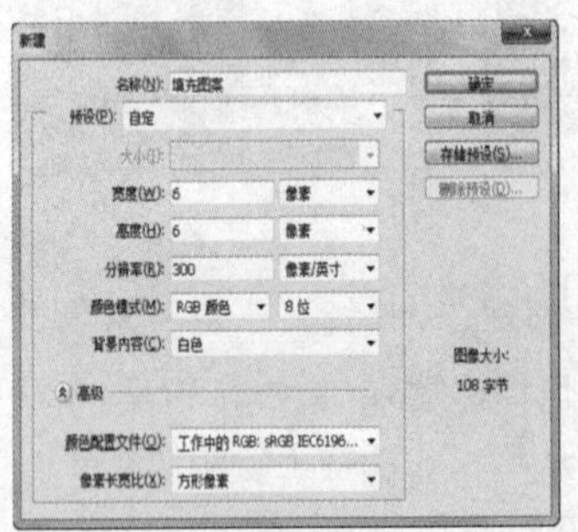
图17-12-5

**05** 设置前景色为黑色，选择工具箱中的矩形工具，在工具栏中选择“像素”选项并勾选“消除锯齿”，在图像上绘制出三个4像素大小的矩形，如图17-12-6所示。执行【编辑】/【定义图案】命令，打开“定义图案”对话框，输入名称后单击“确定”按钮即可。

图17-12-6

**06** 返回到原编辑文档中，单击图层面板上的创建新的填充或调整图层按钮，在弹出的下拉菜单中选择“图案”选项，弹出“图案”对话框，单击对话框中的“图案”右边的扩展按钮，选择刚刚绘制的图案，设置其他具体参数，如图17-12-7所示；设置完毕后单击“确定”按钮，得到“图案2”图层，设置完毕后得到图像如图17-12-8所示；选择“图案2”图层，设置其填充值为17%，得到的图像效果如图17-12-9所示。

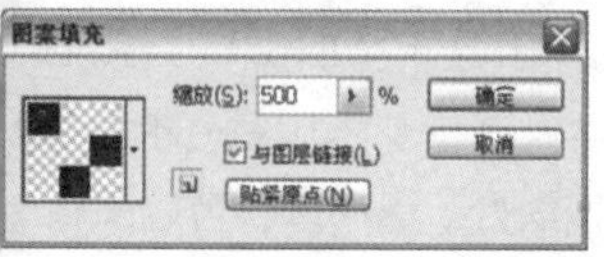


图17-12-7

**07** 打开素材图像,将其拖曳到文档中，得到“图层1”图层，将其图层混合模式设置为“正片叠底”，得到的图像效果如图17-12-10所示。

图17-12-8

图17-12-9

图17-12-10

**08** 选择“图层1”，添加“色阶”调整图层，在弹出的调整面板中设置具体参数，如图17-12-11所示；设置完毕后得到的图像效果如图17-12-12所示；选择“色阶1”图层，按快捷键Ctrl+Alt+G创建剪贴蒙版，得到的图像效果如图17-12-13所示。

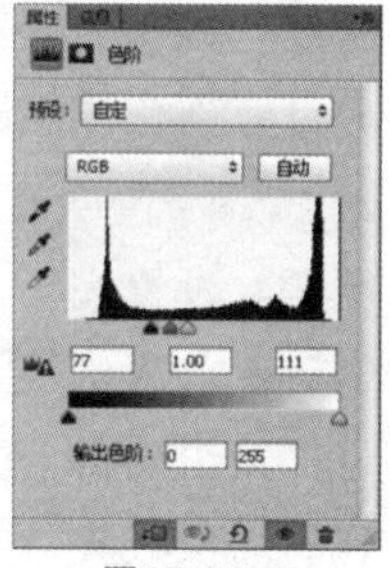

图17-12-11

图17-12-12

图17-12-13

**09** 添加“黑白”调整图层，在“调整”面板中设置具体参数，如图17-12-14所示；选择“黑白1”图层，按快捷键Ctrl+Alt+G创建剪切蒙版，得到的图像效果如图17-12-15所示。

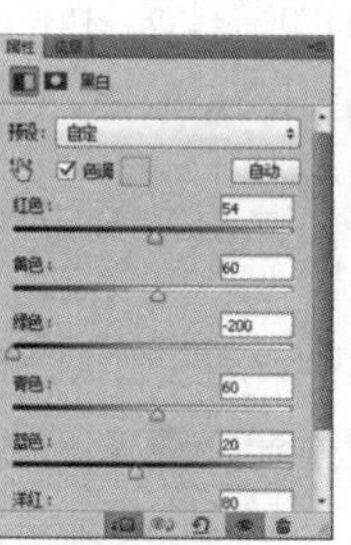

图17-12-14

图17-12-15

**10** 添加“可选颜色”调整图层，在调整面板中设置具体参数，如图17-12-16所示；继续设置其他参数，如图17-12-17所示；选择“选区颜色1”图层，按快捷键Ctrl+Alt+G创建剪切蒙版，将其混合模式设置为“滤色”，得到的图像效果如图17-12-18所示。

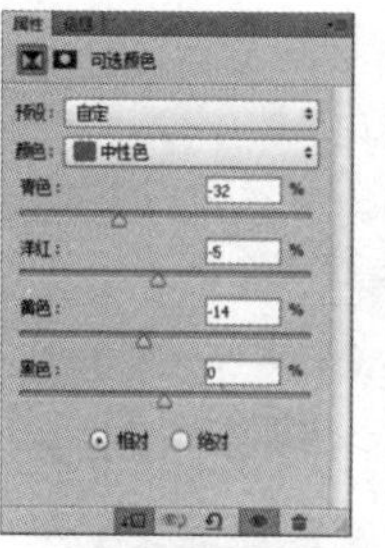

图17-12-16

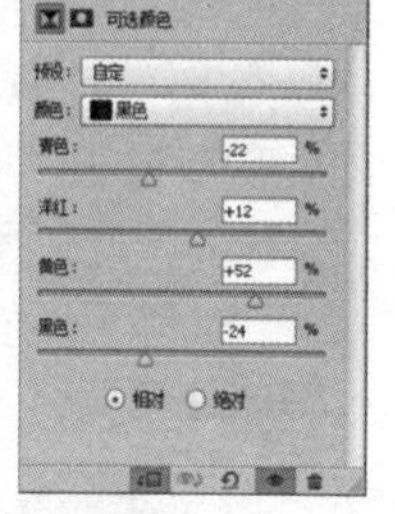

图17-12-17

图17-12-18

**11** 将前景色色值设置为R116、G58、B25，选择工具箱中的圆角矩形工具，在工具栏上点选“形状图层”，半径设置为1厘米，选择“形状1”图层，按Shift+Alt+Ctrl+T组合键，接着按Ctrl+T键执行自由变换，选择移动工具，按住Shift键向右拖动，按Enter键确认变换，得到的图像效果如图17-12-19所示。

图17-12-19

**12** 接着按Shift+Alt+Ctrl+T组合键4次，得到“形状1副本”图层，得到的图像效果如图17-12-20所示；选中“形状1”和“形状1副本”图层，按Ctrl+E键合并图层，得到“形状1”图层，用上一步骤中的方法将图像向下拉动3排，得到的图像效果如图17-12-21所示；再次将几个形状图层合并，将得到的图层名称修改为“形状1”。

图17-12-20　图17-12-21

**Tips 提示**

在绘制形状图层时，可先将其他图层关闭，不仅可以更方便地操作，也不会对其他图层照成误操作。

13 选择“形状1”图层，调整图层位置到图像上方，并将其旋转约45°，将其不透明度设置为90%，得到的图像效果如图17-12-22所示；复制“形状1”图层，得到“形状1副本”图层，将不透明度设置为81%，得到的图像效果如图17-12-23所示。

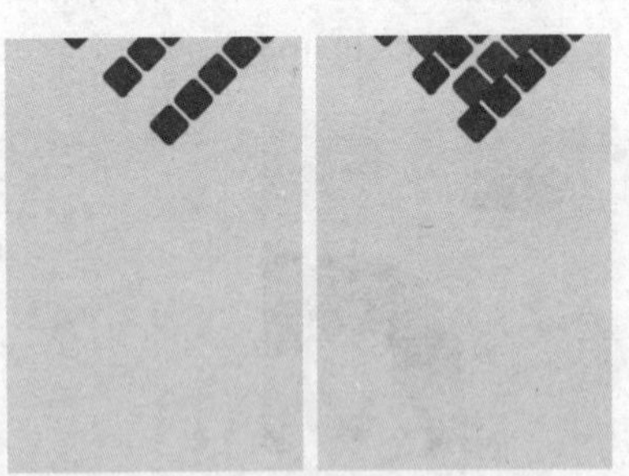
图17-12-22　图17-12-23

**Tips 提示**

复制多个相同形状时，绘制完毕后将出现多个形状图层，为下面要进行的操作带来麻烦，解决办法是按快捷键Alt+Ctrl+T前，一定要选择形状图层上的矢量蒙版缩览图，再进行变换操作，从而复制动作。

14 继续复制“形状1”图层，得到“形状1副本2”图层，将图层不透明度设置为33%，执行【滤镜】/【模糊】/【动感模糊】命令，具体参数设置为角度45°、距离999像素，设置完毕后单击“确定”按钮，得到的图像效果如图17-12-24所示。

图17-12-24

15 将前景色色值设置为R247、G185、B66，在图像中输入文字，调整其位置及大小，得到的图像效果如图17-12-25所示。

图17-12-25

16 得到“lie”文字图层，单击图层面板上的添加图层样式按钮 fx ，在弹出的下拉菜单中选择“描边”选项，弹出“图层样式”对话框，在对话框中设置颜色色值为R101、G37、B0，其他参数设置如图17-12-26所示；不关闭对话框，继续勾选“投影”复选框，在对话框中设置具体参数，如图17-12-27所示；设置完毕后单击“确定”按钮，得到的图像效果如图17-12-28所示。

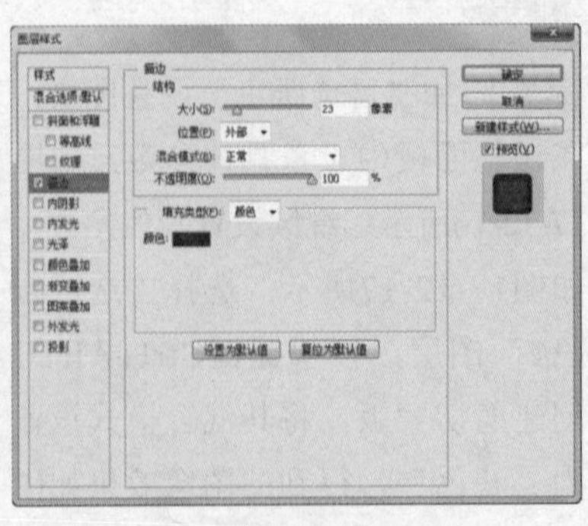
图17-12-26

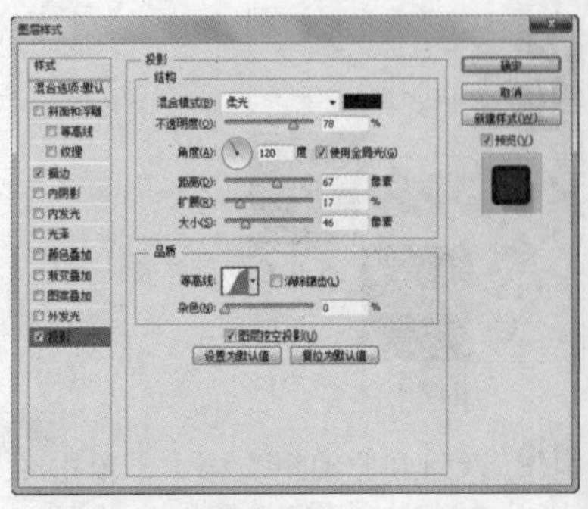
图17-12-27

图17-12-28

17 选择工具箱中的文字工具T，输入文字，调整变换其大小和方向，得到“to me”文字图层，得到的图像效果如图17-12-29所示；在“lie”文字图层上单击右键，在弹出的子菜单中选择“拷贝图层样式”，再在“to me”文字图层上单击右键，在弹出的下拉菜单中选择“粘贴图层样式”，得到的图像效果如图17-12-30所示。

图17-12-29　图17-12-30

18 选择工具箱中的文字工具T，输入文字，按Ctrl+T键执行自由变换，变换文字大小和方向，得到“he! yo! …”文字图层，得到的图像效果如图17-12-31所示；用同上的方法图纸图层样式，得到的图像效果如图17-12-32所示。

图17-12-31

图17-12-32

19 将前景色色值设置为R169、G46、B46，选择工具箱中的自定义形状工具，单击工具栏上“形状”选项旁的扩展按钮，选择“禁止”标志，如图17-12-33所示；在图像中绘制图形，按Ctrl+T键进行自由变换，调整其位置到人物的上方，按Enter键确认变换，将其图层混合模式设置为“点光”，得到的图像效果如图17-12-34所示。

图17-12-33

图17-12-34

20 修改图层名称为“形状2”，并将图层移动到“图层1”的下方；单击图层面板上的添加图层蒙版按钮，将前景色设置为黑色，设置合适的笔刷，在图形和人物头发重叠的地方涂抹，得到的图像效果如图17-12-35所示。

21 继续选择工具箱中的文字工具和自定义形状工具，单击工具栏上“形状”选项旁的扩展按钮，选择需要的形状，给图像添加装饰物，如图17-12-36所示。

图17-12-35

图17-12-36

22 打开素材图像，将其拖曳到文档中，按Ctrl+T键调整其大小和位置，如图17-12-37所示；得到“图层2”图层，并将其拖动到“图层1”下方，将前景色设置为黑色，选择工具箱中的渐变工具，在工具栏上选择（黑白渐变），在图像中拖动，得到的图像效果如图17-12-38所示。

图17-12-37

图17-12-38

思维扩展

## 制作矢量艺术效果

要点描述：

阈值、渐变映射、文字工具、色彩平衡

视频路径：

配套教学→思维扩展→制作矢量艺术效果.avi

# Effects Case 17.13 影楼样片后期设计

Keywords

▲ 为图层添加图层样式制作图像效果
▲ 更改图层混合模式制作图像效果
▲ 使用蒙版调整图像

**01** 新建文档，具体参数设置如图17-13-1所示。设置前景色为R215、G217、B232，并按快捷键Alt+Delete填充前景色。

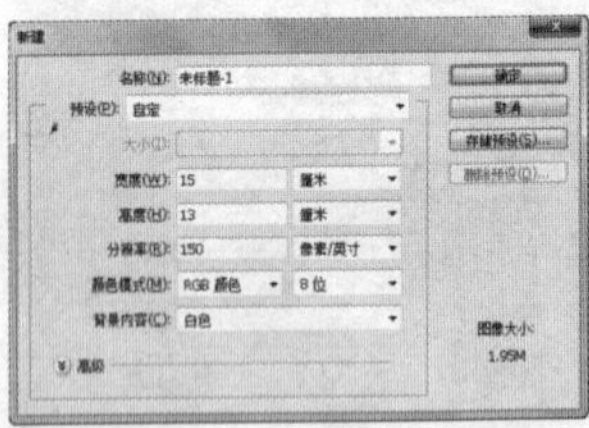

图17-13-1

**02** 打开所需素材图像，选择移动工具并将其拖曳至主文档中，调整图像，得到的图像效果如图17-13-2所示。

图17-13-2

**03** 新建“图层2”。将前景色和背景色恢复为默认的黑色和白色。选择渐变工具，在其工具选项栏中选择从前景色到背景色的渐变类型，单击径向渐变按钮，在图像中填充渐变，并将其图层混合模式设置为“正片叠底”。添加图层蒙版，隐藏人物区域，得到的图像效果如图17-13-3所示。

图17-13-3

**04** 选择魔棒工具，将人物抠出，并复制到新图层中，生成“图层3”，并将其移至“图层2”下方。切换至“通道”面板，按Ctrl键单击“RGB”通道缩览图，调出其选区。返回“图层”面板，为图像添加“色阶”调整图层，在调整面板中设置参数，如图17-13-4所示；设置完毕后按快捷键Ctrl+Alt+G创建剪切蒙版，得到的图像效果如图17-13-5所示。

图17-13-4　　图17-13-5

**05** 为图像添加“色相/饱和度”调整图层，参数设置如图17-13-6所示；按快捷键Ctrl+Alt+G创建剪切蒙版，并将其图层图层混合模式设置为“颜色”；选择“色相/饱和度”蒙版缩览图，选择画笔工具，将前景色设置为黑色，在图像中进行涂抹，得到的图像效果如图17-13-7所示。

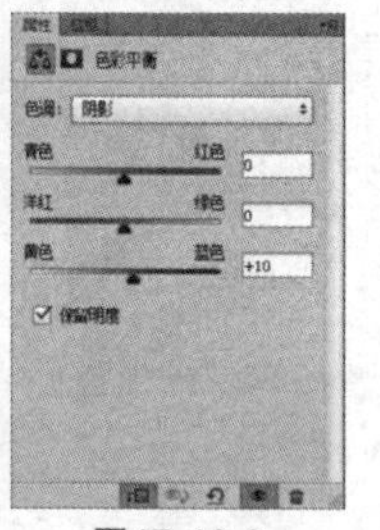

图17-13-6　　图17-13-7

06 为图像添加"色彩平衡"调整图层，在调整面板中设置参数，如图17-13-8、图17-13-9和图17-13-10所示，得到的图像效果如图17-13-11所示。

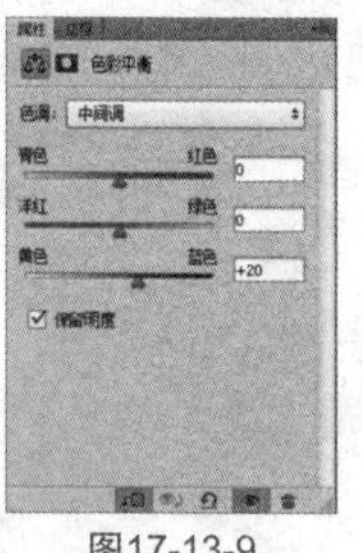
图17-13-8

图17-13-9

图17-13-10　　图17-13-11

07 打开所需素材图像，选择移动工具并将其拖曳至主文档中，生成"图层4"，调整图像并将其移至"图层1"上方。将其图层混合模式设置为"明度"，不透明度设置为80%。添加图层蒙版，选择渐变工具填充渐变，隐藏不需要的图像，得到的图像效果如图17-13-12所示。

图17-13-12

08 复制"图层4"，得到"图层4副本"图层，并对其进行调整，得到的图像效果如图17-13-13所示。

图17-13-13

09 新建"图层5"，并将其移至顶层。切换至"路径"面板，新建"路径1"，选择钢笔工具，在图像中绘制路径。将前景色设置为白色，选择画笔工具，设置合适的笔刷及不透明度，右键单击"路径1"，在弹出的快捷菜单中选择"描边路径"选项，弹出"描边路径"对话框，勾选"模拟压力"复选框，得到的图像效果如图17-13-14所示。

图17-13-14

10 为图像添加"外发光"调整图层，弹出"图层样式"对话框，具体参数设置如图17-13-15所示；为"图层5"添加图层蒙版，选择画笔工具，隐藏需要隐藏的区域，得到的图像效果如图17-13-16所示。

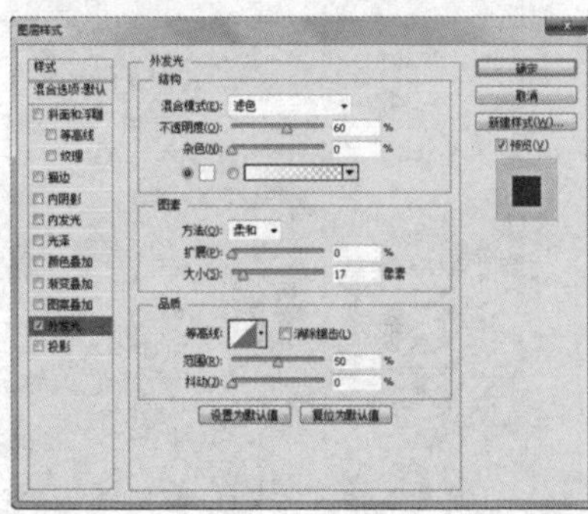
图17-13-15

图17-13-16

11 用同样的方法制作另一条光线效果，得到的图像效果如图17-13-17所示。

图17-13-17

12 将前景色设置为白色，选择画笔工具，设置合适的笔刷及不透明度，在图像中绘制并进行调整。用同样的方法添加图层样式并复制多个，得到的图像效果如图17-13-18所示。

图17-13-18

13 分别设置前景色和背景色为R188、G10、B99和R19、G130、215。新建"图层8"，选择画笔工具，在图像中进行绘制。执行【滤镜】/【模糊】/【高斯模糊】命令，弹出"高斯模糊"对话框，半径设置为200像素，得到的图像效果如图17-13-19所示。

图17-13-19

**14** 在“图层”面板上将其图层混合模式设置为“滤色”。添加图层蒙版，将前景色设置为黑色，选择画笔工具，在图像中的人物区域进行涂抹，得到的图像效果如图17-13-20所示。

图17-13-20

**15** 将前景色设置为白色，选择画笔工具，设置合适的笔刷，为图像添加星光效果。盖印所有可见图层，生成“图层10”。执行【滤镜】/【其他】/【高反差保留】命令，半径设置为2。并将其图层混合模式设置为“叠加”，得到的图像效果如图17-13-21所示。

图17-13-21

**16** 为图像添加“色阶”调整图层，在调整面板中设置参数，如图17-13-22所示；选择“色阶2”调整图层蒙版缩览图，将前景色设置为黑色，选择画笔工具，在图像中过暗处进行涂抹，得到的图像效果如图17-13-23所示。

图17-13-22　　图17-13-23

**17** 选择横排文字工具，在图像中输入文字并添加图层样式，得到的图像效果如图17-13-24所示。

图17-13-24

## 思维扩展 创意风格写真设计

要点描述：

图层混合模式、色彩平衡、亮度/对比度、色阶、渐变映射、图层蒙版、矩形选框工具

视频路径：

配套教学→思维扩展→创意风格写真设计.avi

## 思维扩展 艺术写真模板

要点描述：

钢笔工具、图层蒙版、图层样式

视频路径：

配套教学→思维扩展→艺术写真模板.avi

CH 17/ 案例源文件 /17.14 暗夜精灵

Effects Case 17.14

# 暗夜精灵

Keywords
- ▲ 为图层添加图层样式制作图像的效果
- ▲ 更改图层混合模式制作图像效果
- ▲ 为图像添加图层样式

Before

After

**01** 打开素材，如图17-14-1所示。

图17-14-1

**02** 复制“图层1”，得到“图层1副本”图层。执行【滤镜】/【模糊】/【高斯模糊】命令，半径设置为5像素，并将其图层混合模式设置为“变亮”。按住Alt键为“图层1副本”图层添加图层蒙版，将前景色设置为白色，选择画笔工具，设置合适的笔刷及不透明度，在图像中的人物皮肤处进行涂抹，得到的图像效果如图17-14-2所示。

**03** 盖印可见图层，生成“图层3”。选择加深和减淡工具，在图像中进行修改，得到的图像效果如图17-14-3所示。

图17-14-2

图17-14-3

**04** 盖印可见图层，生成“图层4”。执行【滤镜】/【液化】命令，弹出“液化”对话框，对图像进行调整，得到的图像效果如图17-14-4所示。

图17-14-4

**05** 新建一个宽度为20cm、高度为13cm、背景内容为白色的RGB模式的文档。打开需要的素材，选择移动工具，并将其拖曳至主文档中，生成新图层并调整图像，得到的图像效果如图17-14-5所示。

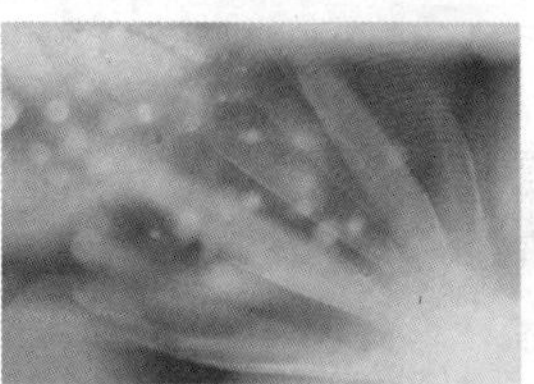

图17-14-5

**06** 打开需要的素材，选择移动工具，并将其拖曳至主文档中，生成新图层并调整图像。将其混合模式设置为“叠加”，不透明度设置为30%，得到的图像效果如图17-14-6所示。

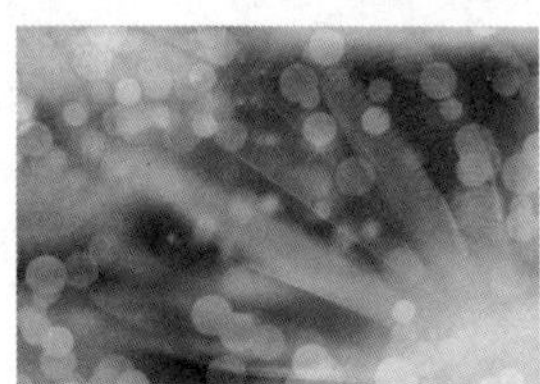

图17-14-6

**07** 打开之前的文件，将“图层4”拖曳到主文档中，调整图像，得到的图像效果如图17-14-7所示。

图17-14-7

**08** 将前景色设置为白色，新建“图层4”。选择画笔工具，设置合适的笔刷及不透明度，在图像中绘制并调整图像，得到的图像效果如图17-14-8所示。将所有羽毛图层选中，按快捷键Ctrl+G编组，得到“组1”。

图17-14-8

**09** 用同样的方法使用画笔工具，在图像中绘制，得到的图像效果如图17-14-9所示。

图17-14-9

**10** 打开所需素材，选择快速选择工具，将需要的素材图像抠选。选择移动工具，并将其拖曳至主文档中生成“图层13”，调整图像，将其移至顶层。添加图层蒙版，将前景色设置为黑色，选择画笔工具在图像中涂抹，得到的图像效果如图17-14-10所示。

图17-14-10

**11** 添加“投影”图层样式，具体参数设置如图17-14-11所示，得到的图像效果如图17-14-12所示。

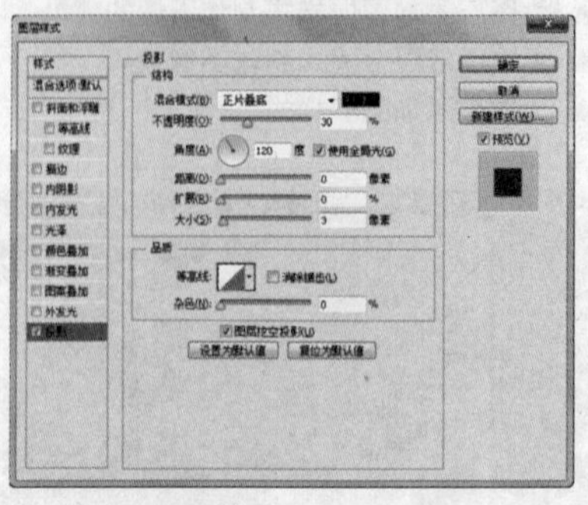

图17-14-11

图17-14-12

**12** 为图像添加“色相/饱和度”调整图层，参数设置如图17-14-13所示；设置完毕后为图像创建剪切蒙版，得到的图像效果如图17-14-14所示。

图17-14-13　　图17-14-14

**13** 为图像添加“色阶”调整图层，在调整面板中设置参数为（48、1.14、201）。设置完毕后为图像创建剪切蒙版，得到的图像效果如图17-14-15所示。

图17-14-15

**14** 盖印可见图层，生成“图层14”。执行【高反差保留】命令，半径设置为3像素并将其图层混合模式设置为“叠加”，得到的图像效果如图17-14-16所示。

图17-14-16

**15** 新建“图层15”并填充黑色，将其图层混合模式设置为“柔光”，不透明度设置为70%，得到的图像效果如图17-14-17所示。

图17-14-17

**16** 为“图层15”添加图层蒙版，将前景色设置为黑色，选择画笔工具，设置合适的笔刷及不透明度，在图像中的人物区域进行涂抹，得到的图像效果如图17-14-18所示。

图17-14-18

**17** 选择横排文字工具，为图像添加点缀元素，得到的图像效果如图17-14-19所示。

图17-14-19

Effects Case 17.15

# 模拟手绘效果

Keywords
- ▲ 为图层添加图层样式制作图像的效果
- ▲ 更改图层混合模式制作图像效果
- ▲ 为图像添加图层样式

01 打开素材，如图17-15-1所示。

图17-15-1

02 切换至“通道”面板，选择“绿”通道，按快捷键Ctrl+A，全选图像；再按快捷键Ctrl+C，复制选区内的图像。选择“蓝”通道，按快捷键Ctrl+V，将“绿”通道的图像粘贴至“蓝”通道，粘贴完毕后按快捷键Ctrl+D取消选择。单击RGB复合通道，切换回“图层”面板，得到的图像效果如图17-15-2所示。

图17-15-2

03 为图像添加“色阶”调整图层，在“调整”面板中设置参数，如图17-15-3所示，得到的图像效果如图17-15-45所示。

图17-15-3　图17-15-4

04 为图像添加“可选颜色”调整图层，在“调整”面板中设置参数，如图17-15-5所示，得到的图像效果如图17-15-6所示。

图17-15-5　图17-15-6

05 为图像添加“曲线”调整图层，在调整面板中设置参数，如图17-15-7和图17-15-8所示。

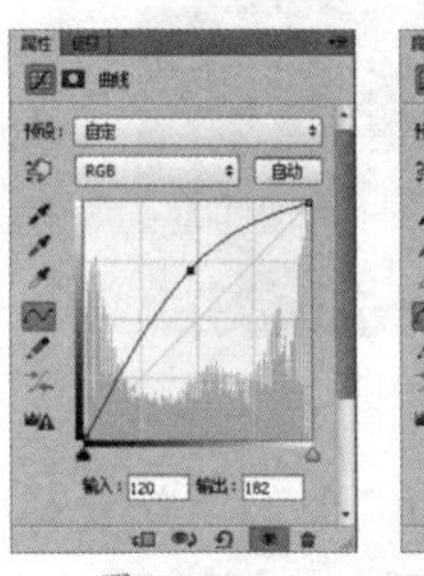

图17-15-7

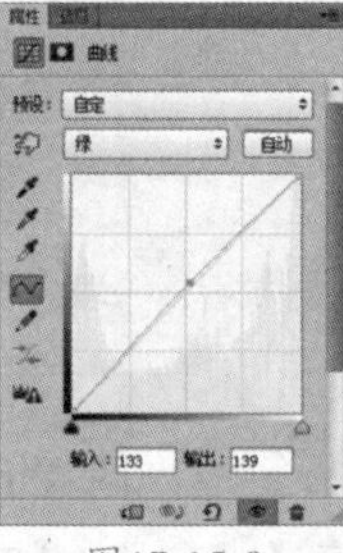

图17-15-8

06 设置完毕后，得到的图像效果如图17-15-9所示。

图17-15-9

07 单击“曲线1”调整图层的蒙版，将前景色设置为黑色，选择工具箱中的画笔工具，在其工具选项栏中设置柔角笔刷，设置合适的笔刷大小，在图像中除人物皮肤以外的区域进行涂抹，涂抹完毕后盖印图像，得到“图层1”，如图17-15-10所示。

图17-15-10

08 选择“图层1”，选择工具箱中的加深工具，调整合适的笔刷大小，在人物的眉毛处进行涂抹，加深人物的眉毛。继续选择工具箱中的减淡工具，调整合适的笔刷大小，在人物的眼白、眼球高光部分和眼圈黑色部分进行涂抹，将其淡化，得到的图像效果如图17-15-11所示。

图17-15-11

09 将“图层1”复制一次，执行【滤镜】/【Topza】/【Topza Sharpen】命令，弹出“Topza Sharpen”对话框，调整其中的参数，如图17-15-12和图17-15-13所示。

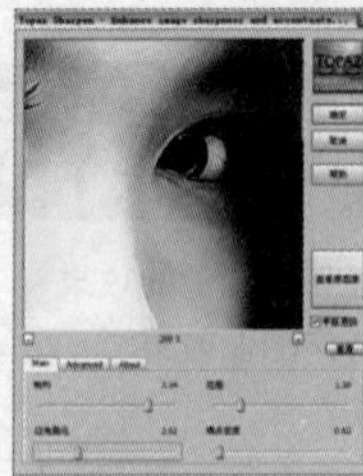

图17-15-12

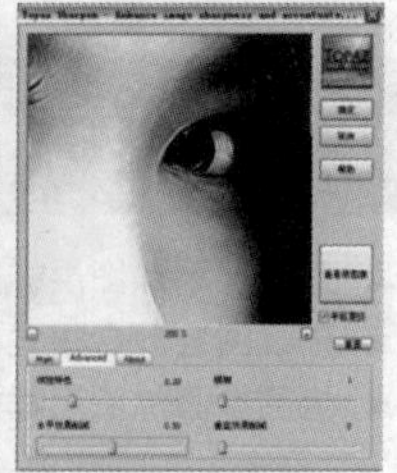

图17-15-13

**Tips 提示**

由于要制作手绘效果，因此需要将人物头发边缘制作成有明显线条的效果，这里使用【Topza Sharpen】外挂滤镜对头发进行修饰。

10 调整完毕后单击“确定”按钮，得到的图像效果如图17-15-14所示。

图17-15-14

11 为“图层1副本”图层添加图层蒙版，将前景色设置为黑色，选择工具箱中的画笔工具，在其工具选项栏中设置柔角笔刷，设置合适的笔刷大小，在图像中人物的五官处进行涂抹，得到的图像效果如图17-15-15所示。

图17-15-15

12 选择“图层1副本”图层，盖印可见图层，得到“图层2”，选择工具箱中的涂抹工具，在其工具选项栏中将“强度”设置为10，在人物的头发处进行涂抹，得到的图像效果如图17-15-16所示。

图17-15-16

13 选择工具箱中的仿制图章工具，按住Alt键在人物肩膀处取样，在人物肩膀杂乱的头发处进行涂抹，去掉多余的发丝，得到的图像效果如图17-15-17所示。

图17-15-17

14 选择工具箱中的减淡工具，调整合适的笔刷，在人物的头发处进行涂抹，制作高光。选择工具箱中的加深工具，调整合适的笔刷，在人物头发处涂抹，绘制头发暗调部分，如图17-15-18所示。

图17-15-18

15 选择工具箱中的模糊工具，调整合适的笔刷，在人物眼睛处进行涂抹，得到的图像效果如图17-15-19所示。

图17-15-19

16 使用同样的方法对人物的嘴部区域进行模糊，并使用减淡工具为嘴唇绘制高光，得到的图像效果如图17-15-20所示。

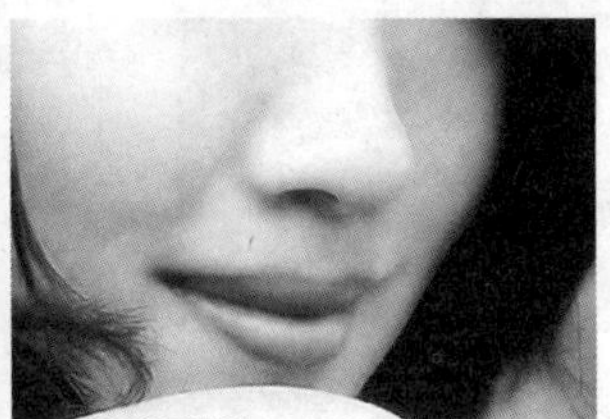
图17-15-20

17 为图像添加“可选颜色”调整图层，在调整面板中设置参数，如图17-15-21所示，得到的图像效果如图17-15-22所示。

图17-15-21　图17-15-22

18 将前景色色值设置为R255、G237、B216，新建“图层3”，填充前景色。为其添加蒙版，将前景色设置为黑色，选择工具箱中的画笔工具，在除人物皮肤以外的区域进行涂抹，得到的图像效果如图17-15-23所示。

图17-15-23

19 调整笔刷的不透明度，继续在人物皮肤处仔细涂抹，直到该颜色与皮肤融合，得到的图像效果如图17-15-24所示。

图17-15-24

20 单击“图层3”图层缩览图，选择工具箱中的加深工具，调整合适的笔刷，在人物面部轮廓处涂抹，增强人物的线条，得到的图像效果如图17-15-25所示。

图17-15-25

21 新建“图层4”，将前景色设置为黑色，选择工具箱中的画笔工具，在人物眼球处单击，将眼球变为黑色，得到的图像效果如图17-15-26所示。

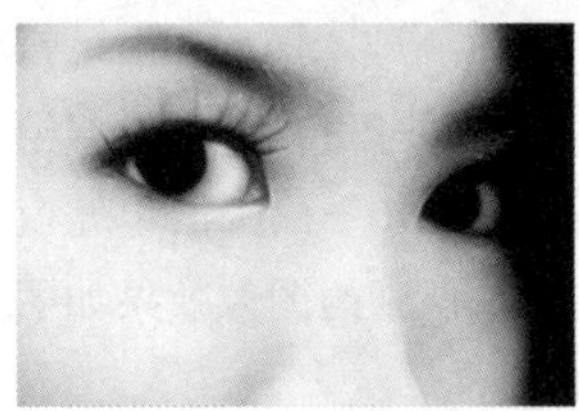
图17-15-26

22 新建“图层5”。选择工具箱中的套索工具，按快捷键Shift+F6，弹出“羽化选区”对话框，将“羽化半径”设置为2像素，设置完毕后单击“确定”按钮。将前景色设置为白色，填充前景色，取消选择；将“图层5”的不透明度设置为65%，得到的图像效果如图17-15-27所示。

图17-15-27

23 为“图层5”添加图层蒙版，选择工具箱中的画笔工具，在眼部高光处涂抹使高光更加柔和，得到的图像效果如图17-15-28所示。

图17-15-28

24 新建“图层6”，选择工具箱中的套索工具，在人物鼻子处创建选区，按快捷键Shift+F6，弹出“羽化选区”对话框，将“羽化半径”设置为10像素，设置完毕后单击“确定”按钮。将前景色设置为白色，填充前景色，取消选择。为“图层6”添加图层蒙版，选择工具箱中的画笔工具，在人物鼻子高光处涂抹使高光更加柔和，如图17-15-29所示。

图17-15-29

25 选择“图层6”，按快捷键Alt+Shift+Ctrl+E盖印图像，得到“图层7”，执行【文件】/【打开】命令，打开素材文件，如图17-15-30所示。

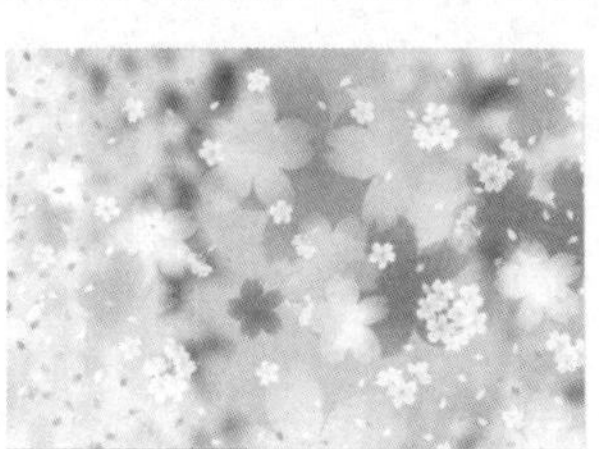
图17-15-30

26 将素材图像拖曳至主文档中，生成“图层8”，将“图层8”置于“图层7”的下方。选择“图层7”，单击添加图层蒙版按钮。将前景色设置为黑色，选择工具箱中的画笔工具，在人物外的区域进行涂抹，得到的图像效果如图17-15-31所示。

图17-15-31

27 为图像添加“色相/饱和度”调整图层，参数设置如图17-15-32所示。按快捷键Ctrl+Alt+G为“图层7”创建剪贴蒙版，单击“色相/饱和度1”调整图层的蒙版，将前景色设置为黑色，选择工具箱中的画笔工具，在人物皮肤处进行涂抹，得到的图像效果如图17-15-33所示。

图17-15-32　图17-15-33

28 执行【文件】/【打开】命令，打开素材文件，如图17-15-34所示。

图17-15-34

29 选择工具箱中的移动工具，将素材图像拖曳至主文档中，生成“图层9”，将“图层9”置于“图层”面板的顶端。将“图层9”的图层混合模式设置为“线性加深”，图层不透明度设置为65%，得到的图像效果如图17-15-35所示。

图17-15-35

30 选择工具箱中的钢笔工具，沿着人物肩部曲线绘制闭合路径。切换至“路径”面板，单击将路径作为选区载入按钮，切换回“图层”面板，得到的图像效果如图17-15-36所示。

图17-15-36

31 将前景色色值设置为R228、G207、B196，新建“图层10”，按快捷键Alt+Delete填充前景色，取消选择，将“图层10”的图层填充值设置为40%，得到的图像效果如图17-15-37所示。

32 按快捷键Ctrl+T调出自由变换框，单击鼠标右键，选择“垂直翻转”选项，继续选择“水平翻转”选项，调整图像的位置，如图17-15-38所示。

图17-15-37

图17-15-38

33 为图像添加“外发光”图层样式，具体参数设置如图17-15-39所示。调整完毕后单击“确定”按钮，得到的图像效果如图17-15-40所示。

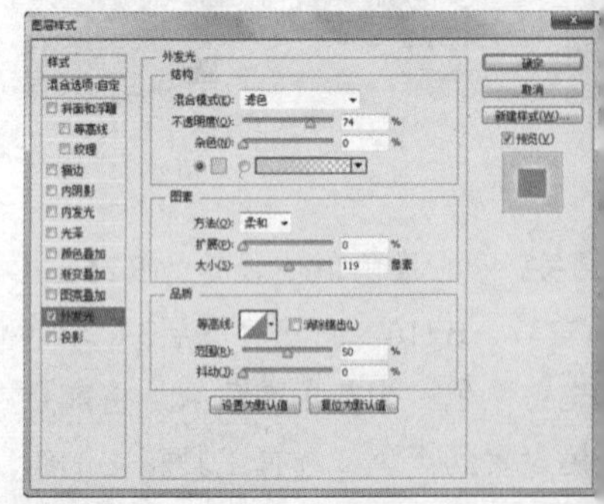

图17-15-39

图17-15-40

CH 17/ 案例源文件 /17.16 车贴展示案例

# Effects Case 17.16 车贴展示案例

**Keywords**

- ▲ 制作多种风格的车贴效果图，并将其分别放置在单独的图层组中，通过操作指示图层可见性按钮分别单独显示这些效果
- ▲ 在创建图层复合后，通过导出的Wed照片画廊，可分别浏览到这些车贴效果的展示图

**01** 打开素材，如图17-16-1所示。

图17-16-1

**02** 使用选择工具在图像中选取出如图17-16-2所示的选区。

图17-16-2

**03** 执行【选择】/【存储选区】命令，在弹出的“存储选区”对话框中设置所存储选区的名称为“车身”，设置完毕后单击“确定”按钮，在“通道”面板中将生成名称为“车身”的Alpha通道，如图17-16-3所示。

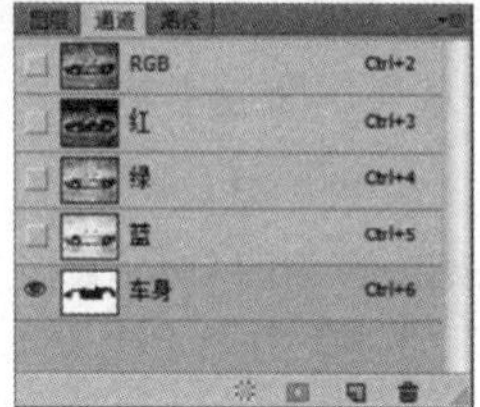


图17-16-3

**04** 打开素材图像如图17-16-4所示。

图17-16-4

**05** 并将其置入到文件中，生成“图层1”，按快捷键Ctrl+T调出自由变换框，将“图层1”形状水平翻转后调整到合适的大小，调整完毕后按Enter键确认变换，再将“图层1”的混合模式设置为“正片叠底”，不透明度设置为80%，如图17-16-5所示。

图17-16-5

**Tips 提示**

在“图层”中，图层的混合模式确定了其像素如何与图像中的下层像素进行混合。因此，使用恰当的混合模式可以创建出比较自然的图像混合效果，也可同时配合图层的不透明度或是填充值来用。

**06** 按住Ctrl键，单击“通道”面板“车身”通道的缩览图，调出其选区。切换到“图层”面板，选择“图层1”，按Delete键将选区内的图像删除，效果如图17-16-6所示。

图17-16-6

## 技术要点：正片叠底混合模式

在"正片叠底"模式中查看每个通道中的颜色信息,并将"基色"与"混合色"复合,"结果色"总是较暗的颜色。任何颜色与黑色复合产生黑色，任何颜色与白色复合保持不变。当用黑色或白色以外的颜色绘画时，绘画工具绘制的连续描边产生逐渐变暗的过渡色。其实"正片叠底"就是从"基色"中减去"混合色"的亮度值，得到"结果色"。

07 按快捷键Ctrl+D取消选择。复制"图层1"，得到"图层1副本"图层。将"图层1副本"的不透明度设置为20%，并执行【编辑】/【变换】/【垂直翻转】命令，再下移至车辆倒影的位置上，如图17-16-7所示。

图17-16-7

08 打开一个素材图片，并将其置入到文件中，生成"图层2"，将其混合模式设置为"正片叠底"，不透明度设置为20%，图像效果如图17-16-8所示。

图17-16-8

09 按住Ctrl键在"图层"面板中同时单击"图层1"、"图层2"与"图层3"，执行【图层】/【图层编组】命令（Ctrl+G），将其编组为"组1"。再分别制作四种不同风格的车贴效果，并将它们保存在单独的图层组中；隐藏除"背景"图层与"组1"外的组，如图17-16-9所示。

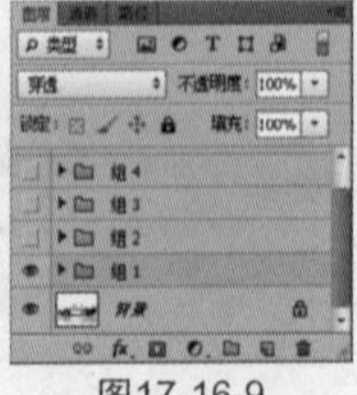
图17-16-9

10 执行【窗口】/【图层复合】命令，打开"图层复合"面板，单击面板中的创建新的图层复合按钮，将弹出"新建图层复合"对话框，如图17-16-10所示，可对新建的图层复合进行设置。

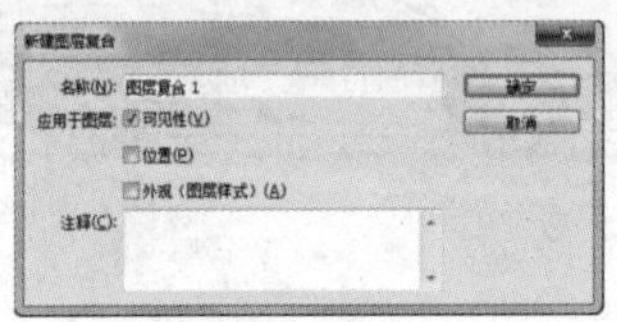

图17-16-10

11 设置完毕后单击"确定"按钮，在"图层复合"面板中将生成"图层复合1"，"图层复合1"所记录的图像效果如图17-16-11所示。

图17-16-11

12 隐藏除"背景"图层与"组2"外的涂层。单击"图层复合"面板中的创建新的图层复合按钮，将当前"图层"面板的状态命名为"图层复合2"，单击"确定"按钮，在"图层复合"面板中将生成"图层复合2"，"图层复合2"所记录的图像效果如图17-16-12所示。

图17-16-12

13 用同样的方法得到"图层复合3"，记录的图像效果如图17-16-13所示。

图17-16-13

14 用同样的方法得到"图层复合4"，记录的图像效果如图17-16-14所示。

图17-16-14

15 用同样的方法得到"图层复合5"，记录的图像效果如图17-16-15所示。

图17-16-15

16 执行【文件】/【脚本】/【图层复合导出到文件】命令，在弹出的"将图层复合导出到文件"对话框中，为导出选择一个目标文件夹，如图17-16-16所示。

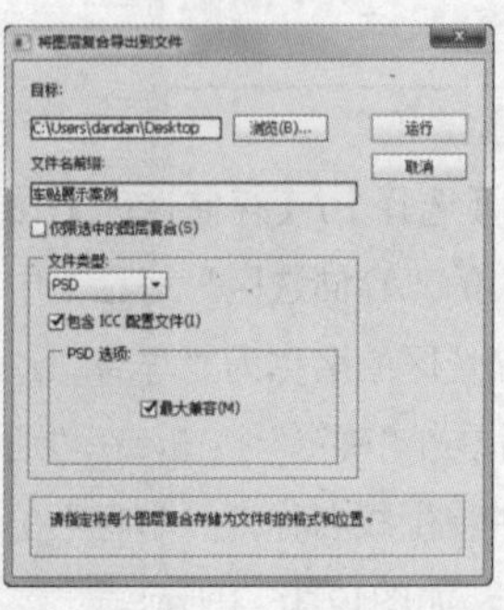

图17-16-16

CH 17/ 案例源文件 /17.17 创意合成案例

Effects Case 17.17

# 创意合成案例

Keywords

- ▲ 添加【色相/饱和度】和【色彩平衡】调整图层调整图像色调
- ▲ 为图层设置混合模式混合图像
- ▲ 为图层添加图层蒙版，并用画笔工具修改蒙版融合图像
- ▲ 使用【色阶】命令调整图像的黑白对比效果

**01** 新建文档，具体设置如图17-17-1所示。

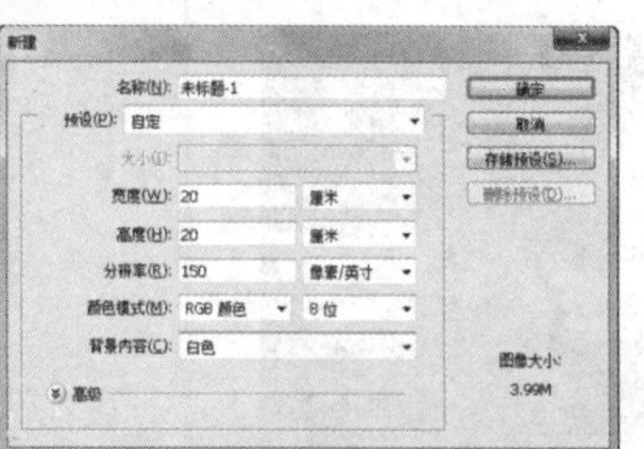


图17-17-1

**02** 打开需要的素材图像，如图17-17-2所示。

图17-17-2

**03** 将其拖曳至主文档中，生成"图层1"，按快捷键Ctrl+T调出自由变换框，调整图像大小，调整完毕后单击Enter键确认变换，得到的图像效果如图17-17-3所示。

图17-17-3

**Tips 提示**

"自由变换"（Ctrl+T），拖动定界框上的任意手柄可以缩放对象，在拖动角手柄时按下 Shift 键或在选项栏中选择"约束比例"，然后拖动手柄可以按比例缩放宽度和高度，按下快捷键 Ctrl+Shift 并在界定框的任一侧中部拖动手柄可以倾斜对象，按下 Ctrl 键并任意拖动手柄可以扭曲对象。

**04** 选择"图层1"，添加"色相/饱和度"调整图层，如图17-17-4所示设置参数。

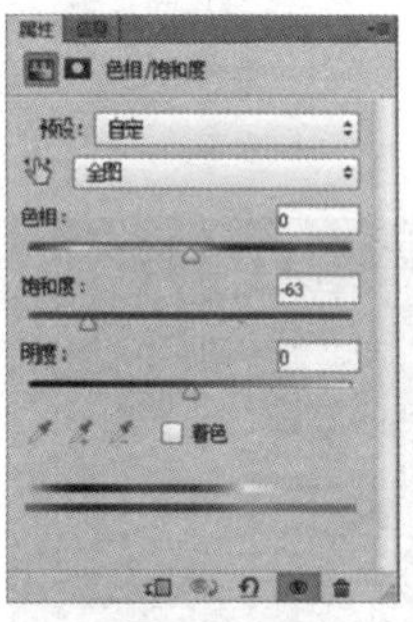


图17-17-4

**Tips 提示**

在上一步操作中，也可以使用【图像】/【调整】/【色相/饱和度】命令对图像进行调整，但这种方法在调整完毕后就不能再进行修改了。而添加"色相/饱和度"调整图层可以随着后期的制作，不断地进行调整，直到达到满意的效果。

05 设置完毕后，得到的图像效果如图17-17-5所示。

图17-17-5

06 选择“色相/饱和度1”调整图层，添加“色彩平衡”调整图层，如图17-17-6、图17-17-7和图17-17-8所示设置参数。

07 设置完毕后单击“确定”按钮，得到的图像效果如图17-17-9所示。

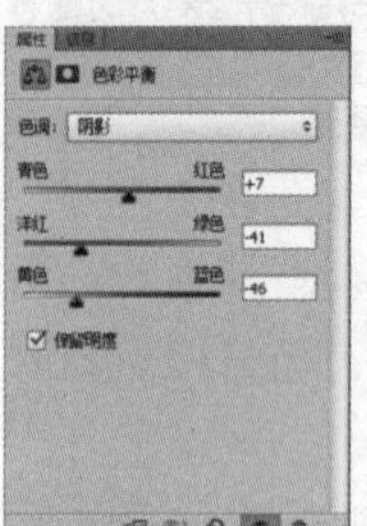
图17-17-6

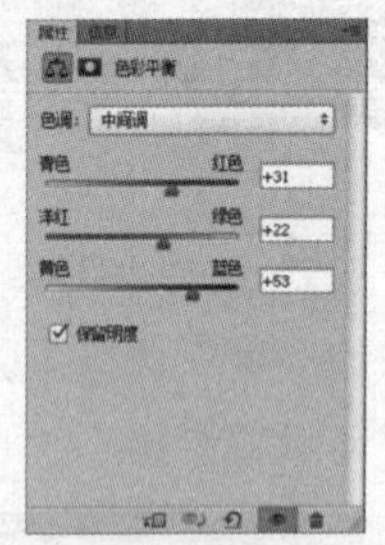
图17-17-7

图17-17-8　图17-17-9

08 打开如图17-17-10所示的素材图像。

图17-17-10

09 将素材图像拖曳至主文档中，生成“图层2”，调整图像大小与位置，得到的图像效果如图17-17-11所示。

图17-17-11

10 选择“图层2”，为其添加图层蒙版。将前景色设置为黑色，选择工具箱中的画笔工具，在其工具选项栏中设置柔角笔刷，在图像中除码头以外的区域仔细涂抹，得到的图像效果如图17-17-12所示。

图17-17-12

11 打开玻璃瓶所在文档，按住Ctrl键分别单击“图层2”和“图层3”，将其全部选中并拖曳至主文档中生成“图层3”和“图层4”，得到的图像效果如图17-17-13所示。

图17-17-13

12 为了增加玻璃瓶的透明感，将“图层3”的不透明度设置为75%，“图层4”的不透明度设置为70%。按住Ctrl键分别单击“图层2”和“图层3”将其全部选中，按快捷键Ctrl+Alt+E盖印图像，得到“图层4（合并）”图层，单击“图层3”和“图层4”前的指示图层可见性按钮，将其隐藏。选择“图层4（合并）”图层，调整图像大小和位置，得到的图像效果如图17-17-14所示。

图17-17-14

13 选择“图层4（合并）”图层，为其添加图层蒙版。将前景色设置为黑色，选择工具箱中的画笔工具，在其工具选项栏中设置柔角笔刷，在玻璃瓶底部涂抹，得到的图像效果如图17-17-15所示。

图17-17-15

14 复制“图层4（合并）”图层，得到“图层4（合并）副本”，执行【编辑】/【变换】/【垂直翻转】命令，得到的图像效果如图17-17-16所示。

图17-17-16

15 选择“图层4（合并）副本”，执行【滤镜】/【扭曲】/【波浪】命令，弹出“波浪”对话框，具体参数设置如图17-17-17所示，将“图层4（合并）副本”的填充设置为65%。

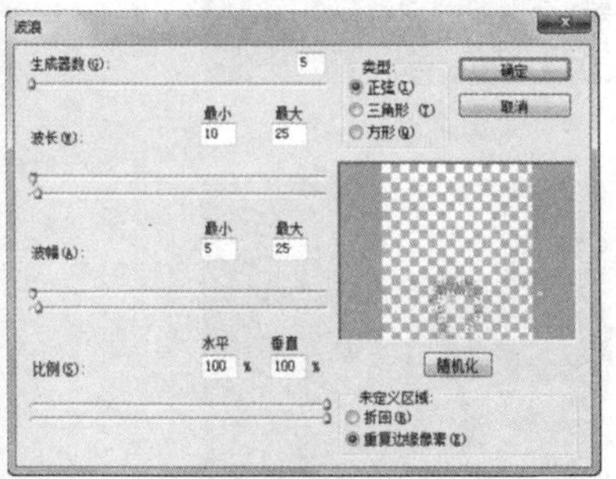

图17-17-17

16 打开素材图像，将素材图像拖曳至主文档中，生成“图层5”，将“图层5”置于“图层”面板的最顶端。调整图像大小，得到的图像效果如图17-17-18所示。

图17-17-18

17 选择“图层5”，为其添加图层蒙版。将前景色设置为黑色，选择工具箱中的画笔工具，在其工具选项栏中设置柔角笔刷，在图像中浪花周围涂抹，得到的图像效果如图17-17-19所示。

图17-17-19

18 选择“图层5”，执行【图像】/【调整】/【色相/饱和度】命令，弹出“色相/饱和度”对话框，具体参数设置如图17-17-20所示。

图17-17-20

19 设置完毕后单击“确定”按钮，得到的效果如图17-17-21所示。

图17-17-21

20 复制“图层5”，得到“图层5副本”图层，执行【编辑】/【变换】/【水平翻转】命令，选择工具箱中的移动工具，按住Shift键将其向右水平移动至玻璃瓶右侧底座处。选择“图层5副本”图层的图层蒙版缩览图，将前景色设置为黑色，选择工具箱中的画笔工具，在其工具选项栏中设置柔角笔刷，在图像中涂抹，直至图像完全融合，得到的图像效果如图17-17-22所示。

图17-17-22

**Tips 提示**

移动之后发现图像中溅起的水花与玻璃瓶底座不融和，需要进行修改。

21 打开素材图像，将其拖曳至主文档中，生成“图层6”，将“图层6”置于“图层4 合并”图层的下方。调整图像大小，得到的图像效果如图17-17-23所示。

图17-17-23

22 选择“图层6”，为其添加图层蒙版。将前景色设置为黑色，选择工具箱中的画笔工具，在其工具选项栏中设置柔角笔刷，在图像中涂抹，将除铁塔以外的区域仔细涂抹成黑色，得到的图像效果如图17-17-24所示。

图17-17-24

23 选择“图层6”，添加“色彩平衡”调整图层，在调整面板中设置参数如图17-17-25所示。

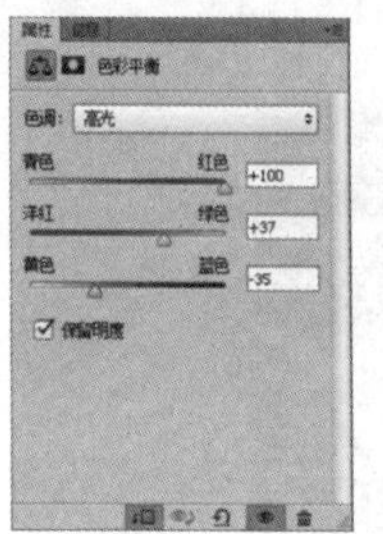

图17-17-25

24 按快捷键Alt+Ctrl+G，为“图层6”创建剪贴蒙版，将“色彩平衡2”调整图层的填充值设置为50%，得到的图像效果如图17-17-26所示。

图17-17-26

**Tips 提示**

在上一步操作中，创建完剪贴蒙版后，"色彩平衡 2"调整图层将只作用于"图层 6"，对其他图层不起作用。

25 打开素材图像，将其拖曳至主文档中，生成"图层7"，将"图层7"置于"色彩平衡2"调整图层的上方。调整图像大小与位置，调整完毕后，得到的图像效果如图17-17-27所示。

图17-17-27

26 按快捷键Ctrl+Shift+U去色，得到的图像效果如图17-17-28所示。

图17-17-28

27 按快捷键Ctrl+L，弹出"色阶"对话框，具体参数设置如图17-17-29所示，单击"确定"按钮。

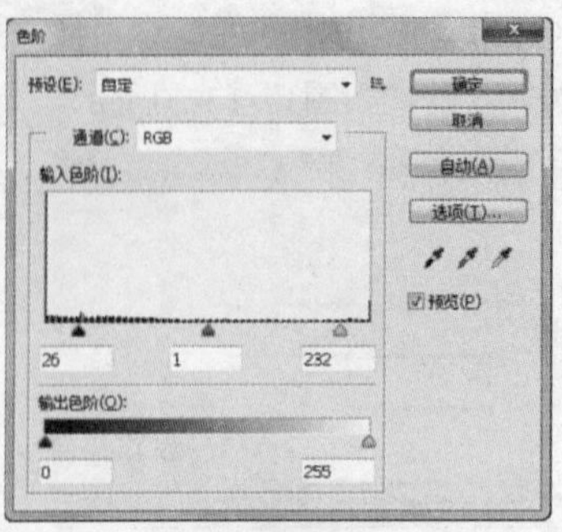


图17-17-29

28 将"图层7"的图层混合模式设置为"滤色"，得到的图像效果如图17-17-30所示。

图17-17-30

29 选择"图层7"，为其添加图层蒙版。将前景色设置为黑色，选择工具箱中的画笔工具，在其工具选项栏中设置柔角笔刷，在图像中塔尖处涂抹，使烟雾与塔尖融合，得到的图像效果如图17-17-31所示。

图17-17-31

30 打开素材图像，将其拖曳至主文档中，生成"图层8"，将其置于"图层7"的上方。调整图像大小，调整完毕后，得到的图像效果如图17-17-32所示。

31 将"图层8"的图层混合模式设置为"滤色"，得到的图像效果如图17-17-33所示。

图17-17-32

图17-17-33

**Tips 提示**

仔细观察图像可以发现，混合后"月球"与整体图像色调不符，需要进行调整，下面将添加"色相/饱和度"调整图层对"图层 8"的色调进行调整。

32 选择"图层8"，添加"色相/饱和度"调整图层，在调整面板中设置参数如图17-17-34所示。

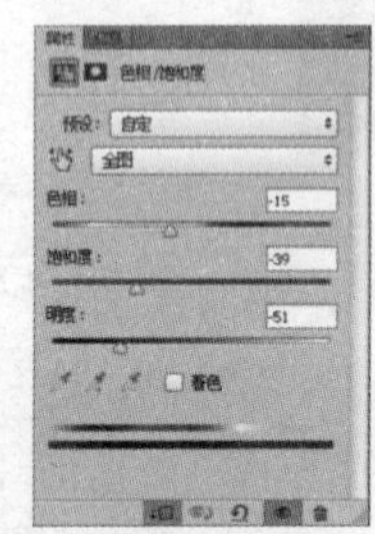


图17-17-34

33 按快捷键Alt+Ctrl+G，为"图层8"创建剪贴蒙版，得到的图像效果如图17-17-35所示。

图17-17-35

34 打开素材文档，将其拖曳至主文档中，生成“图层9”，将“图层9”置于“图层”面板的顶端，得到的图像效果如图17-17-36所示。

图17-17-36

35 执行【编辑】/【变换】/【水平翻转】命令，水平翻转图像。翻转完毕后执行【编辑】/【自由变换】命令（Ctrl+T），弹出自由变换框，调整图像大小和位置，调整完毕后单击Enter键确认变换，得到的图像效果如图17-17-37所示。

图17-17-37

**Tips 提示**

仔细观察图像可以发现，船底与海面还没有很好地融合，需要添加图层蒙版处理一下。

36 选择“图层9”，为其添加图层蒙版。将前景色设置为黑色，选择工具箱中的画笔工具，在其工具选项栏中设置柔角笔刷，在图像中船底处涂抹，使船与海水融合，得到的图像效果如图17-17-38所示。

37 打开素材图像，将其拖曳至主文档中，生成“图层10”，调整图像大小，调整完毕后得到的图像效果如图17-17-39所示。

图17-17-38

图17-17-39

38 复制“图层10”，得到“图层10副本”图层和“图层10副本2”图层，分别调整这两个图层上图像的大小和方向，得到的图像效果如图17-17-40所示。

图17-17-40

39 选择“图层2”，添加“色相/饱和度”调整图层，在“调整”面板中勾选“着色”复选框，其他参数设置如图17-17-41所示。

40 按快捷键Alt+Ctrl+G，为“图层2”创建剪贴蒙版，得到的图像效果如图17-17-42所示。

图17-17-41　图17-17-42

思维扩展

## 制作异域星球

要点描述：

图层蒙版、液化、自由变换、色彩平衡

视频路径：

配套教学→思维扩展→制作异域星球 .avi

Effects Case

# 17.18 Dance舞动领域

Keywords

▲ 使用“调整图层”制作单色图像的坚硬效果
▲ 使用“图层混合模式”使图像之间融合贴切
▲ 添加“图层样式”制作缥缈的纱质效果
▲ 使用“字符”面板修饰文字

**01** 新建文档，如图17-18-1所示设置参数。

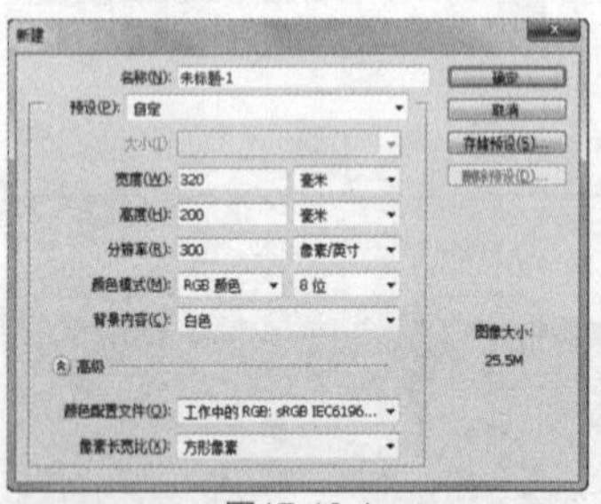

图17-18-1

**02** 选择工具箱上的渐变工具，单击工具栏上的可编辑渐变条，打开“渐变编辑器”对话框，在对话框中设置渐变颜色由左到右是R255、G255、B255和R178、G186、B182，如图17-18-2所示；选择“线性渐变”，设置完毕后单击“确定”按钮，在图像中由上到下拖动鼠标生成渐变，得到的图像效果如图17-18-3所示。

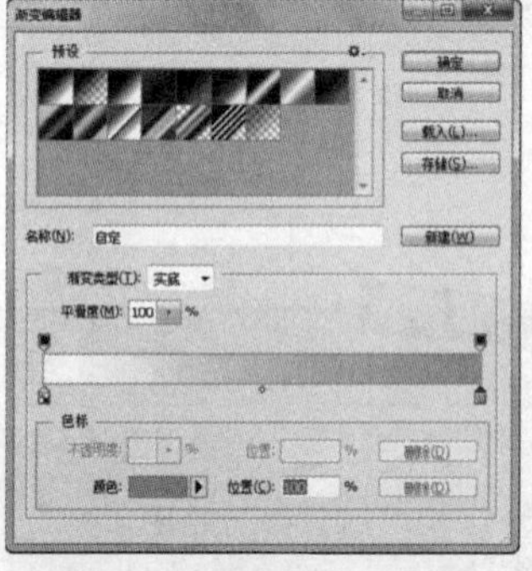

图17-18-2

图17-18-3

**03** 打开所需素材图像，如图17-18-4所示；使用移动工具将图像拖曳到文档中，按Ctrl+T键调整其大小和位置，只需要图像中的某一部分；修改图层名称为“背景1”图层，将“背景1”的图层混合模式设置为“明度”，图像效果如图17-18-5所示。

图17-18-4

图17-18-5

**04** 打开所需素材图像，如图17-18-6所示；使用移动工具将图像拖曳到文档中，按Ctrl+T键调整其大小和位置，得到“图层1”图层，将“图层1”的图层混合模式设置为“变暗”，图像效果如图17-18-7所示。

图17-18-6

图17-18-7

05 为图像添加“色相/饱和度”调整图层，在调整面板中设置具体参数，如图17-18-8所示；按快捷键Ctrl+Alt+G为图像创建剪切蒙版，得到的图像效果如图17-18-9所示。

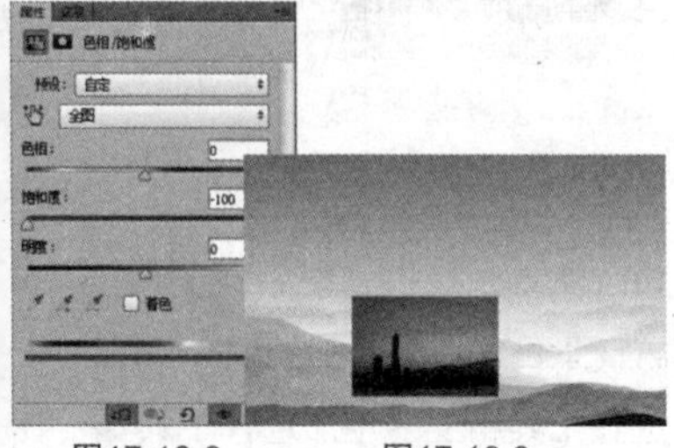
图17-18-8　图17-18-9

06 为图像添加“色阶”调整图层，在调整面板中设置具体参数，如图17-18-10所示；按快捷键Ctrl+Alt+G为图像创建剪切蒙版，得到的图像效果如图17-18-11所示。

图17-18-10　图17-18-11

07 为图像添加“可选颜色”调整图层，在调整面板中设置具体参数，如图17-18-12所示；为图像创建剪切蒙版，得到的图像效果如图17-18-13所示。

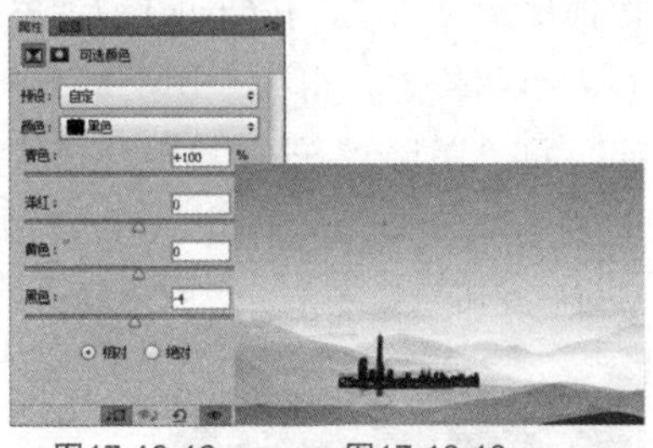
图17-18-12　图17-18-13

08 打开所需素材图像，如图17-18-14所示；使用移动工具将图像拖曳到文档中，按Ctrl+T键调整其大小和位置，得到“图层2”图层，将“图层2”的图层混合模式设置为“变暗”，图像效果如图17-18-15所示。

图17-18-14　图17-18-15

09 按住Shift键选中“色相/饱和度1”、“色阶1”和“选区颜色1”3个图层；保持选中状态，再按住Alt键，用鼠标在3个图层中的任意一图层上单击并拖曳到“图层2”上方，得到“色相/饱和度1副本”、“色阶1副本”和“选区颜色1副本”3个图层，图层面板状态如图17-18-16所示。

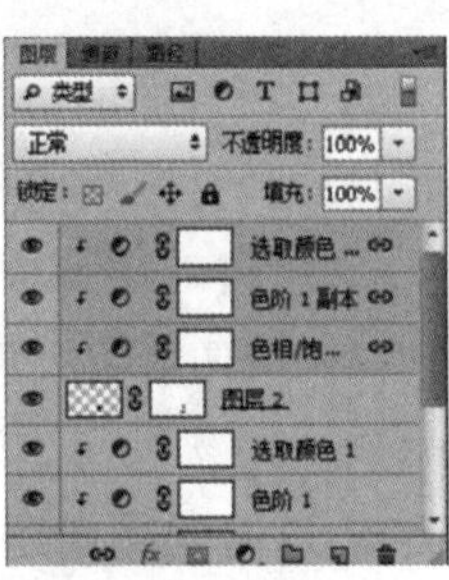
图17-18-16

10 单击“色阶1副本”的图层缩览图，打开“调整”面板，在面板中重新调整参数，具体设置如图17-18-17所示，得到的图像效果如图17-18-18所示。

图17-18-17　图17-18-18

11 打开所需素材图像，如图17-18-19所示，使用移动工具将图像拖曳到文档中，按Ctrl+T键调整其大小和位置，得到“图层3”图层，将“图层3”的图层混合模式设置为“变暗”，图像效果如图17-18-20所示。

图17-18-19

图17-18-20

12 按住Shift键选中“色相/饱和度1”、“色阶1”和“选区颜色1”3个图层；保持选中状态，再按住Alt键，用鼠标在3个图层中的任意一图层上单击并拖曳到“图层3”上方，得到“色相/饱和度1副本2”、“色阶1副本2”和“选区颜色1副本2”3个图层，图层面板状态如图17-18-21所示；单击“色阶1副本”的图层缩览图，打开调整面板，重新调整参数，具体设置如图17-18-22所示；得到的图像效果如图17-18-23所示。

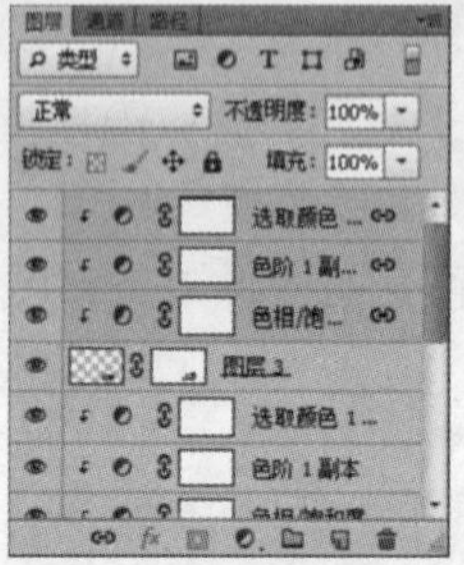
图17-18-21

图17-18-22　图17-18-23

13 打开所需素材图像，如图17-18-24所示；使用移动工具将图像拖曳到文档中，按Ctrl+T键调整其大小和位置，得到“图层4”图层，将“图层4”的图层混合模式设置为“变暗”，图像效果如图17-18-25所示。

图17-18-24

图17-18-25

14 依照上述处理图像的方法，调整“图层4”的图像，得到的图像效果如图17-18-26所示。

图17-18-26

15 打开所需素材图像，如图17-18-27所示；使用移动工具将图像拖曳到文档中，按Ctrl+T键调整其大小和位置，得到“图层5”图层，将“图层5”的图层混合模式设置为“变暗”，图像效果如图17-18-28所示。

图17-18-27

图17-18-28

16 依照上述处理图像的方法，调整“图层5”的图像，得到的图像效果如图17-18-29所示。

图17-18-29

**Tips 提示**

在选择图片时，要选择那些外观特征明显的。图片与图片的连接部分要融合，因此在设置图层混合模式和调整图层时要多进行尝试。

17 打开所需素材图像，如图17-18-30所示，使用移动工具将图像拖曳到文档中，按Ctrl+T键调整其大小和位置，得到“图层6”图层，将“图层6”的图层混合模式设置为“变暗”，图像效果如图17-18-31所示。

图17-18-30

图17-18-31

18 依照上述处理图像的方法，调整“图层6”的图像，得到的图像效果如图17-18-32所示。

图17-18-32

19 单击工具栏上的创建新图层按钮，修改得到的图层名称为“色块”；设置前景色色值为（R1、G20、B20），选择工具箱上的矩形选择工具，在工具选项栏中设置羽化值为5像素，在图像中拉出一个矩形，如图17-18-33所示；按Alt+Delete键填充前景色，按Ctrl+D键取消选择，按Ctrl+T键进行自由变换，将矩形拖到图像的最下方，覆盖部分的下层图像，得到的图像效果如图17-18-34所示。

图17-18-33

图17-18-34

20 选择“图层6”，为其添加图层蒙版，将前景色设置为黑色，选择工具箱上的画笔工具，设置合适的柔角笔刷，在图像中“城市”的上空进行涂抹覆盖，得到的图像效果如图17-18-35所示。

图17-18-35

21 选择“图层5”，为其添加图层蒙版，将前景色设置为黑色，选择工具箱上的画笔工具，设置合适的柔角笔刷，在图像中多余的褐色部分进行涂抹覆盖，得到的图像效果如图17-18-36所示。

图17-18-36

22 依照上述处理图像的方法，添加“图层4”、“图层3”“图层2”和“图层1”的图层蒙版，得到的图像效果如图17-18-37所示。

图17-18-37

23 选择“色块”图层，为其添加图层蒙版，将前景色设置为黑色，选择工具箱上的画笔工具，在图像中进行涂抹，让底下的图像部分显现出来，得到的图像如图17-18-38所示。

图17-18-38

24 打开所需素材图像，如图17-18-39所示，使用移动工具将图像拖曳到文档中，按Ctrl+T键调整其大小和位置，得到“图层7”图层，图像效果如图17-18-40所示。

图17-18-39

图17-18-40

25 按住Shift键选中“色相/饱和度1”、“色阶1”和“选区颜色1”3个图层，保持选中状态，再按住Alt键，用鼠标在3个图层中的任意一图层上单击并拖曳到“图层7”上方，得到出“色相/饱和度1副本6”、“色阶1副本6”和“选区颜色1副本6”3个图层；单击“色阶1副本6”的图层缩览图，打开“调整”面板，重新调整参数，具体设置如图17-18-41所示，得到的图像效果如图17-18-42所示。

图17-18-41　　图17-18-42

26 选择“图层7”，为其添加图层蒙版按钮，将前景色设置为黑色，选择工具箱上的画笔工具，在图像中进行涂抹，遮盖掉部分图像，得到的图像效果放大观看如图17-18-43所示。

图17-18-43

27 打开所需素材图像，如图17-18-44所示；使用移动工具将图像拖曳到文档中，按Ctrl+T键调整其大小和位置，得到“图层8”图层；依照“图层7”处理图像的方法调整“图层8”图层，得到的图像效果如图17-18-45所示。

图17-18-44

图17-18-45

28 打开所需素材图像，如图17-18-46所示，使用移动工具将图像拖曳到文档中，按Ctrl+T键调整其大小和位置，设置图层混合模式为“滤色”，得到“图层9”图层，图像效果如图17-18-47所示。

图17-18-46　　图17-18-47

29 选择“图层9”，为其添加图层蒙版按钮，将前景色设置为黑色，选择工具箱上的画笔工具，设置由黑到白的径向渐变模式，在图像中拉动鼠标，得到的图像效果如图17-18-48所示。

图17-18-48

30 打开所需素材图像，如图17-18-49所示，使用移动工具将文档的其中一个图层拖曳到先前编辑的文档中，按Ctrl+T键调整其大小和位置，修改图层名称为“人物1”图层，图像效果如图17-18-50所示。

图17-18-49　图17-18-50

31 依照上述处理图像的方法，得到“人物2”、“人物3”、“人物4”、“人物5”和“人物6”图层，得到的图像效果如图17-18-51所示。

图17-18-51

32 选择工具箱中的钢笔工具，在工具栏上选择“形状图层”选项，在图像中绘制钢笔路径，如图17-18-52所示，得到“形状1”图层，将图层填充值设置为0%。

图17-18-52

33 为图像添加“内发光”图层样式，弹出调整面板，在面板中设置颜色色值（R6、G120、B120），其他具体参数设置如图17-18-53所示；单击“外发光”选项，设置颜色色值（R6、G120、B120），其他具体参数设置如图17-18-54所示；设置完成后单击确定按钮，得到的图像效果如图17-18-55所示。

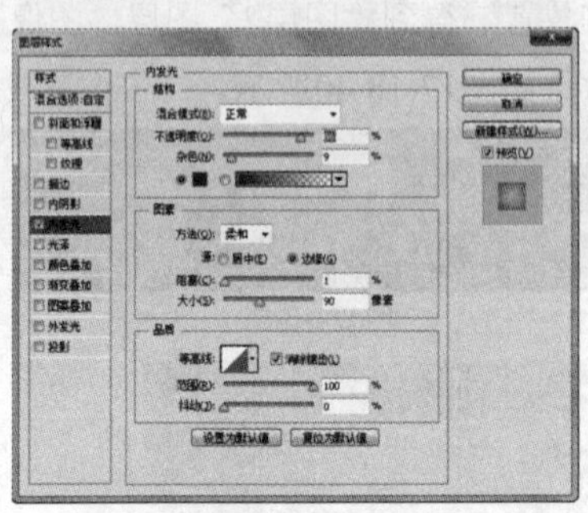

图17-18-53

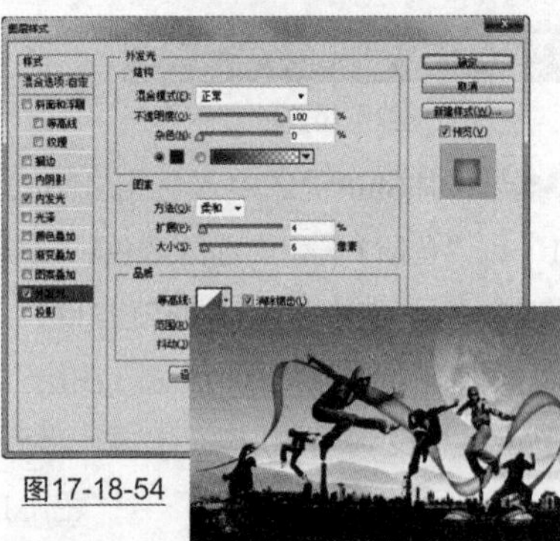

图17-18-54　图17-18-55

**Tips 提示**

利用图层样式制作飘动的纱带，也可以呈现出很多不同的样式，可以自己来制作。如果不太熟练还可以打开“样式”面板，挑选预设的样式模式，还可以将自己调出的样式进行储存备用。

34 运用钢笔工具再绘制出另一条路径，如图17-18-56所示，得到“形状2”图层，设置图层填充值设置为0%；在“形状1”图层上单击右键，在弹出的子菜单中选择“拷贝图层样式”，再在“形状2”图层上单击右键，选择“粘贴图层样式”选项，得到的图像效果如图17-18-57所示；双击打开“形状2”的图层样式对话框，在“内发光”的设置部分，将混合模式设置为“差值”，设置完成后单击“确定”按钮，得到的图像效果如图17-18-58所示。

图17-18-56

图17-18-57

图17-18-58

35 选择“形状1”和“形状2”图层，按Shift+Ctrl+]键移到面板的最上层，分别添加图层蒙版，使用黑色的画笔工具，在图像中进行涂抹，遮盖部分效果，图像效果如图17-18-59所示。

图17-18-59

36 添加文字，得到的图像效果如图17-18-60所示。

图17-18-60

Effects Case 17.19

# 综合创意案例——彩韵

Keywords
- ▲ 通过使用多种图层混合模式，使图像与图像之间产生柔和的色彩效果
- ▲ 应用图层组对较复杂的图层进行管理、控制
- ▲ 使用图层蒙版对图像之间的拼合进行协调，使图像得到自然的衔接过渡效果

Before

After

01 打开需要的素材文件，单击“打开”按钮，如图17-19-1所示。

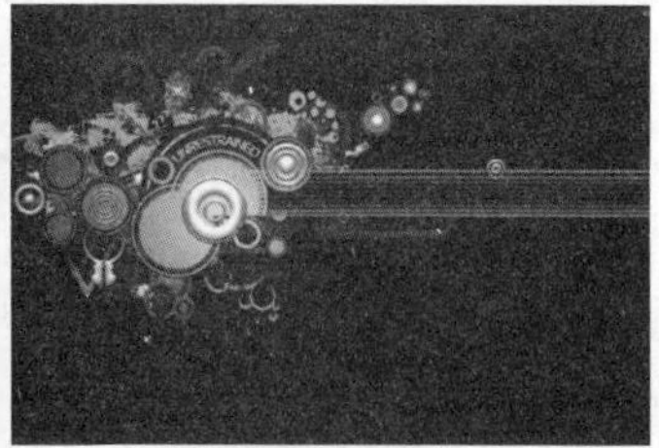

图17-19-1

02 新建“图层1”，将前景色色值设置为R235、G0、B0，按快捷键Alt+Delete填充前景色，将“图层1”的图层混合模式设置为“饱和度”，得到的图像效果如图17-19-2所示。

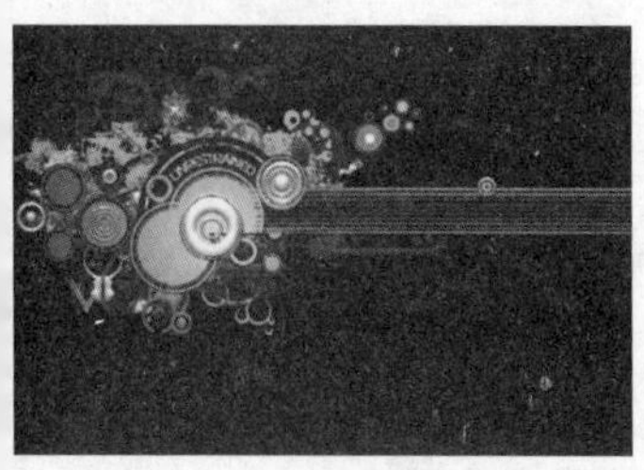

图17-19-2

03 打开需要的素材图像，将其拖曳至主文档中，生成“图层2”，按快捷键Ctrl+T对图像进行变换，并将图像旋转至如图17-19-3所示位置。

图17-19-3

04 将“图层2”的图层混合模式设置为“柔光”，得到的图像效果如图17-19-4所示。

图17-19-4

05 打开需要的素材图像，如图17-19-5所示。

图17-19-5

06 将其拖曳至主文档中生成“图层3”。将“图层3”的混合模式设置为“叠加”，得到的图像效果如图17-19-6所示。

图17-19-6

**Tips 提示**

在对多张素材图像进行合并时，通常情况下主背景的图像多作为“背景”图层出现，而辅助纹理或辅助色彩则建立在主背景图层上，以多种图层混合模式的形式与“背景”进行叠加。

**07** 按快捷键Ctrl+O，弹出“打开”对话框，选择需要的素材图像，单击“打开”按钮，如图17-19-7所示。将打开的素材图像拖曳至主文档中，生成“图层4”。按快捷键Ctrl+T对图像进行变换，将“图层4”中的图像调整至适合主文档大小。

图17-19-7

**08** 切换至“通道”面板，复制“绿”通道，得到“绿副本”通道，按快捷键Ctrl+I将“绿副本”通道反相，如图17-19-8所示。

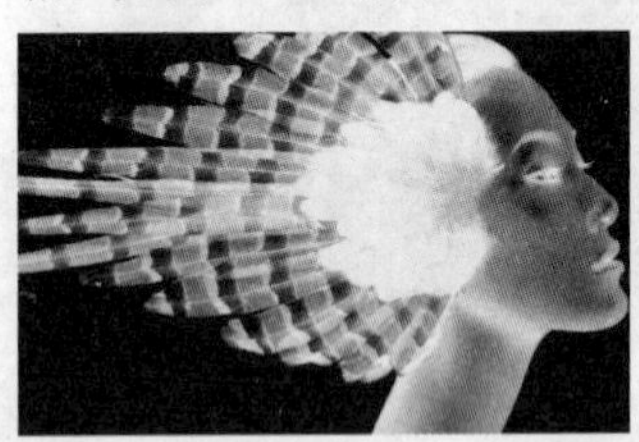

图17-19-8

**09** 选择“绿副本”通道，按快捷键Ctrl+L打开“色阶”对话框，具体参数设置如图17-19-9所示。

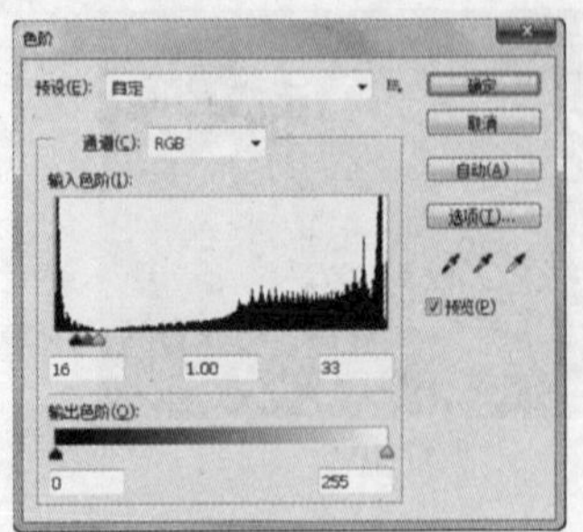


图17-19-9

**10** 单击“确定”按钮，得到的图像效果如图17-19-10所示。

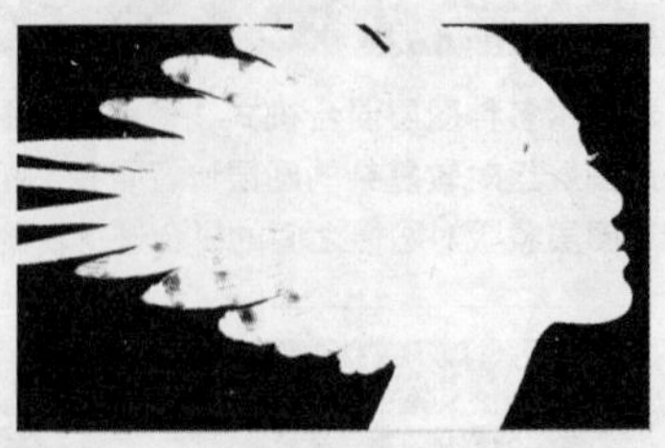

图17-19-10

**11** 选择工具箱中的画笔工具，将前景色设置为白色，在“绿副本”通道中进行绘制，对图像中白色的区域继续进行编辑，得到的图像效果如图17-19-11所示。按Ctrl键单击“绿副本”通道缩览图，调出其选区。

图17-19-11

**Tips 提示**

在通过通道创建特殊选区时，可使用“色阶”对话框或“曲线”对话框中的设置黑白场工具，通过单击图像中的像素创建最黑或最白的区域。

**12** 切换回“图层”面板，选择“图层4”，单击“图层”面板上的添加图层蒙版按钮，为该图层添加图层蒙版。按快捷键Ctrl+T对“图层4”中的图像进行变换，并调整至合适位置，如图17-19-12所示。

图17-19-12

**Tips 提示**

在添加图层蒙版后，图像中的人物与背景衔接处出现了细微地白边。因此，为了使图像更自然的与背景融合，可通过修改图层蒙版对出现的“白边”进行调整。

**13** 选择“图层4”的图层蒙版，执行【滤镜】/【其它】/【最小值】命令，弹出“最小值”对话框，具体参数设置如图17-19-13所示。

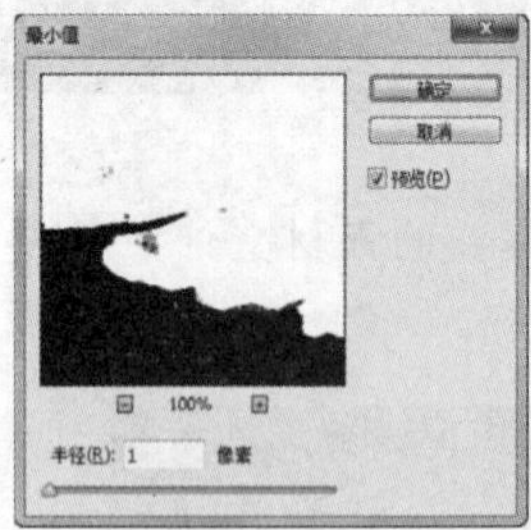


图17-19-13

**14** 设置完毕后单击“确定”按钮，得到的图像效果如图17-19-14所示。

图17-19-14

**技术要点：“最小值”和“最大值”命令**

在【滤镜】命令中，“最小值”滤镜和“最大值”滤镜对于修改蒙版非常有效。“最小值”滤镜用于缩小亮色范围，即向外扩展黑色区域，从而收缩白色区域；“最大值”滤镜用于扩展亮色范围，即向外扩展白色区域，从而收缩黑色区域。

**15** 将前景色设置为黑色，选择工具箱中的画笔工具，在其工具选项栏中设置柔角画笔，在“图层4”的蒙版中进行绘制，对人物头部偏上区域进行隐藏，如图17-19-15所示。

图17-19-15

**16** 选择工具箱中的渐变工具，在其工具选项栏中单击可编辑渐变条，在弹出的“渐变编辑器”对话框中设置由前景到透明的渐变类型，设置完毕后单击“确定”按钮，继续对图层蒙版进行编辑，在图像中的人物颈部区域由下至上拖动鼠标填充渐变，得到的图像效果如图17-19-16所示。

图17-19-16

**17** 选择“图层4”，按快捷键Ctrl+G，新建“组1”。将“组1”的图层混合模式设置为“正常”，添加“曲线”调整图层，具体设置如图17-19-17所示。

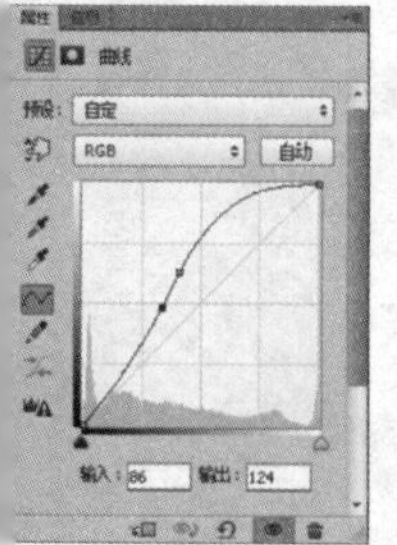


图17-19-17

**18** 设置完毕后，得到的图像效果如图17-19-18所示。

图17-19-18

**Tips 提示**

在创建新组后，默认图层组的图层混合模式为“穿透”，代表在组内应用的调整图层等设置将直接影响到该图层组以下的所有图层。因此，为了使下步骤所添加的“曲线”调整图层只对“图层 4”产生调整作用，需要将实例中“组 1”的图层混合模式设置为“正常”。

**19** 打开需要的素材，将其拖曳至主文档中，生成“图层5”，调整图像大小与位置位置，如图17-19-19所示。

图17-19-19

**Tips 提示**

在将素材图像应用到主文档时，不需要对所有的图像都进行抠选。其中，大部分的图像都可以通过设置图层混合模式，将其巧妙地融合到图像中，并且隐藏不需要的图像背景。

**20** 将“图层5”的图层混合模式设置“线性加深”，选择“图层5”，执行【编辑】/【变换】/【变形】命令，对图像进行变形调整，如图17-19-20所示，调整完毕后按Enter键确认变换，得到的图像效果如图17-19-21所示。

图17-19-20

图17-19-21

**21** 将“图层5”拖曳至“图层”面板上创建新组按钮，新建“组2”图层，添加“色相/饱和度”调整图层，如图17-19-22所示设置参数。

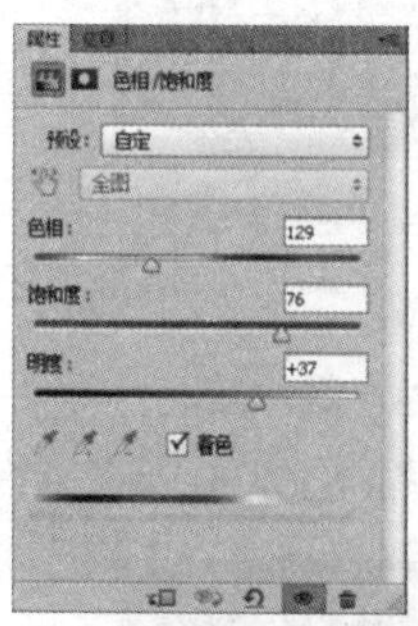


图17-19-22

**技术要点：“组”内和“组”外新建图层**

在新建图层上调整图层或为图像拖入新素材图像时，当“图层”面板中的“组”处于打开状态，则新建后的图层在当前所选组内。若当前目标组处于闭合状态时，新建的图层则为独立的图层，不包含在该组内。如右图所示，当“组 1”前方的三角方向向下时该组为打开状态，处于向右指示时该组为关闭状态。

22 设置完毕后，将“组2”的图层混合模式设置为“线性加深”得到的图像效果如图17-19-23所示。

图17-19-23

**Tips 提示**

当需要删除一个图层组而又不想丢弃组内的图层时，可先单击该组将它激活，然后单击“图层”面板上的删除图层按钮，并在弹出的提示对话框中选择“仅限组”按钮即可。

23 打开需要的素材图像，将其拖曳至主文档中，生成“图层6”，如图17-19-24所示。

图17-19-24

24 选择“图层6”，将该图层的图层混合模式设置为“颜色减淡”，得到的图像效果如图17-19-25所示。

图17-19-25

25 选择“图层6”，为其添加图层蒙版。将前景色设置为黑色，选择工具箱中的画笔工具，在“图层6”的蒙版中进行绘制，得到的图像效果如图17-19-26所示。

图17-19-26

思维扩展

## 合成神鼎

要点描述：
调整图层、通道结合调整命令、图层蒙版、滤镜、图层样式、路径、画笔

视频路径：
配套教学→思维扩展→合成神鼎.avi

# 快捷键索引

## Photoshop工具与快捷键索引

| 工具 | 快捷键 | 主要功能 | 使用频率 |
| --- | --- | --- | --- |
| 移动工具 | V | 选择/移动对象 | ★★★★★ |
| 矩形选框工具 | M | 绘制矩形选区 | ★★★★★ |
| 椭圆选框工具 | M | 绘制圆形或椭圆形选区 | ★★★★★ |
| 单行选框工具 | | 绘制高度为1像素的选区 | ★☆☆☆☆ |
| 单列选框工具 | | 绘制宽度为1像素的选区 | ★☆☆☆☆ |
| 套索工具 | L | 自由绘制出形状不规则的选区 | ★★★★☆ |
| 多边形套索工具 | L | 绘制一些转角比较强烈的选区 | ★★★★☆ |
| 磁性套索工具 | L | 快速选择与背景对比强烈且边缘复杂的对象 | ★★★★☆ |
| 快速选择工具 | W | 利用可调整的圆形笔尖迅速地绘制选区 | ★★★★☆ |
| 魔棒工具 | W | 快速选取颜色一致的区域 | ★★★★★ |
| 裁剪工具 | C | 裁剪多余的图像 | ★★★★★ |
| 透视裁剪工具 | C | 修正图像透视问题并裁剪 | ★★★★☆ |
| 污点修复画笔工具 | J | 消除图像中的污点和某个对象 | ★★★★★ |
| 修复画笔工具 | J | 校正图像的瑕疵 | ★★★★☆ |
| 修补工具 | J | 利用样本或图案修复所选区域中不理想的部分 | ★★★★★ |
| 红眼工具 | J | 去除由闪光灯导致的红色反光 | ★★★★☆ |
| 画笔工具 | B | 使用前景色绘制出各种线条或修改通道和蒙版 | ★★★★★ |
| 铅笔工具 | B | 绘制硬边线条 | ★★★★☆ |
| 颜色替换工具 | B | 将选定的颜色替换为其他颜色 | ★★☆☆☆ |
| 仿制图章工具 | S | 将图像的一部分绘制到另一个位置 | ★★★★★ |
| 图案图章工具 | S | 使用图案进行绘画 | ★★★☆☆ |
| 历史记录画笔工具 | Y | 可以真实地还原某一区域的某一步操作 | ★★★★★ |
| 历史记录艺术画笔工具 | Y | 将标记的历史记录或快照用作源数据对图像进行修改 | ★☆☆☆☆ |
| 橡皮擦工具 | E | 将像素更改为背景色或透明 | ★★★★★ |
| 背景橡皮擦工具 | E | 在抹除背景的同时保留前景对象的边缘 | ★★★★☆ |
| 魔术橡皮擦工具 | E | 将所有相似的像素更改为透明 | ★★★★☆ |
| 渐变工具 | G | 在整个文档或选区内填充渐变色 | ★★★★★ |
| 油漆桶工具 | G | 在图像中填充前景色或图案 | ★★★☆☆ |
| 模糊工具 | 无 | 柔化硬边缘或减少图像中的细节 | ★★★☆☆ |
| 锐化工具 | 无 | 增强图像中相邻像素之间的对比 | ★★★☆☆ |
| 涂抹工具 | 无 | 模拟手指划过湿油漆时所产生的效果 | ★★★☆☆ |
| 减淡工具 | O | 对图像进行减淡处理 | ★★★★★ |
| 加深工具 | O | 对图像进行加深处理 | ★★★★★ |
| 海绵工具 | O | 精确地更改图像某个区域的色彩饱和度 | ★☆☆☆☆ |
| 钢笔工具 | P | 绘制任意形状的直线或曲线路径 | ★★★★★ |
| 自由钢笔工具 | P | 绘制比较随意的图形 | ★☆☆☆☆ |
| 添加锚点工具 | | 在路径上添加锚点 | ★★★★★ |
| 删除锚点工具 | | 在路径上删除锚点 | ★★★★★ |
| 转换点工具 | | 转换锚点的类型 | ★★★☆☆ |
| 横排文字工具 | T | 输入横向排列的文字 | ★★★★★ |
| 直排文字工具 | T | 输入竖向排列的文字 | ★★★★★ |
| 横排文字蒙版工具 | T | 创建横向文字选区 | ★☆☆☆☆ |
| 直排文字蒙版工具 | T | 创建竖向文字选区 | ★☆☆☆☆ |
| 路径选择工具 | A | 选择、组合、对齐和分布路径 | ★★★★★ |
| 直接选择工具 | A | 选择、移动路径上的锚点以及调整方向线 | ★★★★★ |
| 抓手工具 | H | 在放大图像窗口中移动光标到特定区域内查看图像 | ★★★★★ |
| 缩放工具 | Z | 放大或缩小图像的显示比例 | ★★★★★ |
| 默认前景色/背景色 | D | 将前景色/背景色恢复到默认颜色 | ★★★★★ |
| 前景色/背景色互换 | X | 互换前景色/背景色 | ★★★★★ |
| 以快速蒙版模式编辑 | Q | 创建和编辑选区 | ★★★★☆ |

# Photoshop命令与快捷键索引

## 文件菜单

| 命令 | 快捷键 |
|---|---|
| 新建 | Ctrl+N |
| 打开 | Ctrl+O |
| 在Bridge中浏览 | Alt+Ctrl+O |
| 打开为 | Alt+Shift+Ctrl+O |
| 关闭 | Ctrl+W |
| 关闭全部 | Alt+Ctrl+W |
| 关闭并转到Bridge | Shift+Ctrl+W |
| 存储 | Ctrl+S |
| 存储为 | Shift+Ctrl+S |
| 签入 | |
| 存储为Web和设备所用格式 | Alt+Shift+Ctrl+S |
| 恢复 | F12 |
| 文件简介 | Alt+Shift+Ctrl+I |
| 打印 | Ctrl+P |
| 打印一份 | Alt+Shift+Ctrl+P |
| 退出 | Ctrl+Q |

## 编辑菜单

| 命令 | 快捷键 |
|---|---|
| 还原/.重做 | Ctrl+Z |
| 前进一步 | Shift+Ctrl+Z |
| 后退一步 | Alt+Ctrl+Z |
| 渐隐 | Shift+Ctrl+F |
| 剪切 | Ctrl+X |
| 拷贝 | Ctrl+C |
| 合并拷贝 | Shift+Ctrl+C |
| 粘贴 | Ctrl+V |
| 选择性粘贴>原位粘贴 | Shift+Ctrl+V |
| 选择性粘贴>贴入 | Alt+Shift+Ctrl+V |
| 填充 | Shift+F6 |
| 内容识别比例 | Alt+Shift+Ctrl+C |
| 自由变换 | Ctrl+T |
| 变换>再次 | Shift+Ctrl+T |
| 颜色设置 | Shift+Ctrl+K |
| 键盘快捷键 | Alt+Shift+Ctrl+K |
| 菜单 | Alt+Shift+Ctrl+M |

## 图像菜单

| 命令 | 快捷键 |
|---|---|
| 调整>色阶 | Ctrl+L |
| 调整>曲线 | Ctrl+M |
| 调整>色相/饱和度 | Ctrl+U |
| 调整>色彩平衡 | Ctrl+B |
| 调整>黑白 | Alt+Shift+Ctrl+B |
| 调整>反相 | Ctrl+I |
| 调整>去色 | Shift+Ctrl+U |
| 自动色调 | Shift+Ctrl+L |
| 自动对比度 | Alt+Shift+Ctrl+L |
| 自动颜色 | Shift+Ctrl+B |
| 图像大小 | Alt+Ctrl+I |
| 画布大小 | Alt+Ctrl+C |

## 图层菜单

| 命令 | 快捷键 |
|---|---|
| 新建>图层 | Shift+Ctrl+N |
| 新建>通过拷贝的图层 | Ctrl+J |
| 新建>通过剪切的图层 | Shift+Ctrl+J |
| 图层编组 | Ctrl+G |
| 取消图层编组 | Shift+Ctrl+G |
| 排列>置为顶层 | Shift+Ctrl+] |
| 排列>前移一层 | Ctrl+] |
| 排列>后移一层 | Ctrl+[ |
| 排列>置为底层 | Shift+Ctrl+[ |
| 合并图层 | Ctrl+E |
| 合并可见图层 | Shift+Ctrl+E |

## 选择菜单

| 命令 | 快捷键 |
|---|---|
| 全部 | Ctrl+A |
| 取消选择 | Ctrl+D |
| 重新选择 | Shift+Ctrl+D |
| 反向 | Shift+Ctrl+I |
| 所有图层 | Alt+Ctrl+A |
| 调整边缘/蒙版 | Alt+Ctrl+R |
| 修改>羽化 | Shift+F6 |

## 视图菜单

| 命令 | 快捷键 |
|---|---|
| 校样设置 | |
| 校样颜色 | Ctrl+Y |
| 色域警告 | Shift+Ctrl+Y |
| 放大 | Ctrl++ |
| 缩小 | Ctrl+- |
| 按屏幕大小缩放 | Ctrl+0 |
| 实际像素 | Ctrl+1 |
| 显示额外内容 | Ctrl+H |
| 标尺 | Ctrl+R |
| 对齐 | Shift+Ctrl+; |
| 锁定参考线 | Alt+Ctrl+; |

## 窗口菜单

| 命令 | 快捷键 |
|---|---|
| 动作 | Alt+F9 |
| 画笔 | F5 |
| 图层 | F7 |
| 信息 | F8 |
| 颜色 | F6 |